The Feynman Lectures on Physics(The New Millennium Edition, Volume Ⅰ)

费恩曼物理学讲义

（新千年版）

第 1 卷

［美］费恩曼（R. P. Feynman）
莱顿（R. B. Leighton） 著
桑兹（M. Sands）

郑永令　华宏鸣　吴子仪 等 译

上海科学技术出版社

图书在版编目(CIP)数据

费恩曼物理学讲义:新千年版. 第1卷/(美)费恩曼
(Feynman,R. P.),(美)莱顿(Leighton,R. B.),(美)桑兹
(Sands,M.)著;郑永令等译. —上海:上海科学技术出版
社,2013.4(2014.1重印)
 The Feynman lectures on physics:The new millennium edition
 ISBN 978-7-5478-1636-3

Ⅰ. ①费… Ⅱ. ①费… ②莱… ③桑… ④郑… Ⅲ. ①物理学-教材 Ⅳ. ①O4

中国版本图书馆 CIP 数据核字(2013)第 031567 号

THE FEYNMAN LECTURES ON PHYSICS:The New Millennium Edition, Volume I
By Richard P. Feynman, Robert B. Leighton and Matthew Sands
© 1963,2006,2010 by California Institute of Technology. Michael A. Gottlieb, and Rudolf Pfeiffer
Simplified Chinese translation copyright © 2013 by Shanghai Scientific & Technical Publishers
Published by arrangement with Basic Books, a Member of Perseus Books Group
Through Bardon-Chinese Media Agency
博达著作权代理有限公司
ALL RIGHTS RESERVED

上海世纪出版股份有限公司
上 海 科 学 技 术 出 版 社 出版、发行
(上海钦州南路71号 邮政编码 200235)
新华书店上海发行所经销
苏州望电印刷有限公司印刷
开本 787×1092 1/16 印张 36.25
字数:800 千字
2013 年 4 月第 1 版 2014 年 1 月第 2 次印刷
ISBN 978−7−5478−1636−3/O・18
定价:98.00 元

本书如有缺页、错装或坏损等严重质量问题,
请向工厂联系调换

译者序

20世纪60年代初,美国一些理工科大学鉴于当时的大学基础物理教学与现代科学技术的发展不相适应,纷纷试行教学改革,加利福尼亚理工学院就是其中之一。该校于1961年9月至1963年5月特请著名物理学家费恩曼主讲一二年级的基础物理课,事后又根据讲课录音编辑出版了《费恩曼物理学讲义》。本讲义共分3卷,第1卷包括力学、相对论、光学、气体分子动理论、热力学、波等,第2卷主要是电磁学,第3卷是量子力学。全书内容十分丰富,在深度和广度上都超过了传统的普通物理教材。

当时美国大学物理教学改革试图解决的一个主要问题是基础物理教学应尽可能反映近代物理的巨大成就。《费恩曼物理学讲义》在基础物理的水平上对20世纪物理学的两大重要成就——相对论和量子力学——作了系统的介绍,对于量子力学,费恩曼教授还特地准备了一套适合大学二年级水平的讲法。教学改革试图解决的另一个问题是按照当前物理学工作者在各个前沿研究领域所使用的方式来介绍物理学的内容。在《费恩曼物理学讲义》一书中对一些问题的分析和处理方法反映了费恩曼自己以及其他在前沿研究领域工作的物理学家所通常采用的分析和处理方法。全书对基本概念、定理和定律的讲解不仅生动清晰,通俗易懂,而且特别注重从物理上作出深刻的叙述。为了扩大学生的知识面,全书还列举了许多基本物理原理在各个方面(诸如天体物理、地球物理、生物物理等)的应用,以及物理学的一些最新成就。由于全书是根据课堂讲授的录音整理编辑的,它在一定程度保留了费恩曼讲课的生动活泼、引人入胜的独特风格。

《费恩曼物理学讲义》从普通物理水平出发,注重物理分析,深入浅出,避免运用高深繁琐的数学方程,因此具有高中以上物理水平和初等微积分知识的读者阅读起来不会感到十分困难。至于大学物理系的师生和物理工作者更能从此书中获得教益。

1989年,为纪念费恩曼逝世一周年,原书编者重新出版本书,并增加了介绍费恩曼生平的短文和新的序言。2010年,编者根据五十多年来世界各国在阅读和使用本书过程中提出的意见,对全书(三卷)存在的错误和不当之处(885处)进行了订正,并使用新的电子版语言和现代作图软件对全书语言文字、符号、方程及插图进行重新编辑出版,称为新千年版。本书就是根据新千年版翻译的。

本书的费恩曼自序、前言及本卷第1至10章、15章、16章、37至48章、52章由郑永令在吴子仪译稿的基础上重译,第11章、17至25章由华宏鸣翻译,第12章、49章由诸长生翻译,第13和14章由范膺翻译,第26至34章由郑永令翻译,《费恩曼物理学讲义》另序、关于费恩曼及第35和36章由潘笃武翻译,第50和51章由钟万衡翻译。原译稿曾由郑广垣、王福山、苏汝铿校阅。由于译者水平所限,错误在所难免,欢迎广大读者批评指正。

译 者
2012年10月

关于费恩曼

理查德·费恩曼(R. P. Feynman)1918年生于纽约市,1942年在普林斯顿大学获得博士学位。第二次世界大战期间,尽管当时他还很年轻,就已经在洛斯阿拉莫斯的曼哈顿计划中发挥了重要作用。以后,他在康奈尔大学和加利福尼亚理工学院任教。1965年,因在量子电动力学方面的工作和朝永振一郎及施温格尔(J. Schwinger)同获诺贝尔物理学奖。

费恩曼博士获得诺贝尔奖是由于成功地解决了量子电动力学的理论问题。他也创立了说明液氦中超流动性现象的数学理论。此后,他和盖尔曼(M. Gell-Mann)一起在 β 衰变等弱相互作用领域内做出了奠基性的工作。在以后的几年里,他在夸克理论的发展中起了关键性的作用,提出了高能质子碰撞过程的部分子模型。

除了这些成就之外,费恩曼博士将新的基本计算技术及记号法引进物理学,首先是无处不在的费恩曼图,在近代科学历史中,它比任何其他数学形式描述都更大地改变了对基本物理过程形成概念及进行计算的方法。

费恩曼是一位卓越的教育家。在他获得的所有奖项中,他对1972年获得的奥斯特教学奖章特别感到自豪。在1963年第一次出版的《费恩曼物理学讲义》被《科学美国人》杂志的一位评论员描写为"难啃的但却富于营养并且津津有味。25年后它仍是教师和最优秀的初学学生的指导书"。为了使外行的公众增加对物理学的了解,费恩曼博士写了《物理定律和量子电动力学的性质:光和物质的奇特理论》。他还是许多高级出版物的作者,这些都成为研究人员和学生的经典参考书和教科书。

费恩曼是一个活跃的公众人物。他在挑战者号调查委员会里的工作是众所周知的,特别是他的著名的O型环对寒冷的敏感性的演示,这是一个优美的实验,除了一杯冰水和C形钳以外其他什么也不需要。费恩曼博士1960年在加利福尼亚州课程促进会中的工作却很少人知道,他在会上指责教科书的平庸。

仅仅罗列费恩曼的科学和教育成就还没有充分抓住这个人物的本质。即使是他的最最技术性的出版物的读者都知道,费恩曼活跃的多面的人格在他所有的工作中都闪闪发光。除了作为物理学家,在各种不同的时候:他是无线电修理工,是锁具收藏家、艺术家、舞蹈家、邦戈(bongo)鼓手,以至玛雅象形文字的破译者。他的世界是永远的好奇,他是一个典型的经验主义者。

费恩曼于1988年2月15日在洛杉矶逝世。

新千年版前言

自理查德·费恩曼在加利福尼亚理工学院讲授物理学导论课程以来,已经过去快50年了。这次讲课产生了这三卷《费恩曼物理学讲义》。在这50年中,我们对物理世界的认识已经大大改变了,但是《费恩曼物理学讲义》的价值仍旧存在。由于费恩曼对物理学独到的领悟和教学方法,费恩曼的讲义今天仍像第一次出版时那样具有权威性。这些教本已在全世界范围内被初学者,也被成熟的物理学家研读;它们已被翻译成至少12种语言,仅仅英语的印刷就有150万册以上。或许至今为止还没有其他物理学书籍有这样广泛的影响。

新千年版迎来了《费恩曼物理学讲义(FLP)》的新时代:21世纪的电子出版物时代。FLP改变为eFLP,本文和方程式用LATEX电子排字语言表示,所有的插图用现代绘图软件重画。

这一版的印刷本的效果并没有什么特别之处,它看上去几乎完全和学物理的学生都已熟悉并热爱的最初的红色书一样。主要的差别在于扩大并改进了的索引,以前的版本第一次印刷以来的50年内读者们发现的885篇错误的改正,以及改正未来的读者可能发现的错误的便利。关于这一点我以后还要谈到。

这一版的电子书版本以及加强电子版不同于20世纪的大多数技术书籍的电子书,如果把这种书籍的方程式、插图、有时甚至包括课文,放大以后都成为多个像素。新千年版的LATEX稿本有可能得到最高质量的电子书,书页上的所有的面貌特征(除了照片)都可以无限制地放大而始终保持其精确的形状和细锐度。带有费恩曼原初讲课的声音和黑板照相、还带有和其他资源的联接的加强电子版是新事物,(假如费恩曼还在世的话)这一定会使他极其高兴。*

费恩曼讲义的回忆

这三卷书是一套完备的教科书。它们也是费恩曼在1961—1964年给本科生上物理学课的历史记录,这是加利福尼亚理工学院的一年级和二年级学生,无论他们主修什么课程,都必须上的一门课。

读者们可能和我一样很想知道,费恩曼的讲课对听课的学生的影响如何。费恩曼在这几本书的前言中提供了多少有些负面的看法。他写道:"我不认为我对学生做得很好"。马修·桑兹在他的《费恩曼物理学指导手册》的回忆文章中给出了完全正面的观点。出于好

---

* 原文"What would have given Feynman great pleasure"是虚拟式的句子,中文没有相当于英语虚拟式的句法,所以加上括号内的句子。——译者注

奇,2005年春天,我和从费恩曼1961—1964班级(大约150个学生)中半随机地挑选一组17位学生通过电子邮件或面谈联系——这些学生中有些在课堂上有很大的困难,而有一些很容易掌握课程;他们主修生物学,化学,工程,地理学,数学及天文学,还包括物理学。

经过了这些年,可能已经在他们的记忆中抹上了欣快的色彩,但大约有80%回忆起费恩曼的讲课觉得是他们大学时光中精彩的事件。"就像上教堂。"听课是"一个变形改造的经历","一生的重要阅历,或许是我从加利福尼亚理工学院得到的最重要的东西。""我是一个主修生物学的学生,但费恩曼的讲课在我的本科生经历中就像在最高点一样突出……虽然我必须承认当时我不会做家庭作业并且总是交不出作业。""我当时是课堂上最没有希望的学生之一,但我从不缺一堂课……我记得并仍旧感觉到费恩曼对于发现的快乐……他的讲课具有一种……感情上的冲击效果,这在印刷的讲义中可能失去了。"

相反,好些学生,主要由于以下两方面问题,而具有负面的记忆。(ⅰ)"你无法通过上课学会做家庭作业。费恩曼太灵活了——他熟知解题技巧和可以作哪些近似,他还具有基于经验和天赋的直觉,这是初学的学生所不具备的。"费恩曼和同事们在讲课过程中知道这一缺陷,做了一些工作,部分材料已编入《费恩曼物理学指导手册》:费恩曼的三次习题课以及罗伯特·莱顿和罗各斯·沃格特(Rochus Vogt)选编的一组习题和答案。(ⅱ)由于不知道下一节课可能会讨论什么内容产生一种不安全感,缺少与讲课内容有任何关系的教科书或参考书,其结果是我们无法预习,这是十分令人丧气的……我发现在课堂上的演讲是令人激动但却是很难懂,但(当我重建这些细节的时候发现)它们只是外表上像梵文一样难懂。当然,有了这三本《费恩曼物理学讲义》,这些问题已经得到了解决。从那以后的许多年,它们就成了加州理工学院学生学习的教科书,直到今天它们作为费恩曼的伟大遗产还保持着活力。

改 错 的 历 史

《费恩曼物理学讲义》是费恩曼和他的合作者罗伯特·莱顿及马修·桑兹非常仓促之中创作出来的,根据费恩曼的讲课的录音带和黑板照相(这些都编入这新千年版的增强电子版)加工扩充而成*。由于要求费恩曼、莱顿和桑兹高速度工作,不可避免地有许多错误隐藏在第一版中。在以后几年中,费恩曼收集了加州理工学院的学生和同事以及世界各地的读者发现的、长长的、确定的错误列表。在20世纪60年代和70年代早期,费恩曼在他的紧张的生活中抽出时间来核实第1卷和第2卷中确认的大多数,不是全部错误,并在以后的印刷中加入了勘误表。但是费恩曼的责任感从来没有高到超过发现新事物的激情而促使他处理第3卷中的错误。**在1988年他过早的逝世后,所有三卷的勘误表都存放到加州理工学院档案馆,它们躺在那里被遗忘了。

---

* 费恩曼的讲课和这三本书的起源的说法请参阅这三本书每一本都有的《费恩曼自序》和《前言》,也可参看《费恩曼物理学指导手册》中马修·桑兹的回忆以及1989年戴维·古德斯坦(David Goodstein)和格里·诺格鲍尔(Gerry Neugebauer)撰写的《费恩曼物理学讲义纪念版》特刊前言,它也刊载在2005年限定版中。

** 1975年,他开始审核第3卷中的错误,但被其他事情所分心,因而没有完成这项工作,所以没有作出勘误。

2002年,拉尔夫·莱顿(Ralph Leighton)(已故罗伯特·莱顿的儿子,费恩曼的同胞)告诉我,拉尔夫的朋友迈克尔·戈特里勃(Michael Gottlieb)汇编了老的和长长的新的勘误表。莱顿建议加州理工学院编纂一个改正所有错误的《费恩曼物理学讲义》的新版本,并将他和戈特里勃当时正在编写的新的辅助材料——《费恩曼物理学指导手册》一同出版。

费恩曼是我心目中的英雄,也是亲密的朋友。当我看到勘误表和提交的新的一卷的内容时,我很快就代表加州理工学院(这是费恩曼长时期的学术之家,他、莱顿和桑兹已将《费恩曼物理学讲义》所有的出版权利和责任都委托给她了)同意了。一年半以后,经过戈特里勃细微工作和迈克尔·哈特尔(Micheal Hartl)(一位优秀的加州理工学院博士后工作者,他审校了加上新的一卷的所有的错误)仔细的校阅,《费恩曼物理学讲义》的2005限定版诞生了,其中包括大约200处勘误。同时发行了费恩曼、戈特里勃和莱顿的《费恩曼物理学指导手册》。

我原来以为这一版是"定本"了。出乎我意料的是全世界读者热情响应。戈特里勃呼吁大家鉴别出更多错误,并通过创建的费恩曼讲义网站 www.feynmanlectures.info 提交给他。从那时起的五年内,又提交了965处新发现的错误,这些都是从戈特里勃、哈特尔和纳特·博德(Nate Bode)(一位优秀的加州理工学院研究生,他是继哈特尔之后的加州理工学院的错误检查员)的仔细校对中遗漏的。这些965处被检查出来的错误中80处在《定本》的第四次印刷(2006年8月)中改正了,余下的885处在这一新千年版的第一次印刷中被改正(第1卷中332处,第2卷中263处,第3卷200处)*,这些错误的详情可参看 www.feynmanlectures.info。

显然,使《费恩曼物理学讲义》没有错误已成为全世界的共同事业。我代表加州理工学院感谢2005年以来作了贡献的50位读者以及更多的在以后的年代里会作出贡献的读者。所有贡献者的名字都公示在 www.feynmanlectures.info/flp-errata.html 上。

几乎所有的错误都可分为三种类型:(i)文字中的印刷错误;(ii)公式和图表中的印刷和数学错误——符号错误,错误的数字(例如,应该是4的写成5),缺失下标、求和符号、括号和方程式中一些项;(iii)不正确的章节、表格和图的参见条目。这几种类型的错误虽然对成熟的物理学家来说并不特别严重,但对于初识费恩曼的学生,就可能造成困惑和混淆。

值得注意的是,在我主持下改正的1 165处错误中只有不多几处我确实认为是真正物理上的错误。一个例子是第二卷,5—9页上一句话,现在是"……接地的封闭导体内部没有稳定的电荷分布不会在外部产生[电]场"(在以前的版本中漏掉了接地一词)。这一错误是好些读者都曾向费恩曼指出过的,其中包括威廉和玛丽学院(The College of William and Mary)学生比尤拉·伊丽莎白·柯克斯(Beulah Elizabeth Cox),她在一次考试中依据的是费恩曼的错误的段落。费恩曼在1975年给柯克斯女士的信中写道:"你的导师不给你分数是对的,因为正像他用高斯定律证明的那样,你的答案错了。在科学中你应当相信逻辑和论据、仔细推理而不是权威。你也正确阅读和理解了书本。我犯了一个错误,所以书错了。当时我或许正想着一个接地的导电球体,或别的;使电荷在(导体球)内部各处运动而不影响外部的事物。我不能确定当时是怎样做的。但我错了。你出于信任我也错了。"**

---

* 原版如此。——译者注

** 《与习俗完全合理的背离,理查德·P·费恩曼的信件》288～289页,米歇尔·费恩曼(Michelle Feynman)编,Basic Books,纽约,2005。

这一新千年版是怎样产生的

2005年11月到2006年7月之间，340个错误被提交到费恩曼讲义网站www.feynmanlectures.info。值得注意的是，其中大多数来自鲁道夫·普法伊弗（Rudolf Pfeiffer）博士一个人：当时是奥地利维也纳大学的物理学博士后工作者。出版商艾迪生·卫斯利（Addison Wesley），改正了80处错误，但由于费用的缘故而没有改正更多的错误：由于书是用照相胶印法印刷的，用1960年代版本书页的照相图出版印刷。改正一个错误就要将整个页面重新排字并要保证不产生新的错误，书页要两个不同的人分别各排一页，然后由另外几个人比较和校读。——如果有几百个错误要改正，这确是一项花费巨大的工作。

戈特里勃、普法伊弗和拉尔夫·莱顿对此非常不满意，于是他们制定了一个计划，目的是便于改正所有错误，另一目的是做成电子书的《费恩曼物理学讲义》的加强电子版。2007年，他们将他们的计划向作为加州理工学院的代理人的我提出，我热心而又谨慎。当我知道了更多的细节，包括《加强电子版本》中一章的示范以后，我建议加州理工学院和戈特里勃、普法伊弗及莱顿合作来实现他们的计划。这个计划得到三位前后相继担任加州理工学院物理学、数学和天文学学部主任——汤姆·汤勃列罗（Tom Tomlrello）、安德鲁·兰格（Andrew Lange）和汤姆·索伊弗（Tom Saifer）——的支持；复杂的法律手续及合同细节由加州理工学院的知识产权法律顾问亚当·柯奇伦（Adam Cochran）完成。《新千年版》的出版标示着该计划虽然很复杂但已成功地得到执行。尤其是：

普法伊弗和戈特里勃已将所有三卷《费恩曼物理学讲义》（以及来自费恩曼的课程并收入《费恩曼物理学指导手册》的1 000多道习题）转换成LaTeX。《费恩曼物理学讲义》的图是在书的德文译者亨宁·海因策（Henning Heinze）的指导下，为用于德文版，在印度用现代的电子方法重画的。为了将海因策的插图的非独家使用于新千年英文版，戈特里勃和普法伊弗购买了德文版[奥尔登博（Oldenbourg）出版]的LaTeX方程式的非独家的使用权，普法伊弗和戈特里勃不厌其烦地校对了所有LaTeX文本和方程式以及所有重画的插图，并必要时作了改正。纳特·博德和我代表加州理工学院对课文、方程式和图曾作过抽样调查，值得注意的是，我们没有发现错误。普法伊弗和戈特里勃是惊人的细心和精确。戈特里勃和普法伊弗为约翰·沙利文（John Sullivan）在亨丁顿实验室安排了将费恩曼在1962—1964年黑板照相数字化，以及乔治·布卢迪·奥迪欧（George Blood Audio）将讲课录音磁带数字化——从加州理工学院教授卡弗·米德（Carver Mead）获得财政资助和鼓励，从加州理工学院档案保管员谢利·欧文（Shelly Erwin）处得到后勤支持，并从柯奇伦处得到法律支持。

法律问题是很严肃的。20世纪60年代，加州理工学院特许艾迪生·卫斯利发表印刷版的权利，20世纪90年代，给予分发费恩曼讲课录音和各种电子版的权利。在21世纪初，由于先后取得这些特许证，印刷物的权利转让给了培生（Pearson）出版集团，而录音和电子版转让给珀修斯（Perseus）出版集团。柯奇伦在一位专长于出版的律师艾克·威廉姆斯（Ike Williams）的协助下，成功将所有这些权利和珀修斯结合在一起，使这一新千年版成为可能。

鸣 谢

我代表加州理工学院感谢这许多使这一新千年版成为可能的人们。特别是,我感谢上面提到的关键人物:拉尔夫·莱顿,迈克尔·戈特里勃,汤姆·汤勃列罗,迈克尔·哈特尔,鲁道夫·普法伊弗,亨宁·海因策,亚当·柯奇伦,卡弗·米德,纳特·博德,谢利·欧文,安德鲁·兰格,汤姆·索伊弗,艾克·威廉姆斯以及提交错误的 50 位人士(在 www.feynmanlectures.info 中列出)。我也要感谢米歇尔·费恩曼(Michelle Feynman)(理查德·费恩曼的女儿)始终不断的支持和建议,加州理工学院的艾伦·赖斯(Alan Rice)的幕后帮助和建议,斯蒂芬·普奇吉(Stephan Puchegger)和卡尔文·杰克逊(Calvin Jackson)给普法伊弗从《费恩曼物理学讲义》转为 LaTeX 的帮助和建议。迈克尔·非格尔(Michael Figl)、曼弗雷德·斯莫利克(Manfred Smolik)和安德列斯·斯坦格尔(Andreas Stangl)关于改错的讨论,以及珀修斯的工作人员和(以前版本)艾迪生·卫斯利的工作人员。

基普·S·桑尼(Kip S. Thorne)
荣休理论物理费恩曼教授
加州理工学院
2010 年 10 月

费恩曼自序

这是我前年与去年在加利福尼亚理工学院对一二年级学生讲授物理学的讲义。当然,这本讲义并不是课堂讲授的逐字逐句记录,而是已经经过了编辑加工,有的地方多一些,有的地方少一些。我们的课堂讲授只是整个课程的一部分。全班180个学生每周两次聚集在大教室里听课,然后分成15到20人的小组在助教辅导下进行复习巩固。此外,每周还有一次实验课。

在这些讲授中,我们想要抓住的特殊问题是,要使充满热情而又相当聪明的中学毕业生进入加利福尼亚理工学院后仍旧保持他们的兴趣。他们在进入学院前就听说过不少关于物理学是如何有趣以及如何引人入胜——相对论、量子力学以及其他的新概念。但是,一旦他们学完两年我们以前的那种课程后,许多人就泄气了,因为教给他们意义重大、新颖的现代的物理概念实在太少。他们被安排去学习像斜面、静电学以及诸如此类的内容,两年过去,没什么收获。问题在于,我们是否有可能设置一门课程能够顾全那些比较优秀的、兴致勃勃的学生,使其保持求知热情。

我们所讲授的课程丝毫也不意味着是一门概况性的课程,而是极其严肃的。我想这些课程是对班级中最聪明的学生而讲的,并且可以肯定,这可能是对的,甚至最聪明的学生也无法完全消化讲课中的所有内容——其中加入了除主要讨论的内容之外的有关思想和概念多方面应用的建议。不过,为了这个缘故,我力图使所有的陈述尽可能准确,并在每种场合都指明有关的方程式和概念在物理学的主体中占有什么地位,以及——随着他们学习深入——应怎样作出修正。我还感到,重要的是要向这样的学生指出,他们应能理解——如果他们够聪明的话——哪些是从已学过的内容中推演出来的,哪些是作为新的概念而引进的。当出现新的概念时,假若这些概念是可推演的,我就尽量把它们推演出来,否则就直接说明这是一个新的概念,它根本不能用已学过的东西来阐明,也不可能予以证明,而是直接引进的。

在讲授开始时,我假定学生们在中学已学过一些内容,如几何光学、简单的化学概念,等等。我也看不出有任何理由要按一定的次序来讲授。就是说没有详细讨论某些内容之前,不可以提到这些内容。在讲授中,有许多当时还没有充分讨论过的内容出现。这些内容比较完整的讨论要到以后学生的预备知识更齐全时再进行。电感和能级的概念就是例子,起先,只是以非常定性的方式引入这些概念,后来再进行较全面的讨论。

在针对那些较积极的学生的同时,我也要照顾到另一些学生,对他们来说,这些外加的五彩缤纷的内容和不重要的应用只会使其感到头痛,也根本不能要求他们掌握讲授中的大部分内容。对这些学生而言,我要求他们至少能学到中心内容或材料的脉络。即使他不理解一堂课中的所有内容,我希望他也不要紧张不安。我并不要求他理解所有的内容,只要求他理解核心的和最确切的面貌。当然,对他来说也应当具有一定的理解能力,来领会哪些是主要定理和主要概念,哪些则是更高深的枝节问题和应用,这些要过几年他才会理解。

在讲课过程中有一个严重困难：在课程的讲授过程中一点也没有学生给教师的反馈来指示讲授的效果究竟如何。这的确是一个很严重的困难，我不知道讲课的实际效果的好坏。整个事件实质上是一种实验。假如要再讲一次的话，我将不会按同样的方式去讲——我希望我不会再来一次！然而，我想就物理内容来说，第一年的情形看来还是十分满意的。

但在第二年，我就不那么满意了。课程的第一部分涉及电学和磁学，我想不出什么真正独特的或不同的处理方法；也想不出什么比通常的讲授方式格外引人入胜的方法。因此在讲授电磁学时，我并不认为自己做了很多事情。在第二年末，我原来打算在电磁学后再多讲一些物性方面的内容，主要讨论这样一些内容如基本模式、扩散方程的解、振动系统、正交函数等等，并且阐述通常称为"数学物理方法"的初等部分内容。回顾起来，我想假如再讲一次的话，我会回到原来的想法上去，但由于没有要我再讲这些课程的打算，有人就建议介绍一些量子力学——就是你们将在第 3 卷中见到的——或许是有益的。

显然，主修物理学的学生们可以等到第三年学量子力学。但是，另一方面，有一种说法认为许多听我们课的学生是把学习物理作为他们对其他领域的主要兴趣的背景；而通常处理量子力学的方式对大多数学生来说这些内容几乎是无用的，因为他们必须花费相当长的时间来学习它。然而，在量子力学的实际应用中——特别是较复杂的应用中，如电机工程和化学领域内——微分方程处理方法的全部工具实际上是用不到的。所以，我试图这样来描述量子力学的原理，即不要求学生首先掌握有关偏微分方程的数学。我想，即使对一个物理学家来说，我想试着这样做——按照这种颠倒的方式来介绍量子力学——是一件有趣的事，由于种种理由，这从讲课本身或许会明白。不过我认为，在量子力学方面的尝试不是很成功，这主要是因为在最后我实际上已没有足够的时间（例如，我应该再多讲三四次来比较完整地讨论能带、概率幅的空间的依赖关系等这类问题）。而且，我过去从未以这种方式讲授过这部分课程，因此缺乏来自学生的反馈就尤其严重了。我现在相信，还是应当迟一些讲授量子力学。或许有一天我会有机会再来讲授这部分内容，到那时我将会讲好它。

在这本讲义中没有列入有关解题的内容，这是因为另有辅导课。虽然在第一年中，我的确讲授过三次关于怎样解题的内容，但没有将它们收在这里。此外，还讲过一次惯性导航，应该在转动系统后面，遗憾的是在这里也略去了。第五讲和第六讲实际上是桑兹讲授的，那时我正外出。

当然，问题在于我们这个尝试的效果究竟如何。我个人的看法是悲观的，虽然与学生接触的大部分教师似乎并不都有这种看法。我并不认为自己在对待学生方面做得很出色。当我看到大多数学生在考试中采取的处理问题的方法时，我认为这种方式是失败了。当然，朋友们提醒我，也有一二十个学生——非常出人意外地——几乎理解讲授的全部内容，并且非常积极地攻读有关材料，兴奋地、感兴趣地钻研许多问题。我相信，这些学生现在已具备了一流的物理基础，他们毕竟是我想要培养的学生。但是，"教育之力量鲜见成效，除非施之于天资敏悟者，然若此又实为多余。"[吉本(Gibbon)*]

但是，我并不想使任何一个学生完全落在后面，或许我曾经这样做的。我想，我们能够更好地帮助学生的一个办法是，多花一些精力去编纂一套能够阐明讲课中的某些概念的习题。习题能够充实课堂讲授，使讲过的概念更加实际，更加完整和更加易于牢记。

---

* Edward Gibbon (1737—1794)，英国历史学家。——译者注

然而，我认为要解决这个教育问题就要认识到最佳的教学只有当学生和优秀的教师之间建立起个人的直接关系，在这种情况下，学生可以讨论概念、考虑问题、谈论问题，除此之外，别无他法。仅仅坐在课堂里听课或者只做指定的习题是不可能学到许多东西的。但是，现在我们有这么多学生要教育，因此我们必须尽量找出一种代替理想情况的办法。或许，我的讲义可以作出一些贡献；也许在某些小地方有个别教师和学生会从讲义中受到一些启示或获得某些观念，当他们彻底思考讲授内容，或者进一步发展其中的一些想法时，他们或许会得到乐趣。

R. P. 费恩曼
1963年6月

前　言

本书是根据 R. P. 费恩曼教授在加利福尼亚理工学院 1961—1962 学年所讲物理学导论课编写的，它包括全校一二年级学生念的两年导论课的第一年的内容，在 1962—1963 学年还继续讲授了这门课程的第二年的内容。这些讲授构成四年来对导论课所作的根本性修改的主要部分。

课程要进行彻底的修改，不但是由于近数十年来物理学迅速发展的需要，而且还有鉴于高中数学课内容改进后，入校新生的数学能力有了稳步的提高。我们希望利用有利的条件，并且希望能在课程中介绍足够的现代题材，从而使这门课程能引起学生的注意和兴趣，并能体现出现代物理的状况。

在应当包括哪些内容以及怎样介绍这些内容方面，为了能形成各种想法，我们鼓励物理系的许多教师以提纲的形式对课程的修改提出意见。人们对其中的几种想法进行了详细的讨论和评述。大家几乎立即同意，认为仅仅换一本教科书或者重新写一本教科书，是不可能完成对这门课程的彻底修改的。新的课程应当以每周讲二三次的一系列讲授为中心，而随着课程的进展，相应的教材内容将作为其从属的工作而产生出来，在讲课的同时，也要安排适当的实验来配合讲授内容。据此提出了课程的初步轮廓。但大家也认识到，这是不完全的和试验性的，有待于实际承担讲授工作的人作出相当大的修改。

关于最后究竟以什么方式来实施这门课程，大家考虑过几种方案。这些方案大多类似，由 N 个人进行合作，均匀地分担责任，即每个人负责 1/N 的材料，进行讲授，并使他这部分成文。然而，由于没有足够的教师，同时因为参加者的个性与哲学见解不同，很难保持一致的观点。因此这种方案看来难以实现。

桑兹教授令人鼓舞的想法是他领悟到，我们实际上所拥有的能力不只是可以建立一门新的、不同的物理课程，而且有可能创立一门完全独特的课程。他建议由费恩曼教授来准备和进行讲授，并用磁带录音。再将这些录音抄写出来并加以编辑，就成为新课程的教科书了。我们所采用的基本上就是这样的方案。

起先我们估计必要的编辑工作不会很多，大体上只是一些补充图画、核对标点、语法之类的事，完全可以由一两个研究生花部分时间去完成。遗憾的是我们很快就发现这种估计是不正确的。事实上，即使对题材不进行重新组织或修改（有时这是必要的），只是把逐字逐句的记录改写成可供阅读的形式，就需要相当多的编辑工作。而且，这不是一个技术编辑或一个研究生就能办得了的事，而是需要一位专业物理工作者对每次讲授的内容专心一致地花上 10～20 小时才行！

编辑任务的艰巨，再加上要尽快把材料发给学生，这就大大地限制了对材料所能作出的推敲润色工作。因此，我们只能指望完成一本初步的、但专业上保持正确的、立即可以使用的讲义,而不是一本可视为最终的或完备的讲义。由于本校学生急需的份数较多,同时还由于一些外校师生的鼓励和关心,我们决定不再等待进一步的大量修改——这样的工作也许不会再做——就将这些材料以这种初步的形式出版。我们对内容的完整,文体的流畅或组织的逻辑性都不抱幻想;事实上,我们打算在最近的将来对课程作一些小的修改,并且希望它无论在形式上还是在内容上,都不要停滞不前。

除去构成课程核心部分的讲授外,还有必要向学生提供适当的练习来启发他们的经验和才智,以及提供适当的实验使他们在实验室中能与讲课内容有第一手的接触。这两方面都还没有像讲课内容那样成熟,但也都取得了相当大的进展。在讲授过程中已选编了一些习题,并已进行增补扩充以供下一年使用。然而,我们还不能认为,在应用讲课内容方面,这些习题已具有足够的深度和广度,从而可使学生充分发挥其才智。所以,我们将这本习题集单独出版,以便鼓励经常的修订。

内尔(H. V. Neher)教授为新课程设计了许多新实验。其中有几个实验利用了空气轴承所显示的极低摩擦,例如新的直线气槽,用它可以对一维运动、碰撞和简谐振动作定量测量;利用空气支承、空气驱动的麦克斯韦陀螺可以研究加速转动,回转仪的进动和章动。预计发展新的供实验室用的实验这件事将会持续相当一段时间。

本书的修订计划是在莱顿(R. B. Leighton)、内尔和桑兹(M. Sands)教授指导下进行的。官方参与此计划的有来自物理、数学和天文部门的费恩曼、诺伊格鲍尔(G. Neugebauer)、萨顿(R. M. Sutton)、斯特布勒(H. P. Stabler)、斯特朗(F. Strong)和沃格特(R. Vogt)教授,以及来自工程科学部门的考伊(T. Caughey)、普莱西特(M. Plesset)和威尔茨(C. H. Wilts)教授。深深感谢所有为本书修订计划作出贡献的极有价值的帮助。我们还要特别感谢福特基金会(Ford Foundation)的资助,没有他们的经济资助,本计划是不可能顺利完成的。

R.B. 莱顿
1963 年 7 月

目 录

第1章　原子的运动 …………… 1
- §1-1　引言 …………………………… 1
- §1-2　物质是原子构成的 …………… 2
- §1-3　原子过程 ……………………… 5
- §1-4　化学反应 ……………………… 7

第2章　基本物理 ………………… 11
- §2-1　引言 ……………………………… 11
- §2-2　1920年以前的物理学 ………… 13
- §2-3　量子物理学 …………………… 16
- §2-4　原子核与粒子 ………………… 18

第3章　物理学与其他科学的关系 … 22
- §3-1　引言 ……………………………… 22
- §3-2　化学 ……………………………… 22
- §3-3　生物学 …………………………… 23
- §3-4　天文学 …………………………… 28
- §3-5　地质学 …………………………… 29
- §3-6　心理学 …………………………… 30
- §3-7　情况何以会如此 ………………… 31

第4章　能量守恒 ………………… 33
- §4-1　什么是能量 ……………………… 33
- §4-2　重力势能 ………………………… 34
- §4-3　动能 ……………………………… 38
- §4-4　能量的其他形式 ………………… 39

第5章　时间与距离 ……………… 42
- §5-1　运动 ……………………………… 42
- §5-2　时间 ……………………………… 42
- §5-3　短的时间 ………………………… 43
- §5-4　长的时间 ………………………… 45
- §5-5　时间的单位和标准 ……………… 47
- §5-6　长的距离 ………………………… 47
- §5-7　短的距离 ………………………… 50

第6章　概率 ……………………… 54
- §6-1　机会和可能性 …………………… 54
- §6-2　涨落 ……………………………… 56
- §6-3　无规行走 ………………………… 59
- §6-4　概率分布 ………………………… 62
- §6-5　不确定性原理 …………………… 64

第7章　万有引力理论 …………… 67
- §7-1　行星运动 ………………………… 67
- §7-2　开普勒定律 ……………………… 67
- §7-3　动力学的发展 …………………… 68
- §7-4　牛顿引力定律 …………………… 69
- §7-5　万有引力 ………………………… 72
- §7-6　卡文迪什实验 …………………… 76
- §7-7　什么是引力 ……………………… 77
- §7-8　引力与相对论 …………………… 79

第8章　运动 ……………………… 80
- §8-1　运动的描述 ……………………… 80
- §8-2　速率 ……………………………… 82
- §8-3　速率作为导数 …………………… 85
- §8-4　距离作为积分 …………………… 86
- §8-5　加速度 …………………………… 88

第9章　牛顿的动力学定律 ……… 91
- §9-1　动量和力 ………………………… 91
- §9-2　速率与速度 ……………………… 92
- §9-3　速度、加速度以及力的分量 …… 93
- §9-4　什么是力 ………………………… 94
- §9-5　动力学方程的含义 ……………… 95
- §9-6　方程的数值解 …………………… 95
- §9-7　行星运动 ………………………… 97

第10章　动量守恒 ……………… 102
- §10-1　牛顿第三定律 ………………… 102

§10-2　动量守恒 …………………… 103
§10-3　动量是守恒的 …………………… 105
§10-4　动量和能量 …………………… 108
§10-5　相对论性动量 …………………… 110

第11章　矢量 …………………… 112
§11-1　物理学中的对称性 …………………… 112
§11-2　平移 …………………… 113
§11-3　转动 …………………… 114
§11-4　矢量 …………………… 117
§11-5　矢量代数 …………………… 118
§11-6　牛顿定律的矢量表示法 … 120
§11-7　矢量的标积 …………………… 121

第12章　力的特性 …………………… 124
§12-1　什么是力 …………………… 124
§12-2　摩擦力 …………………… 126
§12-3　分子力 …………………… 129
§12-4　基本力、场 …………………… 130
§12-5　赝力 …………………… 133
§12-6　核力 …………………… 135

第13章　功与势能(上) …………………… 136
§13-1　落体的能量 …………………… 136
§13-2　万有引力所做的功 …………………… 139
§13-3　能量的求和 …………………… 142
§13-4　巨大物体的引力场 …………………… 143

第14章　功与势能(下) …………………… 146
§14-1　功 …………………… 146
§14-2　约束运动 …………………… 147
§14-3　保守力 …………………… 148
§14-4　非保守力 …………………… 151
§14-5　势与场 …………………… 152

第15章　狭义相对论 …………………… 156
§15-1　相对性原理 …………………… 156
§15-2　洛伦兹变换 …………………… 158
§15-3　迈克耳逊-莫雷实验 …………………… 159
§15-4　时间的变换 …………………… 161
§15-5　洛伦兹收缩 …………………… 163
§15-6　同时性 …………………… 163
§15-7　四维矢量 …………………… 164
§15-8　相对论动力学 …………………… 165

§15-9　质能相当性 …………………… 166

第16章　相对论中的能量与动量 …… 168
§16-1　相对论与哲学家 …………………… 168
§16-2　孪生子佯谬 …………………… 170
§16-3　速度的变换 …………………… 171
§16-4　相对论性质量 …………………… 173
§16-5　相对论性能量 …………………… 176

第17章　时空 …………………… 178
§17-1　时空几何学 …………………… 178
§17-2　时空间隔 …………………… 180
§17-3　过去,现在和将来 …………………… 181
§17-4　四维矢量的进一步讨论 … 182
§17-5　四维矢量代数 …………………… 184

第18章　二维空间中的转动 …………………… 187
§18-1　质心 …………………… 187
§18-2　刚体的转动 …………………… 189
§18-3　角动量 …………………… 191
§18-4　角动量守恒 …………………… 193

第19章　质心、转动惯量 …………………… 195
§19-1　质心的性质 …………………… 195
§19-2　质心位置的确定 …………………… 198
§19-3　转动惯量的求法 …………………… 199
§19-4　转动动能 …………………… 201

第20章　空间转动 …………………… 204
§20-1　三维空间中的转矩 …………………… 204
§20-2　用叉积表示的转动方程式 …………………… 208
§20-3　回转仪 …………………… 209
§20-4　固体的角动量 …………………… 211

第21章　谐振子 …………………… 213
§21-1　线性微分方程 …………………… 213
§21-2　谐振子 …………………… 213
§21-3　简谐运动和圆周运动 …………………… 216
§21-4　初始条件 …………………… 217
§21-5　受迫振动 …………………… 218

第22章　代数学 …………………… 220
§22-1　加法和乘法 …………………… 220
§22-2　逆运算 …………………… 221
§22-3　抽象和推广 …………………… 222

§22-4	无理数的近似计算	223
§22-5	复数	226
§22-6	虚指数	229

第23章 共振 231
§23-1	复数和简谐运动	231
§23-2	有阻尼的受迫振子	233
§23-3	电共振	235
§23-4	自然界中的共振现象	237

第24章 瞬变态 242
§24-1	振子的能量	242
§24-2	阻尼振动	244
§24-3	电瞬变态	246

第25章 线性系统及其综述 249
§25-1	线性微分方程	249
§25-2	解的叠加	250
§25-3	线性系统中的振动	253
§25-4	物理学中的类比	255
§25-5	串联和并联阻抗	257

第26章 光学:最短时间原理 259
§26-1	光	259
§26-2	反射与折射	260
§26-3	费马最短时间原理	261
§26-4	费马原理的应用	263
§26-5	费马原理的更精确表述	267
§26-6	最短时间原理是怎样起作用的	268

第27章 几何光学 269
§27-1	引言	269
§27-2	球面的焦距	269
§27-3	透镜的焦距	272
§27-4	放大率	274
§27-5	透镜组	275
§27-6	像差	276
§27-7	分辨本领	276

第28章 电磁辐射 278
§28-1	电磁学	278
§28-2	辐射	280
§28-3	偶极辐射子	282
§28-4	干涉	283

第29章 干涉 285
§29-1	电磁波	285
§29-2	辐射的能量	286
§29-3	正弦波	287
§29-4	两个偶极辐射子	288
§29-5	干涉的数学	290

第30章 衍射 294
§30-1	n 个相同振子的合振幅	294
§30-2	衍射光栅	296
§30-3	光栅的分辨本领	299
§30-4	抛物形天线	300
§30-5	彩色薄膜、晶体	301
§30-6	不透明屏的衍射	302
§30-7	振荡电荷组成的平面所产生的场	304

第31章 折射率的起源 307
§31-1	折射率	307
§31-2	物质引起的场	310
§31-3	色散	312
§31-4	吸收	314
§31-5	电波所携带的能量	315
§31-6	屏的衍射	316

第32章 辐射阻尼、光的散射 318
§32-1	辐射电阻	318
§32-2	能量辐射率	319
§32-3	辐射阻尼	320
§32-4	独立的辐射源	322
§32-5	光的散射	323

第33章 偏振 327
§33-1	光的电矢量	327
§33-2	散射光的偏振性	328
§33-3	双折射	329
§33-4	起偏振器	331
§33-5	旋光性	332
§33-6	反射光的强度	332
§33-7	反常折射	334

第34章 辐射中的相对论性效应 337
| §34-1 | 运动辐射源 | 337 |
| §34-2 | 求"表观"运动 | 338 |

§34-3 同步辐射 …………………… 340
§34-4 宇宙中的同步辐射 ……… 342
§34-5 韧致辐射 …………………… 343
§34-6 多普勒效应 ………………… 343
§34-7 ω, k 四元矢量 ………… 345
§34-8 光行差 ……………………… 347
§34-9 光的动量 …………………… 347

第35章 色视觉 ……………………… 349
§35-1 人眼 ………………………… 349
§35-2 颜色依赖于光的强度 …… 350
§35-3 色感觉的测量 ……………… 352
§35-4 色品图 ……………………… 355
§35-5 色视觉的机制 ……………… 356
§35-6 色视觉的生理化学 ………… 358

第36章 视觉的机制 ………………… 361
§36-1 颜色的感觉 ………………… 361
§36-2 眼睛的生理学 ……………… 363
§36-3 视杆细胞 …………………… 366
§36-4 (昆虫的)复眼 ……………… 367
§36-5 其他的眼睛 ………………… 370
§36-6 视觉的神经学 ……………… 371

第37章 量子行为 …………………… 376
§37-1 原子力学 …………………… 376
§37-2 子弹实验 …………………… 377
§37-3 波的实验 …………………… 378
§37-4 电子的实验 ………………… 380
§37-5 电子波的干涉 ……………… 381
§37-6 追踪电子 …………………… 382
§37-7 量子力学的基本原理 …… 385
§37-8 不确定性原理 ……………… 386

第38章 波动观点与粒子观点的
关系 …………………………… 388
§38-1 概率波幅 …………………… 388
§38-2 位置与动量的测量 ………… 389
§38-3 晶体衍射 …………………… 392
§38-4 原子的大小 ………………… 393
§38-5 能级 ………………………… 395
§38-6 哲学含义 …………………… 396

第39章 气体分子动理论 …………… 399

§39-1 物质的性质 ………………… 399
§39-2 气体的压强 ………………… 400
§39-3 辐射的压缩性 ……………… 404
§39-4 温度和动能 ………………… 405
§39-5 理想气体定律 ……………… 408

第40章 统计力学原理 ……………… 411
§40-1 大气的指数变化律 ………… 411
§40-2 玻尔兹曼定律 ……………… 412
§40-3 液体的蒸发 ………………… 413
§40-4 分子的速率分布 …………… 415
§40-5 气体比热 …………………… 418
§40-6 经典物理的失败 …………… 419

第41章 布朗运动 …………………… 422
§41-1 能量均分 …………………… 422
§41-2 辐射的热平衡 ……………… 424
§41-3 能量均分与量子振子 …… 428
§41-4 无规行走 …………………… 430

第42章 分子动理论的应用 ………… 433
§42-1 蒸发 ………………………… 433
§42-2 热离子发射 ………………… 436
§42-3 热电离 ……………………… 437
§42-4 化学动力学 ………………… 439
§42-5 爱因斯坦辐射律 …………… 440

第43章 扩散 ………………………… 444
§43-1 分子间的碰撞 ……………… 444
§43-2 平均自由程 ………………… 446
§43-3 漂移速率 …………………… 447
§43-4 离子电导率 ………………… 449
§43-5 分子扩散 …………………… 450
§43-6 热导率 ……………………… 453

第44章 热力学定律 ………………… 455
§44-1 热机、第一定律 …………… 455
§44-2 第二定律 …………………… 457
§44-3 可逆机 ……………………… 458
§44-4 理想热机的效率 …………… 461
§44-5 热力学温度 ………………… 463
§44-6 熵 …………………………… 465

第45章 热力学示例 ………………… 469
§45-1 内能 ………………………… 469

§45-2 应用 472
§45-3 克劳修斯-克拉珀龙方程 ... 475

第46章 棘轮和掣爪 479
§46-1 棘轮是怎样工作的 479
§46-2 作为热机的棘轮 480
§46-3 力学中的可逆性 482
§46-4 不可逆性 483
§46-5 序与熵 485

第47章 声、波动方程 488
§47-1 波 488
§47-2 声的传播 490
§47-3 波动方程 491
§47-4 波动方程的解 493
§47-5 声速 494

第48章 拍 496
§48-1 两列波的相加 496
§48-2 拍符和调制 498
§48-3 旁频带 499
§48-4 定域波列 501
§48-5 粒子的概率幅 503
§48-6 三维空间的波 504
§48-7 简正模式 505

第49章 波模 507
§49-1 波的反射 507
§49-2 具有固有频率的约束波 ... 508
§49-3 二维波模 510

§49-4 耦合摆 513
§49-5 线性系统 514

第50章 谐波 516
§50-1 乐音 516
§50-2 傅里叶级数 517
§50-3 音色与谐和 518
§50-4 傅里叶系数 520
§50-5 能量定理 523
§50-6 非线性响应 524

第51章 波 527
§51-1 舷波 527
§51-2 冲击波 528
§51-3 固体中的波 531
§51-4 表面波 534

第52章 物理定律的对称性 538
§52-1 对称操作 538
§52-2 空间与时间的对称性 538
§52-3 对称性与守恒定律 541
§52-4 镜面反射 541
§52-5 极矢量与轴矢量 544
§52-6 哪一只是右手 545
§52-7 宇称不守恒 546
§52-8 反物质 547
§52-9 对称破缺 549

索　引 550
附　录 556

第1章 原子的运动

§1-1 引言

这是一门两学年的物理课程,我们开设这门课程的着眼点是你们,有志成为物理学家的读者们。当然,情况并非一定如此,但是每门学科的教授都是这样设想的!假如你打算成为一名物理学家,就要学习很多东西,因为这是一个200年以来空前蓬勃发展的知识领域。事实上,你会想到,这么多的知识是不可能在四年内学完的,确实不可能,你们还得到研究生院去继续学习。

相当出人意外的是,尽管在这么长时间中做了极其大量的工作,但却有可能把这一大堆成果大大地加以浓缩。这就是说,找到一些概括我们所有知识的定律。不过,即使如此,掌握这些定律也是颇为困难的。因此,在你对科学的这部分与那部分题材之间的关系还没有一个大致的了解之前就让你去钻研这个庞大的课题的话,那就不公平了。根据这一思路,前三章将略述物理学与其他科学的关系、各门学科之间的相互联系以及科学的含义,这有助于你们对本学科产生一种切身的感受。

你们可能会问,在讲授欧几里得几何时,先是陈述公理,然后作出各种各样的推论,那为什么在讲授物理学时不能先直截了当地列出基本定律,然后再就一切可能的情况说明定律的应用呢?(这样一来,如果你不满足于要花四年时间来学习物理,那你是否打算在四分钟内学完它?)我们不能这样做是基于两个理由。第一,我们还不知道所有的基本定律:未知领域的边界在不断地扩展;第二,正确地叙述物理定律要涉及到一些非常陌生的概念,而叙述这些概念又要用到高等数学。因此,即使为了知道词的含义,也需要大量的预备性的训练。的确,那样做是行不通的,我们只能一步一步地来。

大自然整体的每一部分始终只不过是对于整个真理——或者说,对于我们至今所了解的整个真理——的逼近。实际上,人们知道的每件事都只是某种近似,因为我们懂得,到目前为止,我们确实还不知道所有的定律。因此,我们学习一些东西,正是为了要重新忘掉它们,或者更确切地说是为了改正以前对它们的谬见。

科学的原则——或者简直可称为科学的定义为:实验是一切知识的试金石。实验是科学"真理"的唯一鉴定者。但什么是知识的源泉呢?那些要检验的定律又是从何而来的呢?从某种意义上说,实验为我们提供了种种线索,因此可以说是实验本身促成了这些定律的产生。但是,要从这些线索中作出重大的判断,还需要有丰富的想象力去对蕴藏在所有这些线索后面的令人惊讶、简单而又非常奇特的图像进行猜测,然后再用实验来验证我们的猜测究竟对不对。这个想象过程是很艰难的,因此在物理学中有所分工:理论物理学家进行想象、推演和猜测新的定律,但并不做实验;而实验物理学家则进行实验、想象、推演和猜测。

我们说过,大自然的定律是近似的:起先我们找到的是"错"的定律,然后才发现"对"的定律。那么，一个实验怎么可能是"错误"的呢？首先，通常是：仪器上有些毛病，而你又没有注意。但是这种问题是容易确定的，可以通过反复检查。如果不去纠缠在这种次要的问题上，那么实验的结果怎么可能是错误的呢？这只可能是由于不够精确罢了。例如，一个物体的质量似乎是从来不变的：转动的陀螺与静止的陀螺一样重。结果就发现了一条"定律"：质量是个常数，与速率无关。然而现在发现这条"定律"却是不正确的。质量实际上随着速度的增大而增加，但是要速度接近于光速，才会显著增加。正确的定律是：如果一个物体的速率小于 100 mi/s，那么它的质量的变化不超过百万分之一。在这种近似形式下，这就是一条正确的定律。因此，人们可能认为新的定律实际上并没有什么有意义的差别。当然，这可以说对，也可以说不对。对于一般的速率我们当然可以忘掉它，而用简单的质量守恒定律作为一种很好的近似。但是对于高速情况这就不正确了：速率越高，就越不正确。

最后，最有趣的是，就哲学上而言，使用近似的定律是完全错误的。纵然质量的变化只是一点点，我们的整个世界图景也得改变。这是有关在定律后面的哲学或基本观念的一件十分特殊的事。即使是极小的效应，有时在我们的观念上也会引起深刻的变化。

那么，我们应该首先教什么呢？是否应先教那些正确的、陌生的定律以及有关的奇特而困难的观念，例如相对论、四维时空等等之类？还是应先教简单的"质量守恒"定律，即那条虽然只是近似的，但并不包含那种困难的观念的定律？前一条定律比较引人入胜，比较奇特和比较有趣，但是后一条定律在开始时比较容易掌握，它是真正理解前一种观念的第一步。这个问题在物理教学中会一再出现，在不同的时候，我们将要用不同的方式去解决它。但是在每个阶段都值得去弄明白：我们现在所知道的是什么？它的正确性如何？它怎样适应其他各种事情？当我们进一步学习后它会有怎样的变化？

让我们按照我们所理解的当代科学（特别是物理学，但是也包括周围有关的其他科学）的轮廓继续讲下去，这当我们以后专门注意某些特殊问题时，就会对于背景情况有所了解——为什么这些特殊问题是有趣的？它们又是怎样适应整体结构的？

那么，我们世界的总体图像是怎样的呢？

§1-2 物质是原子构成的

假如由于某种大灾难，所有的科学知识都丢失了，只有一句话可传给下一代，那么怎样才能用最少的词汇来传达最多的信息呢？我相信这句话是原子的假设（或者说原子的事实，无论你愿意怎样称呼都行）：所有的物体都是由原子构成的——这些原子是一些小小的粒子，它们一直不停地运动着，当彼此略微离开时相互吸引，当彼此过于挤紧时又互相排斥。只要稍微想一下，你就会发现，在这一句话中包含了大量的有关这个世界的信息。

为了说明原子观念的重要作用，假设有一滴直径为 1/4 in 的水珠，即使我们非常贴近地观察，也只能见到光滑的、连续的水，而没有任何其他东西，并且即使我们用最好的光学显微镜（大致可放大 2 000 倍）把这滴水放大到 40 ft 左右（相当于一个大房间那样大），然后再靠得相当近地去观察，我们所看到的仍然是比较光滑的水，不过到处有一些足球状的东西在来回游动，非常有趣。这些东西是草履虫。你们可能就到此为止，对草履虫以及它的摆动的纤毛和卷曲的身体感到十分好奇。也许除了把草履虫放得更大一些，看看它的内部外，就不再进一步观察了。当然这是生物学的课题，但是现在让我们继续观察下去，再次把水放大

2 000倍,更近地观察水这种物质本身。这时,水滴已放大到有 15 mi 那样大了,如果你再十分贴近地观察,你将看到水中充满了某种不再具有光滑外表的东西,而是有些像从远处看过去挤在足球场上的人群。为了能看出挤满的究竟是些什么东西,我们再把它放大 250 倍后就会看到某种类似于图 1-1 所示的情景。这是放大了 10 亿倍的水的图像,但是在以下这几方面是理想化了的:首先,各种粒子用简单的方式画成有明显的边缘,这是不精确的;其次,为了简便起见,把它们都画成二维的排列,实际上它们当然是在三维空间中运动的。注意在图中有两类"斑点"或圆,它们各表示氧原子(黑色)和氢原子(白色),而每个氧原子有两个氢原子和它连接在一起(一个氧原子与两个氢原子组成的一个小组称为一个分子)。图像中还有一个被理想化的地方是自然界中的真实粒子总是

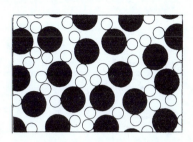

图 1-1　放大 10 亿倍的水

在不停地摇晃跳动,彼此绕来绕去地转着,因而你必须把这幅画面想象成能动的而不是静止的。还有一件不能在图上说明的事实是粒子会"粘在一起"的,它们彼此吸引着,这个被那个拉住等等,可以说,整个一群"胶合在一起"。但同时,这些粒子也不是挤到一块儿,如果你把两个粒子挤得太紧,它们就互相推斥。

原子的半径为 $1\times10^{-8}\sim2\times10^{-8}$ cm,10^{-8} cm 现在称为 1 Å(这只是另一个名称),所以我们说原子的半径为 1~2 Å。另一个记住原子大小的方法是这样的:如果把苹果放到地球那样大,那么苹果中的原子就差不多有原来的苹果那样大。

现在,想象这个大水滴是由所有这些跳动着的粒子一个挨一个地"粘合"起来的,水能保持一定的体积而并不散开,因为它的分子彼此吸引。如果水滴在一个斜面上,它能从一个位置移动到另一个位置。水会流动,但是并不会消失——它们并没有飞逝,因为分子之间有吸引力。这种跳动就是我们所说的热运动。当温度升高时,这种运动就增强了。如果我们加热水滴,跳动就增加,原子之间的空隙也增大。如果继续加热到分子间的引力不足以将彼此拉住时,它们就分开来飞散了。当然,这正是我们从水制取水蒸气的方法——提高温度。粒子由于运动的增强而飞散。

图 1-2 是一幅水蒸气的图像。这张水蒸气图像有一个不足之处:在通常的气压下整个

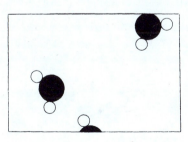

图 1-2　水蒸气

房间里只有少数几个分子。决不可能像在这样一张图像中有三个以上的分子。在大多数情况下,这样大小的方块中可能连一个都不会有——不过碰巧在这张图中有两个半或三个分子(只有这样,图像才不会完全空白的)。现在,比起水来,在水蒸气的情况下,我们可以更清楚地看到水所特有的分子。为了简单起见,将分子画成具有 120°的夹角。实际上,这个角是 105°3′,氢原子中心与氧原子中心之间的距离是 0.957 Å。这样,我们对这个分子了解得已很清楚了。

让我们来看一下,水蒸气或任何其他气体具有一些什么性质。这些气体分子是彼此分离的,它们打在墙上时,会反弹回来。设想在一个房间里有一些网球(100 个左右)不断地来回跳动,当它们打到墙上后,就将墙推离原位(当然,我们必须将墙推回去)。这意味着,气体

施加一个"颤动"的力,而我们粗糙的感官(并没有被我们自己放大 10 亿倍)只感到一个平均的推力。为了把气体限制在一定的范围之内,我们必须施加一个压力。图 1-3 是一个盛气体的标准容器(所有教科书中都有这种图),一个配有活塞的汽缸,由于不论水分子的形状如何,情况都是一样,因此为简单起见,我们把它们画成网球形状或者小黑点,这些东西沿着所有的方向不停地运动着。由于有这么多的气体分子一直在撞击顶端的活塞,因此要使活塞不被这种不断的碰撞逐渐顶出来必须施加一定的力把活塞压下去,这个力称为**压力**(实际上,是压强乘以面积)。很清楚,这个力正比于面积,因为如果我们增大面积而保持每立方厘米内的分子数不变的话,那么分子与活塞碰撞次数增加的比例与面积增加的比例是相同的。

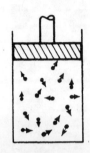

图 1-3

现在,让我们在这个容器内放入 2 倍的分子,以使密度增加 1 倍,同时让它们具有同样的速度,即相同的温度。那么,作为一种很好的近似,碰撞的次数也将增加 1 倍。由于每次碰撞仍然和先前那样"有力",压力就正比于密度。如果我们考虑到原子之间的力的真实性质,那么由于原子之间的吸引,可以预期压力略有减少;而由于原子也占有有限的体积,则可以预期压力略有增加。无论如何,作为一个很好的近似,如果原子较少,密度足够低,那么,压力正比于密度。

我们还可以看一下其他情况。如果提高温度而不改变气体密度,亦即只增加原子的速率,那么在压力上会出现什么情况?当然,原子将撞击得更剧烈一些,因为它们运动得更快一些。此外,它们的碰撞更频繁了,因此压力将增加。你们看,原子理论的概念是多么简单!

我们来考虑另一种情况,假定活塞向下移动,原子就慢慢地被压缩在一个较小的空间里。当原子碰到运动着的活塞时,会发生什么情况呢?很显然,原子由于碰撞而提高了速率。例如,你可以试一下乒乓球从一个朝前运动的球拍弹回来时的情况,你会发现弹回的速率比打到球拍上的速率更大一些(一个特例是:如果一个原子恰好静止不动,那么在活塞碰上它以后,当然就运动了)。这样,原子在弹离活塞时比碰上去之前更"热"。因此所有容器中的分子的速率都提高了。这意味着,当我们缓慢压缩气体时,气体的温度会升高。结果,在缓慢压缩时,气体的温度将升高;而在缓慢膨胀时,气体的温度将降低。

现在回到我们的那滴水珠上去,从另一个角度去观察一下。假定现在降低水滴的温度,假定水的原子、分子的跳动逐渐减小。我们知道在原子之间存在着引力,因而过一会儿,它们就不能再跳得那么厉害了。图 1-4 表示在很低的温度下会出现什么样的情况。这时分子连接成一种新的图像,这就是冰。这个特殊的冰的图像不大正确,因为它只是二维的,但是它在定性上是正确的。有趣的一点是,对于每一个原子,都有它的确定位置。你们可以很容易地设想,如果我们用某种方式使冰粒一端的所有的原子按一定的方式排列,并让每个原子处在一定的位置上,那么由于互相连接的结构很牢固,几英里之外(在我们放大的比例下)的另一端也将有确定的位置。如果我们抓住一根冰棍的一端,另一端就会阻止我们把它拉出去。这种情况不像水那样由于跳动加强以致所有的原子以种种方式到处跑来跑去,因而结构也就被破坏了。固体与液体的差别就在于:在固体中,原子以某种称为晶体阵列的方式排列着,即使在较长的距离上它们的位置也不能杂乱无章。晶体一端的原子位置取决于

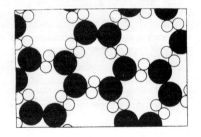

图 1-4 冰

晶体另一端的与之相距千百万个原子的排列位置。图 1-4 是一种虚构的冰的排列状况,它虽然包括了冰的许多正确的特征,但并不是真实的排列情况。正确的特征之一是这里具有一种六边形的对称性。你们可以看到:如果把画面绕一根轴转动 120°的话,它仍然回到原来的形状,因此,在冰里存在着一定的对称性,这说明为什么雪花具有六边形的外表。从图 1-4 中还可以看到为什么冰融解时会缩小。在这里列出的冰的晶体图样中有许多"孔",真实的冰的结构也是如此,在排列打散后,这些孔就可以容纳分子。除了水和活字合金外,许多简单的物质在熔(融)化时都要膨胀,因为在固体的晶体结构中,原子是密集堆积的,而当熔化时,需要有更多的空间供原子活动,但是开放结构则会倒坍,体积反而收缩了,就像水的情况那样。

虽然冰有一种"刚性的"结晶形态,它的温度也会变化——冰也储存热量,如果我们愿意的话,就可以改变热量的储存。对冰来说,这种热量指的是什么呢?冰的原子并不是静止不动的,它们不断地摇晃着、振动着,所以虽然晶体存在着一种确定的次序——一种确定的结构,所有的原子仍都"在适当的位置"上振动,当我们提高温度时,它们振动的幅度就越来越大,直到离开原来的位置为止。我们把这个过程称为熔解。当降低温度时,振动的幅度越来越小,直到绝对零度时原子仍能有最低限度的振动,而不是停止振动。原子所具有的这种最低的振动不足以使物质熔解,只有一个例外,即氦。在温度降低时,氦原子的运动只是尽可能地减弱,但即使在绝对零度时也有足够的运动使之不至于凝固,除非把压力加得这样大,以致将原子都挤在一起。如果我们提高压力,也可以使它凝固。

§1-3 原 子 过 程

关于从原子的观点来描写固体、液体和气体,我们就讲到这里。然而原子的假设也可以描写过程,所以我们现在从原子的观点来考察一些过程。我们要考察的第一个过程与水的表面有关。在水的表面有些什么情况呢?设想水的表面上是空气,现在我们来把图画得更复杂一些——也更实际一些,如图 1-5 所示。我们看到,水分子仍然像先前那样,组成大量的水,但现在还能看到水的表面。在水面上我们发现一些东西:首先,水面上有水的分子,这就是水的蒸汽,在水面上总是有水蒸气的。(在水蒸气与水之间存在着一种平衡,这种平衡我们以后再讲。)此外,我们还发现一些别的分子:这里是两个氧原子彼此结合在一起组成的一个氧分子,那里是两个氮原子结合在一起组成的一个氮分子。空气几乎完全是由氮气、氧气、水蒸气组成的,此外还有少量的二氧化碳、氩气和其他一些气体。所以在水面上的是含有一些水蒸气的气体。那么,在这种情况下会发生什么事呢?水里的分子不断地晃来晃去。有时,在水面上有个别分子碰巧受到比通常情况下更大的冲击而被"踢"出表面。

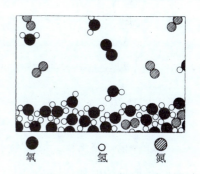

图 1-5 空气中水的蒸发

因为图 1-5 是静止的画面,所以在图上难以看出所发生的事。但是我们可以想象表面附近的某一个分子刚好受到碰撞而飞了出去,或者也许另一个分子也受到碰撞而飞了出去。分子一个接着一个地跑了出去,水就消失了——蒸发了。但是如果把容器盖上,过了一会儿就会发现在空气分子中有大量的水分子。水蒸气的分子不时地飞到水面,又回到水中。结果,我们看到那个看来死气沉沉的、无趣的事情——一杯盖好的可能已放了20年的水——实在包含了一直生气勃勃而有趣的现象。对我们这双肉眼而言,看不出有任何变化,但是如果能放大10亿倍来看的话,就能发现情况一直在变化:一些分子离开水面,另一些分子则回到了水面。

为什么我们看不出变化呢?因为有多少分子离开水面就会有多少分子回到水面!归根到底"没有任何事情发生"。如果现在我们把容器盖打开,使潮湿的空气吹走而代之以干燥空气,那么离开水面的分子数还是如先前那样多,因为这只取决于水分子晃动的程度,但是回到水面的分子数则大大地减少了,因为在水面上的水分子数已极其稀少。因此逸出水面的分子比进入水面的分子多,水就蒸发了。所以,如果你要使水蒸发的话,就打开风扇吧!

这里还有另一件事情:哪些分子会离开?一个分子能离开水面是由于它偶然比通常情况稍微多积累了一些能量,这样才能使它摆脱邻近分子的吸引。结果,由于离开水面的分子带走的能量比平均能量大,留在水中的分子的运动平均起来就比先前减弱。因此液体蒸发时会逐渐冷却。当然,当一个水蒸气分子从空气中跑向水面时,它一靠近水面就要突然受到一个很强的吸引。这就使它进入水中时具有更大的速度,结果就产生热量。所以当水分子离开水面时,它们带走了热量;而当它们回到水面时,则产生了热量。当然,如果不存在净的蒸发现象的话,什么结果也不会发生——水的温度并不改变。如果我们向水面上吹风,使蒸发的分子数一直占优势,水就会冷却。因此,要使汤冷却就得不停地吹!

当然,你们应当了解,刚才所说的那个过程实际上要比我们所指出的更为复杂。不仅水分子进入空气,不时还有氧分子或氮分子跑到水里,"消失"在水分子团中,这样空气就溶解在水中;氧和氮的分子进入水中,水里就有了空气。如果我们突然抽走空气,那么空气分子出来的要比进去的来得快,这样就形成了气泡。你们可能知道,这对潜水员是很不利的。

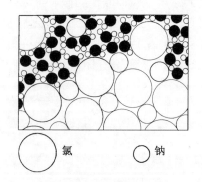

○ 氯　○ 钠

图 1-6 盐在水中的溶解

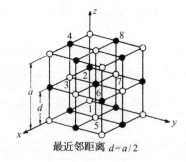

晶体	●	○	a(Å)
岩盐	Na	Cl	5.64
	K	Cl	6.28
钾钠盐	Ag	Cl	5.54
	Mg	O	4.20
方铅矿	Pb	S	5.97
	Pb	Se	6.14
	Pb	Te	6.34

最近邻距离 $d=a/2$

图 1-7

现在我们来考虑另一种过程。在图 1-6 中,我们从原子的观点来看固体在水中溶解。如果我们把结晶盐粒丢入水中,会出现什么情况呢?食盐是一种固体,一种晶体,并且具有"食盐原子"的有规则的排列。图 1-7 是普通食盐——氯化钠的三维结构图。严格地说,这种晶体不是由原子而是由我们所谓的离子构成的!离子就是带有额外电子的原子,或失去一些电子的原子。在食盐晶体中我们发现了氯离子(带有一个额外电子的氯原子)和钠离子(失去一个电子的钠原子)。在固态食盐中,所有的离子都由于电的作用而吸引在一起。但是当我们把食盐投到水里后就会发现,由于带负电的氧和带正电的氢对离子的引力,有一些离子离散了。在图 1-6 中有一个氯离子松开来了,其他的原子则以离子的形式在水中浮动。这张图画得相当仔细。例如,注意水分子中的氢原子一端大多靠近氯离子,而在钠离子周围所见到的大多是氧原子的那一端,因为钠是正的,而水的氧原子一端是负的,它们之间有电的吸引。我们能不能从这幅图画中看出盐究竟是溶解于水中,还是从水中结晶出来?当然,我们看不出来,因为当某些原子离开晶体时,另一些原子又重新聚集到晶体上。整个过程是一个动态过程,犹如蒸发的情况,它取决于水中的盐的含量是超过还是少于形成平衡所需要的数量。所谓平衡我们指的是这种情况,即原子离开晶体的比率正好与回到晶体的比率相同。假如在水中几乎没有什么盐,离开的原子就比回去的原子多,食盐就溶解。但反过来讲,如果水里的"食盐原子"太多,那么回去的就多于离开的,食盐就结晶。

我们顺便说一下,物质的分子这个概念只是近似的,而且只是对某些种类的物质才有意义。很清楚,在水的情况下,三个原子彼此确实粘在一起。但是在固体的氯化钠情况下就不那么明确了。在氯化钠中钠离子和氯离子只是以立方体的形式排列。这里没有一种把它们自然分成"食盐分子"的方式。

现在回到我们的溶解与淀积的讨论上。如果增加食盐溶液的温度,那么原子离开的比率就会增加,而原子回来的比率也会增加。结果是一般很难预言会朝哪一个方向发展,固体溶解得多一些还是少一些。当温度提高时,大多数物质更易溶解,但是某些物质却更不易溶解。

§1-4 化 学 反 应

到现在为止,在我们所描述的一切过程中,原子和离子的伙伴并没有变更,但是当然也有这种情况,原子的组合的确改变了,形成新的分子。图 1-8 就是说明这一情况的。在一个过程中如果原子的伙伴重新排列,我们就称之为化学反应。其他前面所描述的过程称为物理过程,但是两者之间并没有明显的界限(大自然并不关心我们究竟如何去称呼,它只知道不断地进行工作)。图 1-8 表示碳在氧气中的燃烧。在氧气中,两个氧原子紧紧地吸引在一起(为什么不是三个甚至四个吸引在一起?这是此类原子过程的一个很典型的特征。原子是非常特别的:它们喜欢一定的伙伴,一定的方向,等等。物理学的任务就是要分析每一个原子为什么想要它所希望要的东西。无论如何,两个氧原子形成了一个饱和的、适宜的分子)。

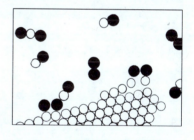

图 1-8　碳在氧气中的燃烧

这些碳原子应该处于固态晶体之中(可以是石墨,也可以是金刚石*)。现在,比如说有一个氧分子跑到碳这边来,每个氧原子可以抓住一个碳原子而以一种新的组合——"碳-氧"——一起飞走,这就是所谓的一氧化碳气体分子,它的化学名称是 CO。这种气体分子很简单:字母"CO"实际上就是这个分子的一个画像。但是碳吸引氧的能力比氧吸引氧或者碳吸引碳的能力更大。因此,在这个过程中氧原子可能在到达时只带有一点点能量,但是氧和碳的结合却是非常彻底而剧烈的,所有靠近它们的原子都吸收能量。于是就产

---

* 金刚石在空气中也可以燃烧。

生了大量的分子运动的能量——动能。当然,这就是燃烧。我们从氧和碳的结合得到了热量。这种热量通常是以热气体的分子运动的形式存在的,但是在某些情况下,由于热量非常大而发出了光。这就是产生火焰的过程。

此外,一氧化碳分子并不感到满足。它可能再缚住另一个氧原子,因此,可能出现远为复杂的反应:氧与碳会结合起来,同时偶而又与一氧化碳分子碰撞。于是一个氧原子可能结合到一个一氧化碳分子上,最终形成另一个分子,它包含一个碳原子和两个氧原子,称为二氧化碳,并以 CO_2 表示。假如我们以很快的速度在很少的氧气中燃烧碳的话(例如,在汽车引擎中,爆炸是如此迅速,以致没有时间形成二氧化碳)就形成了大量的一氧化碳。在许多这种重新排列的过程中,大量的能量被释放出来,依反应条件的不同而形成爆炸、火焰等。化学家研究了这些原子的排列情况,发现每一种物质都是某种类型的原子的排列。

为了说明这个概念,我们来考虑另一个例子。如果我们走到一个紫罗兰花圃里去,我们知道那是一种什么香气。这是某种分子或者说原子排列钻进了我们的鼻子。首先,这种分子是怎样钻进来的呢?这很容易。假如香气是飘浮在空气中的某种分子,它们就会到处晃动,四面八方地撞来撞去,很可能偶尔钻进了我们的鼻子。可以肯定,分子并不想特别进入我们的嗅觉器官。在挤成一堆的分子中,大家都无目的地到处徘徊,而碰巧有一些分子却发现自己原来已到达人的鼻子中了。

现在,化学家可以取一些像紫罗兰香气这样特殊的分子进行分析,然后告诉我们原子在空间的精确排列。我们知道二氧化碳分子的结构是简单而对称的:O—C—O(这也很容易用物理方法来确定)。然而,即使对化学中那些非常复杂的原子排列,人们也可以通过长期的、卓越的探索工作来查明其排列方式。图 1-9 是空气中紫罗兰香气图。我们再一次发现有氮、氧以及水蒸气(为什么这儿有水蒸气?因为紫罗兰是湿的。所有的植物都会蒸发水气)。然而,我们还看到一个由碳原子、氧原子及氢原子组成的"怪物",它也选择了一种特殊的排列形式。这种形式比二氧化碳的排列远为复杂,事实上,它是一种极为复杂的排列。遗憾的是,我们无法画出所有那些在化学上已确实知道的情况,因为所有的原子的精确排列都是三维的,而我们的画面只能是二维的。六个碳原子组成了一个环,但它不是扁平的,而是一种"皱褶"的环。环的所有角度和间距都已知道。所以一个化学式只是这样的分子的一个画像。当一位化学家把它写在黑板上时,粗略地说,他是在二维空间里"画"图。比如,我们见到六个碳原子组成的一个"环",在一个端点还悬挂着一条碳"链",链的第二个端点的碳上有一个氧原子,还有三个氢原子连在那个碳原子上,两个氢原子和三个碳原子竖在这儿,等等。

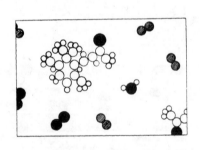

图 1-9 空气中的紫罗兰香气分子

化学家是怎样发现这种排列的呢?他把几瓶东西混合起来,如果变红了,就说明,在某处有两个碳原子与一个氧原子联结在一起;如果变蓝了,就说明根本不是那么一回事。这是所做过的最奇妙的探索工作之一——有机化学。为了发现极其复杂的阵列中的原子排列,化学家观察两种不同的物质混合后究竟会发生什么事?当化学家描述原子的排列时,物理学家从来不怎么相信化学家了解他在谈论的是什么。大约在 20 年前就能在某些情况下用物理方法来研究这些分子的排列(不完全像我们这个分子那样复杂,只包括了它的一部分),而且能通过测量而不是观察颜色来确定每个原子的位置,嗨!你瞧!化学家几乎总是正确的。

结果,实际上紫罗兰的香气里有三种略为不同的分子,其差别仅在于氢原子的排列不同。

化学的一个任务是给物质命名,从而使我们知道它是什么。给这种形状起个名字看看。这个名称不仅要表明形状,而且还要说出这里是一个氧原子,那里是一个氢原子——确切地说出每个原子的名称和位置。所以我们可以设想,为了全面起见,化学名称一定是十分复杂的。你们看!这个东西的比较完整的名称是 4-(2,2,3,6-四甲基-5-环己烯基)-3-丁烯-2-酮,它告诉你这样东西的结构,还告诉你这就是它的排列方式。我们可以意识到化学家所遇到的困难,也懂得这样长的命名的理由。化学家们并不想把名称搞得这样晦涩难解,但在试图用词汇来描写分子时,他们却遇到了非常棘手的问题!

图 1-10 是 α-鸢尾酮香料的分子结构图。

我们怎么知道存在着原子呢?可以用上面提到过的一种技巧:我们假设存在着原子,而一个又一个的结果与我们的预言相符合,如果事物真是由原子组成的话,它们就应当如此。此外,也多少有点更为直接的证据,下面就是一个很好的例子。由于原子是如此之小,你用光学显微镜观察不到它,事实上,即使用电子显微镜也不行(用光学显微镜,你们只能看到大得多的东西)。要是原子一直在运动,比如水中的原子,那么如果我们把某种较大的球放到水中去,这个比原子大得多的球就会晃来晃去——就像玩球时,一个很大的球被许多人打来打去一样。人们向各个方向推球,结果球在场地上作不规则的运动。同样,"大球"也将运动,因为它在各方面受到的碰撞不等,在各个时刻受到的碰撞也不等。因此,如果我们用很好的显微镜观察水中很小的粒子(胶粒),就能看到微粒在不停地跳动,这是原子碰撞的结果。这种运动称为布朗运动。

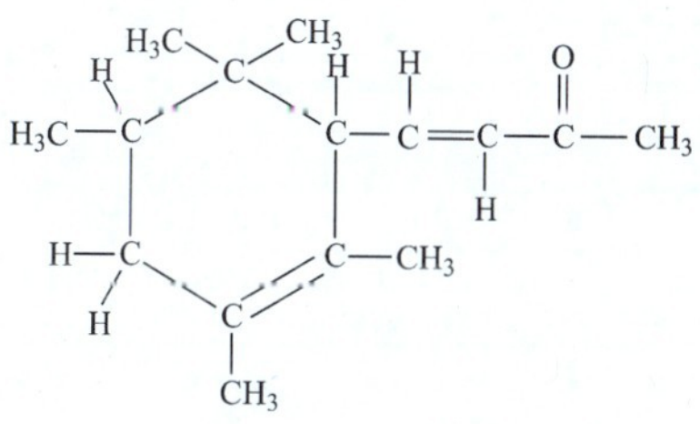

图 1-10 紫罗兰香 α-鸢尾酮香料的分子结构图

我们在晶体结构上也可看到进一步的证据。在许多情况下,由 X 射线分析推断出的结构在空间"形状"上与自然界中的晶体实际上显示出来的形状相符合。实际晶体的各个"面"之间的夹角,与从晶体是由多"层"原子构成的假设推断出来的角度之差在秒以下。

一切都由原子构成。这就是关键性的假设。例如,在整个生物学中最重要的假设是:动物所做的每件事都是原子做的。换句话说:没有一件生物所做的事不能从这些生物是用服从物理定律的运动原子组成的这个观点来加以理解。这在开始时并没有认识到:提出这种假设需要做一些实验与推理。但现在它已被接受了,它是在生物学领域内产生新观念的最有用的理论。

如果一块由一个挨一个的原子组成的钢或盐可以具有这种有趣的性质;如果水——它只不过是些小滴,地球上到处都有——可以形成波浪和泡沫,这些波浪冲向水泥堤岸时会产生冲击声和奇妙的浪花;如果一流细水永远只能是一堆原子,那么还会有什么呢?假设我们不是把原子排成确定的样式,再三重复,不断反复,或者甚至形成像紫罗兰香气那样复杂的东西,而是制造出一种各处都不相同的排列:不同的原子以不同的方式配置,不断改变,从不重复,那么事情会变得更加不可思议吗?——那个在你面前走来走去与你攀谈的东西可能是一大群排列得非常复杂的原子吗?这个东西的彻底复杂性可能动摇你对它产生一些什么想象吗?当我们说,我们是一堆原子,这并不意味着我们只是一堆原子,当你站在镜子面前,你就能在镜子里看到,一堆并非简单地一个一个重复排列的原子所组成的东西将会具有何等丰富而生动的内容!

第2章 基本物理

§2-1 引　　言

在本章中我们将考察有关物理学的最基本观念,即我们在目前所知道的事物的本性。这里将不去论及我们如何知道所有这些观念是正确的那个认识过程,你们在适当的时候会学习到这些具体的细节。

我们在科学上所关心的事物具有无数的形式和许多属性。举例来说,假如我们站在岸边眺望大海,将会看到:这里有海水、拍击的浪花、飞溅的泡沫以及汹涌的波浪,还有太阳、光线、蔚蓝的天空、白云以及空气的流动——风;在海边有沙粒,不同色纹和硬度的岩石;在海里浮游着生物,此生彼灭;最后,还有我们这些站在海岸边的观察者;甚至还有幸福和怀念。在自然界的其他场合,也同样出现种种纷繁复杂的事物和影响。无论在哪里,到处都是这样错综复杂和变化无穷。好奇心驱使我们提出问题,把事物联系起来,而将它们的种种表现理解为或许是由较少量的基本事物和相互作用以无穷多的方式组合后所产生的结果。

例如,沙粒和岩石是两回事吗?也许沙粒只不过是大量的细小石块?月亮是不是一块巨大的岩石呢?如果我们了解岩石,是否就能了解沙粒和月亮呢?风是否与海洋中的水流相类似,就是一种空气的流动?不同的运动有什么共同特征?不同的声音有什么相似之处?究竟有多少种颜色?等等。我们就是试图这样逐步分析所有的事情,把那些乍看起来似乎不相同的东西联系起来,希望有可能减少不同类事物的数目,从而能更好地理解它们。

几百年以前,人们想出了一种部分解答这类问题的方法,那就是:观察、推理和实验,这些内容构成了通常所说的科学方法。在这里,我们将只限于对那些有时称为基础物理中的基本观点,或者在科学方法的应用中形成的基本概念作一描述。

现在我们要问:所谓"理解"某种事情指的是什么意思?可以作一想象:组成这个"世界"的运动物体的复杂排列似乎有点像是天神们所下的一盘伟大的国际象棋,我们则是这盘棋的观众。我们不知道弈棋的规则,所有能做的事就是观看这场棋赛。当然,假如我们观看了足够长的时间,总归能看出几条规则来。这些弈棋规则就是我们所说的基础物理。但是,即使我们知道了每条规则,仍然可能不理解为什么下棋时要走某一步棋,这仅仅是因为情况太复杂了,而我们的智力却是有限的。如果你们会下棋,就一定知道,学会所有的规则是容易的,但要选择最好的一着棋,或者要弄懂别人为什么走这一着棋往往就很困难了。在自然界里,情况也正是如此,而且只会更难一些。但是,至少我们能发现所有的规则。实际上我们今天还没有找到所有规则(时而还会出现弈棋中"王车易位"之类的令人费解的情况)。除了我们还不知道所有的规则以外,我们真正能用已知规则来解释的事情也是非常有限的,因为几乎所有的情况都是极其复杂的,我们不能领会这盘棋中应用这些规则的走法,更无法预言下一步将要怎样。所以,我们必须使自己只限于这种游戏规则的比较基本的问题。如果我们知道了这些规则,就认为"理解"了世界。

如果我们不能很好地分析这盘象棋游戏,那么又怎样来辨别我们"猜测"出的规则实际上是否正确呢?大致地讲,可以有三种办法。第一,可能有这种情况:大自然安排得,或者说我们将大自然安排得十分简单,只有少数几个组成部分,从而使我们能够正确地预测将要发生的事。在这种情况下,我们就能检验我们的规则是怎样起作用的(在棋盘角落里可能只有少数几个棋子在移动,所以我们能够正确地解决)。

第二种检验规则的好办法是,利用那些由已知规则推导出来的较一般性的法则来检验已知规则本身。比如,象在棋盘中移动的规则是只许走对角线,因而我们可以推断,无论象走了多少步,它总是出现在红方块里。这样,即使不能领会细节,我们也总能检验有关象的走法的概念,只要弄清楚它是否一直在红方块里。当然,在相当长的时间里,它都将如此,直到突然发现它出现在黑方块里(显然,这时发生的情况是这个象被俘获了,另一个卒走过来成为皇后,红方块的象就变成黑方块的象)。这也就是物理学中出现的情况,即使我们不能领会其中的细节,但是在相当长的时期内我们仍有在各方面都很好地起作用的规则;但是在某个时候,我们又会发现新的规则。从基本物理的观点来看,最有趣的现象当然是在那些新的场合——那些已知规则行不通的场合中所出现的现象,而不是在原有规则行得通的地方发生的现象!这是我们发现新规则的一条途径。

第三种鉴别我们的观念是否正确的方法比较粗糙,但或许是所有方法中最为有效的,这就是用粗略的近似方法来加以辨别。我们可能说不出为什么阿莱克因(Alekhine)*要走这步棋,但是我们或许能大致认为他或多或少地在调集一些棋子到王的周围来保护它。因为这是在这种情况下明摆着的事。同样,根据我们对这盘棋的理解,即使不能看出每一步棋的作用,也常常能对自然界多少有所理解。

人们首先把自然界中的现象大致分为几类,如热、电、力学、磁、物性、化学、光或光学、X射线、核物理、引力、介子等等现象。然而,这样做的目的是将整个自然界看作是一系列现象的许多不同侧面。这就是今天基础理论物理面临的问题:发现隐匿在实验后的定律;把各类现象综合起来。在历史上,人们总能做到这一点,但随着时间的推移,新的事实发现了;我们曾经将现象综合得很好,突然,发现了 X 射线,随后我们又融合了更多事实,但是又发现了介子。因此,在弈棋的任何一个阶段,看起来总是相当凌乱。大量事实被归并了,但总还有许多线索向一切方向延伸出去。这就是今天的状况,也就是我们将试图去描绘的现状。

历史上出现过的若干进行综合的情况有如下几个。首先,是热与力学的综合。当原子运动时,运动得越是剧烈,系统所包含的热量就越多,因此,热和所有的温度效应可以用力学定律来说明。另一个巨大的综合是发现了电、磁、光之间的联系,从而知道它们是同一个事物的不同方面,即今天我们称为电磁场的那个东西的不同表现。还有一个综合是把化学现象、各种物质的各种性质以及原子的行为统一起来,这就是量子化学的内容。

显然,现在的问题是:能不能继续把所有事情都综合起来,并且发现整个世界只是体现了一件事情的种种不同方面?无人知道答案如何。我们所知道的只是:这样做下去时,我们发现可以综合一些事实,随后又发觉出现了一些不能综合的事实。我们继续尝试这种拼图游戏。至于是否只有有限数量的棋子,甚至这场拼图游戏是否有底,当然不知道。除非有那

---

* 世界著名弈棋名手,系国际象棋特级大师,曾多次获得国际象棋世界冠军。——译者注

么一天终于把图拼成了,否则我们就永远不会知道事情的究竟。在这里我们要做的是,看看哪种综合已进行到什么程度,在借助于最少的一组原理来理解基本现象方面,现状又是如何。简言之,事物是用什么构成的? 总共存在多少基本元素?

§2-2 1920年以前的物理学

一开始就从现在的观点讲起是有点困难的,所以让我们先来看一下在1920年左右人们是怎样看待世界的,然后再从这幅图像中挑出几件事情来。在1920年以前,我们的世界图像大致是这样的:宇宙活动的"舞台"是欧几里得所描绘的三维几何空间,一切事物在被称为时间的一种介质里变化,舞台上的基本元素是粒子,例如原子,它们具有某些特性。首先它具有惯性:如果一个粒子正在运动,它将沿着同一方向继续运动下去,除非有力作用其上。此外,第二个基本元素就是力,当时认为共有两类力。第一类力是一种极其复杂细致的相互作用,它们以复杂的方式将各种各样的原子约束在不同的组合之中,它们决定当温度升高时食盐是溶解得快些还是慢些;另一类已知的力是一种长程的相互作用,它是与距离平方成反比而变化的平缓的吸引力,称为万有引力。这条定律已为我们所知,它是很简单的。当然,为什么物体的运动一经开始就能保持下去,或者为什么存在一条万有引力定律,我们则不清楚。

对自然的描述正是我们在这里要关心的。从这个观点出发,气体以及实际上所有的物质都是无数运动着的原子。这样我们站在海边所见到的许多东西马上可以联系起来了。首先是压力,它来自原子与壁或者某个东西的碰撞;如果原子的运动平均而言都沿着一个方向,这种原子的漂移运动就是风;而无规则的内部运动就是热。某个地方有过多的原子集结在一起时,就形成过剩密度的波,当波前进时,把成堆的原子推向更远的地方,等等。这种过剩密度的波就是声波。能够理解这么多事情的确是惊人的成就。在前一章里我们已经说明过一些这样的事情。

粒子有哪些种类? 在当时认为有92种。那时已发现有92种不同的原子,各按其化学性质而被赋予不同的名称。

其次的问题是,"短程力"是什么? 为什么碳吸引一个(有时两个)而不是三个氧? 原子间的相互作用的机制是什么? 是万有引力吗? 答案是否定的。万有引力实在太弱了。于是让我们来设想一种类似于万有引力那样的与距离平方成反比的力,不过它在强度上远远超过前者,此外还有一个差别:在重力作用下,每个物体彼此吸引,但现在我们设想有两类"东西",而这种新的力(当然就是所谓电力)具有同类相斥而异类相吸的特性。具有这样强的作用的"东西"就称为电荷。

那么,我们会得到什么结果呢? 假定我们有两个异类电荷,一正一负,并且彼此十分靠近。现在,在若干距离之外,还有另一个电荷。它会感到吸引吗? 实际上它几乎不会感到什么作用,因为如果前两个电荷的大小相等,来自一个电荷的吸引被来自另一个电荷的排斥所抵消,所以,在任何可估计的距离上只有很小的一点作用力。另一方面,如果我们使第三个电荷非常靠近前两个时,就会发生吸引作用。因为同类电荷的斥力与异类电荷的引力倾向于使异类电荷靠近而使同类电荷远离。这样,排斥作用就将小于吸引作用。这就是为什么由正、负电荷组成的原子相互离开较远时只感受到很小一点作用力(重力除外),而当它们彼此靠近时,就能够互相"看到内部"而重新安排其电荷,结果产生极强的相互作用的原因。原子间作用力的最终基础是电的作用。由于这种力是如此巨大,以致所有正的与负的电荷通常都以尽可能紧密的方式结合在一起。所有的事物,甚至我们自己,都由极精细的和彼此强烈作用着的正、负微粒所组成,所有正的微粒与所有负的微粒正好抵消。有时,碰巧我们"擦"去了一些负电荷或正电荷(通常擦去负电荷较为容易),在这种情况下将会发现电力不再平衡,于是就能看到电的吸引作用。

为了对电力作用究竟比引力作用大多少有个概念,我们举出大小为 1 mm,相距为 30 m 的两粒沙子为例。假如它们之间的作用力没有抵消,每个电荷都吸引所有其他电荷而不考虑同类电荷间的斥力,那么,两颗沙粒之间的作用力会有多大呢?两者间将会产生 3×10^6 t 的力!你瞧,只要正电荷或负电荷的数目有一点点极小的过剩或欠缺,就足以产生可观的电效应。当然,这就是你们为什么不能看出带电体与非带电体之间的差别的原因——所牵涉的粒子数目少得无论在物体的重量上或者形状上都很难造成什么差别。

有了这样的图像,对原子就比较容易理解了。人们认为原子的中心是一个带正电的质量甚大的"原子核",核周围围绕着一定数量的很轻而带有负电的"电子"。让我们稍稍超前一点提一下:在原子核里也发现了两类粒子——质子和中子,它们的重量几乎相同,并且十分重。质子带正电,中子则呈中性。如果我们有一个原子,其核内有六个质子,从而四周环绕着六个电子(在通常的物质世界中负粒子都是电子,与组成原子核的质子和中子相比,它们是很轻的),在化学周期表上这个原子的序数是 6,名称是碳。原子序数为 8 的物质叫做氧,等等。因为化学性质取决于核外的电子,实际上它只取决于核外有多少个电子,所以一种物质的化学性质只由电子的数目所决定(化学家的全部元素的名称实际上可以用 1,2,3,4,5,等等编号来称呼)。我们可以说"元素 6",表示六个电子,以代替"碳"这个名称。当然,在先前发现元素时,人们并不知道它们可以用这种方式来编号。此外,这又会使事情复杂化,因此,宁可对这些元素定一个名称和符号,这比用编号来称呼元素来得更好。

关于电的作用人们还发现了更多事情。对电相互作用的自然解释是,两个物体简单地互相吸引:正的吸引负的。然而后来发现用这种观点来描述电的相互作用并不妥当。更合适的描述这种情况的观点是:在某种意义上,正电荷的存在使空间的"状况"发生畸变,或者说在空间造成了一种"状况"。于是当我们将负电荷放到这个空间里后,它就会感受到一个作用力。这种产生力的潜在可能性就叫做电场。当把一个电子放入电场时,我们就说它受到"拉曳"。于是我们就有了两条规则:(1)电荷产生电场;(2)电荷在电场中会受到力的作用而运动。如果我们讨论下述现象的话,建立这两条规则的理由就清楚了:假如我们使某物体(比方说梳子)带电,然后把一张带电的纸片放在一定距离之外,当我们来回移动梳子时,纸片就会有反应,并且总是指向梳子。如果我们使梳子晃动得快些,就会发现纸片的运动有一点滞后,即作用有所延迟(起先,当我们相当慢地晃动梳子时,我们发现一种错综复杂的现象,这就是磁。磁的影响与作相对运动的电荷有关,所以磁力和电的作用力实际上可以归之于一个场,就像同一件事的两个不同的方面。变化的电场不能离开磁而存在)。假如我们把纸片移得更远,滞后就更大,这时能观察到一件有趣的事:虽然两个带电体之间的作用力应当与距离平方成反比,但是我们发现,当摇动一个电荷时,电作用的影响范围要比起初所猜想的大得多。这就是说,作用的减弱要比反平方的规则来得慢。

这里有一个类比:如果我们在水池里,而在近处漂浮着一个软木塞,我们可以用另一个软木塞划水来"直接"移动那个木塞。如果现在你只注意两个软木塞,你能看到的将是一个立即响应另一个的运动——在软木塞之间存在着某种"相互作用"。当然,我们实际上所做的只是搅动了水；然后水又去扰动另一个木塞。于是我们就能提出一条"定律"：如果稍微划一下水，那么水中附近的物体就会移动。当然，假若第二个软木塞离得较远，则它将几乎不动，因为我们只是局部地搅动水。另一方面，假如我们晃动木塞，就会产生一个新的现象，即这部分水推动了那部分水，等等，于是波就传播开去，这样，由于晃动，就有一种波及十分远的影响和一种振荡的影响，这是无法用直接相互作用来理解的。所以那种直接作用的概念必须用水的存在来代替，或者，对于电的情形，用我们所谓的电磁场来代替。

电磁场能传送各种波，其中的一些就是光波，另一些波用在无线电广播里，但它们的总名称是电磁波。这些振荡的波可以有各种频率，一种波和另一种波之间的唯一的真正差别只是振荡的频率。假如我们越来越快地来回晃动电荷，并且注视着所产生的效应时，我们将得到一系列不同的效应，只要用一个数，即每秒钟振荡的次数，就能把这些效应统一起来。通常在我们住房墙上电路里流动的电流所产生的扰动约为 100 Hz。如果我们把频率提高到 500 kHz 或 1 000 kHz，我们就"在空气中了"*，因为这正是无线电广播所用的频率范围（当然，广播与空气毫无关系！没有任何空气也能进行广播）。假如再提高频率，那么就进入调频广播和电视所用的波段。再上去，我们使用一种极短的波，比如雷达所用的波。频率再增高，我们就无需用仪器来"看"这种波了，而用眼睛就能够看到它。在频率范围为 $5\times10^{14} \sim 5\times10^{15}$ Hz 的时候，只要有可能使带电的梳子晃动得这样快，我们的眼睛就能见到带电梳子的振动，像红光、蓝光或紫光，视振动的频率而定。低于上述频率范围的称为红外，高于此范围的称为紫外。从物理学家的观点来看，我们能看见某种频率范围的波这个事实并不使这一部分电磁波谱比其他部分有什么更令人注意的地方，但是从人类的观点来看，这当然是更有趣的。如果我们把频率提得更高，于是就得到 X 射线。X 射线不是别的，只是频率极高的光而已。如果再提高频率，就得到 γ 射线。X 射线与 γ 射线这两个名称在使用时几乎是同义的，通常将原子核发出的电磁射线称为 γ 射线，而从原子中发出的这种高能的电磁射线就称为 X 射线。但是不论它们的起源如何，当频率相同时，它们在物理上是无法区别的。如果我们进到更高的频率，比如说 10^{24} Hz，我们发现可以人工制造这样的波，例如用加利福尼亚理工学院的同步加速器。我们还可以在宇宙线里发现频率出奇的高的电磁波——具有甚至比它还快 1 000 倍的振荡，而这些波目前还不能由我们来控制。

表 2-1　电磁波谱

频率(Hz)	名　　称	大略行为
10^2	电扰动	场
$5\times10^5 \sim 5\times10^6$	无线电广播	
10^8	FM—TV	
10^{10}	雷达	波
$5\times10^{14} \sim 5\times10^{15}$	可见光	
10^{18}	X 射线	
10^{21}	γ 射线(核)	
10^{24}	γ 射线("人造")	粒子
10^{27}	γ 射线(宇宙线中)	

---

* 原文为"On the air"，直译为"在空气中"，亦作电台"正在广播"解，作者在这里用的是双关语，故有下文的"广播与空气毫无关系"。——译者注

§2-3 量子物理学

说明了电磁场概念和电磁场能传送波后,我们很快就认识到,这些波的行为实际上十分奇怪,看起来完全不像波。在频率较高时它们的行为更像粒子!正是在1920年后发展起来的量子力学解释了这种奇怪的行为。在1920年之前,爱因斯坦就已改变了把空间看作是三维空间,把时间看成单独存在的这种图像。他首先把它们组合在一起,并且称之为时空,然后又进一步用弯曲的时空来描绘万有引力,这样,"舞台"就变为时空,而万有引力则大概是时空的一种调整。以后,人们又发现有关原子运动的规则也是有问题的:在原子世界中,"惯性"与"力"的力学法则是不正确的——牛顿定律已不再成立。人们发现小尺度范围内事物的行为与大尺度范围内事物的行为没有任何相似之处。这给物理学造成困难——但又十分有趣。之所以困难,是由于事物在小尺度范围内的表现如此"反常",我们对之没有直接的经验。在这里,事物的表现完全不像我们所知道的任何事情,因而除了用解析的方式,用任何其他方法都不可能描写这种特性。这的确是困难的,需要作大量的想象。

量子力学有许多观点。首先,一个粒子既有确定的位置也有确定的速度这种概念已被抛弃,那是不正确的想法。表明经典物理是怎样不正确的一个例子是,在量子力学中有这样一条定则:不可能既知道某个粒子在什么地方,又知道它运动得多快。动量的不确定性与位置的不确定性是并协的,两者的乘积是常数。我们可以把这条定律写成 $\Delta x \Delta p \geqslant h/2\pi$,在以后将会更详尽地解释它。这条定则解释了这样一个十分神秘的佯谬:如果原子是由正负电荷所构成,那么为什么负电荷不是简单地位于正电荷的顶端(它们彼此是吸引的),从而彼此靠拢以至于完全抵消?为什么原子这么大?为什么原子核在中心,而其周围环绕着一些电子?起先曾认为原子核很大,但事实并非如此,它是非常小的。一个原子的直径约为 10^{-8} cm,一个原子核的直径约为 10^{-13} cm。如果我们有一个原子,为了看到原子核,就要把整个原子放大到一个大房间那样大,这时原子核才是一个刚刚可以用眼睛分辨出来的斑点,但是原子的几乎所有重量都集中在这个无比小的原子核上。是什么原因使电子没有直接落入原子核呢?正是由于上述的原理。如果电子在原子核里出现,我们就会精确地知道它们的位置,而不确定性原理则要求它们具有很大的(不过是不确定的)动量,即很大的动能。电子具有这样大的能量就要脱离原子核。然而这些电子作出了让步:由于不确定性,它们为自己留下一个狭小的空间,于是以由这个定则所决定的最小的运动晃动着(记得我们曾经说过,当晶体冷却到绝对零度时,原子并没有停止运动,它们仍然在晃动,为什么?如果它们停止运动,我们就能知道它们在什么地方,而且它们不运动,这就违反了不确定性原理:我们不能既知道它们在哪里,又知道它们以什么速度运动,所以它们必须在那里不断地摆动)。

另一个由量子力学带来的在科学的观念和哲学方面最有趣的变化是,在任何情形下要精确地预言会发生什么事都是不可能的。比如我们有可能使一个原子处于准备发光的状态,在原子发光时,可以利用探测光子的方法进行测量(这一点我们马上就要讲的),但是,我们无法预计它将在什么时候发光,或者在有几个原子的情况下,究竟哪一个原子将发光。你们可能说,这是由于某种我们还没有足够仔细观察过的内部"转轮"在起作用。然而,这里根本没有什么内部的转轮。按照我们今天的理解,大自然的表现是这样的:根本不可能精确地预言在一定的实验中究竟会发生什么事情,这是一件糟透了的事。事实上,哲学家曾经声称:科学所必需的基本东西之一就是,每当你安排了同样的条件时,那么发生的必定是同一件事。但是,这完全不正确,它并不是科学的基本条件。事实是所发生的并不是同一件事,我们所能得到的只是发生一些什么的统计平均。不过,科学并没有完全崩溃。顺便说一下,哲学家们讲了一大套科学之绝对必需是什么,但就像人们所能看到的那样,这些总是相当天真的,甚至还是错误的。例如,某个哲学家宣称,对科学的成就来说十分重要的是,如果同一个实验先在某处(比如说在斯德哥尔摩)做,然后在另一处(比如说在基多)做,那么必定会出现同样的结果。完全错了。对科学来说,这并不是必然的。它可能是一个经验事实,但并不是必然的情况。比如有一个实验是在斯德哥尔摩观察天空,这时会看到北极光,如果在基多则看不到这种现象,这就是出现了不同的情况。"但是",你会说:"这是一件与外部情况有关的事,如果你把自己关在斯德哥尔摩的一个房间里,拉下窗帘的话,那么会发现什么差别吗?"肯定会。假如我们在一个万向接头上挂一个摆,让它开始摆动,它就会差不多在一个平面里摆动,但也并不完全如此。在斯德哥尔摩,平面会缓慢地转动着。但是在基多就不会。在那里,窗帘也是垂下的。这件事的发生并没有引起科学的毁灭。科学的基本假设,它的基本哲学观念是什么呢? 我们在第 1 章里讲到过:实验是任何观念的正确性的唯一试金石。假如结果是在基多所做的大多数实验与在斯德哥尔摩所做的实验效果一样,那么这"大多数实验"就可用来提出某种一般性的定律,至于对那些效果不同的实验我们就将说:"这是由于斯德哥尔摩周围的环境不同所引起的。"我们将能想出一些办法来概括实验结果,而没有必要在事先就被告诫说,这些办法看起来像什么。假如有人告诉我们说,同样的实验总是产生同样的结果,这固然很好。但是当我们试了一下后,发现并非如此,因而结论的确就是并非如此。我们正是必须相信自己所看到的,然后才能借助于实际的经验来形成我们的一切其他观念。

  现在让我们回到量子力学和基本物理上来。当然,我们在此刻还不能详细叙述量子力学的原理,因为它们是颇难理解的。我们将假定它们成立,然后叙述一下某些结果。其中一个是,我们通常视作为波的那些事物也具有粒子的特性,而粒子则具有波的特性。实际上,每一种事物的行为都是一样的,不存在波和粒子的区别。这样,量子力学就将场的概念与场的波与粒子统一起来。的确,频率低时,现象的场的特性比较明显,或者说作为日常经验的近似描写时比较有用。但当频率增加时,现象的粒子特性对于我们通常用来作测量用的仪器来说更为明显。实际上,虽然我们提到过许多频率,但目前还没有探测到任何直接涉及频率在 10^{12} Hz 以上的现象,我们只是在假定了量子力学的波粒二象性概念是正确的之后,根据有关规则从粒子的能量来推断出这些较高的频率的。

  于是,我们对电磁相互作用有了新的见解。我们把一种新类型的粒子加入到电子、质子及中子的行列,这种新的粒子称为光子。而这种电子与质子相互作用的新的见解被称为量子电动力学,它就是电磁理论,不过其中的一切在量子力学上都是正确的。这是光和物质,或电场与电荷之间相互作用的基本理论,就物理学来说它是我们最伟大的成就。在这个理论中,我们得到了除万有引力与原子核过程之外的所有一般现象的根本规则。比如,从量子电动力学可以得出所有已知的电学、力学和化学定律:弹子碰撞的定律、导线在磁场中运动的定律、一氧化碳的比热、霓虹灯的色彩、盐的密度、以及氢与氧形成水的反应等全都是这一理论的推论。所有这些细节,如果简单到能使我们运用近似方法的话,都可以得出,这实际上当然不可能,不过我们总能对发生的事多少有所理解。目前,在原子核外面还没有发现量子电动力学定律有什么例外,对于原子核我们不知道是否会有例外,因为对于核内的过程我们简直还不太清楚。

这样,在原则上,量子电动力学是一切化学以及生命的理论——如果生命最后归结为化学,因而也就归结为物理的话(因为化学本身已经归结为物理,涉及化学中的那部分物理早就知道了)。不仅如此,量子电动力学这个伟大的理论还预言了许多新的事实。首先,它说明了甚高能光子、γ射线等的性质。它还预言了另一个十分出乎意外的事:除电子外,还应当有同样质量、但带有正电荷的称为正电子的粒子,并且这两种粒子碰在一起时,会彼此湮没而放出光或γ射线(其实,光与γ射线完全是一回事,只是频率不同而已)。这件事情的推广——即对每个粒子总有一个反粒子——现在知道是正确的。电子的反粒子有另一个名称,即正电子,但其他大多数反粒子,就称反某某子,如反质子、反中子。在量子电动力学中,提出了两个基本数据——电子质量与电荷,所有世界上其他的数被认为可以从这两个数据推导出来。实际上,这不完全正确,因为化学还有一整套数据,它告诉我们原子核是多重,这就把我们引导到下一部分内容中去了!

§2-4 原子核与粒子

原子核是由什么组成的,这些东西又是怎样结合在一起的? 人们发现,原子核是靠巨大的作用力结合在一起的,当这种力释放时,其放出来的能量比化学能大得多,前者与后者之比就好像原子弹爆炸与TNT炸药的爆炸相比一样。当然,这是因为原子弹爆炸时与原子核里的变化有关,而TNT的爆炸则与原子外层的电子变化有关。问题是,究竟是什么力使原子核中的质子与中子结合在一起呢? 汤川秀树提出,就好像电相互作用可以与一种粒子——光子联系起来一样,中子与质子之间的作用力也有某种场,当这个场晃动时,就好像一个粒子一样。所以除去中子与质子外,在世界上应当有一些别的粒子,而汤川能从已知的核力特征推导出这些粒子的性质。比如,他预言它们应当有二三百个电子那样大的质量。你瞧! 在宇宙间竟然真的发现了这样质量的粒子! 但是,后来发现这并不正是预言的粒子,它被称为 μ 子。

然而,没有过多少时候,在1947年或1948年就发现了另一个粒子——π 介子,它满足汤川的判据。这样,除去质子与中子外,为了得到核力,我们还必须加上 π 介子。你可能会说,"太好了! 借助这个理论就可以像汤川所希望的那样建立起利用 π 介子的量子核动力学,然后看看它是否成立。如果成立的话,那么每件事都可得到解释了。"不幸的是,包含在这种理论中的计算是如此困难,以至于一直到今天,已将近20年了,从来还没有一个人能够从这个理论中得出什么结果来,或者能够用实验去验证一下。

所以我们被这个理论难住了,我们不知道它究竟是正确的还是错误的,但却知道它有点小小的错误,或者至少是不完全的。正当我们在理论上徘徊并且试图用这个理论计算出结果时,实验物理学家发现了一些事情。比如,他们早已发现了 μ 子,而我们却还不知道把它归到哪里去。而且,在宇宙线里,还发现了大量的其他"额外"粒子。今天,我们已发现了大约30种粒子。理解所有这些粒子的相互关系是非常困难的——大自然要它们来干什么? 这一个粒子与另一个粒子之间的联系是什么? 我们今天并没有把这些不同的粒子理解为同一件事情的不同的方面。我们有这么多相互无关的粒子这件事本身就表明,我们还没有一个能够说明这么多相互无关的信息的良好理论。由于量子电动力学的伟大成功,我们具备了一定的核物理知识,它是一种粗糙的半经验半理论的知识,假设一种质子与中子间的力的类型,然后看看会发生什么事情,但是并不确切知道力的来源。除此以外,我们很少取得进展。在化学上,人们曾搜集大量的化学元素,以后突然在元素之间显现出一种没有预期到的关系,它就体现在门捷列夫元素周期表中。比如,钠和钾的化学性质几乎是相同的,它们就在周期表的同一行里。对于新粒子而言,我们一直也在探索着这种门捷列夫式的表。有一张这样的新粒子表是由美国的盖尔曼与日本的西岛各自独立做出的。他们分类的基础是一个新的数,类似于电子的电荷,这种新的数叫做"奇异数"S,对每个粒子都指定了这样一个数,它像电荷一样是守恒的,即在核力的反应中保持不变。

表 2-2 列出了所有的粒子。眼下我们对之还无法讨论得更多。但是这张表至少向你们表明我们不知道的东西有多少。每个粒子下写着它的质量,其单位是兆电子伏(MeV)。1 MeV 等于 1.782×10^{-27} g。选取这种单位的理由是出自历史的原因,我们现在不去说它。质量大的粒子在表中放在较高的位置。可以看到,中子与质子的质量是差不多相同的,在垂直的列内放置有同样电荷的粒子,所有的中性粒子都放在同一列内,所有带正电的粒子在这一列的右边,所有带负电的粒子则在左边。

表 2-2 基本粒子

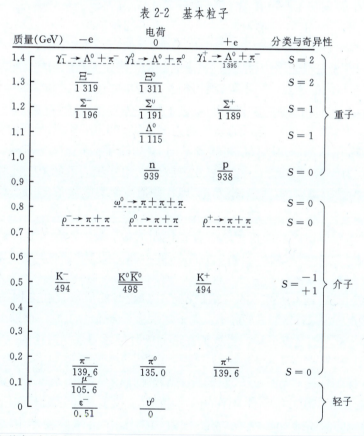

表 2-2 中实线标出的是粒子,虚线标明的是"共振态"。表中略去了几个粒子,包括重要的零质量、零电荷的粒子,即光子与引力子,它们并不属于重子-介子-轻子分类图。此外,还有某些较新的共振态(K^*,φ,η)也不包括在这里。介子的反粒子已列在本表内,但轻子与重子的反粒子就需要另列一张表了,它看起来正好是目前这张表对零电荷列的反演。虽然

除去电子、中微子、光子、引力子和质子外,所有的粒子都是不稳定的,但是在这里只列出了共振态的衰变产物。奇异数并不适用于轻子,因为它们与核之间并没有强作用。

所有与中子、质子放在一起的粒子统称为重子。共存在着以下几种:Λ 介子,质量为 1 154 MeV。另外还有三个:Σ^+ 介子、Σ^- 介子和 Σ^0 介子,质量是相近的。这里还有成群或者说成多重态的粒子,带有差不多相同的质量,相差不到 1% 或 2%。在多重态内的每个粒子都有同样的奇异数。第一个多重态是质子-中子二重态,以后是单重态(Λ 介子),再以后是 Σ 三重态,最后是 Ξ 二重态。最近,在 1961 年,又发现少数几个粒子,但它们都是粒子吗?它们的寿命是如此短暂,当刚形成时,几乎就立刻蜕变了,所以我们不知道它们究竟应被认为是新的粒子,还是在它们蜕变成 Λ 介子及 π 介子时后两者之间某种确定能量的"共振"作用呢?

除去重子外,其他包括在核内相互作用中的粒子称为介子。首先是 π 介子,有三种形态:正、负及中性,它们组成了另一多重态。我们还发现一些新的称为 K 介子的粒子,它们作为 K^+ 及 K^- 而出现。其次,每个粒子都有反粒子,除非一个粒子是它自己的反粒子。例如 π^- 和 π^+ 是一对反粒子,但是 π^0 是它自己的反粒子;K^- 及 K^+ 是反粒子对,K^0 及 $\overline{K}^0$ 也是反粒子对。附带说一下,在 1961 年我们又发现了一些介子或可能的介子,它们几乎即刻就蜕变了,有一个称为 ω 的东西带有 780 MeV 的质量,分解为三个 π 介子,有一个还不怎么确定的东西分解为两个 π 介子。那些被称为介子与重子的粒子与介子的反粒子放在同一张表里,但重子的反粒子必须放到另一张通过零电荷列"反射"而来的表里去。

门捷列夫周期表是很完美的,除去有一些稀土元素挂在外面。同样,这里也有一些粒子挂在表外,它们在核内的相互作用不强,跟核相互作用根本无关,跟核之间也没有强相互作用(我们所指的是那种强的核能相互作用)。它们被称为轻子,主要有如下几种:电子,其质量很小,只有 0.510 MeV;然后是 μ 子,质量约为电子的 206 倍。根据所有的实验,我们今天所能说的电子与 μ 子之间的差别仅仅是质量不同而已,除了 μ 子比电子重外,两者在其他方面都完全一样。为什么一个比另一个重? μ 子有什么用?我们不知道。此外,有一种轻子是中性的,叫做中微子,具有零质量,事实上,现在知道有两类中微子,一类与电子有关,另一类与 μ 子有关。

最后,还有两种与核内其他粒子间没有强作用的粒子:一个是光子,另一个(或许)是具有零质量的引力子——假如引力场也有类似量子力学的原理的话(引力的量子化理论还没有建立)。

什么是"零质量"? 这里所标示的质量是粒子在静止时的质量。事实上,一个粒子具有零质量在某种程度上就意味着它不可能静止。光子是永远不会静止的,它一直以 186 000 mi·s^{-1}(即 300 000 km·s^{-1})的速度运动。当我们在适当的时候学习了相对论的内容后,对于质量就会理解得更多一些。

这样,我们就面对着一大群粒子,它们看来都是物质的基本组成部分。幸运的是,这些粒子彼此之间的相互作用并不全都是不同的。事实上,粒子之间的相互作用看来可以分为四类,按强度降低的顺序排列时,它们就是:核力、电相互作用、β 衰变作用以及引力。光子与所有带电粒子会发生耦合,作用的强度用某个数(1/137)来度量。这种耦合的详细定律已经知道,那就是量子电动力学。引力和所有的能量发生耦合,但它的耦合是非常弱的,远远小于电的作用,这条定律也已经知道了。然后,还存在着所谓的弱衰变——β 衰变,它使中子蜕变为质子、电子及中微子,其过程是比较慢的,这种作用的定律只是部分地知道。还有所谓的强相互作用——介子-重子相互作用,其强度为1,它的规律完全不知道,虽然已经知道几条法则,比如重子的数目在任何反应中都不改变。

表 2-3 基本相互作用

耦 合 关 系	强 度*	定 律
光子对带电粒子	$\approx 10^{-2}$	已知
引力对所有其他能量	$\approx 10^{-40}$	已知
弱衰变	$\approx 10^{-5}$	部分已知
介子对重子	≈ 1	不知(部分法则已知)

这些就是当代物理学的惊人的状况。总结一下,我可以这样说:在核外,看来一切都知道了;在核内,量子力学是正确的,还没有发现量子力学原理失效的情况。可以说:容纳我们所有知识的舞台是相对论性时空;也许引力也包括在时空之中。我们不知道,宇宙是怎样开始的,我们从来没有做过实验来精确地检查在某个微小距离下的时空观念,所以只知道在那个距离以上我们的时空观念行得通。我们还应当补充说:这个伟大的国际象棋赛的规则就是量子力学的原理,到现在为止我们可以说,这些原则应用于新的粒子时与应用于过去已发现的粒子一样成功。核力的起源将我们引向新的粒子,但是遗憾的是出现的粒子实在太多,以至于使我们感到迷惑不解。虽然我们已经知道在它们之间存在着一些非常出人意外的关系,但对它们的相互关系缺乏完整的理解。看来我们正摸索着前进,逐渐趋近于对亚原子粒子世界的理解;但是,我们实在不清楚,在这种摸索中我们还必须走多远。

---

* 这里的"强度"是包含在每种相互作用中的耦合常数的一无量纲的量。

第3章 物理学与其他科学的关系

§3-1 引 言

物理学是最基本的、包罗万象的一门学科,它对整个科学的发展有着深远的影响。事实上,物理学是与过去所谓的"自然哲学"相当的现代名称,现代科学大多数就是从自然哲学中产生的。许多领域内的学生都发现自己正在学习物理学,这是因为它在所有的现象中起着基本的作用。在本章中我们试图说明其他科学中的基本问题是什么。当然,在这么一点篇幅内要真正地处理这些领域中的复杂、精致而美妙的事情是不可能的。正因为篇幅较少,使我们不能讨论物理学与工程、工业、社会和战争之间的关系,甚至不能讨论数学与物理之间的最令人注目的关系(按照我们的观点,从数学不是一门自然科学这个意义上来说,它不是一门科学。它的正确性不是用实验来检验的)。顺便提一下,我们必须从一开始就说清楚:如果一件事情不是科学,这并不一定不好。例如,爱好就不是科学。所以,如果说某件事不是科学,这并不意味着其中有什么错误的地方,这只是意味着它不是科学而已。

§3-2 化 学

也许受物理学影响最深的科学就是化学了。在历史上,早期的化学几乎完全讨论那些现在称为无机化学的内容,即讨论那些与生命体不发生联系的物质。人们曾经进行了大量的分析才发现许多元素的存在以及它们之间的关系——即它们是怎样组成在矿石、土壤里所发现的简单化合物的,等等。早期的化学对于物理学是很重要的。这两门科学间的相互影响非常大,因为原子的理论在很大程度上是由化学实验来证实的。化学的理论,即化学反应本身的理论,在很大程度上总结在门捷列夫周期表里,周期表体现了各种元素之间的许多奇特的联系,它汇总了有关的规则:哪一种物质可以与哪一种物质化合,怎样化合,等等,这些就组成了无机化学。原则上,所有这些规则最终可以从量子力学得到解释,所以理论化学实际上就是物理。但是,必须强调的是,这种解释只是原则上的。我们已经讨论过了解下棋规则与擅长下棋之间的差别。也就是说,我们可能知道有关的规则,但是下得不很好。我们知道,精确地预言某个化学反应中会出现什么情况是十分困难的;然而,理论化学的最深刻部分必定会归结到量子力学。

还有一门由物理学与化学共同发展起来的极其重要的分支,这就是把统计学的方法应用于力学定律起作用的场合,这被恰当地称之为统计力学。在任何化学状态中都要涉及大量的原子,我们已经看到原子总是以复杂而毫无规则的方式不停地晃动。假如我们能够分析每一次碰撞,并且跟踪每一个分子的运动细节的话,就能判断出将会发生一些什么。但是要记录所有这些分子就需要许许多多数据,这远远超过了任何计算机的容量,当然也一定超过人脑的容量,所以为了处理这样复杂的情况,重要的是要采取一种有效的方法。统计力学就是关于热现象或热力学的理论。作为一门科学,无机化学现在基本上已归结为所谓物理化学和量子化学。物理化学研究反应率和所发生的详细变化(分子间如何碰撞?哪一些分子先飞离?等等),而量子化学则帮助我们根据物理定律来理解所发生的事。

化学的另一个分支是<u>有机化学</u>,它研究与生命体有关的物质。人们曾一度相信与生命有关的物质极其神秘,因此不可能用我们的手从无机材料中制造出这种物质。这根本不对——它们与无机化学中制成的物质完全一样,只是包括了更复杂的原子排列。很明显,有机化学与提供有机物质的生物学之间有十分密切的关系,与工业也有密切的联系,而且许多物理化学和量子化学的定律不仅适用于无机化合物的情况,而且也适用于有机化合物。然而,有机化学的主要任务并不在于这些方面,而是在于分析、综合那些在生物系统以及在生命体中所形成的物质。这样就不知不觉地逐步引向了生物化学,然后是生物学本身,或分子生物学。

§3-3 生 物 学

我们就这样进入了<u>生物学</u>,它研究的是生命体。在生物学发展的早期,生物学家必须进行单纯的说明性工作——找出有哪些生物,所以他们要数数跳蚤足上的细毛之类的东西。当他们以很大的兴趣完成这种工作后,就进而考虑在生命体内部的机制问题,起先自然是从十分粗略的观点出发的,因为要知道更详细的情况是需要经过一番努力的。

在物理学与生物学的早期关系中有过一件很有趣的事,生物学曾经帮助物理学发现了<u>能量守恒定律</u>,迈耶(J. R. Mayer)最先在关于生物吸收和放出的热量问题上证实了这条定律。

假如我们更仔细地观察动物的生物学过程,就会看到许多物理现象:血液的循环、心脏的跳动、血压,等等。这里还有神经:如果我们踩在一块尖锐的岩石上,就会知道发生了什么事情,这个信息不知怎么地就从我们的脚底传递上来。有趣的是这个信息是怎样传递的。在研究神经时,生物学家得到了这样的结论:神经是非常精细的小管道,有十分薄而复杂的管壁。细胞通过这样的管壁吸进离子,所以在外面有正离子,而在里面则有负离子,就像一个电容器一样。这层薄膜还有一个有趣的性质:如果它在某个地方"放电",即一些离子能够通过这个地方,那么该处的电压就减小,它会影响到邻近地方的离子,而这又会影响那里的薄膜,使它也让离子通过。接着这又要影响更远的薄膜,等等,于是在薄膜中就出现一列"穿透性变动"波,当神经末梢的一端由于碰到尖锐的岩石而受到"刺激"后,这种波就沿着神经传开来。它有点像一长列垂直放置的多米诺骨牌,如果末端的一个被推倒,邻近的一个也就被它带动,等等。当然,除非把多米诺骨牌再重新排好,不然这时只有一个信息传递过去。类似地,在神经元里,也有排出离子的缓慢过程,使神经又处于准备接收下一个脉冲的状态。这就是为什么我们会知道正在做什么(或者至少知道我们在哪里)。当然我们可以用电子仪器测出这种与神经冲动有关的电的效应,因为这里<u>存</u>在着电的作用。十分明显,电效应的物理知识对理解这个现象很起作用。

相反的效应是从大脑中某个地方沿着神经发出一个信息。这时在神经的末梢会出现什么情况呢?神经在末梢处分成了细微的小纤维,这些小纤维与肌肉附近的一种称为端板的结构相连接。由于一些现在还不完全理解的原因,当脉冲信号抵达神经末梢后,射出一小团一小团称为乙酰胆碱的化学物质(每次 5～10 个分子),它们影响了肌肉纤维而使其收缩——这一切多么简单!什么东西使肌肉会发生收缩呢?肌肉是由极多的彼此紧贴的纤维所组成的,它含有两种不同的物质:肌球蛋白和肌动球蛋白。但是由乙酰胆碱所引起的那种改变分子大小的化学反应机制现在还不清楚,因而在肌肉中引起机械运动的基本过程也未被我们所知。

生物学的领域是如此广泛,有许多问题我们根本无法叙述。比如视觉是如何产生的(即光在眼睛里做什么)?听觉是如何产生的?等等(思维是如何进行的这一个问题将在后面心理学中讨论)。但是从生物学的观点来说,我们刚才所讨论的这些关于生物学的事情实在并不是基本的,并且不是生命的根源——即使我们理解了它们,仍然不能理解生命本身。举一个例子:研究神经的人感到他们的工作是很重要的,因为无论如何不存在没有神经的动物,但是没有神经仍然可以有生命。植物既无神经也无肌肉,但是它们照样活动着,照样生存着。所以我们对于生物学的基本问题必须更仔细地研究一下。如果我们这样做,就会发现所有的生命体中存在着许多共同的特征。最普遍的特征是它们都由细胞组成,每个细胞内都有起化学作用的复杂机制。例如,在植物细胞中就存在着接收光线而产生蔗糖的机构,植物在夜间消耗蔗糖以维持其生存。当动物摄取植物后蔗糖在动物体内就产生了一系列化学反应,这些反应与植物体内的光合作用(以及在夜间的相反作用)有很密切的关系。

在生命系统的细胞里有许多复杂的化学反应,在反应中一种化合物变成另一种化合物,然后再变成一种化合物。为了对生物化学研究中所付出的巨大的努力有某种印象,我们在图 3-1 中总结了到此刻为止所知道的在细胞中出现的反应,这些反应只是所有反应中的很小一部分,只占 1% 左右。

这里我们可以看到整整一系列分子,它们在一连串相当小的步骤组成的循环中从一个变到另一个。这个循环称为三羧酸循环或呼吸循环。如果从分子发生的变化来说,每一种化合物和每一步反应都是相当简单的,但是——这是生物化学中非常重要的发现——这些变化在实验室里比较难以完成。假如我们有一种物质,还有另一种十分类似的物质,那么前一种物质并不就转变成后一种物质,因为这两种形式通常由一个能量屏障或"势垒"隔开。考虑这样一个类似的情况:如果我们要把一个物体从一个地方拿到另一个地方,而这两个地方处在相同的水平高度,但是分别在一座小山的两边,那么我们可以把物体推过山顶,但是要做到这一点需要一些附加的能量。由于这种原因,大多数化学反应都不会发生,因为有一种所谓的活化能妨碍这一反应的进行。为了在一种化合物中增加一个额外的原子,就要使这个原子靠得足够紧,以便能出现某种重新排列,这样它就结合到那个化合物上去了。但是如果我们不能给它足够的能量使之靠得足够近,它就不会越过势垒,只是上去了一部分路程后又倒退回来。然而,假如我们真的能把分子拿在手中,把其中的原子推来推去使它出现一个缺口,让新原子进入,然后又使缺口一下子合拢,我们就找到了另一个办法,即绕过势垒,这不需要额外的能量,因此反应就较容易进行。现在,在细胞里确实存在着一些很大的分子,比起我们刚描述过其变化的分子要大得多,它们以某种复杂的方式使较小的分子处于恰当的状态,从而使反应易于发生。这些很大的、复杂的分子称为酶(它们起先被叫做酵素,因为最早是在糖发酵时发现的。事实上三羧酸循环的某些反应最初就是在发酵中发现的)。由于有酶存在,反应就会进行。

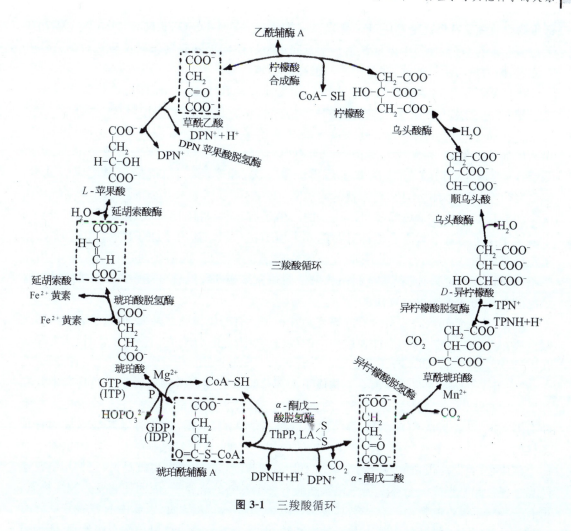

图 3-1 三羧酸循环

酶是由另一种称为**蛋白质**的物质构成的。酶分子族是非常庞大而复杂的,每一种酶互不相同,并且都控制着一定的特殊反应。图 3-1 中每个反应中都写上了酶的名称(有时同一种酶可以控制两种反应)。我们要强调指出:酶本身并不直接参与反应,它们并没有变化,只是使一个原子从一个地方跑到另一个地方。干完了这件事后,它又准备对下一个原子做同样的事,犹如工厂里的机器一样。当然,必须对某种原子进行补充,并且可以处理另一些原子。比如,以氢为例,有些酶具有特殊的结构单元,能在各种化学反应中运送氢原子。例如,有三种或四种脱氢酶在我们整个循环的各个地方都用到。有趣的是,有一种机构使一个地方释放某些氢原子并将其取走,然后用到其他的地方去。

图 3-1 的循环中最重要的是 GDP 转变为 GTP(二磷酸鸟嘌呤核苷变为三磷酸鸟嘌呤核苷),因为 GTP 比 GDP 含有更多的能量。就像在某些酶中存在着一种运送氢原子的"盒子"一样,在酶中也有特殊的携带能量的"盒子",三磷酸基就是这样的"盒子"。所以 GTP 比 GDP 具有更多的能量,而且如果循环是朝某个方向时,我们就产生具有附加能量的分子,它可以推动另一个需要能量的循环,比如肌肉的收缩。除非存在着 GTP,肌肉就不会收缩。我们可以拿几根肌肉纤维,把它们浸到水里,加一些 GTP,只要这里存在着适当的酶,肌肉

纤维就会收缩,GTP就变为GDP。所以真实的系统是在GDP-GTP转变中,在晚上就用白天贮藏起来的GTP使整个循环往另一个方向进行。你们可以看到酶对反应进行的方向并不介意,因为倘若不是如此,就会违反一条物理定律。

物理学对于生物学和其他科学之所以极为重要还在于另一个原因,这与实验技术有关。事实上,如果不是由于实验物理的巨大发展,这些生物化学的循环图今天就不可能知道。其理由是:分析这种极其复杂的系统的最有效的方法就是要辨认在反应过程中所用到的原子。例如,如果我们能把一些带有"绿色标记"的二氧化碳引到循环中去,然后测量3 s后绿色标记的位置,在10 s后再测量一次,等等,我们就能描绘出反应的过程。那么"绿色标记"是什么呢?它们就是同位素。我们可以回顾一下:原子的化学性质是由电子的数量而不是原子核的质量所决定的。但是有这种可能,比如在碳原子中,可能有6个或7个中子与每个碳原子核都具有的6个质子在一起。这两个原子碳12和碳13在化学上是相同的,但它们的重量不同,在核的性质上也有差别,因而是可以区分的。利用这些不同重量的同位素,或者甚至利用放射性同位素如碳14,就有可能跟踪反应的过程,这是比较灵敏的探查极少量物质的方法。

现在,让我们回到酶和蛋白质的描述。并不是所有的蛋白质都是酶,但是所有的酶都是蛋白质。蛋白质有许多种,比如说肌肉中的蛋白质、结构蛋白质,它们存在于软骨、头发和皮肤中,等等,这些蛋白质本身并不是酶。但是,蛋白质是生命的非常具有代表性的物质。首先,它们组成了所有的酶;其次,它们构成了大部分其余的生命的物质。蛋白质具有十分有趣而简单的结构。它们是一系列不同的氨基酸。有20种不同的氨基酸,它们全都能互相组合而形成链,其骨架是CO—NH,等等。蛋白质不是别的,正是这20种氨基酸形成的各种各样的链。每一种氨基酸可能起某种特定的作用。比如,有一些氨基酸在一定的位置上有一个硫原子;当同一蛋白质内有两个硫原子时,它们就形成一个键,也就是说,它们用链在这两点上连接起来形成一个环。另一种氨基酸有一个额外的氧原子,因而使它变为酸性物质,再有一种则呈碱性的特征。有些氨基酸在一边悬挂着一个大基团,因此占有许多空间。有一种称为脯氨酸的氨基酸实际上并不是氨基酸,而是亚氨基酸。这里稍微有些差别,因为当脯氨酸在链上时,就会出现扭曲。如果我们想制造一种特殊的蛋白质,就应当按照这样的规则:这里先放一个硫钩;然后加进某种东西来占据空位;再加入某种东西以形成链上的扭曲。这样,我们将得到一个外观上复杂的链,它们互相钩连在一起,具有某种复杂的结构。这可能就是所有的酶形成的方式。1960年以来,我们所获得的伟大成就之一就是终于发现了某些蛋白质的原子的精确空间排列。在这些蛋白质中,一条链上就含有56个或60个左右的氨基酸链,在两种蛋白质的复杂图样中已经确定了1 000个以上的原子(如果把氢原子计入,那么就接近于2 000个)的位置。第一种阐明结构的蛋白质就是血红蛋白。这个发现的不足之处是我们从这样的图样中不能看出任何东西,我们不理解它为什么会具有那样的功能。当然,这是下一步需要解决的问题。

另一个问题是,酶怎么会知道该成为什么?一个红眼蝇会生出一个小的红眼蝇,这样产生红色素的整个酶组信息必定从一代传到下一代。这是由细胞核中的一种称为DNA(脱氧核糖核酸的缩写)的物质所完成的,它不是蛋白质。这种关键的物质从一个细胞传到另一个细胞(例如,精虫细胞主要由DNA组成),并且携带了关于如何形成酶的信息。DNA是一张"蓝图"。那么这张蓝图看来像什么?它又如何起作用?首先,这张蓝图必须能加以复制。

其次，它必须能给蛋白质以指令。说到复制，我们可能会认为这种过程像细胞的复制。但细胞只是简单地长大，然后一分为二。那么 DNA 分子也必须如此吗？它们也是长大以后一分为二吗？每一个原子当然不会长大并一分为二！因此，除非有一种更聪明的办法，否则就不可能复制出一个分子来。

对 DNA 这种物质的结构已经进行了很长时间的研究，首先用化学方法找出它的成分。然后又用 X 射线法找出它在空间的图像。结果得到如下值得注意的发现：DNA 分子是一对彼此缠绕在一起的链。这些链与蛋白质的链类似，但化学结构上是完全不同的，每条链的骨架是一列糖与磷酸基，如图 3-2 所示。现在我们看出链是怎样容纳指令的，因为如果我们把这个链从中间劈开，就可以得到一个 BAADC……系列，而每个生命体都可以有一个不同的系列。这样，也许为制造蛋白质所需的特殊指令已以某种方式包括在 DNA 的特殊系列里。

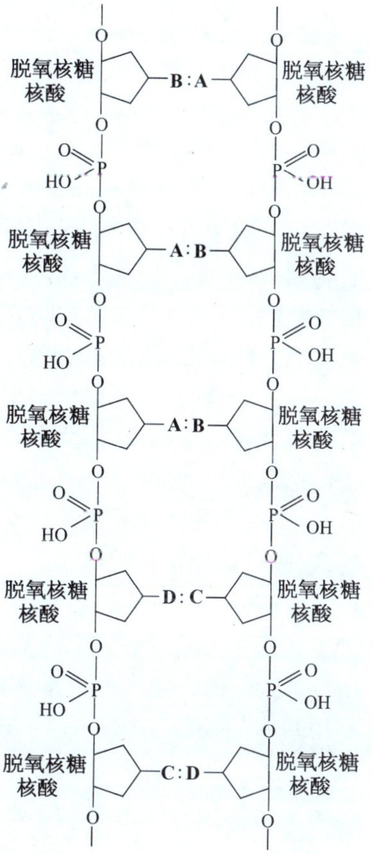

与链上的每一个糖相结合，并把两条链连接在一起的是一些交叉链对。然而它们并不都是相同的，总共有**四种**：腺嘌呤、胸腺嘧啶、胞嘧啶及鸟嘌呤。现在让我们称它们为 A、B、C 和 D。有趣的是，只有一定的配对才能彼此处于相对的位置，例如 A 对 B，C 对 D。当这些对放在两列链上时，它们"彼此对合"，并具有强大的相互作用能。然而 C 不适合于 A，B 也不适合于 C；它们的适合配对是 A 对 B，C 对 D。所以假如有一个是 C，另一个就一定是 D，等等。在一条链上无论是什么字母，在另一条链上则必须有特定的与之配对的字母。

那么，复制又是怎么一回事呢？假设我们把这整条链一分为二，我们怎么能制造出另一个正好与它一样的链呢？如果在细胞的物质中有一种加工部门，产生了磷酸盐、糖以及没有连在一个链上的 A、B、C、D 单元，那么唯一能与我们那个分开的链相连的单元必须是正确的，是 BAADC……的互补体，即 ABBCD……。于是，当细胞分裂时，链亦从中间裂开，一半最终与其中一个细胞在一起，而另一半则留在另一个细胞内；当它们分离后，每个半链都会形成一个新的补足的链。

接下来的问题是，A、B、C、D 单元的次序究竟怎样精确地决定蛋白质中氨基酸的排列？这是今天生物学中没有解决的一个中心问题。然而，初步的线索，或者说一点信息是：细胞中存在一种叫做微粒体的小粒子，现已知道那就是制造蛋白质的地方。但是微粒体并不在细胞核内，而 DNA 及它的指令却在细胞核内。看来是有某种原因的。然而，现在也知道从 DNA 分出的小分子，不像携带有全部信息的大 DNA 分子那样长，而像它的一小部分，它叫 RNA。但这无关紧要，RNA 是一种 DNA 的拷贝——一个简短的拷贝。RNA 不知怎么地携带了关于要制造那种蛋白质信息，跑到微粒体中，这一点我们已经知道了。

图 3-2 DNA 结构示意图

当它到达那里后,在微粒体中就合成出蛋白质,这一点也已经知道了。不过,氨基酸怎样进入蛋白质,又怎样根据 RNA 上的密码来排列,等等,这些细节还不太清楚。我们不知道如何去解这种密码。比方说,假如我们知道了一排字母 ABCCA,我们也无法告诉你要制造的是什么蛋白质。

今天,无疑没有一个学科或领域在这样多的前沿上比生物学取得更大的进展。如果我们要作出引导着人们在探索生命的努力中不断前进的最有成效的假说,这就是:所有的物质都是由原子组成的,并且生命体所做的每一件事都可以从原子的摆动和晃动中来理解。

§3-4 天 文 学

在我们对整个世界非常概括的描绘中,现在必须转到天文学上。天文学是一门比物理学更古老的学科。事实上,正是天文学向物理学提出了解释星体运动得如此美妙而又简单的问题,对于这个问题的理解,就构成了物理学的开端。但是在所有的天文学发现中,最值得注意的是:星体是由同地球上一样的原子组成的*。那么这是怎么知道的呢?原子释放具有确定频率的光,这有点像乐器的音色是具有确定的音调或频率的声音。当我们听见几种不同的音调时,可以分别说出它们来,但是当我们用眼睛观察混合的颜色时,却无法说出它由哪几种颜色组成,因为眼睛的辨别能力在这一点上远远比不上耳朵。然而,利用分光镜我们可以分析光波的频率,这样就可以看见各个不同星体上的原子所发出的真正"音调"。事实上,有两种化学元素在地球上被发现之前就已经在星体上发现了。氦是在太阳上发现的,它的名称就是由此而来的**;锝是在一种冷却的星体上发现的。这当然使我们在理解星体方面取得了一定的进展,因为它们也是由跟地球上同样的原子组成的。今天,我们已经知道了许多有关原子的知识,特别是它们在高温而密度不太大的条件下的行为,这样我们就能用统计力学的方法来分析星体物质的性能。即使我们无法在地球上复现有关的条件,但是应用基本的物理定律往往能精确地或十分接近地说出会发生什么事情。这就是物理学帮助了天文学。看来令人奇怪的是,我们对太阳内部物质的分布情况的了解远胜于对自己脚下的地球内部情况的了解。我们对星体内部发生的情况的了解要比在人们必须通

---

* 在这里我是讲得多么匆促啊!在这个简短的叙述中,每一句话包含了多么丰富的内容!"星体和地球都由同样的原子组成。"我通常挑选跟这一样的小题目来讲课。据诗人们说,科学使星星失去了美丽——它们只不过是由气体原子组成的球体。但事实上远不是这么一回事。我也会在荒凉的夜晚仰望星空,并感受它们。但我看到的比诗人少还是更多呢?无垠的天空丰富了我的想象,我那小小的眼睛扫遍这回转的天穹,就能注视这欢乐的天空,并能捕获 100 万年前发出的星光。宇宙是一幅无边无际的图案——我也是其中的一部分——也许组成我的身体的材料正是从某个已被遗忘的星球上喷射出来的,就像现正在那儿喷射的某个星球一样。假若我通过帕洛玛(Palomar)的巨大眼睛[指安装在美国威尔逊(Wilson)山帕洛玛天文台的 200 in 光学望远镜——译者注]来观察夜空,那么就会看到原来或许紧靠在一起的星群从某个共同的起点往四面八方奔驰而去。宇宙的模式,或者说它的含义,它的成因是什么?人们对这些问题有点了解是不会有损于宇宙的奥秘的。真理远比以往任何艺术家的想象更为奇妙!为什么现在的诗人不去歌颂它?为什么如果朱庇特(木星)像一个人,诗人就会歌颂它,但如果朱庇特是一个由甲烷和氨组成的旋转的巨大球体,诗人就默不作声了呢?

** 氦的英文名 helium 来自 Helios(太阳神)。——译者注

过望远镜来观察小小的光点这种困难的情况下可能推测出更多一些,因为在大多数情况下,我们可以计算出星体里的原子应当做些什么。

给人印象最深的发现之一是使星球不断发出光和热的能量来源问题。有一个参与这项发现的人,在他认识到要使恒星发光,就必须在恒星上不断地进行核反应之后的一天晚上和他的一位女朋友出去散步。当这个女朋友说:"看这些星星闪烁得多美啊!"他说:"是的,在此刻我是世界上唯一知道为什么它们会发光的人。"他的女朋友只不过对他笑笑。她并没有对于同当时唯一知道恒星发光原因的人一起散步产生什么深刻的印象。的确,孤单是可悲的,不过在这个世界上就是这个样子。

正是氢原子核的"燃烧"给太阳提供了能量,这时氢也就转变成了氦,而且,最终从氢制造出各种化学元素的过程是在恒星的中心进行的。组成我们身体的各种元素在一个星体上被"烹调"好后,就被抛出,存在于宇宙之中。我们是怎么知道的呢?因为这里有一条线索。化学反应永远改变不了不同的同位素的比例——多少碳 12,多少碳 13,等等,因为化学反应对两者而言都是大致相同的。这个比例纯粹是核反应的结果。看看,在熄灭的、冷却的余烬——比如我们自己就是这样的产物——里同位素的比例,就可以发现在构成我们身体材料的形成时期熔炉像什么样子。这个熔炉很像恒星,所以我们的元素很可能是在恒星上"制造"出来,而在我们称为新星和超新星的爆炸中被喷吐出来的。正是因为天文学与物理学是这样密切相关,所以我们学下去时将要研究许多有关天文学的知识。

§3-5 地 质 学

我们现在转到所谓的地球科学或地质学。首先是气象学和天气。当然气象学的仪器是物理仪器,就像前面所说的那样,实验物理学的发展使得提供这些仪器成为可能。然而,物理学家从来没有得出满意的气象学理论。"怎么!"你们会说:"这里除了空气以外什么东西都没有,而我们已经知道了空气的运动方程。"我们的确知道。"那么,如果我们知道了今天的空气状态,为什么就不能计算出明天的空气状态?"首先,我们并不真正知道今天的状态究竟是怎样的,因为空气到处旋转。结果它非常敏感,甚至不稳定。假如你们看到过水流平稳地流过水坝,然后当它下落时一下子变成大量的水珠和水滴的话,你就会懂得我所说的不稳定是什么意思了。你们知道水在流出溢水口之前的情况,它是十分平滑的;但是在它开始下落的一瞬间,水滴从哪里开始溅出?决定水滴将会有多大,并且在哪里的因素是什么?这些都无法知道,因为这里水是不稳定的。而对于空气来说,即使是平稳地运动着,但当它越过一座山时就变成了复杂的旋涡。在许多领域中都出现这种湍流现象,我们在今天还无法对之进行分析。现在,赶快离开天气问题,回到地质学上去吧!

对于地质学而言,它的基本问题是,究竟是什么使地球成为现在这个样子?最明显的过程就在你们的眼前,这就是河流、风等的侵蚀过程。要理解这些事是相当容易的,但是要知道,对于每一片侵蚀都有等量的另外一些东西出现。平均而言,今天的山脉并不比过去的低,因此必定有一种造山过程。假如你们学过地质学,你们就会知道,确实存在着造山过程以及火山作用,这些现象没有人懂得,但却占了地质学的一半内容。实际上,火山的本质并没有被人们所理解。造成地震的原因是什么最终也未被人们所了解。我们所知道的是,如果一个东西推动另外一些东西,那么就会突然断裂,并且产生滑动,这当然是对的。但是什么东西在推？为什么会这样？有一种理论认为，在地球内部存在着环流，它是由于内外温度上的差别而造成的，也就是它们在运动过程中轻微地推着地球的表层，这样，假如有两股相对的环流在某个地方碰上的话，物质就会在这个区域里堆积起来而形成山脉，这些山脉处于非常不相宜的受到应力的状态，这样就会引起火山爆发，或造成地震。

那么地球内部的情况是怎样的呢？关于地震波在地球里的传播速度以及地球的密度分布已经了解得很多。然而，关于物质处于我们预期在地球中心所应有的压强之下会有怎样的密度，物理学家没有能够提出一种有效的理论。换句话说，我们还不能很好地解决在这种情况下的物质的性质问题。我们在地球方面所做的事比在星体的物质条件下所做的事要差得多。这里所包含的数学到现在为止看来似乎过于复杂，但是也许不要很长时间就会有人认识到这是一个重要的问题，并且着手解决这个问题。当然，另一方面，即使我们确实知道了密度，还是不能判断环流，也不能真正得知高压下的岩石的性质。我们无法说出岩石要多快才会"融化"，这必须通过实验来解决。

§3-6 心 理 学

接下来，我们考虑心理科学。顺便提一下，心理分析并不是一门科学，它充其量不过是一个医学过程，也许更像巫术。它有一个疾病起源的理论——据说有许多不同的"幽灵"等。巫医有一个理论说，像疟疾那样的疾病是由进入空气中的幽灵所引起的，但是医治疟疾的药方并不是将一条蛇在病人头上晃动，而是奎宁。所以，如果你的身体感到有什么不舒服，我倒劝你到巫医那儿去，因为他是对疾病知道得最多的那批人中的一个。然而，他的知识不是一种科学。心理分析没有用实验仔细地检验过，因此没有办法知道，在哪些情况下它是有效的，在哪些情况下则是无效的，等等。

心理学的其他一些分支，包括感觉的生理学——在眼睛里出现一些什么情况，在大脑中出现一些什么情况——可以说，是并不令人感到兴趣的。但是在它们的研究中取得了一些微小的然而是真正的进展。有一个最有趣的技术性问题可以归之为心理学，也可以不归之为心理学，即有关大脑——如果你愿意的话，或者说神经系统的中心问题是：当某种动物学到了某件事后，它就能做一些以前不会做的事，所以它的大脑细胞也一定会有变化——只要大脑细胞是由原子构成的。那么，差别表现在哪里呢？当一件事情被记在大脑里后，我们不知道在哪儿去找它，或者去找些什么东西。如果一件事情被学到了，它意味着什么？或者说神经系统有些什么变化？我们都不知道。这是一个很重要的问题，但根本没有解决。然而，假设存在着某种记忆的物质的话，那么大脑恰恰就是这么多的连线和神经的集合体，这种集合体大概是无法用简单的方式来分析的。这和计算机以及计算单元很类似，它们也有大量的布线，有某种单元，大概就类似于神经元触点，或者说一根神经到另一根神经的联结点。思维和计算机之间的联系是一个非常有趣的课题，但我们在这里没有时间作进一步的讨论。当然，必须懂得，这个课题在有关人们一般行为的真正复杂性上所告诉我们的东西是非常之少的。人与人之间存在着如此巨大的差别，为了要达到那种理解将需要很长的时间，我们必须把研究起点退到更后面的地方。假如我们总算能够解决狗是怎样活动的，我们就已经走得够远了。狗是比较容易理解的，但是今天还没有一个人懂得狗是怎样活动的。

§3-7 情况何以会如此

为了使物理学不仅在仪器的发明方面,而且在理论方面对其他科学也有所裨益,有关的科学就必须向物理学家提供用物理学家的语言描述的研究对象。人们或许会问:"青蛙为什么会跳跃?"物理学家对此就回答不出。如果人们告诉他青蛙是什么,这里有这么多的分子,那里有神经,等等,情况就不同了。假如人们或多或少地告诉我们地球或者星星是怎样的,那么我们就能够把它们想象出来。要使物理理论有点用处,我们就必须知道原子的位置。要理解化学,就应当确切知道存在着哪些原子,不然就无法分析。当然,这只是限制因素之一。

在物理学的姐妹科学中存在着另一种物理学中不存在的问题,因为没有更好的措辞,我们可以称它为历史问题。情况何以会如此?假如我们懂得了生物学的一切,就会想要知道现在地球上的所有生物是怎样发展过来的。这就是生物学的一个重要部分——进化论。在地质学中,我们不仅要知道山脉正在怎样形成,而且要知道整个地球最初是怎样形成的,太阳系的起源,等等。当然,这就会使我们想要知道在宇宙的彼时有什么样的物质。恒星是怎样演化的?初始状态又是如何?这些都是天体的历史问题。今天我们已经弄清楚许多有关恒星的形成及有关组成我们身体的元素的形成的知识,甚至还知道一些有关宇宙起源的事。

目前在物理学中还没有这种历史问题要研究。我们不会问:"这里是物理学的定律,它们是怎样变化而来的?"我们此刻不去想象物理定律以某种方式随时间而变化,不认为它们在过去与现在是有差别的。当然,不能排除这种可能,而且我们一旦发现果真如此,物理学的历史问题就将与宇宙发展的其余历史问题交织在一起,于是物理学家就要谈论天文学家、地质学家和生物学家同样的问题。

最后,在许多领域中普遍存在着一个物理问题,这是一个很古老的问题,但是还没有得到解决。这并不是寻找新的基本粒子的问题,而是好久之前——大约100多年前就遗留下来的一件事情。在物理学上没有一个人能够真正令人满意地对它进行数学的分析,尽管它对于姐妹科学来说是一个重要问题。这就是环流或湍流的分析。如果我们注视着一个恒星的演化,就会发现这样的情形,我们就可以推断出将要出现对流,但在这以后我们就再也无法推断会有什么事发生了。几百万年后这个星体会发生爆炸,但是我们想不出是什么道理。我们不能分析气候,也不知道地球内部的运动。这类问题的最简单的形式就是取一根很长的管子,使水高速通过。我们问:使一定量的水通过管子需要多大的压力?没有人能从基本原理和水的性质出发来分析它。如果水流得非常慢,或者用的是蜂蜜那样的黏性物质,那么我们可以分析得很不错。在你们的教科书上就有这方面的内容。我们真正不能处理的是实际的水流过管子的问题。这是一个我们有朝一日应当解决的中心问题,但是现在还没有解决。

有一位诗人曾经说过:"整个宇宙就存在于一杯葡萄酒中。"我们大概永远不可能知道他是在什么含义上这样说的,因为诗人的写作并不是为了被理解。但是真实的情况是,当我们十分接近地观察一杯葡萄酒时,我们可以见到整个宇宙。这里出现了一些物理学的现象:弯弯的液面,它的蒸发取决于天气和风;玻璃上的反射;而在我们的想象中又添加了原子。玻璃是地球上的岩石的净化产物,在它的成分中我们可以发现地球的年龄和星体演化的秘密。葡萄酒中所包含的种种化学制品的奇特排列是怎样的?它们是怎样产生的?这里有酵素、酶、基质以及它们的生成物。于是在葡萄酒中就发现了伟大的概括:整个生命就是发酵。任何研究葡萄酒的化学的人也必然会像巴斯德(L. Pasteur)所做过的那样发现许多疾病的原因。红葡萄酒是多么的鲜艳！让它深深地留在人们美好的记忆中去吧！如果我们微不足道的有限智力为了某种方便将这杯葡萄酒——这个宇宙——分为几个部分：物理学、生物学、地质学、天文学、心理学，等等，那么要记住，大自然是并不知道这一切的。所以让我们把所有这些仍旧归并在一起，并且不要忘记这杯酒最终是干什么用的。让它最后再给我们一次快乐吧！喝掉它，然后把它完全忘掉！

第4章 能量守恒

§4-1 什么是能量

讲完对事物的一般性描述后,从这一章起,我们开始比较详细地研究物理学中各个方面的问题。为了说明理论物理学中可能用到的概念和推理的类型,我们现在来考察能量守恒定律,它是物理学最基本的定律之一。

有一个事实,如果你愿意的话,也可以说一条定律,支配着至今我们所知道的一切自然现象。没有发现这条定律有什么例外——就我们所知,它是完全正确的。这条定律称为能量守恒定律。它指出,在自然界所经历的种种变化之中,有一个称为能量的物理量是不变的。那是一个最抽象的概念,因为它是一种数学原理,说的是在某种情况发生时,有一个数量是不变的。它并不是一种对机制或者具体事物的描写,而只是一件奇怪的事实。起先我们可以计算某种数值,当我们看完了大自然要弄的技巧表演后,再计算一次数值,其结果是相同的(有点类似于在红方格中的象,移动了几步后——具体步骤并不清楚——它仍然在某个红方格里。我们这条定律就是这种类型的定律)。由于这是一种抽象的概念,我们将用一个比喻来说明它的含义。

设想有一个孩子,或许就叫他"淘气的丹尼斯(Dennis)",他有一堆积木,这些积木是绝对不会损坏的,也不能分成更小的东西。每一块都和其余的相同。让我们假定他共有 28 块积木。每天早上他的母亲把他连同 28 块积木一起留在一个房间里。到了晚上,母亲出于好奇心很仔细地点了积木的数目,于是发现了一条关于现象的规律——无论丹尼斯怎样玩积木,积木数目仍然是 28 块!这种情况继续了好几天。直到有一天她发现,积木只有 27 块了,但是稍许调查一下就发现在地毯下面还有一块——为了确信积木的总数没有改变,她必须到处留神。然而,某一天积木的数目看来有些变化,只有 26 块了!仔细的调查表明:窗户已经打开,再朝窗外一看,就发现了另外的两块积木。又有一天,经过仔细的清点表明总共有 30 块积木!这使她相当惊愕。以后才了解到有个叫布鲁斯(Bruce)的孩子曾带着他的积木来玩过,并留下了几块在丹尼斯的房间里。自从丹尼斯的母亲拿走了多余的积木,把窗关上,并且不再让布鲁斯进来以后,一切都归正常,直到有一次,她清点时发现只有 25 块积木。然而,在房间里有一个玩具箱,母亲走过去要打开这个箱子,但是孩子大声叫喊道:"不,别打开我的箱子",不让她打开玩具箱。这时他母亲十分好奇,也比较机灵,她想出了一种办法,她知道一块积木重 3 oz,有一次当她看到积木有 28 块时曾经称过箱子的重量为 16 oz,这一次她想核对一下,就重新称一下箱子的重量,然后减去 16 oz,再除以 3,于是就发现了以下的式子

$$(\text{所见到的积木数}) + \frac{(\text{箱重}) - 16 \text{ oz}}{3 \text{ oz}} = \text{常数}. \tag{4.1}$$

接着,又好像出现了某种新的偏差,但是仔细的研究又表明,浴缸里脏水的高度发生了变化,孩子正在把积木扔到水里去,只是她看不见这些积木,因为水很混浊,不过在她的公式里再添上一项她就可以查明在水中有几块积木了。由于水的高度原来是 6 in,每一块积木会使水升高 1/4 in,因而这个新的公式将是

$$(见到的积木数) + \frac{(箱重) - 16\text{ oz}}{3\text{ oz}} + \frac{(水的高度) - 6\text{ in}}{1/4\text{ in}} = 常数. \tag{4.2}$$

在她的这个复杂性逐渐增加的世界里,她发现了用一系列的项来计算积木的方法,这些积木藏在不准她去看的那些地方。结果,她得出了一个用于计算某个量的复杂公式,无论孩子怎样玩耍,这个量总是不变的。

这件事情和能量守恒有什么相似的地方呢?抽象地说,必须从这个图像中除去的最显著的一点就是,根本没有积木。在式(4.1)及式(4.2)中取走第一项,我们就会发现自己是在计算多少是有点抽象的东西。上述比较的相似之处在于以下几点。第一,当我们计算能量时,有时其中的一部分离开系统跑掉了,有时又有另一些能量进入这个系统。为了验证能量的守恒,必须注意我们没有把能量引入系统中或从系统中取走。第二,能量有许多不同的形式,对每一种形式都有一个公式。这些不同形式的能量是:引力能、动能、热能、弹性能、电能、化学能、辐射能、核能、质能。假如我们把表示这些能量的公式全都加在一起,那么,除非有能量逸出或有其他能量加入,否则其总和是不会改变的。

重要的是要认识到:在今天的物理学中,我们不知道能量究竟是什么。我们并不把能量想象成为以一定数量的颗粒物形式出现。它不是那样的。可是有一些公式可以用来计算某种数量,当我们把这些数量全部加在一起时,结果就是"28"——总是同一个数目。这是一个抽象的对象,它一点也没有告诉我们各个公式的机制或者理由是什么。

§4-2 重 力 势 能

只有当我们的公式包含了所有形式的能量时才能理解能量守恒。我想在这里讨论一下地球表面附近的重力势能的公式,并用一种与历史无关的方式来导出它,这种推导方式只是为这堂课想出来的,也就是说一种推理思路,为的是要向你们说明一个值得注意的情况:从几个事实和严密的推理出发可以推断出很多有关大自然的知识。它也表明了理论物理学家是投身于怎样的一类工作。我们这里的推理仿照了卡诺讨论蒸汽机效率时所使用的极其杰出的论证方式*。

让我们考虑一种起重的机械,它有这样的特点:用降低一个重物的方法来提高另一个重物。此外还假设:在这种起重机械中不可能有永恒的运动(事实上,根本不存在什么永恒运动,这正是能量守恒定律的一般表述)。在定义永恒运动时必须特别小心。首先,我们定义起重机械的永恒运动。假如我们提起和放下一些重物并使机械回复到原来的状态后,发现最后的结果是提升了一个重物,于是我们就有了永恒运动的机械,因为我们可以利用被提起

---

* 事实上你们可能已经知道公式(4.3),因此这一讨论的意义与其说是得出式(4.3),不如说是表明能用推理论证的方法来得出这样的结果。

的重物使另外的一些东西运转。这就是说,提起重物的机械精确地回到原来的状态,而且是完全独立完成的——它没有从外界(就像布鲁斯的积木)取得能量来抬高这个重物。

图 4-1 所示是一台很简单的起重机械。这台机械举起三个单位的重物。我们把这三个单位的重物放在一个秤盘里,在另一端秤盘内则放置一个单位的重物。但是,为了使机械实际上能工作,我们必须在左边减去一点点重量。另一方面,我们可以通过降低三个单位的重物来升高一个单位的重物,只要我们在右边的盘子里提起一点点重量。当然,我们认识到,对于任何实际的起重机械来说,为了使它运行,必须施加一点额外的作用。这一点我们暂时不去考虑。理想的机械并不需要额外的作用,然而它们事实上是不存在的。我们实际使用的机械在某种含义上可以说几乎是可逆的,即假如降低一个单位的重物能使这种机械提升三个单位的重物的话,那么降低三个单位的重物也能使这种机械把一个单位的重物提升到接近原来的高度。

图 4-1 简单的起重机械

我们设想存在着两类机械:一类是不可逆的,它包括所有的真实的机械;另一类是可逆的。当然实际上它是不可能达到的,不管我们怎样仔细地去设计轴承、杠杆,等等。但是,我们假设有这样的东西——一台可逆机,在它使一个单位(1 lb 或任何其他单位)重的物体降低一个单位距离的时候提起了三个单位的重物。把这台可逆机称为 A 机。假定它使三个单位的重物升高的距离是 x。此外,假设还有另一台机械——B 机,它不一定是可逆机,并且也使一个单位的重物降低一个单位距离,不过使三个单位的重物升高的距离是 y。我们现在可以证明 y 不会高于 x,这就是说,不可能建造这样一种机械,能把重物提得比可逆机所提到的高度还要高。让我们来看看为什么是这样。假设 y 大于 x。我们用 B 机使一个单位的重物降低一个单位距离,这使三个单位的重物升高距离 y。然后,我们可以使这个重物从 y 降到 x,获得自由的能量,再利用可逆机 A 反向运转,使三个单位的重物降低 x 而使一个单位的重物升高一个单位距离。这样,一个单位的重物回到了原来的高度,而这两台机械又处于初始的备用状态!因此,假如 y 高于 x,那么就会有永恒运动,但我们已经假设这是不可能的。于是利用这些假定,我们就能够推导出 y 不会比 x 高,因此在所有可能设计的机械中,可逆机是最好的。

我们还可以看出所有的可逆机提升的高度一定完全相同。假定 B 的确也是可逆的。当然,前面关于 y 不会高于 x 的论据现在同样成立,但是我们也可以把这两台机械的工作顺序倒过来,即反之论证 x 不高于 y。这一点是很值得注意的,因为它使我们能够在不考察内部机制的情况下分析不同的机械对物体可以提升的高度。我们立刻知道,如果有一个人制作了一组极其精巧的杠杆,利用这组杠杆使一个单位的重物降低一个单位距离就可以把三个单位的重物提升到某一个高度,把这组杠杆和一个具有同样用途的简单的可逆的杠杆作比较就可以知道,它不会比简单的可逆的杠杆提得更高,而是或许还会低一些。假如这个人的机械是可逆的,我们也能精确地知道它可以提得多高。概括地说就是:每一台可逆机械无论怎样运转,当它使一个单位的重物下降一个单位距离时,总是会使三个单位的重物提升同样的距离 x。很清楚,这是一条非常有用的普遍定律。接下来的问题自然是 x 是多少?

假如我们有一台可逆机,它能在 3 对 1 时提升距离 x。在图 4-2 中,我们在一个固定的多层架子上放置三个球。另外有一个球放在离地面 1 ft 的台上。这台机械可以使一个球降低 1 ft 来抬高三个球。现在,我们来这样安排:设容纳三个球的升降台有一层底板和两层架子,间隔正好是 x。其次,容纳球的多层架的间隔也是 x[图 4-2(a)]。首先我们使小球从多层架水平地滚到升降台上的架子中去[图 4-2(b)],我们假设这并不需要能量,因为高度并没有改变。于是开动可逆机进行工作:它使一个球降到底层,而使升降台升高距离 x[图 4-2(c)]。由于我们已经巧妙地安排了多层架,于是这些球又和架子相平。接着我们把球卸到了多层架上[图 4-2(d)]。卸了球以后,我们可以使机械回复到初始状态。现在在上面三层架子上有三个球,在底部有一个球,但奇怪的是从某种观点上讲,我们根本没有使其中两个升高,因为,无论如何第二层和第三层架子像以前一样里面装着球。因此,最后的效果是使<u>一个球升高了 $3x$ 距离</u>。假如 $3x$ 超过 1 ft,那么我们就可以把小球放下来使机械回到初始状态[图 4-2(f)],这样就能使这个装置再次运转。所以 $3x$ 不可能超过 1 ft,因为如果 $3x$ 超过 1 ft,我们就能创造出永恒运动。同样,

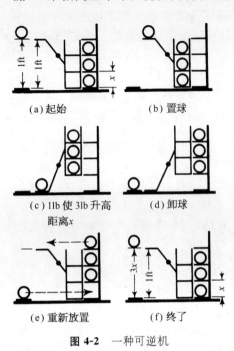

图 4-2　一种可逆机

使整台机械反向运行,我们可以证明,<u>1 ft 不能超过 $3x$</u>,因为这是一台可逆机。所以 <u>$3x$ 既不大于也不小于 1 ft</u>,这样我们只是通过论证就发现了一条规律,$x = 1/3$ ft。显然,这条规律可以推广为:开动一台可逆机使 1 lb 重物降下一定距离,那么这台机械可以使 p lb 重物提高那段距离的 $1/p$。另一种表示结果的说法是:3 lb 乘以所提高的距离(在我们的问题中是 x),等于 1 lb 乘以所降低的距离(在这种情况下是 1 ft)。如果我们先把所有的球的重量分别乘以它们现在所在的高度,然后使机械运转,再把所有的球的重量乘以它们所在的高度,得出的前后结果不会有任何改变(我们必须把例子中只移动一个重物的情况推广到当我们降低一个重物就能提升几个不同的重物的情况——但这是不难的)。

我们把重量和高度的乘积之和称为<u>重力势能</u>——这是一个物体在空间上与地球之间的相互关系而具有的能量。那么,只要我们离地球不是太远(当位置很高时重力要减弱),重力势能的公式就是

$$(一个物体的重力势能) = (重量) \times (高度). \tag{4.3}$$

这是一条十分优美的推理思路。唯一的问题在于,或许这并不是实际的情形(无论如何,大自然无须按我们的推理行事)。例如,也许永恒运动事实上是可能的。某些假设可能是错误的,或者我们的推理或许有错误,所以验证总是必要的。事实上,<u>实验证明它是正确的</u>。

那种与物体间相对位置有关的能量的一般名称就称为势能。当然,在上面的特殊情况中,我们则称它为<u>重力势能</u>。如果我们克服电力做功,而不是克服重力做功,即用许多杠杆"提升"一些电荷使之离开其他的电荷,那么所包含的能量就称为<u>电势能</u>。一般的原则是能量的变化为有关的力乘以力所推过的距离,而且这是一般的能量变化

$$(能量的变化) = (力) \times (力的作用所通过的距离). \tag{4.4}$$

随着课程的进展我们还要讲到其他的种种势能。

在许多情况下能量守恒原理对于推断会发生什么事都是非常有用的。在高中你们已学过许多有关不同用途的滑轮和杠杆的定律。我们现在可以看到所有这些"定律"都是一回事,并且不需要记住 75 条法则。一个简单的例子是如图 4-3 所示的一个光滑斜面,很巧,这是一个边长为 3—4—5 的三角形。我们在斜面上用滑轮挂上一个 1 lb 重的物体,而在滑轮的另一端悬挂一个重物 W。我们想知道为了平衡在斜面上的 1 lb 重物,W 必须是多重?怎样来求出答案呢?假如我们说情况正好是平衡的话,那就是可逆的,因而可以使重物上下移动。所以,我们可以考虑下述情况。起初,如图 4-3(a)所示,1 lb 重物在斜面底部,而重物 W 在斜面的顶端。当 W 以一种可逆的方式滑下去后,1 lb 的物体就在斜面顶部,而 W 经过的距离就是斜边的长度,如图 4-3(b)所示,即 5 ft。我们使 1 lb 重的重物只提高了 3 ft 而使 W 降低了 5 ft,所以,$W = 3/5$ lb。注意,我们是从能量守恒,而不是从力的分解来得出这个结论的。然而在这里,巧妙总是相对的。可以用另一种更高明的方法来推导这个结果,这个由斯蒂维纳斯所发现的方法就铭刻在他的墓碑上。图 4-4 说明这个重物一定是 3/5 lb,因为这个圆球链并没有转动,很明显,链条的下端的部分是为自身所平衡的,所以一边三个重物的拉力必须与另一边五个重物的拉力平衡,即按边长的比例。从图中你们可以看到,W 一定是 3/5 lb。

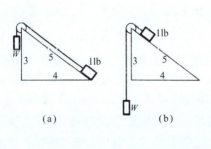
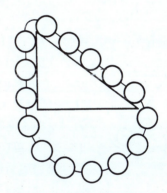

图 4-3　斜面　　　　　　　　　　　　图 4-4　斯蒂维纳斯的墓志铭

现在用图 4-5 所示的螺旋起重器这个比较复杂的问题来说明能量原理。转动螺旋的把柄长为 20 in,螺纹为每英寸 10 圈(即 10 in^{-1})。我们想知道,为了举起 1 t (约 2 000 lb)的重物,在把柄上要施加多大的力?假如我们要使 1 t 重物升高 1 in,就必须使把柄转 10 圈。把柄转一次时大约走过 126 in,所以它总共要走过 1 260 in。如果我们利用各种滑轮之类的机械,就可以用加在柄的端点上的一个未知的小重物 W 来举起 1 t 的重物。我们发现,W 大约是 1.6 lb。这就是能量守恒的一个结果。

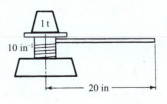
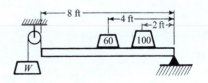

图 4-5　螺旋起重器　　　　　　　　　图 4-6　一端支撑着的荷重杆

在图 4-6 中我们举一个稍为更复杂一点的例子。一根 8 ft 长的棒,一端被支撑着,在棒的中间有一个 60 lb 的重物,离支点 2 ft 处还有一个 100 lb 的重物。假如不考虑棒的重量,为了保持它的平衡,我们要在棒的另一端加多大的力?假设在棒的那一端放上一个滑轮,并在滑轮上悬挂一个重物 W,为了使棒平衡,W 应当是多重?我们设想 W 落下任意一段距离,为了简便起见,设它下降了 4 in,那么这两个重物要升高多少呢?棒的中心升高了 2 in,而离固定端 2 in 处的那一点升高了 1 in,所以,各个重物与高度的乘积之和不变。这个原理告诉我们,W 乘以下降的 4 in,加上 60 lb 乘以升高的 2 in,再加上 100 lb 乘以升高的 1 in,其和必定是零

$$-4W + 2 \times 60 + 1 \times 100 = 0, \quad W = 55 \text{ lb.} \tag{4.5}$$

这就是说,为了使棒平衡,必须加上一个 55 lb 的重物。用这种方法,我们可以得出"平衡"定律——复杂的桥梁建筑的静力学,等等。这种处理问题的方法称为虚功原理,因为为了进行这种论证,我们必须设想系统移动一下——即使它实际上没有移动,甚至不能移动。为了运用能量守恒的原理,我们用了很小的假想的运动。

§4-3 动　　能

为了说明另一种形式的能量,我们来考虑一个单摆(图 4-7)。假如我们把它拉向一边,再把它放开,它就会来回摆动。在这种运动中,每当从端点跑向中点时,它的高度降低了,这时势能跑到哪里去了呢?当摆降到底部时,势能就消失了,不过,它将再次爬上来。可见重力势能必定转变为另一种能量形式。很明显它是依靠了自己的运动才能重新爬上来的。所以,当它到达底部时,重力势能就转变为某种其他形式的能量。

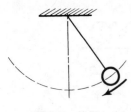

图 4-7　单摆

我们应当得出一个运动能量的公式。现在,回想一下关于可逆机的论证,很容易看出,在底部的运动必定具有一定量的能量,可使摆升高到一定高度,这个能量与摆上升的机制无关,或者说与上升的路径无关,所以与我们对孩子玩积木的情形所写出的公式一样,这里也有一个(两种能量间的)等价公式。我们有另一种表示能量的形式,要说明它是不难的。摆在底部的动能等于重量乘以它能升高的高度:K.E. $= W \cdot H$。现在需要的是一个利用某种与物体的运动有关的规则来说明摆动高度的公式。假如我们以一定的速度直接朝上抛出一个物体,它将到达一定的高度。我们暂时还不知道到底是多高,但是它依赖于速度——关于这个,有一个相应的公式。于是,为了找到物体以速度 V 运动的动能的公式,我们必须计算它能到达的高度,再乘以物体的重量。我们立刻就会知道,可以把动能写成这种形式

$$\text{K.E.} = WV^2/(2g). \tag{4.6}$$

当然,运动具有能量这个事实与物体处于重力场内这件事毫无关系。无论运动怎样产生,这都没有关系。这是一个适用于各种速度的一般公式。式(4.3)及式(4.6)都是近似的公式。式(4.3)在高度很大时是不正确的,因为这时重力要减弱,而式(4.6)在高速时要加以相对论性的校正。然而,当我们最后得到动能的精确公式时,能量守恒定律则是正确的。

§4-4　能量的其他形式

我们可以继续以这种方法来说明能量还以其他的形式存在。首先考虑弹性能。假如我们拉伸弹簧，就必须做一些功，因为拉伸时，可以提起重物，所以弹簧在伸长的情况下具有做功的可能性。假如我们求出重量与高度的乘积之和，那将与总能量不符——我们必须加上另外的一些东西来说明弹簧处于拉紧状态这一事实。弹性能就是关于弹簧被拉伸时这个事实的表述，它有多大呢？假如我们释放弹簧，那么弹簧经过平衡点时，弹性能就转变为动能，能量就在弹簧的伸长、压缩和动能之间来回变换（这里也有一些重力势能的增减，但是如果我们愿意的话，可以使实验"平着"做）。弹簧将一直来回振动，直到能量失掉为止……啊哈！前面我们已经在整个过程中玩了一点小小的手法——如加上一些小重物使物体运动，或者说机械是可逆的，它们可以永远运动下去等。但是，我们可以看到这些东西最终都要停下来的。当弹簧不再上下振动时，能量到哪里去了呢？这就引进了另一种形式的能量：热能。

在弹簧或杠杆里有着由大量原子组成的晶体。在极其仔细和精致地安排了机械的各个组成部分后，人们可以试着使事情调整得当某个东西在另一个东西上滚动时，根本没有一个原子会作任何跳动。但是我们必须非常小心。通常在机器运转时，由于材料本身的缺陷，会产生撞击和跳动，材料中的原子就开始无规则地摆动。于是那部分能量失踪了，但我们却发现机械运动减慢后，材料中的原子正以杂乱无章的方式摆动着。不错，这里仍然有动能，但是它与看得见的运动没有联系。多么奇怪！我们何以知道这里仍然有动能呢？我们发现，从温度计上可以看出，事实上弹簧或杠杆变热了，所以动能确实有了一定数量的增加。我们称这种形式的能量为热能。但是我们知道这实在并不是一种新的形式，它就是内部运动的动能（我们在宏观范围内对物质所做的一切实验中都有一个困难，即不能真正演示出能量守恒，也不能实际制成可逆机，因为每当我们使大块材料运动时，原子不会绝对不受扰动，所以总有一定量的无规则运动进入原子系统。我们无法用眼睛看出这一点，但是可以用温度计或其他方式测量出来）。

还有许多其他形式的能量，当然，眼下不可能对它们叙述得更多更详细。这里有电能，它与电荷的吸引和排斥有关；也存在着一种辐射能，即光能，我们知道它是电能的一种，因为光可以表示为电磁场的振动；还有化学能——在化学反应中释放的能，它是原子彼此间相互吸引的能量。弹性能也是如此，所以实际上，弹性能在一定程度上就像化学能。我们目前对化学能的理解是，化学能可分为两部分：首先是原子内电子的动能，所以化学能的一部分是动能，其余一部分是电子和质子的相互作用所产生的电能。接下去我们来考虑核能，它涉及原子核内的粒子的排列。我们有核能的公式，但是没有掌握基本的定律。我们知道它不是电能，不是重力能，也不纯粹是化学能，还不知道它究竟是什么。看来这是另外的一种能量形式。最后，存在着一个与相对论有关的对动能定律的修正（或者随便哪一种你喜欢用的说法），也就是说动能与另一种称为质能的东西结合在一起。一个物体由于它的纯粹的存在就有能量产生。假如有一个静止的电子和一个静止的正电子起先稳定地搁置着而不发生任何作用——既不去考虑引力效应，也不去考虑其他，然后当它们碰在一起时就会湮没，并释放出一定量的辐射能，它是可以计算的。为此我们需要知道的只是物体的质量，而与究竟是什么物体无关。两个粒子消失后，就产生了一定的能量。爱因斯坦首先找到了计算公式，即 $E = mc^2$。

从我们的讨论中可以很明显地看到,在进行分析时,能量守恒定律是极其有用的。我们已经在几个例子中表明了这一点,在那些例子中并没有知道所有的公式。假如我们有了各种能量的公式,那么无需深入细节就能分析出有多少过程应当会发生,所以守恒定律是非常有趣的。由此很自然会产生一个问题:在物理学中还有哪些其他守恒定律?有另外两条守恒定律是与能量守恒定律类似的,一条称为线动量守恒,另一条称为角动量守恒,关于这方面我们会在以后知道得更多。归根到底,我们并没有深刻地理解守恒定律。我们不理解能量守恒。我们并不认为能量是一定数量的颗粒物。你们也许听说过光子是以一个个的颗粒形式出现的,一个光子的能量是普朗克常数乘以频率。这是正确的。但由于光的频率可以是任意的,所以没有哪条定律断言能量必须是某种确定的数值。与丹尼斯的积木不同,能量的数值可以是任意的,至少今天的理解是如此。所以在目前我们并不把能量理解为对某种东西的计数,而只是看作一种数学的量。这是一种抽象而又十分奇怪的情况。在量子力学中,我们知道能量守恒与自然界的一个重要性质——事物不依赖于绝对时间——有十分密切的关系。我们可以在一个给定的时刻安排一个实验,并且完成它,然后在晚一些的时候再做同样的实验,那么实验的情形将完全是相同的。但这是否严格正确,我们并不知道。如果我们假设它是正确的,再加上量子力学的原理,我们就可以推导出能量守恒定律,这是一件相当微妙和有趣的事,不容易加以解释。其他的守恒定律也有连带的关系。动量守恒定律在量子力学中与一个命题有关,即无论你在哪里做实验都不会造成什么差别,结果总是同样的。最后,像空间上的无关性与动量守恒相联系、时间上的无关性与能量守恒相联系一样,假如我们转动仪器的话,这也不会造成任何差别,所以宇宙世界在角度取向上的不变性与角动量守恒相关。此外,还有三条其他的守恒定律。迄今为止我们可以说,这些定律是精确的。它们要容易理解得多,因为在本质上它们是属于清点积木一类的事。

这三条守恒定律中的第一条是电荷守恒定律,这只是意味着,数一下你有多少正电荷,多少负电荷,将正电荷的数量减去负电荷的数量,那么这个结果将永远不会改变。你们可以用一个负电荷抵消一个正电荷,但是你们不可能创造任何正电荷对负电荷的净余额。另外两条守恒定律与这一条相类似。一条称为**重子的守恒**。存在着一些奇异粒子,例如中子和质子,它们称为重子。在任何自然界的反应中,假如我们数一下有多少重子进入一个反应,那么在反应结束时出去的重子*的数量将完全相同。还有一条是轻子守恒定律。我们可以举出称为轻子的一群粒子:电子,μ子和中微子,还有一个电子的反粒子,即正电子(轻子数为-1)。在一个反应中对轻子的总数进行计数将揭示出这个事实:进入的数量与出去的数量决不会改变,至少就今天所知就是如此。

这就是六条守恒定律,其中三条是微妙的,与空间和时间有关,另外三条从对某种东西进行计数的意义上说是简单的。

关于能量守恒,我们应当指出,可资利用的能量是另一回事——在海水中的原子进行着大量的晃动,因为海水具有一定的温度,但是如果不从别处取得能量,就不可能使原子都按一个确定的方向运动。这就是说:虽然我们知道能量确实守恒,但是可供人类利用的能量并不那么易于保存。确定究竟有多少能量可供利用的那些定律称为热力学定律,它们包括着一个称为熵的有关不可逆热力学过程的概念。

---

* 反重子的重子数记为(-1)。

最后,我们提一下这个问题:今天我们可以从哪里获得能量？我们的能量来源是太阳、雨水、煤、铀以及氢。太阳形成了降雨,也造成了煤矿,所以所有这些都起源于太阳。虽然能量是守恒的,但看来大自然对此并无兴趣,她使太阳释放了大量的能量,但其中只有二十亿分之一到达地球。大自然保存着能量,不过实际上并不关心这一点,它让巨大数量的能量向四面八方散布开去。我们已经从铀中得到能量,从氢中也能得到能量,但是,现在只是在爆炸的危险的条件下才得到这些能量。假如可以在热核反应中控制它,那么每秒钟从 10 qt 水中得到的能量就等于整个美国每秒钟所发的电量,每分钟用 150 gal 的水,就会使你们有足够的燃料来供应今天在整个美国所需要使用的能量！所以,怎样想出一些办法使我们从对能量的需要中解放出来就成为物理学家的责任。无疑,这是可以达到的目标。

第5章 时间与距离

§5-1 运 动

在这一章里我们将研究时间和距离这两个概念的某些方面。上面我们曾经强调过,物理学像所有其他科学一样是依赖于观察的,人们或许还可以说,物理科学发展到它今天这种形式在很大程度上是由于强调了要进行定量的观察。唯有通过定量的观察,人们才能得到定量的关系,这些关系是物理学的核心。

很多人都喜欢把伽利略在350年前所做的工作看作是物理学的开端,并且称他为第一个物理学家。在此之前,对运动的研究是一种哲学上的事情,它所根据的是人头脑中所能想象出来的一些论据。大部分的论据是由亚里士多德和其他希腊哲学家提出的,并且被认为是"已经证明"了的。伽利略采取一种怀疑的态度,关于运动他做了一个实验,这个实验主要是这样的:他让一个球沿一斜面滚下,并且观察它的运动。然而他并不只是观察而已,而且还测量了在多长一段时间内小球跑了多远一段距离。

在伽利略之前很久,人们已经很好地掌握了测量距离的方法,但是,对于时间的测量,特别是短时间的测量,还没有精确的方法。虽然伽利略后来设计了比较准确的时钟(不过不像我们今天所见到的那样),但他在第一次做运动实验时是用他的脉搏来数出等间隔的时间的。让我们也来做一下这个实验。

当小球沿着轨道滚下时(图5-1),我们可以数自己的脉搏:"一……二……三……四……五……六……七……八……"我们请一个朋友于每数一次就在小球所到达的位置上做一个小记号;然后就可以测量小球从被释放的位置开始在1个、2个或3个相等的时间间隔内所经过的距离。伽利略用下面这种方法来表述他的观察结果:如果从小球释放的时刻算起,它的位置是在1,2,3,4,……单位时间记下的,那么这些记号离开起点的

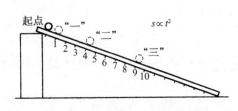

图 5-1　一个小球沿着斜面滚下

距离就正比于数 1,4,9,16,……。今天我们就会这样说:距离与时间的平方成正比

$$s \propto t^2.$$

运动的研究对所有的物理领域是一件基本的事,它所讨论的问题是:何处?何时?

§5-2 时 间

让我们先来考察一下何谓时间。时间究竟是什么?假如我们能够找到时间的一个确切

的定义那该是多好。在韦伯斯特辞典里把"一段时间(a time)"定义为"一个时期(a period)",又把后者定义为"一段时间"。这种定义看来并不十分有用。或许我们应该说:"时间就是不发生其他事情时所发生的事。"然而这也未必使我们的理解深入。事实上(就字典的含义来说)时间很可能是我们不能定义的事物之一。面对这个事实也许并没有什么不好。我们干脆说时间就是我们所知道的那回事:它就是我们等了多久!

不管怎样,重要的不在于我们如何来定义时间,而在于我们如何来测量它。测量时间的一种方法是利用某种能以有规则的方式一再发生的事情,即某种能周期性发生的事情。例如,一个昼夜。昼夜似乎是一再重复出现的。然而你思索一下,也许就会问:"昼夜是否系真正周期性重复的?它们是否有规则地变化着?每一天是否都同样长?"人们肯定会有这种印象,夏天的日子比冬天的日子长。当然,在人们感到非常无聊的时候,总觉得冬天的有些日子长得可怕。你们一定会听到过有人这么说:"哎呀,这是多么长的一天!"

但是就平均而言,日子确实大致一样长。我们有没有什么方法来检验日子——不论从某一天到下一天,还是(至少)就其平均而论——长短相同与否?一个办法是把它同某种别的周期性现象作比较,我们来看怎样能用一个沙漏来作这种比较。如果我们让某个人昼夜站在它的旁边,每当最后一粒沙掉下之后,他就把沙漏倒转过来,这样,我们用沙漏就能"创造"一个周期性的事件。

于是,我们就能计算从每天早上到下一天早上倒转沙漏的次数,这一次我们大概会发现每一"天"的"小时"数(即倒转沙漏的次数)并不相同。这样,我们就会怀疑太阳或者沙漏,或者怀疑这两者。在加以思索之后,我们或许会想到要计算从这个中午到下一个中午的"小时"数(在这里中午的定义并不是12:00,而是指太阳在其最高点的时刻)。这一次我们将会发现,每一天的小时数都是相同的。

现在我们比较有把握认为"小时"和"昼夜"具有一种有规则的周期性,也就是说,它们划分出相继的等时间间隔,虽然我们没有证明它们中不论哪一个"确实"是周期性的。或许有人会问:是否会有某个万能者在夜间使沙漏中的流动变慢,而在白天又把它加快?我们的实验当然无法对这类问题作出回答,我们所能说的,只是发现一种事物的规则性与另一种事物的规则性相吻合而已。我们只能说把时间的定义建立在某种明显是周期性事件的重复性上。

§5-3 短 的 时 间

现在我们要指出,在检验昼夜的重复性这个过程中我们获得了一个重要的副产品,这就是找到了一种比较精确地测量一天的几分之一的方法,亦即找到了一种用较小的间隔来计量时间的方法。能不能把这种过程再往前发展,从而学会测量更小的时间间隔呢?

伽利略断定,只要一个摆的摆幅始终很小,那么它将总以相等的时间间隔来回摆动。如果做这样一个实验,对摆在一个"小时"内的摆动次数进行比较,那么这个实验就会表明,情况确实如此。我们用这个方法可划分出一个小时的几分之一。假如我们利用一个机械装置计点摆动次数,并且保持摆动进行下去,那么就得到了我们祖父一代所用的那种摆钟。

让我们约定,如果我们的摆一个小时内振动3 600次(并且如果一天有24个这样的小时),那么我们就称每一摆动的时间为1"秒"。这样,就把原来的时间单位分成大约10^5个部分。我们可以应用同样的原理把秒分成更加小的间隔。你们可以理解,制造一个能够走得任意快的机械摆是不现实的,但是我们现在能够制造一种称为振荡器的电学摆,这种电学摆能提供周期很短的摆动。在这种电子振荡器中,是电在来回振动,其方式与摆锤的摆动方式相类似。

我们可以制造一系列这种电子振荡器,每一个的周期要比前一个减小 10 倍。每一个振荡器可用前一个较慢的振荡器这样来"定标",即数出较慢的振荡器振动一次时它所振动的次数。当我们的钟的振动周期小于 1 s 的几分之一时,如果没有某种辅助装置以扩展我们的观察能力,那就无从计点振动的次数。这种装置之一是电子示波器,它的作用就像一种观察一短段时间用的"显微镜"。这个装置在荧光屏上画出一幅电流(或电压)对时间的图像。将示波器依次与我们的系列中相继的两个振荡器相连,它就先显示出一个振荡器中的电流图像,然后显示出另一个振荡器中的电流图像,从而得到如图 5-2 所示的两幅图像。这样,我们就很容易测出较快的振荡器在较慢的振荡器的一个周期中振动的次数。

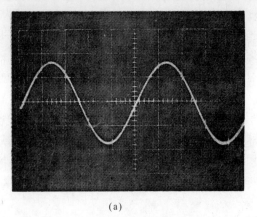
(a)

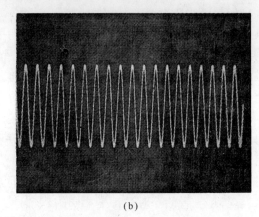
(b)

图 5-2 示波器屏上的两个图像。在(a)中,展示的是示波器与一个振荡器相连接时的波形;在(b)中,展现了它与另一个其周期只有前者十分之一的振荡器相连接时的波形

利用现代电子技术,已经制造出周期短到大约 10^{-12} s 的振荡器,并且可以按照前面描述的那种比较方法用我们的标准时间单位——秒来予以定标。近年来,随着"激光器"或光放大器的发明和完善,已能制造周期甚至比 10^{-12} s 更短的振荡器了,但是还不能用上述那些方法来予以定标,虽然毫无疑问,这不久一定能够做到。

比 10^{-12} s 还短的时间已经测量出来,但用的是另一种测量技术。事实上,这里所用的是"时间"的另一种定义。一个方法是观察发生在运动物体上的两个事件之间的距离。例如,假定有一辆行驶的汽车把它的车灯先开亮,然后再关掉。如果我们知道车灯开、关的地点以及车速,那么我们就能求出灯开着的时间有多长。这段时间就是灯开着时所通过的距离除以汽车的车速。

近几年来,正是这种技术被用来测量 π^0 介子的寿命。π^0 介子在感光乳剂中产生并在其中留下微细的踪迹,用显微镜观察这些踪迹时,我们就可看到,平均而言一个 π^0 介子(认为它以接近光速的某个速度运动)在蜕变之前大约走过了 10^{-7} m 的距离,所以它的寿命总共只有大约 10^{-16} s。但是必须着重指出,这里我们用了一个与之前稍有不同的"时间"定义。然而,只要在我们的理解方面不出现任何不协调的地方,那么我们就觉得有充分的信心认为这些定义是足够等效的。

在把我们的技术——而且如有必要也把我们的定义——进一步加以扩展之后,就能推断更快的物理事件的持续时间,我们就可以谈论原子核振动的周期,以及第2章中提到过的那些新发现的奇异共振态(粒子)的寿命。它们的全部寿命只不过占 10^{-24} s 的时间,大致相当于光(它以我们已知的最快速度运动)通过氢原子核(这个已知的最小物体)所花的时间。

那么,再短的时间呢? 是不是还存在尺度更小的"时间"? 如果我们不能够测量——或者甚至不能合理地去设想——某些发生在更短时间内的事件,那么要谈论更短的时间是否还有任何意义? 可能没有意义。这是一些尚未解决的、但你们会提出的、而且也许在今后 20 或 30 年内才能回答的问题。

§5-4 长的时间

我们现在来考虑比一昼夜还长的时间。要测量较长的时间很容易,我们只要数一数有几天就是——只要旁边有人在做这种计数的工作。首先我们发现,自然界里存在着另一个周期性,即年,一年大约等于 365 天。我们还发现,自然界有时也为我们提供了计算年的一些东西,例如树木的年轮或河流底部的沉积物。在某些情况下,我们就能利用这些自然界的时间标记来确定从发生某种事件以来所经历的时间。

当我们不能用计算年的方法来测量更长的时间时,那就必须寻找其他的测量方法。最成功的方法之一是把放射性材料作为一只"钟"来使用。在这种情况下,并不出现像昼夜或摆那样周期性的事件,但是有一种新的"规则性"。我们发现,某种材料的样品,当它的年龄每增加一相同的数值时,它的放射性就减少一相同的分数。假如我们画一张图来表示所观察到的放射性作为时间的函数,那么我们就得到如图 5-3 所示的一条曲线。我们看到,如果放射性在 T 内减少到一半(称为"半衰期"),那么它在另一个 T 内就减少到 1/4,等等。在任一时间间隔 t 内共包含了 t/T 个半衰期,而在这段时间 t 后尚剩下的部分则是 $(1/2)^{t/T}$。

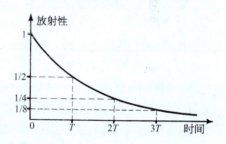

图 5-3 放射性随时间而减小。在每一个"半衰期"T 中,放射性都减小一半

时　间

a	s		具有该平均寿命之事物
	10^{18}	???????	
10^9		宇宙的年龄	
	10^{15}	地球的年龄	U^{238}
10^6		最早的人	
	10^{12}	金字塔的年龄	
10^3		美国的历史	Ra^{226}
	10^9	一个人的寿命	H^3
	10^6	一天	
	10^3	光从太阳射到地球	中子
	1	一次心跳	

(续表)

a s		具有该平均寿命之事物
10^{-3}	声波的周期	
10^{-6}	无线电波的周期	μ 介子
		$\pi^{\pm}$ 介子
10^{-9}	光通过 1 ft 距离	
10^{-12}	分子转动的周期	
10^{-15}	原子振动的周期	
		π^0 介子
10^{-18}	光经过一个原子	
10^{-21}	核振动的周期	
10^{-24}	光经过一个原子核	奇异粒子
	???????	

如果我们知道一块材料,比如说一块木料,在它形成时其中含有数量为 A 的放射性物质,而我们用直接测量法发现它此刻的量为 B,那么只要解方程

$$\left(\frac{1}{2}\right)^{t/T} = \frac{B}{A},$$

就能计算这一物体的年龄 t。

幸运的是,在某些情况中,可以知道物体在形成时所包含的放射性总量。比如说,我们知道空气中的二氧化碳含有某一确定小量的放射性碳同位素碳 14(它由于宇宙线作用而连续不断地得到补充),如果测量一个物体的碳的总含量,并且知道这个总含量的某一分数就是原来的放射性碳 14,那么,就可知道上述公式中所要用到的那个开始时的总含量 A。碳 14 的半衰期是 5 000 年,通过仔细的测量我们测出经 20 个左右的半衰期后所余留下来的数量,因此,就能够确定生成于 100 000 年以前那样古老的有机体的年代。

我们很想知道,并且认为也能知道比它更老的那些事物的寿命。许多有关这方面的知识,我们是通过测量具有不同半衰期的其他放射性同位素而得到的。如果我们用一种半衰期更长的同位素来进行测量,那么就能测得更长的时间。例如,铀有一种同位素,它的半衰期大约为 10^9 年,所以如果有一种物质在 10^9 年前形成时就含有这种铀,那么今天这种铀就只剩下一半。当铀蜕变时,它变成了铅。设想有一块岩石,它是在很久以前通过某种化学过程形成的。铅由于具有与铀不同的化学性质,它将出现在岩石的一个部分中,而铀则出现在岩石的另一部分中。铀和铅将互相分开。如果我们今天来考察那块岩石,将发现在那种应该只有铀存在的地方,现在有某一分数的铀和某一分数的铅,通过对这两个分数的比较,我们就能说出百分之几的铀已消失并且变成了铅。利用这个方法,有些岩石的年龄被测定为几十亿年。这个方法的一个推广便是不用特定的岩石,而是着眼于海洋中的铀和铅,并且对整个地球取平均值。用这个推广了的方法(在过去几年中)曾测得地球本身的年龄大约为 45 亿年。

人们发现,地球的年龄与掉到地球上的陨石(也是用铀方法测定的)的年龄是相同的,这是一件令人鼓舞的事情。看来,地球是由漂游在太空中的岩石形成的,而陨石很可能就是遗留下来的那些物质的残片。在 50 亿年前的某个时候,宇宙开始形成。现在人们认为,至少我们这部分宇宙起源于大约 100 或 120 亿年之前。我们不知道在此之前发生过什么事情。

事实上我们又可以提问:这个问题是否有任何意义？更早的时间是否有任何意义？

§5-5 时间的单位和标准

我们在前面实际上已表明了,如果从时间的某个标准单位,比如一天或一秒出发,并把所有其他的时间表示为这个单位的倍数或分数,那么将十分方便。然而,我们将用哪个单位作为我们时间的基本标准呢？是否用人的脉搏跳动？如果我们比较各人的脉搏,那就会发现它们之间似乎差别很大。如果比较两只钟,则发现它们的变化不那么大。于是你们会说:好,就让我们采用钟吧！但是用谁的钟呢？有个故事讲到一个瑞士男孩,他想使他所在的镇上所有的钟在正午时刻都同时敲响,所以他就跑来跑去,穿家过院,想使人人相信这样做的好处。每个人都想,如果他的钟在正午敲响时,其他钟也全都敲响的话,这该是一个多好的主意呀！然而要决定谁的钟应该取作标准,这倒是一件难事。幸运的是,我们大家都同意用一只钟,即地球。在很长一段时间里,人们把地球的自转周期当作时间的基本标准。但是当测量变得越来越精确的时候,人们发现,用最好的钟来进行测量,地球的转动也不是严格周期性的。我们有理由相信,这些"最好"的钟是精确的,因为它们彼此之间是相符的。由于种种理由,我们现在认为,有些天要比另一些天长,有些天要比另一些天短,平均而论,地球的自转周期是随着一个世纪一个世纪的过去而变长了一点的。

直到最近,我们还没有找到任何一个比地球的周期好得多的标准,所以把所有的钟同一天的长度联系了起来,而把一秒规定为一个平均日的 1/86 400。最近我们对自然界中某些振荡器获得了一些经验。我们现在相信,这些振荡器可以当作比地球更稳定的时间参考物。而且,它们也是基于一个大家都能采用的自然现象。这就是所谓的"原子钟"。它的基本的内在周期,就是原子振动的周期,这种振动对于温度或任何其他外界影响都不十分敏感。原子钟能使时间的精确度达到 10^{-9},或者比之更高。在过去两年中,哈佛大学的拉姆齐教授研制了一种改进的原子钟,它是依靠氢原子的振动而工作的。拉姆齐认为,这种钟比其他原子钟精确 100 倍。现在他正在对之作测量,这些测量将表明他的说法是否正确。

既然现在有可能制作远比天文时间精确的钟,那么我们可以预期,科学家们不久就会一致同意采用许多原子标准钟中的一种来定义时间单位*。

§5-6 长的距离

现在我们转到距离的问题上来。事物有多远或者有多大？人们都知道测量距离的方法是选用一种长度单位再加上计数,例如可以用尺或拇指边量边数。那么怎样来量比较小的东西呢？怎样把距离分小呢？这与我们将时间分小一样,我们同样取一个较小的单位,然后数出这个单位组合成一个较长单位时所需的数目。这样我们就能测量越来越小的长度。

但是我们并不总是把距离理解为用米尺量得的结果。仅仅用一根米尺是难以测量两个

---

* 1967年的第十三届国际计量大会已通过决议将时间单位"秒"的定义改为:"一秒等于 ^{133}Cs 原子基态的两个超精细能级之间跃迁的辐射周期的 9 192 631 770 倍"。——译者注

山顶之间的水平距离的。我们曾经凭经验发现可以用另一种方式来测量距离：即用三角法。虽然这意味着我们实际上对距离用了一个不同的定义，但当它们可以一起应用时，就应是彼此相一致。空间或多或少有点像欧几里得所设想的那个样子，所以距离的这两种定义是一致的。既然它们在地球上相一致，那就使我们充满信心用三角法来测量更大的距离。例如，我们当时曾用三角法测定了第一颗人造卫星的高度(图 5-4)。我们测得的高度约有 5×10^5 m。如果测量得更仔细一点，则用同样的方法可以测出地球到月球的距离；安放在地球上两个不同地点的两个望远镜，将会告诉我们所需要的两个角度。用这种方法我们求得月球离我们有 4×10^8 m 远。

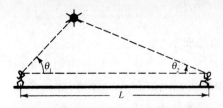

图 5-4　用三角法测定人造卫星的高度

　　对于太阳，我们不能这样做，或者至少到现在没有人能够这样做。由于我们不能相当精确地对准太阳上一个特定的点，从而不能精确地测出两个角度，所以无法测出到太阳的距离。那么如何来测量这个距离呢？我们必须将三角法这个观念加以引申。我们可以通过天文观察方法来测量所有行星出现的位置之间的相对距离，从而得到一幅有关太阳系的图像，以显示每个行星间的相对距离。但这不是绝对距离。因此需要测出一个绝对距离，而这种绝对距离测量已由几种方法得到，其中直到最近以前还认为最精确的一个是测出地球到爱神星的距离。爱神星是一个时常靠近地球的小行星。如果对这个小天体应用三角法，就能得到一个所需要的比例尺度。由于知道了其他天体的相对距离，我们就能得出它们之间的绝对距离，例如地球到太阳，或地球到冥王星的绝对距离。

　　去年，我们在有关太阳系的比例尺度的了解上获得了巨大的进展。喷气推进实验室用直接的雷达观测非常精确地测定了地球到金星的距离。当然，这又是另外一种由推测而得到的距离。我们说，我们知道光传播的速度(而这也是雷达波传播的速度)，并且假定，在地球与金星之间无论何处这个速度都相同。我们发射无线电波，并测得电波直到返回所需的时间，我们就能从时间来推测距离。这确实是距离测量的另一种定义。

　　可是我们如何来测量一个更遥远的恒星的距离呢？幸运的是，我们可以回到三角法上来，因为地球绕太阳公转，而这种转动就为测量太阳系外的恒星距离提供了一条基线。假如我们在夏天和冬天用望远镜对准一颗恒星，那么我们可以期望能足够精确地测出这两个角度，从而能测出地球到恒星的距离，如图 5-5 所示。

　　如果恒星离得太远而不能应用三角法时又怎么办？天文学家总是在发明测量距离的新方法。例如，他们发现，从恒星的颜色可以估计它的大小和亮度。他们测定了许多靠近地球的恒星——这些恒星的距离已用三角法测得——的颜色和内在亮度，并且发现在恒星颜色和内在亮度(在大多数情况中)之间存在着一个平滑的关系。如果现在测出了一个遥远恒星的颜色，那就可以用颜色-亮度关系来确定这个星体的内在亮度。在测量了我们地球上看来这颗恒星有多亮(或许应该说有多暗)之后，我们就可以计算它有多远(对于一个给定的内在亮度，其表观亮度是随距离的平方而减小的)。对称为球状星团的一群恒星作测量后，所得的结果很好地证实了这种星际距离测量方法的正确性。图 5-6 是这样一群恒星的一张照片。只要看一下照片，人们就会相信这些恒星都聚集在一起。用颜色-亮度关系这个测量距离的方法得到了同样的结果。

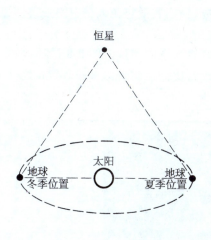

图 5-5 利用地球轨道的直径作为基线,可以用三角法测量靠近地球的恒星的距离

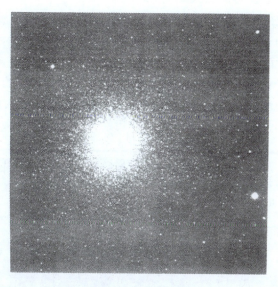

图 5-6 靠近我们银河系中心的一个星团。其中各恒星与地球的距离为 30 000 l.y.,或约为 3×10^{20} m

对许多球状星团进行研究之后我们得到另一些重要信息。人们发现,在天空的某一部分有许多这样的星团高度集中在一起,而且其中大部分离地球的距离大致相同。把这个信息和其他证据结合起来就能断定,星团的这个集中处就是我们所在银河系的中心。于是我们就知道到银河系中心的距离——大约为 10^{20} m。

知道了我们自己所在银河系的大小,我们就有了一把测量更大距离——也就是到其他银河系的距离——的钥匙。图 5-7 是一幅形状与我们的银河系颇为相同的一个银河系的照

图 5-7 与我们的银河系一样的一个螺旋银河系,假定它的直径与我们的银河系相近,那么我们从它的表观大小就能算出它的距离。它离地球约 3×10^7 l.y.(即 3×10^{23} m)

片。它的大小可能也和我们的相近(另外的一个证据支持了这种想法,即所有银河系都有相近的大小)。假如确实如此,那么我们就能说出它的距离,我们测量它在天空中的张角,又知道它的直径,于是就能算出它的距离——这又是三角法!

新近用巨大的帕洛玛望远镜获得了极其遥远的一些银河系的照片。图 5-8 是其中的一张。现在人们认为,这样的一些银河系大约处在从地球到我们宇宙界限——10^{26} m 处——一半的地方。10^{26} m 是我们能想象的最大距离!

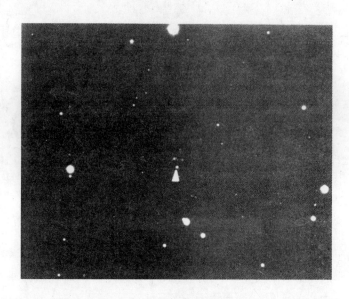

图 5-8 最现代化的 200 in 望远镜拍摄的最远天体——牧夫座中的 3C295(用箭头标出)(1960)

§5-7 短 的 距 离

现在我们来考虑一下小的距离。把米分小是容易的。把一米划分成 1 000 个相等的间隔并没有多大困难。用相似的方法(利用一架好的显微镜),我们能够把一毫米分成 1 000 个等份,构成微米(一米的百万分之一)这样一个尺度,但这要稍微困难一些。要继续分成更小的尺度则更困难,因为我们"看不见"一个比可见光的波长(大约 5×10^{-7} m)还要小的物体。

然而我们不必停止在我们看得见的东西上。依靠电子显微镜,我们能用拍照方法来对更小的尺度(比方说一直到 10^{-8} m)继续这个划分过程(图 5-9)。用间接的测量,即用一种显微镜规模的三角法,我们能对越来越小的尺度继续进行测量。首先,我们从观察波长短的光(X 射线)如何在间隔为已知的标记所组成的图样上被反射的情况,确定光振动的波长。然后从同样的光在一块晶体上被散射的图样,我们就能确定原子在晶体中的相对位置,所得结果与化学方法确定的原子间距离相符合。用这种方法我们发现,原子的直径约为 10^{-10} m。

典型的原子大小约为 10^{-10} m,而原子核的大小为 10^{-15} m,其间相差 10^5 倍!可见原子与原子核之间在物理尺度上存在一个很大的"空隙"。对原子核的大小来说,用另一种测量方法比较方便。我们测量的是它的<u>表观面积</u> σ,称之为有效截面。如果要知道半径,则可从

图 5-9 某些病毒分子的电子显微图。"大的"球是为定标用的,且已知其直径为 2×10^{-7} m(2 000 Å)

$\sigma = \pi r^2$ 求得,因为原子核是近似球形的。

核的截面可以这样来测量:使一束高能粒子通过某种材料的一块薄板,然后观察没有通过薄板的粒子数。这些高能粒子通常会穿过薄薄的电子云,而只有当它们碰上了质量集中的原子核时,才会被阻止或者被偏转。假设我们有一块 1 cm 厚的材料,其中大约有 10^8 个原子核。由于原子核是如此之小,以致一个核恰好位于另一个核的背后的机会是很小的。我们可以设想,沿着粒子束看去时这种情况的一个高度放大的图像犹如图 5-10 所示。

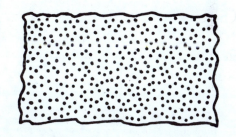

图 5-10 在只观察核的时候,通过一块厚 1 cm 的碳所见到的那个设想的图像

一个很小的粒子在通过物质时能打在一个核上的机会,正好等于其中所有核的剖面所占的总面积除以这幅图上的总面积。假定我们知道在这块板的面积 A 中有 N 个原子(当然,每个原子只有一个核),那么被这些核所"覆盖"的总面积的比数就等于 $N\sigma/A$。现在设粒子束中射到薄板的粒子数为 n_1,从薄板另一边射出的粒子数为 n_2。这样,没有通过薄板的粒子的比数为 $(n_1-n_2)/n_1$,它应该正好等于被覆盖面积的比数。于是从等式*

$$\pi r^2 = \sigma = \frac{A}{N}\left(\frac{n_1-n_2}{n_1}\right)$$

就能获得核的半径。

从这样一种实验我们得出,核的半径大约为 10^{-15} m 的 1~6 倍。10^{-15} m 这个长度单位称为费米**,以纪念著名的物理学家费米(1901—1958)。

---

* 只有当核所覆盖的面积是总面积的一个很小分数,即当 $(n_1-n_2)/n_1$ 远比 1 小时,这一等式才正确。否则我们必须对这样一种事情,即有些核将部分地为其前面的核所挡住的情况进行校正。

** 在国际单位制中,10^{-15} m 称为飞米。——译者注

如果我们进到更小的距离,那么将会发现什么呢?能不能测量更小的距离?这样的问题现在还不可能回答。有人提出这种看法,认为迄今尚未解决的核力之谜,只有在对这样小的距离下的我们关于空间或测量的观念进行某些修正以后才能解开。

人们也许会想到,用某些自然长度来作为我们的长度单位——比如说地球的半径或者它的某一部分——倒是一个很好的意见。米之取作为单位只是出于这样的考虑,它被定义为地球半径的$(\pi/2) \times 10^{-7}$倍。但是,用这种方法来规定长度单位,既不方便,也不很准确。很长时间以来国际上约定:一米的定义是保持在法国一个特殊实验室中的一根棒上两条刻线之间的距离。不久前人们认识到这个定义既未精确到足以使之有用,也不像人们所希望的那样稳定或普遍。近年来正在考虑采用一个新的定义,即选定一根光谱线,把大家一致同意的它的波长的(任意)倍数作为长度的单位*。

距离测量和时间测量的结果有赖于观察者。两个作相互运动的观察者在测量看来似乎是同一事物时,将会得到不同的距离和时间。距离和时间间隔随着测量时所用的坐标系(或"参照系")不同而有不同的大小。我们将在后面的一章中详细地研究这个问题。

距 离

l. y.	m	
	10^{27}	?????
10^9		宇宙的边缘
	10^{24}	
10^6		到最邻近的银河系
	10^{21}	
10^3		到我们的银河系的中心
	10^{18}	
1		到最近的恒星
	10^{15}	
		冥王星的轨道半径
	10^{12}	
		到太阳
	10^9	
		到月球
	10^6	
		人造卫星的高度
	10^3	
		电视塔的高度
	1	一个孩子的高度
	10^{-3}	
		一粒盐
	10^{-6}	
		病毒
	10^{-9}	
		原子半径
	10^{-12}	
	10^{-15}	原子核半径
		?????

---

* 第十一届国际计量大会(1960年)已将原来用国际铂铱原器确定的长度单位米的定义改为"米的长度等于^{86}Kr的$2p^{10}$和$5d^5$能级间跃迁的辐射在真空中波长的1 650 763.73倍"。1983年第十七届国际计量大会又正式通过了米的新定义:"米是光在真空中1/299 792 458秒的时间间隔内运行路程的长度。"——译者注

完全精密的距离测量或时间测量是为自然规律所不允许的。我们前面已经提到，在测量一个物体的位置时，误差至少有

$$\Delta x = \frac{h}{\Delta p}$$

那么大，其中 h 是一个称为"普朗克常量"的很小的量，而 Δp 是我们在测量物体的位置时，对它的动量（质量乘以速度）所知的误差。我们也曾提到，位置测量的不确定性是与粒子的波动本性有关的。

空间和时间的相对性意味着时间的测量也有一个实际由

$$\Delta t = \frac{h}{\Delta E}$$

给出的最小误差，其中 ΔE 是我们在测量一个过程的时间时，对它的能量所知的误差。如果我们要更精确地知道某个事件何时发生，那就只能对发生了什么知道得更少一点，因为我们对其所含能量的知识减少了。时间的不确定性也是与物质的波动本性有关的。

第6章 概　　率

我们这个世界的真正逻辑寓于概率的计算之中。

——J.C.麦克斯韦

§6-1　机会和可能性

"机会"是日常生活中通常使用的一个词汇。无线电在播送明天的天气预报时可能会说："明天下雨的机会是 60%。"你也许会说："我能活上 100 岁的机会是不大的。"科学家也使用机会这个词。一个地震学家可能会对这样的问题感兴趣："明年在南加利福尼亚州发生某一级地震的机会有多大？"一个物理学家也许会提出这样的问题："在下一个 10 s 内，某一特定盖革计数器将记录到 20 个计数的机会是多少？"一个政治家或国务活动家可能对下列问题感兴趣："下一个 10 年内发生核战争的机会是多少？"同样，你也许会对从这一章中将学到一些东西的机会发生兴趣。

所谓机会指的是某种类似于猜测的事。为什么我们要猜测呢？希望作出判断而只掌握不完全的信息或不确定的知识时，我们就要进行猜测。我们要对这是些什么东西或者可能会发生什么事情进行猜测。由于必须作出决定，我们常常要进行猜测。比如说，明天我是否要带上雨衣？我应设计一座能够防御哪种程度地震的新大厦？我是否要为自己建造一个放射性微粒掩蔽所？我是否要在国际谈判中改变自己的立场？我今天是否要去上课？

有时我们所以要进行猜测，是因为我们想用自己有限的知识来对某种情况说出尽可能多的东西。事实上，任何一个判断本质上都是一种猜测。同样，任何物理理论都是一种猜测，其中有成功的，也有失败的。概率论就是为进行较好猜测而产生的一种理论体系。应用概率的语言能使我们定量地谈论某些情况，而这些情况的变化可能很大，但确有某种一贯的平均行为。

让我们来研究向上抛掷硬币这件事。如果抛掷——以及硬币本身——都是"可靠"的，那么对任何一次特定的抛掷，我们无法预期能得到什么样的结果。然而我们可能会感到，在大量的抛掷中应该得到数目大致相等的正面和反面。我们说："每次抛掷以正面落地的概率是 0.5。"

我们只对将来要做的那些观察谈论概率。所谓在一次观察中将得到一个特定结果的"概率"，就是指我们在大量重复这个观察时对其中出现该特定结果的最可能分数的估计。如果我们设想重复作某种观察——比如看一下刚抛掷的硬币——N 次，并且称 N_A 为我们对这些观察中最可能出现某一指定结果 A——比如出现"正面"——的数的估计，那么所谓观察到 A 的概率 $P(A)$ 就是指

$$P(A) = \frac{N_A}{N}. \tag{6.1}$$

对我们这个定义,需要作几点注释。首先,只有当所发生的事件是某一可重复的观察的可能结果时,我们才能谈到发生某件事的概率。像"那所房子里出现一个幽灵的概率是多少?"这类问题有没有任何意义是不清楚的。

也许你会反对说,没有一种情况是严格重复的。没错。每个不同的观察至少要在不同的时间或者地点进行的。我们所能说的只是,对于我们想要达到的目的来说,凡是重复进行的观察应该看来似乎都是等价的。至少我们应当这样假定,每一次观察都在同样准备好的情况下进行,特别是在观察开始时都要带有同等程度的无知(玩纸牌时,如果我们偷看一下对方的牌,那么我们对自己获胜的机会的估计就显然与偷看前不同)。

我们应当强调指出,式(6.1)中的 N 和 N_A 并不代表实际所作观察的次数。N_A 是我们在 N 个想象的观察中可能得出结果 A 的观察的最佳估计。因此,概率有赖于我们的知识以及进行估计的能力,实际上有赖于我们的常识!幸好许多事物在常识上都有某种程度的一致性,所以不同的人会作出同样的估计。然而,概率不必是一些"绝对"的数字。既然它们与我们对事物的无知有关,那么如果我们所掌握的知识发生变化,它们也会变得不同。

你们也许已经注意到我们的概率定义中另一个相当"主观"的方面。我们把 N_A 说成是对最可能次数的一个估计……。可是这并不意味着我们不折不扣地期望能观察到 N_A,而是期望能得到一个靠近 N_A 的数,而且数 N_A 比其邻近的任何其他的数更为可能。比如说,我们抛掷一个硬币 30 次,那么我们可以预料,得到正面的数字不大可能正好是 15,而很可能是某一靠近 15 的数,如 12、13、14、15、16 或 17。然而,如果我们必须对之作出抉择,那么我们就会决定,15 次正面要比任何其他的数更为可取。我们将写成:$P(正面) = 0.5$。

为什么我们选择 15 为一个比任何其他数更可取的数呢?我们一定跟自己进行过如下的争辩:如果在 N 次抛掷中得到正面的最可能次数为 N_H,那么得到反面的最可能次数 N_T 就等于 $N - N_H$(这里我们作了这样的假定,即每次抛掷不是得到正面便是得到反面,不会得到"其他"结果)。但如果硬币是"可靠"的,它就既不偏向正面,也不偏向反面。除非有某些理由可以认为硬币(或者抛掷)是不可靠的,我们就必须认为正面与反面具有相等的可能性。所以必须使 $N_T = N_H$。这样就得到

$$N_T = N_H = \frac{1}{2}N, \text{ 或者 } P(H) = P(T) = 0.5.$$

我们可以把这一论证推广到任何一种情况,在这种情况下,可以观察到 m 个不同但又"相等"(即机会均等)的可能的结果。如果通过观察能得出 m 个不同结果,而且又有理由相信,其中任何一个结果与别的任何结果同样可能,那么得到某一个特定结果 A 的概率就等于 $P(A) = 1/m$。

如果在一个不透明的箱子里有 7 个不同颜色的小球,我们"随便"(即不朝它看时)取出一个,那么得到某一种颜色的小球的概率是 1/7。从已洗过的 52 张牌中"任意"抽出一张红桃 10 的概率是 1/52。掷骰子而得到两个一点的概率是 1/36。

* * * *

在第 5 章中,我们用原子核的表观面积,或者称为"截面"来描写它的大小。这样做时,实际上我们就是

在谈概率。当我们向一块薄的材料发射一个高能粒子时,它有一定机会直接穿过去,也有一定机会碰撞在一个原子核上(既然原子核如此之小,以致我们无法看到,我们就不可能直接瞄准,而必须"盲目射击")。设在这块薄板中有 n 个原子,而每个原子的核具有截面积 σ,那么被所有这些核所"遮盖"的总面积为 $n\sigma$。在随机发射的很大数目 N 中,我们预期能击中某些核的数目 N_c 与 N 之比,犹如被遮盖的面积与薄板的总面积之比

$$\frac{N_c}{N} = \frac{n\sigma}{A}. \tag{6.2}$$

因此我们可以说,任何一个入射粒子在穿过薄板时将经受一次撞击的概率为

$$P_c = \frac{n}{A}\sigma, \tag{6.3}$$

其中 n/A 是我们这块薄板中单位面积内的原子数。

§6-2 涨 落

我们现在想利用有关概率的概念来比较详细地考虑一下这样的一个问题:"如果我把一个硬币抛掷 N 次,那么预期会得到多少次真正的正面?"然而在回答这个问题之前,让我们先来看一下在这样一个"实验"中确实会发生什么情况。图 6-1 表示 $N = 30$ 的这样一个实验在前三"轮"中所得的结果。"正面"和"反面"的前后次序完全是按照它们得到时的次序排列的。第一轮得到 11 次正面;第二轮也是 11 次;第三轮 16 次。在这三轮试验中,我们没有一回得到 15 次正面。是不是要对硬币开始发生怀疑呢?或者在这样一种游戏中,我们设想得到正面的最可能次数是 15 这一点错了呢?再做 97 轮实验,以便一共得到 100 轮每回抛掷 30 次的实验。实验的结果列在表 6-1 中*。

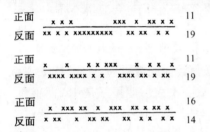

图 6-1 在每轮为 30 次抛掷的三轮游戏中所观察到的正面和反面的前后次序

表 6-1 在抛掷一个硬币 30 次的逐轮试验中每轮所得正面的数目

11	16	17	15	17	16	19	18	15	13
11	17	17	12	20	23	11	16	17	14
16	12	15	10	18	17	13	15	14	15
16	12	11	22	12	20	12	15	16	12
16	10	15	13	14	16	15	14	13	18
14	14	13	16	15	19	21	14	12	15
16	11	16	14	17	14	11	16	17	16
19	15	14	12	18	15	14	21	11	16
17	17	12	13	14	17	9	13	16	13

如果观察一下表 6-1 中所列的各数,那么我们看到,大多数结果"靠近"15,而且位于 12 与 18 之间。如果我们为这些结果画一张分布图,那么就会对这些结果的细节有一个更好的

---

* 在前三轮游戏之后,实际上是这样进行实验的,即把放在一只盒子中的 30 个分币剧烈摇动,然后数一下出现正面的数目。

理解。我们计算一下得到某一记录 k 的实验次数,并把这个数对每一个 k 作图,如图 6-2 所示。记录到 15 次正面的共有 13 轮游戏。记录到 14 次正面的也是 13 轮。得到 16 和 17 次的,每一个都大于 13 轮。我们是否断定这里对正面有所偏袒?我们的"最佳估计"是否不够好?是不是我们现在应该作出这个结论,即每轮 30 次抛掷的"最可能"记录实际上是 16 次正面?但是且慢!把所有各轮游戏加到一起,就总共抛掷了 3 000 次。而获得正面的总数是 1 492。可见出现正面的抛掷其比数是 0.497,很接近而稍小于 0.5。当然我们不应假定抛掷后得到正面的概率大于 0.5!至于某特定的一组观察经常得到 16 次正面这个事实,是一种涨落现象。然而我们仍然预期最可能的正面数是 15。

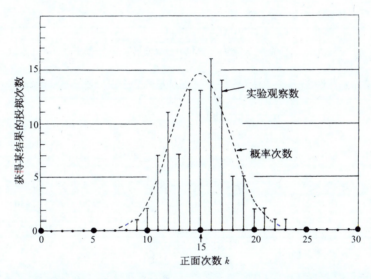

图 6-2 每轮 30 次抛掷的 100 轮游戏所得结果的概况。垂直线表示记录到 k 次正面的各轮游戏的数目。虚线表示从概率计算求得的所期望记录到 k 次的游戏轮数

我们可以提出这样的一个问题:"在 30 次抛掷的游戏中将获得 15、16 或任何其他次数正面的概率是多少?"我们已经说过,在抛掷一次的游戏中,得到一次正面的概率是 0.5,得不到正面的概率也是 0.5。在抛掷两次的游戏中,有四种可能的结果:即 HH,HT,TH,TT*。既然这些结果中的每一个都是同样可能的,我们就推断出:(a)记录到两次正面的概率是 1/4;(b)记录到一次正面的概率是 2/4;(c)记录到零次正面的概率是 1/4。这里有两种方式可以得到一次正面。但是得到两次或零次正面的方式各只有一种。

现在我们来研究抛掷三次的游戏。第三次抛掷同样可能得到一个正面或者一个反面。这里得到三次正面的方式只有一种:我们必须在前两次抛掷中得到两次正面,而后在最后一次中也得到正面。可是这里有三种方式可以得到两次正面。在掷得两次正面(一种方式)后,我们可以掷出反面,或者在前两次抛掷中只掷出一次正面(两种方式)后,我们可以掷出一个正面。因此对于 3—H,2—H,1—H,0—H 等记录,其同样可能的方式的数目分别为

---

* 这里"H"为英语单词"Head"的略写,此处意为"正面","T"为英语单词"Tail"的略写,此处意为"反面"。——译者注

1,3,3,1。共有八种不同的可能结果。于是其概率分别为 1/8,3/8,3/8,1/8。

刚才的讨论可以用图 6-3 所示的图解表示来概括。可以清楚看出,对于更大数目的抛掷,应如何来把这个图解表示继续下去。图 6-4 表示抛掷 6 次的这样一个图解表示。达到图中任何一点的所有"方式"的数目就是从起点开始到该点可以取的各种不同"途径"(即正面和反面相连的各种次序)的数目。最后一栏告诉我们掷得正面的总数。这样一种图表中出现的一组数称为帕斯卡三角形。这些数也称为二项式系数,因为它们也出现在 $(a+b)^n$ 的展开式中。如果我们称 n 为抛掷的次数,k 为掷得正面的次数,那么图表中的数字通常用符号 $\binom{n}{k}$ 来表示。顺便提一下,二项式系数也可以从下式

$$\binom{n}{k} = \frac{n!}{k!(n-k)!} \tag{6.4}$$

算出,其中 $n!$ 称为"n 阶乘",表示连乘积 $n(n-1)(n-2)\cdots 3 \cdot 2 \cdot 1$ 的意思。

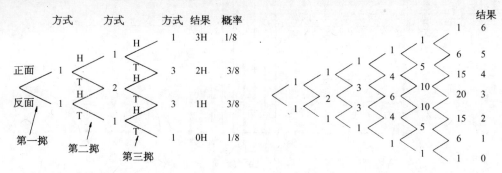

图 6-3 在抛掷三次的游戏中,能得到 0,1,2,3 次正面的方式数目的图解表示

图 6-4 类似于图 6-3 的抛掷 6 次的游戏的图解表示

我们现在打算根据式(6.1)来计算在 n 次抛掷中得到 k 次正面的概率 $P(k, n)$。所有可能结果的总数是 2^n(因为对每一抛掷有两个结果),得到 k 次正面的总共有 $\binom{n}{k}$ 种,而每一种都是同样可能的,所以我们有

$$P(k, n) = \frac{\binom{n}{k}}{2^n}. \tag{6.5}$$

既然 $P(k, n)$ 是我们期望会得到 k 次正面的比数,那么在 100 轮游戏中,我们应预期共有 $100 \cdot P(k, n)$ 轮会出现 k 次正面。图 6-2 中虚线所经过的各点就是从 $100 \cdot P(k, 30)$ 计算出来的那些点子。我们可以看到,我们预期有 14 或 15 轮游戏会记录到 15 次正面,然而只有 13 轮游戏观察到这个记录,我们预期有 13 或 14 轮游戏会记录到 16 次正面,但是却有 16 轮游戏观察到这个记录。这种涨落情况是"游戏的组成部分"。

我们刚才用过的方法,可以应用于最一般的情况,也就是在单独一次观察中只能得出两种可能结果的情况。我们用 W[表示"win"(赢)]和 L[表示"lose"(输)]来表示这两种结果。在一般情况下,单独一个事件会得 W 或 L 的概率是无需相等的。设 p 为得到结果 W 的概

率。于是 q——这个得到结果 L 的概率必然等于 $(1-p)$。在一组 n 轮的试验中,得到 k 次结果为 W 的概率 $P(k, n)$ 就等于

$$P(k, n) = \binom{n}{k} p^k q^{n-k}. \tag{6.6}$$

这个概率函数称为<u>伯努利</u>或<u>二项式概率</u>。

§6-3 无 规 行 走

另一个有趣的问题也需要用到概率概念。这就是"无规行走"的问题。在最简单的形式下,我们可以想象这样一个"游戏",其中"游戏者"从 $x=0$ 的一点出发,要求他每"移动"一次要么朝前(向 $+x$ 方向)走一步,要么朝后(向 $-x$ 方向)走一步。而朝前朝后必须随机决定,例如用抛掷硬币的方法。我们将怎样来描写这种运动的结果呢? 在一般形式下,这个问题与气体中原子(或其他粒子)的运动,即布朗运动有关,也与测量中误差的组合有关。你们将会看到,无规行走问题与我们已讨论过的抛掷硬币问题密切有关。

首先,让我们看几个无规行走的例子。我们可以用行走者在 N 步中所经过的净距离 D_N 来表示他的进度。图 6-5 为无规行走者所走路径的三个例子(这里我们用图 6-1 所示抛掷硬币所得的结果作为随机选择的移动取向)。

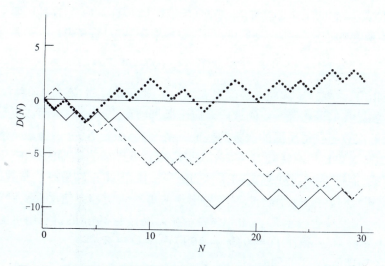

图 6-5 无规行走取得的进度。横坐标 N 表示所走的步子总数;纵坐标 $D(N)$ 表示离开起点的净距离

对于这样一种移动我们可以说些什么呢? 首先我们也许会问:"平均而言他走了多远?"我们必定预期他的平均进度将为零,因为他向前或向后走的可能性是均等的。然而我们有这样的感觉,随着 N 的增加,他更可能偏离起点越来越远。因此我们也许要问,走过的用绝对值表示的平均距离是多少,也就是说 $|D|$ 的平均值是多少。可是在这里用另一种量度"<u>进度</u>"的方法更为方便。这就是用距离的平方 D^2 来表示,它无论对正的还是负的移动都为正,所以它是这种随机漫步的一个合理<u>量度</u>。

我们可以证明，D_N^2 的预期值恰好是所走步子的数目 N。所谓"预期值"，指的是可几值（也就是我们的最佳猜测），我们可以把它看作是对重复多次的一系列行走所预期的平均行为。我们用 $\langle D_N^2 \rangle$ 来表示这样一个预期值，并且也可以称它为"方均距离"。走一步后的 D^2 总是 +1，所以当然 $\langle D_1^2 \rangle = 1$（所有的距离都将以一步为单位来量度。以后我们将不再写出距离的单位）。

当 $N > 1$ 时，预期值 D_N^2 可以从 D_{N-1} 求得。如果走了 $(N-1)$ 步后，我们得到 D_{N-1}，那么经过 N 步后，就有 $D_N = D_{N-1} + 1$ 或 $D_N = D_{N-1} - 1$。其平方为

$$D_N^2 = \begin{cases} D_{N-1}^2 + 2D_{N-1} + 1, \text{或} \\ D_{N-1}^2 - 2D_{N-1} + 1. \end{cases} \tag{6.7}$$

对于大量独立的无规行走，我们所能预期得到的，每次只有每一个数值的一半，因此我们的平均预期值恰好是这两个可能值的平均值。于是 D_N^2 的预期值就是 $D_{N-1}^2 + 1$。一般而言，我们对 D_{N-1}^2 所应期望的"预期值"就是 $\langle D_{N-1}^2 \rangle$（根据定义！）。所以

$$\langle D_N^2 \rangle = \langle D_{N-1}^2 \rangle + 1. \tag{6.8}$$

我们已经说明 $\langle D_1^2 \rangle = 1$；因而得到

$$\langle D_N^2 \rangle = N. \tag{6.9}$$

这是一个多么简单的结果！

如果我们希望得到的不是距离的平方，而是像距离那样的一个数，以表示无规行走中"所作的从原点算起的进展"，那么我们可以用"方均根距离" D_rms 来表示：

$$D_\text{rms} = \sqrt{\langle D^2 \rangle} = \sqrt{N}. \tag{6.10}$$

我们已经指出，无规行走问题在数学形式上与本章开始时讨论过的那种抛掷硬币的游戏十分相似。如果我们设想每一步的取向对应于抛掷硬币中出现的正面或反面，那么 D 正好是获得正面的次数与获得反面的次数的差值 $N_H - N_T$。由于 $N_H + N_T = N$ 是总的所走步数（或总的所抛掷次数），我们就有 $D = 2N_H - N$。以前我们曾为预期的分布 N_H（也称为 k）导出一个表达式，而且得到了如式(6.5)所示的结果。由于 N 正好是一个常数，所以我们就为 D 得到一个相应的分布（由于超过 $N/2$ 后出现的每次正面都会使反面受到"损失"，所以在 N_H 与 D 之间相差一个因子 2）。图 6-2 表示在无规行走 30 步的例子中可能得到的距离分布情况（其中 $k = 15$ 应读作 $D = 0$，$k = 16$ 应读作 $D = 2$，等等）。

N_H 和它的预期值 $N/2$ 的偏差为

$$N_H - \frac{N}{2} = \frac{D}{2}. \tag{6.11}$$

方均根(rms)偏差为

$$\left(N_H - \frac{N}{2}\right)_\text{rms} = \frac{1}{2}\sqrt{N}. \tag{6.12}$$

根据我们对 D_rms 求得的结果，在走 30 步所预期的"典型"距离应是 $D_\text{rms} = \sqrt{N} = \sqrt{30} = 5.5$，或者典型的 k 应与 15 相差大约 $5.5/2 \approx 2.8$ 个单位。在图 6-2 中，我们可以看到，从

中心量起的曲线"宽度"正好大约等于3个单位,和上述结果相一致。

现在我们已有条件来考虑一直到目前为止被我们所回避的一个问题。我们怎样知道一块硬币是"可靠的"或是"灌过铅的"?现在我们至少能够为之提供一部分答案。对于一块可靠的硬币,我们预期其能出现正面的次数的比值是0.5,亦即

$$\frac{\langle N_\mathrm{H} \rangle}{N} = 0.5. \tag{6.13}$$

我们也预期实际的 N_H 将偏离 $N/2$ 大约有 $\sqrt{N}/2$,或者说,它的比值与 $1/2$ 的偏差为

$$\frac{1}{N}\frac{\sqrt{N}}{2} = \frac{1}{2\sqrt{N}}.$$

N 越大,所预期的比值 N_H/N 就越接近于二分之一。

在图6-6中,我们根据本章前面提到的掷币记录画了一条表示比值 N_H/N 的曲线。从图中可以看出,对于大的 N,得正面的比值趋向于接近0.5。遗憾的是,对任何给定的一轮或几轮,连观察到的偏差都保证不了接近于预期的偏差。总是有一定的机会出现大的涨落——一长串的正面或者一长串的反面,造成一个任意大的偏差。我们一切所能说的,只是如果偏差接近于预期的 $1/(2\sqrt{N})$(比如说在2或3倍之内),那么就没有理由去怀疑硬币的可靠性。如果偏差大得多,那么我们可以对硬币发生怀疑,但无法证明它是灌过铅的(或者抛掷者是非常机灵的)。

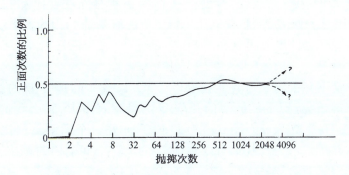

图6-6 在一连串 N 次抛掷中获得正面次数的比例

我们也没有考虑过应该如何来处理这样一块"硬币"或某一与之相似的"不确定的"物体(比如一块始终以两种方位中无论哪一种着地的石块),对于它们来说,我们很有理由认为出现正面和反面的概率应该是不同的。我们已经定义了 $P(\mathrm{H}) = \langle N_\mathrm{H} \rangle/N$。那么怎样知道 N_H 的预期值是多少呢?在某些情况下,我们所能做得最好的,就是去观察在大量抛掷中所得正面的数目。由于缺少任何更好的数据,我们不得不令 $\langle N_\mathrm{H} \rangle = N_\mathrm{H}$(观察值)(除此之外,还能期望做什么呢)。然而必须理解到,在这样一种情况下,不同的实验或不同的观察者可能会推论出不同的概率 $P(\mathrm{H})$。但是我们可以预料,这些不同的答案应该在偏差 $1/(2\sqrt{N})$ 的范围内相互一致[假如 $P(\mathrm{H})$ 接近于 $1/2$ 的话]。实验物理学家常常这样说:"实验确定的"概率是有"误差"的,并且把它写成

$$P(\mathrm{H}) = \frac{N_\mathrm{H}}{N} \pm \frac{1}{2\sqrt{N}}. \tag{6.14}$$

在这样一个表示式中含有下列意义:存在着一个"真正的"或"正确的"概率,只要我们知道的东西足够多,就能把它计算出来,其次是由于有涨落,观察会发生"误差"。然而没有办法能使这种想法做到逻辑上始终如一。如果能领悟到下列几点或许要比较好一些,即概率概念在某种意义上是主观的,它总是建立在不肯定的知识上的,而且它的定量值是随着我们得到的信息越多而改变着。

§6-4 概 率 分 布

我们现在回到无规行走的问题上来,并且考虑它的一种修正。我们设想除了每一步的方向(+或−)可以随机选择外,每一步的长度也能以某种无法预定的方式变化着,唯一的条件就是平均而言步子的长度是一个单位。这种情况更能代表象气体中一个分子的热运动那样的状况。如果我们称一步的长度为 S,那么 S 完全可以取任何一个值,但最通常的是"接近于"1。为明确起见,我们令 $\langle S^2 \rangle = 1$,或者与之同等,$S_{rms} = 1$。$\langle D^2 \rangle$ 的推导将仿照以前一样,只是式(6.8)现在要加以改变而写成

$$\langle D_N^2 \rangle = \langle D_{N-1}^2 \rangle + \langle S^2 \rangle = \langle D_{N-1}^2 \rangle + 1. \tag{6.15}$$

同以前一样,我们得到

$$\langle D_N^2 \rangle = N. \tag{6.16}$$

现在对于距离 D,我们会预期得到什么样的一种分布呢?比如在走了 30 步后,$D = 0$ 的概率是多少?回答是 0! D 取任一特定值的概率是 0,因为根本没有一种机会能使后退的(长度是变化的)步子的总和与朝前的步子的总和正好相等。我们无法画出一张像图 6-2 那样的图。

然而如果我们不是去问获得其值正好等于 0,1,或 2 的那些 D 的概率是多少,而代之以去问获得其值靠近 0,1,或 2 的那些 D 的概率有多大,那么我们就能得到与图 6-2 相似的曲线。我们定义 $P(x, \Delta x)$ 为 D 位于 x 处一个间隔 Δx(比如从 x 到 $x + \Delta x$)内的概率。对于小的 Δx,我们可以预期 D 位于这个间隔内的概率,与间隔的宽度 Δx 成正比。因此我们可以写成

$$P(x, \Delta x) = p(x)\Delta x, \tag{6.17}$$

函数 $p(x)$ 称为概率密度。

$p(x)$ 的形式与所走步子的数目 N 有关,也与个别步子的长度分布有关。我们不能在这里给出有关的论证,但当 N 很大时,对于所有合理的个别步子的长度分布,$p(x)$ 都是相同的,因而只取决于 N。在图 6-7 中,我们对三个 N 值各作一条曲线。你们会注意到,这些曲线的"半宽度"(离 $x = 0$ 的典型散布范围)是 $\sqrt{N}$,正如我们已证明过它理应如此。

你们可能也已注意到,靠近零处的 $p(x)$ 值反比于 $\sqrt{N}$。这是由于曲线都有相似的形状以及曲线下面的面积都应相等而来的。既然 $p(x)\Delta x$ 是当 Δx 很小时在 Δx 中找到 D 的概率,那么我们可以这样来确定在任意一个从 x_1 到 x_2 的间隔内不论何处找到 D 的概率,只要把间隔分割成许多微小增量 Δx,然后对每个增量的有关概率 $p(x)\Delta x$ 相加而求其总和。D 落在 x_1 与 x_2 之间某处的概率,我们可以写作 $P(x_1 < D < x_2)$,它等于图 6-8 中所示阴

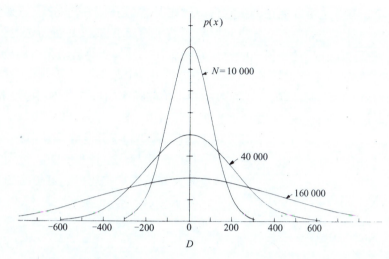

图 6-7 在步数为 N 的无规行走中终止在从起点算起的距离 D 处的概率密度(D 是用均方根步长为单位来量度的)

影的面积。增量 Δx 取得越小,结果就越正确。因此我们可以写成

$$P(x_1 < D < x_2) = \sum p(x)\Delta x$$
$$= \int_{x_1}^{x_2} p(x)\mathrm{d}x. \qquad (6.18)$$

整个曲线下面的面积是 D 落在不论何处(也就是它具有在 $x=-\infty$ 到 $x=+\infty$ 之间的某一值)的概率。这个概率当然是 1。因而必须有

$$\int_{-\infty}^{+\infty} p(x)\mathrm{d}x = 1. \qquad (6.19)$$

由于图 6-7 中的曲线与 $\sqrt{N}$ 成比例地变宽,所以为了保持总面积等于 1,它们的高度必须正比于 $1/\sqrt{N}$。

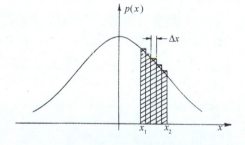

图 6-8 无规行走中所通过的距离 D,它位于 x_1 与 x_2 之间的概率就是曲线 $p(x)$ 下面从 x_1 到 x_2 的面积

我们这里所描述的概率密度函数是最经常遇到的一种。通常把它称为正常或高斯概率密度。它的数学形式是

$$p(x) = \frac{1}{\sigma\sqrt{2\pi}}\mathrm{e}^{-x^2/2\sigma^2}, \qquad (6.20)$$

其中 σ 称为标准偏差,在我们的情况中 $\sigma = \sqrt{N}$,或者当方均根步长不为 1 时

$$\sigma = \sqrt{N}S_{\mathrm{rms}}.$$

前面我们已提到,气体中一个分子或任何一个粒子的运动犹如一种无规行走。假定我们打开一个装着有机化合物的瓶子,让它的一部分蒸气跑到空气中去。如果外面有气流,以致空气在作循环运动,那么气流也将带着蒸气一起运动。然而即使在完全静止的空气中,蒸气也会渐渐散布开去,进行扩散,直到布满整个房间。我们可以从它的颜色或气味加以鉴别。有机

化合物蒸气的个别分子之所以能在静止空气中散布开去,是由于这些分子与其他分子碰撞而造成的分子运动所致。如果我们知道其"步子"的平均大小,以及每秒所走的步数,那么就能求出一个或 n 个分子在经过任何一段特定时间后在从其起点算起的某一距离被找到的概率。随着时间的消逝,步子越走越多,气体就会像图6-7中相继的几条曲线那样逐渐散开。在以后要讲的一章中,我们将求出步子的大小和步子的频率如何与气体的温度和压强有关。

我们以前说过,气体的压强是由于分子撞击容器壁而形成的。以后如果要作较定量的描写时,我们就需要知道分子在弹跳时跑得有多快,因为它们所作的碰撞与这个速率有关。然而我们不能说这些分子具有如何确定的速率。这里必须用概率来描写。一个分子可以具有任何一个速率,但有些速率出现的可能性比另一些要大。我们可以这样来描写气体内正在发生什么,这就是说出任何一个特定分子具有速率在 (v) 与 $(v + \Delta v)$ 之间的概率 $p(v)\Delta v$,而 $p(v)$ 这个概率密度是速率 v 的一个确定函数。往后我们会看到,麦克斯韦如何运用常识和概率观念为 $p(v)$ 找到一个数学表示式。函数 $p(v)$ 的形状*如图6-9所示。速度可以取任何一个值,但是最可能取的是靠近最可几值或预期值 $\langle v \rangle$ 的那一些。

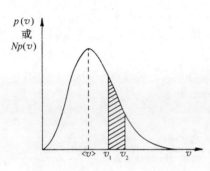

图 6-9 气体中分子的速度分布

我们常常以稍微不同的方式去看待图6-9中的曲线。如果我们考虑一个典型容器(比如,其体积为 1 l)中的分子,那么容器中存在着极大数量的分子 $(N \approx 10^{22})$。由于 $p(v)\Delta v$ 是一个分子具有在 Δv 间隔内的速度的概率,所以根据我们对概率的定义,我们说,找到速度处在间隔 Δv 内的分子数的预期值 $\langle \Delta N \rangle$ 应是

$$\langle \Delta N \rangle = N p(v) \Delta v. \tag{6.21}$$

我们称 $Np(v)$ 为"速度分布"。曲线下面两个速度 v_1 与 v_2 之间的面积,例如图6-9中所示阴影的面积代表了[对曲线 $Np(v)$ 来说]速度在 v_1 和 v_2 之间的分子的预期数。由于在气体的情况中,我们通常与大量的分子打交道,所以可以期望这一面积与预期数的偏差是小的(犹如 $1/\sqrt{N}$),因此我们常常不说"预期"数,而代之以说:"具有速度在 v_1 和 v_2 之间的分子数是曲线下面的面积。"但是我们应当记住,这种陈述所谈到的总是可几数。

§6-5 不确定性原理

在描写气体样品中 10^{22} 个或类似这样多个分子的行为时,概率的概念肯定是有用的,因为很清楚,即使要写下每个分子的位置或速度这种试图,也是不实际的。当概率最初运用于这类问题时,大家曾认为这是一种方便——一种处理非常复杂的情况的方法。现在我们认为,概率的概念是描写原子事件所必不可少的。按照量子力学这个有关粒子的数学理论,在说明位置和速度方面总是存在着某种不确定性。充其量我们可以说,任何粒子只有一定的

---

* 麦克斯韦的表示式是 $p(v) = Cv^2 e^{-av^2}$,其中 a 是一个与温度有关的常数,而 C 应选定得使总的概率等于1。

概率可以使它的位置接近某一坐标 x。

我们可以这样来引进一个概率密度函数 $p_1(x)$,使 $p_1(x)\Delta x$ 为在 (x) 与 $(x+\Delta x)$ 之间找到这个粒子的概率。如果这个粒子的位置被很好地限制在某个地方,比如说靠近 x_0,那么函数 $p_1(x)$ 就可能如图 6-10(a) 所示的曲线给出的那样。与之相似,我们必须用概率密度 $p_2(v)$ 来限定粒子的速度,而 $p_2(v)\Delta v$ 则表示能找到一个处于 v 与 $v+\Delta v$ 之间的速度的概率,如图 6-10(b) 所示。

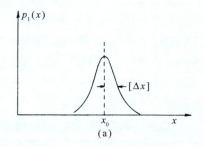 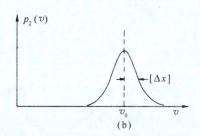

图 6-10 观察一个粒子的位置与速度时的概率密度

量子力学的基本结果之一是:两个函数 $p_1(x)$ 与 $p_2(v)$ 不能予以独立选定,特别是不能把它们都取得任意的窄。如果我们称 $p_1(x)$ 曲线的典型"宽度"为 $[\Delta x]$, $p_2(v)$ 曲线的典型宽度为 $[\Delta v]$(各如图所示),那么自然界就要求这两个宽度的乘积至少要与数 h/m 一样大,这里 m 是粒子的质量,h 是一个称为普朗克常量的基本物理常数。我们可以把这个基本关系写成

$$[\Delta x]\cdot[\Delta v] \geqslant h/m. \tag{6.22}$$

这个式子就是我们前面提到过的海森伯不确定性原理的一种表述。

由于式(6.22)的右面是一个常数,这就表明,如果我们迫使一个粒子处于某一特定位置而试图把它"钉住",结果它就获得一个很大的速度。或者是:如果我们迫使它跑得很慢,或以精确的速度运动,那么它就要"散开",以致我们不能很好地知道它究竟在哪里。粒子的举止真是太奇妙了!

不确定性原理描述了在叙述自然界的任何尝试中所必然存在着的那种内在的模糊性或不明确性。我们对自然界的最准确描写必须用概率的观念。有些人不喜欢用这种方法来描写自然界。不知怎么地,他们总觉得,只要能说出一个粒子真正在做什么,他们就能同时知道它的速度和位置。在量子力学发展的初期,爱因斯坦曾为这个问题十分担忧。他常摇头说:"啊!上帝肯定不是用掷骰子来决定电子应如何运动的!"他为这个问题担忧了好长时间,或许他从来也没有使他自己真正相信过这个事实,即:这是人们对自然界所能作出的最好描述。现在仍然有一两位物理学家在研究这问题,他们从直觉上深信,可以通过某种方式用另一种方法来描写这个世界,并且可以把有关事物行为的所有这种不确定性都消除掉。然而到现在没有一个是成功的。

当我们希望描写原子结构时,确定一个粒子的位置所必然要出现的不确定性就变得极为重要。在氢原子中有一个由单个质子组成的核,核的外面有一个电子,而这个电子的位置的不确定性就同原子本身一样大!因此我们不能严格地说,电子在某一"轨道"上绕质子运动。最多我们可以说,在一个离质子距离为 r 的体积元 ΔV 内有一定的机会 $[p(r)\Delta V]$ 观察

到这个电子,概率密度 $p(r)$ 由量子力学来确定。对一个未受扰动的氢原子来说,$p(r) = Ae^{-r^2/a^2}$,这是一个如图 6-8 所示的那种钟形函数。数 a 是"典型"的半径,函数由这里开始减小很快。既然在离原子核距离远大于 a 的地方找到电子的概率很小,我们可以把 a 设想为"原子的半径",大约等于 10^{-10} m。

如果想象有这样一团"云",它的密度正比于我们能观察到的电子的概率密度,那么我们就能形成氢原子的图像。这样一团云的一个实例如图 6-11 所示。所以我们对氢原子的最好"写照"便是一团"电子云"(虽然我们实际上指的是"概率云")围绕着一个核。电子就处在云中某一地方,但自然界只允许我们知道在任何一个特定位置上能找到它的机会是多少。

在尽可能多地了解自然界的努力中,现代物理学曾发现,有些事情永远不可能确切地"知道"。我们的许多知识必然总是不确定的。而用概率来表述时,我们所能获得的知识则最多。

图 6-11　使氢原子形象化的一种方法。这里云的密度(洁白度)表示能观察到的电子的概率密度

第7章 万有引力理论

§7-1 行星运动

在这一章中,我们将要讨论对人类智慧影响最为深远的通则之一的引力定律。当我们现在赞颂人类智慧的时候,应当先停下来向大自然表示敬畏之意,因为她能如此完整而普遍地遵循引力定律这样一个出奇地简单的原理。那么什么是引力定律呢?它指出,宇宙中每一个物体都以一定的力吸引着每一个其他物体,而对任何两个物体来说,这一力正比于每一个物体的质量,而反比于它们之间距离的平方。这个陈述数学上可以用下列式子来表示:

$$F = G\frac{mm'}{r^2}.$$

如果对此再加上一个事实,即一个物体在力的作用下会沿着力的方向得到加速,而加速的快慢与物体的质量成反比;那么我们就已说出了所需要的一切,于是一个天资卓越的数学家就能推导出这两个原理的所有结论。然而由于你们还没有被认为天资如此卓越,所以我们要更详细地来讨论一下这些结论,而不是只给你们留下两个简单的原理。我们将简短地叙述一下发现引力定律的故事,讨论它的某些结果,它在历史上的作用,这样一条定律所遗留下来的神秘之处,以及爱因斯坦对这条定律所作的若干改进;我们还将讨论这条定律与物理学中其他定律的关系。所有这些不可能在这一章中都讲到,所以有些论题将在适当时候放到往后的几章中去讨论。

故事要从古人对行星在恒星中间运动的观察,并且最终作出了它们在围绕太阳运行的推论开始,这是后来为哥白尼所重新发现的一个事实。行星究竟怎样围绕太阳运行,并且究竟用什么样的运动绕之运行,要发现这些,就要稍微多作一点工作。15世纪初叶,在行星到底是不是围绕太阳运行这个问题上曾有过剧烈的争论。第谷·布拉赫(Tycho Brahe)有一个想法,它与古人提出的任何观点都不相同,他认为:如果能足够精确地测得行星在天空中实际的位置,那么这些有关行星运动本性的争论就会得到最好的解决。如果测量能精确地显示出行星在如何运动,那么或许有可能去建立这种或那种观点。这是一个非同小可的想法:如果要想发现什么东西,那么去细致地做一些实验要比展开冗长的哲学争辩好得多。在这个想法的指引下,第谷·布拉赫在哥本哈根附近的希恩(Hven)岛上他的天文台里,花了多年时间来研究行星的位置。他编制了一种篇幅庞大的星表;在第谷死后,数学家开普勒对这些星表进行了研究。从这些数据中,开普勒发现了涉及行星运动的一些非常优美、卓越而又简单的定律。

§7-2 开普勒定律

开普勒首先发现,每个行星沿一条称为椭圆的曲线绕太阳运行,而太阳处在椭圆的一个焦点上。椭圆不仅仅是呈现为一个卵形的东西，而是一条非常独特和精确的曲线，这条曲线可以用两只图钉（在每个焦点上各钉一只），一段线和一支铅笔把它画出来；从数学观点上来看，它是这样一些点的轨迹，从两个定点（焦点）到其上每一点的距离之和是一个常数。或者，如果你们愿意的话，可以把它说成是一个"压扁"了的圆（图 7-1）。

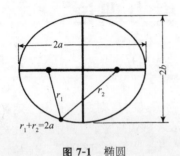

图 7-1 椭圆

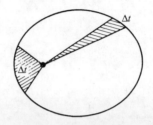

图 7-2 开普勒的面积定律

开普勒的第二个发现是，行星并不以均匀速率绕太阳转动，而是当它们接近太阳时跑得较快，远离太阳时则跑得较慢。确切地说便是这样：设在任意相继的两个时间，比如说相隔为一周的时间内观察一个行星，并且对每个观察位置向行星画一条矢径*。那么行星在一周中所经过的轨道上一段弧线和两条矢径一起围成一定的平面面积，犹如图 7-2 中所示的那个阴影面积。如果在离太阳较远的那部分轨道上（此时行星运动得较慢），也作时间相隔一周的与前类似的两次观察，那么这时围成的面积与前一情况下的面积完全相等。因此，按照开普勒第二定律，每个行星的轨道速率都使矢径在相等时间内"扫过"相等的面积。

开普勒第三定律发现得较晚；这条定律与前两条不同，各属于不同的范畴，因为它不是只涉及单独的行星，而涉及一个行星与其他行星之间的关系。这条定律表明：如果把任何两个行星的轨道周期和轨道大小进行比较，则周期与轨道大小的 3/2 次方成正比。这里所说的周期是行星在其轨道上完全绕一圈所需的时间间隔，而所谓轨道的大小是用椭圆轨道最大直径（术语叫"长轴"）的长度来量度的。更简单一些，如果行星绕圆周运动（实际上确实近似如此），那么绕圆周走一圈所需的时间将正比于直径（或半径）的 3/2 次方。这样，开普勒的三条定律便是：

Ⅰ．每个行星都沿椭圆轨道绕太阳运行，太阳位于椭圆的一个焦点上。

Ⅱ．从太阳指向行星的矢径，在相等时间间隔内扫过相等的面积。

Ⅲ．任何两个行星的周期平方正比于它们各自轨道半长轴的立方：$T^2 \propto a^3$。

§7-3 动力学的发展

当开普勒发现这些定律的时候，伽利略正在研究有关运动的定律。当时的问题在于是什么东西驱使行星在天上转动（那时有一种理论这样说，行星之所以运动是因为在它们背后有一群看不见的天使在扑动他们的翅膀，推动行星前进。你们将会看到，这个理论现在被修改了一下！这就是说，为了保持行星的环绕运动，看不见的天使们必须朝不同于运动的方向飞行，并且他们也没有翅膀。除此以外，这倒多少有点像现在的理论）。在有关运动方面，伽利略发现了一个

---

* 矢径是从太阳到行星轨道上任何一点的连线。

非常值得注意的事实,这个事实对于理解开普勒定律是必不可少的。这就是**惯性**定律——如果有某个物体在运动,但没有和其他东西相碰撞,也完全不受任何干扰,那么它将沿一直线以均匀速度永远运动下去(为什么它能保持直线运动?我们不知道,但是事情就是如此)。

牛顿使这个观念更为明确。他说:"改变物体运动的唯一方法是要对之用力。"如果物体的速率变大,就必定有一个力施加在运动方向上。另一方面,如果物体的运动改变到另一个新的方向,那么它必定受到一个斜向的力的作用。这样牛顿添进了如下一个观念:要改变一个物体运动的速率或方向,就需要有力才行。例如:把一块石子系在绳上,并使它作圆周运动,那么就需要有一个力以保持它在圆周上运行。这时我们必须把绳子拉住。事实上,这个定律说的是,力所产生的加速度反比于物体的质量;或者说,力正比于质量乘加速度。物体的质量越大,使它产生某一给定加速度所需的力就越大(质量可以这样来测量,使其他石子系于同一根绳的末端,使它们以同样的速率绕同样的圆周转动,用这种方法可以知道它们所需的力的大小,质量较大的物体,所需的力较大)。从这些考虑中得出的一个卓越的观念就是:要保持行星在它的轨道上运行,根本不需要有一个切向的力(天使们并不一定要沿切线方向飞行),因为行星总会沿所要求的方向运动。如果根本没有什么东西去干扰它,那么行星就将沿直线运行下去。但实际的运动却偏离了不存在力作用时物体所应沿之运动的那条直线,这种偏离差不多与运动相垂直,而不沿运动的方向。换句话说,由惯性原理得知,控制行星绕太阳运动所需的力不是一个绕太阳而是指向太阳的力(如果有一个力指向太阳,那么当然太阳也许就是那天使了)。

§7-4 牛顿引力定律

牛顿凭借他对运动定律的精辟理解,意识到太阳可能就是支配行星运动的那些力的源头所在。他给自己证明(或许我们不久也能证明),正是在相等时间内扫过相等面积这个事实成了所有偏离都沿径向这一命题的一个明确的标志——也就是说面积定律是所有的力都精确地指向太阳这一观点的直接结果。

其次,对开普勒第三定律的分析可以表明,行星越远,作用力越弱。如果比较两个离太阳距离不同的行星,那么分析表明,力与行星各自的距离平方成反比。把这两条定律结合起来,牛顿于是推断说,必定存在着一个力,它的大小反比于两个物体间距离的平方,方向则沿着它们间的连线。

作为一个对事物普遍性有非凡感悟力的人,牛顿当然要假设这个关系可以更普遍地加以应用,而不只限于太阳拉住行星这个事实。例如当时已经知道,正像月球绕着地球转动一样,木星也有自己的月球在绕着它转动,于是牛顿确信,每个行星都在用一个力拉住自己的月球。至于把我们吸住在地面上的那个力,牛顿也早已知道,所以,他就提出,这类力是一个普遍存在的力——每个物体都吸引任何其他物体。

其次一个问题是,地球拉住人的力与它拉住月球的力是否"相同",也就是说,是否都与距离平方成反比。如果地面上一个物体原来静止,然后释放,在第一秒钟内落下 16 ft,那么在同样时间内,月球将落下多远?我们也许会说,月球根本没有落下。但是如果没有力作用在月球上,它会沿一条直线离去,可是,它并不这样做而是沿一圆周运动,所以实际上它是从那个如果根本没有力作用时所应处的位置上落了下来。从月球的轨道半径(约 240 000 mi)

以及它绕地球一圈所需的时间(约为29天),可以算出月球在其轨道上每秒钟走了多远,随后就可以算出它在1 s内落下了多远*。经过计算这段距离约为1/20 in。它与反平方定律吻合得非常好,因为地球的半径是4 000 mi,而如果一个离地球中心4 000 mi的物体在第一秒钟内落下16 ft,那么一个在240 000 mi,也就是在60倍远的地方的物体应当只掉下16 ft的1/3 600,这个数值大约也为1/20 in。为了用类似的计算来检验这个引力理论,牛顿非常仔细地进行了他的计算,但是却发现差异很大,以致他认为这个理论与事实相矛盾,因而没有发表他的结果。六年之后,一个对地球大小的新的测量表明,天文学家曾使用了一个不正确的到月球的距离。当牛顿听到这个消息后,他就用正确的数据重新作了计算,所得的结果与事实非常一致。

月球"下落"的这种观念,多少有点使人迷惑,因为正像你们知道的那样,月球丝毫没有靠近地球。但是这个观念相当有意思,以致值得进一步加以说明:所谓月球下落,其含义就是:它离开了不存在力的作用时原应遵循的那条直线。让我们举地球表面上的一个例子。一个靠近地面的物体被释放后,在第一秒内将落下16 ft。一个水平射出的物体也将落下16 ft;即使它沿水平方向运动,但在同样时间内它仍然要落下16 ft。图7-3表示一个用以演示这一情况的仪器装置。在轨道的水平部分有一个小球,它行将往前冲出一小段距离。在同一高度则有一个行将垂直下落的小球。另外,有一电动开关起控制作用,在第一个小球离开轨道的时刻,它随即释放另一个小球。至于两个小球在同样时间内落下同样的高度可以用它们在半空中相碰撞这个事实来证明。一个物体(如子弹)被水平射出时,可能在1 s内要跑很长一段路程——比如说2 000 ft——但即使它是水平瞄准的,它仍然要落下16 ft。然而,如果我们把子弹发射得越来越快,那么会发生什么情况呢?不要忘记,地球的表面是弯曲的。如果子弹发射得足够快,那么在落下16 ft后,它可能恰巧在地面之上与之前相同高度的地方。怎么会这样呢?子弹仍然在下落,但是由于地球向下弯曲,所以在"绕着"地球下落。问题是,它在1 s内必须跑多远才能使地球在水平线下面16 ft?在图7-4中,我们看

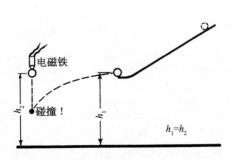

图7-3 演示竖直运动与水平运动互不相关的仪器装置

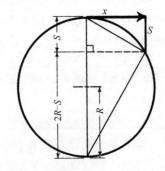

图7-4 指向圆形轨道中心的加速运动。根据平面几何,$x/S = (2R - S)/x \approx 2R/x$,其中$R$是地球的半径(4 000 mi),$x$是每秒"水平通过"的距离;$S$是每秒"下落"的距离(16 ft)

---

* 这就是说,月球的圆形轨道处在一条直线之下有多远,而这条直线就是月球在1秒钟前在轨道上所处的那一点的切线。

到一个半径为 4 000 mi 的地球,以及一条在没有力作用的情况下子弹将循之而行的切向直线。如果我们现在应用几何学中一条奇妙的定理,即垂直于直径的半弦是所分割的直径两部分的比例中项,那么就可以看出,子弹所走的水平距离是所下落的距离 16 ft 与地球直径 8 000 mi 的比例中项。(16/5 280)×8 000 的平方根很接近于 5 mi。于是我们看到,如果子弹每秒跑 5 mi,那么它将继续以同样的速度每秒往地球落下 16 ft,而决不会与之靠得更近一些,因为地球表面总是在不断地弯曲而离开子弹。加加林先生也是这样以每秒大约 5 mi 的速率绕地球飞行 25 000 mi 来使自己保持在空间的(他绕地球一周所需的时间稍为长一些,因为他在稍为高一点的地方飞行)。

只有在所获得的超过所给予的时,任何一个新定律的重大发现才有价值。现在,牛顿用开普勒第二和第三定律来推导他的引力定律。他预言了什么?首先,他对月球运动的分析是一个预测,因为他把地面上物体的下落与月球的下落联系起来。其次一个问题在于行星轨道是不是一个椭圆?我们在往后的一章中将看到如何能精确地计算这个运动,而且人们确实能够证明,它的轨道应当是一个椭圆*,所以毋需再用其他事实来说明开普勒第一定律。正是这样,牛顿作出了他第一个有力的预言。

引力定律解释了许多以前所不能理解的现象。例如,月球对地球的吸引造成了潮汐,直到那时为止还是一个谜。月球吸引地面的水造成潮汐——这在以前人们也想到过,但是他们不如牛顿那样聪明,所以他们想,一昼夜应该只有一次潮汐。其理由是,月亮把地面的水提升上来,造成一个高潮和一个低潮。由于地球在月球下面旋转,就使一个地方的潮水每 24 h 涨落一次。实际情况是潮水每 12 h 涨落一次。另一个学派则主张,高潮应当在地球的另一面,他们争辩说,因为月球把地球从水中拉开!这两种理论都是错误的。实际的过程如下:月球对地球和对水的吸引在中心是"平衡"的。但是靠近月球的水被拉的程度要比平均值大,而离月球较远的水被拉的程度要比平均值小。此外,水能流动,而比较结实和坚硬的地球却不能。真实的情况是这两者的结合。

所谓"平衡"指的是什么意思呢?什么东西在平衡?如果月球把整个地球拉向自己,那么为什么地球不会"向上"落到月球上去?这是由于地球要着像月球一样的花招,所以它在绕某点作圆周运动,这个点在地球内部,但不在地球中心。月球并不在绕地球中心转动,而是地球和月球一起在绕另一个中心位置转动,每一个都在向着这个共同位置下落,如图 7-5 所示。这个绕共同中心的运动,是使每一个的下落得以平衡的原因。因此,地球也不是沿一直线行走,而是在绕一个点作圆周转动。地球上离这点远的一边的水是"不平衡的",因为该处月球的引力要比在地球中心处小,而在地球中心处这一引力刚好和"离心力"平衡,结果这一不平衡使水沿离开

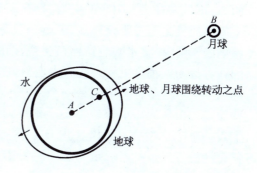

图 7-5 地球——月球系统与潮汐现象

地球中心的正方向运动。在近的一边,月球的吸引较强,所以不平衡是在空中相反的方向上,但又是离开地球中心的。最后,我们得到了两次涨潮。

---

* 这在本课程中将不予证明。

§7-5 万有引力

当我们理解引力的时候,还可以理解别的什么呢?人人都知道地球是圆的。为什么地球是圆的?这很容易回答:由于引力的作用。我们之所以能够理解地球是圆的,仅仅是因为每个物体都在吸引任何其他的物体,所以地球尽它之所能把自身各部分相互吸引在一块!如果我们进一步深入下去,那么地球并非是一个精确的圆球,因为它在旋转着,从而引进了离心效应,在靠近赤道的地方,它趋向于与引力相对抗,其结果表明,地球应当是椭圆形的,而且我们甚至得到了这个椭圆的正确形状。这样,我们仅仅从引力定律出发,就能推论出太阳、月球和地球都应当呈(近似的)圆球形。

应用引力定律我们还能做别的什么呢?如果我们看一下木星的月球,那么我们就能知道它们怎样围绕这个行星运行的一切情况。附带说一下,在有关木星的月球这个问题上曾经出现过一个困难,值得在这里一提。罗默(Roemer)非常仔细地研究了这些月球,他注意到,它们时而好像走在时间表的前面,时而好像走在时间表的后面(等待很长一段时期,并找出这些月球绕行一圈平均所需的时间,就能找到它们的时间表)。当木星特别靠近地球时,它们走在前面,而当木星远离地球时,它们就走在后面。要按照引力定律来解释,将会是一件非常困难的事——确实,如果找不到其他解释的话,这就会成为这个美妙理论的终结。如果某条定律,哪怕只在一个理应对的地方不对,那它就是错的。但是现在出现这个矛盾的原因是十分简单和美妙的:为了看到木星的月球就需要稍微花一点时间,因为光从木星跑到地球上来是需要时间的。当木星靠近地球时,它花的时间稍微短一点,而当木星远离地球时,所花的时间就稍微长一点。这就是为什么这些月球平均而论好像时而稍微超前、时而稍微落后的原因,完全看它们靠近还是远离地球而定。这个现象表明光的传播并不是在一瞬间发生的,并且它第一次为光的速度提供了一个估计。这个估计是在1676*年做的。

如果所有的行星彼此之间都相互吸引,那么控制一个行星比如说木星围绕太阳转动的力,不是只有从太阳来的引力,也有来自例如土星的拉力。实际上这个力并不强,因为太阳的质量比土星要大得多,但是毕竟有一点吸引作用,所以木星的轨道不应该是一个精确的椭圆,事实也确是这样;它与精确的椭圆轨道稍有偏离,而且绕着它"摆动"。这样的一种运动就稍微更复杂些。人们曾试图在引力定律的基础上分析木星、土星及天王星的运动。对这些行星中的每一个,人们计算了它对其他行星所产生的效应,以便知道这些运动中出现的微小偏差与不规则性,是否单独用这条定律就能完全理解。好,就让我们看一下吧!对于木星和土星,一切都很好,但是对天王星却是"不可思议"的。它以非常奇特的方式运行着。至于它不是沿着一个精确的椭圆运行,那是可以理解的,因为有木星和土星在吸引它。但是,即使考虑到这些引力,天王星仍然没有按正确方式运行,所以引力定律就面临被推翻的危险,这是一个不能排除的可能性。但在英国与法国有两个人,亚当斯(Adams)与勒威耶(Leverrier),他们各自设想另一种可能性:或许存在着另一

---

* 原文误为1656,经查证为1676。而且据考证,罗默在1676年的文章中并未对光速的数值作出估计。第一次对光速值的估计是1678年由惠更斯作出的。——译者注

个幽暗而看不见的行星,以致人们从未看到过它。这个行星 N 可能在吸引天王星。他们计算了这样一个行星应处在哪个位置才能造成所观察到的那个扰动。他们把这一消息分别通知有关的天文台,并说:"先生们,把你们的望远镜指向某某、某某位置,你们就会看到一颗新的行星。"至于人们对你注意不注意,那常常要看你在同谁进行联系。他们确实注意到了勒威耶;他们朝那个位置看了,果真发现有一颗行星 N!另一个天文台过了几天也很快地看到了这颗新行星。

这个发现表明,牛顿定律在太阳系范围内是绝对正确的;但是这些定律的应用是否能扩展到离我们最近的那些行星所在的比较小的距离以外呢?对它们的第一个检验,在于回答这个问题:恒星是否也像行星一样在彼此吸引?在双星的情况下,我们有确凿的证据表明,它们是在彼此吸引的。图 7-6 表示一对双星——两颗非常靠近的恒星(图上还有第三颗恒星,由此我们看出照片没有被旋转过)。图中也显示了双星在几年之后所在的位置。我们看到,相对于"固定"的恒星来说,双星的轴转过了一定角度,也就是说两颗星中每一颗在绕着另一颗转动。它们是不是在按照牛顿定律转动?图 7-7 表明对这种双星系统中一颗星的相对位置所作的仔细测量。这里我们看到一个完美的椭圆,测量工作从 1862 年开始,到 1904 年测完了整个一圈(到现在它必定又已绕行了一圈多)。一切与牛顿定律相一致,只是天狼星 A 不在焦点上。为什么是这样?因为椭圆平面并不在"天空平面"上。我们不是从垂直方向去看轨道平面,而当从倾斜方向去看时,它还是一个椭圆,但焦点不再在同一个位置上。因此我们确实能够按照引力定律的要求来分析双星中一个绕另一个的运动。

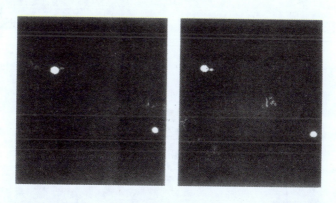

图 7-6　双星系统

甚至对更大的距离,引力定律也是正确的,图 7-8 表明了这一点。如果一个人看不出引力在这里起作用,那他是过于迟钝了。这幅图所显示的是天空中最美妙的事物之一——一个球状星团。所有的小点都是星星。虽然看上去它们好像向中心密集地挤成一团,其实这是由于我们的仪器难免发生错误所致。事实上,即使是最靠近中心的那些恒星之间的距离也非常巨大,而且它们也非常难得相互碰撞。在内部比在外沿有更多的恒星,越往外走,恒星越少。很明显,在这些恒星之间存在着一个引力。因此非常清楚,在如此巨大的、或许是太阳系大小的 100 000 倍的范围内也存在着引力的作用。让我们现在跑得更远一点,看一下图 7-9 所示的某个星系的整体。这个星系的形状表明它的物质明显地有团聚在一起的趋势。当然我们不能证明这一定律在这里也是准确地与平方成反比,而只能说明在如此巨大的范围内,仍然有引力作用着,它把整个物体聚集在一起。有人或许会说:"嗯,这一切真是太巧妙了,但是为什么不聚集成一个球呢?"回答是:因为它在旋转,并且具有角动量,而这是在它收缩时所不能放弃的;因此,它必然主要在一个平面内收缩(附带提一下,如果你在探讨一个有意思的问题,银河系的旋臂如何形成,以及究竟是什么决定了这些星系的形状等等,都还没有人进行研究)。然而,非常清楚,星系的形状来源于引力的作用,尽管它的结构的复杂性还不允许我们把它完全分析清楚。一个星系的规模有 50 000~100 000 光年,地球到太阳的距离是 8.33 光分,所以你们可以看到这样的范围是多么的大!

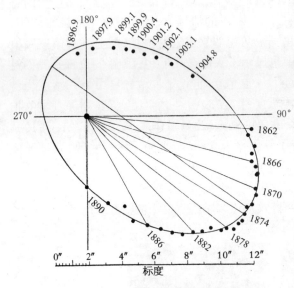

图 7-7 天狼星 B 绕天狼星 A 转动的轨道

图 7-8 球状星团

图 7-9 某星系

图 7-10　星系团

图 7-11　星际尘埃云

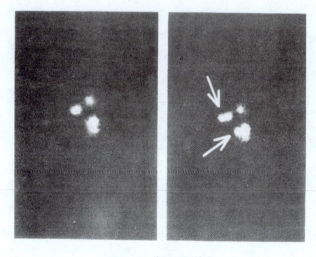

图 7-12　新星的形成

正如图 7-10 所指出的那样，甚至在更大的范围内也存在着引力。图中还显示出有许多"小"的东西集成一簇。这就是一个犹如星团一样的星系团。可见这些星系相距如此之遥也彼此吸引而同样聚集成团。或许甚至在超过几千万光年的距离之间也存在着引力作用；就我们今天所知，看来引力永远以与距离平方成反比的方式延伸开去。

我们不仅能够理解星云，而且从引力定律出发，甚至还能对恒星的起源获得某些概念。如果我们有很大的一片尘埃与气体云，如图 7-11 所示，那么尘埃片与片之间由引力而产生的吸引，可能会使它们形成一些小的团块。在图上有一些"小"黑斑依稀可辨，它们可能是尘埃与气体相积聚的开始，而由于这些积聚物彼此间的引力作用，就开始形成星体。我们究竟是否看到过一个星的形成，这是一个可争论的问题。图 7-12 提供了一个证据说明我们曾经见到过。左边是一张 1947 年拍摄的照片，显示一个气体区域，中间有几个星体；右边是一张只过了七年之后拍摄的照片，显示两个新的亮点。气体是不是积聚了起来，引力是不是作用得足够强，并把它聚集成一个足够大的球体，以致在其内部发生星体核反应而把它变为一颗星呢？或许是这样，或许不是这样。而不可思议的是，仅仅在七年之中我们竟会如此幸运，能看到一颗星体把本身转变为可见的形式；更不可能的是，我们居然一下子能看到了两个！

§7-6　卡文迪什实验

由前可见，引力作用伸展到距离极大的地方。但是，如果在任何一对物体之间有一个力作用着，那么我们应当能够测出作用在我们周围物体之间的这个力。比方说，难道不能用一个铅球和一个大理石球来做实验，观察大理石球朝向铅球跑去，而一定要去观察星体的相互绕行吗？用这样一种简单方式来做这个实验，其困难在于，这里的力是非常之弱的。因此必须格外小心地来对待，这就是说，要把仪器遮盖起来以避免与空气接触、要肯定它不带电等等；然后可以来测量这个力。卡文迪什(Cavendish)第一个进行了这种测量，他所使用的仪器的略图如图 7-13 所示。这个实验第一次演示了两个大的固定铅球和两个小铅球之间力的直接作用；两个小铅球装在一根细杆的两端，细杆用一根非常精细的、称为扭丝的金属丝悬挂起来。用测量扭丝扭转了多少的方法，我们就能测出力的强度，证实它与距离平方成反比，并确定它的大小。这样，我们就能精确地确定公式

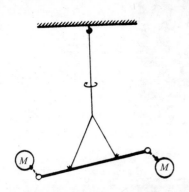

图 7-13　卡文迪什用来验证小的物体之间存在万有引力和测量引力常数 G 的装置略图

$$F = G\frac{mm'}{r^2}$$

中的系数 G，因为质量和距离都是已知的。你们会说："对地球来说我们早就知道这个系数了。"是的，但我们并不知道地球的质量。如果从这个实验知道了 G，以及地球的吸引有多强，我们就能间接地知道地球的质量有多大！这个实验曾经叫做"称地球"实验。卡文迪什也声言他称了地球，但是他实际测量的是引力定律的系数 G。这是唯一能确定地球质量的方法。G 的数值是

6.670×10^{-11} N·m²·kg⁻².

引力理论的这一伟大成就在科学史上所产生的重大影响,怎么估计也不会过分。请把早先年代里无休止的争论和悖论盛行、知识中充满着混乱、迷惑以及不完善和不可靠这种情况同这条定律的明晰和简单作个比较吧!现在,所有月球、行星和恒星都由这样一条简单的规则来支配,并且,人们能够理解它,从它推论出行星应当如何运动!这是科学在以后年代里所以会获得巨大成就的原因,因为它为人类提供了一个希望,也许宇宙间其他现象也有这样一种极其简单的定律支配着。

§7-7　什么是引力

然而这条定律确是如此简单吗?它的机制是什么?我们所做过的一切,不过是描写了地球怎样绕太阳运行,但是我们没有谈到是什么东西在使它运动。牛顿对此没有做过任何假设;他满足于找出它做的是什么,而并未深入到它的机制中去。从那时起也没有人提出过任何机制。物理定律的特征,就是它们具有这种抽象的性质。能量守恒定律是一条关于这样一些量的定理,对于这些量必须加以计算,然后把它们加起来,但它没有提到它的机制,同样,力学中的那些重要定律也是一些数学定律,我们并不知道起作用的机制是什么。为什么我们能用数学来描述自然,而在其背后又没有一个机制呢?无人知道。我们必须继续照此办理,因为用这种方法我们能够发现更多的东西。

引力的机制曾经屡次为人们所提出过。研究一下很多人一再想到的其中的一个,是颇饶趣味的。起初,当有人"发现"它的时候,确实非常高兴,感到十分幸运,但他随即发现原来这是错误的。这个机制大约在1750年第一次被人们提出。设想有许许多多粒子在空间以极大速度向各个方向运动,在它们穿过物质时只有很少一部分被吸收掉。当它们被吸收时,就给地球以一个冲量。然而,由于在一个方向上运动的粒子同在别的方向上运动的粒子一样多,所以这些冲量都互相抵消。但是如果考虑到太阳在地球附近,那么跑向地球的粒子穿过太阳时要被吸收一部分,所以来自太阳的粒子比来自另一边的粒子要少一些。因此,地球最后受到一个朝向太阳的冲量。而且,不要花费多少时间人们就能看出,这个冲量与距离平方成反比,因为当距离改变时,太阳所张的立体角也要改变。这个机制错在哪里呢?错在其中包括了一些新的结果,而这些新的结果是不真实的。这个特别的想法遇到了如下的困难:地球绕太阳运行时,它与从前面射来的粒子相碰撞的次数,将比从后面射来的粒子要多(当你在雨中奔跑时,打在你脸上的雨点要比打在你脑后的多)。因此从正面将会给予地球更大的冲力,而地球将会受到一种对其运动的阻力作用,这种阻力将使它在轨道上的运动减慢下来。人们可以算出,作为这种阻力的结果,地球需要多长时间才会停下来;结果是使地球仍留在轨道上的时间并不长,所以这个机制行不通。从此也就没有再提出过任何一个机制,它既能"解释"引力,又不至于会预言其他实际不存在的现象。

其次我们要讨论万有引力与其他作用力之间可能存在的关系。目前还没有一种用其他力来说明引力的解释。它不是电或诸如此类的一个方面,所以我们无法解释。然而,引力与其他力十分相似,因而看一下它们的相似之处是很有趣的。例如,两个带电体之间的电力看上去就很像引力定律:它们之间的电力等于一个带负号的常数乘以电荷之积,并与距离的平方成反比。电力的方向则与引力的情况相反——同号相斥。但是两条定律含有同样的距离函数,这难道还不够引人注目吗?引力与电力之间的关系或许比我们所能想象的要密切得多。人们作了许多尝试企图把它们统一起来;所谓的统一场论,不过是一个想把电力与引力结合起来的非常美妙的尝试而已;但是如果把引力与电力相比较,那么最有趣的事是力的相对强度。任何一个包括它们两者的理论,必须也能推导出引力有多大。

如果我们来看用某些自然单位表示的由于电作用产生的两个电子(自然界中的电荷的基本单位)之间的斥力,以及两个电子由于它们的质量而产生的引力,那么我们就能求出电斥力与万有引力的比值。这个比值与距离无关,是自然界的一个基本常数,如图 7-14 所示。两个电子间的万有引力与电斥力之比等于 1 比 4.17×10^{42}!现在的问题是,这样巨大的数字从何而来?正像地球与跳蚤的体积之比那样,这个比值不是偶然的。我们研究的是同一事物,即电子的两个固有特性。这个大得难以置信的数字是一个自然常数,所以它包含了自然界中某种深邃的性质。这样一个惊人的数字从哪里来呢?有些人说,总有一天我们会找到一个"宇宙方程",其中的一个根就是这个数。要找到这样的方程,它确能以大得如此出奇的数字为一个自然根,那是非常困难的。人们也曾想到过其他的可能性;其中之一是把它与宇宙年龄联系起来。很清楚,我们必须在某个地方找到另一个巨大的数字。那么,我们是不是用年来表示宇宙的年龄呢?不,因为年不是"自然"量;它只是人们所想象出来的。作为某种自然量的一个例子,让我们来看一下光穿过一个质子的时间,它是 10^{-24} s。如果我们把这个时间与宇宙年龄 2×10^{10} 年相比较,那么答案是 10^{-42}。它有大约同样数目的零跟在后面,因而有人提出,引力常数与宇宙年龄有关。如果情况真是如此,引力常数就会随时间而变化,因为随着宇宙的变老,宇宙年龄与光穿过一个质子所需的时间之比就会逐渐变大。那么,引力常数是否可能随着时间在发生变化呢?当然,这种变化如此之小,以致要确定它是相当困难的。

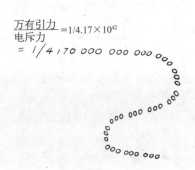

图 7-14 两个电子之间的电力相互作用和引力相互作用的相对强度

这里我们能够想到的一个检验方法是确定在过去 10^9 年中这种变化可能产生过什么影响。10^9 年大约是地球上出现最早的生命以来到目前为止的时间,是宇宙年龄的十分之一,在这段时间内,引力常数可能增加大约百分之十,从这里可以得出,如果我们考虑到太阳的结构——即太阳物质的重量与其内部产生辐射能的快慢之间的平衡,那么我们可以推论说,如果引力增加百分之十,则太阳的亮度要增加比百分之十大得多——为引力常数增大率的六次方。如果我们计算一下,引力改变时地球轨道会发生什么情况,那么我们将发现,地球那时应更靠近太阳。总而言之,地球将变得更热(大约 100 ℃),所有的水不会再留在海洋里而变成了充满在空气中的水蒸气,这样,生命也就不会从海洋里开始。所以我们现在并不相信引力常数随着宇宙的年龄而改变。但是,这样一些论证像我们刚才所给出的那样,是不会十分令人信服的,这个问题还没有完全得到解决。

众所周知,物体的重量正比于它的质量,而这种质量实际上就是惯性的一种量度,也就是当一个物体绕圆周运动时,要维持它在圆周上有多难的一种量度。因此,若有一轻一重两个物体,由于重力作用而绕一更大的物体沿同一个圆周以同样速度转动,那么它们总将保持在一起,因为要在圆周上运动就需要力,对大的质量,需要的力也大。这就是说:对于一个较重的物体,重力作用应当正好以恰当的比例增加,所以这两个物体仍将一起作圆周运动。如果一个物体原先在另一物体的里边,那么它将留在里边而不离开;这是一个完全的平衡状态。因此,加加林或季托夫发现宇宙飞船舱内的一切东西是"失重"的,比方说如果他们碰巧丢掉一支粉笔,那么粉笔将与整个宇宙飞船沿着一条完全一样的路径绕地球飞行,所以它将始终在空间悬浮于宇航员的眼前。非常有趣的是,重力以极大的精密度精确地与质量成正比,因为如果不是如此的话,将产生某种效应,其中惯性与重量会有所区别。这样一种效应实际上并不存在。关于这一点,人们曾以极大的精密度用实验验证过。厄缶(Eötvös)在1909年第一次进行了这种实验;而最近则由迪克(Dicke)做过。对于所有做过试验的材料,其结果是,质量与重量的正比关系精确到10^{-9}或者更小。这是一个非凡的实验。

§7-8 引力与相对论

另一个值得讨论的论题是爱因斯坦对牛顿引力定律所作的修正。尽管牛顿引力定律创造了所有这些惊人的成就,但仍然是不正确的!爱因斯坦对它所作的修正,在于把相对论考虑了进去。依照牛顿的观点,引力效应是瞬时发生的,也就是说,如果我们移动一个物体,那么我们就会立即感觉到一个新的力,因为物体到达了新的位置;按照这种说法,我们可以以无穷大的速度发送信号。然而爱因斯坦提出了种种论证,说明我们不能发送比光更快的信号,所以牛顿引力定律必定是错误的。在考虑到延迟情况而加以校正后,我们得到一条新的定律,称为爱因斯坦引力定律。这条非常容易理解的新定律的一个特点是:在爱因斯坦相对论中,任何具有能量的东西也具有质量——质量应在这一意义下来理解,即它以引力方式被其他质量所吸引。即使是光,由于它有能量,也就有"质量"。当一束带有能量的光经过太阳附近时,它将受到太阳的吸引。所以光并不是沿直线通过的,而是被弯曲了的。例如在日食时,太阳周围的恒星应该看起来好像从它们的这些位置偏离开去,这些位置就是如果太阳不在那里时它们所应处的地方。而人们也观察到了这个情况。

最后,让我们把引力理论与其他理论比较一下。近年来我们发现,所有物质都由微小粒子所构成,并且世界上存在着几种相互作用,如核力等等。但是在这些核力或电力中还没有发现有哪一个能用来说明引力。自然界的量子力学方面还没有引申到引力中去。当尺度小到需要考虑量子效应时,引力效应却仍是如此之弱,以致到现在还不需要去发展一种有关引力的量子理论。另一方面,为了物理理论的内在一致性,重要的一点是研究一下牛顿定律经修正为爱因斯坦定律以后,是否还可进一步加以修正,使之与不确定性原理相协调。到现在为止,还没有完成这最后一个修正。

第 8 章 运 动

§8-1 运动的描述

为了找出物体随时间而发生的各种变化所遵循的规律,我们必须描述这些变化,并用某种方式把它们记录下来。在物体中要观察的最简单的变化是物体的位置随时间的明显改变,我们把它称之为运动。让我们考虑某一个带有我们能观察它,并将它称为一个点的恒定标记的固体。我们将讨论这个小标记的运动(这个小标记可以是一辆汽车的散热器盖子,或一个下落球的球心),并将试图描述它在运动以及如何运动这一事实。

这些例子看来似较一般,但在描述其变化时,也有许多要小心对付之处。有些变化,例如,一朵缓慢漂移但迅速形成或迅速蒸发的云的漂移速率,或者一个女人思想上的变化,要描述它们就比描述在固体上一点的运动困难得多。我们不懂得分析思想上发生变化的简单方法,不过由于云可以用许多分子来表示或描述,或许在原则上我们能够通过描述云中所有个别分子的运动来描述云的运动。同样,甚至思想上的变化或许也与大脑内原子的变化有类似之处,但我们对此尚一无所知。

总而言之,这就是我们为什么要从点的运动开始研究的原因;也许我们应当把它们想象为原子,但在开始时粗略一些可能更妥当。我们把它们简单地想象为某一类小的物体——所谓小,是指与运动的距离相比较而言。比如,在描述一辆开过 100 km 的汽车的运动时,就不必去分汽车的前部和后部。的确,这里有一点儿差别,但粗略地看我们只讲"汽车"的运动,同样,我们选择的点不是绝对的点也丝毫没有关系;就我们现在的目的来说,没有必要极其精确。还有,在初次考察这个课题时,我们将不考虑世界的三维性。我们将只集中注意在一个方向上的运动,就像在一条公路上行驶的汽车那样。当我们知道了如何描写一维运动后,就将回到三维中去。现在,你们会说:"这尽是一些琐碎的事,"确实如此。那么,我们怎样来描述这样的一维运动,比方说,汽车的运动呢? 没有比这更简单的了。有许多可能的方式,下面是其中之一。为了确定不同时刻汽车的位置,我们测量它与起点的距离,并记下所有的观测。在表 8-1 中,s 表示汽车离起点的距离,单位是英尺,t 表示时间,单位是分。表中的第一行表示零距离和零时间——即汽车尚未出发。1 分钟后,出发并开过了 1 200 ft。在 2 分钟内,它开得更远——注意汽车在第 2 分钟开过了更大的距离——汽车在加速前进;但在第 3 和第 4 分钟甚至一直到第 5 分钟之间发生了什么事情——也许是遇到红灯停了下来? 然后它再次加速,在第 6 分钟末开过 13 000 ft,在第 7 分钟末开过 18 000 ft,在第 8 分钟开过 23 500 ft,在第 9 分钟它只前进到 24 000 ft,因为在最后一分钟它被警察拦住了。

这就是一种描写运动的方式,另一种方式是利用曲线图。如果我们以横轴表示时间,纵轴表示距离,就得到如图 8-1 那样的一条曲线。当时间增加时,距离也增加,开始很慢,然后较快,在 4 分钟前后又很慢,以后几分钟内又再加快,最后在第 9 分钟时,看来像停止增加。这些情况不用表也能从图上观察到。显然，为了描述完全起见，人们还必须知道，在那些半分钟的标记处，汽车开到了那里。但是我们假定这个曲线图意味着在所有的居间时刻汽车都具有某个位置。

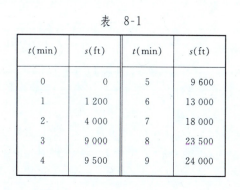

表 8-1

t(min)	s(ft)	t(min)	s(ft)
0	0	5	9 600
1	1 200	6	13 000
2	4 000	7	18 000
3	9 000	8	23 500
4	9 500	9	24 000

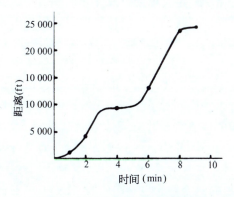

图 8-1 汽车的距离-时间曲线

表 8-2

t(s)	s(ft)
0	0
1	16
2	64
3	144
4	256
5	400
6	576

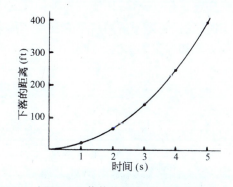

图 8-2 落体的距离-时间曲线

汽车的运动是复杂的。我们取某个以比较简单的方式运动的东西，比如说一个下落的小球，作为另一个例子。它遵循较简单的规律。表 8-2 列出落体的时间(以秒为单位)和距离(以英尺为单位)。在零秒时，小球从 0 ft 开始下落，在第 1 秒末落下 16 ft，在第 2 秒末落下 64 ft，在第 3 秒末落下 144 ft，等等。如果将表上的数字作图，就得到图 8-2 所示的一条漂亮的抛物线。这条曲线的公式可以写为

$$s = 16t^2. \tag{8.1}$$

这个公式使我们可以计算小球在任何时刻的距离。你们或许会说，对第一个曲线图也应当有个公式。实际上，人们也可以抽象地把这样一个公式写成

$$s = f(t), \tag{8.2}$$

它表示 s 是某个依赖于 t 的量，或用数学术语来说，s 是 t 的函数。由于我们不知道这个函数是什么，因此无法以确定的代数形式写下来。

现在我们已经看到了两个用非常简单的思想就能适当地描述的运动的例子——没有什么难以捉摸之处。然而，难以捉摸之处还是有的，有几处。首先，时间和空间究竟意味着什么？结果表明，这些深刻的哲学命题在物理学上必须十分小心地加以分析，而这并不是容易

做到的。相对论表明我们关于空间和时间的观念并不如人们乍一看来可以想象的那么简单。然而,就我们当前的目的而论,对我们在开始时所要求的精确度来说,我们毋需十分小心地去精确地定义事物。或许你们要说:"这很糟糕,我听说过在科学上我们必须精确地定义每一件事。"我们不可能精确地定义任何事物!如果强求如此,只会使我们陷入像某些哲学家那样的思想僵化,他们面对面坐着,一个对另一个说:"你不知道你在讲些什么!"第二个说:"你所谓的'知道'是什么意思呢?你所谓的'讲'是什么意思呢?你所谓的'你'又是什么意思呢?诸如此类。"为了能够进行建设性的讨论,我们必须一致赞同我们所谈论的大致是同一件事。你们对于时间的了解已能满足我们目前的需要,但必须记住,还有一些微妙和难以捉摸的事情需要讨论,我们将在以后进行。

前面所涉及的另一个难以捉摸之处是能够设想我们正在观察的动点总是位于某处(当然,当我们注视它时,它在那里,但当我们看别处时,它可能不在那里了)。现在知道,在原子的运动中,这个观念也是错误的,我们不可能在一个原子上找到一个标记并观察它的运动。这种微妙的情况我们将在量子力学中去仔细讨论,但是在引进复杂性之前,我们将首先了解一下这些问题是什么,然后才能较好地按照这个题材的更现代的知识进行修正。因此,关于时间和空间,我们将采用一种简单的观点。我们大致知道这些概念是怎么一回事,而那些驾驶汽车的人则知道速率指的是什么。

§8-2 速 率

即使我们大致知道"速率"的含义,也仍有某些相当奥妙的难以捉摸之处;须知甚至博学的希腊人也从未能恰当地描述牵涉到速度的问题。当我们试图精确地领会"速率"的含义时,就会出现难以捉摸之处。希腊人对这个问题是非常混乱的,因而必须在希腊人、阿拉伯人与巴比伦人的几何学与代数学之外,发现一个新的数学分支才能解决这个问题。作为这种难点的一个例证,试用纯代数方法来解这样一个问题:一个气球正在膨胀,它的体积以 100 cm^3 · s^{-1} 的比率增加;当气球体积为 1 000 cm^3 时,气球半径增加的速率是多少?希腊人多少有点被这样的问题弄糊涂了。当然,这是被某些思想混乱的人所促成的。为了指出在某一时刻有关速度方面的推理中存在着困难,泽诺(Zeno)提出了一大堆佯谬,我们将举其中的一个来说明他的关于思考运动时存在着明显困难的论点。"请听这样的论点",他说:"阿基利斯(Achilles)比乌龟跑得快 10 倍,但他却永远抓不住乌龟。因为,假定他们开始赛跑时,乌龟在阿基利斯前面 100 m,那么当阿基利斯跑了 100 m 而到达乌龟原来所在的地方时,乌龟已经以他的快慢的 1/10 前进了 10 m。现在,阿基利斯又得跑另一个 10 m 以便赶上乌龟,但在到达该段路程的终点时,他发现乌龟仍在他前面 1 米;当他再跑 1 m 时,他又发现乌龟依然在他前面 10 cm,如此下去,直至无穷。因此,在任何时刻乌龟总是在阿基利斯前面,阿基利斯永远追不上乌龟。"这段论证错在哪里?它错在认为一段有限的时间可以被分为无限多的段,正如一段线长不断地一分为二可以被分成无限多的小段一样。因此,虽然(在论证中)到阿基利斯追上乌龟的那个点有无限多步,但这并不意味着时间也有无限的数量,从这个例子我们可以看到,在有关速度的推理中的确存在一些难以捉摸的地方。

为了以更为清楚的方式来领会这种微妙的情况,我讲一个你们肯定听到过的笑话。坐在汽车里面的一位太太在某个地点被警察拦住了,警察走过来对她说:"太太,你刚才的车速是 60 mi·h^{-1}!"她反驳说:"先生,这是不可能的,我刚才只开了 7 分钟。这真是天大的笑话!我开车还没有到一小时,怎么可能走 60 mi 呢?"假如你是警察的话你该如何回答她呢?当然,如果你真是那个警察,那就没有什么疑难之处,很简单,你会说:"对审判员讲去!"但是,假若我们没有这条退路,而是更公正和理智地对待这个问题,企图向这位太太解释所谓她的车速达 60 mi·h^{-1} 的说法是什么意思,那么我们的含义究竟是什么呢?我们可以说:"太太,我们的意思是:如果你继续像现在这样开车,在下一个小时里你将开过 60 mi。"她会答道:"嗯,我的脚已经离开油门,汽车已慢了下来,所以如果我继续这样开下去,不会超过 60 mi 的。"或者,我们考虑一个自由下落的小球,如果这个小球保持它正在进行的运动方式的话,我们想要知道它在第三秒时的速率有多大。这意味着什么呢?是继续加速,落得更快吗?不,应该是继续以同样的速度运动。但这正是我们试图加以定义的东西!因为如果小球保持它现在正在进行的方式运动,那么它在以后就将继续保持这种方式运动。于是我们就需要更好地定义速度,究竟是什么必须保持一样呢?这位太太也可以这样来辩护:"如果我再继续保持现在的开车方式,那么过了一小时后,我就会撞到街道尽头的墙上了!"看来要说清楚我们的意思并不那么容易。

许多物理学家认为测量是唯一定义任何事物的方式。那么,显然,我们应当使用测量速率的仪器——速度计,并说:"看!太太,你的速度计的读数指到 60。"可是她说:"我的速度计坏了,根本不能读数。"这是否表示汽车停着不动呢?我们相信,在我们造出速度计之前,就存在某种要测量的东西。只有这样,我们才可以说:"速度计走得不准,"或"速度计坏了。"如果速度没有与速度计无关的含义,上面所讲的就是毫无意义的废话。所以,显然在我们的头脑中存在着一种与速度计无关的概念,速度计只是用来使这个概念计量化。所以,还是让我们来看看是否能得到这个概念的更好的定义。我们可以说:"嗯!固然在你的车子开了一个小时以前,你就会撞到墙上,但是如果你开了一秒钟,你就会通过 88 ft 的距离。太太,你刚才的车速正是 88 ft·s^{-1},如果继续下去,下一秒钟也将开过 88 ft,而那堵墙离这还远着呢。"她就说:"对,但是,没有一条法律禁止 88 ft·s^{-1} 的车速!只有一条禁止开 60 mi·h^{-1} 的法律。""不过,"我们反驳道:"这是同一件事。"如果这确是同一件事,又何必转弯抹角地大讲其 88 ft·s^{-1} 呢?事实上,自由落体甚至连一秒钟也不可能保持同样的运动方式,因为它的快慢在变化着,我们必须设法来定义速率。

现在看来,我们已经走上了正轨,似乎可以这样说:如果那位太太在另一个 1/1 000 h 内继续这样行驶,她将开过 60 mi 的 1/1 000。换句话说,她无需继续开足 1 h,主要在于,在某一瞬间她正以这个速率开车。现在我们的意思是,只要她再多开一点点时间,那么汽车所通过的外加距离就和一辆以 60 mi·s^{-1} 的稳定速率开动的汽车相同。也许 88 ft·s^{-1} 的观念是正确的,我们看看她在最后一秒钟开了多远,再除以 88 ft,如果结果是 1,那么速率就是 60 mi·s^{-1}。换句话说,可以这样来求出速率:我们问在一个很短的时间内物体走过多远?把这一段距离除以时间就得到速率。但是应当把这段时间取得尽可能短,越短越好,因为在这段时间内有可能发生某种变化。假如我们将落体的时间取为一小时,这个概念就荒唐了。但若取为 1 s,对汽车来说其结果就相当好,因为在这段时间内,汽车的快慢没有很大变化,但对落体来说就不行了。所以为了要得到越来越精确的速率,我们应当把时间间隔取得越来越小。我们应当做的是取百万分之一秒,并且用百万分之一秒去除以通过的距离。结果给出每秒的距离,这就是我们所谓的速度。因此我们可以用这个方式去定义它。这是对那位太太的成功的答案,或者更确切地说,它就是我们将要采用的定义。

上述定义包括了一个新的概念,这是一个不曾被希腊人以普遍形式所采用过的概念。这个概念是取无穷小距离及相应的无穷小时间,求出它们的比值,并观察当我们所取的时间越来越小时,那个比值将发生什么情况。换句话说,当时间越取越小,以至无穷小时,取所通过的距离除以所需的时间的极限。这个概念分别由牛顿和莱布尼茨发明,它开创了称为微分学的新的数学分支。微积分的发明是为了描述运动,而它的第一个应用就是给"每小时开 60 mi"作什么解释下一个定义。

让我们试试看把速度定义得更好一些。假设在一个短时间 ϵ 内,汽车或其他物体通过一段短距离 x,则速度 v 定义为

$$v = x/\epsilon.$$

这是一个近似,当 ϵ 取得越来越小,近似程度就越来越好。如果想用一个数学表示式,我们可以说速度等于在表示式 x/ϵ 中,当 ϵ 越来越小时的极限,即

$$v = \lim_{\epsilon \to 0} \frac{x}{\epsilon}. \tag{8.3}$$

我们不可能对汽车里面的那位太太做同样的事情,因为那张表是不完全的。我们只知道她在各个间隔为 1 分钟的时刻的位置,我们能得到在第 7 分钟内她开车的速率是 5 000 ft·min^{-1} 这一大致的概念,但无法知道,在正好是第 7 分钟那个时刻,她是否已经加速运动,是否在第 6 分钟开始时速率是 4 900 ft·min^{-1},而现在是 5 100 ft·min^{-1},或者其他情况,因为我们没有获知其间的精确细节。因此只有以无穷个数据来完成这张表,我们才能真正从这样一张表来计算速度。另一方面,如果我们有一个完整的数学公式,就像在落体的情况下(8.1式)那样,就有可能计算速度,因为我们可以计算出在无论任何时刻的位置。

作为例子,我们来决定落体在 5 s 那个特定时刻的速度。一个方法是由表 8-2 中看出它在第五秒内的情况,它走了 $400 - 256 = 144$ ft,因此它正以 144 ft·s^{-1} 下落;可是这是错误的,因为速率正在发生变化,在这段时间间隔内,平均来说是 144 ft·s^{-1},但这个球在加速,因而实际上走得比 144 ft·s^{-1} 要快。我们希望弄清楚它的速度究竟有多快。在这个过程中涉及的方法如下:我们知道在 5 s 时球在那里。在 5.1 s 时,它总共走过的距离是 $16(5.1)^2 = 416.16$ ft[见式(8.1)],在 5 s 内它已下落 400 ft,在最后的 1/10 s 内它下落了 $416.16 - 400 = 16.16$ ft。由于在 0.1 s 中通过 16.16 ft 与 161.6 ft·s^{-1} 是同一回事,这差不多就是速率,但还不完全正确。它究竟是 5 s、5.1 s 抑或是两者当中的 5.05 s 时的速度呢?或者说,是什么时刻的速度?别管它——现在的问题是要求出在 5 s 时的速率,而我们还没有得到精确的答案。我们必须进一步去求。于是,我们比 5 s 多取千分之一秒,即 5.001 s。再计算这时总共落下的距离

$$s = 16(5.001)^2 = 16(25.010\ 001) = 400.160\ 016 \text{ ft}.$$

在最后 0.001 s 内球落下了 0.160 016 ft,如以 0.001 s 除以这个数字。就得到速率为 160.016 ft·s^{-1}。这个值更为接近,而且十分接近,但它仍不精确。为了找出准确的速率,我们必须做什么,是很明显的。为了完成这个数学过程,我们把问题提得略微抽象一点;要

求出在一特定时刻 t_0 时的速度,在上面的问题中,t_0 就是 5 s。现在在 t_0 时刻的距离,我们称为 s_0 是 $16t_0^2$,或在这个情况下是 400 ft。为了求出速度,我们问:"在 $t_0 +$(一点点),即 $t_0+\varepsilon$ 时刻物体在何处?"新位置是 $16(t_0+\varepsilon)^2 = 16t_0^2 + 32t_0\varepsilon + 16\varepsilon^2$,于是它比以前走得更远了,因为以前它只是 $16t_0^2$。这段距离我们称为 s_0+(多一点点)或 s_0+x(如果 x 是附加的一点点距离)。现在如果从在 $(t_0+\varepsilon)$ 时刻的距离中减去在 t_0 时刻的距离,我们就得出 x,即附加距离,为 $x = 32t_0\varepsilon + 16\varepsilon^2$。我们对速度的第一次近似是

$$v = \frac{x}{\varepsilon} = 32t_0 + 16\varepsilon. \tag{8.4}$$

真正的速度是当 ε 变到趋于 0 那么小时的比值 x/ε。换句话说,在作出比值后,我们取当 ε 越来越小,即趋于 0 时的极限。(8.4)式化为

$$v(\text{在时刻 } t_0) = 32t_0.$$

在我们的问题中 $t_0 = 5$ s,故答案是 $v = 32 \times 5 = 160 \text{ ft} \cdot \text{s}^{-1}$。在前面,我们曾相继取 $\varepsilon = 0.1$ 及 0.001 s,所得到的 v 值比这稍大一些,但现在我们看到,实际速度正好是 160 ft·s^{-1}。

§8-3 速率作为导数

我们刚刚采用的步骤在数学上是经常要做的,因此为了方便起见,对量 ε 和 x 规定了特殊的符号。在这一符号中,上面所用的 ε 改为 Δt,x 改为 Δs。Δt 表示"附加的一点 t",并带有它能变得更小的含义。前缀 Δ 不是一个乘数,正如 $\sin\theta$ 不是 $s\cdot i\cdot n\cdot\theta$ 一样,它仅仅定义了一个时间增量,并使我们想起了它所具有的特性。Δs 对距离 s 有类似的含义。因为 Δ 不是一个因子,因此在比值 $\Delta s/\Delta t$ 中不能消去而得出 s/t,正如比值 $\sin\theta/\sin 2\theta$ 不能消去成为 1/2 一样。在这种符号下,速度等于当 Δt 变得越来越小时 $\Delta s/\Delta t$ 的极限,即

$$v = \lim_{\Delta t \to 0} \frac{\Delta s}{\Delta t}. \tag{8.5}$$

实际上这和我们前面使用 ε 与 x 的表达式(8.3)相同,但它的好处是表示某种东西在变化着,并且记录了什么东西正在发生变化。

顺便提一下,作为一个好的近似,我们还得到另一条定律:一个动点距离的变化是速度乘上时间间隔,或 $\Delta s = v\Delta t$。这个说法仅当速度在这个时间间隔内不变时才正确,而这个条件又只是在 Δt 趋于 0 的极限情况下才成立。物理学家喜欢把它写为 $ds = vdt$,因为按他们的意思 dt 是非常小的。根据这样的理解,这个表达式作为一个非常接近的近似是成立的。如果 Δt 太长,速度在这段间隔内可能发生变化,因而这个近似就欠佳了。对趋于 0 的时间 dt,$ds = vdt$ 严格成立。用这种符号我们可将(8.5)式写为

$$v = \lim_{\Delta t \to 0} \frac{\Delta s}{\Delta t} = \frac{ds}{dt}.$$

我们在上面得到的量 ds/dt 叫做"s 对于 t 的导数"(这个称呼有助于记下发生变化的过程),而求出它的复杂过程就称为求导,或求微商。单独出现的 ds 和 dt 称为微分。为了使你们熟悉用词,我们指出,我们已经找到函数 $16t^2$ 的导数,或 $16t^2$ 对于 t 的导数是 $32t$。当

我们习惯于这些词后,这些概念就更容易理解了。作为练习,让我们来求一个更复杂的函数的导数。我们考虑公式 $s = At^3 + Bt + C$,它可以描写一点的运动。字母 A,B,C 表示常数,就像在熟知的二次方程一般形式中一样。从这个运动公式出发,我们希望求出在任何时刻的速度。为了以比较巧妙的方式求得它,我们把 t 改为 $t + \Delta t$,并注意 s 将随之变为 $s +$ 某个 Δs;然后我们求出用 Δt 来表示的 Δs。这就是说

$$s + \Delta s = A(t + \Delta t)^3 + B(t + \Delta t) + C = At^3 + Bt + C + 3At^2 \Delta t + B\Delta t + 3At(\Delta t)^2 + A(\Delta t)^3.$$

但由于
$$s = At^3 + Bt + C,$$

因而
$$\Delta s = 3At^2 \Delta t + B\Delta t + 3At(\Delta t)^2 + A(\Delta t)^3.$$

但是我们想要的不是 Δs,而是 Δs 除以 Δt。将上述等式除以 Δt,得

$$\frac{\Delta s}{\Delta t} = 3At^2 + B + 3At(\Delta t) + A(\Delta t)^2.$$

当 Δt 趋于 0 时,$\Delta s / \Delta t$ 的极限是 ds/dt,并等于

$$\frac{ds}{dt} = 3At^2 + B.$$

这就是微积分的基本运算过程,对函数求微商。这个过程甚至可以比上面所讲的更简单一些。当观察到这些展开式中含有 Δt 的平方项、立方项或任何更高次幂时,这种项马上可以去掉,因为取极限时它们变为 0。在稍微练习一下后,这个过程就显得方便了,因为我们知道把什么去掉。为了求出不同类型的函数的微商,有许多规则或公式。这些规则或公式可以记住,也可以在表中找到。表 8-3 就是一张简表。

表 8-3 求导简表
s,u,v 和 w 是 t 的任意函数;a,b,c 和 n 是任意常数

函 数	导 数
$s = t^n$	$\dfrac{ds}{dt} = nt^{n-1}$
$s = cu$	$\dfrac{ds}{dt} = c\dfrac{du}{dt}$
$s = u + v + w + \cdots$	$\dfrac{ds}{dt} = \dfrac{du}{dt} + \dfrac{dv}{dt} + \dfrac{dw}{dt} + \cdots$
$s = c$	$\dfrac{ds}{dt} = 0$
$s = u^a v^b w^c$	$\dfrac{ds}{dt} = s\left(\dfrac{a}{u}\dfrac{du}{dt} + \dfrac{b}{v}\dfrac{dv}{dt} + \dfrac{c}{w}\dfrac{dw}{dt} + \cdots\right)$

§8-4 距离作为积分

现在我们讨论相反的问题。假定我们不是有一张距离的表,而是有一张从零开始,在不同时刻的速率表。对一个下落的球,这样的速率和时间表如表 8-4 所示。

表 8-4 自由下落小球的速度

$t(s)$	$v(\text{ft}\cdot\text{s}^{-1})$	$t(s)$	$v(\text{ft}\cdot\text{s}^{-1})$
0	0	3	96
1	32	4	128
2	64		

每分钟或每半分钟记录一次速度计的读数也可以对汽车的速度作出类似的表。假如我们知道汽车在任何时刻开得有多快,我们能确定它开了多远吗?这个问题恰好与上面所解决的问题相反,即给出速度而要求出距离。如果我们知道了速度,我们怎样找出距离呢?假定汽车的速度不是常数,而那位太太在某个时刻的速度是 $60\ \text{mi}\cdot\text{h}^{-1}$,然后慢下来,再加快,等等,我们如何来确定汽车走了多远呢?这很容易。我们使用同样的概念,并将距离表示成许多无穷小量之和。我们说:"在第一秒钟汽车的速度是如此如此,并由公式 $\Delta s = v\Delta t$,计算出它以这个速度在第一秒内走了多远。"而在下一秒钟内它的速度近似相同,但略有差别。我们可以用新的速率乘时间来计算出在下一秒钟内它走了多远。对每一秒钟我们都同样处理,直到路程的终点为止。现在我们就求得了一系列小距离,总距离将是所有这些小距离的和。这就是说,距离将是速率乘时间的和,或 $s = \sum v\Delta t$,这里希腊字母 $\sum$ 表示累加。说得更确切一些,距离是在某一确定时刻,比方第 i 个时刻的速度乘以 Δt 以后的和。

$$s = \sum_i v(t_i)\Delta t. \tag{8.6}$$

这里关于时间的规则是 $t_{i+1} = t_i + \Delta t$。然而,我们用这个方法得到的距离是不准确的,因为在时间间隔 Δt 内速度已发生变化。假定我们将时间取得足够短,和就是精确的了,于是我们将时间取得越来越小,直到获得所需要的精确度为止。真正的 s 是

$$s = \lim_{\Delta t \to 0} \sum_i v(t_i)\Delta t. \tag{8.7}$$

类似于微分符号,数学家们对这个极限也规定了一个符号。(8.7)式中的 Δ 变为 d,以提醒我们时间是尽可能地短,于是速度就是在时刻 t 的 v,累加则写成用拉长了的"s"——$\int$[从拉丁文 Summa(和)而来]表示的和,遗憾的是现在只称其为积分符号。于是我们可写出

$$s = \int v(t)\mathrm{d}t. \tag{8.8}$$

将所有这些项加起来的过程称为积分,它是微分的逆过程。这个积分的导数就是 v,所以一个运算符号(d)就消除了另一个运算符号 ($\int$)。人们可以把求微商的公式反过来,以得出一些积分公式,因为它们彼此正好是相反的运算。于是,对所有类型的函数求微分,人们就可以得出他们自己的积分表。对每个微分公式,如果我们把它倒过来,就得到一个积分公式。

每个函数可以用解析的方法微分,即这个过程能用代数方法来进行,并得出某个确定的函数。但是,对任何随意给定的积分,却不可能用简单的方式写下一个解析解。你们可以计算一下,比如,上述的求和,再用更小的时间间隔 Δt 进行计算,然后用更小的间隔等等,直到得到一个近乎正确的值。但一般说来,给定某个特殊的函数,就是不可能解析地找到它的积

分是什么。人们可能老是想找到一个函数,当对它求微分后,能给出某个所希望的函数;但人们可能找不到它,而且从能用已命名的函数来表示的意义来说,它可能不存在。

§8-5 加 速 度

推导运动方程的下一个步骤是引进另一个超出速度概念的新概念,即速度的变化。我们现在要问:"速度是如何改变的?"在前几章中我们已经讨论过力产生速度变化的情况。你们或许在听到某辆汽车能在 10 s 内由静止达到 60 mi·h^{-1}时很兴奋。从这样一种情况中我们可以看到速率变化有多快,但这只是平均的情况。我们现在将要讨论的是更为复杂的情况,即速度变化得有多快的问题,换句话说,在 1 s 内,速度的变化是每秒多少英尺,亦即每秒每秒多少英尺?我们前面已导出过落体速度的公式为 $v = 32t$,其值列于表 8-4 中,现在我们要求出每秒钟速度改变多少,这个量称为加速度。

加速度的定义是速度的时间变化率。由前面的讨论,我们已经充分懂得,如同将速度写成距离对时间的微商那样,应将加速度写成微商 dv/dt。如果我们现在对公式 $v = 32t$ 求微商,我们得出,对自由落体

$$a = \frac{dv}{dt} = 32. \tag{8.9}$$

[为了求 $32t$ 的微商可利用前面问题中得出的结果,那里我们发现 Bt 的微商就是 B(常数)。这样,令 $B = 32$,马上得出 $32t$ 的微商是 32]。这意味着落体的速度总是每秒改变 32 ft·s^{-1}。从表 8-4 中亦可看到速度在每秒内增加 32 ft·s^{-1}。这是一种非常简单的情况,因为加速度通常不是常数。在这里加速度是常数的原因是,作用在落体上的力是常数,而牛顿定律指出加速度与力成正比。

作为另一个例子,我们来求前面已经求过速度的那个问题中的加速度。由 $s = At^3 + Bt + C$ 出发,由于 $v = ds/dt$,我们得出

$$v = 3At^2 + B.$$

因为加速度是速度对时间的导数,我们还需对上面最后一个表达式求微商。回忆一下,右方两项的微商等于各项微商之和的规则。为了对其中第一项求微商,注意到我们在对 $16t^2$ 求微商时,已求出过平方项的微商,因此不必再重复基本运算,其结果是将 t^2 变成 t,并把数值系数加倍;我们假定这次发生的也是同样的情况,你们自己可以验证一下这个结果。于是 $3At^2$ 的微商是 $6At$。下一步我们对 B 这个常数项求微商,按前述规则,B 的微商为 0;因此,这一项对加速度无贡献。所以最后的结果是

$$a = \frac{dv}{dt} = 6At.$$

我们讲两个极有用的,可由积分得出的公式作为参考。如果一个物体由静止出发以匀加速度 g 运动,它在任何时刻 t 的速度为

$$v = gt.$$

在同一时间内它通过的距离是

$$s = \frac{1}{2}gt^2.$$

在写出微商时人们使用了各种数学符号。因为速度是 $\frac{ds}{dt}$，加速度是速度对时间的微商，我们也可写为

$$a = \frac{d}{dt}\left(\frac{ds}{dt}\right) = \frac{d^2s}{dt^2}, \tag{8.10}$$

这是表示二阶导数的通常方法。

我们还有另一条规则：速度等于加速度的积分。这正是 $a = dv/dt$ 的逆过程；我们已经看到距离是速度的积分，所以距离可由加速度积分两次求出。

前面所讨论的运动只是一维情况，限于篇幅这里只简单讨论一下三维运动。考虑一个在三维空间中以无论什么方式运动的粒子 P。在本章开始时，我们从观察汽车在不同时间离出发点的距离，来展开对汽车的一维运动情况的讨论。然后讨论了用这些距离随时间的变化来表示速度，以及用速度的变化来表示加速度。我们可以类似地处理三维运动。先在二维图上说明运动，再将它推广到三维空间，这样做比较简单一些。我们建立一对互成直角的轴，然后由测量质点离每根轴多远来确定在任何时刻质点的位置。这样每个位置就可用 x 距离和 y 距离来表示，于是可列出表来描述运动，在表中将这两个距离都表示为时间的函数（将这个过程推广到三维空间时只需要再加上一根与前两根轴成直角的轴，并测量第三个距离，即 z 距离。现在的距离不是从线，而是从坐标平面量起）。在列出了 x, y 距离的表后，我们如何来确定速度呢？我们首先找出在每个方向上的速度分量。速度的水平部分，即 x 分量，是 x 距离对时间 t 的微商，或

$$v_x = \frac{dx}{dt}. \tag{8.11}$$

类似地，速度的垂直部分，或 y 分量，是

$$v_y = \frac{dy}{dt}. \tag{8.12}$$

对第三维，

$$v_z = \frac{dz}{dt}. \tag{8.13}$$

现在，给定了速度各分量，我们如何求沿实际运动路径的速度？在二维情况下，考虑质点两个彼此相隔短距离 Δs 和短时间间隔 $t_2 - t_1 = \Delta t$ 的相继的位置。在 Δt 时间内，质点水平运动的距离为 $\Delta x \approx v_x \Delta t$，垂直运动的距离为 $\Delta y \approx v_y \Delta t$（符号"$\approx$"读作"近似是"）。实际运动的距离近似是

$$\Delta s \approx \sqrt{(\Delta x)^2 + (\Delta y)^2}, \tag{8.14}$$

如图 8-3 所示。如本章开始时那样，在这个间隔内的近似速度可由 Δs 除以 Δt 并令 Δt 趋于 0 而得出。于是得出速度为

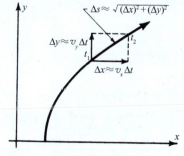

图 8-3 物体两维运动的描述和它的速度的计算

$$v = \frac{ds}{dt} = \sqrt{\left(\frac{dx}{dt}\right)^2 + \left(\frac{dy}{dt}\right)^2} = \sqrt{v_x^2 + v_y^2}. \tag{8.15}$$

对于三维空间,结果是

$$v = \sqrt{v_x^2 + v_y^2 + v_z^2}. \tag{8.16}$$

与定义速度的方法一样,我们可以定义加速度:可以得出加速度的 x 分量 a_x 是速度的 x 分量 v_x 的微商(即 $a_x = d^2x/dt^2$, x 对 t 的二阶微商),等等。

让我们考虑一个在平面内复合运动的良好例子。取一个在水平方向以匀速 u 运动,同时在垂直向下的方向又以匀加速度($-g$)运动的球;整个运动是怎样的呢?我们可以说 $dx/dt = v_x = u$。因为速度 v_x 是常数,故

$$x = ut. \tag{8.17}$$

而由于向下的加速度 $-g$ 是常数,球体落下的距离 y 可写为

$$y = -\frac{1}{2}gt^2. \tag{8.18}$$

路程的曲线,即 y 与 x 之间的联系是怎样的呢?因为 $t = x/u$,我们可以从方程(8.18)消去 t。把它代入以后,求得

$$y = -\frac{g}{2u^2}x^2. \tag{8.19}$$

这个 y 与 x 之间的关系式可视为正在运动的小球的路径的方程。当画出这个方程的图形时,我们得到一条称为抛物线的曲线;向任何方向射出的自由落体都将沿着如图 8-4 所示的抛物线行进。

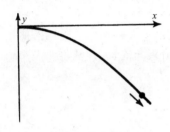

图 8-4 具有水平初速的落体所描述的抛物线

第9章 牛顿的动力学定律

§9-1 动量和力

　　动力学定律,或运动定律的发现在科学史上是一个激动人心的时刻。在牛顿时代以前,像行星之类事物的运动那是一个谜,但在牛顿以后,一切都了如指掌了。甚至连由于行星之间的扰动而引起的与开普勒定律的微小偏离,也可以计算出来。摆的运动,用弹簧和重物组成的振子的运动等等,在牛顿定律被阐明后全都能圆满地加以分析。对这一章来说情况也是这样:在本章前我们还不能计算挂在弹簧上的一个有质量的物体如何运动,更不能计算由土星和木星在天王星上所引起的摄动。在这一章后,我们将不仅能计算振动着的有质量物体的运动,而且也能计算由土星和木星对天王星所产生的摄动!

　　伽利略发现的惯性原理对于运动的理解给推进了一大步。这条原理是:如果一个物体处在自由状态而不受干扰,则若此物体原来在运动,它就继续作匀速直线运动;若原来静止,则它仍然静止。当然,这种情况在自然界中永远不会出现,因为如果我们让一个木块在桌面上自由滑动,它就会停下来,但这正是由于它并不是不受干扰的——它与桌面间存在着摩擦。要找出这条正确的规律需要一定的想象力,而这种想象力正是伽利略提供的。

　　当然,下一步所需要的是用来求出物体受到某种影响时,它的速度如何变化的规则。这是牛顿的贡献。牛顿写下了三条定律:第一定律只是刚才叙述过的伽利略惯性原理的重新表达。第二定律提供了一个具体的方法来确定在称为力的种种影响下速度如何发生变化。第三定律在某种程度上描述了力,我们将另行讨论。这里我们将只讨论第二定律,它断言,力以下述方式引起物体运动的变化:某个称为动量的量的时间变化率正比于力。我们一会儿将用数学形式来表达第二定律,但首先让我们解释一下概念。

　　动量与速度不同。在物理学中使用的大量词汇,虽然在日常用语中可能并没有精确含义,但在物理学上它们都有精确的物理含义。动量就是一个例子,我们必须严格地定义它。如果我们用手臂在一个轻的物体上推一下,它很容易运动;如果我们用同样的力气去推另一个通常所谓的重得多的物体,它的运动就会慢得多。实际上,我们必须把"轻"与"重"的词汇改为质量较小和质量较大,因为应当理解一个物体的重量和其惯性之间存在着差别(为了使它运动起来有多难是一回事,它称起来有多重是另一回事)。重量与惯性是成正比的,而且在地球表面上也常常把它们在数值上取为相等,这就在一定程度上使学生产生混淆。在火星上,重量的概念将不同,但为了克服惯性所需要的力的大小则是相同的。

　　我们用"质量"这个术语作为惯性的定量量度,并且可以这样来测定质量,例如使一个物体以一定的速率沿圆周运动,然后测出为了保持它作圆周运动需要多大的力。用这种方法,我们就能找出每个物体的确定的质量。物体的动量是它的质量和速度两部分的乘积。于是牛顿第二定律可以在数学上写成这种方式

$$F = \frac{d}{dt}(mv). \tag{9.1}$$

这里应当考虑下列几点。在写出任何这样的定律时,我们使用了许多直觉的观念,隐含的意义,以及不同的假设,以便在开始时近似地组成我们的"定律"。以后我们可以回过头来更详细地研究每一项的含义究竟是什么,但是如果我们操之过急,就会搞糊涂了。所以在开始时,我们认为有几件事情是当然的。首先,物体的质量是一个常数;这并非真正如此,但我们将从牛顿近似开始,假定质量不变,并且在所有时间中都相同;其次,当我们把两个物体放在一起时,它们的质量是相加的。当然,在牛顿写下他的方程时,就暗含了这些观念,否则方程就毫无意义了。比如,假定质量与速度成反比,那么动量在任何情况下将永不改变,所以除非你知道质量怎样随速度而变化,否则这个定律就毫无意义了。一开始我们就认为,质量是不变的。

关于力也隐含了某些东西。作为一种粗略的近似,我们往往把力看作是利用肌肉作出的推或拉,但现在有了这条运动定律后,我们就能更精确地定义它。最重要的是要了解到这个关系所包含的内容不仅有动量或速度在数值上的变化,而且还有在方向上的变化。如果质量是常数,那么方程式(9.1)也可写为

$$F = m \frac{dv}{dt} = ma. \tag{9.2}$$

加速度 a 是速度的变化率,而牛顿第二定律不仅表明一个给定的力的效应与质量成反比,还表明速度变化的方向与力的方向相同。因此我们必须了解速度的变化,即加速度,有着比日常用语中更广泛的含义:运动物体的速度既可以通过加快或减慢(当它变慢时,我们说它以负的加速度运动)来变化,也可以通过改变它的运动方向来变化。在第 7 章中已讨论过速度和加速度垂直的情况。那里我们看到,以恒定速率 v 在半径为 R 的圆周上运动的物体,如果 t 很小,它偏离直线的距离就等于 $\frac{1}{2}(v^2/R)t^2$,因而与运动方向垂直的加速度的公式是

$$a = \frac{v^2}{R}, \tag{9.3}$$

而与速度垂直的力将使物体沿曲线运动。这条曲线的曲率半径可以通过将力除以质量以得到加速度,然后再利用式(9.3)求出。

§9-2 速率与速度

为了使我们的语言更确切,在使用速率和速度这两个词时,我们将作进一步的定义。我们通常认为它们是相同的东西,在日常用语中它们也确实是一样的。但在物理学上,我们利用本来就有两个词这一事实,并且决定用它们来区分两个概念。我们仔细地将同时具有大小和方向两者的速度和速率区分开来,而速率我们将只用以表示它的大小,但并不包括方向。我们可以通过描写一个物体的 x, y, z 坐标如何随时间变化而将上面的意思更确切地表述出来。例如,假定某时刻一个物体如图 9-1 所示那样的运动着。

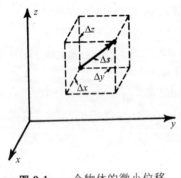

图 9-1 一个物体的微小位移

在某一段给定的时间间隔 Δt 内,它将沿 x 方向移动一定的距离 Δx,向 y 方向移动 Δy,向 z 方向移动 Δz。这三个坐标变化的总效果是位移 Δs,Δs 是沿着边长为 Δx,Δy 和 Δz 的平行六面体的对角线。用速度来表示的话,位移 Δx 是速度的 x 分量乘 Δt,Δy 与 Δz 亦与此类似

$$\Delta x = v_x \Delta t, \ \Delta y = v_y \Delta t, \ \Delta z = v_z \Delta t. \tag{9.4}$$

§9-3　速度、加速度以及力的分量

在式(9.4)中,我们通过物体沿 x 方向、y 方向和 z 方向运动的快慢,已把速度分解为分量。如果我们给出它的三个正交分量的数值

$$v_x = \frac{dx}{dt}, \ v_y = \frac{dy}{dt}, \ v_z = \frac{dz}{dt}, \tag{9.5}$$

则速度的大小和方向两者都确定,从而速度也就完全确定。另一方面,物体的速率是

$$\frac{ds}{dt} = |v| = \sqrt{v_x^2 + v_y^2 + v_z^2}. \tag{9.6}$$

其次,我们假定,如图 9-2 所示,由于力的作用,速度改变为另一个方向,并取不同的数值。如果我们算出速度的 x、y 及 z 分量的变化,就可以相当简单地分析这一表面上颇为复杂的情况。在时间 Δt 内速度在 x 方向分量的变化是 $\Delta v_x = a_x \Delta t$,这里 a_x 称为加速度的 x 分量。同样,我们看出 $\Delta v_y = a_y \Delta t$ 和 $\Delta v_z = a_z \Delta t$。用这些说法,我们看到,牛顿第二定律,即力与加速度方向相同时,力在 x、y 及 z 方向上的分量就等于质量乘相应的速度分量的变化率

$$F_x = m \frac{dv_x}{dt} = m \frac{d^2 x}{dt^2} = m a_x,$$

$$F_y = m \frac{dv_y}{dt} = m \frac{d^2 y}{dt^2} = m a_y, \tag{9.7}$$

$$F_z = m \frac{dv_z}{dt} = m \frac{d^2 z}{dt^2} = m a_z,$$

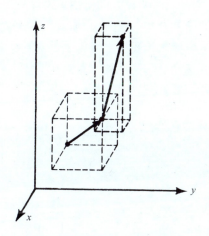

图 9-2　速度的数值与方向均改变的情况

它实际上是三条定律。如同速度和加速度可以通过将一根标明大小和方向的线段投影到三个坐标轴上而分解为三个分量一样,用同样方法,一给定方向的力可用 x、y 和 z 的一定的分量来表示

$$F_x = F\cos(x, F),$$

$$F_y = F\cos(y, F), \tag{9.8}$$

$$F_z = F\cos(z, F),$$

这里 F 表示力的大小,(x, F) 表示 x 轴与 F 的方向之间的夹角,等等。

式(9.7)给出牛顿第二定律的完整形式。如果知道了施加于物体上的力,并将它们分解

为 x、y 和 z 分量,我们就能从这些方程求出物体的运动。让我们考虑一个简单的例子。假设现在在 y,z 方向上没有力,只有在 x 方向,比方说竖直方向上有力。方程式(9.7)告诉我们速度在竖直方向上有变化,但在水平方向上没有变化。这在第 7 章中已经用特殊仪器(图 7-3)演示过了。一个平抛落体的水平运动没有任何变化,而它的竖直运动的方式就和水平运动不存在时的运动方式相同。换句话说,只要各方向的力之间没有联系,在 x、y 和 z 方向的三个运动将是独立的。

§9-4 什 么 是 力

为了使用牛顿定律,我们必须具有某个力的公式;因为这些定律提醒我们:要注意力。如果一个物体在加速,那么某种力就在起作用,让我们去寻找它。动力学今后要做的工作就是去寻找有关力的规律。牛顿本人继续作了一些示例。在引力的情况下,他提出了这种力的特殊公式。至于其他的力,他在第三定律中提供了部分信息,这条定律讲的是作用和反作用相等,我们将在下一章研究它。

我们对前一个例子作进一步分析,作用在地面附近的物体上的力是什么?接近地球表面时,在竖直方向上由重力产生的力正比于物体的质量,而高度远小于地球半径 R 时,这个力几乎与高度无关,即 $F = GmM/R^2 = mg$,这里 $g = GM/R^2$,称为重力加速度。这样重力定律告诉我们重量正比于质量;力作用在竖直方向上,等于质量乘以 g。我们再次发现水平运动是匀速运动。有意义的运动则在竖直方向上。牛顿第二定律告诉我们

$$mg = m\frac{\mathrm{d}^2 x}{\mathrm{d}t^2}. \tag{9.9}$$

消去 m,我们得到在 x 方向上的加速度是一个常数,并等于 g。当然,这就是众所周知的重力作用下的自由落体定律,由此可得到方程

$$v_x = v_0 + gt,$$
$$x = x_0 + v_0 t + \frac{1}{2}gt^2. \tag{9.10}$$

作为另一个例子,假设我们能够制作出如图 9-3 所示的一个装置——一个弹簧,它提供一个正比于距离而方向相反的力。如果我们不去管重力(当然它已被弹簧的原始伸长所平衡),而只去谈论外加的力,我们看到,如果将这个有质量物体往下拉,弹簧就会往上拉,而如果我们把它往上推,弹簧就会往下推。这个装置经过了细心设计,使得我们向上推得越厉害,弹簧的力越大,精确地与离平衡状态的位移成正比,同样,弹簧往上拉的力也与我们把它向下拉多远成正比。如果观察这个装置的动力学情况,我们看到一个颇为美妙的运动——上,下,上,下,……。问题是,牛顿定律是否能正确地描写这一运动?让我们看看,利用牛顿定律式(9.7),究竟能不能精确计算出这个周期振动的情况。在本例中,方程是

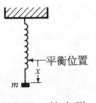

图 9-3 挂在弹簧上的一个重物

$$-kx = m\frac{\mathrm{d}v_x}{\mathrm{d}t}. \tag{9.11}$$

这是一个 x 方向上的速度变化率正比于 x 的情况。由于保留各个系数不会有什么新的结果，因而我们想象或者是改变了时间的尺度，或者是在单位上有一个巧合，结果刚巧 $k/m = 1$。所以，我们打算来解方程

$$\frac{\mathrm{d}v_x}{\mathrm{d}t} = -x. \tag{9.12}$$

为此，我们必须知道 v_x 是什么；当然，我们已经知道，速度是位置的变化率。

§9-5 动力学方程的含义

现在我们来分析一下方程式(9.12)究竟意味着什么。假定在某一给定的时刻 t 物体有一定的速度 v_x 和位置 x。那么，在稍晚一点的时间 $t+\varepsilon$ 时，速度与位置又各是多少呢？如果我们能够回答这一点，问题就解决了，因为这样我们就可以从给定的条件出发，计算第一个时刻它改变了多少，下一个时刻又改变了多少，等等，并按此方式逐步推断出物体的运动。具体地说，假定在时间 $t=0$ 时，我们有 $x=1$ 和 $v_x=0$，那么究竟为什么物体会运动呢？因为除 $x=0$ 外，物体处在任何位置时总有一个力作用在它上面。如果 $x>0$，这个力就朝上。因此，根据运动定律，速度从 0 开始变化，一旦它获得一点点速度，物体就开始朝上运动，等等。现在，在任何时刻 t，如果 ε 十分小，作为一个很好的近似，我们可以用在 t 时刻的位置和速度将 $t+\varepsilon$ 时刻的位置表示为

$$x(t+\varepsilon) = x(t) + \varepsilon v_x(t). \tag{9.13}$$

ε 越小，这个表达式越精确，即使 ε 不是小到趋于零，此式仍能达到有用的精确度。现在，速度又如何呢？为了求出后一时刻的速度，即 $t+\varepsilon$ 时刻的速度，我们需要知道速度怎样变化，即加速度。我们将怎样去求加速度呢？动力学定律就在这种地方起作用。动力学定律告诉我们加速度有多大。它说加速度是 $-x$，且

$$v_x(t+\varepsilon) = v_x(t) + \varepsilon a_x(t), \tag{9.14}$$

$$= v_x(t) - \varepsilon x(t). \tag{9.15}$$

式(9.14)只是运动学的方程，它表明速度的变化是由于存在加速度。但式(9.15)是动力学的方程。因为它将加速度和力联系起来，它表明对于这个特殊问题，在这个特定时刻，你可以用 $-x(t)$ 来代替加速度。因此，如果我们知道在一给定时刻的 x 与 v 两者，我们就知道加速度，而这又告诉我们新的速度，于是又可知道新的位置——这就是动力学方程的含义所在；由于有力，速度改变了一点点，而由于有速度，位置又改变了一点点。

§9-6 方程的数值解

现在我们来真正解上述问题。假定取 $\varepsilon = 0.100$ s。当我们做好这一切工作后，如果发现这还不够小，我们可以再回过头来，以 $\varepsilon = 0.010$ s 重做一次。从初值 $x(0) = 1.00$ 开始，$x(0.1)$ 是多少呢？它是原来的位置 $x(0)$ 加上速度(这时为 0)乘 0.10 s。于是 $x(0.1)$ 仍是 1.00，因为它还没有开始运动。但在 0.10 s 时的新速度就是原速度 $v(0) = 0$ 加 ε 乘以加速

度。加速度是 $-x(0) = -1.00$。于是
$$v(0.1) = 0.00 - 0.10 \times 1.00 = -0.10.$$
现在，在 0.20 s 时
$$x(0.20) = x(0.1) + \varepsilon v(0.1) = 1.00 - 0.10 \times 0.10 = 0.99$$
和
$$v(0.2) = v(0.1) + \varepsilon a(0.1) = -0.10 - 0.10 \times 1.00 = -0.20.$$

依此类推，一直做下去，就可计算出其余的运动，这正是我们要做的事。然而，实际上，这里有点小小的技巧可用来提高准确度。假如我们继续已经开始的计算，就会发现由于 $\varepsilon = 0.100$ s 是相当粗糙的，因而运动也是相当粗糙的，我们得取一个很小的时间间隔，比如说 $\varepsilon = 0.01$ s。于是，要对一段适当的总时间间隔进行研究，就要作大量的重复计算。所以我们将在用同样粗糙的间隔 $\varepsilon = 0.10$ s 的条件下，把要计算的工作组织一下以提高准确度。这一点在分析技巧上略加改进就可以办到。

我们注意到，新的位置是老的位置加上时间间隔 ε 乘以速度。但这是什么时刻的速度呢？在时间间隔开始时是一个速度，在时间间隔结束时又是另外一个速度。我们的改进就是利用两者之间的速度。假定我们知道现在的速率，但速率正在变化，如果继续采用现在的速率，那就得不到正确的答案。我们应当用"现在这个时刻"的速率以及间隔结束的"那个时刻"的速率之间的某个速率。同样的考虑也可用于速度：为了计算速度变化，我们将使用要求出它的速度的那两个时刻中间的加速度。这样我们实际使用的方程就多少如下所述：后来的位置等于先前的位置加上 ε 乘以在间隔中间的那个时刻的速度。类似地，间隔中间那个时刻的速度等于比它早 ε 时（它正处在前一个时间间隔中间）的速度加上 ε 乘以 t 时刻的加速度，也就是说，我们利用的方程是

$$x(t+\varepsilon) = x(t) + \varepsilon v\left(t + \frac{\varepsilon}{2}\right),$$

$$v\left(t + \frac{\varepsilon}{2}\right) = v\left(t - \frac{\varepsilon}{2}\right) + \varepsilon a(t),$$

$$a(t) = -x(t). \tag{9.16}$$

剩下来还有一个小问题：$v(\varepsilon/2)$ 是什么？在起始时刻，我们得到的是 $v(0)$，而不是 $v(-\varepsilon/2)$。我们将用一个特殊等式，即 $v(\varepsilon/2) = v(0) + (\varepsilon/2)a(0)$ 来开始计算。

现在我们已经准备好，可以进行计算了。为了方便起见，可以用列表的方法进行，各栏分别为时间，位置，速度，加速度，而速度则标在两行之间，如表 9-1 所示。当然，这张表只

表 9-1

$dv_x/dt = -x$ 的解。间隔：$\varepsilon = 0.10$ s

t	x	v_x	a_x
0.0	1.000	0.000	-1.000
		-0.050	
0.1	0.995		-0.995
		-0.150	
0.2	0.980		-0.980

(续表)

t	x	v_x	a_x
0.3	0.955	−0.248	−0.955
0.4	0.921	−0.343	−0.921
0.5	0.877	−0.435	−0.877
0.6	0.825	−0.523	−0.825
0.7	0.764	−0.605	−0.764
0.8	0.696	−0.682	−0.696
0.9	0.621	−0.751	−0.621
1.0	0.540	−0.814	−0.540
1.1	0.453	−0.868	−0.453
1.2	0.362	−0.913	−0.362
1.3	0.267	−0.949	−0.267
1.4	0.169	−0.976	−0.169
1.5	0.070	−0.993	−0.070
1.6	−0.030	−1.000	+0.030

是表示由等式(9.16)所得到数值的方便的办法,事实上方程本身无须写出。我们只要在表中一个接一个地填满空位。这张表给我们提供了一个关于运动的很好的概念:它从静止开始,先获得一点往上的负速度,并失去一点距离。加速度减少了一点点,但它仍然获得速率。当运动继续时,速率增加得越来越慢,直到大约 $t = 1.50\,\mathrm{s}$ 时它通过 $x = 0$ 点,我们可以肯定地断言物体将继续运动,但现在是往另一边运动;x 将变为负值,而加速度为正。于是速率减慢。将这些数值与图 9-4 所示的函数 $x = \cos t$ 相比是有意思的,在我们的计算准确到三位有效数字的范围内,它们是符合的!以后我们会知道 $x = \cos t$ 是这个运动方程的精确数学解,但这样容易的计算会得出这样准确的结果使人们对数值分析的作用留下了深刻的印象。

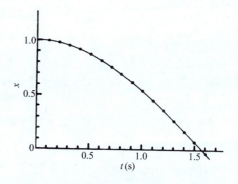

图 9-4 悬于弹簧上的重物运动的曲线

§9-7 行星运动

上面对于振动弹簧运动的分析是非常完美的,但我们能否分析行星的绕日运动呢?我们来看看是否能在一定的近似下得出椭圆轨道。我们假定太阳是无限重的,这意味着我们将不把太阳包括在运动中。假定行星在某个位置开始以某个速度运动;它将沿某一曲线绕日转动,我们试图用牛顿运动定律及引力定律来分析一下这是一条什么样的曲线。从何下手呢?在一个给定时刻它在空间的某确定位置上。如果把从太阳到这个位置的矢径称为

r，那么根据引力定律可知，将有一个力沿 r 指向太阳，它等于一个常数乘以太阳质量与行星质量的乘积，再除以距离的平方。为了进一步分析下去，我们必须求出由这个力所产生的加速度。我们需要知道沿两个方向（称为 x 和 y 方向）的加速度分量。于是，如果以给定的 x 和 y 表示某一时刻行星的位置（我们将假设 z 总是为 0，因为在 z 方向无作用力，而如果没有初速度 v_z，就不会使 z 变为异于零的值），力就沿着行星与太阳连线的方向，如图 9-5 所示。

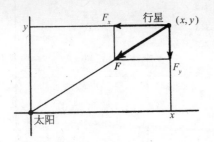

图 9-5 作用在行星上的太阳引力

从这个图上我们看到，力的水平分量与整个力的关系跟水平距离 x 与整条斜边 r 的关系相同，因为两个三角形相似。此外，如 x 为正，则 F_x 为负。这就是说

$$\frac{F_x}{|F|} = -\frac{x}{r}, \text{ 或 } F_x = -\frac{|F|x}{r} = -\frac{GMmx}{r^3}.$$

现在我们运用动力学定律得出，这个力的分量等于行星的质量乘以它在 x 方向上的速度变化率。这样我们就得到下述定律

$$m\frac{\mathrm{d}v_x}{\mathrm{d}t} = -\frac{GMmx}{r^3},$$

$$m\frac{\mathrm{d}v_y}{\mathrm{d}t} = -\frac{GMmy}{r^3}, \tag{9.17}$$

$$r = \sqrt{x^2 + y^2}.$$

这就是我们要解的一组方程。为了简化数值计算，我们再假设时间单位或太阳质量已经过调整（或者我们有幸如此）使 $GM \equiv 1$。在我们这个特例中，我们将假定行星的初始位置在 $x = 0.500$，$y = 0.000$ 处，而在初始时刻，速度完全在 y 方向，其值为 1.630 0。我们现在怎样来进行计算呢？我们再作一个表，其中各列分别为时间，x 位置，x 方向速度 v_x 及 x 方向加速度 a_x；然后，另外列出 y 方向上的位置，速度，加速度三列，并与前者用双线隔开。为了得到加速度，我们需要用到式(9.17)；它告诉我们 x 方向的加速度是 $-x/r^3$，y 方向的加速度是 $-y/r^3$，而 r 是 $(x^2 + y^2)$ 的平方根。于是，给定了 x 与 y 后，我们只须在一旁稍作计算，取平方和的平方根，从而找出 r，以准备计算两个加速度。将 $1/r^3$ 求出也是有用的。进行这项计算利用平方表、立方表及倒数表会更容易一些。然后只要用计算尺将 x 乘 $1/r^3$ 就行了。采用时间间隔 $\varepsilon = 0.100$，我们的计算按下述步骤来完成：在 $t = 0$ 时的初始值

$$x(0) = 0.500, \ y(0) = 0.000;$$

$$v_x(0) = 0.000, \ v_y(0) = +1.630.$$

由此求得

$$r(0) = 0.500, \ \frac{1}{r^3(0)} = 8.000.$$

$$a_x = -4.000, \ a_y = 0.000.$$

于是可计算 $v_x(0.05)$ 和 $v_y(0.05)$

$$v_x(0.05) = 0.000 - 4.000 \times 0.050 = -0.200;$$
$$v_y(0.05) = 1.630 + 0.000 \times 0.050 = +1.630.$$

表 9-2

$dv_x/dt = -x/r^3$, $dv_y/dt = -y/r^3$, $r = \sqrt{x^2 + y^2}$ 的解

间隔：$\epsilon = 0.100$

在 $t = 0$ 时，轨道 $v_y = 1.63$, $v_x = 0$, $x = 0.5$, $y = 0$

t	x	v_x	a_x	y	v_y	a_y	r	$1/r^3$
0.0	0.500	−0.200	−4.00	0.000	1.630	0.00	0.500	8.000
0.1	0.480	−0.568	−3.68	0.163	1.505	−1.25	0.507	7.675
0.2	0.423	−0.859	−2.91	0.313	1.290	−2.15	0.526	6.873
0.3	0.337	−1.055	−1.96	0.442	1.033	−2.57	0.556	5.824
0.4	0.232	−1.166	−1.11	0.545	0.771	−2.62	0.592	4.81
0.5	0.115	−1.211	−0.453	0.622	0.526	−2.45	0.633	3.942
0.6	−0.006	−1.209	+0.020	0.675	0.306	−2.20	0.675	3.252
0.7	−0.127	−1.175	+0.344	0.706	0.115	−1.91	0.717	2.712
0.8	−0.245	−1.119	+0.562	0.718	−0.049	−1.64	0.758	2.296
0.9	−0.357	−1.048	+0.705	0.713	−0.190	−1.41	0.797	1.975
1.0	−0.462	−0.968	+0.796	0.694	−0.310	−1.20	0.834	1.723
1.1	−0.559	−0.882	+0.858	0.663	−0.412	−1.02	0.867	1.535
1.2	−0.647	−0.792	+0.90	0.622	−0.499	−0.86	0.897	1.385
1.3	−0.726	−0.700	+0.92	0.572	−0.570	−0.72	0.924	1.267
1.4	−0.796	−0.607	+0.93	0.515	−0.630	−0.60	0.948	1.173
1.5	−0.857	−0.513	+0.94	0.452	−0.680	−0.50	0.969	1.099
1.6	−0.908	−0.418	+0.95	0.384	−0.720	−0.40	0.986	1.043
1.7	−0.950	−0.323	+0.95	0.312	−0.751	−0.31	1.000	1.000
1.8	−0.982	−0.228	+0.95	0.237	−0.773	−0.23	1.010	0.970
1.9	−1.005	−0.113	+0.95	0.160	−0.778	−0.15	1.018	0.948
2.0	−1.018	−0.037	+0.96	0.081	−0.796	−0.08	1.021	0.939
2.1	−1.022	+0.058	+0.95	0.001	−0.796	0.00	1.022	0.936
2.2	−1.016		+0.96	−0.079	−0.789	+0.07	1.019	0.945
2.3								

在 2.101 s 时与 x 轴相交，∴ 周期 = 4.20 s。

在 2.086 s 时 $v_x = 0$。

与 x 相交于 −1.022 长度单位处，∴ 半长轴 $= \dfrac{1.022 + 0.500}{2} = 0.761$。

$v_y = -0.796$。

预言时间 $\pi(0.761)^{3/2} = \pi(0.663) = 2.082$。

现在开始作我们的主要计算

$$x(0.1) = 0.500 - 0.20 \times 0.1 = 0.480,$$
$$y(0.1) = 0.0 + 1.63 \times 0.1 = 0.163,$$
$$r = \sqrt{0.480^2 + 0.163^2} = 0.507,$$

$$1/r^3 = 7.67,$$
$$a_x(0.1) = -0.480 \times 7.67 = -3.68,$$
$$a_y(0.1) = -0.163 \times 7.67 = -1.250,$$
$$v_x(0.15) = -0.200 - 3.68 \times 0.1 = -0.568,$$
$$v_y(0.15) = 1.630 - 1.26 \times 0.1 = 1.505,$$
$$x(0.2) = 0.480 - 0.568 \times 0.1 = 0.423,$$
$$y(0.2) = 0.163 + 1.50 \times 0.1 = 0.313,$$

等等.

这样我们就得到表 9-2 中列出的数值,20 步左右我们就追踪了行星绕太阳运行的一半路程! 图 9-6 中画出表 9-2 所得的 x 坐标和 y 坐标,圆点表示每隔 1/10 的时间单位所求得的位置,我们看到开始时行星的运动较快,到末尾时运动则较慢,就这样,曲线的形状被确定下来。于是我们看到,我们确实知道如何来计算行星的运动了!

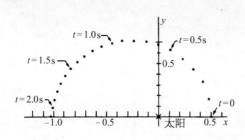

图 9-6 由计算所得的行星绕日运动

现在来看看如何计算海王星,木星,天王星或任何其他行星的运动。如果我们有许许多多行星,并且让太阳也运动,我们也能这样计算吗? 当然能。我们可以计算在某一特定行星,比如说第 i 颗行星上的力,它的位置是 x_i, y_i 和 z_i ($i = 1$ 可以代表太阳,$i = 2$ 是水星,$i = 3$ 是金星,等等)。我们必须知道所有行星的位置。作用在一颗行星上的力是所有其他(比方说位于 x_j, y_j, z_j)的物体所产生的。因此方程式是

$$m_i \frac{dv_{ix}}{dt} = \sum_{j=1}^{N} \frac{-Gm_i m_j (x_i - x_j)}{r_{ij}^3},$$

$$m_i \frac{dv_{iy}}{dt} = \sum_{j=1}^{N} \frac{-Gm_i m_j (y_i - y_j)}{r_{ij}^3},$$

$$m_i \frac{dv_{iz}}{dt} = \sum_{j=1}^{N} \frac{-Gm_i m_j (z_i - z_j)}{r_{ij}^3}. \tag{9.18}$$

此外,我们定义 r_{ij} 为两个行星 i 与 j 之间的距离;它等于

$$r_{ij} = \sqrt{(x_i - x_j)^2 + (y_i - y_j)^2 + (z_i - z_j)^2}. \tag{9.19}$$

这里的 $\sum$ 仍旧表示对所有 j——所有其他物体——求和,当然 $j = i$ 除外。于是我们所要作的就是取更多列。对木星的运动要排 9 列;对土星的运动要排 9 列,等等。然后,当我们有了所有的初始位置与速度后,就可以首先用式(9.19)计算出所有的距离,再用式(9.18)计算出所有的加速度。这要花多长时间呢? 如果你在家里计算,这需要很长的时间! 但现在我们已经有了运算得很快的机器——计算机,一台很好的计算机只花 1 μs,即 1 s 的百万分

之一就可做一次加法。做一次乘法要长一些,比方说 10 μs。在一轮计算中可能要做 30 次乘法或类似的运算,视具体的问题而定。那么一轮计算将花 300 μs。这意味着我们每秒钟可算 3 000 轮。为了获得一定的精度,比方说十亿分之一,那么与行星绕日转动一周所对应的计算循环约为 4×10^5 轮,这相当于 130 s 或约 2 min 的计算时间。因此,用这个方法,跟随木星绕太阳的运动,即使计及所有行星所引起的精确到十亿分之一的摄动,也只需要 2 min(结果表明误差约随间隔 ε 的平方而变化,如果使间隔小 1 000 倍,精确度就提高 100 万倍,那么,让我们使间隔小 10 000 倍吧)!

　　结果,正如我们所说的,在本章开始时我们甚至还不知道如何计算在弹簧上有质量物体的运动。现在,掌握了具有巨大威力的牛顿定律后,我们不仅可以计算这样的简单运动,而且只要有一台可以解决算术运算的计算机,即便是许多行星的极端复杂的运动,也能以我们所希望的任意高的精确度计算出来!

第 10 章 动 量 守 恒

§10-1 牛顿第三定律

牛顿第二定律给出了任何物体的加速度与作用在它上面的力之间的关系,在这个基础上,原则上可以解决任何力学问题。例如,为了确定几个粒子的运动,人们可以利用前面一章中所展开的数值方法。但是我们有充分的理由来进一步研究牛顿定律。首先,有一些十分简单的运动不仅可以用数值方法分析,也可以直接进行数学分析。比如:我们知道落体的加速度是 $32 \text{ ft} \cdot \text{s}^{-1}$ 后,由这个事实虽然可以用数值方法计算出运动,但是分析这个运动并找到一般解 $s = s_0 + v_0 t + 16 t^2$,则更为容易也更令人满意。同样,虽然我们可以按数值方法计算简谐振子的位置,但我们也能用分析方法表明一般解是简单的 t 的余弦函数,因此,当存在一种简单而又更为精确的方法以得出结果时,再去用一系列麻烦的算术运算就毫无必要了。同理一个行星由引力决定的绕太阳的运行固然可以用第 9 章的数值解法逐点地加以计算,从而找到轨道的一般形状,但能够得到准确的形状——分析表明这是一个完整的椭圆——就更好了。

遗憾的是,只有很少问题能够以分析方法精确求解。例如就简谐振子来说,如果弹簧力不是正比于位移,而是更为复杂的话,人们就只得又回到数值解法上来。或者,假如有两个天体绕太阳运行,使天体的总数是三个,那么分析法就无法得出一个简单的运动公式,实际上这个问题只能作数值解。这就是著名的三体问题,它曾经长时间地向人们的分析能力挑战;十分有趣的是,人们花了那么长时间才领悟到也许数学分析的能力是有限的,因而使用数值解法是必要的这个事实。今天,大量无法以分析方法解决的问题已由数值方法解出,那个曾被认为是如此困难的古老的三体问题,已作为常规计算准确地按上一章所描述的方式进行充分的演算后,加以解决了。然而,也有一些两种方法都失效的情况:对简单的问题我们可以用分析方法,对适当困难的问题可以用数值和算术方法;但是对非常困难的问题则这两种方法都不能用了。例如:两辆汽车的碰撞,或者甚至气体中分子的运动,就是一种复杂的问题。在一立方毫米的气体中有数不清的粒子,而试图用这么许多变量(约 10^{17} 个)来作计算将是荒谬的。任何问题,如果不是只有两三个行星绕太阳运行,而是诸如像气体、木块、铁块中的分子或原子的运动,或在球状星团中许多恒星的运动之类这样的问题,我们就不能直接去解,因此只好借助于其他手段。

在那种无法了解细节的情况下,我们需要知道某些一般性质,亦即需要知道作为牛顿定律结果的一般性定理或原则。在第 4 章讨论过的能量守恒定律就是其中之一。另一个是动量守恒定律,这是本章的课题。进一步研究力学的另一个理由是:有某些运动模式在许多不同的状况下一再重复地出现,因此在一个特定情况下研究这些模式是有益的。例如,我们将研究碰撞,不同类型的碰撞有许多共同之处。又如在流体的流动中,到底是哪一种流体这个问题并没有多大关系，这是因为流动的定律是类似的。我们将研究的其他一些问题是振动及振荡，特别是，机械波的特殊现象——声、杆的振动，等等。

在我们对牛顿定律的讨论中已经解释过：这些定律是一种处理问题的方案，它告诉我们："要注意力！"而在有关力的性质方面牛顿只向我们讲了两件事。在引力情况中，他留给我们一条完整的力的定律。关于原子间的非常复杂的作用力，他并不知道力的正确的规律；然而，他发现了一条有关力的一般性质的规则，并在第三定律中对此作了阐明，这就是牛顿在有关力的性质上所具有的全部知识——引力定律和第三定律，再没有其他细节了。

牛顿第三定律是：作用等于反作用。

它的含义如下：假设我们有两个小物体，比如说两个粒子，第一个粒子对第二个粒子施加一个力，即用一个一定的力推它。那么，按照牛顿第三定律，第二个粒子同时以大小相等、方向相反的力推第一个粒子；而且，这些力实际上沿同一根线起作用。这就是牛顿提出的假设，或者说定律，它看来是相当准确的，尽管并不严格正确（以后我们将讨论它的误差）。暂时我们将认为作用等于反作用是正确的。当然，假如有第三个粒子，它不与前两个粒子在同一条直线上，则这个定律并不意味着作用在第一个粒子上的总的力等于作用在第二个粒子上的总的力，因为，比方说，第三个粒子对这两个粒子中的每一个都要施加推力。结果作用在前两个粒子上的总效应是在某个别的方向上，从而一般说来，作用在前两个粒子上的力大小既不相等，方向也不相反。然而，作用在每个粒子上的力总可以分解为若干部分，每一个与之相互作用的粒子都有一份贡献或一个部分。因而，每一对粒子都有相应的彼此相互作用的分量，它们大小相等、方向相反。

§10-2 动量守恒

现在来看一下，上述联系有什么有趣的结果？为了简单起见，我们假设只有两个互相作用的粒子，质量可能不同，并分别编为1号及2号。它们之间的力相等而方向相反；这会有什么结果呢？按照牛顿第二定律，力是动量对时间的变化率，于是我们得出粒子1的动量 p_1 的变化率等于粒子2的动量 p_2 变化率的负值，即

$$\frac{dp_1}{dt} = -\frac{dp_2}{dt}. \tag{10.1}$$

现在，如果变化率总是数值相等、方向相反，就可知道粒子1动量的总变化与粒子2动量的总变化数值相等、方向相反；这意味着，如果我们把粒子1的动量与粒子2的动量相加，那么由于粒子之间相互作用力（称为内力）引起的两个粒子动量之和的变化率为零，即

$$\frac{d(p_1 + p_2)}{dt} = 0. \tag{10.2}$$

在这个问题中假定没有其他作用力。如果这个和的变化率总是零，这正是量 $(p_1 + p_2)$ 不发生变化的另一种说法（这个量也可写成 $m_1 v_1 + m_2 v_2$，并称为这两个粒子的总动量）。现在我们得出两个粒子的总动量不因它们之间的任何相互作用而改变的结论。这个说法表示了在这个特例下的动量守恒定律。我们断言：如果两个粒子间存在着任何类型的力（不管这个力怎样复杂），我们在力作用之前及力作用之后去测量或计算 $(m_1 v_1 + m_2 v_2)$，即两个动量

之和,则结果总是相等的,也就是说,总动量是一个常数。

假如我们把论证引申到更复杂的三个或多个相互作用粒子的情况,那么很明显,当只考虑内力时,所有粒子的总动量保持不变,因为其中一个粒子由另一个粒子引起的动量的增加,恰好严格地被前者引起的后者动量的减少所补偿。也就是说,所有的内力将互相抵消,因此不可能改变粒子的总动量。于是,如果没有来自外界的力(外力),那么就没有什么力可以改变总动量,因此总动量是一个常数。

值得一提的是,如果存在一些并非来自所说的粒子间的相互作用的力:假定我们把相互作用的粒子隔离开来,这时会出现什么情况? 如果只有相互作用力,那么同以前一样,无论这些力多么复杂,粒子的总动量不变。反之,假定还有来自隔离开来的那一群以外的粒子的作用力。我们称任何外部物体施加于内部物体的力为外力。以后我们将证明所有外力之和等于所有内部粒子动量总和的变化率。这是一个非常有用的定理。

如果没有净的外力,一群相互作用粒子的总动量守恒可以表示为

$$m_1v_1 + m_2v_2 + m_3v_3 + \cdots = 常数, \tag{10.3}$$

这里将粒子的质量和相应的速度顺序编为 1, 2, 3, 4, … 等。对每个粒子,牛顿第二定律的一般表述是

$$f = \frac{\mathrm{d}}{\mathrm{d}t}(mv), \tag{10.4}$$

特别是对力和动量在任何给定方向上的分量也同样成立;这样作用在一个粒子上的力的 x 分量就等于该粒子动量变化率的 x 分量,即

$$f_x = \frac{\mathrm{d}}{\mathrm{d}t}(mv_x), \tag{10.5}$$

对 y 和 z 方向也如此。所以方程式(10.3)实际上是三个方程,每个方向一个。

除动量守恒定律外,牛顿第二定律还有另一个有趣的结果,现在先提一下,以后再证明。这个原理就是:无论我们保持静止状态,还是沿一条直线作匀速运动,物理定律将都是相同的。例如,一个在飞机上拍皮球的孩子,会发现皮球跳得和他过去在地面上拍时一样高。即使飞机以极高速度飞行,只要它不改变飞行速度,物理定律在孩子看来总是和飞机静止时完全一样。这称为相对性原理。当我们在这里使用这个原理时,将称它为"伽利略相对性",以与爱因斯坦所作的更仔细的分析相区别,后者我们将在以后研究。

我们刚从牛顿定律推导出了动量守恒定律,由此出发,我们可以接下去找出一些描写碰撞的定律。但是为多样化起见,同时也为了阐明一种在物理学上可用于其他情况(比方说,人们也许并不知道牛顿定律,也许另辟途径)的推理方式,我们将从一个完全不同的观点讨论碰撞定律。我们的讨论将从上述伽利略相对性原理出发,而以得出动量守恒定律告终。

我们将从下列假定出发:我们以一定速度运动并观察自然界时,自然界在我们看来和我们静止不动时完全相同。在讨论那种两个物体碰撞后粘在一起,或者来到一起再弹开的情况之前,我们将首先考虑用弹簧或其他东西联结在一起的两个物体,突然放开它们,使它们受到弹簧或者某种轻微爆炸所造成的推力的情形。而且,我们将只考虑一个方向上的运动。我们先假定,两个物体完全相同、十分对称,接着两者之间发生了轻微爆炸。爆炸后,其中一个物体将以速度 v 向右运动,另一个物体将以速度 v 向左运动。由于这两个物体是全同的,

因而没有什么理由认为它们对左或右会有所偏爱,故两个物体的行为应该是对称的。因此,认定另一物体以速度 v 向左运动看来是合理的。这里阐明了一种在许多问题中都十分有用的思维方式,如果我们只从公式入手,那就显不出来了。

我们这个实验的第一个结论是相同的物体将有相等的速率,现在假设两个物体由不同材料比如说铜和铝制成,并令它们的质量相等。我们将假定,如果用两个质量相等的物体做实验,即使它们不是全同的,它们的速度也将是相等的。有人可能反驳说:"但是你知道,你可以反过来,不必去作假设。你可以定义在这个实验中获得相等速度的两个物体的质量为相等的质量。"我们按照这个建议,并在铜块与体积很大的铝块之间作一次轻微爆炸,铝块是如此之重,以至于铜块飞出去后,铝块几乎不动。由于铝太多,因而我们把铝块减少到只剩下很薄一片,于是当我们再作一次爆炸时,铝块飞走了,而铜块却几乎不动。这说明铝又太少了。很明显,在两种铝的数量之间有某个正确的数值;于是我们继续调整铝的数量直至速度相等为止。好,现在我们反过来,并认为当速度相等时,质量也相等。这似乎只是一个定义,看来很奇怪,我们居然可以把一些物理定律变成仅仅是一些定义。然而,这里已经包含了某些物理定律,假如我们采纳这个质量相等的定义,我们立即就可得到如下的一条定律。

假设我们从上面的实验知道,两块材料 A 与 B(铜和铝)具有相等的质量。我们用上述的同样方式将铜块和第三块材料,比如金块,进行比较,并确认它的质量等于铜块的质量。如果我们现在用铝和金做实验,在逻辑上并不能说明这些质量必须相等;然而实验表明它们实际上是相等的。所以通过实验,我们发现了一条新的定律。这条定律的一种说法可能是这样的:如果两个物质的质量分别等于第三个物质的质量(由在这个实验中速度相等来确定),那么它们彼此相等(这个表述完全不能从用于有关数学量的假设的相似的陈述中推得)。从这个例子我们可以看到,假如我们不小心的话,我们会多么轻易地推出结论! 说速度相等时质量相等,这绝不仅仅是一个定义,因为说质量相等就含有数学上有关相等的定律的意思,而这个相等的定律又可反过来对有关实验作出预言。

作为第二个例子,假设实验时用某一强度的爆炸使 A、B 两个物体获得一定的速度,从而发现它们相等;那么如果我们再使用更强烈的爆炸,这时所获得的速度是不是还相等呢? 同样在逻辑上根本不能确定这个问题,但实验证明确实如此。这样,我们又有了一条定律,它可以表述为:如果在某一速度时按照速度相等方法来测定两个物体具有相等质量,则在另一个速度下测量,它们也将有相同的质量。从这些例子中我们看出,表面上看来只是一个定义的东西实际上包含了某些物理定律。

在下面的论证中,我们将假设:当在两个物体间发生爆炸时,相等的质量将具有数值相等、方向相反的速度这个命题成立。在相反的情况下,我们将作另一个假设:如果两个以相等的速度在相反的方向上运动的全同物体碰撞后被某种粘胶粘在一起,那么碰撞后它们将以什么方式运动呢? 这又是一个对左和右没有特别偏重的对称的情况,所以我们假定它们将保持静止。我们还要假定,任何两个质量相同的物体,即使由不同材料制成,当它们以相等的速度沿相反的方向运动而发生碰撞并粘在一起时,它们碰撞后将保持静止。

§10-3 动量是守恒的

我们可以用实验来验证上述假设:即,第一,如果两个相等质量的静止物体发生爆炸后分开时,它们将以同样的速率分开运动;第二,两个相等质量的物体以同样的速率相向运动,碰撞并粘合后,它们将停止运动。我们可以利用一个称为气垫*的惊人的发明来做实验,它能摆脱不断使伽利略深感麻烦的摩擦力(图10-1)。伽利略不能用光滑的东西来做实验,因为那些物体不能自由地滑动,但是在今天,加上一个神奇的凹槽**后,我们就能摆脱掉摩擦力。我们的物体正如伽利略所宣称的那样,可以毫无困难地以不变的速度滑动。这是通过以空气来托起物体而实现的。因为空气只有极其微小的摩擦力,当不加力时,物体实际上就以不变的速度滑行。首先,我们使用两个经过精心制作具有同样的重量或质量的滑块(实际上是测出了它们的重量,但是我们知道重量是正比于质量的),在两个滑块间的一个封闭气缸中放进一个小的雷管(图10-2)。开始时,将两个滑块静止置放在槽的中心,然后利用电火花引爆雷管,迫使它们分开。这时会出现什么呢?如果在它们飞开时速率相等,就应当同时到达气垫的两端。到达两端后,它们实际上又将以相反的速度弹回,然后又跑到一起,并停在开始运动时的起点——中心处。这是一个很好的试验;经过实践以后,结果正如上所述(图10-3)。

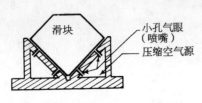

图 10-1　直线气垫端视图

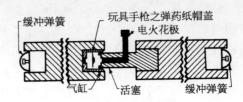

图 10-2　带有爆破作用气缸附件的滑块截面图

接下来,我们要解决的是在稍微复杂一些的情况下会发生什么。假设我们有两个质量相等的物体,一个以速度 v 运动,另一个静止不动,它们碰撞后结合在一起;那时又将发生什么情况?结果是一个质量为 $2m$ 的物体以一个未知速度移动。速度多大呢?问题就在于此。为了找到答案,假定当我们驱车前进时,物理规律在我们看来和静止时完全一样。我们从两个质量相等以相同的速率 v 沿相反的方向运动的物体发生碰撞后,将静止不动出发。现在假设在发生这种情况时,我们乘在一辆以速度 $-v$ 开行的汽车上。那么它看上去像什么呢?由于我们随着两个相向运动的物体中的一个一起前进,因而这一个物体在我们看来速度为 0。而另一个以速度 v 向相反方向运动的物体,在我们看来就以速度 $2v$ 向我们走来(图10-4)。

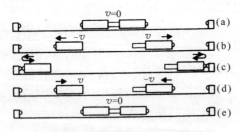

图 10-3　两个质量相等的物体的
作用-反作用实验的示意图

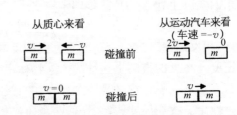

图 10-4　质量相等的物体进行的
非弹性碰撞的两种看法

---

*　Neher H V, Leighton R B. *Amer J of Phys*, 1963, **31**:255

**　原文为 touch(接触),疑为 trough(槽)之误(air trough 即气垫)。——译者注

最后,在碰撞后结合起来的物体看来以速度 v 经过。因此我们得出结论,一个速度为 $2v$ 的物体碰到另一个静止的质量相等的物体时,结果将以速度 v 运动,或者用数学上完全等价的方式来说是:一个速度为 v 的物体撞在另一个静止物体上并结合在一起时,将产生一个以速度 $v/2$ 运动的物体。注意,如果我们将事前的质量与速度分别相乘再相加得到 $mv+0$,与我们将事后的每一个物体的质量与速度相乘,即 $2m$ 乘以 $v/2$ 所得的答案相同。这就告诉我们一个速度为 v 的物体撞在一个静止的物体上时会出现什么情况。

我们可以用完全同样的方式推导出当两个质量相等的物体以任意两种速度相碰撞时会出现什么情况。

假设我们有两个质量相等的物体,分别具有速度 v_1 及 v_2,它们碰撞并结合在一起。试问碰撞后,它们的速度 v 是多少?我们再乘上一辆速度为 v_2 的汽车来看,则一个物体就像是静止的,而另一个物体就像具有 (v_1-v_2) 的速度,于是我们就得到了同以前一样的情况。当所有这一切都完成后,它们相对于汽车将以 $(v_1-v_2)/2$ 的速度运动。那么它们相对于地面的实际速度是多少呢?答案是 $v=(v_1-v_2)/2+v_2=(v_1+v_2)/2$(图 10-5)。我们再次注意到

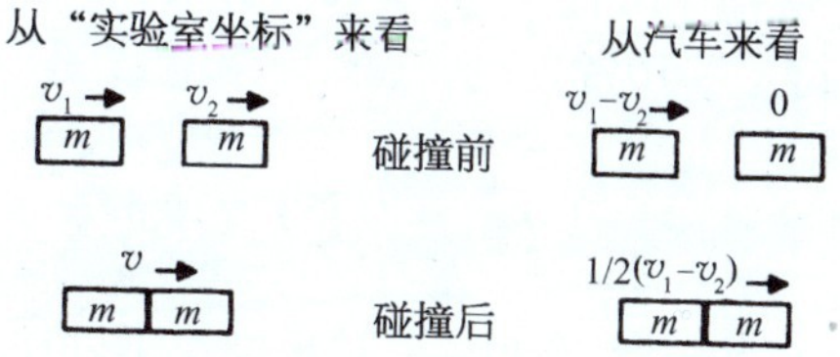

图 10-5 质量相等的物体进行的另一种非弹性碰撞的两种看法

$$mv_1+mv_2=2m\cdot\frac{(v_1+v_2)}{2}. \tag{10.6}$$

于是利用这个原理,对于任何质量相等的物体碰撞后结合在一起的情况,我们都能加以分析。事实上,我们虽然只是计算了一维的情况,但是假如我们坐在一辆沿某个倾斜方向运动的汽车上,我们就可以对更为复杂的碰撞找出更多的东西。这里原理是相同的,只是细节上更加复杂而已。

为了从实验上检验一个以速度 v 运动的物体与另一个速度为 0 的质量相等的物体碰撞在一起后,是否会组成一个以速度 $v/2$ 运动的物体,我们可以用气垫装置进行如下的实验。在气垫中放入三个质量相等的物体,其中两个物体开始时由爆破汽缸装置连接在一起,第三个物体非常靠近,但和它们稍微隔开一点点,它还带有一个粘性缓冲器以至于在另一个物体碰上它时,就会和它粘在一起。现在,在爆炸后一刹那,我们有两个质量为 m,分别以相等而相反的速度 v 运动的物体。过一会儿其中一个物体将碰撞在第三个物体上,构成一个质量为 $2m$ 的物体,我们相信,它将以速度 $v/2$ 运动。我们怎样测出它确实是 $v/2$ 呢?把物体在气垫上的初始位置作这样安排,使得两端的距离不同,而是按 2∶1 的比例。这样继续以速度 v 运动的第一个物体,在一给定时间内所通过的距离将是那两个连在一起的物体通过的距离的 2 倍(假定第二个物体在与第三个物体碰撞前只通过一段很小的距离)。质量为 m 的物体与质量为 $2m$ 的物体应当同时到达终点,我们去试一下时,就会发现确实如此(图 10-6)。

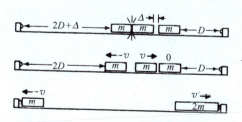

图 10-6 验证以速度 v 运动的质量为 m 的物体与一个质量相同的静止物体碰撞后结合在一起以质量 $2m$、速度 $v/2$ 运动的实验

我们要解决的下一个问题是,如果有两个不同

质量的物体,情况又会怎样。让我们取一个质量为 m 的物体和一个质量为 $2m$ 的物体,并利用我们的爆炸作用。这时将会发生什么呢?如果爆炸后 m 以速度 v 运动,那么 $2m$ 又以什么速度运动呢?令第二个和第三个质量之间的距离为零,重复我们刚才作过的实验,当我们试一下后,会得出同样的结果,也就是说,起作用的质量 m 和 $2m$ 各达到速度 $-v$ 及 $v/2$。这样,m 与 $2m$ 之间的直接的反作用与先是在 m 和 m 之间对称地反作用,随后 m 又与第三个 m 发生碰撞并结合在一起所得出的结果完全相同。而且,我们还发现,从气垫两端弹回的质量为 m 和 $2m$ 的物体的速度与原来(几乎)完全相反,如果它们粘在一起,就会停止不动。

现在我们要问的另一个问题是:如果具有速度为 v,质量为 m 的物体与另一个静止的质量为 $2m$ 的物体碰撞并结合在一起,会发生什么情况呢?这个问题利用伽利略相对性原理很容易回答,因为我们只要坐在一辆以速度 $-v/2$ 运动的汽车里观察刚才描写的碰撞就行了(图 10-7)。从汽车上看,速度是

$$v_1' = v - v(汽车) = v + \frac{v}{2} = \frac{3}{2}v 及 v_2' = -\frac{v}{2} - v(汽车) = -\frac{v}{2} + \frac{v}{2} = 0.$$

在碰撞后,质量 $3m$ 在我们看来以速度 $v/2$ 运动。于是我们就得到了碰撞前后的速度比是 3∶1 的答案:如果一个质量为 m 的物体与一个质量为 $2m$ 的静止的物体相碰撞,并结合在一起,则整个物体就以原先 m 的速度的 1/3 运动。一般的规则又是:各个物体的质量与速度乘积之和保持不变,即 $mv + 0 = 3m \times v/3$,这样,我们就一步一步逐渐建立起动量守恒定理。

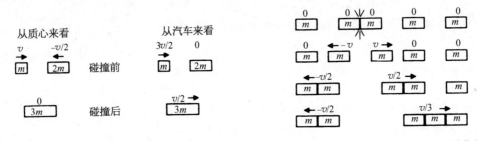

图 10-7　m 和 $2m$ 之间的非弹性碰撞的两种看法

图 10-8　$2m$ 与 $3m$ 之间的作用与反作用

现在的情况是 1 对 2。利用同样的论证,我们可以预言 1 对 3,2 对 3 等等的结果,从静止开始的 2 对 3 的情况如图 10-8 所示。

在每一种情况中,我们发现,第一个物体的质量乘它的速度,加上第二个物体的质量乘它的速度,等于最后物体的总质量乘它的速度。因此,这都是一些动量守恒的例证。从简单的、对称的情况出发,我们用实验说明了在较复杂情况下的守恒定律。事实上,对于任何质量比是有理数的情况,我们都能这样做,并且由于任何一个比值都可以充分接近于一个有理数的比值,因此,我们能够以任何精确度处理任何比值的情形。

§10-4　动量和能量

上述的所有例子都是物体发生碰撞结合在一起,或者是先结合在一起,以后又由于爆炸而被分开的简单的情况。然而也有一些物体不粘合在一起的情况;例如,两个质量相等的物

体以相同速率发生碰撞后弹开。在很短的时间内，它们发生接触，彼此都受到压缩。在压缩最大的那一瞬间，它们的速度都是 0，而能量则贮存在弹性物体内，就像压缩弹簧的情形一样。这个能量是由物体碰撞之前所具有的动能转化而来的，而在速度为 0 的那一瞬间，它们的动能就变为 0。然而，动能只是暂时失去。压缩状况类似于爆炸时释放能量的雷管。在某种爆炸的状况下，这些物体立即膨胀并又相互飞开；但是我们已经知道在这种情况下，物体是以相同速率飞开的。然而，一般说来，弹开的速率要比原来的速率小，因为并非所有的能量都为爆炸所用，这与材料性质有关。如果材料是油灰，动能就不会恢复；如果材料是比较硬的，通常会再获得一定的动能。在碰撞中，其余的动能转化为热和振动能——物体变热并作振动。振动能量也很快转变为热能。用钢这样的高弹性材料制成一些碰撞物体，再用精心设计的弹簧缓冲器，有可能使得在碰撞中产生的热和振动很小。在这些情形中，弹回来的速度实际上等于初始速度；这种碰撞称为弹性碰撞。

  弹性碰撞的前、后速度相等这件事与动量守恒无关，而与动能的守恒有关。然而，在对称的碰撞后，物体弹开的速率彼此相等却与动量守恒有关。

  我们可以类似地分析不同质量、不同初始速度和不同弹性程度的物体之间的碰撞，确定最终速度和动能的损失，但是我们将不去详细探讨这些过程。

  对于没有内部的"齿轮、转轴或部件"的系统来说，弹性碰撞是特别有趣的。这样在发生碰撞时，没有地方可以消耗能量，因为那些弹开的物体与它们在碰撞时的状态相同。因此，在非常基本的物体之间的碰撞总是高弹性的，或者非常接近于弹性的。例如，气体中分子或原子间的碰撞就被认为是完全弹性的。虽然这是一个非常好的近似，但即使这样的碰撞也不是完全弹性的；不然人们就会无法理解能量怎么会以光或热辐射的形式从气体中释放出来。在气体分子的碰撞中，偶尔会有低能红外线发射出来，但这种情况是非常罕见的，所发射的能量也是非常微小的。所以，对于大多数场合，气体中的分子碰撞被认为是完全弹性的。

  作为一个有趣的例子，让我们考虑两个质量相等的物体之间的弹性碰撞。如果它们以同样速率相碰，那么，根据对称性原理，它们应当以相同的速率弹开。但是现在我们来看一下另一种情况下的这种碰撞，即其中的一个物体以速度 v 运动，而另一个物体保持静止。当两者碰撞时会出现什么情况？其实我们在前面已碰到过这种情况。从跟着物体中的一个一起运动的汽车中来观察对称的碰撞，我们发现，如果静止的物体与另一个质量恰好相同的物体发生弹性碰撞，则运动着的物体停了下来，而曾经是静止的物体现在以另一个物体曾经具有的同样的速度运动；两个物体只不过变换一下速度而已。用适当的碰撞装置很容易演示这个现象，更一般地说，假如两个物体以不同的速度运动，那么在碰撞时它们仅仅简单地交换一下速度。

  另一个几乎是完全弹性的相互作用的例子为磁性。假如在我们的滑块上放置一对 U 形磁铁，使它们彼此推斥，那么当一块磁铁静静地移向另一块磁铁时，这块磁铁会把另一块推走，而自己则完全保持静止，被推走的一块磁铁则无摩擦地向前滑动。

  动量守恒原理是非常有用的，因为它使我们在无需了解细节的情况下也能解决许多问题，例如，我们并不知道在雷管引爆时气体的运动情况，然而却能预知物体分离的速度。另一个有趣的例子是火箭的推进。一枚具有很大质量 M 的火箭用极大的速度 V（相对于火箭来说）排出质量为 m 的小块后，如果火箭原来静止的话，它将以很小的速度 v 运动。利用动量守恒原理，我们可以计算出这个速度为

$$v = \frac{m}{M} \cdot V.$$

只要不断地排出物质,火箭就一直加速。火箭的推进本质上与枪的反冲是一回事:不需要任何作反推的空气。

§10-5 相对论性动量

近代已对动量守恒定律作了一些修正。然而,今天这条定律仍是正确的,修正主要是在事物的定义上。在相对论中,我们的确也有动量守恒定律;粒子具有质量,而动量仍由 mv,即质量乘以速度给出,但是质量随速度而改变,因此动量也发生改变。质量随速度的变化遵从以下规律

$$m = \frac{m_0}{\sqrt{1 - v^2/c^2}}. \tag{10.7}$$

这里 m_0 是物体的静止质量,c 是光速。从这个公式很容易看出,除非 v 非常大,否则 m 与 m_0 的差别就可忽略,而对通常的速度,动量的表示式就还原为原来的公式。

单个粒子的动量分量可以写为

$$\begin{aligned} p_x &= \frac{m_0 v_x}{\sqrt{1-v^2/c^2}}, \\ p_y &= \frac{m_0 v_y}{\sqrt{1-v^2/c^2}}, \\ p_z &= \frac{m_0 v_z}{\sqrt{1-v^2/c^2}}. \end{aligned} \tag{10.8}$$

这里 $v^2 = v_x^2 + v_y^2 + v_z^2$。如果对所有相互作用粒子在碰撞前后的 x 动量分量分别求和,则两个和相等,也就是说,在 x 方向上的动量守恒。同样的情况对任何方向都成立。

在第 4 章中,我们看到,只有承认能量可表现为电能、机械能、辐射能、热能等等不同形式,能量守恒定律才确实成立。在某些这类情况中,例如热能,能量可以说成是"隐藏"的。这个例子可能使我们联想到这样一个问题:"是不是也存在着动量的隐藏形式——或许是某种热动量呢?"答案是由于下述理由隐藏动量是很困难的。

如果把各个原子的速度的平方相加,一个物体内原子的无规则运动就提供了热能的一种量度。速度平方和将是正的,不具有方向上的特征。物体内热的存在与物体是否作整体运动无关,并且以热这种形式的能量守恒不是很明显的。相反,如果我们把速度相加,由于速度是有方向的,若发现其结果不为零,这就意味着整个物体在某个特定方向上有移动,而这样显著的动量是很容易观察到的。因为只有物体作整体运动时,它才有净动量,所以就不存在内部无规则动量损耗。因此动量作为一个力学量是难以隐藏起来的。然而,例如在电磁场内动量也可以被隐藏起来。这种情况是另一种相对论效应。

牛顿的前提之一是认为在一段距离内的相互作用是瞬时的。结果发现情况并非如此;比如,在包含着电力的情况下,如果在某一个位置上的一个电荷突然移动,其对在另一个位

置上的另一个电荷的影响并不是瞬时的——稍有一点延迟。在那种状况下,即使彼此作用的力是相等的,动量仍与之不符;这样,在一段短时间内将出现麻烦,因为有一段时间,第一个电荷将感受一定的反作用力,即获得了某些动量,但第二个电荷却丝毫也不受影响,也不改变它的动量。这段时间就是电作用跨过它们之间的距离所需要的时间,即以 186 000 mi·s^{-1} 的速度跨过这段距离的时间。在这段很短的时间内,粒子的动量是不守恒的。当然,在第二个电荷感受到第一个电荷的作用并且一切都稳定下来之后,动量的方程就完全成立,但在那段小小的时间间隔中动量是不守恒的。为了表明这一点,我们说在这段时间内除粒子的动量 mv 外还有另一类动量存在,这就是电磁场的动量。如果我们将电磁场的动量加在粒子的动量上,则在所有时间内动量每一时刻都守恒。电磁场具有动量和能量这个事实使场的存在更为真实。因此,更好的理解是,原来那种认为只有粒子之间存在力的概念必须修正为:粒子具有场,场作用在另一个粒子上,而场本身具有我们所熟悉的性质,比如正像粒子那样带有能量和动量。再举另外一个例子:电磁场中存在着我们称之为光的电磁波,结果光也具有动量。所以,光撞击一个物体时,它在每秒钟内传递了一定大小的动量;这相当于一个力,因为,如果被照射物体每秒钟获得一定的动量,它的动量就会发生变化,这种情况与有一个力作用在它上面完全相同。光撞击在物体上时会施加一个压力;这个压力很小,但用足够灵敏的仪器可以测量出来。

在量子力学中,动量是另一回事——它不再是 mv 了。物体的速度的含义已难以确切定义,但是动量仍然存在。在量子力学中,差别在于当粒子表现为粒子时,动量仍是 mv,但是当粒子表现为波时,动量就用每厘米的波数来量度:波数越大,动量就越大。尽管存在这些差别,动量守恒定律在量子力学中仍然成立。虽然 $f = ma$ 不成立,所有从牛顿定律出发的有关动量守恒的推导也都不成立,然而,在量子力学中,这条特殊定律却最后仍然保持有效!

第11章 矢 量

§11-1 物理学中的对称性

我们在本章中介绍的课题,在物理术语上称为物理定律的对称性。这里所用的"对称性"一词具有特殊涵义,因此需要加以定义。事物在什么时候是对称的——我们究竟怎样定义它呢? 当我们拿到一幅对称的图画时,它的一边和另一边总是相同的。外尔(H. Weyl)教授曾给对称性下了这样一个定义:如果能对一个事物施加某种操作,在此操作以后能使它与原来的情况完全相同,则这个事物是对称的。例如,如果我们观察一个左右对称的瓶子,那么当把它绕竖直轴转过 180°后,看上去它就和原来的完全一样。关于对称性的定义,我们将采用外尔的这种较为直观的形式,并以此来讨论物理定律的对称性。

假定我们在某个地方建造了一台复杂的机器,它具有很多复杂的相互作用,并且有很多小球由于它们之间力的作用而跳来跳去,等等。现在,假如我们在另一个地方建造一个完全相同的装置,它的各个部分都与前者相同,都具有同样大小和方位,那么除了横移一段距离外,两台机器一切都相同。如果我们在相同的初始情况下,完全一致地开动这两台机器,我们要问:这两台机器的行为是否完全一样? 它们所有的动作是否完全对应? 当然,答案很可能是否定的,因为假如我们选错了地方,把一台机器安装在某个墙壁里面,则由于受墙的影响,这台机器运转不起来。

在使用物理学中的所有概念时,都需要具备一定的常识,它们不纯粹是数学的或抽象的概念。我们应该了解,当我们说:把一个装置移动到一个新的位置时现象完全相同这句话是什么意思。我们的意思是说,我们把一切我们认为有关的东西都移过去了,如果现象不相同,我们就认为还有某些有关的东西没有移过去,于是就要把它找出来。如果一直找不到,我们就宣称这些物理定律没有这种对称性。另一方面,如果这些物理定律具有这种对称性,我们就能找出我们预计应该能找到的那些东西。例如在上一个例子中,环顾一下周围,就会发现原来墙壁正在影响着我们的装置。根本问题在于,如果我们能足够明确地定义事物,如果能把所有必不可少的力都包括在装置里面,并且把所有有关的部分从一个地方移到另一个地方,那么这些规律是否就相同呢? 这台机器装置是否就以相同的方式运转呢?

很清楚,我们要做的是移动整个装置和所有的主要影响,而不是世界上的一切东西——行星、恒星等,因为如果我们这样做,我们就又会得到相同的现象,道理很简单:因为我们正好又回到了开始时的状况。不,我们不可能移动一切东西。但是实践表明,只要我们对需要移动的东西有一定的理解力,机械是能够运转的。换句话说,假如我们不把机器放到墙里,以及我们知道所有外力的来源,并设法把它们移走,那么机械在一个地方就会像在另一个地方一样工作。

§ 11-2 平 移

我们将只限于分析力学问题,因为对力学我们已经掌握了足够的知识。在前几章中,我们已经看到对于每一个粒子,力学定律都能归纳成三个方程

$$m\left(\frac{d^2 x}{dt^2}\right) = F_x, \quad m\left(\frac{d^2 y}{dt^2}\right) = F_y,$$

$$m\left(\frac{d^2 z}{dt^2}\right) = F_z. \tag{11.1}$$

这意味着我们有办法测量三个互相垂直的轴 x、y 和 z 以及沿这些方向的力,以使得这些定律成立。这些量必须从某个原点量起,但是原点放在什么地方呢?牛顿最初告诉我们,存在着某个我们赖以从它量起的地方,它可能就是宇宙中心,可使这些定律成立。但是,我们可以立即证明永远找不到这个中心,因为如果采用其他原点,得出的结果不会有任何差别。换句话说,假设有两个人——乔(Joe),他以某处为原点,和莫(Moe),他有一个与乔平行的坐标系,但原点在另外一个地方(图 11.1)。现在当乔测量空间中某点的位置时,他发现这一点在 x、y 和 z 处(通常我们不画出 z 轴,因为在一个图上画那么多轴显得太乱)。另一方面,当莫测量同一点时,他得出一个不同的 x 值(为了区别起见,我们令它为 x'),而且在原则上 y 值也不同,虽然在这个例子中,两个 y 在数值上相等。因此,有

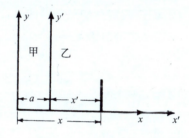

图 11-1 两个平行坐标系

$$x' = x - a, \quad y' = y, \quad z' = z. \tag{11.2}$$

现在,为了完成我们的分析,还必须知道莫会得到怎样的力。假设力沿着某一条线作用,在 x 方向上的力就是总的力在 x 方向上的分量,即力的大小乘以它和 x 轴之间夹角的余弦。这里,我们看到莫和乔采用完全相同的投影,因此得出方程组

$$F_{x'} = F_x, \quad F_{y'} = F_y, \quad F_{z'} = F_z. \tag{11.3}$$

这些就是乔和莫看到的各个量之间的关系。

问题在于,如果乔知道牛顿定律,而莫也试图写出牛顿定律,那么牛顿定律对莫是否还正确?从不同原点来测量这些点是否会有什么差别?换句话说,假如方程组(11.1)正确,并且方程组(11.2)和(11.3)给出了各个量之间的关系,下面的方程式

$$m\left(\frac{d^2 x'}{dt^2}\right) = F_{x'}, \tag{11.4a}$$

$$m\left(\frac{d^2 y'}{dt^2}\right) = F_{y'}, \tag{11.4b}$$

$$m\left(\frac{d^2 z'}{dt^2}\right) = F_{z'} \tag{11.4c}$$

是否也正确呢?

为了检验这些方程式,我们将对 x' 的式子微分两次。首先

$$\frac{dx'}{dt} = \frac{d}{dt}(x-a) = \frac{dx}{dt} - \frac{da}{dt}.$$

这里,我们假定莫的原点相对于乔是固定(不动)的,因此,a 是一个常数,$da/dt = 0$,这样就得到

$$\frac{dx'}{dt} = \frac{dx}{dt},$$

因而

$$\frac{d^2 x'}{dt^2} = \frac{d^2 x}{dt^2};$$

因此方程式(11.4a)就变成

$$m\left(\frac{d^2 x}{dt^2}\right) = F_{x'}.$$

(我们还假定乔和莫测得的质量是相等的)。因此,加速度和质量的乘积与另一个人的一样,我们已经得出了 F_x 的公式,把式(11.1)代入 $F_{x'}$ 的式子,就得到

$$F_{x'} = F_x.$$

因此,莫看到的规律是一样的,他用不同的坐标也能写出牛顿定律,而且将仍然正确。这就意味着没有唯一的方法定义世界的原点,因为不管从哪个位置进行观察,这些定律都是一样的。

下面的这个论断也是正确的:如果在某处有一个内部具有某种机械的装置,则在另一处的同一装置将以同样的方式运转。为什么?因为莫研究的机械和乔研究的另一个机械满足完全相同的方程式。既然,方程是相同的,那么出现的现象也相同。因此,证明一个装置在一个新的位置上的行为与在老的位置上的行为完全一样,与证明当它们在空间发生位移时,方程式的形式不变,这两者是一回事。因此,我们说,物理定律对于平移是对称的,这里对称的意义是指当我们把坐标作一平移时,物理定律不变。当然,从直观上看,它的正确性是显而易见的,但是讨论它的数学关系却是很有趣而又引人入胜的。

§11-3 转 动

上面是关于物理定律对称性的一系列较为复杂的命题中的第一个。下一个命题是无论把轴选择在哪一个方向应该没有影响。换句话说,假如我们在某处建造了一个装置,并观察它的运转,同时在附近我们再造一个同样的装置,但使它转过一个角度,它是否将以同样的方式运转呢?显然不是,有摆的老式的大座钟就是一个例子。例如一个摆钟竖直地放着,它走得很好,但是如果把它斜放,摆碰到钟罩的一个面上,因而它就不走了。因此,就摆钟来说,除非把吸引摆的地球也包括进去,否则,上述定理就不成立。因此,如果我们相信对转动而言物理定律是对称的,那么对于摆钟我们就能作如下预言:除了钟的机械结构之外,在摆的运转中还包含有其他因素,因此必须找出钟之外的因素。我们也可以预言,如果把摆钟放在相对于产生这种不对称的神秘起源(或许是地球)来说不同的位置上,摆钟的走动情况将

不同。事实上，例如，我们知道在人造卫星上的摆钟根本不走，因为那里没有有效作用力，而在火星上摆钟将以不同的速率走动。摆钟除了内部的机械结构外，的确包含有其他东西，也就是含有某些外来的因素。当我们认识到这个因素时，我们知道应该使地球随这个装置一起转动。当然，我们无须为此担心，这是很容易做到的；只要等一会儿，地球就转过一些，于是摆钟在新的位置上就像以前一样走动着。当我们在空间转动时，我们的角度不断在变化，而且是绝对地在变化，这种变化似乎没有给我们带来很大麻烦，因为我们在新的位置上的情形就像在原来的位置上的一样。这里可能会使人迷惑不解，因为在新转过的位置上物理定律与在未转动的位置上完全一样，这是正确的。但是，如果认为一个正在转动的物体和一个不在转动的物体遵循同样的规律，这就不对了。假如我们进行足够精密的实验，就能断定地球正在转动，但不能说出地球已经转过多少。换句话说，我们不能确定地球所处的角度的位置，但能断定它正在发生变化。

现在我们来讨论角方位对于物理定律的影响。让我们来看一看乔和莫的游戏是否还能重演。这一次，为了避免不必要的麻烦，我们假定乔和莫采用同一个坐标原点（我们已经证明过，坐标轴能够平移到另一个地方）。假定莫的轴相对于乔的轴转过一个角度 θ。这两个坐标系如图 11-2 所示。该图只限于两维的情况。考虑任意一点 P，在乔系统中其坐标为 (x, y)，在莫系统中为 (x', y')。和前面一样，我们将从用 x、y 和 θ 来表示坐标 x' 和 y' 开始。为此，首先从 P 点向四个轴各画一条垂线，并画出 AB 垂直于 PQ。从图上可以看出 x' 可以写成沿 x' 轴的两段长度之和，y' 可写成沿着 AB 的两段长度之差。所有这些长度都能用(11.5)式中的 x、y 和 θ 来表示，其中我们还增加了一个第三维的方程式

$$
\begin{aligned}
x' &= x\cos\theta + y\sin\theta, \\
y' &= y\cos\theta - x\sin\theta, \\
z' &= z.
\end{aligned}
\tag{11.5}
$$

下一步是按照上述的一般方法来分析两个观察者所看到的那些力之间的关系。假设有一个力 F，已经被分解成分量 F_x 和 F_y（从乔看来）作用在图 11-2 中 P 点处的一个质量为 m 的质点上。为了简化起见，我们把两组坐标轴的原点都移到 P 点，如图 11-3 所示。莫沿着他的坐标轴看到的 F 的分量是 $F_{x'}$ 和 $F_{y'}$。F_x 在沿 x' 和 y' 轴的方向上都有分量，同样 F_y 在这两个轴的方向上也有分量。为了用 F_x 和 F_y 来表示 $F_{x'}$，我们把它们沿 x' 轴的分量加起来，以同样的办法用 F_x 和 F_y 来表示 $F_{y'}$。结果是

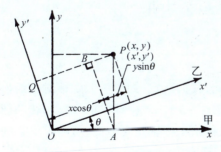 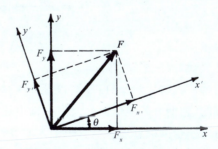

图 11-2　角方位不同的两个坐标系　　　　图 11-3　在两个坐标系中力的分量

$$F_{x'} = F_x\cos\theta + F_y\sin\theta,$$
$$F_{y'} = F_y\cos\theta - F_x\sin\theta, \quad (11.6)$$
$$F_{z'} = F_z.$$

有趣的是这里看到了一种出人意外的,然而是非常重要的情况:分别表示 P 点坐标的式(11.5)和力 F 的分量的式(11.6)具有相同的形式。

和前面一样,假定牛顿定律在乔的坐标中成立,而且可用式(11.1)来表示。问题仍然是莫是否能应用牛顿定律——对于他的坐标轴转过的系统这些结果是否仍然正确?换句话说,如果我们假设式(11.5)和(11.6)给出了各个测量值之间的关系,那么下式

$$m\left(\frac{d^2 x'}{dt^2}\right) = F_{x'},$$
$$m\left(\frac{d^2 y'}{dt^2}\right) = F_{y'}, \quad (11.7)$$
$$m\left(\frac{d^2 z'}{dt^2}\right) = F_{z'}$$

是否也正确呢?为了检验这些方程,我们分别计算式子的左端和右端,然后比较其结果。为了计算左端,用 m 乘以式(11.5),并求出它对时间的两次微商,这里假定角度 θ 为常数。这就给出

$$m\left(\frac{d^2 x'}{dt^2}\right) = m\left(\frac{d^2 x}{dt^2}\right)\cos\theta + m\left(\frac{d^2 y}{dt^2}\right)\sin\theta,$$
$$m\left(\frac{d^2 y'}{dt^2}\right) = m\left(\frac{d^2 y}{dt^2}\right)\cos\theta - m\left(\frac{d^2 x}{dt^2}\right)\sin\theta, \quad (11.8)$$
$$m\left(\frac{d^2 z'}{dt^2}\right) = m\left(\frac{d^2 z}{dt^2}\right).$$

然后再计算式(11.7)的右边。把式(11.1)代入式(11.6),这就得出

$$F_{x'} = m\left(\frac{d^2 x}{dt^2}\right)\cos\theta + m\left(\frac{d^2 y}{dt^2}\right)\sin\theta,$$
$$F_{y'} = m\left(\frac{d^2 y}{dt^2}\right)\cos\theta - m\left(\frac{d^2 x}{dt^2}\right)\sin\theta, \quad (11.9)$$
$$F_{z'} = m\left(\frac{d^2 z}{dt^2}\right).$$

看哪!式(11.8)和(11.9)右端是一样的;因此,我们断定,如果牛顿定律对一组坐标轴是正确的,它们对其他任何一组坐标轴也是正确的。从刚才对坐标轴的平移和转动证实的结果得出一些推论:第一,没有一个人能宣称他的特定坐标轴是唯一的,虽然对于某些特定的问题,这些坐标轴可以带来方便。例如,把重力的方向作为某一个轴的方向是比较方便的,但是这在物理上并不是必须的。第二,它意味着如果整套设备完全装在一起,即所有产生力的装置都包含在这套设备的内部,当把它转过一个角度时,它的运转情况不变。

§11-4 矢 量

不仅牛顿定律,而且我们迄今为止所知道的其他物理定律,都具有这两种特性,我们称之为在轴作平移和转动情况下的不变性(或对称性)。这些特性极为重要,因而发展了一种数学技巧,用来写出和应用物理定律。

前面的分析包含有相当乏味的数学工作。为了在分析这些问题时把那些繁琐的东西减小到最低限度,设计了一种非常有用的数学工具,称为矢量分析,也就是本章的标题。但是,严格地说,本章讲的是物理规律的对称性。为了得出我们希望得到的结果,采用前面分析的方法,我们已经能够做需要做的一切事情,但实际上,我们总喜欢做起事来更方便和更快一些,因此采用了矢量技术。

我们先注意一下在物理学上很重要的两类量的某些特性(实际上不仅仅是两类,我们就从这两类研究起)。其中之一我们称为普通量,例如一个袋子里土豆的数目,是一个无方向的量,或称为标量,温度就是这种量的另一个例子。在物理学中占有重要地位的另外一些量是有方向的,如速度:我们不仅要知道它的速率,还要记录它向哪个方向运动。动量和力也有方向,位移也一样:当某人从一个地方走到另一个地方时,我们可以记录他走了多远,但假如我们还想知道他到哪里去,就还需要说明方向。

所有有方向的量都称矢量。

一个矢量由三个数组成。要表示在空间中所走的一步,比如说,从原点走到坐标为(x,y,z)的特定点P,我们确实需要三个数,但是,我们另外创造一个数学符号r,它与我们至今采用的数学符号都不同*。它不是一个单一的数,而是代表三个数:x、y和z。一个矢量意味着三个数,但实际上又并不仅仅是那三个数,因为如果我们采用不同的坐标系,这三个数就要变成x'、y'和z'。但是,为了保持数学的简单性,我们想用同一个符号来表示三个数(x,y,z)和另外三个数(x',y',z')。也就是说,我们采用同一符号来表示相对于一个坐标系的第一组三个数,但如果我们用另一坐标系时,它就表示另一组三个数。这样做大有好处,因为当我们改变坐标系时,我们无须改变方程的字母。假如我们用x,y,z写出一个方程式,当采用另一坐标系时,就要换成x',y',z'。但是,按照习惯假如采用一组坐标轴时,r表示(x,y,z),当采用另一组坐标轴时,它表示(x',y',z'),等等,我们将只写r就行了。在一个给定坐标系中,描述一个矢量的三个数称为矢量在该系统三个坐标轴方向上的分量。也就是说,我们用一个符号来表示相应于从不同的坐标轴看到的同一客体的三个字母。正因为包含着在空间中走一步这件事与我们测量它时所用的分量无关这种物理直觉,我们才能说"同一个客体"这一事实。因此,不管我们怎样转动坐标轴,符号r都表示同一事物。

现在假定还有另一个有方向的物理量,它是有三个数与之相联系的一个任意量,例如力,在我们改变坐标轴时,这三个数通过一定的数学法则变成了另外三个数。它应该与把(x,y,z)变成(x',y',z')的法则一样。换句话说,任何与三个数相联系的物理量,当它的变换和在空间中走一步的三个分量的变换一样时,就是一个矢量。如

---

* 在打字时,矢量用黑体字r表示;在手写时,用白体加一个箭头$\vec{r}$表示。

$$\boldsymbol{F} = \boldsymbol{r}$$

的式子,在某一个坐标系中是正确的,那么在任何坐标系中它也应是正确的。当然,这个方程式代表三个方程

$$F_x = x, \quad F_y = y, \quad F_z = z.$$

或者,也代表

$$F_{x'} = x', \quad F_{y'} = y', \quad F_{z'} = z'.$$

一个物理关系可以表示成矢量方程这一事实使我们确信:这种物理关系在坐标系仅仅作转动时是不变的。这就是为什么矢量在物理学中如此有用的道理。

现在我们来研究矢量的某些性质。速度、动量、力和加速度都是矢量的例子。根据多种用途,用一个指示矢量所作用的方向的箭头来表示矢量是很方便的。为什么能用箭头来表示力呢？因为它具有和"在空间走一步"相同的数学变换性质。因此,就像走一步中的"步"一样,我们可以用一个力的单位,比如令一牛顿相应于某个规定的长度作为尺度,把它在图上表示出来。一旦这样做了,则所有的力都能用长度来表示。因为类似于

$$\boldsymbol{F} = k\boldsymbol{r}$$

的式子,这里 k 是常数,是一个完全合理的式子。因此,我们总是可以用线来表示力,这是非常方便的,因为只要画出线,就不再需要轴了。当然,当轴转动时,它的三个分量会改变,我们能很快地算出这些分量,因为这仅仅是一个几何问题。

§11-5 矢 量 代 数

我们现在来叙述矢量用不同方式组合时的定律或法则。第一种组合是两个矢量相加:假设 $\boldsymbol{a}$ 是一个矢量,在某一特定坐标系中它具有三个分量 (a_x, a_y, a_z), $\boldsymbol{b}$ 是另一个矢量,它也有三个分量 (b_x, b_y, b_z)。现在让我们创造三个新的数 $(a_x+b_x, a_y+b_y, a_z+b_z)$。这些数是否构成一个矢量呢？"是的",人们可能会说,"它们是三个数,每三个数都构成一个矢量。"不对,不是每三个数都能构成矢量！要使它是一个矢量,不仅要有三个数,而且这三个数必须要以这样的方式和一个坐标系相联系,即当转动坐标系时,这三个数正好按照我们已经叙述过的严格的规律相互"旋转",彼此"混合在一起"。因此,问题在于,如果我们转动坐标系,使 (a_x, a_y, a_z) 变成 $(a_{x'}, a_{y'}, a_{z'})$ 和 (b_x, b_y, b_z) 变成 $(b_{x'}, b_{y'}, b_{z'})$,那么 $(a_x+b_x, a_y+b_y, a_z+b_z)$ 变成什么呢？它们是否变成 $(a_{x'}+b_{x'}, a_{y'}+b_{y'}, a_{z'}+b_{z'})$? 回答当然是"对的",因为方程式(11.5)的标准变换是所谓线性变换。如果把这些变换应用于 a_x 和 b_x 以得出 $a_{x'}$ 和 $b_{x'}$,就会发现已变换的 a_x+b_x 的确是 $a_{x'}+b_{x'}$。当 $\boldsymbol{a}$ 和 $\boldsymbol{b}$ 在这个意义上"彼此相加"时,它们将构成一个矢量,我们称之为 $\boldsymbol{c}$。我们可以把它写成

$$\boldsymbol{c} = \boldsymbol{a} + \boldsymbol{b}.$$

从它的分量我们立即看出 $\boldsymbol{c}$ 具有重要的性质

$$\boldsymbol{c} = \boldsymbol{b} + \boldsymbol{a},$$

这样还有

$$\boldsymbol{a} + (\boldsymbol{b} + \boldsymbol{c}) = (\boldsymbol{a} + \boldsymbol{b}) + \boldsymbol{c}.$$

我们可以按任意次序把矢量相加。

$a + b$ 的几何意义是什么呢？假如在一张纸上用线段来表示 a 和 b，那么 c 应是什么样子呢？如图 11-4 所示，我们看到，如果把表示 b 分量的矩形以图中所示的方式放到表示 a 分量的矩形上，就能非常方便地把 b 的分量加到 a 的分量上去。因为 b 正好"配合"它的矩形，a 也正好配合它的矩形，它就像是把 b 的"尾端"接到 a 的"顶端"一样，从 a 的"尾端"到 b 的"顶端"的箭头是矢量 c。当然，如果我们以另外的方式把 a 加到 b 上，那就应该把 a 的"尾端"放在 b 的"顶端"上，根据平行四边形的几何性质，我们将得到 c 的同样结果。注意，矢量按照这种方法相加，无需参照任何坐标轴。

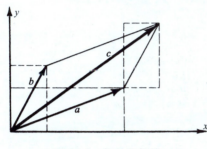

图 11-4　矢量的加法

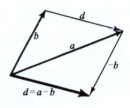

图 11-5　矢量的减法

假设用一个数 α 去乘一个矢量，这是什么意思呢？我们定义它代表一个新矢量，它的分量为 αa_x，αa_y 和 αa_z。它的确是一个矢量，我们把这个问题留给学生去证明。

现在来考虑矢量减法。我们可以用定义加法一样的方法来定义减法，但不是把各个分量相加，而是把各个分量相减。或者，定义一个负矢量 $-b = -1b$，然后把分量相加的方法来定义减法，这实际上是一回事。结果如图 11-5 所示。这个图表示 $d = a - b = a + (-b)$；同时，我们还看到采用等效关系 $a = b + d$，从 a 和 b 很容易求出 $a - b$ 的差。因而求矢量的差甚至比求矢量的和更容易：我们只要从 b 的"顶端"到 a 的"顶端"画一个矢量，就得到 $a - b$！

下面来讨论速度。为什么速度是矢量呢？如果位置是由三个坐标 (x, y, z) 给定，那么速度是什么呢？速度由 dx/dt、dy/dt 和 dz/dt 给出。这是不是矢量？我们可以通过对表示式(11.5)求微商来判明 dx'/dt 是否以恰当的方式变换。我们看到 dx/dt 和 dy/dt 的确是按照与 x 和 y 同样的规律变换，因此这个时间的微商是一个矢量。因而速度是矢量。我们可以把速度写成一个有趣的形式

$$v = \frac{dr}{dt}.$$

速度是什么，以及为什么它是一个矢量还可以更形象地来理解：在一个短时间 Δt 内粒子运动了多远呢？回答是：Δr，因此，如果一个粒子某一时刻在"这里"，而另一时刻跑到"那里"，那么用时间间隔 $\Delta t = t_2 - t_1$ 去除位置的矢量差 $\Delta r = r_2 - r_1$（Δr 的方向就是图 11-6 所示的运动方向），就得到"平均速度"矢量。

换句话说，速度矢量就是在 Δt 趋近于零时，在 $t + \Delta t$ 和 t 这两个时刻的矢径之差除以 Δt 的极限

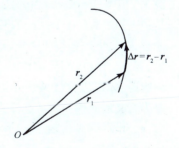

图 11-6　在短时间间隔 $\Delta t = t_2 - t_1$ 内，一个粒子的位移

$$v = \lim_{\Delta t \to 0} \frac{\Delta \boldsymbol{r}}{\Delta t} = \frac{\mathrm{d}\boldsymbol{r}}{\mathrm{d}t}. \tag{11.10}$$

因为速度是两个矢量之差,所以它也是一个矢量。因为它的分量是 $\mathrm{d}x/\mathrm{d}t$, $\mathrm{d}y/\mathrm{d}t$ 和 $\mathrm{d}z/\mathrm{d}t$, 所以这也是速度的正确定义。实际上,从这个论证我们看到,将任一矢量对时间求微商,得到的是一个新的矢量。因此,我们有好几种方法得出新的矢量:(1)乘以一个常数;(2)对时间求微商;(3)两个矢量相加或相减。

§11-6 牛顿定律的矢量表示法

为了将牛顿定律写成矢量形式,需要再进一步定义加速度矢量。这是速度矢量的时间微商,很容易证明它的分量是 x,y 和 z 相对于 t 的两次微商

$$\boldsymbol{a} = \frac{\mathrm{d}\boldsymbol{v}}{\mathrm{d}t} = \left(\frac{\mathrm{d}}{\mathrm{d}t}\right)\left(\frac{\mathrm{d}\boldsymbol{r}}{\mathrm{d}t}\right) = \frac{\mathrm{d}^2\boldsymbol{r}}{\mathrm{d}t^2}, \tag{11.11}$$

$$a_x = \frac{\mathrm{d}v_x}{\mathrm{d}t} = \frac{\mathrm{d}^2 x}{\mathrm{d}t^2},\ a_y = \frac{\mathrm{d}v_y}{\mathrm{d}t} = \frac{\mathrm{d}^2 y}{\mathrm{d}t^2},\ a_z = \frac{\mathrm{d}v_z}{\mathrm{d}t} = \frac{\mathrm{d}^2 z}{\mathrm{d}t^2}. \tag{11.12}$$

有了这个定义,就能把牛顿定律写成如下形式

$$m\boldsymbol{a} = \boldsymbol{F} \tag{11.13}$$

或

$$m\frac{\mathrm{d}^2\boldsymbol{r}}{\mathrm{d}t} = \boldsymbol{F}. \tag{11.14}$$

证明牛顿定律对坐标转动的不变性的问题就是去证明 $\boldsymbol{a}$ 是一个矢量,这一点我们刚才已证明过。证明 $\boldsymbol{F}$ 是一个矢量;我们暂且假定它是的。既然我们已知加速度是一个矢量,如果力也是一个矢量,那么式(11.13)在任何坐标系中就都一样了。把它写成不显含 x,y,z 项的形式有这样一个好处,即往后每次在写牛顿方程或其他物理定律时,不需要写出三个方程。看上去我们写的是一条定律,但当然,实际上对每一组特定坐标轴来说它是三个方程,因为任何矢量方程包含了方程两端各分量相等的含义。

加速度是速度矢量的变化率的事实有助于我们计算在某些复杂情况下的加速度。例如,假定一个粒子在某一复杂曲线上运动(图 11-7),并且在一个给定的时刻 t_1,具有一定速度 $\boldsymbol{v}_1$,稍微过一会儿,当到达另一时刻 t_2 时,具有另一个速度 $\boldsymbol{v}_2$。什么是加速度呢?答案是:加速度等于这个微小的时间间隔去除速度之差,因此,这里要用到两个速度的差。我们怎样来求两个速度的差呢?为了把两个矢量相减,我们在 $\boldsymbol{v}_2$ 和 $\boldsymbol{v}_1$ 的"端点"之间画一个矢量,即,如图 11-7 所示用 $\Delta\boldsymbol{v}$ 来表示两个矢量之差,对吗?不对!只有当两个矢量的尾端在一起时,才可以这样做!如果我们把一个矢量移到别的地方,再在它们之间画一条线,这是毫无意义的。这一点务必注意!我们需要画一个新的图来做这两个矢量的减法。在图 11-8 中,$\boldsymbol{v}_1$ 和 $\boldsymbol{v}_2$ 画成与图 11-7 中的相应的部分平行且相等,这样我们就能讨论加速度了。当然,加速度就是 $\Delta\boldsymbol{v}/\Delta t$。有趣的是,我们可以把速度差分成两个部分;即可以认为加速度具有两个分量,一个是沿路径的切线方向的分量 $\Delta\boldsymbol{v}_{\parallel}$,另一个是与路径相垂直的分量 $\Delta\boldsymbol{v}_{\perp}$,如

图 11-8 所示。当然，路径的切向加速度就是速度长度的变化，也就是速率 v 的变化

$$a_{/\!/} = \frac{dv}{dt}. \tag{11-15}$$

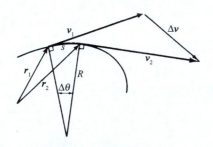

图 11-7 曲线轨道示意图

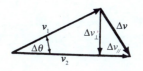

图 11-8 计算加速度的矢量图

加速度的另一与曲线垂直的分量利用图 11-7 和 11-8 也很容易算出。在短时间 Δt 内，设 v_1 和 v_2 之间变化了一个很小的角 $\Delta\theta$。如果速度的大小是 v，那么显然

$$\Delta v_\perp = v\Delta\theta,$$

加速度 $a_\perp$ 就是

$$a_\perp = v\left(\frac{\Delta\theta}{\Delta t}\right).$$

现在需要知道 $\Delta\theta/\Delta t$ 的值，它可以用下面的办法求出：如果在一给定时刻，曲线近似于某一个半径为 R 的圆周，则在 Δt 时间内走过的距离 s 就是 $v\Delta t$，这里 v 是速率

$$\Delta\theta = v\left(\frac{\Delta t}{R}\right) \quad \text{或} \quad \frac{\Delta\theta}{\Delta t} = \frac{v}{R}.$$

因此，得出

$$a_\perp = \frac{v^2}{R}, \tag{11.16}$$

这与我们以前看到的一样。

§11-7 矢量的标积

现在进一步研究矢量的某些性质。很容易看出在空间走一步的长度在任何坐标系中都是一样的。这就是说如果在某一坐标系中用 x, y, z 来表示某特定的一步 $\boldsymbol{r}$，在另一个用 x', y', z' 表示的坐标系中，可以肯定距离 $r = |\boldsymbol{r}|$ 是一样的。现在有

$$r = \sqrt{x^2 + y^2 + z^2}$$

及

$$r' = \sqrt{x'^2 + y'^2 + z'^2}$$

因此我们需要证明的是这两个量是相等的。我们不必去求平方根，较为方便的办法是讨论距离的平方，即验证是否有

$$x^2 + y^2 + z^2 = x'^2 + y'^2 + z'^2. \tag{11.17}$$

最好此式是成立的——如果把式(11.5)代入,就会发现它确实是成立的。因此,我们看到还有另一些方程在任何两个坐标系中也成立。

这里包含一些新的内容。我们可以导出一个新的量,它是 x、y 和 z 的函数,称之为<u>标函数</u>,它没有方向,但在两个系统中是一样的。我们也可以从一个矢量得出一个标量。为此,必须找出一个一般法则。很清楚,在刚刚考虑过的例子中这个法则就是:把各分量的平方相加。现在来定义一个新的量,它叫 $\boldsymbol{a} \cdot \boldsymbol{a}$。这不是矢量,而是标量,它是一个在所有坐标系中都不变的数,并定义为矢量的三个分量的平方和

$$\boldsymbol{a} \cdot \boldsymbol{a} = a_x^2 + a_y^2 + a_z^2. \tag{11.18}$$

也许你要问,"这是对哪些轴而言呢"?它与轴无关,对<u>任何一组轴其结果都是一样</u>。这样,我们得到了一个新的量,一个由矢量"平方"得出的<u>不变量</u>,或标量。如果对任意两个矢量 $\boldsymbol{a}$ 和 $\boldsymbol{b}$,定义下面的量

$$\boldsymbol{a} \cdot \boldsymbol{b} = a_x b_x + a_y b_y + a_z b_z, \tag{11.19}$$

我们发现,这个量不管是在带撇还是不带撇的系统里计算,都是不变的。要证明这一点我们只要注意到 $\boldsymbol{a} \cdot \boldsymbol{a}$,$\boldsymbol{b} \cdot \boldsymbol{b}$ 和 $\boldsymbol{c} \cdot \boldsymbol{c}$ 是不变的,这里 $\boldsymbol{c} = \boldsymbol{a} + \boldsymbol{b}$。因而平方和

$$(a_x + b_x)^2 + (a_y + b_y)^2 + (a_z + b_z)^2$$

是不变的

$$(a_x + b_x)^2 + (a_y + b_y)^2 + (a_z + b_z)^2 = (a_{x'} + b_{x'})^2 + (a_{y'} + b_{y'})^2 + (a_{z'} + b_{z'})^2. \tag{11.20}$$

如果把此式两边展开,就会有如式(11.19)中出现的那些交叉乘积项,以及 $\boldsymbol{a}$ 与 $\boldsymbol{b}$ 的分量的平方和。由于式(11.18)那样的项不变,因此剩下的式(11.19)的交叉乘积项也不变。

量 $\boldsymbol{a} \cdot \boldsymbol{b}$ 称为两个矢量 $\boldsymbol{a}$ 和 $\boldsymbol{b}$ 的<u>标积</u>,它具有很多重要而有用的性质。例如,很容易证明

$$\boldsymbol{a} \cdot (\boldsymbol{b} + \boldsymbol{c}) = \boldsymbol{a} \cdot \boldsymbol{b} + \boldsymbol{a} \cdot \boldsymbol{c}. \tag{11.21}$$

还有,计算 $\boldsymbol{a} \cdot \boldsymbol{b}$ 有一个不需要计算 $\boldsymbol{a}$ 和 $\boldsymbol{b}$ 的分量的简单的几何方法:$\boldsymbol{a} \cdot \boldsymbol{b}$ 是 $\boldsymbol{a}$ 的长度和 $\boldsymbol{b}$ 的长度之积乘以它们之间夹角的余弦。为什么?假设我们选一个 x 轴沿 $\boldsymbol{a}$ 方向的特殊的坐标系,在这种情况下,a_x 是 $\boldsymbol{a}$ 的唯一分量,它当然就是整个 $\boldsymbol{a}$ 的长度。此时方程式(11.19)就简化成 $\boldsymbol{a} \cdot \boldsymbol{b} = a_x b_x$,这就是 $\boldsymbol{a}$ 的长度乘 $\boldsymbol{b}$ 在 $\boldsymbol{a}$ 方向上的分量,即 $b\cos\theta$

$$\boldsymbol{a} \cdot \boldsymbol{b} = ab\cos\theta.$$

因此,在此特殊的坐标系中,我们已经证明了 $\boldsymbol{a} \cdot \boldsymbol{b}$ 等于 $\boldsymbol{a}$ 之长乘 $\boldsymbol{b}$ 之长再乘 $\cos\theta$。然而,如果<u>它对一个坐标系成立</u>,则对所有坐标系也成立。因为 $\boldsymbol{a} \cdot \boldsymbol{b}$ 与坐标系无关;这就是我们的论证。

点积有什么用处呢?在物理学中有些什么场合需要用到它吗?是的,我们随时都要用到它。例如,在第4章中,动能是 $mv^2/2$,如果物体在空间运动,v^2 应该是速度在 x、y 和 z 方向上的分量的平方和,因此按照矢量分析动能的公式是

$$\text{K} \cdot \text{E} = \frac{1}{2}m(\boldsymbol{v} \cdot \boldsymbol{v}) = \frac{1}{2}m(v_x^2 + v_y^2 + v_z^2). \tag{11.22}$$

能量没有方向。但动量有方向；它是一个矢量，等于质量乘以速度矢量。

当一个物体从一处被推到另一处时力所做的功是点积的另一个例子。我们还没有给功下过定义，但是它是与当一个力 $\boldsymbol{F}$ 作用了一段距离 s 时能量的改变和重物的升高相当的

$$功 = \boldsymbol{F} \cdot \boldsymbol{s}. \tag{11.23}$$

有时讨论矢量在某一方向（比如说竖直方向，因为它就是重力方向）上的分量是很方便的。为此，在我们希望研究的方向上引入一个所谓单位矢量将是很有用的。所谓单位矢量，是指它自身的点积等于 1。我们用 $\boldsymbol{i}$ 表示单位矢量，则 $\boldsymbol{i} \cdot \boldsymbol{i} = 1$。如果要求某矢量在 $\boldsymbol{i}$ 方向上的分量，我们看到点积 $\boldsymbol{a} \cdot \boldsymbol{i}$ 是 $a\cos\theta$，它就是 $\boldsymbol{a}$ 在 $\boldsymbol{i}$ 方向上的分量。这是求分量的一种较好的办法。事实上，它能使我们得出所有的分量，并写出一个很有意思的公式。假定在一个给定的坐标系 x, y, z 中，我们引入了三个矢量：x 方向的单位矢量 $\boldsymbol{i}$，y 方向的单位矢量 $\boldsymbol{j}$，以及 z 方向的单位矢量 $\boldsymbol{k}$。首先请注意 $\boldsymbol{i} \cdot \boldsymbol{i} = 1$。但 $\boldsymbol{i} \cdot \boldsymbol{j}$ 是什么呢？当两个矢量互相垂直时它们的点积为零。于是

$$\begin{aligned} \boldsymbol{i} \cdot \boldsymbol{i} &= 1, \\ \boldsymbol{i} \cdot \boldsymbol{j} &= 0, \quad \boldsymbol{j} \cdot \boldsymbol{j} = 1, \\ \boldsymbol{i} \cdot \boldsymbol{k} &= 0, \quad \boldsymbol{j} \cdot \boldsymbol{k} = 0, \quad \boldsymbol{k} \cdot \boldsymbol{k} = 1. \end{aligned} \tag{11.24}$$

有了这些定义，不管什么矢量都能写成如下形式

$$\boldsymbol{a} = a_x \boldsymbol{i} + a_y \boldsymbol{j} + a_z \boldsymbol{k}. \tag{11.25}$$

应用这种方法，我们就能从一个矢量的分量求出矢量本身。

有关矢量的这些讨论远非完整。但是，与其现在就去深入研究这个课题，还不如先来学会把我们至今讨论过的某些概念应用于物理领域。当我们相当好地掌握了这一基本内容以后，再去钻研这一课题中更深入的东西就比较容易，也不会被搞糊涂。以后我们会发现定义两个矢量的另一种乘积，即矢积，并写成 $\boldsymbol{a} \times \boldsymbol{b}$，也是非常有用的。我们将在以后的章节中再讨论这部分内容。

第 12 章 力 的 特 性

§12-1 什 么 是 力

物理定律能够帮助我们认识自然与利用自然。虽然仅仅从这一点看,就已经值得我们花时间去研究它,但是人们还是应当不时停下来思考一下"它们的真正含义是什么?"自远古以来,任何领域所表述的含义都是一个使哲学家发生兴趣而又感到棘手的课题,而物理定律的含义甚至更为有趣,这是因为人们普遍认为,这些定律阐明了某种真正的知识。知识的含义是一个深奥的哲学问题,而追问"它的含义是什么?"始终是重要的。

让我们来问一下,"写成 $F=ma$ 的牛顿定律的含义是什么? 力、质量以及加速度的含义是什么?"嗯,我们可以凭直觉领会质量的含义,如果我们知道了位置和时间的含义,就能够定义加速度。我们将不去讨论这些含义,而要集中讨论力这个新概念。答案同样地简单:"如果一个物体在作加速运动,那么一定有力作用在这个物体上。"这就是牛顿定律所表明的,于是人们可以想象到的力的最精确和最优美的定义就能够简单地表述为:力等于物体的质量乘以加速度。假定我们有一条定律,即:如果所有外力之和等于零,那么动量守恒成立;于是产生了这样的问题,"所有外力之和等于零是什么意思?"对上面这个陈述的一个有意思的解释是:"当总动量不变时,外力之和等于零。"这种说法肯定有毛病,因为它实在没有说出什么新的东西。如果我们已经发现了一条基本定律,该定律宣称:力等于质量乘以加速度,并且正式加以定义,那么我们就什么也没有发现。我们也可以这样来定义力:一个物体不受力作用时将一直以恒定速度沿直线运动。于是,如果我们观察到一个物体不是以恒定速度沿直线运动,我们就可以说,物体上有力作用着。这些说法当然不可能属于物理学的内容,因为它们是一些循环论证的定义。上面的牛顿表述尽管看来好像是力的一种最精确的定义,而且合数学家的意;然而,它完全是无用的,因为从这个定义得不出任何预见。人们可以整天坐在安乐椅上,任意定义一些词,但是要发现当两个球相互碰撞或者一个重物悬挂在弹簧上时发生一些什么则完全是另一回事,因为物体所表现的行为是与定义的选择完全无关的。

举例来说,如果我们愿意说,一个物体不去碰它,它就停留在原来所处的位置上不动,那么当我们看到某个东西在漂移时,我们就可以说,这一定是由一种称为"戈斯"(Gorce)的力* 所引起的——"戈斯"是位置的变化率。现在我们得到了一个奇妙的新的定律:任何物体都保持静止状态除非有"戈斯"作用其上。你们看,这就和上述力的定义相类似,它并不包含什么内容。牛顿定律的真正内容是:除了 $F=ma$ 这条定律外,力还应该具有某些独立的性质。但是牛顿或其他人并没有把力所特有的独立性质完全描述出来。因此物理定律 $F=ma$ 是一个不完全的定律。它暗示着,如果我们研究质量乘以加速度,并且称这个乘积

---

* 此名称系作者根据"Force(力)"杜撰。——译者注

为力,也就是说如果我们有兴趣研究力的特征,那么我们将发现力具有某种简单性。这个定律是分析自然界的一种很好的方案,力是简单的则是一种联想。

这类力的第一个例子就是完整的万有引力定律,它是由牛顿提出的,并且在阐述定律时还回答了"力是什么?"这个问题。假如除了万有引力外没有其他的力,那么万有引力定律和力的定律(第二运动定律)的组合应当是一种完整的理论。但是除了万有引力外还有很多种力,而且我们希望在许多不同的情况下使用牛顿定律,因此为了继续深入,我们必须讲一些有关力的性质的内容。

例如,在处理力的问题时总是默认:除非有某个物理实体存在,否则力等于零。如果我们发现一个力不等于零,我们也一定能在附近找到某个物体是力的来源。这个假定完全不同于我们上面所介绍的"戈斯"的那种情况。力的最重要的特征之一就是它具有实质性的起源,这就不仅是一个定义了。

牛顿还提供了一个有关力的法则:相互作用的物体之间的力大小相等、方向相反——作用力等于反作用力。后来知道,这条法则并不是完全正确的。事实上,$F = ma$ 这条定理就不完全正确。要是它是一个定义,我们就应当说:它永远是完全正确的,但事实上并非如此。

读者可能会提出异议:"我不喜欢这种不严谨性,我喜欢对每件事情都下一个严格的定义;事实上在有些书上是这样说的,任何科学都是一门严格的学科,在那里每件事情都有一个定义。"如果你坚持要获得力的精确定义,你将永远得不到它!因为首先,牛顿第二定律是不精确的,其次,要理解物理定律,你就必须懂得所有这些物理定律都是某种近似。

任何简单的概念都是近似的。作为例子,考虑一个客体,什么是客体?哲学家总是这样说:"嗯,就拿一张椅子来作为例子吧!"当他们说这句话的时候,你就知道他们不知道再如何说下去了。椅子是什么?椅子就是那边的某种确定的东西,确定到什么程度呢?原子不时从椅子中跑出来——虽然不是很多,但总有一些,灰尘落到椅子上,逐渐溶化到油漆里,所以要精确地定义椅子,确切地说出哪些原子属于椅子,哪些原子属于空气或哪些原子属于灰尘,哪些原子属于椅子上的油漆,这是不可能的。因此只能近似地定义椅子的质量。同样,要确定单个客体的质量也是不可能的。因为世界上并不存在任何单个孤立的客体——每个客体都是许多事物的混合体。所以我们只能以一系列的近似和理想化来处理它们。

窍门就在于使之理想化。在大约是 $1/10^{10}$ 以内的极好近似下,椅子中的原子数在一分钟内是不变的,而如果要求不是太精确的话,我们可以把椅子理想化为一个确定的物体;同样,如果要求不是太精确的话,我们将以一种理想化的方式来学习有关力的特性。人们可能并不满足于物理学试图获得的对自然界的近似(但总是力图增加这个近似的精确度)看法,而宁愿要一种数学的定义,但是数学的定义在真实世界中是永远不会起作用的。对数学来说所有的逻辑都能完全贯彻,数学定义对它将是适合的。但是正如我们在像海浪和葡萄酒等一些例子中指出过的那样,物理世界是复杂的。当我们试图将它的各部分隔离开来讨论一种质量时,对于酒和杯子来说,当一方溶于另一方,我们怎么能知道哪些是酒,哪些是杯子呢?作用于单个物体上的力已经包含着近似了,要是我们有一个论述真实世界的体系,那么这种体系,至少对目前来说,必定包含着某些近似。

这种体系完全不像数学体系那样。在数学中对每个事物都能够下定义,此外我们就不知道在说些什么了。事实上,数学的伟大就在于我们不必说出我们所谈论的是什么东西。此种伟大在于定律、论证和逻辑都与"它"是什么东西无关。如果有另外一组客体,它遵从同样的欧几里得几何公理体系,那么一旦我们作出一些新的定义,并根据它们作正确的逻辑推演,所有的结论都将是正确的,而与所讨论的内容没有关系。然而,在自然界中当我们利用一束光或经纬仪(正如我们在测量中所做的)来画出或建立一条线时,我们是在欧几里得的几何意义上量度线吗?不,我们是在作一种近似。叉丝有一定的宽度,但是一根几何线并没有宽度。因此,欧几里得几何学是否能用于测量是一个物理问题而不是数学问题。然而,从实验的观点,而不是从数学的观点来看问题的话,我们需要知道欧几里得的定理是否适用于我们丈量土地时所使用的那种几何。于是我们假定它是适用的,而且非常成功。但是它不是精确的,因为我们测量的线并不是真正的几何线。那些真正抽象的欧几里得线是否适用于实验上的线是一个经验问题;而不是由纯粹的推理可以回答的问题。

同样,既然力学是一门描述自然界的学科,我们就不能仅把 $F = ma$ 称做定义,纯数学地推演一切,把力学变成一门数学理论。在建立了适当的假定后,总是有可能建立一套数学体系,就像欧几里得所作的那样,但是我们不可能建立有关我们这个世界的某种数学,因为迟早我们必定会发现这些公理对于自然界的客体是否正确。因此我们立刻被纠缠入这些复杂的、"玷污了的"自然界的客体中去,而且作出精确度日益增加的近似。

§12-2 摩 擦 力

前面的考虑表明,要真正领会牛顿定律需要对力进行讨论。本章的目的正是要提出这种讨论使牛顿定律更为完整。我们已经研究了加速度的定义和有关的概念,但是现在我们必须研究力的性质。与前面几章不同,这一章不是非常严谨的,因为力是十分复杂的。

首先从特殊的力开始,我们来考虑作用在空中飞行的飞机上的阻力。这种力遵从什么定律(的确,对每一种力都有一条定律,也一定得有一个定律)?人们简直想不到这种力所遵从的定律会如此简单。试想一想作用在空中飞行的飞机上的阻力是由什么构成的——冲过机翼的空气,机尾的漩涡,机身周围发生的变化以及许多其他复杂因素。于是你们就认为将不会有一个简单的定律。但是作用在飞机上的阻力近似地等于一个常数乘以速度的平方,或 $F \approx cv^2$,则是一个显著的事实。

那么这样一个定律的地位如何呢?它类似于 $F = ma$ 吗?绝对不是。首先,因为这一定律是由风洞试验大致得出的经验公式。你也许会说:"好!$F = ma$ 也可能是经验的。"那不是两者有所差别的原因。差别不在于它是经验的,而在于就我们所了解的自然界来说,这个定律是事件的错综复杂性的产物,它根本不简单。如果我们研究得越来越深入,测量得越来越精确,这个定律就变得越加复杂,而不是越加简单。换句话说,当我们越来越细致地研究这个飞机阻力的定律时,我们发现它越来越"不真实",而我们研究得越深入,测量得越精确,真相就变得越加复杂。因此在这种意义上,我们认为它不是由那种简单的基本过程所引起的,与我们原来的推测一致。举例来说,如果速度非常低,低到一般的飞机不能飞行,那么当飞机在空气中被慢慢地拖着前进时,定律就发生变化,这时曳引阻力与速度之间的关系比较接近于线性。再举另一个例子,球、气泡或任意物体在蜂蜜那样的黏稠液体中缓慢地运动时,作用于其上的摩擦阻力同速度成正比。但是当运动速度变快,以致引起液体打漩时(蜂蜜不会打漩,但水和空气会打漩),那么摩擦阻力就更接近于同速度的平方成正比 ($F = cv^2$),而如果速度继续增大,甚至这个定律也开始失效。有人说:"这是由于比例系数有了某些改变",说这些话的人是回避问题。其次,还有其他很复杂之处:作用在飞机上的力是否可以分成或分解为一个作用在机翼上的力,一个作用在机头上的力等等?的确,如果我们考虑的是作用在这里或那里的力矩的话,是可以这样做的。但这时我们必须找出作用在机翼上等等的力的特殊定律。令人惊异的是,作用于一个机翼上的力与作用于另一个机翼上的力有关。换句话说,如果我们把飞机拆开,只把一个机翼放到空中,这时机翼所受的力与飞机的其余部分都在那里时所受的力是不同的。当然,这是因为有一些冲击机头的风流到机翼周围,改变了作用在机翼上的力。这样一种简单的、粗糙的、经验的定律能够应用于飞机设计中似乎是一个奇迹,但是这个定律与物理学的基本定律不是同一类型的,进一步的研究只会使这种定律越来越复杂。对于系数 c 如何依赖于飞机前缘形状的研究,说得婉转一点,是令人失望的。根据飞机形状来决定系数的简单定律是不存在的。对比之下,万有引力定律是简单的,越是研究就越觉得它是简单的。

刚才我们讨论了物体在空气中快速运动和在蜂蜜里缓慢运动而引起的两种摩擦情况。另外还有一类摩擦,它是当一个固体在另一个固体上滑动时出现的,称为干摩擦或滑动摩擦。在这种情况下,需要有力来维持运动。这种力称为摩擦力,它的起因也是非常复杂的问题。从原子情况来看,相互接触的两个表面是不平整的。它们有许多接触点,在这些接触点上,原子好像粘结在一起,于是当我们拉动一个正在滑动的物体时,原子啪的一下分开,随即发生振动;所发生的情况大致如此。过去,把这种摩擦的机理想象得非常简单:表面只不过布满凹凸不平的形状,摩擦起因于抬高滑动体越过突起部分。但是不可能是这样,因为在这种过程中不会有能量损失,而实际上是要消耗动力的。动力耗损的机理是当滑动体撞击突起部分时,突起部分发生形变,接着在两个物体中产生波和原子运动,过了一会儿,产生热。现在非常出乎意外的是,根据经验这个摩擦再次可以近似地用一个简单的定律来描述。这个定律是:克服摩擦,使一个物体在另一物体上运动所需的力取决于两个相互接触的表面间的法向力(即同表面垂直的力)。实际上,作为相当好的近似,摩擦力与这个法向力成正比,比例系数近似是常数,即

$$F = \mu N, \qquad (12.1)$$

式中的 μ 称为摩擦系数(图 12-1)。

虽然这个系数不是严格的常数,但是这个公式对于大致判断某些实际或工程学情况中所需力的大小是一个很好的经验法则。如果法向力或运动速度太大,由于产生大量的热,定律就失效。重要的是要认识到每个经验定律都有它的适用范围,超过了这个范围,定律实际上不起作用。

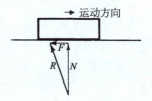

图 12-1 接触面相对滑动时的摩擦力与法向力的关系

公式 $F = \mu N$ 是近似正确的,这可以用一个简单的实验来验证。取一块平板,使它倾斜一个小角度 θ,在平板上放置一块重为 W 的木块,然后使平板倾角增大,直到木块由于自身的重量刚好开始滑动。重力沿平板向下的分力是 $W\sin\theta$,当木块匀速滑动时,这个分力必须等于摩擦力 F。与平板垂直的分力是 $W\cos\theta$,这个力就是法向力 N。代入这些值后,公式变成 $W\sin\theta = \mu W\cos\theta$,由此我们得到 $\mu = \sin\theta/\cos\theta = \tan\theta$。如果这个定律是绝对正确的,在某个一定的倾角,物体就开始下滑。如果在同一木块上再增加一些重量,这时虽然 W 增大,但是公式中

的各个力都按相同的比例增加，W 被消去了。如果 μ 保持不变，则加重的木块将再次在同样的斜度时下滑。当我们用原先的重物做试验，确定角度 θ 时，可以发现，比较重的木块将以大致相同的角度下滑，甚至当一个重物比另一重物大很多倍时，上述规律仍然正确。于是我们得出结论：摩擦系数与重量无关。

在做这个实验时，值得注意的是，当平板倾斜到约为正确的角度 θ 时，木块并不平稳地滑动，而是以断断续续的方式下滑。在某个地方它可能停住，在另一个地方它可能作加速运动。这个现象表明，摩擦系数仅仅大致上是常数，在平板上不同的地点摩擦系数是不同的。不论木块上加重物或不加重物都观察到同样的古怪现象。这些变化是由平板的不同平滑度或硬度引起的，也可能是污物、氧化物或其他外来物质引起的。表中列出的所谓钢与钢、铜与铜等的 μ 值全都是不可信的，因为它们忽略了上述那些真正决定 μ 值的因素。摩擦决不是由于"铜与铜"等等引起的，而是由于粘附到铜上的杂质所引起的。

在上述这类实验中，摩擦几乎与速度无关。很多人认为，使物体起动所需克服的摩擦力（静摩擦）大于保持物体滑动所需的力（动摩擦）。但是用干燥金属很难显示出有什么差别。这种见解可能是由于这样的经验引起的：存在着极少量油或润滑剂，或者木块被弹簧或其他易形变的支座撑起以至于看起来好像是结合在一起的。

尽管有大量精确分析的工程数据，要做精确的定量摩擦实验仍然是非常困难的，并且摩擦定律也还没有被人们很好地分析过。虽然，只要表面经受标准处理，定律 $F = \mu N$ 是相当精确的，但是对于定律具有这种形式的原因还没有真正弄清楚。要证明摩擦系数 μ 几乎与速度无关需要一些巧妙的实验方法，因为如果下表面快速振动，表面摩擦就要大大减少。当在非常高的速度下进行这项实验时，必须注意物体彼此之间不能有振动，因为在高速情形下摩擦明显减小常常是由振动引起的。无论如何，摩擦定律是又一个半经验定律，这些半经验定律还没有被我们完全认识。而且，奇怪的是从我们做过的所有研究来看，对这些现象仍然没有进一步理解。实际上，目前甚至要估计一下两个物体之间的摩擦系数也是不可能的。

上面曾经指出，企图用纯的物体如铜在铜上面的滑动来测量 μ 将得出虚假的结果。因为接触的表面不单纯是铜，而是氧化物和其他杂质的混合物。如果我们想要得到绝对纯的铜，即使清洗和抛光表面，在真空中对材料除气，并且采取各种可能想到的预防措施，我们还是不能测得 μ。因为即使我们把装置倾斜到垂直位置，滑块仍不下落——两片铜粘在一起了！对一般硬度的表面来说，摩擦系数 μ 通常比 1 小，而这时 μ 变得比 1 大上好几倍！出现这种意想不到的现象的原因是当相互接触的原子全都是同一种原子时，这些原子无法"知道"它们是在不同的铜片上的。当原子存在于其他氧化物、油脂和更复杂的玷污物的薄表面层时，原子就"知道"它们不是在同一部分。当我们考虑到正是原子之间的力把铜原子结合在一起成为固体的时候，就会明白，对纯金属是不可能得出正确的摩擦系数的。

在用一块平玻璃板和一只玻璃杯做的简单的家庭实验中也能够观察到同样的现象。如果把玻璃杯放在平板上，并用一根绳子拉它，它将在平板上很好地滑动，人们能够感觉到摩擦系数，这个系数虽然有点不规则，但毕竟是一个系数。如果我们现在把玻璃板和玻璃杯底弄湿，重新再拉，就会发现杯子粘住了。如果仔细看一下，将会发现划痕，因为水能够从表面除去油脂和其他玷污物，这样我们才真正得到玻璃与玻璃的接触。这种接触是如此牢固，以至于使它们粘紧在一起，不再分离，结果玻璃被撕裂，也就是说造成了划痕。

§12-3 分 子 力

接下来我们将讨论分子力的特征。这些力是原子之间的力,也是摩擦的根本起因。在经典物理学的基础上,分子力从来没有得到满意的解释;只有用量子力学才能充分理解它们。然而,根据经验,原子之间的力可用图 12-2 来说明。

图中将两个原子之间的力 F 作为两个原子之间的距离 r 的函数。同时,还存在着不同的情况:例如在水分子中氧带有较多负电荷,所以负电荷和正电荷的平均位置不在同一点上,结果附近的另一个分子感受到比较大的力,这个力称为偶极-偶极力。然而,对许多系统来说,电荷平衡得非常好,特别是氧气,它是完全对称的。在这种情况下,虽然负电荷和正电荷散

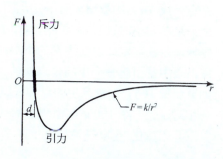

图 12-2 两个原子之间的力与其距离的函数关系

布在整个分子中,但是这种分布使正、负电荷的中心重合。正、负电荷中心不重合的分子称为极性分子,电荷与电荷中心间距离的乘积称为偶极矩。非极性分子是一种电荷中心重合的分子。对于所有非极性分子(其中所有的电力都被中和),在较大距离上的作用力仍然是引力,而且与距离的 7 次方成反比,即 $F = k/r^7$,式中 k 是一个取决于分子的常数。只有当我们学到量子力学时才会懂得为什么是这样的。当有偶极子存在时,力就增大。当原子或分子靠得太近时,它们以很大的斥力相互排斥;正是这个力使得我们不会落到地板下面去!

这些分子力可以用一种相当直接的方式来演示:用一只滑动的玻璃杯做的摩擦实验就是方法之一,另一种方法是取两个经过非常仔细研磨和十分平整的平面,使之紧密地贴合在一起。约翰逊(Johansson)平板就是这种平面的一个实例。机床厂里常用它作为精确的长度测量的标准。如果一块这样的平板在另一块平板上非常小心地滑动,然后提起上面一块平板,由于分子力的作用,另一块平板将会粘在上面一块平板上并跟着被提起。这是一块平板上的原子对另一平板上的原子之间直接吸引的例证。

但是按照引力是基本的这个意义来说,这种分子吸引力还不算是基本的,它们是由一个分子中所有的电子和核与另一个分子中所有的电子和核之间的大量极其复杂的相互作用所引起的。我们得到的任何一个看起来简单的公式都是相当于复杂因素的总和,因此我们仍旧没有弄清楚基本的现象。

因为分子力在距离大时吸引,距离小时排斥,如图 12-2 所示,我们可以这样来形成固体,其中所有的原子依靠吸引力的作用结合在一起,而当原子靠得太近时,斥力就开始起作用使它们分开。在某一距离 d 处(图 12-2 中的曲线与轴相交的地方),作用力为零,这意味着所有的力都被平衡,因此分子与分子之间保持着这个距离。如果将分子推近到比距离 d 更近,分子就相互排斥,这就是 r 轴上方的曲线所表示的情况。要想把分子稍微推近一点就需要用很大的力,因为当距离小于 d 时,分子斥力迅速增大。如果分子被稍微拉开一点,就要有一点引力,引力随拉开的距离的增大而增加。如果分子被很大的力所拉开,它们将永远分开——键被拉断了。

如果分子相对于距离 d 仅被推近或拉开一段很小的距离,那么在图 12-2 曲线上相应移

动的距离也是很小的,于是可以近似地用一条直线来表示。因此,在很多情况下,如果位移不是很大,力就与位移成正比。这条原理就是众所周知的胡克定律或弹性定律。此定律表明:当物体形变时,物体中试图恢复原状的力与形变的大小成正比。当然,此定律仅当形变较小时才是有效的。当形变太大时,物体将破裂或者被压碎,视形变的性质而定。为了使胡克定律成立,力的数值要有一定范围,它取决于材料的性质;例如,对面粉团或油灰来说,这个力是非常小的;但是对于钢,这个力就比较大。用一条垂直悬挂的钢制长螺旋弹簧可以很好地演示胡克定律。在弹簧的下端挂上适量的重物,可以使各处都产生很小的扭转,结果在每一匝中都引起一个小的垂直偏转,如果匝数很多,加起来就成为一个大的位移。比如说,如果测量 100 g 重物产生的总伸长,可以发现,每增加 100 g 重物将会产生一段附加伸长,它与相对于第一个 100 g 重物测得的伸长量几乎相等。当弹簧过载时,力与位移的这种定比关系开始变化,也就是说胡克定律不再有效。

§12-4　基本力、场

下面我们来讨论唯一剩下的基本力。我们把它们称做基本力,是由于它们遵从的定律从根本上说是简单的。我们将首先讨论电力。物体带有仅由电子或质子组成的电荷。如果任何两个物体带上电荷,那么在它们之间就存在电力。如果电荷的大小分别是 q_1 和 q_2,那么电力与两个电荷之间的距离的平方成反比,即 $F = (常数) q_1 q_2 / r^2$。对于异号电荷,这一定律与万有引力定律相似,但是,对于同号电荷,这个力是斥力,符号(方向)相反。本质上,电荷 q_1 和 q_2 可以是正的或负的。在公式的具体应用中,只要给予 q 以适当的正、负号就能得出力的正确的方向。力的方向沿着两个电荷的连线。当然,公式中的常数取决于力、电荷和距离所用的单位。通常,在实际应用中,电荷的单位是库仑(C),距离的单位是米(m),力的单位是牛顿(N)。为了使力恰好以牛顿为单位,常数(由于历史原因,这个常数被写成 $1/4\pi\varepsilon_0$)的值取

$$\varepsilon_0 = 8.85 \times 10^{-12} \text{ C}^2 \cdot \text{N}^{-1} \cdot \text{m}^{-2}$$

或

$$1/(4\pi\varepsilon_0) = 8.99 \times 10^9 \text{ N} \cdot \text{m}^2 \cdot \text{C}^{-2}.$$

因此,静止电荷的作用力的定律为

$$\boldsymbol{F} = q_1 q_2 \boldsymbol{r} / (4\pi\varepsilon_0 r^3). \tag{12.2}$$

在自然界中,所有电荷中最重要的是单个电子的电荷,它的电量为 1.60×10^{-19} C。在研究基本粒子之间的电力而不是研究大的电荷时,许多人宁可用 $(q_{el})^2/(4\pi\varepsilon_0)$ 这种组合,其中 q_{el} 规定为电子的电荷。这种组合是经常出现的,为了简化计算,用记号 e^2 表示;在国际单位制中,它的数值是 $(1.52 \times 10^{-14})^2$。采用这种形式常数的好处是,两个电子之间的力,用牛顿作为单位时可以简单地写成 e^2/r^2;其中 r 的单位用米来表示,而不需要很多单独的常数。电力比这个简单公式所表示的要复杂得多,因为公式所给出的仅仅是当两个物体处于静止时,它们之间的力。接下去我们将讨论较普遍的情况。

在分析比较基本的一类力(不是像摩擦力,而是电力或引力之类的力)时形成了一种有趣的、非常重要的概念。因为乍看起来,力比反平方定律所指出的要复杂得多,而这些定律仅当相互作用物体处于静止时才成立,所以就需要一种改进的方法来处理当物体开始以一

种复杂的方式运动时所产生的非常复杂的力。经验表明，用所谓"场"的概念这种方法，对于分析这种类型的力是非常有用的。比如说，以电力为例来说明这个概念，假定我们有两个电荷 q_1、q_2 分别位于 P 点和 R 点。那么两个电荷之间的力为

$$F = q_1 q_2 r/r^3. \tag{12.3}$$

如果用场的概念来分析这个力，我们说 P 处的电荷 q_1 在 R 处产生了一种"条件"，而当电荷 q_2 被置于 R 处时，它就"感受"到这个作用力。这是一种描写力的方法，或许是奇特的。我们说，作用在 R 处电荷 q_2 上的力 F 可以写成两部分。力等于电量 q_2 乘以一个量 E，不管有没有电荷 q_2，E 都应当是存在的(只要我们将所有其他的电荷都保持在原来的位置上)。我们说 E 是由 q_1 产生的"状况"，F 是 q_2 对于 E 的响应。E 叫做电场，它是一个矢量。由 P 处电荷 q_1 在 R 处产生的电场 E 的公式是电荷 q_1 乘以常数 $1/(4\pi\varepsilon_0)$ 除以 r^2 (r 是 P 到 R 的距离)，它作用于沿矢径的方向(矢径 r 除以它自身的长度)，因此 E 的表示式为

$$E = \frac{q_1 r}{4\pi\varepsilon_0 r^3}. \tag{12.4}$$

这样，我们就把力、电场和电场中电荷的关系式写成

$$F = q_2 E. \tag{12.5}$$

这样做的要点是什么？要点就是把分析分成两部分。一部分说，某物产生了一个场。另一部分说，某物受到场的作用。由于可以独立地看待这两部分，把分析分成这两部分在许多情况中简化了问题的计算。要是有许多电荷存在，我们可以先算出由所有电荷在 R 处产生的总电场，然后只要知道放在 R 处的电荷，我们就能求出作用在该电荷上的力。

对于引力的情形，我们完全可以同样处理。在这种情形下，力 $F = -Gm_1 m_2 r/r^3$。我们可以作如下的类似分析：引力场中的物体所受的力等于物体的质量乘以引力场 C。m_2 所受的力等于 m_2 的质量乘以由 m_1 所产生的场 C；即 $F = m_2 C$。质量为 m_1 的物体所产生的场 $C = -Gm_1 r/r^3$，它的方向与电场的情况一样沿着径向。

不管初看起来如何，这种把一部分与另一部分分开的方法并不是微不足道的。如果力的定律真是简单的，它就没什么价值(只不过用另一种方法来写出同一件事情)，但是力的定律是如此复杂，以至于结果表明场具有几乎与产生它们的物体无关的实在性。人们可以做某种事情，例如使电荷保持运动，于是在一定距离处产生一种效应——场；然而，如果电荷停止运动，场记录着过去所有的情况，因为两个粒子之间的相互作用不是瞬时的。我们希望有某种方法记住以前所发生的事情。如果某电荷所受的力取决于另一个电荷昨天所在的位置以及它当时的行为，那么我们就需要一种机构来记录昨天发生的事情，这就是场的特征。因此，当力变得越复杂，场就变得越来越真实，而这种分离技巧的人为性也就越来越少。

用场来分析力时，我们需要用到有关场的两种定律。第一种是对场的响应，它给出了运动方程。例如，质量对引力场的响应定律为：力等于质量乘以引力场；或者，如果物体还带有电荷，电荷对于电场的响应等于电荷乘以电场。对这些情况的性质的第二部分分析是把场的强度以及它是如何产生的规律用公式表示出来。有时，把这些定律称为场方程。在适当的时候，我们将更深入地学习场方程，这里我们只写出几点有关的内容。

第一，一切事实中最为惊人的是，由若干源产生的总电场是由第一个源、第二个源等等

产生的电场的矢量和,这是完全确实而又容易理解的。换句话说,如果有许多电荷产生一个场,则其中的一个电荷独自产生的电场为 E_1,另一个电荷独自产生的电场为 E_2 等等。那么,只要把所有的矢量加起来就得到了总电场。这个原理可以表示成

$$E = E_1 + E_2 + E_3 + \cdots, \tag{12.6}$$

或者,根据上面给出的定义

$$E = \sum_i \frac{q_i r_i}{4\pi\varepsilon_0 r_i^3}. \tag{12.7}$$

同样的方法适用于引力吗?牛顿把两个物体 m_1 和 m_2 之间的力表示成 $F = -Gm_1m_2 \cdot r/r^3$。但是按照场的概念,我们可以说物体 m_1 在其周围空间产生了引力场 C,m_2 所受的力则由

$$F = m_2 C \tag{12.8}$$

给出。同电场的情况完全类似

$$C_i = -\frac{Gm_i r_i}{r_i^3}. \tag{12.9}$$

由几个物体产生的引力场为

$$C = C_1 + C_2 + C_3 + \cdots. \tag{12.10}$$

在第 9 章中计算行星运动情况时,实质上我们已经应用了这一原理。我们正是把所有的力矢量加起来以得到作用在一个行星上的合力。要是约去该方程中行星的质量,我们就得到式(12.10)。

式(12.6)和(12.10)表示的就是所谓场的<u>叠加原理</u>。这个原理说明,由所有的源产生的总的场等于由每一个源产生的场之和。就我们目前所知,对于电学这是一个绝对保证的定律。甚至由于电荷运动而使力的定律变为复杂时,这个定律仍然正确。有一些表面上的反例,但只要再仔细分析一下,总会发现这是由于忽略了某些运动电荷。然而,虽然叠加原理完全适用于电力,但是对于很强的引力场,叠加原理不完全正确。按照爱因斯坦的引力场理论,牛顿方程式(12.10)仅是一种近似。

与电力紧密相关的另一类力称为磁力,这种力也是用场来进行分析的。电力和磁力之间的一些定性关系可以用一个电子射线管(图 12-3)的实验来说明。电子射线管的一端是一个发射电子流的源。在管子里面有一套装置把电子加速到很高的速度,并聚焦成很窄的电子束再送到管子另一端的荧光屏上。在荧光屏的中央,电子打到的地方发出一个亮的光点,这样我们就能够跟踪电子的径迹。在射向荧光屏的途中,电子束穿过一对水平放置的平行金属板中间的窄缝。两块金属板上可以加上电压,因此可以随意成为带负电的。当加上电压时,两块金属板之间就产生一个电场。

实验的第一部分是给下极板加上负电压,这意味着把额外的电子放到下极板上。由于同种电荷相互排斥,荧光屏上的光点立即向上移动(我们也

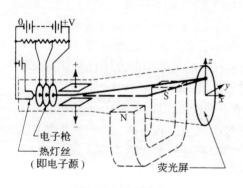

图 12-3 电子束管

可以用另一种方式来表明——电子"感受"到场,并以向上偏转作为响应)。接着,我们把电压极性反过来,使上极板为负。现在,荧光屏上的光点跳到中心之下,这表明电子束中的电子受到上极板中电子的排斥(或者我们又可以说电子对场作出响应,现在是在相反的方向上)。

实验的第二部分是切断极板上的电压,试验磁场对电子束的影响。这一步是用一个马蹄形磁铁来进行的,磁铁的两极分得足够开,可以或多或少地跨立在管子上。假定我们把磁铁以字母 U 那样的取向放到管子下面,两极向上,使管子的一部分位于磁极之间。我们看到光点偏转了,比如说,当磁铁从下方趋近管子时,光点就向上偏转。这样看来好像是磁铁排斥电子束。然而事情并不那样简单,如果我们把整个磁铁倒转过来,但磁极的位置并不对调,那么从上方趋近管子,光点还是向上移动。由此看来,电子束不是受到排斥;相反,好像是受到吸引。现在,我们再从头开始,把磁铁恢复到原来的 U 形取向,并把它放在管子下方。没有错,光点还是向上偏转。现在将磁铁绕垂直轴旋转 180°,这样,磁铁仍处于 U 形位置,但两个磁极的相对位置颠倒了。瞧!现在光点跳向下方,并停在下方,即使像前面那样把磁铁倒转过来,从上方趋近管子,光点还是停在下方。

要理解这种独特的行为,我们必须有一种新的力的组合,因此,我们把它解释为:在磁铁的两极之间存在着磁场。这种场是有方向性的,其方向总是由一特定的极(我们可以标上记号)出发,指向另一极。将磁铁倒转过来并不改变场的方向,但是将一磁极相对另一磁极颠倒一下就使场的方向变得相反。举例来说,如果电子速度沿 x 方向是水平的,则磁场也是水平的,但在 y 方向上,作用在运动电子上的磁力应在 z 方向上,即向上或向下,取决于磁场是在正 y 方向还是负 y 方向。

尽管目前我们不准备介绍彼此以任意方式相对运动的带电物体之间力的正确定律,但因为定律太复杂,我们将介绍它的一个方面:如果场是已知时力的完整定律。作用在带电物体上的力取决于它的运动;如果物体在一给定位置上停止不动时,有某个力作用着,则这个力与电荷量成正比,比例系数就是我们所谓的电场。当物体运动时,力就不同了,我们发现其修正项,即新的"一份"力严格线性地取决于速度,并与 v 和另一个我们称为**磁感应强度 B**的矢量正交。如果电场 E 和磁感应强度 B 的分量分别为 (E_x, E_y, E_z) 和 (B_x, B_y, B_z),速度 v 的分量为 (v_x, v_y, v_z),那么作用在运动电荷 q 上总的电磁力的分量为

$$F_x = q(E_x + v_y B_z - v_z B_y),$$
$$F_y = q(E_y + v_z B_x - v_x B_z), \quad (12.11)$$
$$F_z = q(E_z + v_x B_y - v_y B_x).$$

举例来说,如果仅有磁场分量 B_y 和速度分量 v_x,那么磁力项中留下的只有 z 方向的力,它与 B 和 v 两者正交。

§12-5 赝 力

下面,我们将讨论的这一类力可以称为赝力。在第 11 章中,我们讨论了使用不同坐标系的乔和莫两个人之间的关系。我们假定,粒子的位置由乔测得的是 x,由莫测得的是 x';于是定律如下所示

$$x = x' + s, \quad y = y', \quad z = z',$$

式中 s 是莫的坐标系相对于乔坐标系的位移。如果我们假定,运动定律对于乔是正确的,那么定律在莫看来又如何呢?首先,我们发现

$$\frac{dx}{dt} = \frac{dx'}{dt} + \frac{ds}{dt}.$$

前面,我们考虑了 s 是常量的情况,我们发现 s 对运动定律毫无影响,因为 $ds/dt = 0$;因此,最终物理定律在两种坐标系中是相同的。但是我们可以取的另一种情况是 $s = ut$,式中 u 是沿直线运动的均匀速度,于是 s 不是常量,ds/dt 就不为零,但等于一个常数 u。然而,加速度 d^2x/dt^2 仍然与 d^2x'/dt^2 相同,因为 $du/dt = 0$。这就验证了我们在第 10 章中所使用的定律,即如果我们沿直线以均匀速度运动,则我们所看到的物理定律与处于静止时相同。这就是伽利略变换。但是,我们希望讨论 s 的更加复杂的有趣情况,比如说 $s = at^2/2$。于是 $ds/dt = at$,而 $d^2s/dt^2 = a$,一个均匀加速度;或者更复杂一些,加速度可以是时间的函数。这就意味着,虽然从乔的观点来看力的定律应为

$$m\frac{d^2x}{dt^2} = F_x,$$

而从莫看来则应是

$$m\frac{d^2x'}{dt^2} = F_{x'} - ma.$$

也就是说,由于莫的坐标系相对于乔的坐标系是加速的,因此出现了额外项 ma,而莫就必须用这个量来修正他的力,以便使牛顿定律继续有效。换句话说,这是一个明显的、起源不明的神秘的新力,当然它的出现是因为莫使用了不正确的坐标系。这是赝力的一个例子;其他的例子出现在转动的坐标系中。

赝力的另一个例子是通常所谓的"离心力"。在转动坐标系中,例如一个旋转的箱子里的观察者在把东西抛向墙壁时,将会发现一种神秘的力,这个力用任何已知起源的力都解释不了。这些力的出现,只是由于观察者不具备牛顿坐标系这个事实,而牛顿坐标系是最简单的坐标系。

赝力可以通过一个有趣的实验来说明,在这个实验中,我们拖一桶水沿着一张桌子加速前进。当然,作用在水上的重力方向向下,但是由于水平方向的加速,也有一个水平作用着的赝力,方向与加速度方向相反。重力与赝力的合力与垂直方向成一角度,在加速运动期间,水的表面将与合力垂直,即与桌面倾斜成一角度,在桶的后面部分水面将高起一些。当我们不再拖水桶时,由于摩擦而使桶减速运动(赝力变换了方向),桶前面部分的水将高起一些(图 12-4)。

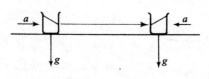

图 12-4　赝力的实例

赝力的一个非常重要的特征是,它们永远与质量成正比;重力也是这样。因此,有可能重力本身就是一种赝力。或许简单地说,引力就是由于我们没有正确的坐标系而引起的,这难道是不可能的吗?归根到底,如果我们设想一个物体正在加速,那么我们总可以得到一个与质量成正比的力。例如,一个关闭在箱子里的人(箱子静止放在地球上),就会发现有一个

力使他呆在箱子的地板上，这个力与他的质量成正比。但是如果根本没有地球，而箱子静止不动，那么箱子里的人就会漂浮在空中。另一方面，如果根本没有地球，而是有某个东西将箱子以加速度 g 向上拉，那么箱子里的人在分析物理现象时，应当发现一个赝力，这个力就像重力那样把人拉向地板。

爱因斯坦提出了著名的假设，加速度产生引力的赝物，加速度的力(赝力)与引力是不可能区分的；要说出给定的力中有多少是重力，有多少是赝力是不可能的。

把重力看作赝力，比如说我们都保持向下是由于我们在向上加速，这似乎没有问题，但是在地球另一边的马达加斯加人会怎样呢？——他们也在加速吗？爱因斯坦发现，每次只有在一个点上才可以把重力同时看成赝力，根据这个考虑，他认为世界的几何性要比普通欧几里得几何复杂得多。我们现在的讨论仅仅是定性的，并不想涉及超出一般概念之外的东西。为了对引力怎么会是赝力的结果有个大致的概念，我们来作一个纯粹是几何的，并不代表真实情况的说明。假定，我们大家都在二维空间中生活，对第三维空间毫无所知。我们只认为，我们处在一个平面上，但是假定我们实际上处在一个球的表面上。再假定我们沿地面发射出一个物体，物体上没有力作用着。它将到哪儿去呢？看来它似乎沿直线运动，但是必须仍处在球的表面上，球面上两点之间的最短距离是沿着一个大圆的；于是它就沿大圆运动。如果我们同样地发射另一个物体，但沿另一方向，它就沿另一大圆运动。因为我们认为，我们是处在一个平面上，可以预期，这两个物体之间的距离将随时间线性地增加，但经过仔细观察将会发现，如果两个物体运动得足够远，那么它们又会互相接近，仿佛相互吸引。但是它们并不相互吸引——关于这种几何学真是有点"古怪"。这个特定的例子并没有正确地描述欧几里得几何学"古怪"在哪里，但是它说明，如果我们使几何形状充分畸变，那么所有的引力以某种方式与赝力联系起来是可能的；这就是爱因斯坦引力理论的一般观念。

§12-6 核 力

作为本章的结束，我们简短地讨论一下仅有的另外一些已知的力，即所谓的核力。这些力存在于原子核的内部，尽管对它们进行了充分的讨论，但没有一个人曾经计算过两个原子核之间的力，甚至在目前还没有关于核力的已知定律。这些力的作用范围极小，差不多与原子核的大小(大约是 10^{-13} cm)相同。对于这样小的粒子，再加上作用距离又是如此微小，只有量子力学的定律才是正确的，牛顿定律就失效了。在核分析中，我们不再用力来思考，事实上我们可以用两个粒子的相互作用能的概念来代替力的概念，这一课题将在以后进行讨论。关于核力，能够写出的任何公式都是忽略了许多复杂情况的相当粗糙的近似；其中之一可以表述如下：在原子核之内的力并不随距离的平方反比变化，而是在一定距离 r 之后指数地衰减掉，用公式表示，即 $F = (1/r^2)\exp(-r/r_0)$，式中距离 r_0 的数量级是 10^{-13} cm。换句话说，粒子相隔距离稍大一些，力就消失了，虽然这些力在 10^{-13} cm 范围内是非常强的。就今天对核力的理解而言，它的定律是非常复杂的；我们不能以简单的方式去理解它们，因而分析核力背后的基本机理的整个问题仍未解决。在试图解决这个问题的过程中，发现了许多奇异粒子，例如 π 介子，但是这类力的起因仍然不清楚。

第13章 功与势能（上）

§13-1 落体的能量

在第4章中我们讨论过能量守恒。那里，我们没有引用牛顿定律，但是，按照牛顿定律，能量实际上是守恒的。我们来看一看能量守恒如何与牛顿定律相符合是很有意义的。为了清楚起见，我们从最简单的实例开始讨论，然后逐步推广到比较难的例子。

能量守恒最简单的例子是一个垂直下落的物体，它只在垂直方向上运动。一个仅仅在重力作用下改变高度的物体，由于下落运动而具有动能 T（或 K.E.），并且还具有势能 mgh（简写成 U 或 P.E.）。这两种能量的总和是恒量

$$\underset{\text{K.E.}}{\tfrac{1}{2}mv^2} + \underset{\text{P.E.}}{mgh} = 恒量$$

或

$$T + U = 恒量. \tag{13.1}$$

现在我们要证明这一表述是正确的。我们说"证明这一表述是正确的"是什么意思呢？从牛顿第二定律我们很容易说明物体如何运动，而且容易求出速度如何随时间而变化——速度的增加与时间成正比，高度随时间的平方而改变。所以，假若我们以物体静止的那个位置作为零点来测量高度，那么，高度等于速度的平方乘以一些常数就不足为奇了。不管怎样，我们还是来稍微仔细地看一下这个问题。

我们将动能对时间求微商，然后应用牛顿定律直接从第二定律求出动能是如何变化的。我们把 $mv^2/2$ 对时间求微商，由于假设 m 是常数，故得

$$\frac{dT}{dt} = \frac{d\left(\tfrac{1}{2}mv^2\right)}{dt} = \tfrac{1}{2}m \cdot 2v\frac{dv}{dt} = mv\frac{dv}{dt}, \tag{13.2}$$

但由牛顿第二定律，$m(dv/dt) = F$，所以

$$\frac{dT}{dt} = Fv. \tag{13.3}$$

一般地讲，结果应该是 $\boldsymbol{F} \cdot \boldsymbol{v}$，但在一维情况下我们只要写成力乘以速度就够了。

在我们的简单例子中，力是常数，等于 $-mg$，即一个垂直向下的力（负号的意思是指作用向下），而速度当然是垂直位置（或高度）对时间的变化率。这样，动能的变化率就是 $-mg(dh/dt)$，非常奇怪，这个量是另外的物理量的变化率，它是 mgh 的时间变化率！因此，随着时间的推移，动能的变化在数量上等于 mgh 的变化，而符号相反；所以，这两个量的总和保持不变，证明完毕。

从牛顿第二定律我们已经证明,在恒力的情况下如果将势能 mgh 与动能 $mv^2/2$ 加在一起,则能量是守恒的。现在我们进一步看一下是否能将它推广,以加深我们的理解。能量守恒定律是否只对自由落体适用,还是可以适用于更一般的情况?根据对能量守恒的讨论,我们预计它对一个物体在重力作用下沿一曲线无摩擦地从一点运动到另一点的情形也是成立的(图 13-1)。

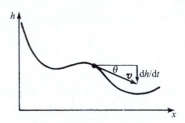

图 13-1 物体在重力作用下在一无摩擦的曲线上的运动

如果物体从原来的高度 H 到达某一高度 h,即使速度不再是沿垂直方向,上述方程仍然应当成立。我们要搞清楚为什么这条定律仍然正确。下面我们用同样的分析方法求出动能的时间变化率。诚然,动能的时间变化率仍是 $mv(\mathrm{d}v/\mathrm{d}t)$,而 $m(\mathrm{d}v/\mathrm{d}t)$ 则是动量大小的变化率,也就是运动方向上的力——切向力 F_t。于是有

$$\frac{\mathrm{d}T}{\mathrm{d}t} = mv \frac{\mathrm{d}v}{\mathrm{d}t} = F_t v.$$

这里的速率是沿着曲线的距离对时间的变化率 $\mathrm{d}s/\mathrm{d}t$,但切向力 F_t 不是 mg,而是随路径的距离 $\mathrm{d}s$ 与垂直的距离 $\mathrm{d}h$ 的比率而减弱,换句话说

$$F_t = -mg \sin\theta = -mg \frac{\mathrm{d}h}{\mathrm{d}s},$$

所以

$$F_t \frac{\mathrm{d}s}{\mathrm{d}t} = -mg \left(\frac{\mathrm{d}h}{\mathrm{d}s}\right)\left(\frac{\mathrm{d}s}{\mathrm{d}t}\right) = -mg \frac{\mathrm{d}h}{\mathrm{d}t}.$$

因为 $\mathrm{d}s$ 被消掉了,于是我们就得到 $-mg(\mathrm{d}h/\mathrm{d}t)$,与前面所证明的一样,它等于 $-mgh$ 的时间变化率。

为了确切地理解能量守恒定律一般在力学中是怎样起作用的,我们来讨论几个有助于分析这个问题的概念。

首先我们讨论三维情况下一般的动能变化率。在三维空间的动能是

$$T = \frac{1}{2}m(v_x^2 + v_y^2 + v_z^2).$$

把它对时间求微商,我们得到三个项

$$\frac{\mathrm{d}T}{\mathrm{d}t} = m\left(v_x \frac{\mathrm{d}v_x}{\mathrm{d}t} + v_y \frac{\mathrm{d}v_y}{\mathrm{d}t} + v_z \frac{\mathrm{d}v_z}{\mathrm{d}t}\right). \tag{13.4}$$

但 $m(\mathrm{d}v_x/\mathrm{d}t)$ 是沿 x 方向作用在物体上的力 F_x,于是式(13.4)的右边就是 $F_x v_x + F_y v_y + F_z v_z$。回忆一下矢量分析,我们记得这就是 $\boldsymbol{F}\cdot\boldsymbol{v}$,因此有

$$\frac{\mathrm{d}T}{\mathrm{d}t} = \boldsymbol{F} \cdot \boldsymbol{v}. \tag{13.5}$$

这个结果从下面的方法能够更快地推导出来:假如 $\boldsymbol{a}$ 和 $\boldsymbol{b}$ 是两个矢量,它们都可以与时间有关,对 $\boldsymbol{a}\cdot\boldsymbol{b}$ 求微商,一般有

$$\frac{\mathrm{d}(\boldsymbol{a}\cdot\boldsymbol{b})}{\mathrm{d}t} = \boldsymbol{a}\cdot\frac{\mathrm{d}\boldsymbol{b}}{\mathrm{d}t} + \frac{\mathrm{d}\boldsymbol{a}}{\mathrm{d}t}\cdot\boldsymbol{b}. \tag{13.6}$$

把这个关系式用到 $a = b = v$ 的情形

$$\frac{\mathrm{d}\left(\frac{1}{2}mv^2\right)}{\mathrm{d}t} = \frac{\mathrm{d}\left(\frac{1}{2}m\boldsymbol{v}\cdot\boldsymbol{v}\right)}{\mathrm{d}t} = m\frac{\mathrm{d}\boldsymbol{v}}{\mathrm{d}t}\cdot\boldsymbol{v} = \boldsymbol{F}\cdot\boldsymbol{v} = \boldsymbol{F}\cdot\frac{\mathrm{d}\boldsymbol{s}}{\mathrm{d}t}. \tag{13.7}$$

由于动能概念以及一般的能量概念很重要,所以在这些方程式中的一些重要项使用了各种名称。正如我们所知道的那样,$mv^2/2$ 称为动能,$\boldsymbol{F}\cdot\boldsymbol{v}$ 称为功率,作用于物体上的力乘以物体的速度(矢量点积)是力传递给物体的功率。这样,我们就有了一个奇妙的定理:一个物体动能的变化率等于作用于该物体的力所消耗的功率。

然而,为了研究能量守恒,我们打算对它作进一步的分析。让我们估计一下在很短的时间 $\mathrm{d}t$ 内动能的变化。假若在式(13.7)两边都乘以 $\mathrm{d}t$,我们得到的动能的微小变化等于力"点乘"移动的距离元

$$\mathrm{d}T = \boldsymbol{F}\cdot\mathrm{d}\boldsymbol{s}. \tag{13.8}$$

若对其积分,我们得到

$$\Delta T = \int_1^2 \boldsymbol{F}\cdot\mathrm{d}\boldsymbol{s}. \tag{13.9}$$

这是什么意思呢? 它的意思是:如果一个物体在力的作用下在某弯曲的路径上以任何方式运动,则当它沿着此曲线从一点移动到另一点时,动能的变化率等于沿着曲线的分力乘以位移元 $\mathrm{d}\boldsymbol{s}$ 的积分,积分从该点积到另一点。这个积分也有一个名称——叫做作用于物体的力所做的功。我们立即可以看到:功率等于每秒钟所做的功。我们也可以看到:仅仅是力在运动方向的分量对功有贡献。在我们的简单例子中,只有垂直方向的力,且只有单一的分量 F_z,它等于 $-mg$。不管物体在这些情况下如何运动,例如沿抛物线下落,总可以把 $\boldsymbol{F}\cdot\mathrm{d}\boldsymbol{s}$ 写成 $F_x\mathrm{d}x + F_y\mathrm{d}y + F_z\mathrm{d}z$,但除了 $F_z\mathrm{d}z = -mg\,\mathrm{d}z$ 之外其他都没有了,因为力的其他分量都是零。由此,在我们的简单情况下有

$$\int_1^2 \boldsymbol{F}\cdot\mathrm{d}\boldsymbol{s} = \int_{z_1}^{z_2} -mg\,\mathrm{d}z = -mg(z_2 - z_1), \tag{13.10}$$

所以我们又一次得到:在势能中只考虑物体下落的垂直高度。

现在我们来讲一讲单位。因为力以牛顿来量度,为了得到功,我们要乘上距离,所以功以牛顿米($\mathrm{N}\cdot\mathrm{m}$)来量度,但人们不喜欢说牛顿米,而宁可说焦耳($\mathrm{J}$)。$1\,\mathrm{N}\cdot\mathrm{m}$ 称为 $1\,\mathrm{J}$;功是以焦耳来量度的。功率的单位是焦耳每秒,也叫瓦(W)。如果瓦乘以时间,就是所做的功。从技术上讲,电力公司对我们家庭所做的功,等于瓦乘以时间;千瓦小时就是这样得来的,$1\,\mathrm{kW}\cdot\mathrm{h}$ 就是 $1\,000\,\mathrm{W}$ 乘以 $3\,600\,\mathrm{s}$,或 $3.6\times10^6\,\mathrm{J}$。

现在我们再举一个能量守恒的例子。考虑一个具有初始动能、快速运动的物体,它克服地板的摩擦而滑动,最后停了下来。开始滑动时动能不等于零;而最后停止时动能为零;是力做了功,因为每当有摩擦时,在与运动相反的方向上就存在分力,所以运动物体的能量不断地损耗掉。现在我们在支点的末端放置一个小质量的物体,使它在重力场中在垂直平面内无摩擦地振动。这时发生的现象就不同了,因为当物块向上运动时力向下,而当物块朝下运动时力亦朝下;所以,向上时 $\boldsymbol{F}\cdot\mathrm{d}\boldsymbol{s}$ 的符号不同于向下时的符号。向上和向下路径上每个对应点的 $\boldsymbol{F}\cdot\mathrm{d}\boldsymbol{s}$ 数值大小完全相等,而符号相反,所以在这种情况下积分的净结果是零。于

是,物块返回到底部的动能与前一次离开底部时的动能是一样的;这就是能量守恒原理(注意,当存在摩擦时,乍看起来能量守恒似乎失效。我们不得不寻找其他形式的能量。事实表明,一个物体与另一物体摩擦时产生了热,暂时我们假定并不知道这些事)。

§13-2 万有引力所做的功

下面所讨论的问题要比上面的难得多;不像我们已经讨论过的那样,这里的力不是恒量,也不只是在垂直方向上。例如,我们想要讨论一个围绕太阳运动的行星,或者在空中围绕地球运转的卫星。

我们首先讨论一个物体从某点 1 开始,比方说直接落向太阳或地球(图 13-2)。在这种情况下能量守恒定律还适用吗? 此时,唯一的差别是力随着物体的运动而变化,它不是恒量。正如我们所知道的,这个力是 GM/r^2 乘以质量 m,其中 m 是运动物体的质量。确实,当物体落向地球时,动能随下落的距离的增大而增加,恰如力不随高度而变化那种情况一样。问题在于:是否可能找到另一个不同于 mgh 的势能公式,即离地球的距离的函数,使得能量守恒仍然是正确的。

图 13-2 在重力作用下小质量 m 的物体向大质量 M 的物体落下

这个一维情况很容易处理,因为我们已知动能的变化等于 $-GMm/r^2$ 乘以位移 $\mathrm{d}r$ 的积分,积分从运动的一端到另一端

$$T_2 - T_1 = -\int_1^2 GMm \frac{\mathrm{d}r}{r^2}. \tag{13.11}$$

对此情况不必乘上余弦,因为力与位移是同方向的。$\mathrm{d}r/r^2$ 是容易积分的;所得的结果是 $-1/r$,因此式(13.11)变为

$$T_2 - T_1 = +GMm\left(\frac{1}{r_2} - \frac{1}{r_1}\right). \tag{13.12}$$

这样我们就得到一个不同的势能公式。式(13.12)告诉我们,在点 1、点 2 或其他任何地方所计算的 $(mv^2/2 - GMm/r)$ 的数量是一个不变的数值。

我们有了引力场中沿垂直方向运动的势能公式。现在有一个有趣的问题:我们能否在引力场中获得永久的运动? 引力场是变化的;在不同的地方,引力场的方向和强度都不相同。我们是否能用一个固定的、无摩擦的滑道来这样做;从某一点开始,将物体提高到另一点,然后沿着一段弧把它移动到第三点,接着使它降低一段高度,以一定的倾斜度移动它,再沿别的路径把它拉高,以致当我们使物体回到初始点的时候,引力做了一些功,而使物体的动能有所增加呢? 我们能否设计出某种曲线,使物体返回时要比先前运动得快一些,以致它周而复始地不断往复而获得永久运动? 由于永久运动是不可能的,我们应该发觉上述过程也是不可能的。我们应该发现如下的命题:既然没有摩擦,那么物体既不会以较大的速度,也不会以较小的速度返回到原来的位置——它应能沿任何封闭路径不断地作往复运动。换句话说,循环一周重力所做的总功应为零。因为这个功如果不是零,我们就能从循环中取得能量(如果所作的功结果小于零,以致沿这一条路径得到的速率比原来的低,那么我们只要沿相反的路径就可以从中取得能量,因为力当然只取决于位置,与方向无关;如果一条路径是正的,那么相反的一条路径就为负,所以除非是零,否则我们将从两种走法中的一种获得永久运动)。

引力所做的功果真是零吗?让我们来证明它确实为零。首先,我们要稍微解释一下为什么是零,然后用数学方法来检验一下。假设我们使用一条如图 13-3 所示的简单路径。其中一个质点从点 1 转移到点 2,然后沿圆弧到 3,回到 4,再到 5,6,7 和 8,最后返回到 1。所有这些线,都是以 M 为圆心的半径或圆弧。使 m 沿着这条路径运行要做多少功呢?在点 1 与点 2 之间所做的功是 GMm 乘以两点之间 $1/r$ 的差

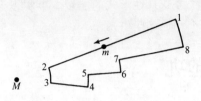

图 13-3 引力场中的闭合路径

$$W_{12} = \int_1^2 \mathbf{F} \cdot \mathrm{d}\mathbf{s} = \int_1^2 -GMm\frac{\mathrm{d}r}{r^2} = -GMm\left(\frac{1}{r_2} - \frac{1}{r_1}\right).$$

从 2 到 3,力正好与曲线垂直,所以 $W_{23} \equiv 0$。从 3 到 4 做的功是

$$W_{34} = \int_3^4 \mathbf{F} \cdot \mathrm{d}\mathbf{s} = -GMm\left(\frac{1}{r_4} - \frac{1}{r_3}\right).$$

用同样的方法我们可求得

$$W_{45} = 0, \quad W_{56} = -GMm\left(\frac{1}{r_6} - \frac{1}{r_5}\right),$$

$$W_{67} = 0, \quad W_{78} = -GMm\left(\frac{1}{r_8} - \frac{1}{r_7}\right),$$

以及 $W_{81} = 0$,于是有

$$W = GMm\left(\frac{1}{r_1} - \frac{1}{r_2} + \frac{1}{r_3} - \frac{1}{r_4} + \frac{1}{r_5} - \frac{1}{r_6} + \frac{1}{r_7} - \frac{1}{r_8}\right).$$

我们注意,$r_2 = r_3$,$r_4 = r_5$,$r_6 = r_7$ 以及 $r_8 = r_1$,因此 $W = 0$。

当然,我们可以怀疑这一曲线是否太特殊了。如果我们使用一条真实曲线将会怎样呢?让我们在真实曲线上试一试。首先我们断言,一条真实曲线总是可用如图 13-4 所示的一系列锯齿形曲线来适当模拟,由此,只需证明沿小三角形路径所做的功为零,就可证实沿真实闭合曲线一周所做的功为零;但不作一点分析,沿一个小三角形所做的功为零在开始时也不是显而易见的。我们将其中的一个三角形放大,如图 13-4 中所示。在三角形上,从 a 到 b 和 b 到 c 所做的功,与 a 直接到 c 所做的功是否相同呢?假定力作用在一个确定的方向上;作为一个例子,我们取一个三角形,它的 bc 边就在这个方向上。我们还假设三角形是如此小,以致作用于整个三角形上的力基本上是恒量。那么从 a 走到 c 所做的功是怎样的呢?它是

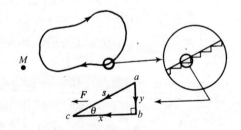

图 13-4 一条光滑闭合路径,表明用一系列径向与圆周阶梯近似表示的放大片段和一个阶梯的放大图

$$W_{ac} = \int_a^c \mathbf{F} \cdot \mathrm{d}\mathbf{s} = Fs\cos\theta,$$

等式第二步是因为力是一个恒量。现在我们计算沿三角形其他两边运动时引力所做的功。在垂直边 ab 上力垂直于 ds，所以做功为零。在水平边 bc 上

$$W_{bc} = \int_b^c \boldsymbol{F} \cdot d\boldsymbol{s} = Fx.$$

这样我们就看到，沿小三角形两个边所做的功，与沿斜边所做的功是一样的，因为 $s\cos\theta$ 等于 x。前面我们已经证明，对于一系列如图 13-3 那种锯齿组成的任何路径，引力所做的功为零。现在又证明了如果以直穿对角来代替沿锯齿形运动，则所需做的功是相同的（只要锯齿形足够细小，我们总是可以使它非常细小）；因此，在引力场中，环绕任何封闭路径运行一周所做的功是零。

这是一个非常值得注意的结果。它告诉我们某些以前不知道的行星运动的情况：当行星围绕太阳（没有其他绕它运动的物体，也不存在其他力）运动时，它以这种方式运动，即在轨道的每一点上，任何一点速率的平方减去某些常数与该点半径的比值，其数值总是相等的。例如，行星越是靠近太阳，运行越是快，快多少呢？利用下面这样一个数量：如果行星不是环绕太阳运行，而是改变它的速度方向（但不改变它的数值大小）使它作径向运动，然后让它从某一特定的半径落到我们所感兴趣的半径上，那么，新的运动速度与它在真实轨道上的速度是相同的，因为这正好是沿复杂路径运动的另一个例子。只要我们使它回到同一距离，动能总是相同的。所以，无论运动是真实的、未受干扰的，或者用凹槽、无摩擦约束来改变运动方向，行星到达同一点的动能是相同的。

这样，正如我们前面所作的那样，当我们对行星在其轨道上的运动作数值分析的时候，能够通过计算这些恒量——每一步中的能量来检验一下我们是否引进了明显的误差。能量应当不会改变。对于表 9-2 的轨道而言，能量确实发生变化*。它从开始到末尾大约变化了 1.5%。这是什么原因呢？或者是由于我们的数值计算采用了有限的数值间隔，或者是由于某些地方在运算上有点差错。

我们来考虑另一种情况下的能量：弹簧上一个小球的问题。当我们使小球离开平衡位置时，恢复力正比于位移。在这种情况下，我们能否得出一个能量守恒的定律？能！因为这种力所做的功是

$$W = \int_0^x F dx = \int_0^x -kx\, dx = -\frac{1}{2}kx^2. \tag{13.13}$$

因此，对于弹簧上的小球，我们可以得到：物体振动的动能加上 $kx^2/2$ 是一个恒量。现在来看一下这个过程是如何完成的。我们把小球往下拉着，它静止不动，所以速度是零。但此时 x 不是零，而是极大，所以有一定的能量当然是势能。现在我们放开小球，就会发生一些情况（详细情况不予讨论），但在任何瞬时的动能加势能必然是一个恒量。例如，当小球通过原来的平衡点时，其位移 x 等于零，但具有最大的 v^2，并且 v^2 随 x^2 的变大而变小，等等。所以，当小球上下运动时，x^2 与 v^2 保持均衡。于是我们有另一个规则，即如果力是 $-kx$，则弹簧的势能是 $kx^2/2$。

---

* 按表 9-2 的单位，能量是 $(v_x^2 + v_y^2)/2 - 1/r$。

§13-3 能量的求和

现在我们接着考虑如果有许多物体时将会产生怎样的更一般的问题。假设我们有一个许多物体的复杂问题,物体用 $i = 1, 2, 3, \cdots$ 来标记,它们彼此互相施加引力,即相互吸引。结果会怎样呢?我们将证明:如果把所有质点的动能加起来,再把每一对质点相互之间的引力势能 $-GMm/r_{ij}$ 加上去,则其总和是一个恒量

$$\sum_i \frac{1}{2} m_i v_i^2 + \sum_{\text{对}} - \frac{Gm_i m_j}{r_{ij}} = \text{恒量}. \tag{13.14}$$

我们如何证明它?将方程的两端对时间求微商,则方程的右端为零。当对 $m_i v_i^2 / 2$ 求微商时,我们得出 m 乘速度的微商,这就是力,就像式(13.5)中那样。我们把牛顿万有引力定律所描写的力代入,就看到它等于

$$\sum_{\text{对}} - \frac{Gm_i m_j}{r_{ij}}$$

对时间求微商。

总动能对时间的微商是

$$\frac{\mathrm{d}}{\mathrm{d}t} \sum_i \frac{1}{2} m_i v_i^2 = \sum_i m_i \boldsymbol{v}_i \cdot \frac{\mathrm{d}\boldsymbol{v}_i}{\mathrm{d}t} = \sum_i \boldsymbol{F}_i \cdot \boldsymbol{v}_i = \sum_i \sum_j \left(-\frac{Gm_i m_j \boldsymbol{r}_{ij}}{r_{ij}^3} \right) \cdot \boldsymbol{v}_i. \tag{13.15}$$

总势能对时间的微商是

$$\frac{\mathrm{d}}{\mathrm{d}t} \sum_{\text{对}} \left(-\frac{Gm_i m_j}{r_{ij}} \right) = \sum_{\text{对}} \left(+\frac{Gm_i m_j}{r_{ij}^2} \right) \left(\frac{\mathrm{d}r_{ij}}{\mathrm{d}t} \right).$$

而

$$r_{ij} = \sqrt{(x_i - x_j)^2 + (y_i - y_j)^2 + (z_i - z_j)^2},$$

所以

$$\frac{\mathrm{d}r_{ij}}{\mathrm{d}t} = \frac{1}{2 r_{ij}} \left[2(x_i - x_j)\left(\frac{\mathrm{d}x_i}{\mathrm{d}t} - \frac{\mathrm{d}x_j}{\mathrm{d}t}\right) + 2(y_i - y_j)\left(\frac{\mathrm{d}y_i}{\mathrm{d}t} - \frac{\mathrm{d}y_j}{\mathrm{d}t}\right) + 2(z_i - z_j)\left(\frac{\mathrm{d}z_i}{\mathrm{d}t} - \frac{\mathrm{d}z_j}{\mathrm{d}t}\right) \right],$$

$$= \boldsymbol{r}_{ij} \cdot \frac{\boldsymbol{v}_i - \boldsymbol{v}_j}{r_{ij}} = \boldsymbol{r}_{ij} \cdot \frac{\boldsymbol{v}_i}{r_{ij}} - \boldsymbol{r}_{ji} \cdot \frac{\boldsymbol{v}_j}{r_{ji}}.$$

由于 $\boldsymbol{r}_{ij} = -\boldsymbol{r}_{ji}$,而 $r_{ij} = r_{ji}$,于是

$$\frac{\mathrm{d}}{\mathrm{d}t} \sum_{\text{对}} \left(-\frac{Gm_i m_j}{r_{ij}} \right) = \sum_{\text{对}} \left[\frac{Gm_i m_j}{r_{ij}^3} \boldsymbol{r}_{ij} \cdot \boldsymbol{v}_i + \frac{Gm_j m_i}{r_{ji}^3} \boldsymbol{r}_{ji} \cdot \boldsymbol{v}_j \right]. \tag{13.16}$$

我们必须注意 $\sum_i \left\{ \sum_j \right\}$ 与 $\sum_{\text{对}}$ 所指的意思。在式(13.15)中,$\sum_i \left\{ \sum_j \right\}$ 是指 i 依次可取 $i = 1, 2, 3, \cdots$ 所有的数,对每一个 i,j 可取除 i 之外的任何数。因而假如 $i = 3$,j 所取的值就是 $1, 2, 4, \cdots$。

另一方面,在式(13.16)中,$\sum_{\text{对}}$ 是指 i 和 j 的给定值只出现一次。这样,1 和 3 这对质点对总和式中只供献一项。为了保持这一目的,我们约定 i 可取 $1, 2, 3, \cdots$ 所有的数,而对

于每一个 i, 令 j 只能取大于 i 的数。因此如果 $i=3$, j 只能取 $4,5,6,\cdots$, 但我们必须注意, 对于每一个 i, j 值对总和有两项贡献, 一项包含 v_i, 另一项包含 v_j, 这两项与式(13.15)中的一样, 在该式中所有的 i 和 j ($i=j$ 除外)之值都包括在求和之中, 因此, 把一项一项匹配起来, 我们就可看出式(13.16)与(13.15)恰好相同, 而符号相反, 所以动能与势能之和对时间的微商的确为零。于是我们看到, 对于许多物体来说, 总动能是每一个物体的动能之和, 而且势能也很简单, 它是所有质点之间的势能之和。我们可以理解它为什么是每一对质点的能量之和: 假设想要求得使这些物体彼此离开一段距离需要做功的总量, 我们可以分几步将物体从无穷远的、不存在作用力的地方, 一个一个地取得。首先, 我们把物体 1 拿来, 因为还不存在对它施加力的物体, 所以不需要做功。接着, 把物体 2 拿来, 它需要做一些功, 即 $W_{12}=-Gm_1m_2/r_{12}$。现在请注意(这一点很重要): 假如我们再把另一个物体放在第三个位置上, 那么, 在任何时刻, 作用在物体 3 上的力可写成两个力—— 物体 1 和物体 2 作用于物体 3 上的力的总和。因此, 所做的功是每个力所做的功之和, 因为如果 $\boldsymbol{F}_3$ 能被分解成两个力之和

$$\boldsymbol{F}_3=\boldsymbol{F}_{13}+\boldsymbol{F}_{23},$$

则功就是
$$\int \boldsymbol{F}_3 \cdot \mathrm{d}\boldsymbol{s}=\int \boldsymbol{F}_{13} \cdot \mathrm{d}\boldsymbol{s}+\int \boldsymbol{F}_{23} \cdot \mathrm{d}\boldsymbol{s}=W_{13}+W_{23}.$$

这就是说, 所做的功是克服第一个力和第二个力的功之和, 就像每个力单独作用那样。用上述方法我们可以看到, 要使这些物体集合成一定的组态所需的总功, 恰好是式(13.14)作为势能所给出数值。正是由于引力服从力的叠加原理, 所以我们能够把总势能写成每一对质点之间势能的总和。

§13-4 巨大物体的引力场

现在我们将要计算在一些涉及到质量分布的物理状况中遇到的场。迄今为止, 我们只讨论过质点的情况, 还没有考虑过质量分布的问题, 所以计算不止一个质点所产生的力是很有意义的。首先, 我们将求出无限大物质薄片作用于一个物体上的万有引力。物质薄片作用在位于 P 点处单位质量上的力(图13-5), 显然是指向物质薄片的。假设 P 点离薄片的距离为 a, 且设这块大薄片单位面积的质量为 μ。我们设 μ 是常数, 即认为薄片是均匀的。现在要问: 在薄片上与最接近 P 点的 O 点的距离为 ρ 到 $\rho+\mathrm{d}\rho$ 之间的质量 $\mathrm{d}m$ 所形成的场 $\mathrm{d}\boldsymbol{C}$ 有多大? 答案是: $\mathrm{d}\boldsymbol{C}=G(\mathrm{d}m\boldsymbol{r}/r^3)$, 这个场的指向是沿着 $\boldsymbol{r}$ 方向的; 我们还知道, 当把所有的小矢量 $\mathrm{d}\boldsymbol{C}$ 相加而得 $\boldsymbol{C}$ 的时候, 只剩下 x 方向的分量。$\mathrm{d}\boldsymbol{C}$ 的 x 分量是

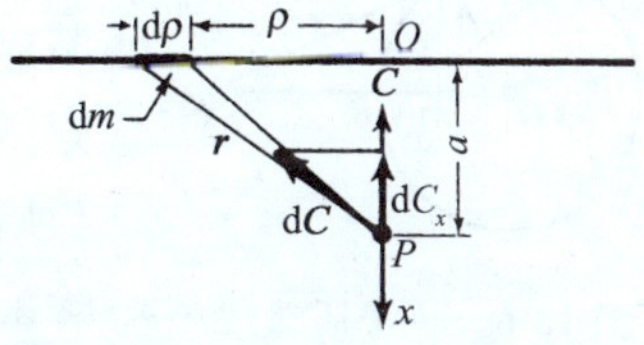

图13-5 无限大物质薄片对一个质点产生的万有引力 F

$$\mathrm{d}C_x=\frac{Gdmr_x}{r^3}=\frac{Gdma}{r^3}.$$

现在所有与 P 具有相同距离 r 的 $\mathrm{d}m$ 将产生相同的 $\mathrm{d}C_x$, 因此, 我们立即可以把 $\mathrm{d}m$ 写成 ρ 到 $\rho+\mathrm{d}\rho$ 之间这一圆环中的总质量, 即 $\mathrm{d}m=\mu 2\pi\rho\mathrm{d}\rho$(若 $\mathrm{d}\rho\ll\rho$, $2\pi\rho\mathrm{d}\rho$ 就是半径为 ρ、宽度为 $\mathrm{d}\rho$ 的圆环面积), 这样

$$dC_x = G\mu 2\pi\rho \frac{d\rho a}{r^3}.$$

于是,因为 $r^2 = \rho^2 + a^2$, $\rho d\rho = rdr$, 所以有

$$C_x = 2\pi G\mu a \int_a^\infty \frac{dr}{r^2} = 2\pi G\mu a \left(\frac{1}{a} - \frac{1}{\infty}\right) = 2\pi G\mu. \tag{13.17}$$

这就是说,力与距离 a 无关!为什么?难道我们弄错了吗?也许你会认为:物体离我们越远,作用力应该越弱;但不是这样!如果我们接近这个无限大薄片,那么这块薄片上的绝大部分物质是处于不适宜的角度在吸引我们。假如我们离得远一些,则薄片上有较多的物质处于更有利的角度把我们拉向薄片。在任何距离上,最有效的物质位于一定的圆锥内。当我们远离薄片时,作用随距离的平方而减少;但在同一角度上,同一圆锥内有更多的物质正好随距离的平方而增加!注意到下面的事实我们就能作出严格的分析:在任何给定的锥体中,微分元的贡献事实上与距离无关,因为一个给定的质量所产生的力的大小随距离的变化与包含在圆锥内的质量多少随距离的变化,是相应而相反的。当然,这个作用力并不是真正常数,因为当我们走到薄片的另一面时,它的符号就改变了。

事实上,我们已经解决了一个电学上的问题:假如我们有一个带电的薄板,其单位面积的电量为 σ,那么薄板外面一点的电场是 $\sigma/(2\varepsilon_0)$。假若薄板带正电荷,电场方向就由薄板指向外面;假若薄板带负电荷,电场方向就指向薄板。为了证明这一点,我们只要注意引力中的 G 相当于电学中的 $1/4\pi\varepsilon_0$。

现在我们假设有两个平板,其中一个带正电荷 $+\sigma$,另一个带负电荷 $-\sigma$,它们之间的距离是 D。现在要问场是怎样的?在两个平板外面,场是零。为什么?因为一个吸引,另一个排斥,而吸引力与排斥力都与距离无关,所以它们相互抵消掉了。同样,两个平板之间的力显然是单独一个平板的两倍,即 $E = \sigma/\varepsilon_0$,且电场方向是从带正电荷的平板指向带负电荷的平板。

现在我们来研究一个非常有趣而重要的问题。这个问题是这样的:地球对其表面或外面一点所产生的力,正像地球质量全部集中在地心所产生的力一样。我们一直假设问题的答案就是如此,但这种假设的正确性并不明显,因为当靠近一个物体时,有些质量离我们非常近,而有些质量则离开我们较远。但当我们把所有的效果加起来,净的作用力正好与质量全部集中在中点的力一样,这似乎是一个奇迹。现在我们来验证这一奇迹的正确性。我们用一个均匀的空心薄壳来代替整个地球,令薄壳的总质量是 m,让我们来计算一下离球心的距离为 R,质量为 m' 这一质点的势能(图 13-6),并且证明这个势能与质量 m

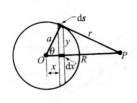

图 13-6 一个质量或电荷的球状薄壳

集中在球心一点时的势能一样(势能比场容易计算,因为我们可以避免角度的麻烦,只要把各部分质量的势能相加就可以了)。如果我们令某一个截面与球心的距离为 x,那么在薄片 dx 中的所有质量与 P 点的距离都是 r,由这个圆环产生的势能应该是 $-Gm'dm/r$;那么在小薄片 dx 中的质量是多少呢?其数量是

$$dm = 2\pi y\mu ds = \frac{2\pi y\mu dx}{\sin\theta} = \frac{2\pi y\mu dxa}{y} = 2\pi a\mu dx,$$

其中 $\mu = m/(4\pi a^2)$ 是球壳的质量面密度(球带的面积正比于它的轴宽是一个一般的规则)。

dm 的势能应该是

$$dW = -\frac{Gm'dm}{r} = \frac{-Gm'2\pi a\mu dx}{r}.$$

但我们看出

$$r^2 = y^2 + (R-x)^2 = y^2 + x^2 + R^2 - 2Rx = a^2 + R^2 - 2Rx.$$

这样就有

$$2rdr = -2Rdx,$$

$$\frac{dx}{r} = \frac{dr}{R}.$$

因此有

$$dW = -\frac{Gm'2\pi a\mu dr}{R},$$

以及

$$W = \frac{-Gm'2\pi a\mu}{R}\int_{R-a}^{R+a}dr$$

$$= \frac{-Gm'2\pi a\mu}{R}2a = \frac{-Gm'(4\pi a^2 \mu)}{R}$$

$$= \frac{-Gm'm}{R}. \tag{13.18}$$

这样,对于一个球状薄壳,在其外面质量 m' 的势能与薄壳质量全部集中在球心时的势能是完全一样的。地球可以想象成为由一系列不同的壳层所组成,每一壳层贡献一个能量,这个能量只取决于壳层的质量以及离开中心的距离。把各壳层的质量统统加起来,我们就得到总的质量,因此,地球的作用力就好像所有的物质都集中在它的中心一样!

但是必须注意:假若有一个点 P 是在球壳里面,那将会怎样?当 P 点在球壳里面,我们可以作同样的计算而得到两个 r 的差,但现在它的形式是

$$a + R - (a - R) = 2R,$$

即两个 r 的差是 P 点离中心距离的两倍。换言之,W 的结果是

$$W = -\frac{Gm'm}{a},$$

它与 R 和 P 点的位置都无关,也就是说,不论物体在球内什么地方,其势能都相同,因此不存在作用力;当我们在球内移动物体时不做功。如果一个物体无论放在球内什么地方,其势能都一样,则不可能有力作用于该物体上。所以在球内不存在作用力,只在球外存在作用力;而球外的作用力与质量全部集中在球心时的作用力是完全相等的。

第14章 功与势能（下）

§14-1 功

上一章我们介绍了许多新的概念和结论，它们是物理学的核心。这些概念是如此重要，以至于有必要另立一章对它们作进一步考察。在本章中，我们将不再重复用来得到那些结果的"证明"或专门技巧，而将集中讨论概念本身的问题。

在学习任何一个与数学有关的技术性课题中，人们面临着弄懂并记住大量事实和概念的任务。可以"证明"存在着某些关系将这些事实和概念联系起来。人们容易把证明本身与它们之间所建立起来的关系混淆起来。很清楚，要学习和记住的要点是事实和概念之间的关系，而不是证明本身，在任何特定的情况下，我们可以或者说"能够证明"某某是正确的，或者直接来证明它。几乎在所有情况中，我们所采用的那种特殊证明首先是为了能将它很快地和容易地写在黑板上或纸上，并且使它尽可能地清楚。结果，看上去似乎这个证明很简单，而事实上，作者可能花上好几个小时的时间，企图用不同的方法去计算这同一个问题，直到他找到一个最简洁的方法，从而能够表明可以在最短的时间内把它证明出来！当看到一个证明时，要记住的并不是证明本身，而是那些能够证明是正确的东西。当然，如果证明中包含了一些数学推导或人们以前未见过的"技巧"，那么我们所需要注意的也不完全是技巧，而是所涉及的数学概念。

的确，一个作者在一门课程中（例如本课程）所作的全部论证，并不是他从学习大学一年级物理时就记住的。完全相反：他只记得某某是正确的，而在说明如何去证明的时候，需要的话，他就自己想出一个证明方法。无论哪个真正学过一门课程的人，都应遵循类似的步骤去做，而死记证明是无用的。这就是为什么我们在本章中将避开前面有关各种表述的证明，而只是总结一下结果。

第一个需要领会的概念是力所做的功。物理学上"功"这个词并不是通常在"全世界无产者联合起来！"的口号中那个词所指的意思*，而是不同的两个概念。物理上的功用 $\int \mathbf{F} \cdot d\mathbf{s}$ 来表示，称为"$\mathbf{F}$ 点乘 $d\mathbf{s}$ 的线积分"，它所指的意思是：如果在一个方向上有一个力作用于物体，使得物体在某一方向上发生位移，则只有在位移方向上的分力做了功。假若力是恒力，位移是有限的距离 Δs，则运动中恒力在整个距离上所做的功只是沿 Δs 方向的分力乘以 Δs。规则是"力乘距离"，而真正的含义是：位移方向上的分力乘 Δs，也可以说成是作用力方向上的位移分量乘以 $\mathbf{F}$。显然，与位移成直角的力什么功也不做。

如果把位移矢量 $\Delta \mathbf{s}$ 分解成分量，换句话说，如果把 $\Delta \mathbf{s}$ 实际上看成沿 x 方向的位移分

---

* 英文中"功(work)"与"无产者(worker)"出于同一词源。——译者注

量 Δx，y 方向上的位移分量 Δy，以及 z 方向的位移分量 Δz，那么物体从一个地方移到另一地方所做的功可以分成三部分来计算，即计算沿 x 方向、y 方向和 z 方向的功。沿 x 方向所做的功只涉及到 x 方向的分力，即 F_x，依此类推，因此所做的功是 $F_x\Delta x + F_y\Delta y + F_z\Delta z$。当力不是恒力，而我们遇到的又是复杂的曲线运动时，必须把路程分成许多小的 Δs，再把物体沿每个 Δs 移动所做的功统统加起来，并取 Δs 趋于零时的极限。这就是"线积分"的含意。

我们刚才所说的一切都包含在 $W = \boldsymbol{F} \cdot d\boldsymbol{s}$ 这一式子中。可以说这真是一个奇妙的式子，但要去理解它的意义或弄懂它的一些推论，则是另一回事了。

物理学上"功"这个词的含义与一般情况下的含义是不同的，为此我们必须仔细观察它显示出不同含义的某些特殊情况。例如，按照物理上的功的定义，如果一个人把 100 lb 的重物提在手中一段时间，他并没有做功。然而，每个人都知道他会出汗、颤抖、喘气，好像他在奔上楼梯一样。可是，奔上楼梯则被认为是在做功（按照物理学，下楼时，地球对人做功），但仅仅把物体保持在一个固定的位置上是不做功的。显然，物理学上功的定义与生理学中功的定义不一样，我们将对其原因作一简单的探讨。

当一个人提着重物的时候，他必须做"生理"上的功，这是事实。为什么他会出汗？为什么他提着重物时需要消耗营养？为什么仅仅是为了提起重物人体内部机构需要全力以赴地工作？实际上，只要将重物放在桌子上就不必再费力气；而静止和平稳的桌子不需要供给任何能量就能够把相同的重物保持在相同的高度上！生理上的情况则如下所述：在人体和其他动物内有两种肌肉，一种称为横纹肌或骨骼肌，例如我们手臂中的那种肌肉，它可以随意控制；另一种称为平滑肌，如人肠内的肌肉，或蛤蜊之类动物中使蛤壳闭拢的闭壳肌。平滑肌工作得非常缓慢，但它能够保持一种"姿势"，也就是说，假若蛤蜊要把它的外壳闭拢在某一个位置上，即使有很大的力去改变它，它将仍然保持那个位置。在长时间的负荷下它仍然保持一定的位置而不感觉疲劳，因为这与桌子支持重物非常相似，它"固定"在一个确定的位置，而它的分子就暂时卡在那里不做功，所以蛤蜊不需花费力气。事实上，我们提着一个重物之所以要花费力气，仅仅是由于横纹肌结构的关系。当神经脉冲传到肌肉纤维的时候，该纤维就会抽搐一下，然后松弛下来，所以当我们拿起一个重物时，大量的神经脉冲流传到肌肉，大量的抽搐维持着重物，而另一些肌肉纤维则松弛着。当然，我们可以看到：当我们提起一个重物而感到疲劳时，我们就开始颤抖。其原因是神经脉冲流不规则地传过来，而肌肉疲劳了，反应得不够快。为什么会出现这种不能胜任的样子呢？我们不知道确切的原因，但是人类还没有进化到能产生快速作用的平滑肌。平滑肌支撑重物将有效得多，因为当你站着的时候，平滑肌会卡住，这不涉及到做功问题，也不需要能量，可是，它的缺点是动作非常缓慢。

现在回到物理学上来，我们或许要问：为什么我们要计算所做的功？回答是：计算功是有意义和有用处的。因为作用于一个质点的合力对质点所做的功，恰好等于该质点的动能的变化。也就是说，假若推动一个物体，物体会获得速度，而且 $\Delta v^2 = 2\boldsymbol{F} \cdot \Delta\boldsymbol{s}/m$。

§14-2 约束运动

力和功的另一个有趣的特性是：假设我们有一个倾斜的或弯曲的轨道，质点必须沿着轨道运动，但不存在摩擦。或者我们有一个由一根弦和一个重物组成的摆；弦约束重物围绕支点作圆周运动。如果重物摆动时,弦碰到一个木栓上,支点就改变了,结果是重物沿着两个不同半径的圆运动。这就是我们称为固定的无摩擦约束运动的例子。

在固定的无摩擦约束运动中,约束力不做功,因为约束力始终与运动方向垂直,所谓"约束力"我们指的是直接由约束本身作用到物体上的力——例如与轨道接触而引起的接触力,或者弦的张力。

一个质点在重力的影响下沿斜面运动时,所涉及的力是非常复杂的,因为有约束力和重力等等。然而,如果我们根据能量守恒定律并且只考虑重力来计算其运动,所得出的结果是正确的。看来相当奇怪,因为严格地讲,这并不是正确的方法——我们应当用合力来计算。但是,结果只有重力所做的功使动能改变,因为约束力所做的功是零(图 14-1)。

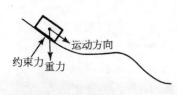

图 14-1 作用于一个(无摩擦)滑动物体上的力

这里的要点是:如果一个力能够分解为两个或两个以上分力之和,则合力沿某一曲线所做的功是各分力所做之功的总和。假如我们把力分解为重力与约束力等各种效应的矢量和,或者把所有的力分解成 x 方向的分量和 y 方向的分量,或者任何其他我们所希望的分解方式,那么净力所做的功等于被分解成的各分力所做之功的总和。

§14-3 保守力

自然界中有些力,例如重力,具有非常引人注意的、我们称之为"保守"的性质(这里"保守"这个词并不涉及政治上的概念,它又是一个"怪词")。如果我们要计算一个力使物体沿曲径从一点运动到另一点时做了多少功,一般这个功依赖于曲径,但在特殊情况下,它与曲径无关。假若它不依赖曲径,那么我们说这个力是保守力。换句话说,在图 14-2 中,假若沿曲线 A 计算从位置 1 到位置 2 的力乘距离的积分,再沿曲线 B 计算这一积分,我们得到相同的焦耳数,如果这个结果对这两点之间的每一条曲线的积分都正确,并且无论我们取哪两点这个说法都成立,那么我们就称这个力为保守力。在这种情况下,从 1 到 2 的功的积分可以用简单方法计算出来,而且可以用一个式子来表示所得的结果。一般情况下这是不易做到的,因为我们还得指定一条曲线,但当功与曲线无关时,功当然就只取决于 1 和 2 的位置了。

为了说明这个概念,现作如下考虑。

我们在任意位置上取一个"标准"点 P(见图 14-2),则我们所要计算的从 1 到 2 的功的线积分,可看作从 1 到 P 点所做的功再加上从 P 点到 2 所做的功,因为这里的力是保守力,所做的功与曲线无关。现在,从 P 点到空间一个特定点所做的功是那一点的空间位置的函数。当然,它实际上也取决于 P,但在分析时,我们使任意点 P 一直固定不变。如果这样做,则从 P 点到 2 点所做的功就是最终位置 2 的某个函数。它取决于 2 所在的位置;如果到达另外的某一点,我们得到的就是不同的答案。

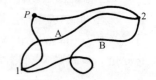

图 14-2 力场中两点之间的可能途径

我们称这个位置函数为 $-U(x, y, z)$,并且当我们要提到坐标为 (x_2, y_2, z_2) 的某个特定点 2 时就把 $U(x_2, y_2, z_2)$ 简写成 $U(2)$。从点 1 到 P 所做的功也可以写成沿着相反的途

径把全部 ds 反过来的积分。也就是说，从 1 到 P 所做之功是从 P 到 1 所做之功的负值

$$\int_1^P \boldsymbol{F} \cdot \mathrm{d}\boldsymbol{s} = \int_P^1 \boldsymbol{F} \cdot (-\mathrm{d}\boldsymbol{s}) = -\int_P^1 \boldsymbol{F} \cdot \mathrm{d}\boldsymbol{s}.$$

这样，从 P 到 1 所做的功是 $-U(1)$，从 P 到 2 所做的功是 $-U(2)$。因此，从 1 到 2 的积分等于 $-U(2)$ 加上 $-U(1)$ 的负值，即

$$U(1) = -\int_P^1 \boldsymbol{F} \cdot \mathrm{d}\boldsymbol{s}, \ U(2) = -\int_P^2 \boldsymbol{F} \cdot \mathrm{d}\boldsymbol{s},$$

$$\int_1^2 \boldsymbol{F} \cdot \mathrm{d}\boldsymbol{s} = U(1) - U(2). \tag{14.1}$$

我们把 $U(1) - U(2)$ 称为势能的变化，并把 U 称为势能。我们说，当物体处于位置 2 时，它具有势能 $U(2)$，在位置 1 时，具有势能 $U(1)$。如果物体处于位置 P，它的势能为零。假如我们用另外一点 Q 来代替 P，结果表明，势能将只会改变一个常量（这留给读者自己去证明）。由于能量守恒只与"能量的变化"有关，所以，如果我们在势能上再加上一个常量是没有关系的。可见 P 点可以任意选取。

现在我们有了如下两个命题：(1)力所做的功等于质点动能的改变；(2)在数学上，保守力所做的功等于势能函数 U 的变化的负值。作为这两者的推论，我们得到一个定理：如果只受保守力的作用，则动能 T 加势能 U 是一个恒量

$$T + U = 恒量. \tag{14.2}$$

现在我们来讨论某些场合下的势能公式。如果有一个均匀的重力场，当我们不涉及可与地球半径相比的高度，那么力是一个沿垂直方向的恒力，所做的功就是力乘以垂直距离。于是

$$U(z) = mgz, \tag{14.3}$$

而相当于势能为零的 P 点刚巧是 $z = 0$ 的平面上的任意一点。如果有必要，我们还可以把势能写成 $mg(z-b)$，在分析中，除了在 $z = 0$ 处的势能应该是 $-mgb$ 之外，其余的所有结果当然都是一样的，情况并不会有什么不同，因为我们要考虑的只是势能之差。

把弹簧从平衡点压缩距离 x 所需的能量是

$$U(x) = \frac{1}{2}kx^2, \tag{14.4}$$

在弹簧的平衡位置 $x = 0$ 处，势能为零。我们也可以加上一个所需要的常数。

相距为 r 的两个质点 M 与 m，其引力势能是

$$U(r) = -GMm/r. \tag{14.5}$$

这里选择的常数应使无穷远处的势能为零。当然，同样的公式可应用到电荷问题上，因为两者有相似的定律

$$U(r) = q_1 q_2 / (4\pi\varepsilon_0 r). \tag{14.6}$$

现在我们来具体地应用其中的一个公式看看是否明白这些公式的含义。问题：为了使火箭飞离地球，火箭发射的速度要多大？解答：动能加势能一定是恒量。当火箭"脱

离"地球时，它将在离开地球千百万公里之外，如果它刚好能脱离地球，我们可以假定它到达那里时以"零速度"在勉强运动。设地球的半径为 a，质量为 M。动能加势能的总和最初是由 $(mv^2/2 - GmM/a)$ 给定。火箭运动到最后这两个能量的总和必定与此相等。动能在最后将为零，因为假设火箭那时实质上以"零速度"在勉强漂移，而势能为 GmM 除以无穷大，其值为零。因此，式子的另一端中每一项都是零，这就告诉我们速度的平方必然是 $2GM/a$，而 GM/a^2 就是所谓的重力加速度 g，于是

$$v^2 = 2ga.$$

为了使人造卫星不断地绕地球转动，它必须以多大的速度运行？我们早已算出来了，是 $v^2 = GM/a$。因此，要离开地球，其速度必须是刚好围绕地球表面附近运行所需速度的 $\sqrt{2}$ 倍。换句话说，离开地球所需的能量必须是环绕地球运转所需能量的两倍（因为能量按速度的平方变化）。因此，在历史上首先是使人造卫星围绕地球运行，这要求人造卫星具有 5 mi·s^{-1} 的速度。其次是发射永远离开地球的人造卫星，此时需要两倍的能量，即 7 mi·s^{-1} 的速度。

我们继续讨论势能的特征。我们考虑两个分子或两个原子的相互作用，例如两个氧原子的相互作用。当它们离得很远时，相互之间的作用力是一种引力，此引力与原子间距离的 7 次方成反比。而当两个原子非常接近时，则具有很大的斥力。假如对距离的 7 次方的倒数进行积分求所做的功，我们就得出势能 U，它是两个氧原子之间径向距离的函数，在距离较大时，势能 U 按照距离的 6 次方的倒数而变化。

设我们画一个势能 $U(r)$ 的曲线图，如图 14-3 所示。我们从很大的 r 开始，按 $1/r^6$ 来画，如果距离足够近，就到达势能最小点 d。$r = d$ 处势能最小的意思是：如果从 d 开始，移动很小一段距离，所做的功，即移动这段距离时的势能变化，几乎为零，因为在曲线底部势能的变化非常小。这样，在 $r = d$ 这一点不存在作用力，所以它是一个平衡点。另一个看出它是平衡点的方法是：无论从哪一个方向上离开 d 都要做功。当两个氧原子稳定下来，以至于从它们之间的束缚力中不再有能量释放出来时，它们就处于最低能量状态，彼此之间隔开这个距离 d。氧分子处于"冷"态时就是这种样

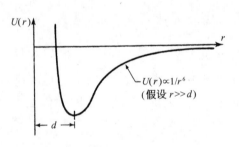

图 14-3　两个原子之间的势能与它们之间的距离的关系

子。如果我们对它加热，原子就要发生振动，并且彼此之间更加分开，事实上，我们能够使它们分开，但这样做需要消耗一定数量的功或能量，这些功或能量等于 $r = d$ 与 $r = \infty$ 之间的势能差。当我们试图使两个原子靠得非常近时，由于它们彼此排斥，其势能增加得非常快。

我们引出势能曲线的原因，是由于力的概念对量子力学来说不太合适，在那里，能量的概念是最自然的。当我们进一步考虑核物质之间以及分子之间等等的更高级的作用力时，我们发现虽然力和速度都"溶化"和消失了，但是能量概念继续存在。因此，在有关量子力学的书中我们看到有势能曲线，但是很少看到两个分子之间作用力的曲线，因为在那时人们是用能量，而不是用力来分析问题。

其次我们注意到，如果有几个保守力同时作用于一个物体，那么，该物体的势能是每一

个力的势能的总和。这与我们前面所提到的是同一个命题,因为,假若力能表达为分力的矢量和,则总的力所做的功是分力所做的功的总和,因此能把它分析为各个力的势能的改变。于是,总的势能是所有各部分的势能的总和。

我们可将此推广到包含很多物体相互作用的系统中去,例如木星、土星、天王星等,或者是氧、氮、碳等系统,系统中的物体彼此成对地作用着,并且作用力都是保守力。在这种场合下,整个系统中的动能就是所有个别原子或行星或其他什么东西的动能的总和,而系统的势能则是每对物体相互作用势能的总和,在计算一对质点的相互作用势能时,其他质点都好像不存在一样(这种说法对分子实际上是不正确的,因而公式要复杂一些;对牛顿万有引力,这当然是正确的,而对分子力则近似地正确。对分子力来说也存在势能,但它往往是原子位置的比较复杂的函数,而不只是各对分子的势能的总和)。因此,在万有引力的特殊情况下,势能是 $-Gm_i m_j/r_{ij}$ 对所有的 i,j 求和,如式(13.14)所表示的那样。式(13.14)用数学方法表达了如下定理:总的动能加上总的势能不随时间而变化。当各种行星周而复始继续不断地运行和旋转时,如果计算它的总动能和总势能,我们发现,其总和保持不变。

§14-4 非 保 守 力

我们花了相当多的时间讨论保守力;关于非保守力又是怎样呢?我们对这个问题将采取比通常深入的看法,并将说明不存在非保守力!实际上,自然界所有的基本力都是保守力。这不是牛顿定律所得出的结果。事实上,按照牛顿自己的看法,力可以是非保守的,如摩擦力显然就是非保守力。但当我们说到摩擦力显然是非保守力时,我们采用的是现代的观点,即认为粒子之间的最基本的力都是保守力。

例如,如果我们分析一个很大的球状星团,我们从一张这种星团的照片上可以看到有几千个星球彼此相互作用,那么,总势能的式子只不过是一项加另一项等等,对所有各对星球求和,而动能是所有各个星球动能之和。但星团作为一个整体也在空间漂移,假若我们离开它足够远,不能详细观察它,可以把它想象为一个单一的物体。假若对它施加作用力,其中有一部分力最终驱使它作为整体向前运动,我们就看到物体的中心在运动。另一方面,有些力可以说是"消耗"在增加内部"粒子"的动能或势能上。例如,我们假定这些力的作用使整个星团扩张,并且使其中的质点运动得更快。整个体系的总能量实际上是守恒的,但用我们不精确的眼睛从外面看(它不能看出里面运动的混乱情况),并且把整个物体运动的动能看作单一物体的动能,能量就似乎是不守恒了。但这是由于我们对看到的东西缺乏了解。结果实际的情形却是:当我们足够仔细地观察时,世界上的总能量(动能加势能)是一个恒量。

当我们非常仔细地研究原子范围的物质时,物体的总能量并不一定能够方便地分成动能与势能两部分的,而且这种区分也不一定必要。但要这样做几乎总是可能的,所以我们说这种区分总是可能的,并且世界上动能加势能是一个恒量。这样,在整个世界内总的动能加势能是一个恒量,如果"世界"是一块孤立物质,若无外力作用,其能量也是一个恒量。但正如我们已经看到的那样,同样东西的动能和势能中有些可以在其内部,例如内部的分子运动,这是从我们还没有注意到它这个意义上说的。我们知道,在一杯水中一切都在晃动着,所有各部分一直在运动着,所以一杯水内部有一定的动能,通常我们可能不会去注意它。我们不注意原子的运动,这种运动产生热,所以我们不称它为动能,而热原来也是动能。内部的势能同样可以具有一定的形式,例如化学能的形式:当我们燃烧汽油时,由于新的原子排列比旧的原子排列所具有的势能低,所以有能量释放出来。把热纯粹当作动能并非严格,因为其中包含一些势能,反之化学能也不能单纯说成是势能,也包含少量的动能。把上面所说的话并在一起就是说:一个物体内部的总的动能和势能一部分是热,一部分是化学能,等等。总之,所有这些不同形式的内能在上述意义中常常看作是"损失掉"的能量;当我们研究热力学的时候将会对此更加清楚。

作为另一个例子,当有摩擦存在时动能并非真正损失掉,即使一个滑动着的物体停了下来,看上去动能似乎损失掉了,其实,动能并没有损失掉,因为内部原子以比以前更大的动能晃动着,虽然我们不能看到这些,但可用测定温度的办法来量度它。当然,如果我们不考虑热能,那么,能量守恒定律就显得不正确了。

另一种情况是,当我们只研究系统的某一部分时,能量守恒也似乎不正确。当然,如果某个物体与外面的某个物体相互作用,而我们忽略了把这种作用计算进去,此时能量守恒定理就会显得不正确了。

在经典物理学中,势能只包括引力能和电能,现在我们则还有核能和其他能量。例如,光能在经典理论中必须作为一种新的能量形式,但是如果我们愿意的话,也可以把光能想象为光子的动能,这样,式(14.2)仍旧是正确的。

§ 14-5 势 与 场

现在我们将要讨论几个与势能以及场的概念有联系的问题。假定我们有两个大物体 A 和 B,以及第三个很小的物体。第三个小物体受到两个大物体的万有引力吸引,吸引的合力为 F。在第 12 章中我们已经注意到,作用在一个质点的万有引力可以写成它的质量 m 乘以另一个矢量 C,C 只取决于质点的位置

$$F = mC.$$

于是,我们可以这样来分析重力:想象在空间每一位置都存在一个矢量 C,它"作用"于可能放在该处的一个质量上,但不论实际上是否有质量被它作用,矢量 C 本身总是存在的。C 有三个分量,每一个分量都是 (x, y, z) 的函数,即空间位置的函数。这样的东西我们称为场,我们说物体 A 和 B 产生了场,即它们"创造"了矢量 C。当一个物体被置于场内,作用于物体的力等于该物体的质量乘以物体所在处的场矢量的数值。

我们对势能也可以同样处理:由于势能是 $(F)\cdot(\mathrm{d}s)$ 的积分,可以把它写成 m 乘以(场)$\cdot(\mathrm{d}s)$ 的积分,这只是改变一下标度,所以我们看到一个物体在空间一点 (x, y, z) 所具有的势能 $U(x, y, z)$,可以写成 m 乘以另一个我们称为 Ψ 的势函数积分 $\int C \cdot \mathrm{d}s = -\Psi$,就像 $\int F \cdot \mathrm{d}s = -U$ 一样,两者之间只相差一个标度因子

$$U = -\int F \cdot \mathrm{d}s = -m\int C \cdot \mathrm{d}s = m\Psi. \tag{14.7}$$

在空间每一点上有了这个函数 $\Psi(x, y, z)$ 后,我们就可以直接计算物体在空间任何一点的势能,即 $U(x, y, z) = m\Psi(x, y, z)$。这看起来似乎价值不大,实际上并非没有价值,因为

有时用空间各处的Ψ值而不是用$\boldsymbol{C}$值能更好地描述场。我们可以用标量函数Ψ来代替一定要写出三个复杂的分量的矢量函数。而且，如果场是由许多质量产生的，计算Ψ比计算$\boldsymbol{C}$的任何一个分量要容易得多，因为势是一个标量，只要相加就行了，不必为方向而操心。同样，我们会看到，从Ψ很容易重新得出场$\boldsymbol{C}$。假设质点$m_1, m_2, \cdots$位于点$1, 2, \cdots$处，我们希望知道任何一点p的势函数Ψ。很简单，它就是各个质点在p点所产生的势之和

$$\Psi(p) = \sum_i -\frac{Gm_i}{r_{ip}} \quad (i = 1, 2, \cdots). \tag{14.8}$$

在上一章中，我们应用过总的势能是所有个别物体势能的总和这个公式，来计算一个球壳形状的物体的势能，这个势能只要把球壳的所有部分对某一点势能的贡献相加就可获得。计算的结果画在图14-4中。总势能是负的，在$r = \infty$处其值为零，从$r = \infty$直到半径a处其值按$1/r$变化，然后在球壳内则是常数，在球壳之外，势能是$-Gm/r$(此处m是球壳的质量)，它与球壳的质量全部集中在球心时的势能完全一样。但它不是在任何地方都严格相同，在球壳之内，势能就是$-Gm/a$，并且是一个恒量。如果势能为恒量，就不存在场，或者不存在作用力，因为，如果我们在球壳内把物体从一个地方移动到另一个地方，力所做的功必然为零。为什么？因为物体从一个地方移动到另一个地方所做的功等于势能改变的负值(或者相应的场积分是势的改变)。但在球壳内任何两点的势能是相同的，所以势能的改变为零，因此，在球壳内任何两点之间移动时不做功。只有在完全没有作用力存在时，才能使所有位移方向上做的功为零。

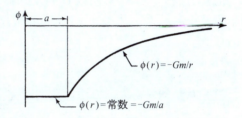

图14-4 由半径为a的球壳所引起的势能

这给我们提供一个如何从已知势能去求出力或场的线索。假定物体在(x, y, z)位置的势能是已知的，我们要求出作用于该物体上的力。正像我们将要看到的那样，仅仅根据这一点的势能，是不能求出力的，还需要知道邻近点的势能。为什么？如何计算力在x方向的分量(当然，如果能够计算x方向的分量，也就能够计算y, z方向上的分量，也就知道了整个作用力)？现在，如果我们使物体移动一个小小的距离Δx，作用于物体的力所做之功是力在x方向的分量乘以Δx，如果Δx足够小，这就应等于从一点移动到另一点的势能之变化

$$\Delta W = -\Delta U = F_x \Delta x. \tag{14.9}$$

我们只不过应用了公式$\int \boldsymbol{F} \cdot \mathrm{d}\boldsymbol{s} = -\Delta U$，但是只适用于一个非常短的路径。把它除以$\Delta x$，于是得到的力是

$$F_x = -\Delta U/\Delta x. \tag{14.10}$$

显然这是不严格的，实际上我们所需要的是Δx变得越来越小时式(14.10)的极限，因为它只有在Δx趋于无穷小的极限时才是严格正确的。我们认识到这正是U对x的微商，因此倾向于写成$-\mathrm{d}U/\mathrm{d}x$。但U依赖于x, y和z，而数学家创造了一个不同的符号来提醒我们对这一函数求微商时要非常小心，使我们记住所考虑的只是x的变化，y和z是不变的。他们用"反写的6"即∂来代替d(我认为在微分学刚开始就应当使用∂，因为我们总是想消去式子中的这个d，而从来不想去消去∂)，所以他们写成$\partial U/\partial x$，而且，在不得已的时候，如

果他们想要非常仔细,就放一根在底部写有小的字母 yz 的直线在 $\partial U/\partial x$ 旁边($\partial U/\partial x|_{yz}$),它表示:"保持 y 和 z 不变,取 U 对 x 的微商"。在大多数场合下,我们不写出关于保持常数的记号,因为通常从上下文中是看得很明显的,所以我们一般不用这根写有 y 和 z 的直线。然而,总是用 ∂ 代替 d,以告诉人们它是使另一些可变量保持常数的微商。这称为**偏导数**,它是当只有 x 改变时的微商。

于是,我们得到 x 方向的分力是 U 对 x 偏导数的负值

$$F_x = -\frac{\partial U}{\partial x}. \tag{14.11}$$

同样,保持 x 和 z 不变,以 U 对 y 求微商可得到力在 y 方向上的分量,当然,第三个力的分量是保持 y 和 x 不变时,U 对 z 的微商

$$F_y = -\frac{\partial U}{\partial y}, \quad F_z = -\frac{\partial U}{\partial z}. \tag{14.12}$$

这是从势能求得力的方法。我们以完全相同的方向从势能求得场强

$$C_x = -\frac{\partial \Psi}{\partial x}, \quad C_y = -\frac{\partial \Psi}{\partial y}, \quad C_z = -\frac{\partial \Psi}{\partial z}. \tag{14.13}$$

我们在这里附带提一下另一个符号,这个符号实际上在相当一段时间里还用不到;由于 C 是矢量,有 x, y 和 z 的分量,而产生 x, y 和 z 分量的符号 $\partial/\partial x$, $\partial/\partial y$ 和 $\partial/\partial z$ 有点像矢量。数学家已经创造了一个了不起的符号 ∇,称为"梯度"或"grad",∇ 不是一个量,而是一个从标量得出矢量的算符。它具有下列"分量":"grad"的 x 方向的分量是 $\partial/\partial x$,y 方向的分量是 $\partial/\partial y$,z 方向的分量是 $\partial/\partial z$,于是很有趣,我们的公式可以写成

$$\boldsymbol{F} = -\nabla U, \quad \boldsymbol{C} = -\nabla \Psi. \tag{14.14}$$

运用 ∇,给我们提供了一个快速方法以检验是否有一个真正的矢量式,实际上式(14.14)的含义确实与式(14.11)和(14.12)一样;它只是这些式子的另一种写法,由于我们不愿意每次都写出三个方程式,所以就以 ∇U 来代替。

电的情形是场和势的又一个例子。在电的场合中,作用在静止物体上的力是电荷乘以电场:$\boldsymbol{F} = q\boldsymbol{E}$ [当然,一般在电学问题中 x 方向的分力也有一部分取决于磁场。由磁场引起的作用在质点上的力总是与质点的速度垂直,并与磁场方向垂直,从式(12.10)很容易证明这一点。既然磁场引起的作用在运动电荷上的力是垂直于速度的,磁场对运动电荷就不做功,因为运动方向与力的方向垂直。因此,在电场和磁场中使用动能定理时,我们可以不管磁场的作用,因为它不改变动能]。假定只存在电场,那么用与万有引力同样的方法,我们可以计算能量,或电场力所做的功,并可计算 ϕ 的数值,它是 $\boldsymbol{E} \cdot d\boldsymbol{s}$ 从任意确定的一点到我们欲计算的那一点的积分的负值,于是电场的势能就是电荷乘以 ϕ

$$\phi(\boldsymbol{r}) = -\int_{r_0}^{r} \boldsymbol{E} \cdot d\boldsymbol{s},$$

$$U = q\phi.$$

我们取两块平行金属板作为例子,每一块金属板表面单位面积的电荷为 $\pm \sigma$。这个装置

称为平板电容器。我们先前已求得金属板之外的力为零,并且两块平板之间有一个恒定电场,其方向从+指向-,大小为 σ/ε_0(图 14-5)。我们想知道将一个电荷从一块平板移到另一块平板上要做多少功。这个功是(力)·(d$\bm{s}$)的积分,它可以写成电荷乘以平板 1 的势与平板 2 的势之差

$$W = \int_1^2 \bm{F} \cdot \mathrm{d}\bm{s} = q(\phi_1 - \phi_2).$$

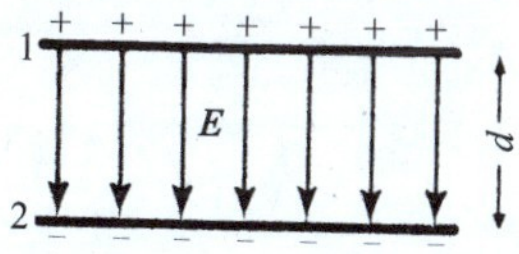

图 14-5 两块平行金属板之间的场

实际上我们可以算出这一积分,因为力是恒定的,如果令两块平板之间的距离为 d,则积分是容易的

$$\int_1^2 \bm{F} \cdot \mathrm{d}\bm{s} = \frac{q\sigma}{\varepsilon_0} \int_1^2 \mathrm{d}x = \frac{q\sigma d}{\varepsilon_0}.$$

势差 $\Delta\phi = \sigma d/\varepsilon_0$ 称为<u>电压差</u>,ϕ 以伏特来量度。当我们说一对平板充电到一定的电压,意思是指两块平板之间的电势差为多少伏特。对于两块面电荷为 $\pm\sigma$ 的平板所组成的电容器,两块平板的电压或电势差是 $\sigma d/\varepsilon_0$。

第 15 章 狭义相对论

§ 15-1 相对性原理

两百多年来,牛顿所阐明的运动方程一直被认为是对自然的一种正确描述。第一次看出这些定律中存在的一个谬误,并且找到了修正它的方法是在 1905 年,这两件事都是爱因斯坦所提出的。

我们曾用下面的方程表示牛顿第二定律

$$F = \frac{\mathrm{d}(mv)}{\mathrm{d}t},$$

牛顿在叙述这一定律时默认了这样一个假定,即质量 m 是一个恒量,但是我们现在知道这并不正确,而是物体的质量要随着其速度的增加而增大。在经爱因斯坦修正后的公式中,质量具有数值

$$m = \frac{m_0}{\sqrt{1 - v^2/c^2}}, \tag{15.1}$$

这里"静止质量"m_0 表示一个不运动的物体的质量,c 是光速,约为 3×10^8 m·s^{-1} 或 186 000 mi·s^{-1}。

对于那些只想学一点能够解释问题就行了的人来说,这个式子就是全部相对论了——它只是对质量引入一个修正因子来改变一下牛顿定律。从公式本身很容易看出,在通常情况下,质量的增加是十分微小的。即使速度大到像绕地球运转的卫星一样,即约 5 mi·s^{-1},于是 $v/c = 5/186\,000$;把这个值代入公式后表明,对质量的修正只是 20 亿到 30 亿分之一,小得几乎无法观察到。实际上,这个公式的正确性已被对许多种粒子作出的观察所广泛证明,这些粒子运动速度很大,一直到实际上等于光速。然而,由于这种效应通常非常之小,所以看来似乎不寻常的是,它在理论上的发现先于它在实验上的发现。从实验上看,当速度足够大的时候,这种效应非常之大,但是它不是用这一方法发现的。所以,看一下一条涉及到这样一种细致的修正的定律,在它第一次被发现的那个时期如何能从实验和物理推理的结合中得以产生该是十分有趣的。有很多人对这条定律的发现作出了贡献,但是爱因斯坦的发现是这些人的工作的最后成果。

实际上爱因斯坦的相对论包括两部分内容。这一章所谈到的是 1905 年以来就已存在的狭义相对论。1915 年爱因斯坦发表了称为广义相对论的补充理论。这后一个理论所讨论的是将狭义相对论推广到引力定律中去的情况;这里我们将不去讨论它。

相对性原理是牛顿在他的运动定律的一个推论中首先提出的:"封闭在一个给定空间中的诸物体,它们彼此之间的运动是同一的,无论这个空间是处于静止状态还是均匀地沿一直

线向前运动。"这意味着,比如说,如果有一艘宇宙飞船在以均匀速度飞行,那么在飞船上所做的所有实验以及所有现象,将与飞船不运动时所看到的完全相同,当然这是指如果人们并不伸出头去往外看的话。这就是相对性原理的含义。它是一个十分简单的观念,唯一的问题在于是否确实如此:即从一个运动系统内进行的所有实验中得到的物理定律是否看来都与如果该系统处于静止时所得出的相同。让我们首先来研究一下,牛顿定律在运动系统中是否相同。

假设某一个人莫(Moe)以均匀速度 u 沿 x 方向运动,并且测量了某一点的位置,如图 15-1 所示。他把这个点在他这个坐标系中的"x 距离"记作 x'。另一个人乔(Joe)静止不动,并且测量了同一点的位置,用他的坐标系中的 x 坐标记作 x。这两个系统的坐标之间的关系可以从图中清楚看出。经过时间 t 后,莫的原点移动了一段距离 ut,如果这两个系统原先是重合在一起的,那么

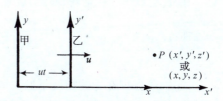

图 15-1 沿着 x 轴以均匀速度作相对运动的两个坐标系

$$
\begin{aligned}
x' &= x - ut, \\
y' &= y, \\
z' &= z, \\
t' &= t.
\end{aligned}
\quad (15.2)
$$

如果把这个坐标变换代入牛顿定律中去,那么我们发现,这些定律变换到带撇(′)的坐标系中时,仍旧是同样的定律;这就是说,牛顿定律在运动系统中与在静止系统中一样具有相同的形式,因此,依靠力学实验不可能说出系统究竟是否在运动。

相对性原理在力学中已应用了很长一段时间。曾经有许多人,特别是惠更斯(Huygens),应用它来求出弹子球碰撞的规则,这与我们在第 10 章中用它来讨论动量守恒时所用的方法很相同。在上一世纪中,由于对电、磁以及光等现象的研究,人们对于这条原理的兴趣更加浓厚了。许多人对这些现象所作的一系列精心研究,其结晶就是麦克斯韦电磁场方程组,它们在统一的体系下描写了电、磁与光的现象。但是麦克斯韦方程组似乎并不遵循相对性原理。这就是说,如果我们用式(15.2)代入麦克斯韦方程组并对它进行变换,那么它们的形式不再保持相同;因此,在飞行的宇宙飞船中,电与光的现象应当与飞船静止时不同。这样,我们就可以利用这些光的现象来确定飞船的速度;特别是可以通过适当的光学或电学测量来确定飞船的绝对速度。麦克斯韦方程组的结论之一是,如果在电场中产生扰动,以致有光发射出来,那么这些电磁波在所有方向上均等地而且以相同的速度 c(即 186 000 mi·s^{-1})传播出去。方程组的另一个结论是,假如扰动源在运动,那么所发射的光将以同样的速度 c 穿过空间。这与声的情况相似,声波的速度也与声源的运动无关。

在光的情况下,这种与声源运动的无关性引起了一个有趣的问题。

假定我们以速度 u 驱车前进,从后面射来的光,以速度 c 追过了我们的车子。对式(15.2)中的第一个方程微分就得到

$$\mathrm{d}x'/\mathrm{d}t = \mathrm{d}x/\mathrm{d}t - u,$$

这意味着,按照伽利略变换,我们在汽车里测得的掠车而过的光的表观速度不应当是 c 而应

当是 $(c-u)$。例如，如果汽车以 100 000 mi·s^{-1} 速度前进，而光速是 186 000 mi·s^{-1}，那么掠车而过的光的表观速度应当是 86 000 mi·s^{-1}。总之，在任何情况下，只要测出掠车而过的光的速度(如果伽利略变换对于光是正确的话)，我们就应当可以决定汽车的速度。在这种一般设想的基础上，曾经进行了大量的实验以确定地球的速度，但是它们全都失败了——根本没有发现地球有什么速度。我们将详细地讨论其中的一个实验，用以确切地说明我们做了一些什么以及问题何在；显然，是有一些问题，物理方程有点不对。那么怎么会这样的呢？

§15-2 洛伦兹变换

当物理方程在上述情况下的失效暴露出来的时候，所出现的第一个想法就是认为这个麻烦的根源必定在于当时只有 20 年之久的新的麦克斯韦电动力学方程组。看来相当明显的是，这些方程一定是错误的，所以要做的事就是这样来改变它们，使得相对性原理在伽利略变换下能够得到满足。在这种尝试中，必须在方程组中引入一些新的项，而这些项预言了一些新的电现象，但一旦用实验来检验它们时，这些现象就根本不存在，因而，这个尝试必须予以放弃。于是人们逐渐明白，麦克斯韦电动力学方程组是正确的，必须到其他地方去寻找症结所在。

在这期间，洛伦兹注意到一件令人注目的奇怪的事，那就是当他在麦克斯韦方程组中进行以下代换时

$$\begin{aligned} x' &= \frac{x-ut}{\sqrt{1-u^2/c^2}}, \\ y' &= y, \\ z' &= z, \\ t' &= \frac{t-ux/c^2}{\sqrt{1-u^2/c^2}}, \end{aligned} \tag{15.3}$$

发现这些方程组在这种变换下保持其原有形式不变！式(15.3)现在通称为洛伦兹变换。爱因斯坦仿效原来由庞加莱(Poincaré)提出的设想，作出了这样的一个假设：所有的物理定律都应该是这样的定律，它们在洛伦兹变换下保持不变。换句话说，需要予以改变的，不应当是那些电动力学定律，而应当是力学定律。那么，我们将如何改变牛顿定律，使它们在洛伦兹变换下保持不变呢？如果确定的是这样一个目标，那么我们必须把牛顿方程这样来予以改写，使得它们能满足我们所提出的条件。结果发现，这里的唯一要求，就是牛顿方程中的质量 m 必须代之以等式(15.1)中所示的形式。作了这个改变之后，牛顿定律与电动力学定律就会完全协调。这时，如果我们用洛伦兹变换把莫的测量与乔的测量相比较，那么就根本不可能发现究竟谁在运动，因为两个坐标系中，所有方程的形式都是相同的！

当我们用新的时间与坐标之间的变换来代替旧的变换时，这究竟意味着什么，讨论一下这个问题是颇为有趣的，因为旧的变换(伽利略变换)似乎是不证自明的，而新的变换(洛伦兹变换)看来是奇特的。我们希望知道的是，在逻辑上以及在实验上是否可能把新的而不是旧的变换看作是正确的。要弄清楚这一点，单去研究力学定律是不够的，而应像爱因斯坦所做的那样，必须对我们关于时间和空间的观念进行分析，以求得对这种变换的理解。我们将

不得不稍微花一点时间来讨论这些观念以及它们对力学的含义,所以我们要说明在前,由于其结果与实验相符合,这种努力是完全有理由的。

§ 15-3　迈克耳逊-莫雷实验

如上所述,人们曾经做过多次尝试,以确定地球通过一种假设的"以太"时的绝对速度,而以太是被想象为充满整个空间的。这些实验中最著名的一个是 1887 年迈克耳逊(Michelson)和莫雷(Morley)所做的。这个实验所得到的负结果经过 18 年之后才最终由爱因斯坦作出了解释。

迈克耳逊-莫雷实验使用了如图 15-2 所示的一种装置。它主要包括一个光源 A,一块部分镀银的玻璃片 B,两面镜子 C 和 E。所有这些都装在一个牢固的底座上。两面镜子放在离 B 都等于 L 的地方。B 片将射来的光分为两束,这两束光以互相垂直的方向分别向两面镜子射去,并在那里被反射而回到 B。在返回到 B 后,这两束光线又作为叠加分量 D 与 F 组合起来。如果光线从 B 到 E 一次来回的时间与光线从 B 到 C 一次来回的时间相同,那么所产生的两条光线 D 与 F 的相位相同,因而彼此加强。但是如果这两个时间稍有差异,那么两条光线之间就会有一点相位差,结果将产生干涉现象。如果这个装置在以太中"静止"不动,那么这两个时间应该精确相等,但是如果它以速度 u 向右运动,那么这两个时间就应有所差别。让我们看看其原因何在。

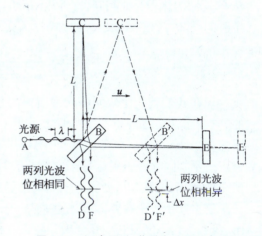

图 15-2　迈克耳逊-莫雷实验的示意图

首先,我们来计算光从 B 到 E 而后再返回到 B 所需的时间。假设光从 B 片到镜 E 所需的时间为 t_1,返回的时间为 t_2。现在,当光在从 B 跑向镜子的途中这段时间内,装置移动了一段距离 ut_1,所以光必然用速度 c 走了 $L+ut_1$ 的距离。我们也可以用 ct_1 来表示这段距离。这样,我们就有

$$ct_1 = L + ut_1 \text{ 或 } t_1 = L/(c-u).$$

(这一结果也可以用这个观点明显看出,即光相对于装置的速度是 $c-u$,所以这个时间是长度 L 除以 $c-u$)。用类似方法可以算出时间 t_2。在这段时间中 B 片前进了距离 ut_2,所以光返回的距离是 $L-ut_2$。于是就有

$$ct_2 = L - ut_2 \text{ 或 } t_2 = \frac{L}{c+u}.$$

所以总的时间是

$$t_1 + t_2 = \frac{2Lc}{c^2 - u^2}.$$

为了便于以后对时间进行比较,我们把它写成

$$t_1 + t_2 = \frac{2L/c}{1 - u^2/c^2}. \tag{15.4}$$

我们的第二部分,将是计算光从 B 到镜 C 的时间 t_3。与前面一样,在 t_3 时间内,镜 C 向右移动了 ut_3 距离而到达位置 C';同时,光沿着一个直角三角形的斜边跑过距离 ct_3,即 BC'。对于这个三角形,我们有

$$(ct_3)^2 = L^2 + (ut_3)^2$$

或

$$L^2 = c^2 t_3^2 - u^2 t_3^2 = (c^2 - u^2)t_3^2.$$

由此可得

$$t_3 = L/\sqrt{c^2 - u^2}.$$

从 C' 返回的路程与此相同,这可从图形的对称性上看出;所以返回用的时间也相同,因而整个时间是 $2t_3$。稍微改变一下形式,我们可以写成

$$2t_3 = \frac{2L}{\sqrt{c^2 - u^2}} = \frac{2L}{c\sqrt{1 - u^2/c^2}}. \tag{15.5}$$

现在我们就能比较两条光线所需的时间了。在(15.4)和(15.5)两式中,分子是相同的,它表示在装置静止不动的假定下光所取的时间。在分母中,除非 u 可以与 c 相比拟,不然 u^2/c^2 就很小。分母代表了由于装置运动而引起的时间上的修正。但必须注意,这些修正是不相同的——到达 C 来回所花的时间略小于到达 E 来回所花的时间,尽管两面镜子离 B 等距离,而我们所要做的就是要精确地把这个差别测量出来。

这里产生一个次要的技术性问题——假设两段长度 L 并不精确相等,怎么办?事实上,我们肯定不能使它们完全相等。在这种情况下,我们只要把装置转过 $90°$,使 BC 保持在运动的方向上,而 BE 则垂直于运动的方向。于是任何长度上的微小差别都变得不重要,我们要寻找的只是在装置转动时干涉条纹的移动。

在进行实验时,迈克耳逊和莫雷将仪器调整得使 BE 接近于平行地球的运动轨道(在白天和夜晚的一定时刻),地球的轨道速度约 $18 \text{ mi} \cdot \text{s}^{-1}$,那么,在一昼夜的某个时刻和一年之中的某些时候任何"以太漂移"都至少应有这么大。仪器的灵敏度足以观察到这种效应,但是,并没有发现时间上的差别——地球通过以太的速度无法被检测到。实验的结果说明不存在这种效应。

迈克耳逊-莫雷实验的结果令人迷惑不解和十分困扰。摆脱这个绝境的第一个有成效的观念是洛伦兹想到的。他提出,物体运动时会收缩,收缩只发生在运动方向上。这样,如果物体静止时长度为 L_0,那么当它以速度 u 平行于其长度方向运动时,新的长度 $L_\parallel$ 则为

$$L_\parallel = L_0 \sqrt{1 - u^2/c^2}. \tag{15.6}$$

当将这个修正应用于迈克耳逊-莫雷干涉仪时,从 B 到 C 的长度没有改变,但是从 B 到 E 的长度缩短至 $L\sqrt{1 - u^2/c^2}$。因此,式(15.5)没有改变,但式(15.4)中的 L 必须按式(15.6)而改变。这样做以后,我们得到

$$t_1 + t_2 = \frac{(2L/c)\sqrt{1 - u^2/c^2}}{1 - u^2/c^2} = \frac{2L/c}{\sqrt{1 - u^2/c^2}}. \tag{15.7}$$

将此结果与式(15.5)作比较，我们看到 $t_1 + t_2 = 2t_3$。所以如果仪器按刚才所说的方式缩短的话，我们就能够理解为什么迈克耳逊-莫雷实验根本没有测出这种效应。收缩假设虽然成功地解释了实验的负结果，但却也被认为这只是专门用来解释所遇到的困难而发明的，因而是过于牵强的。然而在用作发现以太风的许多其他实验中，也都出现了类似的困难。看来这是大自然反对人类的"阴谋"，它引进了某种新的因素来破坏每一个人原来以为应当测出速度 u 的实验现象。

人们终于认识到，正如庞加莱指出的那样，整个阴谋本身乃是一条自然法则！庞加莱于是便假定说，应当存在这么一条自然定律，即不可能用任何实验来发现以太风；也就是说，不可能测定绝对速度。

§15-4 时间的变换

在检验收缩的概念是否与其他实验事实相协调时，结果发现假如时间也用方程组(15.3)中第四个变换加以修正的话，那么每一件事就都很正确。这就是为什么从 B 到 C 再返回的过程中所花的这段时间 $2t_3$ 由那个在飞船上做实验的人算出时与由另一个观看飞船飞行的静止观察者算出的结果不一样的原因，对于在飞船上的人来说时间就是 $2L/c$，但对另一个观察者来说，时间就是 $(2L/c)/\sqrt{1-u^2/c^2}$（式15.5）。换句话说，当一个外部观察者看到飞船中的人点燃雪茄烟时，所有的过程看来都比正常情况慢，而对飞船上这个人来说，每件事情都以正常方式进行。所以，不仅是长度需要缩短，时间测量仪器（"时钟"）显然也必须减慢。也就是说，从飞船上的人看来，钟记录下的时间过去一秒钟时，对于外面的人来说，它指示的是 $1/\sqrt{1-u^2/c^2}$ s。

这种运动系统中的时钟减慢是非常奇特的现象，值得解释一下。为了理解这一点，我们必须看看钟的机构，并且注意它走动时的情况。由于这样做是相当困难的，我们将只选取一种非常简单的钟。我们所选择的是一个相当简陋的钟，但在原则上它是能工作的：这是一根米尺，两端各有一面镜子，当我们在镜子间发出一个光信号时，光信号将一直来回传送着，当它往下跑时，每一次都会使这个钟"滴答"响一声，就像一个标准"滴答"钟一样。我们制作两个这样的钟，其长度完全相同，并把它们放在一起起动，使之同步。此后它们就会一直走得一样，因为它们的长度是相同的，光速也总是 c。我们把其中一个钟让那个飞船上的人带着，他将尺的方向摆成垂直于运动的方向，这样，尺的长度不会发生变化。我们怎么知道垂直的长度不会发生变化呢？观察者和飞行者可以约好在擦过的一瞬间彼此在对方的 y 尺上刻下标记。根据对称性，两个标记必定具有同样的 y 和 y' 坐标，不然的话，当这两个人聚到一起比较结果时，有一个标记会高于或低于另一个标记，从而就能断定究竟谁在运动。

现在我们来看一下正在运动的钟上发生什么情况。在把钟带上飞船之前，那个人同意它是一个良好的、标准的钟，以后在飞船飞行中他也没有发现任何异常的现象，如果他发现了，就能知道自己在运动，因为假如有任何事情因运动而变化，他就能断定自己正在运动。但是相对性原理认为在匀速前进的系统中这是不可能的，可见不会产生任何变化。另一方面，当那个外部观察者在飞船的钟经过旁边时，他看到在镜子之间来回传送的光线"真正"取的是一条"之"字形的路径，因为尺总是横向运动的。我们在迈克耳逊-莫雷实验中已经分析过这种"之"字形运动.假定说,在一定时间内,尺朝前运动的距离正比于 u,如图 15-3 所示,在同样时间内,光经过的距离正比于 c,那么垂直距离就正比于 $\sqrt{c^2-u^2}$。

这就是说,运动钟内光来回跑动的时间要长于静止钟内的时间。因此,对于运动钟来说,滴答声之间的表观时间以与图中所示的直角三角形的斜边同样的比例增长。(这就是我们方程式中平方根式的由来。)从图中也可以明显地看出 u 越大,运动的钟走得越慢。不仅这一类特定的钟会走得慢,只要相对论是正确的话,无论按什么原理工作的任何其他钟也都会慢下来,并且是以同样的比例慢下来——我们毋须进一步分析就可以说这句话,为什么如此呢?

为了回答这个问题,假定我们另外有两只做得完全相同的利用齿轮的钟,或者是根据放射性衰变或其他原理的钟。然后我们校准这些钟,使其与我们原先的钟严格同步。当光在先前的两只钟上来回,并在到达时发出滴答声,新的钟也完成了某种循环,它们同时以双重符合的闪光、响声或其他信号表明这一点。在这两只钟中我们取一只放到飞船上去,和先前那只钟放在一起。也许这只钟不会变慢,而与那只静止的同样的钟走得一样,这样就与另一个运动钟不一致了。嘿!假如果真发生这种事,飞船上的人就能利用他的两只钟之间的不一致来确定飞船的速度,但是,我们已经假定这是不可能的。我们毋须知道任何有关会使新的钟产生这种效应的机理——我们只知道,不管由如何,它都将同先前那只钟一样变慢。

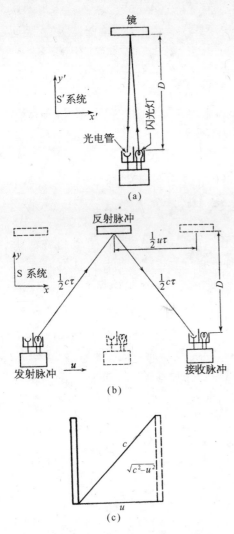

图 15-3 (a)一个"光钟"静止在 S' 坐标系中;(b)一个同样的,相对于 S 坐标系运动的钟;(c)在正在运动的"光钟"中,光束经过的斜向路程示意图

现在,假如所有的运动钟都变慢,测量时间的任何方式都得出较慢的时间节拍,那么我们就得说:在一定的意义上飞船中的时间本身变慢了。在这里,所有的现象——人的脉搏,他的思维过程,他点燃雪茄烟的时间,以致他成长衰老的过程——所有这些事都必定以同样的比例变慢,因为他无法说出他正在运动。生物学家和医生有时会说:在飞船上癌的扩散所需的时间不一定会延长,但是从现代的物理学家来看这几乎是肯定的,不然,人们就能利用癌的扩散速度来确定飞船的速度了!

时间随着运动而变慢的一个非常有趣的例子与 μ 子有关。这是一些经过平均寿命 2.2×10^{-6} s 后会自行蜕变的粒子。这种粒子可以在到达地球上的宇宙射线中找到,也可以在实验室里由人工制造。在射向地球时,其中有些粒子在半空中就蜕变了,其余的则在与物体碰撞而被留下之后才蜕变。很清楚,即使 μ 子的速度同光一样快,在这样短的寿命内,它所走过的路程也不会超过 600 m 以上。但是，虽然 μ 子是在大气层的顶部，即大约 10 km 高的地方产生的，但是我们在大气层下面的实验室里的宇宙线中也确实找到了它们。这怎么可能呢？答案是：不同的 μ 子各以不同的速度运动，其中有一些十分接近于光速。从它们本身的观点来看，它们只生存了大约 2 μs，但是从我们的观点来看，它们的寿命要长得多——长到可以使它能到达地面。时间增长的因子已知是 $1/\sqrt{1-u^2/c^2}$。对于各种速度的 μ 子，人们非常精确地测量了它们的平均寿命，其数值与上述公式相当吻合。

我们并不知道为什么 μ 子会蜕变，或者它的内部机理是什么，但是我们确实知道它的习性符合于相对论原理。这就是相对论原理的用途——它使我们甚至对那些知之不很多的东西作出预言。例如，在我们对于什么是使 μ 子蜕变的原因获得一些概念之前，还是能够预言到，当它以光速的 9/10 的速度运动时，其所能生存的表观寿命为 $(2.2 \times 10^{-6})/\sqrt{1-9^2/10^2}$ s；我们的这种预言是成功的——这是一件好事情。

§15-5 洛伦兹收缩

现在，我们回到洛伦兹变换式(15.3)上来，并试图更好地理解坐标系(x, y, z, t)与(x', y', z', t')之间的关系。这些坐标系我们将分别称为 S 和 S′系或乔和莫系。我们已经看到，第一个等式是建立在洛伦兹的沿 x 方向的收缩这个假设上的；我们如何来证明发生这样一种收缩呢？在迈克耳逊-莫雷实验中，我们根据相对论原理现在理解到，横臂 BC 不可能改变长度；然而，实验得到的结果为零就要求两个时间必须相等。所以，为了使实验得出零结果，看来纵臂 BE 必须缩短一个因子 $\sqrt{1-u^2/c^2}$。从乔和莫所做的测量来说，这个收缩意味着什么呢？假定随同 S′系沿 x 方向运动的莫是在用米尺测量某点的 x' 坐标。他用尺量了 x' 次，因此他认为这段距离是 x' m。但从 S 系的乔看来，莫却用了一根缩短了的尺，所以所测得的"真实"距离应当是 $x'\sqrt{1-u^2/c^2}$ m。于是，当 S′系离开 S 系跑过了距离 ut 时，S 上的观察者将会说，在他的坐标系中测得的同一点的距离是

$$x = x'\sqrt{1-u^2/c^2} + ut \text{ 或 } x' = \frac{(x-ut)}{\sqrt{1-u^2/c^2}},$$

这就是洛伦兹变换的第一个等式。

§15-6 同 时 性

同样的情况表明，由于时间尺度上的不同，分母的表示式也被引进到洛伦兹变换的第 4 个等式中。这个等式中最有趣的一项是分子中的 ux/c^2 项，因为它是全新的，而且是未曾预料到的。那么这究竟意味着什么呢？如果我们仔细地来看一下这个情况，我们可以发现，发生在不同地点的两个事件，在 S′中的莫看来发生于同时，但在 S 中的乔看来，它们并不发生于同时。如果一个事件在 x_1 处发生于时间 t_0，另一个则在 x_2 发生于时间 t_0（同一时刻），那么我们发现，两个相应的时间 t'_1 与 t'_2 相差一个量

$$t'_2 - t'_1 = \frac{u(x_1-x_2)/c^2}{\sqrt{1-u^2/c^2}}.$$

这种情况称为"异地同时性的破坏"。为了使这个概念稍为清楚一些,让我们考虑下面一个实验。

假设有一个人在运动的宇宙飞船上(系统 S')的两端各放置一只钟,并且想弄明白这两只钟是否已对准。怎样使这两只钟对准呢?有许多方法:一个方法只需要很少一点计算,这就是首先精确地确定两只钟之间的中点。然后从这个位置上发出一个光信号,这个光信号将以同样的速度沿两条路径传播,而且非常清楚将同时到达两只钟。信号的这种同时到达性可以用来把钟对准。我们假定 S' 中的人是用这种特殊方法对准他的钟的。我们再看一下 S 系统中的一个观察者是否会同意这两只钟已经对准。S' 系统中的人相信这一点,因为他不知道他正在运动。但是 S 系统中的人则推论说,由于宇宙飞船向前运动,飞船前端的一只钟将离开光信号而去,因此为了追到它,光必须走过大于一半距离的路程;但后面的一只钟却迎着光信号而去,所以这段距离就较短。因此,信号会先到达后面一只钟,虽然 S' 中的人认为信号是同时到达的。因此我们看到,当宇宙飞船中的人认为两个地方的时间是同时的时候,在他的坐标系中的两个相等的 t' 值,必须对应于另一个坐标系中的两个不同的 t 值!

§ 15-7 四 维 矢 量

让我们再看看,从洛伦兹变换中还可以发现一些什么。有趣的是,可以注意到 x 项与 t 项之间的变换在形式上与我们在第 11 章中对于坐标系的转动曾研究过的 x 项和 y 项的变换非常相似。在那里我们有

$$x' = x\cos\theta + y\sin\theta,$$
$$y' = y\cos\theta - x\sin\theta, \tag{15.8}$$

可见新的 x' 项混合了原来的 x 与 y,新的 y' 项也混合了原来的 y 与 x;与此相似,在洛伦兹变换中,我们发现新的 x' 是 x 与 t 的混合项,新的 t' 是 t 与 x 的混合项。这样,洛伦兹变换就类同于一种转动,不过这是一种在空时中的"转动"。这看来是一个奇怪的概念。这种与转动的类比,可以由下列量的计算而得到核实

$$x'^2 + y'^2 + z'^2 - c^2 t'^2 = x^2 + y^2 + z^2 - c^2 t^2. \tag{15.9}$$

在这个等式中,每一边的前三项在三维几何中所代表的是一点与原点之间的距离(一个球面)的平方。这个平方在坐标轴的转动下保持不变(不变量)。与此相似,式(15.9)表明,存在着包含时间在内的某一种组合,它在洛伦兹变换下也是不变的。这样,与转动的类比就完全了,而且这是这样一种类比,即矢量,也就是其中包含与坐标和时间以同样方式转换的"分量"的那些量,对于相对论也是有用的。

于是我们试图把矢量的观念加以扩展,使其包括时间的分量,而在此以前,我们认为它只有空间分量。这就是说,我们期望将有一种具有四个分量的矢量,其中三个同一般矢量的分量一样,而与这些分量一起还加上第四个分量,它是时间部分的类比项。

这个概念将在后面几章中继续加以分析,在那里我们将看到,如果把前一节中的观点应用于动量时,那么变换将给予我们三个空间部分,它们如同通常的动量分量一样,另外还有第四个分量,也就是时间部分,那正是能量。

§15-8 相对论动力学

我们现在已经为更一般地研究在洛伦兹变换下力学定律将采取什么形式作好了准备。[到目前为止,我们说明了长度和时间如何变化,但没有说明我们是如何得到 m 的修正公式(式 15.1)的。我们将在下一章中来加以说明。]为了看出爱因斯坦对牛顿力学的质量 m 进行修正的重要意义,我们从牛顿第二定律出发,即力是动量的变化率为

$$F = \frac{d(mv)}{dt}.$$

动量仍然是 mv,但当我们用新的 m 时,它就变为

$$P = mv = \frac{m_0 v}{\sqrt{1 - v^2/c^2}}. \tag{15.10}$$

这就是爱因斯坦对牛顿定律的修正。在这种修正下,如果作用和反作用仍然相等(这不一定指每个时刻,而就最终结果来说是相等),那么动量守恒仍像以前一样成立,但是守恒的量,不再是原来的具有不变质量的 mv,而是如式(15.10)所表示的,具有经过修正的质量的量,如果在动量公式中考虑到这种变化,那么动量守恒定律仍然有效。

现在我们来看看,动量如何随速度而变化。在牛顿力学中,它正比于速度,而且按照式(15.10)在速度与光速相比甚小的一个相当大的范围内,它在相对论力学中近乎与之相同,也正比于速度,因为平方根这个因子与 1 相差甚微。但是当 v 几乎等于 c 时,分母的平方根趋向于零,因此动量趋向于无穷大。

如果有一个恒力作用在一个物体上很长时间,那么会出现什么情况?牛顿力学认为,物体将不断获得速度,直到它的运动超过光速。但是在相对论力学中,这是不可能的。在相对论中,物体不断得到的不是速度,而是动量。动量可以因为质量在不断增加而持续增大。经过一定时间后,实际上已不存在那种在速度变化含义上的加速运动,但是动量却继续在增加。自然,如果一个力只使物体的速度产生非常小的变化,我们就说这个物体具有很大的惯性。这正是我们的相对论质量公式所指出的[见式(15.10)]:当 v 大到接近于 c 时,惯性是非常大的。作为这种效应的一个例子,我们举出,在加利福尼亚理工学院所使用的同步加速器中,为了要偏转高速电子,所需的磁场的强度要比依据牛顿定律所预言的大 2 000 倍。换句话说,同步加速器中的电子的质量为它们正常质量的 2 000 倍,就如同一个质子的质量那么大! m 是 m_0 的 2 000 倍,意味着 $(1 - v^2/c^2)$ 必定为 1/4 000 000,也就是说 v^2/c^2 与 1 的差别只是四百万分之一。或者说 v 与 c 的差别只有 c 的八百万分之一。所以电子的速度非常接近于光的速度。如果电子与光同时开始从这个加速器射到邻近一个实验室(约 700 ft 远),那么谁先到达呢? 当然是光,因为光总是跑得更快一些*。但是早多少时间呢? 回答起来太麻烦了,我们还是说光所超前的路程有多少:约为 1/1 000 in,或者说一张纸的厚度的 1/4! 当电子跑得这样快时,它们的质量是非常巨大的,然而它们的速度不会超过光的速度。

现在我们再看看质量的相对论效应所具有的其他一些结果。考虑在一个小的容器中气

---

* 在同可见光的比赛中,由于空气的折射率,实际上电子将赢得胜利。但 γ 射线会稳操胜券!

体分子的运动。当气体被加热时,分子的速度就增加,因此,它的质量也会增加,而气体变重了。当速度较小时,表示质量增加的一个近似公式,可以利用二项式定理把

$$m_0/\sqrt{1-v^2/c^2} = m_0\left(1-\frac{v^2}{c^2}\right)^{-\frac{1}{2}}$$

展开为幂级数而得到。我们得到

$$m_0(1-v^2/c^2)^{-\frac{1}{2}} = m_0\left(1+\frac{1}{2}v^2/c^2+\frac{3}{8}v^4/c^4+\cdots\right).$$

从这个表示式可以清楚看出,当 v 较小时,级数收敛得很快,在前二项或前三项之后的各项可以忽略不计。因而我们可以写为

$$m \approx m_0 + \frac{1}{2}m_0 v^2\left(\frac{1}{c^2}\right), \tag{15.11}$$

其中,右端的第二项表示由分子的速度而来的质量的增加。由于温度升高时,v^2 与之成正比地增加,所以我们可以说,质量的增加正比于温度的增加。由于 $m_0 v^2/2$ 在原来的牛顿含义中是动能,所以我们也可以说,整个气体的质量的增加,等于动能增加的量除以 c^2,或者说 $\Delta m = \Delta(\text{K.E.})/c^2$。

§15-9 质能相当性

上面的观察给了爱因斯坦一个启发,使他想到,如果我们说物体的质量等于该物体总的能量含量除以 c^2,那么一个物体的质量就可以表示得比式(15.1)更为简单。如果式(15.11)乘以 c^2,则结果为

$$mc^2 = m_0 c^2 + \frac{1}{2}m_0 v^2 + \cdots, \tag{15.12}$$

这里,左端的一项表示一个物体的总能量,右端的后面一项可以认为是通常的动能。爱因斯坦把很大的常数项 $m_0 c^2$ 解释为该物体总能量的一部分,是一种通常称为"静能"的内在能量。

让我们跟着爱因斯坦来探究物体的能量总是等于 mc^2 这个假设会得出一些什么结论。作为一个有趣的结果,我们将找出表示质量随速度而变化的公式(15.1),而迄今为止我们只是把它作为一个假设来看待。我们从处于静止状态的一个物体出发,其能量为 $m_0 c^2$。然后对这个物体施加一个力。这个力使物体开始运动,并给予它动能;因此,由于能量增加,质量也增加——这已包含在原来的假设之中。只要力继续作用在物体上,能量和质量两者都会继续增加。我们已经看到(第 13 章),能量对时间的变化率等于力乘以速度,或

$$\frac{dE}{dt} = \boldsymbol{F}\cdot\boldsymbol{v}. \tag{15.13}$$

我们还看到[第 9 章,式(9.1)] $F = d(mv)/dt$。当这些关系与 E 的定义结合在一起,式(15.13)就变为

$$\frac{d(mc^2)}{dt} = \boldsymbol{v}\cdot\frac{d(m\boldsymbol{v})}{dt}. \tag{15.14}$$

我们希望解这个关于 m 的方程。为此，我们先用一点数学技巧，即在式子两端各乘以 $2m$，这就把方程变为

$$c^2(2m)\frac{\mathrm{d}m}{\mathrm{d}t} = 2mv\frac{\mathrm{d}(mv)}{\mathrm{d}t}. \tag{15.15}$$

我们要除去微商，这可以在两端用积分来做到。可以看出量 $(2m)\dfrac{\mathrm{d}m}{\mathrm{d}t}$ 是 m^2 的时间微商，而 $(2mv)\cdot \mathrm{d}(mv)/\mathrm{d}t$ 则是 $(mv)^2$ 的时间微商。这样，等式 (15.15) 就等于

$$\frac{c^2\mathrm{d}(m^2)}{\mathrm{d}t} = \frac{\mathrm{d}(m^2v^2)}{\mathrm{d}t}. \tag{15.16}$$

假如两个量的微商相等，它们本身最多只差一个常数，比如说 C。这就使我们能写成

$$m^2c^2 = m^2v^2 + C. \tag{15.17}$$

现在必须把这个常数 C 定义得更清楚一点。由于式 (15.17) 必须对所有的速度都成立，所以我们可以选择 $v = 0$ 这个特殊情况，并且说这时的质量是 m_0。将这些值代入等式 (15.17)，得出

$$m_0^2c^2 = 0 + C.$$

现在我们可以把这个 C 值代入式 (15.17) 中，于是得到

$$m^2c^2 = m^2v^2 + m_0^2c^2. \tag{15.18}$$

除以 c^2，再把各项整理一下后得

$$m^2\left(1 - \frac{v^2}{c^2}\right) = m_0^2,$$

由此便得

$$m = \frac{m_0}{\sqrt{1 - v^2/c^2}}. \tag{15.19}$$

这就是式 (15.1)，也正是为了使式 (15.12) 中质量与能量之间相符合所必要的一个公式。

通常说来，能量的这种变化只表示质量上极其微小的变化，因为平时我们不可能从一定量的物质中产生很多能量；但是，在原子弹爆炸中，如果其能量相当于 20 000 t TNT 炸药，就可以知道爆炸后的尘埃将比反应材料的原有质量轻 1 g，因为，按照关系式 $\Delta E = \Delta(mc^2)$，所释放的能量相当于 1 g 的质量。这种质能等价性的理论已为由物质湮没而完全转化为能量的实验出色地证实了：一个负电子与一个正电子在静止时质量各为 m_0，当它们碰到一起时，会蜕变成两束 γ 射线，测得各带有 m_0c^2 的能量。这个实验为确定与粒子的静止质量的存在相关的能量提供了一个直接的方法。

第16章　相对论中的能量与动量

§16-1　相对论与哲学家

在这一章中,我们将继续讨论爱因斯坦和庞加莱的相对性原理,因为它们影响着我们的物理观念以及人类思维的其他分支。

庞加莱以如下方式表述了相对性原理:"按照相对性原理,对于一个固定的观察者与对于一个相对于他作匀速运动的观察者来说,描述物理现象的定律必须是相同的,因而我们没有,也不可能有任何一种方法去辨认我们是否参与了这样一种运动。"

当这种观念披露于世时,在哲学家中引起了很大的骚动,特别是那些"鸡尾酒会哲学家"。他们说:"噢,这很简单:爱因斯坦的理论表明,一切都是相对的!"事实上,不仅是在鸡尾酒会上所见到的那些哲学家(为了不使他们难堪,我们就称他们为"鸡尾酒会哲学家"),而且数目多得令人吃惊的哲学家们都纷纷声称:"一切皆相对,此乃爱因斯坦之推论,它给予吾等之观念以深远的影响。"他们还补充说:"物理学亦已表明,现象有赖于人们的参照系。"诸如此类的话我们已听得很多,但是要弄清楚它们的含义则非常困难。大概原来所指的参照系,就是指我们在对相对论的分析中所用到的坐标系。这样,"事物有赖于人们的参照系"这个事实,就被设想为曾给于现代观念以深刻的影响。人们很可能对此感到不解,因为归根结底,事物依赖于一个人所抱的观点这件事是如此简单,为了要发现它,肯定不会有什么必要到物理学的相对论中去找麻烦。任何一个在街上散步的人肯定都明白,他所看到的一切取决于他的参照系,因为当一个过路人走近他时,他首先看到的是那个人的前面,而后再看到其后面;在据说是源出于相对论的大多数哲学中,没有比"一个人从前面看与从后面看不同"这种说法更深刻的了。几位盲人把大象描写成几种不同的样子,这个古老的故事或许是哲学家对相对论所抱有的观点的另一个例子。

但是在相对论中,一定具有比刚才"一个人从前面看与从后面看不同"那种简单的说法更为深刻的含义。相对论当然要比这种说法深刻得多,因为我们能够借助于它作出确定的预言。如果单从这样简单的观察居然能够预知自然界的行为,那么它一定是相当令人吃惊的。

也有另一学派的哲学家,他们对于相对论感到很不舒服,因为相对论断定如果不往外看,我们就无法确定我们运动的绝对速度,而这些人则说:"一个人不往外看就不能测出他的速度,那是很明显的。不往外看而去谈论一个物体的速度毫无意义,这也是不证自明的一件事;物理学家相当笨拙,因为他们的想法不是这样,可是现在总算使他们明白过来情况就是这样。只要我们哲学家认识到物理学家所思考的问题是什么,那么我们就会立即通过大脑来判断,不往外看就不可能说出一个人的运动有多快,这样我们就会对物理学作出巨大贡献了。"这样的哲学家总是有的,他们在我们周围喋喋不休地企图告诉我们一点什么东西,但是,实际上他们从未理解过这类问题的细致和深刻之处。

我们之所以无法鉴别绝对运动,乃是实验的一个结果,而不是像我们所能很容易想象的那种只是单纯思维的结果。首先,牛顿就已确实认为,假如一个人沿直线作匀速运动,那么他就不能说出自己跑得多快。事实上,牛顿最早说明了相对性原理,上一章中的一段引文就是他对此的陈述。那么,为什么在牛顿时代哲学家们就没有提出"一切都是相对的"或其他别的什么来喧哗一番呢?这是因为直到麦克斯韦提出电动力学理论,才有物理定律认为人们不往外看能够测定他的速度;不久就从实验上发现,这是不行的。

那么,一个人不往外看就无法知道他究竟运动得多快这一点是绝对的,肯定的,哲学上必然的吗?相对论的结果之一是发展了一种哲学,这种哲学认为:"你只能定义你所能测量的东西!因为非常明显,一个人如果不去看他相对于什么在测量速度,那么就无法测量这个速度,所以很清楚,谈论绝对速度是毫无意义的。物理学家应该领会到,他们所能谈论的只是那些他们所能测量的东西。"但是整个问题在于:人们是否能定义绝对速度这个问题是与下一个问题相同的,即人们是否在一个实验中能不往外看就觉察到他是否在运动。换句话说,某一事物是否可以测量,并不是由纯粹思维所能先验地予以决定,而是只能由实验来决定。假定我们已知光的速度为 $186\,000\ \mathrm{mi\cdot s^{-1}}$,那么人们将会发现,没有几个哲学家会沉着地说:"这是不证自明的,如果光在汽车中的传播速度为 $186\,000\ \mathrm{mi\cdot s^{-1}}$,汽车的车速为 $100\,000\ \mathrm{mi\cdot s^{-1}}$,那么对于地面上的观察者来说,光的速度也是 $186\,000\ \mathrm{mi\cdot s^{-1}}$。"对于这些哲学家来说这是一个令人吃惊的事实;正是这些认为这是很明显的人,当你告诉他们一件特殊的事实的时候,他们就认为这不是那么明显了。

最后,甚至还有这么一种哲学,它认为除非我们往外看,否则我们就不能觉察任何运动。在物理学中这是根本不正确的。诚然,人们无法觉察沿直线的匀速运动,但是如果整个房间在转动,那么我们就一定能知道它,因为每个人将被掷到墙上——这里有各种各样的"离心"效应。利用所谓傅科(Foucault)摆的方法,地球的绕轴转动可以不用观察星体而加以确定。因此,"一切都是相对的"这句话并不正确;只有匀速运动在不往外看时是觉察不到的。绕固定轴的匀速转动是可以觉察到的。当把这一点告诉一个哲学家时,他会十分心烦意乱;他实在不能理解这件事,因为在他看来,不往外看而能确定绕轴转动似乎是不可能的。如果这个哲学家是一个相当出色的哲学家,那么过一段时间后他可能会回过头来对我们说:"我明白了!我们确实并没有绝对转动这样一种事;你知道,实际上我们是相对于星体在转动。因而星体对物体所施加的某种影响必然引起了离心力。"

现在就我们所知的一切情况来说,那是对的;目前我们还没有办法可以告诉你,如果周围没有星体或星云,那么是否还会存在离心力。我们没有可能去做这样一个实验,先把所有的星云移开,而后去测量地球的转动,所以我们也就不知道。我们必须承认这位哲学家可能是对的。因此他高兴地回转身来说:"世界最终变成这个样子是绝对必要的,即绝对的转动是毫无意义的,它只是相对于星云而言的。"于是我们对他说:"那么,我的朋友,相对于星云所作的匀速直线运动,不应该在一辆汽车内产生任何效应这一点是明显的还是不明显的呢?"现在,运动已不再是绝对的,而是相对于星云的,它变成了一个神秘的问题,即一个只能用实验来回答的问题。

那么,什么是相对论对哲学的影响呢?如果我们只限于去谈这种意义上的影响,例如相对论原理给物理学家带来了哪些新的观念和启示,那么我们可讲一下其中的如下几点。首先,我们的一个发现主要是,有些概念即使在长时期内都被认为适用,并且得到了十分准确的验证,然而它们仍然可能是错误的。牛顿定律在这么多年被视为似乎是正确的之后,居然被说成是错误的,这显然是一件使人震惊的发现。当然,很清楚不是实验错了,而只是因为这些实验是在有限的速度范围内完成的,而这些速度之小,不可能使相对论效应明显地表现出来。但无论如何,我们现在对于物理定律已抱有一种远为谦逊的见解,即任何一件事都可能是错的!

第二,如果我们有一些"奇特"的观念,比如时间会随着运动而变慢,等等,那么,究竟我们是喜欢它们还是不喜欢它们,则是与此不相干的另一个问题。唯一与之有关的问题,便是这些观念是否与实验上的发现相一致。换句话说,"奇特的观念"只要符合于实验就行,而我们必须讨论钟的行为等等,其唯一的理由就是要说明,虽然时间膨胀的概念是多么奇怪,但它与我们测量时间的方式是协调的。

最后,第三个启示虽然略带一些技术性,但在我们研究其他物理定律时它证明是非常有用的,这就是要注意定律的对称性,或者更明确地说,就是要寻找这样一种方式使得定律在变换时能保持其原有形式不变。在讨论矢量理论时,我们曾看到,在转动坐标系时,运动的基本定律并没有改变,而现在我们又知道,在以一种特有的由洛伦兹变换所提供的方法改变时间和空间变量时,它们的形式也没有改变。因而,这个观念,即在什么形式或作用下基本定律仍保持不变,已被证明是一个非常有用的观念。

§16-2 孪生子佯谬

为了继续讨论洛伦兹变换和相对论效应,我们来考虑一个著名的所谓彼得(Peter)和保罗(Paul)的"佯谬",并假定他们是同时出生的一对孪生子。当他们成长到能操纵宇宙飞船时,保罗以很快的速度飞了出去,彼得则仍留在地面。由于彼得看到保罗运动得这么快,所以从彼得的观点看来,保罗的钟似乎走慢了,他的心跳变慢了,思维也迟缓了,每件事都延迟了。当然,保罗自己并没有感到出现任何异常情况,但是如果他在外面漫游了一段时间之后再回到地面,他将比在地面上的彼得年轻!这确实是对的,它是相对论的结论之一,而相对论是被清楚地证实了的。正像 μ 子运动时,它的寿命要延长一样,当保罗运动时,他的寿命也会延长。这件事只有在这些人眼光中才称为是一种"佯谬",因为他们认为,相对论原理意味着一切运动都是相对的,他们说:"好,好,好,从保罗的观点看来,难道我们不是也可以说彼得正在运动,因而他应当衰老得慢一点吗?由于对称性,唯一可能的结果是,当他们会面时,大家的年龄应当相同。"但是,为了使他们能重新相遇并进行比较,保罗必须要么在旅途的终点停下来,并且将钟进行比较,要么更简单一些,他必须返回,而返回的那个人必定是正在飞行(或运动)的那个人,他知道这一点,因为他必须转过身来飞行。当他转过身来的时候,他的飞船上各种不寻常的事情就发生了——火箭射了出去,东西向墙上撞了过去,等等——而彼得则一点也没有感到什么。

所以,如果要叙述这条规则的话,就可以说:感觉到加速度和看到东西向墙上撞了过去等等的那个人,将是比较年轻的一个;这就是他们之间在"绝对"意义上的一个差别,而这肯定是正确的。当我们讨论运动的 μ 子的寿命变长这个事实时,作为例子我们使用了它们在大气中的直线运动。但是我们也可以在实验室里产生 μ 子,并用磁铁来使它们作曲线运动,即使在这种加速运动下,它们的寿命的延长与在直线运动的情况下完全一样。虽然还没有一个人具体地安排过一个实验,使我们能消除这个佯谬,但是我们可以把一个静止的 μ 子同一个跑完整个一圈的 μ 子相比较,这时肯定将会发现绕过整个一圈的 μ 子的寿命要长一些。虽然我们实际上还没有用整个一圈做过这样的实验,但其实这并不必要,因为一切事情都符合得很好。对于那些坚持认为每个单独的事实都要直接得到证实的人,这或许不能使他得到满足。但是我们有充分把握来预言保罗转过整个一圈的那个实验的结果。

§16-3 速度的变换

爱因斯坦相对性与牛顿相对性之间的主要差异,在于把两个处于相对运动中的系统之间的坐标与时间联结起来的变换规律是不同的。正确的变换规律,也就是洛伦兹变换方程为

$$
\begin{aligned}
x' &= \frac{x - ut}{\sqrt{1 - u^2/c^2}}, \\
y' &= y, \\
z' &= z, \\
t' &= \frac{t - ux/c^2}{\sqrt{1 - u^2/c^2}}.
\end{aligned}
\tag{16.1}
$$

这些等式对应于一种比较简单的情况,即其中两个观察者的相对运动沿着它们共同的 x 轴。当然也有可能沿着其他方向运动,但是最一般的洛伦兹变换则将由于所有四个量都混杂在一起而变得相当复杂。我们将继续使用这个较为简单的形式,因为它包含了相对论的所有主要特点。

我们现在来进一步讨论这个变换的推论。首先,有趣的是倒过来解这些等式。这就是说,这里有一组线性方程,它们是四个方程和四个未知数,可以倒过来解这些方程,即用 x',y',z',t' 来表示 x,y,z,t。结果是非常有意思的,因为它告诉我们,从"运动"坐标系的观点来看,"静止"坐标系会是什么样子。当然,由于运动是相对的和匀速的,所以"运动"的那个人,如果愿意的话也可以说:实际上是另一个人在运动,而他自己则静止着。因为这另一个人是在沿着反方向运动,所以他应当得到同样的变换,但是速度要用相反的符号。这与我们在演算中所得到的完全相同,因而是协调的。假如得出的结果不是如此,那我们倒真有理由要担心了!

$$
\begin{aligned}
x &= \frac{x' + ut'}{\sqrt{1 - u^2/c^2}}, \\
y &= y', \\
z &= z', \\
t &= \frac{t' + ux'/c^2}{\sqrt{1 - u^2/c^2}}.
\end{aligned}
\tag{16.2}
$$

其次,我们来讨论相对论中速度的叠加这个有趣的问题。我们还记得一个奇特的难题,即对于所有系统来说,光速都是 $186\,000\,\mathrm{mi\cdot s^{-1}}$,即使它们处于相对运动之中也是如此。像如下例子所说明的那样,这是较普遍的问题中的一个特殊情况。假定宇宙飞船内有一个

物体以 100 000 mi·s^{-1} 运动，飞船本身的速度是 100 000 mi·s^{-1}；从外部观察者的观点看来，飞船内这个物体是以多大的速度在运动？我们也许要说 200 000 mi·s^{-1}，这就要比光速还快。这是非常使人沮丧的，因为不能设想它会跑得比光速还快！普遍的问题则如下所述。

假设在飞船内有一个物体，从飞船内一个人的观点看来，它以速度 v 运动，而飞船本身则相对于地面有一速度 u。我们所要知道的是从地面上一个观察者的观点看来，这个物体以多大的速度 v_x 运动。当然，这还是一个在 x 方向上运动的特殊情况。此外，还存在着在 y 方向或任何方向上的速度变换；这些都可以在需要时加以导出。在飞船内物体的速度是 $v_{x'}$ 这就说明位移 x' 等于速度乘以时间，即

$$x' = v_{x'} t'. \tag{16.3}$$

现在我们只要对一个在 x' 和 t' 之间具有关系式(16.3)的物体去计算它从外部观察者的观点看来的位置与速度是多少，因而我们只要简单地把式(16.3)代入式(16.2)，就得到

$$x = \frac{v_{x'} t' + u t'}{\sqrt{1 - u^2/c^2}}. \tag{16.4}$$

但是我们在这里看到 x 是用 t' 表示的。为了得到外部观察者所看到的速度，我们必须用他的时间，而不是用另一个人的时间去除他的距离！所以我们也必须计算外部观察者所看到的时间，即

$$t = \frac{t' + u(v_{x'} t')/c^2}{\sqrt{1 - u^2/c^2}}. \tag{16.5}$$

现在必须找出 x 与 t 之比，这就是

$$v_x = \frac{x}{t} = \frac{u + v_{x'}}{1 + u v_{x'}/c^2}, \tag{16.6}$$

其中平方根已被消去。这就是我们所要求的定律：合速度，即两个速度之"和"，并不恰巧是两个速度的代数和（我们知道，不可能是两者的代数和，否则就会使我们陷于困境），而是为 $(1 + uv/c^2)$ 所"校正"了的。

现在我们来看看将会发生什么。假定你们在宇宙飞船内以光速的一半在运动，而飞船本身也在以光速的一半飞行。因此，$u = c/2$，$v = c/2$，而分母中的 $uv/c^2 = 1/4$，于是

$$v = \frac{\frac{1}{2}c + \frac{1}{2}c}{1 + \frac{1}{4}} = \frac{4}{5}c.$$

所以在相对论中，"1/2"加"1/2"并不等于 1，而只等于"4/5"。当然，低速可以很容易用熟悉的方法相加，因为只要速度与光速相比很小，我们就可忘掉 $(1 + uv/c^2)$ 这个因子；但是在高速情况下，事情就完全不同，而且也变得非常有趣了。

我们来考虑一个极限情况。开一个玩笑吧！宇宙飞船里的那个人正在观察光本身。也就是说 $v = c$，而飞船是在以 u 运动。那么从地面上的人看来将会怎样？回答是

$$v = \frac{u + c}{1 + uc/c^2} = \frac{c(u + c)}{u + c} = c.$$

因此，如果飞船里有什么东西在以光速运动，那么从地面上的观察者的观点看来，它还是以光速运动！这很好，因为事实上，这正是爱因斯坦相对论首先打算要做的——可见这个理论不错！

当然，也有一些情况，运动并不是在匀速移动的那个方向上进行的。比如飞船中可能有一个物体正好相对于飞船以速度 $v_{y'}$ "朝上"运动，而飞船则在"水平"地飞行着。这时，我们只要按照同样的方法去做，不过不用 y 项而不用 x 项就是了，结果是

$$y = y' = v_{y'}t',$$

所以，如果 $v_{x'} = 0$，则

$$v_y = \frac{y}{t} = v_{y'}\sqrt{1-u^2/c^2}. \tag{16.7}$$

因此，侧向的速度不再是 $v_{y'}$，而是 $v_{y'}\sqrt{1-u^2/c^2}$。这个结果我们是用代入与组合变换方程得到的，但我们也能由于如下理由而直接从相对论原理看出这个结果（再去探索一下总是好的，看看我们是否能找出其理由来）。我们已经讨论过（图 15-3）一只钟在运动时如何走动的；在固定的地面坐标系看来，光线以速度 c 沿一定偏角前进，而在运动坐标系看来，则只是以同样速度沿垂直方向运动。我们曾经看到，在固定坐标系中光速的垂直分量比光速本身小一个因子 $\sqrt{1-u^2/c^2}$（见图15-3）。但现在我们假定，让一个实物粒子在这同一只"钟"内来回跑动，其速度为光速的整分数 $1/n$（图 16-1），那么当粒子来回跑一次时，光将恰好走过 n 次。也就是说："粒子"钟每一次的"滴答"声恰好与光钟的第 n 次"滴答"声相符合。当整个系统在运动时，这个事实仍然正确，因为符合一致的物理现象在任何参照系中仍将是符合一致的。因此，由于 c_y 小于光速 c，粒子的速度 v_y 也必然要比对应的速度小同一个平方根因子！这就是平方根所以会出现在任何一个垂直速度中的原因所在。

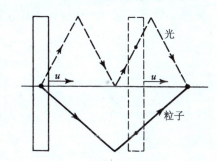

图 16-1 光和"粒子"在一只运动的钟内的运动轨迹

§ 16-4 相对论性质量

在上一章中我们已经看到一个物体的质量随着其速度的变大而增加，但没有对此加以说明，这就是说，我们没有进行过类似于对钟的行为所作出的那样的论证。然而，我们能够证明，作为相对论加上少数几个其他合理的假设的结果，质量是必须按照这种方式变化的（我们必须说"少数几个其他假设"，因为只要我们还打算进行有意义的推理，那么，除非假定有某些定律已经成立，不然就不可能证明任何东西）。为了避免要去研究力的变换定律，我们将研究碰撞这个问题，在那里，除了假设动量和能量都守恒外，不需要知道有关力的任何定律。同样，我们将假设运动粒子的动量是一个矢量，而且总是指向速度的方向。然而我们将不像牛顿所做的那样，把动量假设为一个常数乘上速度，而只是把它假设为速度的某一函数。因此我们把动量矢量写成某一个系数乘上速度矢量

$$\boldsymbol{p} = m_v\boldsymbol{v}. \tag{16.8}$$

我们在系数上记一个下标"v",为的是要提醒大家,它是速度的一个函数,而且我们也同意把这个系数 m_v 称为"质量"。当然,当速度很小时,它与我们过去在低速实验中所测得的质量是相同的。现在,我们试图从物理定律必须在每个坐标系中都相同这个相对论原理来论证 m_v 的公式必须是 $m_0/\sqrt{1-v^2/c^2}$。

假定我们有两个粒子,比如两个质子,它们完全相同,并且以精确相等的速率相向运动,它们的总动量为零。现在,可能出现什么情况呢? 碰撞以后,它们的运动方向必须正好相反,因为如果不是正好相反,那么总的动量矢量就不会是零,动量也就不会守恒。它们还必须具有相同的速率,因为彼此之间是完全相类似的;事实上,它们的速率必须都与碰撞前相同,因为我们假定能量在这些碰撞中是守恒的。所以这种弹性碰撞是一个可逆碰撞,如图 16-2(a)所示:所有的箭矢长度相等,所有的速率大小相等。我们假定,这种碰撞总是可以任意安排的,即在这样一种碰撞中,可以出现任何角度 θ,也可以用任何大小的速度。其次,我们注意到这同一个碰撞可以通过坐标轴的转动从不同的角度来观察。正是为了方便起见,我们将这样来转动坐标轴,使水平轴把它平均分成两半,如图 16-2(b)所示。图中只是把坐标轴转动后的同一个碰撞重新画出而已。

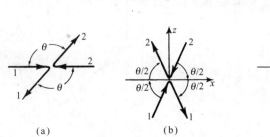 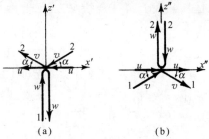

图 16-2 两个以相等速率、相向运动的相同粒子所发生的弹性碰撞的两种视图

图 16-3 从运动汽车上看上去的碰撞的另外两种视图

真正的技巧在于:我们从某个驱车前进的人的角度来观察这个碰撞,汽车的速度等于粒子 1 的速度的水平分量。那么,这个碰撞看上去像什么呢? 就粒子 1 而言,它看上去在径直朝上跑,因为它已经没有那个水平分量,然后它又垂直往下落,这也是因为它没有那个水平分量。也就是说,碰撞看上去就如图 16-3(a)所示那样。然而,粒子 2 却按另一种方式飞行,当我们驱车经过时,它看来以更大的速度和较小的角度飞行,但是我们可以判断出碰撞前后的角度是相同的。我们以 u 表示粒子 2 的速度的水平分量,以 w 表示粒子 1 的垂直速度。

现在,问题是粒子 2 的垂直速度 $u\tan\alpha$ 是什么? 假如我们知道的话,就可以利用垂直方向的动量守恒定律来得到动量的正确表示式。很清楚,水平方向的动量分量是守恒的:对于两个粒子来说碰撞前后都相同,对于粒子 1 来说,水平分量为零。所以我们只需要对垂直向上的分速度 $u\tan\alpha$ 应用守恒定律。但是,只要以另一种方式观察同样的碰撞,我们就可以求得朝上的速度! 如果我们从以速率 u 向左边运动的车来观察图 16-3(a)的碰撞,那么所看到的只是将图 16-3(a)的情况"翻转过来"而已,如图 16-3(b)所示。现在粒子 2 以速度 w 飞下又飞上,而粒子 1 得到了水平速度 u。当然,现在我们知道速度 $u\tan\alpha$ 等于什么了:它就是 $w\sqrt{1-u^2/c^2}$ [参见式(16.7)]。我们还知道图 16-3(b)中垂直运动粒子的垂直动量变化是

$$\Delta p = 2m_w w.$$

（上式乘以 2 是因为它的运动先朝下再朝上。）而斜向运动的粒子具有一定的速度 v，它的分量我们发现是 u 和 $w\sqrt{1-u^2/c^2}$，它的质量为 m_v。因此这个粒子垂直动量的变化是 $\Delta p' = 2m_v w \sqrt{1-u^2/c^2}$，因为，按照我们假设的定律式(16.8)，动量分量等于与速度数值相应的质量乘以速度在该方向上的分量。于是为了使总动量为零，垂直方向上的两个动量必须相抵消，因此，以速度 v 运动的质量与以速度 w 运动的质量之比必须为

$$\frac{m_w}{m_v} = \sqrt{1-u^2/c^2}. \tag{16.9}$$

我们取一个 w 是无限小的极限情况。如果 w 确实很小，那么很清楚，v 与 u 实际上是相等的。在这种情况下，$m_w \to m_0$，而 $m_v \to m_u$，于是，就得到一个重大的结果

$$m_u = \frac{m_0}{\sqrt{1-u^2/c^2}}. \tag{16.10}$$

作为一个有趣的练习，我们现在检验一下，假定式(16.10)是正确的质量公式，那么式(16.9)是否对任意的 w 值都确实成立。注意，式(16.9)中所需的速度 v 可由直角三角形算出

$$v^2 = u^2 + w^2(1-u^2/c^2).$$

经过适当计算后，我们发现式(16.9)确实成立，虽然起先我们只是在 w 很小的极限情况下利用了这个等式。

现在，我们承认动量是守恒的，质量与速度的关系是由式(16.10)决定的，然后再继续看看我们是否还能得出别的什么结论。我们来考虑一种通常称为非弹性碰撞的过程。为了简单起见，假设属于同一类型的两个物体，以相同的速率 w 相向运动，彼此碰撞后结合在一起成为新的静止的物体，如图 16-4(a)所示。我们知道对应于 w 的每个物体的质量 m 是 $m_0/\sqrt{1-w^2/c^2}$。如果我们假定动量守恒和相对论原理，就可以论证一件有关这个所形成的物体质量的有趣事实。我们设想有一个垂直于 w 的无限小的速度 u（对于有限的 u 值也可以同样处理，但是对无限小速度的情形更易于理解），并在一个速度为 $(-u)$ 的电梯上来观察这一碰撞。我们所见到的情况如图 16-4(b)所示。复合物体的质量 M 是未知的。现在物体 1 以朝上的分速度 u 和实际上就等于 w 的水平分速度运动，物体 2 也是如此。碰撞后，质量为 M 的物体以速度 u 朝上运动，u 与光速相比是极小的，与 w 相比也很小。由于动量必须守恒，所以我们估算一下在朝上的方向上碰撞前后的动量。在碰撞前，动量 $p \approx 2m_w u$，碰撞后的动量显然为 $p' = M_u u$，但由于 u 是这样小，所以 M_u 基本上可以认为是 M_0。这些动量按照守恒定律必须相等，所以

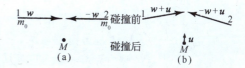

图 16-4　质量相同的物体之间的非弹性碰撞的两种看法

$$M_0 = 2m_w. \tag{16.11}$$

两个相等的物体碰撞后所形成的那个物体的质量必定为进行碰撞的物体质量的两倍。你们也许会说："当然，这就是质量守恒嘛。"但是并不那样容易，因为这些质量虽然比起它们静止

时的质量来增加了,但对总的 M,它们提供的不是处于静止时的质量,而是更多一些。令人惊奇的是,为了使两个物体碰撞时动量守恒成立,即使在碰撞后形成的物体处于静止状态,其质量也必须大于物体的静止质量!

§16-5 相对论性能量

在上一章中,我们论证了作为物体质量对速度的依赖关系与牛顿定律的结果,力对一个物体所做的总功引起的动能改变总是

$$\Delta T = (m_u - m_0)c^2 = \frac{m_0 c^2}{\sqrt{1 - u^2/c^2}} - m_0 c^2. \tag{16.12}$$

我们甚至还进一步推测全部能量是总质量乘以 c^2。现在我们来继续这个讨论。

假定在 M 内仍可以"看见"发生碰撞的两个等质量的物体。例如,一个质子和一个中子"粘合在一起",但仍在 M 内来回运动。虽然起初预料 M 的质量是 $2m_0$,但结果我们发现它并不是 $2m_0$,而是 $2m_w$。由于 $2m_w$ 是形成 M 时加入的质量,而 $2m_0$ 是在 M 中的物体的静止质量,因此复合物的过剩质量就等于带进去的动能。当然,这意味着能量有惯性。前面一章中我们讨论过气体的加热,说明了由于气体分子在运动,而运动的物体质量增大,当我们对气体加入能量后,它的分子运动就加快,因而气体质量也变大。其实上述论证完全是一般性的,我们关于非弹性碰撞的讨论表明无论动能是否存在,这部分质量总是存在的。换句话说:如果两个粒子彼此靠近,产生势能或任何其他形式的能量,或者这两部分由于越过势垒、克服内力做功等等而使速度变慢,这时质量总是等于加入到物体中的总能量这一点仍然正确。因而我们可以看到上面所推导的质量守恒等价于能量守恒。所以严格地说,像牛顿力学中那样的非弹性碰撞在相对论中是不存在的。按照牛顿力学两个物体碰撞后组成一个新的质量为 $2m_0$ 的物体是毋庸置疑的,它与将这两个物体慢慢地放在一起所形成的物体毫无区别。当然,从能量守恒定律我们知道,在这个新的物体内有较多的动能,但是按照牛顿定律,这并不影响质量。然而现在我们看到这是不可能的;因为在碰撞中包含了动能,结果所产生的物体的质量将更大一些,因此,可以说,它是一个不同的物体。当我们轻轻地把物体组合在一起时,所产生的物体的质量为 $2m_0$;当我们用力将物体组合在一起时,所产生的物体的质量更大一些。当质量不同时,我们就能识别出来。所以,在相对论中能量的守恒必定与动量守恒一同成立。

上面的讨论会产生一些有趣的结果。例如,假设我们有一个已测得质量为 m 的物体,如果发生某种情况使它分成两个相等的部分,各以速度 w 飞出,于是每个部分的质量将为 m_w。现在如果这两块裂片沿途碰上许多物体从而使速度变慢直至停止,那时它们的质量将为 m_0。试问当它们停止时,给予其他物体多少能量?按照我们前面证明过的定理,每一部分提供的能量是 $(m_w - m_0)c^2$。这么多能量就以热、势能或者别的什么形式留在其他物体里。由于 $2m_w = M$,所以释放的能量是 $E = (M - 2m_0)c^2$。这个等式曾用来估计原子弹中的核裂变会释放多少能量(虽然许多碎片并不正好相等,而是近似相等)。铀原子的质量是已知的——在事前已测定过——铀原子裂变后产生的碘、氙等的质量也已知。这里的质量不是指原子运动时的质量,而是指它们静止的质量。换句话说,M 和 m_0 都已知。这样,将

有关两个数相减,我们就能计算如果 M 可以分裂为"两半"的话将会释放多少能量。由于这个理由,在所有的报纸上都曾将可怜的老爱因斯坦称为原子弹之"父"。当然,所有这些只是意味着,倘若我们告诉他会有什么反应发生的话,他就能在事先告诉我们会有多少能量被释放出来。一个铀原子裂变时应当释放的能量大约在第一次直接试验前六个月就估计出来了,后来能量真的释放时,立即有人直接作了测量(如果爱因斯坦公式不起作用,他们不管怎样也得测量能量),当他们测量出能量时,就不再需要这个公式了。当然,我们不应该贬低爱因斯坦,而是应该批评报界和许多报道文章对在物理和技术的发展过程中究竟是什么促成什么所提出的议论。至于怎样使事情更有效地和更迅速地出现,这完全是另一回事。

这个结果在化学上也同样有效,比方说,如果我们测定二氧化碳的质量,并与碳和氧的质量相比,我们就能算出,当碳和氧组成二氧化碳时,会释放出多少能量。这里唯一的麻烦在于质量上的差别是如此之小,以致这件事在技术上很难实现。

现在,我们回到这个问题上来:是否应当把 $m_0 c^2$ 加到动能上,从今以后就说一个物体的总能量是 mc^2 呢? 首先,假如我们仍能在 M 内看出静止质量为 m_0 的组成部分,那么我们就可以说,复合物体的质量 M 中有一些是各组成部分的力学静止质量,有一些是各组成部分的动能,有一些是各组成部分的势能。但是我们发现,自然界中经历上述那种反应的各种粒子,在世界各国无论用什么方式来进行研究,都还没有能看到内部的组成成分。例如,K 介子蜕变成两个 π 介子时,的确遵从定律式(16.11),但是认为一个 K 介子由两个 π 介子组成则是无价值的观点,因为它也能蜕变为三个 π 介子!

因此我们有一种新的想法:我们毋须知道物体的内部结构;我们不能够,也不需要识别在粒子内部,哪一部分能量是粒子行将蜕变成的那些部分的静止能量。将一个物体的总能量 mc^2 分为内部组成部分的静止能量、动能和势能,既不方便,也常常不可能,我们只是简单地说粒子的总能量。我们对每个物体加上一个常数 $m_0 c^2$ 来"改变能量原点",并且说,一个粒子的总能量是运动质量乘以 c^2,而当物体静止时,其能量就是静止质量乘以 c^2。

最后,我们发现速度 v,动量 P,总能量 E 能以一个相当简单的方式联系起来。很奇怪,以速率 v 运动的物体的质量等于静止质量 m_0 除以 $\sqrt{1-v^2/c^2}$ 这样一个公式却很少使用。相反,下面两个式子很容易证明,结果则很有用:

$$E^2 - P^2 c^2 = m_0^2 c^4 \tag{16.13}$$

和

$$Pc = \frac{Ev}{c}. \tag{16.14}$$

第17章 时　　空

§17-1　时空几何学

相对论告诉我们在两个不同的坐标系里测得的位置和时间的关系与我们根据直观概念所想象的不一样。透彻理解洛伦兹变换所包含的空间和时间的关系是十分重要的,因此,在本章中我们将较为深入地研究这个问题。

"静止"的观察者测得的位置和时间(x, y, z, t)和在以速度u"运动"的宇宙飞船里的观察者所测得的相应的坐标和时间(x', y', z', t')之间的洛伦兹变换为

$$\begin{aligned} x' &= \frac{x - ut}{\sqrt{1 - u^2/c^2}}, \\ y' &= y, \\ z' &= z, \\ t' &= \frac{t - ux/c^2}{\sqrt{1 - u^2/c^2}}. \end{aligned} \qquad (17.1)$$

我们来比较一下这些式子和式(11.5)。式(11.5)也涉及在两个坐标系中的测量关系,不过在那里一个坐标系相对于另一个坐标系作转动

$$\begin{aligned} x' &= x\cos\theta + y\sin\theta, \\ y' &= y\cos\theta - x\sin\theta, \\ z' &= z. \end{aligned} \qquad (17.2)$$

在此特例中,莫和乔用的坐标轴中的x-轴和x'-轴之间有一夹角θ。在上述各种情况中,我们看到带撇的量是不带撇的量"混合":新的x'是x和y的混合,新的y'也是x和y的混合。

打一个比方来说:当我们观察一个物体时,有一个我们称之为"视宽度"和另一个我们称之为"深度"的概念。但是,宽度和深度这两个概念不是物体的基本特性,因为如果我们走开一点,从不同的角度来观察同一物体,就得到不同的宽度和深度,并且我们可以建立一些从旧的量和有关角度来计算新的量的公式。式(17.2)就是这样的一些公式。人们可以认为一个给定的深度是所有宽度和所有深度的一种混合。假如物体是永远不能移动的,而且我们总是从同一位置来观察一个给定物体,这时情况就完全不同了——我们将总是看到"真实"的宽度和"真实"的深度,它们好像具有完全不同的性质,因为一个表现为视张角,而另一个与眼睛的聚焦或直觉有关;它们好像是非常不同的两件事,而且永远不会混合。但是,由于我们能够从不同的角度进行观察,所以我们认识到深度和宽度从某种意义上来说,正好是同

一事物的两个不同方面。

我们能否用同样的方式来看待洛伦兹变换呢？这里也有一个位置和时间的混合。空间量度和时间量度之间的差值产生了一个新的空间量度。换句话说，某人的空间量度，在另一个人看来，却掺入了一些时间的量度。上述比方使我们产生这样的概念：我们所观察的客体的"实际"（粗略地、直观地说）总是比它的"宽度"和"深度"更为重要，因为"宽度"和"深度"与我们如何观察物体有关；当我们移动到一个新的位置时，我们可以立即重新算出它的宽度和深度。但是，当我们以高速运动时，不能立即重新算出坐标和时间，因为我们还没有以接近光速运动的实际经验，来鉴别时间和空间也具有相同的性质。这就像我们只能总是固定在一定的位置上来看某一物体的宽度，而不能这样或那样明显地移动我们的位置；如果我们能够的话，那么按照现在的理解，我们就应当能够看到一些别人的时间——比方说"滞后的"，即便是一点点。

因此，就像物体在普通的空间世界里是实在的，并能从不同的方向上被观察到一样，我们将试图在一种空间和时间混合在一起的新的世界里来想象客体。我们将认为，占有空间并延续了某一时间间隔的物体在新的世界里占有一个"小块"，而当我们以不同的速度运动时，我们就能从不同的角度观察到这个"小块"。这个新的世界是这样的几何实体，其中每一小块都占有位置并包含一定量的时间。我们称这个新的世界为时空。在时空中的一个给定点(x, y, z, t)称为一个事件。例如，可以设想，在水平方向作 x 轴，在另外两个方向作 y 和 z 轴，其中两两互成"直角"，并且"垂直"于纸面（!），在竖直方向上作时间轴。那么一个运动粒子在这个图中会是什么样子呢？如果粒子是静止的，它具有某一 x 值；随着时间的推移，它具有的 x 值不变，因此，它的"轨迹"是平行于 t 轴的一条直线[见图17-1(a)]。另一方面，如果它向前漂移，则随着时间的推移，x 将增大[图17-1(b)]。如果有一个粒子，开始时向外漂移，以后又逐渐地缓慢下来，那么它

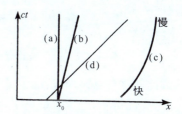

图 17-1 三个粒子在时空中的轨迹：(a) 静止在 $x = x_0$ 处的粒子轨迹；(b) 以恒定速度在 $x = x_0$ 处开始运动的粒子轨迹；(c) 以高速开始运动，但逐步缓慢下来的粒子轨迹；(d) 光线运动的轨迹

具有的运动就像图17-1(c)所示的那样。换句话说，一个永久的不蜕变的粒子在时空中用一条线表示。一个蜕变的粒子要用一条分叉线来表示，因为它在分叉点处开始变成两个粒子。

光的情况怎样呢？光是以速度 c 运动的，因而应该用具有一定斜率的直线来表示[图17-1(d)]。

现在按照我们的新概念，假如一个粒子发生了某一给定事件，比如说，它在某一时空点突然蜕变成两个新粒子，并沿某些新的轨迹运动，而且这一有趣事件是发生在某一确定的 x 和 t 值处，那么我们或许会预期，如果这是有意义的话，只要取一对新的轴，并把它们转过一个角度，在这个新的系统里，我们将得到新的 t 和新的 x，如图17-2(a)所示。但是，这是错误的，因为式(17.1)和(17.2)并不是完全相同的数学变换。例如，两者之间的符号就不一样，事实上一个是用 $\cos\theta$ 和 $\sin\theta$ 项来表示，而另一个是一些代数量（当然，把代数量写成余弦和正弦的形式并不是不可能的，但实际上

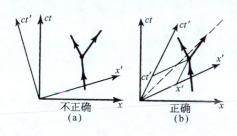

图 17-2 对一个蜕变粒子的两种看法

却不能这样做)。尽管如此,这两种表示式还是很相似的。我们将会看到,由于符号的不同,把空-时看成是一个实在的普通几何空间确实是不可能的。实际上,虽然我们不强调这一点,但可以证明,一个正在运动的人必须选用一组与光线成相同倾角的坐标轴,它的 x' 和 t' 如图 17-2(b)所示,须用平行于 x' 轴与 t' 轴的一种特殊投影得出。我们将不讨论这种几何,因为它用处不大,而用方程式来研究则更容易一些。

§17-2 时空间隔

虽然时空几何不是通常意义下的欧几里得几何,但是存在一种与欧氏几何非常相似的几何学,不过它在某些方面有其特殊之处。如果这种几何概念是正确的,就应存在一些与坐标系无关的坐标和时间的函数。例如,通常在转动时,如果取两点,为了简单起见,一点取在原点,另一点取在任何地方,两个系统具有同一原点,则从一点到另一点的距离在这两个系统中是相同的。这一性质与测量距离的特定方法无关。距离的平方是 $x^2 + y^2 + z^2$。那么,时空的几何情况如何呢?不难证明,这里也有一个量是不变的,即在变换前后组合 $c^2 t^2 - x^2 - y^2 - z^2$ 不变

$$c^2 t'^2 - x'^2 - y'^2 - z'^2 = c^2 t^2 - x^2 - y^2 - z^2. \tag{17.3}$$

因此就某种意义来说,这个量像距离一样,是"实在"的。我们把它称为两个时空点之间的间隔,在此例中,一个时空点取在原点(当然,实际上它是间隔的平方,就像 $x^2 + y^2 + z^2$ 是距离的平方一样)。由于是在不同的几何学中,所以我们给它起了个不同的名称,但值得注意的只是式中有几个符号相反,而且其中含有一个因子 c。

让我们把 c 去掉;如果我们找到一个 x 和 y 可以互换的奇妙空间,那似乎是荒唐的。没有经验的人可能会引起的混淆之一是,比方说,用眼睛的张角测量宽度,而用另一种方法,如用聚焦时眼肌肉的紧张程度来测量深度,从而以英尺计量深度,以公尺计量宽度。这样,人们在做像式(17.2)这类变换时,会感到方程式极为复杂,并且由于用了两种不同的单位去计量同一事物这样一个非常简单的技巧上的原因,使人们不能看到事物的鲜明性和简易性。现在方程式(17.1)和(17.3)的性质告诉我们,时间和空间是等价的;时间变成了空间;它们应该用相同的单位计量。什么是 1 s 的距离?从式(17.3)很容易算出 1 s 的距离是 3×10^8 m,也就是光在 1 s 内所走过的距离。换句话说,如果我们用同一单位,如秒,来计量所有的距离和时间,则距离的单位就是 3×10^8 m,这样,方程式就比较简单了。使单位一致起来的另一个办法是用米来计量时间。什么是 1 m 的时间呢?1 m 的时间就是光走过 1 m 所用的时间,也就是 $1/3 \times 10^{-8}$ s,或者是 1 s 的十亿分之三点三!换句话说,我们希望用 $c = 1$ 的单位系统来写出所有的方程式。如果时间和空间真如我们设想的那样用同一单位来计量,那么方程式就会明显地大为简化。它们是

$$x' = \frac{x - ut}{\sqrt{1 - u^2}},$$
$$y' = y, \tag{17.4}$$
$$z' = z,$$
$$t' = \frac{t - ux}{\sqrt{1 - u^2}},$$

$$t'^2 - x'^2 - y'^2 - z'^2 = t^2 - x^2 - y^2 - z^2. \tag{17.5}$$

如果在采用 $c=1$ 的单位系统后，我们担心或害怕再也不能使这些方程式成立，答案完全相反。这些没有 c 的方程式更容易记，并且通过考虑量纲，很容易把 c 又放回去。例如，在 $\sqrt{1-u^2}$ 中，我们知道不可能从纯粹的数目中减去一个有单位的速度平方，因此，必须用 c^2 去除 u^2 以保证它没有单位。这就是我们采用的办法。

时空空间和普通空间之间的区别，以及与距离相应的间隔的特性是很有趣的。按照式(17.5)，如果我们考虑在一给定坐标系中时间为零，只有空间的一个点，则它的间隔平方为负值，于是我们就得到一个虚的间隔，即一个负数的平方根。在相对论中，间隔可以是实数，也可以是虚数。间隔的平方可以是正的，也可以是负的，不像距离只有正的平方值。当间隔为虚数时，我们说这两点之间有一个类空间隔(而不说虚数)，因为这个间隔比较更像空间而不像时间。另一方面，如果两个物体在一给定坐标系中的同一地方，仅是时间不同，这时时间的平方是正的，距离为零，间隔的平方为正值；这个间隔称为类时间隔。因此，在时空图中，应有某种类似于这样的表示：在 45°角处，有两条线(实际上，在四维空间中，这些线构成"圆锥"，称为光锥)，这些线上的点与原点的间隔均为零。正如在式(17.5)中看到的那样，从某一给定点出发的光线，与原来出发点之间的间隔总是零。顺便说一下，我们刚才已经证明了若光在一个坐标系中以速度 c 传播，它在另一个坐标系中也将以速度 c 传播，因为，如果间隔在两个坐标系中是相同的，亦即，在一个坐标系中的间隔为零，在另一个坐标系中的间隔也为零，那么，光的传播速度不变的说法与间隔为零的说法是相同的。

§17-3 过去，现在和将来

如图 17-3 所示，在一给定时空点周围的时空区可以分成三个区域。在一个区域内具有类空间隔，在另两个区域内具有类时间隔。从物理意义上来看，由一给定点周围的时空分成的这三个区域与该点有一种有趣的物理联系：一个物理客体或信号可以低于光速的速率从区域 2 的一点到达事件 O 处。因此，在此区域里的事件能够影响 O 点，也能从过去来影响它。当然事实上，在负 t 轴上 P 点处的客体相对于 O 点正处在"过去"，它与 O 是同样的空间点，只是较早而已。在那里那时发生过的事件，现在正影响着 O(遗憾的是，生活正是如此)。在 Q 点处的另一个客体能以低于 c 的某一速率运动到 O 点，因而如果这是正在运动着的宇宙飞船中的物体，它也会是同一空间点的过去。也就是说，在另一坐标系中，时间轴可以同时通过 O 和 Q 两点。因此，在区域 2 内的所有点都是处在 O 点的"过去"，在此区域内发生的任何事件都能影响 O 点。所以区域 2 有时称为可感知的过去或有影响的过去；所有能以任何方式影响 O 点的事件都位于这个区域。

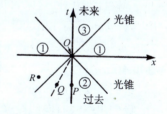

图 17-3 在原点周围的时空区域

另一方面，区域 3 是受 O 点影响的一个区域，在这个区域中，以低于光速 c 的速率射出的"子弹"能够"击中"物体。因此，在这个世界里，我们能影响它的未来，所以我们称它为可感知的未来或有影响的未来。现在，时空剩下的部分就是区域 1，关于这个区域令人感兴趣的是，我们既不能从现在的 O 点影响它，它也不能影响我们现在的 O 点，因为没有任何东西能跑得比光速更快。当然，在 R 处发生的事件还是能在较晚的时候影响我们的；比如说，如果太阳"此刻"正在爆炸，我们得在八分钟以后才能知道，在这之前，它不可能对我们有所影响。

我们所说的"此刻"是一个很神秘的东西，我们既不能对它加以定义，也不能对它施加影响，但它却能在较晚的时候影响我们，或者如果我们在足够遥远的过去完成某些事情，我们已经能影响它了。当我们观察半人马座 α 星时，看到的是四年以前的它；我们也许想知道它"现在"是什么样子。"现在"意味着，从我们这个特定的坐标系来看是在同一时刻的意思。我们只能从我们的过去，即四年前，从半人马座 α 星发出的光线来看它，而并不知道它的"现在"，它"现在"发生的情况要能影响到我们，那已经是四年以后了。半人马座 α 星的"现在"仅是我们头脑中的一个概念或想象，它并不是此刻在物理上真正可以定义的，因为我们必须等待着去观察它；我们甚至不能就在"现在"定义它。还有"现在"是取决于坐标系的。例如，假定半人马座 α 星在运动，它上面的观察者将和我们的看法不同，因为他必须使他的坐标轴处在某一个角度，他的"现在"应是另一个时间。我们已经讲过，同时性并不是唯一的。

有些江湖术士、占卜算命之流告诉我们，他们能知道未来，而且还杜撰了许多某人突然发现他有预知未来的本领等荒诞无稽的故事。显然，此中充满了很多似是而非的悖理，因为如果我们知道将发生什么事，那么，我们就肯定能够在适当时间采取适当措施来避免它，等等。但是，实际上甚至没有任何一个占卜算命之流能告诉我们现在！没有任何一个人能够告诉我们在任何适当的距离刚好在现在正在发生什么事情，因为那是不能观察的。我们可以向自己提出这样一个问题，我们把它留给同学们去试作回答：如果在区域 1 的类空间隔中发生的事情突然变为可知的，那么将会产生什么样的佯谬？

§17-4　四维矢量的进一步讨论

现在我们再回过来讨论洛伦兹变换和空间轴转动的类比。我们已经知道了把一群与坐标具有同样变换性质的其他量合在一起，以构成我们称之为矢量的有向线段的用处。在通常的转动情况下，有很多量的变换方式与在转动情况下的 x, y 和 z 的变换方式一样，例如，速度有三个分量，即 x, y 和 z 分量；当在另一个坐标系观察时，这些分量没有一个保持相同，它们都变换成新的值。但是，不管怎样，速度"本身"要比它的特殊分量具有更大的实在性，我们用一根有向线段来表示它。

因此，我们要问：是否也存在着这样一些量，它们在运动坐标系和静止坐标系中的变换方式，或者它们之间的相互关系与 x, y, z 和 t 相同？从我们关于矢量的经验，我们知道，其中的三个量类似于 x, y, z 将构成一个普通的空间矢量的三个分量，但是第四个量，在空间转动下看起来像一个普通的标量，因为只要我们不是处于运动坐标系中，它总是不变的。那么，是否可以把我们称之为"时间分量"的第四个量与某些我们已知的"三维矢量"以一定方式联系起来，而使这四个量一起按照在时空中的位置和时间同样的方式"转动"呢？我们现在将证明，的确存在着这样的一种情况（实际上有许多种这样的情况）：动量的三个分量和作为时间分量的能量一起变换，就构成一个所谓"四维矢量"。在论证这一点时，因为到处都带有 c 书写起来很不方便，所以我们将采用在式(17.4)中用过的同样技巧来处理能量、质量和动量的单位。例如，能量和质量只相差一个因子 c^2，这仅仅是单位的问题，所以我们可以说能量就是质量。我们令 $E = m$，而不是写出 c^2。当然，在遇到麻烦时，我们可以把正确的 c 代入，以便使单位在最后的方程式中得到纠正而直接出现，但在中间步骤中则略去 c。

因此，能量和动量的方程式可以写成

$$E = m = \frac{m_0}{\sqrt{1-v^2}},$$

$$\boldsymbol{p} = m\boldsymbol{v} = \frac{m_0 \boldsymbol{v}}{\sqrt{1-v^2}}. \tag{17.6}$$

在这种单位中，有

$$E^2 - p^2 = m_0^2. \tag{17.7}$$

例如，如果我们以电子伏(eV)来计量能量，那么 1 eV 的质量是什么意思呢？它是指静止能量为 1 eV 的质量，即 $m_0 c^2$ 是 1 eV。又如一个电子的静止质量为 0.511×10^6 eV。

那么，动量和能量在新的坐标系中是什么样子呢？为了找出它们，我们就要对方程组(17.6)作一变换。我们之所以能这样做，是因为知道了速度是如何变换的。假设，我们在测量时，一个物体具有速度 v，但是，我们是从以速度 u 运动的宇宙飞船上来观察这一物体的，所以我们把在宇宙飞船坐标系中测得的相应量都打上一撇。为了使问题简化起见，在开始时我们将研究速度 v 和 u 在同一方向的情况(以后我们可以研究更一般的情况)。那么在宇宙飞船上看到的速度 v' 是什么呢？这是一个合速度，即 v 和 u 之"差"。根据我们前面得出的定律

$$v' = \frac{v - u}{1 - uv}. \tag{17.8}$$

现在，我们来计算在宇宙飞船中的人看到的新的能量 E'。当然，他应该采用同样的静止质量，但是应该用 v' 作为速度。我们必须计算 v' 的平方，算出 $1-v'^2$ 的值，再将 $1-v'^2$ 开方并算出其倒数值

$$v'^2 = \frac{v^2 - 2uv + u^2}{1 - 2uv + u^2 v^2},$$

$$1 - v'^2 = \frac{1 - 2uv + u^2 v^2 - v^2 + 2uv - u^2}{1 - 2uv + u^2 v^2} = \frac{1 - v^2 - u^2 + u^2 v^2}{1 - 2uv + u^2 v^2} = \frac{(1-v^2)(1-u^2)}{(1-uv)^2}.$$

因此

$$\frac{1}{\sqrt{1-v'^2}} = \frac{1 - uv}{\sqrt{1-v^2}\sqrt{1-u^2}}. \tag{17.9}$$

能量 E' 就是 m_0 乘上式。但是，我们要求的是用不带撇的能量和动量来表示 E'，我们注意到

$$E' = \frac{m_0 - m_0 uv}{\sqrt{1-v^2}\sqrt{1-u^2}} = \frac{(m_0/\sqrt{1-v^2}) - (m_0 v/\sqrt{1-v^2})u}{\sqrt{1-u^2}}$$

或

$$E' = \frac{E - u p_x}{\sqrt{1-u^2}}, \tag{17.10}$$

这个式子与下式

$$t' = \frac{t - ux}{\sqrt{1-u^2}}$$

的形式完全一样。其次,我们必须找出新动量 p'_x。这正是能量 E' 和 v' 的乘积,也可以简单地用 E 和 p 来表示,即

$$p'_x = E'v' = \frac{m_0(1-uv)}{\sqrt{1-v^2}\sqrt{1-u^2}} \cdot \frac{v-u}{(1-uv)} = \frac{m_0 v - m_0 u}{\sqrt{1-v^2}\sqrt{1-u^2}}.$$

因此

$$p'_x = \frac{p_x - uE}{\sqrt{1-u^2}}, \tag{17.11}$$

此式又和下式

$$x' = \frac{x - ut}{\sqrt{1-u^2}}$$

的形式完全一样。

由此可见,用原来的能量和动量来表示新的能量和动量的变换与用 t 和 x 来表示 t' 及用 x 和 t 来表示 x' 的变换完全一样:我们需要做的是将式(17.4)中的 t 换成 E,x 换成 p_x,这样,式(17.4)就变得与式(17.10)和(17.11)完全相同。如果这一切都是完全正确的,就应该包含着另一条规则:$p'_y = p_y$ 和 $p'_z = p_z$。要证明这一点,就需要我们回过头来研究上下运动的情况。实际上,在上一章中我们已经研究过上下运动的情况。我们分析过一个复杂的碰撞,并且注意到,事实上,从运动的坐标系来看,动量的横向分量是不变的;因此,我们就证明了 $p'_y = p_y$ 和 $p'_z = p_z$。而整个变换为

$$\begin{aligned} p'_x &= \frac{p_x - uE}{\sqrt{1-u^2}}, \\ p'_y &= p_y, \\ p'_z &= p_z, \\ E' &= \frac{E - up_x}{\sqrt{1-u^2}}. \end{aligned} \tag{17.12}$$

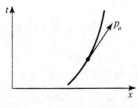

图 17-4 一个质点的四维动量矢量

因此,在这些变换中,我们发现了四个和 x, y, z 和 t 的变换相同的量,我们称它为**四维动量矢量**。既然动量是一个四维矢量,那么在运动质点的时空图上,可以用一个与轨道相切的箭头来表示,如图 17-4 所示。这个箭头的时间分量等于能量,空间分量代表它的三维动量矢量;这个箭头要比能量或者动量都更为"实在",因为能量和动量与我们观察这个图的方式有关。

§17-5 四维矢量代数

四维矢量的表示法与三维矢量的表示法不同。在三维矢量中,我们用 **p** 表示通常的三

维动量矢量,如果说得更明确一些,我们可以说对于所研究的坐标轴,它具有三个分量 p_x, p_y 和 p_z,或者简单地用 p_i 来表示一般分量,i 既可以是 x,y,也可以是 z,这样就得出了三个分量;也就是说,设想 i 是 x,y 或 z 三个方向中的任何一个。四维矢量的表示法与此类似;p_μ 表示四维矢量,μ 代表四个可能方向 t,x,y 或 z 中的任何一个。

当然,我们可以用我们所需要的任何符号;但不要轻视这些符号,要看到它们的出现是很有用的。实际上,数学在很大程度上就在于找出日益完善的符号。事实上,四维矢量的整个观念就在于改进符号的表示法,使得变换易于记住。A_μ 是一个一般的四维矢量,但对动量这个特殊的例子来说,p_t 被确定为能量,p_x 是 x 方向的动量,p_y 是 y 方向的动量,p_z 是 z 方向的动量。使四维矢量相加,也就是把它们的相应分量加起来。

如果有一个四维矢量的方程式,那么这个方程式对每一个分量都是正确的。例如,如果在粒子碰撞中三维动量矢量的守恒定律是正确的,也就是说,如果大量相互作用或碰撞的粒子的动量之和是一个常数,那么,这就必然意味着,所有粒子在 x,y 和 z 的每一个方向上的动量之和都应分别为常数。在相对论中,单独这条定律是不成立的,因为它不完全;这就像对一个三维矢量只讲它的两个分量一样。说它不完全是因为如果我们转动坐标轴,就把各个分量混合起来了,因而,在我们的定律中,必须包括所有的三个分量。同样,在相对论中,我们必须推广动量守恒定律使它包括时间分量,以保持完整。把它和其他三个分量合在一起是绝对必要的,否则,就不可能有相对论不变性。能量守恒是第四个方程式,它和动量守恒一起在时空几何中构成了一个正确的四维矢量关系式。这样,在四维表示方式中能量和动量守恒定律为

$$\sum_{\text{进来的粒子}} p_\mu = \sum_{\text{出去的粒子}} p_\mu \tag{17.13}$$

或写成一个稍微不同的表示形式

$$\sum_i p_{i\mu} = \sum_j p_{j\mu}, \tag{17.14}$$

这里 $i = 1, 2, \cdots$ 表示即将发生碰撞的粒子,$j = 1, 2, \cdots$ 表示碰撞后离开的粒子,而 $\mu = x$,y,z 或 t。也许你要问,"这是相对于什么坐标轴?"这没有关系,因为采用任何坐标轴,这条定律对每一个分量都是适用的。

在矢量分析中,我们曾讨论过另一个问题,即两个矢量的点积。现在我们来考虑在时空中相应的情形。在一般的转动问题中,我们发现,有一个不变量 $x^2 + y^2 + z^2$。在四维问题中,我们发现相应的量是 $t^2 - x^2 - y^2 - z^2$(式17.3)。如何把它表示出来呢?一种方法是在两个矢量之间加一个中间带点的四边形,如 $A_\mu \diamondsuit B_\mu$;实际采用的一种表示法是

$$\sum_\mu{}' A_\mu A_\mu = A_t^2 - A_x^2 - A_y^2 - A_z^2. \tag{17.15}$$

在 $\sum$ 上加一撇表示第一项,即"时间"项为正的,而其他三个项都带有负号。这样,在任何坐标系中这个量都一样,我们称它为四维矢量长度的平方。例如,一个质点的四维动量矢量长度平方是什么呢?它等于 $p_t^2 - p_x^2 - p_y^2 - p_z^2$,或者换一种形式为 $E^2 - p^2$,因为我们知道 p_t 就是 E。什么是 $E^2 - p^2$ 呢?它必须是在每一个坐标系中都不变的量。特别是,对于一个始终随着粒子一起运动的坐标系,即粒子在其中保持静止的坐标系,这个量应该保持不变。如果粒子是静止的,它就不会有动量。因此,在这种坐标系中,它只有纯粹的能量,并与它的

静止质量相同。这就是说，$E^2 - p^2 = m_0^2$。由此可知，四维动量矢量长度的平方等于 m_0^2。

从一个矢量的平方出发，我们可以进而定出"点积"，即它的乘积是一个标量的积：如果 a_μ 是一个四维矢量，b_μ 是另一个四维矢量，则标积是

$$\sideset{}{'}\sum a_\mu b_\mu = a_t b_t - a_x b_x - a_y b_y - a_z b_z. \tag{17.16}$$

在所有坐标系中，它都是一样的。

最后，我们还要提一下某些静止质量 m_0 为零的情形。例如，光子。光子就像一个粒子，带有一定的能量和动量。光子的能量是一个确定的常数（称为普朗克常数）乘以光子的频率：$E = h\nu$。这种光子也带有一定的动量，光子（实际上，任何粒子）的动量等于波长除以普朗克常数：$p = h/\lambda$。但是，对于光子来说，频率和波长之间有一个确定的关系：$\nu = c/\lambda$（每秒钟的波数乘上每个波的波长就是光在 1 s 内走过的距离，显然就是 c）。因此，我们立即可以看出，光子的能量一定是动量乘 c，或者，如果 $c = 1$，能量和动量就相等。这就是说，静止质量为零。让我们再来看一看，这是非常奇怪的。如果一个粒子的静止质量为零，当它停止时，会发生什么情况呢？它永远不会停止！它总是以速度 c 运动着。能量的一般公式是 $m_0/\sqrt{1-v^2}$。那么，我们能否说，因为 $m_0 = 0$，$v = 1$，所以能量也是零？我们不能说它等于零；尽管光子没有静止质量，它实际上能够（而且也确实）具有能量，不过这是因为它永远以光速运动才具有能量！

我们还知道，任何粒子的动量都等于它的总能量乘它的速度：如果 $c = 1$，$p = vE$，或者在通常单位中 $p = vE/c^2$。对于任何以光速运动的粒子来说，如果 $c = 1$，则 $p = E$。从运动坐标系来看，光子的能量公式显然是由式(17.12)给出，对于动量，我们应该用能量乘 c 来代替（或在这种情况下乘以 1）。经过变换后不同的能量意味着具有不同的频率。这叫做多普勒效应，用 $E = p$ 和 $E = h\nu$，我们就能很容易从式(17.12)算出它来。

正如闵可夫斯基所说的："空间本身和时间本身将消失在完全的阴影之中，只有它们之间的某种结合才将得以生存。"

第18章 二维空间中的转动

§18-1 质　　心

在前面几章中,我们研究了点或者是小粒子的力学,在那里不涉及它们的内部结构。在下面几章,我们将研究牛顿定律对较为复杂问题的应用。当世界变得更复杂时,它也就变得更有趣了,而且,我们将发现与较复杂物体的力学相联系的现象比起只是一个点来说确实要吸引人得多。当然,这些现象除了牛顿定律的组合之外并不包含其他任何东西,有时却难于使人置信,只有 $F = ma$ 在起作用。

我们研究的较为复杂物体可以分为如下几类:流动的水,旋转着的星系,等等。在开始时,要分析的最简单的"复杂"物体是所谓的刚体,也就是在运动时会发生转动的固体。然而,尽管是这样一个简单的物体,也可能具有非常复杂的运动。因此,首先我们将研究这种运动的最简单的形式,即一个伸展的物体绕固定轴的转动。该物体上的某一给定点在与这根轴垂直的平面里运动。这样一种物体绕固定轴的转动称为平面转动,或在二维空间中的转动。以后我们将把结果推广到三维空间,但在这样做的时候我们将发现,它不像通常的质点力学那样易于推广,如果我们不首先在二维空间中打好坚实的基础,则三维空间中的转动是难于理解和难以捉摸的。

如果把一个由弦线联在一起的许多木块和木条所组成的物体抛到空中,我们就可以在这个过程中观察到第一个有趣的有关复杂物体运动的定理在起作用。当然,我们知道,如果我们研究的是一个质点,它将沿一条抛物线运动。但是,现在我们的物体不是一个质点,它将摇摆和翻滚等。尽管如此,人们仍能看到,它还是沿抛物线运动。但究竟是什么沿抛物线运动呢? 当然不是木块边角上的点,因为它在上下翻滚;也不是木条的端点和木块或木条的中间部分。但是,确实有某个东西沿抛物线运动,那就是有效"中心"。因而第一个关于复杂物体的定理就是要表明:存在着一个在数学上可以定义的平均位置,但不一定是物体上的一个点沿抛物线运动。这就叫做质心定理,下面就来证明这一个定理。

我们可以把任何物体都看成由大量微小的粒子,即原子所组成的,在这些粒子之间存在着各种力。用 i 来表示某一个粒子的标记(它们的数目极大,比方说,i 可以大到 10^{23})。那么,作用在第 i 个粒子上的力当然是质量乘这个粒子的加速度

$$F_i = \frac{m_i \mathrm{d}^2 r_i}{\mathrm{d}t^2}. \tag{18.1}$$

在下面几章中,运动物体的各个部分都是以远小于光速的速率运动,所以对所有的量我们将用非相对论近似。在这种情况下,质量是常数,因此

$$F_i = \frac{\mathrm{d}^2 (m_i r_i)}{\mathrm{d}t^2}. \tag{18.2}$$

如果我们把作用在所有粒子上的力都加起来,也就是说,假如对所有不同标记的 F_i 求和,我们就得到总的力 F。在等式的另一端,我们在微分之前先相加

$$\sum_i F_i = F = \frac{d^2(\sum_i m_i r_i)}{dt^2}. \tag{18.3}$$

因此,总的力就等于各个质量与位置乘积之和的二阶微商。

现在作用在所有粒子上的总的力与外力相同。为什么呢?虽然由于弦线的存在,作用在粒子上有各种各样的力,如摆动力、推力、拉力、原子力以及天知道还有什么形式的力,我们应该把所有这些力都加起来,但牛顿第三定律却帮助了我们。由于在任何两个粒子之间的作用和反作用是相等的,因而当我们把所有的方程式加起来时,如果任何两个粒子之间有力作用着,那么在求和时这些力将相互抵消。因此,最后的结果是只剩下那些来自其他粒子的作用力,这些粒子不包含在我们所要求和的那个物体里面。因此,假如式(18.3)是对一定数量的粒子求和,这些粒子一起构成了所谓"物体",那么作用在整个物体上的外力就等于作用在组成它的各个粒子上的所有力的和。

如果我们能够把式(18.3)写成总质量和某一个加速度的乘积,那么问题就好办多了。这是可以做到的。我们用 M 来代表所有质量的总和,也就是总质量。如果我们定义一个矢量 R 为

$$R = \sum_i \frac{m_i r_i}{M}, \tag{18.4}$$

由于 M 是常数,则式(18.3)将简化成

$$F = \frac{d^2(MR)}{dt^2} = \frac{Md^2R}{dt^2}. \tag{18.5}$$

于是我们得出,外力等于总质量和某一位于 R 的假想点的加速度的乘积。这个点称为物体的质心。它是位于物体"中间"某处的一个点,是 r 的一种平均值。在这种平均值中,各个不同的 r_i 的权重(即重要性)与其质量成正比。

在下一章中我们将更详细地讨论这个定理,这里我们只限于指出两点:第一,假如外力为零,物体在真空中漂移,它可以以旋转、晃动、扭转等形式做各种运动。但是它的质心——这个人为地创造和计算出来、位于其中的某一位置——将以一个恒定的速度运动。特别是,假如它原来是静止的,它将保持静止。因此,假如有某种容器,比方说载人的宇宙飞船,我们算出它的质心位置,并且发现这个质心是静止的,那么,如果没有外力作用在这个容器上,它将一直保持静止。当然,由于人在内部来回走动,宇宙飞船可以作某种微小的运动;当人向前走的时候,飞船就向后退,以保持所有质量的平均位置严格处于同一点。

那么,由于人们不能使质心运动,是不是就绝对不可能发射火箭呢?显然不是。但是,我们当然也会发现要想推动火箭中的有用部分,就要把一些无用部分抛掉。换句话说,如果开始时火箭的速度为零,我们让气体从它的尾部喷出,那么,当这股小气流向一个方向喷出时,火箭飞船就向另一个方向运动,但是它们的质心仍旧严格地处于原来的位置。因此,我们只是使有用的那部分相对于无用的另一部分作运动而已。

关于质心的第二点,也就是我们在这个时候要引进它的原因,在于质心的运动可以和物体"内部"的运动分开来处理,因此,我们在讨论转动时可以不去考虑它。

§18-2 刚体的转动

现在我们来讨论物体的转动。当然,一般物体不仅会转动,还会晃动,摇动和弯曲。为了使问题简化起见,我们将讨论一种称为刚体——但实际上并不存在的理想物体——的运动。刚体的意思是说这个物体的原子之间的作用力非常强,由于这种特性,使它运动所需的很小的力,不会使它发生形变。当刚体运动的时候,它的形状实质上是保持不变的。如果我们希望研究这种物体的运动,并且不去考虑它的质心的运动,那么就只剩下转动了。我们怎样来描写转动呢?假如在物体上有一条线保持不动(它可以穿过质心,也可以不穿过),物体就以这根特殊的线为轴转动。如何来确定转动呢?这很容易,在物体上除轴线以外的任何一个地方记下一点,只要知道这个点运动到什么地方,我们就能够准确地说出物体的位置。描述这个点的位置,只要用一个角度就够了。所以转动就是研究这个角度随时间的变化。

为了研究转动,我们来观察一个物体转过的角度。当然,我们并不是指物体本身内部的某一特定的角度;也不是说我们在物体上画出某一角度。我们指的是从某一时刻到另一时刻整个物体位置的角变化。

首先,我们来研究转动运动学。角度随着时间而变化,就像我们在一维情况下讨论位置和速度那样,在平面转动中可以讨论角位置和角速度。实际上,在二维转动和一维位移之间存在着一个非常有趣的联系,几乎每一个量都有它的对应的量。首先,这里有一个确定物体转过多远的角度 θ,它代替了确定物体移动多远的距离 y。同样,正如在一维空间中有一个表示物体运动得多快,或者在一秒钟内走了多远的速度 $v = ds/dt$ 那样,这里也有一个表示一秒钟内角度的变化多大的转动速度,$\omega = d\theta/dt$。假如用弧度来测量角度,那么角速度 ω 就是每秒多少弧度。角速度越大,物体转动得越快,角度变化也越快。再继续下去,我们可以把角速度对时间微分,并称 $\alpha = d\omega/dt = d^2\theta/dt^2$ 为角加速度。它与通常的加速度相对应。

当然,我们还应该把转动动力学和构成物体的质点动力学规律联系起来,因此,我们应求出,当角速度为某一值时,某一特定质点是如何运动的。为此,通常的做法是,我们在离开轴的距离为 r 处取一质点,在一给定时刻它处于某一位置 $P(x, y)$,如图(18.1)所示。假如经过 Δt 时间后,整个物体转过 $\Delta\theta$ 角,这个质点也和物体一起运动。它离开 O 点的距离和以前一样,但被带到了 Q 点。我们要知道的第一件事是它在 x 方向上的距离变化了多少,在 y 方向上的距离又变化了多少。令 OP 为 r,那么根据角度的定义,PQ 的长度为 $r\Delta\theta$。这样,x 值的变化就正好是 $r\Delta\theta$ 在 x 方向上的投影

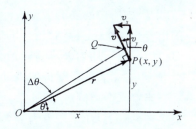

图 18-1 二维转动动力学图示

$$\Delta x = PQ\sin\theta = -r\Delta\theta \cdot \frac{y}{r} = -y\Delta\theta. \tag{18.6}$$

同样

$$\Delta y = +x\Delta\theta. \tag{18.7}$$

假如物体是以一个给定的角速度 ω 转动,用 Δt 去除式(18.6)和(18.7)的两边后,我们发现

质点的速度为

$$v_x = -\omega y \text{ 和 } v_y = +\omega x. \qquad (18.8)$$

当然，如果要求出速度的大小，则可写成

$$v = \sqrt{v_x^2 + v_y^2} = \sqrt{\omega^2 y^2 + \omega^2 x^2} = \omega\sqrt{x^2 + y^2} = \omega r. \qquad (18.9)$$

这个速度的大小为 ωr，这并不是不可思议的；实际上，这应当是不证自明的，因为它走过的距离是 $r\Delta\theta$，而每秒钟走过的距离就是 $r\Delta\theta/\Delta t$，即 $r\omega$。

现在我们转向研究转动动力学。这里必须引进一个力的新的概念。我们要考察一下是否能够找到某个量，它对转动的关系就像力对线性运动的关系那样，我们称它为**转矩**(转矩的英文名称 torque，这个字起源于拉丁文 torquere，即扭转的意思)。力是产生线性运动所必须的，而要使某一物体转动就需要有一个"旋转力"或"扭转力"，即转矩。定性地说，转矩就是"扭转"；但定量地说，转矩又是什么呢？因为定义力的一个最好的办法是看在力作用下通过某一给定的位移时，它做了多少功，所以通过研究转动一个物体时做了多少功就能定量地得出转矩的理论。为了保持线性运动和角运动的各个量之间的对应关系，我们让在力作用下物体转过一个微小距离时所做的功等于转矩与物体转过的角度的乘积。换句话说，我们是这样来定义转矩，使得功的定理对两者完全相同：力乘距离是功，转矩乘角度也是功。这就告诉了我们转矩是什么。例如，我们来考虑一个有几种不同的力同时作用在上面的刚体，它绕一根轴转动。首先，我们集中注意观察一个力，并假定这个力作用于某一点 (x, y) 上。那么，如果物体转过一个很小的角度，它做了多少功呢？这很容易，所做的功是

$$\Delta W = F_x \Delta x + F_y \Delta y. \qquad (18.10)$$

我们只要用式(18.6)和式(18.7)两者来代替 Δx 和 Δy 就得出

$$\Delta W = (xF_y - yF_x)\Delta\theta. \qquad (18.11)$$

这就是说，所做的功的大小实际上等于物体转过的角度乘上一种看上去很奇特的力和距离的组合。这个"奇特的组合"正是我们所说的转矩。由于功的变化定义为转矩乘角度，所以我们就得出了用力表示的转矩公式(显然，转矩并不是一个与牛顿力学完全无关的新的概念，转矩必须有一个明确的借助于力的定义)。

当有几个力同时作用时，当然，所做的功应等于各个力所做的功之和，因此，ΔW 将包括很多项，即把对应于所有力的各项加到一起，而每一项都与 $\Delta\theta$ 成正比。我们可以把 $\Delta\theta$ 提出来，因此可以说，功的改变等于各个不同的作用力产生的所有转矩之和与 $\Delta\theta$ 的乘积。这个和称为总转矩 τ。因而，转矩能用一般的代数规律相加，但以后会看到，这仅仅适用于在一个平面里的运动。就像在一维的动力学中，力可以用简单的代数法相加一样，但这只是因为它们都处在同一个方向上。在三维空间中情况就比较复杂。对于二维转动有

$$\tau_i = x_i F_{yi} - y_i F_{xi} \qquad (18.12)$$

和

$$\tau = \sum \tau_i. \qquad (18.13)$$

必须强调指出，转矩是相对于某一给定轴而言的。假如选取不同的轴，则所有的 x_i 和 y_i 都

改变了,转矩的值(一般说来)也要改变。

现在我们稍微注意一下,在前面从功的概念引出转矩时,也给出了物体在平衡时的一个很重要的结果:如果作用在一个物体上的所有的力对平动和转动而言都是平衡的,则不仅净力为零,而且总转矩也为零,因为假如一个物体处于平衡,那么对于微小的位移外力不做功。因此既然 $\Delta W = \tau \Delta \theta = 0$,则所有转矩之和也应为零。这样对平衡来说就有两个条件:力的和是零,转矩的和也是零。读者可以证明,在平衡时,必须保证绕任何一根轴(在二维空间中)的转矩之和都为零。

现在我们来考虑单个力,并试图用几何法来画出奇特的项 $xF_y - yF_x$。在图 18-2 中,我们看到一个力 F 作用在点 P 上。当物体转过一个小的角度 $\Delta \theta$ 时,所做的功应该等于力在位移方向上的分量和位移的乘积。换句话说,需要计算的只是力的切向分量和距离 $r\Delta\theta$。因此,我们看到转矩也等于力的切向分量(垂直于半径)和半径的乘积。根据转矩的一般概念就能了解,假如力完全是径向的,它就不能使物体"扭转";很明显,扭转效应仅与不是把它从中心拉出来的那部分力有关,这部分力就是切向分量。此外,显然,一个给定的力作用在长臂上要比接近轴线时效果更大。实际上,如果我们正好推在轴上,根本不会发生扭转。因此,这就使我们了解到,扭转或转矩的大小是与径向距离和力的切向分量成正比的。

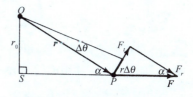

图 18-2 一个力产生的转矩

转矩还有第三个非常有趣的公式。我们刚刚在图 18-2 中已经看到转矩等于力乘半径再乘 $\sin \alpha$。但是,假如我们延长力的作用线,并画一条与力的作用线垂直的直线 OS(即力臂),我们发现这个力臂相对于 r 之比等于力的切向分量相对于总力之比。因此,转矩公式还可以写成力的大小乘力臂的长度。

转矩通常也叫力矩。这个字的来源不很清楚,但是 moment 是从拉丁语中的 movimentum 衍生出来的,而且一个力移动物体的能力(力作用在一个杠杆或一根撬棒上)是随力臂长度的增加而增加的,因此,它的来源可能与此有关。在数学上"矩"("moment")的意思是用离开轴的距离多少来加权的。

§ 18-3 角 动 量

虽然到目前为止我们只考虑了刚体这一特殊情况,但是转矩的性质和它的数学关系式即使对非刚体也是有意义的。实际上,我们可以证明一个非常值得注意的定理:就像外力是一群质点的总动量 p 的变化率一样,外转矩是一群质点的角动量 L 的变化率。

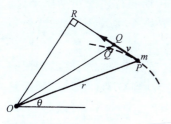

图 18-3 一个围绕轴 O 运动的质点

为了证明这一点,我们假设有某些力作用在一个由许多质点组成的系统上,并观察在这些力产生的转矩的作用下,系统会发生什么变化。当然,首先我们只考虑一个质点。图 18-3 所示的是一个质量为 m 的质点和一根轴 O;这个质点不一定绕 O 作圆周运动,它可以像行星绕太阳一样沿一椭圆运动,或者沿某个其他曲线运动,反正它在运动,而且有力作用在上面,并且按照通常的公式,即力的 x 分量等于质量乘加速度 x 的分量,等等。但是我们再来看一下转矩是什么呢? 转矩等于 $xF_y - yF_x$,而在 x 或 y 方向上的力是质量乘上在 x 或 y 方向上的加速度

$$\tau = xF_y - yF_x = xm\frac{\mathrm{d}^2 y}{\mathrm{d}t^2} - ym\frac{\mathrm{d}^2 x}{\mathrm{d}t^2}. \tag{18.14}$$

虽然,看来这个式子不是一个简单的量的微商,但实际上它是量 $xm(\mathrm{d}y/\mathrm{d}t) - ym(\mathrm{d}x/\mathrm{d}t)$ 的微商

$$\frac{\mathrm{d}}{\mathrm{d}t}\left[xm\left(\frac{\mathrm{d}y}{\mathrm{d}t}\right) - ym\left(\frac{\mathrm{d}x}{\mathrm{d}t}\right)\right] = xm\left(\frac{\mathrm{d}^2 y}{\mathrm{d}t^2}\right) + \left(\frac{\mathrm{d}x}{\mathrm{d}t}\right)m\left(\frac{\mathrm{d}y}{\mathrm{d}t}\right) - ym\left(\frac{\mathrm{d}^2 x}{\mathrm{d}t^2}\right) - \left(\frac{\mathrm{d}y}{\mathrm{d}t}\right)m\left(\frac{\mathrm{d}x}{\mathrm{d}t}\right)$$

$$= xm\left(\frac{\mathrm{d}^2 y}{\mathrm{d}t^2}\right) - ym\left(\frac{\mathrm{d}^2 x}{\mathrm{d}t^2}\right). \tag{18.15}$$

因此,转矩确实是某个量随时间的变化率,所以"某个量"引起了我们的注意,我们给它一个名称,叫角动量,并用 L 来表示

$$L = xm\frac{\mathrm{d}y}{\mathrm{d}t} - ym\frac{\mathrm{d}x}{\mathrm{d}t} = xp_y - yp_x. \tag{18.16}$$

虽然,我们目前的讨论是非相对论的,但 L 的第二种形式对相对论也是正确的。因此,我们发现对于动量也有一个转动的对应量,这就是角动量,它是用线动量的分量来表示的,就像转矩公式是用力的分量来表示的一样! 这样,假如我们要知道一个质点相对于某一个轴的角动量,只要用动量的切向分量和半径相乘就行了。换句话说,计算角动量并不是看它离开原点有多快,而是看它围绕原点转动有多快。在角动量中只计及动量的切向部分。而且,动量作用线伸展得越远,角动量就越大。此外,由于不管这个量记为 p 还是 F,其几何图像相同,因此,必定存在着一个动量臂(与作用在质点上的力臂不一样),只要延长动量的作用线,再找出到轴的垂直距离就可以求出它。因此,角动量就是动量的大小和动量臂的乘积。像转矩有三个公式一样,角动量也有三个公式

$$L = xp_y - yp_x = rp_{\text{切向}} = p \cdot \text{动量臂}. \tag{18.17}$$

与转矩一样,角动量与所要计算的轴的位置有关。

在我们着手处理一个以上的质点问题之前,先让我们应用上面的结果来讨论行星围绕太阳旋转的问题。力在什么方向? 力是指向太阳的。那么作用在物体上的转矩是什么? 当然,这与我们把轴取在哪里有关。但是,因为转矩是力和力臂的乘积,或者说是力垂直于 r 的分量与 r 的乘积,所以如果以太阳本身作为轴,就可以得到很简单的结果。因为这时没有切向力,所以相对于在太阳处的轴的转矩为零。因此,围绕太阳转动的行星的角动量不变。我们来看看这意味着什么。速度的切向分量乘质量再乘半径将是一个常数,因为它就是角动量,而角动量的变化率是转矩,在这个问题中,转矩为零。当然,既然质量也是一个常数,这必然意味着切向速度乘半径是一个常数。对行星运动而言,这正是某种我们早已知道的结果。假设我们考虑一个微小的时间增量 Δt。当行星从 P 点运动到 Q 点(图 18-3)时,它将走多远? 它将扫过多大的面积? 因为面积 $QQ'P$ 与面积 OPQ 相比非常小,可以略去,所以只要用基线 PQ 的一半乘高 OR 就可求出扫过的面积。换句话说,单位时间内所扫过的面积等于速度乘速度臂(再乘以 1/2)。这就是说,面积的变化率正比于角动量,而角动量是

一个常数。因此,当力产生的转矩为零时,在相等的时间内扫过相等的面积的开普勒定律正是角动量守恒定律的一种文字表述。

§18-4 角动量守恒

现在我们继续讨论当有大量质点存在以及一个物体由很多部分组成,各部分之间有很多力相互作用,同时它们还受到外力作用时,会发生什么情况?当然,我们已经知道,相对于任何一个固定轴,作用在第 i 个质点上的转矩(也就是作用在第 i 个质点上的力乘该力的力臂),等于这个质点的角动量的变化率,而第 i 个质点的角动量就是它的动量和动量臂之积。假设我们把所有质点的转矩 τ_i 相加,并把它们的和称为总转矩 τ,那么这就是所有质点角动量 L_i 之和的变化率,L_i 之和定义一个新的量,我们称它为总角动量 L。就像一个物体的总动量是它所有各部分的动量之和一样,总角动量是所有各部分的角动量之和。于是总角动量 L 的变化率就是总转矩

$$\tau = \sum \tau_i = \sum \frac{\mathrm{d}L_i}{\mathrm{d}t} = \frac{\mathrm{d}L}{\mathrm{d}t}. \tag{18.18}$$

总转矩似乎是很复杂的。这里的所有内力和所有外力都必须考虑。但是,假如考虑到牛顿的作用和反作用定律,作用和反作用不仅大小相等,而且在同一条直线上,方向完全相反(不管牛顿是否真正这样说过,但他确是默认了这一点),那么,在两个相互作用的物体上,因为相互作用对于任一转轴的力臂都相等,由它们产生的两个转矩相等、方向相反。因此,内转矩成对地抵消掉,从而得出一个值得注意的定理:相对于任何轴的总角动量的变化率等于相对于该轴的外转矩!

$$\tau = \sum \tau_i = \tau_\text{外} = \mathrm{d}L/\mathrm{d}t. \tag{18.19}$$

这样,关于大量质点的集合的运动,我们就有了一个十分有用的定理,它使我们研究整体运动时不需要考虑其内部的详细机制。对于任何物体的集合,不管它们是否组成刚体,这个定理都是适用的。

上述定理的一个极其重要的情况是角动量守恒定律:如果一个质点系不受外转矩作用时,其角动量保持不变。

一个非常重要的特例是刚体,即具有确定形状且只作转动的物体。现在来考虑一个几何大小一定,且绕一个固定轴转动的物体。在任何时刻,物体的各个部分彼此间的关系都相同。现在来求这个物体的总角动量。假如该物体中某个质点的质量为 m_i,它的位置是 (x_i, y_i),那么问题就是要求出这个质点的角动量,因为总角动量就是在物体中所有这些质点的角动量之和。当然,对于作圆周运动的物体来说,它的角动量等于质量乘速度再乘离开轴的距离,而速度等于角速度乘以离开轴的距离

$$L_i = m_i v_i r_i = m_i r_i^2 \omega, \tag{18.20}$$

对所有的质点之求和,则得

$$L = I\omega, \tag{18.21}$$

这里
$$I = \sum_i m_i r_i^2. \tag{18.22}$$

这与动量等于质量乘速度的定律相对应。速度被角速度代替,而且我们看到,质量被一个新的量所代替,这个新的量称为**转动惯量** I,它与质量相当。式(18.21)和(18.22)指出一个物体所具有的转动惯量不仅与物体各质点的质量有关,还与它们离轴的距离有关。因此,如果我们具有两个质量相同的物体,当把这两个物体放得离轴较远时,转动惯量将变大。这很容易用图 18-4 所示的装置来演示,在那里重物 M 不能很快地落下是因为它必须转动一根有重量的长杆。首先把质量为 m 的两个物体放置在靠近轴处,M 就以某一变化率加速运动。但当把这两个质量为 m 的物体移到距轴较远处以改变转动惯量时,我们看到 M 的加速度比先前小得多,因为这时物体阻碍转动的惯量要大得多。转动惯量是阻碍转动的惯量,它等于各个质量与它们离轴距离平方的乘积之和。

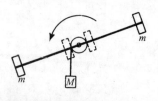

图 18-4 转动惯量与质量臂有关

质量和转动惯量之间有一个重要的和非常引人注意的区别。物体的质量是永远不变的,而它的转动惯量可以改变。假如我们站在一个无摩擦的转台上,把手臂伸开,并在缓慢转动时手里拿着一些重物,只要我们把手臂收拢就可以改变转动惯量,但质量并没有改变。当我们这样做时,按照角动量守恒定律,会发生各种奇妙的事情:假如外转矩为零,那么角动量,即转动惯量乘 ω 将保持不变。开始时,我们以一个较大的转动惯量 I_1 和较低的角速度 ω_1 转动,这时的角动量为 $I_1\omega_1$。接着,由于把手臂收拢而使转动惯量变为一个较小的值 I_2。这样,$I\omega$ 的乘积 $I_2\omega_2$ 将保持不变,因为总角动量应该守恒。因此 $I_1\omega_1 = I_2\omega_2$,这就是说,如果转动惯量减少,则角速度必然增大。

第 19 章 质心、转动惯量

§19-1 质心的性质

在前一章中,我们发现假如有许多力作用在一个由粒子组成的复合体上,不管这些粒子构成刚体或者非刚体,还是星云或者其他任何东西,我们总能求出所有这些力的和(当然,这里是指外力,因为内力已相互抵消)。如果我们把这个物体看成是一个整体,具有总质量 M,并且在物体"内部"有一个称为质心的点,那么整个物体的质量就可以看成正好集中在该点上,外力的合力使这个点产生一个加速度。现在我们来较详细地讨论质心问题。

质心(缩写成 CM)的位置由下式给出

$$R_{\text{CM}} = \frac{\sum m_i r_i}{\sum m_i}. \tag{19.1}$$

当然,这是一个矢量式,实际上是三个式子,在 x,y,z 三个方向上每个方向一个。我们将只考虑 x 方向,因为这个方向搞清楚了,其他两个方向也就清楚了。$X_{\text{CM}} = \sum m_i x_i / \sum m_i$ 表示什么呢?先假设物体被分成一些小块,每一小块都有相同的质量 m;因此,总质量简单地就等于块数 N 乘每块的质量,比方说 1 克,或其他单位。这样,这个式子就可以简单地写成所有 x 量的总和除以小块的数目:$X_{\text{CM}} = m \sum x_i / (mN) = \sum x_i / N$。换句话说,假如每块质量相等,$X_{\text{CM}}$ 就是所有 x 的平均值。但是,如果其中有一块的重量是其他块重量的两倍,则在求和时,相应的 x 应出现两次。这是很容易理解的,我们可以设想把这两倍的质量分开成相等的两块,每块刚好和其他小块一样,这样,在求平均值时,因为那里有两个质量,x 当然应计算两次。因此 X 是所有质量在 x 方向上的平均位置,其中每个质量所计算的次数都正比于这个质量的大小,就好像它已分为"小粒"一样。由此出发,容易证明 X 一定在最大的 x 和最小的 x 之间,即在包住整个物体的包络之内。它并不一定就在组成物体的材料中,因为物体可以是一个圆环,如一个铁箍,它的质心就是铁箍的中心,并不是在铁箍自身上面。

当然,如果一个物体具有某种对称性,例如矩形,它有一个对称面,其质心就处在对称面上,在矩形特例中,有两个对称面,这就唯一地确定了质心。假如是一个具有任何对称性的物体,它的重心位于对称轴上,因为在这种情况下,有多少个负 x 就有多少个正 x。

下面来讨论一个非常有趣而又奇妙的问题,假如我们设想一个物体由 A 和 B 两部分组成(图 19-1)。整个物体的质心可用如下办法求出:首先求出 A 的质心,然后求出 B 的质心,再求出每一部分的总质量 M_A 和 M_B。接着考

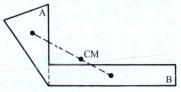

图 19-1 一个复合体的质心在两个组成部分的各自质心的连线上

虑一个新的问题,在物体 A 的质心处有一个质量为 M_A 的点,在物体 B 的质心处有一个质量为 M_B 的点。这两个质点的质心也就是整个物体的质心。换句话说,假如已经求出一个物体的各部分的质心,我们就不需要再从头开始来找出整个物体的质心,只需要把每一部分都当作位于其质心的一个质点,再把各个部分放在一起来处理就行了。我们来看看为什么可以这样做。假设我们要计算整个物体的质心,而这个物体的一部分粒子可看成是包含在物体 A 内,另一些粒子包含在物体 B 内。总的和 $\sum m_i x_i$ 可以分成两个部分:$\sum_A m_i x_i$ 只对物体 A 求和,$\sum_B m_i x_i$ 只对物体 B 求和。现在来单独计算物体 A 的质心,这正是总和的第一部分。我们知道这一部分本身就是 $M_A X_A$,即在 A 中的所有粒子的总质量乘 A 的质心位置,因为这正是对物体 A 应用质心定理的结果。同理,对于物体 B,有 $M_B X_B$,当然,两者相加就得到 MX_{CM}

$$MX_{CM} = \sum_A m_i x_i + \sum_B m_i x_i = M_A X_A + M_B X_B. \tag{19.2}$$

显然,由于 M_A 和 M_B 之和为 M,所以式(19.2)可以看成是两个点状物体:一个质量为 M_A,位于 X_A,另一个质量为 M_B,位于 X_B——质心公式的一个特例。

关于质心运动的定理是非常有趣的,而且它在我们了解物理学的发展过程中具有很重要的作用。假设牛顿定律对于一个比较大的物体的各个较小的组成部分都成立,那么这个定理表明,即使我们不去研究这个大的物体的细节,而只研究作用在它上面的总的力和它的质量,牛顿定律对这个大的物体也是适用的。换句话说,牛顿定律有这样一种独特的性质,如果它在某一小尺度范围内是正确的,那么在大尺度范围内也将是正确的。假如我们不考虑棒球是由无数相互作用的粒子组成的极端复杂的结构,而只研究它的质心运动和作用在棒球上的外力,我们得到 $F = ma$,这里 F 是作用在棒球上的外力,m 是它的质量,a 是它的质心的加速度。因此,$F = ma$ 是一个在较大的尺度范围内也能重现其自身的定律(也许应有一个来源于希腊文的较好的字来描述在大尺度范围内也能重现同样规律的那种定律)。

当然,人们可以猜想人类最初能够发现的定律应该是能在较大的尺度范围内重现的。为什么呢?因为宇宙基本齿轮的实际尺度是原子的尺度,而它比我们观察到的尺度要小得多,因而在通常的观察中离这种尺度很远。所以我们最初得以发现的定律对于这种非原子尺度那样特殊大小的物体必定是正确的。如果有关小粒子的定律不能在较大尺度范围内重现,我们就不能那么容易地发现它们。那么,反过来问题又会怎样呢?小尺度范围内适用的定律必须和大尺度范围的定律相同吗?当然,适用于原子范围的定律在本质上并不一定要与在大尺度范围内适用的定律相同。假设原子运动的真正规律由某种奇特的方程确定,这个方程并不具有当我们研究大尺度问题时重现同样规律的性质,而是具有这样的性质:当我们处理大尺度问题时,我们可以用某种表示式作为近似,以致如果我们一步一步地推广这个表示式,它就能在越来越大的尺度下不断重现。这是可能的,而且正符合实际情况。牛顿定律就是推广至非常大的尺度范围的原子规律的"末端"。在微观尺度下粒子运动的真正规律是非常特殊的,但是如果取大量的粒子,把它们组合起来,它们就近似于而且也仅仅是近似于牛顿定律。牛顿定律使我们能够继续处理尺度越来越大的问题,而且看来仍然是同一定律。实际上,随着尺度的不断变大,牛顿定律也就越来越精确。牛顿定律这种自我重现的因素并不真正是自然界的根本特色,而是一个重要的历史特色。在最初的观察中,我们决不会发现原子微粒的基本规律,因为最初的观察太粗糙了。实际上,现在知道,基本的原子规律,即所谓的量子力学,与牛顿力学非常不同,而且很难理解,因为我们所有的直接经验都与大尺度的物体有关,而尺度很小的原子的行为与我们在大尺度上所见到的根本不一样。因此,我们不能讲:"一个原子就像一个围绕太阳运转的行星",或诸如此类的话。它不像我们所熟悉的任何东西,因为没有任何东西与之相似。当我们把量子力学应用到越来越大的物体上时,关于许多原子集合在一起的行为的规律并不是原子行为规律的再现,而是产生一些新的规律,即牛顿定律,至于牛顿定律本身则不断地重现,比如说从小至微微克的物体——它已经包含有数以兆亿计的原子——到大至地球,甚至更大的物体都适用。

现在,我们再回到质心问题上来。质心有时也叫重心,因为在许多情况下,重力可以看成是均匀的。假设有一个尺度相当小的物体,其重力不仅与质量成正比,而且到处都与某一固定线段平行。然后考虑一个物体,在这个物体的每一个组成部分上都有重力作用。用 m_i 表示某一部分的质量,作用于这一部分的重力是 m_i 乘 g。现在要问,应在何处加一个力,使它和作用在整个物体上的重力相平衡,从而使得整个物体,如果它是一个刚体的话,不发生转动? 答案是这个力必须通过质心,我们将用下面的方法来说明这个问题。要使物体不转动,所有力产生的转矩之和应为零,因为假如转矩不为零,就会有角动量的变化,也就必然会有转动。因此,我们必须算出作用在所有粒子上的总转矩,看一下它相对于任一给定轴有多大; 如果轴通过质心,则总转矩必定为零。现在以水平方向表示 x 轴,竖直方向表示 y 轴,我们知道转矩就是在 y 方向的力乘力臂 x(也就是说,力乘我们所要量度的转矩的力臂)。整个转矩是

$$\tau = \sum m_i g x_i = g \sum m_i x_i, \tag{19.3}$$

因此,如果总转矩为零,则和 $\sum m_i x_i$ 必为零。但是 $\sum m_i x_i = MX$, 即等于总质量乘质心与轴的距离。这就是说,质心离开轴的距离 x 为零。

当然,这里我们只对 x 距离验证了结果,但是如果我们采用真正的质心,物体将在任何位置上都平衡,因为假如把物体转过 90°, y 就取代了原来的 x。换句话说,当一个物体的支点在质心上时,由于作用在物体上的是一个平行的重力场,因而转矩为零。在物体很大,以致重力明显不平行的情况下,我们必须在那上面施加平衡力的中心就很难简单地描述,它与质心略有偏离。这就是人们为什么必须把质心和重心区别开来的原因。物体的支点在质心上将在所有位置上都能平衡的事实具有另一个有趣的结果。如果用加速度引起的赝力来代替万有引力,我们可以用完全相同的数学程序来求出支撑物体的某个位置,使得加速度的惯性力不产生任何转矩。假设把物体以某种方式放在一个盒子内,这个盒子和盒子内的一切物体都作加速运动。我们知道,在和加速盒子相对静止的人看来,有一个由惯性产生的有效力。这就是说,要使物体和盒子一起运动,我们必须推它,使之加速,而这个推力被"惯性力"所"平衡",这个"惯性力"是一种赝力,其大小等于质量乘盒子的加速度。对于在盒子里的人来说,就像物体处于一个均匀重力场的情况一样,不过这里"g"的值等于加速度 a。因此,由于加速一个物体所引起的惯性力对质心的转矩为零。

这一事实产生了一个非常有趣的结论。在没有加速度的惯性参照系中,转矩始终等于角动量的变化率。然而,对于穿过正在加速的物体质心的轴来说,其转矩等于角动量的变化率仍然成立。即使质心在作加速运动,我们仍可找出一根特殊的通过质心的轴,使转矩等于绕这根轴的角动量的变化率的结论仍然成立。因此,转矩等于角动量的变化率这个定理,在两个普通的情况下都是正确的:(1)惯性空间中一根固定轴;(2)一根轴通过质心,即使物体可能在作加速运动。

§19-2 质心位置的确定

计算质心的数学技巧属于数学课的范围,这类问题为积分计算提供了很好的练习。然而在学过积分后,要想知道如何求质心位置,了解一些用以处理这类问题的技巧还是大有好处的。其中一个技巧是利用所谓帕普斯(Pappus)定理。它是这样的:假如在一个平面上取任一闭合区域,并使它在空间运动而形成一个立体,在运动时,令各点的运动方向始终垂直于该区域的平面,这样形成的立体的总体积就等于它的横截面乘质心在运动过程中所经过的距离!假如我们使这个区域沿着一条与它本身垂直直线运动,毫无疑问,这个定理是成立的,但是假如使它沿着一个圆或某种其他曲线运动,就得出一个相当特殊的体积。对于曲线路径来说,其外部走得较远,内部走得较近,而这种效果正好相互抵消。因此,假如要求出一个密度均匀的薄板的质心位置,我们可以记住,薄片绕某一轴旋转形成的体积就等于其质心走过的距离乘薄板的面积。

例如,我们要求出底边为 D,高度为 H(如图 19-2)的直角三角形的质心,可用如下的办法解这个问题。想象一根沿 H 的轴,使三角形绕轴旋转整整 360°。这就形成了一个锥体。质心的 x 坐标走过的距离是 $2\pi x$。被移动的面积就是三角形的面积,为 $HD/2$。因此,质心的 x 距离乘上三角形的面积就是所扫过的体积,这个体积当然应是 $\pi D^2 H/3$。这样就有 $(2\pi x)(HD/2) = \pi D^2 H/3$,即 $x = D/3$。用类似的方法使它绕另一轴转动,或根据对称性,可以求出 $y = H/3$。实际上,任何均匀三角形面积的质心都是在三条中线,即从顶点到对边中点的连线的交点上。这一点在每条中线

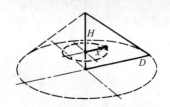

图 19-2 旋转三角形后产生的直角三角形和正圆锥体

的 1/3 处。线索是:把三角形分成许多小片,每一片都和底边平行。可以看到中线平分每一小片,因此质心一定在中线上。

现在来研究一个较为复杂的图形。假设要求出一个均匀半圆盘——把一个圆盘一分为二的质心的位置。质心在何处? 对整个圆盘来说,它无疑是在中心,但是,一个半圆盘要困难一些。用 r 表示圆盘半径,x 为质心到半圆盘直边的距离。以直边为轴,使半圆盘旋转,得到一个球体。这样,质心走过了 $2\pi x$,半圆盘的面积是 $\pi r^2/2$(因为只有圆的一半)。当然,形成的体积应为 $4\pi r^3/3$,由此可得

$$(2\pi x)\left(\frac{1}{2}\pi r^2\right) = \frac{4\pi r^3}{3},$$

即

$$x = \frac{4r}{3\pi}.$$

帕普斯还有另一个定理,它是上述例子的一个特殊情况,因此同样是正确的。假设,用一段质量密度均匀的半圆形的导线来代替实心的半圆盘,我们要求出它的质心。在这种情况下,内部没有质量,质量都在导线上。结果表明一条平面曲线按上述方式运动时扫过的面积等于质心运动的距离乘线的长度(可以把导线看成是一个非常窄的面,因而对它也能应用上述定理)。

§ 19-3 转动惯量的求法

现在我们来讨论求出各种物体转动惯量的问题。一个物体对 z 轴的转动惯量的公式是

$$I = \sum m_i(x_i^2 + y_i^2)$$

或

$$I = \int (x^2 + y^2) dm = \int (x^2 + y^2) \rho dv. \tag{19.4}$$

这就是说,必须让每一个质量乘以它离开轴的距离的平方 $(x_i^2 + y_i^2)$,然后求和。必须注意,这不是三维距离,而只是二维距离的平方,对三维的物体也是如此。在大多数情况下,我们将仅限于研究三维物体,但是在三维情况下绕 z 轴转动的公式是完全相同的。

作为一个简单的例子,我们考虑一根木棒绕穿过其一端的垂直轴转动的情况(图 19-3)。现在应该对所有质量与 x 距离平方的乘积求和(在此例中 y 为零)。"求和"指的是什么呢?当然是指 x^2 乘小质量元的积分。假如我们把木棒分成很小的长度元 $\mathrm{d}x$,相应的质量元和 $\mathrm{d}x$ 成比例,并用 L 表示整个棒的长度,M 表示总质量。因此有

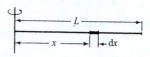

图 19-3 长度为 L,绕穿过其一端的垂直轴线转动的直棒

$$dm = \frac{M \mathrm{d}x}{L},$$

于是

$$I = \int_0^L x^2 \frac{M \mathrm{d}x}{L} = \frac{M}{L} \int_0^L x^2 \mathrm{d}x = \frac{ML^2}{3}. \tag{19.5}$$

转动惯量的量纲总是质量乘长度平方,因此,我们真正需要求出的是因子 $1/3$。

假如转轴取在棒的中心,那么 I 是什么呢?我们可以重做一次积分,将 x 的范围取为从 $-L/2$ 到 $+L/2$。但是我们注意关于转动惯量的几个特点。可以把这根棒设想成两根棒,每根棒的质量为 $M/2$,长度为 $L/2$,则两根小棒的转动惯量相等,且都由式(19.5)给出。因此,转动惯量为

$$I = \frac{2(M/2)(L/2)^2}{3} = \frac{ML^2}{12}. \tag{19.6}$$

由此可见,绕中心转动的一根棒要比绕它的端点转动容易得多。

当然,我们可以继续计算各种其他有关物体的转动惯量。但是,尽管这种计算为积分运算提供了一定数量的重要练习机会,但从根本上对我们来说并不是太感兴趣的。然而,这里有一个十分有用的有趣定理。假设有一个物体,我们要求出它绕某个轴的转动惯量。这意味着我们要求出使它对某个轴转动时所需要的惯性。假如支撑这个物体的支点就在质心处,使物体绕轴旋转时,本身并不转动(因为惯性力的效果对它不产生转矩作用,因此当我们使它运动时,它本身不会转动),那么它绕轴旋转所需要的力就像把它的所有质量都集中在质心上的情况一样,转动惯量可以简单地写成 $I_1 = MR_{\mathrm{CM}}^2$,式中 R_{CM} 为轴到质心的距离。当然这不是在绕轴旋转时本身打转的物体的转动惯量的正确公式,因为这时不仅因为质心作圆周运动而对转动惯量有一个贡献 I_1,而且它还要绕质心转动。因此,有理由在 I_1 上还要

加上相对于质心的转动惯量 I_c。所以可以推测,相对于任何一个轴的总转动惯量应为

$$I = I_c + MR_{CM}^2. \tag{19.7}$$

这个定理叫做平行轴定理,它很容易证明。相对于任何轴的转动惯量都是质量乘 x_i 的平方和 y_i 的平方之和:$I = \sum(x_i^2 + y_i^2)m_i$。我们着重研究 x 项,当然 y 项的情况也完全一样。这里 x 是某一特定质点离开原点的距离,但是如果用它到质心 CM 的距离 x' 来代替它到原点的距离 x,将会出现什么情况呢?为了分析方便起见,可写成

$$x_i = x_i' + X_{CM}$$

然后,将两端平方,得

$$x_i^2 = x_i'^2 + 2X_{CM}x_i' + X_{CM}^2.$$

那么,当此式乘以 m_i 再对所有 i 求和,会得到什么情况呢?把常数提到求和符号外边,得到

$$I_x = \sum m_i x_i'^2 + 2X_{CM}\sum m_i x_i' + X_{CM}^2 \sum m_i.$$

第三项求和很简单,就是 MX_{CM}^2。在第二项求和中有两部分,一部分为 $\sum m_i x_i'$,是总质量乘质心的坐标 x'。但是这部分没有贡献,因为 x' 是从质心量起的,在这些轴中,以粒子质量为权重的所有粒子的平均位置为零。第一求和项,当然就是 I_c 的 x 分量。因此,我们就得到了式(19.7),和我们推测的完全一样。

让我们举一个例子来验证式(19.7)。我们来看一下它是否适用于木棒的情形。对于通过一个端点的轴,转动惯量为 $ML^2/3$,我们已经算过了。棒的质心当然就在它的中点,在 $L/2$ 距离处。因此,应该有 $ML^2/3 = ML^2/12 + M(L/2)^2$。既然 1/4 加 1/12 是 1/3,所以我们没有犯根本的错误。

附带提一下,我们并不真正需要积分去求式(19.5)的转动惯量。只要假定它等于 ML^2 乘一个未知系数 γ,然后利用分为两半的论证法去得出式(19.6)的系数为 $\gamma/4$,再根据平移轴线的论证,就能得到 $\gamma = \gamma/4 + 1/4$,因此 γ 一定是 1/3。求转动惯量常常有不同的方法。

在应用平行轴定理时,记住 I_c 的轴必须平行于要求的那个转动惯量所对应的轴,显然是十分重要的。

转动惯量还有一个性质值得一提,因为它对求某些形式物体的转动惯量非常有用。这就是:假如有一个平面图形和一组原点就在此平面上,z 轴垂直于此平面的坐标轴,那么这个图形对 z 轴的转动惯量等于相对于 x 轴和 y 轴的转动惯量之和。这是很容易证明的,只需注意

$$I_x = \sum m_i(y_i^2 + z_i^2) = \sum m_i y_i^2$$

(由于 $z_i = 0$)。同样

$$I_y = \sum m_i(x_i^2 + z_i^2) = \sum m_i x_i^2,$$

$$I_z = \sum m_i(x_i^2 + y_i^2) = \sum m_i x_i^2 + \sum m_i y_i^2 = I_x + I_y.$$

举一个例子,有一质量为 M,宽为 w,长为 L 的均匀矩形板,对于穿过平板中心且与之垂直的轴线来说,平板的转动惯量为

$$I = \frac{M(w^2 + L^2)}{12},$$

因为相对于一根在平面内并且平行于它的边长的轴来说,就像长为 w 的棒一样,它的转动惯量是 $Mw^2/12$;而相对于平面内的另一根轴,也像长为 L 的棒一样,它的转动惯量是 $ML^2/12$。

概括地说,一个物体对某一给定轴(我们称之为 z 轴)的转动惯量具有如下性质:

(1) 转动惯量是

$$I_z = \sum_i m_i (x_i^2 + y_i^2) = \int (x^2 + y^2) \mathrm{d}m.$$

(2) 假如一个物体由很多部分组成,每一部分的转动惯量已知,则总转动惯量就是各部分转动惯量之和。

(3) 相对于任一给定轴的转动惯量等于相对于通过质心的平行轴的转动惯量再加上总质量与给定轴到质心距离平方的乘积。

(4) 假如物体是一个平面图形,它相对于与平面垂直的轴的转动惯量等于相对于在平面内两根相互垂直且与前述垂直轴相交的任意两根轴的转动惯量之和。

表 19-1 列出了一些质量密度均匀的基本图形的转动惯量。应用上述性质,可以从表 19-1 推导出一些其他物体的转动惯量,我们将它列于表 19-2 中。

表 19-1

物体	z 轴	I_z
细棒,长为 L	与棒垂直,通过中心	$ML^2/12$
细同心圆环,半径为 r_1 和 r_2	与环垂直,通过中心	$M(r_1^2 + r_2^2)/2$
球,半径为 r	穿过球心	$2Mr^2/5$

表 19-2

物体	z 轴	I_z
矩形薄片,边长为 a, b	与 b 平行,通过中心	$Ma^2/12$
矩形薄片,边长为 a, b	与薄片垂直,通过中心	$M(a^2 + b^2)/12$
薄圆环,半径为 r_1 和 r_2	任一直径	$M(r_1^2 + r_2^2)/4$
长方形平行六面体,边长为 a, b, c	与 c 平行,通过中心	$M(a^2 + b^2)/12$
圆柱体,半径 r,长度 L	与 L 平行,通过中心	$Mr^2/2$
圆柱体,半径 r,长度 L	与 L 垂直,通过中心	$M(r^2/4 + L^2/12)$

§19-4 转 动 动 能

现在我们来进一步讨论动力学问题。在第 18 章中我们讨论直线运动和角运动之间的类比关系时,应用了功的原理,但没有谈到动能。一个绕某一给定轴以角速度 ω 转动的刚体的动能是什么呢?通过类比,我们可以马上猜出正确的答案。转动惯量相应于质量,角速度相应于速度,因此,动能应该是 $I\omega^2/2$。正是这样,下面就来证明:假设物体绕一个轴转动,因而它上面的每一点都有一个速度,其大小为 ωr_i,这里 r_i 是特定点到轴的半径,假如 m_i 为这个点的质量,则整个物体的总动能是所有小块的动能之和

$$T = \frac{1}{2}\sum m_i v_i^2 = \frac{1}{2}\sum m_i (r_i \omega)^2.$$

因为 ω^2 是常数,对各个点都是一样,所以

$$T = \frac{1}{2}\omega^2 \sum m_i r_i^2 = \frac{1}{2}I\omega^2. \tag{19.8}$$

在第 18 章末,我们指出了某种物体的一些有趣现象,这种物体不是刚体,但它可以从具有一定转动惯量的一种刚体状况变成另一种刚体状况。例如,在我们的转台实验中,当手伸开时,我们有一定的转动惯量 I_1 和一定的角速度 ω_1。当把手缩回时,我们有另一个转动惯量 I_2 和角速度 ω_2,但是,我们还是"刚体"。因为相对于转台的竖直轴没有转矩,所以角动量应守恒。这就是说,$I_1\omega_1 = I_2\omega_2$。但能量的情况如何呢?这是一个很有趣的问题。当手缩回时,我们转得更快了,但转动惯量变小了,这样看来好像能量应该相等。但并非如此,因为保持守恒的是 $I\omega$,而不是 $I\omega^2$。假如我们比较一下前后的动能,开始的动能是 $I_1\omega_1^2/2 = L\omega_1/2$,这里 $L = I_1\omega_1 = I_2\omega_2$ 是角动量。后来,根据同样的论证,有 $T = L\omega_2/2$,由于 $\omega_2 > \omega_1$,所以转动动能比开始时大了。因此,当手伸开时,我们有一定的能量,当手缩回时,我们转得更快,并有更大的动能。这与能量守恒定律矛盾吗?一定有某人做了功。这就是我们自己!什么时候我们做了功呢?当我们水平移动一个重物时,我们没有做任何功。假如我们拿着一个东西,把手伸出去再缩回来,我们没有做任何功。但这是我们不作转动的情况!当我们在转动时,就有一个离心力作用在重物上,并且重物有飞开的趋势,因此我们必须拉着它以克服离心力。所以,我们克服离心力所做的功应该与转动能量之差相一致,确实是这样。这就是额外动能的来源。

还有一个有趣的特征,我们把它作为一个普遍关心的问题,作一些说明,这个特征要更深奥一点,但值得一提,因为它非常奇特而且能产生很多有趣的效果。

再来看一下转台实验。从转动着的人的观点来分别考虑身体和手臂。在重物拉回来以后,整个物体旋转加快,不过请注意,身体的中心部分没有变化,但它也比以前转得快了。假如我们围绕身体这部分画一个圆,只考虑圆内的物体,它们的角动量必将变化;它们运动得更快了。因此,当我们把手缩回时,一定有一个转矩作用在身体上。离心力不会有转矩作用,因为它是沿径向的。这就是说,出现在转动系统的力中,不仅仅有离心力,还有其他力。这另一个力叫做科里奥利力,它具有非常奇怪的性质,即当我们在转动系统中移动一个物体时,它似乎被推向侧面。和离心力一样,它是一个表观上的力。但是假如我们生活在转动着的系统中,要沿径向移动某个物体时,我们将发现需要从侧面推它才能使它沿径向运动。我们必须施加的这个侧向推力正是使我们身体转动的原因。

现在我们引进一个公式来表示科里奥利力的实际作用。假如莫坐在旋转木马上,在他看来木马是静止的。但是对站在地面上,并对力学规律有很好了解的乔来说,旋转木马在转动。假设我们在旋转木马上画一条径向线,莫正在沿这条径向线移动某个有质量的物体。我们将证明要这样做需要有一个侧向作用力。为了证明这一点,只要注意物体的角动量。因为它一直以同一角速度 ω 转动,所以角动量是

$$L = mv_{切向} r = m\omega r \cdot r = m\omega r^2,$$

因此,当物体靠近中心时,它具有相对较小的角动量。但是假如把它移到一个较远的新的位

置,即增大 r,则 m 具有较大的角动量,因此一定要施加一个转矩,才能使物体沿径向移动(要沿着旋转木马的径向行走,你就必须把身子斜过来,向旁边作用一个推力。有机会时试试看)。在 m 沿径向移动时,所需要的转矩等于 L 随时间的变化率。如果 m 只沿径向运动,ω 保持恒定,那么转矩就是

$$\tau = F_c r = \frac{dL}{dt} = \frac{d(m\omega r^2)}{dt} = 2m\omega r \frac{dr}{dt},$$

这里 F_c 是科里奥利力。我们真正想要知道的是莫必须作用一个怎样的侧向力,才能使 m 以速率 $v_r = dr/dt$ 向外移动。这个力就是 $F_c = \tau/r = 2m\omega v_r$。

这样,我们就得出了科里奥利力的公式,让我们再仔细地观察一下,看看是否能从更基本的观点来理解这个力的来源。我们注意到科里奥利力在各个径向上都是一样的,甚至在原点也明显地存在。但在原点处特别容易理解这个力,只要从站在地面上的乔的惯性系中来观察所发生的情况就行了。图 19-4 表示物体 m 的三个连续位置,在 $t = 0$ 时,正好通过原点。由于旋转木马在转动,我们看到 m 不是沿一条直线运动,而是沿一条曲线运动,这条曲线在 $r = 0$ 处与旋转木马的直径相切。要使物体 m 沿曲线运动,在绝对空间中必须有一个力使它加速。这就是科里奥利力。

图 19-4 在旋转转台上作径向移动的一个点的三个连续位置

这并不是发生科里奥利力的唯一情况。我们还可以证明,假如一个物体作匀速圆周运动,也有科里奥利力。为什么?莫看到沿圆周运动的速度是 v_M,而另一方面,在乔看来,m 是以速度 $v_J = v_M + \omega r$ 绕圆周运动,因为 m 正被旋转木马带着一起运动。因此,我们认识到,这个力实际上就是速度 v_J 产生的总的向心力,即 mv_J^2/r;这是实际存在的力。现在,从莫看来,这个向心力有三个部分。我们可以把它全部写出

$$F_r = -\frac{mv_J^2}{r} = \frac{mv_M^2}{r} - 2mv_M\omega - m\omega^2 r.$$

这里,F_r 是莫应该看到的力。我们试试看来理解它。莫会感觉到第一项吗?他一定会说,"是的,即使在我不转动的时候,假如我以速度 v_M 沿圆周跑,也一定会有一个向心力"。这就是莫一定会预料到的向心力,它与转动无关。此外,莫也十分清楚,还有另外一个向心力,甚至当物体静止在他的旋转木马上时,这个力也要对它发生作用。这就是第三项。除此两项外,还有一项,即第二项,它又是 $2m\omega v$。当速度是径向时,科里奥利力 F_c 是沿切向的,而当速度沿切向时,它是径向的。实际上,这个式子与另一个式子差一个负号,不管速度的方向如何变,这个力相对于速度的方向总是一样的。它与速度方向垂直,大小为 $2m\omega v$。

第20章 空间转动

§ 20-1 三维空间中的转矩

在本章中我们将讨论转轮的行为,这是力学中最引人注目和最有趣的成果之一。为此,我们必须首先把转动的数学公式、角动量原理、转矩等概念推广到三维空间中去。我们不准备使用这些公式的最一般的形式,也不准备研究它们的全部结果,因为这可能要花几年的时间,而我们必须很快转向讨论其他课题。在一门导论课程中,我们只能介绍一些基本定律,并把它们应用到少数几个特别有趣的情况中。

首先,我们注意到,对于在三维空间中的转动,无论转动体是刚体或其他任何系统,在二维空间中导出的定理仍然是正确的。也就是说,$xF_y - yF_x$ 仍是在"xy 平面"的转矩,或"相对于 z 轴"的转矩。而且这个转矩也仍然等于 $xp_y - yp_x$ 的变化率,因为假如重温一下从牛顿定律推导式(18.15)的过程,我们就可以看到毋须假设运动是在平面内进行的;当我们对 $xp_y - yp_x$ 微分时,就得到 $xF_y - yF_x$,所以,这个定理仍然是正确的。于是,量 $xp_y - yp_x$ 称为属于 xy 平面的角动量,或相对于 z 轴的角动量。这一点既然成立,我们可以采用其他任何一对轴,并得出另一个公式。例如,我们可以采用 yz 平面,很明显,根据对称性,只要用 y 代替 x,用 z 代替 y,我们就可以找到转矩 $yF_z - zF_y$,以及与 yz 平面相联系的角动量 $yp_z - zp_y$。当然,我们还可以采用 zx 平面,对这个平面,将有 $zF_x - xF_z = \mathrm{d}(zp_x - xp_z)/\mathrm{d}t$。

十分清楚,对于单个粒子的运动可以推导出这三个公式。而且,假如把许多粒子的诸如 $xp_y - yp_x$ 这样的量加在一起,并称之为总角动量,那么对于 xy,yz,zx 的三个平面,我们可以得到三类表示式。用同样的办法处理力,我们也可以得到在 xy,yz,zx 平面的转矩。因此,可以得出这样的定律,即与任一平面相联系的外转矩等于与此平面相联系的角动量的变化率。这正是二维空间中我们曾经写出的表示式的推广。

但是,也许有人会说:"噢,不过平面不只三个,还有许多平面,难道我们不能在某一角度上取某一平面,并由力来计算出在这个平面上的转矩吗?对于每一个这样的平面,我们都可以写出一组不同的方程式,这样,我们将有多少方程式啊!"十分有趣的是,结果表明,假如我们对另一个平面测出 x',$F_{y'}$ 等等,从而得出关于该平面的表示式 $x'F_{y'} - y'F_{x'}$,那么结果可以写成对于 xy,yz,zx 三个平面的三个表示式的某种组合。这里毫无新的东西。换句话说,假如我们知道在 xy,yz,zx 平面内的三个转矩,则在任何其他平面上的转矩和相应的角动量总可以写成这三个转矩的某种组合:比如其中一个的6%加另一个的92%,等等。现在,我们将要分析这个性质。

假如,在 xyz 这组轴中,乔开出了他的三个平面的所有转矩和角动量,但莫具有在另一方向的轴 x',y',z'。为了使问题简单一些,我们将假定只是 x 和 y 轴转了一个角度。莫的

x' 和 y' 是新的,但是他的 z' 正好和 z 相同。这就是说他具有新的 yz 和 zx 平面。因此,他得求出新的转矩和角动量。例如,在 $x'y'$ 平面内,他的转矩应该是 $x'F_{y'} - y'F_{x'}$,等等。现在,我们要做的是求出新转矩和旧转矩之间的关系,从而使我们能够建立从一组坐标轴到另一组坐标轴之间的联系。可能又有人会说:"这看起来正和处理矢量的问题一样。"确实如此,我们就是要那样做。然后他可能还会问:"那么,转矩不正是一个矢量吗?"结果表明,它是一个矢量,但是如果不加分析,我们就不能立即明白这一点。因此,下面来作分析。我们将不打算详细地讨论每一步骤,因为我们只需要说明如何处理问题。乔算出的转矩为

$$\tau_{xy} = xF_y - yF_x,$$
$$\tau_{yz} = yF_z - zF_y, \tag{20.1}$$
$$\tau_{zx} = zF_x - xF_z.$$

这里我们离题插一句,请注意,在类似于这样的情况下,如果坐标处理不当,人们可能会把某些量的符号搞错。为什么不写成 $\tau_{yz} = zF_y - yF_z$?问题在于:一个坐标系既可以是"右旋的",也可以是"左旋的"。一旦对它们(任意地)选定一种符号,如 τ_{xy},则其他两个量的正确表达式总可以根据下面任何一种次序中 xyz 字母的互换而求出

莫在他的坐标系中算出的转矩为

$$\tau_{x'y'} = x'F_{y'} - y'F_{x'},$$
$$\tau_{y'z'} = y'F_{z'} - z'F_{y'}, \tag{20.2}$$
$$\tau_{z'x'} = z'F_{x'} - x'F_{z'}.$$

现在假设某一个坐标系转过了一个固定角度 θ,从而使得 z 和 z' 相同(这个角度 θ 与物体的转动无关,也与坐标系内发生什么情况无关。它仅仅是一个人所采用的坐标轴与另一个人采用的坐标轴之间的联系,我们假定它是常数)。因此,两个坐标系中的坐标之间的关系为

$$x' = x\cos\theta + y\sin\theta,$$
$$y' = y\cos\theta - x\sin\theta, \tag{20.3}$$
$$z' = z.$$

同样,因为力是矢量,所以它以与 x,y,z 相同的方式变换到新的坐标系,这是由于当且仅当一个量的各个分量以与 x,y,z 同样的方式变换时,才是矢量

$$F_{x'} = F_x\cos\theta + F_y\sin\theta,$$
$$F_{y'} = F_y\cos\theta - F_x\sin\theta, \tag{20.4}$$
$$F_{z'} = F_z.$$

现在,只要把式(20.3)的 x',y' 和 z' 与式(20.4)的 $F_{x'}$,$F_{y'}$ 和 $F_{z'}$ 统统代入式(20.2),我

们就能求出转矩的变换。这样，我们就得出 $\tau_{x'y'}$ 的包含有一长串项的表达式，而结果（乍一看来，颇觉惊讶）它正好简化成 $xF_y - yF_x$，这正是 xy 平面内的转矩

$$\begin{aligned}\tau_{x'y'} &= (x\cos\theta + y\sin\theta)(F_y\cos\theta - F_x\sin\theta) \\ &\quad - (y\cos\theta - x\sin\theta)(F_x\cos\theta + F_y\sin\theta) \\ &= xF_y(\cos^2\theta + \sin^2\theta) - yF_x(\sin^2\theta + \cos^2\theta) \\ &\quad + xF_x(-\sin\theta\cos\theta + \sin\theta\cos\theta) + yF_y(\sin\theta\cos\theta - \sin\theta\cos\theta) \\ &= xF_y - yF_x = \tau_{xy}.\end{aligned} \quad (20.5)$$

这个结果是很清楚的，因为假如我们仅在平面上转动轴，则在那个平面内对 z 轴的扭转与以前不会有什么不同，因为这是同一个平面！我们更感兴趣的是 $\tau_{y'z'}$ 的表达式，因为这是一个新的平面。现在在 $y'z'$ 平面来进行完全相同的变换，结果如下

$$\begin{aligned}\tau_{y'z'} &= (y\cos\theta - x\sin\theta)F_z - z(F_y\cos\theta - F_x\sin\theta) \\ &= (yF_z - zF_y)\cos\theta + (zF_x - xF_z)\sin\theta \\ &= \tau_{yz}\cos\theta + \tau_{zx}\sin\theta.\end{aligned} \quad (20.6)$$

最后，对 $z'x'$ 平面有

$$\begin{aligned}\tau_{z'x'} &= z(F_x\cos\theta + F_y\sin\theta) - (x\cos\theta + y\sin\theta)F_z \\ &= (zF_x - xF_z)\cos\theta - (yF_z - zF_y)\sin\theta \\ &= \tau_{zx}\cos\theta - \tau_{yz}\sin\theta.\end{aligned} \quad (20.7)$$

我们需要求出借助于旧坐标轴的转矩来表示新坐标轴转矩的规则，现在已经有了这条规则。我们怎样才能记住它呢？仔细观察一下式(20.5)，(20.6)和(20.7)，就可以看出这些等式与 x，y 和 z 的等式之间有一个密切的关系。如果我们把 τ_{xy} 叫做某个量的 z 分量，例如称它为 τ 的 z 分量，那就好了，因为 z 分量应该不变，而式(20.5)正是如此，所以可以把式(20.5)理解为一个矢量变换。同样，如果我们把新引入的矢量的 x 分量和 yz 平面联系起来；把 y 分量和 zx 平面联系起来，则这些变换的表示式可以写成

$$\begin{aligned}\tau_{z'} &= \tau_z, \\ \tau_{x'} &= \tau_x\cos\theta + \tau_y\sin\theta, \\ \tau_{y'} &= \tau_y\cos\theta - \tau_x\sin\theta,\end{aligned} \quad (20.8)$$

这正是矢量变换的法则！

因此，这就证明了我们可以把组合式 $xF_y - yF_x$ 与矢量的 z 分量等同起来。虽然转矩是在一个平面上的扭转，并不具有先验的矢量特征，但在数学上它的确就像一个矢量。这个矢量垂直于扭转平面，它的大小与扭转强度成正比。这样一个量的三个分量就像真正的矢量一样变换。

因此，我们就用矢量来表示转矩；假设转矩作用在一个平面上，用尺画一条垂直于该平面的直线。但是仅仅说"垂直"于平面，还没有规定符号。为了正确确定符号，我们必须采用

一个规则,使得利用这个规则,能够告诉我们假如转矩以某种方式作用在 xy 平面上,那么与之相联系的轴是沿 z 的正方向。也就是说,人们必须规定"左"和"右"。假设坐标系是右旋系统中的 x,y,z,那么这个法则可以描述如下:如果我们把扭转想象为旋转一个具有右旋螺纹的螺钉,那么与扭转有关的那个矢量的方向就是螺钉前进的方向。

为什么转矩是一个矢量呢?我们能够把一个平面和单一的一根轴联系起来,从而能把矢量和转矩联系起来是十分幸运的奇迹;这是三维空间的一个特性。在二维空间中,转矩是一个普通的标量,没有规定方向的必要。在三维空间中,它是一个矢量。假如是四维空间,困难就很大,因为(例如我们取时间为第四维)不仅有 xy,yz 和 zx 平面,还有 tx,ty 和 tz 平面。这里有 6 个面,人们不能把 6 个量表示为四维空间中的一个矢量。

我们长期地生活在三维空间中,因此值得指出,前面的数学处理与 x 代表位置,F 代表力这些事实无关,它只依赖于矢量的变换规律。因此,如果用某个其他矢量的 x 分量来代替 x,结果将毫无差别。换句话说,假如我们要计算 $a_xb_y - a_yb_x$(这里 a 和 b 是矢量),并把它称为某一新的量 c 的 z 分量,那么这些新的量组成了矢量 c。我们需要找出一个数学表达式来表示具有三个分量的这个新的矢量与矢量 a 和 b 之间的关系。为此而设想的表示方法是 $c = a \times b$。这样,除了在矢量分析理论中通常的标积之外,又有一种新的乘法,称为矢积。因而假如 $c = a \times b$,就等于写成下面的形式

$$c_x = a_yb_z - a_zb_y,$$
$$c_y = a_zb_x - a_xb_z, \quad (20.9)$$
$$c_z = a_xb_y - a_yb_x.$$

假如把 a 和 b 的次序颠倒一下,即把 a,b 改为 b,a,则 c 的符号也必须颠倒一下,因为 c_z 应该是 $b_xa_y - b_ya_x$。因此,叉积与一般的乘法不一样,在一般的乘法中 $ab = ba$,而对叉积 $b \times a = -a \times b$。由此我们立即可以证明,假如 $a = b$,其叉积为零,即 $a \times a = 0$。

叉积对表达转动的特性十分重要,因此,掌握三个矢量 a,b,c 的几何关系是很重要的。当然,分量之间的关系已由式(20.9)给出,从那里也可以确定它们在几何上的关系。结果是首先矢量 c 同时垂直于 a 和 b(试计算 $c \cdot a$,看它是否为零)。其次,c 的大小可以证明等于 a 的大小乘 b 的大小再乘两者之间夹角的正弦。c 指向什么方向呢?设想把 a 转过一个小于 180°的角到 b;用这样的方法转动一个右旋螺纹的螺钉,螺钉前进的方向就是 c 的方向。我们用右旋螺钉而不用左旋螺钉,这是一个习惯问题,而且它不断提醒我们,假如 a 和 b 是一般意义下的"真正的"矢量,那么由 $a \times b$ 创造的新的"矢量"是人为的,它的性质与 a 和 b 略有差别,因为它是由一个特殊法则构成的。假如 a 和 b 是所谓的普通矢量,我们给它们取一个专门的名称叫做极矢量。例如坐标 r、力 F、动量 p、速度 v、电场 E 等等都是这种矢量,这些都是通常的极矢量。在它们的定义中只包含一次叉积的矢量叫做轴矢量或赝矢量。转矩 τ 和角动量 L 当然就是赝矢量的例子。还可以发现角速度 ω 和磁场 B 也是赝矢量。

为了使矢量的数学性质完整,我们应该知道关于矢量的点积和叉积的所有规则。在目前的应用中,我们只需要知道很少一点就够了,但是为了完整起见,我们将写出所有矢量乘法的规则,便于今后应用。它们是

$$\text{(a)} \quad \boldsymbol{a} \times (\boldsymbol{b}+\boldsymbol{c}) = \boldsymbol{a}\times\boldsymbol{b} + \boldsymbol{a}\times\boldsymbol{c},$$
$$\text{(b)} \quad (\alpha\boldsymbol{a})\times\boldsymbol{b} = \alpha(\boldsymbol{a}\times\boldsymbol{b}),$$
$$\text{(c)} \quad \boldsymbol{a}\cdot(\boldsymbol{b}\times\boldsymbol{c}) = (\boldsymbol{a}\times\boldsymbol{b})\cdot\boldsymbol{c},$$
$$\text{(d)} \quad \boldsymbol{a}\times(\boldsymbol{b}\times\boldsymbol{c}) = \boldsymbol{b}(\boldsymbol{a}\cdot\boldsymbol{c}) - \boldsymbol{c}(\boldsymbol{a}\cdot\boldsymbol{b}), \tag{20.10}$$
$$\text{(e)} \quad \boldsymbol{a}\times\boldsymbol{a} = 0,$$
$$\text{(f)} \quad \boldsymbol{a}\cdot(\boldsymbol{a}\times\boldsymbol{b}) = 0.$$

§20-2 用叉积表示的转动方程式

现在我们要问,是否在物理学中的任何方程都可以写成叉积的形式呢?回答是大多数的方程都可以这样写。例如,我们立即可以看出转矩等于位置矢量和力的叉积

$$\boldsymbol{\tau} = \boldsymbol{r}\times\boldsymbol{F}. \tag{20.11}$$

这是包含 $\tau_x = yF_z - zF_y$ 等三个方程式的一个矢量。根据同样的想法,假如只有一个粒子时,角动量矢量就是离原点的距离乘以动量矢量

$$\boldsymbol{L} = \boldsymbol{r}\times\boldsymbol{p}. \tag{20.12}$$

对于三维空间转动来说,与牛顿的 $\boldsymbol{F} = \mathrm{d}\boldsymbol{p}/\mathrm{d}t$ 定律相类似的动力学定律是:转矩矢量等于角动量矢量随时间的变化率

$$\boldsymbol{\tau} = \mathrm{d}\boldsymbol{L}/\mathrm{d}t. \tag{20.13}$$

假如把式(20.13)对很多粒子求和,那么作用在一个系统上的外转矩是总角动量的变化率

$$\boldsymbol{\tau}_{外} = \mathrm{d}\boldsymbol{L}_{总}/\mathrm{d}t. \tag{20.14}$$

另一个定理是:若总的外转矩为零,则这个系统的总角动量矢量不变。这称为<u>角动量守恒定律</u>。假如没有转矩作用在一个给定系统上,它的角动量就不会改变。

角速度情况如何呢?它是矢量吗?我们已经讨论过固体绕一个给定轴的转动,现在假定我们使它同时绕两根轴转动。它可以一方面绕盒子内部的一根轴转动,同时整个盒子再绕另一个轴转动。这种组合运动的结果是物体简单地围绕某一个新的轴转动。这个新的轴的奇特之处可以这样来描写:假如以 z 方向上的一个矢量来表示在 xy 平面内的转动率,并令其长度等于在该平面内的转动率,再在 y 方向上画出另一个矢量,以表示在 zx 平面内的转动率,则按照平行四边形法则把它们加起来,得出的矢量其大小就表示物体转动的快慢,其方向则代表转动是在哪个平面中进行的。简言之,角速度是一个矢量,而在三个平面内转动的快慢,就是该矢量在垂直于各个平面的方向上的投影*。

作为角速度矢量的一个简单应用,我们可以计算一下作用在一个刚体上的转矩所消耗的功率。功率当然是功随时间的变化率,在三维空间中,可以证明功率是 $P = \boldsymbol{\tau}\cdot\boldsymbol{\omega}$。

---

* 这一点的正确性也可以通过把无限小时间 Δt 内物体所有粒子的位移合在一起的办法推导出来。它本身不是自明的,留给有兴趣的读者自己证明。

所有平面转动的公式都可以推广到三维空间。例如，假定一个刚体以角速度 ω 绕某一轴转动，我们可以问，"在矢径 r 处的一个点的速度是什么？"可以证明刚体上一个粒子的速度是 $v = \omega \times r$，这里 ω 是角速度，r 是矢径，我们把它作为一个问题留给学生去证明。叉积的又一个例子是：科里奥利力的公式也可以把它写成叉积的形式：$F_c = 2m v \times \omega$。即假如一个坐标系以角速度 ω 转动，一个粒子以速度 v 在这个坐标系内运动，在这个转动坐标系中考虑问题，就必须加上赝力 F_c。

§20-3　回　转　仪

现在再来讨论角动量守恒定律。这个定律可以用快速旋转的轮子或下面的回转器来演示（见图 20-1）。假如我们站在一个转椅上，并拿着绕水平轴转动的轮子，这个轮子绕水平轴有一个角动量。绕竖直轴的角动量不会因为椅子的支轴（无摩擦）而改变，假如我们把轮子的轴转到竖直方向，那么轮子就具有绕竖直轴的角动量，因为这时它在绕竖直轴转动。但是，这个系统（轮子，我们自己和椅子）不可能有竖直分量的角动量，因此，我们和椅子必须沿与轮子自旋相反的方向转动，以与轮子的转动平衡。

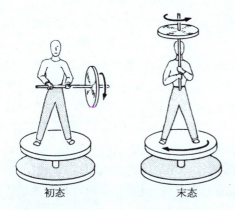

图 20-1　起先：轴是水平的，绕竖直轴的转矩等于 0；后来：轴在竖直方向，绕竖直轴的角动量仍然为零，人和椅子的转动方向与轮子的转动方向相反

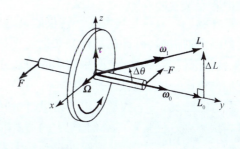

图 20-2　回转仪

首先我们来较详细地分析一下刚才叙述的事情。使我们感到惊奇和需要理解的是，当我们把回转仪的轴转向竖直方向时，从哪里来的力使我们和椅子转动的。图 20-2 表示轮子绕 y 轴快速转动。因此，它的角速度是沿着绕它转动的轴，结果表明它的角动量也同样在 y 方向上。现在假如我们想使轮子以很小的角速度 Ω 绕 x 轴转动，那么需要多大的力呢？在经过一个很短的时间 Δt 之后，轴转到一个新的位置，与水平方向成 $\Delta\theta$ 角。因为角动量的主要部分是由于绕轴旋转而产生的（很小一部分是由慢慢转动引起的），所以我们看到角动量矢量发生了变化。角动量发生了什么变化呢？角动量的大小没有变，但是它的方向改变了 $\Delta\theta$。这样，矢量 ΔL 的大小为 $\Delta L = L_0 \Delta\theta$，因此，转矩，即角动量随时间的变化率是

$$\tau = \Delta L / \Delta t = L_0 \Delta\theta / \Delta t = L_0 \Omega.$$

考虑到各个量的方向,我们知道

$$\tau = \Omega \times L_0. \tag{20.15}$$

由此可见,如果 Ω 和 L 如图所示,都在水平方向,τ 就在竖直方向。为了产生这个转矩,一定要有水平方向的力 F 和 $-F$ 作用在轴的两端。这些力是如何作用的呢?在我们试图使轮子的轴往竖直方向转动时,通过我们的手施加了这种作用力。但是,牛顿第三定律要求有大小相等、方向相反的力(和大小相等、方向相反的转矩)作用在我们身上。这就使我们绕竖直轴 z 沿相反方向转动。

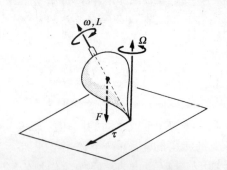

图 20-3 一个快速旋转的陀螺
注意:转矩矢量的方向就是进动的方向

这个结果可以推广到快速旋转的陀螺上去。对于常见的旋转陀螺,作用在它质心上的重力提供了一个相对于与地板接触点的转矩(见图 20-3)。这个转矩在水平方向,它使陀螺的轴绕竖直方向在一个圆锥上进动。假如 Ω 是(竖直方向的)进动角速度,我们再次发现

$$\tau = dL/dt = \Omega \times L_0.$$

因此,当我们对快速旋转着的陀螺施加转矩时,其进动方向就在转矩的方向上,也就是与产生转矩的力垂直的方向。

现在我们可以说是理解了回转仪的进动,实际上,我们是从数学上去理解的。然而,这只是数学上的事情,而且在某种意义上简直是"奇迹"。当我们深入到越来越高级的物理学时,将会看到很多简单的东西用数学的方法来推导要比从基本的或简单的意义上去真正理解它们来得快一些。这是一个很奇怪的特性,而且在我们接触越来越高深的研究工作时,就会遇到这些情况,其中数学导出了结果,但这些结果没有一个人能以任何直接的方式真正理解它。狄喇克方程就是一个例子,它的形式非常简单而优美,但是它的结论却很难理解。对于我们所讨论的特殊情形,陀螺的进动看上去像是包含有直角和圆周,扭转和右手螺旋的一类奇迹。我们要做的是怎样用更符合物理的方式去理解它。

怎样用实际的力和加速度来说明转矩呢?我们注意到,当轮子进动时,在轮子上的质点并不是真正在一个平面内运动,因为轮子正在进动(见图 20-4)。正如我们在前面(图 19-4)所解释过的那样,穿过进动轴的质点沿曲线路径运动,从而要求有一个侧向作用力。这个力是通过我们推轴时施加的,它通过轮子的辐条传到轮子的边缘。"等一等",也许有人要问,"在轮子的另一侧往相反方向运动的粒子的情况如何呢?"不难确定必须有一个沿反方向的力作用在那一边。因此,我们所应施加的合力为零。这些力相互抵消,但是其中的一个力必须作用在轮子的一边,另一个力作用在轮子的另一边。我们可以在轮子上直接用力,但是因为轮子是固体,它的辐条可以传递力,这就使我们可以通过推轴而施加力。

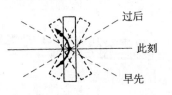

图 20-4 当图 20-2 的自旋轮子的轴在转动时,轮子上的质点是沿曲线运动的

到目前为止,我们已经证明了,假如轮子在进动,它就能够与重力转矩或某种其他转矩相平衡。但是,我们所证明的这一切只是方程式的一个解。即,假如有转矩作用,并且恰当

地使轮子开始旋转,那么它将平稳地和均匀地进动。但是我们并没有证明(而且这是不对的),由于一个给定转矩的作用,自旋物体可能进行的最一般运动就是均匀进动。一般运动还包含有相对于平均进动的"晃动"。这个"晃动"称为章动。

有人喜欢说,当人们在回转仪上施加一个转矩时,它就转动,并进动,即这个转矩产生了进动。非常奇怪的是,当突然把回转器放开的时候,它不是在重力的作用下下落,而是向旁边运动!为什么我们所知道并感觉到的向下的重力会使它侧向运动呢?世界上像式(20.15)之类的所有公式都不能回答这个问题,因为式(20.15)是一个特殊方程,仅在回转仪正常进动时才适用。说得详细一点,所发生的真实情况如下:假如我们紧紧抓住轴使其不能以任何方式进动(但是陀螺在自旋),这样就没有转矩作用着,甚至连重力转矩都没有,因为它被我们的手指平衡了。但是,在我们突然把手放开的一瞬间,立即就有一个重力转矩。任何头脑正常的人都会认为陀螺将掉下来,确实如此,当陀螺自转不太快时,确实看到它在开始时是在下落。

正如我们预期的那样,回转器确实是在下落。但当它一旦下降时,它就开始转动,假如要使这个转动继续下去,就需要有一个转矩。由于在这个方向上没有转矩,回转仪就沿与失去的力相反的方向"落下"。这就使回转仪有一个绕竖直轴运动的分量,就像在稳定进动时一样。但是,实际运动要"超过"稳定的进动速度,实际上轴又再升回到原来开始时的水平位置。轴的一端所走的路径是一条摆线(即像粘在汽车轮胎上的石子所走过的路径)。通常这种运动很快,以致眼睛无法跟踪,而且由于滚珠轴承的摩擦力,使它很快衰减下来,变成稳定的进动(图 20-5)。轮子旋转得越慢,章动就越明显。

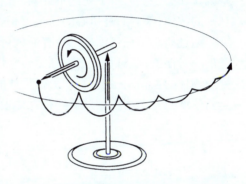

图 20-5 原来被紧紧抓住的回转器刚刚放开之后,在重力的作用下,其轴端的实际运动情况

当运动稳定之后,回转仪的轴要比开始时略低一点。为什么呢(这里有更复杂的细节,我们所以要进行讨论是为了不使读者产生回转仪是绝对不可思议的奇迹的想法。它确实是很奇特的,但绝非不可思议的奇迹)?假如我们绝对水平地抓住回转仪的轴,然后突然放开,那么简单的进动方程就可以告诉我们,它是在水平面内进动的。然而这是不可能的!轮子对于进动轴有一定的转动惯量,这一点尽管前面忽略了,但确是存在的,如果它相对于这个轴转动,即使很慢,它对这个轴也有一个比较弱的角动量。这个角动量是从哪里来的呢?如果支轴很理想,相对于竖直轴就没有转矩。如果角动量不变,进动是怎么来的呢?回答是轴端的摆线运动衰减为等效的滚动圆中心的平均和稳定的运动。也就是说,它处于略为低一点的位置上。因为它较低,自旋角动量就有一个微小的竖直分量,这正是进动所需要的。这样,你就明白,为了继续保持转动,必须使它低一些,同时向重力作一点让步;通过把它的轴放低一些来保持其绕竖直轴的转动,这就是回转器的旋转过程。

§20-4 固体的角动量

在我们结束三维空间转动的课题之前,我们至少还要定性地讨论几个在三维转动中发生的效应,这些效应本身不是自明的。一般说来,主要的效应是一个刚体的角动量并不一定必须和角速度在同一个方向上。我们来考虑一个轮子,这个轮子倾斜地固定在一根杆上,但轴通过其重心,如图 20-6 所示。当我们使轮子绕轴旋转时,任何人都知道,因为轮子倾斜地安装着,轴承将发生震动。定性地说,我们知道在转动系统中有一个离心力作用在轮子上,试图把轮子上的物体抛到离轴尽可能远的地方。这趋向于使轮子的平面排成与轴相垂直。为了反抗这种趋势,轴承就要施加一个转矩。如果轴承施加了转矩,必然会有一个角动量的变化率。当我们仅使轮子绕轴旋转时,怎么会有角动量的变化率呢?假使我们把角速度 ω 分成 ω_1 和 ω_2,ω_1 垂直于轮子的平面,ω_2 平行于轮子的平面。什么是角动量呢?相对于这两个轴的转动惯量是不同的,因此,角动量的两个分量(只在这两个特殊的轴上)等于转动惯量乘相应的角速度分量,它们的比值与角速度分量之比值不一样。因而角动量矢量在空间的方向不是沿着轴的方向。当我们转动物体时,我们也在空间中转动了角动量矢量,这就必须在轴上施加一个转矩。

转动惯量有一个非常重要而有趣的性质,很容易叙述,也很容易应用,它是上述分析的基础,但它太复杂,难于在这里证明。这个性质叙述如下:任何刚体,即使是像马铃薯之类不规则的物体,都有通过质心的三根互相垂直的轴,使得相对于这三根轴中某一根轴的转动惯量与通过质心的任何轴相比具有最大可能值;相对于这三根轴中另一根轴的转动惯量则具有最小可能值;而对于第三根轴的转动惯量则处于两者之间(或等于其中之一)。这三根轴称为物体的主轴,它们具有一个很重要的性质——如果物体绕其中一个轴转动,它的角动量与角速度的方向相同。对于具有对称轴的物体来说,它的主轴就是对称轴。

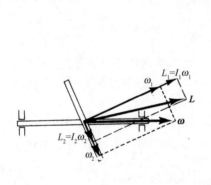

图 20-6 一个转动物体的角动量并不一定平行于角速度

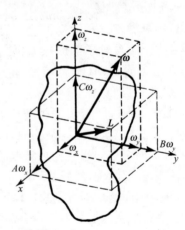

图 20-7 一个刚体的角速度和角动量 ($A > B > C$)

假如我们用 x,y 和 z 轴来表示主轴,并称相应的主转动惯量为 A,B 和 C,我们就能很容易算出以任一角速度 ω 转动的物体的角动量和动能(图 20-7)。如果将 ω 沿 x,y,z 方向分解成 ω_x,ω_y,ω_z 分量,并在 x,y,z 轴上取单位矢量 $\boldsymbol{i}$,$\boldsymbol{j}$,$\boldsymbol{k}$,我们就可以把角动量写成

$$\boldsymbol{L} = A\omega_x \boldsymbol{i} + B\omega_y \boldsymbol{j} + C\omega_z \boldsymbol{k}. \tag{20.16}$$

转动动能是

$$\text{K.E.} = \frac{1}{2}(A\omega_x^2 + B\omega_y^2 + C\omega_z^2) = \frac{1}{2}\boldsymbol{L} \cdot \boldsymbol{\omega}. \tag{20.17}$$

第21章 谐振子

§21-1 线性微分方程

在学习物理学时,通常是把课程分成一系列的科目,如力学、电学、光学,等等,并且总是一门课程接着一门课程地学习。例如,到目前为止本门课程主要讨论的是力学。但是,有一件奇怪的事情却一再出现:即在物理学的不同领域中,甚至在其他的学科中,出现的方程式几乎往往是完全一样的,因此在这些不同领域中很多现象都有其类似之处。举一个最简单的例子,声波的传播在很多方面就与光波的传播相类似。如果我们深入地研究声学,就会发现要做的很多工作与我们深入研究光学时相同。所以,对一个领域中某种现象的研究可以扩展我们对另一个领域的知识。最好从一开始就认识到这种扩展是可能的,否则,人们就可能对为什么要花这么多的时间和精力来研究仅仅是力学中的很小一部分,感到不可理解。

我们将要学习的谐振子,在许多其他领域中都有相类似的东西,虽然我们从力学的例子,如挂在弹簧上的重物,小振幅的摆,或者某些其他的力学装置出发,但实际上我们是在学习某一种微分方程。这种方程在物理学和其他学科中反复出现,而且事实上它是许多现象中的一部分,是值得我们认真研究的。包含这个方程式的现象有:挂在弹簧上的一个具有质量的物体的振动;在电路中电荷的来回振荡;正在产生声波的音叉的振动;电子在原子中产生光波的类似振动;描写调节温度的恒温器之类的伺服系统的操作方程;化学反应中一些复杂的相互作用;在养料供给和细菌产生的毒素共同作用下菌落的繁殖和生长;狐狸吃兔子,兔子吃青草等等;所有这些现象遵循一些彼此非常相似的方程式,这就是为什么我们要这样详细地研究机械振子的原因。这些方程称为常系数线性微分方程。一个常系数线性微分方程包含几项之和,每一项都是因变量对自变量的微商再乘以某一个常数。如

$$a_n \frac{d^n x}{dt^n} + a_{n-1} \frac{d^{n-1} x}{dt^{n-1}} + \cdots + a_1 \frac{dx}{dt} + a_0 x = f(t) \tag{21.1}$$

称为 n 阶常系数线性微分方程(每一个 a_i 都是常数)。

§21-2 谐振子

遵循常系数线性微分方程的最简单的力学系统大概要算是挂在弹簧上的一个具有质量的物体的运动:先是弹簧伸长以和重力平衡,待其达到平衡后,我们来讨论物体离开其平衡位置的垂直位移(图21-1)。我们称这个向上的位移为 x,并假设弹簧是完全线性的,因此,当弹簧伸长时,弹簧往回拉的力严格地正比于它的伸长的量。即力为 $-kx$(负号提醒我们

这个力是往回拉的)。这样,质量乘加速度应等于 $-kx$

$$m\frac{d^2x}{dt^2} = -kx. \quad (21.2)$$

为了简单起见,假设碰巧(或改变时间的量度单位)比值 $k/m = 1$。我们先来研究方程

$$\frac{d^2x}{dt^2} = -x, \quad (21.3)$$

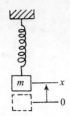

图 21-1 挂在弹簧上的物体:谐振子的一个简单例子

然后再回过头来研究明显含有 k 和 m 的式(21.2)。

我们已经对式(21.3)作过详细的数值分析;在最初引进力学课题时,为了寻求运动规律,我们解过这个方程[见式(9.12)]。利用数值积分,我们得出了一条曲线(图 9-4),该曲线表明,假如质量为 m 的物体在开始时就有位移,但处于静止状态,它将向下运动并通过零点;当时我们没有进一步讨论下去,但我们当然知道它一定在继续上下运动——即作振动。当我们对这个运动进行数值计算时,曾发现,在 $t = 1.570$ 时它通过平衡点。而整个周期是这个量的四倍,即 $t_0 = 6.28$ "秒"。这还是在我们对微积分不怎么理解的时候,用数值计算得出的。同时,我们设想数学系已经发表了一个函数,它的两次微商等于它本身再加上一个负号(当然也有直接得出这个函数的方法,但是这些方法比已经知道了答案再来讨论要复杂得多)。这个函数就是 $x = \cos t$。对此式求微分得出:$dx/dt = -\sin t$ 和 $d^2x/dt^2 = -\cos t = -x$。函数 $x = \cos t$ 在 $t = 0$ 时从 $x = 1$ 开始,也没有初速度;这就是我们以前进行数值计算时的初始状态。现在知道了函数 $x = \cos t$,我们就能算出通过 $x = 0$ 处的时间的准确值。答案是 $t = \pi/2$,即 1.571 08,由于数值计算有误差,所以我们以前得出的最后一位数字是错的,但它是非常接近的!

现在进一步研究原来的问题,我们把时间的单位恢复为真正的秒。这时方程的解又是什么呢?首先,我们也许会认为可以用 $\cos t$ 乘上某个量的形式引入常数 k 和 m。因此,我们来试一下方程式 $x = A\cos t$;于是得到 $dx/dt = -A\sin t$ 和 $d^2x/dt^2 = -A\cos t = -x$。令人惊讶的是我们发现,我们并没有解出式(21.2),而是又一次得到了式(21.3)。这个事实说明了线性微分方程的一个极其重要的性质:如果用任意常数乘方程的一个解,所得结果仍是方程的解。关于这一点的数学含义是很清楚的。假如 x 是一个解,如果在方程两边同时乘上 A,可以看到所有微商也同样乘上了 A,所以 Ax 就像 x 一样正好是原方程的解。它的物理含义如下:假如我们在弹簧上挂上一个重物,并把它拉下两倍远的距离,则作用力就为两倍,由此产生的加速度也为两倍,在某一给定时间内得到的速度也为两倍,在给定的时间内走过的距离也为两倍;但是它回到原点要走的距离也是两倍,因为它被拉下了两倍。因此,它回到原点所花的时间是一样的,与初始位移无关。换句话说,对于遵循线性方程的运动来说,不管运动有多"强",都具有同样的时间图像。

上面的做法是错误的,它仅仅告诉我们线性方程的解乘任意常数后,仍满足同样的方程,而不是另一个方程。经过小小的挫折和一番尝试后,我们发现要得到 x 项前有不同系数的方程,必须改变时间的标度,换句话说,式(21.2)的解应取如下的形式

$$x = \cos\omega_0 t. \quad (21.4)$$

(必须注意,这里的 ω_0 不是旋转物体的角速度,但是,如果不准用同一个字母表示一个以上

事物的话，字母就不够用了。）在 ω 下角写一个"0"的原因是因为不久我们将要遇到更多的 ω；我们记住 ω_0 与这个振子的固有运动有关。现在来试一下式(21.4)，这次比较成功，因为 $dx/dt = -\omega_0 \sin\omega_0 t$ 及 $d^2x/dt^2 = -\omega_0^2 \cos\omega_0 t = -\omega_0^2 x$。这样，终于解出了我们真正要解的方程。若取 $\omega_0^2 = k/m$，那么方程式 $d^2x/dt^2 = -\omega_0^2 x$ 就和式(21.2)相同。

接下来我们要研究的是 ω_0 的物理意义，我们知道，当角度改变 2π 时，余弦函数就自行重复，所以，当"角度"改变 2π 时，$x = \cos\omega_0 t$ 将重复原来的运动，它将经历一个完整的循环。通常把 $\omega_0 t$ 这个量称为运动的相位。要使 $\omega_0 t$ 改变 2π，时间必须改变一个量 t_0，t_0 就叫做一次完全振动的周期；显然，t_0 必须满足 $\omega_0 t_0 = 2\pi$。这就是说，$\omega_0 t_0$ 应该是振动一周的角度，如果使 t 增加 t_0，相位就增加 2π，各个量都将自行重复。因此

$$t_0 = \frac{2\pi}{\omega_0} = 2\pi\sqrt{\frac{m}{k}}. \tag{21.5}$$

由此可见，物体的质量越大，在弹簧上来回振动一次所花的时间就越长。这是因为它有更大的惯性，所以当作用力相同时，要花较长的时间才能使它运动。另外，如果弹簧的弹性越强，它就运动得越快，因此得出：弹簧的弹性越强，周期就越短。

必须注意，挂在弹簧上的物体的振动周期与它的初始运动状态以及弹簧被拉下的长度都毫无关系。运动方程式(21.2)能确定周期，但不能确定振幅。实际上，振幅是由我们如何放开物体，即由所谓初始条件或起始条件来决定的。

实际上，我们还没有真正找到方程式(21.2)的最一般的可能解。它还有别的解。其原因很清楚：因为 $x = a\cos\omega_0 t$ 所概括的情况都是以一定的初始位移而无初速度开始的运动。但是，物体从 $x = 0$ 处开始振动是可能的，例如，我们可以冲击它一下，使它在 $t = 0$ 时具有一定的速度。这种运动不能用余弦表示，而要用正弦来表示。换个方式讲，假如 $x = \cos\omega_0 t$ 是一个解，那么如果我们在某一时刻（可以把它叫做 $t = 0$）突然走进房间，正好看到物体通过 $x = 0$ 处，它将照样运动下去，这种情况难道不是明显存在的吗？因此，$x = \cos\omega_0 t$ 不可能是最一般的解；应该说时间的起点必须是可以移动的。例如，我们可以把解写成这样的形式：$x = a\cos\omega_0(t - t_1)$，其中 t_1 是某一常数。这相当于把时间的起点移到某一新的时刻。进一步，我们可以展开下式

$$\cos(\omega_0 t + \Delta) = \cos\omega_0 t \cos\Delta - \sin\omega_0 t \sin\Delta,$$

并写成

$$x = A\cos\omega_0 t + B\sin\omega_0 t,$$

其中 $A = a\cos\Delta$，而 $B = -a\sin\Delta$。这些形式中的任何一个都是描写式(21.2)完整的通解的可能形式：即微分方程 $d^2x/dt^2 = -\omega_0^2 x$ 的每一个解都可以写成

(a) $x = a\cos\omega_0(t - t_1)$

或　　　　　　　　(b) $x = a\cos(\omega_0 t + \Delta)$　　　　　　　　(21.6)

或　　　　　　　　(c) $x = A\cos\omega_0 t + B\sin\omega_0 t.$

式(21.6)中的一些量的名称如下：ω_0 称为角频率；它是 1 s 内相位变化的弧度数，由微分方程所决定。其他常数不是由方程式，而是由运动的初始条件来决定的。其中 a 表征物

体能达到的最大位移,称为振幅。常数 Δ 有时称为振动的相位,但是这样的叫法有点混乱,因为有些人把 $\omega_0 t + \Delta$ 称为相位,并且说相位是随时间而变化的。我们或许可以说,Δ 是相对于某一确定零点的相移。让我们各有各的说法吧! 不同的 Δ 对应于不同相位的运动,这是确定无疑的,至于是否要把 Δ 称作相位,这是另一个问题。

§21-3 简谐运动和圆周运动

方程式(21.2)的解中含有余弦项这一事实使我们想到:这种运动可能与圆有某种关系。当然这是人为的,因为实际上在直线运动中并不涉及到圆——物体仅作上下运动。不过可以指出,事实上在研究圆周运动力学的时候,我们就已解过这个微分方程。假如一个粒子以恒定的速率 v 沿一圆周运动,从圆心指向粒子的矢径所转过的角度的大小与时间成正比。如果令此角度为 $\theta = vt/R$ (图 21-2),那么 $\mathrm{d}\theta/\mathrm{d}t = \omega_0 = v/R$。我们知道还有一个向心加速度 $a = v^2/R = \omega_0^2 R$;同时我们还知道,在某一给定时刻的位置 x 是圆的半径乘 $\cos\theta$,位置 y 是半径乘以 $\sin\theta$

$$x = R\cos\theta, \quad y = R\sin\theta.$$

那么加速度将怎样呢?加速度的 x 分量 $\mathrm{d}^2 x/\mathrm{d}t^2$ 是什么?我们已经用几何方法得出:它等于加速度的大小乘投影角的余弦,再加上负号,因为它是指向圆心的

$$a_x = -a\cos\theta = -\omega_0^2 R\cos\theta = -\omega_0^2 x. \tag{21.7}$$

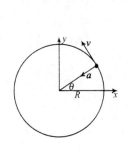

图 21-2 以恒速在一圆形轨道上运动的粒子

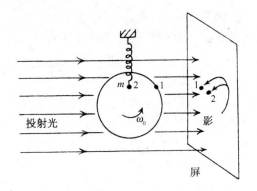

图 21-3 演示简谐运动和匀速圆周运动之间等同性的实验

换句话说,当一个粒子作圆周运动时,它的运动的水平分量具有的加速度与离圆心的水平位移成正比。显然,对于圆周运动也有解: $x = R\cos\omega_0 t$。式(21.7)与圆的半径无关,因此,当 ω_0 给定时,对于任何半径的圆都得到同样的方程。这样,我们就有种种理由预计,挂在弹簧上的物体的位移最终将与 $\cos\omega_0 t$ 成正比,而且实际上,与我们在观察以角速度 ω_0 作圆周运动的物体的位置的 x 分量时所看到的运动完全一样。为了验证这一点,我们可以设计一个实验来证明挂在弹簧上的物体的上下运动和一个点作圆周运动完全一样。在图 21-3 中,一束弧光把装在转动轴上的曲柄销和一个作垂直振动的物体的影子并排地投射到屏上。如果我们使物体在一个适当的时刻和适当的位置开始运动,并且小心地调节转轴的转速,使两者的频率相匹配,则每一个将严格地跟着另一个运动。此外,还可以验证前面用余弦函数求得

的数值解,看看是否很好地符合。

这里我们要指出,因为匀速圆周运动与上下振动在数学上有很密切的联系,假如把振动看成是某物作圆周运动的投影,我们就能用比较简单的方法来分析振动。换句话说,虽然距离 y 在振子问题中完全是多余的,我们仍然可以人为地给式(21.3)再补充一个用 y 表示的方程式,并把这两个方程放在一起。如果这样做,我们就可以用圆周运动来分析一维振子,这比解微分方程要容易得多。解这种问题的技巧是应用复数,在下一章中我们将介绍这个方法。

§21-4 初始条件

现在我们来考虑是什么确定了常数 A 和 B,或 a 和 Δ 的。当然,这些是由我们怎样使运动开始来决定的。如果我们仅仅是以一个很小的位移开始运动,这是振动中的一种类型;如果开始时有一初始位移,并在放手时再推一下,我们就得到另一种运动。常数 A 和 B,或 a 和 Δ,或用其他任何形式表达的常数,都是由运动的初始状态来决定的,而与这种情况下的任何其他特征无关。这些就叫<u>初始条件</u>。我们希望把初始条件和这些常数联系起来。虽然采用式(21.6)中的任一形式都能做到这一点,不过用式(21.6c)最为方便。假如在 $t=0$ 时,物体从初始位移 x_0 处以一定速度 v_0 开始运动,这是开始运动的最一般的方式(我们不能指定开始运动的加速度,因为在 x_0 给定之后,加速度要由弹簧的性质来决定)。现在来计算 A 和 B。从 x 的方程式着手

$$x = A\cos\omega_0 t + B\sin\omega_0 t.$$

因为后面还要用到速度,我们对 x 求微商,得到

$$v = -\omega_0 A\sin\omega_0 t + \omega_0 B\cos\omega_0 t.$$

这些式子对所有的 t 都适用,但是我们已经知道了在 $t=0$ 时的 x 和 v。因此,假如把 $t=0$ 代入这些方程,在式子左边就得到 x_0 和 v_0,因为这是在 $t=0$ 时的 x 和 v 的值。另外,我们知道 $\cos 0 = 1$,$\sin 0 = 0$。因此得到

$$x_0 = A \cdot 1 + B \cdot 0 = A$$

和

$$v_0 = \omega_0 A \cdot 0 + \omega_0 B \cdot 1 = \omega_0 B.$$

所以,对于这种特殊情况,我们求得

$$A = x_0, \qquad B = \frac{v_0}{\omega_0}.$$

如果需要的话,我们就能从这些 A 和 B 的值求出 a 和 Δ。

我们的解就到此为止,但是还有一个在物理上很有意义的问题,即能量守恒的问题需要验证。既然没有摩擦耗损,能量就应该守恒。应用公式

$$x = a\cos(\omega_0 t + \Delta),$$

于是

$$v = -\omega_0 a\sin(\omega_0 t + \Delta).$$

现在来求动能 T 和势能 U。势能在任何时刻都是 $kx^2/2$,这里 x 是位移,k 是弹性系数。如

果把上面 x 的式子代入,则有

$$U = \frac{1}{2}kx^2 = \frac{1}{2}ka^2\cos^2(\omega_0 t + \Delta).$$

显然,势能不是常数;它也不会是负值,这是很自然的——弹簧上总是有些势能,但是它的数值是随 x 而变化的。另一方面,动能是 $mv^2/2$,把 v 的式子代入,就得到

$$T = \frac{1}{2}mv^2 = \frac{1}{2}m\omega_0^2 a^2 \sin^2(\omega_0 t + \Delta).$$

当 x 取最大值时,动能为零,因为这时的速度为零;另一方面,当 x 为零时,动能取最大值,因为这时速度最大。动能的这种变化正好与势能相反。但是,总能量应为常数。注意到 $k = m\omega_0^2$,我们就会看到

$$T + U = \frac{1}{2}m\omega_0^2 a^2 [\cos^2(\omega_0 t + \Delta) + \sin^2(\omega_0 t + \Delta)] = \frac{1}{2}m\omega_0^2 a^2.$$

能量与振幅的平方有关;如果振幅是原来的两倍,那么振动的能量就是原来的四倍。势能的平均值是最大值的一半,也就是总能量的一半,同样,动能的平均值也是总能量的一半。

§ 21-5 受迫振动

下面我们将要讨论受迫谐振子,即有外策力作用的谐振子。此时的方程式如下

$$m\frac{d^2 x}{dt^2} = -kx + F(t). \tag{21.8}$$

我们要求出在这种条件下会出现什么情况。外策力可以与时间有各种函数关系,我们将要分析的第一个函数非常简单——假设力是振动的

$$F(t) = F_0 \cos \omega t. \tag{21.9}$$

然而必须注意,这里的 ω 不一定等于 ω_0。ω 是在我们控制之下的,可以用不同频率的外力迫使物体振动。我们试以作用力为式(21.9)的特殊力来解式(21.8)。式(21.8)的解是什么呢？它的一个特解(更一般的情况将在以后讨论)是

$$x = C\cos \omega t, \tag{21.10}$$

其中常数 C 待确定。换句话说,可以设想,假如我们不断地来回推动物体,物体必将与力同步地来回运动。是否如此,我们总可试一下。因此,把式(21.9)和(21.10)代入式(21.8),则得到

$$-m\omega^2 C\cos \omega t = -m\omega_0^2 C\cos \omega t + F_0 \cos \omega t, \tag{21.11}$$

其中也代入了 $k = m\omega_0^2$,以便我们最后能更好地理解这个式子。现在,因为各项中都有余弦因子,可以消去,这样就可以看出,只要 C 取得适当,式(21.10)确是一个解。C 必须取为

$$C = \frac{F_0}{m(\omega_0^2 - \omega^2)}. \tag{21.12}$$

这就表明,质量为 m 的物体以与力相同的频率振动,但是它的振幅不仅与力的频率有关,而

且还与振子的固有运动频率有关。这就是说：首先，假如 ω 远小于 ω_0，则位移和力就在同一方向上。另一方面，如果使物体来回摆动得非常快，ω 大于谐振子的固有频率 ω_0，那么式(21.12)告诉我们，C 是负值（我们称 ω_0 为谐振子的固有频率，ω 为外加频率）。当频率很高时，分母变得很大，振幅也就不会太大。

显然，我们所得出的解只是物体在适当的初始条件下开始运动的解，否则还有一部分，这部分是转瞬即逝的，称为 $F(t)$ 的**瞬变响应**，式(21.10)和(21.12)则称为**稳态响应**。

根据我们的公式(21.12)，还会出现一个非常值得注意的情况：如果 ω 几乎和 ω_0 完全一样，那么 C 应趋于无穷大。因此，如果调整力的频率，使它与固有频率"合拍"，就应该得到很大的位移。凡是推过小孩荡秋千的人，对此都有体会。如果闭着眼睛，随便用某一速度乱推，秋千就不可能荡得很好。如果推得恰到好处，秋千就能荡得很高，但是，如果推得不合适时，在应该拉的时候，你反而去推，等等，它就荡不起来。

如果使 ω 严格等于 ω_0，我们发现它应以<u>无限大</u>的振幅振荡，这显然是不可能的。其原因是方程式有问题，式(21.8)没有把一些实际存在的摩擦力以及其他力考虑进去。因此，由于某种原因振幅不会达到无限大；它可能是弹簧的断裂！

第22章 代数学

§22-1 加法和乘法

在研究振动系统时,我们将有机会用到一个在全部数学中最值得注意,而且几乎令人惊奇的公式。从物理学家的观点来说,可以在二三分钟内写出这个公式,然后应用下去。但是科学不仅具有它的实际用途,而且也是一种理智上的享受。因此,对于这种令人惊异的珍宝,我们不是只花几分钟时间写出算了事,而是围绕这个珍宝精心设计出一个数学分支,这个数学分支就称为初等代数学。

也许你要问,"在物理课上,讲数学干什么?"可能有几个原因:首先,当然数学是一种重要的工具,但这只能成为我们花上两分钟写出公式的理由。另一方面,在理论物理中,我们发现所有定律都能写成数学形式,从而使它们变得简单而优美。所以,从根本上说,为了了解自然界,就得对数学关系式有深刻的理解。但是,真正原因还在于研究这个课题本身就是一种乐趣,虽然我们人类把自然界划分为各种不同的领域,而且在不同的系科中设有不同的课程,但是这种划分完全是人为的,我们既然发现了这种理智上的乐趣,就应享受这种乐趣。

我们在这个时候更详细地来研究代数学,还有另一个原因,那就是尽管我们大多数人在高中学过代数,但那毕竟是第一次接触,所有的公式都是陌生的,学起来就像现在学物理一样吃力。经常回顾一下我们曾经学过的领域,看一下整个事物的概貌和图像,常常会引起我们的无穷的乐趣。也许有一天,数学系的人会用和我们说明在物理课上要学数学的同样方式,在他们的课程中开出一门力学课来。

我们将不去严格按照数学家的观点来讲代数学,因为数学家的主要兴趣是如何证明数学上的各种命题,并有多少假定是绝对必需的,那些则不需要。他们对已经证明的结果不那么感兴趣,我们则不然。例如,我们会发现毕达哥拉斯定理,即直角三角形两边平方之和等于斜边的平方是十分有趣的;这是一个很有意义的事实和一件奇妙而简单的事情,无需讨论它是怎样证明的、在证明过程中用到哪些公理,就可以正确判断它的价值。因此,本着同样的精神,如果可能,我们将定性地叙述初等代数体系。我们说初等代数,是因为存在着另一个称为现代代数的数学分支,在那里有些规律,如 $ab = ba$,被抛弃了,它仍然称为代数,但我们不准备进行讨论。

我们将从中间开始讨论这门学科。假定大家已经知道了什么是整数,什么是零,以及把一个数增加一个单位是什么意思。你也许会说:"这不是中间!"但是,从数学观点来看,这确是中间,因为我们还可以进一步追溯,为了导出整数的某些性质而叙述集合论。但是我们不向这个数理哲学和数理逻辑的方向探讨,而是向另一个假定我们已经知道整数是什么以及它是如何计算的方向去进行研究。

假如开始时有某一个整数 a,我们一个单位接一个单位地共数了 b 次,这样得到的一个数,我们称之为 $a+b$,这就定义了整数的加法。

一经定义了加法,我们就能考虑下面的问题:假如开始时什么都没有,然后加上 a,接连加 b 次,所得结果就叫整数的乘法,并称之为 b 乘 a。

现在,我们也能进行连乘:假如开始时是 1,连续用 a 乘 b 次,我们称之为乘方或幂:a 的 b 次方即 a^b。

根据这些定义,很容易证明,所有下述关系式都成立

$$
\begin{aligned}
&\text{(a)}\ a+b=b+a, &&\text{(b)}\ a+(b+c)=(a+b)+c,\\
&\text{(c)}\ ab=ba, &&\text{(d)}\ a(b+c)=ab+ac,\\
&\text{(e)}\ (ab)c=a(bc), &&\text{(f)}\ (ab)^c=a^c b^c,\\
&\text{(g)}\ a^b a^c=a^{(b+c)}, &&\text{(h)}\ (a^b)^c=a^{(bc)},\\
&\text{(i)}\ a+0=a, &&\text{(j)}\ a\cdot 1=a,\\
&\text{(k)}\ a^1=a.
\end{aligned}
\tag{22.1}
$$

这些结果是众所周知的,我们只是把它们列出,不再多加说明。当然,1 和 0 具有一些特殊性质;例如 $a+0=a$,$a\times 1=a$,a 的一次方还是 a。

在上面的讨论中,我们还必须假定其他一些性质,如连续性和有序性,对这些性质是很难下定义的,这里就把它留给严格的理论去探讨吧!此外,我们写下的"法则"肯定是太多了,其中有一些是可以从另一些推导出来的,但是我们不考虑这些了。

§ 22-2 逆 运 算

除了进行加法,乘法和幂的直接运算外,还有逆运算,其定义如下:设 a 和 c 为已知,我们要求出满足等式 $a+b=c$,$ab=c$,$b^a=c$ 这些方程的 b 的值。假如 $a+b=c$,b 就定义为 $c-a$,这就叫减法。称为除法的运算也很清楚:如果 $ab=c$,则 $b=c/a$ 定义了除法——它是等式 $ab=c$ 的一个反过来的解。再如有一个幂 $b^a=c$,我们要问"b 是什么?",b 称为 c 的 a 次方根:$b=\sqrt[a]{c}$。例如,假使问"什么整数自乘到 3 次幂等于 8?"答案是 8 的立方根,即 2。因为 b^a 和 a^b 不等,就有两个与幂有关的逆问题,另一个逆问题是:"2 的几次幂等于 8?"这叫取对数。如果 $a^b=c$,我们写作 $b=\log_a c$。这种与其他运算相比,较为繁琐的表示方法并不意味着它已超出初等范围,至少对于整数来说是如此。虽然,对数在代数课程中出现较晚,实际上,它和开方问题一样简单,不过是同一代数方程的另一类解而已。直接运算和逆运算可归纳如下

$$
\begin{aligned}
&\text{(a) 加法} &&\text{(a$'$) 减法}\\
&\quad a+b=c &&\quad b=c-a\\
&\text{(b) 乘法} &&\text{(b$'$) 除法}\\
&\quad ab=c &&\quad b=c/a\\
&\text{(c) 幂} &&\text{(c$'$) 根}\\
&\quad b^a=c &&\quad b=\sqrt[a]{c}\\
&\text{(d) 幂} &&\text{(d$'$) 对数}\\
&\quad a^b=c &&\quad b=\log_a c
\end{aligned}
\tag{22.2}
$$

这就是整个概念。这些关系式或法则对整数来说是正确的,因为它们是由加法、乘法与幂的定义推得的。我们打算讨论一下是否能使 a,b,c 所代表的客体的范围扩大,而又使它们同样遵循这些法则,虽然在那种情况下 $(a+b)$ 之类的运算已经不能直接应用,比方说通过加1或整数连乘等运算方式来定义了。

§22-3 抽象和推广

当我们用所有这些定义去解简单的代数方程时,很快就会发现下述这些不可解的问题。假使我们要解等式 $b=3-5$,根据减法的定义,我们必须找一个数,加上5之后得到3。当然,找不出这个数,因为我们只考虑正整数;这是一个不可解的问题。然而,有一个方法,这就是加以抽象和推广,这是一个伟大的设想。我们在包括整数和那些运算法则的整个代数结构中抽象出加法和乘法的原始定义,保留式(22.1)和式(22.2)的法则,并认为它们对更广泛的一类数一般也是正确的,尽管这些法则原来是从一小部分数(正数)中得出的。这样,不是用符号化的整数来定义法则,而是用法则作为符号的定义,从而使符号代表了更一般的数类。例如,只从运算法则出发,我们就能说明 $3-5=0-2$。实际上,不难证明,只要定义一组新的数列:$0-1,0-2,0-3,0-4$,等等,并称之为负整数,我们就能做所有的减法。然后,我们也可以应用所有其他法则,如 $a(b+c)=ab+ac$ 等,来找出负整数相乘的法则,并将发现,实际上对负整数来说,所有法则仍和正整数相同。

于是,我们扩大了这些法则的适用范围,但符号的含义不同了。

人们不能说 -2 乘5的真正含义是把5连续相加 -2 次,这是毫无意义的。但尽管如此,根据这些法则所做的一切事情仍然都是正确的。

在取幂时出现了一个有趣的问题。假如我们希望找出 $a^{(3-5)}$ 的含义,我们只知道 $3-5$ 是方程式 $(3-5)+5=3$ 的一个解。由于知道了这一点,也就知道了 $a^{(3-5)} \cdot a^5 = a^3$。因此,根据除法的定义,$a^{(3-5)} = a^3/a^5$。稍加整理,就可简化成 $1/a^2$。因此,我们发现,负幂是正幂的倒数,但 $1/a^2$ 是一个没有意义的符号,因为假如 a 是一个正整数或负整数,它的平方大于1,而我们仍然不知道1被大于1的数去除是什么意思!

前进!伟大的构思在于继续进行推广;当我们发现另一个不能解决的问题时,就延拓数的领域。考虑除法:我们找不出这样一个整数,即使是负整数,它等于3除以5所得出的结果。但是,如果假定所有的分数也满足这些法则,我们就能够讨论分数乘法和加法,而且一切运算都能像前面一样顺利进行。

再举一个幂的例子:$a^{3/5}$ 是什么?我们只知道 $(3/5) \cdot 5 = 3$,因为这是 $3/5$ 的定义。于是我们也可以知道 $(a^{(3/5)})^5 = a^{(3/5) \cdot 5} = a^3$,因为这是法则之一。然后,根据根的定义,我们得出 $a^{(3/5)} = \sqrt[5]{a^3}$。

按照这种方式,利用运算法则本身来帮助我们下定义,我们就能够解释在各种符号中引进分数的含义——这些并不是任意的。值得注意的是所有这些法则对于正整数和负整数以及分数都同样适用!

我们继续进行推广。还有什么不能解的方程吗?是的,还有。例如,下面一个方程就不能解:$b = 2^{1/2} = \sqrt{2}$,找不到一个有理数(一个分数),它的平方等于2。当然现在这个问题是很容易回答的。我们懂得十进位制，因此不难理解可以用一个无穷尽的小数作为 2 的平方根的一种近似。在历史上，这个想法给古希腊人带来了很大困难。为了真正严格地对此下定义，就需要引进与连续性和有序性有关的内容，而在推广的过程中，这一点恰恰是最困难的一步。戴德金(Dedekind)正式和严格地解决了这个问题。但是，如果不考虑问题的数学严格性，也很容易理解我们意思是要找出一个近似的分数，或理想的分数数列（因为任何十进小数，在某一处中断的时候，肯定是一个有理数），这个数列一直继续下去，就越来越接近所要求的结果。我们所要讨论的问题到此已经足够了，它使我们能够处理无理数的问题，只要功夫深，我们就能计算像 2 的平方根之类的数，并准确到任何需要的精度。

§22-4　无理数的近似计算

下一个问题是研究幂为无理数的情形。例如，我们想定义 $10^{\sqrt{2}}$。在原则上答案是很简单的。假如我们把 2 的平方根近似计算到某一位小数，那么幂就成了有理数，我们利用上面的办法取这个近似根，就能得出 $10^{\sqrt{2}}$ 的近似值。然后，我们还可以多取几位小数（它仍为有理数），找出它相应的根；这是更高次方的根，因为分数的分母更大，这样就得到一个比较好的近似式。当然，这里包含要求出某种开很高次方的根，然而这项工作是相当困难的，那么，怎样来对付这个问题呢？

在计算平方根、立方根和其他低次方根时，我们可以采用一种算术方法，一位小数接着一位小数地求出根来。但是计算无理数幂以及随同出现的对数（逆问题）时，所需的劳动量极大，而且不能用简单的算术方法得出。因此，有人作了一些帮助我们计算这些幂的表——对数表或幂指数表，分别视表的制作方式而定。这仅仅是为了节省时间，如果我们要计算某个数的无理数幂，只要查一下表，而无需去计算它。当然，这种计算只是一个技术问题，但也是一个有意义的问题，而且具有重大的历史价值。首先，我们不仅要解 $x = 10^{\sqrt{2}}$，而且要解 $10^x = 2$，即 $x = \log_{10} 2$ 的问题。这不是一个对所得结果要定义一类新的数的问题，而仅仅是一个计算问题。答案就是一个普通的无理数，一个无穷尽的小数，而不是一类新的数。

现在我们就来讨论这类方程求解的问题。整个概念实际上是非常简单的。假如我们能计算 10^1，$10^{4/10}$，$10^{1/100}$，$10^{4/1\,000}$ 等等，并把它们乘在一起，我们就能得到 $10^{1.414\cdots}$，即 $10^{\sqrt{2}}$，这就是计算这类问题的一般想法。但是，代替计算 $10^{1/10}$ 等等，我们将计算 $10^{1/2}$，$10^{1/4}$ 等等。在开始计算之前，应该解释一下，为什么用 10 做这么多工作，而不用其他数。当然，我们知道，对数表具有很大的实用价值，完全不限于开方的数学问题，因为对于任何底，都有

$$\log_b(ac) = \log_b a + \log_b c. \tag{22.3}$$

这个关系我们都很熟悉，只要有一张对数表，就可以用这个关系式来实际计算几个数相乘。唯一的问题是我们将取什么样的底 b 来进行计算？用什么作底都无关紧要，在任何时候都可应用同样的公式；如果我们采用某一特定底的对数，那么，只要改变一下尺度，即乘上一个因子就可以求得任何其他底的对数。假如用 61 乘等式(22.3)，这个等式仍然是千真万确的，又如果我们有一张以 b 为底的对数表，某个人用 61 去乘表上的所有数，这不会引起任何本质差别。假使我们已经知道以 b 为底的所有数的对数，也就是说，因为我们已经有了一个表，我们就能解方程 $b^a = c$，不管 c 取什么数值。现在的问题是要求出同一个数 c 对别的

底,比如说 x 的对数。我们想要解方程 $x^a = c$。这是很容易的,因为我们总可以写出 $x = b^t$,知道了 x 和 b,就可以确定 t。实际上,$t = \log_b x$。如果把 $x = b^t$ 代入前式,再对 a' 求解,我们看到 $(b^t)^a = b^{ta'} = c$。换句话说,ta' 是以 b 为底的 c 的对数。这样 $a' = a/t$,因而以 x 为底的对数正好等于一个常数 $1/t$ 乘以 b 为底的对数。因此,只要乘上一个常数 $1/\log_b x$,任何对数表就与其他底的对数表相等。这就允许我们选择一个特殊的底,而为了方便起见,我们就取 10 为底(可能有人还会提出这样的问题,是否存在某一个自然数,以它为底时,所有事情会变得更简单一些,以后我们会找出这个问题的答案。目前,我们仅采用以 10 为底)。

现在就来看一看如何计算对数。开始时我们曾用尝试法来逐次计算 10 的平方根。其结果如表 22-1 所示。10 的幂指数列在第一行,而 10^s 的值列在第三行。于是 $10^1 = 10$。10 的 1/2 次方很容易得出,因为这是 10 的平方根,对计算任何一个数的平方根有一个众所周知的简单办法*。用这个办法得出的第一个平方根是 3.162 28。这有什么用呢?它已经告诉我们一件事,即如何求 $10^{0.5}$,因此我们现在至少已经知道了<u>一个</u>对数。假如我们要想知道 3.162 28 的对数,那么答案是接近 0.500 00。但是,这还不够,很清楚,我们需要知道更多的知识。因此,我们再次求平方根,得出 $10^{1/4}$ 是 1.778 28。现在我们有了比以前更多的对数,1.250 是 17.78 的对数。附带说一句,如果碰巧有人问到 $10^{0.75}$,这个值可以求出,因为它就是 $10^{(0.5+0.25)}$,因此,它就是表中第二个数和第三个数的乘积。如果在第一行中 s 的数目足够多,使得可以由它们构成几乎任何数,那么在第三栏中取适当的数相乘后,我们就能求出 10 的任何次幂。这就是我们的打算。这样,我们依次求出了 10 个 10 的平方根,这就是计算过程中的主要工作。

表 22-1 10 的逐次平方根

幂指数 s	1 024s	10^s	$(10^s - 1)/s$
1	1 024	10.000 00	9.00
1/2	512	3.162 28	4.32
1/4	256	1.778 28	3.113
1/8	128	1.333 52	2.668
1/16	64	1.154 78	2.476
1/32	32	1.074 607	2.387 4
1/64	16	1.036 633	2.344 5
1/128	8	1.018 152	2.323 4^{211}
1/256	4	1.009 035 0	2.313 0^{104}
1/512	2	1.004 507 3	2.307 7^{53}
1/1 024	1	1.002 251 1	2.305 1${}^{26}_{26}$ ↓
$\Delta/1\,024\,(\Delta \to 0)$	Δ	$1 + .002\,248\,6\Delta$	←2.302 5

为什么我们不把表继续做下去,以求得越来越精确的值呢?因为我们开始注意到一些事情。当求 10 的一个非常小的幂时,我们得到 1 加上一个很小的数值,这个道理很清楚,如

---

* 有一个确定的算术方法可以求出任何数 N 的平方根,但是最简单的办法是选择某一个相当接近的数 a,求出 N/a 及平均值 $a' = [a+(N/a)]/2$,用这个平均值 a' 作为下一次选用的 a 值。收敛是很快的——每次有效数字的个数要加倍。

果要从 $10^{1/1\,000}$ 得到 10,就必须取它的 1 000 次方,因此,我们最好不从一个太大的数入手,它应该接近于 1。我们还注意到加在 1 后面的小数初看起来好像只是每次被 2 去除,我们看到从 1 815 变成 903,再变成 450, 225 等;因此,很清楚,假如要求出下一个根,我们将取 1.001 12 左右,作为一种很好的近似。这里我们不是真正求出所有平方根,而只是猜测最后的极限。我们取一个很小的分数 $\Delta/1\,024$ 作幂时,当 Δ 接近于 0,那么答案是什么呢?当然,它一定是某一个接近于 $0.002\,251\,1\Delta$ 的数。它不严格等于 $0.002\,251\,1\Delta$,然而,利用下面的技巧,可以得到一个更好的值:从 10^s 中减去 1,再用幂指数 s 去除。这应当把所有超过的数量修正到同一数值,我们看到它们都近似相等。在表的上端,它们并不相等,但越到下面,它们越接近一个常数。这个常数的值是什么?我们再来看一看这个数列是怎么进行的,它是如何随 s 而变化的。它的改变分别为 211, 104, 53, 26。很明显,这些变化中的每一个量都非常接近前一个量的一半,越到下面越是如此。因此,如果继续下去,下面的变化量应是 13, 7, 3, 2 和 1,略有上下,或总和为 26。因此,只不过多出了 26,这样,我们就求出了真正的数目是 2.302 5(实际上,以后我们会看到准确的数应是 2.302 6,但是为了保持真实起见,我们将不改动算术上的任何东西)。根据这张表,通过把幂化为以 1 024 为分母的分数的组合,就能算出 10 的任何次幂。

我们来实际计算一个对数,因为我们将采用的过程就是实际制作对数表的过程。运算程序如表 22-2 所示,数值取自于表 22-1(第二和第三栏)。

表 22-2

对数的计算:$\log_{10} 2$
$2 \div 1.778\,28 = 1.124\,682$
$1.124\,682 \div 1.074\,607 = 1.046\,598$,等等
$\therefore 2 = (1.778\,28)(1.074\,607)(1.036\,633)(1.009\,035\,0)(1.000\,573)$
$= 10\left[\dfrac{1}{1\,024}(256+32+16+4+0.254)\right]^* = 10\left[\dfrac{308.254}{1\,024}\right] = 10^{0.301\,03}$
$\therefore \log_{10} 2 = 0.301\,03.$

假设我们要求 2 的对数,也就是要知道 10 的几次幂等于 2。能用 10 的 1/2 次幂吗?不能,太大了。换句话说,我们可以看出答案应比 1/4 大,而比 1/2 小。让我们把因子 $10^{1/4}$ 去掉,用 1.778… 去除 2,得到 1.124…,等等。我们知道应从对数中减去 0.250 000。现在我们要求出 1.124… 的对数,最后,我们再加回 1/4,即 256/1 024。然后在表中找出刚好低于 1.124… 的数,那是 1.074 607。所以我们再用 1.074 607 去除,得 1.046 598。从这里,我们发现 2 可以写成表 22-1 中如下几个数字的连乘积

$2 = (1.778\,28)(1.074\,607)(1.036\,633)(1.009\,035\,0)(1.000\,573).$

剩下来还有一个因子(1.000 573),自然,它已超出我们表中的范围。要求出这个因子的对数,我们采用已有的结果 $10^{\Delta/1\,024} \approx 1 + 2.302\,5\Delta/1\,024$,求得 $\Delta = 0.254$。因此,我们的答案就是 10 的如下次幂:$(256+32+16+4+0.254)/1\,024$,加起来就得到 $308.254/1\,024$。除得的结果是 0.301 03,因此,我们求出 $\log_{10} 2 = 0.301\,03$,这正好精确到五位数字!

---

* 这里方括号内的数字应是 10 的幂。—— 译者注

这就是 1620 年哈利法克斯(Halifax)的布里格斯(Briggs)先生原来计算对数的方法。他说:"我连续计算了 10 的 54 个平方根。"我们知道他只是真正计算了前面 27 个,因为其余的可以利用 Δ 的技巧得出。他的工作包括计算了 27 次 10 的平方根,就次数来说,并不比我们做的 10 次超过很多。然而他的工作量要比我们的大得多,因为他计算到 16 位小数,而且在发表时,把结果减到 14 位小数,所以没有四舍五入的误差。他用这个方法列出了一个 14 位小数的对数表,这是十分冗长单调的工作。但是 300 年来所有的对数表都借用了布里格斯先生的表,只是减少了几位小数。直到现在,由于有了计算机,才有独立计算出来的新对数表。今天,利用某些级数的展开,已成为计算对数更有效的办法。

在上述过程中,我们发现了一些相当有趣的事情,即对于一个非常小的幂指数 ε 来说,我们可以很容易算出 10^ε;通过单纯的数值分析,我们发现 $10^\varepsilon = 1 + 2.3025\varepsilon$。当然,这也意味着如果 n 非常小的话,$10^{n/2.3025} = 1 + n$。现在任何其他底的对数只是以 10 为底的对数的倍数。我们以 10 为底仅仅是由于我们有 10 个手指头,用在算术上(十进制)比较方便,但是假如我们要找出一个数学上自然的底,这就与人的手指头的数目毫无关系了,我们可以试用某种方便而自然的方式来改变对数的标度。人们已经采用的方法是利用 2.3025… 去乘所有的以 10 为底的对数来重新定义对数。这相当于采用了另外的底,叫做自然底或以 e 为底。注意当 $n \to 0$ 时,$\log_e(1+n) \approx n$,或 $e^n \approx 1+n$。

很容易求出 e:$e = 10^{1/2.3023}$ 或 $10^{0.434294\cdots}$,是一个无理数幂。我们那张 10 的逐次平方根表不仅可以用来计算对数,还能用来计算 10 的任何次幂,现在我们用它来计算这个自然底 e。为了方便起见,我们把 $0.434294\cdots$ 改写成 $444.73/1024$。这里,$444.73 = 256 + 128 + 32 + 16 + 8 + 4 + 0.73$。既然它是一个和的指数,因此 e 将是下面几个数的乘积

$(1.77828)(1.33352)(1.074607)(1.036633)(1.018152)(1.009035)(1.001643)$
$= 2.7184$。

(唯一的问题是最后一个数 0.73,表上没有,但是我们知道,假如 Δ 足够小,则结果是 $1 + 2.3025\Delta/1024$)。把各个数相乘就得到 2.7184(它应该是 2.7183,但这已经相当好了)。这个表提供了计算所有的无理数幂和无理数对数的方法。处理无理数时就可应用这个表。

§ 22-5 复　　数

到目前为止,尽管做了上面的全部工作,我们仍不能解出所有的方程!例如,-1 的平方根是什么? 假设我们要求出 $x^2 = -1$。没有一个有理数,一个无理数,或我们迄今所发现的任何一个数的平方等于 -1。因此,我们又得把数推广到更为广泛的范畴。假设 $x^2 = -1$ 有一个特定的解,我们称之为 i,根据定义,i 具有这种性质,它的平方等于 -1。这几乎是我们对它所能讲的全部东西。当然,方程 $x^2 = -1$ 的根不只是这一个。有人会写出 i,但别的人也可能说:"不,我宁愿写 $-i$,我的 i 是你的 i 的负值。"实际上这也正是一个解。由于 i 具有唯一的一个定义是 $i^2 = -1$,在我们所能写出的任何方程中,如果所有 i 都改变符号,则方程同样成立。这个过程称为取共轭复数。现在,我们可以根据所有的法则,把 i 依次递加,用其他数乘 i,使 i 和其他数相加等等,以此来构成种种数。以这种方式得出的数,我们发现它们全部都可以写成 $p + iq$ 的形式,这里 p 和 q 称为实数,也就是直到现在为止我们曾定义过

的数。数 i 称为虚数单位。i 的任何实数倍称为纯虚数。最一般的取 $p+iq$ 的形式的数 a 称为复数。应用过去的法则，比方说，把两个这样的数相乘，即 $(r+is)(p+iq)$，不会出现任何差错。因而我们有

$$(r+is)(p+iq) = rp + r(iq) + (is)p + (is)(iq)$$
$$= rp + i(rq) + i(sp) + (ii)(sq)$$
$$= (rp-sq) + i(rq+sp), \tag{22.4}$$

因为 $i \cdot i = i^2 = -1$。所以，属于法则式(22.1)的所有数，一定具有这种数学形式。

现在，也许你还会说："这样下去就没有底了！我们定义了虚数的幂和所有其他数，但当我们把这一切都做完之后，又会有人提出另一个不能解的问题，如 $x^6+3x^2=-2$。于是，我们又得重新推广！"但是，结果表明，有了 -1 平方根这个发明，任何代数方程都能解了！这是一个奇妙的事实，我们留给数学系的人去证明。证明非常漂亮，也非常有趣，但当然不是自明的。实际上，最自然的推测是我们必须一次又一次地发明。但最使人惊讶的是我们并不需要这样做。这是最后一次发明。在发明复数之后，我们发现，运算法则对复数仍然适用，我们不需要再发明新东西了。借助于这些数目有限的符号，我们能求出任何复数的复指数幂和能够解任何写成代数形式的方程。我们再也找不到新的数了。例如，i 的平方根具有确定的结果，它不是新的量；而 i^i 也是某一个量。我们现在就来讨论这一点。

我们已经讨论过乘法，加法也很容易；假如我们把两个复数相加，$(p+iq)+(r+is)$，结果是 $(p+r)+i(q+s)$。现在，我们能做复数的加法和乘法了。但是，真正的问题当然在于计算复数的复指数幂。事实证明，这个问题实际上并不比计算实数的复指数幂困难。因此，现在我们着重研究计算 10 的复指数幂的问题，这不只是一个无理数幂，而且是 $10^{(r+is)}$。当然，在任何时候我们都要用到式(22.1)和(22.2)的法则。于是

$$10^{(r+is)} = 10^r \cdot 10^{is} \tag{22.5}$$

我们已经知道如何计算 10^r，而且总可以把某个数和其他某个数相乘，因此问题仅在于计算 10^{is}。我们令它为某一个复数 $x+iy$。于是问题成为，已知 s，求出 x 和 y。现在假如有

$$10^{is} = x+iy.$$

这个等式的共轭复数也一定成立，即有

$$10^{-is} = x-iy.$$

(这里我们看到，利用我们的法则，无需进行任何实际计算，就能推导出一些结果)。把两式相乘，就能推导出另一些有趣的结果

$$10^{is}10^{-is} = 10^0 = 1 = (x+iy)(x-iy) = x^2+y^2. \tag{22.6}$$

由此可见，如果求出 x，也就有了 y。

现在的问题是如何计算 10 的一个虚指数幂。有什么窍门没有？我们可以应用所有的法则，直到碰壁为止，但是这里有一条合理的途径：假如对任一特定的 s 我们能够计算，那么对所有其他的数我们也能计算。如果对某一个 s 我们知道了 10^{is} 的值，那么要求出与两倍 s 所对应的幂，可以把前一个数平方，依此类推。但是，即使对一个特殊的 s 值，我们怎样来

求 10^{is} 呢？为此，我们将再作一个补充假定，它不完全属于所有其他法则的范畴，但是它能导出一个合理的结果，并帮助我们前进：当幂很小时，我们将认为，只要 ε 很小，不管是实数 ε 还是复数 ε，$10^{\varepsilon} = 1 + 2.302\,5\varepsilon$，这个"定律"都正确。于是从这个定律是普遍正确的假定出发，它告诉我们，当 $s \to 0$ 时，$10^{is} = 1 + 2.302\,5 \cdot is$。因此，我们确信当 s 很小时，比如说 s 是 $i/1\,024$，就能得到 10^{is} 的一个相当好的近似值。

现在，我们来列出一个表，根据这个表我们能够算出 10 的所有虚指数幂，即算出 x 和 y。具体过程如下：开始的第一个幂是指数幂 $i/1\,024$，我们认为它非常接近于 $(1 + 2.302\,5i/1\,024)$。这样，我们在开始时有

$$10^{i/1\,024} = 1.000\,0 + 0.002\,248\,6i, \quad (22.7)$$

取这个数自乘，我们就能得出更高一级的虚指数幂。实际上，我们可以把计算对数表的步骤反过来，计算式(22.7)的平方，4 次方，8 次方等，从而建立表 22-3 中的值。我们发现一件有趣的事，x 的值开始时是正的，然后转为负。等一会儿我们将稍微详细地研究这个问题。但首先我们非常想找出对于怎样的 s 值，10^{is} 的实部为零。此时，y 值将是 i，因此，应该有 $10^{is} = i$，或 $is = \log_{10}i$。作为应用这个表的一个例子，就像前面计算 $\log_{10}2$ 一样，现在我们利用表 22-3 来计算 $\log_{10}i$。

表 22-3　$10^{i/1\,024} = 1 + 0.002\,248\,6i$ 的逐次平方值

幂指数 is	$1\,024s$	10^{is}
$i/1\,024$	1	$1.000\,00 + 0.002\,25i$*
$i/512$	2	$1.000\,00 + 0.004\,50i$
$i/256$	4	$0.999\,96 + 0.009\,00i$
$i/128$	8	$0.999\,84 + 0.018\,00i$
$i/64$	16	$0.999\,36 + 0.035\,99i$
$i/32$	32	$0.997\,42 + 0.071\,93i$
$i/16$	64	$0.989\,67 + 0.143\,49i$
$i/8$	128	$0.958\,85 + 0.284\,02i$
$i/4$	256	$0.838\,72 + 0.544\,67i$
$i/2$	512	$0.406\,79 + 0.913\,65i$
$i/1$	$1\,024$	$-0.669\,28 + 0.743\,32i$

* 应该是 $0.002\,248\,6i$。

表 22-3 中的哪些数相乘才会得到一个纯虚数呢？经过稍加采取尝试法之后，我们发现，要想最大程度地减小 x，最好是用"128"乘"512"。相乘的结果是 $0.130\,56 + 0.991\,44i$。接着我们发现，应该用一个数来乘这个结果，这个数的虚部差不多等于我们想消去的实部的大小。因此，我们选"64"，它的 y 值是 $0.143\,49$，最接近 $0.130\,56$。第二次乘的结果是 $-0.013\,50 + 0.999\,93i$。现在我们走过头了，必须用 $0.999\,96 + 0.009\,00i$ 去除。我们该如何来做这一步呢？通过改变 i 的符号，用 $(0.999\,96 - 0.009\,00i)$ 去乘（假如 $x^2 + y^2 = 1$，就能这样做）即可。继续这样做下去，我们求出要给出 i 所需的 10 的整个幂数是

$$i(512 + 128 + 64 - 4 - 2 + 0.20)/1\,024, \quad 即 \quad 698.20i/1\,024.$$

如果 10 取这个指数幂，就能得出 i。因此，$\log_{10}i = 0.682\,26i$。

§22-6 虚 指 数

为了进一步研究取复数虚指数幂的问题,我们来观察一下10的幂。为了进一步按照表22-3的方式来看一下其中的负号会出现什么情况,我们逐次取10的幂,但不是每次将幂增加一倍。这些都列在表22-4上,其中我们取$10^{i/8}$,并每次乘上$10^{i/8}$这个数。我们看到x不断减小,经过0,又几乎达到-1(如果我们能够求出$p=10$和$p=11$之间的值,那么很明显它就趋近于-1),接着又向回摆。y的值也是在来回变化。

在图22-1中,黑点表示在表22-4中出现的数,画出线来只是为了帮助你更加形象化。因此,我们可以看到数x和y在振动;10^{is}在不断重复,这是一个周期性变化的量,这一点是相当容易解释的,因为假如10的某次幂是i,那么它的4次方就是i^2的平方。这必将又是$+1$,因此,既然$10^{0.68i}$等于i,取它的4次方后,我们发现$10^{2.72i}$等于$+1$。所以,如果要求出$10^{3.00i}$,我们可以把它写成$10^{2.72i}$乘$10^{0.28i}$。换句话说,它有一个周期,并且不断重复出现。当然,我们可以辨认这条曲线的形状像什么!它们看上去就像正弦和余弦曲线,

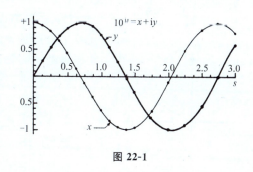

图 22-1

我们暂且称它们为代数正弦和代数余弦。然而,我们将不用10为底,而是把它换成自然底,这只是变一下水平标度;因此,我们用t来表示2.3025s,并写出$10^{is}=e^{it}$,这里t是一个实数。现在$e^{it}=x+iy$,我们将把此式写成t的代数余弦加上i乘t的代数正弦。即

$$e^{it}=\cos t+i\sin t. \tag{22.8}$$

$\cos t$和$\sin t$有哪些性质呢?首先,比如说,我们知道x^2+y^2必须等于1;这一点以前证明过,这对以e为底和以10为底都同样正确。因此有$\cos^2 t+\sin^2 t=1$。我们还知道,当t很小时,$e^{it}=1+it$,因此,$\cos t$接近于1,而$\sin t$接近于t,如此等等,这些从取虚指数幂得来的值得注意的函数的所有各种性质都和三角学中的正弦和余弦的性质相同。

表 22-4 $10^{i/8}$的逐次幂

$p=-$指数$\cdot 8i$	$10^{ip/8}$	$p=-$指数$\cdot 8i$	$10^{ip/8}$
0	1.00000 + 0.00000i	10	−0.96596 + 0.25880i
1	0.95885 + 0.28402i	11	−0.99969 − 0.02620i
2	0.83867 + 0.54465i	12	−0.95104 − 0.30905i
3	0.64944 + 0.76042i	14	−0.62928 − 0.77717i
4	0.40672 + 0.91356i	16	−0.10447 − 0.99453i
5	0.13050 + 0.99146i	18	+0.45454 − 0.89098i
6	−0.15647 + 0.98770i	20	+0.86648 − 0.49967i
7	−0.43055 + 0.90260i	22	+0.99884 + 0.05287i
8	−0.66917 + 0.74315i	24	+0.80890 + 0.58836i
9	−0.85268 + 0.52249i		

周期也一样吗？我们来求求看。e 的几次方等于 i？以 e 为底的 i 的对数是什么？前面已经得出，以 10 为底时它是 0.682 26i，但是当把对数的标量改为 e 时，我们必须乘上 2.302 5，由此得出 1.570 9。这就是"代数的 π/2"。但是，我们看到，它与正规的 π/2 仅在最后一位数上不同，那当然是我们算术运算的误差所造成的！这样，我们用纯粹代数的方法创造了两个新的函数，余弦和正弦，它们属于代数学，而且也仅仅属于代数学。最后，我们终于领悟到这些所发现的函数当然也是几何学的。因此，我们看到在代数和几何之间最终是有联系的。

由此我们总结出数学上最值得注意的公式

$$e^{i\theta} = \cos\theta + i\sin\theta, \tag{22.9}$$

这就是我们的无价之宝！

我们可以用在一个平面上表示复数的办法把几何和代数联系起来，平面上一个点的水平位置是 x，垂直位置是 y（图 22-2）。我们用 $x+iy$ 表示任何复数。假如这个点的径向距离是 r，角度为 θ，根据代数定律，$x+iy$ 可写成 $re^{i\theta}$ 的形式，其中 x，y，r 和 θ 之间的几何关系如图所示。这就是代数和几何的统一。

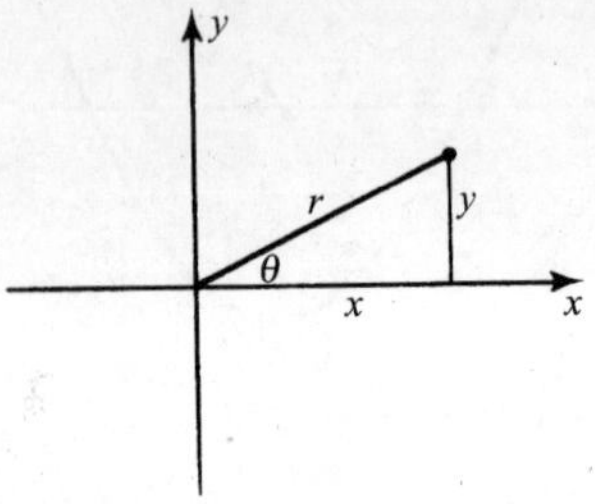

图 22-2　$x+iy = re^{i\theta}$

在本章开始时，我们只懂得整数的基本概念以及如何计算，还不大知道抽象过程和推广过程的威力。由于采用了一组代数"定律"，像式(22.1)所表示的数的性质和式(22.2)所表达的逆运算的定义，我们在这里不仅能依靠自己创造出一些数，而且能制作一些有用的东西，如对数表、指数表和三角函数表（因为这些函数就是实数的虚指数幂），所有这些都只要用到 10 的 10 个逐次平方根而已！

第 23 章 共 振

§ 23-1 复数和简谐运动

本章我们将继续讨论谐振子,特别是受迫谐振子,但在分析时将采用一种新的技巧和方法。在前一章中我们引进了复数的概念,它具有实部和虚部,可以在一个图上表示,图的纵坐标表示虚部,横坐标表示实部。如果 a 是一个复数,就可写成 $a = a_r + ia_i$,其中下标 r 表示 a 的实部,i 表示 a 的虚部。参看图 23-1,我们看到一个复数 $a = x + iy$,还可以写成 $x + iy = re^{i\theta}$ 的形式,这里

$$r^2 = x^2 + y^2 = (x+iy)(x-iy) = a \cdot a^*.$$

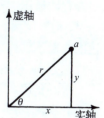

图 23-1 一个复数可以用"复平面"上的一个点来表示

(a 的共轭复数写成 a^*,它由改变 a 中 i 的符号而得到)。因此,我们可以把一个复数表示成两种形式:一个实部加一个虚部,或一个模 r 和一个叫做辐角的 θ。给定 r 和 θ,x 和 y 显然是 $r\cos\theta$ 和 $r\sin\theta$,反过来,给定一个复数 $x + iy$,则 $r = \sqrt{x^2 + y^2}$ 和 $\tan\theta = y/x$,即虚部和实部之比。

我们通过下述技巧用复数来分析物理现象。我们以物体的振动为例子,振动可以具有一个其大小等于某一个常数乘 $\cos\omega t$ 的策动力。现在可以把这种力 $F = F_0 \cos \omega t$ 写成复数 $F = F_0 e^{i\omega t}$ 的实部,因为 $e^{i\omega t} = \cos\omega t + i\sin\omega t$。我们这样做的原因是因为用指数函数运算要比用余弦函数容易。所以整个技巧就是把振动函数表示成某个复函数的实部。我们这样定义的复数 F 不是实际的物理力,因为在物理中没有一个力会是复数;实际的力没有虚部,只有实部。但是,我们将要以 $F_0 e^{i\omega t}$ 表示"力",当然实际力是这个表示式的实部。

再来举一个例子。假设我们要表示一个力,它是余弦波,但相位滞后为 Δ。当然,这个力是 $F_0 e^{i(\omega t - \Delta)}$ 的实部,但根据指数函数本身的性质,我们可以写成 $e^{i(\omega t - \Delta)} = e^{i\omega t} e^{-i\Delta}$。由此可见,指数的代数运算要比正弦和余弦的运算容易得多,这就是我们选用复数的原因。我们以后将经常用这样的写法

$$F = F_0 e^{-i\Delta} e^{i\omega t} = \hat{F} e^{i\omega t}. \tag{23.1}$$

我们在 F 上写上小符号(∧)是为了提醒我们,这个量是复数,即在上式中

$$\hat{F} = F_0 e^{-i\Delta}.$$

现在我们用复数来解方程,看看是否能解决实际问题。例如,试解

$$\frac{d^2 x}{dt^2} + \frac{kx}{m} = \frac{F}{m} = \frac{F_0}{m}\cos\omega t, \tag{23.2}$$

这里 F 是策动振动的外力，x 是位移。我们假定 x 和 F 是真正的复数，尽管这样做似乎有些荒谬，但这仅仅是为了数学上的目的。这就是说，x 有一个实部和一个虚部乘 i，F 也有一个实部和一个虚部乘 i。假如式(23.2)有一个复数解，把这个复数代入方程，就得

$$\frac{d^2(x_r + ix_i)}{dt^2} + \frac{k(x_r + ix_i)}{m} = \frac{F_r + iF_i}{m}$$

或

$$\frac{d^2 x_r}{dt^2} + \frac{kx_r}{m} + i\left(\frac{d^2 x_i}{dt^2} + \frac{kx_i}{m}\right) = \frac{F_r}{m} + \frac{iF_i}{m}.$$

因为若两个复数相等，则它们的实部必须相等，并且虚部也必须相等，由此可以推知，x 的实部满足只有实部的力的方程。然而，我们必须强调指出，这种把实部和虚部分开的方法不是普遍正确的，只有对线性方程才适用，亦即只对那些每一项中只出现 x 的一次幂或零次幂的方程才适用。例如，假如在方程中有一项 λx^2，当把 $x_r + ix_i$ 代入之后，将得到 $\lambda(x_r + ix_i)^2$，但在分离实部和虚部时，得到实部为 $\lambda(x_r^2 - x_i^2)$，虚部为 $2i\lambda x_r x_i$。因此，可以看到方程的实部不仅包含 λx_r^2，还有 $-\lambda x_i^2$。在这种情况下，我们得到了一个与我们要解的方程不一样的方程，在这个方程中混有 x_i，而 x_i 是我们在分析问题时完全人为引进的一个量。

现在试用我们的新方法来解受迫振子的问题，这个问题怎么解我们已经知道了。像先前那样，我们可以解式(23.2)，但在这里我们打算解下面的方程

$$\frac{d^2 x}{dt^2} + \frac{kx}{m} = \hat{F} e^{i\omega t}/m, \tag{23.3}$$

这里 $\hat{F} e^{i\omega t}$ 是一个复数。当然，x 也是复数，但要记住一个规则：取实部作为真正发生的解。我们先来求受迫振动式(23.3)的解，以后再讨论其他解。受迫振动的解和所加的策动力具有相同的频率，而且也具有某个振幅和相位，因此，它也可以用一个复数 $\hat{x}$ 来表示，它的大小表示 x 的摆幅，它的相位表示时间上的延迟，与力的相位含义相同。指数函数有一个很奇妙的特征，即 $d(\hat{x} e^{i\omega t})/dt = i\omega \hat{x} e^{i\omega t}$。当对一个指数函数求微商时，只要取指数作为一个简单的乘数。二级微商的情况也一样，再取另一个 $i\omega$，因此，观察一下就很容易立即写出 $\hat{x}$ 的方程：每微分一次，就简单地乘上 $i\omega$（微分现在就像乘法一样容易！在线性微分方程中应用指数的想法几乎与发明对数同样伟大，在对数中乘法被加法所代替，这里微分被乘法代替）。这样，我们的方程变成

$$(i\omega)^2 \hat{x} + \frac{k\hat{x}}{m} = \frac{\hat{F}}{m}, \tag{23.4}$$

（我们已经消去了公因子 $e^{i\omega t}$）。看，多么简单！通过观察就立即把微分方程变成了纯粹的代数方程；实际上就能得出解，即

$$\hat{x} = \frac{\hat{F}/m}{(k/m) - \omega^2},$$

因为 $(i\omega)^2 = -\omega^2$。把 $k/m = \omega_0^2$ 代入，将此式略加简化，即得

$$\hat{x} = \frac{\hat{F}}{m(\omega_0^2 - \omega)}, \tag{23.5}$$

当然，这就是我们前面得出的解；由于 $m(\omega_0^2 - \omega^2)$ 是实数，故 $\hat{F}$ 和 $\hat{x}$ 的辐角相同（或者，当

$\omega^2 > \omega_0^2$ 时,可能相差 180°),所以就像前面说的一样,$\hat{x}$ 的模——它量度振动有多远——与 $\hat{F}$ 的大小差一个因子 $1/[m(\omega_0^2 - \omega^2)]$,当 ω 接近 ω_0 时,这个因子变得非常大。因此,当适当选择外加频率 ω 时,我们会得到一个非常强的响应。(假如在弦的一端悬挂一个摆,用一个适当的频率使它摆动,可以摆得很高。)

§23-2　有阻尼的受迫振子

上面,我们用比较优美的数学技巧分析了振动。但是对于那种易于用其他方法解决的问题,这个技巧的优越性是丝毫也显示不出来的。要显示它的优越性,只有把它应用到较复杂的问题上。因此,我们来解另一个更困难的、但也比前一个更具有现实意义的问题。式(23.5)告诉我们,如果频率 ω 严格等于 ω_0,我们应得到一个无限大的响应。当然,实际上,不会有这种无限大的响应出现,因为到目前为止,我们略去了像摩擦等一类使响应受到限制的其他东西。所以让我们在方程式(23.2)上加一个摩擦项。

由于摩擦这一项的特征和复杂性,这个问题通常是非常困难的。但是,在很多情况下,摩擦力与物体的运动速度成正比。一个物体在油或很浓的液体中作低速运动时的摩擦就是这种摩擦的一个例子。在物体静止时,没有作用力,但物体运动得越快,油必须让物体尽快通过,产生的阻力也就越大。因此,除了式(23.2)中几项外,我们认为还应加上一个与速度成正比的阻力项:$F_f = -c\,dx/dt$。把常数 c 改写为 m 乘 γ 可使方程略为简化。这样,在我们的数学分析中就会方便一些。这和我们用 $m\omega_0^2$ 代替 k 使代数运算简化的技巧完全相同。这样,方程变成

$$m\frac{d^2x}{dt^2} + c\frac{dx}{dt} + kx = F, \tag{23.6}$$

或取 $c = m\gamma$ 和 $k = m\omega_0^2$,再用质量 m 去除式(23.6)就得

$$\frac{d^2x}{dt^2} + \gamma\frac{dx}{dt} + \omega_0^2 x = \frac{F}{m}. \tag{23.6a}$$

现在我们已经把方程写成了最便于求解的形式。如果 γ 非常小,就表示摩擦很小;如果 γ 很大,则表示有很大的摩擦力。我们怎么来解这个新的线性微分方程呢?假设,策动力等于 $F_0\cos(\omega t + \Delta)$;我们可以把它代入式(23.6a)去试着求解,但是我们不这样做而改用新的方法来解此方程。为此我们把 F 写成 $\hat{F}e^{i\omega t}$ 的实部,x 写成 $\hat{x}e^{i\omega t}$ 的实部,并把它们代入方程(23.6a)中。其实,连这种代换也不必要,因为通过观察我们就能看出方程将变成

$$[(i\omega)^2\hat{x} + \gamma(i\omega)\hat{x} + \omega_0^2\hat{x}]e^{i\omega t} = (\hat{F}/m)e^{i\omega t}. \tag{23.7}$$

[事实上,如果试用我们老的直接求解的方法去解方程式(23.6a),我们就会真正体会到"复数法"的妙处]。两边除以 $e^{i\omega t}$,就能得出对给定的力 $\hat{F}$ 的响应 $\hat{x}$,即

$$\hat{x} = \hat{F}/m(\omega_0^2 - \omega^2 + i\gamma\omega). \tag{23.8}$$

于是又得出了 $\hat{x}$ 等于 $\hat{F}$ 乘上一个确定的因子。这个因子没有专门术语,也没有专门符号,但是为了讨论方便起见,我们令它为 R

$$R = \frac{1}{m(\omega_0^2 - \omega^2 + i\gamma\omega)},$$

于是

$$\hat{x} = \hat{F}R. \tag{23.9}$$

(虽然字母 γ 和 ω_0 被广泛采用,但 R 没有特别名称)。这个因子 R 可以写成 $p+\mathrm{i}q$,或某个模 ρ 乘 $\mathrm{e}^{\mathrm{i}\theta}$。如果写成某个模乘 $\mathrm{e}^{\mathrm{i}\theta}$ 的形式,让我们来看看它表示什么意思。这里 $\hat{F}=F_0\mathrm{e}^{\mathrm{i}\Delta}$,而实际的力是 $F_0\mathrm{e}^{\mathrm{i}\Delta}\mathrm{e}^{\mathrm{i}\omega t}$ 的实部,即 $F_0\cos(\omega t+\Delta)$。其次,式(23.9)告诉我们 $\hat{x}$ 等于 $\hat{F}R$。因此,作为 R 的另一个表示法,写出 $R=\rho\mathrm{e}^{\mathrm{i}\theta}$,我们就有

$$\hat{x} = R\hat{F} = \rho\mathrm{e}^{\mathrm{i}\theta}F_0\mathrm{e}^{\mathrm{i}\Delta} = \rho F_0\mathrm{e}^{\mathrm{i}(\theta+\Delta)}.$$

最后,追溯得更远一些,我们看到作为复数 $\hat{x}$ 的实数部分的物理量 x,等于 $\rho F_0 \mathrm{e}^{\mathrm{i}(\theta+\Delta)}\mathrm{e}^{\mathrm{i}\omega t}$ 的实部。但 ρ 和 F_0 是实数,而 $\mathrm{e}^{\mathrm{i}(\theta+\Delta+\omega t)}$ 的实部就是 $\cos(\omega t+\Delta+\theta)$。因此

$$x = \rho F_0 \cos(\omega t + \Delta + \theta). \tag{23.10}$$

由此可知,响应的振幅是力 F 的幅值与某一放大因子 ρ 的乘积;它给出了振动的幅度。但是,它还告诉我们,x 的振动与力不是处于同一相位的,力的初始相位是 Δ,而 x 则还要再移过一个额外的量 θ。因此,ρ 和 θ 表示响应的大小和响应的相移。

现在,我们来计算 ρ。我们知道一个复数模的平方等于这个复数乘它的共轭复数,即

$$\rho^2 = \frac{1}{m^2(\omega_0^2-\omega^2+\mathrm{i}\gamma\omega)(\omega_0^2-\omega^2-\mathrm{i}\gamma\omega)} = \frac{1}{m^2[(\omega^2-\omega_0^2)^2+\gamma^2\omega^2]}. \tag{23.11}$$

此外,相角 θ 也容易求出。因为如果写出

$$\frac{1}{R} = \frac{1}{\rho\mathrm{e}^{\mathrm{i}\theta}} = \left(\frac{1}{\rho}\right)\mathrm{e}^{-\mathrm{i}\theta} = m(\omega_0^2-\omega^2+\mathrm{i}\gamma\omega),$$

我们看到

$$\tan\theta = -\gamma\omega/(\omega_0^2-\omega^2). \tag{23.12}$$

故 θ 是负值,因为 $\tan(-\theta)=-\tan\theta$。对所有的 ω,所得的 θ 均为负值,这相应于位移 x 落后于力 F。

图 23-2 表示 ρ^2 作为一个频率的函数变化的情况(ρ^2 在物理上比 ρ 更有用,因为 ρ^2 与振幅的平方成正比,或多或少与力加到振子上产生的能量成正比)。我们看到,若 γ 很小,则 $1/(\omega_0^2-\omega^2)^2$ 是最重要的项,当 ω 等于 ω_0 时,响应趋于无限大。这里的"无限大"不是真正的无限大,因为如果 $\omega=\omega_0$,那么 $1/\gamma^2\omega^2$ 依然存在。相移的变化如图 23-3 所示。

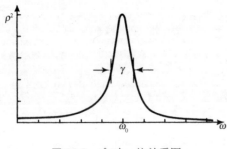

图 23-2　ρ^2 对 ω 的关系图

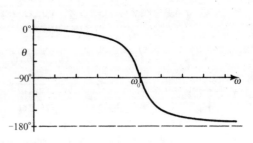

图 23-3　θ 对 ω 的关系图

在某些情况下,我们得到一个与式(23.8)略有不同的公式,它也称为"共振"公式,人们可能会认为它代表另一种现象,但实际上并非如此。原因是,如果 γ 很小,曲线的最有意义的部分是 $\omega = \omega_0$ 附近的部分,因此我们可以用一个近似公式来代替式(23.8),当 γ 很小且 ω 接近 ω_0 时,这个近似公式是非常正确的。因为 $\omega_0^2 - \omega^2 = (\omega_0 - \omega)(\omega_0 + \omega)$,如果 ω 接近 ω_0,上式接近于 $2\omega_0(\omega_0 - \omega)$,而 $\gamma\omega$ 又接近于 $\gamma\omega_0$。把这些关系用到式(23.8),我们看到 $\omega_0^2 - \omega^2 + i\gamma\omega \approx 2\omega_0(\omega_0 - \omega + i\gamma/2)$,因此

$$\hat{x} \approx \hat{F}/2m\omega_0(\omega_0 - \omega + i\gamma/2) \quad (\text{如果 } \gamma \ll \omega_0 \text{ 和 } \omega \approx \omega_0). \tag{23.13}$$

很容易求出 ρ^2 的相应公式。它是

$$\rho^2 \approx \frac{1}{4m^2\omega_0^2[(\omega_0 - \omega)^2 + \gamma^2/4]}.$$

我们将留给读者去证明如下事实:如果将 ρ^2-ω 曲线的最大高度称为 1 个单位,我们要求出在最大高度一半处曲线的宽度 $\Delta\omega$;假定 γ 很小时,曲线最大高度一半处的全宽度是 $\Delta\omega = \gamma$。当摩擦的影响越来越小时,共振越来越尖锐。

有人用一个定义为 $Q = \omega_0/\gamma$ 的量 Q 作为宽度的另一种量度。共振越窄,Q 就越高;$Q = 1\,000$ 的意思是说,这个共振的宽度只有频率的千分之一。在图 23-2 所示的共振曲线中 Q 是 5。

共振现象的重要性在于它在很多其他情况中也会出现,因此,本章的其余部分将描述其他一些共振情况。

§ 23-3 电 共 振

共振的最简单和最广泛的技术应用是在电学方面。在电学世界中,有很多能够连接成电路的装置。通常所说的无源电路元件有三种主要类型,虽然其中的每一种都混有少量的另外两种元件。在详细叙述它们之前,我们必须注意由悬挂在弹簧一端的物体构成的机械振子的整个概念只是一种近似。所有的质量并不真正集中在"物体"上,有些质量表现为弹簧的惯性。同样,全部弹性也并不集中在"弹簧"上,物体本身也有一点点弹性,虽然它看来很像一个刚体,但不是绝对刚性的,当它上下运动时,在弹簧拉力的作用下会有一点弯曲。在电学中情况也一样。作为一种近似,我们可以将一些东西归结为"电路元件",并假定它们具有纯粹的理想特性。现在讨论这种近似还不是时候,我们先简单地承认在目前的情况下它是正确的。

三种主要的电路元件如下:第一种是电容器(图 23-4),将两块金属平板用绝缘物质分开一个很小的距离就是一个例子。当金属板充电后,在两块板之间就有一定的电压降,亦即有一定的电位差。在端点 A 和 B 之间出现相同的电位差,因为如果沿着相连的导线有任何电位差的话,电荷会立即流动。因此,如果两块板分别具有电荷 $+q$ 和 $-q$,它们之间就有一定的电位差 V。于是两块板之间将存在某一电场,对此我们已经得出过一个公式(见第 13 章和第 14 章)

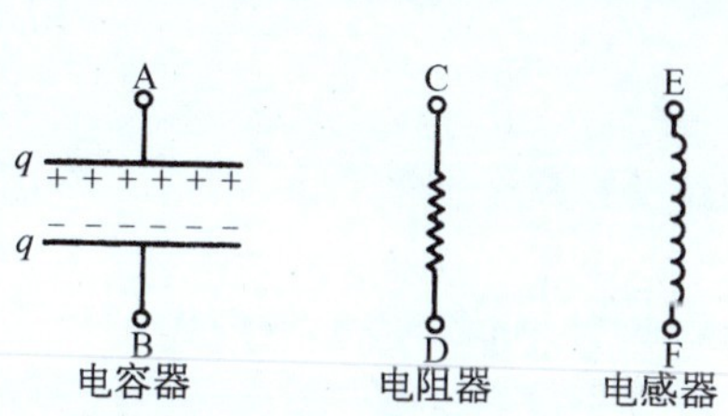

图 23-4 三个无源电路元件

$$V = \sigma d/\varepsilon_0 = qd/\varepsilon_0 A, \tag{23.14}$$

这里 d 是两块板的间距，A 是板的面积。注意，电位差是电荷的线性函数。如果不是平行板，而是任意形状的绝缘电极，其电位差仍然严格地和电荷成正比，不过比例常数可能不大容易计算。但是，我们需要知道的只是电容器两端的电位差与电荷成正比：$V = q/C$；比例常数是 $1/C$，这里的 C 就是物体的电容。

第二种电路元件叫做电阻器，它起着阻碍电流流动的作用。已经证明金属导线和许多其他物质都以如下方式阻碍电荷流动：如果某段物质的两端有一电压差，就有电流 $I = \mathrm{d}q/\mathrm{d}t$，它与电压差成正比

$$V = RI = R\mathrm{d}q/\mathrm{d}t. \tag{23.15}$$

比例系数叫做电阻 R。可能你对这个关系式已经很熟悉，它就是欧姆定律。

假如我们把电容器上的电荷 q 类比为力学系统的位移 x，可以看到，电流 $I = \mathrm{d}q/\mathrm{d}t$，它相应于速度，$1/C$ 相应于弹性系数 k，R 相应于电阻系数 γ。十分有趣的是还存在另一个与质量相对应的电路元件！这是一个线圈，当线圈内有电流时，在它内部就建立了磁场。变化的磁场在线圈内产生电压，电压的大小与 $\mathrm{d}I/\mathrm{d}t$ 成正比（实际上，这就是变压器的工作原理）。磁场与电流成正比，在这种线圈内的（所谓）感生电压与电流的变化率成正比

$$V = L\mathrm{d}I/\mathrm{d}t = L\mathrm{d}^2q/\mathrm{d}t^2. \tag{23.16}$$

系数 L 是自感，它与机械振动回路系统中的质量相对应。

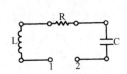

图 23-5 由电阻、电容和电感组成的振荡电路

假设我们把这三个电路元件串联成一个电路（图 23-5），则加在从 1 到 2 整个回路两端的电压就是在回路中移动单位电荷所做的功，它等于几部分电压之和：在电感器两端的 $V_L = L\mathrm{d}^2q/\mathrm{d}t^2$；在电阻两端的 $V_R = R\mathrm{d}q/\mathrm{d}t$；在电容器两端的 $V_C = q/C$。它们的和等于外加电压 V

$$L\mathrm{d}^2q/\mathrm{d}t^2 + R\mathrm{d}q/\mathrm{d}t + q/C = V(t). \tag{23.17}$$

这个方程式与力学方程式（23.6）完全一样，当然可以用完全相同的方式来解。假设 $V(t)$ 是振荡的：我们用一个纯正弦波振荡发生器来驱动电路。于是就能把 $V(t)$ 写成一个复数 $\hat{V}$，只须理解为若要求真正的 V，则最后必须乘上 $\mathrm{e}^{\mathrm{i}\omega t}$，再取它的实部即可。同样，电荷 q 也能这样分析，于是完全和处理式（23.8）的方法一样，我们写出相应的方程式：$\hat{q}$ 的两次微商是 $(\mathrm{i}\omega)^2\hat{q}$，一次微商是 $(\mathrm{i}\omega)\hat{q}$。这样，方程式（23.17）就变成

$$\left[L(\mathrm{i}\omega)^2 + R(\mathrm{i}\omega) + \frac{1}{C}\right]\hat{q} = \hat{V}$$

或

$$\hat{q} = \frac{\hat{V}}{L(\mathrm{i}\omega)^2 + R(\mathrm{i}\omega) + 1/C},$$

还可以把它写成如下形式

$$\hat{q} = \hat{V}/L(\omega_0^2 - \omega^2 + \mathrm{i}\gamma\omega), \tag{23.18}$$

这里 $\omega_0^2 = 1/(LC)$，$\gamma = R/L$。式（23.18）中的分母与力学的情况完全相同，因而具有完全相同的共振性质！电学和力学情况的对应关系列于表 23-1 中。

表 23-1

一 般 特 征	力 学 性 质	电 学 性 质
自 变 量	时间(t)	时间(t)
因 变 量	位置(x)	电荷(q)
惯　　性	质量(m)	电感(L)
阻　　抗	曳力系数$(c=\gamma m)$	电阻$(R=\gamma L)$
刚　　性	刚性(k)	电容的倒数$(1/C)$
共振频率	$\omega_0^2 = k/m$	$\omega_0^2 = 1/(LC)$
周　　期	$t_0 = 2\pi\sqrt{m/k}$	$t_0 = 2\pi\sqrt{LC}$
品质因素	$Q = \omega_0/\gamma$	$Q = \omega_0 L/R$

我们必须指出一个小的技术性问题。在电学文献中,常采用不同的符号(从一个领域到另一个领域,课题实际上没有任何不同,但是书写符号的方式常常不同)。首先在电工中常用 j 代替 i 来表示$\sqrt{-1}$(这是因为 i 必须用以表示电流)。此外,工程师喜欢利用 $\hat{V}$ 和 $\hat{I}$ 的关系式,而不大采用 $\hat{V}$ 和 $\hat{q}$ 的关系式,这是因为他们对前一种方式更习惯一些。因为 $\hat{I} = \mathrm{d}\hat{q}/\mathrm{d}t = \mathrm{i}\omega\hat{q}$,所以我们能用 $\hat{I}/\mathrm{i}\omega$ 代替 $\hat{q}$,并得出

$$\hat{V} = \left(\mathrm{i}\omega L + R + \frac{1}{\mathrm{i}\omega C}\right)\hat{I} = \hat{Z}\hat{I}. \tag{23.19}$$

另一个做法是改写式(23.17),使它变成更熟悉的形式。即可写为

$$\frac{L\mathrm{d}I}{\mathrm{d}t} + RI + \frac{1}{C}\int_0^t I\mathrm{d}t = V(t). \tag{23.20}$$

无论如何,我们找到的电压 $\hat{V}$ 和电流 $\hat{I}$ 之间的关系式(23.19),除了被 $\mathrm{i}\omega$ 去除之外,和式(23.18)完全一样,这样就得出了式(23.19)。量 $R + \mathrm{i}\omega L + 1/(\mathrm{i}\omega C)$ 是一个复数,在电工上应用得很多,以致有一个名称,叫做**复阻抗** $\hat{Z}$。于是我们就可以写成 $\hat{V} = \hat{Z}\hat{I}$。工程师喜欢这样做的原因是因为在他们年轻时,只知道电阻和直流电,对于电阻他们学过 $V = RI$。现在,他们受到更多的教育,知道了交流电路,然而还想看到同样的等式。因此,他们写出 $\hat{V} = \hat{Z}\hat{I}$,唯一的区别是电阻被一个更复杂的复数的量所代替。因此,他们坚持不能采用世界上其他人都采用的表示虚数的形式,而要用一个 j 来表示,但奇怪的是他们并没有坚持把字母 Z 也写成 R(于是在讨论电流密度时,他们就遇到了麻烦,因为电流密度也用 j 表示。科学的困难在很大的程度上不是来自于自然界,而是来自于符号、单位和所有其他人们所发明的人为事物造成的困难)!

§ 23-4　自然界中的共振现象

虽然我们详细讨论的是电学的情况,但也能够在很多领域里举出一个又一个例子,用来说明其共振方程的确是何等的一致。在自然界中存在着很多发生"振动"和共振的情况。在前面某一章中我们曾讲起过这类情况,现在我们来加以证明。如果我们在书房里踱步,从书架上取出一些书,去找找看有没有一个来自相同的方程,且能画出像图 23-2 那样曲线的例子,我们会发现什么呢?只要查阅五六本书,就能找到一系列显示共振的现象,这些少量的现象足够说明共振所涉及的范围之广。

最初两个例子来自于力学,第一个现象是大规模的,即整个地球的大气层。我们认为整个地球由大气层均匀地包围着,如果大气被月亮吸引到一边,或更确切地说,被拉扁成双潮汐,那么让它这样下去,它就会继续上下涨落,这就是一个振子。这个振子是由月亮驱动的,实际上月亮绕着地球转动,策动力的任何一个分量,比如说,在 x 方向上的分量,是一个余弦分量,因此地球的大气层对月亮的潮汐拉力的响应是一个振子的响应。预期的大气响应如图 23-6 中曲线 b 所示(曲线 a 是所引的那本书中讨论过的另一条理论曲线)。现在,人们可能会认为,在这条共振曲线上只有一点,因为与在月亮作用下的地球的转动相应的频率只有一个,它转动的周期为 12.42 h——12 h 是由于地球的转动(潮汐是两个隆起部分)。由于月亮也在转动,还要加上一点。但是从大气潮汐的大小和相位(即推迟的数量)来看,我们能同时得出 ρ 和 θ。由此又可得出 ω_0 和 γ,从而画出整条曲线! 这是一个非常蹩脚的科学例子。我们从两

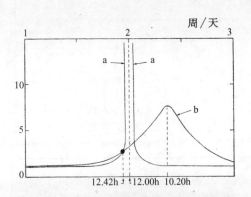

图 23-6 大气层对外来激发的响应,如果大气层 S_2-潮汐是由万有引力引起的,a 就是这种条件下所需的响应;峰值的放大率是 100∶1。b 是从 M_2-潮汐观察的倍数和相位导出的

(转载自 Munk W H, MacDonald G J F. *Rotation of the Earth*. London: Cambridge University Press, 1960)

个数得出两个数,再从那两个数画出一条漂亮的曲线,它当然正好通过决定曲线的那个点。除非我们能够测量某些其他量,否则这条曲线是毫无用处的,而对地球物理学来说,这通常又是非常困难的。但在这个特殊情况中,可以从理论上证明,一定还有与固有频率 ω_0 同样计时的东西:那就是,如果能扰动大气层,它就会以频率 ω_0 振动。1883 年曾发生过一次激烈的扰动,喀拉喀托*火山爆发时,将半个岛屿掀掉了,在大气中造成了一次如此可怕的爆炸,使得能够测量出大气的振动周期。得出的结果是 10.5 h,从图 23-6 得出的 ω_0 是 10.20 h,于是我们至少找到了一个验证对大气潮汐理解的真实性的数据。

下面我们将研究小尺度的机械振动。这次我们取氯化钠晶体,在前面的一章中我们曾描述过,氯化钠晶体中,钠离子和氯离子是一个接一个地排列着的。钠离子带正电,氯离子带负电。现在有可能存在一种有趣的振动。假定我们把所有的正电荷赶到右边,把所有的负电荷赶到左边,然后任其运动,这样钠晶格相对氯晶格就会来回振动。怎样才能造成这种情况呢? 这很容易,如果在晶体上外加一个电场,电场会把正电荷推向一边,而把负电荷推向另一边。因此,通过引进外加电场,我们或许能够使晶体振动。但是所要求的电场频率很高,它相应于红外辐射! 因此,我们可以通过测量氯化钠对红外光的吸收来找出一条共振曲线。图 23-7 所示就是这样的一条曲线。横坐标不是频率,而是波长,但这仅仅是一个技术问题,因为对于波来说,频率和波长之间有确定的关系,因而它实际上也是一种频率的标度,而某一个确定频率与共振频率相对应。

但是,宽度有多大? 由什么来确定宽度呢? 在很多情况下,曲线上所看到的宽度实际上并不是理论上应有的固有宽度 γ。为什么会有较理论曲线更宽的曲线呢? 这有两个原因。

---

* 靠近印度尼西亚爪哇岛西端的海中火山。——译者注

第一,如果晶体的某个区域发生应变,则晶体的不同部分可能不都具有相同的频率,因此,在这些区域中振动频率与其他区域相比略有不同,这时我们就具有许多彼此靠得很近的共振曲线,于是,看上去曲线就比较宽。第二个原因是这样的:或许我们不能足够精确地测量出频率——假如我们把分光计的狭缝开得相当宽,尽管我们认为只有一种频率,实际上则有一个范围 $\Delta \omega$,于是我们并没有足够的分辨率去观察一条窄的曲线。因此,我们不能随便讲图 23-7 的宽度是否是自然的,还是由晶体中的不均匀性或分光计狭缝的一定宽度所引起的。

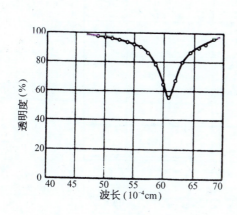

图 23-7 通过一个薄氯化钠膜(0.17 μm)的红外辐射透射

(转载自 Barnes R B. *Z Physik*, 1932, **75**: 723; Kittel C. *Introduction to Solid State*, *Physics*. New York: Wiley, 1956)

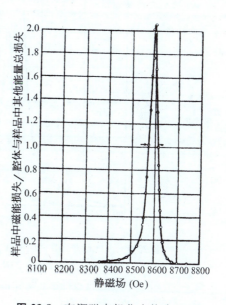

图 23-8 在顺磁有机化合物中,磁能损失与外加磁场强度的关系

(转载自 Holden A N, *et al. Phys Rev*, 1949, **75**: 1614)

现在转而研究一个比较深奥的例子,这就是磁铁的振动。如果把一个带有南、北极性的磁铁放在一个恒定的磁场内,磁铁的 N 端将被推向一方,而 S 端则被推向另一方,一般说来有转矩作用在磁铁上,因此,它将在平衡位置附近振动,就像罗盘的指针那样。但是,我们所说的磁铁指的是原子。这些原子具有一个角动量,转矩并不产生沿着场的方向的简单运动,而显然会产生进动。现在,从旁边来观察时,可以看到任何一个分量都在"摆动",我们可以扰动或驱动这种摆动,并测量吸收。图 23-8 中的曲线表示一个典型的这类共振曲线。这里所做的在技术上稍有差别。现在,用以驱动这种摆动的横向场的频率总是保持不变,虽然我们曾预料研究者们会改变它而画出曲线来。他们可以这样做,但是在技术上更容易做的是让频率 ω 固定,改变恒定磁场的强度,这相当于在我们的公式中改变 ω_0。他们画出相对于 ω_0 的共振曲线。不管怎样,这是具有某一确定的 ω_0 和 γ 的典型共振。

现在我们再进一步讨论下去。下一个例子与原子核有关。原子核中的质子和中子以某种方式作振动,这可以用下面的实验来证实。我们用质子轰击一个 Li 原子,发现产生 γ 射线的某种反应,实际上是具有一个非常尖锐的极大的典型共振。但是,在图 23-9 中,我们看到和其他情况有一个不同：水平标度不是频率，而是能量！原因是在量子力学中，经典能量的含义实际上与波振动的频率有关。如果我们分析某个在一般宏观物理学中与频率有关的事物时，我们发现在用原子物质做量子力学实验时，得到的是相应的作为能量函数的曲线。实际上，从某种意义上来说，这条曲线就是这种联系的一个证明。它表明频率和能量之间有某种深刻的内在联系，当然，事实上也是如此。

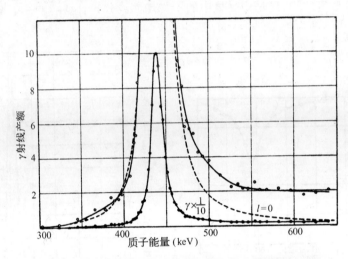

图 23-9　从 Li 原子中射出的 γ 射线强度与轰击质子能量的关系。虚线是对角动量 $l = 0$ 的质子进行计算时得出的理论曲线

(转载自 Bonner T W, Evans J E. *Phys Rev*, 1948, **73**:666)

现在我们再来研究另一个与原子核能级有关的例子，不过它是很窄很窄的。在图 23-10 中，ω_0 相当于 100 000 eV 的能量，而宽度 γ 大致为 10^{-5} eV；换句话说，Q 为 10^{10}！当这条曲线被测定时，它是所有已经测定的振子中 Q 值最大的。这是由穆斯堡尔博士测出的，这奠定了他获得诺贝尔奖的基础。在这里水平标度是速度，因为要获得相差很小的频率的技术是采用源相对于吸收体运动的多普勒效应。当我们知道所包含的速度只有每秒几厘米时，人们就会感到这个实验是多么精巧！在图中的实际标度下，零频率相应于左边约 10^{10} cm 处的一个点——有些超出纸面了！

最后，我们来看一下某一期《物理评论》(*Physics Review*)杂志，比方说是 1962 年 1 月 1 日出版的那一期，我们能看到共振曲线吗？每期中都有这条曲线，图 23-11 就是这一期里的共振曲线。这条曲线是很有趣的。这种共振是在一些奇异粒子间的某种反应中发现的，在这个反应中一个 K^- 介子和一个质子相互作用。这种共振是通过观察放出来的某种粒子数目的多少来探测的，它依赖于放出粒子的数目和放出的是什么粒子，我们得到不同的曲线，但是这些曲线有相同的形状，并且峰值出现在相同的能量处。因此，我们确认对 K^- 介子，在某确定能量时存在着共振。这可能意味着，有某种状态或条件相应于这种共振，把一个 K^- 和一个质子放在一起就能得到这种状态或条件。这是一种新的粒子或共振。今天，我们还不知道是否能称这样的突起部分为"粒子"，还是干脆就叫共振。当有一个非常尖锐的共振时，就相应于一个非常确定的能量，就好像有一个粒子以这种能量存在于自然界中一样。当共振变宽的时候，我们就不知道是否应该说存在一个寿命不长的粒子，或者仅仅说在反应概率中存在着一个共振。在第 2 章中讲到粒子时，这一点已经提起过，但在写第 2 章时，还不知道这个共振，因此在我们的基本粒子表中还应该加上另一个粒子！

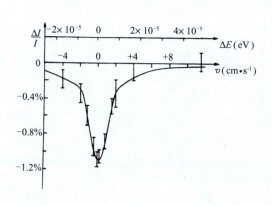

图 23-10

(承穆斯堡尔博士同意提供)

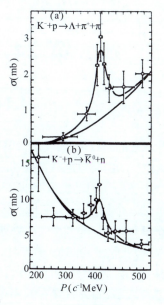

图 23-11 动量与反应截面的依赖关系 (a) $K^- + p \rightarrow \Lambda + \pi^+ + \pi^-$ 和 (b) $K^- + p \rightarrow \overline{K}^0 + n$。在 (a) 和 (b) 中下面的曲线代表假定的非共振背景，而上面的曲线是在背景上再叠加共振

(转载自 Ferro-Luzzi M, et al. Phys Rev Lett, 1962, **8**:28)

第 24 章 瞬 变 态

§ 24-1 振子的能量

虽然本章的题目是"瞬变态",但是从某种角度来看,本章的某些部分是上一章受迫振动的继续。受迫振动的特点之一是振动的能量,对此我们还没有讨论过。现在就来考虑这个问题。

一个机械振子的动能有多大?它与速度的平方成正比。现在我们谈到了一个重要问题。试考虑一个任意量 A,它既可以是速度,也可以是我们要讨论的其他东西。当我们把 A 写成一个复数 $A = \hat{A}e^{i\omega t}$ 时,在物理世界中具有真实意义的 A 只是它的实部;因此,如果为了某种原因,我们要用 A 的平方时,把复数平方,然后取实部是不对的,因为一个复数平方的实部并不正好等于实部的平方,还包含有虚部。因此,当我们想要求出能量时,我们得暂时丢开复数表示,先去看看它的实在内容是什么。

真实的物理量 A 是 $A_0 e^{i(\omega t + \Delta)}$ 的实部,即 $A = A_0 \cos(\omega t + \Delta)$,这里复数 $\hat{A}$ 可写成 $A_0 e^{i\Delta}$。现在,这个真实的物理量的平方是 $A^2 = A_0^2 \cos^2(\omega t + \Delta)$。因此,这个量的平方像余弦的平方一样,在最大值和零之间来回变化。余弦平方的最大值是 1,最小值是 0,它的平均值是 1/2。

在很多情况下,我们并不对振动过程中任何特定时刻的能量感兴趣。在大量的应用中,我们只需要 A^2 的平均值——即在一段比振动周期大得多的时间内 A 平方的平均值。在这些情况下,可用余弦平方的平均值,因此,我们有如下的定理:如果用一个复数表示 A,那么 A^2 的平均值等于 $A_0^2/2$。这里 A_0^2 是复数 $\hat{A}$ 的模的平方(它可以写成很多形式——有些人喜欢写 $|\hat{A}|^2$;也有些人写 $\hat{A} \hat{A}^*$,即 $\hat{A}$ 乘它的共轭复数)。我们将要多次用到这个定理。

现在来考虑受迫振子的能量。受迫振子的方程是

$$m \frac{d^2 x}{dt^2} + \gamma m \frac{dx}{dt} + m\omega_0^2 x = F(t). \tag{24.1}$$

在我们的问题中,当然,$F(t)$ 是 t 的余弦函数。现在我们来分析一下这个问题:外力 F 做了多少功?每秒钟外力做的功,即功率,等于力乘速度(我们知道在时间 dt 内的元功是 Fdx,功率是 Fdx/dt),即

$$P = F \frac{dx}{dt} = m \left[\left(\frac{dx}{dt} \right) \left(\frac{d^2 x}{dt^2} \right) + \omega_0^2 x \left(\frac{dx}{dt} \right) \right] + \gamma m \left(\frac{dx}{dt} \right)^2. \tag{24.2}$$

但是,等式右端的前两项也可写成 $\frac{d}{dt} \left[\frac{1}{2} m (dx/dt)^2 + \frac{1}{2} m \omega_0^2 x^2 \right]$,只要对此式微分一下就能立即证实。也就是说,在方括号里的表示式是另外容易理解的两项之和的微商——一项是运动的动能,另一项是弹簧的势能。我们把这个量称为储能,即贮藏在振动中的能量。假如振子作受迫振动,并已运动了很长时间后,我们要求多次振动的平均功率。从长时间来

看,储能不变——对它微商后得出的平均效果是零。换句话说,如果我们求功率的长时间平均值,则所有能量最终将被阻尼项 $\gamma m(\mathrm{d}x/\mathrm{d}t)^2$ 全部吸收。确定有些能量贮存在振动中,但是如果对多次振动取平均,它不随时间而变化。因此,平均功率 $\langle P \rangle$ 是

$$\langle P \rangle = \langle \gamma m (\mathrm{d}x/\mathrm{d}t)^2 \rangle. \tag{24.3}$$

用写成复数的方法和定理 $\langle A^2 \rangle = A_0^2/2$,我们可以求出这个平均功率。如果 $x = \hat{x}\,\mathrm{e}^{\mathrm{i}\omega t}$,那么 $\mathrm{d}x/\mathrm{d}t = \mathrm{i}\omega \hat{x}\,\mathrm{e}^{\mathrm{i}\omega t}$。因此,在这些情况中,平均功率可以写成

$$\langle P \rangle = \frac{1}{2}\gamma m \omega^2 x_0^2. \tag{24.4}$$

在电路的符号中,$\mathrm{d}x/\mathrm{d}t$ 被电流 I(I 是 $\mathrm{d}q/\mathrm{d}t$,这里 q 对应于 x)所代替,而 $m\gamma$ 则对应于电阻 R。因此,能量耗损率——强迫力函数消耗的功率——是电路中的电阻乘电流平方的平均值

$$\langle P \rangle = R \langle I^2 \rangle = R \frac{1}{2} I_0^2. \tag{24.5}$$

当然,这个能量使电阻变热;它有时被称为热耗损或焦耳热。

另一个需要讨论的有意义的特点是贮存了多少能量。这与功率不同,因为虽然在开始时要用功率贮存一些能量,但是在这以后系统只在所具有的热耗损(电阻)的限度内继续吸收功率。在任何时刻,都有一定量的贮能,因此我们想计算一下平均贮能 $\langle E \rangle$。我们已经计算出 $(\mathrm{d}x/\mathrm{d}t)^2$ 的平均值,因此得出

$$\langle E \rangle = \frac{1}{2}m\left\langle \left(\frac{\mathrm{d}x}{\mathrm{d}t}\right)^2 \right\rangle + \frac{1}{2}m\omega_0^2 \langle x^2 \rangle = \frac{1}{2}m(\omega^2+\omega_0^2)\frac{1}{2}x_0^2. \tag{24.6}$$

当一个振子非常有效,而且 ω 接近 ω_0 时,则 $|\hat{x}|$ 很大,贮能就很高——我们能从一个比较小的力得到较大的储能。力在引起振动时做了大量功,但此后为了保持振动稳定,它所要做的一切就只是克服摩擦力。如果摩擦力很小,振子可以具有很大的能量,即使振动很强,能量的损失也很少。一个振子的效率可以由所贮存的能量与每振动一次力所做的功相比较来量度。

储能怎样与每振动一周力所做的功相比较呢?这称为系统的 Q 值,Q 值的定义是 2π 乘平均储能,再除以每周所做的功(如果用的是每弧度所做的功,而不是每周做的功,那就没有 2π)

$$Q = 2\pi \frac{\frac{1}{2}m(\omega^2+\omega_0^2)\cdot\langle x^2\rangle}{\gamma m\omega^2\langle x^2\rangle\cdot 2\pi/\omega} = \frac{\omega^2+\omega_0^2}{2\gamma\omega}. \tag{24.7}$$

除非 Q 很大,否则它不是一个十分有用的数。当 Q 比较大时,它可以作为表征振子好坏的一种量度。人们企图用最简单和最有用的方式来定义 Q;不同的定义之间略有差异,但当 Q 很大时,所有的定义都趋于一致。最普遍采用的定义是式(24.7),它与 ω 有关。对于一个好的接近共振的振子,可令 $\omega = \omega_0$,而使式(24.7)再简化一些,于是可得 $Q = \omega_0/\gamma$,这正是我们以前所用的 Q 的定义。

什么是电路的 Q 值呢?要求出它,我们只需把 m,$m\gamma$ 和 $m\omega_0^2$ 分别换成 L,R 和 $1/C$(见表 23-1)。在共振时,Q 是 $L\omega/R$,这里 ω 是共振频率。如果我们考虑一个具有高 Q 值的电路,这意味着在振动中所贮存的能量比起每振动一周驱使振动的机械所做的功的数量大得多。

§ 24-2 阻尼振动

现在我们回到讨论的主题:瞬变态,瞬变态是指当没有作用力存在,且系统不是简单地处于静止时,微分方程的一个解(当然,如果没有力的作用,又静止于原点时,那就再好没有了——它就停止在那里)。假设振动以另一种方式开始:比如说,它被力驱动了一会儿,然后把力去掉,那么会发生什么情况呢?让我们首先对一个 Q 值很高的系统将发生什么情况得出一个大致的看法。只要有力在作用,储能就保持不变,就有一定量的功来维持它不变。现在假定去掉力,就不会再做更多的功,这时再也没有额外的能量供消耗——驱动者不复存在。这时可以说损耗就得消耗所贮存的能量。假设 $Q/(2\pi)=1\,000$,那么每周所做的功就是储能的 $1/1\,000$。由于这是没有策动力的振动,因而系统振动一周时将消耗它的能量 E 的千分之一,这个能量通常是由外界提供的,并且在它继续振动时,每周总是消耗它的能量的 $1/1\,000$,这难道是不合理的吗?所以,可以猜测,对于 Q 值相当高的系统,可以假定下面的方程大体上是正确的(以后我们将要严格证明它是正确的)

$$\frac{dE}{dt} = -\omega E/Q. \tag{24.8}$$

说它大体上正确是因为它只适用于大的 Q 值。每经过一个弧度,系统就损失储能 E 的 $1/Q$。这样,在给定的时间 dt 内,能量将改变 $\omega dt/Q$ 数量,因为在 dt 时间内改变的弧度数是 ωdt。什么是频率呢?我们假定系统在几乎没有力作用时运动得很好,如果让它自己运动下去,它将基本上按自身同样的频率振动。因而我们可以推测 ω 就是共振频率 ω_0。这样,从式(24.8),就可推出储能将按

$$E = E_0 e^{-\omega_0 t/Q} = E_0 e^{-\gamma t} \tag{24.9}$$

变化。这将是任何时刻的能量的量度。对于作为时间函数的振幅,公式将大致如何呢?完全一样吗?不会!比方说,弹簧上位能的大小随位移的平方而变化;动能则随速度的平方而变化;因此,总能量按位移的平方而变化。因而,由于平方关系,位移,即振幅减小的速率只有能量减小的速率的一半。换句话说,我们猜测阻尼瞬变运动的解将是频率接近于共振频率 ω_0 的振动,其中正弦波运动的振幅将按 $e^{-\gamma t/2}$ 衰减

$$x = A_0 e^{-\gamma t/2} \cos \omega_0 t. \tag{24.10}$$

这个等式和图 24-1 表达了我们所预期的一些想法,现在我们打算通过解运动微分方程本身来精确地分析这种运动。

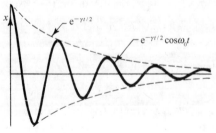

图 24-1 一个阻尼余弦振动

那么,从式(24.1)出发,在不存在外力时,如何解这个方程呢?作为物理学家,我们对解题方法并不像对求出的解大致是什么样子那样操心。根据前面的经验,我们把指数曲线 $x = Ae^{i\alpha t}$ 作为一个试解(为什么要这样试呢?因为这最容易微分),把它代入式(24.1)[其中 $F(t)=0$]并用 x 对 t 每微分一次,就是乘上一个 $i\alpha$ 的规则。因而这种代换确实是

很简单的。这样我们的公式就变成

$$(-\alpha^2 + i\gamma\alpha + \omega_0^2)Ae^{i\alpha t} = 0. \tag{24.11}$$

要使上式的结果在任何时候都等于 0,则除非 (a)$A = 0$,但这根本不是解——因为它静止不动;或(b)

$$-\alpha^2 + i\alpha\gamma + \omega_0^2 = 0, \tag{24.12}$$

否则,式(24.11)就不能满足。假如能解此式,并求出 α,我们将得到一个 A 不必为零的解

$$\alpha = i\gamma/2 \pm \sqrt{\omega_0^2 - \gamma^2/4}. \tag{24.13}$$

我们暂且假设 γ 与 ω_0 相比极其小,所以 $\omega_0^2 - \gamma^2/4$ 肯定是正值,求它的平方根是不会有问题的。麻烦的事情在于我们得到了两个解,即

$$\alpha_1 = i\gamma/2 + \sqrt{\omega_0^2 - \gamma^2/4} = i\gamma/2 + \omega_\gamma \tag{24.14}$$

和

$$\alpha_2 = i\gamma/2 - \sqrt{\omega_0^2 - \gamma^2/4} = i\gamma/2 - \omega_\gamma. \tag{24.15}$$

假定我们没有注意到平方根有两个可能值,而来考虑第一个解。我们知道对于 x 的一个解是 $x_1 = Ae^{i\alpha_1 t}$,这里 A 是任意常数。现在,将 α_1 代入,因为出现的次数很多,写起来又很长,所以我们令 $\sqrt{\omega_0^2 - \gamma^2/4} = \omega_\gamma$。这样,$i\alpha_1 = -\dfrac{\gamma}{2} + i\omega_\gamma$,我们就得到 $x_1 = Ae^{(-\gamma/2 + i\omega_\gamma)t}$,因为指数具有奇妙的性质,所以此式还可写成

$$x_1 = Ae^{-\gamma t/2} e^{i\omega_\gamma t}. \tag{24.16}$$

首先,我们看出这是一个振动,振动频率是 ω_γ,并非正好等于频率 ω_0,但如果它是一个良好的系统,ω_γ 可以相当接近于 ω_0。其次,振动的振幅按指数衰减! 举例说,如果我们取式(24.16)的实部,就有

$$x_1 = Ae^{-\gamma t/2} \cos\omega_\gamma t. \tag{24.17}$$

这非常像我们推测的解式(24.10),只是频率实际上是 ω_γ,这是唯一的误差。因此,可以说是同一回事——我们的概念是正确的。但是并非所有的东西全部都正确! 不对的地方是还存在另外一个解。

另一个解是 α_2,我们看到它与 α_1 的差别仅仅在于 ω_γ 的符号相反

$$x_2 = Be^{-\gamma t/2} e^{-i\omega_\gamma t}. \tag{24.18}$$

这是什么意思呢? 我们可以很快证明,如果 x_1 和 x_2 都是 $F = 0$ 时方程式(24.1)的一个可能解,那么,$x_1 + x_2$ 也是同一方程的解! 所以 x 的通解的数学形式是

$$x = e^{-\gamma t/2}(Ae^{i\omega_\gamma t} + Be^{-i\omega_\gamma t}). \tag{24.19}$$

我们可能会感到奇怪,既然我们对得到的第一个解很满意,为什么还要给出另一个解。因为我们当然知道应当只取实部,那么这个多余的解到底是作什么用呢? 我们知道应该取实部,但是利用数学方程怎么能够知道我们只需要实部呢? 当策动力 $F(t)$ 不为零时,我们就加上

一个人为的力与之相匹配,而使方程的虚部以一种确定的方式被利用。但是,当今 $F(t)\equiv 0$ 时,我们关于 x 应当只取某个量的实部这一规定纯粹是自己的事,而利用数学方程并不知道这一点。物理世界有一个实数解,但是我们以前那么满意的答案却不是实数,而是复数。利用数学方程并不知道我们要任意地取实部,因此可以说,它总是要向我们提供一个复数共轭型的解,这样把这两个解放在一起,我们能够构成一个真正的实数解;这就是 α_2 对我们的用处。为了使 x 成为实数,$Be^{-i\omega_\gamma t}$ 必将是 $Ae^{i\omega_\gamma t}$ 的共轭复数,以便使虚部消失。因此,结果表明 B 是 A 的共轭复数,而实数解为

$$x = e^{-\gamma t/2}(Ae^{i\omega_\gamma t} + A^* e^{-i\omega_\gamma t}). \tag{24.20}$$

所以,正如前面所说的,我们的实数解是一个具有相移和阻尼的振动。

§24-3 电瞬变态

现在我们来看一看上述分析是否真正成立。我们构成一个如图 24-2 所示的电路,在此电路中,我们通过闭合开关 S,突然接通电源后,将电感 L 两端的电压加到示波器上。它是一个振荡电路,并产生某种类型的瞬变态。这相当于我们突然在某个系统上加上一个力,而使它开始振动的情况。这一电学情况与阻尼机械振子相类似,我们可在示波器上观察这个振荡,在那里可以看到所要分析的曲线(示波器的水平运动是以均匀速度驱动的,竖直运动由电感两端的电压控制。电路的其他部分仅是技术细节。因为视觉的住留不足以看清屏幕上的唯一的一条径迹,所以我们要多次重复这个实验。因此,我们每秒钟闭合开关 60 次来一再重复这个实验;每次闭合开关时,也就开始了示波器的水平扫描,于是就一遍又一遍地画出曲线)。在图 24-3 到 24-6 中,我们看到的是阻尼振荡的几个例子,这些图是从示波器屏幕上实际拍摄下来的。图 24-3 所示的是在一个 Q 值很高,γ 很小的电路上的阻尼振荡。它消失得不很快,并且在衰减过程中振荡了好多次。

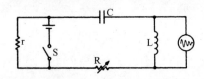

图 24-2　演示瞬变态的电路

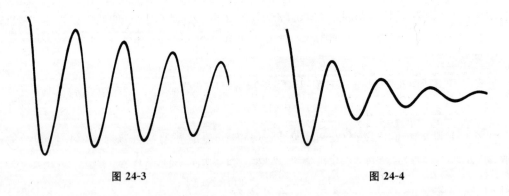

图 24-3　　　　　　　　　　图 24-4

现在我们来看看当 Q 值减小,使振荡较快消失时将发生什么情况。增加电路中的电阻 R 就能减小 Q 值。当我们增加电路中的电阻时,它就消失得较快(图 24-4)。当电路中的电阻增加得更多时,它就消失得更快(图 24-5)。但当电阻增加到超过某一个数值时,我们就

根本看不到任何振荡了！问题在哪里呢？是不是因为我们的眼睛不够好？如果我们再继续增大电阻,就得出一条像图 24-6 所示的曲线,除了可能有一次之外,在这根曲线上根本看不出有任何振荡。那么如何用数学来解释这种现象呢？

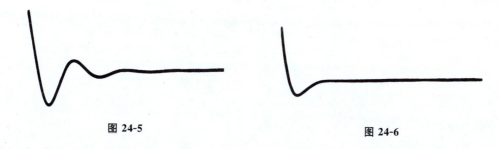

图 24-5　　　　　　　　　图 24-6

电阻当然与力学装置中的 γ 项成正比。明确地说,γ 就是 R/L。如果在我们以前认为满意的解(24.14)和(24.15)中,使 γ 增大,那么当 $\gamma/2$ 大于 ω_0 时,将会出现混乱,我们必须把它写成另一种形式,如

$$i\gamma/2 + i\sqrt{\gamma^2/4 - \omega_0^2} \quad \text{和} \quad i\gamma/2 - i\sqrt{\gamma^2/4 - \omega_0^2}.$$

这就是现在的两个解,按照上述同样的数学推理过程,我们又得出两个解:$e^{i\alpha_1 t}$ 和 $e^{i\alpha_2 t}$。如果现在把 α_1 代入,就有

$$x = Ae^{-(\gamma/2 + \sqrt{\gamma^2/4 - \omega_0^2})t},$$

这是一个无振荡的有规则的指数衰减。同样,另一个解是

$$x = Be^{-(\gamma/2 + \sqrt{\gamma^2/4 - \omega_0^2})t}.$$

注意,平方根不能超过 $\gamma/2$,因为即使 $\omega_0 = 0$,平方根也只不过刚好等于 $\gamma/2$。现在要从 $\gamma^2/4$ 中减去 ω_0^2,因此平方根小于 $\gamma/2$,所以括号里的项总是正数。为什么？因为如果它是负值,我们将得到 e 的指数是一个正因子乘 t,这意味着要发生爆炸！在电路中逐步增大电阻时,我们知道,不会发生爆炸——而是正好相反。因此,我们现在有两个解,每一个本身都作指数衰减,不过一个的"衰减率"比另一个快得多。当然,通解是这两个解的组合,组合系数由运动是如何开始——即问题的初始条件而定。如果在一个特殊的条件下接通电路,使 A 为负值,B 为正值,那么我们就得到这两个指数曲线的差。

现在我们来讨论,在知道了运动的初始状态后,如何求出这两个系数 A 和 B(或 A 和 A^*)。

设在 $t = 0$ 时,已知 $x = x_0$ 和 $dx/dt = v_0$。若我们在表示式

$$x = e^{-\gamma t/2}(Ae^{i\omega_\gamma t} + A^* e^{-i\omega_\gamma t}),$$

$$dx/dt = e^{-\gamma t/2}[(-\gamma/2 + i\omega_\gamma)Ae^{i\omega_\gamma t} + (-\gamma/2 - i\omega_\gamma)A^* e^{-i\omega_\gamma t}]$$

中令 $t = 0$,$x = x_0$ 和 $dx/dt = v_0$,因为 $e^0 = e^{i0} = 1$,得

$$x_0 = A + A^* = 2A_R,$$

$$v_0 = (-\gamma/2)(A + A^*) + i\omega_\gamma(A - A^*) = -\gamma x_0/2 + i\omega_\gamma(2iA_I),$$

这里 $A = A_R - iA_I$，而 $A^* = A_R + iA_I$，因此得到

$$A_R = x_0/2$$

和
$$A_I = -(v_0 + \gamma x_0/2)/2\omega_\gamma. \tag{24.21}$$

这完全确定了 A 和 A^*。因此，根据它是如何开始的，就完全确定了瞬变态解的整根曲线。附带说一下，如果注意到

$$e^{i\theta} + e^{-i\theta} = 2\omega_\gamma\theta \quad 和 \quad e^{i\theta} - e^{-i\theta} = 2i\sin\theta,$$

我们就可以用另一方式写一下这个解。

我们还可以把这个完整的解写成

$$x = e^{-\gamma t/2}\left[x_0\cos\omega_\gamma t + \frac{v_0 + \gamma x_0/2}{\omega_\gamma}\sin\omega_\gamma t\right], \tag{24.22}$$

这里 $\omega_\gamma = +\sqrt{\omega_0^2 - \gamma^2/4}$。这就是振动衰减方式的数学表达式。我们将不直接采用这个表达式，但有几点我们想强调一下，它适用于更一般的情况。

首先，这种没有外力作用的系统的行为可表示为纯时间指数函数（我们写成 $e^{i\alpha t}$）的和或叠加。在这种情况下，这是一个很好的解。α 的值在一般情况下可以是复数，其虚部表示阻尼。最后，当某个物理参数（在此例中，是阻力 γ）超过某一临界值时，我们在第 22 章中讨论过的正弦函数和指数函数之间的密切的数学关系，在物理上就表现为从振动到指数行为的变化。

第 25 章　线性系统及其综述

§ 25-1　线性微分方程

在本章中我们将讨论振动系统的某些方面，它比我们曾在特定的振动系统中讨论过的更具有普遍性。我们已经解过的特殊系统的微分方程是

$$m\frac{\mathrm{d}^2 x}{\mathrm{d}t^2} + \gamma m \frac{\mathrm{d}x}{\mathrm{d}t} + m\omega_0^2 x = F(t). \tag{25.1}$$

这种施加在变量 x 上的特殊的"运算"组合有一个重要的性质，即如果用 $(x+y)$ 代替 x，则得出的是分别作用在 x 上和 y 上同样的运算之和；或者如果用 a 乘 x，则得到的正好是 a 乘原先的组合。这很容易证明。因为把式(25.1)中所有字母都写出来很麻烦，我们将采用符号 $\underline{L}(x)$ 作为一种"速写"记法。当我们看到这个符号，就知道它的意思是以 x 代入后的式(25.1)的左边各项。按照这种书写方法，$\underline{L}(x+y)$ 的含义如下

$$\underline{L}(x+y) = m\frac{\mathrm{d}^2(x+y)}{\mathrm{d}t^2} + \gamma m \frac{\mathrm{d}(x+y)}{\mathrm{d}t} + m\omega_0^2 (x+y). \tag{25.2}$$

（我们在 L 下面加一短划是为了提醒我们，它不是一个普通函数。）我们有时称这是算符记法，但是把它叫做什么，这无关紧要，反正它仅仅是一种"速写"记法。

我们首先要说明的是

$$\underline{L}(x+y) = \underline{L}(x) + \underline{L}(y), \tag{25.3}$$

当然，这是由 $a(x+y) = ax + ay$，$\mathrm{d}(x+y)/\mathrm{d}t = \mathrm{d}x/\mathrm{d}t + \mathrm{d}y/\mathrm{d}t$ 等事实得出的。

其次我们要说明的是，当 a 为常数时

$$\underline{L}(ax) = a\underline{L}(x). \tag{25.4}$$

实际上，式(25.3)和(25.4)有着非常密切的关系，因为如果我们用 $(x+x)$ 代入式(25.3)，这就与式(25.4)中令 $a=2$ 相同，依此类推。

对于更复杂的问题，在 $\underline{L}$ 中可能有更多的导数和更多的项，我们所关心的问题是式(25.3)和式(25.4)是否仍然成立。如果它们成立，我们就称这类问题为线性问题。在本章中我们将讨论线性系统所具有的一些性质，以了解我们在特殊方程的特殊分析中曾得出的某些结果所具有的普适性。

现在我们来研究线性微分方程的某些特性，这些特性我们曾在仔细研究特殊方程式(25.1)时说明过了。第一个有趣的性质是：假设我们需要解的是微分方程的某个瞬变态，即没有策动力的自由振动，也就是说我们需要解的是

$$L(x) = 0. \tag{25.5}$$

假设我们用某种方法求出了一个特解,并称此解为 x_1,也就是说,对于 x_1 有 $L(x_1) = 0$。现在,我们注意到 ax_1 也是同一方程的一个解;也就是说我们能用任意常数去乘这个特解;并得到一个新的解。换句话说,如果我们有某一个一定"大小"的运动,那么它的两倍"大"的运动也是一个解。证明:$L(ax_1) = aL(x_1) = a \cdot 0 = 0$。

其次,假设用某种方法不仅求出了一个解 x_1,还求出了另一个解 x_2(回忆一下,当我们代入 $x = e^{i\alpha t}$ 来求瞬变态时,我们求出了两个 α 的值,那就是 x_1 和 x_2 两个解),现在我们来证明组合 $(x_1 + x_2)$ 也是一个解。换句话说,若令 $x = x_1 + x_2$,x 也是方程的一个解。为什么? 因为,如果 $L(x_1) = 0$ 和 $L(x_2) = 0$,则 $L(x_1 + x_2) = L(x_1) + L(x_2) = 0 + 0 = 0$。因此,如果我们求出一个线性系统运动的几个解,我们可以把它们加在一起。

把这两个想法结合起来,显然我们可以把一个解的六倍加上另一个解的两倍,这也是解;因为如果 x_1 是一个解,则 αx_1 也是一个解。因此,这两个解的任何形式的和,如 $(\alpha x_1 + \beta x_2)$ 也是一个解。如果我们碰巧能够求出三个解,那么我们发现这三个解的任意组合也是一个解,如此等等。可以证明,对于振子问题,我们已经求得的称为独立解*的数目只有两个。在一般情况下,人们求得的独立解的数目与所谓自由度有关。现在我们不准备详细讨论这个问题,但是,对于一个二阶微分方程,只有两个独立解,这两个解我们都已经找到,因此我们有了最一般的解。

现在我们继续讨论另一个命题,它适用于有外力作用于系统时的情况。假设方程是

$$L(x) = F(t), \tag{25.6}$$

并假设我们已求出了它的一个特解。设乔的解是 x_J,则 $L(x_J) = F(t)$。现在我们要求出另一个解;设想把自由方程式(25.5)的一个解,比如说 x_1 加到乔的解上去,那么根据式(25.3),我们得到

$$L(x_J + x_1) = L(x_J) + L(x_1) = F(t) + 0 = F(t). \tag{25.7}$$

因此,我们可以把任何"自由"解加到"受迫"解上去,这仍然是一个解。自由解称为瞬变态解。

如果起先在一个系统上没有力的作用,然后突然加上作用力,我们不能立即得到以正弦波表示的稳定解,而是在一段时间内存在着瞬变态,但只要等待的时间足够长,瞬变态迟早总会消失。"受迫"解是不会消失的,因为它始终受力的作用。最后,经过了一段较长的时间后,解变成唯一的,但是在不同情况下初始运动是不同的,它取决于系统开始时如何运动。

§25-2 解的叠加

现在我们来讨论另一个有趣的命题。假设我们有一个特定的策动力 F_a(比如说是一个具有一定的频率 $\omega = \omega_a$ 的振动,但我们的结论对 F_a 的任何函数形式都正确),并且我们已经解出这个受迫运动(具有或者没有瞬变态;这没有差别)。现在假定又有某一个其他的力作用着,比如说 F_b,对 F_b 我们也解同样的问题,但只是对这一不同的力。再假定又来了一个人,他说:"我有一个新问题要你去解,我用的力是 $F_a + F_b$。"我们能解吗? 当然,我们能,

---

* 不能用彼此之间的线性组合来表示的解称为独立解。

因为这个解就是分别取这两个力时的解 x_a 和 x_b 之和。这的确是一个非常值得注意的情况。如果用式(25.3)，我们看出

$$L(x_a+x_b)=L(x_a)+L(x_b)=F_a(t)+F_b(t). \tag{25.8}$$

这就是所谓线性系统叠加原理的一个例子，它非常重要。其含义是：假如我们有一个复杂的力，它可以按任何方便的方式分解成几个分力之和，每个分力就某种意义而言都是简单的，也就是说，对于由复杂的力分解出的每一个特定的分力，我们都能解它的方程，这样得出的结果可用来解整个力的方程，因为我们可以把各个分力的解简单地再加回到一起，就像整个力是由各个分力合成的一样(图 25-1)。

我们再来举一个叠加原理的例子。在第 12 章中，我们讲过一条重要的电学规律：如果给定一组电荷 q_a 的某种分布，并算出由这些电荷在某一给定位置 P 处产生的电场 E_a。另一方面，假如还有一组电荷 q_b，我们也算出了 q_b 在相应的位置所产生的电场 E_b，那么，如果这两组电荷分布同时存在，在 P 点的电场 E 就是由第一组电荷产生的电场 E_a 与另一组电荷产生的电场 E_b 之和。换句话说，假如我们知道由一定的电荷所产生的场，那么由许多电荷产生的场只是各个电荷单独产生的场的矢量和。这与上述的命题完全相似：如果已知在某一时刻两个给定的力作用的结果，那么，倘若把一个力看成是这两个力之和，则合力产生的响应就是这两个分力产生的响应之和(图 25-2)。

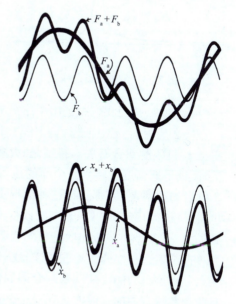

图 25-1 线性系统叠加原理的一个例子

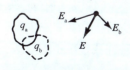

图 25-2 静电学中的叠加原理

为什么这种情况在电学中也成立呢？原因在于确定电场的伟大的电学定律——麦克斯韦方程组事实上是线性微分方程，也就是说，它们具有式(25.3)的性质。与力相应的是产生电场的电荷，由电荷来确定电场的方程是线性的。

作为这个命题的另一个有意义的例子，我们可以问，当所有的电台同时广播时，怎么有可能"调谐"到一个特定的电台。无线电台实质上发送的是一个频率非常高的作用在我们的无线电天线上的振荡电场。为了传送声音的信号，电场的振幅是变化的和经过调制的，这是真的。但它变化得很慢，我们不会去关心它。当我们听到："本台以 780 kHz 的频率广播"，这表明电台天线发射的电场频率为每秒振动 780 000 次，正是这个电场驱动我们天线里的电子以同样的频率上下运动。如果同时在同一个城市里还有另一个电台以不同频率，比如说以每秒 550 kHz 广播，那么天线里的电子也被这个频率驱动。现在的问题是，我们怎么能够把来自 780 kHz 的电台的信号与来自 550 kHz 电台的信号分开？当然我们不能同时收听两个电台。

按叠加原理，收音机电路(它的第一部分是线性电路)对电场引起的作用力 F_a+F_b 的响应是 x_a+x_b。因此，看上去好像我们永远不能把它们分开。实际上，正是叠加原理使得我们

的系统不可避免地要同时受到这两个信号的影响。但记住,对于共振电路来说,响应曲线,即每单位 F 的 x 值与频率的关系如图 25-3 所示。如果电路的 Q 值很高,响应将显示出一个非常尖锐的极大值。假设这两个电台强度可相比较,也就是说,这两个力的数量级相当,我们得到的响应是 x_a 和 x_b 的和。但是,在图 25-3 中,x_a 非常大,而 x_b 很小。因此,尽管两个信号强度相等,但当它们通过调谐到一个电台的发射频率 ω_a 的收音机的尖锐共振电路时,则这个电台的响应要比另一个电台强得多。因此,这两个信号所产生的整个响应几乎完

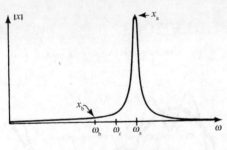

图 25-3 尖锐的谐曲线

全由 ω_a 构成,从而我们就选出了所需要的电台。

什么是调谐?怎样进行调谐呢?我们通过改变电路的 L 或 C 来改变 ω_0,因为电路的频率与 L 和 C 的组合有关。特别是,大多数收音机做得使它的电容可以改变。我们调制收音机时,就是把刻度盘转到一个新的位置,而使电路的固有频率,比如说,移到 ω_c,假如没有一个电台的频率是 ω_c,那么在这种情况下,我们既不能听到这个电台,也不能听到那个电台,也就是没有声音。如果我们继续改变电容,直到共振曲线处在 ω_b 的位置,那么我们当然就收到了另一个电台。这就是收音机的调谐过程,也是叠加原理和共振响应共同在起作用*。

在结束这一部分讨论的时候,我们来定性地描述一下,如果给定的力相当复杂,那么在深入分析这个力的线性问题时会遇到什么情况。在许多可能采用的方法中,对解这类问题有两个特别有用的一般方法。一个是:假设我们能对一些特殊的已知力,如不同频率的正弦波求解。我们已知求解正弦波的问题如同"儿戏"一般容易。因此我们称此为"儿戏"的情况。现在的问题是能否把十分复杂的力表示成两个或多个"儿戏"式的力之和。在图 25-1 中,已有一条相当复杂的曲线,当然,如果我们加入更多的正弦波,可以使它变得更加复杂。因此,肯定可以得到非常复杂的曲线。反之亦然:实际上每一条曲线都可由无数波长(或频率)不同的正弦波相加得出,而它们中间每个正弦波的解我们都已知道。我们只要知道有多少个正弦波构成这个已知力 F,则我们的答案 x 就是相应的 F 正弦波之和,其中每一个都要乘上 x 对 F 的有效比。这个解法叫作傅里叶变换,或傅里叶分析法。现在我们并不打算实际进行这种分析,只是想描述一下它所包含的想法。

下面是能解这类复杂问题的另一个非常有趣的方法。假设,经过冥思苦想以后,可以对一个特殊的名为冲力的问题求解。力很快加上去,又很快去掉,就此结束。实际上,我们只要解强度为某个单位的冲力的问题,其他强度可以通过乘上一个适当因子而得出。我们知道对于冲力的响应 x 是阻尼振动。那么我们又怎样来处理其他力,如像图 25-4 那样的力呢?

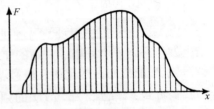

图 25-4 一个复杂的力可以当作一连串强烈的冲力来处理

---

* 在现代超外差式收音机中,实际操作要更复杂一些。所有放大器都调谐到一个固定频率[叫作中周(IF)频率],一个可变调谐频率的振子与一个输入信号在非线性电路中组合产生一个新的频率(信号和振子频率之差),它等于中周频率,然后再加以放大。这将在第 50 章中讨论。

这种力可以比喻成一个铁锤的连续打击。开始时没有力,接着突然有一个稳定的力——冲力,冲力,冲力……然后停止。换句话说,我们可以把连续的力想象成是一连串紧靠在一起的冲力。现在,我们知道了一个冲力的结果,因而,整个一串冲力的结果将是整个一串阻尼振动:它将是第一个冲力的曲线,接着(稍晚一点)再加上第二个冲力的曲线,再加上第三个冲力的曲线,如此等等。因此,如果知道了一个冲力的答案,我们就能用数学表示出任意函数的完全的解。我们只要用积分,就能得出任何其他力的答案。这个方法称为<u>格林函数法</u>。一个格林函数就是对一个冲力的响应,通过把各个冲力的响应放在一起来分析任何力的方法称为格林函数法。

这两个方法所包括的物理原理非常简单,仅涉及线性方程,因而很容易理解,但是它们所包含的数学问题,如复杂的积分等等,如果我们现在就学的话则显得太高深了一点。当你有了更多的数学实践之后,有朝一日你多半会再回到这个问题上来。但是,这个概念确实是非常简单的。

最后,对于<u>线性系统</u>为什么如此重要我们再来作一些说明。答案很简单:因为我们能够解它们! 因此,在绝大部分时间里我们解的都是线性问题。其次(也是最重要的),实际情况表明物理基本定律常常是线性的。例如,电学规律的麦克斯韦方程组就是线性的。就我们所知,量子力学的伟大定律也是线性方程。这就是我们要花如此多的时间来研究线性方程的理由。因为,如果我们了解线性方程,原则上,就可了解许多事物。

我们再举另一个也是线性方程的情况。当位移很小时,很多函数都<u>近似</u>地是线性的。例如,假如有一个单摆,它的运动的正确方程是

$$\frac{\mathrm{d}^2 \theta}{\mathrm{d} t^2} = -\left(\frac{g}{L}\right) \sin \theta. \tag{25.9}$$

这个方程可以用椭圆函数求解,但是解它最容易的办法是用如在第 9 章讨论牛顿运动定律时用过的数值解法。一般说来,一个非线性方程<u>除去用数值方法外,没有别的方法可解</u>。但当 θ 很小时,$\sin \theta$ 实际上等于 θ,这样,我们就得到一个线性方程。事实表明存在着很多这样的情况,当效应很小时显示出线性的性质:摆通过很小一段弧度的振动就是一个例子。再举一个例子,如果我们稍微拉一下弹簧,弹簧的力就和伸长成正比。如果拉得很厉害,把弹簧拉断了,这时的力是距离的完全不同的函数! 线性方程很重要。事实上,它是如此重要,以致在物理和工程中大概有百分之五十的时间要花在解线性方程上。

§25-3 线性系统中的振动

现在我们来回顾一下前几章所讨论的内容。有关振子的物理内容很容易被数学弄得难以理解。实际上它的物理内容是很简单的。如果暂时忘记数学,我们将会看到,我们能理解在振动系统中所发生的几乎每一件事。首先,如果只有弹簧和重物,那么很容易理解这个系统为什么会振动——这是惯性的结果。我们把物体拉下来,弹力又把它向上拉回去,当它经过通常所处的位置——零点时,它不可能突然停下来,因为它具有动量,故要继续运动而向另一边摆动,从而不断来回振动。因此,如果没有摩擦力,无疑我们可以预见到这个振动,事实上也确是这样。但是,如果有摩擦力存在,即便是一点点,那么在往回摆动的一周里,摆动

就没有第一次那样高了。

像这样一周一周地下去,会出现什么情况呢?这与摩擦力的种类和大小有关。假设我们能够找出一种摩擦力,当振幅变化时,它总是和其他力——惯性和弹簧中的力——保持相同的比例。换句话说,对于较小的振动,这个摩擦力比作大振动时弱。通常的摩擦力并没有这种性质,因此,为了得到一种与速度成正比的理想的摩擦力,必须细心地找出一种特殊的摩擦——对于大振动,摩擦力强,对于小振动,摩擦力弱。如果我们恰好找到这种摩擦力,那么,除了一点点小的差别外,在每个相继循环的最后,系统所处的条件和开始时一样。所有的力都按同样的比例变小:弹力减小,惯性作用变低,因为加速度变弱,而由于我们精心的设计,摩擦力也变小了。当我们确实找到这种摩擦力后,我们将发现,每次振动,除了振幅减小外,和第一次振动完全一样。如果第一周振幅下降为开始时的 90%,第二次振幅下降为开始时 90% 的 90%,如此等等:在每周中振动的大小都减小了它本身的同样的百分比。指数函数就是一个具有这样性质的曲线。在每一相同的时间间隔内,它改变同一个因子。也就是说,若相对于前一周,这一周的振幅为 a,则下一周的振幅是 a^2,再下一周是 a^3。因此,振幅是某个常数的指数幂,其幂指数等于振动的周数

$$A = A_0 a^n. \qquad (25.10)$$

当然 n 正比于 t,因此,非常清楚,通解将是某种振动——$\sin\omega t$ 或 $\cos\omega t$——乘上一个大致按 b^t 而变化的振幅。但是,如果 b 是正值且小于 1 时,则 b 可写成 e^{-c}。因此,这就是为什么解看上去像 $e^{-ct}\cos\omega t$ 的原因。这是很简单的。

如果摩擦不是像这样人为的,而是例如通常在桌子上的摩擦,则摩擦力是一个确定的常数,它与在每个半周内方向相反的振动的大小无关,这时会发生什么情况?此时,方程不再是线性的了,它变得很难求解,必须用第 9 章讲的数值方法,或者分别考虑每个半周才能求解。数值法是所有方法中最有效的方法,它能解任何方程。只有当遇到简单问题时,我们才能用数学分析法求解。

数学分析法并不如所说的那么富有成效,它只能解一些最简单的方程。只要方程稍微复杂一点,真正是一点点,就不能用分析方法求解。但是在本课程开始所介绍的数值方法,却能够应用于任何物理上感兴趣的方程。

其次,对共振曲线又如何呢?为什么有共振?我们先设想不存在摩擦时,一个物体本身振动的情况。假如单摆在摆动时,我们每次都在恰当的时候轻轻地推它一下,当然可以使它发生激烈运动。但是,如果我们闭上眼睛,不去看它,而在任意相等的时间间隔内轻轻地推它,将会发生什么情况?有时我们会发现,我们推得不是时候。当我们推得对头,并且每次推得都很适合时,那么,它就摆动得越来越高。因此,在没有摩擦力时,我们得出的曲线,其形状就像图 25-5 中对不同频率画出的实线。我们可以定性地理解共振曲线,但要求出曲线的准确的形状,大概就只好求助于数学了。当 $\omega = \omega_0$ 时,曲线趋于无穷大,这里 ω_0 是振子的固有频率。

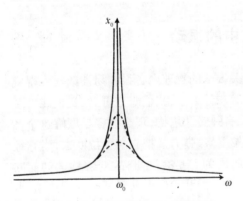

图 25-5 对应不同摩擦力的共振曲线

现在假设只有很小的摩擦,当振子的位移很小时,摩擦力对振子没有多大影响,除了在接近共振处外,其共振曲线是一样的。在接近共振时,振幅不是无限大,曲线只是上升到这么高,使得每次轻轻地推它所做的功足够补偿一周内摩擦力消耗的能量。因此,曲线的顶部是圆的——不会变得无穷大。摩擦力越大,曲线的顶部变得越圆。现在,有人可能会说:"我想曲线的宽度应与摩擦力有关。"这是因为通常画曲线时,总是画得使曲线的顶部作为一个单位。但是,如果把所有曲线都按同一尺度画出,则数学表达式就变得更易于理解;这时可以看出摩擦力使曲线顶部变低。当摩擦力较小时,在摩擦使运动停止之前,曲线已经达到比较尖细的部分,因此看上去比较窄。这就是说,曲线的峰值越高,在最大高度一半处的宽度也就越窄。

最后,我们考虑摩擦力很大的情况。事实表明,如果摩擦过大,系统根本就振动不起来。弹簧的能量仅能使系统作克服摩擦力的运动,因此,系统慢慢地在平衡位置停下来。

§25-4 物理学中的类比

我们要说明的下一个问题是物体和弹簧不是唯一的线性系统,还有其他系统。特别是,还有称作线性电路的电学系统,我们发现它和力学系统完全类似。我们还没有严格研究过电路中每个元件为什么会按照各自具有的方式起作用——现在没有必要去了解这些;我们只把它们的行为作为实验证明的事实而接受下来。

我们举一个最简单的情况作为例子。取一段金属线,它相当于一个电阻,我们在上面加一个电位差 V。电位差 V 的含义是:如果把电荷 q 从导线的一端移动到另一端,所做的功就是 qV。电位差越高,电荷从高电位的一端"跌落"到低电位的一端所做的功就越多。因此,电荷从一端运动到另一端时要释放能量。但是电荷不是简单地从一端直接飞到另一端,导线中的原子对电流有阻碍作用,对于几乎所有通常的物质来说,这种阻力遵循如下的规律:如果有电流 I,这就是说,每秒钟有这么多的电荷跌落下去,则每秒钟通过导线跌落下去的数目与我们给它们的推力多大成正比例——换句话说,与电压的大小成正比

$$V = IR = R\frac{dq}{dt}. \tag{25.11}$$

系数 R 称为电阻,这个方程就叫欧姆定律。电阻的单位是欧姆,它等于每安培一伏。在力学中,要得出与速度成比例的这种摩擦力是很困难的,但在电学系统中却很容易,对于绝大多数金属来说,这个定律是极其精确的。

我们通常感兴趣的是,当电荷在导线里跌落下去时,每秒钟所做的功,功率耗损或电荷释放的能量有多少。当我们通过电压 V 移动电荷 q 时,所做的功就是 qV,因而每秒所做的功是 $V(dq/dt)$,也就是 VI 或 $IR \cdot I = I^2R$。这叫热损失,根据能量守恒定律,这就是每秒钟在电阻上产生的热量。正是这种热量使普通的白炽灯泡发光。

当然,力学系统还有其他的重要性质,如质量(惯性),可以证明,惯性也有一个电学类比。我们可以制造某种称为电感器的东西,它有一种性质叫电感,以致当电流一旦开始通过电感时,就不想停下来。要改变电流就要有电压!如果电流不变,在电感上就没有电压。在直流电路上没有电感的概念,只有当电流改变时,电感的作用才显示出来,其方程为

$$V = L\frac{dI}{dt} = L\frac{d^2q}{dt^2}, \tag{25.12}$$

电感的单位叫亨利,它的意思是,在 1 H 的电感上加 1 V 的电压将使电流产生 $1\text{ A}\cdot\text{s}^{-1}$ 的变化。如果你乐意的话,可以作如下的类比:V 相应于 F,L 相应于 m,I 相应于速度,这样方程式(25.12)就像是电学中的牛顿定律! 由这两种系统得出的所有方程都具有相同的推导,因为在所有的方程中,我们可以把任何一个字母换成与它相应的字母,而得到同样的方程,我们推得的每一件事情在这两个系统中都具有对应性。

那么,电学中有什么东西与力学的弹簧(在弹簧中力与其伸长成比例)相对应呢? 如果从 $F=kx$ 开始,并作如下代换:$F\to V$ 和 $x\to q$,就得到 $V=\alpha q$,事实证明确有此事,实际上,它是三个电路元件中我们能够真正理解的唯一一个,因为我们曾研究过一对平行板,并发现如果在每块板上有一大小相等、符号相反的电荷时,它们之间的电场必与电荷的大小成正比。因此,使单位电荷穿过空隙从一块板移到另一块板上所做的功正好与板上电荷成正比。这个功就是电位差的定义,它是电场从一块板到另一块板的线积分。由于历史上的原因,结果比例常数不称作 C,而是 $1/C$。当然也可以把它叫作 C,但是没有这样做。因此有

$$V=\frac{q}{C}.\tag{25.13}$$

电容 C 的单位是法拉,在一法拉的电容器的每块板上有一库仑电荷时,就产生一伏特的电位差。

这就是我们的类比,如果直接作 $L\to m$,$q\to x$ 等代换,就得到如下的相应于振荡电路的方程

$$m\left(\frac{\mathrm{d}^2x}{\mathrm{d}t^2}\right)+\gamma m\left(\frac{\mathrm{d}x}{\mathrm{d}t}\right)+kx=F,\tag{25.14}$$

$$L\left(\frac{\mathrm{d}^2q}{\mathrm{d}t^2}\right)+R\left(\frac{\mathrm{d}q}{\mathrm{d}t}\right)+\frac{q}{C}=V.\tag{25.15}$$

因此,我们从式(25.14)学到的一切东西都能转而用于式(25.15),每个结果都相同,而且是如此地相同,以致我们能作出一项很出色的工作。

假设有一个相当复杂的力学系统,它并不仅仅是一个具有质量的物体悬挂在一根弹簧上,而是几个具有质量的物体悬挂在几根弹簧上,并且全都钩在一起。我们能做些什么呢? 求解它? 也许能,但是等一下,我们可以设计一个电路,使它具有与我们将要分析的事情相同的方程! 比方说,如果我们要分析悬挂在一根弹簧上的物体,为什么我们不能建立一个电路,在这个电路中,使电感正比于质量,电阻正比于相应的 $m\gamma$,$1/C$ 正比于 k,而且都具有同样的比例呢? 当然,这个电路将与我们的力学系统完全类似,这就是说,无论 q 随 V(V 与作用力相对应)如何变化,x 就随力这样变化! 因此,如果有一个由大量彼此互相联结的部件组成的复杂力学系统,我们就可以把很多电阻,电感和电容彼此互相联结在一起以仿造这个力学上很复杂的系统。这样做有什么好处? 这两个问题的难易程度是完全相同的,因为它们完全等价。其优点并不在于找出一个电路之后,解数学方程会变得稍为容易一些(尽管这是电气工程师采用的方法),而是考虑这种类比的真正原因在于电路容易建立,而且也容易改变这个系统中的某些东西。

假如我们设计了一辆汽车,并想知道,当它走过某种崎岖不平的道路时,它要摇动多少次。可以建立一个电路,用电感代表轮子的惯性,电容代表轮子的弹性系数,电阻代表减震器,对汽车的其他部件也同样处理。现在需要一条崎岖不平的道路。好! 我们从发电机那

里引出一个电压来代表某种路的崎岖不平,然后用测量某个电容器上的电荷来观察左轮的跳动。测量后(这是容易做到的)我们发现颠簸得太厉害了。是否需要增加或减少减振器?对于像汽车这类复杂的东西,我们是否真正要改变减振器,再重新做一遍呢?不!我们只需要转动标度盘,标度盘读数 10 对应于减震器数 3,这样我们就增加了减震器。颠簸得更厉害了——没关系,那就减少一点试试看。颠簸还是厉害,我们改变弹簧的硬度(标度盘读数 17),所有这一切都按电学方法来调节,只要转动转盘。

这就叫模拟计算机。这是一种通过构成另一个问题来模仿我们需要解的问题的装置,这另一个问题与我们要解的问题具有相同的方程式,但是,它是在自然界的另一种情况下得到的。它易于建立,易于测量,易于调节,也易于破坏。

§ 25-5 串联和并联阻抗

最后,还有一个并不完全属于复习性质的重要项目。这与具有一个以上的电路元件的电路有关。例如,当我们把一个电感器,电阻器和电容器像图 24-2 那样联接起来后,我们看到所有电荷都经过这三个元件中的每一个,因此在这个单独相联接的电路里导线各处的电流都相同。既然在每个元件的电流都一样,那么加在电阻 R 上的电压是 IR,L 上的电压是 $L(\mathrm{d}I/\mathrm{d}t)$,等等。因此,总的电压降是各部分之和,这就得出了式(25.15)。应用复数,我们能够解由正弦力引起的稳定态的运动方程。并且发现,$\hat{V} = \hat{Z}\hat{I}$。$\hat{Z}$ 称为这个特定电路的阻抗。它告诉我们,如果加上一个正弦电压$\hat{V}$,就得到一个电流$\hat{I}$。

现在假设有一个由两部分组成的更复杂的电路,它们各有一定的阻抗$\hat{Z}_1$ 和 $\hat{Z}_2$,我们把它们串联起来[图 25-6(a)],并加上一个电压。此时,会发生什么情况呢?现在的问题要稍微复杂一些了,但是,如果 $\hat{I}$ 是流过 $\hat{Z}_1$ 的电流,那么加在 $\hat{Z}_1$ 上的电压是 $\hat{V}_1 = \hat{I}\hat{Z}_1$;同样,加在 $\hat{Z}_2$ 上的电压是 $\hat{V}_2 = I\hat{Z}_2$。流过两者的电流相同。因此,总电压是加在这两部分的电压之和,即 $\hat{V} = \hat{V}_1 + \hat{V}_2 = (\hat{Z}_1 + \hat{Z}_2)\hat{I}$。这意味着加在整个电路上的电压可以写成 $\hat{V} = \hat{I}\hat{Z}_s$,这里串联电路的复合系统的 $\hat{Z}_s$ 是各部分 $\hat{Z}$ 的和

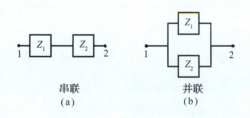

图 25-6 两个阻抗的串联和并联

$$\hat{Z}_s = \hat{Z}_1 + \hat{Z}_2. \tag{25.16}$$

这并不是唯一的联接方法,我们还可以用另一种称为并联的方法来联结[图 25-6(b)]。我们看到,如果联接导线是理想导体,则加在其两端的给定电压就有效地作用于两个阻抗上,并在每个阻抗上独立地产生电流。因此,流过 Z_1 的电流等于 $\hat{I}_1 = \hat{V}/\hat{Z}_1$。在 $\hat{Z}_2$ 上的电流是 $\hat{I}_2 = \hat{V}/\hat{Z}_2$。这时电压相同。对两端提供的总电流是这两部分电流之和:$\hat{I} = \hat{V}/\hat{Z}_1 + \hat{V}/\hat{Z}_2$。这可写成

$$\hat{V} = \frac{\hat{I}}{\dfrac{1}{\hat{Z}_1} + \dfrac{1}{\hat{Z}_2}} = \hat{I}\hat{Z}_p.$$

因此

$$\frac{1}{\hat{Z}_p} = \frac{1}{\hat{Z}_1} + \frac{1}{\hat{Z}_2}. \tag{25.17}$$

通过把电路分成一些小段，计算出每一小段的阻抗，再用上述法则把各个部分的电路一步一步联接起来，有时可使较复杂的电路简化。如果有某种电路，包含有很多用各种方式联接起来的阻抗，并用无阻抗的小发电机引入电压(当有电荷通过它时，发电机加上一个 V)时，那么可以用如下的原则：(1)在任何一个结点，流入结点的电流之和为零。也就是说，所有流进来的电流必须再流出去。(2)如果使电荷沿着一个回路运动，再回到开始时的位置，所做的净功等于零。这些法则称为电路的基尔霍夫定律。对复杂的电路系统地应用这些定律常常可以简化对这种电路的分析。在这里，我们把这些定律与式(25.16)和式(25.17)并提，是因为你们在实验室工作中可能已经遇到过需要分析这种电路。以后我们还要更详细地讨论这些法则。

第26章 光学:最短时间原理

§26-1 光

这是关于电磁辐射主题诸章中的第一章。我们看到的光,在同为辐射的宽广谱系中只占一小部分,这个谱系的各个部分是以某一个变量的不同数值来区分的。这个变量可以叫做"波长"。当它在可见光谱中变化时,光明显地从红色变到紫色。如果我们要系统地从长波长到短波长来考察这个谱系,那么就要从通常所谓的无线电波开始。工程技术上所能得到的无线电波,其波长很宽,有的甚至比通常广播上所用的波长还长;通常广播用的波长大约为 500 m。接着是所谓"短波",即雷达波、毫米波等等。在一个波长范围与另一个波长范围之间并没有实际的界线,因为大自然没有为我们提供明确的边界。与某一波段名称相联系的波长数值只是近似的,因而我们给不同波段所取的名字当然也是近似的。

在通过相当长一段毫米波之后,我们就来到了所谓的红外区,接着进入到可见光谱区。朝波长更短的方向走去,就进入所谓的紫外区。紫外区终止处,就开始出现 X 光区。但我们不能精确地确定这个分界处在哪里;它大致在 10^{-8} m 即 10^{-2} μm 处。这些是"软"X 射线;随着所谓波长这一值的越来越小,接着是一般 X 射线和硬 X 射线;再就是 γ 射线等等。

在这个宽广的波长范围内,有三个或更多个大致的范围特别令人感兴趣。其中的一个区域满足这样的条件,即所涉及的波长比用来研究它们的仪器的尺度要小得多;而且,用量子论来说,其光子的能量比仪器的能量灵敏度要小,在这些条件下,我们可以用一种叫做几何光学的方法来作粗略的一级近似。另一区域是,如果波长与仪器的尺度可以相比拟(这对可见光虽然难以实现,但对无线电波却比较容易做到),而光子的能量仍小得可以忽略不计,那么只要研究波的行为,就可以得到一种很有用的近似,仍然不必去考虑量子力学。这一方法是建立在电磁辐射经典理论的基础之上的。这一理论将在较后的一章中讨论。下一个,如果我们考察很短的波长,这里波的特性可以忽略,但光子却具有比仪器的灵敏度大得多的能量,那么事情又变得很简单了。这时就得用简单的光子图像,对此我们只能十分粗糙地加以描述。把整个事物统一于一个模型的完整图像,在相当长一段时间内我们将用不到。

在本章中我们的讨论将限于几何光学范围,在这里我们不去顾及光的波长和粒子特征,而这些都将在适当的时候再作解释。我们甚至不必操心去问光是什么,而只是要找出在与有关的尺度相比很大的范围内光的行为如何。所有这些都必须事先加以说明,以便强调这一事实,即我们打算讲述的内容仅仅是一种十分粗糙的近似;这是我们以后必须重新"忘掉"的几章之一。而且我们将会很快忘掉它,因为我们几乎马上就要讲到一个更精确的方法。

虽然几何光学只是一种近似的方法,但它在技术上非常重要,历史上也令人极感兴趣。为了使读者对物理理论或物理概念的发展获得一些知识,我们将把这个课题比别的一些课题更多地从历史上来加以叙述。

首先,光无疑是每个人所熟悉的,而且从无法回忆的时间起就早已熟悉了。现在的问题是,我们凭什么作用看见光?关于这个问题曾经提出过许多理论,但最后可归结到一个,即认为有某种东西进入眼睛——它是从物体上弹出而进入眼睛的。这种想法我们已听了这么久,以致习以为常,因而几乎不可能相信会有某一个十分聪明的人会提出相反的理论——比方说有什么东西由眼睛里射出而感触到了物体。另外一些观察到的重要事实是,当光从一处射到另一处时,如果途中没有障碍物,它就沿直线行进,并且光线之间似乎不会发生相互干扰。这就是说,虽然光在房间里在各个方向上相互交叉地射来射去,但横穿过我们视线的光并不影响从某一物体向我们射来的光。这曾经是惠更斯一度用来反对微粒说的一个最有力的证据。你想,如果光像许许多多飞逝着的箭,那么其他的箭怎么能如此容易地穿过它们?但这样的哲学论据并不具有很大的说服力。人们总是可以说光就是由可以相互贯穿的飞箭组成的!

§26-2 反射与折射

下面的讨论为几何光学提供了足够的基本概念,现在我们要稍微深入到定量一些的内容方向。到目前为止,我们只说明了光在两点之间沿直线行进;现在来研究一下光射向各种物质时的行为。最简单的物体是一面镜子,关于镜子的规律是,当光射到镜子时,就不再继续沿原来的直线行进,而从镜子跳到一条新的直线中,这条直线将随镜子倾角的改变而改变。对于前人来说,他们所面临的问题就是其中两个角之间有什么关系?这是一种很简单的关系,并且很早就已发现了。射向镜子的光的行迹是这样的:两束光的每一束与镜面形成一个夹角,这两个夹角相等(图 26-1)。由于某种原因,通常是从镜面的法线来量度这些角的。因此,所谓的反射定律就是

$$\theta_i = \theta_r. \tag{26.1}$$

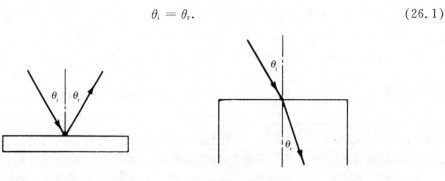

图 26-1 入射角等于反射角　　图 26-2 当光从一种介质进入另一种介质时发生折射

这是一个十分简单的命题,但是当光从一种介质进入另一种介质,例如从空气进入水中时,就碰到了一个较为困难的问题;这里与前面一样,我们也看到光不再沿原直线行进(图 26-2)。光在水中的路线偏离了它在空气中的路线;如果我们改变 θ_i 角使之更接近于垂直入射,那么"偏折"角就不大。但是如果使光束的倾角变得很大,那么所偏离的角度就很大。现在的问题是,一个角与另一个角的关系如何?这个问题使前人迷惑了很长一段时间,而且

对此他们从未找到过答案!然而,这正是人们在全部希腊物理学中可以发现的用表列出实验结果的少数场合之一。托勒玫把空气中若干个不同的角同与之一一对应的水中的角列成表。表 26-1 列出了以度为单位的空气中的角和在水中量得的相应的角。(一般认为希腊科学家从来不做任何实验。但是,如果不知道正确规律,则除了用实验外,要得到这张表是不可能的。然而必须指出,这些值并不表示对每个角度所作的独立和谨慎的测量,而只是从少数几个测量中用内插法得到的一些数值而已,因为它们与一条抛物线完全相符合。)

表 26-1

空气中的角	水中的角	空气中的角	水中的角
10°	8°	50°	35°
20°	15.5°	60°	40.5°
30°	22.5°	70°	45.5°
40°	29°	80°	50°

我们首先观察一个效应,接着进行测量并把它列成表;然后试图找出可以把一事物与另一事物联系起来的规律;这是物理定律在发展过程中的重要步骤之一。上面的数值表是公元 140 年作的,但是直到 1621 年才有人终于找到了这个联系两个角的规律!这个由荷兰数学家斯涅耳所发现的规律可叙述如下:如果 θ_i 表示空气中的角,θ_r 表示水中的角,则 θ_i 的正弦等于某一常数乘上 θ_r 的正弦

$$\sin\theta_i = n\sin\theta_r \tag{26.2}$$

对于水,常数 n 约为 1.33。等式(26.2)称为斯涅耳定律;它使我们能预言光从空气进入水中时将如何弯折。表 26-2 列出了根据斯涅耳定律得到的空气中的角和水中的角。注意它与托勒玫那张表非常一致。

表 26-2

空气中的角	水中的角	空气中的角	水中的角
10°	7.5°	50°	35°
20°	15°	60°	40.5°
30°	22°	70°	45°
40°	29°	80°	48°

§26-3 费马最短时间原理

随着科学的进一步发展,我们所要知道的是比仅仅一个公式更多的东西。首先我们作了观察,接着有了通过测量得到的数值,然后有了概括所有这些数值的定律。但是科学的真正光荣在于我们能够找到一种思想方法,使得定律成为明显的。

使得有关光的行为的那个定律成为明显事实的第一个思想方法是费马于 1650 年左右发现的,它称为最短时间原理或费马原理。他的想法是这样的:在从一点行进到另一点的所有可能的路径中,光走的是需时最短的路径。

首先我们来证明这对镜子的情况是正确的,这个简单原理既包含了直线传播定律又包

括了镜面反射定律。这样,我们的理解就加深了!我们来试着求下列问题的解。在图 26-3 中画了 A、B 两点和一平面镜 MM'。哪一条是在最短时间内从 A 走到 B 的路径呢?回答是从 A 笔直走到 B 的那条!但是如果我们附加一条规定,即光必须在最短时间内碰到镜面再返回到 B,那么回答就不会这么容易了。一个方法是沿着 ADB 路径尽快到达镜子然后再走到 B。当然,这时要走一条很长的路程 DB。如果让 D 略向右偏移到 E,虽然稍稍增加了第一段距离,但却大大减少了第二段距离,这样就使总的路程减少,从而使传播的时间也相应地减少。那么怎样来找到需要时间最短的 C 点呢?回答是:可以很巧妙地用几何技巧来找到它。

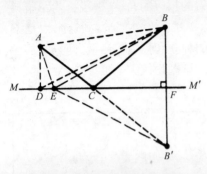

图 26-3 最短时间原理的说明

在 MM' 的另一边作一个人为的点 B',使它在镜面 MM' 以下的距离跟 B 点在镜面以上的距离相同。然后作 EB' 线。由于 BFM 是直角,且 $BF = FB'$,所以 EB 等于 EB'。于是两段距离之和 $AE + EB$(光以不变速度传播时,它与光的传播时间成正比)即为两段长度 AE 与 EB' 之和。因此,问题就变为何时这两段长度之和最短?回答很简单:当线段经过 C 点使从 A 到 B' 成为一直线!换句话说,我们必须找出这个点,通过它能直达人为的点,那么这个点就是所要求的正确的点。现在 ACB' 既为一条直线,则角 BCF 等于角 $B'CF$,因而也等于角 ACM。因此,入射角等于反射角的这种说法与光射向镜面沿着需时最短的路径返回到 B 的说法是等效的。这一命题最初由亚历山大的希罗(Hero)所述:光走到镜面然后射向另一点时所取的是尽可能短的一段距离,因而这并不是一个新的理论。但正是这一点启发了费马,使他联想到光的折射也许是在同一基础上进行的。但在折射中,光显然不取最短距离的路径,所以费马试用了光取最短时间的思想。

在我们对折射进行分析之前,应就镜子再说几句话。如果在 B 点有一光源,它朝镜子发光,那么我们将看到自 B 点射到 A 点的光恰好像没有镜子时在 B' 点有一物体把光射到 A 点一样。眼睛当然只觉察到实际射进它的光,所以如果在 B 点有一物体,并有一面镜子,它使光进入眼睛完全好像物体是在 B' 处而把光射入眼睛一样,那么在视觉-大脑系统不太知道其他情况的假定下,它就会将此解释为有一物体在 B' 处。所以,认为有物体位于镜子后面的这种错觉,仅仅是由于这样的事实,即进入眼睛的光实际上完全好像来自镜子后面的一个物体一样(除了镜面上有灰尘,以及我们知道镜子的存在等等这些可在大脑中被校正的因素外)。

现在我们来证明最短时间原理将导出斯涅耳折射定律。但必须就光在水中的速率作一个假定。我们假定光在水中的速率比在空气中小一个因子 n。

在图 26-4 中,我们的问题仍然是在最短时间内从 A 走到 B。为了说明最好的办法并不是沿着直线走这一事实,设想有一个漂亮的少女从船上掉了下去,她正在水中的 B 点向人们呼救。以 X 标出的线表示河岸。我们是在陆地上的 A 点看到了这件事;我们既能跑步又能游泳,但跑得比游得更快。那么我们怎么办?笔直过去吗(是的,毫无疑问)?但只要稍加思索,就会领悟到在陆地上稍微多跑一些路以减少在水中的路程是有利的,因为我们在水中的速度要慢得多(按此推理,我们将会说正确的做法是要十分仔细地算出应该怎么办)。不论如何,我们来证明问题的最终解答是路径 ACB,并证明这是所有可能的路径中需时最短的一条。如果它是这样,那就意味着若取任何别的路径,需时就要较长。所以,如果我们以所需的时间对 X 点的位置作图,那么将会得到一条如图 26-5 所示的曲线,其中对应于 C 点的时间是所有可能的时间中最短的。这就是说如果我们将 X 点移到邻近 C 的各点,在一级近似下时间基本不变,因为曲线底部的斜率为零。所以,我们寻找这条规律的方法,就是设想把位置作很小的移动而要求时间基本不变(当然有一个二级无穷小的改变;对于从 C 点向两旁任何一个方向的移动来说,都应有一正的增量)。因此我们考察邻近的一点 X,并算出从 A 到 B 沿这两条路径所需的时间各有多长,再将新路径的时间与旧路径的时间相比较。这很容易做到。当距离 XC 很短时,我们当然要求这个时间之差接近于零。先看岸上的路程。如果作垂线 XE,就可看出这段路程比 AC 短了一段 EC。我们说因为没有走这一段额外的距离而得到好处。另一方面,在水中,在作了相应的垂线 CF 后,发现必须多走一段额外的距离 XF,而使我们有所损失。或者说,在时间上,我们赢得了走过距离 EC 所需的时间,但失掉了走过距离 XF 所需的时间。这两段时间必须相等,因为在一级近似下,总的时间应该不变。假定在水中的速率是空气中速率的 $1/n$,则必须有

$$EC = n \cdot XF. \tag{26.3}$$

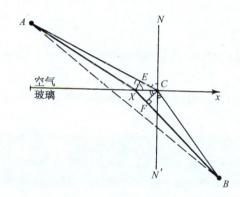

图 26-4 费马原理对折射的说明

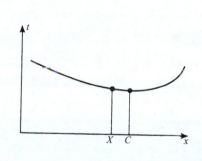

图 26-5 C 点相应于最短时间,但其附近各点相应于几乎与之相同的时间

可见,当我们选择了正确的点时,就有 $XC\sin\angle EXC = nXC\sin\angle XCF$,消去公共斜边 XC,并注意到

$$\angle EXC = \angle ECN = \theta_i \quad \text{及} \quad \angle XCF = \angle BCN' = \theta_r,$$

就有

$$\sin\theta_i = n\sin\theta_r. \tag{26.4}$$

所以,当速率之比为 n 时,为了在最短时间内从一点到达另一点,光应以这样的角入射,使得角 θ_i 和 θ_r 的正弦之比等于光在两种介质中的速率之比。

§26-4 费马原理的应用

现在我们来讨论最短时间原理的一些有趣的结果。首先是倒易原理。如果从 A 到 B

我们找到了需时最短的路径,那么沿相反方向走的(假定光沿任一方向行进的速率相等)需时最短的路径将是这同一条路径。因此,如果光可以沿一条路径行进,也就可以倒转过来行进。

另一个有趣的例子是一块具有平行平面的玻璃板,它与光束成一角度。当光从 A 点经过玻璃板走到 B 点时(图 26-6),并不沿一直线通过,而代之以在玻璃板中使倾角较小的路径,以减少它在玻璃板中所花的时间,虽然这样使它在空气中所花的时间略有增加。光束只是本身平移了一下,因为入射角与出射角是相等的。

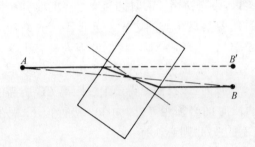

图 26-6　当一束光通过一块透明板时,它被偏移了

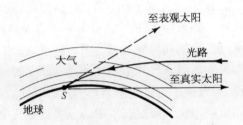

图 26-7　地平线附近,表观太阳比真实太阳高出约 1/2 度

第三个有趣的现象是这样一个事实:当我们看见落日时,它其实已在地平线以下了!它看起来似乎并不在地平线以下,但实际上确是如此(图 26-7)。地球的大气高处稀薄而底部稠密。光在真空中传播得比空气中快,因而,如果太阳光不沿地平线行进,而从地平线以上以较陡的倾斜度通过稠密区,以尽量减少光在其中行进得慢的这一区域中的路程的话,它就能较快地到达 S 点。当太阳看来要落到地平线以下时,其实它已落到地平线以下好些时候了。这个现象的另一个例子是当人们在炎热的道路上驾车时,常常会见到的海市蜃楼现象。人们在路上见到"水",但当他到达那里时,却干燥得像沙漠一样!这一现象可说明如下。其实我们真正见到的乃是从路上"反射"上来的天上的光,如图 26-8 所示。来自天空投射到道路上的光,能朝上到达眼睛。为什么呢?紧靠地面之上的空气很热,但越往高处则越冷。热空气比冷空气膨胀得多一些,因而更稀薄一些,这就使光的速率减小得少一些。也就是说,光在热的区域跑得比冷的区域快。这样一来,为了节省时间,光就选定不沿直线直接过来,而取了费时最短的路径,因而暂时走进它跑得快一些的区域。所以,光能沿着曲线行进。作为最短时间原理的另一个重要例子,假定我们设想一种装置,使所有发自一点 P 的光重新汇集到另一点 P'(如图 26-9)。这当然意味着光能够沿一直线从 P 到达 P' 点。这完全对。但是,我们如何设法使光不仅能沿直线行进到达 P' 点,而且也能使从 P 点朝 Q 点发出的光终止于 P' 点呢?

图 26-8　海市蜃楼现象

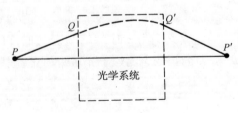

图 26-9　光学"暗箱"

我们要把所有的光引回到所谓的"焦点"。怎么引呢？如果光老是走需时最短的路径，那么它当然不会沿所有其他的路径走。唯一使光能很好地做到也能沿着邻近的一些路径行进的方法，是使这些路径所需的时间恰好相等！否则，光就会选择需时最短的一条路径走。所以造成一个聚焦系统的问题，仅仅在于设计一个器件，使得光沿着所有不同路径走时所花的时间相等。

这很容易做到。假定我们有一片玻璃，光在其中走得比空气中慢（图 26-10）。现在考察一条在空气中沿着 PQP' 路径走的光线。这是一条比直接从 P 点到 P' 点长的路径，无疑要花较长的时间。但是如果我们插入一片恰当厚度的玻璃（以后我们将算出它有多厚），它或许恰好能补偿因光倾斜着走而多花的时间！在这种情况下，我们就能使笔直通过的光所花的时间与沿着 PQP' 路径所花的时间相同。同样地，如果我们取一条稍为倾斜的光线 $PRR'P'$（它不如 PQP' 那么长），对它的补偿虽然不必像笔直的一条那么多，但总得补偿一些。我们竖着放置一片形如图 26-10 那样的玻璃。利用这种形状，所有从 P 发射的光就会到达 P'。当然，这对我们来说很熟悉，我们称这种器件为会聚透镜。在下一章中，我们将实际计算为了达到完善的聚焦点，透镜应具有什么形状。

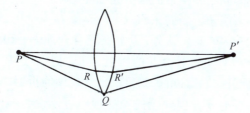
图 26-10　一种光学聚焦系统

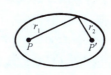
图 26-11　椭球面镜

再举一个例子：假如我们想要设置几面镜子，使从 P 发出的光总是到达 P'（图 26-11）。在任一路径上，光都射到某一面镜子然后返回到 P'，而所有这些路径所花的时间必须相等。这里光一直在空气中行进，所以时间与距离成正比。于是所有时间都相同的说法跟所有距离都相同的说法完全一样。因而两段距离 r_1 与 r_2 之和必须是常数。椭圆就是具有这样一种性质的曲线，即从两个点到椭圆上任何一点的距离之和为一常数；这样我们就可保证从一个焦点发出的光都到达另一个焦点。

同样的原理适用于聚集来自一颗星的光。巨大的帕洛玛 200 in 望远镜就是用下述原理制成的。设想有一颗数 10^9 mi 远的星；我们希望能使所有射来的光线都到达焦点。当然我们不能把一直到星的整段光路画出，但仍要核对一下各条光线所需的时间是否相等。我们当然知道，当各条光线到达与光线垂直的某一平面 KK' 时，它们所花的时间是相等的（图 26-12）。于是所有光线必须在相等的时间内从这里射到镜面而再继续行进到 P'。那就是说，我们必须找到一条曲线，它具有这种性质，不论 X 取在哪里，都能使距离之和 $XX' + X'P'$ 为一常数。寻找它的一个简便方法就是将 XX' 线延长到 LL' 平面。现在，如果我们把一条曲线安排得使 $A'A'' = A'P'$，$B'B'' = B'P'$，$C'C'' = C'P'$

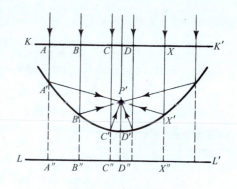
图 26-12　抛物面镜

等等,那么这就是我们所要求的曲线,因为这时 $AA'+A'P'=AA'+A'A$ 显然是常数。因而我们的曲线就是所有与一点和与一直线等距离的点的轨迹。这样的曲线称为**抛物线**;镜面就被做成抛物线形状。

上述例子说明了这些光学器件赖以设计的原理。严格的曲线可用这样的原理计算得到,即为了能够完全聚焦,所有光线的传播时间必须精确相等,同时也必须小于邻近任何一条路径所花的时间。

我们将在下一章中进一步讨论这些聚焦用的光学器件;现在我们来讨论这个理论的进一步发展。当一种像最短时间原理那样的新的理论发展起来时,我们首先会倾向于说:"嗯,那很漂亮;令人高兴;但问题是,它最终是否会对理解物理有所帮助?"有人会回答:"有,你看我们现在能理解多少东西呀!"另一个则说:"很好,但我也能理解抛物面镜。我只需要这样一条曲线,使它的每一个切面跟两条光线构成相等的角度。我也能画一个透镜,因为射到它上面的任何一条光线都将按斯涅耳定律给定的角度折射。"显然,最短时间的说法和在反射中两角度相等的说法以及在折射中两角度的正弦成比例的说法都是相同的。所以这是否只是一个哲学问题,或者只是一个审美上的问题?两方面都有充分的论据。

然而,一个有效原理的重要性在于它能预言新的东西。

很容易说明费马原理预言了许多新的东西。首先,假定有三种介质——玻璃、水和空气,我们做一个折射实验以测量一种介质对另一种介质的折射率 n。把空气(1)对水(2)的折射率叫做 n_{12};空气(1)对玻璃(3)的折射率叫做 n_{13}。如果就水对玻璃的折射率进行测量,那么将会找到另一个我们称之为 n_{23} 的折射率。但并无先验的理由可以说明 n_{12}、n_{13} 和 n_{23} 之间应有什么联系。然而,根据最短时间的思想,它们之间确实存在着一个确定的关系。折射率 n_{12} 是两个量,即空气中的速率和水中的速率之比;n_{13} 是空气中的速率和玻璃中的速率之比;n_{23} 是水中的速率和玻璃中的速率之比。所以如果消去空气中的速率,就得到

$$n_{23}=\frac{v_2}{v_3}=\frac{v_1/v_3}{v_1/v_2}=\frac{n_{13}}{n_{12}}. \tag{26.5}$$

换句话说,我们可以预言一对新的介质的折射率可以从各个介质对空气或真空的折射率中求得。所以,如果对光在所有介质中的速率进行测量,并由此对每一种介质得到一个单一的数,即它相对于真空的折射率 n_i(例如 n_1 是真空中速率与空气中速率之比,等等),那么我们的公式就变得非常简单。于是任意两种介质 i 和 j 的折射率为

$$n_{ij}=\frac{v_i}{v_j}=\frac{n_j}{n_i}. \tag{26.6}$$

只用斯涅耳定律,就不存在作这类预言的基础*。但这一预言当然成立。关系式(26.5)很早就已知道,而且是最短时间原理的一个有力证据。

最短时间原理的另一证据即另一预言是,如果我们测量光在水中的速率,它定将比空气中的慢。这完全是另一种类型的预言。它是一个出色的预言,因为到此为止所有我们测得的量都是角度;而这里我们有了一个与观察十分不同的理论上的预言,费马则是由这些观察

---

* 虽然在作一个附加假定的条件下它可以推导出来。这个附加假定是:在一种物质的表面上加一层另一种物质,不会改变光在后一种物质中最终的折射角。

引出他的最短时间这个概念的。结果证明,光在水中的速率的确比空气中的速率慢,两者之比恰好等于折射率!

§26-5　费马原理的更精确表述

实际上,我们必须把最短时间原理表述得更正确一些。在前面,它并没有得到正确的表述。称它为最短时间原理是不正确的,我们只是为了方便起见,一直沿用着这个不正确的表述,但现在我们必须考虑正确的表述应该是怎样的。假如我们有如图 26-3 所示的一面镜子。是什么促使光一定要跑到镜面上来?最短时间的路径显然是 AB。所以有些人也许会说:"有时这是一条取时最长的路径。"但这里的时间并不是极大值,因为一条弯曲的路径需要的时间肯定要更长!正确的表述如下:在某一特定路径上行进的光具有这样的一种性质,那就是,如果我们不论用何种方式使光路作微小改变(比如说移动百分之一),例如改变它射到镜面上的路线的位置,或改变曲线的形状,或任何别的方式,都不会有时间的一级变化;而只有时间的二级变化。换句话说,这个原理是:光取的是这样一条路径,在它邻近有许多取时几乎与它完全相同的其他路径。

下面是最短时间原理的另一个困难,它也是那些不喜欢这种理论的人所永远不能忍受的一个困难。利用斯涅耳理论我们能够"理解"光。当光在行进中遇见一个表面时,会因为它与表面有相互作用而发生弯曲。光从一点跑到另一点,再到又一点等等的因果关系的思想是容易理解的。但最短时间原理却是关于自然界行为方式的完全另一种哲学原理。它不是把我们做了某件事后,又发生另一件事等等说成是因果关系,而是这样说:我们建立起一种装置,由光束判断哪一条是需时最短或最终的路径,从而选定由这条路径走。但它做了什么,又是如何找出这条路径的?它是否试探了邻近各条路径,并对它们进行了相互核对?回答是:是的,在某种程度上,它的确是这样做的。这个特征在几何光学中当然是无法知道的,但却包含在波长的概念之中;波长大致告诉我们,光必须在离开多远的地方"试探"这条路径以便进行核对。要在大尺度内用光来演示这一事实是困难的,因为光的波长实在太短。但对于无线电波,例如 3 厘米波,进行核对的距离就比较长了。如果我们有一个无线电波源,一个探测器和一条缝,如图 26-13 所示,光当然从 S 跑到 D,因为这是一条直线,而且当我们把缝关小时仍然如此——光仍沿此直线走。但如果把探测器移到旁边的 D' 点,波将不会通过宽缝从 S 跑到 D',因为它们核对了邻近的几条路径,并且说:"不,我的朋友,那些路径都对应于不同的时间。"但是如果我们把缝关小到使之成一条很窄的缝隙,以阻止辐射波核对各条路径,那么只有一条路径可走,辐射波也就只好随着它走!用一条狭缝比起用宽缝来有更多的辐射能到达 D' 点!

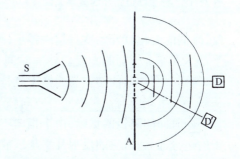

图 26-13　无线电波通过一个狭缝

用光也能作同样的实验,但要在大尺度上来演示是困难的。其效应可在下述简单情况下看到。找一小而亮的光源,比如说远处街灯的一个非乳白灯泡,或太阳在弯曲的汽车缓冲器上的反射光。将两只手指放在一只眼睛前面,以便通过指间狭缝进行观察,然后慢慢地并拢手指使光减少到接近于零。此时,你将看到先前是一个小点的光源像变得相当长,甚至拉成一条长线。理由是手指靠得很近,原来认为沿直线过来的光散开成一个角度,因此当它进入眼睛时就从几个方向跑了进来。如果你很仔细的话,还会看到侧向极大,即许多与缝隙边缘平行的条纹,而且整个东西是彩色的。所有这些将在适当的时候加以解释,但就目前来说,它确是说明光并不总是沿着直线行进的一个演示实验,而且是一个很容易做的演示实验。

§26-6 最短时间原理是怎样起作用的

最后,从我们现在相信是正确的、量子力学上精确的观点出发,对实际发生的是什么以及整个事情是怎样起作用的提供一个粗略的概念,当然只能作定性的描述。在图 26-3 中,当我们随着光从 A 到 B 行进时,我们发现光似乎根本不具有波的形式。相反,光线倒是有点像由光子组成的,如果我们用一个光子计数器,它实际上会在其中产生咔哒声。光的亮度与每秒钟进入计数器的平均光子数成正比,而我们所计算的则是光子从 A(比如说碰到镜面后)到达 B 的机会。这种机会所遵循的是下述很奇怪的规律。取任一路径,并找出其相应的时间;然后写一复数或画一小的复矢量 $\rho e^{i\theta}$,令其角度 θ 正比于时间。复矢量每秒的旋转周数就是光的频率。再取另一路径,比如说它具有不同的时间,则其对应的矢量就转过不同的角度——角度总是与时间成正比的。取所有可取的路径,并为每一条路径加上一个小矢量;那么答案就是,光子到达的机会与从始端到末端的总矢量的长度平方成正比!

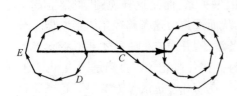

图 26-14 许多邻近路径的概率振幅总和

现在我们来说明对镜面来说这个结果如何隐含了最短时间原理。考虑图 26-3 中所有的光线和所有可能的路径 ADB,AEB,ACB 等等。路径 ADB 提供了某一小的贡献,但下一个路径 AEB 所花的时间就完全不同,故其角度 θ 也完全不同。设 C 点对应于时间的极小值,在它附近改变路径时,时间并不改变。因而,起初一会儿时间在改变,但当接近 C 点时,时间的变化就开始变得越来越小(图 26-14)。所以在靠近 C 点的片刻所添加的箭头几乎都达到完全相同的角度。然后时间又开始逐渐增加,相角又朝相反方向旋转,等等。最后,得到一个收紧的结。总的概率就是从一端到另一端距离的平方。几乎所有对于概率的积累都发生在所有箭头沿同一方向(即同相位)的区域。所有来自那些当改变路径时具有十分不同时间的路径的贡献,由于指向不同方向而相互抵消了。这就是为什么当我们遮去镜子的边缘部分时,它的反射几乎与以前相同的缘故,因为我们在这里所作的一切仅仅是抹去了位于图上的螺旋末端的一部分而已,它只引起光很少的改变。这就是最终的(其到达的概率取决于复矢量的累加)光子图像与最短时间原理之间的关系。

第27章 几何光学

§27-1 引言

本章将用所谓几何光学近似来讨论上一章的概念对许多实际装置和仪器的一些初步应用。这种近似是许多光学系统和仪器在其具体设计中最有用的一种方法。几何光学要么十分简单，要么非常复杂。这样说的意思是，或者我们只是很肤浅地学习它，使得我们利用它的一些规则就能粗糙地设计仪器，而这些规则又非常简单，以致在这里根本没有必要去讲述它们，因为它们实际上是中学水平的内容；或者如果我们想要知道透镜以及类似器件的微小误差，则题材又太复杂，以致在这里讨论它显得太深！如果有人想解决一个在透镜设计方面实际而详细的问题，包括像差分析在内，那么奉劝他去阅读有关著作，要不就利用折射定律找出光线通过各个表面的轨迹（这就是本书所要讲的做法），并求出它们从哪里射出以及是否形成一个满意的像。有人说这太麻烦了，但今天借助计算机，这是解决问题的一个正确的方法。人们可以提出问题，并且很容易一条光线接着一条光线地进行计算。因而问题最终确实变得十分简单，也用不到什么新的原理。而且事实证明，不论是初等还是高等光学，它们的规则对于别的领域来说，很少有什么特色，所以没有什么特殊的理由要把这一题材讲得太深，但有一个重要的例外。

几何光学最高深和抽象的理论是由哈密顿（W. R. Hamilton）完成的，结果证明，这种理论在力学中有很重要的应用。实际上它在力学中甚至比在光学中更为重要，所以我们把哈密顿理论作为高等分析力学课程的一部分放到高年级或研究班去讲。在估计到几何光学除了为本身的目的以外很少有贡献之后，现在我们就在上一章所概括的原理的基础上对简单光学系统的基本性质进行讨论。

为了进行讨论，就必须有一个几何公式，其内容如下：如果有一个高(h)很小而底边(d)很长的直角三角形，则斜边 s（我们在求两条不同路径之间的时间差时将用到它）比底边长（图27-1）。长多少呢？其差值 $\Delta = s - d$ 可以用许多方法来求得。其中一种方法是这样：由图可见 $s^2 - d^2 = h^2$，或 $(s-d)(s+d) = h^2$，但 $s - d = \Delta$，而 $s + d \approx 2s$，于是

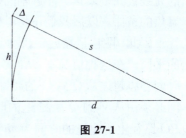

图 27-1

$$\Delta \approx \frac{h^2}{2s}. \tag{27.1}$$

这就是讨论曲面成像时所需要的全部几何学！

§27-2 球面的焦距

我们所要讨论的第一个而且最简单的情况，是把两种折射率不同的介质分开的那种单

折射面(图 27-2)。我们把具有任意折射率的情况留给学生去做,因为最重要的往往是概念而不是特殊情况,并且这样的问题在任何情况下解决起来都是很简单的。所以我们假定光在左方的速率为 1,在右方的速率为 $1/n$,这里 n 是折射率。光在玻璃中传播较慢,要小一个因子 n。

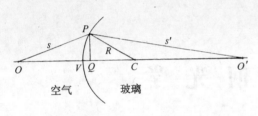

图 27-2 单折射面聚焦

现在假定有一 O 点在玻璃表面之前距离 s 处,另一点 O' 在玻璃之内距离 s' 处。我们想这样来设计一个曲面,使每条从 O 点射到表面上任何一点 P 处的光线经折射后都行进到 O' 点。

为了做到这一点,必须使表面具有这样的形状,使光从 O 走到 P 所花的时间,亦即距离 OP 除以光的速率(这里光速为 1),加上 $n \cdot O'P$,也就是光从 P 走到 O' 所花的时间,等于一个常数(与 P 点无关)。这一条件为我们决定表面的形状提供了一个方程。它的解告诉我们此表面是一个非常复杂的四次曲面,学生如有兴趣可用解析几何来进行计算。但是如果计算一个对应于 $s \to \infty$ 的特殊情况,那么事情就比较简单,因为这时的曲面是一个二次曲面,我们对它比较熟悉。如果将这个曲面与当光来自无穷远时我们所求得的聚焦镜的抛物面进行比较,则是令人十分感兴趣的。

因而正确的表面不易制造,因为要把光从一点聚焦到另一点需要相当复杂的表面。事实证明,我们在实践中一般并不试图去制造这种复杂的表面,而作一妥协。我们不想把所有的光线都聚焦到一点,而是这样做,使得只有相当靠近 OO' 轴的光线聚焦到一点。遗憾的是,离轴较远的光线即使想要聚焦到一点也会偏离,因为理想的表面很复杂,而我们只是用了一个在轴上具有适当曲率的球面来代替它的缘故。制造一个球面要比制造其他曲面容易得多,因此找出射到球面上的光线将会出现什么情况对我们是有用的,我们假定只有靠近轴的光线被完全聚焦。靠近轴的那些光线有时叫做傍轴光线,而我们所分析的就是傍轴光线聚焦的条件。以后我们还将讨论不是所有光线都是傍轴的情况下所导致的误差。

因此,假定 P 靠近轴,我们作垂线 PQ,使 PQ 之高为 h,并暂且设想表面是一个通过 P 的平面。在这种情况下,从 O 到 P 所需的时间将超过从 O 到 Q 的时间,同样,从 P 到 O' 的时间亦将超过从 Q 到 O' 的时间。但这正是玻璃所以必须弯曲的原因,因为所超过的总的时间必须由从 V 到 Q 所延迟的时间来补偿! 现在沿路径 OP 所超过的时间为 $h^2/2s$,而在 PO' 路径上所超过的时间为 $nh^2/2s'$。所超过的时间必须与沿 VQ 所延迟的时间相抵消,而此延迟时间与在真空中的不同,因为有介质存在。换句话说,光从 V 行进到 Q 的时间不是像它直接在空气中行进时一样,而是比之慢了 n 倍,所以在这段距离内剩余的延迟时间为 $(n-1)VQ$。但 VQ 有多长? 如果点 C 为球心,R 为其半径,那么由同一公式我们可以看到这段距离 VQ 等于 $h^2/2R$,因此我们发现联系距离 s 与 s' 而又给出所需表面的曲率半径 R 的规律为

$$\frac{h^2}{2s} + \frac{nh^2}{2s'} = \frac{(n-1)h^2}{2R} \qquad (27.2)$$

或

$$\frac{1}{s} + \frac{n}{s'} = \frac{n-1}{R}. \qquad (27.3)$$

如果我们有一点 O 及另一点 O'，并且想把光从 O 点聚焦到 O' 点，那么就可用此公式来计算所需表面的曲率半径 R。

现在有趣的是，结果表明：具有同样曲率半径 R 的同一透镜对于其他距离也能聚焦，也就是说，对于任何两个倒数之和（其中一个乘上 n）为一常数的距离也能聚焦。因此，一个给定透镜（只要限于傍轴光线）不仅能把光从 O 聚焦到 O'，而且也能把光在无数对其他点之间聚焦，只要这些成对的点满足 $1/s+n/s'$ 等于一个表征透镜特性的常数这个关系。

特别有趣的是 $s\to\infty$ 的情况。由公式可见，当 s 一个增加时，另一个则减少。换句话说，若点 O 向外移动，点 O' 就向内移动，反之亦然。当点 O 移向无穷远时，点 O' 在介质内也在移动，直到离表面一定距离为止，这段距离叫做焦距 f'。如果平行光入射时，它们将在距离 f' 处与轴相交。同样，我们可以想象反方向的情况（请记住倒易规则：若光可从 O 行进到 O'，当然也可从 O' 行进到 O）。因此，假定说玻璃内有一光源，我们也许想知道其焦点在哪里。特别是，如果光在玻璃内无穷远地方入射（同样的问题），它将聚焦在外面的何处？这个距离叫做 f。当然我们也可使光反方向而行之。若在 f 处有一光源，把光射进表面，则它将以平行光束射出。我们很容易求出 f 与 f' 的数值为

$$\frac{n}{f'}=\frac{n-1}{R} \quad \text{或} \quad f'=\frac{Rn}{n-1}, \tag{27.4}$$

$$\frac{1}{f}=\frac{n-1}{R} \quad \text{或} \quad f=\frac{R}{n-1}. \tag{27.5}$$

从以上两式可以看到一个有趣的情形：如果把各焦距除以相应的折射率，即得相同的结果！事实上，这个定理是普遍成立的。它对任何透镜系统都是正确的，不论这一系统多么复杂，因而记住它是很有意义的。我们在这里并没有证明过它普遍成立——只是指出了对于单独一个表面，它是对的，然而碰巧它却普遍成立，以致系统的两个焦距就以这一方式互成关系。式(27.3)有时可写成下列形式

$$\frac{1}{s}+\frac{n}{s'}=\frac{1}{f}. \tag{27.6}$$

这种形式比式(27.3)更为有用，因为测量 f 比测量透镜的曲率和折射率容易得多：如果我们对透镜的设计不感兴趣，也不想知道它如何制成，而只从架子上拿它来使用，那么我们感兴趣的量是 f，而不是 n 与 1 和 R！

如果 s 变得小于 f，就会发生一种有趣的情况。那么发生什么情况呢？若 $s<f$，则 $(1/s)>(1/f)$，于是 s' 为负；方程指出光将只对负的 s' 值聚焦，这究竟意味着什么！它意味着一件很有趣和很确定的事。换句话说，即使数值为负，上式仍不失为一个有用的公式。它意味着什么已在图 27-3 中表示出。如果从 O 点画一些发散的光线，无疑它们要在表面上偏折，但它们不会聚焦成一点，因为 O 太靠近表面，以致"超过了折成平行光"的范围。然而，它们却这样地发散出去，好像是从玻璃外面一点 O' 发出的。O' 是一个表观像，有时叫做虚像。图 27-2 中的像 O' 叫做实像。如果光真的射向一点，那么它就是一个实像。但是如果光看来好像来自一点（与原来的点不同的一个虚构的点），那么它就是一个虚像。所以当 s' 变成负时，就意味着 O' 在表面的另一边，这样一切就妥当了。

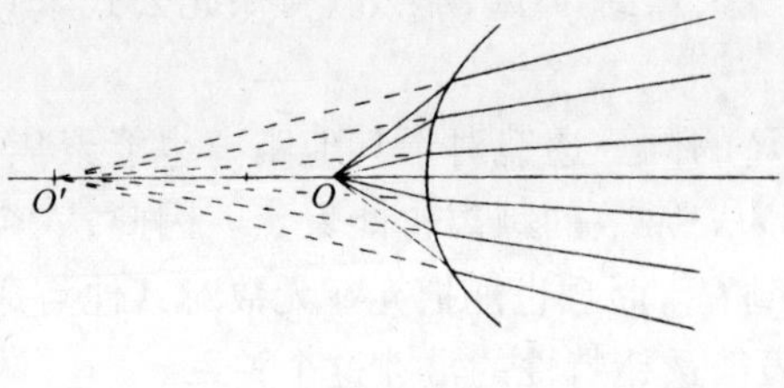

图 27-3 虚像

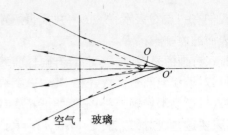

图 27-4 一平表面把发自 O' 的光重新成像为 O

现在我们来研究 R 等于无限大时的有趣情况；此时 $1/s+n/s'=0$。换句话说 $s'=-ns$。这意味着当我们从密介质朝疏介质看其中一个点时，这个点看来好像深了 n 倍。同样，也可把同一个式子反过来用，因而当我们通过平表面看位于密介质内一定距离的物体时，它将看来好像光不是从那么深的地方射来的(图 27-4)。当我们从上面看一个游泳池的底时，它看起来不像真的那么深，而只有原来深度的 3/4，此即水折射率的倒数。

当然，我们可以继续来讨论球面镜。但是如果你理解了其中所包括的一些概念，那么你应能自己来解决这个问题。所以我们让学生自己去求出球面镜的公式，但我们指出，对于所涉及的一些距离，如果采用一定的习惯规则较为方便：

(1) 若点 O 在表面左方，则物距 s 为正；
(2) 若点 O' 在表面右方，则像距 s' 为正；
(3) 若球面中心在表面右方，则表面曲率半径为正。

例如，在图 27-2 中，s，s' 和 R 皆为正；在图 27-3 中，s 和 R 为正，而 s' 为负。如果用一个凹表面，那么只要取 R 为负值，公式(27.3)仍然会给出正确结果。

在应用上述习惯规则求球面镜的相应公式时，你将发现，如果在整个公式(27.3)中都令 $n=-1$(好像镜子后面的介质的折射率为 -1 一样)，那么结果就得出镜子的正确公式！

虽然利用最短时间原理来导出公式(27.3)既简单又优美，但用斯涅尔定律当然也能导出同一公式，只要记住一点，那就是这里角度很小，以致角度的正弦可用角度本身来代替。

§ 27-3 透镜的焦距

现在我们继续讨论另一种很实用的情况。我们所使用的大多数透镜具有两个表面，而不是只有一个表面。这将对事情产生什么影响呢？假定有两个不同曲率的表面，它们之间的空间充满着玻璃(图 27-5)。我们想研究从点 O 向另一点 O'' 聚焦的问题。怎么做呢？回答是：首先，对第一个表面应用式(27.3)而不考虑第二个表面。这将告诉我们，从 O 点发出的光好像是向另外某一点(比如说 O')会聚的或者是从这一点散发出来的，完全依符号而定。现在我们来考虑一个新的问题，即在玻璃(光线在其中会聚到某一点 O')与空气之间有另一个表面。这时，光线实际上将向何处会聚呢？我们再应用同一

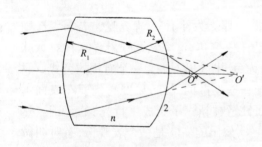

图 27-5 双面透镜成像

个公式！我们发现它们会聚在 O' 点。这样，如果需要，只要一个接一个地连续使用同一个公式，就是一共通过 75 个表面也行！

有一些相当高级的公式，在我们或许要追随光线通过 5 个表面时，将在有限的生命中给我们节省许多精力，但是当这种问题发生时，还是跟着光线通过 5 个表面，比之去记忆许多公式容易得多，因为说不定我们将根本不需要去跟着光线通过任何表面！

在任何情况下，我们的原则是，当通过一个表面时，找到一个新的位置，即一个新的聚焦点，然后把这个点当作下一个表面的出发点，如此等等。既然在第二个表面上我们是从 n 走到 1，而不是从 1 走到 n，而且在许多系统中有不止一种玻璃，以致其折射率为 n_1，n_2，$\cdots$，那么为了实际做到这一点，我们的确需要把公式 (27.3) 普遍化，使之适用于两种不同折射率 n_1 与 n_2 的情况，而不是只有一种折射率 n 的情况。不难证明，公式 (27.3) 的普遍形式为

$$\frac{n_1}{s} + \frac{n_2}{s'} = \frac{n_2 - n_1}{R}. \tag{27.7}$$

特别简单的是两个表面靠得很近的特殊情况。靠得如此之近，可以忽略由于厚度引起的微小误差。如果把透镜画成如图 27-6 所示的那样，我们可以提出这样的问题：透镜必须怎样制成才能使光从 O 点聚焦到 O' 点？假定光正好到达透镜的边缘 P 点。暂且忽略折射率为 n_2、厚度为 T 的玻璃的存在，则光从 O 行进到 O' 所超过的时间是 $(n_1 h^2/2s) + (n_1 h^2/2s')$。于是，为了使走直线路径的时间等于走路径 OPO' 的时间，必须用一片玻璃，它的中心厚度 T 应该这样，即足以使光通过这一厚度所引起的延迟时间补偿上述过量时间。因此，透镜的中心厚度必须由下列关系给出

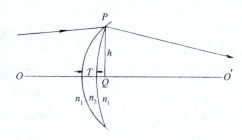

图 27-6 两个曲率半径都为正的薄透镜

$$\frac{n_1 h^2}{2s} + \frac{n_1 h^2}{2s'} = (n_2 - n_1)T. \tag{27.8}$$

我们也可以用两个表面的半径 R_1 与 R_2 来表示 T。注意到习惯规则 (3)，对于 $R_1 < R_2$（凸透镜），得到

$$T = \frac{h^2}{2R_1} - \frac{h^2}{2R_2}. \tag{27.9}$$

因而最后得到

$$\frac{n_1}{s} + \frac{n_1}{s'} = (n_2 - n_1)\left(\frac{1}{R_1} - \frac{1}{R_2}\right). \tag{27.10}$$

现在再记住当一点在无穷远时，另一点将在我们称之为焦距 f 的地方。焦距 f 由下式给出

$$\frac{1}{f} = (n-1)\left(\frac{1}{R_1} - \frac{1}{R_2}\right), \tag{27.11}$$

这里 $n = n_2/n_1$。

如果现在取相反的情况，即 s 趋于无穷远，则 s' 等于焦距 f'。这时两焦距相等（这是两

焦距之比等于光在其中聚焦的两介质折射率之比这一普遍规则的又一特殊情况)。在这一特殊光学系统中，初始和最后两个折射率都相同，因而两焦距也相等。

我们暂且把焦距的实际公式忘掉，如果我们购到一个由某人设计、具有某种曲率半径和某种折射率的透镜，那么我们可以这样来测量焦距，比如说观察一下无穷远处的一点聚焦在何处。一旦有了焦距，最好是直接用焦距写出我们的等式，于是这一公式为

$$\frac{1}{s} + \frac{1}{s'} = \frac{1}{f}. \tag{27.12}$$

现在我们来看一下如何应用这个公式及其在不同情况下的含意。首先它指出，如果 s（或 s'）为无穷大，则 s'（或 s）为 f。这意味着平行光聚焦在距离 f 处，实际上它定义了 f。它告诉我们的另一有趣事情是，两个点(物点和像点)都朝同一方向运动。如果一点朝右运动，另一点也朝右运动。此外它还告诉我们若 s 与 s' 都等于 $2f$，则它们两者相等。换句话说，如果要得到一种对称情况，则我们发现它们都聚焦在距离 $2f$ 处。

§27-4 放 大 率

到现在为止，我们只讨论了轴上点的聚焦作用。现在我们来讨论不完全在轴上而稍为离开它一点的物体的成像，这样可以使我们了解放大率的性质。当我们装置一个透镜把来自灯丝的光聚焦在屏上一"点"时，我们注意到，在屏上得到同一灯丝的"图像"，只是其大小比实际的灯丝大一些或小一些而已。这必然意味着从灯丝上每一点发出的光都会聚到一焦点上。为了更好地理解这一点，我们来分析图 27-7 中所示的薄透镜系统。我们知道下列事实：

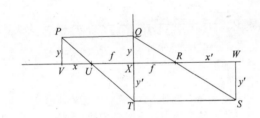

图 27-7　薄透镜成像的几何图

(1) 从一边射来的任一平行于轴的光线都朝着另一边称为焦点的某一特殊点行进，这个点与透镜相距 f。

(2) 任一从一边的焦点发出而到达透镜的光线，都在另一边平行于轴射出。

这就是我们用几何方法建立公式(27.12)所需要的全部知识，具体步骤如下：假定离焦点某一距离 x 处有一物体，其高为 y。于是我们知道光线之中有一条光线(如 PQ)将经透镜偏折而通过另一边的焦点 R。如果现在这个透镜能完全使 P 点聚焦的话，那么只要找出另外一条光线的走向，就能找出这个焦点在哪里，因为新的焦点应在两条光线再次相交的地方。因此我们只要设法找出另外一条光线的实际方向，而我们记得平行的光线通过焦点，反之亦然：即通过焦点的光线将平行地射出！所以我们画出一条光线 PT 通过 U（诚然参与聚焦的实际光线可能比我们所画的两条光线的张角小得多，但它们画起来较为困难，所以我们假设能作这条光线)。既然它将平行射出，我们就画出 TS 平行于 XW。交点 S 就是所要求的点。这个点决定了像的正确位置和正确高度。我们把高度称为 y'，离焦点的距离称为 x'。现在我们可以导出一个透镜公式。应用相似三角形 PVU 和 TXU，得

$$\frac{y'}{f} = \frac{y}{x}. \tag{27.13}$$

同样，从三角形 SWR 和 QXR，得

$$\frac{y'}{x'} = \frac{y}{f}. \tag{27.14}$$

由此上两式各解出 y'/y 后，得

$$\frac{y'}{y} = \frac{x'}{f} = \frac{f}{x}. \tag{27.15}$$

式(27.15)是有名的透镜公式；其中包括了我们关于透镜所需要知道的一切：它告诉我们放大率 y'/y，用距离和焦距表示。它也把两个距离 x 和 x' 与 f 联系起来

$$xx' = f^2, \tag{27.16}$$

这是一个用起来比式(27.12)简洁得多的形式。我们让同学自己去证明，若令 $s = x + f$，$s' = x' + f$，则式(27.12)与式(27.16)相同。

§ 27-5 透 镜 组

当有许多透镜时，我们将简短地叙述一下其一般的结果，而不加实际推导。如果有一个由几个透镜组成的系统，那么我们怎样来分析它呢？这很容易。先从某个物体开始，并利用式(27.16)或(27.12)以及任何别的等效公式，或者用作图法，算出它被第一个透镜成像在哪里。这样就得到一个像。然后把这个像作为下一个透镜的光源，并用第二个透镜(不管它的焦距是多少)再找出一个像。我们就这样对一连串透镜一直追踪下去。这就是要做的一切。由于它原则上没有什么新的东西，所以我们不准备深入下去。但是，就任一序列的透镜对于在某一介质例如空气中发出而终止在同一介质中的光所产生的各效应却有一个很有趣的最后结果。任何一种光学仪器——包括任意数目的透镜和反射镜的望远镜或显微镜——都具有下列性质：它有两个平面，叫做系统的主平面(这些平面往往很接近第一个透镜的第一个表面和最后一个透镜的最后一个表面)，它们具有下列性质：(1)如果光从第一边平行地射向系统，它就在一定的焦点射出，焦点位于离第二主平面的距离等于焦距处，就好像这个系统是置于这一平面的一个薄透镜一样。(2)如果平行光从相反方向射来，那么它将会聚到离第一主平面同一距离 f 处的焦点上，又好像有一个薄透镜位于主平面处一样(见图 27-8)。

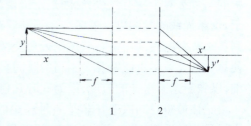

图 27-8 光学系统主平面示意图

当然，如果我们像以前一样测出距离 x 与 x'，y 与 y'，那么对薄透镜所写的公式(27.16)在这里完全普遍适用，假定焦距从主平面而不是从透镜组中心算起的话。对薄透镜来说，两个主平面恰好重合。这种情况正像我们取来一个薄透镜，把它沿中间切开，再把它分开，而不去注意它已被分开一样。每一条射来的光线，会立即在第二个平面的另一边从光进入第一个平面的同一点突然射出！主平面与焦距可以用实验来求得，也可用计算来求得，于是光学系统的全部性质就此得到描述。当我们把这样巨大而复杂的光学系统处理完毕时，结果却并不复杂，这是一件很有趣的事。

§27-6 像 差

在我们不致因透镜如此奇妙而感到过于兴奋之前,必须赶快补充一点,即透镜也有其严重的局限性,因为严格地说,我们的讨论只限于那些靠近轴的近轴光线。一个具有一定大小的真实透镜一般说来将显示出像差。例如,在轴上的一条光线当然会通过焦点;一条很靠近轴的光线仍然也会很好地会聚到焦点上。但当光线离轴较远时,就开始偏离焦点,也许落到离透镜更近的地方,射到靠近透镜边缘上的光向下折射时将偏离焦点相当宽一段距离。因此,我们不是得到一个点像,而是得到一个模糊的光斑。这一效应称为球面像差,因为它是我们用以代替正确曲面的球面所具有的一种性质。对任一特定的物距来说,用修正透镜表面的形状,或者用几个透镜组合起来使各个透镜的像差趋于相互抵消的办法,球面像差可以得到纠正。

透镜还有另一个缺点:不同颜色的光在玻璃中具有不同的速率或不同的折射率,因而一个给定的透镜的焦距对不同的颜色是不同的。所以,如果我们把一个白的光点成像,其像将会有颜色,因为当我们使红光聚焦时,蓝光就不聚焦,或者反过来。这种性质叫做色像差或色差。

透镜还有其他一些缺点:如果物体在轴之外,那么当它离轴足够远时,聚焦实际上已不再很完善。验证这一点的最容易的方法是把一块透镜聚焦,然后把它偏转一下,以使光线与轴成大角度地射来。这时所形成的像一般都很粗糙,而且可能没有一个聚焦得很好的地方。因此,透镜中有好几种像差,以致光学设计者要用许多个透镜以补偿相互的像差的办法来加以校正。

要消除像差,我们必须谨慎到何种程度?是否可能构成一个绝对完善的光学系统?假定我们已经构成一个光学系统,并且认为它能把光正确地会聚到一点,那么,从最短时间的观点来论证,能否找到一个关于系统必须完善到什么程度的条件?这个系统总有某种形式的能使光进入的开孔。如果我们取离轴最远的光线,而它也能到达焦点(当然假定系统是完善的),那么对于所有光线,时间是正确相等的。但完全完善的东西是不存在的,所以问题在于,这条光线的时间可以差多少才不需要对它作进一步校正?这取决于我们所要成的像达到多么完善的程度而定。假定我们要使像做到尽可能地完善,那么,我们的想法当然是必须使每一条光线尽可能取几乎相同的时间。但结果证明这是不确切的,我们想做的事过于精细,以致超过了可能的限度,因为此时几何光学理论已不再适用!

记住最短时间原理并非是一种精确的表述,不像能量守恒原理和动量守恒原理那样。它只是一种近似,而寻求允许多少误差仍不致造成明显偏差倒是颇有意义的。回答是,如果我们作这样的安排,使得位于最边缘的光线——即成像最差的光线,也就是离轴最远的光线——与中心光线之间的时间差别小于与光的一次振动相应的周期,那么再作进一步改进已经无益。光是一种以确定频率振动的东西,这一频率与波长有关,如果我们已把系统安排得使不同光线的时间差别小于约一个周期,那么进一步改进系统已没有用处了。

§27-7 分 辨 本 领

另一个有趣的问题——一个对于所有光学仪器都很重要的技术问题——是它们的分辨

本领有多大。如果我们制造一架显微镜，就想看清楚所观察的物体，举例来说，这意味着，如果我们正在观察一个两端都有斑点的细菌，那么我们就要做到在把它们放大时能看清楚有两个小点。人们也许会想，这只要把它们放足够大就行——我们总是可以再加上一个透镜，放大了又放大，而且凭着设计者的智慧，所有的球差和色差都可消除，因而没有理由说为什么不能不断地把像放大。所以显微镜的限度不在于不可能制造一个径向放大率大于2 000倍的透镜。我们能够制造一个径向放大率为10 000倍的透镜系统，但由于几何光学的局限性，以及最短时间原理并非精确成立这一事实，我们仍然不能看清楚靠得太近的两个点。

要找出用以决定两个点应分得多么开才能使它们的像看起来好像是分开的两个点的规则，可以结合不同光线所需的时间用一种很美妙的方法来叙述。假定现在不考虑像差，并设想对某一特殊点 P 来说(图 27-9)，所有从物到像 T 的光线所花的时间完全相同。(这是不确切的，因为它不是一个完善的系统，但那是另一个问题。)

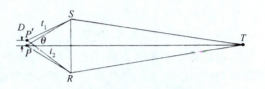

图 27-9　光学系统的分辨本领

现在取附近另一个点 P'，并问其像是否能与 T 分清楚。换句话说，我们是否能辨认出它们之间的差别。按照几何光学，当然应该有两个点像，但我们看到的可能是一个比较模糊的斑点，以致无从辨认出那里有两个点。第二个点聚焦在与第一个点显著不同的另一地方的条件是，对于通过透镜大开孔的两个边缘的极端光线 $P'ST$ 与 $P'RT$，光从一端行进到另一端所花的两个时间，必须与从两个可能的物点到同一给定的像点所花的时间不同。为什么？因为，如果时间相同，两个物点当然都将聚焦在同一点上。所以这两个时间不应相同。但它们必须相差多少才可以说两个物点不都聚焦在同一点上，以致我们可以分清两个像点？对任何光学仪器，其分辨本领的一般规则是这样的：两个不同的点源，只有当一个点源聚焦在某一点，而从另一点源发出的两条极端光线到达这一点所花的时间与到达它自己的实际像点相比，相差大于一个周期时，才能被分辨。亦即顶端光线与底边光线到达非正确焦点的时间差别必须大于某一数值，这个数值近似地等于光的振动周期

$$t_2 - t_1 > \frac{1}{\nu}, \tag{27.17}$$

其中 ν 是光的频率(即每秒的振动次数，也就是速率除以波长)。如果两点源之间的距离为 D，而透镜的张角为 θ，那么可以证明式(27.17)与 D 必须大于 $\lambda/(n\sin\theta)$ 的说法是完全等效的。这里 n 是 P 处介质的折射率，λ 是波长。所以我们所能看清楚的最小物体，其线度大约等于光的波长。望远镜也有一个相应的公式，它告诉我们恰好能分辨的两颗星的最小角差该为多少*。

---

* 这个角差约为 λ/D，其中 D 是透镜的直径，你能看出为什么是这样吗？

第 28 章 电 磁 辐 射

§ 28-1 电 磁 学

在物理学的发展中,最具戏剧性的时刻乃是不同现象得到高度综合的时刻,那时突然发现,以前看来似乎很不相同的现象,实际上只是同一事物的不同侧面而已。物理学史就是这种综合的历史,而物理科学所以能够取得成就,主要就是因为我们能够进行综合。

19 世纪物理学发展中最具戏剧性的时刻,也许是在 1860 年的某一天当麦克斯韦把电与磁的规律与光的规律联系起来的时候。这样一来,光的性质就被部分地阐明了。光,这个司空见惯而又难以捉摸的东西,它是那么重要而又神秘,以致在写《创世纪》的时候就觉得需要专门安排一天来创造它。然而当麦克斯韦完成他的发现时,他就可以说:"只要有了电与磁,就会有光!"

但是,为了达到这一登峰造极的时刻,却有一个逐渐发现并阐明关于电和磁的规律的漫长准备过程。这个准备过程我们留待下一学年去详细研究,现在仅简述如下。关于电和磁、电的斥力和引力以及磁力等等这些已被逐渐发现的性质表明,虽然这些力都很复杂,但它们都与距离平方成反比地衰减。例如我们知道,关于静止电荷的简单的库仑定律就表明,电力场的变化与距离平方成反比。因此,当距离足够大时,一个电荷体系对另一个电荷体系的影响就很小。当麦克斯韦试图把当时已经发现的所有方程或定律汇集在一起时,他注意到它们之间是相互矛盾的;为了使整个方程体系不矛盾,就必须在他所建立的方程中加进另外一项。于是,他就从这个新的一项得出了一个惊人的预言,那就是电场与磁场的一部分随距离的衰减远比反平方关系来得慢,也就是与距离的一次方成反比!因而他认识到,一处的电流可以影响远处的电荷,并且预言了我们今天所熟悉的一些基本效应——无线电传输、雷达,等等。

一个人在欧洲讲话,仅仅借助于电的影响,就能够被几千英里以外的洛杉矶的人听到,这好像是个奇迹。这怎么可能呢?这是因为场不是按距离平方成反比地变化,而是按距离一次方成反比地变化。最后,连光本身也被认识到是原子中的电子以非常惊人的快速振荡所产生的电磁扰动在空间的传播。所有这些现象我们可以概括为一个词:辐射,或更加明确地叫做电磁辐射,因为还有一两种其他辐射。但辐射一般都意味着电磁辐射。

这样一来,天地万物就被联系起来了。遥远星体上的原子运动仍能产生足够的影响以使我们眼睛中的电子运动,因而使我们看到了这些星星。如果这个规律不存在,我们就会对外部世界一无所知!甚至离我们 50 亿光年远的星系——这是我们至今所发现的最远的物体——中的电涌仍能影响射电望远镜前的大"圆盘",使它产生足够大的、可以探测的电流。正因为如此,所以我们能够看到星体和星系。

这一值得注意的现象就是本章所要讨论的内容。在本物理课程开始的时候,我们曾给自然界描绘了一幅广阔的图画,我们现在已有较好的基础知识去了解它的某些方面,因此我们就来较详细地讨论它的某些部分。我们从19世纪末物理学所处的地位开始叙述。那时已经知道的基本定律可概括如下。

首先,有关力的定律:一是万有引力定律,我们已几次写过,即质量为 M 的物体作用在质量为 m 的物体上的力由下式给出

$$F = GmM\frac{e_r}{r^2}, \tag{28.1}$$

其中 e_r 是由 m 指向 M 的单位矢量,r 为它们之间的距离。

其次,是关于电与磁的定律,在19世纪末所了解的情况是这样的:作用在电荷 q 上的电力可用两个称为 E 和 B 的场及电荷 q 的速度 v,以下列等式描述

$$F = q(E + v \times B). \tag{28.2}$$

为使此定律完善,我们必须说明在给定情况下 E 和 B 的表示式。如果存在许多电荷,则 E 和 B 各为来自每个单独的电荷的贡献的总和。所以,如果我们能够找到单个电荷产生的 E 和 B,只要将宇宙中所有电荷的效应加起来,就得到了总的 E 和 B! 这就是叠加原理。

那么,由一个单独的电荷产生的电场与磁场的公式是怎样的呢?原来它很复杂,要懂得它必须做很多研究并花费许多精力。但这不要紧。我们现在写出这个公式来仅仅是为了使读者对大自然的美妙留下深刻的印象,我们之所以这样说,是因为我们可以用读者现在所熟悉的符号在一页内概括所有的基本知识。这一关于由单独的电荷产生的场的定律就我们所知(量子力学除外)是完善而正确的,但它看上去相当复杂。现在,我们不准备研究所有的细节;我们写出它来仅仅是给读者一个印象,以说明可以把它写出,而且这样可使我们预先看到它的大致面貌。其实,电与磁的正确规律的最有用的写法并不是我们现在的写法,而是包含所谓场方程的写法,我们将在下一学年学习这些方程。但由于这些方程的数学符号形式特别而且新颖,所以我们用现在所知道的符号,而对于计算并不方便的形式写出定律。

电场 E 可表示为

$$E = -\frac{q}{4\pi\varepsilon_0}\left[\frac{e_{r'}}{r'^2} + \frac{r'}{c}\frac{d}{dt}\left\{\frac{e_{r'}}{r'^2}\right\} + \frac{1}{c^2}\frac{d^2 e_{r'}}{dt^2}\right]. \tag{28.3}$$

式中各项告诉我们一些什么?拿第一项 $E = -\frac{qe_{r'}}{4\pi\varepsilon_0 r'^2}$ 来说。这自然就是我们已经知道的库仑定律:q 是产生场的电荷,$e_{r'}$ 是从测量 E 的 P 点出发的单位矢量,r 是从 P 到 q 的距离。但是,库仑定律是错误的。19世纪的发现揭示出任何作用不可能传播得比某个基本速度 c 更快,这个速度我们现在称为光速。说第一项是库仑定律是不对的,这不仅因为我们不可能知道电荷现在在哪里以及现在的距离是多少,而且还因为在给定的地点和时间能够影响场的仅仅是电荷过去的行为。过去多久? 时间的延迟,或者称为延迟时间,是以速度 c 从电荷到场点 P 所需的时间,即延迟了 r'/c。

考虑到这个时间延迟,我们在 r 上加一小撇,以表示现在到达 P 点的信号在离开 q 时离 P 有多远。暂且假定电荷带有光,而光只能以速度 c 到达 P 点。这样,当我们朝 q 看时,当然看不见它现在在哪里,而只看见它若干时间以前曾在哪里。在我们的公式中出现的是表

观的方向 $\theta_{r'}$——曾经所处的方向，即所谓延迟方向，并处于延迟距离 r'。这大概也是十分容易理解的，但这也是错误的。整个事情还要复杂得多。

还有另外几项。如果我们十分粗略地看，第二项就好像自然界试图考虑到推迟效应这一事实似的。它提示我们应计算延迟的库仑场，并附加一个改正项，即场的变化速率乘以所用的延迟时间。自然界似乎想用附加上变化速率乘以延迟时间这一项去推测现时的场要变成怎么样。但我们还没有完，还有第三项——在电荷方向上的单位矢量对时间的二次微商。现在公式总算完成了，这就是来自一个任意运动电荷的电场的所有成分。

磁场可表示为

$$B = -e_{r'} \times \frac{E}{c}. \qquad (28.4)$$

我们写下这些式子仅仅是为了显示自然界的美妙，或者在某种程度上，显示一下数学的威力。我们并不装作懂得怎么可能在这么小的篇幅写下这么多的东西，但式(28.3)、(28.4)的确包含了发电机如何工作，光如何作用，以及所有电与磁现象的道理。当然，为了使描述完善起见，我们还必须知道所包含的物质行为的某些知识——即物质性质，这在式(28.3)中并未得到适当的表述。

为了完成我们对19世纪世界的描述，必须提及发生在那一世纪的，麦克斯韦在其中也做过许多工作的另一个巨大的综合，这就是热现象与力学现象的综合。我们将很快地学习到这方面的内容。

在20世纪必须补充说明一下的是发现牛顿的力学定律完全错了。必须引进量子力学去修正它。当物体尺度充分大时牛顿定律才近似有效。直到最近，这些量子力学定律才与电的定律结合起来而形成一组称为量子电动力学的定律。另外，还发现了许多新的现象，其中首先是1898年*贝克勒尔发现的放射性现象——他只是在19世纪偷偷地把它带了进来。在发现这个放射性现象后，跟着就产生了关于原子核和新型力的知识，这些力不是引力，也不是电力，而是新的粒子间的另一种相互作用，这是至今仍未被阐明的一个课题。

对于那些知识渊博的咬文嚼字者(例如偶然读到此文的教授们)，我们应补充一点：当我们说式(28.3)是电动力学知识的完整表述时，我们并不完全准确。有一个在19世纪末还没有完全解决的问题。当我们想计算来自所有电荷的场，包括来自此场所作用的电荷本身的场时，在寻找例如从电荷到该电荷本身的距离以及某一量除以该距离时遇到了麻烦，因为此距离为零。关于如何处理电场中由场所作用的电荷本身产生的这部分场的问题，至今还未解决。所以我们让它留着；既然对此难点尚无完善的解决办法，我们就尽可能地避开它。

§ 28-2 辐 射

以上就是世界面貌的概括。现在我们用它来讨论称为辐射的一些现象。为了讨论这些现象，我们必须从式(28.3)中选出跟距离成反比而不是跟距离平方成反比的那一项来。当

---

* 应是1896年。——译者注

我们终于找到那一项时，发现它的形式是那么简单，以致只要把它作为远处运动电荷产生电场的"定律"，就完全可以用初等方法去研究光学和电动力学。我们将暂且把它作为已知的定律，到下一学年再详细地学习它。

在式(28.3)的诸项中，第一项显然与距离的平方成反比，第二项只是因延迟而作的修正，所以容易证明它们两者都随距离的反平方而变化。所有我们感兴趣的效应来自第三项，它倒并不十分复杂。这一项讲的是：看着电荷，并注意单位矢量的方向(我们可以把矢量的尾端投射到单位球的球面上)。当电荷来回运动时，单位矢量开始摆动，而单位矢量的加速度就是我们所要求的。就这些。这样

$$E = -\frac{q}{4\pi\varepsilon_0 c^2}\frac{d^2 e_{r'}}{dt^2} \tag{28.5}$$

就是辐射定律的表述，因为当我们离得足够远时，它是唯一重要的项，这时场的变化与距离成反比(与距离平方成反比的部分已衰减为很小，以致我们对它们已不感兴趣)。

现在我们可以稍稍地深入一步来研究一下式(28.5)，看看它的意义是什么。假定一电荷以任意方式运动，而我们在远处观察它。暂且想象在某种意义上它被"点亮"了(虽然我们想要解释的是光)；我们把它想象为一个小的白点。于是我们将看到此白点在来回跑动。但是因为我们已经讲过的延迟的缘故，我们看不清楚它此刻究竟在如何跑。重要的是它以前怎么运动。单位矢量 $e_{r'}$ 是指向电荷的表观位置的。显然，$e_{r'}$ 的尾端沿着稍稍弯曲的路线运动，因此它的加速度有两个分量。一个是横向分量，因为其尾端在上下运动；另一个是径向分量，因为它停留在球面上。容易论证后者要小得多，并且当 r 很大时与 r 的平方成反比。这很容易看出的，因为当我们想象把一给定的源移到很远很远时，$e_{r'}$ 的摆动就显得很小很小，并与距离成反比，但加速度的径向分量比距离的倒数变化得更快。所以对实际目的来说，我们只要将运动投射在单位距离的平面上就行。于是我们得到下述规则：想象我们看着运动电荷，并且我们所看到的一切都是被延迟的——就像一位画家想把风景画在单位距离远的屏上一样。当然，真的画家并不考虑光以一定速率行进这一事实，而是画下他所见到的世界。我们想看看他的画将会是什么样子的。于是我们看到代表电荷的一个点在画面上运动，这个点的加速度与电场成正比。这就是我们所需要的一切。

因而式(28.5)就是辐射的完整而正确的公式；甚至相对论效应也都包含在其中了。然而我们常常需要将它应用于电荷以比较慢的速度运动一段不大的距离这样更简单的情况。既然它们运动得较慢，它们就不会从始点移动太大的距离，所以延迟时间实际上不变。于是规律就更简单，因为延迟时间是固定的。因而我们想象电荷在实际上差不多不变的距离作很小的运动。在距离 r 上的延迟是 r/c。这样我们的规则变为如下：如果带电物体作很小的运动，并横向位移了距离 $x(t)$，则单位矢量 $e_{r'}$ 的角位移就是 x/r，既然 r 实际上不变，$d^2 e_{r'}/dt^2$ 的 x 分量就是 x 本身在前一时刻的加速度*，最后我们得到所需的定律为

$$E_x(t) = -\frac{q}{4\pi\varepsilon_0 c^2 r} a_x\left(t - \frac{r}{c}\right). \tag{28.6}$$

只有 a_x 的垂直于视线的分量是重要的。我们来看为什么是这样。显然，如果电荷笔直

---

* $d^2 e_{r'}/dt^2$ 的 x 分量应为 x 在前一时刻的加速度除以 r。——译者注

朝着我们运动或背向我们运动,此方向上的单位矢量根本就不会摆动,于是它没有加速度。所以只有横向运动是重要的,即我们所看到的投影在屏上的加速度是重要的。

§28-3 偶极辐射子

作为电磁辐射的基本"定律",我们打算假定式(28.6)是正确的,也就是说,由一个在很远距离 r 处作非相对论运动的加速电荷产生的电场近似取那个形式。此电场与距离 r 成反比,与投影到"视平面"上的电荷的加速度成正比,这个加速度不是现在的加速度,而是前一时刻所具有的加速度,延迟的量是时间 r/c。在本章的其余部分我们将讨论这一定律,以使我们能更好地理解其物理意义,因为我们打算用它去理解光和无线电传播的所有现象,诸如反射、折射、干涉、衍射和散射等。这是主要的定律,而且是我们所要求的。我们写下式(28.3)的其余部分只是作为一个阶梯,使我们能够估计式(28.6)在哪里适用以及它是如何得出的。

下一学年我们将更深入地讨论式(28.3)。暂且我们当它是正确的,但不仅仅是在理论

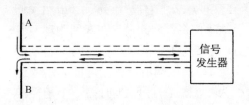

图 28-1 高频信号发生器激励两根导线上的电荷上下运动

的基础上。我们可以设计许多实验来说明此定律的特征。为此,我们需要一个加速电荷。它应是单个电荷,但是如果我们使许多电荷一起作同样的运动,我们知道这时的场将是每个电荷单独产生的效果的总和,因而只要将它们加在一起就行了。作为一个例子,考虑两根与信号发生器相连接的导线,如图 28-1 所示。我们的想法是这样的:信号发生器产生一个电位差或电场,在某一瞬时它把电子从 A 拉出,推向 B,经过极短时间以后,它又使过程反过来,把电子从 B 拉出而注回到 A! 所以可以说在这两根导线中的电荷一会儿在 A 线与 B 线上都向上加速,过一会儿在 A 线与 B 线上又都向下加速。我们之所以需要两根导线与一个发生器,只是因为那是做到这一点的一种方法。其净效果如同 A 和 B 是单根导线,只有一个电荷在其上下加速一样。一根长度比光在一个振动周期内传播的距离短得多的导线叫做电偶振子。这样我们就有了应用定律的条件,此定律告诉我们此电荷产生一个电场,因而我们需要用仪器去探测电场,而这类仪器就是同一个东西——像 A 和 B 一样的一对导线! 如果有电场作用在这样的装置上,电场将产生一个力把两根导线上的电子都拉上或拉下。此信号用接于 A 和 B 之间的整流器来探测,并用一根纤细导线将其输入一个放大器,信号在其中放大后,我们就能听到调制在无线电频率上的声频音调。当这一探头探到电场时,将会有一个响亮的声音从喇叭中发出,当没有电场激励它时,就不会有声音。

由于我们测量波所在的房间里还有其他一些东西,电场也将扰动这些东西上的电荷;电场使这些其他的电子上下运动,在这个过程中,电子也会对探头产生作用。所以为了使实验获得成功,必须把仪器放得相当靠近,这样,来自墙上和我们自己身上的影响——反射波——就比较小了。所以测出的现象的结果不会精确而完全地与式(28.6)相符,但将接近得足以使我们能够验证定律。

现在我们接上发生器来听音频信号。当处于位置 1 的探测器 D 与发生器 G 平行时(图

28-2),我们发现一个强电场。在环绕 G 的轴的其他任何方位角上我们也发现同样大小的场,因为它没有方向性效应。另一方面,当探测器在位置 3 时场为零。这是对的,因为我们的公式表明场是由电荷的加速度对于视线的垂直投影引起的。当我们向下看 G 时,电荷朝着 D 或背离 D 运动,所以没有效应。因而它验证了第一个规则,即当电荷直接朝我们的方向运动时没有效应。其次,公式表明电场应垂直于 r,并在 G 和 r 组成的平面内;所以如果我们把 D 放在 1 处而转过 90°,应得不到信号。这正是我们所发现的,电场确实是竖直的,而不是水平的。当我们把 D 移到中间某角度时,我们看到最强的信号出现在 D 处如图所示的取向上,因为虽然 G 是竖直的,但它并不只简单地产生与 G 本身平行的场——起作用的是加速度在垂直于视线方向上的投影。在 2 处的信号比 1 处的弱,因为此处投影较小。

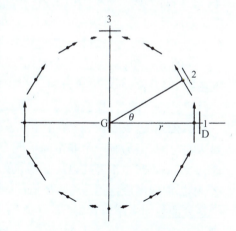

图 28-2　位于球心作线性振动的电荷在球面上的瞬时电场

§28-4　干　涉

接下来,我们试验一下当有两个源相距几厘米并排着时将发生什么现象(图 28-3)。它的规律是:当两个源与同一发生器相联,其上电子以同一方式一起上下运动时,它们在 1 处的效应应当相加,因而总电场是两个电场的和,即为原来强度的两倍。

现在出现了一个有趣的可能性。假如使 S_1 和 S_2 中的电荷都上下加速运动,但让 S_2 延迟一些时间,使它们的相位差 180°。这样,在任一瞬时,若 S_1 产生的场沿某一方向,S_2 产生的场就沿相反方向,于是我们在 1 处就得到零效应。振荡的相位借助于将信号输送给 S_2 的一个管道可巧妙地加以调节。改变此管道的长度,我们可以改变信号到达 S_2 的时间,于是就改变了振荡的相位。调节这一长度,我们确实能够找到没有什么信号的地方,尽管 S_1 和 S_2 中的电子都在运动着!它们的电子都在运动这一事实是可以验证的,因为如果将一个源切断,就可观察到另一个源是在运动。所以,只要调节得恰当,两个源在一起能够产生零效应。

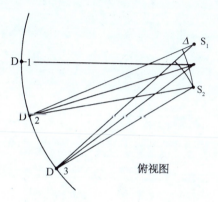

图 28-3　两个源的干涉的示意图

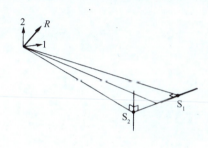

图 28-4　两个源叠加时的矢量特征示意图

证明两个场的叠加是<u>矢量叠加</u>这一点是十分有趣的。我们刚才已验证了源的上下运动，现在我们来验证两个运动方向不平行的源。首先，让 S_1 与 S_2 恢复为同相；这就是说，它们又一起运动了。但现在把 S_1 转过 90°，如图 28-4 所示。那么在 1 处我们应得两个效应之和，一为竖直的，另一为水平的。电场为此两个同相信号——它们同时达到最强又一起通过零——的矢量和；总的场应为在 45°方向上的信号 R。如果我们转动 D 以听到最大声音，它应在约 45°方位，而非竖直方向。若我们将 D 转至与该方向垂直的方位，应得到零，那是很容易测量的。诚然，我们确实观察到这样的现象！

那么，推迟效应在哪里？我们如何演示信号被推迟了？我们可以利用大量装置来测量到达的时间，但另有一个非常简单的方法。再参看图 28-3，假定 S_1 与 S_2 同相。它们一起振动，并在 1 处产生相等的电场。但是如果我们把 D 移到靠 S_2 较近，而离 S_1 较远的 2 处，那么，根据加速度应延迟一个 r/c 值的原理，如果两个延迟量不相等，两个信号就不再同相了。于是就能找到一个位置，使从 D 到 S_1 和到 S_2 的距离相差某一个量 Δ，在此位置上没有净信号。那就是说，距离 Δ 即为光在发生器振荡半周期中所通过的距离。还可以把 D 再移过去一些，找到相差为一个整周的点；那就是说，信号从第一根天线 S_1 到达 3 处的延迟时间比第二根天线 S_2 到达 3 处的延迟时间正好长了电流振荡一次所需的时间，因此在 3 处产生的两个电场又同相了。在 3 处信号又是强的。

这样就完成了我们对式(28.6)的一些重要特征的实验证明的讨论。当然我们没有真正验证电场强度按 $1/r$ 变化这一点，也没有验证磁场伴随电场行进这一点。要做到这几点需要相当复杂的技术，而且几乎不会增加我们对该点的理解。总之，我们已验证了那些对我们以后应用最重要的特征，下一学年我们将回过来再研究电磁波的另外一些性质。

第 29 章 干 涉

§29-1 电 磁 波

在本章中我们将用较多的数学方法来讨论上一章的问题。我们已定性说明在两个源的辐射场中有极大与极小存在,现在的问题是用数学方法详细描述此辐射场,而不是只定性地描述它。

我们已经相当满意地分析了式(28.6)的物理意义,但尚有几点需要用数学方法分析一下。第一,如果一个电荷沿一直线作振幅很小的上下加速运动,在与运动轴成 θ 角的方位上的场就沿着与视线垂直的方向,并在包含加速度与视线的平面内(图 29-1)。如果把距离叫做 r,那么在 t 时刻电场的大小为

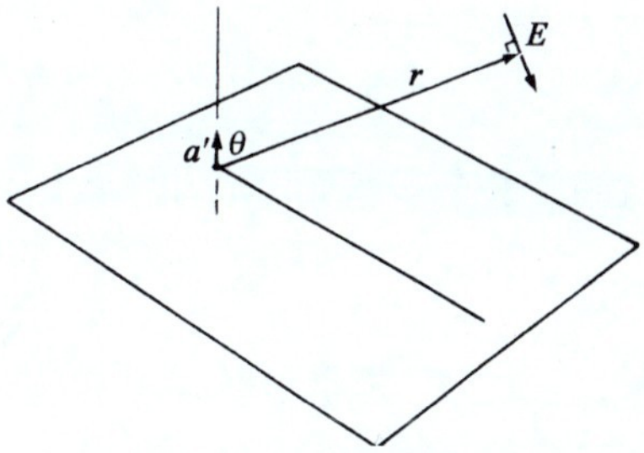

$$E(t) = -\frac{qa(t-r/c)\sin\theta}{4\pi\varepsilon_0 c^2 r}, \quad (29.1)$$

图 29-1 由推迟加速度为 a' 的正电荷产生的电场 E

其中 $a(t-r/c)$ 是 $(t-r/c)$ 时刻的加速度,叫做**推迟加速度**。

现在画出各种情况下电场的图像是很有意义的。当然,有趣的是因子 $a(t-r/c)$。为了理解它,可取最简单的情况,即 $\theta = 90°$,然后用图画出场来。我们以前所考虑的是站在某一位置上看该处的场如何随时间而变化,而现在我们来看一下在某一给定时刻,在空间不同位置上场是什么样的。所以,我们要的是能告诉我们在不同位置上电场如何的一幅"快照"。当然它取决于电荷的加速度。假如电荷起先作了某种特殊的运动:它原来静止着,突然以某种方式作加速运动,然后停止,如图 29-2 所示。过一会儿,我们就来测量不同地方的场。可以断言此场将如图 29-3 所示。每一点的场取决于前一时刻的加速度,而提前的时间即为延迟量 r/c。越是远的点的场取决于越是提前的时刻的加速度。所以图 29-3 中的曲线在某种意义上其实就是"倒转"画的加速度作为时间函数的图;距离与时间以比例常数 c 联系起来,而 c 我们经常取作 1。只要想一下 $a(t-r/c)$ 的数学性质,这一点是容易理解的。显然,如果使时间增

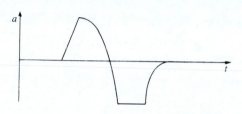

图 29-2 某电荷的加速度与时间的关系

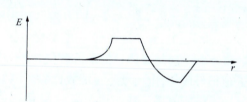

图 29-3 下一时刻的电场与位置的关系(忽略 $1/r$ 引起的改变)

加一个小量 Δt，那么此时 $a(t-r/c)$ 的值将与距离减少一个小量 $\Delta r=-c\Delta t$ 所得的值相同。

换一种说法：如果时间增加一个小量 Δt，只要距离增加一个小量 $\Delta r=c\Delta t$，我们就能使 $a(t-r/c)$ 恢复到原来的值。那就是说，随着时间的延续，场像波一样从源点向外运动。这就是为什么我们有时说光像波一样传播的理由。说场被延迟了，或说电场随着时间的延续而向外运动，两者是等价的。

一个有趣的特殊情况是电荷 q 在那里以振荡方式作上下运动。我们在上一章中用实验方法研究过的就是这样一种情况，其任一时刻的位移 x 等于某一常量 x_0，即振荡的幅值，乘上 $\cos\omega t$。这样，加速度就是

$$a=-\omega^2 x_0\cos\omega t=a_0\cos\omega t, \tag{29.2}$$

其中 a_0 是最大加速度 $-\omega^2 x_0$。将此式代入式(29.1)，得

$$E=-q\sin\theta\frac{a_0\cos\omega(t-r/c)}{4\pi\varepsilon_0 c^2 r}. \tag{29.3}$$

现在，我们忽略角度 θ 和常数因子，来看一看它作为时间和位置的函数是什么样子。

§ 29-2　辐射的能量

首先，在任一特定时刻和任一特定地点，场的强度与距离 r 成反比，正如我们以前所提及的。现在，我们必须指出，波所包含的能量，或这样的电场所具有的能量效应，与场的平方成正比。因为，如果电场中有某种电荷或振子，那么让电场作用于其上时，它将使其运动。如果这是一个线性振子，则由作用在电荷上的电场产生的加速度、速度和位移与场成正比。因此在电荷中出现的动能与场的平方成正比。所以我们就把场所能传递给系统的能量当作与场的平方成正比。

这意味着当我们远离源时，源所能提供的能量减少了；事实上，它与距离的平方成反比。

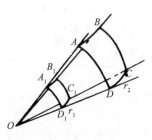

图 29-4　包含在角锥 $OABCD$ 中的能流与测量的距离 r 无关

这有一个很简单的解释：如果我们想要在距离 r_1 处收集起包含在某一角锥中的波的全部能量（图 29-4），同时又在另一距离 r_2 处收集之，我们发现在任一处单位面积的能量与 r 的平方成反比，但角锥所截的面积则直接与 r 的平方成正比。所以不论我们离得多远，从给定锥角的波中所能获取的能量是相同的！特别是，若在四周放置一圈吸收振子，则从整个波中所能获取的总能量是某一定值。因而，E 的振幅随 $1/r$ 而变化这一事实与存在一个永不散失的能流以及一个不断行进着的、散布在越来越大的有效面积中的能量这一说法是一样的。这样我们就看到，当一电荷发生振荡以后，它就损失了永远不能收回的若干能量；此能量不断地向越来越远的地方散失，并不减少。因而，如果我们离得足够远，使我们的基本近似很好成立，电荷就不可能收回它所辐射掉的能量。当然能量仍存在于某处，并且可以被其他系统所收集。我们将在第 32 章中进一步研究这种能量"损失"。

现在我们来较仔细地考虑式(29.3)所表示的波在给定的地点如何随时间变化，以及在给定时刻如何随位置变化。我们仍忽略常数及 $1/r$ 所引起的变化。

§ 29-3 正 弦 波

首先固定位置 r，观察作为时间函数的场，它以角频率 ω 振荡着。角频率可以定义为相位随时间的变化率(每秒弧度)。我们已学过这样的量，因此现在我们对它应很熟悉。周期是振荡一次——即一整周所需的时间，我们也已经得出过这个量，它是 $2\pi/\omega$，因为 ω 乘上周期是余弦的一周。

现在我们引入一个物理学中十分常用的新的量。这与相反的情况有关，即固定 t 而观察波作为距离 r 的函数。当然我们注意到，作为 r 的函数，波(29.3)仍是振荡的。这就是说，暂且不考虑所忽略的 $1/r$，当我们改变位置时，会看到 E 在振荡。因而，与 ω 类似，我们可以定义一个叫做波数的量，记为 k。它被定义为相位随距离的变化率(每米弧度)。这就是说，当我们于一固定时刻在空间运动时，相位在改变着。

另有一个与周期相应的量，我们可以称之为空间的周期，但它常被称为波长，记为 λ。波长是一个整周的波所占的距离。容易看出，波长是 $2\pi/k$，因为 k 乘以波长，即每米弧度的改变值乘上一周中的米数，应为一整周中相位改变的弧度数，而一周中相位必须改变 2π。所以 $k\lambda = 2\pi$ 与 $\omega t_0 = 2\pi$ 恰好类似。

在我们所要讨论的波中，频率与波长之间有着确定的关系，但上述 k 与 ω 的定义都十分一般。这就是说，在其他物理条件下，波长与频率的关系不一定一样。但在我们的情况下，相位随距离的变化率容易决定，因为，如果把 $\phi = \omega\left(t - \dfrac{r}{c}\right)$ 叫做相位，则 ϕ 对距离 r 的偏导数即变化率 $\dfrac{\partial \phi}{\partial r}$ 为

$$\left|\frac{\partial \phi}{\partial r}\right| = k = \frac{\omega}{c}. \tag{29.4}$$

同样的关系可以有许多表示法，如

$$\lambda = ct_0, \tag{29.5}$$

$$\omega = ck, \tag{29.6}$$

$$\lambda \nu = c, \tag{29.7}$$

$$\omega \lambda = 2\pi c. \tag{29.8}$$

为什么波长等于 c 乘周期? 这很容易，因为如果我们停着等一个周期过去，以速度 c 传播的波将移动距离 ct_0，当然恰好移动了一个波长。

在除光以外的物理情况下，k 不一定与 ω 有这样简单的关系。若让距离沿 x 轴，那么对于以波数 k 和角频率 ω 沿 x 方向运动的余弦波，一般可将其公式写成 $\cos(\omega t - kx)$。

我们既已引进波长的概念，就可以再讲一些式(29.1)成立的条件。我们记得场是由几部分组成的，其中一部分与 r 成反比，另一部分与 r^2 成反比，其余的则衰减得更快。值得了解一下在什么情况下场的 $1/r$ 部分成为最重要的部分，而其余部分则相对地很小。当然，答案是"如果我们离得'足够远'"，因为与距离平方成反比的项跟 $1/r$ 项比较起来最终变得完全可以忽略。多远才是"足够远"? 答案是，定性的讲，其他的项要比 $1/r$ 项小 λ/r 的量级。

这样一来,只要我们超过几个波长,式(29.1)就是场的很好的近似了。有时把超过几个波长的区域称为"波区"。

§29-4　两个偶极辐射子

接下来我们来讨论两个振子的效应合成时的数学,以找出某一给定点的净场。在上一章所考虑的几种情况下,这是很容易的。我们将首先对效应作定性描述,然后作较定量的描述。我们考虑简单的情况,振子的中心与探测器位于同一水平面上,而振动沿铅直方向。

图29-5(a)表示这样两个振子的俯视图,在此特例中它们位于南北方向,相距半个波长,并且同相位地一起振荡。我们称此相位为零相位。现在我们想知道在不同方向上的辐射强度。所谓强度,其意义就是每秒钟通过的场所携带的总能量,它与场的平方的时间平均值成正比。所以,当我们想要知道所看到的东西的光有多亮时,是指电场的平方,而不是电场本身(电场告诉我们静止电荷所感受的力的强度,但所通过的能量,以每平方米瓦特为单位,则与场的平方成正比。我们将在下一章中导出此比例常数)。如果我们从西边看此装置,两个振子贡献相等并且同相位,所以电场为单个振子所产生的两倍。因而强度为只有单个振子时的四倍(图29-5中的数字代表在该处的强度与只有单个单位强度的振子时该处强度的比)。而在沿振子连线的无论是南还是北的方向上,由于它们相隔半波长,一个振子的效应与另一个振子的效应恰好相差半周,因而其场加起来为零。在某一特定的中间角度(其实是30°)上强度是2,然后逐渐衰减,强度依次为4,2,0,等等。我们必须学习如何找出其他角度上的这些数。这是叠加两个具有不同相位的振动问题。

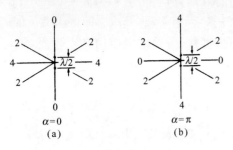

图 29-5　来自相距半个波长的两个偶极振子的场在不同方向上的强度

(a) 同相($\alpha = 0$); (b) 相位差半个周相($\alpha = \pi$)

我们立即来看一下其他有趣的情况。假如两个振子仍相距半波长,但一个振子振动的相位α比另一个落后半个周相[图29-5(b)]。现在西边的强度是零,因为当一个振子正在"拉"时,另一个振子正在"推"。但在北边,来自较近一个振子的信号于某一时刻到达,来自另一振子的信号则在半个周期后到达。但后者在计时上原来就落后了半个周期,因而现在恰好与前者合拍(同时),所以在此方向上的强度为4个单位。在30°方向上的强度仍为2,正如我们以后可以证明的那样。

现在我们得到一个可能比较有用的有趣情况。我们指出,振子间的相位关系之所以有趣,其理由之一来自束状无线电发射机。例如,我们建造一个天线系统,并且想要发送无线电信号,比如说到夏威夷。我们就如图29-5(a)那样装置天线,并用两根天线同相位地进行广播,因为夏威夷在我们的西面。而明天我们打算向加拿大阿尔伯塔(Alberta)广播。因为它在北面,不是西面,我们只要反转一根天线的相位,就能向北广播。因而我们可以建造具有各种排列方式的天线系统。我们所说的是最简单的方式之一;可以使它们更复杂,而且用改变各天线上的相位的办法就能把波束发送到各个方向,并把大部分功率发送到我们希望输送的方向上,而根本用不着移动天线!但在上述两种情况中,当我们朝阿尔伯塔广播时,我们在复活节岛(Easter Island)上浪费了许多功率,因而问是否可能只朝一个方向发送信号是有意义的。乍看起来我们会认为,用一对这样的天线其结果似乎总是对称的。所以,我们考虑一种能得出不对称结果的情况,以证明有变化的可能。

如果两根天线相距 1/4 波长,而且北边一根的振动在时间上比南边的一根落后 1/4 周期,那么将会发生什么情况(图 29-6)? 在西边我们得 2,就如我们以后将看到的。在南面我们得零,因为若来自南边天线的信号于某一时刻到达,则来自北边天线的信号在时间上就晚 90°到达,但它在相位上本来已落后 90°,因而它到达时相位总的相差 180°,故没有效应。另一方面,在北面,北边天线的信号比南边天线的信号在时间上早 90°到达,因为它近了 1/4 波长,但它的振动相位被调整得在时间上落后 90°,那就刚好补偿了延迟差,于是两个信号一起以同相位出现,使场的强度为原来的两倍,能量为原来的四倍。

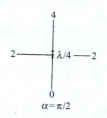

图 29-6　向一个方向输送最大功率的一对偶极子天线

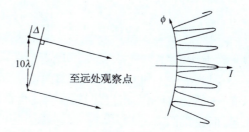

图 29-7　两个相距 10λ 的偶极子的强度分布图

这样,在天线的排列与相位配置上作一些巧妙的安排,能够把功率全部发送到一个方向上。但它仍然分布在一个很大的角度上。能否将它安排得使功率更尖锐地聚焦于某一特定方向上? 我们再来考虑夏威夷的情形,在那里我们朝东和朝西发送波束,但它仍散播在很大的角度上,因为即使在 30°方向上仍有一半的强度——我们在浪费功率。能不能做得更好一些? 我们拿两根天线相距 10 个波长的情形来说(图 29-7),它更接近于我们在上一章做过实验的相距几个波长而不是不到一个波长的情况。此时图像就大不相同了。

如果两个振子相距 10 个波长(我们取同相位的情况使之易于理解),可以看到在东西方向上它们同相,并得到很强的强度,为只有其中之一存在时的四倍。另一方面,在离开一个很小角度处,则到达时间相差 180°,因而强度为零。精确地说,如果从每个振子画一直线到远处的一点,两距离之差 Δ 为 $\lambda/2$,即振动的半周,则它们将反相位。这时就出现第一个零点(图并没有按比例画出;它只是个草图)。这就意味着我们的确在所需要的方向上得到了一个尖锐的波束,因为只要方向稍稍移动一点儿,强度就没有了。但在实际应用时,比如我们正在设想建立一无线电广播装置,遗憾的是,如果在某一方向使程差 Δ 比原来的加倍,那么就得到一整周的相位差,这又恰好与同相位一样! 于是就得到一系列的极大与极小,正像在第 28 章中用相距 2.5λ 的两个振子得到的情况一样*。

那么,怎样才能把振子安排得可以摆脱这些额外的极大,或者所谓的"波瓣"呢? 可以用

---

* 第 28 章中并没有具体讲到两个振子相距 2.5λ。——译者注

相当有趣的办法摆脱这些不需要的波瓣。假如我们在已有的两根天线之间再放置另外一组天线(图 29-8)。这就是说,最外边的两根天线仍相距 10λ,但在它们之间,比如说每隔 2λ,放置另一根天线,并都同相位地激励它们。现在有了六根天线,如果我们观察东西方向的强度,它们当然要比只有一根天线时强得多,场强将达六倍而强度将达三十六倍(场强的平方)。在这个方向上我们得到 36 个单位的强度。如果接着观察邻近的点,发现在大约以前强度是零的地方仍得到零,而再过去一些,在原来得到大"突起"的地方,现在得到一个很小的"突起"*。让我们看一看为什么这样。

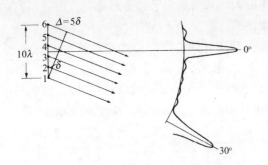

图 29-8　六个偶极子天线装置和它的强度分布图的一部分

其理由是,虽然当距离 Δ 恰好等于一个波长时我们可以预期得到一个大的突起,此时偶极子 1 和 6 的确同相位,并在该方向上正要一起加强,但 3 和 4 恰好与 1 和 6 在相位上差大约半个波长,因此虽然 1 和 6 一起推,3 和 4 也一起推,但两者反相。于是在该方向上只有很小的强度——但仍有一点儿;它们并没有完全抵消。此类情况继续发生,我们就有了许多很小的突起,而在我们需要的方向上得到很强的波束。但在此特例中,会发生另外的情况,即:既然相邻偶极子之间的距离是 2λ,那就可能找到一个角度,使得相邻偶极子之间的程差 δ 恰为一个波长,这样,来自所有偶极子的效应又同相了。每个偶极子比下一个延迟了 $360°$,因而它们都同相地到达观察点,这样在该方向上就得到另一个很强的波束!在实际中很容易避免这一点,因为我们可以把偶极子靠得比一个波长更近。如果我们放进更多的天线,每根相隔得比一个波长更近,这种情况就不会发生。但当间隔比一个波长大,这种情况能够在某一角度上发生这一事实,在另外的应用中——不是在无线电广播中,而是在衍射光栅中——却是十分有趣而有用的现象。

§29-5　干涉的数学

至此,我们已完成对于偶极辐射子现象的定性分析,但我们还得学习如何定量地分析它。为了求出在最一般情况下,两个相互间本来就具有相位差 α,强度 A_1 与 A_2 不相等的振子的振动源在某个特定角度的方向上的总效应,我们发现必须将两个具有相同频率、但不同相位的余弦加起来。很容易求出两者的相位差;它是由距离差引起的延迟和本来就具有的振动相位差两部分组成的。数学上,我们必须求出两个波的和 R

$$R = A_1\cos(\omega t + \phi_1) + A_2\cos(\omega t + \phi_2).$$

怎样求呢?

其实很容易,我们假定大家早已知道了怎样去求。不过,我们仍将稍微详细地概述一下

---

* 其实零点在靠近原来的一级极大处,以后各级次极大也不在原来的各级极大处,而在靠近原来强度为零的诸位置上。——译者注

步骤。首先，如果我们擅长数学并熟悉余弦和正弦，就能方便地求得。最容易的是 A_1 与 A_2 相等的情况，假定它们都等于 A。在这样的情况下，就有（这可以称为三角解法）

$$R = A[\cos(\omega t + \phi_1) + \cos(\omega t + \phi_2)]. \tag{29.9}$$

在三角课程中，我们可能学到过下列公式

$$\cos A + \cos B = 2\cos \frac{1}{2}(A+B)\cos \frac{1}{2}(A-B). \tag{29.10}$$

若知道此式，就能立即把 R 写为

$$R = 2A\cos \frac{1}{2}(\phi_1 - \phi_2)\cos\left(\omega t + \frac{1}{2}\phi_1 + \frac{1}{2}\phi_2\right). \tag{29.11}$$

可见我们得到了一个具有新的相位与新的振幅的波动。一般地说，其结果将是一个具有新的振幅（我们可以称之为合成振幅）A_R，以同样频率振荡而产生相位（称为合成相位）为 ϕ_R 的波动。由此看来，我们的特例具有下列结果：合成振幅为

$$A_R = 2A\cos \frac{1}{2}(\phi_1 - \phi_2), \tag{29.12}$$

而合成相位为两个相位的平均值，我们的问题就这样解决了。

现在假定我们记不起来两个余弦之和等于两角和之半的余弦乘以两角差之半的余弦的两倍。于是我们可以用另一个更带几何性质的分析方法。任一 ωt 的余弦函数可以看作一个旋转矢量的水平投影。假定有一长度为 A_1 的矢量 $\mathbf{A}_1$ 随时间旋转着，因而它与水平轴的夹角为 $\omega t + \phi_1$（我们不立即考虑 ωt，并看出这不会带来什么影响）。假定我们在时刻 $t=0$ 拍摄快照，尽管图像实际上以角速率 ω 在旋转（图 29-9）。$\mathbf{A}_1$ 在水平轴上的投影正好是 $A_1\cos(\omega t + \phi_1)$。现在，当 $t=0$ 时，第二个波可用另一个长为 A_2，与水平轴夹角为 ϕ_2，也在旋转着的矢量 $\mathbf{A}_2$ 来代表。它们都以相同的角速度 ω 旋转着，因而两者的相对位置是固定的。系统像一个刚体一样旋转着。$\mathbf{A}_2$ 的水平投影为 $A_2\cos(\omega t + \phi_2)$。但从矢量理论知道，如果我们用一般的平行四边形法则将两个矢量加起来，并画出合矢量 $\mathbf{A}_R$，则

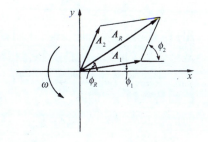

图 29-9 合成两个余弦波的几何方法。想象整个图以角频率 ω 逆时针旋转着

其 x 分量为其他两个矢量的 x 分量之和。这就解决了我们的问题。很容易验证这一方法为我们上面处理的 $A_1 = A_2 = A$ 这一特殊情况提供了正确的结果。在这一情况下，从图 29-9 可见 $\mathbf{A}_R$ 位于 $\mathbf{A}_1$ 与 $\mathbf{A}_2$ 的中间，并与它们都构成 $(\phi_2 - \phi_1)/2$ 的角。从而可见 $A_R = 2A\cos[(\phi_2 - \phi_1)/2]$，与前述一样。从三角形也可看出，当 $\mathbf{A}_1$ 与 $\mathbf{A}_2$ 的幅度相等时，旋转着的 $\mathbf{A}_R$ 的相位是 $\mathbf{A}_1$ 与 $\mathbf{A}_2$ 的相角的平均值。显然，我们也容易解出振幅不相等的情况。可以把此称为解决问题的几何方法。

还有另一种解此问题的方法，称为分析法。此方法是，写出一些能表达与图 29-9 同样意义的东西，而不是去真的作那样的图。即我们不去画矢量，而是写出代表每个矢量的复数。复数的实部就是实际物理量。这样，在我们的特殊情况下，波动可用这种方式来写：

$A_1 e^{i(\omega t + \phi_1)}$[其实部为 $A_1 \cos(\omega t + \phi_1)$]和 $A_2 e^{i(\omega t + \phi_2)}$。现在可将两者相加

$$R = A_1 e^{i(\omega t + \phi_1)} + A_2 e^{i(\omega t + \phi_2)} = (A_1 e^{i\phi_1} + A_2 e^{i\phi_2}) e^{i\omega t} \quad (29.13)$$

或

$$\hat{R} = A_1 e^{i\phi_1} + A_2 e^{i\phi_2} = A_R e^{i\phi_R}. \quad (29.14)$$

这样就解决了我们要求解的问题,因为它代表叠加结果是模为 A_R、相角为 ϕ_R 的复数。

为了明白这种方法是如何进行的,我们来求振幅 A_R,它就是 $\hat{R}$ 的"长度"。为了得到一个复量的"长度",我们常用它的复共轭去乘它,这样得到长度的平方。复共轭具有同样的表示式,只是 i 前面的符号相反。这样我们得到

$$A_R^2 = (A_1 e^{i\phi_1} + A_2 e^{i\phi_2})(A_1 e^{-i\phi_1} + A_2 e^{-i\phi_2}). \quad (29.15)$$

将此乘出,得 $A_1^2 + A_2^2$(这里的 e 被消去了),而交叉项则为

$$A_1 A_2 [e^{i(\phi_1 - \phi_2)} + e^{i(\phi_2 - \phi_1)}],$$

因为

$$e^{i\theta} + e^{-i\theta} = \cos\theta + i\sin\theta + \cos\theta - i\sin\theta.$$

这就是说,$e^{i\theta} + e^{-i\theta} = 2\cos\theta$。最终结果就成为

$$A_R^2 = A_1^2 + A_2^2 + 2A_1 A_2 \cos(\phi_2 - \phi_1). \quad (29.16)$$

可见,这与图 29-9 中用三角规则得到的 A_R 的长度一致。

这样,两效应的总和为只有一个源存在时所得的强度 A_1^2,加上只有另一个源存在时所得的强度 A_2^2,再加上一修正项。这个修正项称为**干涉效应**。它实际上就是把两个强度简单地加起来所得的结果与实际发生的情况两者之间的差别。不论它是正的还是负的,我们都称之为干涉(干涉*在一般语言中意味着对抗或妨害,但物理学上我们常不按语言原意来使用!)。如果干涉项是正的,我们就称之为相长干涉,尽管它在除物理学家以外的任何人听来是奇怪的**! 相反的情况则为相消干涉。

现在来看如何把适用于两个振子情况的一般公式(29.16)应用到我们作过定性讨论的特殊情况中去。为了应用这个一般公式,只要找出存在于到达给定点的两信号之间的相位差 $\phi_1 - \phi_2$ 就行了(它当然只依赖于相位差,而不依赖于相位本身)。所以,我们来考虑两个具有相同振幅,相隔某一距离 d,并有固有相对相位 α(当一个相位为零时,另一个相位为 α)的振子的情况。我们问与东西线成 θ 方位角的方向上强度是多少[注意这不是出现在图(29.1)中的同一个 θ。我们也曾为究竟是用一个像 $\cup$ 那样不常用的符号还是用常用的符号 θ 而举棋不定(图 29-10)]。相位关系可以这样来找到:注意到从 P 点到两个振子的程差是 $d\sin\theta$,因而由此提供的相位差是 $d\sin\theta$ 所含的波长数乘以 2π(内行人可能会用波数 k,即相位随

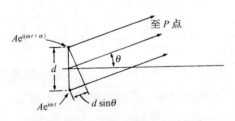

图 29-10 两个振幅相等、相互间有 α 相位差的振子

---

* 这里指干涉的英语原文"interference"。——译者注
** "相长"原文为"constructive",有"建设性的"之意,作者认为在一般人的心目中"干涉"是不含有"建设性的",故说是"奇怪的"。——译者注

距离的变化率,乘以 $d\sin\theta$,其实一样)。这样,由程差引起的相位差就是 $\frac{2\pi d\sin\theta}{\lambda}$,但由于两振子振动时间上的差,尚有附加的相位差 α。所以到达时的相位差将是

$$\phi_2 - \phi_1 = \alpha + 2\pi \frac{d\sin\theta}{\lambda}. \tag{29.17}$$

此式适用于所有情况。接着只要将此表示式代入式(29.16)并使 $A_1 = A_2$,就能对两个强度相同的天线计算出所有不同的结果。

现在我们来看一看在各种情况下会出现什么结果。例如,图 29-5 中在 30°方向上的强度为 2 的理由如下:两振子相隔 $\lambda/2$,故在 30°方向上,$d\sin\theta = \lambda/4$,因而

$$\phi_2 - \phi_1 = \frac{2\pi\lambda}{4\lambda} = \frac{\pi}{2},$$

于是干涉项为零(我们是将两个互成 90°角的矢量相加)。合矢量是 45°直角三角形的斜边,是单位振幅的 $\sqrt{2}$ 倍;将它平方,就得到一个振子强度的两倍。其他所有情况可以用同样方法得出。

第30章 衍 射

§30-1 n 个相同振子的合振幅

本章是上一章的继续,虽然名字由干涉变为衍射。至今没有人能令人满意地解释干涉与衍射之间的区别。这只是一个用法问题,它们之间在物理上并没有明确的重大区别。粗略地讲,我们能做的至多是说,当只有几个(比如说两个)源干涉时,其结果常称为干涉,而当源很多时,则衍射一词似乎更常用。因而,我们将不去管它是干涉还是衍射,而从上一章所述问题中断的地方继续下去。

我们现在要讨论这样的情形:有 n 个等间距的振子,振幅都相同,但彼此间相位不同,这或者是由于激励时不同相,或者是由于从某一个角度去观察它们从而延迟时间有所不同所致。不管怎么样,我们必须做这样的加法

$$R = A[\cos \omega t + \cos(\omega t + \phi) + \cos(\omega t + 2\phi) + \cdots + \cos(\omega t + (n-1)\phi)], \quad (30.1)$$

其中 ϕ 是在某一特定方向上观察时,一个振子与下一个振子的相位差。显然

$$\phi = \alpha + 2\pi \frac{d\sin\theta}{\lambda}.$$

现在必须把所有的项加起来。我们将用几何法来作。第一个矢量长为 A,相位为零。下一个矢量长也是 A,而相位等于 ϕ。再下一个矢量长还是 A,而相位等于 2ϕ,等等。显然,我们正在围成一个 n 边的等角多边形(图 30-1)。

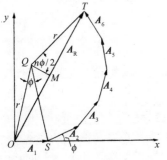

图 30-1 $n = 6$ 的等间距、相继净相位差为 ϕ 的源的合振幅

这些矢量的顶点当然都在圆周上,于是只要求出这个圆的半径,就很容易求得净振幅。假定 Q 是此圆的圆心,可以看出角 OQS 正好就是相角 ϕ(这是因为半径 QS 跟 A_2 与 QO 跟 A_1 构成相同的几何关系,所以它们之间构成的角也为 ϕ)。这样一来,半径 r 必须满足 $A = 2r\sin\phi/2$,于是 r 就确定下来了。但大角 OQT 等于 $n\phi$,因而可得 $A_R = 2r\sin(n\phi/2)$。联立这两式以消去 r,得到

$$A_R = A \frac{\sin(n\phi/2)}{\sin(\phi/2)}, \quad (30.2)$$

合强度就是

$$I = I_0 \frac{\sin^2(n\phi/2)}{\sin^2(\phi/2)}. \quad (30.3)$$

现在我们来分析这一表示式,并研究它的一些结果。首先,我们可用 $n=1$ 来验证此式。结果是对的,$I = I_0$。接着用 $n=2$ 来验证它:将 $\sin\phi$ 写为 $\sin\phi = 2\sin\phi/2\cos\phi/2$,可得 $A_R = 2A\cos\phi/2$,与式(29.12)一致。

促使我们考虑 n 个源叠加的思想是,我们应该在某一方向得到比另一方向大得多的强度;即只有两个源存在时出现的一些邻近的极大,其强度将会变小。为了看出这一结果,作由式(30.3)得出的曲线,把 n 当作很大的数,并在 $\phi = 0$ 附近作图。首先,如果 ϕ 确实为零,就得到 0/0,但如果 ϕ 是无穷小,两个正弦平方之比就是 n^2,因为此时正弦与角度近似相等。这样,曲线极大值的强度就等于 n^2 乘以一个振子的强度。这很容易明白,因为如果它们都同相位,则各小矢量间没有相对的角度,并且所有 n 个矢量都相加,因而总振幅大了 n 倍,强度大了 n^2 倍。

当相位 ϕ 增加时,两个正弦之比开始下降,而当 $n\phi/2 = \pi$ 时,它第一次达到零,因为 $\sin\pi = 0$。换句话说,$\phi = 2\pi/n$ 对应于曲线中的第一个极小值(图 30-2)。按照图 30-1 中的箭头所发生的情形来说,第一个极小值发生在最后的箭头回到起点时;这意味着在所有箭头中累积起来的总角度,即第一个振子与最后一个振子之间总的相位差,必须是 2π,以完成一个圆周。

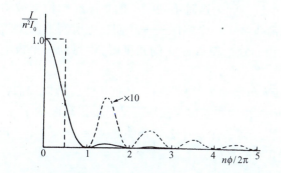

图 30-2 大量等幅度振子的总强度与相角的函数关系

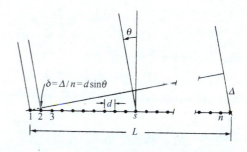

图 30-3 以相角 $\alpha_s = s\alpha$ 方式激励的 n 个相同振子的直线状排列

接下来看下一个极大值,我们曾希望它比第一个极大值小得多。我们不准备精确地求出极大的位置,因为式(30.3)的分子与分母是变化的,但当 n 很大时,$\sin\phi/2$ 变化得比 $\sin(n\phi/2)$ 慢得多,所以当 $\sin(n\phi/2) = 1$ 时与极大值很接近。$\sin^2(n\phi/2)$ 的下一个极大值出现在 $n\phi/2 = 3\pi/2$,或 $\phi = 3\pi/n$ 处。这对应于箭头已绕了一圈半。将 $\phi = 3\pi/n$ 代入公式以求得极大值的大小,发现分子中 $\sin^2(3\pi/2) = 1$(因为这正是我们为什么取这一角度的原因),而分母中则有 $\sin^2(3\pi/2n)$,现在如果 n 足够大,则此角度很小,正弦就等于角度;因而对一切实际问题来说,可以令 $\sin(3\pi/2n) = 3\pi/2n$。这样我们求得这一极大的强度为 $I = 4n^2I_0/9\pi^2$。但 n^2I_0 是主极大强度,因而 I 为 $4/9\pi^2$ 乘以主极大强度,它只有主极大强度的 0.047 倍左右,不到 5%!当然在更远处还有一些越来越小的强度。所以我们有了一个两边伴有很弱的次极大的尖锐的中央极大。

可以证明整个曲线包围的面积,包括所有小的突起在内,等于 $2\pi nI_0$,即图 30-2 中虚线所表示的矩形面积的两倍。

现在我们来进一步考虑在不同情况下如何应用式(30.3),并试图理解所发生的情况。

设所有的源都在一直线上,如图 30-3 所示。有 n 个源,都相距 d,并假定相邻源之间的固有相位差是 α。当我们在与法线成 θ 角的方向上观察时,如以前所讨论的,由于每两个相继源之间在时间上的延迟,就有一个附加的相位差 $2\pi d \sin\theta/\lambda$。因而

$$\phi = \alpha + 2\pi \frac{d\sin\theta}{\lambda} = \alpha + kd\sin\theta. \tag{30.4}$$

首先来看 $\alpha = 0$ 的情形。这就是说,所有的振子同相位,而我们想知道强度与 θ 角的函数关系如何。为了找出它,只要将 $\phi = kd\sin\theta$ 代入公式(30.3),看看会发生什么情况就行。首先,当 $\phi = 0$ 时有一极大值。这意味着当所有的振子同相位时,在 $\theta = 0$ 的方向上有一很大的强度。另一方面,一个有趣的问题是,第一个极小值在哪里? 它出现在 $\phi = 2\pi/n$ 处。换句话说,当 $2\pi d\sin\theta/\lambda = 2\pi/n$ 时,我们得到曲线的第一个极小值。若去掉这些 2π 以使我们看得更清楚一些,则由它可得:

$$nd\sin\theta = \lambda. \tag{30.5}$$

现在我们来理解为什么在该处得一极小值的物理意义。nd 是排列的总长度 L。参照图 30-3,可得 $nd\sin\theta = L\sin\theta = \Delta$。式(30.5)所说的就是当 Δ 等于一个波长时,我们得到一个极小值。那么,为什么当 $\Delta = \lambda$ 时会得到极小值? 因为这时不同振子的贡献在相位上被均匀地分布在从 $0°$ 到 $360°$ 之间。图 30-1 中的箭头绕了一个整圈——我们在把所有方向上的相同的矢量加起来,所以总和为零。因而当我们处于使 $\Delta = \lambda$ 的角度时,就得到一个极小值。这是第一个极小值。

式(30.3)还有一个重要的特性,就是如果 ϕ 角增加 2π 的任意倍,其值不变。所以我们将在 $\phi = 2\pi, 4\pi, 6\pi$ 等等处得到另一些主极大值。在这些主极大值附近又重复出现图 30-2 的图形。我们会自问,导致这另一些主极大值的几何条件是什么? 条件是 $\phi = 2\pi m$,其中 m 是任意整数。那就是 $2\pi d\sin\theta/\lambda = 2\pi m$。除以 2π,得到

$$d\sin\theta = m\lambda. \tag{30.6}$$

这看起来有点像另一个公式(30.5)。但并非如此,那个公式是 $nd\sin\theta = \lambda$。其区别是,在这里我们必须注视个别的源,当我们说 $d\sin\theta = m\lambda$ 时,就意味着我们处于使 $\delta = m\lambda$ 的角度 θ。换句话说,此时每一个源都有一定贡献,而相邻源之间相位差为 $360°$ 的整数倍,从而使贡献同相位,因为相位相差 $360°$ 与同相位是一样的。所以它们的贡献都同相位,并产生上文讨论过的对应 $m = 0$ 的同样的极大值。次级凸起,即图形的整个形状,恰好与 $\phi = 0$ 附近的相同,两边也有同样的一些极小值,等等。这样一来,这种排列就会向不同的方向发射光束,每一束都有一个很强的主极大值和若干个弱的"边瓣"。这些不同的强光束按照 m 的值分别称为零级光束,一级光束,等等。m 称为光束的级。

注意,如果 d 小于 λ,式(30.6)除 $m = 0$ 外没有解,所以若间距太小的话,将只有一个可能的光束,即集中于 $\theta = 0$ 处的零级光束(当然,在反方向也有光束)。为了得到次级主极大值,必须使排列的间距 d 大于一个波长。

§30-2 衍 射 光 栅

在技术上可以将天线与导线安排得使所有小振子(或天线)的相位相同。问题是对光

我们是否也能这样做，以及如何做。现时我们还不能真正地建立起一个光频无线电台，并将它们用无限小的导线连接起来，以给定的相位激励它们。但有一个与之等效的很方便的方法。

假如我们有许多平行导线，彼此间隔相同的间距 d，并有一个很远(实际上是无限远)的无线电频源，它发射一个电场，此场以相同相位到达每一导线(源是那么远，以致对所有的导线来说时间的延迟都相同。有人会用曲线形排列来达到此点，但我们采用平面的情形)。于是外电场将驱使每一导线中的电子上、下运动。也就是说，从原来的源发射的场将激励电子上、下运动，这种运动电子就成了新的发射源。从某一个源发出的光波能激起一块金属中的电子运动，而这些运动又产生了它们自己的波，这一现象称为散射。因而我们只要架起许多导线，使之间隔相等，并以远处的无线电频源激励它们，就能得到所需的情况，无需许多特殊的布线。如果投射是法向的，相位就相同，我们将正好得到刚讨论过的情况。因此，若导线间隔大于波长，就可在法向得到很强的散射强度，而在另外的某些方向也能得到由式(30.6)给出的很强的散射强度。

这个方法对光也适用! 用一块平玻璃片代替导线，在其上刻以凹槽，使光在每个刻痕处的散射与玻璃的其余部分略有不同。如果我们将光照射在玻璃上，每个刻痕就成为一个源，假如使刻痕的间距很小，但不小于波长(要小于波长在技术上几乎是不可能的)，那么我们就会预期产生一个十分奇怪的现象：光不仅会笔直地通过去，而且按刻痕间隔的大小，在某一有限的角度上也会出现强光束！这类东西实际上已制造出来，并在普遍使用，——它们被称为衍射光栅。

有一种衍射光栅只是一片透明、无色的平板玻璃，其上刻有刻痕。每毫米常有几百条刻痕，它们被排列得非常仔细，使间距都相同。此光栅的效果可以用下述办法看出。用投影器将一竖直的光线(狭缝的像)投射到墙上。将光栅放进光束(使刻痕竖直)，即可看到原来的光线仍在那里，但除此之外在两边还附加有另一个彩色的明亮光斑。这无疑是光缝在一宽广角度上散开的像，因为式(30.6)中的角度 θ 取决于 λ，而我们知道，不同颜色的光是与不同的频率，亦即不同的波长对应的。最长的可见光波长是红色的。由于 $d\sin\theta = \lambda$，它应有一较大的角度。事实上，我们确实发现红色在离开中心像较大的角度上！在另一边应也有一束光，我们在屏幕上也的确看到了。再者，当 $m = 2$ 时，式(30.6)还应有另一个解。我们的确看到那里有一个模模糊糊的很弱的光束，再过去甚至还有一些光束。

我们刚才论证过，所有这些光束应该是等强度的，但如今它们并非如此，而且事实上即使是左、右两边的第一级光束都不相等！原因是光栅被仔细地恰好做成这样。怎么做呢？如果光栅由宽度无限小、间隔均匀、非常细的刻痕组成，那么所有的强度的确会相等。但是，事实上，虽然这只是最简单的情形，我们也可以考虑一个由一对对天线组成的阵列，并且一对天线中的每一根都有一定的强度和相对相位。假使这样的话，就可能对不同的级得出不同的强度。光栅常刻成小"锯齿"形，以代替对称的小凹槽。小心地安排"锯齿"，可以使投向光谱某一特定级的光比另外的级更多。在实际光栅中，我们总希望在某一级上的光尽可能多。这似乎是招徕麻烦的事情，但却是很聪明的做法，因为它使光栅更有用了。

至此，我们讨论了所有源的相位相等的情况。但我们也有一个相邻源的相位相差

α 时 ϕ 的公式。那需要将天线绕成彼此间有一小的相移。对光能这样做吗？可以,我们很容易做到这一点。假如在无限远处有一光源,它处在一定的倾角上使光以角 θ_{in} 入射,而我们想讨论以角 θ_{out} 出射的散射光。θ_{out} 与上述的 θ 相同,但 θ_{in} 则只是借以使每个源的相位不同:来自远处激励源的光先投射到一个刻痕,接着投射到下一个刻痕,等等,一个与下一个之间有一相移,此相移即为 $\alpha = -d\sin\theta_{in}/\lambda$。因而,对于入射光与出射光都有倾角的光栅,就有公式

$$\phi = 2\pi \frac{d\sin\theta_{out}}{\lambda} - 2\pi \frac{d\sin\theta_{in}}{\lambda}. \tag{30.7}$$

我们来找找看,在这些情况下,在哪里能得到极强。当然,极强的条件是 ϕ 应为 2π 的整数倍。有几个有趣之点值得注意。

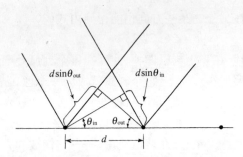

图 30-4 从光栅上相邻划线散射的光线的程差是 $d\sin\theta_{out} - d\sin\theta_{in}$

一个颇有趣的是与 $m = 0$ 对应的情况,其中 d 小于 λ;实际上,这是唯一的解。在这种情况下,可得 $\theta_{out} = \theta_{in}$,这意味着光以与激励光栅的光同样的方向出射(图 30-4)。我们会认为光"直接透过去"了。不,我们所讲的是另一束光。直接透过的光是来自原来的光源;我们所讲的则是由散射产生的新的光。它说明散射光正沿着原来光的方向行进,事实上它会与之干涉——这是我们以后要研究的情形。

对同一情况还有另一个解。对于给定的 θ_{in},θ_{out} 可以是 θ_{in} 的补角。因此我们不仅可在与入射光束相同的方向上得到一光束,而且还可以在另一方向上得到一光束,如果仔细想一下,此光束位于入射角等于散射角的方向上。这个光束称为反射光束。

这样我们开始理解反射的基本机理:入射光使反射体中的原子发生运动,从而反射体就产生一束新的波,散射方向的一个解——当散射源的间距与波长相比很小时则为唯一的解——是使光出射的角度等于其入射的角度!

其次,我们来讨论当 $d \rightarrow 0$ 时的特殊情况。这就是说,比如我们刚好有一块固体,其长度是有限的。另外,我们要使从一个散射源到下一个散射源的相移趋近于零。换句话说,我们在两根天线间放进越来越多的天线,以至于每个相位差变得很小,但天线的数目却以这种方式增加,使一端至另一端之间总的相位差为常数。我们来看一看当保持一端至另一端的相位差 $n\phi$ 为常数(比如说 $n\phi = \Phi$),而让天线数目趋向无限多,从而每个相移 ϕ 趋近于零时,式(30.3)将怎么样。但现在 ϕ 很小,故 $\sin\phi = \phi$,若我们仍把 $n^2 I_0$ 当作光束中央的最大强度 I_m 的话,则

$$I = 4I_m \sin^2 \frac{1}{2}\Phi/\Phi^2, \tag{30.8}$$

这一极限情况如图 30-2 中所示。

在这种情况下,我们看到了与有限间隔 $d > \lambda$ 同样类型的图;所有边瓣实际上与以前相同,只是没有较高级的极大值。如果散射源都同相,我们就在 $\theta_{out} = 0$ 的方向上得一极大值,

而在距离 Δ 等于 λ 时得一极小值，同有限的 d 与 n 的情况正好一样。因而若用积分代替累加，我们甚至可以分析散射源或振子连续分布的情况。

作为一个例子，设有一长列振子，其电荷沿着排列方向振动(图 30-5)。自这种排列发出的光的最大强度所在方向与直线垂直。在赤道平面的上、下有少量的强度，但很微弱。利用这一结果，我们就可以处理更复杂的情形了。假如我们有一系列这样的线，每一条线只在与线垂直的平面上产生光束。寻求发自一系列长导线(而不是无限小导线)的光在不同方向上的强度，与寻求发自无限小导线的光是同一个问题，只要我们限于在与导线垂直的中心平面上观察；因为这时我们所累加的正相当于来自每根长导线的贡献。这就是为什么我们实际上虽然只分析了小天线，却也可用于具有狭长槽的光栅的缘故。每个长槽只在自己的方向 * 产生效果，上、下则没有，但它们水平地相继排列，故在水平方向产生干涉。

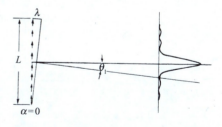

图 30-5　连续排列的振子的强度花样有一个单一的极大值和许多微弱的"边瓣"

这样，利用散射源在直线、平面和空间的不同分布，就能构成更多的复杂情形。我们首先所做的是考虑直线上的散射源，刚才我们已把分析推广到许多细长条；只需作必要的累加，将来自各散射源的贡献加起来，就能求出结果。其中的原理往往是同样的。

§30-3　光栅的分辨本领

现在我们能够理解许多有趣的现象了。例如，考虑利用光栅来分离波长的情况。我们已注意到光栅可以使整个光谱散布在屏幕上，因而光栅可用作将光分成不同波长的仪器。其中有一个有趣的问题是：假如有两个频率略有不同或波长略有不同的源，问它们的波长要靠得多近才能使光栅不能分辨其中实际上有两个波长？红色与蓝色分得很清楚。但当一个波是红色的而另一个波略微更红一些，但非常接近，那么它们可以靠得多近？这叫做光栅的分辨本领，分析这个问题的一种方法如下。假定对某种颜色的光，我们恰巧在某个角度上得到其衍射光束的极大值。如果改变波长，相位 $2\pi d\sin\theta/\lambda$ 就不同，当然极大值就出现在不同的角度上。这就是红色与蓝色为什么被散开的原因。为了使我们能够看清楚它，角度必须差多少？如果两个极大值刚好彼此重合，我们当然不能看清楚它们。如果一个极大值与另一个极大值离得足够远，那么我们就能看到在光的分布中有一双峰或两个突起部分。为了能够恰好辨认出双峰，下述简单的判据(称为瑞利判据)是常用的，那就是：一个峰的第一极小值应位于另一个峰的极大值处。这样就很容易计算当一个极小值位于另一个极大值处时波长的差为多少。最好的计算方法是几何方法。

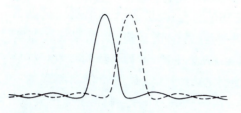

图 30-6　瑞利判据的说明。一个花样的极大值落在另一个花样的第一极小值上

---

* 指与槽垂直的方向。——译者注

为了使波长 λ' 有一极大值,距离 Δ(图 30-3)必须是 $n\lambda'$,若我们正观察第 m 级光束,则它为 $mn\lambda'$。换句话说,$2\pi d\sin\theta/\lambda' = 2\pi m$,故 $nd\sin\theta$(即 Δ)为 $m\lambda'$ 乘上 n,即 $mn\lambda'$。对另一波长为 λ 的光束,我们希望在该角度上有一极小值。那就是说,我们希望 Δ 恰好为比 $mn\lambda$ 多一个波长 λ。即 $\Delta = mn\lambda + \lambda = mn\lambda'$。于是,若 $\lambda' = \lambda + \Delta\lambda$,则得

$$\frac{\Delta\lambda}{\lambda} = \frac{1}{mn}. \tag{30.9}$$

比值 $\lambda/\Delta\lambda$ 叫做光栅的**分辨本领**;我们看到它等于光栅的总线数乘以级数。不难证明这个公式与频率差等于相干光的两条极端路径间的时间差的倒数这一公式等效*

$$\Delta\nu = \frac{1}{T}.$$

事实上,最好记住此式,因为一般的公式不仅适用于光栅,也适用于任何其他仪器,而特殊公式(30.9)则只在用光栅时适用。

§30-4 抛物形天线

现在我们来考虑分辨本领中的另一个问题。这与用来测定天空中的无线电辐射源的位置也就是测定辐射源角度大小的射电望远镜的天线有关。显然,如果使用任何一种老式天线,并发现了信号,我们并不能知道它们来自什么方向。我们很想知道辐射源在这里还是在那里。我们所能找到的一种方法是在澳大利亚草原上铺设一整列等间隔的偶极子天线。然后将引自这些天线的导线馈入同一接收器,使所有馈线中的时间延迟相等。这样接收器就同相位地收到来自所有偶极子的信号。也就是说,它将把来自每个偶极子的所有波同相位地加起来。那时将发生什么呢?若源恰好在装置的上面,处于无穷远或近乎无穷远,那么它的无线电波将同相位地激励所有的天线,因而它们将一起馈入接收器。

现在假设无线电辐射源从竖直方位略为偏过 θ 角,则不同的天线收到的信号相位就略有不同。接收器将所有这些不同相位的信号加起来,若 θ 角过大,就得零信号。试问此角有多大?答案是:若角 $\Delta/L = \theta$(图 30-3)对应于 360°的相移,即若 Δ 等于波长 λ,就得零信号。这是因为所有的矢量贡献在一起形成了一个完整的正多边形,结果合矢量为零。故长为 L 的天线装置所能分辨的最小的角是 $\theta = \lambda/L$。注意,这种天线的接收花样恰好与把接收器转过来使之成为发射器时所得的强度分布相同。这是所谓**倒易原理**的一个例子。事实上,下面的说法证明对天线的任何排列、任何角度等等都是普遍正确的:如果我们先以发射器来代替接收器得出在不同方向上所应有的相对强度,那么具有同样的外部布线、同样的天线排列的接收器的相对定向灵敏度就与它是一个发射器时的相对发射强度相同。

有些无线电天线可用另一种方法制成。我们不是把全部偶极子排成一长条直线,并附带许多馈送导线,而是把它们不排成直线,而排成曲线,并把接收器放在能探察到散射波的

---

* 在我们的情况中,$T = \frac{\Delta}{c} = \frac{mn\lambda}{c}$,其中 c 是光速,频率 $\nu = \frac{c}{\lambda}$,故 $\Delta\nu = \frac{c\Delta\lambda}{\lambda^2}$。

某一位置上。此曲线被巧妙地设计成这样：当无线电波从上面来时，被天线散射而形成新波，这些天线被排列成使散射波都同时到达接收器（图 26-12）。换句话说，此曲线为抛物线；当源恰好在其轴上时，我们就在焦点处得到一个很强的强度。在这种情况下，我们就很清楚地了解到这种仪器的分辨本领是多少了。天线排成抛物线并非是主要的，那仅仅是使所有信号能无相对延迟地到达同一点而不必用馈线的一种方便的方法而已。这种仪器所能分辨的角仍为 $\theta = \lambda/L$，其中 L 为第一根天线与最后一根天线的距离。它并不取决于天线的间距，天线可以靠得很近，其实成一整块金属也行。当然这时我们是在描述望远装置的反射镜。我们居然找到了望远镜的分辨本领（有时分辨本领写成 $\theta = 1.22\lambda/L$，其中 L 是望远镜的直径。它不是恰好为 λ/L 的理由是这样：当得出 $\theta = \lambda/L$ 时，我们假定所有各排偶极子的强度是相等的，但当我们有一圆形的望远镜时——望远镜通常是这个形状——从外边缘来的信号就没有那么多，因为它不像一个方块，在方块中沿着每一边缘都得到同样的强度。这里在边上得到的稍少一些，因为我们只用了望远镜的一部分；于是可以估计到其有效直径比实际直径略小一些，而这就是 1.22 因子所告诉我们的。无论如何，把分辨本领公式搞得这么精确似乎有点学究式＊）。

§ 30-5 彩色薄膜、晶体

以上所述就是将各种波叠加起来得到的一些干涉效应。还有许多其他例子，尽管我们还不理解其基本机理，但总有一天，甚至就在现在，我们能够理解这些干涉是怎么发生的。例如，当一光波投射至折射率为 n 的材料表面时，比如说垂直入射，一部分光就被反射。反射的原因我们此刻还不能理解；我们将在以后讨论。但是假如我们知道当光进入和离开折射介质时都有一部分被反射，那么当我们注视一光源在薄膜上反射时，就看到两个波的叠加；如果厚度足够小，这两个波就会发生干涉，或为相长干涉或为相消干涉，取决于相位的符号。比如说可以是这样：对于红光得到增强的反射，对于蓝光（它有不同的波长），或许就得到相消干涉的反射，于是我们看到明亮的红色反射光。如果改变厚度，也就是说如果注视另一处膜较厚的地方，情况可以反过来，红光干涉掉，而蓝光没有干涉掉，故它呈明亮的蓝色，也可呈绿色、黄色或别的什么叫不出名称的颜色。因而当我们注视薄膜时会看到彩色，而且当我们从不同角度注视时颜色会改变，因为我们意识到在不同角度上的计时是不同的。这样我们就立即懂得了其他五花八门的情形，包括在诸如油膜、肥皂泡等上面从不同角度上看到彩色等。它们的原理都一样：我们只是在叠加不同相位的波而已。

作为衍射的另一个重要的应用，可以提一下下列情形。假设我们使用一光栅，并在屏幕上看到衍射像。如果用的是单色光，像就应在某个特定位置上，其后还有各个较高级次的像。如果知道光的波长，由像的位置能够知道光栅上的刻线分得多开。由各个像的强度的差别，可得出光栅刻痕的形状，例如此光栅是用金属丝做成的，还是锯齿形凹口的，还是什么别的形状的，尽管我们不可能看见它们。这一原理常被用来显示晶体中原子的位置。唯一

＊ 这首先是因为瑞利判据是一个粗略的概念，它告诉你识别一个像到底是由一颗星造成还是由两颗星造成的这一点，从哪里开始变得十分困难。实际上，如果能够对衍射像斑的实际强度分布作足够仔细的测量，那么即使当 θ 小于 λ/L 时也能判明像斑是由两个源造成的。

的复杂之点为晶体是三维的；它是原子的一种重复的三维排列。我们不能用普通的光,因为我们必须用波长小于原子间距的光,否则就得不到效应；所以必须用波长非常短的辐射,即 X 射线。因而,尽管我们绝不可能用肉眼看见原子,但借助于将 X 射线射入晶体并注意在不同级次反射有多强的办法,我们仍能决定内部原子的排列！正是用这种方法,我们知道了各种物质中的原子排列,这使我们可以在第 1 章中画出那些表示食盐等等的原子排列的图。我们以后将回到这一题目上来,并进行更详细的讨论,因此现在对这个最引人注意的概念就不再多说了。

§30-6　不透明屏的衍射

现在我们来看一个非常有趣的情况。假设有一张开孔的不透明薄片,在它的一边有一束光。我们希望知道另一边光的强度如何。大多数人会说,光将穿过开孔,并在另一边产生一种效应。结果将证明是这样：如果有人假定光源以均匀的密度分布在开孔上,而这些源的相位与假定不透明屏不存在时一样,他就将得出很好的近似解答。当然,在开孔处其实并没有源；事实上那是唯一无疑没有源的地方。虽然如此,但当我们把开孔看作唯一有源之处时,仍得到了正确的衍射花样；这是一个颇为奇怪的事实。以后我们将解释为什么这是正确的,但现在就让我们假定它是正确的。

在衍射理论中还有另一种衍射,我们要略加讨论。在基础课程中一般不这么早对它进行讨论,这仅仅是因为它所包含的累加小矢量的数学公式有点复杂。除此以外,它与我们一直所讨论的衍射完全相同。所有干涉现象都相同；其中并不包含什么高深的内容,只是情况比较复杂以及将矢量累加起来比较困难,如此而已。

假如有光从无穷远处射来,投射出一物体的影子。图 30-7 表示一个屏,其上投射有由光源所造成的物体 AB 的影子,光源离 AB 的距离比一个波长大得多。我们会预期在影子外面强度是完全明亮的,在影子里面,则是完全黑暗的。而事实上,若把影子边缘附近的强度作为位置的函数作图,光强就先上升,接着超过预期的强度,然后以一种非常特殊的状态在边缘附近作摆动和振动(图 30-8)。我们现在来讨论之所以如此的原因。如果应用上述到目前为止我们还未证明过的理论,就可以用一系列均匀分布于物体以外的空间上的有效光源来取代实际情况。

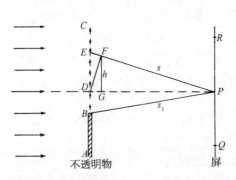

图 30-7　远处光源将一不透明物的影子投射于屏上

想象有许许多多间距非常靠近的天线,我们要求某一点 P 的强度。这似乎很像我们所解过的问题。但不完全像,因为现在的屏不在无穷远处。我们不要求无穷远处的强度,而要求有限远处的强度。为了计算某一特定位置的强度,必须把所有天线的贡献加起来。首先,在恰好与 P 点相对的 D 点有一天线；若使角度稍增加一点,比如说高度增加 h,那么时间延迟就有了增加(因为距离的改变,振幅也有变化,但若屏离得很远,此效应就很小,因而比相位的改变次要得多)。而今程差 $EP - DP$ 为 $h^2/(2s)$,故相位差跟我们与 D 点距离的平方成正比,但在以前的计算中 s 为无穷大,故相

位差就与 h 的一次方成正比。当相位与距离成线性比例时，每个矢量以不变的角度加于下一个矢量上。我们现在所需要的则是这样的曲线，它是由叠加许多无限小的矢量组成的，这些矢量所构成的角度将不是以曲线长度的一次方关系增加，而是以平方关系增加。作此曲线要涉及稍微深一些的数学，但我们常可用实际画出箭头并计算角度的办法来作出。不论怎么样，我们得到了如图 30-8 所示的奇形的曲线(称为考纽蜷线)。那么怎样使用这条曲线呢？

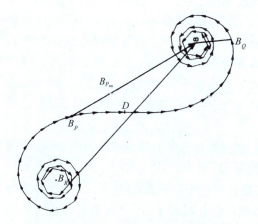

图 30-8　相位延迟与离上图 D 点的距离平方成正比的许多同相振子振幅的叠加

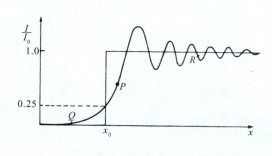

图 30-9　影子边缘附近的光强、几何阴影边缘在 x_0。

比如说，如果要求出 P 点的强度，我们就把从 D 点向上至无穷远，向下仅至 B_P 点的不同相位的许多贡献累加起来。因而我们从图 30-8 中的 B_P 点开始画一系列角度不断增加的箭头*。于是 B_P 点以上的所有贡献都沿着蜷线移动。如果我们打算在某处停止累加，那么总振幅就是从 B_P 点到该点的矢量；在现在的特殊问题中，我们要累加到无穷远，故总的答案是矢量 $\boldsymbol{B}_{P\infty}$。在曲线上与物体上 B 点对应的位置取决于 P 点位于何处而定，因为拐点 D 总是与 P 点的位置相对应。这样，根据 P 点处在 B 点以上的位置，起始点将落在曲线左下部分的不同位置上，从而合矢量 $\boldsymbol{B}_{P\infty}$ 就有许多极大值与极小值(图 30-9)。

另一方面，如果观察点在 P 的另一边的 Q 点，则我们只需用蜷线的一端，而不需用另一端。换句话说，我们甚至不必从 D 点出发，而从 B_Q 点出发就行，故在这一边得到一个随 Q 点深入阴影区而连续降低的强度。

我们很容易立即进行计算，以证明我们真正懂得上述方法的，就是恰好与边缘相对应之点的强度。此处的强度为入射光的 1/4。理由是：在恰好为边缘处(故箭头的尾端 B 在图 30-8 中的 D 点)，我们所得的曲线为深入明亮区时所得曲线的一半。如果点 R 深深进入光束，箭头就从曲线的一端到另一端，即一完整的单位矢量；但是如果处于影子的边缘，则仅得幅度的一半——强度的 1/4。

在这一章中，我们曾求得由光源的各种分布产生的在各个方向上的强度。作为最后一个例子，我们将推导一个为下一章折射率理论所需要的公式。直到目前为止，相对强度对于我们的目的来说已足够了，但此刻我们将求出在下述情况下的场的完整表示式。

---

* 原文有误。实际上从 B_P 点到 D 点的箭头的角度是逐渐减小的。——译者注

§30-7 振荡电荷组成的平面所产生的场

假设有一充满源的平面,所有源都沿着平面方向一起振动,并有相同的振幅与相位。试问离平面有限远、但距离很大处的场如何(我们当然不能靠得很近,因为我们还没有获得对于靠近源的场的正确公式)?如果把电荷平面作为 XY 面,则我们要求的是 z 轴上很远点 P 的场(图30-10)。假定平面的单位面积上有 η 个电荷,每个电荷带有电量 q。所有电荷作同方向、同振幅、同相位的简谐振动。假设每个电荷相对于各自的平衡位置的运动是 $x_0\cos\omega t$,或者用复数符号,并记住其实部代表实际运动,则运动可写为 $x_0 e^{i\omega t}$。

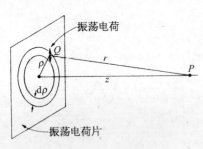

图 30-10 振荡电荷面的辐射场

现在我们求出来自每个电荷 q 的场,并把所有电荷的贡献叠加起来,从而求出 P 点的场。我们知道辐射场正比于电荷的加速度,此加速度为 $-\omega^2 x_0 e^{i\omega t}$(而且对每个电荷都相同)。点 Q 处的电荷在 P 点产生的电场正比于电荷 q 的加速度,但必须记住在时刻 t,P 点的场是由较早时刻 $t' = t - r/c$ 电荷的加速度给出的,其中 r/c 是波从 Q 传播到 P 的距离 r 所花的时间。因而 P 点的场就正比于

$$-\omega^2 x_0 e^{i\omega(t-r/c)}. \tag{30.10}$$

把这一量作为来自远处辐射电荷的电场表示式中从 P 点看到的加速度,我们得到

$$Q \text{ 处电荷在 } P \text{ 点产生的场} = \frac{q}{4\pi\varepsilon_0 c^2}\frac{\omega^2 x_0 e^{i\omega(t-r/c)}}{r} \quad (\text{近似}). \tag{30.11}$$

现在,这一表示式并不十分正确,因为我们本来应该用的不是电荷的加速度,而是加速度垂直于直线 QP 的分量。不过我们假定对于所考虑的电荷来说,P 点离辐射源的距离比起 Q 点与轴线的距离(图 30-10 中的距离 ρ)来很远,以致可以舍去余弦因子(不管怎样它总近似于 1)。

为了得到 P 点的总场,现在把平面上所有电荷的效应加起来。当然我们应求矢量和。但既然对所有电荷来说,电场方向几乎都相同,那么,与我们已作的近似相应,可以只把场的大小加起来,按照我们的近似,P 点的场仅取决于距离 r,故处于相同 r 处的所有电荷产生相同的场。所以我们首先把半径为 ρ,宽为 $d\rho$ 的环中电荷的场加起来,然后对所有 ρ 积分,就可得到总场。

环中电荷的数目是环的表面积 $2\pi\rho d\rho$ 与单位面积电荷数 η 的乘积。这样,我们就有

$$P \text{ 点的总场} = \int \frac{q}{4\pi\varepsilon_0 c^2}\frac{\omega^2 x_0 e^{i\omega(t-r/c)}}{r} \cdot \eta \cdot 2\pi\rho d\rho. \tag{30.12}$$

我们要求此积分从 $\rho = 0$ 到 $\rho = \infty$ 的值。变量 t 在我们求积分时当然保持不变,故唯一的变量是 ρ 和 r。暂时舍去所有常数因子,包括因子 $e^{i\omega t}$,要求的积分则成为

$$\int_{\rho=0}^{\rho=\infty} \frac{e^{-i\omega r/c}}{r}\rho d\rho. \tag{30.13}$$

为了求此积分需应用 r 与 ρ 之间的关系

$$r^2 = \rho^2 + z^2. \tag{30.14}$$

因为 z 不取决于 ρ，故当求此等式的导数时，得到

$$2rdr = 2\rho d\rho.$$

幸而，因为在积分中可以用 rdr 代替 $\rho d\rho$，从而 r 与分母中的 r 消去。于是我们所要求的积分成为较简单的形式

$$\int_{r=z}^{r=\infty} e^{-i\omega r/c} dr. \tag{30.15}$$

对指数函数积分很容易。我们只要将它除以指数中 r 的系数，并求出指数函数在上、下限的值就行。但 r 的上、下限与 ρ 的上、下限不同。当 $\rho=0$ 时，有 $r=z$，故 r 的积分限为从 z 到无穷大。我们得到积分值为

$$-\frac{c}{i\omega}[e^{-i\infty} - e^{-(i\omega/c)z}], \tag{30.16}$$

其中我们已将 $(r/c)_\infty$ 写为 ∞，因为它们都只不过表示一个很大的数而已！

现在 $e^{-i\infty}$ 是一个神秘的量。例如其实部为 $\cos(-\infty)$，它从数学上讲是完全不定的[尽管我们可以想象它为介于 $+1$ 与 -1 之间的某个值——或任何值(?)]，但在物理的情况下，它可以包含十分合理的意义，并且常常可看作为零。为了在我们的情形中看出这一点，我们再回过来考虑原来的积分(30.15)。

可以把式(30.15)理解为许多小复数的和，每个复数的模为 Δr，在复平面内具有角 $\theta = -\omega r/c$。我们可以试用图解方法来求其和。在图30-11中画了此和的最先五小段。曲线的每一段具有长度 Δr，并与前一小段成角度 $\Delta \theta = -\omega \Delta r/c$。此最先五小段的和用自起点至第五小段终点的矢量来表示。当继续一小段、一小段累加时，我们将描绘出一多边形，直至回到出发点(近似地)，接着又重新开始兜圈子。当累加更多的小段时，我们只是在一圆周附近不断兜圈子，此圆的半径很易证明为 c/ω。现在我们可以明白为什么积分不能给出确定解的道理了！

但是现在我们必须回到物理内容方面去。在任何实际情况中，电荷平面的范围不可能无限大，而必须在某处中断。如果它突然中断了，而其形状恰好为圆形，则积分将具有如图30-11所示的圆上的某一值。但是如果我们让平面上的电荷数目自远离中心某一较大距离开始逐渐减少(要不就使之突然中断，但沿着不规则的形状中断，使之对较大的 ρ，宽为 $d\rho$ 的整个环不再都有贡献)，这样，在实际积分中系数 η 将减少至零。因为我们现在累加的是越来越小的小段，但每段仍转过相同的角度，故积分图形变为一螺旋形曲线。此曲线显然中止于原先的圆的中心处，如图30-12所示。在物理上正确的积分就是在图中自起点至圆心的线段所表示的复数 A，它刚好等于

$$\frac{c}{i\omega} e^{-i\omega z/c}, \tag{30.17}$$

就同你自己能求得的那样。这正与设 $e^{-i\infty} = 0$ 从式(30.16)得到的结果相同。

(为什么对于较大的 r 值对积分贡献逐渐变小，尚有另一个理由，那就是我们所忽略的加速度应投影于与直线 PQ 垂直的平面上这一因素)。

我们当然只对物理情况有兴趣，故取 $e^{-i\infty}$ 等于零。回到场的原始公式(30.12)，并重新

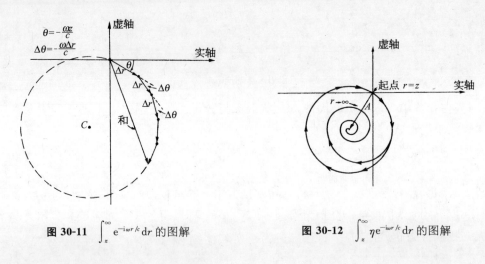

图 30-11 $\int_z^\infty e^{-i\omega r/c} dr$ 的图解 　　图 30-12 $\int_z^\infty \eta e^{-i\omega r/c} dr$ 的图解

写上与积分在一起的所有系数，结果得

$$P \text{ 处的总场} = -\frac{\eta q}{2\varepsilon_0 c} i\omega x_0 e^{i\omega(t-z/c)} \tag{30.18}$$

(记住 $1/i = -i$)。

注意到 $(i\omega x_0 e^{i\omega t})$ 恰好等于电荷的速度这一点是有意义的，故我们也可把场的表示式写为

$$P \text{ 处的总场} = -\frac{\eta q}{2\varepsilon_0 c} [\text{电荷的速度}]_{t-z/c}. \tag{30.19}$$

这似乎有些奇怪，因为这里时间的延迟恰好由距离 z 引起，而 z 为 P 至电荷平面的最短距离。但得出的结果正是如此。幸好，此表示式颇为简单[附带说一句，虽然我们的推导仅对远离振荡电荷平面的地方有效，但结果证明公式(30.18)或(30.19)对任意距离 z 都正确，甚至对 $z < \lambda$ 也对]。

第31章 折射率的起源

§31-1 折射率

我们在前面曾指出,光在水中比在空气中走得慢,而在空气中又略比在真空中走得慢。这一效应用折射率 n 来描写。现在我们想了解这一较慢速度是怎么得出来的。特别是想弄明白以前所作的下列几点物理假设或物理陈述之间有什么关系:

(a) 在任何物理条件下,总电场总是可以用来自空间所有电荷的场的总和来表示;

(b) 来自单个电荷的场总是由它的以速度 c 延迟而算得的加速度值给定(对辐射场来说)。

但对一片玻璃来说,你会想:"哦,不对,你对这些都应加修正。你应该说它以速度 c/n 延迟。"然而这是不对的,而且我们就是要了解这为什么不对。

光或任何电波通过折射率为 n 的物质时似乎以速度 c/n 传播这一点大致是正确的,但场仍然由所有电荷——包括在物质中运动着的电荷——的运动所产生,而场的这些基本贡献则以极限速度 c 传播。我们的问题是弄清楚这种表观上较慢的速度是怎么得出来的。

我们想从很简单的情况来理解这一效应。假设有一个我们称为"外源"的源置于远离一透明物质(例如玻璃)薄板之处。我们要问在板的另一边很远处的场如何。此情形可用图31-1来说明,图中 S 与 P 可想象为离板很远。根据以前所述原理,远离所有运动电荷的任何一点处的电场是外源(在 S 处)产生的场与玻璃板中每个电荷产生的场的(矢量)和,每个场都具有速度为

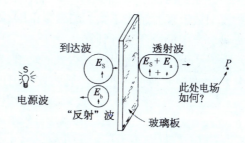

图31-1 通过一层透明物质的电波

c 的适当延迟。记住每个电荷的贡献并不因其他电荷的存在而有所改变。这些是我们的基本原理。P 处的场可以写成这样

$$E = \sum_{\text{所有电荷}} E_{\text{每个电荷}} \tag{31.1}$$

或

$$E = E_S + \sum_{\text{所有其他电荷}} E_{\text{每个电荷}}, \tag{31.2}$$

其中 E_S 是由源单独产生的场,它正好是没有物质存在时 P 处的场。如果有任何其他运动电荷存在的话,我们期望 P 处的场与 E_S 不同。

为什么玻璃中会有电荷的运动？我们知道所有物质都由包含电子的原子组成。当源的电场作用在这些原子上时，就驱动电子上、下运动，因为它对电子施加了作用力。而运动着的电子就产生场——它们成为新的辐射子。这些新的辐射子与源 S 有关，因为它们是由源的场驱动的。总的场并不只是源 S 的场，而是被来自其他运动电荷的附加贡献所修正过的场。这意味着此场并不是玻璃存在以前的那个场，而是经过修正的，并且结果是这样被修正的，即玻璃中的场似乎是以另一个速度运动。这就是我们想定性得出的概念。

严格地讲，这是相当复杂的，因为虽然我们说过所有其他运动电荷都由源场驱动，但这并不十分正确。如果我们考虑一特定电荷，它就不仅感受到源的影响，而且也像世界上其他东西一样，感受到所有运动电荷的影响。特别是，它感受到在玻璃中另外某处运动着的电荷的影响。所以作用在一特定电荷上的总场是来自其他电荷的场的合成，而这些电荷的运动则又取决于这一特定电荷的行为！你可以看出要得到完全而正确的公式就需要一系列复杂的方程式。这太复杂了，我们把这一问题推迟到下一章去讲。

为了能够十分清楚地理解所有的物理原理，我们将处理一个很简单的情况。我们取这样的情形，来自其他原子的影响比来自源的影响小得多。换句话说，我们取这样的材料，其中的总场被其他电荷的运动修改得不很多。这相当于材料的折射率非常接近于 1，例如原子密度很低时就会出现这种情形。我们的计算将对折射率不论因任何原因而很接近于 1 的任何情况有效。这样我们就避免了最一般和最完整的解的复杂性。

顺便提一句，你应注意到板中电荷的运动还会引起另一种效应。这些电荷也会朝后向源 S 辐射波。这一向后行进的场即我们所见到的从透明物质表面反射的光。它并非只从表面来。此朝后的辐射来自物质内部每个地方，但结果总的效果与一来自表面的反射等效。这些反射效应现时超出了我们的近似范围，因为我们将限于对折射率很接近于 1，只有很少的光被其反射的物质进行计算。

在我们继续研究折射率怎么来的之前，应该懂得，要理解折射就是要理解为什么在不同的材料中表观波速度不相同。光线发生弯曲正是因为波的有效速率在各种物质中不同所致。为了提醒你这种弯曲是怎样发生的，我们在图 31-2 中画出了从真空射向玻璃板表面的电波的几个相继的波峰。垂直于波峰的箭头表示波传播的方向。波中所有的振动必须具有相同的频率（我们知道受迫振动具有与振源相同的频率）。这也意味着，表面两边的波的波峰沿表面必须具有相同的间隔，因为它们必须一起传播，这样才能使位于界面上的电荷只感受到一个频率。然而波峰间的最短距离就是波长，它是速度除以频率。若 $v = c/n$ 为波的速度的话，在真空一边波长是 $\lambda_0 = 2\pi c/\omega$，在另一边则是 $\lambda = 2\pi v/\omega$ 或 $2\pi c/\omega n$。由图可见，要使波完全"符合"边界情况的唯一办法是使物质中的波沿着与表面成另一个角度的方向传播。由图中几何关系可见，为使波"符合"边界情况，必须有 $\lambda_0/\sin\theta_0 = \lambda/\sin\theta$，即 $\sin\theta_0/\sin\theta = n$，此即斯涅耳定律。因而，在以下的讨论中，我们将只考虑为什么光在折射率为 n 的物质中具有 c/n 的有效速率，而不再在本章中讨论光的前进方向弯曲的问题。

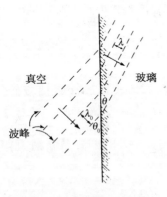

图 31-2　折射与速度改变之间的关系

现在回到图 31-1 所示的情形。我们看到我们所要做的就是计算玻璃板中的所有振荡电荷在 P 点产生的场。我们将称场的这一部分为 E_a,它就是等式(31.2)中的第二项那个和。当我们把它和由源激起的场 E_s 加在一起时,就得到 P 点的总场。

这可能是我们今年要做的最复杂的事情了,但它仅仅在有许多部分相加在一起时才比较复杂;然而每个部分却是很简单的。这与其他的推导不同,在那些地方我们说,"不用管推导,只要看答案!"在这里,我们对答案的需要不比对推导来得多。换句话说,现在要了解的是折射率产生的物理机理。

为了弄清楚我们所讨论的问题,我们首先来找出"校正场"E_a 应是怎样的,假设 P 点的总场看起来好像是来自源的、在通过薄板时慢了下来的辐射的话。如果板对它没有影响,一个向右(沿着 z 轴)传播的波的场将是

$$E_s = E_0 \cos \omega \left(t - \frac{z}{c} \right), \tag{31.3}$$

或用指数符号

$$E_s = E_0 e^{i\omega(t-z/c)}. \tag{31.4}$$

若波在通过板时传播得比较慢,那么,将发生什么情况呢?我们设板的厚度为 Δz。如果那里不存在板,波将在时间 $\Delta z/c$ 内通过距离 Δz。但是如果波以速度 c/n 传播,那么就需要较长的时间 $n\Delta z/c$,或附加时间 $\Delta t = (n-1)\Delta z/c$。在这以后它又继续以速度 c 传播。考虑到通过板的额外延迟,我们可以将等式(31.4)中的 t 以 $(t-\Delta t)$ 或 $[t-(n-1)\Delta z/c]$ 来代替。故插入板后的波应写成

$$E_{板后} = E_0 e^{i\omega[t-(n-1)\Delta z/c-z/c]}. \tag{31.5}$$

也可将此式写为

$$E_{板后} = e^{-i\omega(n-1)\Delta z/c} E_0 e^{i\omega(t-z/c)}, \tag{31.6}$$

这说明板后的波可由不存在板时的波,即 E_s,乘以因子 $e^{-i\omega(n-1)\Delta z/c}$ 得到。但我们知道,以因子 $e^{i\theta}$ 去乘 $e^{i\omega t}$ 这样的振荡函数,就等于把振动相位改变一相角 θ,这当然是通过厚度 Δz 时的额外延迟所造成的结果。它将相位推迟了量 $\omega(n-1)\Delta z/c$ (因为指数前是负号故为推迟)。

我们在前面曾说过板的存在使得原来的场 $E_s = E_0 e^{i\omega(t-z/c)}$ 上附加一个场 E_a,但现在我们发现板的效果并非这样,而是相当于对场乘上一个改变相位的因子。然而,我们原先的说法确实是对的,因为我们可以用加上一个适当的复数的办法来得到同样的结果。在 Δz 小的情况下,特别容易找到正确的所加之数,因为你记得,如果 x 是小数,则 e^x 近似等于 $(1+x)$。这样,可得

$$e^{-i\omega(n-1)\Delta z/c} = 1 - i\omega(n-1)\frac{\Delta z}{c}. \tag{31.7}$$

在式(31.6)中用此等式,有

$$E_{板后} = \underbrace{E_0 e^{i\omega(t-z/c)}}_{E_s} - \underbrace{\frac{i\omega(n-1)\Delta z}{c} E_0 e^{i\omega(t-z/c)}}_{E_a}. \tag{31.8}$$

第一项正好是来自源的场,第二项必定恰好等于 E_a,即板中振荡电荷在板的右方产生的场——在这里以折射率 n 表达,而且当然是取决于来自源的波的强度。

如果看一下图 31-3 所示的复数矢量图,那么我们上面所讲的就很容易想象了。先画出量 E_S(我们取 z 和 t 为某定值,使得得出的 E_S 在水平方向上,但这不是必要的)。由于板中速度慢下来所造成的延迟将使此量的相位落后,也就是说,将使 E_S 转过一个负的角度。但这与在和 E_S 大致垂直的方向上加上一个小矢量 E_a 等效。而这正是式(31.8)第二项中因子 $-i$ 所表示的意义。它说明若 E_S 是实数,则 E_a 为负的虚数,或一般地说,E_S 与 E_a 成直角。

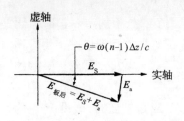

图 31-3 在某一特定的 t 和 z 时的透射波复矢量图

§31-2 物质引起的场

现在我们要问:从式(31.8)第二项得到的场 E_a 是否就是我们预期从板中振荡电荷得到的那个场?如果我们能够证明它是的,那么我们就已算出折射率 n 应有的值了[因为 n 是式(31.8)中唯一的非基本量]!我们现在转而计算物质中的电荷将产生怎样的场 E_a(为了帮助你熟悉我们至今所用过的,以及在余下的计算中将要使用的许多符号,我们把它们一起列于表 31-1)。

表 31-1 计算中所用的符号

E_S = 来自源的场	N = 板中单位体积的电荷数
E_a = 板中电荷产生的场	η = 板上单位面积的电荷数
Δz = 板的厚度	q_e = 电子电荷
z = 离板的垂直距离	m = 电子质量
n = 折射率	ω_0 = 束缚于原子上的电子的共振频率
ω = 辐射的(角)频率	

如果(图 31-1 中的)源 S 在左方很远处,则场 E_S 在板上任何一个地方将有相同的相位,所以我们在板的附近可将它写为

$$E_S = E_0 e^{i\omega(t-z/c)}. \tag{31.9}$$

刚好在板上时,$z = 0$,就有

$$E_S = E_0 e^{i\omega t} \quad \text{(在板上)}. \tag{31.10}$$

板上原子中每个电子都将感受这个电场,并将在电场力 qE 的作用下作上、下运动(我们假定 E_0 的方向是垂直的)。为了求出我们预期的电子的运动是怎样的,我们假定原子是小振子,也就是说,电子被弹性地束缚在原子上,这意味着,如果有一个力施加于电子上,它离开正常位置的位移将与此力成正比。

如果你曾听说电子在轨道上旋转的话,你会认为这个原子模型是一个古怪的模型。但这只是一个过分简化的图像。由波动力学理论所提供的原子的正确图像指出,就有关光的

问题而论，电子的行为就如同它们被弹簧拴着一样。所以我们将假定电子具有线性恢复力，此力与电子的质量 m 一起，使电子的行为像一个具有共振频率 ω_0 的小振子。我们已经学过这样的振子，并知道它们的运动方程是这样写的

$$m\left(\frac{\mathrm{d}^2 x}{\mathrm{d} t^2} + \omega_0^2 x\right) = F, \tag{31.11}$$

式中 F 是驱动力。

对于我们的问题，驱动力来自源所发出的波的电场，所以应该用

$$F = q_e E_s = q_e E_0 \mathrm{e}^{\mathrm{i}\omega t}, \tag{31.12}$$

其中 q_e 是电子的电荷，而对 E_s 我们利用由式(31.10)得到的表示式 $E_s = E_0 \mathrm{e}^{\mathrm{i}\omega t}$，于是电子的运动方程为

$$m\left(\frac{\mathrm{d}^2 x}{\mathrm{d} t^2} + \omega_0^2 x\right) = q_e E_0 \mathrm{e}^{\mathrm{i}\omega t}. \tag{31.13}$$

我们以前已解过这一方程，并知道其解为

$$x = x_0 \mathrm{e}^{\mathrm{i}\omega t}, \tag{31.14}$$

代入式(31.13)，得到

$$x_0 = \frac{q_e E_0}{m(\omega_0^2 - \omega^2)}, \tag{31.15}$$

所以

$$x = \frac{q_e E_0}{m(\omega_0^2 - \omega^2)} \mathrm{e}^{\mathrm{i}\omega t}. \tag{31.16}$$

于是就得出了需要知道的东西——板中电子的运动。而且每个电子除平均位置（运动的"零"点）当然不同以外，其他运动完全相同。

现在我们可以立即求出这些电荷在 P 点所产生的场 E_a，因为我们（在第30章末）已经求出由一片一起运动的电荷所产生的场。参考式(30.19)，我们看到 P 处的场 E_a 正好是一负的常数乘上电荷在时间上被延迟了量 z/c 的速度。对式(31.16)中 x 进行微商以得出速度，再计入延迟[或把式(31.15)中的 x_0 代入式(30.18)]，就得到

$$E_a = -\frac{\eta q_e}{2\varepsilon_0 c}\left[\mathrm{i}\omega \frac{q_e E_0}{m(\omega_0^2 - \omega^2)} \mathrm{e}^{\mathrm{i}\omega(t - z/c)}\right]. \tag{31.17}$$

正如我们所期望的，电子的受迫运动产生了一个额外的向右传播的波（这就是因子 $\mathrm{e}^{\mathrm{i}\omega(t-z/c)}$ 所表明的），而此波的振幅与板上单位面积的原子数（因子 η）成正比，也与源场的强度（因子 E_0）成正比。此外，还有一些依赖于原子性质的因子（q_e，m 和 ω_0），如我们所应预期的。

然而最重要的是，这个 E_a 的表示式(31.17)很像我们在式(31.8)中得到的表明原波在通过折射率为 n 的物质时被推迟的 E_a 的表达式。事实上，若

$$(n-1)\Delta z = \frac{\eta q_e^2}{2\varepsilon_0 m(\omega_0^2 - \omega^2)}, \tag{31.18}$$

则两个表示式将相同。注意等式两边都与 Δz 成正比,因为 η(它是单位面积的原子数)等于 $N\Delta z$,这里 N 是板中单位体积的原子数。以 $N\Delta z$ 代替 η 并消去 Δz,得到我们的主要结果,即以物质原子性质以及光的频率表示的折射率表示式为

$$n = 1 + \frac{Nq_e^2}{2\varepsilon_0 m(\omega_0^2 - \omega^2)}. \tag{31.19}$$

这个等式给出了我们想得到的折射率的"解释"。

§31-3 色 散

注意在上述过程中我们已经得到了某些很有意义的东西。因为我们不仅有了一个可由基本的原子的量算得的折射率值,而且还弄清楚了折射率如何随光的频率 ω 而变化。这是我们不可能从"光在透明物质中传播较慢"这样简单的叙述中了解到的东西。当然,我们仍有必要知道每单位体积中有多少原子和它们的自然频率 ω_0 是什么的问题。我们眼下还不知道这一些,因为它们对每种不同物质是不同的,而且现在还不能得到关于它们的一般理论。只有用量子力学才能得到系统阐述各种物质性质——它们的自然频率,等等——的一般理论。由于不同物质具有不同的性质和折射率,所以我们怎么也不能期望得到一个可应用于所有物质的折射率的一般公式。

然而,我们将就各种可能情况对上面得到的公式进行讨论。首先,对大多数普通气体(例如空气、大多数无色气体、氢气、氦气,等等),其电子振荡的自然频率对应于紫外光。这些频率高于可见光的频率,即是说,ω_0 远大于可见光的 ω,作为一级近似,与 ω_0^2 比较我们可忽略 ω^2。这样我们发现折射率近似为常数。所以对气体,折射率近似为常数。这一点对大多数其他透明物质(像玻璃)也成立。但是如果稍稍仔细地看一下我们的表示式,就会注意到当 ω 增大时,从分母中要减掉得多一些,折射率也就增大。故折射率 n 缓慢地随频率而增大。对蓝光的折射率比对红光的大。这就是棱镜使蓝光弯折得比红光厉害的道理。

折射率取决于频率的现象称为色散现象,因为它是光被棱镜"分散"成光谱这一事实的基础。折射率表示为频率函数的公式称为色散方程。所以我们已得到了色散方程(最近几年发现"色散方程"在基本粒子理论中有新的用途)。

色散方程还提示了其他有趣的效应。如果我们有一个位于可见区的自然频率,或者如果我们在紫外区测量像玻璃那样的材料的折射率(在此区 ω 接近 ω_0),我们看到在频率十分接近自然频率时,折射率会变得非常大,因为分母会趋向零。其次,假定 ω 比 ω_0 大。例如当我们取玻璃那样的材料,并在其上照以 X 射线时,就会发生这种情况。实际上,因为有许多对可见光不透明的材料,比如像石墨,对 X 射线是透明的,所以我们也可以讲碳对 X 射线的折射率。碳原子的所有自然频率都将比我们在 X 射线中所用的频率低得多,因为 X 射线具有很高的频率。如果令 ω_0 等于零,则折射率就是色散方程给出的值(与 ω^2 比较我们忽略 ω_0^2)。

如果我们向自由电子气上发射无线电波(或光),也会发生类似的情形。在大气层的上部,来自太阳的紫外线将原子中的电子释放出来,使之成为自由电子。对自由电子来说,$\omega_0 = 0$(没有弹性恢复力)。在我们的色散公式中,令 $\omega_0 = 0$ 就得出同温层中无线电波的折射率的正确公式,这时 N 代表同温层中自由电子密度(单位体积中的自由电子数)。但是我

们再来看一看色散公式,如果我们向物体上发射 X 射线,或向自由电子上发射无线电波(或任何电波),$(\omega_0^2-\omega^2)$ 项就变成负的,于是得到 n 小于 1 的结果。这意味着物质中波的有效速度比 c 还快!这会是正确的吗?

这是正确的。尽管人们说传送信号的速度不可能比光速还快,不过在特定频率下,物质的折射率可以大于 1 也可以小于 1 这一点是真的。这仅仅意味着散射光产生的相移可以是正的也可以是负的。然而可以证明你能用来传送信号的速率并不取决于一个频率上的折射率,而是取决于许多频率上的折射率是多少。折射率告诉我们的是波的节(或峰)传播的速率。波的节本身并不是一个信号。一个完善的波,没有任何种类的调制,也就是说,是一个稳定的振动,在这样的波中,你不能确切说出它何时"开始",所以你不能用它作计时信号。为了传送信号你必须多少改变一下这个波,或在其上造成一凹口,或使它稍阔些或稍狭些。这意味着你必须在波中有一个以上的频率,而信号传播的速率可以证明并不只是取决于折射率,而是取决于折射率随频率变化的情况。对这个问题的讨论我们也必须推迟(至第 48 章)。那时我们将给你们计算信号通过这样一片玻璃的实际速率,你们将看到此速率并不比光速快,尽管作为数学点的波节确实比光速传播得快。

稍微提示一下上述情况是如何发生的,你会注意到真正的困难与电荷的响应跟场相反,即符号反过来这一事实有关。这样,在我们的 x 表示式[等式(31.16)]中电荷的位移在与驱动场相反的方向上,因为 $(\omega_0^2-\omega^2)$ 对小的 ω_0 来说是负的。公式说明当电场沿一个方向拉时,电荷却沿相反方向运动。

电荷怎么会沿相反方向运动呢?当场刚加上时,它肯定不是沿相反方向起动的。当运动刚开始时有一暂态过程,过了一会儿此过程就稳定下来,只是在这以后电荷振动的相位才与策动场相反。而就在这时透射场的相位才显得比源的波超前。当我们说"相速度"或节的速度比 c 大时,所指的就是这个相位超前。在图 31-4 中我们就波突然起动(以造成一个信号)时会是什么样子提供了一个大致概貌。你从图上将看到,对于相位最终超前的波,信号(即波的起始)并没有提前到达。

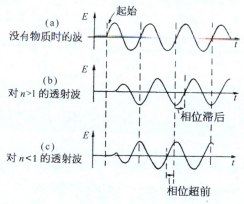

图 31-4 波"信号"

现在我们再来看一下色散方程。我们应注意到上面对折射率的分析所得出的结果比你在自然界实际发现的要简单一些。为了使它完全精确,必须稍加改进。首先,应预期到我们的原子振子模型应具有一定的阻尼力(否则一旦开始振动就会永远振动下去,而我们并不希望发生这种情形)。以前我们曾求出(式 23.8)阻尼振子的运动,其结果是式(31.16)中[因而式(31.19)中]的分母由 $(\omega_0^2-\omega^2)$ 变为 $(\omega_0^2-\omega^2+i\gamma\omega)$,其中 γ 是阻尼系数。

我们所需要的第二个修正是,要考虑到对一特定种类的原子有几个共振频率这一事实。只要想象有几种不同种类的振子,但每个振子独立地起作用,就很容易改写我们的色散方程,只要把所有振子的贡献简单地加起来就行了。假设单位体积中有 N_k 个自然频率是 ω_k、阻尼系数是 γ_k 的电子。这样我们的色散方程就成为

$$n = 1 + \frac{q_e^2}{2\varepsilon_0 m} \sum_k \frac{N_k}{\omega_k^2 - \omega^2 + i\gamma_k \omega}. \tag{31.20}$$

我们终于有了一个描写在许多物质中观察到的折射率的完整表达式*。以此公式描写的折射率随频率的变化大致如图 31-5 中曲线所示。

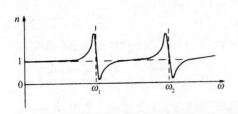

图 31-5　折射率与频率的关系

你将注意到,只要 ω 不太接近于一种共振频率,曲线的斜率总是正的。这种正的斜率称为"正常"色散(因为它显然是最通常发生的情况)。但当十分接近共振频率时,有一小段的 ω 其斜率是负的。常把这种负的斜率称为"反常"(意即不正常)色散,因为当它首次(远在人们连电子这样的东西也还不知道的时候以前)被观察到时,似乎是不平常的。从我们的观点看,两种斜率都十分"正常"!

§31-4　吸　　收

也许你已经注意到,在我们所得到的色散方程的最后形式[式(31.20)]中,出现一点奇怪的东西。由于考虑到阻尼而加进量 $i\gamma$,折射率现在变成了复数！这意味着什么？求出 n 的实部与虚部后,可把 n 写为

$$n = n' - in'', \tag{31.21}$$

其中 n' 和 n'' 是实数(我们在 in'' 前用负号,因为这样 n'' 结果将是正数,你可以自己证明一下)。

回到式(31.6)(它是通过一块折射率为 n 的材料后的波的方程),我们就能明白这样一个复数折射率所包含的意义。如果把我们的复折射率 n 代入此方程,并作一些整理,就得到

$$E_{\text{板后}} = \underbrace{e^{-\omega n'' \Delta z/c}}_{A} \underbrace{e^{-i\omega(n'-1)\Delta z/c} E_0 e^{i\omega(t-z/c)}}_{B}. \tag{31.22}$$

最后一个因子,在式(31.22)中记为 B 的,正是我们以前所得到的形式,它还是描写一个波,其相位在通过物质后推迟了角度 $\omega(n'-1)\Delta z/c$。第一项(A)是新的,并且是一个具有实指数的指数函数,因为有两个 i 消去了。加上指数是负的,故此因子为小于 1 的实数。它描写场的幅度的减少,而且,正如我们所预料的,Δz 越大减少得越多。当波通过物质时,被减弱了。物质"吸收"了一部分波。波从另一边出来时能量减少了。我们不应对此感到惊奇,因为我们为振子所加进的阻尼确实是一种摩擦力,它必定引起能量的损失。我们看到复折射率的虚部 n'' 代表波的吸收(或"衰减")。实际上,有时把 n'' 称为"吸收率"。

还可指出,折射率 n 的虚部与图 31-3 中的箭头 E_a 朝原点弯折对应。于是透射场为什么会减弱的道理就清楚了。

---

* 虽然在量子力学中式(31.20)仍然有效,但对它的解释有些不同。在量子力学中,即使是只有一个电子的原子,像氢,也具有几个共振频率。因而 N_k 并非真的是具有频率 ω_k 的电子数,而要代之以 Nf_k,其中 N 是单位体积的原子数,而 f_k(称为振子强度)是表示原子呈现某一共振频率 ω_k 的强度的一个因子。

通常，例如在玻璃中，光的吸收是很少的。这可从等式(31.20)预期到，因为分母的虚部 $i\gamma_k\omega$ 远小于 $(\omega_k^2-\omega^2)$ 项。但若光频 ω 十分接近 ω_k，则共振项 $(\omega_k^2-\omega^2)$ 与 $i\gamma_k\omega$ 比较变得很小，折射率几乎完全变为虚部。光的吸收变为占优势的效应。正是这一效应产生了接收到的太阳光谱中的暗线。来自太阳表面的光通过太阳的大气（如同地球的大气一样），而光就在太阳大气中原子的共振频率处被强烈吸收。

对太阳光中这种光谱线的观察，使我们了解到太阳大气原子的共振频率，从而能说出其化学成分。同类型的观察告诉我们关于星体中物质的成分。从这样的测量中我们知道，太阳和星体中的化学元素与我们在地球上所发现的相同。

§31-5　电波所携带的能量

我们已经看到折射率的虚部意味着吸收。我们现在利用这方面的知识去找出光波携带了多少能量。早先我们曾论证光携带的能量正比于 $\overline{E^2}$，即正比于波中电场平方的时间平均值。由于吸收引起的 E 的减小，应当意味着能量的损失，这些损失的能量会参与电子的某种摩擦，可以猜想，它们最终会变为物质中的热。

如果我们考虑到达图 31-1 的板上单位面积中（比如说一平方厘米）的光，则可写出下列能量方程（若假定能量守恒，这是可以的）

$$\text{每秒钟流入能量 = 每秒钟流出能量 + 每秒钟所做的功.} \tag{31.23}$$

第一项可写为 $\alpha\overline{E_s^2}$，其中 α 为现在尚不知道的比例常数，它将 E^2 的平均值与所携带能量联系起来。第二项必须包括来自物质中辐射原子的部分，故我们应当写为 $\alpha\overline{(E_s+E_a)^2}$，或（将平方展开）$\alpha(\overline{E_s^2}+2\overline{E_sE_a}+\overline{E_a^2})$。

我们所有的计算都是对折射率与 1 相差不大的薄层材料作出的，所以 E_a 总是比 E_s 小得多（仅为使计算容易一些）。为了与我们所作出的近似保持一致，我们应略去 $\overline{E_a^2}$，因为它比 $\overline{E_sE_a}$ 小得多。你会说："那么你也应略去 $\overline{E_sE_a}$，因为它比 $\overline{E_s^2}$ 小得多。"诚然，$\overline{E_sE_a}$ 比 $\overline{E_s^2}$ 小得多，但我们必须保留 $\overline{E_sE_a}$，否则我们的近似就成为适用于完全略去物质存在的一种近似了！核对我们的计算是否前后一致的一种方法是，注意我们总是保留正比于 $N\Delta z$，即物质中原子单位密度的项，而略去正比于 $(N\Delta z)^2$ 或 $N\Delta z$ 的任何更高次的项。我们的近似就是所谓的"低密度近似"。

按照同样的理由，我们不妨注意我们的能量方程已忽略了反射波中的能量。但这是可以的，因为既然反射波的幅度正比于 $N\Delta z$，此项能量也正比于 $(N\Delta z)^2$。

对于方程式(31.23)中的最后一项，我们要计算进入的波在电子上做功的速率。我们知道功是力乘距离，故做功的速率（亦称功率）是力乘速度。它实际上是 $\boldsymbol{F\cdot v}$，但当速度和力像这里一样沿同一方向时，我们不必为点乘问题操心（除了可能有一个负号外）。所以对每个原子，我们取 $\overline{q_eE_sv}$ 作为做功的平均速率。既然单位面积中有 $N\Delta z$ 个原子，方程式(31.23)中最后一项就应是 $N\Delta zq_e\overline{E_sv}$。我们的能量方程现在成为

$$\alpha\overline{E_s^2}=\alpha\overline{E_s^2}+2\alpha\overline{E_sE_a}+N\Delta zq_e\overline{E_sv}. \tag{31.24}$$

消去 $\overline{E_s^2}$ 项后，有

$$2\alpha \overline{E_s E_a} = -N\Delta z q_e \overline{E_s v}. \tag{31.25}$$

现在我们回到式(30.19),它告诉我们对大的 z 有

$$E_a = -\frac{N\Delta z q_e}{2\varepsilon_0 c} v \quad \left(\text{推迟} \frac{z}{c}\right). \tag{31.26}$$

(注意 $\eta = N\Delta z$)。把式(31.26)代入式(31.25)左边,得到

$$-2\alpha \frac{N\Delta z q_e}{2\varepsilon_0 c} \overline{E_s(\text{在 } z \text{ 处}) \cdot v(\text{推迟 } z/c)}.$$

但 E_s(在 z 处)就是 E_s(在原子处)推迟 z/c 的值。既然平均值与时间无关,那么此式中推迟了 z/c 的值与 $\overline{E_s(\text{在原子处}) \cdot v}$ [即出现式(31.25)右边的同一平均值]就是同样的。于是只要

$$\frac{\alpha}{\varepsilon_0 c} = 1 \quad 或 \quad \alpha = \varepsilon_0 c, \tag{31.27}$$

两端就相等。我们已发现若能量守恒,则电波在单位面积和单位时间中所携带的能量(或我们所谓的强度)必然由 $\varepsilon_0 c \overline{E^2}$ 给出。如果称强度为 $\overline{S}$,则有

$$\overline{S} = \left\{ \begin{array}{c} \text{强 度} \\ 或 \\ \text{能量 / 面积 / 时间} \end{array} \right\} = \varepsilon_0 c \overline{E^2}, \tag{31.28}$$

式中横线的意思是时间平均值。我们从折射率理论中得到了一个很好的额外结果!

§31-6 屏 的 衍 射

现在是着手处理一件稍为有些不同的事情的好时机,它可以用本章所叙述的方法来进行。在上一章中我们说过,当你有一块不透光的屏,而光可以通过一些小孔时,强度分布——衍射花样——可以用想象这些小孔被均匀地分布于孔上的源(振子)所代替这一方法来得到。换句话说,衍射波如同孔是新的源一样。我们必须解释其原因,因为孔显然正是没有源,即没有加速电荷的地方。

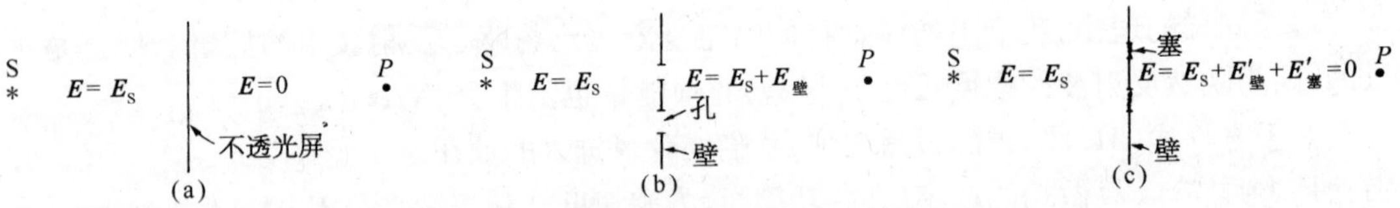

图 31-6 屏的衍射

我们先问:"何谓不透光屏?"设在源 S 和处于 P 点的观察者之间有一个完全不透光的屏,如图 31-6(a)所示。如果屏是"不透光的",P 处就没有场。为什么那里没有场?根据基本原理,我们应得 P 处的场等于推迟的源场 E_s,加上来自周围所有其他电荷的场。但是,正如我们在上面看到的,屏上的电荷将被场 E_s 驱动,这些运动产生新的场,如果屏是不透光

的,新的场在屏的后面必须恰好抵消场 E_s。你说:"恰好抵消,真令人惊奇! 假如不是恰好抵消呢!"如果它不是恰好抵消(记住此不透光屏具有一定厚度),向屏的后面部分进行的场就不会恰好是零。既然不是零,它就会使屏材料中的其他一些电荷开始运动,这就造成稍为大一些的场,试图把总场抵消掉。所以如果屏足够厚,就没有残留的场,因为有足够多的机会使场最终稳定下来。根据上面的公式,我们可以说屏具有大而虚的折射率,所以当波通过时被指数地吸收。你们无疑知道,一片足够薄的最不透光的物质,即使是金,也是透明的。

现在我们来看一看,对于上面具有小孔的不透光屏,如图 31-6(b)那样,会发生什么情况。在 P 处我们将得到怎样的场? P 处的场可以表示为两部分之和——由源 S 引起的场加上由壁(即壁上电荷的运动)引起的场。我们可能想象壁上电荷的运动很复杂,但我们可以用相当简单的方法找出它们产生的是什么场。

假定我们取一个同样的屏,但将孔塞住,如图中(c)部分所示。想象塞子由与壁完全相同的材料做成。注意,塞子就放在(b)中的孔所在处。现在我们来计算 P 处的场。在(c)中 P 处的场无疑是零,但它同样等于来自源的场,加上由壁和塞子中的所有原子运动引起的场。我们可以写出下列等式

情形(b) $\qquad E_{P处} = E_S + E_{壁}$,

情形(c) $\qquad E'_{P处} = 0 = E_S + E'_{壁} + E'_{塞}$,

其中撇代表有塞子时的情况,但在两种情形中 E_S 当然是同样的。若把两式相减,得

$$E_{P处} = (E_{壁} - E'_{壁}) - E'_{塞}.$$

现在假设孔不太小(比如说直径为好几个波长),我们不会预期塞子的存在会改变到达壁上的场,除了可能稍微改变孔边缘附近的场以外。略去这一微小影响,我们可以取 $E_{壁} = E'_{壁}$,从而得

$$E_{P处} = -E'_{塞}.$$

我们得到了这样的结果,即当屏上有孔时[情形(b)],P 处的场与处于孔所在处的那一部分完全不透光屏所产生的场相同(除符号外)(符号并不太重要,因为我们一般对强度感兴趣,而强度与场的平方成正比)!这似乎是一个令人惊异的颠三倒四的论证。但它不仅正确(对不太小的孔近似正确),而且有用,并且是对普通的衍射理论的证明。

任何特定情况下的场 $E'_{塞}$ 都可这样来计算,即要记住屏上任何一处电荷的运动恰好抵消掉屏背后的场 E_S。一旦知道了这些运动,只要把塞子上电荷在 P 处引起的辐射场加起来就行了。

我们再说一下,这个衍射理论只是近似的,而且只有当孔不太小时才有效。对于太小的孔,$E'_{塞}$ 项将变得很小,于是 $E'_{壁}$ 与 $E_{壁}$ 间的差(我们在上面把它看作零)会变得与小的 $E'_{塞}$ 项可以比拟或大于它,从而我们的近似将不再有效。

第32章 辐射阻尼、光的散射

§32-1 辐射电阻

在上一章中我们知道,当一个系统振荡时,能量就被带走,我们还导出了被振荡系统所辐射掉的能量的表示式。如果知道了电场,那么电场平方的平均值乘以 $\varepsilon_0 c$ 就是每秒钟通过垂直于辐射方向的平面每平方米的能量值

$$S = \varepsilon_0 c \langle E^2 \rangle. \tag{32.1}$$

任何振荡电荷都辐射能量;例如,一受激天线就辐射能量。如果系统辐射能量,则为了说明能量守恒,我们必须认为沿着通往天线的导线有功率传输着。这就是说,对驱动电路来说,天线的作用像一个电阻或一个会"损失"能量的场所(能量并非真的损失掉,其实是辐射出去,但就电路来说,能量是损失了)。在一个普通电阻中,"损失"的能量转变成为热;在这里,所"损失"的能量跑到空间去了。但从电路理论的观点看,如果不去考虑能量跑到哪里去了,则在电路上的净效果是同样的——能量从该电路"损失"掉了。于是对振荡器来说,天线好像有一个电阻,尽管它也许是由十分良好的铜制成的。事实上,如果天线制造得很好,它将几乎像个纯电阻,很少有电感或电容,因为我们希望从天线辐射出尽可能多的能量。这种天线所显现的电阻称为辐射电阻。

如果流向天线的电流为 I,则传输给天线的平均功率是电流平方的平均值乘以电阻。天线所辐射的功率当然是正比于天线中电流的平方的,因为所有的场都正比于电流,而被释放的能量正比于场的平方。辐射功率与 $\langle I^2 \rangle$ 之间的比例系数就是辐射电阻。

一个令人感兴趣的问题是,这个辐射电阻是由什么引起的?我们来举一个简单的例子:设天线中有电流被激励着上、下流动。我们发现,如果天线要辐射能量的话,必须输入功。如果取一带电体并使之上、下加速运动,它就辐射能量;如果它不带电,就不会辐射能量。从能量守恒算出能量损失是一回事,而回答反抗哪一个力做功的问题则是另一回事。那是一个有趣而又十分困难的问题,它对于电子来说从来没有得到过完全而满意的解答,虽然对天线来说,它已解决了。情况是这样的:在天线中,由一部分天线中的运动电荷产生的场对另一部分天线中的运动电荷有作用力。我们能够算出这些力,并求出它们做了多少功,从而得到关于辐射电阻的正确规则。当我们说"我们能够算出——"时并不完全对——我们不能,因为我们尚未学过近距离处电的规律;我们只知道远距离处的电场是什么。我们见过公式(28.3),但此刻它对我们来说是太复杂了,不能用来计算波带区内的场。当然,因为能量守恒是成立的,我们完全可以毋须知道近距离处的场而算出结果(事实上,利用这一论证反推,最后证明只要知道远距离处的场,运用能量守恒定律,可以求出近距离处力的公式,但我们这里不去讨论这个问题)。

在单个电子的情况下,问题是如果只有一个电荷,力究竟作用在哪里?在老的经典理论中曾假定电荷是一个小球,电荷的某一部分作用于另一部分。由于此作用穿过很小电子时的延迟效应,力并不恰好与运动同相位。这就是说,如果电子静止不动,我们得到"作用力等于反作用力"。因而各个内力相等,没有净力。但是如果电子在加速运动,则由于穿过它的时间的延迟,从后面作用在前面的力就不恰好与从前面作用在后面的力相同,因为效应上有延迟的缘故。这个计时上的延迟造成了不平衡,因而,作为净效应,电子被它自己的鞋带拉住了!这个由加速度引起电阻(即运动电荷的辐射电阻)的模型遇到了很多困难,因为我们现在对电子的观点是,它不是一个"小球";这个问题根本没有解决。虽然如此,我们仍能正确地算出净辐射阻力应是多少,也就是当我们加速一个电荷时会有多少损耗,尽管不直接知道力如何作用的机理。

§32-2 能量辐射率

现在我们来计算加速电荷所辐射的总能量。为了使讨论不失一般性,假设电荷按非相对论性的任何方式作加速运动。比如说,当电荷加速度为竖直时,我们知道它产生的电场是电荷乘以推迟加速度的投影除以距离。因而可以知道任何一点的电场,从而知道电场的平方以及每秒钟通过单位面积的能量 $\varepsilon_0 c E^2$。

量 $\varepsilon_0 c$ 经常出现在与无线电波传播有关的表示式中。它的倒数称为真空阻抗,这是一个很容易记的数;其值为 $1/\varepsilon_0 c = 377 \, \Omega$。所以以瓦特为单位的每平方米的功率等于电场平方的平均值除以 377。

应用电场表示式(29.1),我们发现

$$S = \frac{q^2 a'^2 \sin^2\theta}{16\pi^2 \varepsilon_0 r^2 c^3} \tag{32.2}$$

就是在 θ 方向每平方米所辐射的功率。我们注意到它与距离平方成反比,如前面所说的那样。现在假如要求出向所有方向辐射的总能量,则必须将式(32.2)对所有方向积分。首先乘以面积,以求出在小角 $d\theta$ 内流过的功率(图32-1)。为此要知道球面被 $d\theta$ 所截部分的面积。考虑的方法是这样的:若球半径为 r,则环状球截形的宽度为 $rd\theta$,周长为 $2\pi r \sin\theta$,因为 $r\sin\theta$ 为该圆周的半径。故这一小片球面的面积为 $2\pi r\sin\theta$ 乘以 $rd\theta$

$$dA = 2\pi r^2 \sin\theta d\theta. \tag{32.3}$$

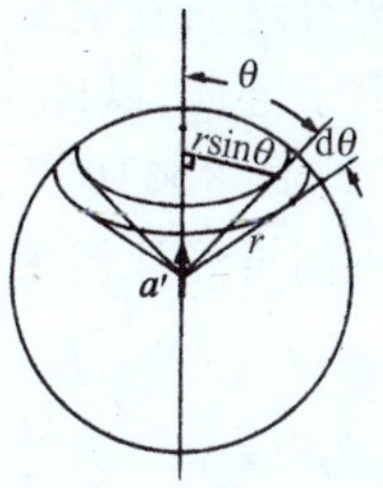

图 32-1 球截形的侧面积为 $2\pi r \sin\theta \cdot rd\theta$

以包含在小角 $d\theta$ 内的面积(以平方米为单位)乘能流[即式(32.2),每平方米的功率],即得到此方向上在 θ 与 $\theta + d\theta$ 之间所释放的能量值;然后将它从 $0°$ 到 $180°$ 对 θ 的所有角度积分

$$P = \int S dA = \frac{q^2 a'^2}{8\pi \varepsilon_0 c^3} \int_0^\pi \sin^3\theta d\theta. \tag{32.4}$$

把 $\sin^3\theta$ 写为 $(1-\cos^2\theta)\sin\theta$, 不难证明 $\int_0^\pi \sin^3\theta d\theta = \frac{4}{3}$。利用这一点,最后得到

$$P = \frac{q^2 a'^2}{6\pi\varepsilon_0 c^3}. \tag{32.5}$$

这个表示式有几点应加注意。首先,因为矢量 a' 有确定的方向,式(32.5)中的 a'^2 应为矢量 a' 的平方,即 $a' \cdot a'$ ——矢量长度的平方。其次,能流(32.2)是用推迟加速度计算的;也就是说,用较早时刻的加速度计算,该时刻所辐射的能量现正通过球面。我们也许会说此能量事实上是在该较早时刻释放的。但这不完全正确;这只是近似的概念。能量释放的确切时间不可能精确定义。我们所能真正精确计算的只是在像一个振动或诸如此类的那样一种完整运动中所释放的能量,在那种运动里加速度最后为零。于是我们所得到的是,每周总能流为加速度平方在一个整周中的平均值。这正是在式(32.5)中所应表示出来的。或者说,如果运动的加速度在开始与末了时都为零,则流出的总能量为式(32.5)对时间的积分。

当我们有一个振动系统时,为了说明公式(32.5)的结果,我们来看一下如果电荷的位移 x 在作振动,因而使加速度 a 为 $-\omega^2 x_0 e^{i\omega t}$ 时,情况将怎么样。加速度平方在一周中的平均值(记住,当我们对一个写为复数形式的量平方时,必须非常小心——它实在是余弦,而 $\cos^2 \omega t$ 的平均值是 $1/2$)从而为

$$\langle a'^2 \rangle = \frac{1}{2}\omega^4 x_0^2,$$

这样

$$P = \frac{q^2 \omega^4 x_0^2}{12\pi\varepsilon_0 c^3}. \tag{32.6}$$

我们现在所讨论的一些公式是比较高深的,或多或少是近代的,它们最初出现于 20 世纪初,而且是很有名的。由于它们的历史价值,能在老一些的书中读到它们对我们来说是很重要的。实际上,老一些的书中还使用一种与我们现在的 mks 制不同的单位制。但所有这些复杂性在最后与电子有关的公式中可用下述规则澄清:量 $q_e^2/(4\pi\varepsilon_0)$(其中 q_e 是电子电荷,以库仑为单位)在历史上被写为 e^2。在 mks 制中很容易算出,e 在数值上等于 1.5188×10^{-14},因为我们知道 $q_e = 1.60206 \times 10^{-19}$,$1/(4\pi\varepsilon_0) = 8.98748 \times 10^9$。因而我们将经常使用下列方便的缩写:

$$e^2 = \frac{q_e^2}{4\pi\varepsilon_0}. \tag{32.7}$$

如果在老的公式中用上述数值代替 e,并把这些公式看作是用 mks 单位写的,就能得到正确的数值结果。例如,式(32.5)中老的形式是 $P = 2e^2 a^2/(3c^3)$。再如,电子与质子在距离为 r 时的势能是 $q_e^2/(4\pi\varepsilon_0 r)$ 或 e^2/r,其中 e 为 mks 制中的值,即 $e = 1.5188 \times 10^{-14}$。

§32-3 辐 射 阻 尼

振子损失一定能量的事实意味着,如果有一个电荷放在弹簧末端(或一个电子在原子中),其自然频率为 ω_0',让它开始振动,然后放手,那么,即使它处在远离任何物体几百万里以外的真空中,它也不会永远振动下去。这里既没有通常意义上的油,也没有通常意义上的

电阻；也就是没有"黏滞性"。但它仍不会像我们也许曾经说过的那样"永远"振动下去，因为当它带电时，它在辐射能量，因而振动将慢慢停止。那么慢到怎样程度？由电磁效应，即由所谓振子的辐射电阻或辐射阻尼所引起的这种振子的 Q 值是多少？任何振动系统的 Q 是任一时刻振子所包含的总能量除以每弧度的能量损失

$$Q = \frac{W}{\mathrm{d}W/\mathrm{d}\phi},$$

或者（另一种写法），因为 $\dfrac{\mathrm{d}W}{\mathrm{d}\phi} = \dfrac{\mathrm{d}W/\mathrm{d}t}{\mathrm{d}\phi/\mathrm{d}t} = \dfrac{\mathrm{d}W/\mathrm{d}t}{\omega}$，故

$$Q = \frac{\omega W}{\mathrm{d}W/\mathrm{d}t}. \tag{32.8}$$

对给定的 Q，此式告诉我们振子的能量是怎样衰减的，因为 $\mathrm{d}W/\mathrm{d}t = -\omega W/Q$，若 W_0 为起始（$t=0$ 时）能量，则此式的解为 $W = W_0 \mathrm{e}^{-\omega t/Q}$。

为了找出辐射子的 Q，我们回到式(32.8)，并用式(32.6)作为 $\mathrm{d}W/\mathrm{d}t$。

那么振子的能量 W 用什么？振子的动能是 $mv^2/2$，平均动能就是 $m\omega^2 x_0^2/4$。但我们记得振子的总能量中，平均讲一半是动能，一半是势能，故将上面的结果加倍，就得到振子的总能量

$$W = \frac{1}{2} m \omega^2 x_0^2. \tag{32.9}$$

式中的频率用什么？就用自然频率 ω_0，因为实际上，它就是原子辐射的频率，而 m 就用电子质量 m_e。这样，在作了必要的除法与消除后，公式变为

$$\frac{1}{Q} = \frac{4\pi e^2}{3\lambda m_e c^2}. \tag{32.10}$$

（为了更容易看清楚并迁就历史上的形式，我们用缩写 $q_e^2/4\pi\varepsilon_0 = e^2$ 来写出此式，余下的因子 ω_0/c 已写为 $2\pi/\lambda$）。因为 Q 是无量纲的，组合量 $e^2/m_e c^2$ 必须仅仅是电子的电荷与质量的一种性质，即电子的固有特性，而且它必须是一个长度。我们给它取了一个名字，叫电子半径，因为被发明用来解释辐射电阻的，建立在电子的一部分对另一部分有力作用这一基础上的早期原子模型，都需要一个其线度一般为这一数量级的电子。但是，这一量现已不再表明我们相信电子确实具有这样一个半径。在数值上，此半径大小为

$$r_0 = \frac{e^2}{m_e c^2} = 2.82 \times 10^{-15} \text{ m}. \tag{32.11}$$

现在我们来实际计算一个发光原子——比如说 Na 原子的 Q。对 Na 原子，波长约为 6 000 Å，在可见光的黄色部分，这是一个典型波长。于是

$$Q = \frac{3\lambda}{4\pi r_0} \approx 5 \times 10^7, \tag{32.12}$$

故一个原子的 Q 为 10^8 数量级。这就是说，一个原子振子在其能量降为原来的 $1/e$ 以前，将振动 10^8 rad 或约 10^7 次。与 6 000 Å 对应的光的振动频率（$\nu = c/\lambda$）在 10^{15} Hz 的数量级，因此寿命，即辐射原子的能量衰减为原来的 $1/e$ 所花的时间，约为 10^{-8} s。在一般情况下，自由发光原子辐射时通常就需要这么长时间。这只对不受任何干扰的真空中的

原子有效。如果电子处在固体中，则它必定要撞击别的原子或电子，从而具有附加的电阻和不同的阻尼。

振子的阻力定律中的有效阻力项 γ 可以从关系 $1/Q = \gamma/\omega_0$ 中得到，我们记得 γ 的大小决定共振曲线的宽度（图 23-2）。这样，我们刚才计算的就是自由辐射原子的光谱线宽度！因为 $\lambda = 2\pi c/\omega$，我们得到

$$\Delta\lambda = 2\pi c \frac{\Delta\omega}{\omega^2} = 2\pi c \frac{\gamma}{\omega_0^2} = \frac{2\pi c}{Q\omega_0} = \frac{\lambda}{Q} = \frac{4\pi r_0}{3} = 1.18 \times 10^{-14} \text{ m}. \tag{32.13}$$

§32-4 独立的辐射源

作为本章第二个题目——光的散射的准备，我们现在必须讨论一下在以前讨论中忽略的干涉现象的某种特征。这就是什么时候干涉不发生的问题。如果有两个源 S_1 和 S_2，振幅为 A_1 和 A_2，我们在某个方向上观察，在该方向上两个信号到达时的相位是 ϕ_1 和 ϕ_2（实际振动时间与延迟时间之和所产生的相位，依观察位置而定），则接收到的能量可由合成两个复矢量 A_1 和 A_2 得到，一个与坐标轴成 ϕ_1 角，另一个与坐标轴成 ϕ_2 角（如第 30 章中所做的那样）。我们得到合成能量正比于

$$A_R^2 = A_1^2 + A_2^2 + 2A_1 A_2 \cos(\phi_1 - \phi_2). \tag{32.14}$$

如果没有交叉项 $2A_1 A_2 \cos(\phi_1 - \phi_2)$，则在一给定方向上接收到的总能量将是分别由每个源所释放的能量的简单和 $A_1^2 + A_2^2$，此即通常所预期的结果。这就是说，两个源照射在某物体上，光的合强度是两个光强度之和。另一方面，如果安排得很好，有交叉项存在，它就不是这样的和，因为还有一些干涉。如果在某些情况中，此项并不重要，则我们就说干涉表观上看来消失了。当然，实质上干涉总是存在的，只是我们不可能探测它而已。

我们来考虑几个例子。首先，假定两个源相隔 7 000 000 000 个波长，这不是不可能的安排。于是在给定方向相位差具有非常确定的值，这是无疑的。但是，从另一方面，只要我们沿一个方向移动一根头发丝的距离，即移动几个波长（这根本谈不上什么距离；我们的眼睛上有一个孔，它已大到使我们在观察时已在比一个波长大得多的范围内取平均效应），我们就改变了相对的相位，余弦就变化很快。如果在一个很小的观察范围内取强度的平均值，则余弦（它在此范围内一会儿正，一会儿负）平均得零。

所以，如果在相位随位置迅速变化的范围内取平均时，我们将得不到干涉。

举另一个例子。假定两个源是两个独立的射电振子——不是由两条导线所馈的单个振子（这种振子将保证相位保持同步），而是两个独立的源——并且它们没被精确地调谐在相同频率（若非实际上将两个振子连接起来，要它们恰好处在同一频率是很困难的）。在这种情况下，我们有了两个所谓独立的源。显然，既然频率不恰好相等，即使它们起始时同相位，其中之一就开始稍稍超前于另一个，一会儿它们就反相位，然后超前更多，一会儿它们又同相位。因而两个源的相位差随时间逐渐移动，但是如果我们的观察很粗糙，以致不能分辨这一小段时间，而是在比它长得多的时间内取平均，那么尽管强度具有像声音中所谓的"拍"那样的涨落，但这些涨落太快，使仪器不能跟随，于是这一项又平均掉了。

换句话说，在任何相移平均掉的情况下，我们得不到干涉！

有许多书中说两个不同的光源决不会干涉。这不是物理学的表述,而仅是写书时实验技术灵敏度的表述。光源中所发生的情况是,一个原子先辐射,接着另一个原子辐射,等等,我们只看到原子辐射一列波的时间仅持续约 10^{-8} s;10^{-8} s 后,某个原子接下去辐射,接着另一个原子又辐射,等等。因而相位只能在约 10^{-8} s 内保持不变。于是,如果我们在远比 10^{-8} s 长的时间内取平均,就看不到来自两个不同源的干涉,因为比 10^{-8} s 更长时,它们不能保持相位恒定。用光电池可以进行高速的探测,因而人们能够证明在 10^{-8} s 内存在着随时间上、下变化的干涉。但大多数探测装置显然不能看到这样微小的时间间隔,因而看不到干涉。当然用具有十分之一秒平均时间的眼睛是无论如何也看不到两个不同的普通光源之间的干涉的。

最近已有可能制造一种光源,它使所有原子同时发光,从而克服了上述效应。具有这种作用的器件是一种很复杂的东西,必须用量子力学方法才能理解它。人们称它为激光,从激光可以产生一种光源,其干涉频率或相位保持恒定的时间远大于 10^{-8} s。它可以是 10^{-2} s,0.1 s 甚至 1 s 的数量级,因而用普通光电池,人们就能够探测到两个不同的激光之间的拍频。人们很容易探测到两个激光源之间的拍的脉动。无疑不久将有人能演示这样的实验,把两个光源照射在墙上,它们的拍是这样慢,以致人们能够看见墙在明暗变化!

另一个干涉被平均掉的情况是,不是只有两个源,而是有许多个源。在这种情况下,要将 A_R^2 的表示式写成很多个复数振幅之和的平方,于是将得到每一项的平方的和,再加上每一对之间的交叉项,如果情况是使得后者平均掉,则将没有干涉效应。这种情况可以是这样,即各个源被置于杂乱无章的位置上,以致虽然 A_2 与 A_3 之间的相位差还是确定的,但它跟 A_1 与 A_2 等等之间的相位差很不同。因而我们将得到很多余弦项,有些为正,有些为负,加在一起平均掉了。

所以在许多情况下,我们看不到干涉效应,而只看到等于所有强度之和的合成的总强度。

§32-5 光 的 散 射

上述讨论导致一种发生在空气中的效应,它是各原子的位置不规则所造成的结果。在讨论折射率时,我们曾看到入射光束使原子再辐射。入射光束的电场驱使电子上下运动,而电子由于有加速度而辐射。这些散射辐射合起来形成一个与入射光束同方向的光束,但相位略有不同,而这正是折射率的起源。

但对于在其他方向上的再辐射光的大小,我们将说些什么呢?通常,如果原子整齐地排列成有规则的花样,容易证明在其他方向得不到光,因为我们所叠加的是相位不断在变化的许多矢量,结果得零。但是如果原子杂乱地排列,则任一方向上的总强度为每个原子所散射的强度之和,正如我们刚才讨论过的。而且,气体中的原子实际上在运动,所以即使此刻两个原子的相对相位有一确定的值,但不久其相位会变得很不同,从而每个余弦项将平均掉。因此,要找出在给定方向上气体散射光的强度,只要研究一个原子散射的效应,再将其辐射强度乘以原子数就行。

以前,我们曾说这种性质的光的散射现象是天空呈现蓝色的起因。太阳光穿过空气,当我们朝太阳的一边——比如说与光束成 90°方向上——观察时将看见蓝光;现在要计算的是,我们看见多少光以及它为什么是蓝色的。

如果在原子所在处，入射光束的电场 $E = E_0 e^{i\omega t}$，我们知道原子中的电子将由于此电场 E 而作上、下振动(图 32-2)。由式(23.8)，其振动幅度将是

$$\hat{x} = \frac{q_e E_0}{m(\omega_0^2 - \omega^2 + i\omega\gamma)}. \qquad (32.15)$$

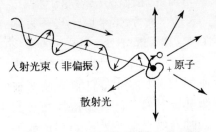

图 32-2 一束光射在原子上引起原子中的电荷(电子)运动。此运动电子接着又在各个方向上辐射光

我们本来可以把阻尼以及原子表现为具有不同频率的几个振子的可能性也包括进去，并对各个频率求和，但为简单起见，我们只取一种振子，并忽略阻尼。于是对于外电场的响应(该式我们在计算折射率时已用过)就是

$$\hat{x} = \frac{q_e \hat{E}_0}{m(\omega_0^2 - \omega^2)}. \qquad (32.16)$$

利用式(32.2)及与上述 $\hat{x}$ 相对应的加速度，我们现在可以很容易地计算出在各个方向上发射的光的强度。

然而为了节省时间，我们不这样做，而是径直计算在<u>所有方向</u>散射的光的<u>总量</u>。单个原子每秒在所有方向散射的光能量的总量显然由式(32.6)给出。所以，把各部分写在一起并加以整理，得到在所有方向上辐射的总散射功率为

$$P = \left[\left(\frac{q_e^2 \omega^4}{12\pi\varepsilon_0 c^3}\right)\frac{q_e^2 E_0^2}{m_e^2}\frac{1}{(\omega^2 - \omega_0^2)^2}\right] = \left(\frac{1}{2}\varepsilon_0 c E_0^2\right)\left(\frac{8\pi}{3}\right)\left(\frac{q_e^4}{16\pi^2 \varepsilon_0^2 m_e^2 c^4}\right)\left[\frac{\omega^4}{(\omega^2 - \omega_0^2)^2}\right]$$
$$= \left(\frac{1}{2}\varepsilon_0 c E_0^2\right)\left(\frac{8\pi r_0^2}{3}\right)\left[\frac{\omega^4}{(\omega^2 - \omega_0^2)^2}\right]. \qquad (32.17)$$

我们将结果写成上列形式，因为这样容易记：首先，散射的总能量正比于入射场的平方。这意味着什么？显然，入射场的平方正比于每秒进入的能量。事实上，每平方米每秒入射的能量是 $\varepsilon_0 c$ 乘以电场平方的平均值 $\langle E^2 \rangle$，而若 E_0 是 E 的最大值，则 $\langle E^2 \rangle = E_0^2/2$，换句话说，散射的总能量正比于每平方米进入的能量；照射在天空上的太阳光越亮，天空看起来也将越亮。

其次，入射光散射的<u>比例</u>是多少？试在光束中想象一个具有一定面积(比如说 σ)的"靶"(并非实际的物质的靶，因为这会引起光的衍射等等；我们的意思是指在空间画出的一块想象的面积)。在给定条件下，通过此表面 σ 的能量总量与入射强度和 σ 都成正比，而有

$$P = \left(\frac{1}{2}\varepsilon_0 c E_0^2\right)\sigma. \qquad (32.18)$$

现在我们来建立一种概念：设原子散射的总强度是落在某一几何面积上的全部强度，于是只要求出该面积，就给出了答案。这样，该答案与入射强度无关；它给出了散射能量与每平方米入射能量的比率。换句话说，比率

$$\frac{\text{每秒散射的总能量}}{\text{每平方米每秒的入射能量}}$$

是<u>面积</u>。此面积的意义是，如果射到该面积上的所有能量被射向所有方向，则它就是被原子

散射的能量的值。

这个面积称为<u>散射截面</u>;散射截面的概念是常用的,只要某一现象与光束的强度成正比。在这种情况下,人们常常这样来描述现象的强度,即说明为了收集那么多光束,有效面积必须是多少。这无论如何不是意味着此振子实际上具有这样一个面积。如果除了一个作上、下振动的自由电子外再也不存在别的什么,在物理上就不会有与之直接相联系的面积。它仅仅是表述某种类型问题的答案的一种方法;它告诉我们为了说明有这么一些能量散射掉,入射光束所碰到的面积必须是多少。这样,对我们的情形,有

$$\sigma_s = \frac{8\pi r_0^2}{3} \frac{\omega^4}{(\omega^2 - \omega_0^2)^2} \tag{32.19}$$

(下标 s 是指"散射")。

我们来看一些例子。首先,讨论固有频率 ω_0 很低的情形,或讨论完全无束缚的电子,对它来说 $\omega_0 = 0$,则频率 ω 消去了,截面是一常数。此低频极限或自由电子截面,称为<u>汤姆孙散射截面</u>。它是每边线度约为 10^{-15} m 上下的面积,即 10^{-30} m^2,那是相当小的!

其次,我们讨论光在空气中的情况。我们记得空气振子的固有频率比我们所用的光的频率高得多。这意味着,作为一级近似,我们可以略去分母中的 ω^2,于是得到散射正比于频率的<u>四次方</u>。这就是说,若光的频率提高两倍,其散射强度就大 16 倍,这个差别是十分大的。这意味着蓝光(它具有比光谱红端约高两倍的频率)散射得比红光多得多。因而当我们仰望天空时,它呈现出我们经常所见的那种蔚蓝色!

对于上述结果尚需说明几点。<u>一个有趣的问题是</u>,为什么我们看得见云?云是从哪里来的?人人都知道它是水蒸气凝聚而成的。但是,水蒸气显然在凝聚以前就已存在于大气中了,那么我们为什么看不见它呢?只在凝聚以后,它才成为完全可见的。它本来不在那里,现在却在那里了。因而云从哪里来的奥秘其实并不是像"水是从哪里来的,爸爸?"这样的孩子提问式的奥秘那样,而是须加解释的。

我们刚才指出每个原子都散射光,当然水蒸气也散射光,奥秘在于为什么当水凝聚成云时,它散射这么<u>大量</u>的光?

试考虑如果不是只有一个原子,而是有一个原子团,比如说有两个原子,彼此相对光的波长来说靠得很近,这时将发生什么。别忘了,原子直径只有 1 Å 左右,而光的波长约 5 000 Å,所以当它们形成块,即当几个原子在一起时,相对波长来说它们可以是靠得很近。那么当电场作用在上面时,<u>两个原子将一起运动</u>。从而散射的电场将是两个同相位的电场之和,即单个原子所具有的幅度的两倍,于是散射的能量是单个原子所散射的四倍,而不是两倍!所以原子团比它们成单个原子形状时散射或辐射更多的能量。我们关于相位彼此独立的论证是建立在任意两个原子间具有真正的、巨大的相位差的假设基础上的,这只有当它们相隔几个波长而且杂乱排列或在运动时才是对的。如果原子彼此紧靠着,它们必定同相位地散射光,因而它们具有相干的干涉效应,使散射增加。

如果在块团中有 N 个原子,它相当于一个微小水滴,则每个原子将按与上面大致相同的方式受电场驱动(一个原子对另一个原子的影响是不重要的,因为反正对于这个问题只要有一个概念就行了),而从每个原子上散射的幅度是相同的,所以散射的总场增大了 N 倍。于是散射光的强度增大了平方倍,即 N^2 倍。如果原子散开在空间,我们预期会得到 N 倍,

而现在却得到了 N^2 倍！这就是说，N 个分子组成的水的块团中，每个分子的散射都比单个原子的散射强 N 倍。所以当水凝结时，散射增大了。那么，它会无限制地增大下去吗？不会！什么时候这种分析开始失效？我们最多可以聚集多少原子而仍可应用这个论证？答案是：当水滴大到从一端到另一端达一个波长左右时，原子辐射就不再都同相位了，因为这时原子相隔太远。所以当我们不断增大水滴的线度时，得到越来越大的散射，直到水滴的线度达到约一个波长，在这以后散射的增大就完全不像水滴增大那么快了。而且，蓝色消失了，因为对长波长来说，在达到这一极限以前的水滴可以比短波长的更大一些。虽然对每个原子来说，短波散射得比长波多，但当所有的水滴都比波长大时，光谱红端增长得比蓝端更多一些，所以颜色从蓝色向红色移动。

现在我们可以做一个实验来演示这一点。我们可以使粒子在开始时很小，然后线度逐渐增大。我们使用硫代硫酸钠（海波）的硫酸溶液，它能够沉淀很小的硫粒子。当硫沉淀时，开始粒子很小，散射光略带蓝色。当沉淀增多时，散射光增强，当粒子变大时遂成白色。此外，直接穿过溶液的光将缺少蓝色。这正是落日为什么呈红色的原因，当然，因为光穿过空气，到达眼睛时已有许多蓝光被散射掉，所以呈火红色。

最后，还有一个关于偏振的重要特性，它其实属于下一章的内容，但因很有趣，不妨现在就提出来。这就是散射光的电场趋向于沿一个特殊方向振动的性质。入射光的电场沿某一方向振动，因而受激振子沿着与此相同的方向振动，如果我们位于与入射光束垂直的位置上，就会看到偏振光，即其电场仅沿一个方向振动的光。一般地说，原子可以沿与入射光束垂直的任一方向振动，但是如果它们受到激发而朝着我们或背离我们振动，我们就看不见它们所发的光。所以如果入射光的电场沿任一方向振动或变化（这种光称为非偏振光），则与入射光束成 90°方向出来的散射光仅沿一个方向振动！（见图 32-3）

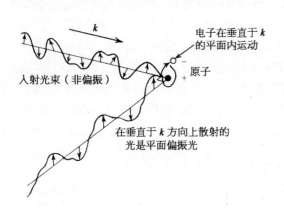

图 32-3　说明垂直于入射光束方向上散射的光的偏振化起因的图

有一种称为偏振片的东西，它具有这样的性质：当光通过时，只有沿一特殊轴的电场成分可以通过。我们可以用它来检验偏振化，从而果真发现由海波溶液所散射的光是强烈偏振的。

第33章 偏 振

§33-1 光的电矢量

本章将讨论这样一些现象,这些现象与描写光的电场是矢量这一事实有关。前几章中,我们除了注意到电矢量位于与传播方向垂直的平面内以外,并没有考虑到电场振动的方向。在那里,电矢量在该平面内的特定方向对我们关系不大。现在我们要讨论的则是以电场振动的特殊方向性为其主要特征的一些现象。

对理想的单色光,电场必须以确定的频率振动,但因 x 分量与 y 分量可按确定的频率相互独立地振动,所以应首先讨论两个相互成直角的独立振动的叠加产生的合成效应。以相同频率振动的 x 分量和 y 分量合成后会得到怎样的电场?如果在 x 振动上加上一定大小的同相位的 y 振动,结果就得到一个在 xy 平面内沿新方向的直线振动。图 33-1 表示不同振幅的 x 振动与 y 振动的叠加结果。但图 33-1 所示的合成结果并不包括各种可能情形;在图中所示的所有情况中,我们都假定 x 振动和 y 振动是同相的,但不一定要那样。x 振动与 y 振动可以是不同相的。

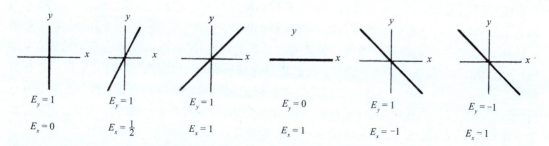

图 33-1 同相位的 x 振动与 y 振动的合成

当 x 振动与 y 振动不同相时,电场矢量沿一椭圆运动;我们可以用一种大家熟悉的方法来说明这一点。如果我们从支点用一根长线悬挂一个球,使它可在水平面内自由摆动,它将作正弦振动。若设想有一水平的 xy 坐标,原点取在球的静止位置上,球就既可在 x 方向,也可在 y 方向以相同的单摆频率摆动。选取适当的初位移和初速度,我们可使球或沿 x 轴振动,或沿 y 轴振动,或沿 xy 平面内的任一直线振动。球的这些运动与图 33-1 中所示的电场振动是类似的。在图上各种情况中,因为 x 振动与 y 振动都同时达到最大值与最小值,所以 x 振动与 y 振动是同相位的。但是我们知道,球的最一般的运动是沿椭圆的运动,它对应于 x 方向与 y 方向不同相的振动。图 33-2 画出了 x 振动与 y 振动不同相时的叠加,其中各图形所对应的 x 振动和 y 振动间的相位差角是不同的。一般的结果是电矢量沿一椭圆运动,沿直线运动相当于相位差为零(或 π 的整数倍)的特殊情况;沿圆运动则相当于等振幅而有 90°相位差(或 π/2 的奇数倍)的情况。

在图 33-2 中,我们把 x 方向与 y 方向的电场矢量标为复数,用这种形式表示相位差很方便。不要把用这种符号表示的复数电矢量的实部与虚部和场的 x 坐标与 y 坐标混淆起来。图 33-1 与图 33-2 中的 x 坐标与 y 坐标是可以测量的实际电场,而复数电场矢量的实部与虚部则仅仅是一种方便的数学形式,并无物理意义。

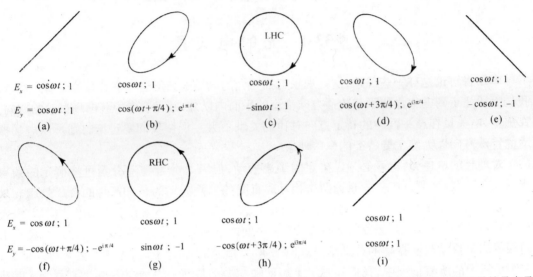

图 33-2 等振幅而相对相位不同的 x 振动与 y 振动的叠加。E_x 与 E_y 两个分量用实数与复数两种符号表示

现在讲一些术语。电场沿直线振动的光叫做线偏振光(有时称为平面偏振光);图 33-1 即表示线偏振光。电场矢量的末端沿一椭圆移动的光叫做椭圆偏振光。当电场矢量末端沿一圆移动时,则为圆偏振光。当我们朝着迎面来的光观看时,若电矢量末端沿逆时针方向旋转,我们称它为右旋圆偏振光。图 33-2(g)表示右旋圆偏振光,而图 33-2(c)则表示左旋圆偏振光。在两种情况中光都从纸面向外。我们标记左旋圆偏振与右旋圆偏振的约定与今天对物理学中所有其他显示偏振性的粒子(例如电子)所用的约定是一致的。然而,在某些光学书中却用相反的约定,所以读者必须小心。

我们考虑了线偏振光、圆偏振光和椭圆偏振光,除这些光以外,剩下的只有非偏振光了。但是,既然光总得沿这些椭圆之一振动,它怎么可能是非偏振的呢?如果光不是绝对单色的,或者如果 x 相与 y 相不完全保持同步,那么电矢量先沿某个方向振动,然后沿另一个方向振动,偏振性经常在改变。记住一个原子的发射只持续 10^{-8} s 时间,若一个原子发射某种偏振光,接着另一个原子发射另一种偏振光,则偏振性将每隔 10^{-8} s 改变一次。如果偏振性改变得比我们所能探测的更快,则我们称光为非偏振的,因为所有的偏振效应都平均掉了。没有一个偏振光的干涉效应可以用非偏振光显示出来。但是,从定义来看,只有当我们无法断定光是否偏振的时候,才称它为非偏振光。

§ 33-2　散射光的偏振性

我们已讨论过的偏振效应的第一个例子是光的散射。设有一束光(例如来自太阳的光束)照射在空气上。电场将使空气中的电荷发生振动,而这些电荷的运动将辐射光,光的最大强度在与电荷振动方向垂直的平面内。从太阳来的光束是非偏振的,它的偏振方向不断改变,空气中电荷的振动方向也就不断改变。如果我们考察沿 90°角散射的光,因为只有当带电粒子的振动垂直于观察者的视线时,它才向观察者辐射光,故光将是沿振动方向*偏振的。所以散射是产生偏振的方法的一例。

§33-3 双 折 射

另一个有趣的偏振效应是有些物质对沿一个方向的线偏振光的折射率与对沿另一方向的线偏振光的折射率不同。假定有一种物质由长形的、长度比宽度大的非球形分子所组成,并且这些分子的长轴在物质中排列得相互平行。那么,当振动着的电场通过这种物质时将发生什么现象?假定由于分子的结构,物质中的电子对于平行于分子轴的振动的响应比垂直于分子轴的振动的响应容易。在这种情形下,我们预期一个方向上的偏振和与之垂直的方向上的偏振将具有不同的响应。我们把分子轴的方向叫做光轴。偏振方向沿着光轴时的折射率与偏振方向与光轴成直角时的折射率不同。这样的物质称为双折射的。它具有两种可折射性,即两种折射率,按在物质中偏振的方向而定。哪种物质是双折射的?在双折射物质中,由于种种原因,必须有一定量排列整齐的非对称的分子。具有立方对称性的立方晶体,当然不可能是双折射的。但长针状晶体无疑包含不对称的分子,因而很容易在其中观察到这种效应。

现在我们来看当偏振光透过一片双折射物质时可以预期什么效应。如果偏振方向与光轴平行,光就以一种速度透过;如果偏振方向与光轴垂直,则光就以另一种速度透过。而当光沿着与光轴成 45°角的方向偏振时,就会发生一种有趣的情况。我们曾注意到,45°偏振可表示为同相位等幅度的 x 方向偏振与 y 方向偏振的叠加,如图 33-2(a)所示。既然 x 方向偏振的光与 y 方向偏振的光以不同的速度传播,则当光通过物质时,x 方向与 y 方向的相位就以不同的速率改变。因而,虽然开始时 x 方向振动与 y 方向振动同相位,但在物质内部,x 方向与 y 方向振动之间的相位差则与光进入物质中的深度成正比。当光通过物质时,其偏振情况按图 33-2 中所示一系列形状改变。如果薄片厚度恰使 x 方向偏振与 y 方向偏振产生 90°的相移,如图 33-2(c)那样,则光以圆偏振出射。这种厚度的薄片叫做四分之一波片,因为它使 x 方向偏振与 y 方向偏振之间产生四分之一周的相差。如果线偏振光通过两块四分之一波片,它将又以平面偏振光出射,但与原来的方向成直角,从图 33-2(e)即可看出这一点。

用一张玻璃纸很容易说明这一现象。玻璃纸系由长形纤维分子组成,各向不同性,因为纤维朝某一方向的排列占优势。为了演示双折射,需要一束线偏振光,这很方便,只要把非偏振光通过一偏振片就行。偏振片(下面将对它作详细讨论)有一个有用的性质,即偏振方向与其轴平行的线偏振光透过它时,很少被吸收,而对偏振方向与其轴垂直的线偏振光则强烈吸收。当非偏振光通过偏振片时,只有振动方向平行于偏振片轴的那部分光可以通过,因而透射光束是线偏振的。偏振片的这一性质也可用来探测线偏振光束的偏振方向或确定一束光是否线偏振光,只要让光束通过偏振片,并在垂直于光束的平面内旋转偏振片。如果光束是线偏振光,则当偏振片的轴垂直于光束的偏振方向时,光束就透不过偏振片。当偏振片

---

* 指与入射方向和散射方向都垂直的方向。——译者注

的轴转过 90°时,透射光束只衰减很少。如果透射强度与偏振片的取向无关,光束就不是线偏振的。

为了演示玻璃纸的双折射性,我们用两块偏振片,如图 33-3 所示。第一块给出一束线偏振光,让它通过玻璃纸,然后通过第二块偏振片,此片用来探测玻璃纸对通过它的偏振光所产生的效应。如果先让两块偏振片的轴互相垂直,并移去玻璃纸,没有光通过第二块偏振片。如果此时在两块偏振片之间插入玻璃纸,并以光束为轴线旋转玻璃纸,即可看到,总的来说玻璃纸使一部分光能通过第二块偏振片。但玻璃纸有两个互相垂直的取向不允许光通过第二块偏振片。当线偏振光通过玻璃纸时,其偏振方向不受影响的这两个玻璃纸的取向必为平行于玻璃纸光轴的方向或垂直于玻璃纸光轴的方向。

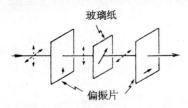

图 33-3 玻璃纸双折射性的实验演示。光的电矢量用虚线表示。偏振片的通过轴与玻璃纸的光轴用箭头表示。入射光束是非偏振光

我们假定光在这两个取向上以两种不同的速度通过玻璃纸,但透过时偏振方向不变。当玻璃纸转到这两个取向的中间位置(如图 33-3 所示)时,我们看到透过第二块偏振片的光是亮的。

通常用于商业包装的玻璃纸对白光中的大多数色光来说,刚巧很接近于半波片厚度。如果入射偏振光束的偏振方向与光轴成 45°角的话,这样的玻璃纸将使线偏振光的轴转过 90°,因而自玻璃纸出射的光束正沿着可以通过第二块偏振片的方向振动。

如果在上述演示实验中用白光,则玻璃纸只对白光中的一个特定成分才正好是半波片厚度,故透射光束将具有此成分的颜色。透射光的颜色依赖于玻璃纸的厚度;我们可以用以下方法来改变玻璃纸的有效厚度,即倾斜一下玻璃纸,使光以一个倾角通过它,因此光在玻璃纸中通过一段较长路程。当玻璃纸倾斜时,透射光改变颜色。用不同厚度的玻璃纸,可以作成透过不同颜色的滤色片。这种滤色片具有这样一种有趣的性质,即当两块偏振片的轴互相垂直时,它们透过一种颜色,而当两块偏振片的轴互相平行时,则透过其互补色。

整齐排列的分子的另一个有趣的应用很实用。某些塑料由缠绕在一起的很长和很复杂的分子组成。当很小心地凝固这种塑料时,所有分子卷成一团,使沿一个方向排列的分子与沿另一个方向排列的分子一样多,故这样的塑料没有显著的双折射性。通常,当塑料凝固时,会引进一些应变和应力,因而不是完全均匀的。但是如果在这种塑料片上施加张力,就像拉一团乱麻那样,则沿张力方向排列的麻绳将比沿别的方向多。因而当给某种塑料施加应力时,塑料就变为双折射的,让偏振光通过塑料,就能看到双折射效应。如果通过偏振片观察透射光,将看到明暗的条纹(如用白光,则为彩色条纹)。当在样品上加应力时,条纹会移动,计数条纹数目,并注意哪里条纹最多,就可确定应力。工程师们把这一现象用作为求形状古怪、难以计算的物体上应力的一种方法。

另一种得到双折射的有趣方法是用液体。设想有一种由长形非对称分子组成的液体,让在近分子的两端带有正或负的平均电荷,使分子成为一偶极子。由于碰撞,液体中分子一般将混乱取向,朝某一方向的分子与朝另一方向的分子一样多。如果加上电场,分子就会趋向于整齐排列,而一旦分子排列整齐,液体就变成双折射的。用两块偏振片和一个装有这种极化液体的透明盒,就可构成一种装置,它具有一种性质,只有加上电场时光才能通过。这

样,我们就有了一个光的电开关,叫做克尔盒。这种对某些液体加上电场就会产生双折射的效应,叫做克尔效应。

§33-4 起偏振器

至此我们只讨论了在不同方向偏振的光其折射率不同的这类物质。很有实用价值的是那样一些晶体和材料,它们对不同方向偏振的光不仅折射率不同,而且吸收系数也不同。用证实双折射概念的同样论证,可以理解,在各向异性物质中吸收会随电荷受迫振动的方向而变化。电气石是这种物质的古老而有名的例子,偏振片则是另一个例子。偏振片系由碘硫酸奎宁小晶体(一种碘和奎宁的盐类)的薄片组成,所有晶体的轴排列成相互平行。当(光)振动沿一个方向时,这些晶体吸收光,当振动沿别的方向时,则吸收不明显。

假定让偏振方向与偏振片的通过方向成 θ 角的线偏振光射入偏振片,通过的光的强度将是多少? 此入射光可以分解为两个分量:一个与通过方向垂直,它正比于 $\sin\theta$;另一个沿着通过方向,它正比于 $\cos\theta$。从偏振片出来的幅度仅为 $\cos\theta$ 部分;$\sin\theta$ 部分被吸收了。通过偏振片的振幅小于进来的振幅,两者相差一个因子 $\cos\theta$。透过偏振片的能量,即光的强度,正比于 $\cos\theta$ 的平方,于是当入射光的偏振方向与通过方向成 θ 角时,透射光强度就是 $\cos^2\theta$。吸收强度当然是 $\sin^2\theta$。

在下述情况下会出现一个有趣的佯谬。我们知道,不可能使一束光通过两块轴互相正交的偏振片。但是如果在原先两块偏振片之间放上第三块偏振片,使其轴与正交轴成 45°角,就有些光透过去了。我们知道偏振片只会吸收光,而不会创造什么东西。然而,加进成 45°角的第三块偏振片却使较多的光得以通过。这一现象的分析留给学生作为练习。

最有趣的偏振例子之一并不发生在复杂的晶体或难以获得的材料中,倒是发生在最简单和最熟悉的情况之一——光从表面的反射之中。不管你是否相信,当光从玻璃表面反射时,它可以是偏振化的,而这一现象的物理解释很简单。布儒斯特从实验中发现,如果从表面反射的光束与进入物质中的折射光束成直角,则反射光为完全偏振光。图 33-4 说明这一情况。如果入射光束在入射面内偏振,就将完全没有反射光。只有当入射光束垂直于入射面偏振时,才会被反射。理由很容易懂。在反射材料中光是横向偏振的,而我们知道产生出射光束的是材料中电荷的运动,此出射光束我们叫做反射光。这种所谓反射光的来源并非简单地是入射光束的反射而已;对此现象的更深入的理解告诉我们,入射光束驱动材料中的电荷振动,接着产生反射光束。从图 33-4 可

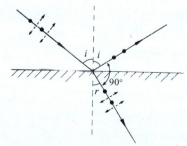

图 33-4 在布儒斯特角下线偏振光的反射。虚线箭头表示偏振方向;圆点表示偏振方向垂直纸面

知,显然只有垂直于纸面的振动可以朝反射方向辐射光,因此反射光束将垂直于入射面偏振。如果入射光束在入射面内偏振,就根本没有反射光。

让一束线偏振光在一块平玻璃板上反射,很容易演示上述现象。如果转动玻璃板,使偏振光束呈现不同的入射角,则当入射角通过布儒斯特角时,可观察到反射强度的急剧衰减。这种衰减只有当偏振面在入射面内时才能观察到。如果偏振面垂直于入射面,则在所有角

度都观察到通常的反射强度。

§ 33-5 旋 光 性

另一个最值得注意的偏振效应是在由不具有反射对称性的分子所组成的材料中观察到的。这种分子的形状有些像螺丝,或者戴手套的手,或者别的其形状通过镜子看会反过来的东西,就像左手手套会在镜子中反射成为右手手套一样。假定物质中的所有分子都一样,即没有一个分子是另一个分子的镜像。这样一种物质会显示出一种叫做旋光性的有趣效应,当线偏振光通过该种物质时,偏振方向就绕光束的轴旋转。

为了理解旋光现象需要一些计算,但我们可以不必去实际进行计算而定性地看出此效应是怎样发生的。设想有一螺旋状非对称分子,如图 33-5 所示。为了显示旋光性,分子形状不需要真正像个螺丝。但我们将把这种简单形状作为无反射对称性形状的典型例子。当沿 y 方向偏振的线偏振光照射在此分子上时,电场将驱动电荷沿螺旋线上、下运动,于是产生在 y 方向上的电流,并辐射沿 y 方向偏振的电场 E_y。但是,如果电子被约束在螺旋线上运动,则当它们被驱动作上、下运动的同时,也必作 x 方向的运动。当电流沿螺旋线向上流动时,电流也同时在 $z = z_1$ 点向纸面流入,在 $z = z_1 + A$ 点从纸面流出,如果 A 是分子螺旋的直径的话。人们也许会设想 x 方向的电流不会产生净辐射。因为在螺旋的两边电流反方向。但是,如果考虑到达 $z = z_2$ 点的电场的 x 分量,我们看到,由 $z = z_1 + A$ 点的电流所辐射的场与由 $z =$

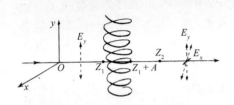

图 33-5 一个不具有镜像对称性形状的分子。一束沿 y 方向偏振的光照射在该分子上

z_1 点的电流所辐射的场,在到达 z_2 点时相差一段时间 A/c,于是相位相差 $\pi + \omega A/c$。既然相位差不恰好是 π,两个场就不恰好抵消,于是由分子中电子的运动产生的电场就剩下一个小的 x 分量,而驱动电场却只有 y 分量。此小的 x 分量加在大的 y 分量上,产生一个合电场,此合电场对于 y 轴(即原来的辐射方向)稍稍倾斜了一点。当光通过物质行进时,偏振方向绕光束的轴旋转。稍画几个图例,并考察由入射电场所引起的电流,人们就能确信旋光性的存在,而且旋转方向与分子的取向无关。

玉米糖浆是一种常见的具有旋光性的物质。玉米糖浆的旋光现象很容易演示,只要用一块偏振片,以产生线偏振光束,一个盛有玉米糖浆的透明盒,以及另一块偏振片,以检测当光通过玉米糖浆时偏振方向的旋转。

§ 33-6 反射光的强度

现在我们来定量讨论反射系数与角度的关系。图 33-6(a)表示一光束投射在玻璃表面上,一部分被反射,一部分折射入玻璃。假定入射光束(振幅为 1)垂直于纸面偏振。我们将称反射波的振幅为 b,折射波的振幅为 a。折射波和反射波当然是线偏振的,而且入射波、反射波和折射波的电场矢量都相互平行。图 33-6(b)表示同一种情况,但假定入射波(振幅为 1)在纸面内偏振。此时反射波和折射波的振幅分别称为 B 和 A。

现在要计算在图33-6(a)和(b)所示的两种情况中反射有多强。我们已知道,当反射光束和折射光束之间的夹角为直角时,则图33-6(b)中将没有反射波,但我们来看一看,是否能得到一个定量的答案——即 B 和 b 作为入射角 i 的函数的正确表示式。

我们必须懂得下述原理:玻璃中引起的电流产生两个波。首先,它们产生反射波。再者,我们知道,如果没有玻璃中引起的电流,入射波就会继续不偏折地进入玻璃。须知凡源都产生净场。入射光束的源产生振幅为1的场,它将会沿图中虚线进入玻璃。但此场未观察到,因而在玻璃中引起的电流必须产生一个振幅为 -1 的场,它也沿虚线行进。我们将利用这一事实来计算折射波的振幅 a 与 A。

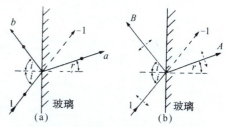

图 33-6 振幅为1的入射波在玻璃表面的反射与折射。

(a) 入射波垂直于纸面偏振;(b) 入射波的线偏振方向用虚线电矢量表示

在图33-6(a)中我们看到,幅度为 b 的场系玻璃内之电荷运动所辐射,而这些电荷的运动则是玻璃内的场 a 所引起,因而 b 正比于 a。既然两个图除偏振方向外实际上相同,我们也许会假定,比值 B/A 将与比值 b/a 相同。但这并不十分正确,因为图33-6(b)中的偏振方向不像图33-6(a)中那样都互相平行。只有 A 中垂直于 B 光束的分量 $A\cos(i+r)$ 在产生 B 中才是有效的。于是正确的比例表示式为

$$\frac{b}{a} = \frac{B}{A\cos(i+r)}. \tag{33.1}$$

现在我们来利用一个诀窍。我们知道在图33-6(a)和(b)中,玻璃中的电场都必须产生这样的电荷振动,它产生振幅为 -1,偏振方向与入射光束平行,而沿着虚线方向行进的场。但从图33-6(b)部分可见,只有 A 中垂直于虚线的分量才与产生此场的偏振方向一致,而在图33-6(a)中却是整个幅度 a 都有效,因为 a 波的偏振方向与振幅为 -1 的波的偏振方向平行。于是可得

$$\frac{A\cos(i-r)}{a} = \frac{-1}{-1}, \tag{33.2}$$

因为式(33.2)左端的两个幅度都产生振幅为 -1 的波。

用式(33.2)除式(33.1),得

$$\frac{B}{b} = \frac{\cos(i+r)}{\cos(i-r)}, \tag{33.3}$$

此结果可用已知的情况来检验。若令 $i+r=90°$,式(33.3)给出 $B=0$,与布儒斯特定律要求的一样,所以至此我们的结果至少无明显错误。

前面已假定入射波的振幅为1,所以 $|B|^2/1^2$ 即在入射面内偏振的波的反射系数,而 $|b|^2/1^2$ 为垂直于入射面偏振的波的反射系数。此两反射系数之比由式(33.3)决定。

现在我们来完成一个奇迹,即不只是计算此比值,而且要计算每个系数 $|B|^2$ 与 $|b|^2$ 本身!由能量守恒定律可知,折射波的能量必定等于入射波的能量减去反射波的能量,一为 $1-|B|^2$,一为 $1-|b|^2$。此外,图33-6(b)中进入玻璃的能量与图33-6(a)中进入玻璃的能量之比为折射波振幅平方之比,即 $|A|^2/|a|^2$。也许有人会问,我们是否真的知道如何计

算玻璃中的能量,因为除电场能量之外,毕竟还得加上原子运动的能量。但是显然对总能量的所有各种贡献,都将与电场振幅的平方成正比。于是可得

$$\frac{1-|B|^2}{1-|b|^2}=\frac{|A|^2}{|a|^2}. \tag{33.4}$$

现在将式(33.2)代入上式,以消去A/a,并借助于式(33.3)用b表示B

$$\frac{1-|b|^2\frac{\cos^2(i+r)}{\cos^2(i-r)}}{1-|b|^2}=\frac{1}{\cos^2(i-r)}. \tag{33.5}$$

此式只包含一个未知振幅b。解出$|b|^2$,得

$$|b|^2=\frac{\sin^2(i-r)}{\sin^2(i+r)}, \tag{33.6}$$

借助于式(33.3),并可得

$$|B|^2=\frac{\tan^2(i-r)}{\tan^2(i+r)}. \tag{33.7}$$

因而我们已求得了垂直于入射面偏振的入射波的反射系数$|b|^2$,也求得了在入射面内偏振的入射波的反射系数$|B|^2$!

这种性质的论证还可继续进行下去,并推得b是实数。为此,必须考虑光从玻璃表面的两边同时射来的情况,这种情况在实验上并不容易安排,但在理论上分析起来却很有趣。如果分析这种一般情况,可以证明b必须是实数,因而,实际上$b=\pm\sin(i-r)/\sin(i+r)$。若考虑很薄很薄的薄片情况(此时从前表面与后表面都有反射),并且计算出光反射了多少后,甚至可以决定b的符号。我们知道薄片应反射多少光,因为我们知道产生了多少电流,甚至求出了这种薄层电流所产生的场。

由这些论点可以证明

$$b=-\frac{\sin(i-r)}{\sin(i+r)}, \quad B=-\frac{\tan(i-r)}{\tan(i+r)}. \tag{33.8}$$

这些反射系数作为入射角与折射角函数的表示式,叫做菲涅耳(Fresnel)反射公式。

若考虑角i和r趋向于零的极限情况,发现在正入射情况下对两种偏振都有$B^2\approx b^2\approx(i-r)^2/(i+r)^2$,因为此时正弦差不多等于角度,正切亦然。但我们知道$\sin i/\sin r=n$,而当角度很小时,$i/r\approx n$,因而很容易证明对正入射的反射系数为

$$B^2=b^2=\frac{(n-1)^2}{(n+1)^2}.$$

作为例子,求出在正入射情况下从水表面反射了多少光是有意思的。对水,n是4/3,所以反射系数为$(1/7)^2\approx 2\%$。即在正入射情况下,从水表面只反射2%的入射光。

§33-7 反常折射

我们将要讨论的最后一个偏振效应其实是最早发现的效应:反常折射。水手们在游历

冰岛后带回了一些冰洲石晶体($CaCO_3$)到欧洲,它有一个有趣的性质,通过晶体看起来,任何东西都成了两个,即呈现两个像。此现象引起了惠更斯的注意,并在偏振的发现中起了重要的作用。事情往往是这样,最早发现的现象最终最难解释。只有当我们透彻理解了物理概念以后,我们才能仔细地挑选出那些最简单、最清晰地说明此概念的现象。

反常折射是前面讨论的同一个双折射现象的特殊情况。反常折射系当光轴,即非对称分子的长轴不平行于晶体表面时所发生的现象。图 33-7 中画了两块双折射晶体,其光轴如图所示。在上图中,投射在晶体上的入射光束的线偏振方向垂直于晶体的光轴。当此光束投射到晶体表面时,表面上每一点都成为一个波源,这些波以速度 $v_\perp$(即当偏振面垂直于光轴时光在晶体中的速度)在晶体中传播。其波前正好是所有这些小球面波的包络或轨迹,并且不偏折地通过晶体行进,从另一面出射。这正是我们所预期的正常行为,因而这种光线叫做寻常光线。

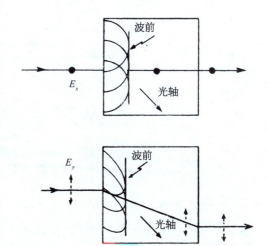

图 33-7 上图表示通过双折射晶体的寻常光线路径。非常光线路径画于下图中。光轴位于纸面上

下图中投射在晶体上的线偏振光的偏振方向转了 90°,因而光轴位于偏振平面内。当考虑晶体表面上任一点发出的小波时,我们看到它们并不以球面波形状扩展。沿着光轴方向传播的光以速度 $v_\perp$ 传播,因为其偏振方向垂直于光轴,而垂直于光轴方向传播的光却以速度 $v_\parallel$ 传播,因为其偏振方向平行于光轴。在双折射物质中,$v_\parallel \neq v_\perp$,在图中 $v_\parallel < v_\perp$。更全面的分析证明波以椭球面形状扩展,光轴为椭球的长轴。所有这些椭球面波的包络即为波前,它沿图中所示方向通过晶体行进。在后表面,光束的偏折情况恰与在前表面上相仿,因而光以平行于入射束方向出射,但相对于入射束平移了。显然,此光束不遵循斯涅耳定律,而沿反常方向行进。于是称它为非常光线。

当非偏振光投射在反常折射晶体上时,分裂为一束寻常光线(它以正常形式不偏折地通过晶体传播)和一束非常光线(当它通过晶体时平移了)。这两束出射光线以相互垂直的方向偏振。这一点的正确性很容易演示,只要用一块偏振片分析出射光线的偏振状态即可。把线偏振光射入晶体,我们还能演示对此现象的解释是正确的。只要适当选定入射光束的偏振方向,可以使这束光线不分裂、不偏折地通过晶体,也可使它不分裂地通过晶体,但有一位移。

我们已在图 33-1 和图 33-2 中把所有不同的偏振状态表示成两种特殊的偏振状态,即不同大小和不同相位的 x 振动与 y 振动的叠加。其他的偏振对也同样可用来表示各种偏振状态。沿着任意倾斜于 x, y 的相互垂直的轴 x', y' 的偏振状态同样可用来表示各种偏振状态[例如,任一偏振状态可以由图 33-2 中的状态(a)和状态(e)叠加而成]。但有趣的是,这一概念还可推广到其他状态。例如,任一线偏振状态可以由适当大小和适当相位的右旋圆偏振和左旋圆偏振状态[图 33-2 的状态(c)和(g)]叠加而成,因为两个反向旋转的相等矢量相加后得到一个沿直线振动的单一矢量(图 33-8)。如果其中一个的相位相对另一个移动了,此直线即倾斜。于是图 33-1 中所有图形都可标成"相等大小的右旋圆偏振光与左旋圆偏振光在各种不同相对相位下的叠加"。当左旋的相位落后于右旋时,线偏振状态的方向会改变。因而在一定意义上,旋光材料是双折射的。它们的性质可以描述成对右旋圆偏振光和左旋圆偏振光具有不同的折射率。不同强度的右旋圆偏振光和左旋圆偏振光的叠加,则产生椭圆偏振光。

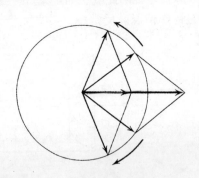

图 33-8　两个反向旋转的等幅矢量相加产生一方向固定但幅度振荡的矢量

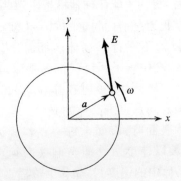

图 33-9　作为对圆偏振光的响应,电荷沿圆周运动

圆偏振光具有另一个有趣的性质——它带有角动量(对传播方向)。为了说明这一点,假定圆偏振光投射在一个可用简谐振子来代表的原子上,该振子能在 xy 平面内沿任意方向相同地位移。于是,作为对场的 E_x 分量的响应,电子将有 x 方向的位移,作为对大小相同的场的 E_y 分量的响应,有大小相同的 y 方向的位移,但相位落后 90°。这样一来,作为对光的旋转电场的响应,电子以角速度 ω 沿一圆周运动(图 33-9)。电子位移矢量 a 的方向和作用在电子上的力 q_eE 的方向不一定要相同,视振子响应的阻尼特性而定,但它们一起旋转。E 可以有与 a 成直角的分量,所以对系统做功,并作用有力矩 τ。每秒钟做的功为 $\tau\omega$。在一个周期 T 内,吸收的能量为 $\tau\omega T$,而 τT 即传递给吸收此能量的物质的角动量。因而我们看到,一束带有总能量 $\mathcal{E}$ 的右旋圆偏振光具有角动量 $\mathcal{E}/\omega$(矢量指向传播方向)。因为当此束光被吸收时,该角动量就传递给吸收物质。左旋圆偏振光带有符号相反的角动量 $-\mathcal{E}/\omega$。

第34章 辐射中的相对论性效应

§34-1 运动辐射源

本章将叙述与辐射有关的各种效应,从而结束关于光传播的经典理论的讨论。我们对光的分析已相当深入而详尽。唯一未加讨论的与电磁辐射有关的重要现象是,当无线电波被四周具有反射壁的盒子(盒子的线度与波长差不多)所包围时,或当它沿着一个长的管道传输时所发生的现象,即所谓谐振腔现象和波导现象。这些现象我们将在以后讨论;我们先用另一种物理现象——声——作为例子来进行讨论,然后再回到这个题目上来。除此以外,本章是我们最后一次考虑光的经典理论。

我们可以把现在要讨论的效应概括为与运动辐射源有关的效应。因此,我们不再假设辐射源局限在某固定点附近以比较低的速率运动。

我们记得,电动力学的基本定律表明,在远离运动电荷的地方,电场由下式给出

$$E = -\frac{q}{4\pi\epsilon_0 c^2}\frac{\mathrm{d}^2 \boldsymbol{e}_{R'}}{\mathrm{d}t^2}. \tag{34.1}$$

单位矢量 $\boldsymbol{e}_{R'}$ 的方向指向电荷的表观方向,它的二阶微商是电场的决定因素,当从电荷到观察者的信号仅以有限速率 c 传播时,此单位矢量当然并不指向电荷现在的位置,而指向电荷看起来所在的位置。

与电场相联系的还有磁场,方向始终与电场垂直,也与源的表观方向垂直,而由下式给出

$$\boldsymbol{B} = -\boldsymbol{e}_{R'} \times \boldsymbol{E}/c. \tag{34.2}$$

至此我们只考虑了运动速率为非相对论性的情况,结果在源所在的方向上没有明显的运动要去考虑。现在我们要更一般地研究以任意速度而运动的情况,看一看在这种情况下会有什么其他效应发生。虽然我们假设运动速率是任意的,但是当然仍将假定探测器离源很远。

由第28章的讨论已经知道,在 $\mathrm{d}^2 \boldsymbol{e}_{R'}/\mathrm{d}t^2$ 中唯一要算的是 $\boldsymbol{e}_{R'}$ 的方向的变化。设电荷的坐标是 (x, y, z),z 沿着观察方向(图34-1)。在给定时刻,比如时刻 τ,位置的三个分量是 $x(\tau)$,$y(\tau)$ 和 $z(\tau)$。距离 R 很接近等于 $R(\tau) = R_0 + z(\tau)$。这样,矢量 $\boldsymbol{e}_{R'}$ 的方向主要取决于 x 和 y,而几乎根本与 z 无关,因为单位矢量的横向分量是 x/R 与 y/R,当对这些分量求微商时,在分母上得到 R^2 之类的量

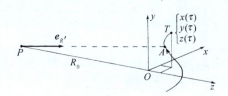

图 34-1 运动电荷的路径。在时刻 τ 电荷的真正位置在 T,但其推迟位置在 A

$$\frac{\mathrm{d}(x/R)}{\mathrm{d}t} = \frac{\mathrm{d}x/\mathrm{d}t}{R} - \frac{\mathrm{d}z}{\mathrm{d}t}\frac{x}{R^2}.$$

所以,当离源足够远时,需要考虑的项只有 x 和 y 的变化。将因子 R_0 提出微商号外,于是得到

$$E_x = -\frac{q}{4\pi\epsilon_0 c^2 R_0}\frac{\mathrm{d}^2 x'}{\mathrm{d}t^2},$$

$$E_y = -\frac{q}{4\pi\epsilon_0 c^2 R_0}\frac{\mathrm{d}^2 y'}{\mathrm{d}t^2},$$

(34.3)

式中 R_0 大体上是到电荷 q 的距离;不妨取 R_0 为观察者到坐标系 (x,y,z) 原点的距离 OP。于是电场就是一个常量乘以一个很简单的量,即 x 坐标与 y 坐标的二阶微商(本来可以更数学化一些,把 x 与 y 叫做电荷的位置矢量 r 的横向分量,但这样并不会使问题更清楚多少)。

当然,我们认识到坐标必须在推迟时刻度量。这里我们发现 $z(\tau)$ 要影响推迟。推迟时间是多少?若观察时刻叫做 t(即 P 处的时刻),则与之对应的在 A 处的时刻 τ 并不是 t,而是要延迟一段时间,这段时间即光必需走过的总距离除以光的速率。在一级近似下,此延迟为 R_0/c,为一常量(此项我们不感兴趣),但在二级近似下,必须包括电荷于时刻 τ 在 z 方向所在位置所产生的效应,因为如果 q 稍微移后一些,推迟就得稍微多一些。这是我们以前所忽略的效应,也正是为了使结果对所有运动速率都成立唯一需要考虑的效应。

现在我们要做的是选定某一 t 值,由它计算 τ 的值,从而求出该时刻 τ 的 x 值与 y 值。这些就是推迟的 x 和 y,我们称之为 x' 和 y',它们的二次微商决定了场。这样,τ 由下列公式决定

$$t = \tau + \frac{R_0}{c} + \frac{z(\tau)}{c}$$

和

$$x'(t) = x(\tau), \quad y'(t) = y(\tau).$$

(34.4)

这些方程很复杂,但很容易用几何图形来描述它们的解。这样的图使我们对事情是如何进行的过程有一个很好的定性感性认识,但对一个复杂的问题要导出精确的结果,则仍需要应用详细的数学方法。

§34-2 求"表观"运动

上述方程有一种有趣的简化形式。若我们忽略不感兴趣的延迟常量 R_0/c(这仅仅意味着时间 t 的原点改变一个常量),上述方程即可化为

$$ct = c\tau + z(\tau), \quad x' = x(\tau), \quad y' = y(\tau).$$

(34.5)

现在我们要求出 x' 和 y' 作为 t 的函数,而不是作为 τ 的函数,我们可以用下述方法来求:方程式(34.5)表明,我们应取实际的运动再加上一个常数(光速)与 τ 的乘积,这句话所表达的意思如图 34-2 所示。画出电荷的实际运动(如图中左边所示),并想象在电荷运动的同时它又以速率 c 从 P 点被拉走(这只是数学上加 $c\tau$ 的一种表述,并不存在相对论性收缩之类的问题)。用这个方法得到一种新的运动,其中沿视线的坐标是 ct,如图右边所示(图中表示对平面内相当复杂的运动所得的结果,但运动当然可以不在一个平面内——它可以比平面运动更复杂)。主要之点是现在水平方向(即视线方向)的距离不再是原来的 z,而是 $z + c\tau$,

因而就是 ct。这样，我们就得到了 x'（和 y'）与 t 关系的曲线图！为了求电场，只要看一下这条曲线的加速度，也就是只要对它微分二次就行了。所以最后的回答是：为了求运动电荷的电场，先画电荷的运动，然后将该运动以速率 c 逐点向后平移，以便"将它展开"；这样画出来的曲线，就是位置 x' 和 y' 作为 t 的函数的曲线。此曲线的加速度给出作为时间 t 的函数的电场。如果我们愿意，也可这样来想象，即整个"刚性"曲线以速率 c 通过视平面向前运动，从而曲线与视平面的交点坐标就是 x' 和 y'。由该点的加速度得出电场。这个解正与起初的公式一样确切——它只是一种几何表述方法。

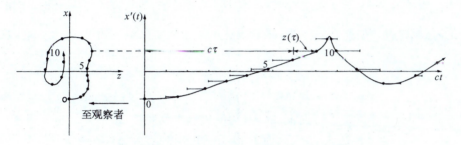

图 34-2 由方程式(34.5)求 $x'(t)$ 的几何解法

如果运动比较慢，例如是一个正在作上、下缓慢运动的振子，那么，当将该运动以光速展开时，显然会得到一条简单的余弦曲线，这样就给出了我们一直看到的公式，它给出振荡电荷所产生的场。但更有意思的例子是电子快速（很接近于光速）沿圆周运动。如果在圆平面内观察，则推迟的 $x'(t)$ 如图 34-3 所示。这是一条什么曲线？设想有一条从圆心到电荷的矢径，将它穿过电荷稍微延长一些，如果电荷运动得很快，只要稍微延长一点，使延长线到达以光速旋转的圆周上就行。于是，当我们将电荷运动以光速向后逐点平移时，整个过程就相当于一个带有电荷的轮子以光速无滑动地向后滚动；这样电荷在空间就画出一条曲线，它很接近于摆线——称为内摆线。如果电荷以很接近于光速的速率运动，曲线的"尖点"的确很尖；如果电荷恰好以光速运动，它们将成为无限尖的真正的尖点。"无限尖"很有意思；它意味着在尖点附近二阶微商非常大。电荷每走一圈就得到一个电场的尖脉冲。这是从非相对论性运动根本得不到的结果，在电荷作非相对论性运动时，每走一圈得到一次振动，此振动在所有时刻的"强度"大致相同。而现在，电场每隔 T_0 时间出现一个尖脉冲，这里 T_0 是电荷转动的周期。这些强电场在沿着电荷运动方向的一个狭窄锥角内发射。当电荷离开 P 点运动时，曲线的曲率很小，这时沿 P 的方向只有很小的辐射电场。

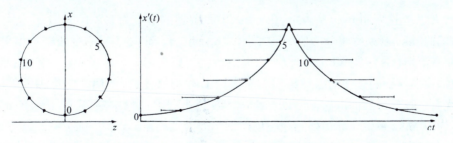

图 34-3 以恒定速率 $v = 0.94c$ 沿圆周运动的质点的 $x'(t)$ 曲线

§34-3 同步辐射

在同步加速器中有沿着圆形轨道运动的高速电子；它们以很接近于光速的速率运动，因此有可能以实际的光的形式观察到上述辐射。我们来更详细地讨论这一问题。

在同步加速器中，电子在均匀磁场中沿圆形轨道运动。首先我们来看一下电子为什么沿圆周运动。根据式(12.10)，在磁场中运动的粒子所受的力由下式给出

$$\boldsymbol{F} = q\boldsymbol{v} \times \boldsymbol{B}, \tag{34.6}$$

此力与场和速度都垂直。像通常一样，力等于动量对时间的变化率。如果场的方向由纸面向上，则粒子的动量和作用在粒子上的力如图34-4所示。既然力与速度垂直，则粒子的动能，进而其速率，保持不变。磁场的作用只是改变运动的方向。在一个短时间 Δt 内，动量矢量的改变量 $\Delta p = \boldsymbol{F}\Delta t$ 在其垂直方向上，因而 $\boldsymbol{P}$ 转过一个角度 $\Delta\theta = \Delta p/p = qvB\Delta t/p$，因为 $|\boldsymbol{F}| = qvB$。但在同一时间内，粒子走过距离 $\Delta s = v\Delta t$。显然，直线 AB 和 CD 将在某一点 O 相交，而使 $OA = OC = R$，其中 R 满足 $\Delta s = R\Delta\theta$。将此关系与前一个表示式相结合，可得 $R\Delta\theta/\Delta t = R\omega = v = qvBR/p$，由此可得

$$p = qBR \tag{34.7}$$

和

$$\omega = \frac{qvB}{p}. \tag{34.8}$$

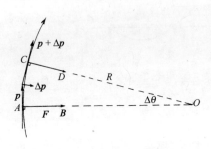

图 34-4　带电粒子在均匀磁场中沿圆周(或螺旋线)运动

因为同样的论证也适用于下一瞬时，再下一瞬时，等等，故可得出结论，粒子必然作沿半径为 R 的圆周运动，角速度为 ω。

粒子的动量等于电荷乘以半径再乘以磁场这一结果十分重要，并且用得很多。此关系在实用上很重要，因为当存在一些带相同电荷的基本粒子时，可在磁场中对它们进行观察，测得它们的轨道的曲率半径，在已知磁场的情况下，就可决定粒子的动量。若在式(34.7)两边同乘以 c，并将 q 用电子电荷表示，就可以用电子伏为单位来量度粒子的动量值。使用这些单位，该式变为

$$pc(\text{eV}) = 3 \times 10^8 (q/q_e)BR, \tag{34.9}$$

式中 B，R 及光速皆用 mks 制表示，在 mks 制中，光速的数值为 3×10^8。

磁场的 mks 制单位叫做韦伯每平方米(Wb·m^{-2})。磁场还有一个较老的但仍常用的单位，叫做高斯(Gs)。1 Wb·m^{-2} 等于 10^4 Gs。为了给读者一个磁场大小的概念，我们指出通常在铁中能达到的最强的磁场约为 1.5×10^4 Gs；超过此值，使用铁的优越性就没有了。目前，绕有超导体导线的电磁体可以产生 10^5 Gs 以上强度的稳定磁场，此强度在 mks 单位制中即为 10 mks 单位。赤道处的地磁场约为十分之几高斯。

回到式(34.9)，我们可以设想同步加速器中的粒子以吉电子伏量级的能量运行，对 1 GeV，pc 为 10^9（我们将很快回过来讲能量）。那么，若 B 相当于 10 000 Gs，即 1 mks 单位

(这是很强的磁场),则 R 应为 3.3 m。加利福尼亚理工学院的同步加速器的实际半径是 3.7 m,磁场也稍强一些,能量是 1.5 GeV,但属于同一数量级。这样,我们对于同步加速器为什么具有这种尺寸就有体会了。

我们已计算了粒子的动量,但我们知道粒子的总能量,包括静能在内,由

$$W = \sqrt{p^2 c^2 + m^2 c^4}$$

给出,对于电子,与 mc^2 相应的静能为 0.511×10^6 eV,当 pc 为 10^9 eV 时,可略去 mc^2,故对所有实用目的来说,当粒子速率达到相对论性速率时,$W = pc$。说电子能量为 1 GeV 与说电子动量乘以 c 为 1 GeV 实际上相同。若 $W = 10^9$ eV,很容易证明粒子的速率与光速之差只有八百万分之一!

现在我们再回到这样的粒子所发出的辐射上来。粒子在半径为 3.3 m,即周长为 20 m 的圆周上运动,绕行一周的时间约等于光走 20 m 所需的时间。故这样的粒子所应辐射的波长将为 20 m——处在无线电短波范围。但由于刚才讨论过的堆积效应(图 34-3),以及使矢径端点达到光速 c 所需的延长量只有半径的八百万分之一,因而内摆线的尖点与相邻两尖点之间的距离比较起来,显得非常尖。故加速度(它包含对时间的二次微商)两次得到"压缩因子"8×10^6,因为在尖点附近时间标度两次缩短 8×10^6 倍。于是可以预期有效波长要短得多,即短到 20 m 的 $(1/64) \times 10^{-12}$ 的程度,相当于 X 射线区域。(实际上,尖点本身并不是全部决定因素;必须把尖点附近的一定区域包括进去。这使因子变为 3/2 次方,而不是平方,但波长仍比可见光区短的区域内。)因此,尽管缓慢运动的电子会辐射波长为 20 m 的无线电波,而相对论性效应却使波长缩短到使我们能看见它!显然,光应是偏振的,其电场方向垂直于均匀磁场。

为了进一步领会所观察到的现象,假设将这种光(由于这些脉冲的时间间隔很大,为了简单起见,我们将只取一个脉冲)投射在衍射光栅上,这种光栅就是许多条散射线。当这个脉冲自光栅射出后,我们将看到什么(如果我们果真看见光,就应看见红光、蓝光,等等)?脉冲迎面打在光栅上,光栅上的所有振子都强烈地向上运动,然后再向下运动,而且只是上、下运动一次。于是这些振子就在各个方向上产生效应,如图 34-5 所示。但 P 点离光栅的一端比离另一端近一些,所以来自 A 线的电场先到达 P 点,其次是来自 B 线的到达,等等;最后到达的是来自最后一条线的脉冲。简言之,来自所有相继的光栅线的反射的总和如图 34-6(a)所示;这是一个由一系列脉冲所组成的电场,它很像一个波长等于脉冲间距的正弦波,正像单色光打在光栅上所发生的现象一样!因而,我们确实得到了彩色的光。但是,应用同样的论证,我们会从任何一种"脉冲"得不到光吗?会的。若曲线很平坦,则我们将把所有彼此相隔很短时间间隔的散射波相加在一起[图 34-6(b)]。从而可见,场根本不振动,而是一条很平坦的曲线,因为在两个

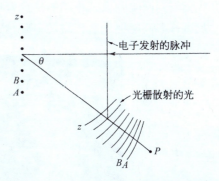

图 34-5 单个尖脉冲光打在光栅上,沿各不同方向散射为不同颜色的光

图 34-6 由一系列(a)尖脉冲和 (b)平坦脉冲所造成的总电场

脉冲之间的时间间隔内,每个脉冲的变化不大。

由在磁场中循环运行的相对论性带电粒子所发出的电磁辐射叫做同步辐射。它之所以这样命名,理由很明显,但这种辐射并不只限于同步加速器,甚至也不限于地球上的实验室。令人兴奋而有趣的是,它也发生在自然界中!

§34-4 宇宙中的同步辐射

在公元1054年,中国和日本的文明在世界上处于领先地位;他们知道地球以外的宇宙万物,并在那一年十分卓越地记录了一颗发生爆炸的亮星(奇怪的是那些写下了中世纪全部著作的欧洲僧侣们,竟然没有一个费心记下天空中一颗星的爆炸)。今天我们可以拍摄那颗星的照片,其形状如图34-7所示。星的外缘是一大片红色纤维状丝,这是稀薄气体原子按其固有频率"鸣叫"所产生的;它造成不同频率的明亮线光谱。这里出现的红色是氮造成的。另一方面,星的中心部分则是一块神秘而模糊的光斑,其频率是连续分布的,这就是说,不存在与特定原子相联系的特殊频率。但这并不是被邻近的星体所"照亮"的尘埃(这是得到连续

图34-7 蟹状星云的全色照片(不用滤色片)

光谱的一种可能途径)。我们透过它可以看见别的星体,所以它是透明的,但它却发射光。

在图34-8中我们看到的是同一个星体,所用的是不含明亮光谱线的光谱区中的光,所以我们只看到中心区。但这时望远镜前仍放有偏振片,两幅照片对应的偏振方向相差90°。我们看到两幅图像是不同的!这就是说,光是偏振的。其原因大概是有一个局部的磁场,以及有许多高能电子在该磁场中旋转着。

(a) (b)

图34-8 通过蓝滤色片和偏振片所拍摄的蟹状星云照片
(a) 电场方向竖直;(b) 电场方向水平

我们刚才已经说明电子在磁场中怎么会沿圆周运动的。当然我们还可以在磁场方向上加上任何匀速运动,因为力 $q\boldsymbol{v} \times \boldsymbol{B}$ 没有沿该方向的分量,而且我们已讲过,同步辐射显然是偏振的,其方向垂直于磁场在视平面内的投影。

把这两个事实结合在一起,可知在一幅照片上明亮而在另一幅照片上黑暗的那些区域,其光的电场方向必定沿一个方向完全偏振。这就意味着存在着一个与该方向相垂直的磁场;而在另一幅照片上有强烈辐射的那些区域,其磁场方向必定有另一种取向。如果仔细观察图 34-8,会注意到图上大致有一组"线",在一幅照片上沿一种走向,在另一幅照片上则沿着与之垂直的走向。照片显示出一种纤维状结构。推测起来,大概磁场力线想尽量沿本身的方向扩展伸长,于是就有了长长的磁场区域,在这种区域内所有电子以一种方式作螺旋运动,而在另一个区域,磁场沿另一个方向,电子也以另一种方式作螺旋运动。

是什么东西使电子在这么长时间内维持这么高的能量?要知道,自从这颗星爆炸以来已经过了 900 年——它们怎么能始终运动得这么快?电子是怎么保持其能量的,以及整个过程是怎样进行的,至今仍没有彻底弄明白。

§34-5 轫致辐射

接着我们来简短地叙述一下辐射能量的高速运动粒子的另一个有趣的效应。这个概念与刚才所讨论的现象十分相似。假定在一块物体中有带电粒子,并设有一高速电子通过物质(图 34-9)。于是,由于原子核周围的电场对电子有拉力作用,电子被加速,使电子的运动曲线有一个小的扭折或弯曲。若电子以十分接近于光速的速率运动,则沿 c 方向将产生怎样的电场?请记住我们的规则:将实际运动以速率 c 向后平移,从而得到

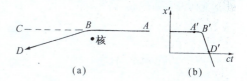

图 34-9 高速电子在核附近通过时,沿其运动方向辐射能量

一条曲线,此曲线的曲率量度电场。电子正以速率 v 朝着我们运动,所以我们得到一个朝后的运动,但整个图形的横向尺寸按 $c-v$ 与 c 的比例缩小。所以,若 $(1-v/c) \ll 1$,在 B' 点就有一个变化很快和很尖的曲率,当取二次微商时就在运动方向上得到一个很强的电场。所以,当高能电子通过物质时,它们沿前进方向发出辐射。这种现象叫做轫致辐射。实际上,同步加速器用作产生高能电子,没有用作产生高能光子——γ 射线——的多(如果我们真的能够较方便地从加速器中取出电子的话,我们就不这么说了),只要让高能电子通过固体钨"靶",即可由上述轫致辐射效应辐射光子。

§34-6 多普勒效应

接着我们继续讨论有关运动源的效应的另外一些例子。假设源是一个静止原子,它正以某一固有频率 ω_0 振荡。于是我们知道观察到的光的频率就是 ω_0。现在举另一个例子,有一个类似的振子正以频率 ω_1 振荡,同时整个原子即整个振子以速度 v 沿着趋向观察者的方向运动。显然,实际上在空间的运动状况如图 34-10(a)所示。现在我们再来故伎重施,即加上 $c\tau$;这就是说,将整个曲线向后平移,于是发现它的振动如图 34-10(b)所示。在给定的时间间隔 τ

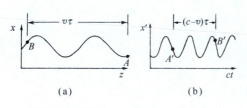

图 34-10 运动振子的 x-z 与 x'-t 曲线

内,振子将走过距离 $v\tau$,而在 x' 对 ct 的图内它走了距离 $(c-v)\tau$。因而原来在时间间隔 $\Delta\tau$ 内发生的频率为 ω_1 的所有振荡,现在出现在时间间隔 $\Delta\tau' = (1-v/c)\Delta\tau$ 内;即它们被压缩在一起,而当此曲线以速率 c 通过我们身旁时,我们将看到较高频率的光,恰好高了一个压缩因子 $(1-v/c)$ 的倒数。于是得到

$$\omega = \frac{\omega_1}{1-v/c}. \tag{34.10}$$

当然,我们还可以用其他各种方法来分析此现象。假定原子不是发射正弦波,而是以一定频率 ω_1 发射脉冲,嘟,嘟,嘟,嘟,……我们收到的将是什么频率?第一个脉冲到达观察者有一定延迟,但下一个脉冲延迟得要少一些,因为其时原子离观察者更近了一些。于是,"嘟"与"嘟"之间的时间因原子运动而减少了。如果我们分析这种情况的几何图形,可以得到脉冲频率增加了因子 $1/(1-v/c)$。

那么,当我们取一个固有频率为 ω_0 的正常原子,并让它以速率 v 趋近观察者运动时,其频率是否为 $\omega = \omega_0/(1-v/c)$?不,我们知道得很清楚,由于时间流率的相对论性膨胀,运动原子的固有频率 ω_1 与原子静止时量得的不同。这样一来,如果真正的固有频率为 ω_0,则修正后的固有频率 ω_1 将是

$$\omega_1 = \omega_0\sqrt{1-v^2/c^2}. \tag{34.11}$$

于是观察到的频率 ω 为

$$\omega = \frac{\omega_0\sqrt{1-v^2/c^2}}{1-v/c}. \tag{34.12}$$

上述情况下观察到的频率移动现象叫做**多普勒效应**;如果物体朝我们运动,它所发射的光就显得偏紫一些,如果它离开我们运动,则显得偏红一些。

现在我们对刚才提到的这个有趣而重要的结果再提供两种推导方法。假设源固定不动,发射频率为 ω_0 的波,而观察者却以速率 v 朝源运动。经过一定时间 t 后,观察者将运动到一个新的位置,离 $t=0$ 时他所在位置的距离为 vt。那么他将看见通过了多少弧度的相位?应为通过任一固定点的弧度值 $\omega_0 t$,加上观察者由于自身运动而扫过的弧度值,即 vtk。(每米弧度数乘以距离)。所以在时间 t 内通过的总弧度值,或者说观察到的频率,应为 $\omega_1 = \omega_0 + k_0 v$。我们系从一个静止着的人的观点分析了这一情形;我们想知道从运动着的人看起来情况会怎么样。这里又要考虑到两个观察者的时钟快慢上的差异,这一次这种差异意味着必须把结果除以 $\sqrt{1-v^2/c^2}$。因而,若 k_0 为波数,即沿运动方向上每米的弧度数,ω_0 为原来的频率,则运动着的人观察到的频率为

$$\omega = \frac{\omega_0 + k_0 v}{\sqrt{1-v^2/c^2}}. \tag{34.13}$$

对于光,$k_0 = \omega_0/c$。因而,对此特例,上式变为

$$\omega = \frac{\omega_0(1+v/c)}{\sqrt{1-v^2/c^2}}, \tag{34.14}$$

此式看起来与式(34.12)完全不同!当我们朝源运动时所观察到的频率,与当源朝我们运动

时所观察到的频率,两者会不同吗?当然不会!相对论告诉我们这两者必须完全相同。如果我们对数学相当熟练,就可能会认识到这两个数学表示式的确完全相同!其实,这两个表示式必定相同这一点正是有人喜欢用来证明相对论需要时间膨胀的一种方法,因为如果式中没有那些平方根因子,两者就不再相同。

既然我们懂得相对论,让我们再用第三种方法来分析这一现象,这种方法看来似乎更一般一些(其实是一回事,因为这与我们如何处理问题没有关系)。根据相对论,一个观察者看到的位置与时间跟另一个相对他运动的观察者看到的位置与时间之间有一个关系。我们很早以前(第16章)就写出了这些关系式。这就是洛伦兹变换及其逆变换*

$$x' = \frac{x+vt}{\sqrt{1-v^2/c^2}}, \quad x = \frac{x'-vt'}{\sqrt{1-v^2/c^2}},$$

$$t' = \frac{t+vx/c^2}{\sqrt{1-v^2/c^2}}, \quad t = \frac{t'-vx'/c^2}{\sqrt{1-v^2/c^2}}. \tag{34.15}$$

如果我们站在地面上不动,波的形式就是 $\cos(\omega t - kx)$;所有的波节、极大和极小将按此方式变化。但在对同一物理波进行观察的正在运动的观察者看来,情况会怎么样?场为零的所有波节的位置不变(当场为零时,任何人测得的场均为零);这是相对论不变性。所以波的形式对另一个观察者也相同,只是要把它变换到他的参照系中

$$\cos(\omega t - kx) = \cos\left[\omega \frac{t'-vx'/c^2}{\sqrt{1-v^2/c^2}} - k \frac{x'-vt'}{\sqrt{1-v^2/c^2}}\right].$$

只要对括号内的项重新整理,即可得

$$\cos(\omega t - kx) = \cos\left[\frac{\omega+kv}{\sqrt{1-v^2/c^2}} t' - \frac{k+v\omega/c^2}{\sqrt{1-v^2/c^2}} x'\right]$$

$$= \cos[\quad \omega' \quad t' - \quad k' \quad x']. \tag{34.16}$$

这仍是一个波,一个余弦波,它有确定的频率 ω',即乘在 t' 上的常数,以及某一个另外的常数,即乘在 x' 上的 k'。我们把 k' 叫做对另一个观察者的波数,即每 2π 米所含的波的数目。因此另一个观察者将看见由下式给出的新频率与新波数

$$\omega' = \frac{\omega+kv}{\sqrt{1-v^2/c^2}}, \tag{34.17}$$

$$k' = \frac{k+\omega v/c^2}{\sqrt{1-v^2/c^2}}. \tag{34.18}$$

看一下式(34.17),可知它与我们用更具有物理意义的论证得到的式(34.13)相同。

§34-7 ω, k 四元矢量

式(34.17)和(34.18)所表示的关系很有意义,因为它们指出新频率 ω' 是老频率 ω 和老波

---

* 注意:与式(16.2)不同,式(34.15)不带撇系 (x, t) 相对于带撇系 (x', t') 向右运动。——译者注

数 k 的组合,新波数是老波数和老频率的组合。波数是相位对距离的变化率,频率是相位对时间的变化率,在这些表示式中可以看出与位置和时间的洛伦兹变换有十分相似的地方:如果把 ω 设想为 t',把 k 设想为 x' 除以 c^2,则新的 ω' 与 t' 相仿,而新的 k' 与 x'/c^2 相仿。这就是说,在洛伦兹变换下,ω 和 k 的变换关系与 t 和 x 的变换关系相同。它们都构成所谓四元矢量;当一个量有四个分量,其变换关系与时间和空间一样时,它就是一个四元矢量。至此似乎一切都很圆满,然而还有一个小问题:我们说四元矢量必须有四个分量;那么另外两个分量在哪里?我们看到,ω 和 k 在一个空间方向上与时间和空间相仿,而不是在所有方向上,所以下一步必须研究光在三维空间的传播问题,而不是只在一维空间,因为我们至今只讨论了光在一维空间的传播。

设有一个坐标系 x, y, z,一个波在其中传播,其波前如图 34-11 所示。波的波长为 λ,但波的运动方向不是正好沿着某一轴的方向。这样一个波的表示式是什么?回答无疑是 $\cos(\omega t - ks)$,其中 $k = 2\pi/\lambda$,而 s 是沿着波的运动方向的距离——即空间位置沿运动方向的分量。我们这样来处理:设空间一点的位置矢量是 $\boldsymbol{r}$,则 s 就是 $\boldsymbol{r} \cdot \boldsymbol{e}_k$,这里 $\boldsymbol{e}_k$ 是运动方向上的单位矢量。这就是说,s 正好是 $r\cos(\boldsymbol{r}, \boldsymbol{e}_k)$,即在运动方向上的距离分量。因此上述波的表示式就是 $\cos(\omega t - k\boldsymbol{e}_k \cdot \boldsymbol{r})$。

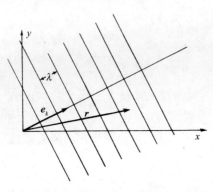

图 34-11 沿倾斜方向传播的平面波

结果表明定义一个矢量 $\boldsymbol{k}$ 是很方便的,叫做波矢,它的大小等于波数 $2\pi/\lambda$,并且指向波的传播方向

$$\boldsymbol{k} = 2\pi \boldsymbol{e}_k / \lambda = k\boldsymbol{e}_k. \tag{34.19}$$

利用这一矢量,上述波可以写成 $\cos(\omega t - \boldsymbol{k} \cdot \boldsymbol{r})$,或写成 $\cos(\omega t - k_x x - k_y y - k_z z)$。$\boldsymbol{k}$ 的一个分量,比如说 k_x,它的意义是什么?显然,k_x 是相位对 x 的变化率。参照图 34-11 可知,当改变 x 时,相位跟着改变,正像有一个波沿 x 方向传播一样,但其波长较长。"在 x 方向的波长"比自然的真实波长长了角 α 的正割这一因子,α 是波的实际传播方向与 x 轴的夹角

$$\lambda_x = \frac{\lambda}{\cos \alpha}. \tag{34.20}$$

因此相位对距离的变化率(它正比于 λ_x 的倒数)小了因子 $\cos \alpha$;这正是 k_x 变化的大小——它等于 $\boldsymbol{k}$ 的大小乘上 $\boldsymbol{k}$ 与 x 轴夹角的余弦!

这就是我们用来表示三维空间波的波矢的性质。四个量 ω, k_x, k_y, k_z 在相对论中像四元矢量一样变换,其中 ω 对应于时间,k_x, k_y, k_z 则对应于四元矢量中的 x, y, z 分量。

在以前对于狭义相对论的讨论(第 17 章)中,我们曾知道有一些与四元矢量构成相对论点积的方法。若把位置矢量记为 x_μ,其中 μ 用来表示四个分量(时间和三个空间分量),并把波矢叫做 k_μ,其中 μ 也有四个值,时间和三个空间分量,则 x_μ 与 k_μ 的点积可写成 $\sum' k_\mu x_\mu$(见第 17 章)。此点积是与坐标系无关的不变量;它等于什么?由这种四维点积的定义,它是

$$\sum{}' k_\mu x_\mu = \omega t - k_x x - k_y y - k_z z. \tag{34.21}$$

由对矢量的讨论可知,$\sum' k_\mu x_\mu$ 在洛伦兹变换下是一个不变量,因为 k_μ 是一个四元矢量。

但此量正好是出现在平面波的余弦符号内的宗量,在洛伦兹变换下它理应不变。我们不可能有一个使余弦符号内的量改变的公式,因为我们知道当坐标系改变时,波的相位不可能改变。

§34-8 光 行 差

在推导式(34.17)和(34.18)时,我们曾取 k 刚巧沿运动方向这一简单例子,但无疑也可以把它推广到其他情况。例如,假设有一个光源,从静止的观察者看来,它沿某一方向发出光,但我们跟着地球一起在运动(图 34-12)。在我们看来,光来自什么方向? 为了求出此方向,我们必须写下 k_μ 的四个分量,并应用洛伦兹变换。但答案可以用下列论证求得:为了看见来自光源的光,我们必须把望远镜偏过一定角度来对准它。为什么? 因为光以速率 c 下来,而我们以速率 v 向侧向运动,所以望远镜必须朝前倾斜,以便当光下来时可"笔直地"朝下通过镜筒。很容易看出,当竖直距离为 ct 时,水平距离为 vt,于是,若设倾角为 θ',则 $\tan \theta' = v/c$。这个结果多好! 的确很好——但还有一点小问题: θ' 不是望远镜相对地球所应取的角,因为我们是从"固定"观察者的观点进行分析的,当我们说水平距离是 vt 时,在地球上的观察者将得出另一个距离,因为他是用"缩短了的"尺来度量的。由于收缩效应,结果证明

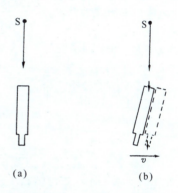

图 34-12 用(a)固定不动的望远镜和(b)横向运动的望远镜观察远处的光源 S

$$\tan \theta = \frac{v/c}{\sqrt{1-v^2/c^2}}, \tag{34.22}$$

此式相当于

$$\sin \theta = v/c. \tag{34.23}$$

读者试用洛伦兹变换导出这一结果,这对你们将是有益的。

这一望远镜必须倾斜的效应,叫做光行差,它已被观察到。我们怎么能观察到呢? 谁能说出某一颗星应该在哪里? 假定我们的确沿着一个错误的方向去看才能看见某颗星;但我们怎么知道这是一个错误的方向呢? 原来因为地球绕太阳旋转,今天我们要把望远镜向某一方向倾斜;六个月以后,我们又必须把望远镜向相反的方向倾斜。这就是我们能够说有这种效应的原因。

§34-9 光 的 动 量

现在我们转向另一个题目。在前几章的讨论中,从未提及过与光相联系的磁场的任何效应。一般地说,磁场的效应是很小的,但有一个有趣而重要的效应是磁场造成的。设光自源发出,作用在电荷上,驱使电荷上、下运动。再设电场沿 x 方向运动,故电荷也沿 x 方向运动;电荷的位置为 x,速度为 v,如图 34-13 所示。磁场与电场垂直。当电场作用在电荷上使之上、下运动时,磁场起了什么作用? 磁场只在电荷(比如说电子)运动时才对电荷有作用;但电子是在运动,它由电场所驱动,所以两个场一起起作用:当电子上、下运动时具有速

度,于是在它上面有磁力作用,磁力大小等于 B 乘以 v 再乘以 q;但此力沿什么方向? 此力沿着光的传播方向。因此,当光照射在电荷上引起电荷振荡时,在光束的方向上有一个策动力。这叫做辐射压力或光压。

现来决定辐射压力的大小。显然它是 $F = qvB$,或者,因为各量都在振荡,它是该量的时间平均值 $\langle F \rangle$。由式(34.2),磁场的强度与电场强度除以 c 相同,故只要求出电场的平均值,乘以速度和电荷,再乘以 $1/c$,即得 $\langle F \rangle$: $\langle F \rangle = q\langle vE \rangle/c$。但电荷 q 乘电场 E 是作用在电荷上的电力,而作用在电荷上的电力乘以速度是对电荷所做的功 dw/dt! 于是力,即光在每秒钟

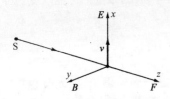

图 34-13 作用在受电场驱动的电荷上的磁力沿着光束方向

所传递的"推进动量",等于 $1/c$ 乘以每秒钟从光所吸收的能量! 这是一个一般规则,因为我们没有说明振子有多强,也没有说明是否有些电荷彼此抵消。在任何情况下,凡在光被吸收的地方,就有光压。光所传递的动量总是等于所吸收的能量除以 c

$$\langle F \rangle = \frac{dw/dt}{c}. \tag{34.24}$$

光携带有能量,这一点我们早已知道。现在我们知道它还带有动量,而且还知道所带的动量总是等于 $1/c$ 乘以能量。

当光自源发出时,就有反冲效应;这是同一件事的反面。若一原子沿某一方向发射能量 W,就有反冲动量 $p = W/c$。若光从镜面正反射,则得到两倍的此力。

我们用光的经典理论所要讲的就到此为止。当然我们还知道有量子论,并且知道光在许多方面的行为像粒子。光粒子的能量为一常量乘以频率

$$W = h\nu = \hbar\omega. \tag{34.25}$$

现在我们知道了光还带有动量,它等于能量除以 c,所以这些实际的粒子,即光子,确实也带有动量

$$p = W/c = \hbar\omega/c = \hbar k. \tag{34.26}$$

动量的方向当然沿着光的传播方向。故写成矢量式,有

$$W = \hbar\omega, \quad \mathbf{p} = \hbar\mathbf{k}. \tag{34.27}$$

我们无疑还知道,粒子的能量与动量应构成四元矢量。刚才我们发现 ω 与 $\mathbf{k}$ 构成四元矢量。因此式(34.27)对两种情况具有同一常数是一件好事;它意味着量子论与相对论是相互协调的。

式(34.27)可以更优美地写成 $p_\mu = \hbar k_\mu$,这是一个与波相联系的粒子的相对论性等式。尽管我们仅就光子讨论了这一等式(对光子,$\mathbf{k}$ 的大小 k 等于 ω/c,即 $p = W/c$),但此关系式要更加一般得多。在量子力学中不仅光子,而且所有粒子都显示波动性,并且波的频率和波数跟粒子的能量和动量用式(34.27)(称为德布罗意关系)联系起来,即使当 p 不等于 W/c 时也是如此。

在上一章中我们看到,一束右旋或左旋圆偏振光还带有角动量,其大小正比于波的能量 $\mathcal{E}$。在量子模型中,一束圆偏振光被看成光子流,每个光子带有沿着传播方向的角动量 $\pm \hbar$。这就是从粒子观点来看的偏振的意义——光子带有角动量,就像自转着的步枪子弹一样。但这个"子弹"模型其实也像"波"模型一样是不完全的,我们将在后面关于光的量子行为的一章中更详细地讨论这些概念。

第35章 色视觉

§35-1 人眼

颜色的现象部分地依赖于物理世界。我们讨论肥皂膜等等的颜色时,认为它们是由干涉所产生。但颜色当然也取决于眼睛,以及在眼睛后面大脑中所发生的过程。物理学描述进入眼睛的光的特性,但在进入以后,我们的感觉是光化学神经过程和心理反应的结果。

有许多有趣的现象往往和视觉联系在一起,这些现象是物理现象与生理过程的一种混合,而要完全理解各种自然现象,像我们所看到的那样,则必定超出了通常意义下的物理学范围。我们不需要为离开正题去讨论其他领域的内容提出辩解,因为各个领域的划分,正如我们已经强调的,仅仅是由于人们的方便,而且也是一种很不自然的事。自然界对我们的这种划分并不感兴趣,而许多有趣的现象就在各个领域之间的沟壑上架起了一座座桥梁。

在第3章中我们已经一般地讨论过物理学和其他科学的关系,但现在我们将稍微详细地研究一下一个特殊的领域,在这个领域里物理学和其他科学是非常紧密地互相联系着的。这个领域就是视觉。我们特别要讨论色视觉。在这一章中将讨论视觉的生理方面,包括人和其他动物的。

一切都是从眼睛开始;所以,为了要理解我们所看到的是一些什么现象,就需要某些有关眼睛的知识。在下一章中,我们将比较详细地讨论眼睛的各个部分是怎样工作的,以及它们和神经系统怎样相互连结。但在目前,我们只想简单地描述一下眼睛是怎样起作用的(图35-1)。

光通过角膜进入眼睛。我们已经讨论过它如何被弯曲而成像在眼睛背后叫做视网膜的薄膜上,从而视网膜的不同部分接收到从外界视场不同部分射来的光。视网膜不是绝对均匀的:在我们的视场中心有一个地方,即一个斑点,当我们试图非常仔细地观察物体时就使用这个斑点,在这里我们有最大的视觉敏锐度,这个斑点叫做中央凹或黄斑。眼睛的旁边部分,

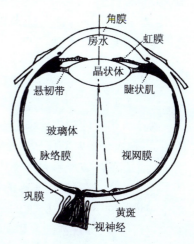

图 35-1 眼睛

正像我们注视物体时所获得的经验立刻促使我们意识到的那样,对于看清楚物体上的细节不像眼睛中央部分来得有效。视网膜上还有另一个斑点,输送各种信息的神经就是从这里延伸出去的,那是盲点。这里没有视网膜的敏感部分,并且可以这样来证明:如果我们闭上比如说左眼,用右眼对直观察某一物体,然后把一个手指或者一个小的物体慢慢地从视场中央向外移开,那么在某个地方它会突然消失不见。关于这个事实,我们所知道的唯一的实际用处就是,某个生理学家因为向法国国王指出了这一点而成了宫廷中的宠臣,在国王和他的大

臣们举行的令人厌倦的例行朝会上，国王可以用"砍掉他们的头"，即盯着一个头而看着另一个头消失来自我消遣。

图35-2以比较简单的形式显示视网膜内部的放大图像。视网膜的不同部分具有不同的结构。密集在视网膜外周的那些感光细胞叫做视杆细胞，而靠近中央凹处，除了这些视杆细胞外，我们还看到视锥细胞。关于这些细胞的结构，我们将放到以后去讲。越接近中央凹处视锥细胞的数目越多，而在中央凹处，事实上别无他物，只有视锥细胞，它们靠拢得非常紧密，以致这些视锥细胞比任何其他地方都细小得多。所以我们必须意识到，我们是使用位于视场正中的视锥细胞来观看的，但是在外围地方，则有另一种细胞，即视杆细胞。现在有趣的是，视网膜中每一个对于光敏感的细胞不是通过一根纤维直接与视神经相连结，而是与许多细胞交错连结联系在一起的。此外，还

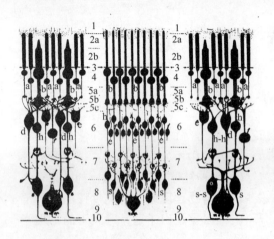

图 35-2 视网膜的结构(光从下面进入)

有好多种细胞：有向视神经输送信息的细胞，也有主要是"水平地"相互连结在一起的其他细胞。实质上有四种细胞，但是我们现在不预备深入讨论这些细节。我们要强调的主要一点就是光信号已被"考虑"过了。这就是说，来自各种细胞的信息不是一点一点地直接通往大脑，而是在视网膜中，把来自几个视觉接收器的信息组合起来，将一定数量的信息整理汇编。这里重要的是应理解到，有些大脑功能现象是在眼睛本身中发生的。

§35-2 颜色依赖于光的强度

最令人惊奇的视觉现象之一是眼睛对黑暗的适应性。假如我们从明亮的房间走进黑暗中去，开始有一段时间什么也看不清楚，但是渐渐地物体变得越来越清晰，终于在我们以前看不到东西的地方能够看到一些东西。如果光的强度非常弱，我们看到的东西是没有颜色的。我们知道，这种适应黑暗的视觉几乎应完全归功于视杆细胞，而适应亮光的视觉则应归功于视锥细胞。作为这方面的一个结果，有好些现象我们可以很容易把它们解释为由于功能的这种转换，即视锥细胞和视杆细胞的共同作用转换为只有视杆细胞作用所引起。

在许多情形中，如果光的强度比较强，我们就能看到颜色，而且还会发现这些东西极其美丽。一个例子是，通过望远镜观察微弱的星云时，我们几乎总是看到它的"黑白"像，但是威尔逊山天文台帕洛玛天文台的米勒先生却耐心地给某些星云拍摄了彩色图像。从来没有人曾经真正用肉眼看到过这些颜色，然而这些颜色并不是人为的颜色，只是光的强度还不足以使我们眼睛中的视锥细胞能够看到它们。这些星云中比较壮丽的有环状星云和巨蟹座星云。前者呈现美丽的蓝色内核，并带有亮红色的外晕，后者呈现蓝色的云雾，并带有明亮橘红色的细丝渗入其中。

在亮光中，视杆细胞的灵敏度显然非常低，但在黑暗中，随着时间的流逝，它们逐渐获得了能够看到光的本领。人们所能适应的光的强度变化超过了一百万比一的范围。大自然并

不是只用一种细胞来完成所有这一切,而是把她的职能从看到亮光的细胞,即看到颜色的细胞,也就是视锥细胞转移到看到低光强的细胞,即适应黑暗的细胞,也就是视杆细胞。在这一转移所产生的有趣的结果之中,首先是没有颜色,其次是颜色不同的物体其相对亮度也不同。这是因为视杆细胞对蓝色的感光比视锥细胞要好,而视锥细胞能看到的光的颜色如深红色,视杆细胞却绝对不可能看到。所以对视杆细胞来说,红光是黑色的。因此,两张颜色纸,比如说一蓝一红的,在明亮的光线下,红色甚至可能比蓝色更亮一些,可是在黑暗中却看上去完全相反。这是一个非常惊人的效应。如果我们在黑暗中能找到一本杂志或者有颜色的某种东西,在我们能确切知道它们是什么颜色之前,先判断一下哪些是较亮,哪些是较暗的区域,然后把杂志带到亮光中去,那么,我们就会看到这种在最亮和不是最亮的颜色之间发生明显的转移。这种现象叫做普尔基涅效应。

在图 35-3 中,虚线表示眼睛在黑暗中的灵敏度,也就是它用的是视杆细胞;实线表示在亮光中的灵敏度。我们看到,视杆细胞的峰值灵敏度在绿色区域,而视锥细胞的峰值灵敏度更多的在黄色区域。如果有一页红纸(红光波长大约为 650 nm),在明亮的光照下,我们能够看到它,但在黑暗中就几乎看不见它。

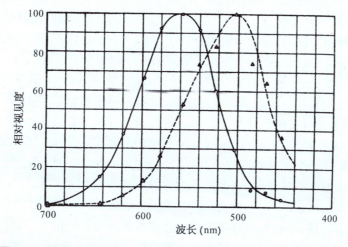

图 35-3　眼睛的光谱灵敏度。虚线——视杆细胞;实线——视锥细胞

在黑暗中由视杆细胞来承担任务以及在中央凹处没有视杆细胞这一事实的另一效应是,当我们在黑暗中直接观察某一物体时,我们的视觉不如向一边看时来得敏锐。对弱的星或星云,当我们稍微偏向一边注视时,有时会比直接对着它注视更为清楚,因为在中央凹处的中心没有灵敏的视杆细胞。

越往视场旁边视锥细胞的数目越是减少这个事实的另一有趣的效应是,当物体往一边移去时,即使在明亮的亮光中颜色也会消失。试验它的方法是朝着某一特定不变的方向看去,请一位朋友拿着一些有颜色的卡片从一边走进来,在这些卡片到你面前之前先试试看判定它们是什么颜色。人们发现,在他能够看见这些卡片在哪里之后很久,才能确定它们的颜色。在做这项试验时,建议最好从与盲点相反的一边走进来,因为不然的话,就会被搞糊涂,一会儿几乎看见了颜色,一会儿(当经过盲点时)什么也看不见,然后又重新看到了颜色。

另一个有趣的现象是视网膜的外围对于运动非常敏感。虽然从我们的眼角去看时不可能看得很清楚,但是如果有一个小虫在爬动,而且我们原来未料想到那里有某一种东西在移动,我们就会立即对它很敏感。我们都会"紧张起来"去寻找正在爬到视场边上的那个东西。

§35-3 色感觉的测量

现在我们转到视锥细胞视觉,即亮光中的视觉上来,所涉及的问题是视锥细胞视觉最主要的特征是什么,那就是颜色。我们知道,白光可以用棱镜分解成具有各种波长的整个光谱,而光谱的不同波长在我们就看到不同的颜色;当然这就是我们能看到的各种颜色。任何光源都可用光栅或棱镜加以分析,并且可以确定它的光谱分布,也就是每一波长的"份量"。某一种光可以包含有大量的颜色,相当数量的红色,以及一点点黄色,等等。这在物理的意义上是非常精确的。但问题是它看起来是什么颜色? 很明显,各种不同的颜色在一定程度上依赖于光的光谱分布,但是问题在于要去找出产生各种不同感觉的是光谱分布的哪些特征。例如,我们必须怎样去做才能获得绿色? 大家知道,我们可以简单地从光谱中取绿色的那部分。但这是否是得到绿色,橙色或任何其他一种颜色的唯一方法呢?

能够产生同样表观视觉效应的光谱分布是否不止一种呢? 答案是完全肯定的。视觉效应的数目非常有限,而且事实上正如我们下面就要看到的那样,它们正好是一个三维流形。但是对于不同光源发出的光,我们所能画出的不同曲线数目是无限的。现在我们要讨论的问题是,在什么情况下光谱的不同分布对于眼睛会显示出完全相同的颜色?

在判断颜色方面,一个最有力的心理-物理技术是把眼睛用作衡消仪器。这就是说,我们并不试图去定义究竟是什么造成绿色的感觉,或者去测量在什么情况下我们得到绿色的感觉,因为很清楚要这样去做是非常复杂的。我们代之以研究在什么条件下两个刺激是不可区分的。这样,我们就无需判定在不同情况下两个人是不是会得到同样的感觉,而只去判定如果两种感觉对于一个人是相同的话,对于另一个人是否也相同。我们并不需要去判定,当一个人看到某个绿色的物体时,在他内心深处引起的感觉和另外某个人在他看到某个绿色的物体时是否也相同,关于这一点我们什么也不知道。

为了说明这种可能性,我们可以用一组四盏各带有滤色片的投影灯,它们的亮度可以在一个较宽的范围内连续调节:一盏灯带有红色滤色片,在屏幕上映出一个红色光斑。另一盏灯带有绿色滤色片,在屏幕上映出一个绿色光斑。第三盏灯带有蓝色滤色片。第四盏灯在屏幕上映出一个白色圆环形光圈,它的中央有一个黑斑。现在如果我们开亮红光,并且靠近它加上一些绿光,我们看到,在两种光重叠的区域里所产生的并不是我们所说的那种绿色带红的感觉,而是一种新的颜色,在我们这个特例中是黄色。改变红光和绿光的比例,我们可以得出各种深浅不同的橙色,等等。如果我们已把它配成某一种黄色,那么我们不通过这两种颜色的混合而是把另外的一些颜色混合起来也能得到同样的黄色,也许用黄色滤色片和白光,或者诸如此类的东西混合起来,可以得到同样的感觉。换句话说,可以用不止一种方法把通过各种滤色片的光混合起来以形成各种颜色。

我们刚才发现的这种情况可以用解析方法表述如下。例如,一种特定的黄色可以用某一符号 Y 表示,它是某一数量的红色滤色光(R)和绿色滤色光(G)的"和"。在用两个数字比如 r 和 g 描写(R)和(G)有多亮,我们可以写下这种黄色的一个公式

$$Y = rR + gG. \tag{35.1}$$

现在的问题在于,是否通过把两种或三种固定的不同颜色相加在一起,就能做成所有各种不同的颜色?我们来看一看,在这方面可以得到什么结论。只把红色和绿色混合起来,肯定是不能得到所有各种不同的颜色的,因为比如说在这样的混合物中决不会出现蓝色。然而在加进一点点蓝色后,可以使所有三个斑点重叠的中央区域看来像是一种十分美妙的白色。把这三种不同的颜色混合起来,并且观察这个中央区域,我们会发现,通过改变颜色的比例,可以在这个区域中得到范围相当宽广的不同颜色,所以所有的颜色可以用这三种色光的混合来做成并非不可能。我们要讨论一下这在多大程度上是真实的。事实上这一点基本上是正确的,不久我们将看到怎样把这个命题定义得更加完善一些。

为了说明我们的观点,在屏幕上移动各个光斑,使它们彼此都落在其他光斑的上面,然后试着去配制出一种特殊的颜色使它落在第四只灯映出的圆环中央并使内外颜色相同。从第四盏灯射出的以前我们曾经认为它是"白色"的光现在却呈现出淡黄色。我们可以借助于尝试法尽可能适当地调节红色、绿色和蓝色以配制那种颜色,并且发现,我们能够相当接近于这种特殊浓淡的"奶油"色。所以不难相信,我们能够配制出所有的颜色。我们不久就要试制黄色,但是在这以前,必须指出:有一种颜色可能很难制成。教颜色这门课程的人都只制成所有"鲜明的"颜色,但从来没有制成过棕色,而且人们很难回忆起曾经看见过棕色的光。事实上,为了增加任何舞台效果,这种光从来没有被使用过,人们也从来没有看到使用棕色光的聚光灯。所以我们想,或许不可能制成棕色光。为了弄清楚是否可以制成棕色光,我们指出,棕色光仅仅是这样一种光,如果没有背景的衬托,我们就不习惯于看它。事实上,我们能够把一些红光和黄光混合起来而制成棕色光。为了证明我们看到的是棕色光,只要增加圆环背景的亮度,相对于这个背景,我们看到的正是这种光,它就是我们所说的棕色!棕色在靠近比较明亮的背景时,总是一种深暗的颜色。棕色的特征很容易改变。比方说,如果我们从中取出一些绿色,就得到略带红的棕色,这显然是一种巧克力似的红棕色。如果加进更多的绿色,那么我们就相应得到那种令人讨厌的所有的军队制服都由它染成的颜色。但是来自这种颜色的光本身并不那样令人讨厌,它是略带黄的绿色,但是在明亮的背景的衬托下就显得非常可憎了。

现在我们在第四盏灯的前面放置一片黄色滤色片,并试图配制出这种颜色(光的强度当然必须限于各灯的范围之内,我们不可能去配制太亮的光色,因为我们的灯没有足够的功率)。然而我们能够配制出黄色,为此只要把绿色和红色混合起来,甚至加上一点点蓝色,使它更加完美。或许我们已经相信,在恰当的条件下,能够完美地配制出任何给定的颜色。

现在我们来讨论颜色混合的定律。第一,我们曾发现不同光谱分布的光能够产生同样的颜色;其次,我们曾看到"任何"颜色可以通过把三种特殊的颜色:红、蓝和绿加在一起而配制出来。混合的颜色最有趣的特点是:设有某一种光,我们把它叫做 X,又设从眼睛看来它和 Y 没有什么区别(它可以是一种与 Y 不同的光谱分布,但它看起来与 Y 是不可区别的),那么我们称这些颜色是"相等"的,这是从这个意义上来说,即眼睛看到它们是相等的,并且可以写成

$$X = Y. \tag{35.2}$$

颜色的主要定律之一是:如果两个光谱分布是不可区别的,我们给每一个加上某一种光,比如说 Z(如果我们写成 $X+Z$,就意味着把这两种光照射在同一个斑点上),然后再取 Y 并加上同样数量的另一种光 Z,那么这些新的混合物也是不可区别的

$$X + Z = Y + Z. \tag{35.3}$$

我们刚才已经配制出黄色,如果现在把粉红色的光照射到全部物体上,它们仍然能够匹配。所以对已经匹配的光,加上任何其他的光,留下的仍然是相匹配的光。换句话说,我们可以把所有这些颜色现象总结起来:两种色光在相同情况下彼此靠近观察时,如果一经匹配,那么这种匹配将继续保持下去,而且在任何其他的颜色混合情形中,一种光可以用另一种光来代替。事实上,这证明了一个非常重要和有趣的情况,即色光的这种匹配不依赖于眼睛在观察那个时刻的特性:我们知道,如果我们长时间地注视一个明亮的红色表面或者明亮的红光,然后去看一张白纸,那么它看上去略带绿色,而且其他颜色也会因我们长时间地注视着明亮的红色而走样。如果我们现在把两种颜色,例如黄色相匹配,我们注视它们,然后长时间地去注视一个明亮的红色表面,然后再回过来看黄色,这时它看上去不是黄色的了。我不知道它看上去是什么颜色,但看来不会是黄色。虽然如此,这些黄色看上去仍然是匹配的,因此,由于眼睛能适应光的不同强度,颜色的匹配仍然发生作用,除非一个明显的例外,那就是当我们进入一个领域,在那里光的强度如此之弱,以致我们必须从视锥细胞转移到视杆细胞的时候,这时原来相匹配的颜色不是相匹配的了,因为我们运用了不同的系统。

颜色混合的第二个原理是:任何一种颜色都可以用三种颜色组成,在我们的情况中,就是红、绿和蓝三种色光。适当地把这三种颜色混合在一起,我们就能够配制出任何一种颜色,正像我们在前面两个例子中所表明的那样。此外,这些定律在数学上也非常有趣。对那些对于事物的数学感兴趣的人来说,情况是这样:假设我们取红、绿和蓝三种颜色,用 A、B 和 C 来标记,并且把它们叫作原色。于是任何一种颜色都可以由这三种颜色的一定数量配成:比如由颜色 A 的数量 a,颜色 B 的数量 b 和颜色 C 的数量 c 配成 X

$$X = aA + bB + cC. \tag{35.4}$$

现在假设另一种颜色 Y 由同样这三种颜色配制成

$$Y = a'A + b'B + c'C. \tag{35.5}$$

于是我们发现这两种光的混合物(这是我们在前面已经提到过的那些定律的结论之一)可以通过取 X 和 Y 的分量之和来求得

$$Z = X + Y = (a+a')A + (b+b')B + (c+c')C. \tag{35.6}$$

这正好像数学中的矢量加法,其中 (a, b, c) 是一个矢量的分量,而 (a', b', c') 是另一矢量的分量,这时新的光 Z 就是这些矢量的"和"。这个问题一直在引起物理学家和数学家们的注意。事实上,薛定谔曾经写过一篇有关色视觉的精彩论文,他在这篇论文中发展了这个可用于颜色混合的矢量分析理论。

现在的问题是,哪些可正确地用作原色?就光的混合来说,是没有正确的原色这类东西的。对于实用的目的,可能有三种颜色在得到比较多的混合色方面比其他颜色更为有用,但是我们现在不讨论这个问题。无论哪三种不同的颜色*,总能用正确的比例混合起来以产生无论哪种颜色。我们是不是能够证明这一奇妙的事实呢?若我们在投影灯中改用红色、蓝

---

* 当然,除了这种情况,如果三者之一可以用混合其他两种颜色配制出来的话。

色和黄色来代替红色、绿色和蓝色。我们是否能用红色、蓝色和黄色配制成比如说绿色呢？

以各种比例把这三种颜色混合起来，我们得到范围相当大的一系列不同颜色，它们几乎遍及整个光谱。但是事实上，经过大量的尝试和失败，我们发现没有什么东西曾经看上去有点像绿色。问题在于我们是否能配制出绿色？回答是肯定的。那么如何配制呢？把一些红色光投射到所要配制的绿色上，我们就能用黄色和蓝色的某一混合色来与之相匹配！就这样，我们确实把它们匹配了，只是除去一点，那就是我们不得不欺骗自己一下，把红色放到另一边去。但是既然我们掌握了某种数学技巧，那就能理解到我们实际上所证明的并不是说 X 总能从比如红色、蓝色和黄色配制，而是在把红色放在另一边之后，我们发现红色加上 X 可以从蓝色和黄色中配制出来。把它放在等式的另一边，这可以解释为它是一个负的数量，所以如果我们允许像式(35.4)那样的等式中的系数既可以是正的也可以是负的，以及把负的数量解释为把它加到另一边，那么任何颜色都可以用任何三种颜色来配制，因而并没有像"这种"基本的原色这样的东西。

我们可以问，是不是有三种颜色，它们对于所有混合只有正的数量。回答是否定的。每一组三原色都对某些颜色要求负的数量，因而也就没有用以定义一种原色的唯一方法。在初等教材中，它被说成是红色、绿色和蓝色，但那只是因为用这些原色对有些组合无需用负号即可得到较宽的颜色范围而已。

§35-4 色 品 图

我们现在从数学的层面上作为一个几何学的命题来讨论颜色的组合。假如任何一种颜色能用等式(35.4)来表示，那么我们可以把它当作一个空间矢量来作图，沿着三根坐标轴画出 a、b 和 c 的数值，于是一种颜色就是一个点。如果另一种颜色是 a'、b'、c'，那么这种颜色就处在图中别的什么地方。我们知道，这两者之和就是把它们作为矢量相加而得到的颜色。我们可以把这个图解简化一下，并且通过如下的观察把所有东西表示在一个平面上：如果我们有某种颜色的光，而且仅仅把 a、b 和 c 都加倍，也就是说，使它们都以同样的比例增强，那么它还是同一种颜色，只是更亮了一些。所以如果我们约定把所有东西都化为同样的光强，那么我们就能把所有东西都投影到一个平面上，这在图 35-4 中就已这样做了。由此可知，由给定的两种颜色以某一比例混合而成的任何颜色，将处在联结这两点的直线上某一地方。例如，50 比 50 的混合色将处在它们之间的中点，一种色的 1/4 和另一种色的 3/4 将出现在从一点到另一点的 1/4 处，依此类推。如果我们以蓝色、绿色和红色作为原色，那么我们看到所有能用正的系数配制而成的颜色都处在虚线三角形之内，这几乎包含了所有我们能够看到的颜色，因为这些颜色都包围在以曲线为边界的钟形面积之中。这个面积是从哪里来的呢？有人曾经把所有我们能够看到的颜色与三种特殊颜色非常仔细地比较过。但是我们不必核对所能看见的所有颜色，而只要核对纯光谱色，即光谱线。任何一种光都可以认为是各种纯光谱色的各种正的数量之和——所谓纯是从物理观点来说的。一个给定的光包含有一定数量的红、黄、蓝等等这些光谱色。所以如果我们知道了要获得每一种纯成分需要用多少所选定的每一种三原色，那么就能算出要配制我们所给定的颜色每一种需要多少。所以，如果对任意给定的三原色，我们找出了所有光谱色的色系数，那么我们就能制订出整个的颜色混合表。

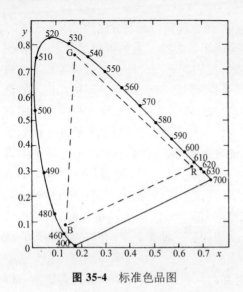
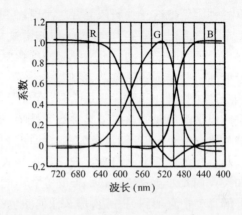

图 35-4　标准色品图　　　　图 35-5　以某组标准原色表示的纯光谱色的色系数

把三种光混合起来这类实验的结果的一个例子如图 35-5 所示。这个图表明,要用红、绿、蓝三种不同的特殊原色配制出每一种光谱色时每一种的数量需要多少。红色在光谱的左端,黄色次之,依此类推,一直到蓝色。但应注意到,有些地方必须用负的符号。只是从这样一些数据才可能在一张其 x 和 y 坐标和所用各原色的数量有关的图上确定所有颜色的位置。这是找出两条弯曲边界线的方法。它是纯光谱色的轨迹。任何其他颜色当然都可通过光谱线的相加得到,因而我们发现,把曲线的一个部分和另一部分联结起来所能产生的任何颜色都是自然界中可以得到的一种颜色。图中的直线把光谱中紫色的最外一端和红色的最外一端联系起来。这是紫红色的轨迹。在边界之内是那些可以用各种光配制的颜色,而在它之外是不能用光配制的颜色,这些颜色从来没有人看到过(除非在余像中可能看到)。

§35-5　色视觉的机制

谈到现在,下一步就提出这样的问题:为什么颜色的行为竟是如此?由杨和亥姆霍兹提出的最简单的理论,假设眼睛中有三种不同的感光的色素,它们有不同的吸收光谱,因此一种色素比如说在红色区吸收很强,另一种色素在蓝色区吸收很强,再一种色素在绿色区吸收很强。当我们把光照射到它们上面时,就会在三个区域内得到不同数量的吸收,而这三部分信息在大脑中、眼睛中、或某个地方以某种方式调节,以确定这是什么颜色。很容易证明,所有颜色的混合法则都符合这一假说的结果。关于这个问题曾经有过相当多的争论,因为接下来的问题当然就是要找出这种色素各自的吸收特性曲线。遗憾的是,我们发现,由于我们能以任何愿意的方式变换颜色坐标,所以用混合颜色的实验只能找到吸收曲线的各种线性组合,而不是个别色素的吸收曲线。人们曾用各种方法试图获得一条特殊的曲线,用它确实能够描述眼睛的某种特殊的物理性质。这种曲线之一是图 35-3 所示的亮度曲线。在这张图上有两条曲线:一条是对于处在黑暗中的眼睛,另一条是对于处在亮光中的眼睛;后者是视锥细胞的亮度曲线。它是这样测得的,即一种色光,其最小数量应是多少才能使眼睛恰好看到它。这条曲线表明眼睛在不同光谱区内的灵敏度有多高。另外,还有一个非常有趣的方法可以测量这条曲线。假如我们取两种颜色，并使它们显示在同一区域内，再把它们一个变到另一个交换闪变，那么如果闪变频率过低，我们就能看到颜色交替地闪现。然而，随着频率的增加，这种闪变终于会在某一频率消失，这个频率依赖于光的亮度，例如说：每秒来回 16 次。现在，如果我们相对于这一种颜色调节另一种颜色的亮度或强度，那么到达某一强度时 16 Hz 频率闪变就会消失。在这样调节出来的亮度下再得到闪变，就必须回到低得多的频率，才能够看到颜色的闪变。所以我们得到频率较高时的所谓亮度闪变以及频率较低时的颜色闪变。利用这种闪变技术可以使两种颜色在"亮度相等"上相匹配。所得结果几乎与测量眼睛时使用视锥细胞观察微弱光线的灵敏度阈值所得的一样，但不是完全相同。大多数研究工作者在这方面都用闪变系统作为亮度曲线的定义。

现在，如果眼睛中有三种对颜色灵敏的色素，那么问题就是要确定每一种色素的吸收光谱的轮廓。怎样做呢？我们知道，有些人——男性人口中的百分之八，女性人口中的百分之零点五——是色盲。大多数色盲或色视觉不正常的人对颜色的变化与其他正常人相比具有不同程度的灵敏度，但他们仍需要用三种颜色来进行匹配。然而，有一些人被称为二色性色盲者 (dichromats)，对于这种人任何颜色只要用两种原色就可以匹配。于是一个明显的设想是他们缺少三种色素中的一种。如果我们能够找到三种具有不同颜色混合法则的二色性色盲者，那么一种应是缺少红色，另一种应是缺少绿色，再一种应是缺少蓝色的色素沉积。因而通过对所有这些色盲类型的测量，我们就能确定三条曲线！结果发现果然有三种类型的二色性色盲，两种是一般的类型，第三种是极稀少的类型，从这三种类型就可以推断出色素的吸收光谱。

图 35-6 表示一种特殊类型的称为患绿色盲者的颜色混合。对他来说，相同颜色的轨迹不是一个一个点，而是一条一条直线，沿着每一条直线，颜色是相同的。如果像这种理论所说的，他缺少三部分信息中之一是正确的话，那么所有这些直线应该相交于一点。如果我们在这张图上仔细地进行测量，那么它们确实完全相交。因此，很明显，这是数学家设想出来的，并不表示真实的数据！事实上，如果我们看一下具有真实数据的最新文献，就会发现，图 35-6 中所有直线的焦点并不准确地位于恰当的位置上。利用上图中的直线不可能找出合理的光谱；在不同区域内，我们需要用负的和正的吸收。但是如果用余斯托伐(Yustova)的新的数据，那么就会发现每一条吸收曲线到处都是正的。

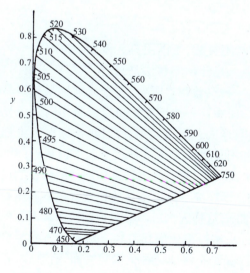
图 35-6 被患绿色盲的人搞混乱的颜色轨迹

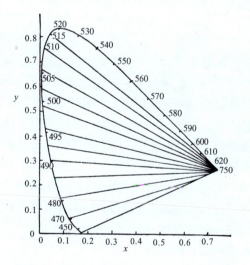
图 35-7 被患红色盲的人搞混乱的颜色轨迹

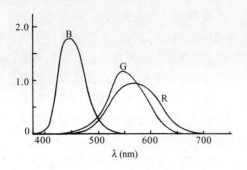

图 35-8 正常三色者的接收器的光谱灵敏度曲线

图 35-7 表示另一种色盲,即患红色盲的人的情况,它在靠近边界曲线的红端有一个焦点。在这种情况下,余斯托伐近似地得到了同一个位置。利用三种不同的色盲,三种色素的响应曲线最后被确定了下来,如图 35-8 所示。这是最终的结果吗?或许是,但对下列各点还是有一些问题,那就是三种色素的想法是否正确、色盲是否由于缺少一种色素所引起的结果,甚至关于色盲的颜色混合数据是否正确。不同的研究工作者得出不同的结果。这个领域仍在不断发展中。

§35-6 色视觉的生理化学

现在,怎样根据眼睛中的真实色素来核对一下这些曲线? 从视网膜获得的色素主要是由一种叫做视紫质的色素组成的。它最突出的特性是:第一,它几乎存在于每一种脊椎动物的眼睛中;第二,它的响应曲线和眼睛的灵敏度完美地相适合,像从图 35-9 中可以看到的那样符合得非常好。图中我们用同样的比例画出了视紫质的吸收曲线和适应黑暗的眼睛的灵敏度。这种色素显然是我们在黑暗中用来观察的色素:视紫质是视杆细胞所用的色素,它和色视觉毫无关系。这一事实是 1877 年发现的。即使在今天,还是可以说视锥细胞的色素从来没有在试管中获得过。1958 年人们还是可以说,色素从来没有被看到过。但是从那时候起,拉什顿(Rushton)曾经用非常简单而又巧妙的技术探测到两种这样的色素。

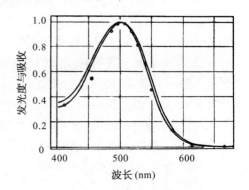

图 35-9 暗适应眼睛的灵敏度曲线和视紫质的吸收曲线的比较

由于眼睛对明亮的光比之对强度弱的光非常不灵敏,所以困难大概在于需要用很多视紫质来观察弱光,但不必用许多色素来观察颜色。拉什顿的想法是:让色素留在眼睛内,并用不论何种方法来测量它。他是这样做的。有一种仪器叫检眼镜,它把光通过眼球的晶状体送进眼睛,然后把反射回来的光聚焦在一起。使用这种仪器人们可以测量出有多少光被反射回来。这样,我们对两次通过色素的光(被眼球的背层所反射,并且再次通过视锥细胞的色素出来的)测量了它的反射系数。自然界并不总是设计得这样美妙。但视锥细胞有趣地被设计成这样,使得进入视锥细胞的光被来回反射,最后向下钻进顶端处的微小的灵敏点中。光一直往下进入灵敏点,在其底部被反射,而在穿过相当数量的色视觉色素后重新反射回来;而且,通过观察中央凹,那里没有视杆细胞,这样人们就不会被视紫质所搞混。但是视网膜的颜色很早以前就已被人们观察到:它是一种带橙色的粉红色。然后又看到了所有的血管和背后物质的颜色,等等。我们怎么知道看到的就是这种色素呢? 回答:首先,我们找一个患有色盲的人,他的色素较少,因此很容易对他进行分析。其次,各种色素像视紫质一样,当被光漂白后强度就有所改变。当我们把光照射它们时,它们就改变浓度。所以,在观察眼睛的吸收光谱时,拉什顿用另一束光照射整个眼睛,使它改变色素的浓度,同时,他测量了光谱的变化,这个差别当然与血液的数量或者反射层的颜色等等无关,而只与色素有关。拉什顿用这种方式获得了患红色盲的人的眼睛的色素曲线,如图35-10所示。

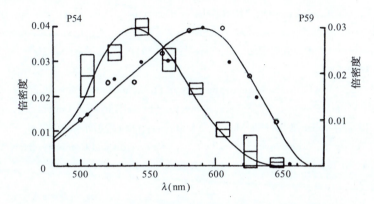

图 35-10　患红色盲的人的眼睛(方块)和正常眼睛(点)的色素吸收光谱

　　图35-10中的第二条曲线是用正常眼睛得到的曲线。并且是在已经确定这种色素是什么色素,而把另一种用对第一种不灵敏的红色漂白之后得到的。红光对患红色盲的人的眼睛没有影响,但对正常眼睛却有影响。这样人们就能对所缺少的色素得到一条曲线。一条曲线的形状和余斯托伐的绿色曲线符合得很好,但红色曲线有少许位移。或许我们抓住了正确的线索,或许没有——最近对患绿色盲的人所进行的工作并没有显示出缺少什么确定的色素。

　　颜色不是光本身的物理学问题。颜色是感觉,不同颜色的感觉在不同情况中是不同的。举例来说,假如我们有一种由白光和红光叠加而成的粉红色光(用白色和红色所能配制的显然总是粉红色),我们就可以证明白光可以显示为蓝色。如果我们把一个物体放在光束中,它投射两个影子——一个单独为白光所照亮,而另一个为红光所照亮。对大多数人来说,物体的"白色"影子看上去是蓝色,但是如果我们不断扩大这个影子,直到它遮盖住整个屏幕,那么我们将看到它突然显示为白色,而不是蓝色!将红光、黄光和白光混合时,我们能够得到性质与此相同的其他效应。红光、黄光和白光只能产生橙黄色,等等。所以如果我们把这些光大致等量地混合在一起,我们只能得到橙色光。然而,当在这束光中投射出不同种类的影子时,那么由于颜色的各种叠加,人们得到一连串美丽的颜色,这些颜色并不存在于光本身之中(它只是橙色),而只存在于我们的感觉之中。我们清楚地看到许多颜色完全与光束中的"物理"颜色不同。重要的是要意识到视网膜已经在"思考"光,它正在把一个区域中所能看到的东西同另一个区域中所看到的东西进行比较,虽然是不自觉的。至于它是怎样进行的,我们在这方面所知道的一切将在下一章中进行讨论。

参 考 文 献

Committee on Colorimetry, Optical Society of America, *The Science of Color*, Thomas Y. Crowell

Company, New York, 1953.

Hecht, S., S. Shlaer, and M. H. Pirenne, "Energy, Quanta and Vision", *Journal of General Physiology*, 1942, 25, 819~840.

Morgan, Clifford and Eliot Stellar, *Physiological Psychology*, 2nd ed., McGraw-Hill Book Company, Inc., 1950.

Nuberg, N. D. and E. N. Yustova, "Researchs on Dichromatic Vision and the Spectral Sensitivity of the Receptors of Trichromats," presented at Symposium No. 8 *Visual Problems of Colour*, Vol. II, National Physical Laboratory, Teddington, England, September, 1957. Published by Her Majesty's Stationery Office, London, 1958.

Rushton, W. A., "The Cone Pigments of the Human Fovea in Colour Blind and Normal", presented at Symposium No. 8, *Visual Problems of Colour*, Vol. I, National Physical Laboratory, Teddington England, September 1957. Published by Her Majesty's Stationery Office, London, 1958.

Woodworth, Robert S, *Experimental Psychology*, Henry Holt and Company, New York, 1938. Revised edition, 1954, by Robert S. Woodworth and H. Schlosberg.

第36章 视觉的机制

§36-1 颜色的感觉

在讨论视觉时,我们必须理解(在近代艺术陈列室以外的地方!)人们所看到的不是杂乱的色斑或光斑。当我们注视某一对象时,我们看到一个人或者一个物体;换句话说,大脑解释了我们所看到的是什么。这是怎样做到的,谁也不知道,但无疑这是在很高的水平上做到的。虽然很明显,在有了许多经验之后,我们确实学会了认识人是什么样子的,但是有许多更基本的视觉特征也涉及到从我们所看到的东西的不同部分来的信息的组合。为了帮助我们理解怎样解释整个图像,在这里值得研究一下将不同的视网膜细胞来的信息的组合起来的最初阶段。在这一章中我们将主要集中在视觉方面,虽然在讨论过程中也将提到一些枝节问题。

同一时刻将眼睛几个部分来的信息在十分初等的水平上积累起来,这个过程不是我们能随意控制的也不是能够通过学习得到的本领。这个事实的一个例子是当白光和红光一起照射在同一屏幕上时,白光产生的蓝色阴影。这个效应至少涉及到眼睛对屏幕的背景是粉红色的知识,即使如此,当我们注视着蓝色阴影时,只有"白"光到达眼睛中的某一特殊点上;所以各种信息一定在某个地方已经集中在一起。周围环境愈是完备和熟悉,眼睛对独特的东西进行校正就愈多。事实上,兰德(Land)已经证明,如果用两块能吸收光的透明照相底片以不同比例放在红色和白色前面,并以各种比例来混合表观蓝色和红色,那么就能使之相当好地显示出与真实物体一致的真实景象。在这种情况下,我们也会得到许多表观的中间颜色,这和我们把红色和蓝色、绿色混合时所得到的相似,它们看上去几乎是完整的一套连续分布的颜色。但是如果我们仔细盯住它们看时,则又不是那么完美。即使如此,只用红色和白色就可以得到这么多的颜色还是令人惊讶的。景象看上去愈是像真实的情况一样,人的眼睛对所有的光实际上不过是粉红色的这一事实,就愈能得到补偿。

另一个例子是在黑白转盘中"颜色"的出现,这种转盘的黑色和白色面积如图 36-1 所示。当盘转动时,在盘的任一半径上亮和暗的变化完全相同,所不同的只是两种类型的"带"的背景。但是两个"环"中的一个看上去好像涂上一种颜色,另一个涂上另一种颜色*。直到现在还没有人知道呈现这些颜色的原因,但是很清楚,最可能的情况是信息在眼睛本身中就已在十分初等的水平上被组合在一起了。

图 36-1 像上面这样的盘子转动时,两个较黑的"环"中只有一个呈现颜色。如果转动方向反过来,则在另一个环上呈现颜色

几乎所有现代的色视觉理论都一致认为,颜色混合的数据表

---

* 这些颜色与旋转的速率和照明的亮度有关,同时也多少取决于谁在看它们以及他对它们的注视的程度。

明,眼睛的视锥细胞中只有三种色素,而色感觉的产生,基本上是由于这三种色素对光谱的吸收作用。但是当这三种色素共同作用时,与其吸收特性有关的总的感觉不一定是各单独感觉的总和。我们都同意黄色看上去决不是带红的绿色。事实上对于大多数人来说,发现光实际上是许多颜色的一种混合,可能觉得极其惊讶,因为光的感觉大概是由于其他某种混合过程,它不同于音乐中的和弦那样的一种简单混合。在和弦中同时发出三个音符,如果我们仔细倾听,就能分别听出它们。但是我们不能通过仔细注视而看出红色和绿色。

最早的视觉理论表明:有三种色素和三种类型的视锥细胞,每一种视锥细胞包含一种色素。从每一个细胞有一条神经通往大脑,所以有三部分信息被送到大脑,然后各种事情在大脑中都能发生。当然,这是一个不完全的想法:发现信息是怎样沿着视神经送到大脑并没有说明什么,因为我们甚至还没有开始来解决这个问题。我们必须提出一些更为基本的问题,如信息在不同地方组合起来是否会产生任何不同结果?重要的是,它是在视神经中直接送到大脑,或者还是视网膜可能首先对它进行了某种分析?我们已经看到视网膜的简图,它是一种极端复杂的东西,有着许许多多的相互连接的结(图35-2),因此或许可以对它进行某种分析。

事实上,研究解剖学和眼睛进化的人已经证明,视网膜实际上就是大脑:在胚胎的发育过程中,一部分大脑向前伸出,长的纤维向后生长,将眼睛和大脑连接起来。视网膜正是按照大脑的组织方式组织起来的,就像某个人曾美妙地说过的那样:"大脑发展了一个向外观察世界的方法。"眼睛好比是大脑的在外面接触光的一个部分。所以在视网膜中已经进行了颜色的某种分析并不是完全不可能的。

这个猜想为我们提供了一个非常有趣的机会,因为可以说此外没有其他一种感官在把信号送进可以对之进行测量的神经之前,已经包含有这样大量的分析。所有其他感觉的分析通常是在大脑本身中进行的。在大脑中很难在一些特定的部位进行测量,因为这里有如此多的相互连接。但在视觉的情况中就不同,这里我们有的是光以及对之进行分析的三层细胞,分析结果可以通过视神经传递出去。所以我们或许得到了第一次机会从生理上来观察大脑的第一层在第一步是怎样工作的。因此,这就引起了双重的兴趣,不只是对视觉的兴趣,并且是对整个生理学问题的兴趣。

存在三种色素这个事实并不意味着一定要有三种不同的感觉。另外有一种色视觉理论认为:存在着实际上有各种对抗的颜色系统(图36-2)。这就是说,如果看到了黄色,就有一条神经纤维传送大量的脉冲,而对蓝色它就传送得比通常的少。其中一条神经纤维以同样的方式传送绿色和红色信息,另一条神经纤维传送白色和黑色。换句话说,在这一理论中,有些人已经就神经的连接系统也就是分析的方法开始进行猜测。

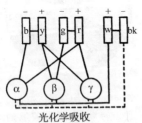

$y - b = k_1(\beta+\gamma-2\alpha)$
$r - g = k_2(\alpha+\gamma-2\beta)$
$w - bk = k_3(\alpha+\gamma+\beta) - k_4(\alpha+\beta+\gamma)$

图 36-2 根据色视觉"拮抗"理论的神经连接

我们想通过这些初步的分析猜测试图解决的问题是那些关于在粉红色背景上所看到的表观颜色的问题,眼睛在适应了不同的颜色以后出现的问题,以及所谓的心理现象。心理现象具有这样的性质,比如说白色并不使人"觉得"像红色、黄色和蓝色一样,而且这个理论已经过时,因为心理学家说有四种表观纯色:"有四种刺激,它们具有心理上分别引起简单蓝色、黄色、绿色和红色感觉的显著能力。和赭色、洋红、紫色或大多数可辨别的颜色不一样,这些简单的颜色一点也不含有其他颜色的性质,从这个意义上说它们不是混合而成的,例如,蓝色不带黄色,不带红色,也不带绿色,等等,这些是心理上的原色。"这是一个所谓的心理学事实。要找出所以会得出这个心理学事实的论据,我们确实必须非常认真地查阅所有文献。我们找到的所有有关这个论题的近代文献,都重复同样的说法,也就是一个德国心理学家的说法,他把里奥纳多·达·芬奇(Leonardo da Vinci)作为他所引的权威之一。当然,我们都知道达·芬奇是一个伟大的艺术家。这位心理学家说:"里奥纳多认为有五种颜色。"于是我们进一步查找,终于在一本更古老的书中找到了这个论题的根据。在这本书中讲了这样的一些话:"紫色是带红的蓝色,橙色是带红的黄色,但是红色是否可以看成是带紫的橙色呢?红色和黄色不是比紫色或橙色更加单一吗?要一般的人回答什么颜色是单一的,他就会说出红色、黄色和蓝色三种颜色,而有些观察者再加上第四种——绿色。心理学家习惯于接受四种为显色。"所以这个问题在心理学的分析中是这样的情形:如果人人都说有三种,而某些人说有四种,只要他们要的是四种,那么就是四种颜色。这表明了心理学研究的困难。当然很清楚,我们有这样的感觉,但是要从这些心理学研究中得到许多资料是很困难的。

所以可以进行的另一个方向是生理学的方向,在这里是用实验来弄清楚大脑、眼睛、视网膜或别的地方实际上发生的是什么,而且或许会发现来自不同细胞的脉冲的某些组合沿着某些神经纤维运动。附带说一下,基本色素并不必须分别存在于不同的细胞中,其中可能具有包含各种色素混合物的细胞,含红色素和绿色素的细胞,以及所有三种色素(所有三种都有的信息就是白色信息)的细胞,等等。有许多能把系统连接起来的方法,而我们要找出的是自然界所用的那一种方法。最后,我们期望,在了解生理学上的连接之后,我们就会获得心理学方面的某些知识,所以我们将从这个方向来进行研究。

§36-2 眼睛的生理学

我们现在不仅讨论色视觉,而且要讨论一般的视觉,为的是使我们回忆一下图 35-2 中所示的视网膜中的相互连接。视网膜确实像大脑的表面。虽然通过显微镜看到的实际图像,比之这张多少简化了的图画要稍微复杂一些,但是经过仔细分析之后,人们还是可以看到所有这些相互连接。毫无疑问,视网膜表面的每一部分是和其他部分相连接的,而从产生视神经长的轴突传出的信息,是来自许多细胞的信息的组合。在一系列功能中有三层细胞:视网膜细胞,它直接受光的刺激作用;中间细胞,它从一个或少数几个视网膜细胞取得信息,再交给第三细胞层中的几个细胞,然后输送到大脑。各层中的细胞之间还有着各种各样的交叉连接。

我们现在转到眼睛的结构和性能的某些方面(见图 35-1)。光线的聚焦作用主要由角膜来完成,这是由于它有使光线"弯曲"的曲面这一事实。这是我们在水中所以不能看得很清楚的原因,因为这时角膜的折射率 1.37 与水的折射率 1.33 之间相差不是足够大。在角膜后面实际上是折射率为 1.33 的水,而在水后面是一个具有非常有趣结构的水晶体。水晶体具有像洋葱那样的一层一层结构,所不同的只是它完全是透明的,中间部分的折射率是 1.40,外面部分的折射率是 1.38(如果我们能够制造折射率可以调节的眼镜片,那该多好。因为这时我们就可以不必像只有单一折射率的眼镜片那样把它弯曲那么多了)。再则,角膜的形状并不是球形的。一个球面透镜具有一定数量的球面像差。角膜的边缘部分比球面要"扁平一些",正是由于这种方式,使得角膜的球面像差比之我们在那里放一个球面透镜时要小一些!光线被角膜-水晶体系统聚焦到视网膜上。当我们注视着较近或较远的物体时,水晶体张紧或放松来改变焦距以适应不同的距离。调节光线总量的是虹膜。虹膜的颜色就是我们所谓的眼睛的颜色,有棕色或蓝色,随人而定。当光量增加和减少时,虹膜就分别向里或向外移动。

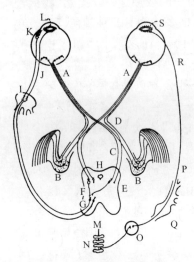

图 36-3 眼睛的机械动作的神经内部连接

我们现在如图 36-3 所简略地显示的那样,来看一看控制水晶体的调节,眼睛的运动,使眼球在眼窝里转动的肌肉以及虹膜的运动的神经机构。从视神经 A 输送出来的所有信息,绝大部分被分配到两束神经中的一束(以后我们还要谈到它),然后再从这里送到大脑。但是我们现在感兴趣的只有少数几根神经纤维,它们并不直接通到大脑视觉皮层(这里是我们"看到"图像的地方),而是通到中脑 H。这些就是用以测量平均光强和调节虹膜的神经纤维,或者,如果像看上去模糊,它们就会设法调节水晶体,或者,如果出现双重像,它们就会设法调节眼睛,使之适合双眼视觉。无论在何种情况下,它们都通过中脑并反馈回到眼睛。K 是调节水晶体的肌肉,L 是另一块伸入到虹膜内的肌肉。虹膜有两个肌肉系统。一个是圆形肌肉 L,当它受到刺激时就会向里拉,使虹膜关闭。它的动作非常快,神经从大脑通过短的轴突直接连接到虹膜。与圆形肌肉相对的肌肉是径向肌肉,这样当物体变暗时,圆形肌肉放松,这些径向肌肉就向外拉,使虹膜张开。这里像身体中许多其他地方一样,有一对功能相反的肌肉,而且几乎在每一个这类情况中,控制这两种肌肉的神经系统是调节得非常精巧的,所以当信号传出以收紧一种肌肉时,放松另一种肌肉的信号也就自动地传了出来。但虹膜是一个独特的例外;使虹膜收缩的神经是我们已经描述的那些神经,但是使虹膜扩展的神经却无人确切知道从何而来,它们向下进入胸部后面的脊髓,再离开脊髓进入胸部,然后又向上通过颈神经节,这样绕了整个一圈再向上回到头部,以便控制虹膜的另一端。事实上,这个信号是经过一个完全不同的神经系统运行的,它根本不是一个中枢神经系统,而是一个交感神经系统,所以这是使事物运行的一个非常奇特的方式。

我们已经着重指出过关于眼睛的另一件奇特的事情,这就是光敏细胞位于错误的一边,以致光线在到达接收器之前要通过好几层其他的细胞——这些细胞是里外倒置的!所以有些特征是奇妙的,有些则显然是愚蠢的。

图 36-4 表示眼睛和大脑中最直接参与视觉过程的那一部分的连接。视觉神经纤维进入正好在 D 点外面的某一区域,这个区域叫做外侧膝状体,它们从这里再进入大脑中叫做视觉皮层的那一部分。人们应该注意到,来

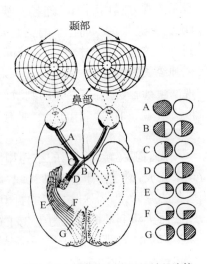

图 36-4 眼睛到视皮层的神经连接

自每只眼睛的纤维其中有一些被送到大脑的另一边，因此所形成的图像是不完全的。从右眼的左边来的视觉神经穿过视神经交叉 B，而从左眼的左边来的视觉神经则在这里弯转，沿着同样的途径通过。所以大脑的左边接收到来自每一只眼睛的眼球左边，也就是视场右边的所有信息，而大脑的右边则看到视场的左边部分。以这种方式把分别来自两只眼睛中的各只的信息合并在一起是为了告诉我们物体有多远。这是双目视觉系统。

视网膜和视皮层之间的连接是非常有趣的。如果视网膜上一点被切除或以任何方式被破坏，那么整个纤维就会失去作用，从而我们就能找出它与何处相连接。我们发现这种连接本质上是一对一的——视网膜上每一点在视皮层上就有一点与之对应——视网膜上非常靠近的点在视皮层上也非常靠近。所以视皮层仍然代表视杆细胞和视锥细胞的空间排列，当然有很大的变形。在视场中心占据视网膜非常小一部分的物体在视皮层中扩展到许许多多的细胞。显然，原来靠得很近的物体仍旧靠得很近，这是很有用的。不过，事物最显著的特点在于：通常认为物体相互靠近的最重要的地方应当在视场中央。但不管你相信与否，当我们注视着某一物体时，在视场中央画一条上下直线具有这样的性质：来自直线右边所有的点的信息传送到大脑的左边，来自左边所有的点的信息传送到大脑的右边，这个区域是这样划分的，从中间一直向下切开时，视场中央靠得非常近的物体在大脑中却分开得很远！信息必定以某种方式通过某些其他渠道从大脑的一边传送到另一边，这是十分奇怪的。

这个网状结构究竟是如何"连接"的，是一个非常有趣的问题。有多少是本来已被连接的，有多少是通过学习而连接的，这是一个老生常谈的问题。很久以前人们总是这样想，或许它根本用不到仔细地连接起来，只要粗糙地连接一下就可以。幼儿通过经验学会，当物体"在那里"时，它在大脑中就产生了某种感觉（医生常常告诉我们幼儿"感觉到"什么，但他们怎么能够知道幼儿在一岁时感觉到的是什么呢）。假定说一个一岁的幼儿看见一个物体"在那里"，得到某种感觉，并学会了走到那里，因为当他到达"那里"时却什么也得不到。这个想法或许是不正确的，因为我们已经知道在许多情况下本来就存在着这些特别精细的相互连接。更有启发性的是用蝾螈做的一些最值得注意的实验（附带说一下，蝾螈有一直接的交叉连接，而没有视神经交叉。因为蝾螈的眼睛在头部的两边，既没有共同的视场，也没有双眼视觉）。实验是这样做的：我们可以把蝾螈的视神经割断，但视神经又会重新从眼睛中生长出来，成千上万的细胞纤维就这样自己重新建立起来。现在，在视神经中，纤维不再相互靠得很紧——它好像粗大而扎得很松的电话电缆，所有纤维都扭绞和缠绕着，但当视神经到达大脑后，它们又重新被加以整理。当我们割断蝾螈的视神经时，一个有趣的问题是，它是否总会恢复原状？答案是肯定的，这是非常值得注意的。假如我们割断蝾螈的视神经，它就会长回来，并且重新获得了良好的视觉敏锐性。然而，假如我们割断蝾螈的视神经，并把它的眼睛上下倒转，再让它重新长回来，这时它有良好的视觉敏锐性是毫无问题的，但却犯了一个严重的错误，即当它看见一只苍蝇在"这边"时，却扑到"那边"去了，并且永远学不会去改正。因此，一定有一种神秘的方法，使千千万万的神经纤维能够找到它们在大脑中的正确位置。

有多少神经纤维原来就是连接的，有多少是不连接的，这个问题是生物发展理论中的重要问题。答案还不知道，但是在深入细致的研究之中。

对金鱼所做的同样的实验表明，在我们切断视神经的地方，会长出一个可怕的瘤，像一个大疤或伤痕，但即使如此，神经纤维还是长回到它们在大脑中的正确位置。

为了做到这一点，在神经纤维长入原来视神经的通道时，它们必须多次作出判断应当向哪个方向生长。它们是怎样做到这一点的呢？看来似乎有某种化学诱导物质使不同的纤维对它们有不同的反应。试想一下正在生长的纤维的数目是如此之大，其中每一条都是一个个体，多少与其旁邻有所不同。无论它与哪种化学诱导物质起反应，总能以唯一的方式找到它在大脑中的恰当位置以完成最终的连接！这是一件有趣而又奇妙的事情，也是近年来生物学的重大发现之一，而且毫无疑问，是与许多古老而尚未解决的问题如生长、组织、有机体特别是胚胎的发育有关的。

另一个有趣的现象是关于眼睛的运动。为了在各种情况中都能使两个像符合一致，眼睛必须运动。这里有几种不同的运动：一种是使眼睛追随物体而运动，这要求两只眼睛必须在同一方向运动，即一起向右或向左运动。另一种是使它们指向不同距离上的同一位置，这要求它们作反方向的运动。进入眼睛肌肉的神经都是为了这些目的原先已连接好的。有一组神经能够牵动一只眼睛里面一边的肌肉和另一只眼睛外面一边的肌肉，而同时使各自相反的肌肉放松，这样两只眼睛就能一起运动。另外，还有一个神经中心，当它受到刺激时会使眼睛从平行位置彼此相向运动。每一只眼睛都能向外转向眼角，只要另一只眼睛向着鼻子运动，但是不论自觉或不自觉都不可能使两只眼睛同时转向外面，这不是因为没有肌肉，而是因为没有一个方法能发送一个使两只眼睛都转向外面的信号，除非发生了一种偶然情况或者诸如此类的事，比如说一根神经被切断了。虽然一只眼睛的肌肉确实能够操纵这只眼睛的运动，但即使是一个瑜珈修行者(Yogi)也不可能在主观意志的控制下自由地使两只眼睛同时向外运动，因为看来没有任何方法可以这样做。我们的视神经原先在一定程度上已经连接起来了。这是重要的一点，因为大多数早期的解剖学和心理学等方面的书籍不重视或者不强调我们的视神经原先已经完全连接在一起这个事实——他们说每样东西都是通过学习才知道的。

§36-3　视 杆 细 胞

现在我们来更详细地研究在视杆细胞中发生的事情。图 36-5 表示视杆细胞中间一段的电子显微镜图像（整个视杆细胞还要超出图示区域向上伸展）。图像中有一层一层的平面结构，右边是它的放大图。这种结构中含有视紫质，它使视杆细胞产生视觉效应。视紫红质是一种色素，它是巨大的蛋白质分子，其中含有称做视黄醛的一组特殊物质，这种物质可以从蛋白质中分离出来，而且毫无疑问是吸收光的主要因素。我们不了解形成这些平面的理由何在，但是很可能有某种原因要把所有视紫红质分子保持平行。这些现象的化学方面已经研究得相当深入，但其中或许还要加上一些物理方面的东西。可能是这样：所有分子所以排成某种横列是为了当一个分子受到激发时所产生的电子或者诸如此类的东西能够一直向下跑到终端的某个地方，并把信号发送出去。这是一个非常重要的问题，而且现在还没有研究出来。在这个领

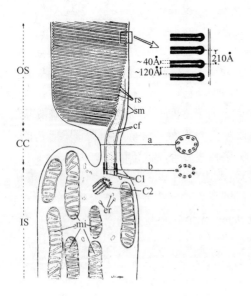

图 36-5　视杆细胞的电子显微镜图像

域中最终总要用到生物化学和固体物理或与之类似的一些学科。

　　这种层状结构在光起重要作用的其他情况中也出现,例如在植物的叶绿体中,光在这里产生光合作用。假如我们把叶绿体放大,就会发现与上面一样有几乎同样类型的层状结构,当然这里所含的是叶绿素,而不是视黄醛。视黄醛的化学结构式如图 36-6 所示。沿着边链它有一连串交替出现的双键,这几乎是所有吸收作用强的有机物质像叶绿素、血液等等的特征。人类不可能在自己的细胞中制造这种物质——我们必须从食物中摄取它,因此要吃一种特殊形式的物质。这种物质除了有一个氢原子联接在右端以外,和视黄醛完全相同,它叫做维生素 A,如果我们不摄取足够的维生素 A,就得不到视黄醛的供应,眼睛就要变成通常所说的夜盲,因为在这种情况下晚上用视杆细胞看东西时,视紫红质中就没有足够的色素。

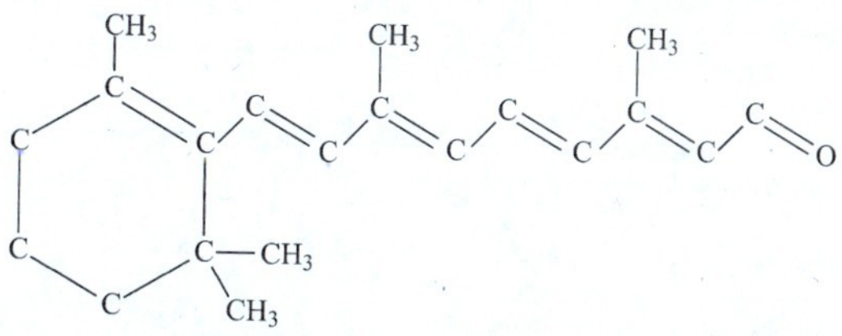

图 36-6　视黄醛的结构

　　这样的一连串双键为什么能够非常强烈地吸收光呢,其原因现在也已经知道了。我们可以在这里作一提示:这一连串交替的双键叫做共轭双键,一个双键意味着它有一个额外的电子,而这个额外的电子很容易向左或向右移动。当光线击中这个分子时,每个双键的电子都向同一方向移过一步。整个键中所有电子的移动,好像一连串骨牌倒下来一样。虽然每一个电子只移动很小一段距离(我们应该预料到在单个原子中只能使电子运动一小段距离),但是其总的效应就好像一个电子从一端走到另一端一样!这好像和一个电子通过整个距离作来回运动一样,也就是这样,在电场的影响下,我们所得到的吸收作用比之使电子只移动和一个原子相联系的距离所得到的要强得多。由于很容易使电子来回运动,视黄醛就非常强烈地吸收光,这就是视黄醛的物理-化学的最终机理。

§ 36-4　(昆虫的)复眼

　　我们现在回到生物学上来。人眼并不是仅有的一种眼睛。在脊椎动物中,几乎所有眼睛本质上都和人的眼睛相似。然而,在低等动物中有许多其他种类的眼睛,如眼点、各种眼杯,以及其他灵敏度不高的东西,我们没有时间来一一讨论它们。但是在非脊椎动物中有另一种高度发展的眼睛,这就是昆虫的复眼(大多数具有巨大复眼的昆虫也还有各种附加的单眼)。蜜蜂是一种昆虫,它的视觉有人已经非常详细地研究过了。研究蜜蜂视觉的性质比较容易,是因为它们受到蜜的吸引。我们可以做这样的实验:把同样的蜜放在蓝纸或红纸上,看一看它们会飞到哪一种纸上去。用这个方法曾经揭露了有关蜜蜂视觉的一些非常有趣的事情。

　　在测试蜜蜂能够看出两张"白"纸之间的颜色差别有多敏锐这个问题上,有些研究者发现它的辨色本领不十分好,而另一些人则发现它出奇地好。甚至在这两张白纸几乎完全一样的情况下,蜜蜂仍然能够辨别出它们的差别。实验者在一张纸上涂锌白,在另一张纸上涂铅白,虽然在我们看来这两张纸完全相同,但是蜜蜂却能够容易地区别它们,因为它们在紫外区域反射不同数量的光线。用这个方法发现了蜜蜂眼睛灵敏的光谱范围比我们自己的要宽。我们的眼睛能看到 7 000～4 000 Å 的光,也就是从红光到紫光,但是蜜蜂的眼睛能一直往下看到3 000 Å的光,即进入到了紫外区!这就产生了许多有趣的效应。首先,蜜蜂能够区别在我们看来相似的许多花朵。当然,我们必须理解到,花的颜色并不是由于我们的眼睛而设计的,而是为了蜜蜂,这些颜色是把蜜蜂吸引到某一特定花朵的信号。我们都知道有许多"白"花。但是非常明显,蜜蜂对于白色并不很感兴趣,因为结果证明,所有白花反射紫外线的本领各不相同。它们并不像真正的白色那样能够百分之百地反射紫外线。既然并不是所有的光都被反射回去,那么当缺少紫外线时,白就成了一种颜色,正像对于我们来说,如果缺少了蓝色,白就显示为黄色。因此,所有的花对于蜜蜂都是有颜色的。然而,我们也知道蜜蜂看不见红色。所以,我们也许认为所有的红色在蜜蜂看来应该是黑色。但事实并非如此!对红花所作的仔细研究表明,甚至用我们自己的眼睛也可以看出绝大多数红花带有蓝的色彩,因为它们主要反射一些额外的蓝色,这就是蜜蜂所看到的那部分。此外,实验还表明,花瓣的不同部分对紫外线的反射也是不同的,等等。所以如果我们能像蜜蜂看到花朵那样看到它们,它们甚至将更加美丽并有更多的差异。

不过,已经证明,有少数红花既不反射蓝色,也不反射紫外线,因此对于蜜蜂来说将呈现黑色!对于关心这件事的人们,这已引起他们的某种忧虑,因为他们担心这种事情:黑色看来不像是一种使蜜蜂感兴趣的颜色,因为很难把它与脏的和旧的阴影区别开来。实际上蜜蜂确实不来拜访这些红花,这些是蜂鸟常来拜访的花,因为蜂鸟能够看见红色!

蜜蜂视觉的另一个有趣的方面是,蜜蜂通过观察一小片蓝天,而不用看到太阳本身,就能明确知道太阳的方向。我们不容易做到这一点。如果我们通过窗户看天空时,看到它是蓝色的,能够知道太阳在哪个方向吗?蜜蜂能够知道,因为蜜蜂对偏振光相当敏感,而天空中的散射光是偏振的*。至于这种敏感性是怎样起作用的,这个问题仍在争论之中。是否因为在不同的情况下光的反射不同,或者是因为蜜蜂的眼睛有直接的感觉力,到现在为止都还不清楚**。

也有人说,蜜蜂能够看到快至每秒振动200次的闪光,而我们只能看到每秒20次。蜜蜂在蜂窠中的运动是非常敏捷的,它们的脚在不停地移动,翅膀在不停地振动,但是用我们的眼睛很难看到这些运动。然而,如果我们能够看得更快一点,那么我们就能看到这种运动。眼睛有这样快的反应,对于蜜蜂可能是非常重要的。

现在我们来讨论预计的蜜蜂的视敏度。蜜蜂的眼睛是复眼,它由大量叫做小眼的特殊细胞所构成,这些小眼呈圆锥形地排列在蜜蜂头部外边的球面上(大体而言)。图36-7表示这样一个小眼的图像。在顶端有一个透明的区域,类似于一种"水晶体",但实际上它更像一个滤光镜或导光管,使

图36-7 小眼的构造(复眼中的一个单细胞)

---

* 人眼对于光的偏振也有一点点敏感性,而且也能学会辨别太阳的方向!这里所涉及的一个现象叫做海丁格刷(Haidinger's brush):当一个人用偏振镜注视着宽广的无特征的苍穹时,在视场的中央可以看到一个微弱略带黄色的沙漏状图案。如果不用偏振镜,而把他的头绕着视轴前后转动,这时在蓝色的天空中也能看到这一现象。

** 在做完这一讲演以后所获得的证据表明,这是眼睛直接感觉到的。

光沿着细长的纤维射入,这种纤维可能就是发生吸收的地方。从另一端引出的是神经纤维。中心纤维被旁边六个细胞所包围,实际上它们把中心纤维掩藏了起来。就我们的目的来说,这些叙述已经足够了,重要的一点是:这种小眼是圆锥状的东西,而且许多小眼一个挨一个地安放在蜜蜂眼睛的整个表面上。

我们现在来讨论蜜蜂眼睛的分辨率。假如我们画一条直线(图36-8)表示表面上的小眼,并且假定这个表面是一个半径为 r 的球面。那么运用我们的大脑,并且假设进化像我们一样聪明,就能准确算出每个小眼该有多宽! 如果小眼非常之大,就不会有很大的分辨率。这就是说,一个细胞从一个方向得到一部分信息,而其相邻的细胞从另一个方向得到一部分信息,等等,但蜜蜂不可能清楚地看见这两个方向之间的东西。所以眼睛视敏度的不确定性肯定和一个角度有关,这个角度就是小眼的端面相对于眼睛的曲率中心所张之角(眼睛细胞当然只存在于球面上;球面的里边是蜜蜂的头部)。从一个小眼到下一个小眼之间的角度就是小眼的直径除以眼睛表面的半径

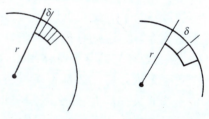

图 36-8　蜜蜂眼睛内小眼排列略图

$$\Delta\theta_g = \delta/r. \tag{36.1}$$

所以我们可以说:"δ 愈小,视敏度就愈高。那么为什么蜜蜂不用非常非常小的小眼呢?"回答是:我们懂得足够多的物理学,所以能够理解到,假如我们试图让光线进入一条很细的狭缝,那么由于衍射效应我们就不能在一个给定的方向上看得很清楚。从几个方向来的光都能进入小眼,而且由于衍射,从角度 $\Delta\theta_d$ 射来的光线也能被它接收到

$$\Delta\theta_d = \lambda/\delta. \tag{36.2}$$

现在我们可以看出,如果 δ 太小,那么每个小眼就会由于衍射而不只看到来自一个方向的光,如果 δ 太大,那么每一小眼只能看到来自一定方向的光,但是没有足够多的小眼以获得清晰的全景。所以我们调节距离 δ,以使这两者的总效应变为最小值。如果我们把两者相加,并找出其总和为最小的那个位置(图36-9),我们发现

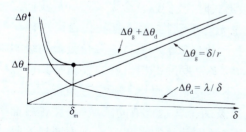

图 36-9　小眼的最佳大小为 δ_m

$$\frac{d(\Delta\theta_g + \Delta\theta_d)}{d\delta} = 0 = \frac{1}{r} - \frac{\lambda}{\delta^2}, \tag{36.3}$$

从这个式子得出距离

$$\delta = \sqrt{\lambda r}. \tag{36.4}$$

如果我们估计 r 大约是 3 mm,取 4 000 Å 作为蜜蜂能够看见的光,把两者相乘并取平方根后,求出

$$\delta = (3 \times 10^{-3} \times 4 \times 10^{-7})^{1/2} \text{ m} = 3.5 \times 10^{-5} \text{ m} = 35 \ \mu\text{m}. \tag{36.5}$$

书本上说直径是 30 μm,可见符合得相当好! 所以很明显,上面提出的理论确实成立,而且

使我们懂得了是什么因素决定蜜蜂眼睛的大小！很容易把上面的数字代回到前面式子中去，以求出蜜蜂眼睛的角分辨率实际有多大；与我们的相比它真是太可怜了。我们可以看清楚的物体，其表观大小比蜜蜂所能看清楚的要小30倍；与我们所看到的相比，蜜蜂只是看到一个不在焦点上的模糊像。虽然如此，这还是不错的，因为这是它们所可能做到的最好的了。我们也许会问，为什么蜜蜂不发展一只像我们那样好的眼睛，例如具有水晶体等等。这里有几个有趣的理由。首先是蜜蜂太小了；如果它有像我们那样的眼睛，那么若与它的整个身体相比，其开口的大小大约是 30 μm，这时衍射将变得如此重要，以致它无论如何什么都不能看得很清楚。所以如果眼睛太小，它就不好。其次，如果它像蜜蜂的头一样大，那么眼睛将占据蜜蜂的整个头部。复眼的妙处就在于它不占空间，而只是蜜蜂头部很薄的一层表面。所以当我们争辩说它们应当按照我们的方式去做时，我们必须牢记，它们有自己的问题！

§36-5 其他的眼睛

除了蜜蜂之外，许多其他的动物也能看见颜色。鱼、蝴蝶、鸟和爬虫都能看见颜色，但是一般认为大多数哺乳动物却不能。灵长类能够看见颜色。鸟无疑能够看见颜色，这说明了鸟的不同颜色。如果雌鸟不能看见颜色，那么带有这样光彩夺目的颜色的雄鸟就没有意思！这就是说，鸟在性别方面的"无论哪种"进化都是因为雌鸟能够看见颜色的结果。所以以后我们看到雄孔雀，并且想到它显示出一种多么灿烂和华丽的彩色，所有颜色又是多么优美，欣赏所有这些会使我们得到多么美妙的审美感觉时，我们不应当赞美雄孔雀，而应当赞美雌孔雀的视觉敏锐性和审美感觉，因为这才是产生这种美丽景象的起因。

所有无脊椎动物只有进化很差的眼睛或复眼，但是所有脊椎动物都有与我们非常相似的眼睛，除去一个例外。当我们考虑动物中的最高级形式时，我们通常会说："这就是我们！"但是如果我们采取偏见少一点的观点，并且限于讨论无脊椎动物，而不把我们自己包括在内，这时再问什么是最高级的无脊椎动物，那么大多数动物学家会一致同意章鱼是最高级的动物！非常有趣的是，除了它具有一个对于无脊椎动物来说发展得相当好的大脑及其反应等等以外，还独立地发展了一种与众不同的眼睛。它不是复眼或眼点——它有角膜，眼睑，虹膜和水晶体，以及两个含水状液的区域，并且在后面还有视网膜。它与脊椎动物的眼睛基本上相同！这是在进化中殊途同归的一个明显的例子，在这里大自然对同一个问题两次发现了同样的解答，只是作了少许改进。令人惊异的是，在章鱼中也发现它的视网膜是大脑的一部分，并且是以和脊椎动物同样的方式在胚胎发育过程中分离出来的，但是有趣的一个不同之点是，对于光灵敏的细胞是长在<u>里边</u>，而进行思考的细胞则长在它们的背后，不像我们的眼睛那样是"里外倒置"的。所以我们至少可以看到，把里面放在外面是没有特别理由的。在大自然作另一次试验的时候就把它改正过来了(参见图36-10)！世界上最大的眼睛是大

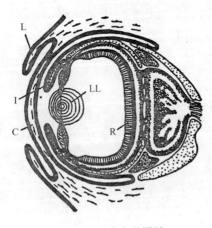

图 36-10 章鱼的眼睛

乌贼的眼睛;曾经发现过它的直径可达 15 in。

§36-6 视觉的神经学

我们论题的要点之一是信息从眼睛的一部分到另一部分的相互连接。我们来讨论鲎的复眼,对于它已经做过不少的实验。第一,我们必须鉴别哪一种信息可以沿着神经传送。神经携带一种扰动,它具有电的效应且易于探测。这是一种类似于波的扰动,它顺着神经传递而在其另一端产生一个效应:神经细胞上细长的一段叫做轴突的能传送信息,如果它的一端受到刺激,则有一种叫做"峰"的电脉冲沿着它传送过去。当一个峰在神经中传送时,另一个就不可能立刻跟着而来。所有的峰大小相等,所以当物体受到较强的刺激时,我们不是得到较高的峰,而是每秒钟内得到较多的峰。峰的大小取决于神经纤维的种类。弄清楚这一点对于要知道其后将发生什么是很重要的。

图 36-11(a)表示鲎的复眼;它只有大约一千个小眼,对于一只复眼来说,这并不算是很多的。图 36-11(b)是这个系统的横截面。人们可以看到许多小眼,神经纤维从它们出来而进入大脑。但要注意到,即使在鲎中还是有少量的相互连接,只是与人眼相比,它们远远没有那样精致复杂,但却为我们提供了研究一个比较简单的例子的机会。

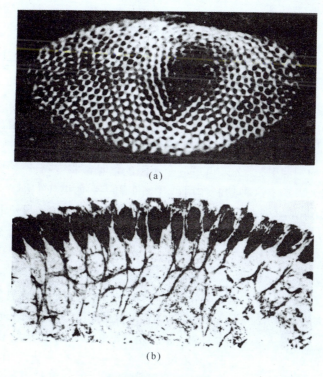

图 36-11 鲎的复眼
(a) 正视图;(b) 横截面

现在我们来看看实验。这些实验是这样做的:把细的电极插进鲎的视神经中,并把光只照射到其中一个小眼上,这用一组透镜很容易做到。如果在某一时刻 t_0 把灯光开亮,并测量神经放出的电脉冲,那么我们发现在经过一个短暂的延迟后才产生一系列快速的放电,这种放电逐渐缓慢下来终于到达一个均匀的速率,如图 36-12(a)所示。当灯光熄灭时,放电也就停止。非常有趣的是,当我们把放大器联接到这同一条神经纤维上,而把光照射在另一个小眼上时,结果什么也没有发生,也没有出现什么信号。

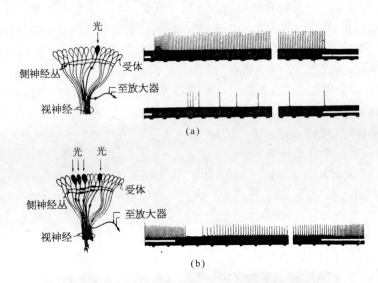

图 36-12 鲨的眼睛的神经纤维对于光线的反应

我们现在来做另一个实验:把光照射在原来的那个小眼上,并得到与前同样的反应,但是如果我们现在把光同时也照射到其邻近的一个小眼上,脉冲就会中断一个短暂的时间,然后以缓慢得多的速率放出[图 36-12(b)]。这表明一条神经内的脉冲的速率将被从另一条神经内放出的脉冲所抑制! 换句话说,每一条神经纤维都携带着与其相连的一个小眼传出的信息,但是它所携带的信息量将为来自其他小眼的信号所抑制。所以,举例来说,如果整个眼睛或多或少被均匀照射,那么来自每一个小眼的信息都将变得比较微弱,因为它受到了这么多的抑制作用。事实上这种抑制作用是叠加性的——如果我们把光照射到几个相邻的小眼上,抑制作用就非常之强。小眼靠得愈近,抑制作用也愈强,如果小眼相互之间离得足够远,则抑制作用实际上等于零。所以它是相加的,并与距离有关;这就是来自眼睛不同部分的信息在眼睛本身中组合起来的第一个例子。稍加思索,或许我们可以看出这是为了加强物体边界的反差所作的一种设计. 因为假如景色的一部分是亮的,另一部分是暗的,那么在明亮区域中的小眼所放出的脉冲被邻近的所有其他的光所抑制,因而它比较弱。另一方面,在亮暗边界上的一个发生"有亮光"脉冲的小眼也受到邻近其他小眼的抑制,但是没有那么多,因为有一边没有受到光的照射;因而总的信号就比较强。其结果将是像图 36-13 所示的那样一条曲线。鲨将看到一个边缘加强了的轮廓。

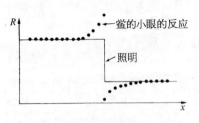

图 36-13 鲨的小眼在突然改变照明的边界附近的净反应

轮廓被加强这个事实,很早就为人们所知道:事实上,这是曾被心理学家们所多次讨论过的一件值得注意的事情。要描绘一个物体，我们只要画出它的轮廓即可。我们是多么习惯于看到只有轮廓的图画啊！什么是轮廓？轮廓只是明与暗或是一种颜色与另一种颜色之间差异的边界而已。它并不是什么确定的东西。无论你相信与否，并不是每个物体都有一条线围绕着它！实际上是没有这样一条线的。它只是我们自己心理上虚构出来像是有一条线存在。现在我们开始懂得了为什么这一条"线"是为了获得整个物体而提供的足够的线索这个道理。我们自己的眼睛大概也是以同样的方式工作的——只是复杂得多，但是十分相似。

最后，我们将简略地描述一下对青蛙所做的一项更精细、美妙和高级的研究工作。在把一根非常精细的、做得很巧妙的探针插进青蛙的视神经，对青蛙做相应的实验时，人们可以得到沿着一根特定的轴突引出的信号，而且像在鲎的情况中一样，我们发现这种信息并不仅仅与眼睛中的一个点有关，而是几个点的信息的总和。

青蛙眼睛的作用的最新描述如下：人们能够找到四种不同的视神经纤维，也就是说有四种不同的反应。这些实验不是用照亮或关掉光脉冲来做的，因为这不是青蛙所能看得见的东西。青蛙只是蹲在那里，它的眼睛一动也不动，除非旁边的睡莲的叶子前后摇摆，在这种情况下，它的眼睛就会跟着晃动，以使叶子在它眼中的像正好保持不动。青蛙并不转动它的眼睛。如果在它的视场中有什么东西，如一只小虫在移动（它必须看得见在固定背景上移动的微小物体），那么就会发现有四种不同类型的能放电的神经纤维，它们的性质列在表 36-1 中。所谓不能消除的持续边界探测，意见是说如果我们把有边界的物体放进青蛙的视场中，那么当物体移动时，在这种特定的神经纤维中就放出大量的脉冲，但是它们会逐渐减弱下来变为持续不变的脉冲，而且只要边界存在，即使物体保持静止不动，这种脉冲仍能继续下去。如果我们把灯熄灭，脉冲就停止。如果我们再把灯开亮，那么只要边界仍在视场中，脉冲就会重新开始。所以说它们是不能消除的。另一种纤维与此非常相似，只是如果边界是直线，它就不起作用。对它来说，必需是凸出的边界，暗的背景！为了要知道凸面移近，青蛙眼睛的视网膜中的内部联接系统需要多么复杂啊！此外，虽然这种神经纤维能使脉冲持续一段时间，但它不像前一种那样能持续那么久，而且如果把灯熄灭然后再开亮，脉冲就不会重新建立起来。这取决于凸面是否移入。青蛙的眼睛看到有凸面进来，并且记住了它在那里，但是如果我们只把灯光熄灭片刻，青蛙就把它完全忘了，并且再也看不见它。

表 36-1 青蛙视神经纤维中反应的类型

类　　　型	速　　率	视场角度
1. 持续的边界探测（不能消除的）	$0.2 \sim 0.5 \text{ m} \cdot \text{s}^{-1}$	$1°$
2. 凸出边界的探测（能消除的）	$0.5 \text{ m} \cdot \text{s}^{-1}$	$2° \sim 3°$
3. 反差变化的探测	$1 \sim 2 \text{ m} \cdot \text{s}^{-1}$	$7° \sim 10°$
4. 变暗探测	高到 $0.5 \text{ m} \cdot \text{s}^{-1}$	大到 $15°$
5. 黑暗探测	?	非常大

另一个例子是反差变化的探测。如果有一个边界正在移入或移出，就会在这种神经纤维里产生脉冲，但是如果物体静止不动，则就什么脉冲都没有。

此外，还有一种变暗探测器。如果光的强度下降，它就产生脉冲，但是如果光的强度一直保持较低或者较高，脉冲就停止；它只在光线变暗时起作用。

最后，还有一些神经纤维，它们是暗探测器——这是一件最令人惊异的事——并且任何时刻都在激发!如果我们使光增强,它们激发得慢一些,但仍然随时都在激发。如果我们使光减弱,它们激发得较快,并且同样也随时都在激发。在黑暗中,它们则激发得像发狂一样,好像永远在说"好暗呀!""好暗呀!""好暗呀!"

现在看来要把这些反应加以分类似乎比较复杂,以致我们也许觉得这些惊奇的实验是否会被解释错了。但非常有趣的是,在青蛙的解剖学中同样的这些分类也是区别得非常清楚的!在这些反应被分类之后,通过其他的测量(这在以后对于这种分类是重要的)发现在不同纤维上信号的传送速率是不同的,所以这是另一种可以核实我们找到的是哪一种纤维的独立的方法。

另一个有趣的问题是:一条特定的纤维其作用所涉及的区域有多大?答案是对不同类型的纤维是不同的。

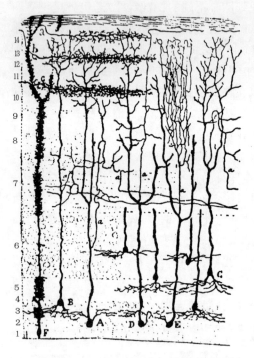

图 36-14 青蛙的大脑覆盖层

图 36-14 表示所谓青蛙的大脑覆盖层的表面,这里是神经纤维从视神经始进入大脑的地方。从视神经来的所有神经纤维在大脑覆盖层的不同层中连接在一起。这种层状结构和视网膜很相似;这是我们所以知道大脑和视网膜非常相似的部分原因。现在我们用一个电极依次向下插到各层中去,从而可以找出哪一种视神经终止在哪个地方。我们所得到的一个美妙而惊人的结果是,不同种类的纤维终止在不同的层中!第一种纤维终止于第1层,第二种纤维终止于第2层,第三种和第五种纤维终止于同一层,第四种纤维终止于最深的层(这符合得多好啊!它们几乎是按正确的次序编号的!不,这就是为什么人们要按这个次序编号的原因,第一篇论文却不是按这个次序编号的)。

我们可以简略地把刚才所学到的东西总结如下:人的眼睛里大概有三种色素。可能有许多不同种类的感受细胞,其中各以不同比例含有这三种色素;但是有许多交叉联接可以通过神经系统中的增强和叠加来进行相加或相减。所以在我们真正懂得色视觉之前,必须先懂得什么是最后的感觉。目前这还是一个尚未解决问题,但是用微电极等等方法进行的那些研究,或许最终能为我们提供更多有关如何看见颜色的知识。

参 考 文 献

Committee on Colorimetry, Optical Society of America. *The Science of Color*. Thomas Y. Crowell Company, New York, 1953.

"Mechanisms of Vision", 2nd Supplement to *Journal of General Physiology*, Vol. 43, No. 6, Part 2, July 1960, Rockefeller Institute Press.

Specific Articles:

DeRobertis, E., "Some Observations on the Ultrastructure and Morphogenesis of Photoreceptors", pp. 1~15.

Hurvich, L. M. and D. Jameson, "Perceived Color, Induction Effects and Opponent-Responce Mechanisms", pp. 63~80.

Rosenblith, W. A., ed., *Sensory Communication*, Massachusetts Institute of Technology Press, Cambridge, Mass., 1961.

"Sight, Sense of", *Encyclopedia Britannica*, Vol. 20, 1957, pp. 628~635.

第37章 量子行为

§37-1 原子力学

在前面几章中，我们讨论了一些基本概念，这些概念对理解光——或一般说电磁辐射——的大多数重要现象是必须的(我们将少数几个特殊的论题，明确地说即光密介质折射率的理论和全反射的理论，留到下一年去讲)。我们所讨论的这些内容称作电磁波的"经典理论"。这个理论非常恰当地描述了自然界的许多现象。当时我们还不必去为光的能量总是以颗粒即"光子"的形式出现这一事实而操心。

我们打算研究的下一个论题是包含着大量物质的物体的性质，比方说，它们的力学与热学性质问题。在讨论这些性质时，我们将发现，"经典"(或者旧的)理论几乎立即失效，因为物质实际上是由原子大小的微粒所构成的。然而，我们要处理的仍然只是其中的经典部分，因为这是我们能够应用所学过的经典力学来理解的仅有部分。但是我们不会获得很大的成功。我们将发现，与讨论光不同，讨论物质时很快就会遇到困难。当然，我们也可以一直回避原子效应。不过在这里我们却要插进一段关于物质量子性质的基本观念，即原子物理的量子观念的简短叙述，以便对所略去的是一些什么有一个概念。因为我们必须略去一些不可避免地要接触到的重要题材。

所以，我们现在就来简单介绍一下量子力学，但真正深入的讨论只能留待以后再进行。

"量子力学"详细描述物质的行为，特别是发生在原子尺度范围内的事件。在极小尺度下的事物的行为与我们有着直接经验的任何事物都不相同。它们既不像波动，又不像粒子，也不像云雾，或弹子球，或悬挂在弹簧上的重物，总之不像我们曾经见过的任何东西。

牛顿曾认为，光是由微粒构成的，但是，正如我们已经知道的那样，当时发现光的行为像一种波动。然而，后来(在20世纪初叶)人们发现，光的行为有时确实又像粒子。又比如，在历史上，电子起先被认为像粒子，后来发现它在许多方面的性质像波。所以实际上它表现得两者都不像。现在我们已放弃了这些说法，我们干脆说："它两者都不像"。

然而，有一点是幸运的：电子的行为恰好与光相似。原子客体(电子、质子、中子、光子等等)的量子行为都是相同的，它们都是"粒子波"或者随便什么你愿意称呼的名称。所以，我们所学的关于电子(我们将用它作为例子)的性质也可应用到所有的"粒子"，包括光子。

在本世纪的前25年中，人们逐渐积累了有关原子与其他小尺度粒子行为的知识，得以知道极小物体是如何活动的一些线索，由此也引起了更多的混乱，到1926～1927年间，薛定谔、海森伯与波恩终于解决了这些问题，他们最后对小尺度物质的行为作出了协调一致的描述。在这一章中我们将开始研究这种描述的主要特点。

因为原子的行为与我们的日常经验不同，所以很难令人习惯，而且对每个人——不管是新手，还是有经验的物理学家——来说都显得奇特而神秘。甚至专家们也不能以他们所希望的方式去理解原子的行为,而且这是完全有道理的,因为一切人类的直接经验和所有的人类的直觉都只适用于大的物体,我们知道大物体的行为将是如何,但是在小尺度下事物的行为却并非如此。所以我们必须用一种抽象的或想象的方式来学习它,而不是把它与我们的直接经验联系起来。

在本章中,我们将直接讨论以最奇特的方式出现的神秘行为的基本特征。我们选择用来考察的一种现象不可能以任何经典方式来解释——绝对不可能——但它却包含了量子力学的要点。事实上,它包含的只是奥秘,从"解释"它是如何起作用的这个意义上来说,我们还不能解释这个奥秘。我们将告诉你们,它是怎样起作用的。在告诉你它是怎样起作用的同时,我们将把所有量子力学的基本特性都告诉你。

§37-2 子弹实验

为了试图理解电子的量子行为,我们将在一个特制的实验装置中,把它们的行为和我们较为熟悉的子弹那样的粒子的行为以及如水波那样的波的行为作一比较和对照。首先考虑子弹在图 37-1 所示的实验装置中表现的行为。我们有一挺机枪射出一连串子弹,但它不是一挺很好的机枪,因为它发射的子弹(无规则地)沿着相当大的角度散开,如图所示。在机枪的前方有一堵用铁甲制成的板墙,墙上开有两个孔,其大小正好能让一颗子弹穿过,墙的后面是一道后障(比如说一道厚木墙),它能"吸收"打上去的子弹。在后障前面,有一个称为子弹"检测器"的物体,它可以是一个装着沙子的箱子,任何进入检测器的子弹就被留在那里聚集起来。需要时可以出空箱子,清点射到箱子里面的子弹数。检测器可以(沿我们称为 x 的方向)上下移动。利用这个装置,我们可以通过实验找出下列问题的答案:"一颗子弹通过墙上的孔后到达后障上离中心的距离为 x 处的概率是多少?"首先,你们应当认识到我们所谈的应该是几率,因为不可能明确地说出任何一颗子弹会打到什么地方。一颗碰巧打到孔上的子弹可能从孔的边缘弹开,最终打到不知什么地方。所谓概率,我们指的是子弹到达检测器的机会,这可以用以下方式来量度,数一下在一定时间内到达检测器的子弹数,然后算出这个数与这段时间内打到后障上的子弹总数的比值。或者,如果在测量时机枪在单位时间内始终发射同样数量的子弹,那么我们所要知道的概率就正比于在某个标准时间间隔内到达检测器的子弹数。

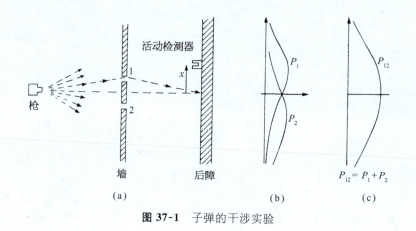

图 37-1 子弹的干涉实验

眼下，我们愿意设想一个多少有点理想化的实验，其中子弹不是真正的子弹，而是<u>不会裂开的子弹</u>，即它们不会分裂成两半。在实验中，我们发现子弹总是整颗整颗地到达，我们在检测器中找到的总是一颗一颗完整的子弹。如果机枪射击的射率十分低，那么我们发现在任何给定时刻，要么没有任何东西到达，要么有一颗，并且只有一颗——不折不扣的一颗——子弹打到后障上，而且，整颗的大小也必定与机枪射击的射率无关。我们可以说："子弹总是以完全相同的颗粒状到达。"在检测器中测得的就是整颗子弹到达的概率。我们测量的是概率作为 x 的函数。用这样的仪器测得的结果画在图 37-1(c) 上（我们还不曾做过这种实验，所以这个结果实际上是想象的而已），在图上，向右的水平轴表示概率的大小，垂直轴表示 x，这样 x 的坐标就对应于检测器的位置。我们称图示的概率为 P_{12}，因为子弹可能通过孔 1，也可能通过孔 2。你们不会感到奇怪，P_{12} 的值在接近图中心时较大，而在 x 很大时则变小。然而，你们可能感到惊奇的是：为什么 $x=0$ 的地方 P_{12} 具有极大值。假如我们先遮住孔 2 作一次实验，再遮住孔 1 作一次实验的话，就可以理解这一点。当孔 2 被遮住时，子弹只能通过孔 1，我们就得到 (b) 图上标有 P_1 的曲线。正如你们会预料的那样，P_1 的极大值出现在与枪口和孔 1 在一条直线上的 x 处。当孔 1 关闭时，我们得到图中所画出的对称的曲线 P_2。P_2 是通过孔 2 的子弹的概率分布。比较图 37-1 的 (b) 与 (c)，我们发现一个重要的结果

$$P_{12} = P_1 + P_2. \tag{37.1}$$

概率正好相加。两个孔都开放时的效果是每个孔单独开放时的效果之和。我们称这个结果为"无干涉"的观测，其理由不久就会明白。关于子弹我们就讲这些，它们整颗地出现，其到达的概率不显示干涉现象。

§37-3 波 的 实 验

现在我们要来考虑一个水波实验。实验的仪器如图 37-2 所示。这里有一个浅水槽，一个标明为"波源"的小物体由马达带动作上下振动，产生圆形的波。

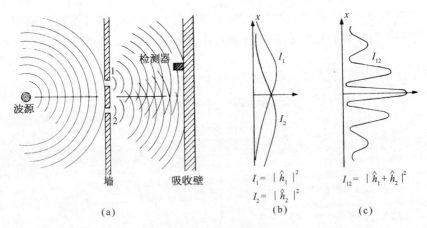

图 37-2 水波的干涉实验

在波源的后面也有一堵带两个孔的墙，墙以外又是一堵墙。为了简单起见，设这堵墙是

一个"吸收器",因而波到达这里后不会反射。吸收器可以用逐渐倾斜的"沙滩"做成,在沙滩前,放置一个可以沿 x 方向上下移动的检测器,和先前一样。不过现在这个检测器是一个测量波动的"强度"的装置。你们可以设想一种能测量波动高度的小玩意儿,但其刻度则定标成与实际高度的平方成比例,这样读数正比于波的强度。于是,我们的检测器的读数正比于波携带的能量,或者更确切地说,正比于能量被带至检测器的速率。

在我们这个波动实验中,第一件值得注意的事是强度的大小可以是任意值,如果波源正好振动得很弱,那么在检测器处就只有一点点波动。当波源的振动较强时,在检测器处的强度就较大。波的强度可以为任意值。我们不会说在波的强度上能显示出任何"颗粒性"。

现在,我们来测量不同 x 处的波的强度(保持波源一直以同样的方式振动)。我们得到图 37-2(c)上标有 I_{12} 的有趣的曲线。

在我们研究电磁波的干涉时,已经知道怎么会产生这种图样。在现在情况下,我们将观察到原始波在小孔处发生衍射,新的圆形波从每一个小孔向外扩展。如果我们一次遮住一个小孔,并且测量吸收器处的强度分布,则得到如图 37-2(b)所示的相当简单的强度曲线。I_1 是来自孔 1 的波的强度(在孔 2 被遮住时测得),I_2 是来自孔 2 的波的强度(在孔 1 被遮住时测得)。

当两个小孔都开放时所观察到的强度 I_{12} 显然不是 I_1 与 I_2 之和。我们说,两个波有"干涉"。在某些位置上(在那里曲线 I_{12} 有极大值)两列波"同相",其波峰相加就得到一个大的幅度,因而得到大的强度。我们说,在这些地方,两列波之间产生"相长干涉"。凡是从检测器到一个小孔之间的距离与到另一个小孔的距离之差为波长整数倍的那些地方,都会产生这种相长干涉。

在两列波抵达检测器时相位差为 π(称为"反相")的那些地方,合成波的幅度是两列波的波幅之差。这两列波发生"相消干涉",因而得到的波的强度较低。我们预料这种低的强度值出现在检测器到小孔 1 的距离与到小孔 2 的距离之差为半波长的奇数倍的那些地方。图 37-2 中 I_{12} 的低值对应于两列波相消干涉的那些位置。

你们一定会记得 I_1,I_2 与 I_{12} 之间的定量关系可以用以下方式来表示:来自孔 1 的水波在检测器处的高度瞬时值可以写成 $\hat{h}_1 e^{i\omega t}$(的实部),这里"振幅" $\hat{h}_1$ 一般来说是复数。波动强度则正比于方均高度,或者利用复数写出时,则正比于 $|\hat{h}_1|^2$。类似地,对来自孔 2 的波,高度为 $\hat{h}_2 e^{i\omega t}$,强度正比于 $|\hat{h}_2|^2$。当两个孔都开放时,由两列波的高度相加得到总高度 $(\hat{h}_1 + \hat{h}_2) e^{i\omega t}$ 以及强度 $|\hat{h}_1 + \hat{h}_2|^2$。就我们目前的要求来说,可略去比例常数,于是对干涉波适用的关系就是

$$I_1 = |\hat{h}_1|^2, \quad I_2 = |\hat{h}_2|^2, \quad I_{12} = |\hat{h}_1 + \hat{h}_2|^2. \tag{37.2}$$

你们将会注意到,这个结果与在子弹的情况下所得到的结果(式 37.1)完全不同。如果将 $|\hat{h}_1 + \hat{h}_2|^2$ 展开,就可以看到

$$|\hat{h}_1 + \hat{h}_2|^2 = |\hat{h}_1|^2 + |\hat{h}_2|^2 + 2|\hat{h}_1||\hat{h}_2|\cos\delta. \tag{37.3}$$

这里 δ 是 $\hat{h}_1$ 与 $\hat{h}_2$ 之间的相位差。用强度来表示时,我们可以写成

$$I_{12} = I_1 + I_2 + 2\sqrt{I_1 I_2}\cos\delta. \tag{37.4}$$

式(37.4)中最后一项是"干涉项"。关于水波就讲这一些。波的强度可以取任意值,而且显

示出干涉现象。

§37-4 电子的实验

现在我们想象一个电子的类似实验,如图 37-3 所示。我们制造了一把电子枪,它包括一根用电流加热的钨丝,外面套有一个开有孔的金属盒,如果钨丝相对金属盒处于负电位,由钨丝发射出的电子将被加速飞往盒壁,其中有一些会穿过盒上的小孔。所有从电子枪出来的电子都带有(差不多)相同的能量。在枪的前方也有一堵墙(就是一块薄金属板),墙上也有两个孔。这道墙的后面有另一块作为"后障"的板。在后障的前面我们放置一个可移动的检测器,它可以是盖革计数器,或者更好一些,是一台与扩音器相连的电子倍增器。

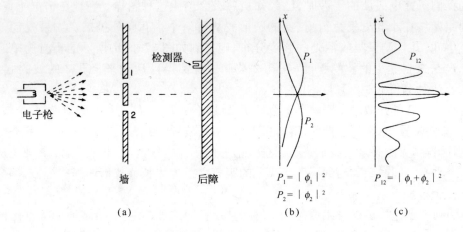

图 37-3 电子的干涉实验

我们应当立即告诉你最好不要试着去做这样一个实验(虽然你可能已做过我们所描述的前面两个实验)。这个实验从未以这种方式做过。问题在于,为了显示我们所感兴趣的效应,仪器的尺寸必须小到制造不出来的程度。我们要做的是一个"理想实验",之所以要选它,是因为它易于想象。我们知道这个实验将会得到怎样的结果,因为有许多其他实验已经做过,在那些实验中,已选用了适当的尺度与比例来显示我们将要描写的效应。

在这个电子的实验中,我们注意到的第一件事是听到检测器(即扩音器)发生明显的"卡嗒"声。所有的"卡嗒"声全都相同,决没有一半的"卡嗒"声。

我们还会注意到"卡嗒"声的出现很不规则。比如象:卡嗒……卡嗒-卡嗒……卡嗒……卡嗒……卡嗒-卡嗒……卡嗒,等等,无疑,这就像人们听到盖革计数器工作时的声音一样。假如我们在足够长的时间内计数,比如说在许多分钟内听到的卡嗒声的数目,然后再在另一个相等的时间间隔内也进行一次计数,我们发现两个结果非常接近。所以,我们可以谈论"卡嗒"声出现的平均速率(平均每分钟多少、多少次"卡嗒"声)。

在我们上下移动检测器时,声响出现的速率有快有慢,但是每次"卡嗒"声的大小响度总是相同的。假如我们降低枪内钨丝的温度,"卡嗒"声的速率就会减慢,但是每一声"卡嗒"仍然是相同的。我们还会注意到,如果在后障上分别放置两个检测器,那么这一个或那一个将会"卡嗒"发声,但是决不会两者同时发声(除非有时两次"卡嗒"声在时间上非常靠近,以致我们的耳朵可能辨别不出它们是分开的响声)。因此,我们得出结论,任何到达后障的东西总是呈"颗粒"的形式,所有的"颗粒"都是同样大小:只有"整颗"到达,并且每一次只有一颗到达后障。我们将说:"电子总是以完全相同的颗粒到达。"

与子弹的实验一样,现在我们可以从实验上找出下列问题的答案:"一个电子'颗粒'到达后障上离中心的距离为不同的 x 处的相对概率是多少?"像前面一样,在保持电子枪稳定工作的情况下,我们可以从观察"卡嗒"声出现的速率来得出相对概率。颗粒到达某个 x 位置的概率正比于该处的卡嗒声的平均速率。

我们这个实验的结果就是图 37-3(c)所画出的标有 P_{12} 的一条有趣的曲线。不错!电子的行为就是这样。

§37-5 电子波的干涉

现在,我们来分析一下图 37-3 的曲线,看看是否能够理解电子的行为。我们要说的第一件事是,由于它们以整颗的形式出现,每一颗粒(亦可称为一个电子)或者通过孔 1,或者通过孔 2。我们以"命题"的形式写下这一点:

命题 A:每一个电子不是通过孔 1 就是通过孔 2。

假设命题 A 后,所有到达后障的电子就可分为两类:(1)通过孔 1 的电子;(2)通过孔 2 的电子。这样,我们所观察到的曲线必定是通过孔 1 的电子所产生的效应与通过孔 2 的电子所产生的效应之和。我们用实验来检验这个想法。首先,我们将对通过孔 1 的电子作一次测量。把孔 2 遮住,数出检测器的"卡嗒"声,由响声出现的速率,我们得到 P_1。测量的结果如图 37-3(b)中标有 P_1 的曲线所示。这个结果看来是完全合乎情理的。以类似的方式,可以测量通过孔 2 的电子概率分布 P_2。这个测量的结果也画在图上。

显然,当两个孔都打开时测得的结果 P_{12} 并不是每个孔单独开放时的概率 P_1 与 P_2 之和。与水波实验类似,我们可以说:"这里存在着干涉"。

对于电子

$$P_{12} \neq P_1 + P_2. \tag{37.5}$$

怎么会发生这样的干涉呢?或许我们应当说:"嗯,这大概意味着:电子颗粒要么经过小孔 1,要么经过小孔 2 这一命题是不正确的,不然的话,概率就应当相加。或许它们以一种更复杂的方式运动,它们分裂为两半,然后……"但是,不对!不可能如此。它们总是整颗地到达……","那么,或许其中有一些电子经过孔 1 后又转回到孔 2,然后又转过几圈,或者按某个其他的复杂路径……于是,遮住孔 2 后,我们就改变了从孔 1 开始出来的电子最后落到后障上某处的机会……"但是,请注意!在某些点上,当两个孔都开放时,只有很少电子到达,但是如果关闭一个孔时,则该处接收到许多电子,所以关闭一个孔增加了通过另一个孔的数目。然而,必须注意在图形的中心,P_{12} 要比 P_1+P_2 还大两倍以上。这又像是关闭一个孔会减少通过另一个孔的电子数。看来用电子以复杂方式运动这一假设是很难解释上述两种效应的。

所有这些都是极其神秘的。你考虑得越多,就越会感到神秘。人们曾经提出许多设想,试图用单个电子以复杂方式绕行通过小孔来解释 P_{12} 曲线,但是没有一个得到成功,没有一个人能由 P_1 与 P_2 来得到 P_{12} 的正确曲线。

然而，足以令人惊奇的是，将 P_1 和 P_2 与 P_{12} 联系起来的数学是极其简单的。因为 P_{12} 正好像图37-2的曲线 I_{12}，而那条曲线的得来是简单的。在后障上发生的情况可以用两个称为 $\hat{\phi}_1$ 和 $\hat{\phi}_2$ 的复数（当然它们是 x 函数）来描述。$\hat{\phi}_1$ 的绝对值平方给出了孔1单独开放时的效应。也就是说，$P_1 = |\hat{\phi}_1|^2$。同样孔2单独开放时的效应由 $\hat{\phi}_2$ 给出，即 $P_2 = |\hat{\phi}_2|^2$。两个孔的联合效应正是 $P_{12} = |\hat{\phi}_1 + \hat{\phi}_2|^2$。这里的数学与水波的情形是一样的（很难看出从电子沿着某些奇特的轨道来回穿过洞孔这种复杂的运动中能得出如此简单的结果）！

我们的结论是：电子以颗粒的形式到达，像粒子一样，这些颗粒到达的概率分布则像波的强度的分布。正是从这个意义上来说，电子的行为"有时像粒子，有时像波"。

顺便指出，在处理经典波动时，我们定义强度为波幅平方对时间的平均值，并且使用复数作为简化分析的数学技巧。但是在量子力学中结果发现振幅必须用复数表示，仅有实部是不行的。目前，这是一个技术上的问题，因为公式看上去完全一样。

既然电子穿过两个孔到达后障的概率分布如此简单[虽然它并不等于 $(P_1 + P_2)$]，要说的一切实际上就都在这里了。但是在自然界以这种方式活动的事实中，却包括了大量的微妙之处。我们现在打算向你们说明其中的一些微妙所在。首先，到达某个特定点的电子数目并不等于通过孔1的数目加上通过孔2的数目，与从命题A本应得出的推论相反。所以，毋庸置疑，我们应该作出结论说，命题A是不正确的。电子不是通过孔1就是通过孔2，这一点并不正确。但是这个结论可以用其他实验来检验。

§37-6 追踪电子

我们现在来考虑如下的一个实验。在前述的电子仪器中我们加上一个很强的光源，光源放置在墙的后面并在两个小孔之间，如图37-4所示。我们知道，电荷能散射光，这样，当电子在到达检测器的途中通过光时，不论它是怎样通过的，都会将一些光散射到我们的眼睛中，因而我们可以看见电子在哪里飞过。比方说，假如电子采取经过孔2的路径，如图37-4所示，我们应当看到来自图中标有 A 的位置附近的闪光。如果电子经过孔1，我们可以预料在上面的小孔附近将看到闪光。要是发生这样的情形，因为电子分为两半，我们同时在两个位置上见到闪光多好……让我们做一下实验吧！

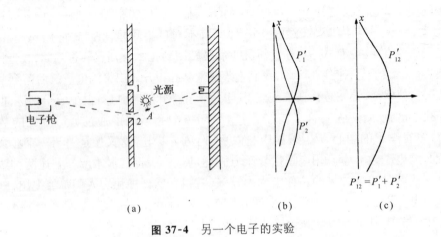

图37-4　另一个电子的实验

我们所看到的情况是：每当我们由电子检测器（后障处的）听到一声"卡嗒"时，我们也见到闪光——不是在靠近孔 1 处就是在靠近孔 2 处的闪光。但是从未同时在两处见到！无论将检测器放到哪里，我们都观察到同样的结果。由这样的观察可以断言，在查看电子时，我们发现电子不是通过这个孔，就是通过另一个孔。在实验上，命题 A 必然是正确的。

那么，在我们否定命题 A 的论证中，有什么不对呢？为什么 P_{12} 不正好等于 (P_1+P_2)？我们还是回到实验上去！让我们盯住电子，看看它们究竟做些什么。对于检测器的每一个位置（x 坐标），我们都数出到达的电子数，同时也通过对闪光的观察记录下它们经过的是哪一个孔。我们可以这样来记录：每当我们听到一声"卡嗒"时，如果在孔 1 附近见到闪光，那么就在第一栏中作一个记录，如果在孔 2 附近见到闪光，那么就在第二栏中作一个记录。所有抵达的电子都可记录在这两类之一中，即经过孔 1 的一类和经过孔 2 的一类。由第一栏的记录我们可以得到电子经由孔 1 到达检测器的概率 P_1'；而由第二栏的记录则可得到电子经由孔 2 到达检测器的几率 P_2'。如果现在对许多 x 的值重复这样的测量，我们就得到图 37-4（b）所画的 P_1' 与 P_2' 的曲线。

你们看，这里没有什么过分令人惊奇的事。所得到的 P_1' 与我们先前遮住孔 2 而得到的 P_1 完全相似；P_2' 则与遮住孔 1 所得到的 P_2 相似。所以，像通过两个小孔这样的复杂情况是不存在的。当我们跟踪电子时，电子就像我们所预料的那样通过小孔。无论孔 2 是否关闭，我们所看到的通过孔 1 的电子分布都相同。

但是别忙！现在，总概率，即电子以任何途径到达检测器的概率又是多少呢？有关的资料早就有了。我们现在假想从未看到过闪光，而把先前分成两栏的检测器的"卡嗒"声次数归并在一起。我们只须把这些数加起来。对于电子经过任何一个孔到达后障的总概率，我们确实得出 $P_{12}' = P_1' + P_2'$。这就是说，虽然我们成功地观察到电子所经过的是哪个孔，但我们不再得到原来的干涉曲线 P_{12}，而是新的、不显示干涉现象的 P_{12}' 曲线！如果我们将灯熄灭的话，P_{12} 又出现了。

我们必须推断说：当我们观察电子时，它们在屏上的分布与我们不观察电子时的分布不同。也许这是由于打开光源而把事情搞乱了？想必是由于电子本身非常微妙，因而光波受到电子散射时给电子一个反冲，因而改变了它们的运动。我们知道，光的电场作用在电荷上时会对电荷施加一个作用力。所以也许我们应当预期运动要发生改变。不管怎样，光对电子有很大的影响。在试图"跟踪"电子时，我们改变了它的运动。也就是说，当电子散射光子时所受到的反冲足以改变其运动，以致原来它可能跑到 P_{12} 为极大值的那些位置上，现在却反而跑到 P_{12} 为极小值的那些位置上；这就是为什么我们不再看到波状干涉效应的原因。

你们或许会想："别用这么强的光源！使亮度降低一些！光波变弱了，对电子的扰动就不会那么大。无疑，若使光越来越暗淡的话，最后光波一定会弱得使它的影响可以忽略"。好，让我们来试一下。我们观察到的第一件事是电子经过时所散射的闪光并没有变弱。它总是同样大小的闪光。使灯光暗淡后唯一发生的事情是，有时，我们听到检测器发生一下"卡嗒"声，但根本看不到闪光，电子在没有"被看到"的情况下跑了过去。我们所观察到的是：光的行为也像电子，我们已知它是波状的，但是现在发现它也是"颗粒状"的。它总是以整颗的形式（我们称为"光子"）到达或者被散射。当我们降低光源的强度时，我们并没有改变光子的大小，而只是改变了发射它们的速率。这就解释了为什么在灯光暗淡时有些电子没有被"看到"就跑了过去；当电子经过时，周围正好没有光子。

假如真的是每当我们"见到"电子,我们就看到同样大小的闪光,那么所看到的总是受到扰动的电子,这件事使人多少有点泄气。不管怎样,我们用暗的灯光来做一下实验。现在,只要听到检测器中一声"卡嗒",我们就在三栏中的某一栏记下一次:栏(1)记的是在孔 1 旁看到的电子;栏(2)记的是孔 2 旁看到的电子,根本没有看到电子时,则记在栏(3)中。当我们把数据整理出来(计算概率)后可以发现这些结果:"在孔 1 旁看到"的电子具有类似于 P'_1 的分布;"在孔 2 旁看到"的电子具有类似于 P'_2 的分布(所以"在孔 1 或者孔 2 旁看到"的电子具有类似于 P'_{12} 的分布);而那些"根本没有看到"的电子则具有类似于图 37-3 的 P_{12} 那样的"波状"分布! 假如电子没有被看到,我们就会发现干涉现象!

这个情形是可以理解的,当我们没有看到电子时,就没有光子扰动它,而当我们看到它时,它已经受到了光子的扰动。由于光子产生的都是同样大小的效应,所以扰动的程度也总是相同的,而且光子被散射所引起的效应足以抹掉任何干涉现象。

难道没有某种可以不扰动电子而又使我们能看到它们的方法吗? 在前面的一章中,我们已经知道,"光子"携带的动量反比于它的波长($p=h/\lambda$)。无疑当光子被散射到我们的眼中时,它给予电子的反冲取决于光子所携带的动量。对! 如果我们只想略微扰动一下电子的话,那么应当降低的不是光的强度,而是它的频率(这与增加波长一样)。我们使用比较红的光,甚至用红外光或无线电波(如雷达),并且借助于某种能"看到"这些较长波长的仪器来"观察"电子的行径。如果我们使用"较柔和"的光,那么或许可以避免对电子扰动太大。

现在我们用波长较长的波来做实验。我们将利用波长越来越长的光重复进行实验。起先,看不到任何变化,结果是一样的。接着,可怕的事情发生了,你们会记得,当我们讨论显微镜时曾指出过,由于光的波动性质,对两个小点彼此可以靠得多近而仍可视为两个分离的点存在着一个极限距离。这个极限距离的大小与光波波长的数量级相同。所以如果我们使波长大于两个小孔之间的距离,我们看到在光被电子散射时产生一个很大的模糊不清的闪光。这样就不再能说出电子通过的是哪一个孔了! 我们只知道它跑到某处去! 正是对这种波长的光,我们发现电子所受到的反冲已小到使 P'_{12} 看来开始像 P_{12}——即开始出现某种干涉的效应。只有在波长远大于两个小孔之间的距离时(这时我们完全不可能说出电子跑向何处),光所引起的扰动才充分地减小,因而我们又得到图 37-3 所示的曲线 P_{12}。

在我们的实验中,我们发现不可能这样安排光源,使人们既可以说出电子穿过哪个小孔,同时又不扰动分布图样。海森伯提出,只有认为我们的实验能力有某种前所未知的基本局限性,那么当时发现的新的自然规律才能一致。他提出了作为普遍原则的不确定性原理,在我们的实验中,它可以这样表述:"要设计出一种仪器来确定电子经过哪一个小孔,同时又不使电子受到足以破坏其干涉图样的扰动是不可能的"。如果一架仪器能够确定电子穿过哪一个小孔的话,它就不可能精致得使图样不受到实质性的扰动。没有一个人曾找出(或者甚至想出)一条绕过不确定性原理的途径。所以我们必须假设它描述的是自然界的一个基本特征。

我们现在用来描写原子(事实上描写所有物质)的量子力学的全部理论都取决于不确定性原理的正确性。由于量子力学是这样一种成功的理论,我们对于不确定性原理的信任也就加深了。但是如果一旦发现了一种能够"推翻"不确定性原理的方法,量子力学就会得出自相矛盾的结果,因此也就不再是自然界的有效理论,而应予以抛弃。

"很好",你们会说:"那么命题 A 呢? 电子要么通过小孔 1,要么通过小孔 2 这一点是正确的,还是不正确的呢?"唯一可能作出的回答是,我们从实验上发现,为了使自己不致陷于自相矛盾,我们必须按一种特殊方式思考问题。我们所必须说的(为了避免作出错误的预测)是:如果人们观察小孔,或者更确切地说,如果人们有一架仪器能够确定电子究竟通过孔1还是孔2的话,那么他们就能够说出电子或者穿过孔1,或者穿过孔2。但是,当人们不试图说出电子的行径,当实验中对电子不作任何扰动时,那么他们可以不说电子或者通过孔1,或者通过孔2。如果某个人这么说了,并且开始由此作出任何推论的话,他就会在分析中造成错误。这是一条逻辑钢丝,假如我们希望成功地描写自然的话,我们就必须走这一条钢丝。

如果所有物质(以及电子)的运动都必须用波来描写,那么我们第一个实验中的子弹怎样呢?为什么在那里我们看不到干涉图样?结果表明:对于子弹来说,其波长是如此之短,因而干涉图样变得非常精细。事实上,图样精细到人们用任何有限尺寸的检测器都无法区别出它的分立的极大值与极小值。我们所看到的只是一种平均,那就是经典曲线。在图37-5中,我们试图示意地表明对大尺度物体所发生的情况。其中(a)图表示应用量子力学对子弹所预期的概率分布。快速摆动的条纹本应表示对于波长极短的波所得到的干涉图案。然而,任何物理检测器都跨越了概率曲线的几个摆动,所以通过测量给出的是图(b)中的光滑曲线。

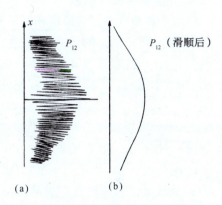

图 37-5　子弹的干涉实验
(a)真实的图样(概图);(b)观测到的图样

§37-7　量子力学的基本原理

我们现在来概括地小结一下前面实验中的主要结论。不过,我们将把结果表示成对于这一类的实验普遍适用的形式。假如先定义一个"理想实验",那么这个小结就可以简单一些。所谓"理想实验"指的是:其中没有我们无法计及的任何不确定的外来影响,即无跳动或其他什么事情。更确切的说法是:"所谓理想实验就是所有的初始条件和最终条件都完全确定的实验。"我们将要说到的"事件",一般说来就是一组特定的初始与最终条件(例如:"电子飞出枪口,到达检测器,此外没有任何其他事情发生")。下面就是我们的小结。

小　　结

(1) 在理想实验中,一个事件的概率由一个复数 ϕ 的绝对值平方给出,ϕ 称为概率幅

$$P = 概率,$$
$$\phi = 概率幅, \tag{37.6}$$
$$P = |\phi|^2.$$

(2) 当一个事件按几种交替的方式出现时,该事件的概率幅等于各种方式分别考虑时的概率幅之和,此时存在干涉现象

$$\begin{cases} \phi = \phi_1 + \phi_2, \\ P = |\phi_1 + \phi_2|^2. \end{cases} \tag{37.7}$$

(3) 如果完成一个实验,此实验能够确定实际上发生的是哪一种方式的话,则该事件的概率等于发生各个方式的概率之和,此时干涉消失

$$P = P_1 + P_2. \tag{37.8}$$

人们也许还想问:"这是怎样起作用的?在这样的规律背后有什么机制?"还没有人找到过定律背后的任何机制,也没有人能够"解释"得比我们刚才的"解释"更多一些,更没有人会给你们对这种情况作更深入的描写。我们根本想象不出更基本的能够推导出这些结果的机制。

我们希望强调经典理论和量子力学之间的一个非常重要的差别。我们一直谈到在给定的情况下,电子到达的概率。我们曾暗示:在我们的实验安排中(即使是能作出的最好的一种安排)不可能精确预言将发生什么事。我们只能预言可能性!如果这是正确的,那就意味着,物理学已放弃了去精确预言在确定的环境下会发生的事情。是的!物理学已放弃了这一点。我们不知道怎样去预言在确定的环境下会发生的事件,而且我们现在相信,这是不可能的,唯一可以预言的是种种事件的概率。必须承认,对我们早先了解自然界的理想来说,这是一种节约,它或许是后退的一步,但是还没有能看出避免这种后退的出路。

现在,我们来评论一下人们有时提出的试图避免上述描写的一种见解。这种见解认为:"或许电子有某种我们目前还不知道的内部机构——某些内在变量。或许这种机构正是我们无法预言将会发生什么事情的原因。如果我们能够更仔细地观察电子,就能说出它将到达哪里。"就我们所知,这是不可能的。我们仍会遇到困难。假设在电子内部有某种机构能够确定电子的去向,那么这种机构也必定能够确定电子在途中将要通过哪一个孔。但是我们不要忘记,在电子内部的东西应当不依赖于我们的动作,特别是不依赖于我们开或关哪一个孔。所以,如果电子在开始运动前已打定主意:(a)它要穿过哪一个孔,(b)它将到达哪里,我们对选择孔 1 的那些电子就会得出 P_1,对选择孔 2 的那些电子就会得出 P_2,并且对通过这两个孔的电子得出的概率必定是 P_1 和 P_2 之和 ($P_1 + P_2$)。看来没有别的解决方式了。但是我们从实验上已经证实情况并非如此。而现在还没有人能够解决这个难题。所以,在目前我们只准备计算概率。我们说"在目前",但是我们强烈地感觉到很可能永远如此——很可能永远无法解决这个难题——因为自然界实际上就是如此。

§ 37-8 不确定性原理

海森伯原来对不确定性原理的叙述就是这样的:假如对任何客体进行测量,并且测定其动量的 x 分量时,不确定量为 Δp,那么关于其位置 x,就不可能同时知道得比 $\Delta x = h/\Delta p$ 更准确。在任何时刻,位置的不确定量和动量的不确定量的乘积必定大于普朗克常数。这是前面所表述的较为一般的不确定性原理的特殊情况。比较普遍的表述是,人们不可能用任何方式设计出这样一个仪器,它能确定在两种可供选择的方式中采取的是哪一种方式,而同时又不扰动干涉图案。

现在我们举一种特殊情况来说明,为了不致陷于困境,海森伯给出的这种关系必须成立。我们对图 37-3 中的实验设想一种修正方案,其中带有小孔的墙是用一块安置上滚子的

板构成的,这样它可以在 x 方向上自由地上下滑动,如图 37-6 所示。仔细观察板的运动,我们可以试图说出电子通过的是哪个小孔。想象一下当检测器放在 $x=0$ 处时会出现什么情况。我们可以预期对经过小孔 1 的电子,板必定使它往下偏转,以到达检测器。由于电子动量的垂直分量被改变了,板必定会以相等的动量向相反的方向反冲。它将往上跳动。如果电子通过下面一个小孔,板就会感到一个向下反冲的力。很清楚,对于检测器的每一个位置,电子经由孔 1 与经由孔 2 时板所接受的动量是不同的。这样,根本不必去扰动电子,只要通过观察板的运动,我们就可以说出电子所采取的是哪一条路径。

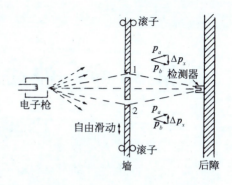

图 37-6　测出墙的反冲的实验

现在,为了做到这一点,必须知道电子通过前板的动量。这样测出电子经过后板的动量时,就能算出板的动量改变了多少。但是要记住,根据不确定性原理,我们不能同时以任意高的准确度知道板的位置。而如果我们不知道板的确切位置,就不能精确地说出两个孔在哪里。对于每个经过小孔的电子来说,小孔都将在不同的位置上。这意味着对于每个电子来说,干涉图样的中心都在不同的位置上。于是干涉图样中的条纹将被抹去。下一章我们将定量地说明,假如我们足够准确地测定板的动量从而由反冲的动量的测量来确定电子经过的是哪一个孔,那么按不确定性原理,该板 x 位置的不确定量将使在检测器处观察到的图样沿 x 方向上下移过一个相当于从极大值到最近的极小值之间的距离。这样一种无规则的移动正好将干涉图样抹去,因而观察不到干涉现象。

不确定性原理"保护"着量子力学。海森伯认识到,如果有可能以更高的准确度同时测出动量与位置的话,那么量子力学大厦就将倒塌。所以,他提出这一定是不可能的。于是人们试图找出一个能同时准确测量的方法,但是没有一个人找到一种方法能够以任何更高的准确度同时测出任何东西——屏障、电子、台球弹子,等等——的位置与动量。量子力学以其冒险但准确的方式继续存在着。

第38章 波动观点与粒子观点的关系

§38-1 概率波幅

本章我们将讨论波动观点与粒子观点之间的关系。由上一章我们已经知道,波动观点和粒子观点都不正确。通常,我们总是力图准确地描述事物,至少也要做到足够地准确,以使我们的学习深入时无须改变这种描述——它可以扩充,但却不会改变！然而,当我们打算谈及波动图像或粒子图像时,两者都是近似的,并且都将发生变化。所以,从某种意义上来说,我们在这一章中所学习的东西并不是准确的；这里的论证是半直观的,我们将在以后使之更为准确,但是,当我们用量子力学作出正确解释时,有一些事情将会有一点改变。我们之所以要这样来处理,其原因当然在于我们不想立刻就深入到量子力学中去,而是希望对于我们将会碰到的几种效应至少能有某种概念。而且,我们所有的经验都与波动以及粒子有关,因此,在我们掌握对量子力学振幅的完整数学描述之前,先应用波动和粒子的概念来理解一定场合下所发生的事情是颇为方便的。我们在这样做时将力图阐明那些最薄弱的环节,但是其中大多数还是相当正确的——因为只是解释的问题。

首先,我们知道量子力学中描述世界的新方法——新的框架——是对每个可能发生的事件给予一个振幅,而且如果此事件涉及到接收一个粒子,那么就给出在不同位置与不同时间找到该粒子的振幅。于是,找到该粒子的概率就正比于振幅绝对值的平方。一般地讲,在不同场所与不同时刻找到粒子的振幅是随着位置和时间而变化的。

在一种特殊情况下,振幅在空间与时间上像 $e^{i(\omega t - k \cdot r)}$ 那样呈正弦的变化（别忘了这些振幅是复数,而不是实数）,它有一个确定的频率 ω 和波数 k。结果表明这对应于一种经典的极限情况,也就是说,我们可以认为在此情况中有一个粒子,它的能量 E 为已知,并且 E 与频率之间的关系是

$$E = \hbar \omega, \tag{38.1}$$

而且粒子的动量 p 亦是已知的,它与波数 k 之间的关系是

$$p = \hbar k. \tag{38.2}$$

这一情况说明粒子的概念受到了限制。我们这么经常使用的粒子的概念——它的位置、动量等等在某些方面已不再令人满意了。比如,假设在不同的位置上找到一个粒子的振幅是 $e^{i(\omega t - k \cdot r)}$,则其绝对值的平方是常数,而这就意味着在所有的点上找到粒子的概率都相等。这就是说,我们不知道粒子究竟在何处——它可以在任何地方——粒子的位置是非常不准确的。

另一方面,如果一个粒子的位置知道得比较清楚,而且我们可以相当准确地预测它的话,那么在不同位置找到它的概率必定限制在一定的区域内,我们称其长度为 Δx。在此区域之外概率则为零。由于这个概率是某个振幅的绝对值的平方,如果绝对值的平方为零,则

振幅亦为零,结果我们就有一个长度为 Δx 的波列(图 38-1),此波列的波长(波列中波节之间的距离)就对应于该粒子的动量。

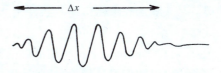

图 38-1　长度为 Δx 的波包

这里我们遇到了有关波动的一件奇妙的事情——一件很简单的,与量子力学毫无关系的事情。任何人,即使完全不懂量子力学,只要他研究过波的话就会知道:对一个短的波列,我们不可能规定一个唯一的波长。这样的波列没有一个确定的波长;由于波列的长度是有限的,因此相应地在波数上存在着不确定性,于是在动量上也就存在着不确定性。

§38-2　位置与动量的测量

现在我们来考虑这种概念的两个例子——即看一下如果量子力学是正确的话,为什么在位置与(或)动量上会存在着不确定性的理由。在前面我们已经看到,如果事情不是这样——即如果有可能同时(精确)测定任何东西的位置与动量——我们就会遇到一个佯谬;幸而这样一种佯谬并不存在,由波动图像中可以自然地得出不确定性这一事实表明,一切都很协调。

这里有一个很容易理解的例子,表明位置与动量之间的关系。假设我们有一个单缝,一些具有一定能量的粒子从很远的地方飞来,也就是说它们全都大致水平地飞来(图 38-2)。我们将集中注意动量的垂直分量。从经典的意义上说,所有这些粒子都具有一定的水平动量,比如说 p_0。所以,从经典意义上说,粒子穿过狭缝前的垂直动量 p_y 是确定知道的。图中粒子既不朝上,也不朝下运动,因为它来自很远的地方,当然这一来它的垂直动量就是零了。现在我们假设某个粒子通过宽度为 B 的狭缝。当它从 B 缝穿出后,我们就以一定的精确度,即 $\pm B$,得知它的垂直位置 y 值。这就是说,在位置上的不确定量 Δy 约为 B。现在我们也许想说,由于我们已知动量是绝对水平的,因而 Δp_y 是零;但这是错的。我们曾一度知道动量是水平方向的,但除此之外

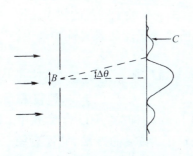

图 38-2　粒子穿过狭缝的衍射

就不知道什么了。在粒子穿过狭缝前,我们不知道它们的垂直位置。现在使粒子穿过狭缝,我们就发现它的垂直位置,但却失去了有关该粒子垂直动量的信息!为什么?按照波动理论,当波通过狭缝后,就像光那样会散开或衍射。因此,粒子跑出狭缝后,就有可能不笔直地飞行。由于衍射效应,粒子出射的图样散开,其张角(我们可将它定义为第一极小值的角度)就是对粒子出射的最后角度的不确定性的一种度量。

整个图样是怎样散开的呢?所谓散开就是说粒子有一定的往上或往下运动的可能性,也就是说,其动量具有向上或向下的分量。我们说可能性与粒子是因为可以用一个粒子计数器检测出这个衍射图样,而且当计数器(比如说在图 38-2 的 C 处)接收到一个粒子时,接收的是整个粒子,这样,从经典意义上来说,粒子要从狭缝射出往上偏至 C 处,就得具有垂直的动量。

为了对动量的散布有一个大致的概念,我们设垂直动量 p_y 的散布等于 $p_0\Delta\theta$,这里 p_0 是水平动量。那么在散开的图样中 $\Delta\theta$ 有多大? 我们知道第一极小值出现在 $\Delta\theta$ 角上,这时,从狭缝的一边传出的波必须比从另一边传出的波多走过一个波长(在第 30 章中已得出过这个结论)。因此 $\Delta\theta$ 为 λ/B,这样,此实验中的 Δp_y 就是 $p_0\lambda/B$。注意:如果使 B 变小,亦即对粒子的位置进行比较准确的测量,那么衍射图样就变宽。我们记得,在用微波做狭缝实验时,当我们将狭缝关小时,狭缝两侧强度的分布就变宽。所以,狭缝越窄,图样就越宽,而我们发现粒子具有侧向动量的可能性就越大。这样垂直动量的不确定量就与 y 的不确定量成反比。事实上,我们看到两者的乘积为 $p_0\lambda$。但是 λ 是波长,p_0 是动量,按照量子力学,波长乘动量就是普朗克常数 h。因此我们得到下列规则:垂直动量的不确定量与垂直位置上的不确定量的乘积约为 h

$$\Delta y \Delta p_y \approx h. \tag{38.3}$$

我们不可能设计这样一个系统,在其中既知道粒子的垂直位置,又能以比式(38.3)所表示的更大确定性来预言它的垂直运动。这就是说垂直动量的不确定量必须超过 $h/\Delta y$,这里 Δy 是我们的位置上的不确定量。

有时,人们说量子力学是完全错误的。当粒子从左边飞来时,它的垂直动量是零,现在它穿过了狭缝,它的位置也知道了。位置与动量两者似乎都能以任意高的准确度知道。不错,我们可以接收一个粒子,在接收时确定了它的位置如何,以及为了到达那里应具有多少动量。这些都完全正确,但这并不是不确定性关系式(38.3)所涉及的事,式(38.3)所说的是对一种状况的可预知性,而不是对于过去的陈述。"我知道粒子穿过狭缝前的动量是多少,现在又知道它的位置"这种说法没有什么意思,因为我们现在已失去了关于动量的知识。粒子通过了狭缝这一事实已使我们不再能预言垂直动量。我们所谈的是一种预言性的理论,而不只是一种事后的测量。所以我们必须谈论能够预言的事。

现在我们从另一个角度来看一下。我们稍微定量地考虑同样现象的另一个例子。在前一个例子中,我们曾以经典方法测量了动量。那就是说:我们考虑了方向、速度和角度,等等,所以是用经典分析得出动量。然而,由于动量与波数有关,所以自然界中还有另一种测量粒子(光子或其他粒子)动量的方法,它没有经典的类比,因为它利用的是式(38.2)。那就是测量波的波长。我们试用这种方式来测量动量。

假设有一个刻有许多线条的光栅(图 38-3),并且有一束粒子射向此光栅。我们已屡次讨论过这样一个问题:如果粒子具有确定的动量,那么,由于干涉效应,我们会在某个方向上得到一个十分尖锐的图样。我们也谈过在测量这个动量时可以精确到什么程度,也就是说,这样的光栅分辨率有多大。我们不拟再作一次推导,而只是参考第 30 章的结果,在那里已经得出用一个给定的光栅能够测出的波长的相对不确定量为 $1/(Nm)$,其中 N 是光栅线条数,m 是衍射图样的级数,亦即

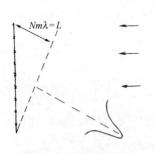

图 38-3 利用衍射光栅确定动量

$$\frac{\Delta\lambda}{\lambda} = \frac{1}{Nm}. \tag{38.4}$$

现在式(38.4)可以重新写为

$$\frac{\Delta\lambda}{\lambda^2} = \frac{1}{Nm\lambda} = \frac{1}{L}, \tag{38.5}$$

这里 L 是图 38-3 中所示的距离。这段距离是粒子或者波或者其他某种东西从光栅底端反射后必须跑过的总路程与它们从光栅顶端反射后必须跑过的总路程之差。这就是说,形成衍射图样的波为来自光栅不同部分的波。首先到达的波来自光栅的底端和波列的始端,而其余到达的波则来自波列的后面各部分和光栅的另外部分,最后一个波最末到达,它包括了波列中与最前端相距为 L 的一点。所以为了使在我们的光谱中能有一条与一定的动量对应的锐线[其不确定量由式(38.4)给出],我们必须有一列长度至少为 L 的波列。如果波列太短,我们就没有用到整个光栅。形成光谱的波只是从光栅中很短的部分反射的波,光栅的作用没有很好发挥——我们将得到一个很大的角展度。为了得到较窄的角展度,我们必须利用整个光栅,这样至少在某些时刻整个波列应同时从光栅的各部分散射出来。因此为了使波长的不确定量小于式(38.5)所给出的值,波列的长度必须为 L。顺便说一下

$$\frac{\Delta\lambda}{\lambda^2} = \Delta\left(\frac{1}{\lambda}\right) = \frac{\Delta k}{2\pi}. \tag{38.6}$$

因此

$$\Delta k = \frac{2\pi}{L}. \tag{38.7}$$

这里 L 是波列的长度。

这意味着,如果有一长度小于 L 的波列,那么在波数上的不确定量必然超过 $2\pi/L$。或者说波数的不确定量乘以波列的长度——暂时我们称之为 Δx——将大于 2π。我们之所以称波列长度为 Δx 是因为这是粒子在位置上的不确定量。如果波列只存在于有限长度之中,那么,这就是我们能找到粒子的区域在不确定量 Δx 范围以内。波的这种性质,即波列的长度乘以相应波数的不确定量至少为 2π 这一点,是每个研究波的人都知道的,这与量子力学毫无关系。这只是说,如果我们有一长度有限的波列的话,没有办法很精确地数出波的数目。我们试从另一途径来看看其中的理由。

假定我们有一长为 L 的有限波列;那么,由于它在两端必定减少(如图 38-1 所示),所以在长度 L 中波的数目是不确定的,其不确定量约为 ± 1。但在长度 L 中的波数是 $kL/(2\pi)$。可见 k 是不确定的,我们又重新得出式(38.7)的结果,它只是波的一种特性。无论波是在空间传播,k 是每厘米的弧度数,L 是波列的长度,还是波在时间上展开,ω 是每秒的振动数,T 是波列持续的时间"长度",都会出现同样的情况。这就是说:如果只是持续一定的有限时间 T 的波列,那么频率的不确定量就由下式确定

$$\Delta\omega = 2\pi/T. \tag{38.8}$$

我们已经着重指出,这些都只是波的性质,例如,在声学理论中就已为人们所熟知了。

要点在于,在量子力学中,我们将波数解释为对粒子动量的一种量度,即 $p = \hbar k$,这样,式(38.7)就告诉我们 $\Delta p \approx h/\Delta x$。因此,这就表明了经典动量概念的适用界限(显然,如果我们想用波来表示粒子的话,动量的概念必定受到某种限制)。我们发现了一条规则,使我们对于经典概念在何时失效具有一些认识,这的确很好。

§38-3 晶体衍射

下面,我们考虑粒子波在晶体上的反射。晶体是一块厚厚的东西,它全部由排列得很好的相同原子组成(我们将在后面包括一些较复杂的情况)。问题是对于一束给定的光(X 射线)、电子、中子等等,怎样布置原子的排列才能在某个给定方向上得到强的反射极大值。为了得到强的反射,来自所有原子的散射都必须是同相位的。同相波的数量和反相波的数量不能相等,不然波会相互抵消掉。正如我们已经说明过的那样,解决这个问题的方法是找出等相位的区域;它们就是一些对入射方向和反射方向成相等角度的平面(图 38-4)。

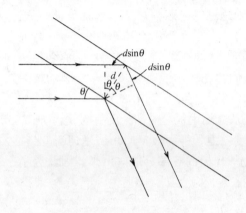

图 38-4 晶面对波的散射

考虑图 38-4 中两个平行平面,从这两个平面散射的波,假若其波前所经过的距离的差为波长的整数倍,则散射波的相位相同。可以看出,距离差为 $2d\sin\theta$,这里 d 是两平面间的垂直距离。于是相干反射的条件是

$$2d\sin\theta = n\lambda \ (n = 1, 2, \cdots). \tag{38.9}$$

比方说,如果晶体中原子刚巧分布在遵从式(38.9)(其中 $n = 1$)的平面上,那么就会出现强反射。然而,如果有性质相同(密度相同)的其他原子位于原来各对平面的中间,那么这些中间平面的散射也同样强烈,并将与其他的散射相干,致使总效果为零。所以式(38.9)中的 d 必须指相邻平面的距离;我们不能取两个相距五层的平面再应用这个公式!

有趣的是,实际的晶体通常并不那么简单,即好像只是以一定方式重复排列的同一类原子。换句话说,假如我们作一个二维类比的话,它们很像印满了某种重复图案的糊墙纸。对原子来说,所谓"图案"就是指可能包含有相当大量原子的某种排列,例如,$CaCO_3$ 的图案包含有一个 Ca 原子、一个 C 原子和三个 O 原子等等。但不管是什么,这些图案都按一定的形式重复。这种基本图案就称为晶胞。

重复的基本形式决定了我们所称的点阵类型;只要观察反射波和找出它们的对称性,就能立即确定点阵类型。换句话说,只要最终发现有任何反射,就可确定点阵类型,但是为了确定晶格的每个组元的组成,就必须考虑各个方向上的散射强度。向哪个方向散射取决于点阵的类型,但各个散射的强度则由每个晶胞内有些什么来决定。晶体的结构就是用这种方式得出的。

图 38-5 和图 38-6 是两幅 X 射线衍射图样的照片;它们分别表明岩盐与肌红蛋白的散射。

附带提一下,如果最靠近的两个平面间的距离小于 $\lambda/2$,就会发生一件有趣的事。在这种情况下,式(38.9)对 n 就没有解。因此,如果 λ 大于相邻平面之间距离的两倍,就没有两侧衍射图样,光——或者别的什么——将直接穿过材料,而不反射也无损耗。所以,在可见光的情况下,λ 远大于间隔,当然光就直接通过,而不会出现从晶面反射的图样。

图 38-5

图 38-6

这个事实在产生中子的核反应堆情况下也引起了有趣的结果(中子显然是粒子,谁都会这么说)。假如我们引出这些中子使它们进入一根长石墨棒,它们就会扩散,并且缓慢地穿过石墨棒(图 38-7)。它们之所以扩散是因为被原子弹开,但严格地说,按照波动理论,它们之所以被原子弹开是由于晶面的衍射。结果表明,假如我们取一根长石墨棒的话,从远端跑出的中子都具有长的波长!事实上,假如我们把中子强度作为波长的函数作图的话,只有在波长大于某个极小值时才出现曲线(图 38-8)。换句话说,我们可以用这种方法得到极慢的中子,只有最慢的中子才会通过;它们没有被石墨棒的晶面所衍射或散射,而是像光线通过玻璃一样径直穿过石墨棒,没有向两边散射出去。还有许多其他证据也说明中子波和别的粒子波是真实的。

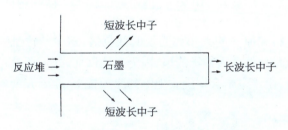

图 38-7 反应堆中子通过石墨块的扩散

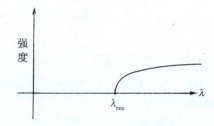

图 38-8 从石墨棒出来的中子强度与波长的关系

§38-4 原子的大小

现在我们来看一下由式(38.3)所表示的不确定性关系的另一个应用。在这里不用过分认真;概念是正确的,但所作的分析并不很精确。这个概念涉及到确定原子的大小,以及按经典说法,电子将不断辐射出光,因而一直作螺旋运动,直至最后落到原子核上这一事实。但是这种说法不符合量子力学的观点,因为那样一来我们就同时知道每一个电子的所在以及它运动得有多快。

假定我们有一个氢原子,现在要测量电子的位置;我们肯定不能精确地预言电子的位置,不然动量的扩展将会达到无限大。每当我们观察电子时,它是在某处,但是它在各个不同地方都有一定的振幅,因而在那些地方都可能找到它。这些位置不可能全都在原子核处,我们将假定位置有一定的扩展,其大小约为 a。这就是说,电子离原子核的距离通常约为 a。

我们将由原子的总能量取极小值这个条件来确定 a 的数值。

由于不确定性关系,动量的扩展约为 h/a,这样,如果我们打算用某种方式去测量电子的动量,比如使它散射 X 射线,然后寻找运动散射体的多普勒效应,那么可以预期并不会每次都得到零——电子并不是静止不动的——但它的动量一定约为 $p \approx h/a$,于是动能约为 $mv^2/2 = p^2/(2m) = h^2/(2ma^2)$(在某种意义上,这是一种量纲分析,用以找出动能是以何种方式取决于普朗克常数,质量 m,以及原子的大小 a。我们无需顾虑答案中 2、π 等这类因子上的出入,事实上,我们甚至还没有很精确地定义过 a)。现在,势能为 $-e^2$ 除以离原子中心的距离,即 $-e^2/a$,这里的 e^2 大家记得就是电子电荷的平方除以 $4\pi\varepsilon_0$。要点就在于,如果 a 变小,势能就变小,但 a 越小,由于不确定性关系,所需的动量也就越大,因而动能也越大。总能量是

$$E = \frac{h^2}{2ma^2} - \frac{e^2}{a}. \tag{38.10}$$

我们不知道 a 究竟为多大,但我们却知道原子本身会进行安排,以取得某种折衷办法使能量尽可能地小。为使 E 保持极小,我们求 E 对 a 的微商,令此微商等于零后再解出 a。E 的微商是

$$\frac{dE}{da} = \frac{-h^2}{ma^3} + \frac{e^2}{a^2}, \tag{38.11}$$

令 $\dfrac{dE}{da} = 0$,求得 a 值为

$$a_0 = \frac{h^2}{me^2} = 0.528 \text{ Å} = 0.528 \times 10^{-10} \text{ m}. \tag{38.12}$$

这一个特殊的距离称为**波尔半径**。我们因此得知原子的大小约为埃的数量级,这个结论是正确的:这是一件挺不错的事——实际上,这是一件令人惊奇的事,因为在这以前,我们还没有推断原子大小的根据!从经典的观点来看,由于电子会螺旋式地落到原子核上,原子完全不可能存在。

现在,如果将(38.12)的 a_0 值代入(38.10)去求能量,结果得出

$$E_0 = -\frac{e^2}{2a_0} = -\frac{me^4}{2h^2} = -13.6 \text{ eV}. \tag{38.13}$$

能量为负意味着什么?这意味着,当电子在原子中时的能量比自由状态下的能量小。这就是说,它是受束缚的。也就是说,要把电子"踢出去"需要能量;要电离一个氢原子大约需要 13.6 eV 的能量。我们没有理由认为所需的能量不是这个值的 2 倍、3 倍或 1/2 倍、$1/\pi$ 倍,因为我们这里所用的是十分粗略的论证。然而,我们在这里悄悄地这样来使用所有的常数,使得正好得出正确的数字! 13.6 eV 这个数字称为一个**里德伯**(Rydberg)能量;它是氢原子的电离能。

所以,我们现在懂得了为什么不会掉到地板下面去。当我们行走时,鞋子中的大量原子推斥着地板中的大量原子。为了把原子挤得更靠近一些,电子必须被限制在一个较小的空间,由不确定性关系,平均而言它们的动量将变得大些,这就意味着能量变大;抵抗原子压缩的是一种量子力学效应,而不是经典效应。按照经典的观点,如果使所有电子与质子更为靠近,我们应预期能量会进一步降低,因此,在经典物理学中,正电荷与负电荷的最佳排列就是

互相紧靠在一起。这些在经典物理学中是很清楚的,但是由于原子的存在又令人困惑。当然,早先的科学家发明过一些办法来摆脱这个困境——不过别去管它,我们现在找到了一种正确的方法(也许如此)。

顺便提一下(虽然眼下我们还不具备理解它的基础),在有许多电子的场合中,这些电子总是试图彼此离开。如果某个电子正占据着某一空间,那么另一个电子就不会占据同一空间。说得更精确一些,由于存在着两种自旋的情况,因此两个电子有可能紧靠在一起,一个电子沿一个方向自旋,而另一个电子则沿反方向自旋。但此后我们在该处再也不能放进更多的电子。我们必须把其他电子放到别的位置上,这就是物质具有强度的真正原因。假如我们有可能将所有电子放在同一个地方,那么它们将会比现在更为凝聚。正是由于电子不可能全都紧靠在一起这个事实,才使得桌子和其他种种东西变得坚固。

十分明显,为了理解物质的性质,我们必须用量子力学,经典力学在这方面是不会令人满意的。

§38-5 能 级

我们已讲过处在可能具有的最低能量状态下的原子,但是结果表明电子可以具有别种状态,它能以更有力的方式旋转与振动,因此原子可以有多种不同的运动。按照量子力学,在稳定状态下,原子只可能有确定的能量。我们作了一个图(图38-9),其中垂直方向标绘能量,每一个允许的能量值画一条水平线。当电子是自由电子,即它的能量为正时,它可以具有任何值,并能以任何速率运动。但是束缚能不能取任意值。原子必须取如图38-9所示的一组允许值中的某一个能量。

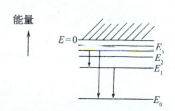

图 38-9 原子的能级图(画出几种可能的跃迁)

现在我们称这些能量的允许值为 E_0, E_1, E_2, E_3。如果原子本来处于 E_1, E_2 等"激发态"之一时,它不会永远保持这种状态。迟早它会掉到较低的状态中去,并以光的形式辐射出能量。发射出的光的频率可由能量守恒关系加上量子力学的一个关系式[即光的频率与光的能量之间的关系式(38.1)]来确定。因此,比如说从能量 E_3 到能量 E_1 的跃迁所释放的光的频率即为

$$\omega_{31} = (E_3 - E_1)/\hbar. \tag{38.14}$$

于是,这就是原子的一个特征频率,它确定了一条发射谱线。另一种可能跃迁是从 E_3 至 E_0,这时就有一个不同的频率

$$\omega_{30} = (E_3 - E_0)/\hbar. \tag{38.15}$$

另一个可能性是,如果原子已被激发到 E_1 态,它可能掉回到基态 E_0,而发射出的光子的频率是

$$\omega_{10} = (E_1 - E_0)/\hbar. \tag{38.16}$$

我们举出三种跃迁的情况是为了指出一个有趣的关系。由式(38.14),(38.15)和(38.16)很容易看出

$$\omega_{30} = \omega_{31} + \omega_{10}. \tag{38.17}$$

一般来说,如果我们找到了两条谱线,可以预期在频率之和(或之差)处将找到另一条谱线,而且通过找到这样一系列能级,使每条谱线对应于其中的某一对能级的能量差,那么所有的谱线就能得到理解。在量子力学出现以前人们就已注意到这种在谱线频率上出乎意外的巧合,它称为里兹(Ritz)组合原则。从经典的观点来看,这又是不可思议的。不过,我们别再唠叨经典力学在原子领域中的失败;看来我们已讲得够多的了。

前面已经谈到量子力学可以用振幅来阐述,振幅的行为很像波,它们具有一定的频率和波数。让我们看一下,从振幅的观点怎样会得出原子具有确定的能量状态。从我们至今所说过的那些事情出发是无法理解这一点的,但是我们都知道被限制的波具有确定的频率,例如,若声音限制在一个风琴管或任何类似的东西中时,声波振动的方式就不止一种,但对每种方式都有一个确定的频率。这样,将波限制在其中的物体有某些确定的谐振频率。所以这是被限制在一定空间中的波的一个性质——这个课题我们将在以后详细地用公式来讨论——这些波只能具有一些确定的频率。由于振幅的频率与能量间存在着一般关系,我们发现束缚在原子内的电子具有确定的能量就不足为奇了。

§38-6 哲学含义

我们简单地谈谈量子力学的某些哲学含义。通常问题总是有两个方面:一个是对于物理学的哲学含义,另一个是把哲学上的问题外推到其他领域。在把跟科学相联系的哲学观念引伸到别的领域中去时,它们往往完全被歪曲了。因此我们将尽可能把自己的评论局限于物理学本身。

首先,最有趣的是不确定性原理的概念;进行观察会影响现象。人们向来都知道进行观察要影响现象,但是要点在于,这种影响不可能依靠重新调整仪器而被忽略、减到最小或任意减小。当我们观察一定的现象时,不可避免地会以某一最低限度的方式来扰动它,这种扰动是物理观点的一致性所必需的。在量子力学以前的物理学中,观察者有时也是重要的,但这只是从无关紧要的意义上来说。曾经有人提出过这样的一个问题:如果有一棵树在森林中倒了下来,而旁边没有人听到,那它会发出响声吗?在一片真实的森林中倒下的一棵真实的树当然会发出声音,即使没有任何人在那里。但即使没有人在那里听到,它也会留下其他的迹象。响声会震动一些树叶,如果我们相当仔细的话,可以发现在某个地方有一些荆棘将树叶擦伤,在树叶上留下微小的划痕,除非我们假定树叶曾经发生振动,否则对此划痕就无法解释。所以,在某种意义上我们必须承认这棵树确实发出过声音。我们也许会问:是否有过对声音的感觉呢?不像有过,感觉大约总与意识有关。蚂蚁是否有意识以及森林中是否有蚂蚁,或者树木是否有意识,这一切我们都不知道。对这个问题我们就谈到这里吧!

量子力学出现以来人们所强调的另一件事情是这样一个观念:我们不应当谈论那些我们不能够测量的事情(实际上相对论也这么说过)。除非一件事情能通过测量来定义,否则它在理论上就没有地位。由于一个定域粒子的动量的精确值不能通过测量来确定,因此它在量子理论上就没有地位。但是,认为经典理论的问题就出在这里是错误的。这是一种对情况所作的粗枝大叶的分析。因为我们不能精确地测量位置和动量并不先验地意味着我们不能谈论它们,而只是意味着我们不必谈论它们。在科学中情况是这样的:一个无法测量或无法直接与实验相联系的概念或观念可以是有用的，也可以是无用的。它们不必存在于理论之中。换句话说，假如我们比较物理世界的经典理论与量子理论，并假设实验上确实只能粗略地测出位置与动量，那么问题就是一个粒子的精确位置与它的精确动量的概念是否仍然有效。经典理论承认这些概念；量子理论则不承认。这件事本身并不意味着经典物理是错误的。当新的量子力学刚建立时，经典物理学家——除去海森伯、薛定谔和玻恩以外所有的人——说："看吧，你们的理论一点也不好，因为你们不能回答这样一些问题：粒子的精确位置是什么？它穿过的是哪一个孔？以及一些别的问题"。海森伯的答复是："我不用回答这样的问题，因为你们不能从实验上提出这个问题。"这就是说，我们不必回答这种问题。考虑下述两种理论(a)与(b)；(a)包括一个不能直接检验但在分析中要用到的概念，而(b)则不包括这个概念。如果它们的预测不一致，我们不能声称：由于(b)不能解释(a)中的那个概念，因而它就是错的，因为这个概念是一个无法直接检验的东西。知道哪些观念不能直接检验总是好的，但是没有必要将它们完全去掉。认为我们只利用那些直接受到实验制约的概念就能完全从事科学工作的这种看法是不正确的。

量子力学本身就存在着波函数振幅、势，以及其他许多不能直接测量的概念。一门科学的基础是它的预测能力。预测就是说出在一个从未做过的实验中会发生什么。怎么能做到这一点呢？所用的方法是假定那里会发生什么事情，而不依赖于实验。我们必须把各种实验结果外推到它们尚未做过的那个领域，同时必须引用我们的概念，并把它们引申到还未得到检验的那些地方。如果我们不这样做，就谈不上预测。所以，对于经典物理学家来说，欣然赞同，并且认为位置——它对棒球来说有着明显含义——对于电子也具有某种含义，将是非常明智的。这并不是什么笨拙，而是合情合理的步骤。今天我们说相对论应该对所有的能量都是正确的，但是或许有一天，有人会跑来说我们是多么笨呀！直到"惹出祸来"，我们实在是不知道笨在哪里的，所以整个思想就是惹点祸出来。唯一能发现我们错误的方法是找出我们的预测是什么。这对于建立起一种概念是绝对必要的。

我们已对量子力学的不确定性作过一些评论。那就是我们现在还不能预测在给定的、尽可能仔细安排的物理条件下会发生什么物理事件。假如有一个原子处于受激态，即将发射光子，那么我们无法说出它将在什么时候发射光子。它在任何时刻都有发射光子的一定振幅，我们可以预测的只是发射的概率；我们不能精确地预测未来。这件事引起了种种胡扯和关于诸如意志自由的含义的问题，还引起了世界是不确定的种种想法。

当然，我们必须强调，在某种意义上经典物理也是不确定的。人们通常认为这种不确定性——我们不能预言未来——是一种重要的量子力学的特色，而且据说这可用来解释心理的行为，自由意志的感觉等等。但是如果世界真是经典世界——如果力学定律是经典的——心理上也不见得会多少有些不同的感受。确实，就经典观念而言，如果我们知道了世界上(或者在一个气体容器中)的每个原子的位置与速度，那么就应当能精确地预言会发生什么。因此经典的世界是决定论的。然而，假定我们的精确度有限，而且的确不知道一个原子的确切位置，比如说只精确到十亿分之一，那么这个原子运动时会撞在别的原子上，由于我们所知道的位置的精确度不超过十亿分之一，因此我们发现在碰撞后，位置的误差还会更大。当然，在下一次碰撞时，误差又将被放大，这样，如果起先只有一点点误差的话，后来就会迅速放大而出现很大的不确定性。举个例子来说：比如一道水流从堤坝上泻下时，会飞溅开来。如果我们站得很近，常常会有一些水滴溅到我们的鼻子上。这一切看来完全是无规则的，然而这样一种行为能由纯粹的经典定律来预言。所有水滴的精确位置取决于水流流过坝以前的精确运动。结果怎样呢？在水流落下时，极微小的不规则性都被放大了，结果就出现了完全的不规则性。很明显，除非我们绝对精确地知道水流的运动，否则就不能真正预知水滴的位置。

说得更明确一些，给定任一精确度，无论它精确到怎样的程度，我们都能找到一个足够长的时间，以致无法对这么长的时间作出有效的预言。其实要点在于这段时间并不太长。如果精确度为十亿分之一，这个时间并不是数百万年。事实上，这个时间随着误差呈对数式地增长，结果发现只在非常、非常短的时间里我们就失去了所有的信息。如果精确度提高到十亿乘十亿再乘十亿分之一——那么不管我们说多少个几十亿，只要最后不再说下去——我们就能找到一个比刚才提到的精确度的数字还要短的时间——过此时间后就再也不能预言会发生什么了！因此，诸如以下的说法，什么由于人类思维的明显的自由与非决定性，我们应当认识到再也不能希望用经典的"决定论的"物理来理解它；什么欢迎量子力学将我们从"绝对机械论的"宇宙下拯救出来啊，等等都是不公正的，因为从实际的观点来说，在经典力学中早已存在着不可确定性了。

第39章 气体分子动理论

§39-1 物质的性质

从本章起我们将开始一个新的课题,这个课题将占用相当的时间。它是从物质由大量原子或基本单元组成,它们之间存在着电相互作用,并且从遵循力学定律这种物理观点出发,对物质的性质进行分析的第一部分。我们企图了解为什么不同的原子集合会表现出它们所具有的特色。

显然这是一个困难的课题,我们要在一开始就强调指出,事实上这个课题是非常困难的,而且所用的处理方法也必须与迄今为止我们处理其他课题的方法都不相同。在力学和光学中,我们能够从某些定律,比如牛顿定律,或者加速电荷所产生的电场的公式的严格叙述开始。由此可以从本质上理解一大批现象,并且从此以后,这些定律就为我们理解力学与光学提供了基础。这就是说我们在以后可以学到更多的东西,但是我们并不是学习不同的物理内容,而只是学习用以处理问题的更好的数学分析方法。

在研究物质的性质时,我们不能有效地沿用这条途径,只能以一种非常初步的方式来讨论物质;直接从具体的基本定律出发来分析这样的课题是非常复杂的,因为这些定律无非是力学与电学的定律。但它们与我们希望研究的物质的性质之间相隔太远;从牛顿定律得出物质的性质要经过非常多的步骤,而这些步骤本身也是相当复杂的。我们现在开始采取其中的某些步骤,虽然我们的许多分析相当精确,但所得出的最后结果却越来越不精确。对于物质的性质,我们只能有一个大致的了解。

我们之所以只能用如此不完善的方式来进行分析,其理由之一是它在数学上要求对概率论具有深刻的理解;我们并不要求知道每个原子实际上在哪里运动,而是要求知道平均说来有多少原子在这里运动,有多少原子在那里运动,产生各种效应的可能性是多少。所以这一课题牵涉到概率论的知识,但由于我们的数学基础还不够,我们不想过多地引用这方面的知识。

其次,从物理观点来说更重要的理由是,原子的实际行为并不遵循经典力学规律,而是遵循量子力学规律,因此,在我们了解量子力学以前,不可能得到对这个课题的正确的理解。这里,和弹子房弹球、汽车等情况不同,经典力学规律和量子力学规律之间的差别是非常重要和非常显著的,以致由经典物理学推导出来的许多结果从根本上来说就不正确。因此,这里学到的某些东西有一部分必须抛弃,然而,我们将指明每一种结果不正确的情况,以便了解它的"界限"何在。在前两章中讨论量子力学的理由之一就是给你们一个概念,使能了解为什么经典力学在许多方面或多或少是不正确的。

为什么我们现在就要处理这个课题呢?为什么不等上一年半载,直到我们更好地掌握了概率的数学理论,并且学了一点量子力学后,再以更为彻底的方式来处理它呢?回答是——这是一个困难的课题,学习它的最好方式是慢慢来!首先要做的是,使我们对不同场合下应当发生的情况多少获得一些概念,这样,以后当我们对这些规律了解得更清楚时,就能更好地用公式来表达它们。

任何一个企图分析实际问题中物质性质的人,可能都想从写出基本方程式出发,然后再从数学上求出它们的解。虽然有一些人试图采用这一条途径,但他们都是这个领域中的失败者;真正的成功来自那些从物理观点出发考虑的人,他们对于要做的事情具有大致的概念,并且在给定的复杂状况下知道哪些是重要的,哪些是次要的,然后开始作正确的近似。这些问题是如此复杂,即使获得那种不精确和不完全的初步理解也是很有价值的,因此在整个物理课程中,我们将一再碰到这个课题,而且一次比一次更为准确。

就在现在开始这个课题的另一个原因是,我们已经在例如化学上用过许多这方面概念,而且甚至在高中时,就听到过其中的某些内容。因此,了解这些事情的物理基础是颇有意义的。

举一个有趣的例子来说,我们都知道,在相同温度、相同压力下,相同体积的气体含有同等数目的分子。阿伏伽德罗把倍比定律,即当两种气体在化学反应中化合时,所需的体积总是成简单的整数比的定律,理解为相同体积中含有相同数目的原子。但是,为什么它们含有相同数目的原子?我们能从牛顿定律推出原子数目应该相等吗?本章中我们将谈到这种特殊的情况。在以下几章中,我们将讨论包括压强、体积、温度及热量的其他各种现象。

我们也发现,不从原子观点出发也同样能着手处理这个课题,并且在物质的性质上存在着许多相互联系。比如说,当我们压缩某个东西时,它会变热;如果把它加热,它就膨胀。在这两件事实之间存在着一种联系,它可以独立于更深一层的机制而推出。这个课题称为热力学。当然,对热力学的最深刻的理解来自于对更深一层的实际机制的理解,而这就是我们将要做的:我们从一开始就采用原子的观点,并用它来了解物质的各种性质和热力学定律。

那么,下面就让我们从牛顿力学定律出发来讨论气体的性质。

§39-2 气体的压强

首先,我们知道气体会产生压强。我们必须清楚地理解它是怎么产生的。如果我们的耳朵比现在灵敏几倍,就会听到持续的冲击噪声。进化论幸而没有使耳朵发展到这种地步,因为这样灵敏的耳朵毫无用处——不然我们将听到重复不停的吵闹声。原因是耳膜与空气相接触,而空气里有大量持续运动的分子,这些分子撞击在耳膜上。在撞击耳膜时,它们造成了无规则的咚、咚、咚的声音,这种声音我们听不见,因为原子非常小,以至于耳朵的灵敏度不足以感觉到。原子这样不停地撞击的结果是将耳膜推开,但是当然,在耳膜的另一边也有同样的原子在不停地撞击,因而作用在耳膜上的净力为零。如果我们从一边抽去空气,或者改变两边空气的相对数量,那么耳膜就将被推向这一边或那一边,因为在一边的撞击的量将大于另一边。当我们乘电梯或飞机时,由于上升得太快,特别是如果我们还患有重感冒的话,有时就会有这种不舒服的感觉(当我们感冒时,由于发炎而使通过咽喉联系耳膜内部空气与外部空气之间的导管关闭了,这样,内外压强就不能很快地保持平衡)。

为了定量地分析这种情况,我们设想有一个充满大量气体的容器,容器的一端是一个可移动的活塞(图 39-1)。我们希望找出由于容器中有原子存在所引起的作用在活塞上的力是多少。容器的体积为 V,当原子在容器内以各种不同的速度来回运动时,它们就撞击在活塞上。假定在活塞外部没有什么东西,而是真空,那么它会怎么样呢?如果活塞是自由的,没有什么东西顶着,那么它每次受到撞击时,都将得到一点点动量,于是便会渐渐地从容器中被推出。所以为了使它不从容器中被推出,我们必须加上一个力 F。问题在于要用多大的力?表示力的一种方法是考察每单位面积上的力:如果 A 是活塞的面积,那么作用在活塞上的力可以写成某个数乘以面积。于是,我们定义压强为加在活塞上的力除以活塞的面积

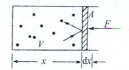

图 39-1 一个具有无摩擦活塞的容器中的气体原子

$$P = \frac{F}{A}. \tag{39.1}$$

为了更好地理解这个概念(为其他目的我们也曾推导出它),必须注意由于使活塞移动距离 $(-dx)$ 压缩气体时,对气体所作的元功 dW,应当是力乘以压缩的距离,而按照式(39.1),就是压强乘以面积再乘以距离,即压强乘体积变化的负值

$$dW = F(-dx) = -PAdx = -PdV. \tag{39.2}$$

(面积 A 乘以距离 dx 等于体积的变化)。这里的负号是因为气体受压缩时,它的体积减少;如果考虑到这一点,就可以看出在气体受到压缩时,外界对它做了功。

我们必须施加多大的力来平衡分子的碰撞呢?活塞从每次碰撞中获得一定的动量。每秒钟都有一定的动量倾注在活塞上,使它开始运动。为了使活塞保持不动,必须从我们的力中每秒钟输回给它同样大小的动量。当然,这个力正是我们每秒钟必须输送给它的动量的数量。还可以用另一种方法来考虑这个问题:如果让活塞自由活动,它将由于碰撞而获得速率;而每一次碰撞都使速率增大一点,这样它就不断地受到加速。活塞的速率的增加,或者说加速度正比于作用在它上面的力。于是我们看到这个力等于由于分子*的碰撞每秒钟传给活塞的动量,而我们前面已经谈到过它等于压强乘以面积。

计算每秒钟施加给活塞的动量是不难的,我们可以分两步来求:首先,找出一个特定的原子在和活塞的一次碰撞中传给活塞的动量,然后,再乘上每秒钟原子与活塞壁发生碰撞的次数。力就是这两个因子的乘积。现在我们来看看两个因子是怎样的:首先,我们假定活塞对原子来说是一个理想的"反射体",否则,整个理论就是错误的,活塞将开始变热,事情将发生变化。但是最后,当平衡建立后,总的效果是碰撞仍是有效的完全弹性碰撞。平均而言,每个粒子飞来和离开时都带有相同的能量。我们想象气体处在稳定的状态下,并且由于活塞静止不动,所以对活塞我们没有损耗能量。在这种情况下,如果某一质量的粒子以一定的速率飞来,它也以同样的质量和同样的速率离开。

如果原子的速度为 v,v 的 x 分量为 v_x,则"入射"粒子动量的 x 分量为 mv_x;"出射"粒子动量的分量和它相等,这样,粒子在一次碰撞中施加给活塞的总动量是 $2mv_x$,因为这个粒子是被"反射"回来的。

现在,我们要知道每秒钟内原子与活塞的碰撞次数;或者说 dt 时间内的碰撞次数,然后

---

* 原文如此,在本节文字中,作者有时似将分子和原子这两个概念混用。——译者注

再除以 dt。有多少原子打上去呢？我们假设在体积 V 中有 N 个原子，即单位体积内的原子数为 $n = N/V$。为了找出有多少个原子打在活塞上，我们注意到，给定一个时间 t，若某个粒子离活塞足够近，并且具有一定的指向活塞的速度，就能在这段时间 t 内碰上活塞。如果它离活塞太远，那么在时间 t 内只能向着活塞跑过一段路程，而不能到达活塞。非常清楚，只有离活塞的距离在 $v_x t$ 之内的那些分子，才会在时间 t 内打在活塞上。因而在时间 t 内的碰撞次数等于在距离为 $v_x t$ 内的区域里的原子数，并且由于活塞的面积是 A，所以能在时间 t 内碰到活塞的原子所占有的体积是 $v_x t A$。但是碰撞到活塞的原子数等于这个体积乘以单位体积的原子数，即为 $n v_x t A$。当然，我们并不要求时间 t 内的碰撞次数，而是每秒钟的碰撞次数，因而只要除以时间 t，就得到 $n v_x A$（这个时间 t 可以很短；如果我们觉得需要更精确一些，可以称它为 dt，然后再求微商，但结果是相同的）。

这样，我们求得力为

$$F = n v_x A \cdot 2 m v_x. \tag{39.3}$$

可见，若保持粒子密度不变，而改变面积，则力与面积成正比。于是压强为

$$P = 2 n m v_x^2. \tag{39.4}$$

不过我们注意到在这个分析中有一些小小的麻烦：首先，并非所有分子都具有同样的速度，而且它们并不都以同样的方向运动。因而，所有这些 v_x^2 项都不相同！因为每个分子都有它自己的贡献，所以，我们要做的自然是对这些 v_x^2 取平均。即我们要求的是 v_x 平方对所有分子的平均值

$$P = n m \langle v_x^2 \rangle. \tag{39.5}$$

这里我们是不是忘了写上因子 2？不，在所有的原子中，只有一半是朝着活塞跑的。另一半朝着相反的方向运动，如果我们取 $\langle v_x^2 \rangle$，则对负的 v_x 平方的平均和对正的 v_x 平方的平均一样。所以当我们只取 $\langle v_x^2 \rangle$，而不管符号的话，那么所得的值就是我们所要求的值的两倍。对正的 v_x，v_x^2 的平均值等于对所有 v_x 所求平均值的一半。

当原子向四面八方运动时，显然在"x 方向"上没有什么特殊之处；原子同样可以上下、左右、前后地运动。因此在运动过程中，表征原子在一个方向上平均运动的 $\langle v_x^2 \rangle$ 值和在其他两个方向上的平均值全都相等

$$\langle v_x^2 \rangle = \langle v_y^2 \rangle = \langle v_z^2 \rangle. \tag{39.6}$$

因此，只要稍微用一点点数学技巧就可看出，每一项等于这三项总和的三分之一，而这三项之和当然就是速率的平方

$$\langle v_x^2 \rangle = \frac{1}{3} \langle v_x^2 + v_y^2 + v_z^2 \rangle = \frac{\langle v^2 \rangle}{3}. \tag{39.7}$$

这个式子的方便之处在于我们毋须考虑任何特殊的方向，于是，可把压强公式重新写为

$$P = \left(\frac{2}{3}\right) n \left\langle \frac{m v^2}{2} \right\rangle. \tag{39.8}$$

把最后一个因子写成 $\langle m v^2 / 2 \rangle$ 是因为这是一个分子的质心运动的动能。由此我们得出

$$PV = N\left(\frac{2}{3}\right)\left\langle\frac{mv^2}{2}\right\rangle. \tag{39.9}$$

如果我们知道速率,用这个公式就可计算出压强有多大。

举一个十分简单的例子,我们考虑氦气或其他任何气体,例如水银蒸气,足够高温度下的钾蒸气或氩气,其中所有分子都是单原子分子,对这些单原子分子,我们可以假定在分子中没有内部运动。如果是复杂的分子,其中就可能存在某些内部运动,相互间的振动,等等。假设我们忽略这些运动(实际上,这些运动是很重要的,以后我们再回过头来考虑);这样做还是可行的。由于我们假定原子内部的运动可以不考虑,质心运动的动能就是分子所具有的全部能量。所以,对于单原子气体,动能就是总能量。通常我们称 U 为总能量(有时也称 U 为总内能。我们或许会感到奇怪,因为对气体来说,并没有外能),它就是在气体中,或无论什么东西中所有分子的全部能量。

我们假设单原子气体的总能量 U 等于原子数乘以每个原子的平均动能,因为我们不考虑原子内部任何可能的运动或激发。于是,在这些条件下,我们有

$$PV = \frac{2}{3}U. \tag{39.10}$$

附带提一下,我们可以在这里停一下并找出下述问题的答案:假如我们缓慢地压缩盛在一个容器中的气体,要把体积压缩需要多大的压强?这不难求出,因为压强是总能量的三分之二再除以 V。当我们压缩气体时,就对气体做功,因而增加了能量 U。于是,我们就得到了某种微分方程:如果我们从具有一定内能和一定体积的已知条件出发,那么就能求出压强。一旦我们开始压缩气体,内能就增加,同时体积减少,从而压强增大。

这样,我们就需要求解微分方程。我们马上就来解它。不过首先必须强调指出,在压缩这一气体时,我们假设所有的功都转变为增加气体内部原子的能量。我们可能会问:"这种假设是否有必要?它所做的功难道还会跑到别的什么地方去吗?"结果表明,它是能够跑到别的地方去的。有一种所谓通过器壁"漏热"的现象:当热的(即快速运动的)原子撞击器壁时,加热器壁,使能量跑出去。现在我们假定不发生这种情况。

为了略微更普遍一些,虽则我们仍然对气体作某些十分特殊的假设,我们将不写 $PV = 2U/3$,而写

$$PV = (\gamma - 1)U. \tag{39.11}$$

按照习惯,把它写成 $(\gamma-1)$ 乘以 U,因为在以后处理的少数其他情况中,U 前面的因子不是 $2/3$,而是其他的数值。所以,为了更一般起见,我们称它为 $(\gamma-1)$,因为人们已经这样称呼了近一百年了。对于像氦这样的单原子气体,因为 $(5/3-1)$ 是 $2/3$,所以 γ 等于 $5/3$。

我们已经注意到,压缩气体时所做的功是 $-PdV$。既不加入热能也不取走热能的压缩过程称为绝热(adiabatic)压缩,它是由希腊字 a(不)+dia(穿)+bainein(过)而来的。("绝热"这个词在物理中有几种不同的用法,有时很难看出它们之间有什么共同含义。)这就是说,对于绝热压缩,所作的全部功都转变为内能。没有其他能量损失——这就是关键,因而我们有 $PdV = -dU$。但因 $U = PV/(\gamma-1)$,可得

$$dU = \frac{PdV + VdP}{\gamma - 1}. \tag{39.12}$$

因而我们有 $PdV = -(PdV + VdP)/(\gamma-1)$，或者整理一下，得
$$\gamma P dV = -V dP$$
或
$$\frac{\gamma dV}{V} + \frac{dP}{P} = 0. \tag{39.13}$$

幸运的是，假定 γ 是常数(比如对单原子气体)，我们就能进行积分：即 $\gamma \ln V + \ln P = \ln C$，这里 C 是积分常数。对两边取指数，就得到定律
$$PV^\gamma = C(\text{常数}). \tag{39.14}$$

换句话说，在绝热条件下，在气体的压缩过程中，由于没有热量流失，因而温度升高，对单原子气体来说，压强乘以体积的 5/3 次方是一个常数！虽然我们是从理论上推出这个结论的，但事实上，单原子气体在实验上的表现也是如此。

§39-3　辐射的压缩性

我们可以举另一个气体分子动理论的例子，它在化学上用得不太多，但在天文学上有用。设有一个装有大量光子的容器，其中温度非常高(当然，高热恒星中的气体就可看成是这样的容器。太阳还不够热；在那里仍有太多的原子，但是在某种更热的恒星中，会有更高的温度，我们可以忽略原子，而假设在容器中唯一的客体是光子)。而光子具有一定的动量 p(当我们学习分子动理论时，会一再遇到麻烦：p 既是压强，又是动量；v 既是体积，又是速度；T 既是温度，又是动能、时间或者力矩；我们必须保持警惕)。这里 p 是动量，是矢量。按照与前面相同的分析，正是矢量 $\boldsymbol{p}$ 的 x 分量产生"反冲"的，矢量 $\boldsymbol{p}$ 的 x 分量的两倍是在反冲中给出的动量。于是 $2p_x$ 代替了 $2mv_x$，而在计算碰撞次数时，v_x 仍为 v_x，这样当我们继续采取以前的所有步骤后，发现式(39.4)中的压强可用下式来代替
$$P = 2np_x v_x. \tag{39.15}$$

在作平均时，它变为 n 乘以 $p_x v_x$ 的平均值(因子 2 的情况同上)，最后计入另外两个方向，我们求得
$$PV = \frac{N}{3}\langle \boldsymbol{p} \cdot \boldsymbol{v} \rangle. \tag{39.16}$$

此式与(39.9)相符，因为动量是 $m\boldsymbol{v}$；只是它稍微更一般些，如此而已。总之，压强乘体积等于原子总数乘 $(\boldsymbol{p} \cdot \boldsymbol{v})/3$ 的平均值。

对光子来说，$\boldsymbol{p} \cdot \boldsymbol{v}$ 是什么？动量与速度方向相同，而速度就是光速，所以这就是每个光子的动量与光速的乘积。每个光子的动量乘光速是它的能量：$E = pc$，因而这些项就是每个光子的能量，当然，我们应当取光子的平均能量乘光子数。这样，PV 的乘积是气体中能量的三分之一
$$PV = \frac{U}{3}(\text{光子气体}). \tag{39.17}$$

于是，对光子来说，由于前面的系数是 1/3，即在式(39.11)中的 $(\gamma-1)$ 是 1/3，所以

$\gamma = 4/3$，因而我们发现容器内的辐射满足规律

$$PV^{4/3} = C(常数).\tag{39.18}$$

从而我们知道了辐射的压缩性！这就是用在分析恒星上辐射压强贡献的关系式。这也是我们算出辐射压强的方法，它也表示当我们压缩光子气体时，压强是怎样变化的。瞧，多么奇妙的事情我们也都能处理！

§39-4 温度和动能

到现在为止我们还没有考虑温度；这个概念是我们有意回避的。在压缩气体时，分子的能量增加，我们通常就说气体变热了；现在我们想了解它和温度的关系。如果要做一个所谓等温而不是绝热的实验，该怎么办呢？我们知道，如果让盛有气体的两个容器彼此紧贴足够长时间后，甚至即使开始时它们处在我们称之为不同的温度之下，最后也将具有相同的温度。这意味着什么呢？这意味着它们将达到的状态就是如果我们让它们单独存在足够长时间后它们所应达到的那种状态！我们所说的相同温度指的正是当物体放在一起相互作用足够长时间后达到的最终状态。

如图 39-2 所示，假设在一个被可移动活塞分开的容器里放有两种气体，我们现在来考虑将会出现什么情况（为了简单起见，假定这两种气体都是单原子气体，如氦与氖）。在容器(1)中的原子质量为 m_1，速度为 v_1，单位体积原子数为 n_1，而在另一个容器(2)中，原子质量为 m_2，速度为 v_2，单位体积原子数为 n_2。它们的平衡条件是什么？

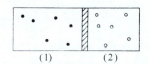

图 39-2 两种不同的单原子气体的原子被一可移动的活塞隔开

很明显，从左边来的碰撞必定会使活塞向右移动，并且压缩另一边的气体，使它的压强升高，从而活塞来回移动，逐渐停在某个使两边压强相等的位置上。所以我们可以使压强相等；而这正意味着单位体积的内能相等，或者说每一边的单位体积原子数 n 与平均动能的乘积彼此相等。最后，我们想要证明的是，这些数目本身也相等。到目前为止我们所知道的只是，根据式(39.8)，由于压强相等，所以原子数乘平均动能相等

$$n_1 \left\langle \frac{m_1 v_1^2}{2} \right\rangle = n_2 \left\langle \frac{m_2 v_2^2}{2} \right\rangle.$$

我们必须了解到这并不是经过长时间后所达到的唯一的条件，当相应于温度相等的真正完全的平衡建立起来时，还必将发生某些更缓慢的过程。

为了搞清楚这种概念，假设作用在左边的压强是在高密度和低速度的情况下产生的。具有大的 n 和小的 v，与具有小的 n 与大的 v 可以得出同样的压强。原子可能运动得很慢，但挤得很紧密，也可能密度较小，但撞击力很强。它能永久地像这样继续下去吗？一开始我们可能这样想，但是再思考一下就会发现我们忘掉了一件重要的事情。也就是说，中间的活塞不再受到一种稳定的压力；正像我们一开始就讲过的人的耳膜那样，因为撞击不是绝对均匀，它左右摆动。结果没有获得持续、稳定的压力，而是不断地敲击——压强在变化，因而活塞轻轻地晃动。假定右边的原子晃动得不太大，而左边的原子数较少，原子间隔较远，但带有较大的能量，那么，活塞将会从左边得到一个较大的冲量，因而将驱动右边缓慢运动的原

子,使它们获得更大的速率(每当原子与活塞碰撞时,它不是得到就是失去能量,取决于原子敲打在活塞上时活塞向哪个方向运动)。这样,由于碰撞的结果,活塞本身就反复地晃动,而这会使其他气体震动——它将能量传给了另一些原子,使它们运动得更快,直到与活塞所引起的晃动相平衡为止。当活塞以这样的方均速率运动,使它在单位时间内从原子获得的能量和它送回给原子的能量的比率大致相等时,系统就达到某种平衡。这样,活塞在速率上就获得一定的平均不规则性,这正是我们要找的。当我们找到它以后,就能更好地解决问题,因为这些气体将调节它们的速度,直到在单位时间内通过活塞彼此交换的能量变成相等为止。

在这种特殊情况下,要描述活塞运动的细节是十分困难的;虽然理解起来非常简单,但分析起来却比较困难。在我们分析这个问题以前,我们先来分析另一个问题:设有一个容器,其中包含由两种不同分子组成的气体,两种分子的质量分别为 m_1 及 m_2,速度为 v_1 及 v_2,等等;现在就有了一种更为密切的关系。如果所有的第二种分子都静止不动,那么这种情况将不会延续下去,因为它们受到第一种分子的碰撞,从而获得速度。如果所有的第二种分子都运动得比第一种分子快,那么这种情况也不会持续多久,它们将反过来把能量传给第一种分子。所以当在同一容器中存在两类气体时,问题就是要求出确定两者之间的相对速度的规则。

这仍然是一个十分困难的问题,我们将这样来解决。首先,我们考虑下面一个附属问题(这又是那种情况之一——别管推导——最终的结果很容易记住,但推导方式却是十分巧妙的)。假设有两个质量不同的分子发生碰撞,我们在质心(CM)系来考察这个碰撞。为了避免复杂性,我们在质心观察碰撞。由碰撞过程中动量和能量守恒定律可知,两个分子碰撞后,它们运动的唯一可能方式是各自保持原来的速率,即只改变它们的方向。所以,我们就

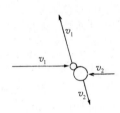

图 39-3 从质心系来看两个不同分子间的碰撞

有了一种看来像图 39-3 所示的一般碰撞。假设我们暂时从静止的质心系观察所有这类碰撞,并且设想这些分子起初全都沿水平方向运动。当然,在第一次碰撞后,其中有一些以某一角度运动。换句话说,如果起初它们全都沿水平方向运动,那么以后至少会有一些沿垂直方向运动。而在某些其他碰撞中,它们可能来自其他方向,然后又以另外的角度运动。因而即使在开始时分子都排成一个方向运动,它们也会向所有的角度飞离,飞离的分子还将飞离更多次,如此继续下去。最终将怎样分布呢?答案是:任何一对分子沿空间任何方向运动的可能性是相等的。此后进行的碰撞也不会改变这个分布。

分子沿所有方向运动的机会是相等的,不过我们怎样来表示这一点呢?当然,它们不可能沿某一特定方向运动,因为某一特定方向过于严格,所以我们必须说每单位"某某"。我们的概念是在以碰撞点为中心的球面上,通过任何一块面积的分子数正好等于通过在球面上任何其他相等面积的分子数。因而碰撞的结果将使分子的方向这样分布,使得球面的每个相等的面积有相同的分子通过。

附带说一下,如果我们只要讨论原来的方向和某个与它成角度 θ 的其他方向,那么,有趣的是单位半径球的面积元为 $\sin\theta d\theta$ 乘以 2π,这正是 $\cos\theta$ 的微分乘以 2π。它意味着任意两个方向间夹角 θ 的余弦取 -1 至 $+1$ 间的任意值的可能性是相同的。

下面我们来考虑实际情况,这时不是质心系中的碰撞,而是两个速度矢量分别为 v_1 与 v_2 的原子跑到一起的碰撞。这时会发生什么情况呢?我们可以对这个带有速度矢量 v_1 和

v_2 的碰撞分析如下:

首先,有一个质心,质心的速度是权重和质量成正比的"平均"速度,即质心的速度是 $v_{CM} = (m_1 v_1 + m_2 v_2)/(m_1 + m_2)$。如果我们在质心系中观察这个碰撞,那么我们看到的碰撞正如图 39-3 所示,彼此以一定的相对速度 w 靠近。相对速度正好是 $v_1 - v_2$。现在,我们的想法是,首先,整个质心在运动,在质心系中有一个相对速度 w,接着,分子碰撞后按某个新方向离开。所有这些都是在质心系保持原来运动时发生的,没有任何变化。

那么,由此而产生的分布是怎样的呢?由前面的论证我们断定:在平衡时,相对于质心的运动方向来说,w 在一切方向的可能性相同*。结果,相对速度的方向与质心运动方向之间没有任何特殊联系。当然,如果有,碰撞也会破坏这种联系,直到全部破坏掉为止,因而 w 与 v_{CM} 之间夹角之余弦的平均值是零,即

$$\langle w \cdot v_{CM} \rangle = 0. \tag{39.19}$$

但 $w \cdot v_{CM}$ 可用 v_1 及 v_2 表示为

$$w \cdot v_{CM} = \frac{(v_1 - v_2) \cdot (m_1 v_1 + m_2 v_2)}{m_1 + m_2} = \frac{(m_1 v_1^2 - m_2 v_2^2) + (m_2 - m_1)(v_1 \cdot v_2)}{m_1 + m_2}. \tag{39.20}$$

我们看看 $v_1 \cdot v_2$ 这项;$v_1 \cdot v_2$ 的平均值是什么?也就是说,一个分子的速度在另一个分子的速度方向上的分量的平均值是多少?显然,找到以一种方式运动的任何给定的分子的可能性与找到以另一种方式运动的给定的分子的可能性相同。速度 v_2 沿任意方向的平均值是零。所以,在 v_1 方向上,v_2 的平均值显然为零。因而 $v_1 \cdot v_2$ 的平均值就是零! 由此能推知 $m_1 v_1^2$ 的平均值必须等于 $m_2 v_2^2$ 的平均值。这就是说,两个分子的平均动能必定相等

$$\frac{1}{2} m_1 v_1^2 = \frac{1}{2} m_2 v_2^2. \tag{39.21}$$

如果在气体中有两种原子,那么可以证明,而且我们相信已经证明当它们两者都处在同样气体、同样容器内,并且处于平衡状态时,则一种原子的平均动能与另一种原子的平均动能相等。这意味着,重的原子将比轻的原子运动得慢一些;这不难用气垫中不同质量的"原子"的实验证明。

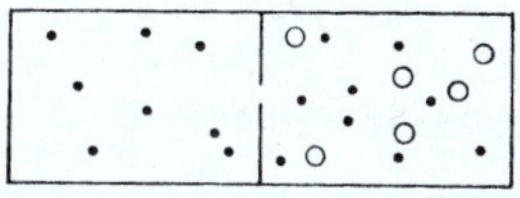

现在我们再进一步断言,如果在一个容器内有两种不同的分开的气体,当它们最后达到平衡时,即使不在同一容器内,它们也将具有相同的平均动能。我们可以用几种方法来论证。一种论证方法假定在容器内有一块固定的上面开有一个小孔的隔板(图 39-4),使得一种气体可以通过小孔漏出去,而另一种气体则因为分子太大而不能漏出。当达到平衡时,我们知道,在混合的那部分气体中,它们具有同样的平均动能,而通过小孔的那些分子没有失去动能,因而在纯气体中

图 39-4 两种气体在一个具有半透膜的容器中

---

* 这个曾为麦克斯韦所采用的论证含有某些微妙之处。虽然结论是正确的,但这个结果并不能纯粹从我们前面用过的对称性的考虑得出,因为过渡到在气体中运动的参考系时,我们可以得到一个改变了的速度分布。但我们还未找到这个结果的简单证明。

的平均动能和在混合气体中的平均动能必然相等。这个论证还不太令人满意,因为可能不存在把一种气体分子与另一种气体分子分开的小孔。

现在我们回到活塞的问题上来。我们可以提出一个论证来说明这个活塞的动能必定也是 $m_2v_2^2/2$,实际上,这就是由活塞作纯粹水平运动引起的动能,这样,如果忽略它的上下运动,它所具有的动能同样必然是 $m_2v_{2x}^2/2$。类似地,从另一边的平衡条件,又可证明活塞的动能是 $m_1v_{1x}^2/2$。即使当活塞并不处于气体中央,而是在气体的一边时,虽然证明略为困难一些,我们仍然可以作出同样的论证,也就是由于所有碰撞的结果,活塞的平均动能与气体分子的平均动能彼此相等。

如果这样做还不满意,可以设想一种人为的例子,认为平衡是由一个能打到所有各边的物体产生的。假定我们有一根每一端都有一个小球的短棒,它穿过活塞插在一个无摩擦的滑动万向接头上。每个小球都像一个分子那样是圆的,可以接受所有方向上的撞击。整个物体的总质量是 m。现在,和之前一样,气体分子的质量各为 m_1 与 m_2。用前面的分析可知,碰撞的结果是,由于受一边分子的撞击,m 的动能平均说来是 $m_1v_1^2/2$。类似地,由于受另一边分子的撞击,m 的动能平均说来必然是 $m_2v_2^2/2$。所以,当它们处于热平衡时,两边必定有相同的动能。因而,虽然我们只对混合气体证明了这一点,但很容易推广到在同样温度下的两种不同的、分离的气体中去。

这样,当两种气体处于相同温度时,质心运动的平均动能相等。

分子的平均动能只是"温度"的一种特性,由于它只是"温度"的特性,而不是气体的特性,因而我们可以利用它作为温度的定义。于是分子的平均动能即为温度的某种函数。但是,谁来告诉我们温度该用什么尺度呢?我们自己可以任意地定义温度的尺度,使得平均动能和温度成线性正比关系。要做到这一点最好的办法就是把平均动能本身叫做"温度"。这是一个最简单的函数。遗憾的是,温度的尺度已经按其他方式选定了,所以我们不直接把平均动能称为温度,而是在分子的平均动能与所谓开尔文绝对温度一度之间加上一个常数的转换因子。比例常数是 $k = 1.38 \times 10^{-23}$ J/K *。因此,如果 T 是绝对温度,按我们的定义,分子的平均动能* 是 $3kT/2$(3/2 是为了方便而引入的,以便在其他地方去掉它)。

我们指出和运动沿任何特定方向的分量相联系的动能是 $kT/2$。因为平均动能包含三个独立的运动方向,所以总和为 $3kT/2$。

§39-5 理想气体定律

当然,现在我们可以把温度的定义代入式(39.9)中,从而找到气体压强与温度之间的函数关系:即压强乘体积等于原子总数乘以普适常数 k 再乘以温度

$$PV = NkT. \tag{39.22}$$

而且,在同样的温度、同样的压强与同样的体积下,原子数是确定的;这也是一个普适常数!所以,根据牛顿定律,在同样的温度和同样的压强下,相同体积的不同气体中具有相同的分子数。这是一个令人惊异的结论!

---

* 摄氏温标与开尔文温标一样,但 0 ℃ 选在 273.16 K,所以 $T = 273.16 +$ 摄氏温度。

实际上在处理分子时，因为分子数量太大，化学家人为地选择了一个特定的很大的数目，而给它一个名称，称为 1 摩尔(mol), 1 mol 只是个方便的数。为什么他们不选 10^{24} 个分子这样的偶数，这只是个历史问题而已。化学家为了方便起见恰巧选择了标准情况下的分子数 $N_0 = 6.02 \times 10^{23}$，而称它为 1 mol 的分子数。所以化学家并不是以分子为单位来测量分子数，而是以摩尔数*来测量的。根据 N_0 可以写出摩尔数，乘上 1 mol 中原子数，再乘以 kT，而且如果我们需要的话，可以取 1 mol 的原子数乘以 k，那就是 1 mol 的 k 值，而把它叫做其他的什么，我们叫它 R。1 mol 的 k 是 8.317 J：$R = N_0 k = 8.317$ J·mol^{-1}·K^{-1}。这样我们也发现气体定律可写为摩尔数(也称为 N)乘以 RT，或原子数乘 kT

$$PV = NRT. \tag{39.23}$$

它们是完全一样的，只是测量数目的尺度不同而已。我们用 1 作为单位，而化学家用 6×10^{23} 作为单位！

现在我们对气体定律再作一点说明，这与非单原子分子组成的气体的定律有关。我们只处理了单原子气体的原子的质心运动。如果还有一些力存在，会出现什么情况呢？首先，考虑活塞被一水平方向的弹簧拉住的情况，这时，有力作用于活塞上。当然，在任何时刻，原子与活塞间的无规则晃动的交换都和这时的活塞位置无关。平衡条件是相同的。无论活塞在哪里，它的运动速率都能刚好正确地将能量传递给分子。弹簧的存在与否并没有任何不同。平均说来，活塞运动应取的速率是相同的。因而，在一个方向上动能平均值是 $kT/2$ 的这个定理，无论有无力存在，都是正确的。

例如，考虑由原子 m_A 和 m_B 组成的双原子分子的情况。我们已经证明了 A 部分的质心运动与 B 部分的质心运动有下列关系

$$\left\langle \frac{1}{2}m_A v_A^2 \right\rangle = \left\langle \frac{1}{2}m_B v_B^2 \right\rangle = \frac{3}{2}kT.$$

如果它们合在一起后，是否也会如此呢？虽然它们合在一起，当它们在那里不断自转和旋转，当别的分子撞击它们，和它们交换能量时，唯一要计入的因素是分子跑得多快。只有这一点才确定了它们在碰撞中交换的能量有多快。在那一瞬间，力不是主要的，因此即使有力存在，同样的原理也是正确的。

最后，我们证明，不考虑分子内部运动时，气体定律同样成立。实际上以前我们并没有包括内部运动，只研究了单原子气体。但现在我们将证明，如果把整个系统考虑成一个总质量为 M，具有质心速度的单个物体的话，则

$$\frac{1}{2}Mv_{CM}^2 = \frac{3}{2}kT. \tag{39.24}$$

换句话说，我们既可以考虑分开的部分，也可以考虑整体！原因在于：双原子分子的质量是 $M = m_A + m_B$，而质心速度等于 $\mathbf{v}_{CM} = (m_A \mathbf{v}_A + m_B \mathbf{v}_B)/M$。现在要求出 $\langle v_{CM}^2 \rangle$。取 $\mathbf{v}_{CM}$ 的平方，得

---

* 化学家所说的分子量是指 1 mol 的分子以克计量的质量。1 mol 是这样定义的，即要使 1 mol 碳同位素 12(也就是说，原子核内有六个质子和六个中子)的质量正好是 12 克。

$$v_{\text{CM}}^2 = \frac{m_A^2 v_A^2 + 2m_A m_B \boldsymbol{v}_A \cdot \boldsymbol{v}_B + m_B^2 v_B^2}{M^2}.$$

在两边各乘以 $M/2$，然后取平均，可得

$$\frac{1}{2}M v_{\text{CM}}^2 = \frac{m_A \frac{3}{2}kT + 2m_A m_B \langle \boldsymbol{v}_A \cdot \boldsymbol{v}_B \rangle + m_B \frac{3}{2}kT}{M}$$

$$= \frac{3}{2}kT + \frac{2m_A m_B \langle \boldsymbol{v}_A \cdot \boldsymbol{v}_B \rangle}{M}.$$

[我们用到了 $(m_A + m_B)/M = 1$]。现在，$\langle \boldsymbol{v}_A \cdot \boldsymbol{v}_B \rangle$ 是多少（最好是零）？为了求出结果，我们利用原先的假定，即相对速度 $\boldsymbol{w} = \boldsymbol{v}_A - \boldsymbol{v}_B$ 不会特别偏向于哪个方向，也就是说，它在任何方向上的平均分量均为零，即

$$\langle \boldsymbol{w} \cdot \boldsymbol{v}_{\text{CM}} \rangle = 0.$$

但 $\boldsymbol{w} \cdot \boldsymbol{v}_{\text{CM}}$ 是什么？它是

$$\boldsymbol{w} \cdot \boldsymbol{v}_{\text{CM}} = \frac{(\boldsymbol{v}_A - \boldsymbol{v}_B) \cdot (m_A \boldsymbol{v}_A + m_B \boldsymbol{v}_B)}{M} = \frac{m_A v_A^2 + (m_B - m_A)\langle \boldsymbol{v}_A \cdot \boldsymbol{v}_B \rangle - m_B v_B^2}{M}.$$

因此，由于 $\langle m_A v_A^2 \rangle = \langle m_B v_B^2 \rangle$，平均后将第一项与最后一项消去，只剩下

$$(m_A - m_B)\langle \boldsymbol{v}_A \cdot \boldsymbol{v}_B \rangle = 0.$$

如果 $m_A \neq m_B$，就可得出 $\langle \boldsymbol{v}_A \cdot \boldsymbol{v}_B \rangle = 0$，因此，将整个分子的总体运动考虑成一个质量为 M 的单个粒子运动时，它所具有的平均动能等于 $3kT/2$。

我们附带也证明了，如果不考虑质心的整体运动，则双原子分子<u>内部</u>运动的平均动能也是 $3kT/2$！因为分子各部分的总动能是 $m_A v_A^2/2 + m_B v_B^2/2$，而其平均值是 $3kT/2 + 3kT/2 = 3kT$。而质心运动的平均动能是 $3kT/2$，因而分子中两个原子的转动与振动的平均动能是它们之差，也等于 $3kT/2$。

关于质心运动平均动能的定理是普遍的：当把任何物体考虑为一个整体时，无论是否有力存在，在这个物体的每个独立的运动方向上，其平均动能都是 $kT/2$。这些"独立的运动方向"有时也称为系统的<u>自由度</u>。由 γ 个原子组成的分子的自由度数是 3γ，因为每个原子都需要有三个坐标来确定它的位置。分子的总动能既可以表示为各个原子的动能的和，也可以表示为质心运动的动能与内部运动的动能之和，后者有时可以表示为分子转动动能与振动动能之和，但这是一个近似。把我们的定理应用到 γ 个原子的分子时表明，分子平均动能将是 $3\gamma kT/2$，其中 $3kT/2$ 是整个分子的质心运动的动能，其余的 $3(\gamma - 1)kT/2$ 则是分子内部的振动与转动动能。

第40章 统计力学原理

§40-1 大气的指数变化律

我们已经讨论了大量相互碰撞的原子的某些性质。这个课题称为分子动理论,它是从原子碰撞的观点出发来描写物质的。从原则上来说,我们认为物质的总体性质都应当能借助于它的组成部分的运动来加以解释。

目前,我们只限于讨论热平衡状态,这只是所有自然现象中的一部分,我们把只能应用于热平衡状态的力学定律称为**统计力学**,在这部分中我们要学会这门学科中的某些主要定理。

其实,我们已经有了一个统计力学的定理,即在绝对温度 T 时,任何运动中的每个独立运动的动能,即每个自由度的动能的平均值都是 $kT/2$。它告诉了我们有关原子的方均速度的某些知识。我们现在的问题是要对原子的位置知道得更多一些,以便找出在热平衡情况下在不同的位置上的原子数是多少,并且还要对速度分布作稍微详细的研究。虽然我们知道了方均速度,我们还不知道怎么回答比方均根速率快三倍的分子数有多少,或者速率为方均根速率的四分之一的分子有多少之类的问题,或者它们全体的速率都完全相同吗?

所以,我们试图回答的两个问题是:当力作用在分子上时,分子在空间位置上是怎么分布的?它们的速度分布如何?

结果表明,这两个问题是完全独立的。速度的分布总是一样的。当我们发现,不管有无力作用于分子上,每个自由度的平均动能相同,都为 $kT/2$ 时,对速度分布的问题就得到了一个提示。分子的速度分布与力无关,因为碰撞率不依赖于力。

我们以既没有风又没有其他扰动时,像我们所处的那种大气层中分子的分布作为一个例子来开始讨论。假设有一伸展得很高的气柱处在热平衡状态——这就不像我们的大气层,因为我们知道,实际的大气层越向上越冷。这里必须强调指出如果在不同高度上温度各不相同,那么我们可以用一根棒将底部小球与顶部小球连接起来的方法(图 40-1)说明气体没有达到热平衡。这些小球从底部的分子中获得 $kT/2$ 的动能,然后通过棒使顶部的小球振动再使顶部的分子振动。当然,这样,最后在重力场中的所有高度上,温度变得相同。

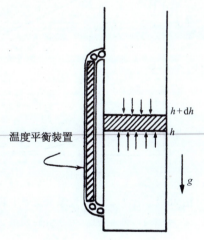

图 40-1 高度 h 处的压强必定超过高度 $h+\mathrm{d}h$ 处的压强,两者之差等于这两层间气体的重量

如果在所有高度上温度都相同,现在的问题是要找出当高度加大时,大气是按什么规律

变得稀薄的。设 N 为在压强 P 下，体积 V 中的气体分子总数，则有 $PV = NkT$，或 $P = nkT$，这里 $n = N/V$ 是每单位体积中的分子数目。换句话说，如果我们知道每单位体积中的分子数目，就知道了压强，反之亦然。因为在这种情况中，温度不变，它们彼此成正比关系。但是压强并不是常数，它必定随着高度的减小而增加，因为可以这么说，它必须维持在这个高度以上的所有气体的重量。这是一条我们可以用来确定压强随高度如何变化的线索。如果在高度 h 上取单位面积，那么由下往上垂直作用在这个单位面积上的力就是压强 P。在无重力时，在高度 $h + dh$ 上向下作用在单位面积上的竖向力应当也是 P，但现在却不是，因为有重力，所以从下往上的力必须超过从上往下的力，超过的部分等于在 h 到 $h + dh$ 之间那部分气体的重量。现在，由于作用在每个分子上的重力是 mg，其中 g 是重力加速度，而在单位截面上的分子总数是 $n\,dh$，于是我们就得到以下微分方程

$$P_{h+dh} - P_h = dP = -mgn\,dh.$$

因为 $P = nkT$，T 是常数，我们可以或者消去 P 或者消去 n，比如消去 P，得微分方程

$$\frac{dn}{dh} = -\frac{mg}{kT}n.$$

它告诉了我们高度增大时，分子密度将如何下降。

这样，我们就得到了一个分子密度 n 随高度变化的方程，这里，密度的微商正比于它本身。某个函数的微商正比于它本身时，它就是一个指数函数，所以这个微分方程的解是

$$n = n_0 e^{-mgh/kT}. \tag{40.1}$$

这里积分常数 n_0 显然是在 $h = 0$（我们可以任意选定）的地方的分子密度。分子密度随着高度的上升而指数地衰减。

注意若有质量不同的不同种类的分子，则它们将作不同的指数衰减，较重的分子随高度衰减得比较轻的分子来得快。因而可以预期，由于氧比氮重，在含有氧和氮的大气层中越往上，氮所占的比例越大。但在实际的大气层中，这种情况并没有真正发生，至少在相当的高度上没有发生，这是因为空气中有很多搅动，它使各种气体重新混合在一起。它不是一个等温的大气层。然而，对于较轻的物质，比如氢气，确实有一种在大气层极高的地方占统治地位的趋势，因为当其他的物质都指数地衰减完时，质量最小的却依然存在（图 40-2）。

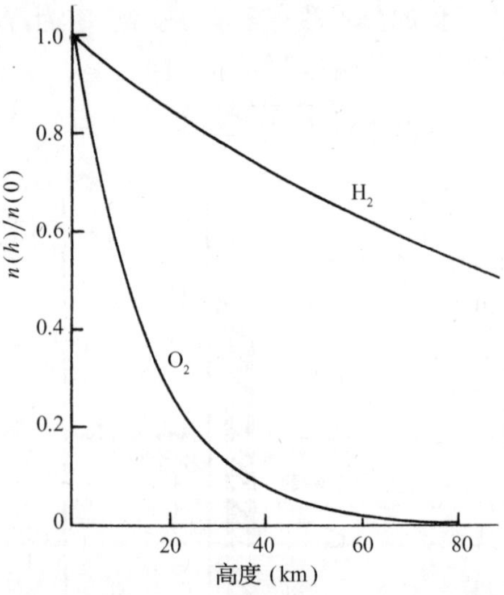

图 40-2 温度恒定时，地球重力场中氧和氢的归一化密度与高度的关系

§ 40-2 玻尔兹曼定律

这里我们注意到一个有趣的事实，在式(40.1)中指数的分子是原子的势能。因此我们也可以将这条特殊定律表述为：在任何一点的密度正比于

$$\exp[-(每个原子的势能)/kT].$$

这或许是偶然的,也就是说,可能只对均匀重力场的特殊情况才成立。然而,我们可以证明,这个命题是很普遍的。假定作用在气体分子上的力不是重力,而是其他某种力。比方说,分子可以带电,它们可能受到电场的作用或别的电荷的吸引,由于原子彼此间的相互吸引,或者分子与器壁、固体或某个东西的相互作用,存在某种随位置而变化的吸引力,它作用在所有分子上。为了简单起见,现在我们假定分子全都相同,在每一单个分子上都有力的作用,因而作用在一小部分气体上的总的力就是分子数乘以作用在每个分子上的力。同时为了避免不必要的麻烦,假设我们所选择的坐标系的 x 轴沿力 $\boldsymbol{F}$ 的方向。

和先前一样,如果我们在气体中取两个相隔为 $\mathrm{d}x$ 的平行平面,那么,作用在每个原子上的力乘以每立方厘米的原子数 n(前面的 nmg 项的推广),再乘以 $\mathrm{d}x$,必须与压强的改变量相平衡

$$Fn\,\mathrm{d}x = \mathrm{d}P = kT\,\mathrm{d}n.$$

或者,也可以将这个规律写成我们以后要用的形式

$$F = kT \frac{\mathrm{d}}{\mathrm{d}x}(\ln n). \tag{40.2}$$

现在,注意到 $-F\mathrm{d}x$ 是使分子从 x 跑到 $x + \mathrm{d}x$ 我们所要做的功,如果 F 由势而来,也就是说,如果所做的功完全可以用势能来表示的话,那么这也就等于势能(P. E.)之差。势能微分的负值就是所做的功 $F\mathrm{d}x$,因而得出

$$\mathrm{d}(\ln n) = -\frac{\mathrm{d}(\mathrm{P.\,E.})}{kT}.$$

积分后,

$$n = (常数)\mathrm{e}^{-\mathrm{P.\,E.}/kT}. \tag{40.3}$$

因此我们在特殊情况下得到的结果在一般情况下也是正确的[假如力不能由势函数得出的话又会怎样?那时式(40.2)根本没有解。当原子沿一条闭合路径走一圈后,做功不为0,能量可以产生或消失,因而根本不能保持平衡。如果作用在原子上的外力不是保守力,不存在热平衡]。式(40.3)就是玻尔兹曼定律,它是统计力学的另一条原理:在一种给定的空间排列下找到分子的概率按这种排列的势能的负值除以 kT 作指数的变化。

这就给出了粒子分布:假定在液体中有一个正离子,它将负离子吸引在周围,那么在不同的距离上吸引的负离子有多少呢?如果势能作为位置的函数是已知的,那么在不同距离上粒子的分布比例就可由上面的定律给出。对于这类问题,玻尔兹曼定律有许多应用。

§40-3 液体的蒸发

在更深入一步的统计力学中,人们试图解决下面这样一个重要问题。考虑一个彼此吸引的分子的集合,假定任何两个分子,比如 i 和 j 之间的作用力只依赖于它们的距离 r_{ij},并且可以用一个势函数 $V(r_{ij})$ 的微商来表示。图40-3表示这样一种函数可能具有的一种形式。对 $r > r_0$,当分子靠近时能量减少,因为它们互相吸引,以后,当它们再靠近时,能量则

迅速增加,因为它们强烈地相互推斥。大致地说,这表征了分子的行为。

现在假设有一个容器充满了这样的分子,我们希望知道,平均说来分子之间的位置将如何安排。答案是 $e^{-P.E./(kT)}$。在这种情况下,假定分子间都是两体力,总势能就是对所有的分子对求和(在更复杂的情况下,可能存在三体力,但是,比如说在电学中,势能全部是成对出现的),于是,在 r_{ij} 的任何特定组合下找到分子的概率将正比于

$$\exp\left[-\sum_{ij} V(r_{ij})/kT\right].$$

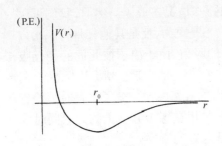

图 40-3 两个分子的势能函数,势能只取决于两个分子之间的距离

现在,假如温度非常高,以致 $kT \gg |V(r_0)|$,则指数值几乎处处相对地都很小,因而找到分子的概率几乎与位置无关。我们取只有两个分子的情况为例,$e^{-P.E./(kT)}$ 表示在各种不同的相互距离 r 的情况下找到它们的概率。很清楚,当势能为负的最大时,概率最大,而当势能趋于无限大时,概率几乎为零,这只在距离极小时才出现。这意味着,对于这样的气体原子来说,由于它们之间的排斥力很强,因而一个原子跑到另一个原子上面的概率为零。在每单位体积中,在点 r_0 处比在其他任何点找到分子的机会更大。大多少则取决于温度。如果温度远大于分子处在 $r = r_0$ 和 $r = \infty$ 时的能量差,指数值几乎接近于 1。在这种情况下,平均动能(约为 kT)大大地超过势能,不会由于力的作用而造成很大的差别。但是当温度下降时,在"优越"的距离 r_0 上找到分子的概率相对于在其他任何距离找到分子的概率逐渐增加,事实上,如果 kT 远小于 $|V(r_0)|$,那么在 r_0 的邻域我们就有相对较大的正指数。换句话说,在一给定的体积中,较之彼此相距更远的距离来说,分子更加喜欢处在能量较少的距离上。当温度下降时,原子挤在一起,集结成群,凝缩成液体、固体和分子,当对它们加热时,它们又会蒸发掉。

为了精确地确定蒸发的状况,以及在给定条件下发生的情况,需要做下面两件事。第一,必须找出正确的分子作用力定律 $V(r)$,它必须由其他办法,比如由量子力学或者实验得到。而给定了分子作用力定律后,只要研究函数 $\exp[-\sum(V_{ij})/kT]$,就能找出数十亿分子的运动情况。使我们感到十分意外的是,尽管函数如此简单,概念如此清晰,给定了势以后,整个工作仍是无比复杂的,困难就在于变数的数目极其巨大。

尽管存在这样的困难,这个课题却是十分振奋人心而且趣味无穷的。这是人们常常称之为"多体问题"的一个例子,它确实是一件饶有趣味的事情。在这个简单公式中,包括了所有的细节,例如,关于气体的凝固,或固体可能采取的晶格的形式等。人们一直试图从这个公式找出各种解答。但数学困难是非常巨大的,困难不在于写出定律,而在于要处理如此大量的变数。

这就是粒子在空间的分布。实际上,经典统计力学就到此为止,因为如果知道了力,那么在原则上我们就能求出在空间的分布,而速度分布是某种我们可以一次了结地找出的东西,而不是对于不同的情况而有所不同的东西。根本的问题在于从我们的形式解中找出特殊的信息,这就是经典统计力学的主要课题。

§40-4 分子的速率分布

下面我们继续讨论速度分布,因为有时了解以不同速率运动的分子数各有多少是有意义和有用的。为此,我们可以利用在研究大气层中的气体时已经发现的事实。取大气作为理想气体,正如我们在写出势能时已假设过的那样,而不考虑原子间的相互吸引的能量。在我们的第一个例子中所涉及的势能只有重力势能。当然,如果分子间存在作用力,可能会出现更复杂的情况。因而现在我们假设分子间没有作用力,并且暂时忽略碰撞,以后我们再回过头来说明为什么可以这样做。如图 40-4 所示,我们已经看到,在高度为 h 处的分子比高度为零处的分子要少;按公式(40.1),它们随高度而指数地下降。为什么在较高的地方分子数较少呢? 难道不是所有在高度为零处向上运动的分子都能抵达高度 h 吗? 不! 因为在零处有一些往上运动的分子运动得太慢,它们不能爬过势垒到达 h。由此,我们可以算出以不同速率运动的分子各有多少,因为从式(40.1)我们可以知道有多少分子缺乏足够的速率爬到高度 h 处。正是由于考虑了这一事实,因而在 h 处的分子密度比在零处的分子密度小。

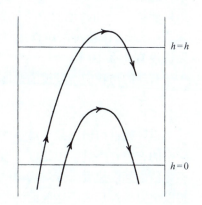

图 40-4 只有那些具有足够速度的分子从 $h=0$ 向上移动才能够到达 h 的高度

现在,我们来更严格地表达这种想法。首先,我们来计算一下由下向上穿过 $h=0$ 的平面的分子数(把它的高度叫作零并不意味着在那个地方有这么一层隔板,这只是一个方便的编号,在负 h 处也有气体),这些气体分子沿着每一个方向运动,但其中有一些穿过平面,在任何时刻,它们中每秒钟总有一定数量的分子带着不同的速度自下而上地穿过该平面。现在我们注意到:令 u 为它们刚好能到达高度 h 处所需要的速度(动能 $mu^2/2 = mgh$),则每秒钟通过下面的平面向上运动,且速度在垂直方向上的分量大于 u 的分子数正好等于经过上面的平面、带有任何向上运动的速度的分子数。那些垂直速度不超过 u 的分子不可能到达上面的平面,所以,我们看到

穿过 $h=0$,且 $v_z>u$ 的分子数 = 穿过 $h=h$,且 $v_z>0$ 的分子数.

但是,以任何大于零的速度穿过 h 的分子数小于以任何大于零的速度经过更低高度的分子数,因为零高度上的分子数更大;这就是我们所需要的一切。经过我们以前作过的在大气中所有各处温度相等的论证以后,我们已经知道速度分布是相同的。由于速度分布相同,这正表明在越低的位置上有越多的分子,因而容易看到以正的速度穿过高度为 h 的分子数 $n_{>0}(h)$ 与以正的速度穿过高度为 0 的分子数 $n_{>0}(0)$ 的比值就是两种高度处密度的比值,即 $e^{-mgh/kT}$。但 $n_{>0}(h) = n_{>u}(0)$,且 $\frac{1}{2}mu^2 = mgh$,因此我们求得

$$\frac{n_{>u}(0)}{n_{>0}(0)} = e^{-mgh/kT} = e^{-mu^2/2kT},$$

用文字来表达就是,速度的 z 分量大于 u 的分子每秒穿过高度为零处的单位面积的分子数,

等于以大于零的速度穿过同一平面的分子总数乘上 $e^{-mu^2/2kT}$。

这不仅对于任意选定的零高度成立，对于其他任何高度当然也成立，可见速度的分布全都相同（最后的说法不包括高度 h，它只是在论证中间出现）！这个结果为我们提供了速度分布的一般规律。它告诉我们，如果在一个汽笛上钻一个非常小的小孔，使得碰撞很少而且两次碰撞间相距很远，即比孔的直径大很多，那么各种分子跑出时将具有不同的速度，但速度大于 u 的分子所占的比例则是 $e^{-mu^2/2kT}$。

现在我们回过来讨论忽略分子碰撞的问题：为什么碰撞没有造成任何差别呢？我们可以采取同样的论证，不过不是对有限的高度 h，而是对无穷小的高度 h；这里 h 取得如此小，以致在零与 h 之间没有碰撞的余地。但这是不必要的；因为我们的论证明显地建立在对能量的分析和能量守恒上，而在碰撞时发生的无非是分子之间的能量交换。然而，如果能量只是和其他的分子进行交换，那么实际上我们毋需注意所考虑的是否为同一个分子。因此，即使对问题作更详细的分析（当然，要做得很严格的话，这是很困难的），结果仍没有什么不同。

有趣的是我们所发现的速度分布只是

$$n_{>u} \propto \exp[-(\text{K.E.})/kT]. \tag{40.4}$$

这种通过给出以某一最小的速度 z 分量穿过某一给定面积的分子数的方式来描写速度分布的方法并不是给出速度分布的最方便的方法。例如，人们通常更想知道气体内在两个确定值之间以速度 z 分量运动的分子数有多少。当然，这不能直接由式(40.4)得出。我们想以更方便的形式表达前面的结果，虽然我们已经把式(40.4)写得很具一般性。注意：不能说任何分子精确地具有某种确定的速度；没有一个分子的速度正好是每秒 1.796 289 917 3 m。

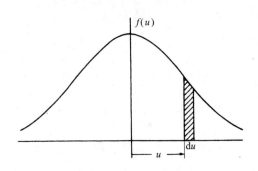

图 40-5　速度分布函数。图中的阴影面积代表 $f(u)\mathrm{d}u$，即速度在 u 附近 $\mathrm{d}u$ 范围内的粒子数在总粒子数中所占的分数

因而为了使表述具有意义，我们只能问在某个速度间隔中可以找到的分子数目是多少。我们只能说速度介于 1.796 和 1.797 之间的分子有多少，等等。用数学术语来说，就是用 $f(u)\mathrm{d}u$ 表示速度在 u 与 $u+\mathrm{d}u$ 之间的分子占分子总数的百分比，也就是说（如果 $\mathrm{d}u$ 是无穷小量的话）$f(u)\mathrm{d}u$ 代表所有那些速度为 u，间隔为 $\mathrm{d}u$ 的分子所占总数的比例。图 40-5 表示函数 $f(u)$ 的一种可能形式，宽为 $\mathrm{d}u$，平均高度为 $f(u)$ 的阴影部分代表了这个百分比 $f(u)\mathrm{d}u$。也就是说，阴影面积与曲线下的总面积之比就是速度为 u，而间隔为 $\mathrm{d}u$ 的分子数相对于总分子数所占的比例。

如果我们这样来定义 $f(u)$，使得速度在这个间隔中的分子所占的比例直接由阴影面积给出的话，那么总面积必然是百分之百，即

$$\int_{-\infty}^{\infty} f(u)\mathrm{d}u = 1. \tag{40.5}$$

现在只要把它和我们以前推得的结果进行比较，就能求出这个分布。首先我们问，怎样利用 $f(u)$ 来表示每秒钟内以大于 u 的速度通过某一面积的分子数？开始时我们或许以为

这只是积分 $\int_u^\infty f(u)\mathrm{d}u$，但这是错的，因为我们要求的是每秒钟通过这一面积的分子数。可以这么说，快的分子比慢的分子通过的数目多，为了表示有多少分子经过，还必须乘以速度（在前一章中当我们谈到碰撞数时，曾讨论过这个问题）。在给定的时间 t 内，经过表面的分子总数是所有那些能够到达这个表面的分子数，也就说是来自与表面的距离为 ut 的分子数。所以能够到达的分子数并不单单是在那里的分子数，而是每单位体积的分子数乘上为了通过这块面积它们所走过的距离，而这段距离正比于 u。于是我们要求的是 u 乘以 $f(u)\mathrm{d}u$ 的积分，这是一个下限为 u 的无穷积分，积分结果必须和我们以前得到的结果相同，即与 $\mathrm{e}^{-mu^2/2kT}$ 成正比，比例常数将在后面求出

$$\int_u^\infty uf(u)\mathrm{d}u = 常数 \times \mathrm{e}^{-mu^2/2kT}. \tag{40.6}$$

现在，若把这个积分对 u 求微商，我们就得到积分号内的东西，即得到被积函数（因为 u 是下限，所以要加上一个负号），而对另一边求微商，则得到 u 乘同一指数的函数（以及某个常数）。消去 u 后，有

$$f(u)\mathrm{d}u = C\mathrm{e}^{-mu^2/2kT}\mathrm{d}u. \tag{40.7}$$

我们在两边都保留 $\mathrm{d}u$ 是为了记住这是一个分布，它告诉我们在速度 u 与 $u+\mathrm{d}u$ 之间的分子所占的比例。

按式(40.5)，常数 C 必须由积分值为 1 这个条件确定。现在我们可以证明

$$\int_{-\infty}^{+\infty} \mathrm{e}^{-x^2}\mathrm{d}x = \sqrt{\pi}\,*.$$

由此很容易求得 $C = \sqrt{m/2\pi kT}$。

因为速度与动量成正比，我们可以说动量的分布与每单位动量间隔的 $\exp[-(\text{K.E.})/kT]$ 成正比。结果发现，若用动量来表达的话，这个定理在相对论中也成立。而用速度来表述则不行。所以，最好是学习它的动量形式而不是速度形式

$$f(p)\mathrm{d}p = C\mathrm{e}^{-\text{K.E.}/kT}\mathrm{d}p. \tag{40.8}$$

这样，我们发现在不同的能量（动能和势能）的条件下，它们的概率都可用 $\exp[-(\text{能量})/kT]$ 来表示，这是一个很容易记住的、十分出色的定律。

当然，到现在为止我们还只给出了"垂直"方向的速度分布。我们也可以问，分子沿另一个方向运动的概率有多大？当然，这些分布是有联系的，可以从我们已经有的一个分布求出总的分布，因为总的分布只依赖于速度的大小的平方，而与 z 分量无关。它必然是和方向无关的，这里只包含一个函数，即速度大小不同的概率。有了 z 分量的分布，可以求得其他分量的分布。结果概率仍和 $\mathrm{e}^{-\text{K.E.}/kT}$ 成正比，但现在动能包括三部分：$mv_x^2/2$，$mv_y^2/2$ 和 $mv_z^2/2$，在指数上相加，或者可将它写成乘积

---

* 为了计算这个积分的数值令 $I = \int_{-\infty}^{+\infty} \mathrm{e}^{-x^2}\mathrm{d}x$，则 $I^2 = \int_{-\infty}^{+\infty} \mathrm{e}^{-x^2}\mathrm{d}x \int_{-\infty}^{+\infty} \mathrm{e}^{-y^2}\mathrm{d}y = \int_{-\infty}^{+\infty}\int_{-\infty}^{+\infty} \mathrm{e}^{-(x^2+y^2)}\mathrm{d}x\mathrm{d}y$，这是在整个 xy 平面上的二重积分，用极坐标可改写为：$I^2 = \int_0^\infty \mathrm{e}^{-r^2} \cdot 2\pi r\mathrm{d}r = \pi\int_0^\infty \mathrm{e}^{-t}\mathrm{d}t = \pi$。

$$f(v_x, v_y, v_z)\mathrm{d}x\mathrm{d}y\mathrm{d}z \propto \exp\frac{-mv_x^2}{2kT} \cdot \exp\frac{-mv_y^2}{2kT} \cdot \exp\frac{-mv_z^2}{2kT}\mathrm{d}v_x\mathrm{d}v_y\mathrm{d}v_z. \quad (40.9)$$

可以看出这个公式必然是正确的,因为,首先它只是一个 v^2 的函数,这正符合我们的要求,其次,通过对所有的 v_x 与 v_y 积分后得出的不同 v_z 值的概率正好就是式(40.7)。式(40.9)这一函数可以同时满足这两个要求!

§40-5 气 体 比 热

现在我们要找一些办法来检验上面的理论,看看气体的经典理论怎样获得成功。以前我们看到,若 U 是 N 个分子的内能,则 $PV = NkT = (\gamma-1)U$ 对某些气体有时可能成立。如果是单原子气体,我们知道这也等于原子质心运动动能的 2/3。对于单原子气体,动能等于内能,因此 $\gamma - 1 = 2/3$,但是如果这是一个很复杂的分子,它能够转动和振动,并且我们假定内部运动的能量也正比于 kT(对经典力学而言,这是正确的)。于是在一定的温度下,除了动能 kT 外,还具有内部振动能或转动能。这样,总的 U 不仅包括内部的动能,而且也包括转动能,因而就得到不同的 γ 值。从技术上说,测量 γ 值的最好方法是测出比热,比热表征能量随温度的变化。后面我们还要再来讨论这个问题。目前,我们假设 γ 是从实验上由绝热压缩的 PV^γ 曲线得出的。

我们来计算某些情况下的 γ 值。首先,对单原子气体,U 是总能量,正好就是动能,我们已知 γ 应当是 5/3。对双原子气体,作为一个例子,我们可以取氧、碘化氢、氢,等等,并且假定双原子气体可以由某种类似于图 40-3 的力束缚在一起的两个原子来表示。还可以假定(结果表明这是完全正确的),在我们感兴趣的温度下,双原子气体中的一对原子倾向于使它们之间的距离保持为势能取极小值时的距离 r_0。如情况并非如此,如果概率不是变化很大,不是使绝大多数原子处在势能曲线的底部,我们一定会想起氧气是由 O_2 与单个氧原子以不寻常的比例混合而成的。但事实上,我们知道,单个氧原子是十分罕见的,这意味着,正如我们所见到的那样,势能的最小值在数值上远大于 kT。由于它们主要集中在距离 r_0 附近,我们唯一要考虑的只是接近曲线极小值的那一部分,它近似地可看作是抛物线,而抛物线型的势意味着有一个谐振子,事实上,在极好的近似下,氧分子可以比喻为用以弹簧连接在一起的两个原子来表示。

那么,在温度 T 下,这个分子的总能量是多少呢? 我们知道,对这两个原子中的每一个原子来说,动能都应是 $3kT/2$。所以两者合在一起的动能是 $3kT/2 + 3kT/2$。我们也可用不同方式得出这个结果:同样的 3/2 加 3/2 也可看作为质心的动能(3/2),转动动能(2/2),以及振动动能(1/2)。我们知道振动动能是(1/2),因为这里只包含一维的振动,而每个自由度的能量是 $kT/2$。至于转动,它可以绕两根轴中的任何一根旋转,所以有两个独立的运动。我们假设原子是某种质点,不能绕它们的连线转动;这一点必须记住,因为如果与事实不符时,问题可能正出在这里。但是,另外还有一件事,那就是振动的势能;它有多大? 一个谐振子的平均动能与平均势能是相等的,因此振动的势能也是 $kT/2$。于是全部总能量是 $U = 7kT/2$。或者说 kT 是每个原子的 $2U/7$。因而这就意味着 $\gamma = 9/7 \approx 1.286$,而不是 5/3。

我们可以把这些数值与表 40-1 中所列的测量值比较一下。先看氦,它是单原子气体,

我们发现 γ 很接近 5/3，误差可能还是实验带来的，虽然在这样低的温度下，原子之间可能有某些力。氪和氩都是单原子的气体，在实验的准确度范围之内，理论值也和它相符合。

表 40-1　各种气体的比热商 γ 的值

气　体	$T(℃)$	γ	气　体	$T(℃)$	γ
He	−180	1.660	HI	100	1.40
Kr	19	1.68	Br_2	300	1.32
Ar	15	1.668	I_2	185	1.30
H_2	100	1.404	NH_3	15	1.310
O_2	100	1.399	C_2H_6	15	1.22

我们转向双原子气体，发现氢的 γ 值为 1.404，与理论值 1.286 不符合。与此非常类似，氧的实验值为 1.399，但也与理论值不符合。碘化氢也有类似的值 1.40。乍一看来，正确的答案好像是 1.40。但也并非如此，因为再看下去，对于溴来说，出现的值是 1.32，而对于碘，我们看到的是 1.30。因为 1.30 与 1.286 相接近，因而可以说碘还是符合得比较好的，但氧就差远了。这样就使我们处于进退两难的境地：对某种分子它是对的，而对另一种分子它又不对，为了使两者都得到解释，我们必须十分巧妙地进行构思。

我们进一步看看更复杂的多原子分子，如乙烷（C_2H_6）共有 8 个不同的原子，它们都以不同的组合在振动和转动，所以总的内能必定为 kT 的许多倍，至少单是动能就有 $12kT$，因而 $\gamma - 1$ 必定十分接近于零，或者说 γ 十分接近于 1。事实上，它比较小，但 1.22 并不太小，它比只从动能算出的 13/12 要大，这也是不可理解的！

再进一步考虑的话，整个事情更显得神秘莫测，因为双原子分子终究不是刚性的，即使我们使原子间的耦合无比坚固，它不能强烈地振动，但仍然不停地振动。内部的振动能仍然是 kT，因为它并不依赖于耦合强度。但是，如果我们能够设想存在着绝对刚性的分子，停止一切振动，以消除振动自由度的话，那么对双原子分子将得到 $U = 5kT/2$，$\gamma = 1.40$。这看来对 H_2 或 O_2 是很符合的。然而，这里还是存在着问题的，因为无论对氢或氧，γ 值都随温度而变化！从图 40-6 的测量值中，我们看到对 H_2 来说，γ 从 −185 ℃ 的 1.6 变化到在 2 000 ℃ 的 1.3。氢的这种变化比氧来得显著，然而，即使对于氧来说，当温度下降时，γ 也趋向于上升。

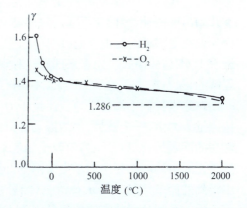

图 40-6　氢与氧的 γ 实验值与温度的关系。经典理论预言 $\gamma = 1.286$，与温度无关

§40-6　经典物理的失败

总而言之，可以这么说，我们碰到了一些困难。我们可以试用除弹力以外的其他力，但结果是，任何其他的力只能使 γ 变大。如果再包括更多形式的能量，γ 就更趋近于 1，而与事

实不符。人们能够想到的经典理论只是使事情变得更糟。事实上,在每个原子中都有电子,由它们的谱线可知,存在着内部运动;每个电子至少应有 $kT/2$ 的动能,以及某些势能;把这些都加进来后,γ 会变得更小。这是荒谬的,也是错误的。

1859 年,麦克斯韦提出了有关气体动力学理论的第一篇出色的论文。在我们已经讨论过的那些观念的基础上,他能够精确地解释大量的已知关系,比如波义耳定律,扩散理论,气体的黏滞性,以及在下一章中要讲到的一些事情,在总结中,他列举了所有这些伟大的成就之后,写道:"最后,在建立了所有的非球形粒子的平动与转动之间的必然联系以后(他指的是 $kT/2$ 定理),我们证明了这样一个粒子的系统不可能满足两种比热之间众所周知的关系"。这里他谈的就是 γ(以后我们将看到 γ 与测量比热的两种方式有关),他说:"我们知道,我们无法得出正确的答案。"

十年以后,在一次演讲中他说:"现在我要在诸位面前提出在我看来是分子理论上所碰到的一个最大的困难。"这些话是物理学家第一次发现经典物理定律是错误的。它第一次指明由于严格证明了的定理与实验不符,存在着一些根本不可能解释的东西。大约在 1890 年,金斯又谈到这个疑难。人们常听说十九世纪下半叶的物理学家认为他们已经知道了所有的重要的物理定律,剩下所要做的只是计算更多的小数点位置罢了。有人这么说了一次,其他人则随声附和。但是,充分阅读那个时代的文献就可看出,那时的物理学家都在牵挂着一些事情。金斯讲到这个疑难时说,这是极其神秘莫测的现象;看来好像是,随着温度的下降,某些运动被"冻结"了。

如果我们假设,比方说,在低温下不存在振动,而在高温下存在振动,那么我们就可以设想或许存在这样一种气体,在足够低的温度下不出现振动,因而 $\gamma = 1.40$,而在较高的温度下开始出现振动,因而 γ 下降。对转动来说也可以作同样的论证。如果我们能够消除转动,比如说在足够低的温度下它被"冻结"了,那么我们就可以理解随着温度的下降,氢的 γ 值接近于 1.66 这一事实。怎么来理解这种现象呢?当然,这些运动的"冻结"用经典力学是无法理解的,只有在量子力学问世后,才能得到解释。

在这里我们不加证明地叙述量子力学理论用到统计力学后的一些结果。我们还记得,按照量子力学,一个被势,例如振动势束缚的系统具有一组分立的能级,即不同能量的状态。现在的问题是:根据量子力学理论如何来修正统计力学?答案非常有趣;虽然大多数问题在量子力学中处理比经典力学更为困难,但统计力学问题在量子论中却更容易! 在经典力学中得到的简单结果 $n = n_0 \exp[-(能量)/kT]$,在量子论中变为下面一个极为重要的定理:若表示一系列分子状态的能级分别为 $E_0, E_1, E_2, \cdots, E_i, \cdots$,则在热平衡下,在某个具有能量为 E_i 的特定状态中找到一个分子的概率正比于 $e^{-E_i/kT}$。这给出了分子存在于不同态的概率。换句话说,在态 E_1 中的概率,即相对机会,与在态 E_0 下的概率之比是

$$\frac{P_1}{P_0} = \frac{e^{-E_1/kT}}{e^{-E_0/kT}}, \tag{40.10}$$

因为 $P_1 = n_1/N$,而 $P_0 = n_0/N$,故上式当然也可写为

$$n_1 = n_0 e^{-(E_1-E_0)/kT}, \tag{40.11}$$

可见分子处在较高能态的机会比处在较低能态的机会小。高能态的原子数与低能态的原子数之比是 e 的指数幂(能量差的负值除以 kT)。这是一个十分简单的命题。

对谐振子来说，能级是等间隔的。如果称最低的能级 $E_0 = 0$（实际上它并不是零，这里有一点点差别，但把所有能量都移动一个常数没有任何影响），于是第一能级是 $E_1 = \hbar\omega$，第二能级是 $E_2 = 2\hbar\omega$，第三能级是 $E_3 = 3\hbar\omega$，依次类推。

现在我们来看看会出现什么情况。假定我们研究的只是双原子分子的振动，它可以近似地看成是一个谐振子。我们问：在 E_1 态而不是在 E_0 态找到一个分子的相对机会是多少？答案是，在 E_1 态找到它的机会比在 E_0 态找到它的机会小 $e^{\hbar\omega/(kT)}$ 倍。现在假定 kT 远小于 $\hbar\omega$，即气体处在低温条件下。那么，原子出现在 E_1 态的概率是极小的。实际上所有原子都处在 E_0 态。如果我们改变温度，但还是让 kT 保持很小，那么它在 $E_1 = \hbar\omega$ 态找到分子的机会仍然是无穷小的——振子的能量仍接近于零；只要温度远小于 $\hbar\omega$，它将不会随温度而改变。所有的振子都处在基态，它们的运动实际上都"冻结"了；这时，振动运动对比热没有贡献。于是，由表 40-1，我们可以判断，在 100 ℃，即绝对温度 373°时，相应的 kT 值远小于氧或氢分子的振动能量，但对碘分子情况就不是这样。之所以有这种差别，原因在于碘原子比氢原子重得多，虽然碘中原子间的力与氢中原子间的力可相比拟，但碘分子是这样重，以致使得它的固有振动频率比氢的低得多。对氢来说，在室温下 $\hbar\omega$ 大于 kT，但对碘来说，$\hbar\omega$ 小于 kT，因此只有对后者，即碘，才显示出经典的振动能。当从一个很低的 T（此时分子几乎都处在它们的最低能态中），开始增加气体的温度时，它们逐渐以相当的概率出现在第二个状态，然后再出现在下一个状态，等等。当在许多态中分子的概率相当大时，气体的行为就接近于经典物理所描写的情况，因为此时量子化的状态几乎变得和能量的连续性无法区分，并且整个系统差不多可以具有任何数值的能量。于是，在温度升高时，我们再次得到经典物理的结果，正如图 40-6 所示。同样可以说明分子转动的状态也是量子化的，但是这些状态靠得很近，以致在通常情况下 kT 远大于转动能级的间隔，这时，许多能态被激发，而系统中的转动能以经典方式起作用。在室温下情况不完全如此的一个例子是氢。

这是我们第一次通过和实验的比较确实推断出经典物理上存在着某些错误，并且我们以最初所使用的同样方式从量子力学中寻找解决困难的办法。过了三四十年，人们又发现了另一个困难，这又和统计力学有关，但这一次是光子气体的统计力学问题。普朗克在 20 世纪初期解决了这个问题。

第41章 布朗运动

§41-1 能量均分

布朗运动是一位植物学家布朗于1827年发现的。当他研究微生物时,他注意到植物花粉的细小微粒在他正在用显微镜观察的液体中到处游来游去,这时,他很明智地领悟到这些东西不是生物,而是在水中沿四周运动的微小的尘粒。事实上,为了帮助说明这一点和生命无关,布朗取一块从地下挖出的年代久远的石英岩,石英岩内含有一些水。这种水必然已贮存了数百万年以上,但是,在这样的水中布朗也看到了同样的运动。人们看到的是非常微小的粒子一直在不停地晃动。

以后,人们证明了这是分子运动的一种效应,我们可以通过想象在游艺场中有一个很大的可以推动的球来定性地理解这种效应。假定我们从很远的地方看去,下面有一大堆人,所有的人都从各个方向推动着这个球。我们看不到人,因为我们想象离开球太远了,但可以看见球,并且注意到它相当无规则地来回运动。由前几章讨论的定理我们知道,悬浮在液体或气体中的微粒的平均动能是 $3kT/2$,即使这个微粒远比一个分子重,情况仍然如此。如果它很重,那就意味着速率相对地较低。但实际上速率并不那么慢。事实上,我们不能轻易地看到这样一个粒子的速率,因为尽管平均动能是 $3kT/2$,但这对于一个直径约为 $1\sim 2~\mu m$ 的物体,它的速率大概是 $1~mm \cdot s^{-1}$,这甚至在显微镜下也是很难观察到的,因为粒子不断地改变运动方向,而且没有任何确定的目标。在本章的最后一节我们将讨论它到底能跑多远。这个问题是本世纪初由爱因斯坦首先予以解决的。

附带说一下,当我们讲到粒子的平动动能是 $3kT/2$ 时,我们声称这个结果是从分子动理学理论,也就是从牛顿定律推出的。我们将发现能从分子动理论推导出种种令人惊奇的结果。由这么一点点东西就能推导出这么多的结果,这是极有意义的。当然,我们并不是说牛顿定律只是"一点点东西"——实际上,这已经足够了——这里所说的是我们并没有做很多事。那么,怎么能够得出这么多结果呢? 答案是,我们一直在作一个重要的假设,那就是,如果某一给定系统在某个温度下处在热平衡状态,那么它与任何处在相同温度下的其他系统也处于热平衡状态。例如,如果我们想看看一个粒子与水分子发生实际碰撞时如何运动,可以想象在这里存在着由另一类微粒组成的气体,它们非常微小(我们假设),不会与水分子发生相互作用,而只与原来的粒子"强烈地"相互碰撞。假定这个粒子有一根伸出的刺,其他所有微粒能作的就是与这根刺碰撞。对这种温度为 T 的假想微粒气体,我们知道得很清楚,它是一种理想气体。水是复杂的,但理想气体是简单的。现在,这种粒子必然与这种微粒气体处于平衡之中。因此,粒子的平均运动必然由与气体微粒的碰撞所决定,因为如果相对于水来说它不是以正确的速度运动,而是比方说运动得更快的话,这就意味着微粒将得到能量而变得比水更热。但是整个系统开始时温度相同,而且我们又假定,某个系统一旦处于平衡状态后，它将保持平衡——它的某些部分不会自发地变热，其他部分也不会自发地变冷。

这个命题是正确的，可以根据力学定律加以证明，但证明非常复杂，而且只有利用高等力学才能作出。在量子力学中证明它比经典力学容易得多。经典力学的证明首先由玻尔兹曼作出，但现在我们简单地把它看作是正确的，于是可以证明粒子在与假想微粒碰撞时，必定具有 $3kT/2$ 的能量，因而当我们拿走假想的微粒而让它和同样温度的水分子碰撞时，它也必然具有 $3kT/2$ 的能量，所以它的平均动能是 $3kT/2$。这是一种奇特的论证方法，但它是完全正确的。

除去最初发现布朗运动的那种胶体粒子的运动外，在实验室或其他场合的许多现象中也能见到布朗运动。如果我们要制作一个尽可能精密的仪器，比方说一个非常灵敏的冲击电流计，里面有一块很小的反射镜，悬挂在一根细石英丝上（图 41-1），那么这面小镜不会停止不动，而是不停地来回晃动——所有时间都在不停地晃动——因此当我们往镜面上投射一束光线，并观察光点的位置时，由于镜面老是在晃动，因此这不是一台理想的仪器。为什么？因为这面镜子平均说来具有大小为 $kT/2$ 的平均转动动能。

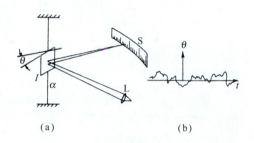

图 41-1
(a) 光束式灵敏电流计，来自光源 L 的光束经小镜反射后射至刻度尺上。(b) 刻度的读数作为时间的函数的记录图

那么，镜面来回晃动的"方均"角是多少？假如我们轻叩小镜的一侧，并观察它来回振动一次得花多长时间，就能得出它的固有振动周期，我们还知道它的转动惯量 I。我们又知道转动动能的公式，它由式 (19.8) 给出，即 $T = I\omega^2/2$。这是动能，而势能则正比于转动角度的平方，即 $V = \alpha\theta^2/2$。但是，如果我们知道了周期 t_0，并由此算出固有频率 $\omega_0 = 2\pi/t_0$，则势能就是 $V = I\omega_0^2\theta^2/2$。现在我们知道平均动能是 $kT/2$，由于它是谐振子，平均势能也是 $kT/2$。于是有

$$\frac{1}{2}I\omega_0^2\langle\theta^2\rangle = \frac{1}{2}kT,$$

或

$$\langle\theta^2\rangle = \frac{kT}{I\omega_0^2}. \tag{41.1}$$

用这种方法我们可以计算电流计镜面的振动，并由此求出我们这台仪器的使用限度。如果我们想使振动小些，可以冷却镜子。一个有趣的问题是，在哪里冷却它？这要看它受到的"撞击"来自何方。如果来自悬丝，就在顶部冷却它，如果镜子周围是气体，而撞击主要来自气体分子的碰撞，那么更好的办法是冷却气体。事实上，只要我们知道振动的阻尼来自何处，可以证明这常常也就是涨落的起源，这一点以后我们还将回过头来谈。

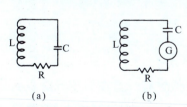

图 41-2 高 Q 值谐振电路
(a) 实际的电路，温度为 T；(b) 人为的电路，具有一理想（无噪声）的电阻及一"噪声发生器" G

使人感到十分惊奇的是，在电路中，也会出现同样的情况。假设我们要制作一个对某一确定的频率非常灵敏和非常精确的放大器，在输入端有一个谐振回路（图 41-2），

以使它对于那个确定的频率非常灵敏,就像一个质量很高的无线电接收机一样。如果我们要研究这个电路本身正常工作的最低的极限,就可以在电感上取出电压输入到放大器的其余部分。当然,任何这样的电路总会有一些损失。这不是一个理想的谐振回路,但它的性能非常好,比方说在回路中还有一点小的电阻(我们把电阻在图上画得能看出来,但假定它很小)。现在我们希望找出:电感上的电压涨落有多大? 答案是,我们知道 $LI^2/2$ 是"动能"——即谐振回路中与线圈有关的能量(第 25 章),因此 $LI^2/2$ 的平均值等于 $kT/2$,这告诉我们均方根电流的大小,而从均方根电流又能求出均方根电压。如果要求出电感两端的电压,则公式为 $\hat{V}_L = i\omega L \hat{I}$,而电感上的电压绝对值平方的平均值是 $\langle V_L^2 \rangle = L^2\omega_0^2 \langle I^2 \rangle$,代入 $L\langle I^2 \rangle/2 = kT/2$,就得到

$$\langle V_L^2 \rangle = L\omega_0^2 kT, \tag{41.2}$$

这样我们就能设计电路,并指出何时会在电路中出现所谓约翰逊(Johnson)噪声,即与热涨落有关的噪声!

这一种涨落来自何处? 它们也是由电阻器产生的。实际上,由于电阻器内的电子与其他物质处于热平衡,因而它们有规则地来回跳动,并造成电子密度的涨落。这种涨落形成微小的电场,驱动谐振回路。

电子工程师用另一种方式来解答这个问题。从物理上来说,电阻器等效于噪声源。然而我们可以用一个假想的电路代替那个常能造成噪声的真实物理电阻的实际电路,假想的电路中包括一个很小的表示噪声的发生器,而现在的电阻器则是某种理想化的不产生噪声的东西。所有的噪声都在假想的发生器内。这样,如果已知电阻器产生噪声的特性,并且有了相应的公式,就能算出电路中噪声的响应。所以,我们需要一个噪声涨落的公式。而电阻器引起的噪声包含了所有的频率,因为电阻器本身并不会产生谐振。当然,谐振回路只能"收听"到接近谐振频率的那一部分频率,但电阻器中却具有许多不同的频率。我们可以用下述方式来描写噪声发生器的强度:如果设想电阻器直接并联在噪声发生器上,则它所吸收的平均功率应当是 $\langle E^2 \rangle/R$,这里 E 是发生器上的电压。但是我们想更详细地知道在每种频率下的功率是多少。在任何一个频率上只有很小的功率,它是一个分布。令 $P(\omega)\mathrm{d}\omega$ 为发生器在频率为 ω 而间隔为 $\mathrm{d}\omega$ 内提供相同电阻器的功率。可以证明(我们将对另一种情况来证明,但数学上是完全相同的),功率应为

$$P(\omega)\mathrm{d}\omega = \left(\frac{2}{\pi}\right)kT\mathrm{d}\omega. \tag{41.3}$$

此式表明,当用这种方式处理时,噪声功率与电阻无关。

§41-2 辐射的热平衡

我们接着来考虑如下一个更为深入和更为有趣的问题:假定有一像在讨论光时讲到的那样的荷电振子,比如说在一个原子中的一个上下振动的电子。如果它上下振动,就会辐射出光。现在假设这个振子处在其他原子的极稀薄气体中,而且经常与那些原子相碰撞。这样,经过一段长时间后,达到了平衡状态。这个振子获得了能量,它的振动动能是 $kT/2$,因为它是一个谐振子,所以它的运动的总能量是 kT。当然,迄今为止的这种描

写还是不正确的,因为振子携带电荷,而如果它带有能量 kT,就会上下振动并且辐射出光。因此,单单物质本身处于热平衡中而所带电荷不发射出光是不可能的,而当辐射出光时,能量就流走了,随着时间的增加,振子将损失掉它的 kT 能量,于是与振动电子碰撞的整个气体将逐渐冷却。当然,这就是一种在寒冷的夜晚,一个烧红的火炉由于向空间辐射出光而逐渐冷却的方式,因为原子所带的电荷的跳动,它们不断地辐射出光,而慢慢地由于这种辐射,跳动将逐渐减慢。

另一方面,如果把所有的东西都放在一个封闭容器中,使光不能跑到无穷远处,那么我们最后还可以获得热平衡。我们可以或者是把气体放在一个容器中,在这个容器的器壁上有一些其他可使光线反射回来的辐射体,或者是作为一种更巧妙的例子,可以假设容器器壁就是镜子。这种情况较易想象。于是可以认为振子发出的所有辐射都只在容器内传来传去。这样,固然开始时振子确实在辐射,但尽管如此,由于它还被从器壁反射的自身的光线所照射,我们可以说,不久它将保持它的动能 kT。过了一会儿后,在容器内有大量光线跑来跑去,虽然振子正在辐射一些光,但光又跑了回来,并把辐射出去的能量还给了振子。

我们现在来确定,为了使照射在这个振子上的光产生足够补偿振子所辐射出的能量,在这个温度为 T 的容器中必须有多少光。

假设气体中的原子非常少,彼此相隔很远,因而我们有一个除辐射阻尼外,并无其他阻尼的理想振子。考虑在热平衡状态下振子同时做的两件事。第一,它具有平均能量 kT,我们要计算它辐射了多少光。第二,因为照射到振子上的光被散射,因而辐射量的大小应当正好等于由散射引起的量。由于能量不可能跑到其他地方,这一有效的辐射实际上正好就是在那里的光所散射的光。

我们首先计算一下,如果振子具有某一能量,它每秒辐射的能量是多少(我们借用第 32 章中有关辐射阻尼的一些公式,而不去重复它们的推导)。每弧度辐射的能量除以振子的能量称为 $1/Q$(式 32.8)

$$\frac{1}{Q} = \frac{dW}{dt} \cdot (\omega_0 W)^{-1}.$$

利用阻尼常数 γ,这也可以写为

$$\frac{1}{Q} = \frac{\gamma}{\omega_0}.$$

这里 ω_0 是振子的固有频率,如果 γ 很小,Q 就很大。每秒辐射的能量是

$$\frac{dW}{dt} = \frac{\omega_0 W}{Q} = \frac{\omega_0 W \gamma}{\omega_0} = \gamma W. \tag{41.4}$$

每秒辐射的能量简单地就是 γ 乘振子的能量。现在,振子应当具有平均能量 kT,可见 γkT 就是每秒钟辐射能量的平均值

$$\left\langle \frac{dW}{dt} \right\rangle = \gamma kT. \tag{41.5}$$

现在我们只须知道 γ 是什么。由式(32.12)很容易求出 γ,那就是

$$\gamma = \frac{\omega_0}{Q} = \frac{2}{3}\frac{r_0\omega_0^2}{c}. \tag{41.6}$$

这里 $r_0 = e^2/(mc^2)$ 是经典电子半径,而上式已用了 $\lambda = 2\pi c/\omega_0$。

因此,对于接近频率 ω_0 的平均光辐射率,最后结果为

$$\frac{dW}{dt} = \frac{2}{3}\frac{r_0\omega_0^2 kT}{c}. \tag{41.7}$$

接着我们要问,必须要有多少光照射在振子上?必须有足够的光,使得从光线(随即被散射)吸收的能量正好等于这样多。换句话说,可以把发射光看作是从照射在容器内那个振子上的光所散射的光。如果有一定量(未知)的辐射照射在振子上,那么我们现在必须计算从振子散射了多少光。令 $I(\omega)d\omega$ 是频率为 ω,间隔为 $d\omega$ 的光能的数量(因为在某一确定的准确的频率上没有光,光总是扩展到整个光谱区),所以 $I(\omega)$ 是一个确定的光谱分布。现在我们就来求它——这正是将火炉烧红到温度 T 时我们打开炉门观察炉膛时看到的颜色。现在吸收了多少光呢?我们曾求出由一给定的入射光束所吸收的辐射的数量,并用横截面来进行计算。这就等于说所有落在某一确定截面上的光全部被吸收,所以再辐射(散射)的总量就是入射光强度 $I(\omega)d\omega$ 乘以截面 σ。

我们曾推得的截面公式(式 32.19)不包括阻尼。不难再作一次推导,并加上我们曾忽略的阻尼项。我们这样做,并用同样的方式计算截面,得

$$\sigma_s = \frac{8\pi r_0^2}{3}\left[\frac{\omega^4}{(\omega^2-\omega_0^2)^2+\gamma^2\omega^2}\right]. \tag{41.8}$$

现在,作为频率的函数,σ_s 只在 ω 极接近于固有频率 ω_0 时才有显著的数值(我们记得对辐射振子而言,Q 约为 10^8)。当 ω 等于 ω_0 时,振子的散射很强,而对其他的 ω 值则很弱。因此,我们可以用 ω_0 代替 ω,$2\omega_0(\omega-\omega_0)$ 代替 $(\omega^2-\omega_0^2)$,从而得到

$$\sigma_s = \frac{2\pi r_0^2 \omega_0^2}{3[(\omega-\omega_0)^2+\gamma^2/4]}. \tag{41.9}$$

现在,整条曲线定域在靠近 $\omega = \omega_0$ 处(实际上我们没有必要作任何近似,但是若使方程简化一些,积分就十分容易了)。现在我们在给定频率间隔内以散射截面乘以强度,就得到在间隔 $d\omega$ 内的散射能量的大小。于是散射的总能量是这个乘积对所有 ω 值的积分,即

$$\frac{dW_s}{dt} = \int_0^\infty I(\omega)\sigma_s(\omega)d\omega = \int_0^\infty \frac{2\pi r_0^2 \omega_0^2 I(\omega)d\omega}{3[(\omega-\omega_0)^2+\gamma^2/4]}. \tag{41.10}$$

但是现在要使 $dW_s/dt = 3\gamma kT$。为什么是3?因为在第32章中对截面进行分析时,我们假定偏振是要使光能驱动振子。如果我们利用一个只能在一个方向上运动的振子,而假定光以错误的方式偏振,那么它就不能产生任何散射。所以,我们必须或者是对一个只能在一个方向上运动的振子的截面求其在所有的光的入射与偏振方向上的平均,或者是更容易一些,可以想象一个不管场怎么指向,总是跟着场运动的振子。这样一个能等价地在三个方向上振动的振子将有 $3kT$ 的平均能量,因为它有三个自由度。正是因为有三个自由度,所以应该用 $3\gamma kT$。

现在我们来算出积分值。假设未知的光的光谱分布 $I(\omega)$ 是一条平滑曲线，在 σ_s 达到峰值的非常狭窄的频率范围中它的变化不太大(图 41-3)。于是唯一有意义的贡献来自 ω 十分靠近于 ω_0 的上下为 γ 的那个频率范围，而 γ 是很小的。因此，虽然 $I(\omega)$ 可能是一个未知的复杂函数，但唯一起重要作用的地方只是在 $\omega=\omega_0$ 附近，而在那里我们可以用同样高度的一条平坦的曲线——一个"常数"来代替那段平滑的曲线。换句话说，我们可以简单地把 $I(\omega)$ 提出到积分号外，并称之为 $I(\omega_0)$。还可以把其余的常数放到积分号前，这样就有

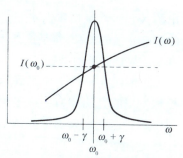

图 41-3 式(41.10)被积函数的因式。图中的峰为谐振曲线 $1/[(\omega-\omega_0)^2+\gamma^2/4]$。作为一个很好的近似，因式 $I(\omega)$ 可用 $I(\omega_0)$ 来代替

$$\frac{2}{3}\pi r_0^2 \omega_0^2 I(\omega_0) \int_0^\infty \frac{\mathrm{d}\omega}{(\omega-\omega_0)^2+\frac{\gamma^2}{4}} = 3\gamma kT.$$

(41.11)

积分应当是从 0 至 ∞，但 0 离开 ω_0 很远，以致那时曲线已完全为零，因而可用 $-\infty$ 来代替 0，这没有什么差别，但进行积分要容易得多。这个积分即形式为 $\int \mathrm{d}x/(x^2+a^2)$ 的反正切函数。从书上可以查出它等于 π/a。在我们的例子中就是 $2\pi/\gamma$。经过整理后，我们得到

$$I(\omega_0) = \frac{9\gamma^2 kT}{4\pi^2 r_0^2 \omega_0^2},$$
(41.12)

然后代入 γ 的公式(41.6 式)(在写 ω_0 时不必担心，因为它对任何 ω_0 都成立，我们可以把 ω_0 写为 ω)，$I(\omega)$ 的公式是

$$I(\omega) = \frac{\omega^2 kT}{\pi^2 c^2}.$$
(41.13)

这个式子给出了火炉中的光的分布。我们把它叫作黑体辐射，"黑"指的是当温度为零时，我们看到的炉膛是黑色的。

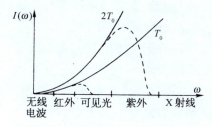

图 41-4 在两种温度下，黑体辐射的强度分布。实线表示按照经典物理所给出的分布。虚线表示实际的分布

按照经典理论，在温度为 T 的封闭容器内，式(41.13)是辐射能量的分布。首先，我们注意到这个表示式的一个引人注目的特色。振子的电荷、质量、所有振子的特殊性质全部消去了，因为一旦我们和一个振子达到了热平衡后，我们必然也和任何其他不同质量的振子达到热平衡，不然我们将陷于困境。所以，这是平衡并不依赖于处在平衡态的是一些什么，而只依赖于温度这个命题的一个重要验证。现在我们画出 $I(\omega)$ 曲线(图 41-4)。它告诉我们在不同的频率下光的强度各是多少。

在封闭容器中，每单位频率间隔内的强度的大小随着频率的平方而变化，这意味着如果我们真的有一个温度完全任意的容器，那么在观察从里面发射出的 X 射线时，将会发现有大量的 X 射线！

当然,我们知道这是错误的结论。当我们打开炉门观察炉膛时,根本不会因为其中发射出的 X 射线而烧伤我们的眼睛。这是完全错误的。其次,容器中的总能量,即一切频率下的所有光强的总和,将是这条无限伸展的曲线下的总面积。由此可见,一定有某些东西从根本上明显地和绝对地错了。

正如经典理论不能正确地描述气体比热一样,经典理论也绝对不可能正确地描述从黑体发出的光的分布。许多物理学家从种种不同的观点反复推敲这个推导过程,都找不到出路。这是经典物理的预言。公式(41.13)称为瑞利定律,它是经典物理的预言,而它显然是荒谬的。

§41-3 能量均分与量子振子

上述困难是经典物理中不断出现的另一个问题。它从气体比热的困难开始,现在则集中到黑体内光的分布上。当然,在理论物理学家研究这个问题的同时,也对实际曲线作了许多测量。结果发现正确的曲线就像图 41-4 中的虚线那样。这就是说,其中根本没有 X 射线。根据经典理论,如果我们降低温度,整条曲线将随着 T 而成比例地下降,但观察到的曲线在更低的温度下也很快切断。因此,曲线的低频端是正确的,但高频端则是错误的。为什么?金斯爵士在考虑气体比热时,注意到在温度太低时,高频运动被"冻结"。这就是说,如果温度太低,频率太高,振子的平均能量不是 kT。现在回忆一下式(41.13)的推导过程:它完全依赖于振子处于热平衡状态时的能量。式(41.5)中的 kT 是什么,式(41.13)中的 kT 又是什么,它是在温度为 T、频率为 ω 时的谐振子的平均能量。从经典理论上来说,这是 kT,但从实验上来说,却不是!当温度太低或振子频率太高时,平均能量就不是 kT。可见,曲线下降的原因与气体比热问题上的谬误的原因相同!但是研究黑体曲线要比研究气体比热容易,后者太复杂了,所以我们的注意力集中在确定真实的黑体曲线上,因为这条曲线是一条能正确告诉我们在每种频率下作为温度函数的谐振子实际上的平均能量是多少的曲线。

普朗克研究了这条曲线。他首先根据经验通过观察曲线和一个符合得很好的函数进行比较来确定答案,从而有了一个作为频率函数的谐振子平均能量的经验公式。换句话说,他有了一个代替 kT 的正确公式。在经过反复推敲后,在一个非常特殊的假设下,他找到了这个公式的一个简单推导。这个假设是谐振子一次只能取 $\hbar\omega$ 的能量。谐振子能够具有任何能量的概念是根本错误的。当然,这是经典力学走到了尽头的开始。

现在我们来推导这个最先被正确确定的量子力学公式。假设一个谐振子的可能的能级彼此分开相等的间隔 $\hbar\omega$,因而振子只能取这些不同的能量(图 41-5)。普朗克作了一些比这里给出的更复杂的论证,因为那是量子力学的开创时期,他必须对某些事情加以证明。但是我们把下面的假设作为一个事实加以接受(普朗克对此进行了证明):占据能级 E 的概率是 $P(E) = \alpha e^{-E/kT}$。由此出发,我们就能得到正确的答案。

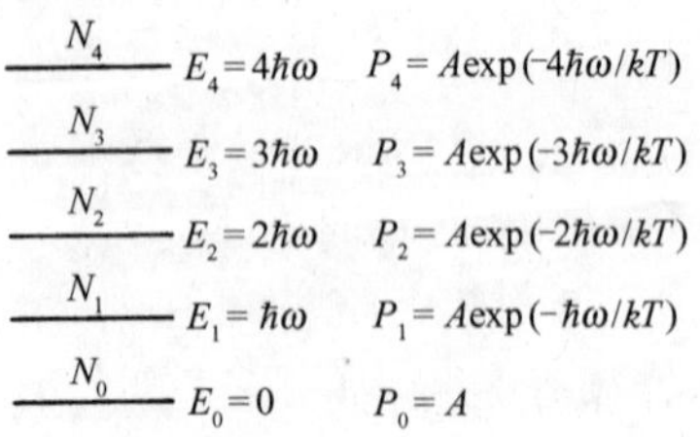

现在假定有许多振子,每一个振子的振动频率都是 ω_0。这些振动有些可能处在最下面的量子态,有些则处在下一个量子态,等等。我们希望知道所有这些振子的平均

$$\begin{array}{ll} \underline{\quad N_4 \quad} \; E_4 = 4\hbar\omega & P_4 = A\exp(-4\hbar\omega/kT) \\ \underline{\quad N_3 \quad} \; E_3 = 3\hbar\omega & P_3 = A\exp(-3\hbar\omega/kT) \\ \underline{\quad N_2 \quad} \; E_2 = 2\hbar\omega & P_2 = A\exp(-2\hbar\omega/kT) \\ \underline{\quad N_1 \quad} \; E_1 = \hbar\omega & P_1 = A\exp(-\hbar\omega/kT) \\ \underline{\quad N_0 \quad} \; E_0 = 0 & P_0 = A \end{array}$$

图 41-5 谐振子的能级是等间距的:$E_n = n\hbar\omega$

能量。为此,我们计算所有振子的总能量,再除以振子的总数。这将是热平衡状态下每个振子的平均能量,同时也是与黑体辐射达到平衡时的能量,应该把它放在式(41.13)中 kT 的位置上。现在令在基态(最低能态)的振子数为 N_0,在 E_1 态的振子数为 N_1,在 E_2 态的振子数为 N_2,等等。按照前面的假设(我们未加以证明),在量子力学中,代替经典力学中概率 $e^{-P.E./kT}$ 或 $e^{-K.E./kT}$ 的是随着能量增加 ΔE,概率下降 $e^{-\Delta E/kT}$,我们假定在第一个态的振子数 N_1 是基态的振子数 N_0 乘以 $e^{-\hbar\omega/kT}$,类似地,处于第二个态的振子数 N_2 为 $N_2 = N_0 e^{-2\hbar\omega/kT}$。为了简化代数运算,可令 $e^{-\hbar\omega/kT} = x$。于是就有 $N_1 = N_0 x$,$N_2 = N_0 x^2$,$\cdots$,$N_n = N_0 x^n$。

首先必须求出所有振子的总能量。如果振子处于基态,则没有能量。如果它处在第一个态,能量是 $\hbar\omega$,而振子数为 N_1,则 $N_1 \hbar\omega$ 或 $N_0 \hbar\omega x$ 就是我们从这里得到的能量。而在第二个态,能量是 $2\hbar\omega$,振子数为 N_2,因而我们从这里得到的能量是 $N_2 \cdot 2\hbar\omega = 2\hbar\omega N_0 x^2$,等等。把所有这些加在一起,就得到全部能量为

$$E_{总} = N_0 \hbar\omega (0 + x + 2x^2 + 3x^3 + \cdots).$$

现在,振子的总数是多少? 当然,N_0 是处在基态的振子数,N_1 是第一个态的振子数,等等。累加起来

$$N_{总} = N_0 (1 + x + x^2 + x^3 + \cdots).$$

这样,平均能量便是

$$\langle E \rangle = \frac{E_{总}}{N_{总}} = \frac{N_0 \hbar\omega (0 + x + 2x^2 + 3x^3 + \cdots)}{N_0 (1 + x + x^2 + x^3 + \cdots)}. \tag{41.14}$$

我们把这里的两个求和式留给读者作为有趣的练习。当我们算出所有这些求和,并把 x 值代到这些求和中去后,只要在求和时没有算错,就应当得到

$$\langle E \rangle = \frac{\hbar\omega}{e^{\hbar\omega/kT} - 1}. \tag{41.15}$$

这就是永远为人所熟知或讨论的第一个量子力学公式,它是经过几十年迷惑不解后达到的光辉的顶点。麦克斯韦知道,总是在某些地方弄错了,但问题在于,什么是正确的? 这里就是代替 kT 的定量的正确答案。当然,在 $\omega \to 0$ 或 $T \to \infty$ 时,式(41.15)应当趋向于 kT。试试看,你能不能证明这一点——这也是学会如何运用数学的一种办法。

这就是金斯一直寻求的著名的截断因子,如果用它代替式(41.13)中的 kT,我们就得到在一个黑色的容器内光的分布为

$$I(\omega) d\omega = \frac{\hbar\omega^3 d\omega}{\pi^2 c^2 (e^{\hbar\omega/kT} - 1)}. \tag{41.16}$$

我们可以看出,对大的 ω,即使分子上有 ω^3,但在分母上有一个随 e 的很大的幂增加的数,因而曲线还是下降而并没有"翘起来"——在不希望有紫外光和 X 射线的地方确实没有看到它们!

或许有人会抗议,在式(41.16)的推导中,对谐振子的能级我们用了量子理论,而在确定截面 σ_s 时又用了经典理论。但光和谐振子相互作用的量子理论所得到的结果与经典理论所得到的结果是完全相同的。实际上,这就是为什么我们花费那么长的时间,利用一个像小振子一

样的原子模型来分析折射率和光的散射的道理——因为量子力学公式实质上与此相同。

现在回到电阻器中的约翰逊噪声上来。我们已经强调这个噪声功率的理论实际上与经典的黑体分布理论相同。事实上，比较有趣的是我们已经谈到如果在回路中的阻抗不是真实的电阻，而是像天线（一根天线实质上就像一个阻抗，因为它辐射能量）那样是一个辐射阻尼，那么计算它的功率对我们来说是比较容易的。这个功率正是天线从它周围的光那里取得的功率，所以我们会得同样的分布，只改变一个或两个因子。我们可以假设电阻器是一个具有未知功率谱 $P(\omega)$ 的发生器。$P(\omega)$ 可由以下事实来确定：当我们把这个发生器连接在图 41-2(b)那样的任意频率的谐振回路时，在电感上就产生了一个由式(41.2)给出的电压。由此导致像式(41.10)那样的积分，用同样的方式可以给出式(41.3)。在低温下，式(41.3)中的 kT 当然必须用式(41.15)代替。这两种理论（黑体辐射和约翰逊噪声）在物理上也是密切相关的，因为我们当然可以把谐振回路连接到一根天线上，这样，电阻 R 就是纯粹的辐射阻尼。因为式(41.2)并不依赖于阻尼的物理来源，所以发生器 G 对于真实的电阻和辐射阻尼是相同的。现在，如果电阻 R 只是一个在温度 T 时与它周围环境处于热平衡的理想天线，它所产生的功率 $P(\omega)$ 的起源是什么？那就是在温度为 T 时在空间中的辐射 $I(\omega)$，它作为"被接收的信号"冲击天线，并造成一个有效的发生器。因此我们可以推导出 $P(\omega)$ 和 $I(\omega)$ 的直接关系，然后从式(41.13)导出式(41.3)。

我们已经谈到的这一切——所谓约翰逊噪声、普朗克分布以及下面将要描述的布朗运动的正确理论，都是 20 世纪头十年左右所取得的成就。在了解了这些事情和这段历史后，现在我们再回到布朗运动上来。

§41-4 无规行走

我们现在来考虑对于比"冲击"间隔时间长得多的时间内一个跳动的粒子的位置将如何随时间而变化。一个小的布朗运动的粒子之所以跳动，是因为它四周受到无规则跳动的水分子的撞击。问题是，在经过一段给定的长时间间隔后，它离开起始位置的最可能距离有多远？这个问题为爱因斯坦与斯莫卢霍夫斯基所解决。如果设想把时间分为很小的间隔，比如0.01 s，那么，在第一个 0.01 s 后粒子运动到这里，下一个 0.01 s 后它运动得更远一点，再下一个 0.01 s 后它跑到其他某个地方，等等。就碰撞的频率来说 0.01 s 是很长的时间。读者不难验证，一个水分子在 1 s 内的碰撞数大约是 10^{14} 次，因而 0.01 s 中碰撞 10^{12} 次，这是一个巨大的数字！因此，在经过 0.01 s 后，粒子不再记得先前发生过什么。换句话说，碰撞全部是无规的，"下一步"与"前一步"之间没有什么联系。这很像那个著名的喝醉酒的水手的问题：有一个水手从酒店出来，跟跟跄跄地走了许多步，但是每一步的方向是随意定的，即是无规的（图 41-6）。问题是，经过一段较长的时间后，这个水手走到了哪里？当然，我们不知道！这是无法说出的。我们只能说：他总处在某个地方，这或多或少是无规则的。然而，平均说来，他在哪里？平均说来，他离开酒店有多远？我们已经回答过这个问题，因为有一次我们曾经讨论过从大量带有不同相位的不同光源来的光的叠加问题，这意味

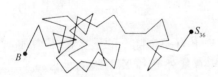

图 41-6　36 步每步长为 l 的无规行走。S_{36} 离 B 有多远？答案：平均约为 $6l$

着要把许多不同方向的矢量累加起来(第 32 章)。这里我们发现从一连串无规行走的步伐的一端到另一端的距离的平方平均值(它就是光的强度),等于各个部分的强度之和。因此,用同样的数学方法我们立即可以证明,如果 $\boldsymbol{R}_N$ 是经过 N 步后离开原点的位移矢量,则离原点的方均距离正比于步数 N。也就是说,$\langle R_N^2 \rangle = NL^2$,这里 L 是每步的长度。由于在这个问题中步数正比于时间,所以方均距离也正比于时间

$$\langle R^2 \rangle = \alpha t. \tag{41.17}$$

这并不意味着平均距离正比于时间。如果平均距离正比于时间,那就表示漂移是一个很好的匀速运动。水手以某种可感觉到的方式前进,但只有他的方均距离正比于时间。这就是无规行走的特征。

容易证明,每继续走一步,距离的平方平均说来增加 L^2。因为如果写出 $\boldsymbol{R}_N = \boldsymbol{R}_{N-1} + \boldsymbol{L}$ 后,则得 R_N^2 为

$$\boldsymbol{R}_N \cdot \boldsymbol{R}_N = R_N^2 = R_{N-1}^2 + 2\boldsymbol{R}_{N-1} \cdot \boldsymbol{L} + L^2.$$

对许多走法作平均后,有

$$\langle R_N^2 \rangle = \langle R_{N-1}^2 \rangle + L^2.$$

因为 $\langle \boldsymbol{R}_{N-1} \cdot \boldsymbol{L} \rangle = 0$。这样,利用归纳法,即得

$$\langle R_{N-1}^2 \rangle = NL^2. \tag{41.18}$$

现在希望算出式(41.17)中的系数 α,为此必须补充一点东西。我们假定,如果在这个粒子上施加一个力(这跟布朗运动无关——我们暂时考虑一个枝节问题),那么它就会以下述反作用的方式反抗这个力。首先是惯性。令 m 是惯性的系数,即物体的有效质量(不一定必须与实际粒子的真正质量相同,因为当我们推动粒子时也带动了周围的水)。于是,假如我们讨论在一个方向上的运动,那么在一边就会有类似于 $m(\mathrm{d}^2 x/\mathrm{d}t^2)$ 的项。其次,我们还要假设,如果稳定地推动粒子,液体就会对它产生一个正比于它的速度的阻力。除去液体的惯性外,由于液体的黏滞性和其他复杂性,存在着阻碍流动的阻力。为了出现涨落,某种不可逆的损耗,即某种类似阻力的东西是绝对必须的。除非也有某种损耗存在,否则就不可能产生 kT。涨落的来源与这些损耗密切相关。我们会很快讨论到这种阻力的机制——我们将谈到与速度成正比的力以及它的由来。但目前我们假定有这样的阻力。当我们以一种正规的方式推动它,在有外力存在时,运动的公式是

$$m \frac{\mathrm{d}^2 x}{\mathrm{d}t^2} + \mu \frac{\mathrm{d}x}{\mathrm{d}t} = F_{\text{外}}. \tag{41.19}$$

μ 这个量可以直接由实验测定,例如,我们可以观测在重力作用下液滴的下落。我们知道重力是 mg,μ 是 mg 除以液滴最终达到的下落速率。或者,我们可以将液滴放到离心机上,观察它沉积得有多快,或者如果它带电的话,我们可以对它加上一个电场。因此,μ 是一个可测量,而不是一个人为的东西,对许多种胶体粒子来说,它们的 μ 值都是已知的。

现在,对力不是外力,而是等于布朗运动的无规则力的情况使用同样的公式。我们试图确定客体走过的方均距离。这里我们不讨论三维的运动,而只取一维运动求出 x^2 的平均值,以作备考(显然,x^2 的平均值与 y^2 的平均值和 z^2 的平均值相同,因此,均方距离应该是

我们要算出的值的 3 倍)。当然,无规则力的 x 分量和其他分量一样地无规则。x^2 的变化率是什么? 它是 $dx^2/dt = 2x(dx/dt)$,所以我们要求出的是位置乘以速度的平均值。我们将证明,这是一个常数,因此方均半径值将正比于时间而增大,并将说明增长率为多大。现在,如果以 x 乘以式(41.19)的两边,就有

$$mx\left(\frac{d^2x}{dt^2}\right) + \mu x\left(\frac{dx}{dt}\right) = xF_x.$$

我们要求 xdx/dt 的时间平均值,所以我们可以对整个方程取平均,再研究这三项。x 乘以力这一项如何?如果粒子刚巧走了一段距离 x,那么,由于无规则力是完全紊乱的,它并不知道粒子从哪里开始,下一个冲击可能是在相对于 x 的任何方向上。如果 x 为正,那么没有理由认为平均力也应该在那个方向上。这种方式和那种方式完全一样。冲击力不能在某一个确定的方向驱动粒子。因而 x 乘以 F 的平均值为零。另一方面,对于 $mx(d^2x/dt^2)$ 这一项,还要再略微想象一下,把它写为

$$mx\frac{d^2x}{dt^2} = m\frac{d[x(dx/dt)]}{dt} - m\left(\frac{dx}{dt}\right)^2.$$

这样就得到两个项,我们同时取这两个项的平均值。看看 x 乘以速度应当是什么。这个乘积的平均值不随时间而变化,因为当粒子到达某一位置时,它并不记得自己本来在什么地方,因而不会随时间而变化。故第一项的平均值等于零。剩下的量是 mv^2,这是我们已知的唯一的一项:$mv^2/2$ 的平均值是 $kT/2$。这样我们得出

$$\left\langle mx\frac{d^2x}{dt^2}\right\rangle + \mu\left\langle x\frac{dx}{dt}\right\rangle = \langle xF_x\rangle.$$

这暗示着

$$-\langle mv^2\rangle + \frac{\mu}{2}\frac{d}{dt}\langle x^2\rangle = 0.$$

或者

$$\frac{d\langle x^2\rangle}{dt} = 2\frac{kT}{\mu}. \tag{41.20}$$

因此粒子在一定的时间 t 的末了的方均距离 $\langle R^2\rangle$ 为

$$\langle R^2\rangle = 6kT\frac{t}{\mu}. \tag{41.21}$$

这样,我们就可以实际确定粒子跑得多远! 首先必须确定它们对一个稳定的力的反作用有多大,在一个已知的力下漂移得多快(为了找出 μ),然后可以确定在它们的无规运动中走了多远。这个方程在历史上具有相当重要的意义,因为它提供了最初测定常数 k 的方法之一。毕竟,我们可以测量 μ、时间以及粒子走了多远,并取平均。测定 k 之所以重要,原因在于在 1 mol 理想气体的定律 $PV = RT$ 中,R 可以实际测出,并且等于 1 mol 中的原子数乘以 k。1 mol 原来的定义是这么多克的氧——16 g(现在用碳),所以 1 mol 中的原子数本来不是已知的。这当然是一个非常有趣而重要的问题。原子有多大? 1 mol 有多少个原子? 所以,确定原子数的最早的方法之一是,在显微镜下耐心地观察一段时间,以确定一颗小小的尘粒能走多远。这样,由于 R 的值已经测出,玻尔兹曼常量 k 和阿伏伽德罗常量 N_0 就全都能确定了。

第42章 分子动理论的应用

§42-1 蒸 发

本章我们将进一步讨论分子动理论的一些应用。在前一章中,我们强调动理论的一个独特的方面,即分子或其他物体的任何一个自由度的平均动能都是 $kT/2$。而我们现在将要讨论的中心则是,在不同位置处的单位体积中找到粒子的概率随 $\exp[-(P.E.)/(kT)]$ 而变化。我们将讨论这个结论的一些应用。

我们想要研究的现象是十分复杂的:液体进行蒸发,金属中的电子逸出表面,或者包括大量原子的化学反应。由于情况过于复杂,对于这些情况不可能从分子动理论出发作出任何简单和正确的陈述。因此本章中除去特别强调的地方以外,都相应地不精确。要强调的概念只是:从分子动理论出发,我们能够或多或少理解事物的行为应当如何。利用热力学的论据,或由某些临界量的经验测量结果,我们就可以更准确地描写那些现象。

然而,即使只是或多或少知道一点为什么它的行为会那样,也是十分有用的,这样,当我们遇到某种新的情况,或者还没有着手分析过的情况时,我们也可以多少说出一点会发生什么事情。所以,尽管这里的讨论十分不精确,但本质上还是正确的,即在概念上是正确的,不过,比如说,在某些特殊细节上作了一点简化。

我们将考虑的第一个例子是液体的蒸发。假设有一个体积很大的容器,里面放有一部分在一定温度下和它的蒸气达到平衡状态的液体。假定蒸气的分子彼此相距很远,而在液体内的分子则紧靠在一起。现在的问题是要知道,与液体中的分子数相比较,气相的分子数有多少? 在给定的温度下蒸气的密度有多大? 它对温度的依赖关系如何?

我们不妨假设蒸气中的每单位体积的分子数为 n。当然,分子数会随着温度而变化。假如对液体加热,蒸发增加,就得到更多的蒸气。现在用另一个量 $1/V_a$ 表示液体中每单位体积的分子数。假定液体中的每个分子都占有一定的体积,若液体的分子较多,则合在一起所占的体积就较大。所以,若 V_a 为单个分子所占有的体积,那么单位体积除以每个分子的体积就是单位体积中的分子数。此外,我们假设,在分子之间存在着吸引力,以使它们能在液体中结合在一起,否则,我们就无法理解为什么液体是凝聚的。因而我们假设存在有这样一种力,并且在液体的分子中存在着束缚能,而当它变为蒸气时,就失去了这部分能量。这就是说,我们假定为了使一个分子从液体跑到蒸气中,必须对它作一定量的功 W。一个处在蒸气状态下的分子和一个处在液体状态下的分子之间有一定的能量差 W,因为我们是从其他分子对它的吸引中把它拉出来的。

现在我们利用上面的一般原理:在两个不同的区域中每单位体积的分子数的关系为

$$\frac{n_2}{n_1} = e^{-(E_2-E_1)/kT}.$$

因而蒸气中每单位体积的分子数 n 除以液体中每单位体积的分子数 $1/V_a$，就等于

$$nV_a = e^{-W/kT}, \tag{42.1}$$

这是一条普遍的规则。它就像在重力作用下处于平衡状态的大气层，其下层气体要比上层气体稠密，因为把气体分子提到高度 h 处需要作 mgh 的功。液体中的分子比蒸气中的分子稠密，因为要通过能量的"小丘"W 才能拉开它们，而两种密度比是 $e^{-W/kT}$。

这就是我们所要推导的结果——蒸气密度随着 e 的某种负的能量除以 kT 的幂而变化。前面的因子我们实际上并不感兴趣，因为在大多数情况下蒸气密度远比液体密度小。在某些情况下，只要不是靠近临界点（那里两种密度几乎相同），而是蒸气密度远小于液体密度，n 远小于 $1/V_a$ 的事实是由 W 远大于 kT 的事实引起的。所以像式(42.1)那样的公式只有在 W 大大超过 kT 的情况下才有意义，因为在这种情况下，我们把 e 自乘到一个很大的负指数幂，只要使 T 变化一点点，这个指数幂也变化一点点，而由指数因子引起的变化要比前面的因子可能出现的任何变化重要得多。为什么在像 V_a 这样的因子上会出现一些变化呢？因为我们的分析是近似的。说到底，实际上并不是每个分子都有一定的体积，当我们改变温度时，体积 V_a 不会保持不变——液体膨胀了。此外，还有与此类似的其他次要的特征，所以实际状况更为复杂。在整个过程中都有着随温度缓慢变化的因素。事实上可以说 W 本身也随温度而略有变化，因为在较高的温度和不同的分子体积下，有不同的平均吸引力等。因而，可以想象，如果我们有一个公式，其中每一个量都以一种未知的方式随温度而变化，那么实际上就等于完全没有公式。如果我们认识到，指数 W/kT 一般说来非常大，我们就会看出，作为温度函数的蒸气密度曲线，其主要的变化由指数因子引起，若取 W 为常数，以及取系数 $1/V_a$ 近似为常数，对于曲线中比较短的间隔来说，这是一个很好的近似。换句话说，最主要的变化具有 $e^{-W/kT}$ 这样的普遍特征。

结果表明，在自然界的许许多多种现象中都有这样一个特征：要从某个地方汲取一些能量，而它随温度变化的最主要的特征是有一个 e 的负能量除以 kT 的指数幂因子。只有当能量远大于 kT，从而最主要的变化是由 kT 的变化引起，而不是由常数或其他因子引起时，这个特征才是一个有用的事实。

现在，我们考虑另一个会对蒸发得到大约相似结果的方法，但要对过程观察得更细致一些。在得出式(42.1)时，我们曾简单地使用了在平衡状态下成立的一条规则，但为了更好地理解这一切，不妨观察一下所发生的具体细节。我们也可以以下述方式来描述所发生的事：蒸气中的分子不断地碰撞液体的表面，当它们撞击在液面上时，可能被弹开，也可能进入液体内。这里有一个未知的比例——可能是 50 对 50，也可能是 10 对 90——我们并不知道。不妨先认为它们都跑到液体内，以后再回过头来分析假设它们不全都跑到液体内的那种情况。于是在某一给定的时刻，总有一定数目的分子凝聚在液体表面。凝聚分子数，即到达单位面积上的分子数，等于每单位体积的数目 n 乘以速度 v。分子的速度与温度有关，因为我们知道 $mv^2/2$ 的平均值是 $3kT/2$。所以 v 就是某种平均速度。当然，我们应当对各种方向的速度进行积分从而得到某种平均值，但粗略地说它正比于方均根速度，并带有某个系数。总之

$$N_c = nv \tag{42.2}$$

是到达每单位面积并凝聚的分子数。

同时，液体的分子不停地跳动，时而它们中的某个分子被"踢"出液面。现在我们来估计它们被踢出液面有多快。这里的概念是，在平衡时每秒钟踢出的分子数与到达的分子数相等。

踢出的分子有多少？为了能跑出液面，必须要求某个特殊的分子偶然获得超过其邻近分子的额外能量——一个可观的额外能量，因为它受到液体中其他分子的很强的吸引力。通常由于这种很强的吸引力分子不会离开液体，但是在碰撞中有时它们中的某个分子会偶然得到一份额外的能量。若 $W \gg kT$，那么要得到在我们的情况下所需的额外能量 W 的机会是非常小的。事实上，$e^{-W/kT}$ 是一个分子得到大于这么多的能量的概率。这是分子动理论的一条一般性原理：为了取得超过平均值的额外能量 W，概率是 e 的负指数幂，指数是我们所要获得的能量除以 kT。现在假设有一些分子获得了这个能量。我们来估计每秒钟有多少分子离开液面。当然，仅仅使分子具有必要的能量并不意味着它实际上必然蒸发，因为它可能浸没在液体内很深的地方，或者，即使它接近表面，但可能沿着不适当的方向运动。每秒钟离开单位面积的分子数应当是：靠近表面的单位面积的分子数除以使得一个分子离开所需的时间，然后再乘上它们具有足够能量跑出液面的概率 $e^{-W/kT}$。

我们假设液面上的每个分子占有一定的截面 A，则液面上单位面积内的分子数为 $1/A$。现在一个分子跑出液面需要多长的时间？如果分子具有一定的平均速率 v，以及足够的能量可以移动一个分子的直径 D 那样的路程（即第一层的厚度），则它经过这一厚度的时间就是离开液面所需的时间。这段时间即为 D/v。于是蒸发的分子数近似地可写为

$$N_e = (1/A)(v/D)e^{-W/kT}. \tag{42.3}$$

式中每个分子的面积乘以这层分子的厚度近似地等于单个分子所占的体积 V_a，因此为了达到平衡，必须使 $N_c = N_e$，或者

$$nv = (v/V_a)e^{-W/kT}. \tag{42.4}$$

我们可以消去 v，因为它们相等，虽然一项是蒸气中分子的速度，另一项是正在蒸发的分子的速度，但它们是相同的，因为我们知道它们在一个方向上的平均动能是 $kT/2$。但是有人会反驳说："不！不！这些是运动得特别快的分子，是获取了额外能量的分子。"不过，实际上并非如此，因为开始把它们从液体中拉出来时，为了抵抗势能，它们必须消耗这些额外能量。所以，当它们跑到液面时，已经减慢到速度 v！它与我们讨论过的大气中分子速度分布的情况相同：在底部，分子具有一定的能量分布，而到达顶部的那些分子具有同样的能量分布，因为速度慢的分子根本到达不了上面，而速度快的分子的运动则减慢下来。正在蒸发的分子和液体内的分子的能量分布相同——这是一个颇为引人注目的事实。无论如何，因为还有种种其他的不精确性，诸如存在着蒸气分子从液面弹回而不是跑入液体的概率，等等，所以过于细致地讨论我们的公式是无益的。这样我们对于蒸发率与凝结率有了一个粗略的概念，当然，我们看到蒸气密度 n 变化的方式还是像以前那样，但是现在我们比较具体地理解了它，而不是只把它看成一个任意的公式。

这个比较深入的理解使我们得以分析某些事情。例如，假定我们抽出蒸气的速率快到跟蒸气形成的速率一样（倘若有一个很好的泵，而液体的蒸发又很慢），那么，如果将液体温度保持为 T，蒸发会有多快？假设我们已从实验上测量了处于平衡状态时的蒸气密度，因而

知道在给定的温度下,与液体处于平衡状态时单位体积的分子数。现在我们希望知道液体蒸发得有多快。虽然迄今为止我们只对它蒸发的部分作过粗略的分析,但除去有一个未知的反射系数因子外,到达液面的蒸气分子数也可以大体知道。所以我们可以利用平衡时离开液面的分子数与到达液面的分子数相等的事实。确实,当不断抽去蒸气时,分子只会跑出液面。但是如果蒸气被留下来,它将达到平衡状态下的密度,这时跑回液体的分子数等于蒸发的分子数。因此,不难看出每秒离开液面的分子数等于某个未知的反射系数 R 乘以假设蒸气仍然存在时每秒返回液面的分子数,因为这就是在平衡时应该补偿掉的数目,故

$$N_e = nvR = (vR/V_a)e^{-W/kT}. \tag{42.5}$$

当然,从蒸气中碰撞到液体上的分子数是不难算出的,因为我们毋须像在考虑分子如何离开液面那样,要对有关的力知道得那么多,用其他方式作论证要容易得多。

§42-2 热离子发射

我们举另外一个很实际的例子,它和液体的蒸发非常类似,以至于不值得另行分析。这在本质上是同样的问题。在电子管中,有一个电子发射源,即一根加热的钨丝以及一块吸引电子的带正电的板极。任何电子离开钨丝表面后就直接向板极飞去。这是一个理想的"泵",它不停地"抽掉"电子。现在的问题是:每秒有多少电子从钨丝发射出来?而这个电子数目又怎样随温度而变化?这个问题的答案与式(42.5)相同,因为在一块金属中,电子受到金属的离子或原子的吸引。粗略地讲,它们被金属吸引。为了从金属中拉出一个电子,必须提供一定的能量,或拉出它来的功。这个功的大小视金属的种类而异。事实上,它甚至随某种给定金属表面的性质而变化,但是总的功约为几个电子伏,附带提一下,它是化学反应中所涉及的典型的能量。只要回忆一下化学电池中由化学反应产生的类似闪光灯电池上的电压约为 1 V 左右就可以想起这一事实了。

我们怎么能够找出每秒钟有多少电子跑出来呢?分析电子跑出的效应是十分困难的,用其他方法来分析比较容易。所以,开始时我们可以设想并没有将电子抽走,电子就像气体一样可以跑回到金属内。因此在平衡时应当有一定的电子密度,当然,它可以准确地由与式(42.1)同样的公式给出。在这里,粗略地讲,V_a 是金属中每个电子的体积,而 W 等于 $q_e\phi$,其中 ϕ 称为功函数,或者说是把一个电子拉出金属表面所需的电势。这就告诉我们,应当有多少电子存在于金属周围的空间中并撞到金属上,以平衡从金属跑出来的电子。于是,很容易算出如果抽走所有电子的话,会有多少电子从金属跑出,因为跑出的电子数恰好等于具有上述密度的电子"蒸气"跑回金属的电子数。换句话说,答案是:单位面积流入的电流等于每个电子的电荷乘以每秒到达单位面积的电子数,后者正如我们已多次见到的那样,就是单位体积的电子数乘以速度

$$I = q_e nv = (q_e v/V_a)e^{-q_e\phi/kT}. \tag{42.6}$$

而 1 eV 相当于温度为 11 600 K 的 kT 值。电子管灯丝比方说可以在温度为 1 100 K 下工作,这样指数因子约为 e^{-10},当我们改变一点温度时,指数因子变化很大。这样,我们再次看到公式的主要的特征是 $e^{-q_e\phi/kT}$。实际上,前面的因子是完全不正确的——结果表明金属中的电子的行为不能从经典理论得到正确描写,而要用量子力学才行,但是这只使前面的因子

改变一点点。事实上，还没有一个人能够很好地直接求得它，虽则为了计算它许多人应用了高等量子力学理论。主要的问题是，W 是否略微随 T 而变化？如果是的话，人们就无法把 W 随温度的缓慢变化和式前系数上的差别区别开来。比方说，如果 W 随温度呈线性变化，那么 $W = W_0 + \alpha kT$，这样就有

$$e^{-W/kT} = e^{-(W_0 + \alpha kT)/kT} = e^{-\alpha} \cdot e^{-W_0/kT}.$$

于是，W 和温度的线性依赖关系等价于"常数"的改变。试图精确地得到式前的系数确实是非常困难的，并且通常是徒劳的。

§42-3 热 电 离

我们现在继续讨论另外一个应用同样概念的例子——总是同样的概念。这个例子与电离有关。假设在一种气体中有大量原子，它们处在中性状态，但气体很热，原子可能被离子化。我们想知道，如果温度一定，并且每单位体积的原子密度一定，在这种情况下将有多少离子。我们仍旧考虑一个容器，其中共有 N 个带有电子的原子（如果一个电子离开一个原子，那个原子就叫做离子，而如果原子呈中性，我们就简单地叫它为原子）。假设在任何确定的时刻，每单位体积中的中性原子数是 n_a，离子数是 n_i，而电子数是 n_e。问题是：这三个数之间的关系如何？

首先，在这些数之间存在两个条件或约束。例如，在改变不同的条件，像温度或其他时，$n_a + n_i$ 将保持不变，因为这正是容器中的原子核数 N。如果使单位体积的原子核数保持固定，而比方说改变温度，那么在电离过程中，某些原子将变为离子，但原子加离子的总数不会变化，也就是说

$$n_a + n_i = N.$$

另一个条件是，如果整个气体呈中性（如果我们忽略二次或三次电离），这就意味着在所有时间内离子的数目等于电子的数目，即

$$n_i = n_e.$$

这就是两个补充方程，它们只是简单地表示电荷守恒与原子守恒。

这些方程是正确的，我们在考虑实际问题时，最后要用到它们。但我们要想得到这些量之间的另一个关系式。为此可以这样做，我们再用类似的概念：电子离开原子需要一定的能量，称为电离能。同时为了使所有公式看起来一样，我们将它写为 W。这样，W 就是从原子中拉出一个电子以产生一个离子所需要的能量。我们仍认为，在"蒸气"中每单位体积的自由电子数等于原子中单位体积的束缚电子数乘以 e 的负指数幂，其指数为束缚态与自由态之间的能量差除以 kT。这又是一个基本方程。我们怎么把它写出来呢？每单位体积的自由电子数当然是 n_e，因为这就是 n_e 的定义。那么，每单位体积中束缚在原子中的电子数是多少？可以放进电子的位置的总数看来是 $n_a + n_i$，我们假设电子被束缚时，每个电子都束缚在一定的体积 V_a 之内。所以总的可束缚电子的体积将是 $(n_a + n_i)V_a$，这样我们可以把公式写为

$$n_e = \frac{n_a}{(n_a + n_i)V_a} e^{-W/kT}.$$

但这个式子在一个基本方面是错误的，即当一个电子已经在一个原子内以后，另一个电子再也不可能进入这个体积之内！换句话说，对于一个正在考虑究竟是要跑到"蒸气"中去，还是要凝结在某一位置上的电子来说，实际上并非所有可能位置的全部体积都是可供选择的。因为在这个问题中还有另外的特点：当已有其他电子处在那里时，这个电子就不能跑进去——它受到排斥力。由于这个原因，我们应当计算的只是电子可能位于那里或者不位于那里的那部分体积。也就是说，已为电子占据的体积不计在总的可供选择的体积之内，而允许占有的只是离子的体积，在那里有空位可让电子占据。所以，在这种情况中，我们发现可将公式写得更准确一些，就是

$$\frac{n_e n_i}{n_a} = \frac{1}{V_a} e^{-W/kT}. \tag{42.7}$$

这个公式叫作萨哈(Saha)方程。现在我们来看看能否从所发生的动力学讨论中定性地了解为什么类似于这样的公式是正确的。

首先，每当一个电子跑到离子内，它们就组合成一个原子。同样，每当一个原子受到碰撞后，就会分裂为一个离子和一个电子。这两种比率应该相等。电子与离子彼此发现对方有多快呢？如果每单位体积的电子数增加，这种比率一定增加。如果每单位体积的离子数增加，比率也会增加。这就是说，产生复合的总比率一定正比于电子数和离子数的乘积。而由于碰撞引起的总电离率必定线性地依赖于电离的原子有多少，于是，当 $n_e n_i$ 的乘积与原子数 n_a 之间有某种关系时，两种比率将得到平衡。这种关系正好能用式(42.7)这个特殊公式(其中 W 是电离能)表述出来，这一事实当然包含的内容要更多一些。但我们不难理解公式必然包含像 $n_e n_i / n_a$ 这样的电子浓度、离子浓度与原子浓度之间的组合以得到一个与各个密度无关而只取决于温度、原子截面和其他的常数因子的常数。

我们可能还注意到，由于方程中包括每单位体积的粒子数，如果在原子加离子的总数 N 固定，即原子核的总数固定情况下做两个实验，但用两个体积不同的容器，则在大容器中，所有的 n 都较小。但由于比值 $n_e n_i / n_a$ 保持不变，因此，在较大的容器中电子与离子的总数必然较大。为了看出这一点，假定在体积为 V 的容器内有 N 个原子核，其中被电离的百分比是 f。则 $n_e = fN/V = n_i$，而 $n_a = (1-f)N/V$。这样我们的方程变为

$$\frac{f^2}{1-f}\frac{N}{V} = \frac{e^{-W/kT}}{V_a}. \tag{42.8}$$

换句话说，如果我们使原子密度越来越小，或使容器体积越来越大，电子与离子的百分比 f 必定增加。由于存在这种只是因密度下降即"膨胀"引起的电离现象，使得我们即使还不能从适当的能量观点来理解它，但也有理由相信，在极低的密度下，比如在恒星间的冷的空间中，也可能存在着离子。虽然为了产生离子需要许多 kT 的能量，但离子还是存在。

为什么当周围空间这么大时也会有离子存在，而当我们增加密度时，离子却趋于消失？答案是：考虑一个原子。偶尔，会有光，会有另一个原子或离子，总之会有保持热平衡的某个东西去撞击它。这种情况是极其罕见的，因为要使一个电子飞去而留下一个离子，需要大量的额外能量。如果空间极大，那么电子到处荡来荡去，经过年复一年也许还没有接近任何东西。但极其偶然地，它回到一个离子处，并和离子复合而组成一个原子。所以电子从原子中跑出来的比率非常低。但是因为空间体积极大，一个已经跑出来的电子要经过很长时间才

能找到另一个和它复合的离子,因而复合概率非常小。因此,尽管需要很大的额外能量,仍然会有一定数量的电子存在。

§42-4 化学动力学

在化学反应中也可以见到我们刚才称为"电离"的同样情况。例如,假定两个物体 A 与 B 组成化合物 AB,稍加思考后就能看出,AB 就是我们所谓的"原子",B 可以叫作"电子",A 可以叫作"离子"。经过这样代替以后,平衡方程式的形式就完全相同

$$\frac{n_A n_B}{n_{AB}} = C e^{-W/kT}. \tag{42.9}$$

当然,这个公式不是严格的,因为"常数"C 与容许 A 和 B 组合的体积等有关。但是,利用热力学的论据,人们可以确定指数因子上的 W 的含义,结果表明它与反应中所需的能量非常接近。

假定我们试图把这个公式理解为碰撞的结果,就像我们在理解蒸发公式时那样,看看单位时间有多少电子跑出来,又有多少电子跑回去。假设 A 和 B 在偶尔进行的一次碰撞中形成一个化合物 AB。假设 AB 是一个复杂分子,它四面八方作无规则运动,不时受到其他分子的碰撞,使它逐渐得到足够的能量以重新分裂为 A 和 B。

实际表明,在化学反应中,如果原子靠近时带有的能量太小,即使在 A+B⟶AB 的反应中可能释放能量,但是,A 与 B 可能彼此接触这一事实不一定会使反应开始进行。事实上,通常要求碰撞得很厉害才能使反应得以发生,A 与 B 之间的一次"软"碰撞不可能做到这一点,即使在反应过程中可能释放能量。所以我们假定在化学反应上这样的情况是非常普遍的:为了使 A 与 B 形成 AB,它们不能只靠彼此碰撞,而必须在碰撞时具有足够的能量。这个能量称为<u>激活能</u>——亦即使反应"激活"所需的能量。我们称 A^* 为激活能,为了使反应实际上得以进行,这是碰撞中所要求的额外能量。A 和 B 产生 AB 的速率 R_f 应当包括 A 的原子数乘 B 的原子数,乘以单个原子碰撞在一定截面 σ_{AB} 上的速率,再乘以因子 $e^{-A^*/kT}$,$e^{-A^*/kT}$ 是它们具有足够能量的概率

$$R_f = n_A n_B v \sigma_{AB} e^{-A^*/kT}. \tag{42.10}$$

现在我们要求出相反的速率 R_r。AB 也有一定的飞散开的机会。为了能够飞散开,不仅必须有一个使 A、B 完全分开的能量,而且正像使 A 和 B 难以化合在一起那样,必须存在一类 A 和 B 必须爬过它才能再次分开的能量"小丘",它们必须不但具有正好可使彼此分开的足够能量,而且必须有一定的额外能量。这就像要翻过一座小山进入到一个深谷一样,人们得爬过小山进入深谷,在返回时又得爬出深谷,然后再爬过小山(图 42-1)。于是 AB 变成 A 和 B 的速率将正比于已存在的数目 n_{AB},再乘以 $e^{-(W+A^*)/kT}$

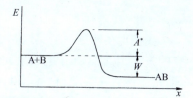

图 42-1 化学反应 A+B⟶AB 的能量关系

$$R_r = C' n_{AB} e^{-(W+A^*)/kT}. \tag{42.11}$$

这里的 C' 与原子的体积和碰撞率有关,我们可以像在蒸发的情况下所做的那样,用面积、时间和厚度来求出它,但我们在这里将不这样做。我们感兴趣的主要事情是在这两种速率相等时,它们的比值等于 1。这告诉我们

$$\frac{n_A n_B}{n_{AB}} = C e^{-W/kT}.$$

像以前一样,这里的 C 包括截面、速度以及其他与 n 无关的因子。

有趣的是,反应率也随 $\exp[-(常数)/(kT)]$ 而变化,虽然这里的常数与支配浓度的常数并不相同,激活能 A^* 与能量 W 也截然不同。W 支配在平衡状态下 A、B 与 AB 的比例,但是,如果我们想知道 A+B 变为 AB 有多快,这就不是一个平衡的问题了,这里有一种不同的能量——激活能,通过指数因子来支配反应率。

此外,A^* 并不是一个像 W 那样的基本常数。假如在器壁的表面上——或在某些其他地方——A 和 B 得以按某种方式暂时粘附在那里,从而能使它们更易化合。换句话说,我们可以找到一条穿过小山的"隧道",或者一座较低的小山。由能量守恒定律知道,当一切都完成后,我们仍由 A 和 B 组成 AB,因而能量差 W 与反应发生的方式完全无关,但是激活能 A^* 则与反应发生的方式极有关系。这就是为什么化学反应率对外部条件非常敏感的原因。如果化学反应依赖于表面的性质,我们可以通过放入一个不同类型的表面以改变反应率,也可以使反应率在一个"不同的圆筒"中进行,这样它就有不同的反应率。或者,如果我们放入第三种物质,它可以大大改变反应率。有的东西仅仅通过使 A^* 稍加变化就能使反应率产生极大的变化——我们把它叫做催化剂。在一定的温度下,由于 A^* 过大,可能会使一个反应实际上根本无法进行,但是,当加入这种特殊物质——催化剂后,因为降低了 A^*,反应就进行得非常快。

附带说一下,在 A 加 B 产生 AB 这样的反应中,存在着一些麻烦,因为当我们企图将两种物质放在一起以组成一种更稳定的物质时,无法使能量和动量两者都守恒。因此,我们至少还需要第三种物质 C,这样实际反应就远为复杂了。正方向的反应速率包括乘积 $n_A n_B n_C$,看来,我们的公式是错误的,但并非如此!当我们考察 AB 沿反方向的反应率时,我们发现它也需要和 C 发生碰撞,这样,在反方向的反应率中也存在着 $n_{AB} n_C$,而在浓度平衡公式中 n_C 已被消去。无论反应机制如何,我们开始写下的平衡定律式 (42.9) 绝对保证正确!

§42-5 爱因斯坦辐射律

我们现在转到一个类似的有趣问题,它与黑体辐射定律有关。在上一章中,我们用普朗克的方法,考虑了振子的辐射问题,得出了空腔内的辐射分布定律。振子必定具有某个平均能量,既然它在振动,它将辐射,而且不断地往空腔辐射能量,直至它积蓄了足够的辐射以使吸收和发射保持平衡。这样我们得到频率为 ω 的辐射强度由下列公式给出

$$I(\omega) d\omega = \frac{\hbar \omega^3 d\omega}{\pi^2 c^2 (e^{\hbar \omega / kT} - 1)}. \tag{42.12}$$

这个结果包括了进行辐射的振子具有有限的、间隔相等的能级的假设。我们没有说过光必

定是光子或任何某种与之类似的东西。当一个原子从某一能级跑到另一个能级时,能量必然以光的形式按一个能量单位$\hbar\omega$释放出来。至于为什么会这样我们还没有讨论过。普朗克的原始思想认为物质而不是光是量子化的:物质振子不能取任何能量,它必须一份一份地取得能量。此外,推导中的麻烦还在于它是部分经典的。我们按经典物理计算了一个振子的辐射率,然后又回过来说:"不,这个振子有一系列能级。"所以,为了求得正确的和完全量子力学化的结果,物理学经历了非常缓慢的发展,终于在1927年建立了量子力学。但在此期间,爱因斯坦作了努力,他改变了普朗克的只有物质振子才可量子化的观点,而认为实际上光是一些光子,并且在某些方面可以看作是具有能量$\hbar\omega$的粒子。此外,玻尔指出,任何原子系统都有能级,但并不需要像普朗克振子那样均匀地隔开。所以,从更完全的量子力学观点来重新推导,或者至少重新讨论辐射定律就成为必要了。

爱因斯坦假设普朗克的最后公式是正确的,他利用这个公式得到了某些前所未知的有关辐射和物质相互作用的崭新的知识。他的讨论如下:考虑一个原子的许多能级中的任何两个能级,比方说第m个与第n个能级(图42-2)。爱因斯坦假设,当这样一个原子受到适当频率的光照射时,它能够吸收光线中的光子,使它从n态跃迁到m态,而每秒钟发生这种情况的概率当然与这两个能级有关,但是它也正比于照射在原子上的光线有多强。我们把比例常数称为B_{nm},以便提醒我们这不是一个自然界的普适常数,而只是与特定的两个能级有关。有的能级易于激发,有的能级则难于激发。现

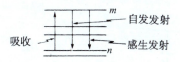

图 42-2 原子内两个能级间的跃迁

在,从m到n的发射率公式是什么?爱因斯坦认为必须把它分为两部分。首先,即使没有光存在,也应当存在原子从激发态落到较低能态而发射出一个光子的机会,我们称这一现象为自发发射。这与一个具有一定能量的振子即使在经典物理中也不会保持能量,而将通过辐射丧失能量的思想相似。于是,经典系统自发辐射的类比是:如果原子处在一种激发态,那么它就存在着一个确定的从m下降到n的概率A_{mn},A_{mn}仍是依赖于这两个能级,但与原子是否受到光的照射无关。但是爱因斯坦再前进了一步,通过与经典理论的比较以及其他的论据得出,发射也受光的存在的影响——当恰当频率的光照射到原子上时,它会增加一个光子的发射率,而这个发射率正比于光的强度,比例常数是B_{mn}。如果后来我们推导出这个系数是零的话,就能发现爱因斯坦错了;当然,我们将发现他是对的。

这样,爱因斯坦假定存在着三种过程:一种是正比于光强度的吸收,一种是正比于光强度的发射,它称为感生发射或者有时称为受激发射,还有一种是与光无关的自发发射。

现在我们假设在温度为T的平衡条件下,在n态有N_n个原子,在m态有N_m个原子。那么由n态跑到m态的原子总数就是在n态的原子总数乘以每秒钟一个原子从n态上升到m态的比率。所以我们就得到一个每秒钟从n上升到m的原子数的公式

$$R_{n\to m} = N_n B_{nm} I(\omega). \tag{42.13}$$

从m到n的数目可以用同样方式表示,即在m态的原子数N_m乘以每秒钟一个原子掉到n态的概率。这一次我们的表示式是

$$R_{m\to n} = N_m [A_{mn} + B_{mn} I(\omega)]. \tag{42.14}$$

现在我们假设,在热平衡时跑上去的原子数必定等于落下来的原子数。至少,这是使

每个能级上的原子数确实保持不变的一种方式*。所以我们将假定这两种比率在平衡时相等。此外,我们还有另一种情况:我们知道 N_m 与 N_n 相比有多大——两者的比值是 $e^{-(E_m-E_n)/kT}$。现在爱因斯坦假设:从 n 到 m 的跃迁中唯一有效的光线只是具有相应于能级差的频率的光,所以在我们的所有公式中就有 $E_m - E_n = \hbar\omega$,于是

$$N_m = N_n e^{-\hbar\omega/kT}. \tag{42.15}$$

这样,如果使两种比率相等

$$N_n B_{nm} I(\omega) = N_m [A_{mn} + B_{mn} I(\omega)],$$

除以 N_m,得到

$$B_{nm} I(\omega) e^{\hbar\omega/kT} = A_{mn} + B_{mn} I(\omega). \tag{42.16}$$

我们可以由这个方程算出 $I(\omega)$,它就是

$$I(\omega) = \frac{A_{mn}}{B_{nm} e^{\hbar\omega/kT} - B_{mn}}. \tag{42.17}$$

但普朗克已经告诉我们这个公式必须是式(42.12)。由此我们可以推出一些结论:首先,B_{nm} 必定等于 B_{mn},否则我们就不能得出 $(e^{\hbar\omega/kT} - 1)$。所以,爱因斯坦发现了某种他还不知道如何计算的东西,即感生发射概率必定等于吸收概率。这是十分有趣的。此外,为了使式(42.17)与式(42.12)一致,A_{mn}/B_{mn} 必须为

$$A_{mn}/B_{mn} = \hbar\omega^3/\pi^2 c^2. \tag{42.18}$$

所以,比如说如果已知一定能级的吸收率,就可以推导出自发发射率和感生发射率,或者它们的任何组合。

这就是迄今为止爱因斯坦或任何别的人利用这样的论证所能得到的结果。当然,要实际计算绝对自发发射率或对任何特殊原子跃迁的其他比率,都需要所谓量子电动力学的有关原子内部机制的知识,这些知识直到 11 年后才被人们所发现。而爱因斯坦的这个工作是在 1916 年完成的。

今天感生发射的可能性已找到了颇有意义的应用。如果有光存在,它将倾向于激发向下的跃迁。如果某些原子处于较高的状态,跃迁就会使可资应用的光能增加 $\hbar\omega$。现在,通过某种非热学的方法,可以使气体中 m 态的原子数远大于 n 态的原子数。这种情况远离平衡态,因此不能用平衡态的公式 $e^{-\hbar\omega/kT}$。我们甚至可以安排得使较高状态的原子数非常之大,而较低状态的原子数实际为零。于是具有相应于能量差 $E_m - E_n$ 的频率的光不会强烈地被吸收,因为在 n 态中没有那么多原子去吸收它。另一方面,当这样的光存在时,它将诱发从高能态的发射!所以,如果在高能态有大量原子,就会产生一种连锁反应,也就是说一旦原子开始发射,越来越多的其他原子将引起发射,最后大量的原子都一起倾泻到低能级上去。这就是所谓的激光,或者在远红外的情况下,就称为微波激射(图 42-3)。

为了得到处在 m 态的原子,可以应用各种技巧。如果我们用高频的强光束照射,原子

---

* 这并非是唯一可能的使不同能级上的原子数保持不变的安排方式,但这是实际发生的情况。在热平衡状态下,每一个过程必定被它准确的相反过程所平衡,这一原理称为**细致平衡原理**。

就能到达更高的能级。它们能够从这些高能级上发射出各种光子而落下来,直至全部到达 m 态。如果它们趋向于停留在 m 态而不发射,这种状态称为亚稳态。以后,通过感生发射,它们一起倾泻到 n 态。一个比较技术性的问题是,假如我们将这个系统放在一个普通的容器内,那么与感应效应相比较,它们将沿许多方向自发辐射,以致又会引起麻烦。但是,如果在容器的每一边放上一面接近于理想的镜子,以致被发射的光得到更多的机会一而再、再而三地感生更多的发射,那么我们就能够加强感应效果,提高它的效率。虽然镜子几乎能 100% 地反射,但它仍有少许透射,因而有一点点光跑出去。当然,最后从能量守恒定律看来,所有的光都沿一个统一的笔直的方向跑出去,而形成强光束。今天,利用激光器可能做到这一点。

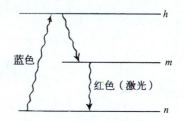

图 42-3 如用蓝光将原子激发到较高的状态 h,它可以发射一个光子使原子处于 m 态,m 态的原子足够多时就开始产生激光

第43章 扩　　散

§43-1　分子间的碰撞

迄今为止,我们只考虑了处于热平衡状态下气体中的分子的运动。我们现在要讨论当情况接近但不是精确处于平衡态时将发生什么。在远离平衡态的情况下,问题极其复杂,但在非常接近于平衡态时,我们很容易得出会出现什么。然而为了要看会发生什么事情,我们必须回到分子动理论上去。统计力学和热力学所处理的是平衡态,但是在偏离平衡的情况下,可以说,我们只能通过一个一个原子来分析所发生的事情。

作为非平衡状态的一个简单例子,我们来考虑气体中离子的扩散。假设在气体中存在着浓度相当小的离子——即带电分子。如果在气体上施加一个电场,则每个离子将受到一个力,这个力不同于气体中的中性分子所受的力。假设没有其他分子存在,直至到达容器壁前,离子都有一个恒定加速度。但是,由于存在着其他分子,它不能这样,它的速度只在和其他分子发生碰撞并失去动量以前增加。此后再次增加速率,它又会再次失去动量。净结果是,这个离子沿着一条奇特的路径运动,但是净运动总是沿着电力的方向。我们将看到离子在作一种平均速率正比于电场的平均"漂移",电场越强,离子跑得越快。当加上电场,并且离子沿着电场方向运动时——当然这不是处在热平衡状态,而是力图趋向于平衡——离子位于容器的终端。利用分子动理论,我们可以计算漂移速度。

我们现在的数学水平实际上不能精确计算将出现的事情,但是我们可以获得能显示所有基本特色的近似结果。我们可以找出事情如何随着压强、温度等变化,但是不可能精确地得出所有各项前面的正确的数值因子。所以,在推导过程中,我们将不去为数值因子的精确值而担心。这只有使用非常细致的数学处理方法才能得出。

当我们考虑在非平衡状态下将会出现什么之前,需要稍微仔细地考察热平衡状态下的气体还会发生什么情况。比如说,我们要知道分子相继两次碰撞之间的平均时间。

显然,任何分子会以一种无规则的方式与其他分子作一连串碰撞。在一段相当长的时间 T 中,一个特定的分子具有一定的碰撞次数 N。如果使时间加倍,碰撞次数也将加大一倍。可见碰撞次数正比于时间 T。我们可以将这一点写成

$$N = T/\tau. \tag{43.1}$$

这里将比例常数写为 $1/\tau$,常数 τ 具有时间的量纲,并且是碰撞之间的平均时间。例如,假定在 1 h 内有 60 次碰撞,τ 就是 1 min。我们将说,这个 τ(1 min)就是碰撞之间的平均时间。

我们常常会提出这样的问题:"在下一个很短的时间间隔 dt 内,一个分子受到一次碰撞的机会是多少?"可以直接想到,答案是 dt/τ。但是我们要作出一个更使人信服的论证。假设分子数 N 很大。在下一个时间间隔 dt 内将发生多少次碰撞?如果处在平衡态,任何东

西对时间的平均值不变。所以 N 个分子在时间 dt 内发生的碰撞次数与一个分子在时间 Ndt 内发生的碰撞次数相同。我们知道这个数目是 Ndt/τ。所以 N 个分子在时间 dt 内的碰撞次数是 Ndt/τ，而任何一个分子作一次碰撞的机会或者概率都正好是 $1/N$，或者正像我们上面所猜测的那样，是 $(1/N)(Ndt/\tau) = dt/\tau$，这就是说，在时间 dt 内受到一次碰撞的分子数占总分子数的比例为 dt/τ。举一个例子来说，如果 τ 是 1 min，那么在 1 s 内受到碰撞的分子所占的比例是 1/60。当然，这意味着，占总数 1/60 的分子正好和那些下一个时刻就会碰撞的分子靠得足够近，因而它们的碰撞将在下一个 1 min 内发生。

当我们说碰撞之间的平均时间 τ 是 1 min 时，并不意味着所有的碰撞都分别在正好相隔 1 min 时发生。某一特定的分子并不要等 1 min 后才有另一次碰撞。相继两次碰撞间的时间完全是可变的。我们后面的工作也并不需要知道它。但是我们可以将"两次碰撞之间的时间是什么？"这样的问题略加改动。我们知道，对于上述情况，平均时间是 1 min，但是我们或许还想知道，比方说，在 2 min 内不发生碰撞的机会有多大？

我们将找出对以下的一般性问题的答案："一个分子在时间 t 内一次碰撞也不发生的概率是多少？"在某一个任意时刻——可以称为 $t = 0$——我们开始注视一个特定的分子。直到时刻 t 它还未和另一个分子碰撞的机会有多大？为了计算这个概率，我们观察在容器内所有 N_0 个分子将发生什么情况。在等了一段时间 t 后，它们中的某些已受到碰撞。令 $N(t)$ 为直到时间 t 为止没有受到碰撞的分子数。当然，$N(t)$ 小于 N_0。我们可以求得 $N(t)$，因为我们知道它随时间怎样变化。如果我们知道了直到 t 为止的未碰撞分子数是 $N(t)$，那么，直到 $t+dt$ 为止的未碰撞分子数 $N(t+dt)$ 小于 $N(t)$，其差值就是在 dt 内发生碰撞的分子数。我们上面已用平均时间 τ 将 dt 时间内所发生的碰撞数写为

$$dN = N(t)dt/\tau.$$

于是有方程式

$$N(t+dt) = N(t) - N(t)\frac{dt}{\tau}. \tag{43.2}$$

按照微分的定义，左边的量 $N(t+dt)$ 可写为 $N(t) + (dN/dt)dt$，将此代入后，方程式(43.2)就成为

$$\frac{dN(t)}{dt} = -\frac{N(t)}{\tau}. \tag{43.3}$$

在 dt 间隔内损失的分子数正比于现在的分子数，反比于平均寿命 τ。如果把式(43.3)改写为

$$\frac{dN(t)}{N(t)} = -\frac{dt}{\tau}, \tag{43.4}$$

就很容易积分。每一边都是个全微分，所以积分是

$$\ln N(t) = -\frac{t}{\tau} + 常数, \tag{43.5}$$

也就是说

$$N(t) = 常数 \cdot e^{-t/\tau}. \tag{43.6}$$

我们知道常数必定正好是现在的总分子数 N_0，因为从 $t = 0$ 开始它们全都等待着它们的"下一次"碰撞。我们可以把结果写为

$$N(t) = N_0 \cdot e^{-t/\tau}. \tag{43.7}$$

如果我们要知道不发生碰撞的概率 $P(t)$,可以将 $N(t)$ 除以 N_0 来得到,于是

$$P(t) = e^{-t/\tau}. \tag{43.8}$$

我们的结果是:某个分子直到时间 t 还没有发生碰撞的概率是 $e^{-t/\tau}$,这里的 τ 是两次碰撞间的平均时间。概率从 $t=0$ 时的 1(或者必然发生)开始随 t 越来越大而变小。一个分子在等于 τ 的时间内还不发生一次碰撞的概率是 $e^{-1} = 0.37\cdots$。两次碰撞之间的时间大于平均碰撞时间的机会小于 1/2。这是完全正确的,因为有足够多的分子在远大于平均碰撞时间的时间前不发生碰撞,因而平均碰撞时间仍然可以是 τ。

我们原来定义 τ 为碰撞之间的平均时间。由式(43.7)得到的结果也表明从任一时刻开始到下一次碰撞的平均时间也是 τ。我们可以证明这个多少有点使人惊讶的事实:在任意选定的初始时刻后的时刻 t,在时间间隔 dt 内,受到下一次碰撞的分子数是 $N(t)dt/\tau$。当然,这些分子的"在下一次碰撞前的时间"正好是 t。"在下一次碰撞前的平均时间"可以用通常求平均值的方法写为

$$[\text{在下一次碰撞前的平均时间}] = \frac{1}{N_0}\int_0^\infty t\,\frac{N(t)}{\tau}dt.$$

利用式(43.7)得出 $N(t)$,并计算积分,我们确实发现 τ 是从任一时刻到下一次碰撞的平均时间。

§43-2 平均自由程

描写分子碰撞的另一种方式是不谈碰撞之间的时间,而谈碰撞之间分子走了多远。如果我们说碰撞之间的平均时间是 τ,而分子的平均速度是 v,我们就可预期碰撞之间的平均距离(记为 l)正好是 τ 与 v 的乘积。两次碰撞之间的距离通常称为平均自由程

$$\text{平均自由程 } l = \tau v. \tag{43.9}$$

在本章中,我们对每一个特殊场合下所指的究竟是哪一类平均并不那么在意。各种可能的平均——权重平均,方均根,等等——全都近似相等,只差一个接近于 1 的因子。不管怎样,为了得到正确的数值因子,必须进行详细的分析,因此我们不必担心在每一种特殊情况下需要用哪种平均值。我们也要提醒读者注意,这里对某些物理量采用的代数符号(如平均自由程的 l)并非根据共同接受的习惯方式,主要是因为没有被普遍采纳的记法。

正如一个分子在短时间 dt 内进行一次碰撞的机会是 dt/τ 一样,它在距离 dx 内进行一次碰撞的机会是 dx/l。按照上面采用过的同样论证,读者可以证明一个分子在下一次碰撞前至少跑过距离 x 的概率是 $e^{-x/l}$。

一个分子在与其他分子碰撞前走过的平均距离——平均自由程 l——取决于它周围有多少分子以及这些分子的"大小",即取决于它面临的"靶"有多大。我们通常用"碰撞截面"来描写在一次碰撞中靶的有效"大小",这与核物理或光散射问题中采用的概念相同。

考虑一个运动粒子在气体中移动距离 dx 的情况。气体中每单位体积内有 n_0 个散射体

(分子)(图 43-1)。观察与所选定的粒子运动方向相垂直的每单位面积,将发现那里有 $n_0 \mathrm{d}x$ 个分子。如果每个分子提供一个有效碰撞面积,即通常说的"碰撞截面"σ_c,则散射体所覆盖的总面积为 $\sigma_c n_0 \mathrm{d}x$。

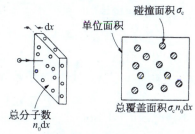

图 43-1 碰撞截面

所谓"碰撞截面"指的是这样一种面积,只要所研究的分子和一个特定的分子相碰撞,这种分子的中心必定处在那块面积内。假如分子是一些小球(一幅经典图像),我们就可以预期 $\sigma_c = \pi(r_1 + r_2)^2$,这里的 r_1 和 r_2 是两个碰撞体的半径。分子发生一次碰撞的机会是散射分子所覆盖的面积与总面积之比,总面积可取为一个单位。故在距离 $\mathrm{d}x$ 内发生一次碰撞的概率正好是 $\sigma_c n_0 \mathrm{d}x$

$$\text{在 } \mathrm{d}x \text{ 中发生一次碰撞的机会} = \sigma_c n_0 \mathrm{d}x. \tag{43.10}$$

我们从上面已经看到过在 $\mathrm{d}x$ 内发生一次碰撞的机会也可用平均自由程 l 写为 $\mathrm{d}x/l$,与式(43.10)比较,就可以把平均自由程与碰撞截面联系起来

$$\frac{1}{l} = \sigma_c n_0. \tag{43.11}$$

如果把它写为

$$\sigma_c n_0 l = 1, \tag{43.12}$$

将更便于记忆。

这个公式可以这样来看,当分子经过距离 l,在这段距离内散射分子正好能够覆盖住整个面积时,平均说来将会发生一次碰撞。在一个长度为 l、底面积为单位面积的圆柱形体积内,有 $n_0 l$ 个散射体,如果每一个散射体具有面积 σ_c,则总的覆盖面积是 $n_0 l \sigma_c$,它正好是一个面积单位。当然,整块面积并没有被覆盖住,因为有些分子被其他分子遮盖了一部分。这就是为什么有些分子在碰撞前跑得比 l 远的原因。分子在跑过距离 l 的这段时间内进行了一次碰撞,这只是就平均而言。从平均自由程的测量中,我们可以确定散射截面 σ_c,并与建立在更详尽的原子结构理论基础上算出的结果进行比较。但这是一个不同的课题!所以我们还是回到非平衡态的问题上来。

§43-3 漂 移 速 率

我们来描述一个或几个分子发生的行为,它们在有的方面与气体中的大多数分子不同。我们把"大多数"分子称为"背景"分子,而跟背景分子不同的分子则称为"特殊"分子,或简称为 S 分子。任何原因都可以使分子变成特殊:比如它可能比背景分子重一些,可能有不同的化学成分,还可能带有电荷——也就是说是一个在中性分子(不带电荷分子)背景下的离子。由于 S 分子在质量或电荷上的不同,S 分子可能受到的力与作用在背景分子上的力不同。考虑了在这些 S 分子上所发生的情况后,我们就能够理解一些基本效应,它们在许多不同的现象中以相似的方式出现。可以列举几个例子:气体的扩散、电池中的电流、沉淀、离心分离,等等。

我们先集中注意以下基本过程:在背景气体中的一个 S 分子受到某种特殊的力 **F** 的作

用(比如说可能是重力或电力),此外它还受到由于和背景分子碰撞而产生的比较寻常的力。我们现在来描写 S 分子的一般行为。就细节来说,它所表现出的就是一再与其他分子碰撞,一会儿冲到这里,一会儿冲到那里。但是,如果我们留心观察的话,会注意到在力 F 的方向上,这个分子确实有某些净移动。可以说,在它的无规则运动上再叠加了一个漂移运动。我们希望知道这个分子由于力 F 而产生的漂移速度有多大。

如果我们从某个时刻开始观察 S 分子,可以预期它处在两次碰撞之间的某个位置上。除了它在最后一次碰撞中所留下的速度外,还获得了由于力 F 产生的某一速度分量。在一个短时间内(平均而言,在 τ 时间内),它受到一次碰撞,因而开始沿着一个新的轨道运动。它将具有一个新的初速度,以及由 F 产生的加速度。

为了简单起见,暂时假设每次碰撞后,S 分子都获得一个"全新"的开始。也就是说,它根本不记得由 F 产生的过去的加速度。如果我们的 S 分子比背景分子轻得多,这是一个合理的假说,但一般说来它肯定不成立。以后我们将讨论一种改进的假设。

所以,暂时我们假定 S 分子在每次碰撞后所具有的速度沿任何方向的可能性都是相等的。这个初始速度是各向同性的,而且对任何净运动均无贡献,所以在一次碰撞后,我们将不必考虑它原来的速度。每个 S 分子除了它的无规则运动外,在任何时刻,还具有自上一次碰撞起由力 F 的作用而引起的沿 F 方向的附加速度。速度的这一部分的平均值是多大呢?它正是加速度 F/m(这里的 m 是 S 分子的质量)乘以自上一次碰撞以来的平均时间。而自上一次碰撞以来的平均时间必定和直到下一次碰撞为止的平均时间相同,前面我们曾把它称为 τ。当然,由 F 所引起的平均速度正是我们所说的漂移速度,这样得到关系式

$$v_{漂移} = \frac{F\tau}{m}. \tag{43.13}$$

这个基本关系式是本章课题的核心。在确定 τ 是什么时,会出现某些复杂性,但是基本过程由式(43.13)确定。

你们会注意到,漂移速度正比于力。遗憾的是,对比例常数没有通用的名称。对于每类不同的力采用了不同的名称。在电学问题中,力可以写成电荷乘以电场 $F = qE$,而速度和电场 E 之间的比例常数通常称为"迁移率"。尽管可能出现一些混淆,对于任何力,我们都将采用迁移率这个词来表示漂移速度与力的比值,即写为

$$v_{漂移} = \mu F, \tag{43.14}$$

而一般地称 μ 为迁移率。由式(43.13)有

$$\mu = \frac{\tau}{m}. \tag{43.15}$$

迁移率正比于碰撞之间的平均时间(τ 长时使 S 分子运动减慢的碰撞也少),并反比于质量(较大的惯性意味着在碰撞之间获得的速率较小)。

要想得到式(43.13)(它是正确的)中的正确数值系数,必须小心一些。为了避免混淆起见,我们还应当指出,在论证中包含着一个只有经过小心而详尽的考察才能领会的微妙之处。不管表面上如何,为了说明确实存在困难,我们以一种似乎合理但却是错误的方式重复一次能导出式(43.13)的论证(这种方式可以在许多教科书上找到)。

我们本来可以这样说:碰撞之间平均时间是 τ。在一次碰撞后粒子以无规速度开始运

动,但在两次碰撞之间它得到了某个附加速度,并且等于加速度乘以时间。由于到下一次碰撞所需的时间为 τ,那时它具有 $(F/m)\tau$ 的速度。在碰撞开始时,它的速度为零。所以在两次碰撞之间,平均说来,速度是末速度的一半,因而平均漂移速度为 $F\tau/2m$。但这个结果是错误的!而式(43.13)才是正确的,虽然这些论证听起来同样使人满意。第二个结果之所以不正确,其理由较为微妙。它与下述情况有关:有论证中,似乎所有的碰撞间隔时间都是平均时间 τ。事实上,某些时间比平均值短,另一些时间又比平均值长。短的时间出现得较频繁,但是对漂移速度的贡献却较小,因为它们提供给粒子进行"真正得以运动"的机会较小。如果计及碰撞间自由时间的分布,可以证明没有从第二种论证中得到的因子 $1/2$。发生错误的原因在于企图通过简单的论证将平均末速度与平均速度本身联系起来。这种联系不是简单的,所以最好还是集中注意我们所想要的东西本身,即平均速度。我们给出的第一个论证直接地——并且正确地——确定了平均速度!但是也许我们现在可以看出,为什么在初步的推导中,一般地说我们并不企图得出所有正确的数值系数!

现在回来讨论我们的简化假设,即每次碰撞把所有与过去运动有关的记忆全部消除掉——每次碰撞后都有一个全新的开始。假如 S 分子是在较轻的背景分子中的一个较重的物体,那么在每次碰撞中 S 分子将不会丢失它"前进"的动量。在它的运动再次"无规则化"以前,还要经过几次碰撞。因此我们应该假设,在每次碰撞中——平均说来在每一个时间 τ 内——S 分子将失去其一定比例的动量。我们不打算讨论细节,而只是说明结果等价于用一个新的较长的 τ——它相应于平均"忘却时间",即"忘却"它的前进动量的平均时间——来代替平均碰撞时间 τ。对 τ 作了这样一个解释,我们就可以把式(43.15)运用到那种不完全像起先所假设的那样简单的情况中去。

§43-4 离子电导率

现在我们把所得结果运用到一个特殊情况中去。假设在一个容器内盛有气体,其中也有某些离子——带净电荷的原子或分子。图 43-2 描绘了这一情况。如果容器的两个正对面的器壁都是金属板,我们可以将它们联在电池的正负极上,从而在气体内产生一个电场。电场使离子受到作用力,这样它们开始向这一块或那一块极板漂移,引起一个电流,而带有离子的气体的行为就像一个电阻器。由漂移速度算出离子流后,就可以算出电阻。我们特别要问:电流与加在两板之间的电位差 V 的关系如何?

假设我们的容器是一个长方形的盒子,长为 b,横截面积为 A(图 43-2)。如果从一块极板到另一块极板的电位差或电压降是 V,极板之间的电场 E 就是 V/b(电势就是使单位电荷从一块极板跑到另一块极板所做的功。在单位电荷上的力是 E。如果两极板之间的任何地方 E 都相同——在我们这里这是一个足够好的近似,那么电场在单位电荷上所做的功正好是 Eb,所以 $V = Eb$)。作用在气体的一个离子上的特殊力是 qE,这里 q 是离子的电荷。因而离子的漂移

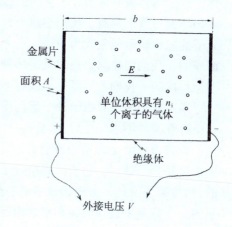

图 43-2 电离气体的电流

速度是 μ 与这个力的乘积,即

$$v_{漂移} = \mu F = \mu q E = \mu q \frac{V}{b}. \tag{43.16}$$

电流 I 是单位时间内流过的电荷。抵达两块极板之一的电流由单位时间内到达这块极板的离子的总电荷给出。如果离子向这块极板漂移的速度是 $v_{漂移}$,则在距离 $(v_{漂移}T)$ 内的离子将在时间 T 内到达这块极板。如果每单位体积内有 n_i 个离子,则在 T 时间内到达极板的离子数为 $(n_i A v_{漂移} T)$。每个离子带电荷 q,故有

$$\text{在时间 } T \text{ 内收集的电荷} = q n_i A v_{漂移} T. \tag{43.17}$$

电流 I 是在 T 时间内所收集的电荷再除以 T,这样

$$I = q n_i A v_{漂移}, \tag{43.18}$$

用式(43.16)的 $v_{漂移}$ 代入,就有

$$I = \mu q^2 n_i \frac{A}{b} V. \tag{43.19}$$

我们发现电流正比于电压,这正好是欧姆定律的表达形式,而电阻 R 是比例常数的倒数

$$\frac{1}{R} = \mu q^2 n_i \frac{A}{b}. \tag{43.20}$$

这样我们就得到了电阻与分子的性质 n_i、q 和 μ 之间的一个关系式,μ 又取决于 m 和 τ。如果由原子的测量中知道 n_i 与 q,就可用 R 的测量来确定 μ,由 μ 还可以确定 τ。

§43-5 分子扩散

现在我们转到另一类问题和另一类分析——扩散理论。假设有一个处在热平衡状态的气体容器,我们在容器中的某处放入少量不同种类的气体。我们把原来的气体称为"背景"气体,新的气体称为"特殊"气体。特殊气体将开始扩展到整个容器中,但是由于有背景气体的存在,它只能缓慢地扩展开来。这种缓慢的扩展过程称为<u>扩散</u>。扩散过程主要由特殊气体的分子与背景气体的分子之间的碰撞所控制。经过大量碰撞后,结果特殊分子或多或少均匀地遍布整个容器。我们必须十分小心,<u>不要把气体的扩散和可能由于对流引起的大量分子的总体输运现象混为一谈</u>。更一般地说,两种气体的混合通常都是由对流和扩散组合而成的。我们现在感兴趣的只是那种不存在"风生流"的情况。气体只是由于分子运动和扩散而扩展的。我们希望算出扩散有多快。

现在我们来计算由于分子运动而引起的"特殊"气体分子的<u>净的流动</u>。只有在分子的分布上存在某种不均匀性时,才会有净的流动,否则,所有分子运动取平均后不会有净的流动。我们首先考虑沿 x 方向的流动。为此设想一个表面垂直于 x 轴的平面,并计算经过这个平面的特殊分子数目。为了得到净分子流,我们必须把沿正 x 方向通过平面的分子数计为正的,然后<u>减去</u>沿负 x 方向通过平面的分子数。我们曾多次看到,在时间 ΔT 中经过一个表面积的分子数等于在该表面和与之相距 $v \Delta T$ 处的表面间的体积内的分子数(注意这里的 v 是分子的实际速度,而不是漂移速度)。

为了简化代数运算，取平面面积为一个单位面积。因而从左向右(以向右表示正 x 方向)通过的特殊分子数是 $n_- v\Delta T$，这里 n_- 是左边每单位体积的特殊分子数(实际上差一个 2 左右的因子，但我们不去管这些因子)。类似地，从右向左通过平面的分子数是 $n_+ v\Delta T$，这里 n_+ 是平面右边的特殊分子数密度。如果我们称分子流为 J，即单位时间通过单位面积的净分子流，则有

$$J = \frac{n_- v\Delta T - n_+ v\Delta T}{\Delta T}. \tag{43.21}$$

或

$$J = (n_- - n_+)v. \tag{43.22}$$

对 n_- 和 n_+ 将用什么值呢？当我们说"左边的密度"时，究竟指的是离左边多远距离处的密度？我们应当选择分子开始"飞行"的那个地方的密度，因为开始这种旅行的分子数由在那个地方的分子数来决定。因此 n_- 应当是在左边的距离等于平均自由程 l 处的密度，而 n_+ 则是在我们的假想平面右边 l 处的密度。

如果考虑用一个称为 n_a 的 x、y 与 z 的连续函数来描写特殊分子在空间的分布，这将是方便的。$n_a(x, y, z)$ 指的是中心在 (x, y, z) 的小体积元中的特殊分子数密度。利用 n_a，可以将差 $(n_+ - n_-)$ 表示为

$$(n_+ - n_-) = \frac{dn_a}{dx}\Delta x = \frac{dn_a}{dx} \cdot 2l. \tag{43.23}$$

将这个结果代入式(43.22)并略去因了 2，得

$$J_x = -lv\frac{dn_a}{dx}. \tag{43.24}$$

我们发现，特殊分子流正比于密度的微商，或者说正比于有时称为密度"梯度"的那个量。

显然，我们已经作了某些粗略的近似。除去略掉几个 2 之类的因子外，我们在原来应当用 v_x 的地方用了 v，并且还假设了 n_+ 与 n_- 是离开假想平面垂直距离为 l 的两个地方的值，而对于那些没有垂直地飞过平面元的分子来说，l 应该是离开平面的斜向距离。所有这些都可以改进，更仔细的分析结果表明，式(43.24)的右边应乘以 1/3，所以更好的答案是

$$J_x = -\frac{lv}{3} \cdot \frac{dn_a}{dx}. \tag{43.25}$$

对 y 方向与 z 方向可以写出类似的方程式。

扩散流 J_x 与密度梯度 dn_a/dx 可以由宏观的观察来进行测量。它们从实验上测得的比值称为"扩散系数" D，这样

$$J_x = -D\frac{dn_a}{dx}. \tag{43.26}$$

我们已经能够表明，对于气体来说

$$D = \frac{1}{3}lv. \tag{43.27}$$

到目前为止，在本章中已考虑了两种不同的过程：迁移率，即由于"外"力而引起的分子的漂移；扩散，即仅由内力和无规则碰撞引起的分子的扩展。然而，在它们之间存在一个关系，因

为它们两者从根本上说都依赖于分子的热运动,而在两种计算中都出现平均自由程 l。

如果在式(43.25)中,以 $l = v\tau$ 及 $\tau = \mu m$ 代入,我们就有

$$J_x = -\frac{1}{3}mv^2\mu \frac{dn_a}{dx}. \tag{43.28}$$

但 mv^2 只取决于温度。回想一下

$$\frac{1}{2}mv^2 = \frac{3}{2}kT, \tag{43.29}$$

则

$$J_x = -\mu kT \frac{dn_a}{dx}. \tag{43.30}$$

我们发现扩散系数 D 正是 kT 乘以迁移率 μ

$$D = \mu kT. \tag{43.31}$$

实际情况是式(43.31)的数值系数是完全正确的——不用再加上什么别的因子来修正我们的粗糙假设。事实上,可以证明,即使在我们简单计算的细节完全不适用的复杂情况中(例如,液体中微粒悬浮的情况),式(43.31)也必定同样正确。

为了说明式(43.31)一般来说也必然正确,我们将以另一种方式,即只使用统计力学的基本原则来推导它。设想一种存在"特殊"分子的梯度的情况,按照式(43.26),将有一个正比于密度梯度的扩散流。现在我们在 x 方向上施加一个力场,使每个特殊分子感受到力 F。按迁移率 μ 的定义,将出现一个由下式决定的漂移速度,即

$$v_{漂移} = \mu F. \tag{43.32}$$

利用我们通常的论证,漂移流(单位时间内通过单位面积的净分子数)将是

$$J_{漂移} = n_a v_{漂移}, \tag{43.33}$$

或

$$J_{漂移} = n_a \mu F. \tag{43.34}$$

现在,我们来调整力 F 使得由它引起的漂移流刚好与扩散流平衡。这样,在我们的这些特殊分子中不存在净流。于是有

$$J_x + J_{漂移} = 0,$$

或

$$D\frac{dn_a}{dx} = n_a \mu F. \tag{43.35}$$

在"平衡"条件下,我们找到了一个稳定的(对时间说来)密度梯度

$$\frac{dn_a}{dx} = \frac{n_a \mu F}{D}. \tag{43.36}$$

但是,请注意!我们正在描写一个平衡条件,所以可以运用统计力学的平衡定律。按照这些定律,在坐标 x 处找到一个分子的概率正比于 $e^{-U/(kT)}$,这里 U 是势能。用数密度 n_a 表示,这意味着

$$n_a = n_0 e^{-U/kT}. \tag{43.37}$$

将式(43.37)对 x 求微商,得

$$\frac{dn_a}{dx} = -n_0 e^{-U/kT} \cdot \frac{1}{kT} \cdot \frac{dU}{dx}, \tag{43.38}$$

或

$$\frac{dn_a}{dx} = -\frac{n_a}{kT} \cdot \frac{dU}{dx}. \tag{43.39}$$

在我们的情况下,由于力 $\boldsymbol{F}$ 沿 x 方向,势能 U 正好是 $-Fx$,而 $-dU/dx = F$。由式(43.39)得出

$$\frac{dn_a}{dx} = \frac{n_a F}{kT}. \tag{43.40}$$

[这正是式(40.2),我们曾由它第一次推导出 $e^{-U/kT}$,所以我们兜了一个圈子]!比较式(43.40)与(43.36),正好得出式(43.31)。这样,我们就证明了式(43.31)(它用迁移率 μ 给出扩散流)具有正确的而且是十分普遍的系数。迁移与扩散有着密切联系,这一联系首先是由爱因斯坦推得的。

§43-6 热 导 率

上面运用的分子动理论方法也可以用来计算气体的热导率。如果某个容器顶部的气体比底部的气体热,热量将从顶部流到底部(我们假定顶部的气体较热,是因为否则将会形成对流现象,这样问题就不再是热传导问题了)。热量由较热的气体向较冷的气体传递是由于带有较大能量的"热"分子往下扩散,以及"冷"分子往上扩散而引起的。为了计算热能流,我们可以问:通过面积元向下运动的分子带到下面的能量,以及通过这个面积向上运动的分子带到上面的能量是多少。它们的差就是向下的净能流。

热导率 κ 定义为单位时间内通过单位面积的热能与温度梯度之比

$$\frac{1}{A}\frac{dQ}{dt} = -\kappa \frac{dT}{dt}. \tag{43.41}$$

由于具体的计算十分类似于我们前面在考虑离子气体中的电流时*所作的计算,因此我们把证明

$$\kappa = \frac{knlv}{\gamma - 1} \tag{43.42}$$

留给读者作为一个练习。$(\gamma - 1)kT$ 是一个分子在温度 T 时的平均能量。

如果我们利用关系式 $nl\sigma_c = 1$,热导率 κ 可以写为

$$\kappa = \frac{1}{\gamma - 1} \cdot \frac{kv}{\sigma_c}. \tag{43.43}$$

---

* 严格地讲:此处应为"考虑分子扩散时"。——译者注

这是一个十分惊人的结果。我们知道，气体分子的平均速度与温度有关，而与密度无关。我们期望 σ_c 只与分子的大小有关，这样上面那个简单的结果表明热导率 κ（因此也就是在任何特定情况下的热流率）与气体的密度无关！由于密度变化而带来的能量"载流子"数目的变化正好被两次碰撞之间载流子跑过的较长的距离所抵消。

有人会问："在气体密度趋向于零的极限情况下，热流是否也和气体密度无关？如果这里根本没有气体呢？"当然不会！式(43.43)的推导和本章中的所有其他推导一样，是建立在碰撞之间的平均自由程远小于容器的任何尺度这个假设之上的。只要气体密度低到这种程度，使得一个分子有充分机会无碰撞地从容器的一个器壁跑到另一个器壁，本章的所有计算就都不能用。在这种情况下，我们必须回到分子动理论上去，重新计算将会出现的具体情况。

第44章 热力学定律

§44-1 热机、第一定律

迄今为止,我们讨论物质性质都是从原子观点出发的,我们假定物质由遵从一定规律的原子所构成,企图由此来大致理解物质会出现什么情况。然而,物质性质之间的许多关系可以不考虑材料的具体结构而求得。不去过问物质的内部结构以确定物质各种性质之间的关系乃是热力学的课题。历史上,在人们了解物质内部的结构之前,热力学就得到了发展。

举个例子说:由分子动理论我们知道气体的压强是由分子的碰撞引起的。我们还知道,如果加热气体,碰撞就会增加,压强也会增大。反之,如果一个气体容器上的活塞朝里移动以反抗碰撞的力,则碰撞在活塞上的分子能量将增大,结果温度也将上升。所以,一方面,如果在一定的体积下升高温度,压强就增大。另一方面,如果压缩气体,就会发现温度将上升。由分子动理论,人们可以得出这两种效应之间的定量关系,但是我们也许会本能地猜测它们之间是由某种与碰撞细节无关的必然方式联系起来的。

再考虑另一个例子。许多人都很熟悉橡皮的一个有趣性质:如果拉长一根橡皮带,它就会变热。例如,如果把橡皮带放在嘴唇间拉长它,你就会感到橡皮带明显地变热。这种变热是可逆的,也就是说,如果当橡皮带还在嘴唇间时很快地放松它,它就会明显地变冷,这意味着当我们拉紧橡皮带时,它会变热,而当我们放松橡皮带的张力时,它就会变冷。现在,我们的直觉告诉我们,如果加热橡皮带,它可能会拉紧:拉一根带子会使它变热的事实也许还意味着加热一根带子会使它收缩。事实上,如果我们用煤气灯加热一根悬挂着重物的橡皮带时,就会看到带子会骤然收缩(图 44-1)。所以确实在加热橡皮带时它会拉紧这个事实与我们放松橡皮带的张力时它会变冷的事实之间有着一定的联系。

引起这些效应的橡皮带的内部机制是非常复杂的。我们将从分子的观点出发来作一些描写,虽然本章的主要目的是不涉及分子模型来理解这些效应之间的关系。不过我们可以从分子模型来说明这些效应是紧密联系的。理解橡皮带行为的一种方法是认为这种物质是由大量的长分子链(像一种分子"面条"那样)缠在一起而组成的。此外,它还具有另一种复杂性:分子链之间有着交键——就像有时一根面条穿过另一根面条时交叉在一起那样——那样的一种大的缠结。当我们拉开这样的缠结时,其中某些分子链趋向于沿着拉伸的方向排列。同时,链又处于热运动之中,所以互相之间又不停地碰撞。结果是,这样一根链如果被拉长的话,将不能自己保持这种状态,因为它将受到来自旁边的其他链和其他分子的碰撞,从而倾向于重新缠结在一起。所以,橡皮带具有收缩倾向的真实原因是,当把它拉开时,链变长了,而链旁边的

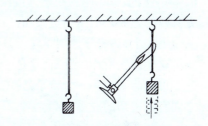

图 44-1 加热的橡皮带

分子的热扰动则趋向于使链重新缠结起来,使它变短。于是人们意识到,如果链保持伸长,而温度升高,使得链四周碰撞的活跃程度增加,链就趋向于收缩,因而在加热橡皮带时能拉起较大的重量。如果在拉伸了一段时间后,让橡皮带放松,那么每个链都变软,而碰撞到放松了的链上的分子在碰撞的时候损失了能量,于是温度就降低。

我们已经看到,加热时收缩与放松时变冷这两种过程可以由分子动理论联系起来,但是要从分子动理论确定这两者之间的精确关系,将是一个巨大的挑战。我们必须知道每秒发生多少次碰撞,这些链究竟像什么样子,同时还必须考虑到所有其他的复杂情况。细致的机制是这样复杂,以致我们实际上无法用分子动理论来精确确定所发生的事情。但是,我们可以得出所观察到的这两种效应间的明确关系,而毋须知道任何有关的内部机制。

热力学整个课题从本质上说依赖于下面的这种考虑:因为橡皮带在高温时比在低温时更"强有力",因此它应当有可能提起重物,移动重物,也就是说用热量做功。实际上,我们已从实验上看到受热的橡皮带能提起重物。研究利用热量来做功的方式是热力学这门科学的开端。我们能否制造出一台利用橡皮带的加热效应来做功的机器?我们可以制造一台外形不美观的机器来做这件事。它由一个自行车的轮子组成,轮子上的所有辐条都是橡皮带(图 44-2)。如果我们在轮子的一边用一对加热灯泡来加热橡皮带,它们就比另一边的橡皮带更"强有力"。轮子的重心将偏离轴承中心而移到一边去,从而使轮子转动。当它转动时,冷的橡皮带向热的地方运动,已受热的橡皮带离开热的地方而变冷,所以在不断地加热时,轮子就一直缓慢地转动。这台机器的效率是非常低的。给两个灯泡提供 400 W 的功率,这台机器才刚刚能提起一只苍蝇!然而,一个有趣的问题是,我们能否用更有效的方式来利用热量做功?

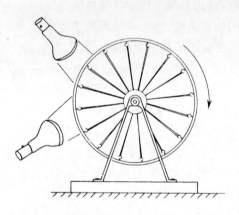

图 44-2 橡皮带加热机

事实上,热力学这门科学就是起源于伟大的工程师卡诺对如何制造最好的和最有效的热机这个问题所作的分析,这是工程学对物理理论作出基本贡献的少数几个著名的例子之一。可以想到的另一个例子是香农所作的信息论的最近的分析。顺便提一下,这两种分析之间有着密切的联系。

一台蒸汽机通常的工作方式是先用锅炉烧开一些水,所产生的蒸汽膨胀推动活塞而使飞轮转动。这样,蒸汽就推动了活塞——以后怎么办呢?我们必须做完的事是:完成一个循环,一个笨拙的方法是让蒸汽放到空气中去,于是就要不断地加水。比较便宜也比较有效的方法是把蒸汽放到另一个箱子里,在那里用冷水使它凝结,然后再把这些水抽回到锅炉里去,这样就能连续地循环往复工作。于是蒸汽机不断得到热量并把它们转变为功。现在我们要问,利用酒精是不是会更好一些呢?为了得到一台最好的热机,物质应当具有怎样的性质?这就是卡诺向自己提出的问题,而其中的副产品之一就是发现了我们上面刚刚解释过的这种类型的关系。

热力学的结果全都包括在一些称为热力学定律的十分简单明了的命题里。在卡诺那个时代,人们还不知道热力学第一定律——能量守恒定律,然而卡诺的论证作得很仔细,以致虽然当时还不知道第一定律,但这些论证仍然成立!若干年后,克劳修斯(Clausius)作了一个比较简单的推导,它比起卡诺的非常精巧的推理来更易理解。结果表明,克劳修斯假设的不是一般的能量守恒定律,而是按照热质说认为热量是守恒的。后来知道,热质说是错误的,所以人们时常说卡诺的逻辑是错误的。但他的逻辑是完全正确的。只有克劳修斯的简化的论证人人都看得出是不正确的。

所谓热力学第二定律是卡诺在热力学第一定律之前发现的!给出卡诺不使用第一定律来作出的论证是有趣的,但是,我们不这样做,因为我们要学的是物理而不是历史。我们从开始就运用热力学第一定律,尽管许多事情没有它也能作出。

我们首先陈述第一定律,即能量守恒定律:如果对一个系统加热,并对它做功,那么它的能量将由于吸收热量和对它所做的功而增加。这可以表示为:加进系统的热量 Q,加上对系统所做的功 W,等于系统的能量 U 的增加;能量 U 有时称为内能。于是

$$\text{能量 } U \text{ 的变化} = Q + W. \tag{44.1}$$

能量 U 的变化可以通过热量微元 ΔQ 与功微元 ΔW 相加来表示

$$\Delta U = \Delta Q + \Delta W. \tag{44.2}$$

这是同一条定律的微分形式。关于这一点,在早先的一章中我们已知道得很清楚。

§44-2　第 二 定 律

现在要问热力学第二定律是什么?我们知道,如果反抗摩擦力做功,那么所损耗的功就等于所产生的热量。如果我们在温度为 T 的室内足够缓慢地做功,室温不会改变得很大,那么我们是在给定的温度下将功转变为热。是否可能存在逆过程?是否有可能在给定的温度下反过来将热转变为功?热力学第二定律断言这是不可能的。假定能够只通过把像摩擦这样的过程反过来就能使热转变为功,这就太方便了。如果我们只从能量守恒来考虑,我们可以想象把热能(比如在分子振动中的能量)作为提供有用能量的良好来源。但是卡诺认为,不可能在单一温度下取出热能。换句话说,如果整个世界处于同一温度下,那么我们就不可能将任何热能转变为功:在一个给定的温度下,使功转变为热的过程是可以发生的,但不能把它反过来再得到这些功。说得更具体一些,卡诺认为:不可能在一个给定的温度下取出热量,并把它转变为功而不引起系统或周围环境的其他任何变化。

最后一句话是非常重要的。假设有一罐处在某给定温度下的压缩空气,我们让空气膨胀。这时它就能做功,比如说,可以使锤子移动。在膨胀中气体会稍稍变冷,但是如果在一个给定温度下,我们有一个像海洋那样的热库,那么就可以使空气再变热。这样就从海洋中取出了热量,并利用压缩空气做功。但是,卡诺并没有错,因为我们没有使每件事情保持原样。如果我们重新压缩已经膨胀的空气,就会发现我们做了额外的功,在完成这一切后我们发现,不仅没有从温度为 T 的系统内取出功,实际上反而对它做功。我们讲的必须只是这样一种状况,其中整个过程的净结果是取出热量,并把它转变为功,正如反抗摩擦力做功这个过程的净结果是取出功,并把它转变为热那样。如果系统循环运动,我们可以使系统严格回到它的出发点,产生的净结果是反抗摩擦力做功,并产生热量。能把这个过程反过来吗?能否按一下开关,使每样东西都反过来进行,从而使摩擦力反抗我们做功,而海洋就冷却下

来呢？卡诺的回答是：不行！所以我们也假定这是不可能的。

假定这种情况可能出现，那就意味着，我们可以不花任何代价而从一个冷的物体中取出热量，并把它放进一个热的物体中去。我们知道一个热的东西能使一个冷的东西变热，这是很自然的。我们的实验还证实，如果只是简单地把热的物体与冷的物体放在一起，而其他一切都保持不变的话，那么绝不会发生热的物体越来越热，冷的物体越来越冷的情况！但是如果我们能从比如说海洋中，或从任何在单一温度下的其他东西中取出热量来做功的话，这个功就可以在某个其他温度下反过来通过摩擦而转变成热。例如，一台正在工作的机器的某工作臂可以和某种已经变热的东西发生摩擦。净结果是从一个"冷"的物体，即海洋中取出热量来，并把它放进一个热的物体里去。现在，按照卡诺的假定有时也把热力学第二定律表述如下：热量不能自动地从冷的物体流到热的物体。正如我们刚才看到的，这两个命题是等价的：第一个命题说，人们不可能设计这样一种过程，它的唯一结果是在一个单一的温度下将热转变为功，第二个命题说，人们不可能使热量自动地从冷的地方流到热的地方。我们主要采用第一种形式。

卡诺对热机的分析十分类似于第 4 章讨论能量守恒时我们对于起重机械问题所作的论证。事实上，那个论证正是仿效卡诺对热机的论证，所以现在的处理看起来非常相似。

假设我们建造了一台带有某个温度为 T_1 的"锅炉"的热机。从锅炉中取出了一定的热量 Q_1，蒸汽机做了某些功 W，放出一些热量 Q_2 给另一个温度为 T_2 的"冷凝器"(图 44-3)。由于卡诺不知道热力学第一定律，所以他不说热量是多少，也不用 Q_2 等于 Q_1 这条规则，因为他不相信这一点。虽然根据热质说，每个人都会认为 Q_1 与 Q_2 必定相等。卡诺则不说它们是相等的——这就是他的论证中的部分高明之处。如果利用热力学第一定律，就会发现放出的热量 Q_2 等于吸收的热量 Q_1 减去所做的功

$$Q_2 = Q_1 - W. \quad (44.3)$$

(假设有某种循环过程：在凝结后又把水泵回到锅炉中去，我们将说，在每一循环中，对进行循环过程的一定量的水来说，吸收了热量 Q_1，并做了功 W)。

现在我们将建造另一台热机，看看若用在温度 T_1 下放出的同样的热量，以及温度仍为 T_2 的冷凝器，能否做更多的功。我们将利用从锅炉中得到的同样多的热量 Q_1，并试图用别的液体，如酒精，以得到比在蒸汽机的情况下更多的功。

§44-3 可 逆 机

现在必须对我们的热机进行分析。有一件事很清楚：如果热机中含有存在着摩擦的装置，那么就有损耗。最好的热机是无摩擦的热机。于是，我们作一个和在研究能量守恒时作过的同样理想化的假设，即假设一个理想的无摩擦的热机(图 44-3)。

我们还必须考虑与无摩擦运动相类似的情况，即"无摩擦"的热传递。把一个温度高的热物体放在一个冷物体上，于是有热流产生，这时不可能通过让每个物体的温度作非常微小的变化来使热量沿相反方向流动。但是，当我们有一台实际上没有摩擦的机器时，如果用一个小小的力沿一个方向推它，它就沿

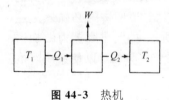

图 44-3 热机

这个方向运动,如果用一个小小的力沿另一个方向推它,它就沿另一个方向运动。我们需要找出与无摩擦运动类似的情形:只利用微小的变化就能把热量传输的方向反过来。如果温度差有限,那么这是不可能的,但是如果我们能够确信热量流动总是在温度基本相同的两个物体之间发生,只要两个物体具有无限小的差别就可使热量顺着我们所希望的方向流动,这种流动称为可逆的(图44-4)。如果我们在左边稍微加热物体,热量将流向右边;如果我们使左边稍微冷却,热量将向左边流动。这样我们就发现理想热机就是所谓可逆机,其中的每一个过程在这种意义下都是可逆的,即只作极小的、无限小的变化,我们就能使热机沿相反方向运行。这意味着在机器中的任何地方都必然不存在可觉察到的摩擦力,并且也肯定没有发生热库或锅炉火焰直接和某种确定地较冷或较热的东西相接触。

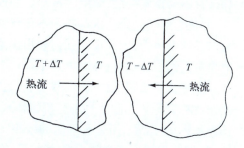

图 44-4 可逆的热传递

现在考虑一台所有过程都可逆的理想热机。为了说明这一种东西在原则上是可能的,我们将举一个热机循环的例子,它可能是也可能不是实际的,但至少在卡诺设想的含义上是可逆的。如图44-5所示,假设有一个盛有气体的汽缸,汽缸上带有一个无摩擦的活塞。气体不一定必须是理想气体,甚至液体也不一定必须能汽化,但是为了确定起见,我们认为这是一种理想气体。假设我们还有两个很大的热垫 T_1 和 T_2——一种具有确定温度 T_1 和 T_2 的很大的东西。假定现在的情况是 T_1 高于 T_2。我们先加热气体,同时让它膨胀,这时它与热垫 T_1 接触。在这样做的时候,一旦热量流入气体,活塞就非常缓慢地被顶出,我们确信气体的温度永远不会远离 T_1。假定活塞被顶得太快,气体的温度就会比 T_1 低许多,于是过程就不完全是可逆的,但若活塞被顶得足够慢,气体的温度就永远不会远离 T_1。另一方面,如果我们缓慢地把活塞推回来,气体温度只比 T_1 高一个无限小量,热量将传回给热垫。我们看到,这样一种进行得足够缓慢的等温(温度不变)膨胀是可逆过程。

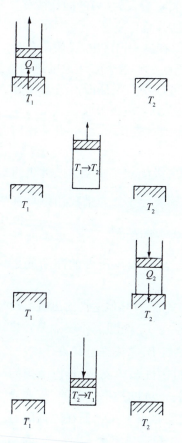

图 44-5 卡诺循环中的各个步骤

为了理解刚才所做的事,我们画出气体压强与体积之间的关系图(图44-6)。当气体膨胀时,压强下降。记为(1)的曲线告诉我们当温度固定为 T_1 时,压强随体积会如何变化。

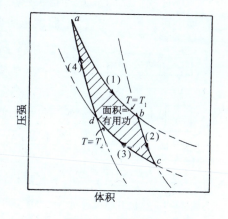

图 44-6 卡诺循环

对于理想气体来说,这条曲线就是 $PV = NkT_1$。在等温膨胀中,当体积增加时,压强降低,直到停在 b 点为止。同时,必然有一定的热量 Q_1 从热库流入气体,因为我们已知,如果气体膨胀时不与热库接触,它就会冷却。完成了等温膨胀而停止在 b 点后,我们将汽缸从热库拿开,并让它继续膨胀。这时我们不让任何热量进入汽缸,同时仍让气体缓慢地膨胀,再假设没有任何摩擦力,因此没有任何理由说这个过程不可逆。气体继续膨胀时,因为再没有任何热量进入汽缸,所以气体温度将下降。

令气体沿着记为(2)的曲线膨胀,直到温度降为 T_2 到达 c 点。我们把这种不加进热量的膨胀称为绝热膨胀。对于理想气体来说,我们已知曲线(2)具有 $PV^\gamma = $ 常数 的形式,这里 γ 是大于 1 的常数,所以和等温曲线相比,绝热曲线具有更负的斜率。现在汽缸的温度达到 T_2,因而如果我们把它放在温度为 T_2 的热垫上,将不会出现不可逆的变化。现在在气体与温度为 T_2 的热库接触的情况下,沿着记为(3)的曲线缓慢地压缩气体(图 44-5,第二步)。因为汽缸与热库接触,它的温度不会升高,但是热量 Q_2 要在温度为 T_2 时从汽缸流入热库。在沿曲线(3)等温地压缩气体至 d 点后,我们把汽缸从温度为 T_2 的热垫上拿开,并继续压缩气体,同时不让任何热量流出。于是气体的温度将上升,压强将沿记为(4)的曲线变化。如果妥善地实现每一步骤,我们可以回到温度为 T_1 的起点 a 处,并且重复这一个循环。

在图 44-6 上可以看到,我们已经使气体作一个完整的循环,在这一循环中,我们在温度 T_1 处加进了热量 Q_1,而在温度 T_2 处取走了热量 Q_2。现在,要点在于这个循环是可逆的,因而我们能够把所有的步骤用另外反过来的方式表示。我们可以反向循环而不是正向循环:让气体从温度为 T_1 的 a 点出发,沿曲线(4)膨胀,膨胀到温度 T_2 后再吸收热量 Q_2,等等,使循环反向进行。如果我们沿这个方向作一个循环,我们必须对气体做功;而如果我们沿相反的方向循环,气体必定对我们做功。

附带提一下,不难求出功的总量,因为在任何膨胀过程中所做的功是压强乘以体积的变化,即 $\int P dV$。在这个特殊的循环图中,垂直轴表示 P,水平轴表示 V。如果我们称垂直坐标为 y,水平坐标为 x,功就是 $\int y dx$——换句话说,就是曲线下的面积。因此每条曲线下的面积就是对应的那个步骤中对气体或由气体所做的功。不难看出所做的净功就是图中的阴影面积。

现在我们已经举了一个可逆机的简单例子。我们还将假定可能有其他这样的热机。设有某个可逆机 A,它在 T_1 温度下吸收热量 Q_1,做了功 W,并且在 T_2 温度下释放了部分热量。现在我们假设还有另一台热机 B,它或许已经设计成功,或许还没有发明出来。这台热机由许多橡皮带、蒸汽或别的什么东西制成,既可以是可逆的,也可以是不可逆的,但要设计得使它在温度 T_1 下吸收同样多的热量 Q_1,而在较低的温度 T_2 下释放出热量(图 44-7)。假设热机 B 做了一定的功 W'。现在我们将要证明,W' 不会大于 W,也就是说没有一台热机做的功能够超过可逆机。为什么?假设 W' 确实大于 W,那么我们可以从 T_1 热库中取出热量 Q_1,利用热机 B 可以做功 W',并且释放一些热量到 T_2 热库中去,至于究竟有多少

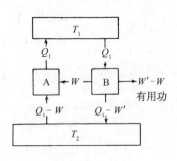

图 44-7 热机 B 使可逆机 A 反向运转

我们不去管它。这样做以后，由于已经假设 W' 大于 W，我们可以省下 W' 中的某些功，利用它的一部分功 W 而使其余的功 $W'-W$ 作为有用功。利用功 W 可使热机 A 反过来运转，因为它是一个可逆机。它将从 T_2 热库中吸收某些热量，并把热量 Q_1 放回给 T_1 热库。经过两重循环后，净结果就是每样东西都回到原来的状态，但可以做某些额外的功，即 $W'-W$，而我们所做的一切就是从 T_2 热库中取出能量！我们已经很小心地把热量 Q_1 还给了 T_1 热库，因而这个热库可以很小，也可以把它放在联合热机（A + B）"之内"，这个联合热机的净结果是由 T_2 热库取出净热量（$W'-W$），并把它变为功。但是，按照卡诺的假设，要从某个单一温度下的热库中取得有用功而不发生任何其他变化是不可能的，它是无法实现的。因此，在相同温度的运行条件下，没有一台热机能从较高温度 T_1 吸收一定的热量，又在 T_2 温度下释放一些热量，而所做的功能大于可逆机。

现在假设 B 机也是可逆的。当然，这时不但必须满足 W' 不大于 W，也可以把论证反过来证明 W 也不能大于 W'。所以，如果两台热机都可逆，它们必定做同样大小的功，这样，我们就得到了卡诺的光辉结论：如果一台热机是可逆的，那么不管它是怎样设计的，都不会有任何不同，因为如果这台热机在温度 T_1 下吸收一定的热量，而在某个其他温度 T_2 下释放一些热量，人们所得到的功与热机的设计无关。这是自然界的属性，而不是个别热机的特性。

如果我们能够找出一条定律来确定在温度 T_1 下吸收热量 Q_1 和在温度 T_2 下释放一些热量时能够做多少功，那么这个量将具有普遍的性质，而与物质无关。当然，如果我们知道了某种特殊物质的性质，并且能把这个量求出，就能够说，在一台可逆机中工作的所有其他物质也必定给出同样大小的功。这是一个关键的想法，利用这条线索，我们可以求出，比方说，当加热橡皮带时它收缩的程度与放松橡皮带时它冷却的程度之间的关系。我们不妨设想把这样的橡皮带放进一台可逆机中，并使它经过一个可逆循环。净结果（即做功的总量）是一个普适函数，亦即一个与物质无关的函数。所以我们看到物质的性质必然有一定的限制。人们不能要求任何想要的东西，也不可能发明一种物质，使这种物质经过一个可逆循环后，得出比所允许的最大值还大的功。这条原则和这种局限性是热力学得出的唯一真实的规则。

§44-4 理想热机的效率

现在来找出决定功 W 作为 Q_1、T_1 和 T_2 的函数的定律。显然 W 正比于 Q_1，因为如果我们考虑两个并联的可逆机时，这两台一起工作的热机组合起来仍然是可逆机。假设每台热机都吸收热量 Q_1，那么两台热机合在一起吸收热量 $2Q_1$，所做的总功就是 $2W$，等等。所以 W 正比于 Q_1 是合理的。

现在，下一个重要步骤是找出这条普适定律。如果研究一台用我们已经知道它的规律的特定物质（例如理想气体）制成的可逆机，我们就能够而且一定找得出这个定律。通过纯粹的逻辑论证，根本不用任何特殊的物质也能得出这条规律。这是物理学中最出色的理论证明之一，如果不把它证明给你们看，就会于心不安，所以对于那些希望知道证明的人来说，我们将在适当时候讨论它。但是我们先用理想气体进行直接计算，这是一种不太抽象的、较为简单的方法。

我们只要得到 Q_1 和 Q_2 的公式（因为 W 刚好等于 Q_1-Q_2），即在等温膨胀或压缩的过程中和热库交换的热量的公式。例如，从压强为 p_a，体积为 V_a，温度为 T_1 的 a 点 [图 44-6 中标记为（1）的曲线]，等温膨胀至压强为 p_b，体积为 V_b，温度仍为 T_1 的 b 点时，将要从温度

为 T_1 的热库中吸收多少热量 Q_1？对于理想气体来说，每个分子具有一个只取决于温度的能量，而且因为 a 点和 b 点的温度和分子数相同，内能也就相同。内能 U 没有任何变化。气体在膨胀过程中所做的总功

$$W = \int_a^b p\,dV.$$

它等于由热库取出的能量 Q_1。在膨胀过程中，$pV = NkT_1$，或

$$p = \frac{NkT_1}{V},$$

于是

$$Q_1 = \int_a^b p\,dV = \int_a^b NkT_1 \frac{dV}{V}, \tag{44.4}$$

即

$$Q_1 = NkT_1 \ln\left(\frac{V_b}{V_a}\right).$$

这就是从 T_1 热库取得的热量。同样，对于在 T_2 温度下的压缩来说[图 44-6 曲线(3)]，释放给 T_2 热库的热量是

$$Q_2 = NkT_2 \ln\left(\frac{V_c}{V_d}\right). \tag{44.5}$$

为了完成我们的分析，只要求出 V_c/V_d 与 V_b/V_a 之间的关系。注意到曲线(2)是从 b 到 c 的绝热膨胀，在这个过程中 pV^γ 是一个常数，就可以找出这个关系。因为 $pV = NkT$，可以把它写为 $(pV)V^{\gamma-1} =$ 常数，或者，利用 T 和 V，可写为 $TV^{\gamma-1} =$ 常数，即

$$T_1 V_b^{\gamma-1} = T_2 V_c^{\gamma-1}. \tag{44.6}$$

类似地，由于曲线(4)，从 d 到 a 的压缩也是绝热的，我们有

$$T_1 V_a^{\gamma-1} = T_2 V_d^{\gamma-1}. \tag{44.6a}$$

式(44.6)除以式(44.6a)后，可得 V_b/V_a 必定等于 V_c/V_d，所以式(44.4)与式(44.5)中的对数项相等，于是便有

$$\frac{Q_1}{T_1} = \frac{Q_2}{T_2}. \tag{44.7}$$

这就是我们要找的关系。虽然这是对理想气体热机所作的证明，但我们知道对于任何可逆机它都必定完全成立。

现在我们来看看如何能通过逻辑推理求得这条普适的定律，而无需知道任何特殊物质的性质。现推导如下：假定有三个热机和三种温度 T_1、T_2 和 T_3。令一台热机在 T_1 温度下吸收热量 Q_1，做功 W_{13}，并在温度 T_3 下放出热量 Q_3（图 44-8）。令另一台热机在 T_2 和 T_3 之间反过来运转。再假定把第二台热机设

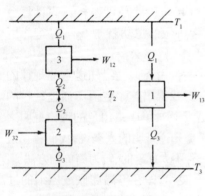

图 44-8　热机 1 与 2 联合起来等于热机 3

计得正好吸收同样的热量 Q_3，放出热量 Q_2。我们必须对它做一定的功 W_{32}，这里 W_{32} 是负的，因为这台热机反过来运转。当第一台热机经过一个循环后，它吸收热量 Q_1 而在温度 T_3 下放出热量 Q_3，然后第二台热机从 T_3 热库取出同样的热量 Q_3，而将热量 Q_2 释放给温度为 T_2 的热库。因此这两台热机一前一后地运行的净结果是从 T_1 吸收热量 Q_1，而在 T_2 放出热量 Q_2。于是这两台热机等价于第三台热机，第三台热机是在 T_1 下吸收热量 Q_1，做功 W_{12}，然后在 T_2 下放出热量 Q_2。因为由热力学第一定律我们立刻可以证明 $W_{12} = W_{13} - W_{32}$

$$W_{13} - W_{32} = (Q_1 - Q_3) - (Q_2 - Q_3) = Q_1 - Q_2 = W_{12}, \tag{44.8}$$

于是我们可以得到关于热机效率的定律，因为在温度 T_1 和 T_3 之间，T_2 和 T_3 之间，以及 T_1 和 T_2 之间运行的热机效率之间显然必定存在某种联系。

我们可以用下述方式使论证更为清楚：刚才已经看到，我们总可以通过找出在某个其他温度 T_3 下释放的热量，而把在 T_1 吸收的热量和在 T_2 释放的热量联系起来。如果引进一个标准温度，用这个标准温度来分析每一样东西，我们就能求得所有的热机的性能。换句话说，如果我们知道一台运转在一定的温度 T 和某个确定的标准温度间的热机效率，就可以求出在任何其他温度差下的热机效率。因为我们假定只用可逆机，我们可以使它从初始温度下降到标准温度，然后再回升到最终温度。我们将标准温度任意定义为 $1°$，并用一个特殊记号 Q_s 来表示在这个标准温度下所释放的热量。换句话说，当一个可逆机在温度 T 下吸收热量 Q 时，它将在 $1°$ 下释放热量 Q_s。如果一台热机在 T_1 下吸收热量 Q_1，而在 $1°$ 下放出热量 Q_s，并且如果一台热机在 T_2 下吸收热量 Q_2，而在 $1°$ 下也放出同样的热量 Q_s，则一台运行于温度 T_1 和 T_2 之间的热机将在温度 T_1 下吸收热量 Q_1，而在 T_2 下放出热量 Q_2，这正好和我们考虑在三种温度之间工作的热机时所证明的一样。所以实际上我们所要做的就是求出在温度 T_1 时必须给热机多少热量 Q_1 才使它在单位温度下放出一定量的 Q_s。一旦求得了它，就什么都有了。当然，热量 Q 是温度 T 的函数。不难看出，当温度增加时，热量也必定增加，因为我们知道使一台热机反过来运行，并把热量释放到温度更高的热库时需要对它做功。也不难看出热量 Q_1 必定与 Q_s 成正比。所以这一条重大的定律可以大致叙述如下：一台在温度 T 下运行的热机，在 $1°$ 下释放出一定的热量 Q_s，则热机所吸收的热量 Q 必定是 Q_s 乘以某个温度的递增函数

$$Q = Q_s f(T). \tag{44.9}$$

§44-5 热力学温度

现在我们不想利用熟知的水银温标来找出上述温度递增函数的公式，而是要用一个新的温标来定义温度。在一段时期内，人们曾经将水的膨胀划分为一定大小的均匀标度来任意地定义"温度"。但是后来用水银温度计测量温度时，人们发现这些"度"不再是均匀的了。不过我们现在可以给出一个与任何特殊物质无关的温度的定义。我们可以利用与所使用的装置无关的函数 $f(T)$，因为这些可逆机的效率与它们的工作物质无关。由于我们找到的这个函数随温度而增加，所以我们将把这个函数本身定义为温度，而以标准的 $1°$ 作为单位来测定温度，即

$$Q = ST, \tag{44.10}$$

而
$$Q_s = S \cdot 1°. \tag{44.11}$$

这意味着,如果使一台可逆机运行于某个物体的温度与单位温度之间,只要求出这台可逆机吸收的热量,我们就能说出这个物体有多热(图 44-9)。如果从锅炉中吸收的热量是释放到 1° 的冷凝器中的热量的 7 倍,锅炉的温度就是 7°,等等。所以,通过测量在不同温度下所吸收的热量,我们就能确定温度。以这种方法定义的温度称为热力学绝对温度,它和物质无关。以后我们将一概应用这个定义*。

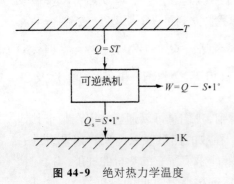

图 44-9 绝对热力学温度

现在我们看到,如果有两台热机,一台工作于 T_1 与 1° 之间,另一台工作于 T_2 与 1° 之间,它们在单位温度下释放相同的热量,则它们吸收的热量必然满足下列关系

$$\frac{Q_1}{T_1} = S = \frac{Q_2}{T_2}. \tag{44.12}$$

这意味着,如果有某一台运行于 T_1 和 T_2 之间的热机,那么整个分析所得出的极为重大的结果是:如果热机在温度 T_1 吸收热量 Q_1,并且在温度 T_2 放出热量 Q_2,则 Q_1 比 T_1 等于 Q_2 比 T_2。只要热机是可逆的,这个热量之间的关系就必须满足。全部结果都包括在这里,这是热力学领域的核心。

如果这就是热力学的所有一切,为什么把热力学看成是这样一门困难的学科呢?在处理一个包含一定质量的某种物质的问题时,在任何时刻物质的状态都可以通过给出它的温度和体积来描写。如果我们知道了物质的温度和体积,以及压强是温度与体积的某个函数,则我们就知道内能。有人会说:"我不想这么做,告诉我温度和压强是多少,我就会告诉你体积是多少。我可以把体积看成是温度和压强的函数,把内能看成是温度和压强的函数,等等。"这就是热力学之所以困难的原因,因为每个人都可采用一种不同的途径。只要我们坐下来,决定我们的变量,并且坚持使用下去,那么热力学就会变得非常容易了。

现在我们进行一些推论。正如 $F = ma$ 是力学领域的核心,所有一切都不断由它派生,同样的原则也适用于热力学。但人们能由此推出一些什么结论呢?

让我们来开始做这件事情。为了得到第一个推论,我们把能量守恒定律和把 Q_2 与 Q_1 联系起来的定律结合起来,于是很容易得出可逆机的效率。由热力学第一定律,我们有 $W = Q_1 - Q_2$。而按照我们的新原理

$$Q_2 = \frac{T_2}{T_1} Q_1,$$

于是功可以写成

---

* 我们以前曾用不同的方式定义了温标,由理想气体知道分子的平均动能正比于温度,或者说根据理想气体定律,pV 正比于 T。这个新定义和它等价吗?等价的,因为由气体定律推出的最后结果式 (44.7) 和这里推出的相同。关于这一点我们将在下一章再作讨论。

$$W = Q_1\left(1 - \frac{T_2}{T_1}\right) = Q_1\frac{T_1 - T_2}{T_1}. \tag{44.13}$$

这个公式指出了热机的效率——从那么多的热量中得到了多少功。热机的效率等于热机在其中工作的两个温度之差除以较高的温度

$$效率 = \frac{W}{Q_1} = \frac{T_1 - T_2}{T_1}. \tag{44.14}$$

它不可能大于 1，因为绝对温度不可能小于绝对零度。这样，由于 T_2 必须为正，所以效率总是小于 1。这就是我们的第一个推论。

§ 44-6 熵

式(44.7)或式(44.12)可以按另一种特殊方式来解释。如果工作时都是用可逆机，而 $Q_1/T_1 = Q_2/T_2$，那么从一个被吸收另一个被释放的意义上来说，温度 T_1 的热量 Q_1 "等效"于温度 T_2 的热量 Q_2。这就启发了我们，如果称 Q/T 为某个量，就可以说：在可逆过程中，吸收和放出的 Q/T 是一样多；Q/T 既不增加也不减少。这个 Q/T 称为熵。于是我们说："在可逆循环中，没有熵的净变化。"如果 T 是 1°，那么熵就是 $Q/1°$，用我们的符号是 $Q_S/1° = S$。实际上，S 正是通常用来表示熵的字母，在数值上它等于释放给 1° 热库的热量 Q_S（熵本身并不是热量，它等于热量除以温度，因此单位是焦每度）。

有意思的是，除去压强与内能这两个量是温度与体积的函数外，我们发现另一个量，即物质的熵，也是状态的函数。我们要解释计算它的方法以及把它称为"状态函数"的含义。考虑两个处在不同状态下的系统，它们很像我们在绝热膨胀和等温膨胀的实验中所遇到的情况（附带提一下，热机不一定只有两个热库，它可以从三个或四个不同温度吸热或放热，等等）。我们可以在整个 pV 图上到处运动，从一种状态转变到另一种状态。换句话说，我们可以说气体处于某一状态 a，接着转变到另一个状态 b，我们要求从 a 至 b 的转变是可逆的。现在假设在沿着整条从 a 到 b 的路径上有许多不同温度的小热库，使得在每一条小路径上由物质放出的热量 dQ 都传递给每一对应于路径上该点温度的小热库。然后，我们用可逆热机将所有这些热库联结到单位温度的单个热库上去，当我们完成了物质状态从 a 到 b 的转变，将使所有热库回到它们的原始状态。在温度 T 下从物质中所吸收的任何热量 dQ 都被可逆机变换了，而且把一定量的熵传递给单位温度，即

$$dS = \frac{dQ}{T}. \tag{44.15}$$

我们来计算所传递的总熵。熵的差值，或者说在这个特殊的从 a 到 b 的可逆变化中所需要的熵，就是从小热库中所得到并传递给单位温度的熵的总和

$$S_b - S_a = \int_a^b \frac{dQ}{T}. \tag{44.16}$$

问题在于熵的差值是否与所选路径有关？从 a 至 b 不止有一条路径。我们记得在卡诺循环中，从图 44-6 中的 a 到 c 可以先等温膨胀，然后再绝热膨胀，也可以先绝热膨胀，然后再等

温膨胀。所以问题是，当我们从图 44-10 的 a 到 b 时，沿一条路径的熵的变化是否与沿另一条路径相同？答案是它们必须相等。因为如果我们沿着这个循环走过所有路径，向前走的时候沿着一条路径，回来的时候沿着另一条路径，这就相当于一台可逆机，并且对于单位温度的热库来说，没有什么热量损失。在整个可逆循环中不必从单位温度的热库取出热量，所以经过从 a 到 b 的一条路径与经过另一条路径所需的熵相同，它与路径无关，只取决于端点。因此我们可以说，存在着称为物质的熵的某个确定的函数，它取决于物质的状态，即只取决于体积和温度。

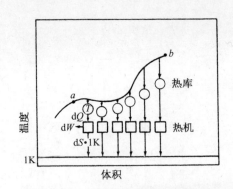

图 44-10 在可逆变化中熵的改变

我们可以找出一个函数 $S(V, T)$，它具有这样的性质，当我们根据单位温度释放出的热量来计算物质沿任何一条可逆路径熵的变化时，有

$$\Delta S = \int \frac{dQ}{T}, \tag{44.17}$$

这里 dQ 是从温度为 T 的物质取走的热量。这个总的熵的改变是在起点和终点计算的熵的差值

$$\Delta S = S(V_b, T_b) - S(V_a, T_a) = \int_a^b \frac{dQ}{T}. \tag{44.18}$$

这个表示式并没有完全确定熵函数，而只是决定了两个不同状态之间的熵的差。只有当我们能够计算一种特殊状态下的熵以后，才可以真正确定 S 的绝对值。

长期以来人们相信，绝对熵毫无意义——只有它们的差才可以定义——但是最后能斯特(Nernst)提出他的所谓热定理，也叫做热力学第三定律。这是一条非常简单的定律，我们将讲一下它是什么，而不去解释它为什么是对的。能斯特的假设简单说来就是：在绝对零度时任何物质的熵为零。于是我们就知道一种 T 和 V 的情况，即 $T=0$ 时 S 值为零。因而我们可以得到其他任何点的熵。

为了说明这些概念，我们来计算理想气体的熵。在等温可逆膨胀中，$\int dQ/T$ 是 Q/T，因为 T 是常数。所以由式(44.4)，可得出熵的变化为

$$S(V_a, T) - S(V_b, T) = Nk \ln \frac{V_a}{V_b},$$

因此 $S(V, T)$ 等于 $Nk \ln V$ 加上某个仅是 T 的函数。S 和 T 的依赖关系如何？我们知道，在可逆绝热膨胀中不交换热量。所以即使 V 发生变化，熵也不发生变化，因为假设 T 也随着变化，以致有 $TV^{\gamma-1} =$ 常数。读者能否看出这意味着

$$S(V, T) = Nk \left[\ln V + \frac{1}{\gamma - 1} \ln T \right] + a,$$

这里 a 是与 V，T 两者都无关的某个常数[a 称为化学常数，它取决于所考虑的气体，可以按能斯特定理从实验上通过测量气体冷却到 0° 并凝结为固体(对氦是液体)时所释放的热量，

再由积分 $\int dQ/T$ 来确定。也可以从理论上用普朗克常数与量子力学来确定,但在这个课程中我们不准备进行讨论]。

现在我们要对物质的熵的某些性质作些说明。首先我们记得,如果沿着一条可逆循环路径从 a 到 b 运动,那么物质的熵将改变 $(S_b - S_a)$。我们也记得,如果沿着这条路径运动,熵——在单位温度释放的热量——将按照 $dS = dQ/T$ 的规则增加,这里 dQ 是从温度为 T 的物质中取走的热量。

我们已经知道,如果一个循环可逆,则一切事物的总熵就不会改变,因为在 T_1 吸收的热量 Q_1 与在 T_2 放出的热量 Q_2 对应着相等和相反符号的熵的变化,所以熵的净变化为零。所以对于可逆循环,包括热库在内的一切事物的熵没有变化(图44-11)。这条规则看起来似乎像能量守恒,但其实不然,它只适用于可逆循环。如果包括不可逆循环,就不存在熵的守恒定律。

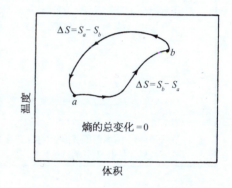

图 44-11 在完全可逆循环中熵的改变

举两个例子来说明。首先,假设我们通过摩擦对一个物体做了不可逆功,在某个温度 T 下的物体产生了热量 Q,则熵增加了 Q/T。热量 Q 等于所做的功,所以当我们通过摩擦对温度为 T 的物体做了一定的功时,整个系统的熵增加了 W/T。

再举一个不可逆的例子:如果我们把两个不同温度 T_1 和 T_2 的物体放在一起,那么一定量的热量将自动地从一个物体流到另一个物体。比方说,假如将一块很热的石头放到冷水中去,当从 T_1 到 T_2 传递了一定的热量 ΔQ 后,热的石头的熵的改变有多大?它减少了 $\Delta Q/T_1$。水的熵的改变又是多少?它增加了 $\Delta Q/T_2$。当然,热量只能从较高的温度 T_1 流向较低的温度 T_2,如果 T_1 大于 T_2,ΔQ 为正。所以整个系统的熵的改变为正,它是这样两个分数之差

$$\Delta S = \frac{\Delta Q}{T_2} - \frac{\Delta Q}{T_1}. \tag{44.19}$$

因此,下述命题成立:在任何不可逆过程中,整个系统的熵将增加。只有在可逆过程中熵才保持不变。由于没有什么过程是绝对可逆的,熵至少总有一点增加;一个可逆过程是一种使熵的增加最小的理想化过程。

遗憾的是,我们不打算深入到热力学领域中去。我们的目的只在于说明所涉及的原则性概念,以及为什么能作这些论证的理由,而不想在这门课程中使热力学用得太多。工程师,特别是化学家常常要用到热力学。所以我们必须在化学或工程的实践中学习热力学。因为不值得对每件事情都花双倍的精力,所以我们只对热力学理论的起源作一些讨论,而不详细研究它的特殊应用。

人们常将两条热力学定律表述为:

第一定律:宇宙的能量始终保持不变;

第二定律:宇宙的熵值始终不断增加。

这不是第二定律的最好的表述;例如,它没有说明在可逆循环中熵值保持相同,也没有

精确说明熵是什么。这只是便于记忆这两条定律的很好的办法,但是实际上它没有告诉我们真正的立足点。在表 44-1 中,我们概括一下本章所讨论的定律。下一章我们将运用这些定律来找出在橡皮带膨胀时所产生的热量与加热带子时的附加张力之间的关系。

表 44-1 热力学定律总结

第一定律:

加进一个系统中的热量 + 对系统所做的功 = 系统内能的增加

$$dQ + dW = dU.$$

第二定律:

不可能有这样一个过程,它的唯一结果只是从一个热库取出热量,并把它转变为功。

没有任何一台热机,在从 T_1 取得热量 Q_1,而在 T_2 放出热量 Q_2 的过程中所做的功比可逆机更大。对于可逆机,

$$W = Q_1 - Q_2 = Q_1 \frac{(T_1 - T_2)}{T_1}.$$

系统的熵用以下方式定义:

(a) 如果 ΔQ 是可逆地加在温度为 T 的系统中的热量,那么这个系统的熵增加为 $\Delta S = \frac{\Delta Q}{T}$;

(b) 当 $T = 0$ 时,$S = 0$(第三定律)。

在可逆变化中,系统所有部分(包括热库)的总熵不变。

在<u>不可逆</u>变化中,系统的总熵始终不断增加。

第45章 热力学示例

§45-1 内 能

热力学的应用是一门相当困难和复杂的课题。

在本课程中我们不宜在应用方面过分深入。当然，热力学对工程师和化学家来说极为重要，对这方面感兴趣的人可以在物理化学或工程热力学中学到许多有关应用的内容。关于热力学也有一些好的参考书，如泽曼斯基（Zemansky）的《热与热力学》，可以从中学到更多的有关内容。在大英百科全书（第十四版）的热力学与化学热力学条目中，以及化学条目的物理化学，蒸发，气体液化等段落中人们也可以找到很好的论述。

热力学之所以复杂，是因为在描写同一件事情时存在着许多方式。如果我们要描写气体的行为，既可以说压强取决于温度和体积，也可以说体积取决于压强和温度。对于内能 U 而言，假如选择温度和体积为变量，我们可以说内能取决于温度和体积——但是我们也可以说它取决于温度和压强，或压强和体积，等等。在前一章中，我们讨论了另一个温度和体积的函数，并称之为熵 S。当然，我们也可以建立起这些变量的许多其他我们所想要的函数：如 $(U-TS)$ 是温度和体积的函数。这样，我们就有许多不同的物理量，它们可以是许多不同变量组合而成的函数。

为了使本章的讨论简单起见，我们决定一开始就用温度和体积作为独立变量。化学家则使用温度和压强，因为在化学实验中这两个量较易测量和控制。但是在本章中我们从头至尾都用温度和体积，除了在一个地方我们将看一下怎样把它变换为化学家的变量系统。

这样，我们首先将只考虑一种独立变量系统——温度和体积。其次，我们将只讨论两个有关的函数：内能和压强。所有其他函数都可由此推导出来，所以不必讨论它们。即使作了这些限制，热力学仍是相当困难的课题，但已不是那么难以对付了！

我们先复习一下数学。如果一个量是两个变量的函数，那么考虑它的微商概念时要求比只有一个变量的情况更小心一些。所谓压强对温度的微商是什么意思呢？当然，随着温度变化而引起的压强变化部分地依赖于当 T 改变时体积的变化。在使对 T 的微商这一概念具有确切意义之前，必须指明 V 的变化。例如，我们可以问，如果 V 保持不变，P 对 T 的变化率有多大。这个变化率就是通常写为 dP/dT 的普通导数。习惯上我们使用一个特殊符号 $\partial P/\partial T$，以便提醒我们 P 除了取决于 T 外，还取决于另一个变量 V，而此时另一个变量 V 保持为常数。我们将不仅用符号 ∂ 使人们注意另一变量保持不变的事实，而且还把这个保持不变的变量写成下标：$(\partial P/\partial T)_V$。由于只有两个独立变量，这种记法是多余的，但它将使我们易于搞清楚热力学中的偏微商。

假定函数 $f(x,y)$ 取决于两个独立变量 x 和 y。把 y 看成常量后，$(\partial f/\partial x)_y$ 就表示以通常方法求得的普通微商

$$\left(\frac{\partial f}{\partial x}\right)_y = \lim_{\Delta x \to 0} \frac{f(x+\Delta x, y) - f(x, y)}{\Delta x}.$$

类似地,我们定义

$$\left(\frac{\partial f}{\partial y}\right)_x = \lim_{\Delta y \to 0} \frac{f(x, y+\Delta y) - f(x, y)}{\Delta y}.$$

例如,设 $f(x, y) = x^2 + yx$,则

$$\left(\frac{\partial f}{\partial x}\right)_y = 2x + y, \quad \text{而} \left(\frac{\partial f}{\partial y}\right)_x = x.$$

我们可以把这个概念推广到高阶微商:$\partial^2 f/\partial y^2$ 或 $\partial^2 f/\partial y \partial x$。后一个记号表示先把 y 看成常数,求 f 对 x 的微商,然后再把 x 看成常数,把结果对 y 求微商。微商的实际次序是不重要的

$$\frac{\partial^2 f}{\partial x \partial y} = \frac{\partial^2 f}{\partial y \partial x}.$$

我们要计算当 x 变到 $x+\Delta x$ 以及 y 变到 $y+\Delta y$ 时 $f(x, y)$ 的改变量 Δf。下面一律假设 Δx 和 Δy 是无穷小量

$$\begin{aligned}\Delta f &= f(x+\Delta x, y+\Delta y) - f(x, y) \\ &= \underbrace{f(x+\Delta x, y+\Delta y) - f(x, y+\Delta y)}_{\Delta x \left(\frac{\partial f}{\partial x}\right)_y} + \underbrace{f(x, y+\Delta y) - f(x, y)}_{\Delta y \left(\frac{\partial f}{\partial y}\right)_x}\end{aligned} \quad (45.1)$$

最后的式子是用 Δx 和 Δy 表示 Δf 的基本关系式。

举一个利用这个关系式的例子,我们来计算当温度由 T 变到 $T+\Delta T$,体积由 V 变到 $V+\Delta V$ 时内能 $U(V, T)$ 的变化。利用式(45.1),可写出

$$\Delta U = \Delta T \left(\frac{\partial U}{\partial T}\right)_V + \Delta V \left(\frac{\partial U}{\partial V}\right)_T. \tag{45.2}$$

上一章我们发现当在气体中加进热量 ΔQ 时内能变化 ΔU 的另一个表示式

$$\Delta U = \Delta Q - P \Delta V. \tag{45.3}$$

比较式(45.2)和式(45.3),一开始人们可能会猜想 $P = \left(\frac{\partial U}{\partial V}\right)_T$,但这是不正确的。为了得到正确的关系,我们先假设在保持体积不变,即 $\Delta V = 0$ 时加入气体一些热量 ΔQ。由 $\Delta V = 0$,从式(45.3)可知 $\Delta U = \Delta Q$,而式(45.2)告诉我们 $\Delta U = (\partial U/\partial T)_V \Delta T$,所以 $(\partial U/\partial T)_V = \Delta Q/\Delta T$。比值 $\Delta Q/\Delta T$ 是在体积不变时为了使温度改变一度所须加入到物质中的热量,并称为定容比热,用符号 C_V 表示。这样,我们就论证了

$$\left(\frac{\partial U}{\partial T}\right)_V = C_V. \tag{45.4}$$

现在,我们再给气体加入一些热量 ΔQ,但这一次保持 T 不变而让体积改变 ΔV。在这种情况下的分析比较复杂,但是我们可以利用上一章所介绍的卡诺循环,通过卡诺的

论证来计算 ΔU。

图 45-1 是卡诺循环的压强-体积图。我们已经证明,在一个可逆循环中气体所做的总功是 $\Delta Q(\Delta T/T)$,这里 ΔQ 是当气体在温度 T 下等温地从体积 V 膨胀到 $V+\Delta V$ 时所加入到气体中的热量。而 $T-\Delta T$ 是在循环的第二步气体绝热膨胀时所到达的最终温度。现在我们要证明这个功也可以由图 45-1 中的阴影面积表示。在任何情况下,气体所做的功都是 $\int PdV$。当气体膨胀时,它是正的;当气体被压缩时,它是负的。如果我们画出 PV 图,P 与 V 的变化情况可以用一根曲线表示;每给定一个 V 值,在这条曲线上就可找到对应的 P 值。当体积从一个值变到另一个值时,气体所做的功 $\int PdV$ 是连接 V 的初值和终值的曲线下的面积。当我们把这个想法应用到卡诺循环时,注意到气体所做的功的正负号,就可以看到作一个循环后气体做的净功正是图 45-1 中的阴影面积。

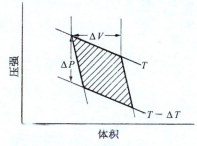
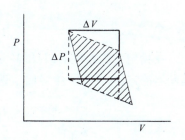

图 45-1 卡诺循环的压强-体积图。标有 T 和 $T-\Delta T$ 的曲线是等温线;较陡的曲线是绝热线。ΔV 是在恒定温度 T 下给气体加入 ΔQ 的热量所引起的体积改变。ΔP 是在恒定体积下温度从 T 变为 $T-\Delta T$ 所引起的压强改变

图 45-2 阴影面积=虚线所包围的面积=长方形面积=$\Delta P\Delta V$

现在我们要从几何上算出阴影面积。图 45-1 表示的循环与上一章中所用的循环的差别在于,我们现在假定 ΔT 和 ΔQ 都是无穷小量。循环图中所示的绝热线和等温线非常靠近,当增量 ΔT 和 ΔQ 趋向于零时,在图 45-1 中用粗线画出的图形接近于一个平行四边形。这一平行四边形的面积正是 $\Delta V\Delta P$,这里的 ΔV 是在温度不变时,对气体加入能量 ΔQ 后体积的变化,而 ΔP 则是等容情况下温度改变了 ΔT 时压强的变化。只要承认阴影面积等于图 45-2 中包围在虚线中的面积,就不难证明图 45-1 的阴影面积就是 $\Delta V\Delta P$,虚线中面积与由 ΔP 和 ΔV 所包围的矩形的差别只在于加上和减去图 45-2 中相等的三角形面积。

现在我们来归纳一下迄今为止已论证的结果

$$\text{气体所做的功} = \text{阴影面积} = \Delta V\Delta P = \Delta Q\left(\frac{\Delta T}{T}\right)$$

或

$$\frac{\Delta T}{T}\cdot(\text{使 } V \text{ 改变 } \Delta V \text{ 所需的热量})_{\text{等温}} = \Delta V\cdot(T \text{ 改变 } \Delta T \text{ 时 } P \text{ 的变化})_{\text{等容}} \quad (45.5)$$

或

$$\frac{1}{\Delta V}\cdot(\text{使 } V \text{ 改变 } \Delta V \text{ 所需的热量})_T = T\left(\frac{\partial P}{\partial T}\right)_V.$$

方程式(45.5)表示卡诺论证的基本结果。全部热力学都能由式(45.5)及式(45.3)表示的热力学第一定律推导出。式(45.5)实质上就是第二定律;虽然它和卡诺原来的推导在形式上略有不同,因为他没有用到我们的温度定义。

现在我们可以着手计算 $(\partial U/\partial V)_T$。如果体积改变 ΔV,内能 U 将改变多少? 内能之所以改变,第一是因为加进了热量,第二是由于做了功。根据式(45.5),加进的热量是

$$\Delta Q = T\left(\frac{\partial P}{\partial T}\right)_V \Delta V,$$

而对物质所做的功是 $-P\Delta V$,因此内能的变化 ΔU 包括两部分

$$\Delta U = T\left(\frac{\partial P}{\partial T}\right)_V \Delta V - P\Delta V. \tag{45.6}$$

两边除以 ΔV,我们发现在 T 不变的情况下,U 对 V 的变化率是

$$\left(\frac{\partial U}{\partial V}\right)_T = T\left(\frac{\partial P}{\partial T}\right)_V - P. \tag{45.7}$$

在我们的热力学中,T 和 V 是仅有的变量,P 和 U 是仅有的函数,式(45.3)和式(45.7)是基本的方程,由此可推导出本课题的所有结果。

§ 45-2 应 用

现在我们来讨论式(45.7)的意义,看看为什么它能回答在上一章中所提出的问题。我们考虑以下的问题:按照分子动理论,由于原子对活塞的碰撞,温度的增加显然会引起压强的增加。由于同样的物理原因,当让活塞往回运动时,就从气体中取出热量,为了保持温度不变,必须再加入热量。气体膨胀时会冷却,而在气体被加热时压强会增加。在这两种现象之间必定存在某种联系,而这种联系十分清楚地由式(45.7)给出。如果我们使体积保持固定而增加温度,压强就按 $(\partial P/\partial T)_V$ 的比率增加。与这个事实有关的是:如果我们增加体积,除非加入一些热量以保持温度不变,否则气体将冷却,而 $(\partial U/\partial V)_T$ 告诉我们为了保持温度不变所需要的热量。式(45.7)表示这两种效应之间的基本的内部联系。这就是当我们开始学习热力学时,曾经许诺要找到的关系。无需知道气体的内部机制,只要懂得不能造出第二类永动机,我们就可以推导出当气体膨胀时为了保持温度不变所需的热量与加热气体时压强变化之间的关系!

对于气体我们已经有了希望得到的结果,现在再来考虑橡皮带的问题。当把橡皮带拉长时,我们发现它的温度上升,而在加热橡皮带时,我们发现它会收缩。对一根橡皮带,给出与气体的方程式(45.3)同样关系的方程是什么? 大体上来说情况如下:加进热量 ΔQ 时,内能改变了 ΔU,并且做了某些功。唯一的差别是要以橡皮带所做的功 $-F\Delta L$ 代替 $P\Delta V$,这里 F 是作用在带上的力,L 是带长。力 F 是温度和带长的函数。把式(45.3)中的 $P\Delta V$ 改为 $-F\Delta L$,有

$$\Delta U = \Delta Q + F\Delta L. \tag{45.8}$$

比较式(45.3)和式(45.8),我们看到只要用一个字母代替另一个字母就可以得到橡皮带的

方程。此外，如果以 L 代替 V，$-F$ 代替 P，我们所有关于卡诺循环的讨论都可以用到橡皮带上。例如，通过与方程式(45.5)进行类比可以立即推出为使长度改变 ΔL 所需的热量

$$\Delta Q = -T\left(\frac{\partial F}{\partial T}\right)_L \Delta L.$$

这个方程告诉我们，若保持带长不变而加热带子，我们可以根据把带子拉长一点点时为保持温度不变所需要的热量算出力增加多少。所以我们看到对气体和橡皮带两者，可以用同样的方程。事实上，如果我们写出

$$\Delta U = \Delta Q + A\Delta B,$$

这里 A 和 B 表示不同的量，如力和长度，压强和体积，等等，那么就可以通过分别以 A、B 代替 P、V，应用在气体情况下所得到的结果。例如，考虑电池中的电势差或"电压" E 及流过电池的电荷 ΔZ。我们知道，一个可逆电池(如蓄电池)所做的功是 $E\Delta Z$。(因为在功中不包括 $P\Delta V$ 这一项，因而要求电池的体积不变。)我们来看看热力学能对电池内的性能说些什么。如果在式(45.6)中以 E 代替 P，以 Z 代替 V，就得到

$$\frac{\Delta U}{\Delta Z} = T\left(\frac{\partial E}{\partial T}\right)_Z - E. \tag{45.9}$$

式(45.9)说明在电荷 ΔZ 通过电池时内能 U 会发生变化。为什么 $\Delta U/\Delta Z$ 不简单地是电池的电压 E 呢？回答是，在电荷通过电池时，真实的电池会发热。电池的内能之所以会发生变化，首先是因为电池在外电路上做功，其次是由于电池被加热。值得注意的是，第二部分又可以借助于电池的电压随温度的变化来表示。附带提一下，在电荷通过电池时，就会发生化学反应，式(45.9)为测量产生一种化学反应所需要的能量提供了一种别致的方法。我们所要做的一切只是制造一个能在反应中工作的电池，测量电压，再测定当电池中不流出电荷时电压随温度变化的关系！

我们已经假设电池的体积可以保持不变，因为我们在写出电池做的功为 $E\Delta Z$ 时已忽略了 $P\Delta V$ 这一项。但实际情况是要使体积保持不变在技术上是极其困难的。使电池保持在不变的大气压下要容易得多。为此，化学家不喜欢我们上面写下的任何方程：他们喜欢描述等压下各种特殊性的方程。在本章开始时我们选择 V 和 T 为独立变量。化学家则喜欢用 P 和 T，我们现在来考虑怎样把迄今为止我们得到的结果改换为化学家的变量系统。注意在下述处理中，由于要把变量从 T 和 V 变换到 T 和 P，所以很容易引起混淆。

我们从式(45.3)，即 $\Delta U = \Delta Q - P\Delta V$ 出发，$P\Delta V$ 可以用 $E\Delta Z$ 或 $A\Delta B$ 代替。如果能用某种方式在最后一项以 $V\Delta P$ 代替 $P\Delta V$，那么就能变换 V 和 P，这样化学家就会感到满意了。好，一个聪明人会注意到乘积 (PV) 的微分是

$$d(PV) = PdV + VdP,$$

如果把这个等式加到式(45.3)中，就可得到

$$\Delta(PV) = P\Delta V + V\Delta P$$
$$\Delta U = \Delta Q - P\Delta V$$
$$\overline{\Delta(U+PV) = \Delta Q + V\Delta P}$$

为了使结果看起来与式(45.3)相似,我们定义 $U+PV$ 为某个新的,称为焓的量 H,并写为

$$\Delta H = \Delta Q + V\Delta P.$$

现在我们已经能够用下述规则:$U \to H$, $P \to -V$, $V \to P$ 来把我们的结果换成化学家的语言。例如,化学家用来代替式(45.7)的基本关系式是

$$\left(\frac{\partial H}{\partial P}\right)_T = -T\left(\frac{\partial V}{\partial T}\right)_P + V.$$

现在,怎样换为化学家的变量 T 和 P 这一点应该清楚了。我们现在回到原来的变量上:本章的其余部分,T 和 V 都是独立变量。

现在把我们已经得到的结果应用到几种物理状况中去。首先考虑理想气体。由分子动理论我们知道理想气体的内能只与分子的运动以及分子数有关,内能取决于 T 而不是 V。如果改变 V,但保持 T 不变,U 就不变,因此 $(\partial U/\partial V)_T = 0$,于是式(45.7)告诉我们对于理想气体

$$T\left(\frac{\partial P}{\partial T}\right)_V - P = 0. \tag{45.10}$$

式(45.10)是一个可以告诉我们有关 P 的情况的微分方程。我们用下述方式来处理偏微商:因为偏微商是在等容下求得的,我们可用普通微商代替偏微商,并为醒目起见,清楚地写出"V 不变"。这样式(45.10)就变为

$$T\frac{\Delta P}{\Delta T} - P = 0,\ V\ 不变; \tag{45.11}$$

由此积分可得

$$\ln P = \ln T + 常数,\ V\ 不变$$

或

$$P = 常数 \times T,\ V\ 不变. \tag{45.12}$$

我们知道,对于理想气体,压强等于

$$P = \frac{RT}{V}, \tag{45.13}$$

这与式(45.12)一致,因为 V 和 R 都是常数。但是,既然我们已经知道了结果,那么何必还要作这样的计算呢?这是因为我们利用了两种独立的温度定义!前面我们曾假设分子的动能正比于温度,这个假设定义了一种我们称之为理想气体的温标。式(45.13)中的 T 是建立在这种理想气体温标上的。我们也把理想气体温标测得的温度称为动理温度。以后,我们又以与任何物质完全无关的第二种方式定义了温度。从基于热力学第二定律的论证出发,我们定义了称之为"绝对热力学温度"T 的温标,这就是在式(45.12)中出现的 T。我们这里又证明了理想气体(根据理想气体的定义,它的内能与体积无关)的压强正比于绝对热力学温度。我们也知道压强正比于理想气体温标测得的温度。因此可以推断动理温度正比于"热力学绝对温度"。当然,这意味着,如果我们聪明的话,可以令两种温标一致。至少,在这一事例中,已经将这两种温标选择成

相互重合，即比例系数已选取为 1。许多时候人们往往总是自找麻烦，但是这一次他们却使两种温标相等了！

§45-3 克劳修斯-克拉珀龙方程

液体的汽化是我们已经推得的结果的另一个应用。假如在一个汽缸中盛有一些液体，我们能够通过推动活塞来压缩它。我们可以问："如果温度保持不变，压强将怎样随体积而变化？"换句话说，我们希望在 PV 图上画出等温线。汽缸中的物质不是我们以前考虑过的理想气体；它可能处于液相或气相，或者两相共存。如果压力足够大，物质将凝结为液体。如果压缩得更厉害，体积只改变一点点，我们的等温线将随着体积的减小而迅速上升，如图 45-3 中左方所示。

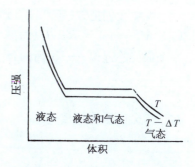

图 45-3　在汽缸中进行压缩的可凝结蒸气的等温线。在左边，物质处于液相。在右边，物质汽化。在中央部分，液体和蒸气并存

如果把活塞向外拉以增加体积，压强将下降到液体开始沸腾的那一点为止，然后蒸气开始形成。如果我们继续向外拉活塞，所发生的是有更多的液体汽化。当汽缸中存在部分液体和部分蒸气时，两相达到平衡——液体的蒸发率与蒸气的凝结率相同。如果给蒸气以更多的空间，为了保持压力不变需要更多的蒸气，所以液体蒸发得稍多一些，但压强仍保持不变。在图 45-3 中曲线的平坦部分，压强不变，这个压强的数值称为温度 T 时的蒸气压。当体积继续增加时，将到达没有更多的液体可供蒸发的时刻。此时，如果使体积进一步膨胀，压强就会像普通气体那样下降，如 PV 图上的右方所示。图 45-3 中的较低曲线是对应于稍低温度 $T-\Delta T$ 的等温线。液相中的压强略有减少，因为在温度增加时液体膨胀（这是对大多数物质而言，而对近于冰点的水则并非如此），当然，在较低温度下蒸气压也较小。

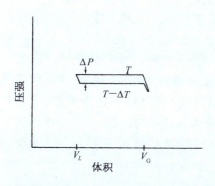

图 45-4　汽缸中可凝结蒸气的卡诺循环压强-体积图。在左边，物质处于液态。在温度 T 时，加入热量 L 使液体汽化。蒸气绝热膨胀时，温度由 T 变为 $T-\Delta T$

我们现在把两条等温线平坦部分的端点连接（比如说用绝热线）起来形成一个循环，如图 45-4 所示。图中右下角的一个小尖角会造成一点小差别，我们将忽略它。我们来应用卡诺的论证，它告诉我们，为了使物质从液体变为蒸气所需加入的热量与物质在循环中所做的功有关。令 L 为使汽缸中的物质汽化所需要的热量。用式(45.5)前面的那种论证就可知道 $L(\Delta T/T)=$ 物质所做的功。同前面一样，物质所做的功就是阴影面积，它近似地等于 $\Delta P(V_G-V_L)$，这里 ΔP 是 T 和 $T-\Delta T$ 这两个温度下的蒸气压之差，V_G 是蒸气的体积，V_L 则是液体的体积，都是指在饱和蒸气压强下所测得的体积。令这两个面积的表示式相等，就有

$$L\frac{\Delta T}{T} = \Delta P(V_G - V_L)$$

或

$$\frac{L}{T(V_G - V_L)} = \frac{\partial P_{蒸气}}{\partial T}. \tag{45.14}$$

式(45.14)给出蒸气压随温度的变化率与使液体蒸发所需要的热量之间的关系。这个关系曾被卡诺推得,但它却称为克劳修斯-克拉珀龙方程。

现在我们把式(45.14)与分子动理论推得的结果比较一下。通常 V_G 远大于 V_L,所以 $V_G - V_L = V_G = RT/P$(每摩尔)。如果进一步假设 L 是常数,而与温度无关——这不是一个很好的近似——我们就有

$$\frac{\partial P}{\partial T} = \frac{LP}{RT^2}.$$

这个微分方程的解是

$$P = 常数 \times e^{-L/RT}. \tag{45.15}$$

我们把它与以前由分子动理论得出的压强随温度的变化作一个比较。分子动理论至少大略表明在液面上的蒸气的分子数可能是

$$n = \frac{1}{V_A}e^{-(U_G - U_L)/RT}, \tag{45.16}$$

这里的 $U_G - U_L$ 是气体中每摩尔的内能减去液体中的每摩尔的内能,即汽化一摩尔液体所需的能量。因为压强是 nkT,由热力学得到的式(45.15)与由分子动理论得到的式(45.16)是密切相关的,但它们不完全相同。然而,假如我们设 $L - U_G =$ 常数以代替 $L =$ 常数,那么结果将完全相同。如果设 $L - U_G =$ 常数,而与温度无关,那么推导式(45.15)的论证也同样能推导出式(45.16)。

下面这个比较说明了热力学比分子动理论有利与不利之处:第一,由热力学得出的式(45.14)是精确的,而式(45.16)只在比方说 U 近似不变,而且模型正确的情况下才近似成立。第二,我们也许没有正确了解气体怎样变为液体,然而式(45.14)还是正确的,而式(45.16)只是近似的。第三,虽然我们的处理是用在气体凝结为液体的情况,但对于状态的任何其他变化,这种论证同样成立。例如,固—液相变就具有与图45-3和图45-4同一类型的曲线。引入熔解潜热,$M/$摩尔,则类似于式(45.14)的公式为

$$\left(\frac{\partial P_{熔解}}{\partial T}\right)_V = \frac{M}{T(V_{液} - V_{固})}.$$

虽则我们也许不知道熔解过程的动理学理论,但还是有一个正确的方程。不过,当我们能够了解分子动理论时,就会有别的好处。式(45.14)只是一个微分关系式,我们无法得出积分常数。在分子动理论中,如果有一个能完全描写现象的适当模型,我们能求出积分常数。所以,两者各有利弊。当我们缺乏有关知识,并且情况较为复杂时,热力学关系实际上是最有效的。当情况很简单,可以进行理论分析时,最好试试看从理论分析得出更多的信息。

再举一个例子:黑体辐射。我们已经讨论过一个包含辐射而无其他物质的容器。我们

曾讨论过振子和辐射之间的平衡。我们也得出过打在器壁上的光子将产生一个压强 P，并得出 $PV = U/3$，这里 U 是所有光子的总能量，V 是容器的体积。如果我们以 $U = 3PV$ 代入基本方程(45.7)中，就有

$$\left(\frac{\partial U}{\partial V}\right)_T = 3P = T\left(\frac{\partial P}{\partial T}\right)_V - P. \tag{45.17}$$

由于容器的体积是常数，可用 $\mathrm{d}P/\mathrm{d}T$ 代替 $(\partial P/\partial T)_V$，从而得到一个常微分方程，积分后得 $\ln P = 4\ln T + 常数$，或 $P = 常数 \times T^4$。辐射压强随温度的四次方而变化，而辐射能量密度 $U/V = 3P$ 也随 T^4 而变化。通常将 U/V 写为 $U/V = (4\sigma/c)T^4$，这里 c 是光速，σ 是常数。只从热力学考虑不可能得出 σ。这个例子很好地说明了热力学的功效及其局限性。知道 U/V 随 T^4 而变化是很了不起的，但为了知道在任何温度下 U/V 实际上有多大则需要更深入详细的讨论，并且只有一种完全的理论才能做到这一点。对于黑体辐射，我们已经有了这样的理论，可以按下述方式求出常数 σ 的表示式。

令 $I(\omega)\mathrm{d}\omega$ 是强度分布，即每秒流过 1 米² 的频率在 ω 与 $\omega + \mathrm{d}\omega$ 之间的能量。能量密度分布 = 能量 / 体积 = $I(\omega)\mathrm{d}\omega/c$，所以

$$\frac{U}{V} = 总能量密度 = \int_{\omega=0}^{\infty}(从\ \omega\ 至\ \omega + \mathrm{d}\omega\ 的能量密度) = \int_0^{\infty}\frac{I(\omega)\mathrm{d}\omega}{c}.$$

由先前的讨论，我们知道

$$I(\omega) = \frac{\hbar\omega^3}{\pi^2 c^2(\mathrm{e}^{\hbar\omega/kT} - 1)}.$$

将这个 $I(\omega)$ 的表示式代入 U/V 的等式中，就有

$$\frac{U}{V} = \frac{1}{\pi^2 c^2}\int_0^{\infty}\frac{\hbar\omega^3}{\mathrm{e}^{\hbar\omega/kT} - 1}\mathrm{d}\omega.$$

如以 $x = \hbar\omega/kT$ 代换，就得

$$\frac{U}{V} = \frac{(kT)^4}{\hbar^3\pi^2 c^3}\int_0^{\infty}\frac{x^3}{\mathrm{e}^x - 1}\mathrm{d}x.$$

这个积分的数值可以用画出曲线并用方块来量面积的方法近似求出其值。它大致是 6.5。数学家可以证明准确的积分值是 $\left(\frac{\pi^4}{15}\right)$*。将这个结果与 $U/V = (4\sigma/c)T^4$ 相比较，我们求得

$$\sigma = \frac{k^4\pi^2}{60\ \hbar^3 c^2} = 5.67 \times 10^{-8}\ \mathrm{W\cdot m^{-2}\cdot K^{-4}}.$$

---

* 由于 $(\mathrm{e}^x - 1)^{-1} = \mathrm{e}^{-x} + \mathrm{e}^{-2x} + \cdots$，积分是

$$\sum_{n=1}^{\infty}\int_0^{\infty}\mathrm{e}^{-nx}x^3\mathrm{d}x.$$

但 $\int_0^{\infty}\mathrm{e}^{-nx}\mathrm{d}x = \frac{1}{n}$，对 n 微分三次得 $\int_0^{\infty}x^3\mathrm{e}^{-nx}\mathrm{d}x = \frac{6}{n^4}$，所以积分是 $6\left(1 + \frac{1}{16} + \frac{1}{81} + \cdots\right)$，把前几项相加就得到一个很好的估值。在第 50 章中我们将找到一种方法来证明，整数的负四次幂之和事实上等于 $\pi^4/90$。

如果在器壁上开一个小孔,那么每秒钟流过单位面积的小孔的能量有多大?从能量密度到能流,须将能量密度 U/V 乘以 c,还要乘以 $1/4$,这是由于:首先,一个 $1/2$ 的因子是因为只有流出的能量才能跑掉;其次,另一个 $1/2$ 的因子是因为到达小孔的能量与小孔的法线成一个角度时,其通过小孔的有效程度与沿法线方向通过小孔的情形相比差一个余弦因子。余弦的平均值是 $1/2$。现在可以清楚看出,我们为什么把 U/V 写为 $(4\sigma/c)T^4$。这样,最后我们就可以说,从小孔流出的能流是每单位面积 σT^4。

第46章 棘轮和掣爪

§46-1 棘轮是怎样工作的

在这一章中我们要讨论棘轮和掣爪,这是一种非常简单的只让转轴往一个方向转动的装置。对某个东西只往一个方向转动的可能性需要作一些详尽而仔细的分析,这里有一些十分有趣的结论。

我们现在所安排的讨论,目的在于要从分子动理论的观点出发,对从一台热机中所能得到的功具有最大值这一事实提供一个基本的解释。当然,我们已经知道了卡诺论证的实质,但是能够找到一个基本的解释就好了,所谓基本是指我们能从物理上看出发生一些什么而言。现在已经有一些复杂的数学论证,它从牛顿定律出发说明当热量从一个地方流到另一个地方时,我们只能得到一定量的功。但是,把它变成基本的证明却存在着很大的困难。概而言之,虽然我们可按照数学方法一步一步地进行推导,但是并不理解它。

在卡诺的论证中,关于从一个温度到另一个温度之间所能取出的功不能大于一定的数量这一点是从另一个公理推出的,那就是说:如果每一样东西都处在相同的温度下,那么就不可能通过一个循环过程来使热量转变为功。所以先让我们回过头来看看为什么这个比较简单的命题至少对一个基本的例子来说是正确的。

我们试图发明一个违反热力学第二定律的装置,它是一个能从所有东西都处在相同温度的热库中取出功来的小玩意儿。假设有一箱处在一定温度下的气体,其中有一根带叶片的转轴(见图46-1,但取 $T_1 = T_2 = T$)。由于气体分子撞在叶片上,叶片会振动和跳动。我们要做的是在轴的另一端套上一个转轮,它只能沿一个方向转动,这就是棘轮和掣爪。于是,当轴试图往一个方向跳动时,它不能转动,而往相反方向跳动时,它能转动。于是,轮子将缓慢地转动,或许,我们甚至可以把一个跳蚤缚在一根从轴上的鼓轮悬挂下来的弦上,并将它提起来!现在我们要问这是否可能?按照卡诺的假设,这是不可能的。但是如果光看这个轮子,那么最初的印象会认为这是完全可能的。所以我们必须更仔细地研究一下。的确,如果观察棘轮和掣爪,我们会看到一些复杂的情况。

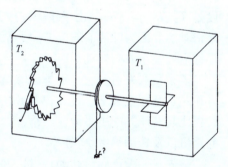

图46-1 棘轮和掣爪机械

首先,我们的理想化棘轮是尽可能简单的,尽管如此,总还有个掣爪,而在掣爪上又必须有一根弹簧。在经过一个轮齿后,掣爪必须又返回来,所以弹簧是必要的。

这个棘轮和掣爪的另一个特性在图上没有画出,但却是很本质的。假设这个装置由完全弹性的部件组成。在掣爪提离一个轮齿的边缘后,就被弹簧拉回来,再撞到轮子上,并且继续撞来撞去。于是,当另一个涨落到来时,轮子可能往相反方向转动,因为当掣爪跳起的那个时刻轮齿可能在它的下方!所以我们这个轮子不可逆性的实质部分是一种使跳动中止的阻尼或减弱的机制。当然在阻尼出现时,掣爪中的能量跑到了轮子上,并表现为热量的形式。所以,在棘轮转动时,轮子将越来越热。为了使事情再简化一些,我们可以在轮子四周充以气体来带走一些热量。无论如何,我们假设气体将和轮子一起升高温度。这种情况会永远继续下去吗?不行!棘轮和掣爪两者都处在某个温度 T 下,也都有布朗运动。也就是说,每当作用在叶片上的布朗运动企图使轮轴反转时,如果碰巧掣爪自己正好跳起一个轮齿的高度,它就会让这个轮齿转过。随着这个装置越来越热,这种情况就发生得越频繁。

所以,这就是这个装置不可能"永动"的原因。当叶片受到碰撞时,有时掣爪提高而越过轮齿边缘,但有时当叶片企图朝相反方向转动时,掣爪已经由于它在轮边运动的涨落而被提升,这样,轮子就回过来朝反方向运动!净结果等于零。不难证明,当两边的温度相等时,轮子没有净平均运动。当然,它会往这个方向或那个方向作多次晃动,但不会如我们所希望的那样只顺着一个方向转动。

让我们来看看理由何在。为了把掣爪提高到一个轮齿的顶部,必须克服弹簧做功。我们称这个能量为 ϵ,两个轮齿之间的夹角为 θ。系统可以积聚起足够的能量 ϵ 使得掣爪越过轮齿顶部的几率是 $e^{-\epsilon/kT}$。但掣爪由于偶然原因而提高的几率也是 $e^{-\epsilon/kT}$。因此掣爪提高而轮子可以自由地倒转的次数就等于在掣爪放下时我们具有足够的能量使轮子正转的次数。于是我们取得一种"平衡",因而轮子不会转动。

§46-2　作为热机的棘轮

现在我们继续讨论下去。我们举这样的例子,设叶片的温度为 T_1,而轮子或棘轮的温度是 T_2,T_2 小于 T_1。由于轮子较冷,掣爪的涨落相对地要少一些,因而要使它获得能量 ϵ 是很难的。因为叶片的温度 T_1 较高,它将经常地取得能量 ϵ,所以我们的装置将像设计的那样沿着一个方向转动。

现在我们来看看它是不是能够提起重物。在鼓轮中间我们缚上一根线,将一个重物,比方说跳蚤悬挂在线上。设 L 是重物所产生的力矩。如果 L 不太大,那么由于布朗涨落将使装置比起其他方向更多地往一个方向转动,它就会提起重物。我们要求出它可以提起多大的重量以及转动得多快,等等。

首先我们考虑向前转动,这是人们通常设计的棘轮转动方式。为了向前转一步,要从叶片末端取得多少能量呢?要提起掣爪,必须取得能量 ϵ。轮子反抗力矩 L 转过角度 θ,所以还需要能量 $L\theta$。这样,必须取得的总能量是 $\epsilon + L\theta$。得到这样的能量的概率正比于 $e^{-(\epsilon+L\theta)/kT_1}$。实际上,这不仅是一个取得能量的问题,而且我们还希望知道每秒它具有这个能量的次数。每秒钟的概率正比于 $e^{-(\epsilon+L\theta)/kT_1}$,我们称此比例常数为 $1/\tau$。不管怎样这个常数最后将会消去。当向前转一步时,对重物所做的功是 $L\theta$。从叶片中取出的能量是 $\epsilon + L\theta$。弹簧用能量 ϵ 拉紧,然后它卡嗒、卡嗒地跳起,弹回,使这些能量变成了热量。所有由叶片取得的能量都花在提高重物和驱动掣爪上,然后掣爪又落回来,并将热量传给另一边。

现在我们来看一看相反的情况,即反过来转动。这时会出现什么呢?为了使轮子向后转,我们必须做的只是提供能量来把掣爪提得足够高以使棘轮能滑过去。这个能量仍是 ϵ。

每秒钟使掣爪提得这么高的概率是 $(1/\tau)e^{-\varepsilon/kT_2}$。比例常数是相同的，但是因为温度不同，这次出现了 kT_2 项。当出现这种情况时，由于轮子向后转，功就被释放出来。滑过一个轮齿要放出 $L\theta$ 的功。所以，从棘轮系统取得的能量是 ε，而给于叶片那边温度为 T_1 的气体的能量是 $L\theta+\varepsilon$。这需要稍加思索才能看出其中的道理。假设偶然由于一次涨落，掣爪自动地提高，那么当它落下时，弹簧把它推向轮齿，由于轮齿压在一个斜面上，于是就有一个力企图转动轮子。这个力在做功，而由小重物产生的力也在做功。两者加在一起就是总的力，而所有的能量都缓慢地在叶片末端以热的形式放出(当然，按照能量守恒定律，这必定如此，不过我们还是有必要透彻地思考这个问题)。我们注意到，所有这些能量都完全相等，但是符号则相反。这样，重物或者缓慢升高，或者缓慢放下，取决于这两个比率中哪一个更大。当然，它不断上下跳动，一会升高，一会降低，但我们讲的是平均的行为。

假定对于某个特定的重物两种比率正好相等，那么我们可以在线上加上一个无限小的重物。这个重物将缓慢地下落，因而对机器做了功。能量将从棘轮取出并传给叶片。假如我们相反地取走了一点重量，就会出现相反的不平衡情况；重物被提高，热量从叶片中取出，并传给轮子。这样倘使重物的大小正好使两种几率相等，我们就得到卡诺可逆循环的条件。很明显这个条件就是 $(\varepsilon+L\theta)/T_1 = \varepsilon/T_2$。假设机器缓慢地提起了重物。由叶片取得的热量是 Q_1，释放给轮子的热量是 Q_2，这两个能量的比是 $(\varepsilon+L\theta)/\varepsilon$。假如我们缓慢地降低重物，也会有 $Q_1/Q_2 = (\varepsilon+L\theta)/\varepsilon$。于是(见表 46-1)我们就有

$$\frac{Q_1}{Q_2} = \frac{T_1}{T_2}.$$

表 46-1 棘轮和掣爪的运行过程小结

向前转：需要的能量	$\varepsilon+L\theta$，取自叶片。∴ 比率 $= e^{-(L\theta+\varepsilon)/kT_1}/\tau$.	
取自叶片	$L\theta+\varepsilon$	
做功	$L\theta$	
给予棘轮	ε	
向后转：需要的能量 ε	用于掣爪。∴ 比率 $= e^{-\varepsilon/kT_2}/\tau$.	
取自棘轮	ε	
放出功	$L\theta$	数值与上相同，但符号相反
给予叶片	$L\theta+\varepsilon$	
如果系统是可逆的，则比率相等，因此 $\dfrac{\varepsilon+L\theta}{T_1} = \dfrac{\varepsilon}{T_2}$，		
$\dfrac{\text{给予棘轮的热量}}{\text{取自叶片的热量}} = \dfrac{\varepsilon}{L\theta+\varepsilon}$. 因此 $\dfrac{Q_2}{Q_1} = \dfrac{T_2}{T_1}$.		

此外，我们所得出的功与由叶片取出的能量之比和 $L\theta$ 与 $L\theta+\varepsilon$ 之比相同，因此也就是 $(T_1-T_2)/T_1$。由此可见，如果我们的装置可逆运行时，不可能得出比这更多的功。这就是我们从卡诺的论证希望得到的结果，也是本讲的主要结果。然而我们可以利用这个装置来理解若干其他现象，甚至包括那些偏离了平衡状态，因而也就超出了热力学范畴的现象。

我们现在来计算一下，如果每件东西的温度都相同，那么当在鼓轮上悬挂一个重物时，我们的单向装置将会转动得多快。当然，如果拉得非常非常紧，就会出现种种复杂现象——掣爪滑过棘轮，或者弹簧断裂，等等。但是假定我们只是轻轻地拉，那么每件东西都正常地工作。在这种情况下，如果记得两个温度是相同的，上述对于轮子向前转和向后转的概率的

分析是正确的。轮子每转一下都通过一个角度 θ，所以角速度是 θ 乘以每秒钟内转一下的概率。向前转的概率是 $(1/\tau)e^{-(\epsilon+L\theta)/kT}$，向后转的概率是 $(1/\tau)e^{-\epsilon/kT}$，所以对于角速度有

$$\omega = (\theta/\tau)[e^{-(\epsilon+L\theta)/kT} - e^{-\epsilon/kT}] = (\theta/\tau)e^{-\epsilon/kT}(e^{-L\theta/kT} - 1). \quad (46.1)$$

如果我们画出 ω 对 L 的曲线，就得到如图 46-2 所示的形状。我们看到 L 取正还是取负有极大的差别。如果 L 在正的区域内增加（这在我们试图使轮子向后转时出现），向后转的速度趋于一个常数。当 L 变为负值时，ω 实际上上升得很快，因为指数幂的增长非常迅速。

于是，由不同的力得到的角速度很不对称。向一个方向转动很容易：一点点力就能得到很大的角速度。而向另一个方向转动时，即使我们用很大的力，轮子还是几乎不转动。

我们发现，在电子整流器中也有同样的情况。这时出现的不是力而是电场，不是角速度而是电流。对于整流器，电压不与电阻成正比，这种情况是非对称的。我们对于机械整流器所作的分析，也同样适用于

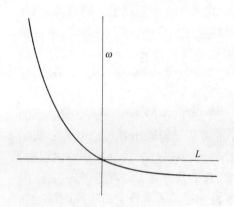

图 46-2　棘轮的角速度与力矩的关系

电子整流器。事实上，上面得到的这一类公式正是典型的作为电压函数的整流器载流特性曲线。

现在把所有的重物拿走，并且观察这台原来的机械。如果 T_2 小于 T_1，棘轮向前转，这是每个人都相信的。但初看起来很难相信还存在着相反的过程。如果 T_2 大于 T_1，棘轮就会朝反方向转动！一个具有大量热能的动态棘轮会使自己反转，因为掣爪一直在跳动着。如果在某个时刻掣爪处在轮齿斜面某处，它就会斜着推动这个斜面。但它总是经常推在一个斜面上，因为如果它碰巧提得足够高，以致超过了一只轮齿的边缘，这个斜面就会滑过去，而又会重新落在另一个斜面上。所以，可以制作一个理想的热的掣爪和棘轮，它能够往与原设计截然相反的方向转动！

无论我们的单向转动的设计如何巧妙，如果两个温度严格相等，那么向一个方向转动的倾向不会比向另一个方向转动的倾向更大。当我们在某一时刻观察时，它可能往这个或那个方向转动，但是从长远来看，往哪儿也不转动。正是这个往哪儿也不转动的事实，实际上反映了一个深刻的基本原理，而整个热力学就建立在这个原理上。

§46-3　力学中的可逆性

究竟有哪一条更深刻的力学原理告诉我们，如果温度处处相同，则我们的装置最终既不向右转也不向左转？很明显，我们有了一个基本命题：不可能设计这样一台机器，在让它自己运行足够长时间以后，它往一个方向转动的可能性比往另一个方向转动的可能性大。我们必须试试看怎样从力学定律推得这个结论。

力学的定律大致如下：质量乘加速度是力，而作用在每个粒子上的力是所有其他粒子位置的某个复杂函数。也有其他一些情况，其中力与速度有关，比如在磁学中就是如此，但现在我们不去考虑这一点。我们取一种比较简单的情况，比如重力，其大小只与位置有关。现

在,假定我们已解出了一组方程,并且对于每个粒子求得了一定的运动表示式 $x(t)$。在足够复杂的系统中,解是十分复杂的,而且随着时间的推移会出现令人非常惊异的事情。如果我们对各个粒子写下任何认为合适的排列,那么只要等待足够长时间,我们将看到这种排列实际上会出现!如果我们跟随粒子运动的解足够长的时间,可以说,它会尝试做每件事情。在最简单的装置中,这不一定是绝对必须的,但是当系统充分复杂,带有足够多的原子时,就会出现这种情况,此外,解还能起一些别的作用。如果我们解运动方程,也许会得到如 $(t+t^2+t^3)$ 这样的函数。我们声称另一个解将是 $-t+t^2-t^3$。换句话说,假定在整个解中处处都以 $-t$ 代替 t,我们将再一次得到同一个方程的一个解。这个结论是从下述事实得出的:如果在原来的微分方程中以 $-t$ 代替 t,由于在方程中只有对 t 的二阶导数出现,因此方程不会有任何变化。这意味着,如果我们有了一个确定的运动,那么严格相反的运动也是可能的。如果我们等待足够长的时间,系统将出现完全混乱的状况,它有时以这种方式运动,有时又以其他方式运动。没有哪种运动比另一种更占优势。所以不可能设计一台足够复杂的机器,并且从长远来看,它以一种方式运动的可能性会比另一种方式更大。

人们可能会想出一个对它来说上面这一点明显不正确的例子。比方说,如果使一个轮子在真空中转动,它会永远同样地转动下去。所以,存在着某些条件(像角动量守恒那样)违背上述的论证。但这只要求把论证作得更小心一些。也许,墙壁或者某些类似于墙壁之类的东西取走了角动量,这样我们就没有特殊的守恒定律。可见,如果系统是足够复杂的,论证就是正确的。它建立在力学定律可逆这一事实的基础上。

出自于对科学史的兴趣,我们想提一下麦克斯韦发明的一个装置,麦克斯韦是第一个建立气体动力论的科学家。他的假设如下:有两箱同温度的气体,箱子之间有一个小孔。孔上坐着一个小妖(当然,它可以是一台机器),在小孔上还有一扇可以由小妖打开或关闭的门。它注视着从左边来的分子,无论何时只要看到速度很快的分子,就把门打开,看到速度很慢的分子,就将门关上。如果我们要求它是一个极为特殊的小妖,使它的脑后也长着眼睛,它就能对来自另一边的分子作相反的事情。这样它就让慢的分子跑到左边,而让快的分子跑到右边。很快左边将变冷,右边将变热。问题在于,是否因为我们有了这样一个小妖而破坏了热力学定律?

结果表明,如果我们造出的是一个有限大小的小妖,它自己就会变得这样热,使得过了一会儿以后,不能很好地看清楚东西。举个例子来说,一个可能是最简单的小妖可以是一扇用一根弹簧扣住的遮住小孔的活动门。一个快速分子可以通过,因为它能推开活动门。慢的分子不能通过而被弹回。但是这个东西不是别的什么,不过是我们的棘轮和掣爪在另一种形式下的体现罢了。最后这个装置会发热。如果假设小妖的比热不是无限大,它一定会发热,它只有有限数目的内部轴承和转轮,所以不能清除由于观察分子而取得的额外热量。不久,它就会由于布朗运动而摇动得这么厉害,以致再也不能说出它自己是来还是去,更不用说分子是来还是去了,所以它不起作用。

§46-4 不可逆性

所有的物理定律都可逆吗?显然不是!不信就试试看让一个炒蛋重新变成新鲜蛋吧!如果把电影倒过来放,不出几分钟就会使人们放声大笑。所有现象的最自然特征莫过于它们的明显的不可逆性。

那么,不可逆性是从哪里来的? 它并非来自牛顿定律。如果我们声称每件事的行为最后都要按物理规律来理解,并且,如果所有的方程最后都有这么一个奇妙的性质,即以 $t = -t$ 代入时,将得到另一个解,那么一切现象都是可逆的。为什么自然界在宏观的尺度上,事情都是不可逆的呢? 显然必定存在着某条定律,某个尚未明了然而是基本的方程,或许在电学中,或许在中微子物理学中,对它来说,时间朝哪个方向这一点是至关重要的。

我们现在来讨论这个问题。我们已经知道其中有一条物理定律指出:熵始终是增加的。如果有一个热的和一个冷的物体,那么热量总是从热的物体流到冷的物体。所以,熵的定律就是这样的一条定律。但是我们希望从力学观点出发来理解熵的定律。事实上,我们刚才就是从力学论证成功地获得了热量不可能自动倒流这一论证的所有结果,并由此得到了对于热力学第二定律的一种理解。看来我们能从可逆的方程得出不可逆性。但是,我们所用的只是力学论证吗? 我们来更仔细地考察一下。

由于我们的问题和熵有关,因此必须设法找出一种熵的微观描述。如果在某种东西,比如气体中,有一定的能量,我们可以得出它的一幅微观图像,并且说每个原子都有一定的能量。所有这些能量相加起来就是总能量。类似地,或许每个原子都有一定的熵,把每个累加起来就得到总熵。但事情并不那么顺利,我们来看一看会发生什么情况。

举个例子说,我们要计算某一确定温度下,某一体积中的气体和在相同温度下,另一个体积中气体的两个熵值之差。由第 44 章知道,对熵的改变有

$$\Delta S = \int \frac{dQ}{T}.$$

在现在的情况下,气体的能量在膨胀前后是相同的,因为温度没有变化。所以,我们必须加入足够的热量以补偿气体所做的功,或对每一个体积的小变化来说

$$dQ = PdV.$$

把 dQ 代入上式,就有

$$\Delta S = \int_{V_1}^{V_2} p \frac{dV}{T} = \int_{V_1}^{V_2} \frac{NkT}{T} \frac{dV}{V} = Nk \ln V_2/V_1.$$

这正是第 44 章得到的结果。例如,若体积膨胀为 2 倍,则熵变为 $Nk\ln 2$。

现在我们考虑另一个有趣的例子。假定有一个容器,中间放一块隔板,一边是氖气("黑"分子),另一边是氩气("白"分子)。我们取出隔板,让它们混合起来。试问熵的改变有多大? 可以设想用两个活塞来代替隔板,一个活塞上有一些只让白分子而不让黑分子通过的小孔,另一个活塞的作用正相反。如果把两个活塞往相反方向各自推到底,我们就会看到,对每一种气体来说,情况正像上面刚解过的那样。所以,熵改变了 $Nk\ln 2$,这意味着,每个分子的熵增加了 $k\ln 2$。2 这个因子的得出与分子占有的额外空间有关,这一点是颇为奇特的。它不是分子本身的特性,而是与分子能活动的空间大小有关。这是一个奇怪的情况,熵增加了,但每样东西具有相同的温度和能量! 唯一发生变化的是分子的分布不同了。

我们都很了解,如果把隔板拿走,经过一段较长时间后,由于分子的碰撞、跳动、敲击等等,它们全都混合起来。有时一个白分子跑向黑分子,有时一个黑分子跑向白分子,也可能彼此穿过。渐渐地,由于偶然的机会,白分子进入到黑分子的空间,黑分子也进入到白分子

的空间。如果我们等待足够长的时间后，就会得到一种混合的状态。很清楚，这是真实世界中的一种不可逆过程，它应当包含有熵的增加。

在这里我们有了一个完全由可逆事件组成的不可逆过程的简单例子。每当两个分子碰撞后，它们各以确定的方向离开。假如我们将拍摄某次碰撞过程的电影倒过来放，电影没有任何不对头的地方。事实上这一类碰撞正与另一类碰撞相似。所以混合过程完全是可逆的，然而它又是不可逆的。我们都知道，如果起先黑、白分子分开，几分钟内它们就会混合起来。如果我们坐下来观察好几分钟，它们也不会重新分开，而是仍然混合在一起。所以我们有了一种建立在可逆情形的基础上的不可逆性。但是现在我们也同时看到其原因何在。开始的排列在某种含义上是有序的，由于碰撞产生的混杂，它变成无序。从有序的排列到无序排列的变化是不可逆性的起源。

的确，如果我们拍下这些分子运动的影片，再将它倒过来放，我们会看到它会渐渐地变成有序。也许有人会说："这是违反物理定律的！"那么我们将影片再重放一次，并观察每一次碰撞。每一样东西都是完善的，都遵循物理定律。当然，原因在于每个分子的速度都是适当的，所以如果沿着所有的路径返回，它们就会回到原来的状态。但是，这种情况是极不可能出现的。如果气体在开始时没有什么特殊的安排，只是白的归白，黑的归黑，它就永远不会回到原来的状态。

§46-5 序 与 熵

这样我们就必须讲一下无序是什么意思，有序又是什么意思。这不是什么有序合我们的意，无序不合我们意的问题。在上节所提到的例子中，混合与不混合的差别如下：假设我们把空间划分成许多小体积元。如果将白分子和黑分子分布在这些体积元中，并使白分子分布在一边，黑分子分布在另一边，试问有几种这样的分布方式？另一方面，如果对黑白分子分布到哪里不加任何限制，又有多少种分布方式？显然，在后一种情况下的排列方式要多得多，我们以在从外部看来完全一样的条件下，内部可能有的排列方式的数目来作为"无序"的量度。这种排列方式的数目的对数就是熵。在黑白分子分开的情况下，排列方式的数目较少，故熵较小，或"无序性"较小。

这样，有了上面对无序的术语上的定义，我们就可以理解这个命题。第一，熵是无序的量度。第二，宇宙总是从"有序"变到"无序"，所以熵总是增加的。"有序"并不是指我们所喜欢的排列这个意义的有序，而是指从外部看来完全一样的条件下所具有的内部不同排列方式的数目是相当有限的。在把气体混合的影片倒过来放的情况下，并没有我们所想象的那么多的无序。每个单个原子都恰好以正确的速率和方向出现。熵并不像表面上看来那么大。

其他物理定律的可逆性如何？当我们谈到由加速电荷产生的电场时，我们曾说过必须取推迟场。在时刻 t，离电荷为 r 的地方，我们取加速电荷在 $t-r/c$，而不是 $t+r/c$ 的时刻所产生的场。这样，初看起来，似乎电学定律是不可逆的。然而，非常奇怪的是，我们所应用的定律来自实际上可逆的麦克斯韦方程组。而且，有可能论证如果我们只用超前场，即由在时刻 $(t+r/c)$ 的事态而引起的场，并在一个完全封闭的空间里始终如一地应用它，那么所发生的每一件事情都和使用推迟场严格一样！因此，这种电学中的表观不可逆性，至少在一个闭合体内，根本不是一种不可逆性。我们已经对此有过某种体会，因为我们知道，一个振动电荷产生的场从闭合体的四壁反射回来后,最后达到一种没有什么偏向性的平衡。用推迟场只是为了解法上的方便而已。

就我们所知,所有的物理学基本定律,像牛顿方程那样,都是可逆的。那么不可逆性究竟是从哪里来的呢?它是从有序变到无序时产生的,但是在我们知道有序性的起源以前,我们并不理解这一点。为什么我们自己每天所发现的情况总是不处在平衡态呢?有一个可能的解释如下。我们不妨再来看一下黑白分子混合的箱子。如果我们等待足够长的时间,大多数白分子都在一边,大多数黑分子都在另一边的分布情况,虽然总的讲是不大可能的,但偶尔或许仍是可能的。此后,随着时间的推移,连续不断地出现一些偶然事件,它们又重新混合起来。

这样,对今天世界之所以高度有序的一个可能解释是,这恰恰是一种侥幸。或许我们的宇宙碰巧在过去发生过某种涨落,使得各种事物得以分开,而现在它们正在重新混合起来。这种理论不是非对称的,因为我们可以问,在不远的将来或是在不远的过去分离的气体是怎样的。不论哪一种情况,我们在分界面上都看到一层灰雾,因为分子正在重新混合。无论我们是往前还是往后计算时间,气体都在混合。所以这种理论认为不可逆性只是生活中的许多偶然事件之一。

我们试图论证情况并非如此。假定我们不是一下子观察整个箱子,而只是观察其中的一小部分,并且在某个确定的时刻,发现了某种程度的有序,那么在这一小部分空间中,黑分子与白分子是分开的。我们应当怎样来推论那些我们还没有观察过的地方的状况呢?如果我们确实认为有序是依靠涨落从完全的无序中产生的,那么我们一定是碰到了能产生这种情况的最可能的涨落,而最可能的情况不是它的其他部分也是分离的!所以,我们从这个世界是一种涨落的假设,能够预期的全部结论是,如果观察以前从未见到过的那一部分世界,我们将发现它已混合起来,而不像刚才所见到那部分世界那样。如果将有序归因于涨落,那么除了刚才注意到的地方之外,不能期望任何其他地方有序。

现在我们假定分离之所以产生是由于宇宙的过去实际上是有序的。它并非由一次涨落而造成,而是因为整个事情原来一直是区分为白的和黑的。现在这种理论预言在其他地方也将存在着有序——这种有序不是由于涨落,而是由于在时间的开始具有更高得多的序。这样,我们可以期望在人们还没有观察过的地方发现有序。

例如,天文学家只观察过天上的某些恒星。他们天天将望远镜转向一些新的恒星,而新的恒星的行为与其他恒星相同。因此我们可以推论宇宙不是一种涨落,而有序乃是对于万物开始时的状况的一种记忆。这并不是说我们明白了它的逻辑。由于某种原因,宇宙在某一时刻对它的能量来说有过非常低的熵,此后熵就不断增加。这就是通向未来的道路,也是一切不可逆性的起源;它引起了生长衰亡的过程,使我们回忆起过去,而不是将来;也使我们记得接近宇宙历史上那个有序性比现在高的时刻的事物,以及为什么我们不能记得那些无序性比现在更高的时刻,即所谓将来发生的事件。所以正像我们在第3章中曾指出的那样,如果我们足够近地去观察宇宙,整个宇宙就寓于一杯酒中,在这种情况下,这杯酒是复杂的,因为这里有水,玻璃,光线,以及其他种种东西。

物理学的另一件值得高兴的事是,即使简单而理想化的事物,比如棘轮和掣爪,它们之所以工作只是因为它们是宇宙的一部分。棘轮和掣爪之所以只能单向转动是因为它们与宇宙的其他部分有着某种最终的接触。如果将棘轮和掣爪放在一个箱子内,并且隔离了足够长的时间，轮子朝一个方向的转动就不再比朝另一个方向的转动更为可能。但是，因为我们拉起窗帘让光线射出，因为在地球上感觉到冷时能从太阳得到热量……总之，因为诸如此类的原因，所以我们制造的棘轮与掣爪能单向转动。这种单向性与棘轮本身是属于宇宙的一部分这一事实有关。棘轮是宇宙的一部分——这不仅意味着它遵循宇宙的物理学定律，而且也意味着，它的单向行为是受整个宇宙的单向行为制约的。在进一步把关于宇宙历史开端的奥秘由推测化为科学的理解之前，我们是不可能完全理解它的。

第47章 声、波动方程

§47-1 波

本章我们将讨论波动现象。这种现象出现在整个物理学的许多领域中,所以我们应当把注意力放在它上面,不仅是因为这里所考察的特殊例子——声,而且也因为有关的概念在物理学的所有分支中有着相当广泛的应用。

我们在研究谐振子时已经指出过,振动系统的例子不仅在力学中存在,而且在电学中也同样存在。波动与振动系统有关,但波动不仅仅表现为在一处的随时间的振动,并且还在空间中传播。

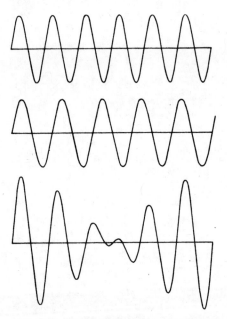

图47-1 频率略有差异的两个波源在时间上的干涉形成拍

实际上我们已经研究过波动。在研究光学,讨论光的波动性质时,我们曾特别研究若干位于不同地方以同一频率振动的波源发出的几列波在空间的干涉现象。而在光波即电磁波以及其他任何形式的波动中所出现的两个重要现象,我们还不曾讨论。其中一个现象就是,波在时间上而不是在空间上的干涉现象。如果两个声源的频率稍有差别,在我们同时收听这两个声音时,有时声波波峰一起来,有时则是波峰和波谷一起来(见图47-1)。这样所产生的声音的起伏就形成拍现象,或者说时间上的干涉。第二个重要现象涉及到波型,当波动约束在一定体积中,在界面之间来回反射时,就形成了这种现象。

当然,在研究电磁波时,本来可以对这些效应加以讨论。我们之所以没有这样做,是因为只使用一种例子也许会使我们不能体会到实际上已同时学习了许多不同的课题。为了强调波动概念的普适性超出了电动力学范围,我们这里考虑一种不同的例子,特别是声波的情况。

我们在海岸边缘见到过由长长的大浪形成的水波翻腾的情况,也见过由表面张力的涟漪形成的小水波。这又是一些波动的例子。再举另外一种例子,在固体中有两类弹性波:一类是压缩波(或纵波),固体中的粒子沿着波传播的方向来回振动(气体中的声波就属于这一类);另一类是横波,固体中的粒子在垂直于波传播的方向上振动。地震波包括了这两类弹性波,它们是由某处地壳的运动而造成的。

在现代物理学中还可找到另一类波的例子。这类波给出了在确定地方发现粒子的概率振幅,即我们已经讨论过的"物质波"。它们的频率正比于能量,波数则正比于动量。这就是量子力学中的波。

在本章中我们将只考虑波速与波长无关的波动。例如,光在真空中的传播情况就是如此。对无线电波、蓝光、绿光或任何其他波长的光来说,光速都相同。由于这种性质,当初开始描写波现象时,我们并没有指出波在传播这一点。我们只是说,如果有一个电荷在某处运动,那么离开它 x 处的电场正比于在较早时刻 $(t-x/c)$ 的加速度,而不是在 t 时刻的加速度。所以,如果我们画出某个瞬间空间中的电场,如图 47-2 所示,那么经过时间 t 后的电场将移动距离 ct,如图中所示。在这里所取的一维例子中,从数学上我们可以说,对这个一维的例子,电场是 $(x-ct)$ 的函数。我们看到,当 $t=0$ 时,它是 x 的某个函数。如果我们考虑较后一个时刻,

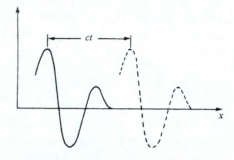

图 47-2 实线表示在某一瞬时电场的可能情况,虚线表示在时间 t 后的电场

只需适当增加 x 值就可以得到同样的电场值。举例说,如果在 $t=0$ 时,电场极大值出现在 $x=3$ 处,那么,为了找到在时刻 t 电场极大值的新位置,就得有

$$x - ct = 3 \quad \text{或} \quad x = 3 + ct.$$

我们看到,这样的函数表示了波的传播。

所以,$f(x-ct)$ 这种函数就表示了波。我们可以这样简单地总结波的描述

$$f(x-ct) = f[x + \Delta x - c(t + \Delta t)],$$

这里 $\Delta x = c \Delta t$。当然,还有另一种可能,即波源不是像图 47-2 中所示的那样在左边,而是在右边,结果波往负 x 方向传播。这时就要用 $g(x+ct)$ 来描写波。

此外,还存在这样一种可能性,空间同时存在着比方说一列以上的波,那么总电场就是两个独立传播的电场的和。电场的这种性质可以叙述为,假定 $f_1(x-ct)$ 是一列波,$f_2(x-ct)$ 是另一列波,那么它们的和也是波。这就叫做叠加原理。叠加原理对于声波来说同样有效。

我们都熟悉这样一个事实:声音产生以后,我们所听到的声音的顺序与产生时的顺序完全相同。假定高频的声音传播得比低频的快,那么短促尖锐的噪声将发生在乐声之后。类似地,如果红光跑得比蓝光快,那么当白光闪一下后,人们就会先看到红色,接着是白色,最后是蓝色。我们所知道的事实表明,情况并非如此。声与光在空气中的传播速率都非常接近于跟频率无关。跟频率有关的波传播的例子将在第 48 章中讨论。

对于光(电磁波)的情况,我们提供了一条规则来确定因电荷的加速而在某点所产生的电场。人们现在可能也期望有这么一条规则,由此能借助声源本身的运动并考虑到声传播时间引起的推迟,确定声源外一给定距离上空气的某个物理量如压强的数值。对于光来说,这种做法是行得通的,因为我们所要知道的一切就是一处的电荷对在另一处的另一个电荷施加作用力。从一处到另一处的传播细节并不是绝对重要的。然而,在声的情况下,我们知道它通过声源与收听者之间的空气而传播。因此,无疑人们会提出一个很自然的问题:在任

何给定时刻,空气的压强有多大。另外,我们还想确切地知道空气怎样运动。在电学情况下,我们可以接受一条规则,因为我们可以说自己还不知道电学定律,但对于声来说,我们就不能讲同样的话了。因为整个过程应当作为力学定律的结果而得到理解,所以我们当然不会满足于仅仅陈述声压如何通过空气而传播的规则。简言之,声学是力学的一门分支,所以它要用牛顿定律来解释。声波由一处往另一处的传播,只是力学定律及传播声的那种物质的性质(如果在气体中传播,就指气体的性质,如果在液体或固体中传播,就指这些介质的性质)的推论。以后我们将用类似的方法从电动力学定律导出光的性质和光波的传播。

§47-2 声 的 传 播

我们准备从牛顿定律导出声波在声源与接收者之间传播的特性,而对声源与接收者之间的相互作用将不予考虑。通常我们强调的是推导的结论而不是某一特殊推导过程本身。在本章中我们将采取相反的观点。在某种意义上,这里的要点就在于推导本身。在我们知道了旧现象的规律之后,能借助于已知现象来解释新现象这件事或许是数学物理学的最伟大艺术。数学物理学家要解决两个问题:一个是给定了方程之后求出解答,另一个是找出描写新现象的物理方程。这里的推导是属于后一种情形的一个例子。

我们在这里将取一个最简单的例子——声波的一维传播。要进行这样的推导,首先必须对所发生的事情有一定的了解。这里所包含的基本事实就是,如果一个物体在空气中的某个地方运动着,我们就观察到有一种扰动在空气中传开。这是怎样的一种扰动?我们可以认为物体的运动产生了压强上的变化。当然,如果物体的运动相当缓慢,空气便只是绕着它流过去。但我们要讨论的是快速的运动,因此空气没有足够的时间作这样的流动。于是,随着物体的运动空气被压缩,引起压强上的变化,这种变化推动了周围的气体,接着这部分气体又被压缩,这又引起额外的压强,这样波就传播开了。

现在我们要把这个过程写成公式。首先必须决定所需要的变量。在这个特定问题中,我们要知道空气移动了多远,所以在声波中空气的*位移*肯定是一个有关的变量。此外,我们还要描述,在空气移动时它的*密度*怎样变化。空气*压强*也会发生改变,所以这又是一个值得注意的变量。当然,空气还有*速度*,因而我们必须描写空气粒子的速度。这些粒子还有*加速度*——但是,当我们列举了这么多变量之后,立即会认识到,如果知道了空气位移怎样随时间而变化,那么速度和加速度也就知道了。

我们已经说过,要考虑的是一维波动。如果离开波源足够远,以致所谓的*波前*非常接近于平面,那么就可以这样处理。取一个复杂性最小的例子会使论证比较简单一些。因此,我们可以说:位移 χ 只取决于 x 和 t,而与 y 和 z 无关。所以我们用 $\chi(x, t)$ 来描写空气的位移。

这个描述完全吗?看来远远谈不上完全。因为我们一点也不知道空气分子运动的详情。它们往四面八方运动,这种情况肯定不能用函数 $\chi(x, t)$ 来描写。从分子动理论的观点来看,假定在一个地方分子密度较高,而在邻近的地方分子密度较低,那么分子就会从密度较高的区域跑向密度较低的区域,使得差异抵消。显然,这样一来就不会产生振动,于是也就没有声音。为了得到声波,必须出现下述情况:当分子由密度较高及压强较大的区域冲出去时,它们将把动量传递给邻近的密度较低区域中的分子。为了使声波得以产生,密度与压强上有变化的区域必须远远大于分子在与其他分子进行碰撞前所走过的距离。这段距离即平均自由程,而压强的波峰与波谷之间的距离必须远远超过它,不然分子就会自由地从波峰跑向波谷,一下子把波抹平。

十分清楚,我们是在远大于平均自由程的尺度上来描写气体行为的,所以不用个别分子的运动来描写气体的性质。例如,所谓位移就是指一小块气体的质心的位移,而压强或密度则是这一小块区域中的压强或密度。我们称压强为 P,密度为 ρ,它们都是 x 和 t 的函数。我们必须记住这种描写只是近似的,只有当气体的有关性质随距离的变化不太快时才成立。

§47-3 波 动 方 程

声波现象的物理内容包括了三个特征:

Ⅰ. 气体的移动使密度发生变化。

Ⅱ. 密度上的变化对应着压强上的变化。

Ⅲ. 压强的不相等导致气体的运动。

我们首先考虑Ⅱ。对于气体、液体或固体,压强是密度的某个函数。在声波抵达之前,我们有一个平衡状态,它的压强为 P_0,对应的密度是 ρ_0。介质中的压强 P 与密度 ρ 由某种函数关系 $P = f(\rho)$ 联系起来,特别是平衡状态时的压强 P_0 由 $P_0 = f(\rho_0)$ 给定。声波中的压强相对于平衡值的变化是极其微小的。量度压强的一个方便单位是巴(bar): 1 bar = 10^5 N·m^{-2}。1atm 非常接近于 1 bar,即 1 atm = 1.013 3 bar。在声学中我们采用声强的对数标度,因为耳朵的灵敏度近似地按对数变化。这个标度是分贝(dB)标度,对于振幅为 P 的压强,其声压级 I 用下式来定义

$$I = 20\lg\left(\frac{P}{P_{\text{参}}}\right) \text{ dB}. \tag{47.1}$$

这里参考压强 $P_{\text{参}} = 2 \times 10^{-10}$ bar*。如压强振幅为 $P = 10^3 P_{\text{参}} = 2 \times 10^{-7}$ bar,与之对应的就是 60 dB 的中等强度的声音。我们看到,在声波中压强的变化与平衡压强或平均压强一个大气压相比极其微小,位移和密度的变化相应地也极其微小。在爆炸时,变化就不是这么小了;所产生的额外压强可能超过 1 个大气压。这么大的压强变化将导致新的效应,我们在以后再来讨论。对声音来说,通常我们不考虑超过 100 dB 的声强级,120 dB 的声强级已使耳朵有痛觉。因此,对声波来说,如果写下

$$P = P_0 + P_e, \rho = \rho_0 + \rho_e, \tag{47.2}$$

那么与 P_0 相比压强变化值 P_e 总是很小,而与密度 ρ_0 相比密度变化值 ρ_e 也总是很小。于是

$$P_0 + P_e = f(\rho_0 + \rho_e) = f(\rho_0) + \rho_e f'(\rho_0). \tag{47.3}$$

这里 $P_0 = f(\rho_0)$,而 $f'(\rho_0)$ 是当 $\rho = \rho_0$ 时得出的 $f(\rho)$ 的微商值。只是由于 ρ_e 很小,我们才可以取第二步等式。这样我们就发现额外压强 P_e 正比于额外密度 ρ_e,如果称比例系数为 κ,则

$$P_e = \kappa\rho_e,\text{ 这里 } \kappa = f'(\rho_0) = \left(\frac{\mathrm{d}P}{\mathrm{d}\rho}\right)_0 \quad (\text{Ⅱ}) \tag{47.4}$$

---

* 在这样选择 $P_{\text{参}}$ 时,相应的 P 不是声波的峰值压强,而是"方均根"压强,它等于 $1/\sqrt{2}$ 乘以峰值。

所以,对于 II 来说我们要得到的就是这个非常简单的关系式。

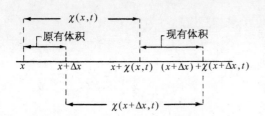

图 47-3 在 x 处空气的位移为 $\chi(x, t)$,在 $x+\Delta x$ 处为 $\chi(x+\Delta t, t)$。平面波中,截面为单位面积的空气柱原来的体积为 Δx;新的体积为
$$\Delta x + \chi(x+\Delta x, t) - \chi(x, t)$$

现在来考虑 I。我们假设没有被声波扰动的那部分空气的位置是 x,而在时刻 t 由声波引起的位移是 $\chi(x, t)$,因此新的位置是 $x+\chi(x, t)$,如图 47-3 所示。我们还假设邻近的未受扰动的一部分空气的位置是 $x+\Delta x$,而其新的位置是 $x+\Delta x+\chi(x+\Delta x, t)$。现在可以用下述方法来求出密度的变化。因为只限于平面波,所以我们可取垂直于 x 方向的单位面积,x 方向就是声波传播的方向。于是由单位面积和 Δx 所围成的那部分空气的质量就是 $\rho_0 \Delta x$,这里 ρ_0 是未受扰动的或平衡状态下的空气密度。

这些空气在声波驱动下移到 $x+\chi(x, t)$ 与 $x+\Delta x+\chi(x+\Delta x, t)$ 之间,这样,这个区间内的气体质量应与未扰动前处在 Δx 区间内的气体质量相同。如果以 ρ 表示新的密度,就有

$$\rho_0 \Delta x = \rho[x+\Delta x+\chi(x+\Delta x, t)-x-\chi(x, t)]. \tag{47.5}$$

因为 Δx 很小,我们可以写出

$$\chi(x+\Delta x, t)-\chi(x, t) = \left(\frac{\partial \chi}{\partial x}\right)\Delta x,$$

这个微商是偏微商,因为 χ 与时间 t 及 x 都有关。我们的方程于是就变为

$$\rho_0 \Delta x = \rho\left(\frac{\partial \chi}{\partial x}\Delta x + \Delta x\right) \tag{47.6}$$

或

$$\rho_0 = (\rho_0 + \rho_e)\frac{\partial \chi}{\partial x} + \rho_0 + \rho_e. \tag{47.7}$$

由于在声波中所有的变化都很小,因此 ρ_e 很小,χ 很小,$\frac{\partial \chi}{\partial x}$ 也很小。所以在我们刚找到的关系式

$$\rho_e = -\rho_0 \frac{\partial \chi}{\partial x} - \rho_e \frac{\partial \chi}{\partial x} \tag{47.8}$$

中,与 $\rho_0 \frac{\partial \chi}{\partial x}$ 相比我们可以略去 $\rho_e \frac{\partial \chi}{\partial x}$。这样我们就得到 I 所要求的关系式

$$\rho_e = -\rho_0 \frac{\partial \chi}{\partial x} \quad (\text{I}) \tag{47.9}$$

这个方程从物理上是可以预料的;如果位移随着 x 而改变,那么就会有密度上的变化。式中的符号也是正确的:如果位移 χ 随着 x 而增加,那么空气就扩展开来,密度就一定会下降。

现在我们需要第三个方程,那就是由压强改变所产生的运动方程。如果我们知道力与压强之间的关系,就可以得出运动方程。现在我们取一薄层空气,它的厚度为 Δx,侧面积为

与 x 相垂直的单位面积,则此薄层气体的质量是 $\rho_0 \Delta x$,其加速度为 $\dfrac{\partial^2 \chi}{\partial t^2}$,于是质量与加速度的乘积就是 $\rho_0 \Delta x \left(\dfrac{\partial^2 \chi}{\partial t^2}\right)$(当 Δx 很小时,不管加速度 $\partial^2 \chi / \partial t^2$ 是指薄块边上的值还是指某个中间位置的值都没有关系)。假如现在我们求得在垂直于 x 的单位面积上给予这层空气的作用力,那么它就等于 $\rho_0 \Delta x (\partial^2 \chi / \partial t^2)$。在 x 处沿 $+x$ 方向,单位面积所受的力是 $P(x, t)$,在 $(x+\Delta x)$ 处沿 $-x$ 方向,单位面积所受的力是 $P(x + \Delta x, t)$(图 47-4),由于 Δx 甚小,并且 P 中的变化部分只有额外压强 P_e,结果我们得到

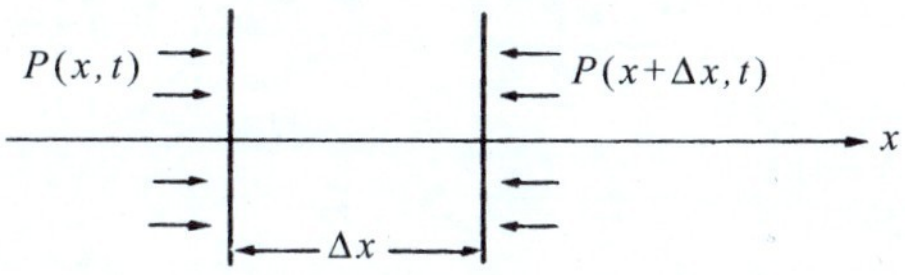

图 47-4 作用在垂直于 x 的单位面积上的压强在正 x 方向上所产生的净力是 $-\left(\dfrac{\partial P}{\partial x}\right)\Delta x$

$$P(x, t) - P(x + \Delta x, t) = \dfrac{-\partial P}{\partial x}\Delta x = \dfrac{-\partial P_e}{\partial x}\Delta x. \tag{47.10}$$

最后,对于Ⅲ,我们有

$$\rho_0 \dfrac{\partial^2 \chi}{\partial t^2} = -\dfrac{\partial P_e}{\partial x} \qquad (\text{Ⅲ}) \tag{47.11}$$

这样就有足够的方程将各件事情联系起来,并将变量减少到一个,比如说 χ。利用(Ⅱ)式能从(Ⅲ)式中消去 P_e,于是有

$$\rho_0 \dfrac{\partial^2 \chi}{\partial t^2} = -\kappa \dfrac{\partial \rho_e}{\partial x}, \tag{47.12}$$

再利用(Ⅰ)式就可消去 ρ_e。这样我们发现 ρ_0 也被消去,余下的就是

$$\dfrac{\partial^2 \chi}{\partial t^2} = \kappa \dfrac{\partial^2 \chi}{\partial x^2}, \tag{47.13}$$

我们令 $c_s^2 = \kappa$,因此可写出

$$\dfrac{\partial^2 \chi}{\partial x^2} = \dfrac{1}{c_s^2}\dfrac{\partial^2 \chi}{\partial t^2}. \tag{47.14}$$

这就是描写物质中声波行为的波动方程。

§47-4 波动方程的解

现在我们可以来看看这个方程是否确实描写了物质中声波的基本性质。我们希望由此推出声脉冲或扰动将以恒定速率运动,并且希望证实两个不同的脉冲可以相互穿过——叠加原理。我们还想证实声波可以往右或往左传播。所有这些性质都应当包括在这一个方程之中。

我们已经说过,任何以恒定速度 v 运动的平面波的扰动都具有形式 $f(x-vt)$。现在必须来看一下 $\chi(x, t) = f(x - vt)$ 是否为波动方程的一个解。在计算 $\partial \chi / \partial x$ 后,就得到 $\partial \chi / \partial x = f'(x - vt)$,再进行一次微商,则得到

$$\frac{\partial^2 \chi}{\partial x^2} = f''(x - vt). \tag{47.15}$$

这同一函数对 t 的微商是 $-v$ 乘以函数的微商,即 $\frac{\partial \chi}{\partial t} = -v f'(x-vt)$,而二阶时间微商是

$$\frac{\partial^2 \chi}{\partial t^2} = v^2 f''(x - vt). \tag{47.16}$$

很明显,倘使波速 v 等于 c_s,$f(x-vt)$ 就满足波动方程。因此,根据力学定律我们发现任何声扰动以速度 c_s 传播。此外,我们还发现

$$c_s = \kappa^{\frac{1}{2}} = \left(\frac{\mathrm{d}P}{\mathrm{d}\rho}\right)_0^{\frac{1}{2}},$$

这样我们就把波速与介质的性质联系起来了。

假如考虑一列沿相反方向传播的波,那么 $\chi(x, t) = g(x+vt)$,不难看出这样一种扰动也满足波动方程。这列波跟从左向右行进的波的唯一差别就是 v 前的符号,但是,无论函数中的变量是 $x-vt$ 还是 $x+vt$,都不影响 $\partial^2 \chi/\partial t^2$ 的符号,因为它包含的只是 v^2 项。由此可见我们具有以速度 c_s 往左或往右传播的波的解答。

叠加性是非常有趣的问题。假定我们已经找到波动方程的一个解,比方说 χ_1,这意味着 χ_1 对 x 的二阶微商等于 $1/c_s^2$ 乘以 χ_1 对 t 的二阶微商。现在如果有任意另一个解 χ_2 亦具有同样的性质。假定把这两个解叠加起来,就有

$$\chi(x, t) = \chi_1(x, t) + \chi_2(x, t), \tag{47.17}$$

我们要证实 $\chi(x, t)$ 也是波,即 χ 也满足波动方程。这个结果很容易证明,因为我们有

$$\frac{\partial^2 \chi}{\partial x^2} = \frac{\partial^2 \chi_1}{\partial x^2} + \frac{\partial^2 \chi_2}{\partial x^2} \tag{47.18}$$

以及

$$\frac{\partial^2 \chi}{\partial t^2} = \frac{\partial^2 \chi_1}{\partial t^2} + \frac{\partial^2 \chi_2}{\partial t^2}. \tag{47.19}$$

所以就有 $\partial^2 \chi/\partial x^2 = \left(\frac{1}{c_s^2}\right) \partial^2 \chi/\partial t^2$。这样我们就证实了叠加原理。叠加原理的证明正是建立在波动方程对 χ 是线性的这个事实上的。

现在我们可以预期,沿 x 方向传播而其电场在 y 方向上的偏振平面光波将满足波动方程

$$\frac{\partial^2 E_y}{\partial x^2} = \frac{1}{c^2} \frac{\partial^2 E_y}{\partial t^2}, \tag{47.20}$$

这里 c 是光速。这个波动方程是麦克斯韦方程的结论之一。电动力学的定律将导致光的波动方程,正像力学定律导致声的波动方程一样。

§ 47-5 声　　速

上面对声波的波动方程的推导使我们得到了一个公式,它把波速与正常大气压下压强

对密度的变化率联系在一起

$$c_s^2 = \left(\frac{dP}{d\rho}\right)_0. \tag{47.21}$$

在计算这个变化率时,必须知道温度如何变化。在声波中,我们预期压缩区域的温度会升高,而稀薄区域的温度会降低。牛顿第一个计算了压强对密度的变化率,他假设温度保持不变。他论证热量十分迅速地由一个区域传导到另一个区域,以致温度不可能升高或降低。在这种论证下得到了声波的等温速率,但这是错误的。正确的推导是后来由拉普拉斯作出的。他提出了相反的概念——在声波中压强与温度进行着绝热变化。只要波长远大于平均自由程,热量从压缩区域往稀薄区域的流动是可以忽略的。在这种条件下,声波中的少量热流并不影响速度,虽然它吸收了一点声能。我们可以正确地预计到这种吸收将随着波长趋近于平均自由程而增加,但这种波长大约比可闻声波波长的百万分之一还要小。

声波中压强随密度的实际变化是一种没有热流的变化。这相当于绝热变化。对这种情况,$PV^\gamma = $ 常数,这里 V 是体积。由于密度反比于 V,P 与 ρ 之间的绝热关系是

$$P = 常数\,\rho^\gamma. \tag{47.22}$$

由此可得 $dP/d\rho = \gamma P/\rho$。于是对于声速就有关系式

$$c_s^2 = \frac{\gamma P}{\rho}. \tag{47.23}$$

我们也可写为 $c_s^2 = \gamma PV/(\rho V)$,再利用等式 $PV = NkT$,而且由于 ρV 是气体质量,它也可表示为 Nm 或 μ,这里 m 是一个分子的质量,μ 是分子量,由此可得

$$c_s^2 = \frac{\gamma kT}{m} = \frac{\gamma RT}{\mu}, \tag{47.24}$$

从此式显然可知声速只与气体温度有关,而与压强或密度无关。我们还注意到

$$kT = \frac{1}{3}m\langle v^2\rangle, \tag{47.25}$$

这里 $\langle v^2\rangle$ 是分子的方均速率。因此 $c_s^2 = \left(\frac{\gamma}{3}\right)\langle v^2\rangle$,或

$$c_s = \left(\frac{\gamma}{3}\right)^{\frac{1}{2}} v_{平均}. \tag{47.26}$$

这个式子表明声速的大小大致等于 $1/\sqrt{3}$ 乘以分子的某种平均速率 $v_{平均}$(方均速率的平方根)。换句话说,声速与分子速率具有同样的数量级,实际上多少小于分子平均速率。

当然,我们可以预料到会有这样的结果,因为扰动像压强的变化一样,归根结蒂是由于分子运动而传播的。然而,这种论证并不能告诉我们精确的传播速率,因为既可以说声波主要是由最快的分子传播的,也可以说主要是由最慢的分子传播的。一种合乎情理的并令人满意的看法是认为声速大约为分子平均速率 $v_{平均}$ 的一半。

第 48 章 拍

§48-1 两列波的相加

不久前我们相当详细地讨论过光波的性质以及光波的干涉,即从不同波源发出的两列波叠加的效应。在所有这些分析中我们假设波源的频率全都相同。本章我们将讨论的某些现象则是由于具有不同频率的两个波源的干涉所造成的。

很容易猜想到会发生什么事。我们采用与以前同样的做法,假设有两个相同的振动波源,其频率相等,相位则调整到比方说使它们发出的信号在到达某点 P 时同相。到达这一点的如果是光,光就很强,如果是声,声音就很响;而若是电子,那么其中到达的就很多。反之,假如抵达 P 点的信号彼此的相位差是 180°,则在 P 点我们就可能得不到信号,因为在该处净的振幅为最小。现在,假设某个人转动其中一个波源的"相位旋钮",来回改变该波在 P 点的相位,比方说先使其为 0°,然后为 180°,等等。当然,这样一来我们就会发现净的信号强度有变化。我们还可看出,如果一个波源的相位相对于另一个波源逐渐地、均匀地缓慢变化,由 0° 开始,增加到 10°,20°,30°,40°,等等,那么在 P 点所测得的就是一串强弱相间的"脉动",因为当相位移过 360°,振幅就回到极大值。当然,说一个波源的相位相对于另一波源以均匀的速率移动就等于说两个波源在每秒钟内的振动次数略有差别。

于是我们知道答案就是:假定两个波源的频率略有差别,我们将发现其净结果就是出现一个强度缓慢脉动的振动。对本课题而言,这实际上就是一切!

这个结果也很容易用数学公式来表示。例如,假定有两列波,我们暂时不去考虑所有的空间关系,而只是分析到达 P 点的波。不妨假设一个波源在这一点引起的振动是 $\cos \omega_1 t$,另一个波源则是 $\cos \omega_2 t$,ω_1 与 ω_2 不完全相等。当然,它们的振幅也可能不相同,但这个一般性的问题可以留在后面去解决,我们不妨先假定振幅是相等的。在 P 点的总振幅就是这两个余弦函数之和。如果像图 48-1 那样,画出波的振幅对时间的曲线,我们就看到波峰与波峰重合之处恰好出现较强的波,而在波峰与波谷重合之处,总振幅实际上为零,而当波峰再度重合时,又得到较强的波。

在数学上,我们只要将两个余弦相加并对结果进行一些整理。对于余弦函数有一些有用的关系式,它们是不难推得的。我们当然知道

$$e^{i(a+b)} = e^{ia}e^{ib}, \tag{48.1}$$

而 e^{ia} 有一个实部(即 $\cos a$)和一个虚部(即 $\sin a$)。如果取 $e^{i(a+b)}$ 的实部,就得到 $\cos(a+b)$。将 e^{ia} 和 e^{ib} 相乘,就有

$$e^{ia}e^{ib} = (\cos a + i\sin a)(\cos b + i\sin b),$$

我们得到 $\cos a \cos b - \sin a \sin b$,加上一些虚部。但我们现在只要实部,于是有

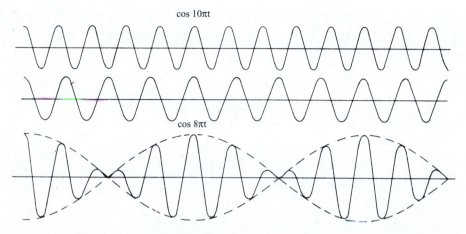

图 48-1 频率比为 8∶10 的两列余弦波的叠加。图中各个"拍"内的图样精确重复这一点在一般情况下并不具有代表性

$$\cos(a+b) = \cos a\cos b - \sin a\sin b. \tag{48.2}$$

假如改变 b 的符号,因为这时余弦不变而正弦变号,所以,对 $-b$,等式就是

$$\cos(a-b) = \cos a\cos b + \sin a\sin b \tag{48.3}$$

将这两个等式相加,消掉正弦项,便有

$$\cos a\cos b = \frac{1}{2}\cos(a+b) + \frac{1}{2}\cos(a-b). \tag{48.4}$$

将这个公式反过来,可以得到 $\cos\alpha + \cos\beta$ 的公式,这只要令 $\alpha = a+b$,$\beta = a-b$,于是 $a = (\alpha+\beta)/2$,$b = (\alpha-\beta)/2$,因此有

$$\cos\alpha + \cos\beta = 2\cos\frac{1}{2}(\alpha+\beta)\cos\frac{1}{2}(\alpha-\beta). \tag{48.5}$$

现在可以来分析我们的问题了,$\cos\omega_1 t$ 与 $\cos\omega_2 t$ 之和为

$$\cos\omega_1 t + \cos\omega_2 t = 2\cos\frac{1}{2}(\omega_1+\omega_2)t\cos\frac{1}{2}(\omega_1-\omega_2)t. \tag{48.6}$$

我们假定两个频率近似相等,这样 $(\omega_1+\omega_2)/2$ 就是平均频率,它与 ω_1 与 ω_2 几乎都相同。但 $\omega_1-\omega_2$ 远小于 ω_1 或 ω_2,因为已假设 ω_1 与 ω_2 近似相等。这意味着我们可以这样来说明这个解:它是一个多少与我们开始时所具有的波相类似的高频余弦波,但它的"大小"将缓慢地变动,即以频率 $(\omega_1-\omega_2)/2$ 作脉动变化。但这是不是人们所听到的拍频呢。虽然式(48.6) 表示振幅随 $\cos[(\omega_1-\omega_2)t/2]$ 而变化,实际上它所告诉我们的是高频振动被包含在两个相反的余弦曲线之内(如图 48-1 中的虚线所示)。根据这一点人们可以说振幅变化的频率是 $(\omega_1-\omega_2)/2$,但如果说到波的**强度**,则必须认为它的频率两倍于此。这就是说,按强度而言,振幅的调制频率是 $\omega_1-\omega_2$,虽然式(48.6)表明我们所乘的余弦因子其频率为此一半。存在这种差别的物理原因是在第二个半周内高频波的相位关系有一点不同。

如果不去考虑这个小小的复杂性,我们可以得出结论说,将频率为 ω_1 与 ω_2 的两列波相加,就会得到以平均频率 $(\omega_1 + \omega_2)/2$ 振动而强度又按频率 $(\omega_1 - \omega_2)$ 变化的合成波动。

如果两列波的振幅不相同,我们可以重新再计算一下:将余弦乘上不同的振幅 A_1 和 A_2,利用类似于式(48.2)~(48.5)的关系式,进行一系列运算,整理等。然而还可用其他一些较简易方法来进行同样的分析。例如,我们知道指数的运算比正弦和余弦的运算要容易得多,并且可以将 $A_1\cos\omega_1 t$ 看作为 $A_1 e^{i\omega_1 t}$ 的实部。另一个波也同样地可以看作是 $A_2 e^{i\omega_2 t}$ 的实部。如果将两者相加,就得到 $A_1 e^{i\omega_1 t} + A_2 e^{i\omega_2 t}$,将平均频率的因子提出,就有

$$A_1 e^{i\omega_1 t} + A_2 e^{i\omega_2 t} = e^{\frac{1}{2}i(\omega_1+\omega_2)t}[A_1 e^{\frac{1}{2}i(\omega_1-\omega_2)t} + A_2 e^{-\frac{1}{2}i(\omega_1-\omega_2)t}]. \tag{48.7}$$

我们再一次得到带有低频调制的高频波。

§48-2 拍符和调制

如果现在要求出式(48.7)所表示的合成波的强度,可以取该式左边或右边的绝对值平方。我们取左边来计算,于是强度为

$$I = A_1^2 + A_2^2 + 2A_1 A_2 \cos(\omega_1 - \omega_2)t. \tag{48.8}$$

由此可见强度以频率 $(\omega_1 - \omega_2)$ 涨落,其变化界限则为 $(A_1 + A_2)^2$ 和 $(A_1 - A_2)^2$。如果 $A_1 \neq A_2$,则最小强度不为 0。

另一种表示这个概念的方法是作图,如图 48-2 所示。我们画一根长为 A_1,以频率 ω_1 旋转的矢量,用以表示复平面上的一个波。再画出一个长为 A_2,旋转频率为 ω_2 的矢量来表示第二个波。如果两个频率正好相等,那么旋转时合矢量的长度就固定不变,于是由此两个波得出的是确定不变的强度。但是如果频率略有差别,两个复矢量就以不同速率旋转。图 48-3 表示相对于矢量 $A_1 e^{i\omega_1 t}$ 所见到的情况。我们看到 A_2 缓慢地转离 A_1,于是两列波叠加后得出的合成振幅起先最强,然后,两者拉开,当 A_2 相对于 A_1 转过 180°时,合成振幅变得特别弱,等等。在矢量旋转时,合矢量的振幅时而变大,时而变小,因而强度作脉动变化。这是一个相当简单的方法,还有许多别的方法表示这件事情。

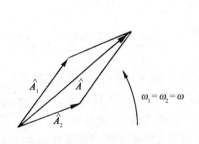

图 48-2　两个相同频率复矢量的合成

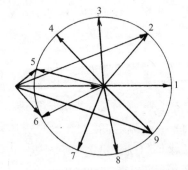

图 48-3　以一个旋转矢量为参考系来看,两个不同频率的复矢量的合成。图中绘出了缓慢旋转的矢量的九个相继位置

上述效应很容易从实验上观察到,在声学实验中,我们可以将两个扬声器分别连接到两个独立的振荡器上,一个振荡器接一个扬声器,因此每个扬声器发出一种音调。于是我们从

一个声源接收到一种音符,从另一个声源接收到另一种音符。如果使彼此的频率精确相等,则其总的效果为在一定的空间位置上具有确定强度。如果接着使两个音调略微调偏一些,就会听到强度上的某些变化。调偏得越厉害,声音的变化就越快。当这种变化每秒钟超过十次左右时,人耳要跟上这种变化就有些困难了。

我们也可以从示波器上见到这个效应,在示波器上可以直接显示出两个扬声器的电流的和。假如脉动频率颇低,我们就简单地看到一列振幅作脉动变化的正弦波,但当脉动加快时,我们就看到如图48-1所示的那类波形。当频率差再增大时,图中的"隆起部分"之间靠得更近。此外,如果两个信号振幅并不相等,一个强于另一个,那么,正如我们所预料的那样,所得到的合成波的振幅永远不会变为零。无论从声学上还是从电学上都得出了应得的结果。

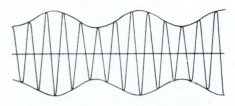

图 48-4　调制载波。在此简图中,$\frac{\omega_c}{\omega_m} = 5$。

在实际的无线电波中,$\frac{\omega_c}{\omega_m} \approx 100$

也会出现与上述相反的现象!在利用所谓调幅(AM)现象的无线电发送中,广播台是这样播送声音的:无线电发射机在广播频带产生频率很高的交流振荡,比如说800 kHz。如果接通这个载波信号,电台就会发出频率为800 kHz幅度均匀不变的电波。将"消息"发送出去(常常是一类无用的消息,诸如去买哪种牌子的汽车)的方法是,当某个人的讲话送入话筒后,载波信号的幅度就随进入话筒的声音振动一起发生变化。

我们举一个数学处理上最简单的例子。如果有一个女高音歌手正在唱着一首优美动听的歌曲,她的声带产生完好的正弦振动,那么我们就得到一个强度如图48-4那样交替变化的信号。然后,在接收机中将这样的音频变化复原,我们去掉载波只看包络,这个包络就表示了声带的振动,或歌手的声音。于是扬声器就在空气中以同样的频率作相应的振动,而听众基本上不能够说出这与真实声音有何区别。当然由于许多畸变以及其他微妙的效应,实际上有可能说出我们是在听收音机还是在听真的女高音在歌唱;不然事情就像上面所说的那样。

§48-3　旁 频 带

在数学上,刚才所描写的调制波可以表示为

$$S = (1 + b\cos\omega_m t)\cos\omega_c t, \tag{48.9}$$

这里 ω_c 表示载波频率,ω_m 是音频。我们再次利用有关余弦的定理,或者利用 $e^{i\theta}$ 来计算(虽然用 $e^{i\theta}$ 简单一些,但这是一回事,没有什么差别),于是得到

$$S = \cos\omega_c t + \frac{1}{2}b\cos(\omega_c + \omega_m)t + \frac{b}{2}\cos(\omega_c - \omega_m)t. \tag{48.10}$$

所以,从另一个观点来看,我们可以说,电台所输出的波是由三列波叠加在一起的:首先是频率 ω_c 的规则波,即载波,另外两个是新的波,各自具有一个新的频率。一个是载频加上调频,另一个是载频减去调频。因此,假如我们画出信号发生器产生的信号强度对频率的函数图像,就会在载波频率上发现颇高的强度,这是很自然的,但当一位歌唱家开始歌唱时,我们

就会在频率 $(\omega_c+\omega_m)$ 及 $(\omega_c-\omega_m)$ 处突然发现正比于歌唱家声强 b^2 的强度,如图 48-5 所示。这就称为旁频带,只要在发射机中存在调制信号,就会有旁频带出现。如果同时出现的律音不止一个,比如说有两个律音 ω_m 及 ω'_m,即有两个乐器在演奏;或者说,假如存在着另外一个复杂的余弦波,那么,从数学上可以看出,我们将会得到频率相应地为 $\omega_c \pm \omega'_m$ 的更多的波。

因此,当有一个可以表示成许多余弦之和[*]的复杂调制时,我们就会发现实际的发射机发送的是在一段频率范围内的信号,即载频加上或减去调制信号所包含的最高频率。

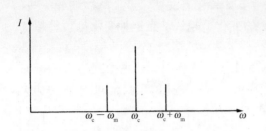

图 48-5 载波 ω_c 被单个正弦波 ω_m 调制时的频谱

虽然原先我们可能认为无线电发射机发送的只是载波的标称频率,因为在广播台里有许多大的、超稳定的晶体振荡器,而且一切都调整到正好是 800 kHz,但在某人刚宣告他们在 800 kHz 播音那个瞬间,他已调制了 800 kHz 载波,因此就不再正好是 800 kHz 了!假如我们建造的放大器,其频宽覆盖了人耳灵敏度的一个很大区域(人耳可以听到高达 20 kHz 的声音,但通常发射机与接收机工作范围不超过 10 kHz,所以我们不能听到最高频率部分),而当一个人说话时,他的声音中可以包括高到比如说 10 kHz 的频率。那么发射机发送的频率可以从 790 kHz 到 810 kHz。现在,假定另一个广播台的频率是 795 kHz,那么就会出现混乱。此外,如果我们的接收机的灵敏度如此之佳,以致只接收 800 kHz 的信号,而不会接收到上下 10 kHz 的信号,那么我们也不能听到播音员在说话,因为信息正是在这两种频率上!因此,使各广播台的工作频率彼此保持一定的间隔是绝对必要的,这样它们的旁频带才不会交叠,此外接收机的选择性必须不至于强到不能接收到主标称频率和旁频带信号。对声音来说,这个问题实际上并不会造成太多麻烦。我们可以听见的频率范围是 ± 20 kHz,而广播波段通常是由 500 kHz 到 1 500 kHz,所以对广播来说可以设立许多电台。

电视的问题就比较困难了。当电子束扫过显像管屏幕时,屏幕上就有许多小亮点和暗点。"亮"和"暗"就是"信号"。通常整个画面的电子束扫描是在约 1/30 s 中扫过大约 500 条线。假定画面的垂直分解与水平分解差不多相同,这样沿着每条扫描线的每英寸中具有同样数量的斑点。在 500 条线上我们希望将明暗区分开来。为了用余弦波能做到这一点,所需的最短波长相当于从一个极大值到另一个极大值之间的长度,即屏幕尺寸的 1/250。于是每秒钟就有 $250 \times 250 \times 30$ 个信息。所以,要携带的信号的最高频率接近于 4 MHz。实际上,为了使电视台彼此间有一定的频率间隔,我们必须用更高的频率,即约 6 MHz;其中一部分用来携带伴音信号和其他信息。所以电视频道的宽度约为 6 MHz。用 800 kHz 的载波肯定不能发送电视,因为我们不可能以高于载频的频率去进行调制。

无论如何,电视频带从 54 MHz 开始,第一个发送频道是 2(!)频道,频率范围从

---

[*] 一个稍稍偏题的注释:在哪种情况下曲线可以表示成许多余弦的和?答案是:除去数学家杜撰出来的某些情况外,在所有通常的情况下都能这样做。当然曲线在给定点必须是单值的,它必须不是一种在无限小距离内跳跃无穷多次或者诸如此类的曲线。除去这种限制外,任何合乎情理的曲线(歌手振动她的声带就能造成这样的曲线)总是可以通过叠加余弦波而合成。

54 MHz 到 60 MHz，宽为 6 MHz。"但是，"有人会说，"我们刚证明过在两旁都有边频带，因此频宽应为 6 MHz 的两倍"。但幸而无线电工程师相当聪明。如果在分析调制信号时，不是只使用余弦项，而是一起使用余弦项和正弦项把相位差考虑进去，我们可以看到在高频端的边频带和低频端的边频带之间存在着确定不变的关系。这就是说在另一个边带上没有什么新的信息。因此要做的就是抑制一个边频带，并将接收机中的线路接成使失去的信息能从单个边频带和载波中重新组成。单个边频带的发送对于减少发送信息所需的带宽来说是一个聪明的方案。

§48-4 定域波列

我们要讨论的下一个题目是波动在空间与时间两方面的干涉。假定有两列在空间行进的波。当然，可以用 $e^{i(\omega t - kx)}$ 来表示在空间行进的波。例如，这可以是声波中的位移。如果 $\omega^2 = k^2 c^2$（这里 c 是波的传播速度），那么上式就是波动方程的一个解。在这种情况下，我们可以将它写成 $e^{-ik(x-ct)}$，它可归入一般形式 $f(x-ct)$ 之中。因此这必定是以速度 ω/k，即 c 传播的波。一切都很正常。

现在，我们要将这样的两列波相加。假定一列波以某个频率行进，另一列波以另一频率行进。我们把振幅不同的情况留给读者去考虑，这不会造成实质性的差别。于是我们来计算 $[e^{i(\omega_1 t - k_1 x)} + e^{i(\omega_2 t - k_2 x)}]$。在做加法时可以使用将信号波相加时用过的同样的数学方法。当然，如果 c 对于两者都相同，这就很容易，因为这与我们前面的计算一样

$$e^{i(\omega_1 t - kx)} + e^{i(\omega_2 t - kx)} = e^{i\omega_1 \left(t - \frac{x}{c}\right)} + e^{i\omega_2 \left(t - \frac{x}{c}\right)} = e^{i\omega_1 t'} + e^{i\omega_2 t'}, \quad (48.11)$$

这里只是用变量 $t' = t - x/t$ 代替 t。所以，我们显然得到同样的调制，但我们当然也看到，这种调制是随着波一起运动的。换句话说，如果将两列波相加，但这些波不只是振动，而且也在空间移动，那么合成波也以相同速率运动。

现在我们打算将这种情况推广到波的频率与波数 k 之间的关系不再那么简单的情形。举例来说，波在具有折射率的物质中的传播就属于这种情形。在第 31 章中我们已经研究过折射率的理论，在那里我们知道可将 k 写成 $k = n\omega/c$，这里 n 即折射率。作为一个有趣的例子，对于 X 射线，我们得出折射率 n 是

$$n = 1 - \frac{Nq_e^2}{2\varepsilon_0 m\omega^2}. \quad (48.12)$$

实际上在第 31 章中我们导出过更复杂的公式，但作为一个例子，这个式子同任何其他式子一样适用。

顺便说一下，我们知道，即使 ω 与 k 不呈线性关系，比值 ω/k 仍然是波在该特定频率和波数下的传播速率。我们把它称为相速度，这是相位或单列波的波节移动的速率

$$v_{相} = \frac{\omega}{k}. \quad (48.13)$$

对于 X 射线在玻璃中的传播，其相速度大于真空中的光速[因为式(48.12)中的 n 小于 1]，这有些使人费解，因为我们并不认为可以用大于光速的速度发送信号！

现在我们要来讨论的是 ω 与 k 之间有确定关系式的两列波的干涉。上面关于 n 的公式表明 k 是 ω 的确定函数。具体地说，在这个特定问题中，用 ω 来表示的 k 的公式是

$$k = \frac{\omega}{c} - \frac{a}{\omega c}, \tag{48.14}$$

这里 $a = Nq_e^2/(2\varepsilon_0 m)$，是一个常数。总之，对每个频率，都有一个确定的波数，我们要做的是将这样的两列波相加。

让我们像计算(48.7)式那样来计算

$$e^{i(\omega_1 t - k x_1)} + e^{i(\omega_2 t - k_2 x)} = e^{\frac{1}{2}i[(\omega_1 + \omega_2)t - (k_1 + k_2)x]} \times \{e^{\frac{1}{2}i[(\omega_1 - \omega_2)t - (k_1 - k_2)x]} + e^{-\frac{1}{2}i[(\omega_1 - \omega_2)t - (k_1 - k_2)x]}\}. \tag{48.15}$$

于是我们又得到了调制波，它以平均频率与平均波数行进，但它的强度则以取决于频率差和波数差的方式而变化。

现在，我们来讨论两列波之间的差别颇小的情形。假设相加的两个波的频率近于相等，于是 $(\omega_1 + \omega_2)/2$ 实际上与 ω_1 或 ω_2 相同，$(k_1 + k_2)/2$ 亦然。这样，波、快速振动或波节的速率基本上仍为 ω/k。但要注意，调制的传播速率并不相同！对于一定量的时间改变 t，x 应变化多大呢？这种调制波的速率就是比值

$$v_{调} = \frac{\omega_1 - \omega_2}{k_1 - k_2}. \tag{48.16}$$

调制速率有时称为**群速度**。假如取频率差相当小，波数差也相当小的情况，那么在极限情况下，这个表示式就趋于

$$v_g = \frac{d\omega}{dk}. \tag{48.17}$$

换句话说，对于非常慢的调制和非常慢的拍而言，它们有一个确定的行进速率，而这个速率与波的相速率不同——这是一件多么不可思议的事！

群速度是 ω 对 k 的微商，而相速度是 ω/k。

让我们看看是否可以理解其原因。考虑两列波，其波长仍略有不同，如图 48-1 所示。它们反相，同相，再反相，等等。现在，这两列波实际上也表示了在空间以略为不同的频率传播的波。因为相速，即这两列波的波节速度，不是正好相等，于是就发生某种新的情况。假定我们处在其中一列波上去看另外一列波；如果它们的速率相同，那么当我们处在这个波峰上时，另一列波相对于我们的位置是静止不动的。我们若处在波峰上，那么看到正好在对面的也是一个波峰；如果两个波速相等，波峰与波峰就重叠在一起。但这两个波速实际上并不相等。这两个波在频率上略有差别，因此其速度也略有差别，但由于这种速度上的差异，当我们处在一列波上前进时，另一列波相对于我们这列波就缓慢地朝前或者朝后运动。那么，随着时间的消逝，对波节会发生一些什么呢？如果我们使其中一列波稍微往前挪动一点，波节就会朝前(或往后)移过相当的距离。这就是说，这两列波之和有一个包络，当两列波行进时，包络以不同的速率前进。**群速度**就是将调制信号发送出去的速度。

假如我们发出一个信号，即在波中形成某种变化，使别人在收听时能识别它(亦即一种调制)，那么倘若这个调制相当慢，它就以群速度行进(当调制很快时，分析起来要困难得多)。

现在我们终于可以证明,X 射线在一块碳中的传播速度并不比光速大,虽然其相速度大于光速。为此我们必须求出 $d\omega/dk$。这可由对式(48.14)微分得到

$$\frac{dk}{d\omega} = \frac{1}{c} + \frac{a}{\omega^2 c}.$$

因此,群速度就是其倒数,即

$$v_g = \frac{c}{1 + a/\omega^2}, \tag{48.18}$$

可见 v_g 小于 c!所以,虽然相速度可以超过光速,但调制信号运动得较慢,这就解决了那个表观的佯谬!当然,对于 $\omega = kc$ 这种简单的情况,$d\omega/dk$ 也是 c。所以如果所有的相位都具有同样的速度,波群自然也具有相同的速度。

§48-5 粒子的概率幅

我们现在来考虑另一个关于相速度的极其有趣的例子。它与量子力学有关。我们知道,在某些情况下,在一处找到粒子的概率幅可以按下列公式随空间(假设为一维空间)和时间而变化

$$\Psi = A e^{i(\omega t - kx)}, \tag{48.19}$$

这里 ω 是频率,它通过 $E = \hbar\omega$ 而与经典的能量概念相联系。k 是波数,通过 $p = \hbar k$ 而与动量相联系。假如波数精确地等于 k,即无论在何处都具有相同振幅的理想的波,那么我们就说粒子有一个确定的动量 p,式(48.19)给出了这个波的振幅,如果我们取其绝对值的平方,就得到发现粒子的相对概率作为位置与时间的函数。如果这个相对概率是常数,那就意味着在各处找到粒子的概率相同。现在假定我们知道比起其他地方来说,粒子更可能位于某处。对于这种情形,我们将用一个具有极大值并且向两边衰减的波来表示(图 48-6)[它与式(48.1)表示的波不完全一样,该波有一系列极大值,但是,如果将几个 ω 和 k 差不多相同的波相加,就可能去掉所有其余极大值,只留下一个极大值]。

在这种情况下,由于式(48.19)的平方表示在某处发现粒子的概率,我们知道在一定时刻粒子最可能位于"隆起部分"中心附近,在那里波幅是极大值。如果我们等待一些时间,波会前进,过了一会儿,"隆起部分"将移至另一处。在经典物理中,如果知道粒子原来位于某处,那么就可以预言它在以后将位于另一处,这是因为它毕竟具有速度,即具有动量。只有当波的群速度,即调制速度等于从经典理论得出具有同样动量的粒子的速度时,量子理论给出的动量、能量与速度的关系才过渡到正确的经典关系。

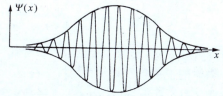

图 48-6 定域波列

现在必须说明情况是否如此。按照经典理论,能量与速度通过如下方程相联系

$$E = \frac{mc^2}{\sqrt{1 - v^2/c^2}}. \tag{48.20}$$

类似地，动量是

$$p = \frac{mv}{\sqrt{1-v^2/c^2}}. \tag{48.21}$$

这就是经典理论。作为它们的一个推论，可以证明在消去 v 后，就得到

$$E^2 - p^2c^2 = m^2c^4.$$

这就是我们一再谈到的对四维世界的主要结果，它也可写为 $p_\mu p_\mu = m^2$；这就是经典理论中能量与动量之间的关系式。由于用 $E = \hbar\omega$ 和 $p = \hbar k$ 代入后，可将 E 和 p 化为 ω 和 k，因此对量子力学来说，上述结果就意味着下式必然成立

$$\frac{\hbar^2\omega^2}{c^2} - \hbar^2 k^2 = m^2 c^2. \tag{48.22}$$

这就是表示一个质量为 m 的粒子的量子力学振幅波中频率与波数之间的关系式。由这个方程可推得 ω 为

$$\omega = c\sqrt{k^2 + m^2 c^2/\hbar^2}.$$

在这里我们再次看到相速度 ω/k 比光速快！

现在我们来看群速度。群速度应为 $\mathrm{d}\omega/\mathrm{d}k$，即调制行进的速度。为此要对平方根进行微分，这并不很困难。它的微商是

$$\frac{\mathrm{d}\omega}{\mathrm{d}k} = \frac{kc}{\sqrt{k^2 + m^2 c^2/\hbar^2}}.$$

但平方根正是 ω/c，所以我们可写成为 $\mathrm{d}\omega/\mathrm{d}k = c^2 k/\omega$。其次，$k/\omega = p/E$，所以

$$v_g = \frac{c^2 p}{E}.$$

但由式(48.20)和式(48.21)，$c^2 p/E = v$，即经典的粒子速度。所以我们看到，鉴于量子力学的基本关系式 $E = \hbar\omega$ 和 $p = \hbar k$（由此两式可认为 ω 与 k 同经典的 E 与 p 是一致的）只得出方程 $\omega^2 - k^2 c^2 = m^2 c^4/\hbar^2$，我们现在还理解了将 E 和 p 与速度相联系的关系式(48.20)和(48.21)。当然，如要解释得通，群速度就必须是粒子的速度。如果我们按照量子力学的说法想象某一时刻粒子在这儿，十分钟后它又跑到那儿，则这个"隆起部分"所通过的距离除以时间间隔，必须等于经典的粒子速度。

§48-6 三维空间的波

现在我们对波动方程作一点一般性的评论，以结束有关波的讨论。在这些评论中，我们打算对未来作些概述——这并不是说我们此刻就能精确理解一切，而是看看我们稍微多研究一点波之后事情将会成为什么样子。首先，一维的声波方程是

$$\frac{\partial^2 \chi}{\partial x^2} = \frac{1}{c^2} \frac{\partial^2 \chi}{\partial t^2},$$

这里 c 是该波的速率,在声波的情况下就是声速;在光的情况下则是光速。我们已证明过对声波来说,位移将以一定的速率传播。但额外压强也以一定的速率传播,额外密度亦然。所以我们可以预料压强也会满足这个方程,事实上也确实如此。我们把它留给读者去证明。提示:ρ_e 正比于 χ 对 x 的变化率。因此如果将波方程对 x 进行微分,立即会发现 $\partial \chi / \partial x$ 亦满足同样的方程,这就是说 ρ_e 满足同样的方程。但 P_e 正比于 ρ_e,因此 P_e 也满足同样的方程。所以无论压强、位移等都满足同样的波动方程。

通常人们见到的声波方程是用压强而不是用位移写出的,因为压强是标量,没有方向,但位移是矢量,有方向,因此分析压强更容易一些。

其次,我们要讨论的是三维空间中的波动方程。我们知道一维声波方程的解是 $e^{i(\omega t - kx)}$,这里 $\omega = kc_s$,但我们也知道三维空间的波应当表示为 $e^{i(\omega t - k_x x - k_y y - k_z z)}$,这里 $\omega^2 = k^2 c_s^2$,当然也就是 $\omega^2 = (k_x^2 + k_y^2 + k_z^2) c_s^2$。现在我们要做的是猜出正确的三维波动方程。自然,对于声波我们可以像前面对一维情况那样,通过三维的动力学论证来导出方程。但是我们不这么做;我们直接把它写出来,对于压强(或位移,或其他什么量)的方程是

$$\frac{\partial^2 P_e}{\partial x^2} + \frac{\partial^2 P_e}{\partial y^2} + \frac{\partial^2 P_e}{\partial z^2} = \frac{1}{c_s^2} \frac{\partial^2 P_e}{\partial t^2}. \tag{48.23}$$

以 $P_e = e^{i(\omega t - \mathbf{k} \cdot \mathbf{r})}$ 代入即可证实此等式。显然,对 x 每微分一次,就等于乘上 $-ik_x$。微分二次,就等于乘上 $-k_x^2$,所以这个波方程的第一项就成为 $-k_x^2 P_e$,类似地第二项成为 $-k_y^2 P_e$,第三项则成为 $-k_z^2 P_e$。在右方,我们得到 $-(\omega^2/c_s^2) P_e$。于是,消去 P_e 项并改变符号后,我们就看到 k 与 ω 之间的关系式正是我们所希望的。

再回头看一下,我们禁不住要写下与色散方程式(48.22)对应的量子力学波动基本方程。如果 ϕ 表示在位置 x、y、z 及时间 t 发现粒子的概率幅,那么有关自由粒子的量子力学的方程就是

$$\frac{\partial^2 \phi}{\partial x^2} + \frac{\partial^2 \phi}{\partial y^2} + \frac{\partial^2 \phi}{\partial z^2} - \frac{1}{c^2} \frac{\partial^2 \phi}{\partial t^2} = \frac{m^2 c^2}{\hbar^2} \phi.$$

首先可以看出式中的 x、y、z 及 t 系以相对论中经常涉及的那种组合形式出现,这就暗示该式具有相对论的特征。其次,这是一个波动方程,如果我们用平面波试一下,就会得出 $-k^2 + \omega^2/c^2 = m^2 c^2 / \hbar^2$ 这一结果,这正是量子力学的正确关系式。在这个方程中还包括了另一个重要事实,即任何波的叠加亦是一个解。所以这个方程包括了量子力学与相对论中我们迄今讨论过的一切东西,至少在处理真空中不受外部势场或外力作用的单个粒子时是如此!

§ 48-7 简 正 模 式

现在我们转到拍现象的另一个例子,这个例子颇为奇特,而且与前相比略有不同。想象有两个相同的单摆,其间以一相当软的弹簧相联。它们的摆长尽可能做得相同。如果我们把一个摆推向一侧,然后放开它,它就会来回运动。这时它又推动相联的弹簧,所以它实际上就是一个产生力的机械,力的频率就是另一个摆的固有频率。作为先前学过的共振理论的一个推论,我们知道当我们恰好以正确的频率对某一物体施加一个力时,就会驱动该物体。所以可以肯定,一个来回摆动的摆将驱动另一个摆。然而,在这种情况下发生了一件新

的事情，因为系统的总能量是有限的，所以当一个摆将其能量传给另一个摆而驱动该摆时，它本身就逐渐失去能量，如果节拍正好与速率一致，最后它就失去所有的能量，而变为处于静止状态！当然，此时另一个摆具有全部能量，而前一个摆则没有能量。随着时间的推移，我们将看到情况又沿相反的方向发生，能量又传回到第一个摆，这是一个非常有趣和吸引人的现象。然而，我们说这与拍的理论有关，现在我们应当解释一下，如何从拍的理论的观点来分析这个运动。

我们注意到两个摆中每一个的运动都是振动，并且振动的振幅是循环变化的。所以我们推想可用一种不同的方式来分析一个摆的运动，即将它看成两个振动的和，这两个振动同时存在，但具有略为不同的频率。所以应当有可能在这个系统中找到另外两个运动，从而声称我们所见到的是这两个解的叠加，因为这显然是一个线性系统。的确，很容易找到两种使运动开始的方式，其中每一个都是完整的单频率运动——绝对的周期性运动。像前面那样开始的运动并非是严格周期性的，因为它不会持续下去，一旦一个摆将能量传给另一个，它自己的振幅就改变了。但是，也有使运动得以开始而又使一切都不改变的方式，当然，我们一旦见到它，就会理解其中的道理。例如，假定我们使两个摆一起摆动，那么，由于它们具有相同长度，弹簧不起任何作用；同时假定没有摩擦，一切都很完善，那么它们当然会一直这样摆动下去。另一方面，还存在着另一种具有确定频率的可能运动，也就是说，如果我们使摆相反地运动，将它们向外拉过相等的距离，那么它们也会作绝对的周期运动。我们可以意识到弹簧只是在重力所提供的恢复力上加上一点力，全部情况就是如此，而系统正好以比第一种情况略高一点的频率不断振动。为什么高一点呢？因为除去重力外，弹簧施加了一个拉力，它使系统变得"倔强"一些，所以这种运动的频率正好略高于前一种运动的频率。

因此这个系统具有两种以不变的振幅振动的方式：或者使两个摆在所有时间中以同一频率同向振动，或者使它们以略微高一些的频率沿着相反方向振动。

现在，由于系统是线性的，摆的实际运动可以表示为上述两个运动的叠加（请记住，本章的主题就是不同频率的两个运动相加后的效应）。想想看，如果我们将这两个解组合起来，会出现什么情况？如果在 $t = 0$ 的时刻，以等振幅与同相位开始两个运动，它们的和就意味着，其中一个摆受到第一个运动往一个方向的推动，还受到第二个运动往相反方向的推动，从而其位移为零，而另一个摆在两种运动中都产生同样的位移，从而具有较大的振幅。然而，随着时间的推移，两个基本运动独立地进行，所以两者的相对相位就缓慢地改变。这意味着，当时间足够长，以致一个运动能够进行"900.5"周，而另一个运动只进行了"900"周，那么与先前相比，相对位移正好相反。这就是说，振幅大的运动将下降至0，当然，与此同时，原来无运动的摆就将达到最大振幅！

这样我们看到，对这个复杂运动的分析，或者可以认为存在着共振现象，一个将能量传送给另一个，或者也可以认为，这是两个不同频率的等振幅运动的叠加。

第49章 波 模

§49-1 波 的 反 射

本章将讨论把波动限制在某一有限区域中时所产生的一些值得注意的现象。首先,我们将介绍几个有关振动弦所特有的事实作为例子,然后由这些事实归纳出一条原理,这一原理很可能是影响最广泛的数学物理原理。

约束波的第一个例子是使波动在一个界面上受到限制。现在来看一下弦上的一维波动这个简单例子。我们也完全可以讨论朝着墙传播的一维声波或其他性质类似的情况,但是弦的例子目前对我们来说已足够了。假定弦的一端固定,例如把弦系于一堵"无限坚实"的墙上。从数学上讲,这种情况可以表述成:弦在位置 $x = 0$ 处的位移 y 必须是零,因为该端点没有运动。现在,如果对于墙来说不是这样,那么我们知道运动的通解是 $F(x-ct)$ 和 $G(x+ct)$ 这两个函数之和,前面一项表示弦中沿一个方向传播的波,后面一项表示弦中沿相反方向传播的波,即

$$y = F(x-ct) + G(x+ct) \tag{49.1}$$

是对任意弦的通解。但是,接下来我们必须满足弦的一端不运动这个条件。如果令方程式(49.1)中的 $x = 0$,并对任何 t 的数值考察 y 的值,于是我们得到

$$y = F(-ct) + G(+ct).$$

如果对所有的时间,这个值都是零,那就意味着函数 $G(ct)$ 一定等于 $-F(-ct)$。换句话说,任何量的函数 G 必定等于该量负值的函数 F 之负值。如果将这个结果代回到方程(49.1)中,我们就发现问题的解是

$$y = F(x-ct) - F(-x-ct). \tag{49.2}$$

如果令 $x = 0$,就得到 $y = 0$,这一点很容易验证。

图 49-1 表示在 $x = 0$ 附近沿负 x 方向传播的一个波,以及另一符号相反、在原点另一边沿正 x 方向传播的假想波。我们说假想的,当然是因为没有弦在原点的另一边振动。弦上总的运动被看成为这样两个波在正 x 区域中的叠加。当它们到达原点 $x = 0$ 处,这两个波总是相互抵消,最后,在正 x 区域将只存在第二个(被反射的)波,此波当然将沿相反方向传播。这些结果与下列表述是一致的:如果一个波到达弦的固定

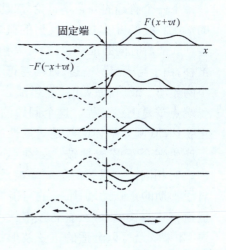

图 49-1 把波的反射看作为两个行波的叠加

端,它将被反射,同时改变符号。对这种反射总是可以这样来理解,即想象向弦端点行进的波,在墙后倒转波形再传出来。简单地说,如果我们假定弦是无限长的,每当我们有一个沿某一方向行进的波时,总有另一个沿相反方向行进的波,而且具有上述的对称性,则在 $x=0$ 处的位移总是零,这时,即使在 $x=0$ 处把弦固定也是毫无影响的。

下面讨论周期波的反射。假定用 $F(x-ct)$ 表示的波是一个正弦波,并且已被反射;那么,反射波 $-F(-x-ct)$ 也是同一个频率的正弦波,但沿相反方向传播。这种情况可以很简单地用复变函数记号来描写:$F(x-ct) = e^{i\omega(t-x/c)}$ 和 $F(-x-ct) = e^{i\omega(t+x/c)}$。如果将这两个表示式代入式(49.2),并且令 x 等于 0,就可以看到,对所有的 t 值,$y=0$,所以它满足所需的条件。由于指数的性质,式(49.2)可以写成更为简单的形式

$$y = e^{i\omega t}(e^{-i\omega x/c} - e^{i\omega x/c}) = -2ie^{i\omega t}\sin(\omega x/c). \tag{49.3}$$

这个解告诉我们一些有趣的、新的东西,这就是如果我们在任一固定的 x 处观察弦,那么它以频率 ω 振动。不论这一点在哪里,频率都相同!但是在有一些地方,特别是在 $\sin(\omega x/c) = 0$ 的地方,则根本没有位移。另外,如果在任一时刻 t,我们给振动弦拍一张快照,那么将得出一张正弦波的像。但是这个正弦波的位移与时间 t 有关。从方程式(49.3)可以看出此正弦波一周的长度等于两个叠加波中任何一个波的波长

$$\lambda = 2\pi c/\omega. \tag{49.4}$$

没有运动的那些点满足条件 $\sin(\omega x/c) = 0$,这就意味着 $(\omega x/c) = 0, \pi, 2\pi, \cdots, n\pi, \cdots$ 这些点称为**波节**。在任何两个相邻波节之间,每一点按正弦规律上下运动,但是运动的图样在空间是固定不动的。这一特征就是我们称之为**波模**的基本特征。如果能够找到一个运动图样,它具有这样的性质,即在任何点处物体完全按正弦规律运动,而且所有的点都以相同频率运动(虽然有些点比另一些点运动得更多),那么我们就得到了所谓的波模。

§49-2 具有固有频率的约束波

下一个有趣的问题是讨论如果弦的两端(比如说在 $x=0$ 和 $x=L$ 处)都固定时所发生的情况。我们可以由波的反射的概念着手,首先考察沿某一方向行进的某种"隆起部分"的运动。随着时间的推移,我们可以预期"隆起部分"将到达一个端点附近,而随着时间的继续推移,由于与来自另一边、方向与符号都相反的假想"隆起部分"合成的结果,它将变成一种小的颤动。最后,原始的"隆起部分"将消失,假想的"隆起部分"将沿反方向运动,并在另一端点重复上述过程。这个问题的解很容易,但是一个有趣的问题是我们能否得到一个正弦运动(刚才描述的解是周期性的,但当然不是正弦周期性的)。让我们来试一下在弦上产生一个正弦周期波。如果弦的一端被系住,我们知道它一定与我们先前的解式(49.3)相同。如果弦的另一端被系住,那么它在那一端出现的情况也必定相同。因此,对于周期的正弦运动,唯一的可能性是正弦波必须恰好能适合弦的长度。如果正弦波不能适合弦的长度,那么它的频率就不是一个可以使弦连续不断振动的固有频率。简单地说,如果弦恰好以合适的正弦波形状开始运动,那么它将继续保持完善的正弦波形,并在某个频率上谐和地振动。

数学上,我们可以将上述波形写成 $\sin kx$,式中 k 等于方程式(49.3)和(49.4)中的因子

ω/c,这一函数在 $x=0$ 处等于零。但是,它在另一端点也必须等于零。这一点的意义是,这里 k 不再像在一端固定的弦中那样是任意的了。当弦的两个端点均固定时,唯一的可能性就是 $\sin(kL)=0$,因为这是使两个端点均保持固定的唯一条件。现在,为了要使正弦值等于零,角度必须等于 0, π, 2π 或者另一些 π 的整数倍。因此,方程

$$kL = n\pi \tag{49.5}$$

将给出任何一个可能的 k 值,取决于所取的整数值是多少。对每一个 k 值,就有一个确定的频率 ω,按照(49.3)它就是

$$\omega = kc = n\pi c/L. \tag{49.6}$$

因此,我们得出下述结论:弦具有一种可以作正弦运动的性质,但仅能以某些确定的频率作正弦运动。这是约束波的最重要的特征。无论系统怎么复杂,结果表明总是存在某些运动图样,它们有完好的对时间的正弦依赖关系,但频率则取决于该特定系统及其边界的性质。对弦来说,我们可以有许多不同的频率,根据定义,每一个频率对应一个模式,因为模式就是按正弦方式反复重演的运动图样。图 49-2 表示弦的前三种模式。对于第一种模式,波长 λ 等于 $2L$。只要将波延长到 $x=2L$,得出一个完整的正弦波,就能看出这一点。通常,角频率 ω 等于 $2\pi c$ 除以波长,现在由于 λ 等于 $2L$,角频率就等于 $\pi c/L$,与式(49.6)中 $n=1$ 的结果相符。我们把第一种模式的频率称为 ω_1。第二种模式给出了两个波腹,在其中点有一个波节。于是,这种模式的波长就等于 L。相应的 k 值增大为两倍,频率也增大为两倍,等于 $2\omega_1$。对于第三种模式,频率等于 $3\omega_1$,如此等等。因此弦的所有不同频率都是最低频率 ω_1 的整数倍——1 倍、2 倍、3 倍、4 倍,等等。

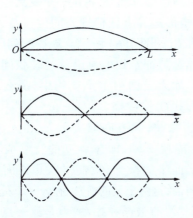

图 49-2 振动弦的前三种模式

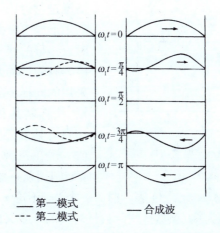

图 49-3 两种模式组合成一个行波

现在,回到弦的一般运动,结果是任何可能的运动总可以这样来分析,即认为弦上同时振动着多个模式。事实上,对一般运动来说,必须同时激发无数个模式。为了得到有关这方面的某些概念,让我们用图来说明,当有两个模式同时振动时所发生的情况:假定第一种模式按图 49-3 中所示的次序振动着,图中画出在最低频率的半个周期内每隔相等的时间间隔弦的挠曲形状。

现在，我们假定同时还存在着两种模式的振动。图 49-3 也画出了一系列这种模式的图样，该模式在开始时与第一种模式有 90°的相位差。这意味着它开始时没有位移，但是弦的两半具有相反方向的速度。现在，我们回想一下有关线性系统的一般原理：如果存在任意两个解，那么它们的和也是该系统的一个解。因此，由图 49-3 所示的两个解相加得到的位移应是弦的第三种可能的运动。合成结果也画在图中，它开始显示出在弦的两个端点之间来回运动的一个"隆起部分"的样子，虽然只有两个模式，我们作不出非常好的图，好的图需要更多的模式。事实上，这个结果是关于线性系统的重要原理的一个特殊情况：

任何运动都可以这样来分析，即设想它是所有各种由适当振幅和相位组成的不同模式的运动之和。

每个模式都非常简单——只随时间作正弦运动，这一事实使该原理显得很重要。诚然，即使弦的一般运动实际上并不非常复杂，但是存在着另一些系统，例如飞机机翼的抖动，其运动就复杂得多。然而，即使是机翼，我们也发现存在着具有一种频率的某个特定的扭曲方式，以及具有别的频率的其他扭曲方式。如果能够找到这些模式，那么机翼的复杂运动总是可以分解为一些简谐振动的叠加（除非抖动达到这种程度，以至于系统不能再看成是线性的）。

§49-3 二维波模

下一个要讨论的例子是二维模式的有趣情况。到目前为止，我们只讲了有关一维的情况——张紧的弦或管中的声波。我们最终应讨论三维情况，但是比较容易的一步是对二维情况进行讨论。为了明确起见，我们来讨论一个受到这样约束的矩形橡皮鼓面，它的矩形边界上任何地方的位移都为零，同时设矩形的尺寸为 a 和 b，如图 49-4 所示。现在的问题是，可能具有的运动方式有什么特征？我们可以从处理弦问题时所采用的同样步骤着手。如果鼓面根本不受约束，那么可以预期，波将以某种波动形式向前传播。例如，$e^{i\omega t}(e^{-ik_x x + ik_y y})$ 就代表沿某方向传播的正弦波，此方向取决于 k_x 和 k_y 的相对值。现在，我们怎样才能使 x 轴，即 $y = 0$ 的直线成为波节呢？利用从一维弦发展而来的概念，我们可以想象用复函数

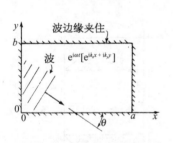

图 49-4 振动的矩形板

$(-e^{i\omega t})(e^{-ik_x x - ik_y y})$ 表示的另一个波。不论 x 和 t 为何值，这两个波的叠加，在 $y = 0$ 处得到的位移将为零（虽然这些函数是对负的 y 定义的，在那里没有鼓面在振动，但是这一点可以不予理会，因为在 $y = 0$ 处位移确实等于零）。在这种情况下，我们可以视第二个函数为反射波。

然而，我们不仅要求 $y = b$ 处为波节线，而且还要求 $y = 0$ 处为波节线。怎么做到这一点呢？问题的解与我们研究晶体反射时所得出的结论有关。只有当 $2b\sin\theta$ 是 λ 的整数倍时，这些在 $y = 0$ 处相互抵消的波才会在 $y = b$ 处也相互抵消，式中 θ 是图 49-4 中所示的角

$$m\lambda = 2b\sin\theta \ (m = 0, 1, 2, \cdots). \tag{49.7}$$

现在,按同样的方法,加上两个函数 $-e^{i\omega t}(e^{+ik_x x+ik_y y})$ 和 $+e^{i\omega t}(e^{+ik_x x-ik_y y})$,分别代表来自直线 $x=0$ 的另两个波中的反射波,我们就可以使 y 轴成为波节线。使 $x=a$ 成为波节线的条件与使 $y=b$ 成为波节线的条件相似。即 $2a\cos\theta$ 也必须是 λ 的整数倍

$$n\lambda = 2a\cos\theta. \tag{49.8}$$

于是最终的结果是框中来回反射的波展现出一个驻波图样,即一个确定的模式。

因此,要得到一个模式,就必须满足上述两个条件。我们先来求一下波长。由式(49.7)和(49.8)消去角度 θ,就可以求得用 a,b,n 和 m 表示的波长。最容易的计算方法是将上述两个方程的两边分别用 $2b$ 和 $2a$ 去除,然后将它们平方,再把这两个方程相加。结果是 $\sin^2\theta + \cos^2\theta = 1 = (n\lambda/2a)^2 + (m\lambda/2b)^2$,由此可以解出 λ

$$\frac{1}{\lambda^2} = \frac{n^2}{4a^2} + \frac{m^2}{4b^2}. \tag{49.9}$$

这样,我们根据两个整数决定了波长,同时由波长,可立刻得到频率 ω,因为我们知道,频率等于 $2\pi c$ 除以波长。

这个结果很有趣并且相当重要,因此我们还应通过纯粹数学的分析,而不是仅从关于反射的讨论来推导出这一结果。让我们用这样选定的四个波的叠加来表示振动,使四条直线 $x=0$,$x=a$,$y=0$ 和 $y=b$ 全都是波节。另外,我们还要求所有的波具有同样的频率,以使合成的运动代表一个模式。由前面对光反射的讨论,我们知道 $e^{i\omega t}(e^{-ik_x x+ik_y y})$ 代表沿图49-4所示的方向传播的波。式(49.6),即 $k=\omega/c$ 仍然成立,只要

$$k^2 = k_x^2 + k_y^2. \tag{49.10}$$

显然,由图可知 $k_x = k\cos\theta$,$k_y = k\sin\theta$。

现在,我们的矩形鼓面的位移(比如说 ϕ)的方程具有这种很长的形式

$$\phi = e^{i\omega t}[e^{(-ik_x x+ik_y y)} - e^{(+ik_x x+ik_y y)} - e^{(-ik_x x-ik_y y)} + e^{(+ik_x x-ik_y y)}]. \tag{49.11a}$$

虽然这个式子看起来相当混乱,但是计算上述各项之和并不十分困难。将各指数项合并,就可以得到正弦函数,这样一来,位移就是

$$\phi = [-4\sin k_x x \sin k_y y][e^{i\omega t}]. \tag{49.11b}$$

换句话说,这是一种正弦振动,其图样在 x 方向和 y 方向上也都是正弦的,一切都很好。当然,我们的边界条件在 $x=0$ 和 $y=0$ 处是满足的。我们还要求 ϕ 在 $x=a$ 和 $y=b$ 时也等于零。因此,我们必须加进另外两个条件:$k_x a$ 必须是 π 的整数倍,而 $k_y b$ 必须是 π 的另一个整数倍。因为我们已经看到 $k_x = k\cos\theta$,$k_y = k\sin\theta$,所以立即就得到式(49.7)和(49.8),并由这两个式子得出最后结果式(49.9)。

现在我们取一个宽是高的两倍的矩形作为例子。如果我们选取 $a=2b$,并利用式(49.4)和(49.9),那么就能够计算出所有模式的频率

$$\omega^2 = \left(\frac{\pi c}{b}\right)^2 \frac{4m^2 + n^2}{4}. \tag{49.12}$$

表49-1列出几个简单的模式,并且还定性地表示了它们的形状。

表 49-1

模 式 形 状	m	n	$(\omega/\omega_0)^2$	ω/ω_0
[+]	1	1	1.25	1.12
[+ | −]	1	2	2.00	1.41
[+ | − | +]	1	3	3.25	1.80
[− / +] (上下分)	2	1	4.25	2.06
[− + / + −]	2	2	5.00	2.24

关于这种特殊情况，要强调的最重要之点是频率互相不成倍数，它们也不是任何数的倍数。固有频率间具有谐和地相关的概念并不是普遍正确的。对于一维以上的系统它是不正确的，对于比具有均匀密度和均匀张力的弦更复杂的一维系统，它也是不正确的。后一种情况的一个简单例子是悬挂着的链条，链条顶部的张力比底部的张力大一些。如果使这种链条作谐振动，那么就有各种不同的模式和频率，而各频率都不是任何数的简单倍数，模式形状也不是正弦的。

更复杂一些的系统的波模就更加复杂了。例如，在我们的口腔内，声带上部是腔体，依靠使舌头和嘴唇活动，等等，可以做成不同口径和形状的开管或闭管。这是一个极其复杂的共振器，但它不过是一个共振器。当人们运用声带讲话时，声带就用来产生某种类型的音调。这种音调是相当复杂的，出来的有许多声音，但是由于口腔具有各种各样的共振频率，它进一步改变了这个音调。例如，一个歌手能够在同样的音调上发出各种元音 a、o 或 oo 等，但是它们听起来不一样，因为在口腔中，各种谐音的共鸣程度不同。空腔的共振频率在改变发声中的极端重要性可以用一个简单的实验来演示。由于声音的传播速率随介质密度的平方根的倒数而变化，因此利用不同的气体可以改变声音的速率。如果我们用氦气代替空气，这样密度就降低，声音的传播速率大大增加，空腔的所有频率都将升高。因而，如果在某人讲话前用氦气充满肺部，那么虽然声带还是以同样的频率振动，但他的发声特征将发生极大变化。

§49-4 耦 合 摆

最后,我们要着重指出,不仅仅是复杂的连续系统存在着波模,而且非常简单的力学系统也存在着波模。前一章中讨论过的两个耦合摆组成的系统,就是一个很好的例子。在那一章中已经证明,可以把这种运动看作具有不同频率的两个谐运动的叠加来分析。因此,即使是这样的系统也可以用谐运动或波模来分析。弦具有无穷个模式,二维的表面也具有无穷个模式。如果我们知道如何计算无穷大,那么在某种意义上,二维表面的模式数目是一个二重无穷大。但是,仅有两个自由度,只要求用两个变量来描述的一个简单的力学系统只有两个模式。

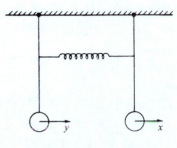

图 49-5　两个耦合摆

让我们在摆是等长的情况下对这两个模式进行数学的分析。如图 49-5 所示,令一个摆的位移为 x,另一个摆的位移为 y。如果没有弹簧,由于重力,作用在第一个物体上的力与该物体的位移成正比。如果没有弹簧,仅仅对于这一个摆来说,就应该有某个固有频率 ω_0。没有弹簧时,运动方程应为

$$m\frac{\mathrm{d}^2 x}{\mathrm{d}t^2} = -m\omega_0^2 x. \tag{49.13}$$

如果没有弹簧,另一个摆应以同样的方式摆动。但当存在弹簧时,除去由于重力而产生的恢复力外,还有一个附加力在拉第一个物体。这个拉力取决于 x 超过 y 的距离,并且与其差额成正比,因此,拉力就等于取决于几何位置的某个常数乘以 $(x-y)$。同样大小但方向相反的力作用在第二个物体上。因此,要解的运动方程是

$$m\frac{\mathrm{d}^2 x}{\mathrm{d}t^2} = -m\omega_0^2 x - k(x-y), \quad m\frac{\mathrm{d}^2 y}{\mathrm{d}t^2} = -m\omega_0^2 y - k(y-x). \tag{49.14}$$

为了求出两个物体都以同样频率摆动的运动,我们必须决定每一个物体移动多少。换句话说,摆 x 和摆 y 将以同样的频率振动,但是它们的振幅必须具有确定的数值 A 和 B,A 和 B 的关系是固定的。我们用这种解来尝试一下

$$x = A\mathrm{e}^{\mathrm{i}\omega t}, \quad y = B\mathrm{e}^{\mathrm{i}\omega t}. \tag{49.15}$$

如果将这两个试解代入方程式(49.14),合并同类项,结果为

$$\left(\omega^2 - \omega_0^2 - \frac{k}{m}\right)A = -\frac{k}{m}B,$$

$$\left(\omega^2 - \omega_0^2 - \frac{k}{m}\right)B = -\frac{k}{m}A. \tag{49.16}$$

所写出的方程中,公共因子 $\mathrm{e}^{\mathrm{i}\omega t}$ 已被消去,并且都除以 m。

现在,我们看到,有两个似乎包含两个未知数的方程式。但是事实上没有两个未知数,因为运动的整个大小是无法由这些方程来决定的。上述方程可以决定的仅仅是 A 与 B 之比,但是这两个方程必定给出同样的比例。要使这两个方程相一致,就要求频率是某

个非常特殊的值。

在这种特殊情况下，频率可以相当容易地求出。如果将这两个方程相乘，那么结果是

$$\left(\omega^2 - \omega_0^2 - \frac{k}{m}\right)^2 AB = \left(\frac{k}{m}\right)^2 AB. \tag{49.17}$$

方程两边的 AB 项可以消去，除非 A 和 B 都为零，而那就意味着根本没有运动。如果存在运动，那么剩下的两项必定相等，这给出一个要求出解的二次方程。结果是存在两个可能的频率

$$\omega_1^2 = \omega_0^2, \quad \omega_2^2 = \omega_0^2 + \frac{2k}{m}. \tag{49.18}$$

另外，如果把这些频率值代回到方程(49.16)中，我们发现对第一个频率有 $A = B$，对第二个频率有 $A = -B$。这些就是"模式形状"，这很容易用实验来验证。

显然，在 $A = B$ 的第一种模式中，弹簧从来没有被拉伸，因而两个摆都以频率 ω_0 振动，就好像弹簧不存在时一样。在 $A = -B$ 的另一个解中，弹簧提供一个恢复力，因而提高了振动频率。如果两个摆具有不同的长度，则可得出更为有趣的情况。有关的分析与上面给出的十分相似，我们将它留给读者作为练习。

§49-5 线 性 系 统

现在，我们来总结一下上面所讨论过的概念，它可能包含了数学物理的最普遍、最奇妙的原理的所有方面。如果我们有一个特征与时间无关的线性系统，那么它的运动并不一定具有什么特别的简单性，事实上，它可以是非常复杂的，但是存在着一些(通常是一系列)非常特殊的、其整个图样随时间指数地变化的运动。对我们现在正在谈论的振动系统，指数是虚数，因而我们不说它随时间"指数地"变化，而宁可说它随时间"按正弦规律"变化。然而，人们可以更一般地说运动随时间以非常特殊的形状及非常特殊的模式指数地变化。系统最普遍的运动总是可以表示成包含各个不同指数的运动的叠加。

对于正弦运动的情况，将上述结论再叙述一遍是值得的：一个线性系统不一定作纯粹的正弦运动，即以确定的单个频率运动，但是无论它如何运动，这个运动总可以表示成纯正弦运动的叠加，这些正弦运动中每个运动的频率是系统的一个特征，并且每个运动的图样或波形也是系统的一个特征。在任何一个这样的系统中，一般运动的特征可以这样来表示，即给出各个模式的强度和相位，并把它们统统合在一起。叙述这一点的另一种方式是：任何一个线性振动系统等效于一组互相独立的谐振子，每个谐振子具有与各模式相应的固有频率。

我们评述一下模式与量子力学的联系作为这一章的结束。量子力学中的振动客体(或在空间变化的东西)是概率函数的振幅，它给出了在一个已知组态中，找到一个电子或一组电子的概率。这个振幅函数可以随空间和时间变化，并且事实上还满足一个线性方程。然而，在量子力学中有一种变换，在这种变换中我们所谓的概率振幅的频率就等于经典概念中的能量。因此，只要用能量一词来代替频率，我们就可以将上述原理变成适用于量子力学的情况。它变成这样：一个量子力学系统，例如一个原子，不必具有一个确定的能量，正像一个简单的力学系统并不一定要具有一个确定的频率一样。但是，无论系统表现得怎样，其行为总可以表示为一些具有确定能量的状态的叠加。每个状态的能量是该原子的一个特征，同

时决定在不同地点找到粒子概率的振幅图样也是原子的一个特征。一般的运动可以用给出各个不同能量状态的振幅来描写。这就是量子力学中能级的由来。由于量子力学是用波来表示的,在电子不具备足够的能量最终脱离开质子的情形下,这些波都是约束波。就像弦的约束波一样。量子力学波动方程的解中存在许多确定的频率。量子力学解释说这些就是确定的能量。因此一个量子力学系统,由于它是用波来表示的,可以具有能量固定的确定状态;各种各样原子的许多能级就是例子。

第 50 章 谐 波

§50-1 乐 音

据说毕达哥拉斯(Pythagoras)曾经发现如下事实：两根相似的弦处于同样的张力下，只是长度不同，当它们同时发声时，如果两根弦的长度之比为两个小整数之比，则所发出的声音是悦耳的。如果两根弦的长度为 1 与 2 之比，则这两根弦发出的声音相当于音乐中的八度。如果两根弦的长度为 2 与 3 之比，则相当于 C 到 G 之间的音程，称之为五度音程。一般认为这些音程是"悦耳"的和音。

毕达哥拉斯对于他的这一发现感受如此之深，因而把它作为一个学派的基础——人们称之为毕达哥拉斯派——这个学派对数字的巨大威力有着神秘的信仰。他们还相信，在行星（或"天体"）方面也会找到类似的现象。我们有时听到"天体音乐"这样的说法，它的意思就是在行星轨道之间或者在自然界中其他事物之间会存在数字关系。人们通常认为这只是希腊人的一种迷信。但是，这种迷信与我们自己对定量关系所表现的科学兴趣是这样的大不相同吗？除了几何学以外，毕达哥拉斯的发现是关于自然界中存在数字关系的第一个例子。突然发现自然界中确实包含简单的数字关系这件事肯定令人深感惊奇。通过简单的长度测量，我们就能对表面上看来与几何学毫无关系的某种事情作出预言——产生悦耳的声音。人们从这一发现可以引申出这样一点：算术和数学分析或将成为了解自然界的良好工具。现代科学的成果证实了这个观点。

毕达哥拉斯只能通过实验观察来得到他的发现。然而这个重要方面似乎并未给他留下深刻的印象。如果不是这样的话，那么物理学就会开始得更早一些（回顾别人已经做过的事情，并且判断他在当时应该怎么做总是很容易的）。

我们不妨讲一下这个非常有趣的发现的第三方面，即这一发现与发出悦耳声音的两个音调有关。我们不妨自问，在关于为什么只有某些声音是悦耳的这一点上，我们是否比毕达哥拉斯了解得更多？在今天，美学的一般理论未必比毕达哥拉斯的时代更进步。希腊人的这个发现包括三个方面：实验，数学关系和美学。物理学只是在前面两个方面取得了巨大的进步。在本章中将要论述我们今天对毕达哥拉斯发现的认识。

在我们听到的声音中，有一种我们称之为噪声。噪声和鼓膜的一种不规则振动相对应，这个振动是由鼓膜附近的某个物体的不规则振动所引起的。如果我们画一个图来表示作用在鼓膜上的空气压力（及由此产生的鼓膜位移）对时间的函数关系，那么，和噪声相对应的曲线大致如图 50-1(a)所示（该图所示的噪声大致相当于一个踏脚声）。音乐的声音具有不同的性质。音乐的特征是存在着或多或少持续音——或"律音"（当然，乐器同样会产生噪声）。这种乐音可以像按下钢琴琴键时那样，持续一个较短的时间，也可以像长笛演奏者吹奏一个长音调那样，几乎一直持续下去。

从空气压力的观点来看，律音的特征是什么？律音和噪声的差别在于它的图形具有周期性。空气压力随时间变化的曲线呈现出高低不平的形状，而且这个形状不断重复出现。图 50-1(b) 表示与一个乐音相对应的压力-时间函数。

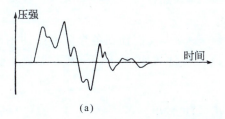
(a)

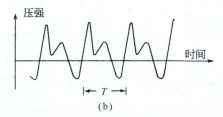
(b)

图 50-1 压力与时间的关系
(a)噪声；(b)乐音

通常音乐家是根据响度、音调和"音色"这三个特性来谈论乐音的。已经发现"响度"对应于压力变化的大小，"音调"对应于基本压力函数重复一次所需的时间（"低"音的周期比"高"音的周期长），乐音的"音色"与我们对两个相同响度和相同音调的律音之间仍能听得出其差别有关。双簧管、小提琴或女高音，即使当它们以同一音调发声时，我们仍能一一分辨出来。音色与重复的图样的结构有关。

现在我们来考虑由弦的振动所产生的声音。如果我们拨一下弦，先把它拉向一边，然后放开，其后的运动将由我们所产生的波的运动来决定。我们知道，这些波将向两个方向传播，并分别被两端反射。它们将来回运动很长一段时间。然而不管这个波有多么复杂，它总是重复自身。重复的周期恰好等于这个波传播整整两个弦长所需要的时间，因为这段时间正是任何一个波一经开始后被两端反射，回到出发点，再沿着原来的方向传播所需的时间。无论波在开始时向哪一个方向传播，其所需要的时间都是一样的。因此，弦上的各点经过一个周期后都将回到它原来的位置，再经过一个周期，又将回到它原来的位置，如此一直重复下去。它所产生的声波也必定同样地重复。这样我们就懂得了为什么拨一下弦会产生乐音。

§50-2 傅里叶级数

在前一章中，我们讨论了另一种考察振动系统运动的方法。我们知道弦有各种固有振动模式，而且对任何一种由起始条件所造成的特定振动，都可以看成是由一些同时振动的固有模式以适当的比例组合而成的。对弦来说，我们发现其振动的简正频率为 ω_0，$2\omega_0$，$3\omega_0$，…。所以，一根被拨动的弦，其最一般的运动是由频率为基频 ω_0、二次谐频 $2\omega_0$、三次谐频 $3\omega_0$ 等等正弦振动组成的。基波模式每经过一个周期 T_1 重复一次，$T_1 = 2\pi/\omega_0$。二次谐波模式每经过一个周期 T_2 重复一次，$T_2 = 2\pi/(2\omega_0)$。当然它每经过 $T_1 = 2T_2$，即两个周期，也照样会重复。同样，三次谐波模式经过 T_1 的时间，即它的三个周期，也会重复一次。我们又一次看到了，为什么一根被拨动的弦，会按照周期 T_1 重复它的全部图样。它产生一个乐音。

我们一直都在谈论弦的运动。然而声音是空气的运动，它是由弦的运动产生的。因此，空气的振动也一定是由同样的谐波组成的——不过我们不再考虑空气的简正模式。同时，各谐波在空气中的相对强度可以和在弦中的不同，特别是如果弦是通过共鸣板和空气耦合的。不同的谐波对空气耦合的效率不同。

如果我们用 $f(t)$ 表示一个乐音[如图 50-1(b)所示]的空气压力与时间的函数关系,那么我们预期,可以把 $f(t)$ 写成若干个像 $\cos\omega t$ 这样的时间简谐函数之和——对每个谐频都有一个这样的函数。设振动周期为 T,则基波角频率为 $\omega = 2\pi/T$,谐波角频率为 2ω,3ω,等等。

这里有一点略为复杂一些。也就是对所有的频率来说,我们预期各个频率的初相未必全都相同。因此,应该用像 $\cos(\omega t + \phi)$ 这样的函数。然而,如果对于每一频率都以正弦和余弦两函数代替,就会比较简单。我们记得

$$\cos(\omega t + \phi) = (\cos\phi\cos\omega t - \sin\phi\sin\omega t). \tag{50.1}$$

因为 ϕ 是常数。所以频率为 ω 的任何正弦振动,都能写作一个含 $\cos\omega t$ 的项与另一个含 $\sin\omega t$ 的项之和。

由此得出:周期为 T 的任何函数 $f(t)$ 都可写成下面的数学形式

$$\begin{aligned}f(t) = a_0 &+ a_1\cos\omega t + b_1\sin\omega t + a_2\cos 2\omega t \\ &+ b_2\sin 2\omega t + a_3\cos 3\omega t + b_3\sin 3\omega t + \cdots\end{aligned} \tag{50.2}$$

式中 $\omega = 2\pi/T$,a 和 b 等均为常数,它们表明各个分振动在振动 $f(t)$ 中所占的分量。我们在式中还加了"零频率"的项 a_0,因此我们的式子具有充分的普遍性,虽然乐音的 a_0 通常为零。这一项表示声压的平均值(也就是"零"级)的移动。有了它上式就能适用于任何情况。等式(50.2)概括地表示在图 50-2 中(谐函数的振幅 a_n 和 b_n 一定要适当地选择。图中画的只是大致情形,并没有规定任何特定的尺度)。级数式(50.2)称为 $f(t)$ 的傅里叶级数。

我们已经讲过,任何周期函数都能这样组成。现在应把这句话更正为:任何声波或我们在物理学中通常遇到的任何函数,都能用这样的和组成。数学家能创造出不能由简谐函数组成的函数——例如一个具有"反扭"的函数,因此对于某些 t 值它有两个数值! 这里,我们不必去为这类函数操心。

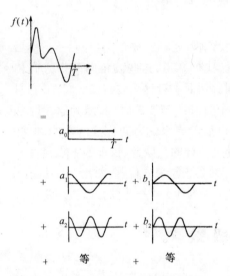

图 50-2 任何周期函数 $f(t)$ 等于简谐函数之和

§50-3 音色与谐和

现在我们能够讲述是什么决定了乐音的"音色"了。这就是各种谐波的相对量——a 和 b 之值。只含有基谐波的音是"纯音"。含有许多强谐波的音称为"重音"。小提琴和双簧管产生的谐波比例不同。

如果把几个"振荡器"与扩音器联接起来,就能"制造"出各种不同的乐音(一个振荡器通常产生近乎纯粹的简谐函数)。我们应选择那些频率为 ω,2ω,3ω,$\cdots$ 的振荡器。然后通过

调节各个振荡器的音量控制,我们就能随意加进任何量的各谐波——由此产生不同音色的乐音。电风琴就是大致以这种方法工作的。"键"是选择基音振荡器的频率的,"音栓"是控制谐波相对比例的开关。按动这些开关就能使电风琴发出像长笛、双簧管或小提琴的声音。

有趣的是,产生这种"人造"乐音,对每一频率只需要一个振荡器——对正弦和余弦分量不必采用各自的振荡器。耳朵对于谐波的相对相位并不很敏感。它主要注意各频率的正弦和余弦部分的总体。我们的分析已经超过了解释对音乐的主观看法所需的精确性。然而,传声器或者其他物理仪器的响应确实取决于相位,处理这种情况时就需要我们这种完整的分析。

语音的"音色"也确定了我们在语言中辨认出的元音的声音。口腔的形状决定了口腔内空气固有振动模式的频率。由声带所发出的声波使其中的一些模式发生振动。这样就会使声音中某些谐波的振幅相对于其他的振幅有所增加。当我们改变口腔的形状时,又会有不同频率的谐波占优势。这些效应说明了"e-e-e"音和"a-a-a"音的区别。

我们都知道,无论是以高的还是低的音调来念(或唱)某个元音(例如"e-e-e"),"听起来"仍然"像"同一个元音。根据我们所描写的机制,可以认为在口腔中发"e-e-e"音时的形状会使某些特殊频率得到加强,而且这些频率不会随着我们音调的改变而改变。所以当我们改变音调时,重要的谐波与基波之间的关系——即"音色"——也随之而改变。显然,我们并不是凭着特定的谐波关系来辨别语言的。

现在我们应该怎样来评论毕达哥拉斯的发现呢?我们知道如果两根相似的弦的长度之比为 2∶3,则振动的基频之比为 3∶2。但是当它们一起发声时,为什么会听起来悦耳呢?或许我们应该从谐波的频率中去寻找线索。那根短弦的二次谐波与长弦的三次谐波的频率相等(我们可以很容易证明或相信,一根被拨动的弦能产生一些很强的最低的谐波)。

也许我们应该作出如下的规定:当一些律音具有相同频率的谐波时,它们听起来是和谐的。当一些律音的较高次谐波的频率相近,但其差又足以产生快拍时,听起来就不那么和谐了。为什么拍音听起来不舒服而较高次谐波的同音却听起来悦耳?对这些我们还不知道怎样去解释或描述。我们不能根据这方面知识说什么声音好听或者气味应该好闻。换句话说,我们对这一问题的理解并不比它们是同音听起来就悦耳这一说法更全面。它不允许我们作出比音乐中的和谐性更多的推论。

我们可以很容易地利用钢琴作几个简单的实验来验证上述谐波关系。把靠近钢琴键盘中央的三个相继的 C 依次记作 C、C′和 C″,而把恰在其上方的 G 记作 G、G′和 G″。则它们的相对基频为

$$
\begin{array}{ll}
C-2 & G-3 \\
C'-4 & G'-6 \\
C''-8 & G''-12
\end{array}
$$

这些谐波关系可以用下列方法演示。假定我们缓慢地按下 C′键——这样不会发出声音,但却能使消音器升起。然后使 C 发声,以便产生它本身的基谐波和一些二次谐波。C 的二次谐波会使 C′的弦振动。如果我们现在放开 C 键(C′键仍然按着),消音器就会使 C 弦停止振动,同时我们听到(隐约地)音调 C′渐渐地消失。利用类似的方法,C 的三次谐波能使 G′弦振动。或者 C 的六次谐波(现在已经相当的弱了)能引起 G″的基频振动。

如果不出声地按下 G 键,然后再使 C′发声,得到的结果略有不同。C′的三次谐波和 G 的

四次谐波相对应,因此只有 G 的四次谐波被激发。如果我们靠近去听,就能听到 G″ 的声音,它比我们按着的 G 音高出两个八度! 我们可以很容易地想出许多种组合来玩这个游戏。

顺便提一下,我们可以用下述条件来确定大调音阶:大三和弦(F-A-C)、(C-E-G)和(G-B-D)各表示一系列频率比值为 4:5:6 的音。这些比值——加上一音阶(C-C′,B-B′等)的频率比值为 1:2 这个事实——决定了"理想"情况(或所谓"正确的音调")的全部音阶。对于像钢琴等键盘乐器,一般都不按照此法调音,而是有点"不老实",以至于对于所有可能的起始音,其频率都近似于正确。这种调音方法称为"按平均律调音",其做法是:把一音阶(频率之比仍是 1:2)分为 12 个相等的音程,每个音程频率的比值是 $2^{1/12}$。五度音程频率的比值不再是 3/2 而是 $2^{7/12} = 1.499$,显然,对于多数人的耳朵,这两者是足够近的了。

我们已经叙述了用谐波的符合来表示谐和的规则。然而这个符合是否就是两个音调和谐的原因呢? 有人已经断定,两个纯音——经过精心调制而不带谐音的音——当它们的频率比值等于或者接近于预期的比值时,并不能给人以谐和或者不谐和的感觉(这种实验是很难进行的,因为很难产生纯音,在以后我们将会明白为什么)。我们至今仍不能确定,当我们判定某个声音好听时,我们的耳朵是在与谐波匹配还是在做算术?

§50-4 傅里叶系数

现在让我们回到这一概念,即任何律音——就是有周期性的声音——都能用谐波的适当组合来表示。我们想说明怎样才能求出每个谐波的需要量。如果我们已知所有的系数 a 和 b,当然能很容易利用式(50.2)计算 $f(t)$。但现在的问题是,如果已知 $f(t)$,我们怎样才能求出各种谐波项的系数(按照食谱做蛋糕是容易的,但是如果给我们一个制好的蛋糕,我们能写出它的制法吗)?

傅里叶发现这个问题其实并不很难。a_0 这一项当然是容易求得的。我们已经讲过,它就是 $f(t)$ 在一个周期内(从 $t = 0$ 到 $t = T$)的平均值。我们很容易看出事实上确实如此。正弦和余弦函数在一个周期内的平均值为零。在两个、三个或者任何整数个周期内的平均值也为零。因此,除了 a_0 以外,式(50.2)右边各项的平均值全部为零(要记得,我们必须取 $\omega = 2\pi/T$)。

由于和的平均值等于平均值的和,所以 $f(t)$ 的平均值就是 a_0 的平均值。然而 a_0 是常数,所以它的平均值就等于 a_0。由平均值的定义,我们有

$$a_0 = \frac{1}{T}\int_0^T f(t)\,\mathrm{d}t. \tag{50.3}$$

其他系数的计算只是稍微难一些。我们可以用傅里叶发明的诀窍来求出它们。假若在式(50.2)的两边同时乘以某个谐波函数——例如 $\cos 7\omega t$,则有

$$\begin{aligned}
f(t) \cdot \cos 7\omega t &= a_0 \cdot \cos 7\omega t \\
&\quad + a_1 \cos \omega t \cdot \cos 7\omega t \quad + b_1 \sin \omega t \cdot \cos 7\omega t \\
&\quad + a_2 \cos 2\omega t \cdot \cos 7\omega t + b_2 \sin 2\omega t \cdot \cos 7\omega t \\
&\quad + \cdots \qquad\qquad\qquad\quad + \cdots
\end{aligned}$$

$$+ a_7\cos 7\omega t \cdot \cos 7\omega t + b_7 \sin 7\omega t \cdot \cos 7\omega t$$
$$+ \cdots \qquad\qquad + \cdots. \tag{50.4}$$

现在对上式两边求平均值。$a_0 \cos 7\omega t$ 在时间 T 内的平均值与余弦在七个整周期内的平均值成比例。但是它正好是零。几乎所有其他各项的平均值也都为零。我们来看一下 a_1 项。我们知道在一般情况下

$$\cos A \cos B = \frac{1}{2}\cos(A+B) + \frac{1}{2}\cos(A-B). \tag{50.5}$$

a_1 项可写成

$$\frac{1}{2}a_1(\cos 8\omega t + \cos 6\omega t). \tag{50.6}$$

这样就有了两个余弦项,一项在时间 T 内有八个整周期,另一项有六个整周期。这两项的平均值均为零。所以 a_1 项的平均值为零。

对 a_2 项,我们可以得到 $a_2 \cos 9\omega t$ 和 $a_2 \cos 5\omega t$,其中每一项的平均值也为零。对 a_9 项,我们可以得到 $\cos 16\omega t$ 和 $\cos(-2\omega t)$。但 $\cos(-2\omega t)$ 等于 $\cos 2\omega t$,所以这两项都以零为平均值。很清楚,除了 a_7 项之外,所有 a 项的平均值均为零。对 a_7 项有

$$\frac{1}{2}a_7(\cos 14\omega t + \cos 0). \tag{50.7}$$

零的余弦是 1,它的平均值当然也是 1。因此我们得到了这样的结果:即式(50.4)中所有的 a 项平均值为 $a_7/2$。

至于 b 项就更加容易了。当我们用任何一个余弦项,例如 $\cos n\omega t$ 去乘两边时,我们可以用同样的方法证明所有的 b 项其平均值均为零。

我们看到傅里叶的"诀窍"起着筛子的作用。当我们用 $\cos 7\omega t$ 去乘两边然后求平均值时,除了 a_7 项之外,所有其他各项都去掉了,并且得到

$$[f(t) \cdot \cos 7\omega t]\text{ 的平均值} = \frac{a_7}{2} \tag{50.8}$$

或

$$a_7 = \frac{2}{T}\int_0^T f(t) \cdot \cos 7\omega t\, dt. \tag{50.9}$$

我们留给读者自己去证明,系数 b_7 可以通过将式(50.2)的两边同乘以 $\sin 7\omega t$ 后求平均值而求得。其结果是

$$b_7 = \frac{2}{T}\int_0^T f(t) \cdot \sin 7\omega t\, dt. \tag{50.10}$$

我们预期对 7 是正确的,对一切整数也都正确。因此可以把我们的证明归纳为下面比较优美的数学公式。如果 m 和 n 都是不等于零的整数,而且 $\omega = 2\pi/T$,则

$$\text{I.} \qquad \int_0^T \sin n\omega t \cos m\omega t\, dt = 0. \tag{50.11}$$

II. $\quad\int_0^T \cos n\omega t \cos m\omega t\, dt = \begin{cases} 0 \ (n \neq m). \\ T/2 \ (n = m). \end{cases}$ (50.12)

III. $\quad\int_0^T \sin n\omega t \sin m\omega t\, dt = $

IV. $\quad f(t) = a_0 + \sum_{n=1}^{\infty} a_n \cos n\omega t + \sum_{n=1}^{\infty} b_n \sin n\omega t.$ (50.13)

V. $\quad a_0 = \dfrac{1}{T}\int_0^T f(t) \cdot dt.$ (50.14)

$\quad a_n = \dfrac{2}{T}\int_0^T f(t) \cdot \cos n\omega t\, dt.$ (50.15)

$\quad b_n = \dfrac{2}{T}\int_0^T f(t) \cdot \sin n\omega t\, dt.$ (50.16)

在前面几章中用指数符号来表示简谐运动是很方便的。我们用指数函数的实数部分 $\mathrm{Re}\,e^{i\omega t}$ 来代替 $\cos \omega t$。在本章中我们已经应用了正弦和余弦函数,因为这样使证明也许较为清楚。然而式(50.13)的最终结果可以写成下面简洁的形式

$$f(t) = \mathrm{Re} \sum_{n=0}^{\infty} \hat{a}_n e^{in\omega t}, \qquad (50.17)$$

式中 $\hat{a}_n$ 是复数 $a_n - ib_n$(包括 $b_0 = 0$)。如果我们希望始终都用同样的符号,那么我们还可以写出

$$a_n = \dfrac{2}{T}\int_0^T f(t) e^{-in\omega t}\, dt \ (n \geqslant 1). \qquad (50.18)$$

现在我们知道怎样把一个周期波"分解"成它的谐波分量。这个过程称为**傅里叶分析**,分解出来的各个独立项称为傅里叶分量。然而我们还没有证明,一旦找出所有的傅里叶分量,并把它们都加起来,的确就回复到 $f(t)$。数学家们已经证明,对于大多数类型的各种函数,也就是事实上对于物理学家感兴趣的所有函数,如果能够积分的话,就能回复到 $f(t)$。不过有一个小小的例外。如果函数 $f(t)$ 不连续,即 $f(t)$ 突然由一个值跳变到另一个值,那么傅里叶和就会在断点处得到一个介于高值与低值中间的值。因此,如果我们有一个奇异的函数 $f(t) = 0, 0 \leqslant t \leqslant t_0$ 及 $f(t) = 1, t_0 \leqslant t \leqslant T$,那么傅里叶和在各处的值都与原函数相同,但是 t_0 处除外,在该处傅里叶和是 1/2 而不是 1。不管怎样,坚持说一个函数在直至趋近于 t_0 时应该是零,而在 t_0 时又应该是 1,是很不符合物理学原则的。所以也许我们应该对物理学家作这样一个"规定":任何不连续函数(这只能是真实的物理函数的一个简化)在不连续点的值应该定义为两个不连续值的中间值。这样任何这类函数——具有任何有限数目的这类跳变的函数——和所有其他物理上感兴趣的函数一样,都可以由傅里叶和正确地表示出来。

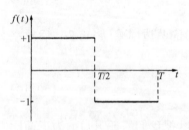

图 50-3 方波函数
$f(t) = +1 \ (0 < t < T/2),$
$f(t) = -1 \ (T/2 < t < T)$

我们建议读者做一个练习,确定图 50-3 所示函数的傅里叶级数。因为这一函数无法用一个明显的代数形式来表

示,因此不能照通常的方法从零到 T 范围进行积分。然而如果把积分分成两个部分：一部分从零到 $T/2$(在这个范围中 $f(t)=1$)，另一部分从 $T/2$ 到 T(在这个范围中 $f(t)=-1$)，那么积分就容易求了。其结果是

$$f(t) = \frac{4}{\pi}\left(\sin \omega t + \frac{1}{3}\sin 3\omega t + \frac{1}{5}\sin 5\omega t + \cdots\right), \tag{50.19}$$

式中 $\omega = 2\pi/T$。于是我们发现这个具有特殊相位的方波只含有奇次谐波，而且它们的振幅和频率成反比。

现在我们来检验式(50.19)是否会回复到某个 t 值的 $f(t)$。我们选择 $t=T/4$，即 $\omega = \pi/2$，有

$$f(t) = \frac{4}{\pi}\left(\sin\frac{\pi}{2} + \frac{1}{3}\sin\frac{3\pi}{2} + \frac{1}{5}\sin\frac{5\pi}{2} + \cdots\right) \tag{50.20}$$

$$= \frac{4}{\pi}\left(1 - \frac{1}{3} + \frac{1}{5} - \frac{1}{7} + \cdots\right). \tag{50.21}$$

这个级数*的值是 $\pi/4$，从而我们得到 $f(t)=1$。

§50-5 能 量 定 理

波中的能量与其振幅的平方成正比。对于一个形状复杂的波，在一个周期内的能量与 $\int_0^T f^2(t)dt$ 成正比。我们也可以把这个能量与傅里叶系数联系起来

$$\int_0^T f^2(t)dt = \int_0^T \left[a_0 + \sum_{n=1}^\infty a_n \cos n\omega t + \sum_{n=1}^\infty b_n \sin n\omega t\right]^2 dt. \tag{50.22}$$

当我们展开括号内各项的平方时，就会得到所有可能的交叉项，如 $a_5\cos 5\omega t \cdot b_7 \sin 7\omega t$。但是，上面[式(50.11)和(50.12)]我们已经证明，所有这些项在一个周期内的积分都为零，所以只剩下了像 $a_5^2\cos^2 5\omega t$ 这种平方项。任何余弦平方或正弦平方在一个周期内的积分都等于 $T/2$，所以我们得到

$$\int_0^T f^2(t)dt = Ta_0^2 + \frac{T}{2}(a_1^2 + a_2^2 + \cdots + b_1^2 + b_2^2 + \cdots) = Ta_0^2 + \frac{T}{2}\sum_{n=1}^\infty (a_n^2 + b_n^2). \tag{50.23}$$

我们把这个式子称为"能量定理"，它表明波中的总能量正好等于它的全部傅里叶分量的能量之和。例如，把这个定理应用到级数式(50.19)中，因为 $[f(t)]^2=1$，所以得到

$$T = \frac{T}{2}\cdot\left(\frac{4}{\pi}\right)^2\left(1 + \frac{1}{3^2} + \frac{1}{5^2} + \frac{1}{7^2}\cdots\right).$$

---

* 这个级数可以用下述方法进行计算。首先我们注意到 $\int_0^x [dx/(1+x^2)] = \tan^{-1}x$。然后把被积函数展开为级数 $1/(1+x^2) = 1 - x^2 + x^4 - x^6 + \cdots$。对这个级数逐项积分(从 0 到 x)得 $\tan^{-1}x = x - x^3/3 + x^5/5 - x^7/7 + \cdots$。取 $x=1$，鉴于 $\tan^{-1}1 = \pi/4$，我们就得到了上述结果。

由此我们知道奇数倒数的平方和等于 $\pi^2/8$。同样，采用首先得到一个函数 x^2 的傅里叶级数，再应用能量定理的方法，我们可以证明 $1+1/2^4+1/3^4+\cdots$ 等于 $\pi^4/90$，这一结论我们在第 45 章中曾经用到过。

§50-6 非线性响应

非线性效应是谐波理论中的一个重要现象。由于它在实践方面的重要作用，最后还得讲一讲。至今我们都是假定所讨论的系统是线性的，也就是假定力的响应，例如位移或加速度始终正比于力，或者假定电路中的电流正比于电压，等等。现在我们要讨论的是不存在严格成比例的情况。设想有一个装置，它的响应(我们称为 t 时刻的输出 $x_{输出}$)由 t 时刻的输入 $x_{输入}$ 来决定。例如，当 $x_{输入}$ 为力时，$x_{输出}$ 就是位移。或者当 $x_{输入}$ 为电流时，$x_{输出}$ 就是电压。如果该装置是线性的，则

$$x_{输出}(t) = Kx_{输入}(t), \tag{50.24}$$

式中 K 是常数，与 t 和 $x_{输入}$ 无关。但是，如果该装置并不是严格线性的，而只是近似于线性，那么可写成

$$x_{输出}(t) = K[x_{输入}(t) + \varepsilon x_{输入}^2(t)], \tag{50.25}$$

式中 ε 与 1 相比是个小量。上述线性和非线性响应如图 50-4 所示。

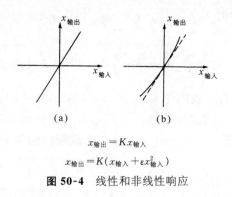

$x_{输出} = Kx_{输入}$

$x_{输出} = K(x_{输入} + \varepsilon x_{输入}^2)$

图 50-4 线性和非线性响应

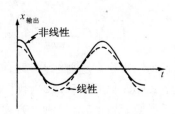

图 50-5 一个非线性装置对输入 $\cos \omega t$ 的响应，图中虚线表示线性响应，以供比较

非线性响应在实用上有几个重要的结果。现在来讨论其中的一部分。首先考虑当一个纯音输入时会发生什么现象。令 $x_{输入} = \cos \omega t$。若画出 $x_{输出}$ 与时间的函数曲线，则得到如图 50-5 所示的实线。图中的虚线表示线性系统的响应，以供比较。可以看到这个输出不再是余弦函数。这条曲线的顶部较为尖锐，底部则较为平坦。我们说这个输出畸变了。然而，我们知道这种波不再是一个纯音，它具有谐波。我们能够求出这些谐波是什么。把 $x_{输入} = \cos \omega t$ 代入式(50.25)，得

$$x_{输出} = K(\cos \omega t + \varepsilon \cos^2 \omega t). \tag{50.26}$$

由等式 $\cos^2\theta = \dfrac{(1+\cos 2\theta)}{2}$ 得

$$x_{输出} = K\left(\cos\omega t + \frac{\varepsilon}{2} + \frac{\varepsilon}{2}\cos 2\omega t\right). \tag{50.27}$$

这一输出不仅有一个基频的分量，即输入中出现的频率，而且还包含它的二次谐波。此外，还有一个常数项 $K(\varepsilon/2)$，它与图 50-5 所示的平均值的移动相符。产生平均值移动的过程叫做整流。

非线性响应能整流并且产生输入频率的谐波。虽然我们所假设的非线性只产生二次谐波，但是，高次非线性——即具有如 $x_{输入}^3$ 和 $x_{输入}^4$ 的项——会产生比二次谐波更高的谐波。

由非线性响应引起的另一个效应是调制。如果我们的输入函数包含两个（或更多个）纯音，那么输出将不仅包含它们的谐波，而且还包含其他频率的分量。令 $x_{输入} = A\cos\omega_1 t + B\cos\omega_2 t$，其中 ω_1 和 ω_2 不成谐波关系。除去线性项（即 K 乘输入项）外，输出中还有下面的分量

$$x_{输出} = K\varepsilon(A\cos\omega_1 t + B\cos\omega_2 t)^2 \tag{50.28}$$

$$= K\varepsilon(A^2\cos^2\omega_1 t + B^2\cos^2\omega_2 t + 2AB\cos\omega_1 t\cos\omega_2 t). \tag{50.29}$$

式(50.29)括号中的前两项恰好能化成我们在前面已经得到的常数项和二次谐波项。但括号中的最后一项则是新的。

我们可以用两种方法来考察这个新的"交叉项" $AB\cos\omega_1 t\cos\omega_2 t$。首先如果这两个频率相差很大（例如，$\omega_1$ 远大于 ω_2），我们可以认为这个交叉项代表一个变振幅的余弦振动。这就是说我们可以这样来看待这个因式

$$AB\cos\omega_1 t\cos\omega_2 t = C(t)\cos\omega_1 t, \tag{50.30}$$

其中

$$C(t) = AB\cos\omega_2 t. \tag{50.31}$$

我们说 $\cos\omega_1 t$ 的振幅受到频率 ω_2 的调制。

另一种方法是，把交叉项写成下面的形式

$$AB\cos\omega_1 t\cos\omega_2 t = \frac{AB}{2}[\cos(\omega_1+\omega_2)t + \cos(\omega_1-\omega_2)t]. \tag{50.32}$$

现在我们可以说产生了两个新的分量，其中一个分量的频率为和频 $(\omega_1+\omega_2)$，另一个分量的频率为差频 $(\omega_1-\omega_2)$。

我们有两种不同的但是等价的方法来观察同一结果。在 $\omega_1 \gg \omega_2$ 的特殊情况下，可以把这两种不同观点这样联系起来：因为 $(\omega_1+\omega_2)$ 与 $(\omega_1-\omega_2)$ 非常接近，我们预期在它们中间会观察到拍。但这些拍的效果就是以差额 $2\omega_2$ 的二分之一对平均频率 ω_1 的振幅进行调制。由此可见，这两种描述是等价的。

归纳起来，我们知道非线性响应会产生这样一些效应：整流，产生谐波，以及调制或产生和频与差频分量。

我们应该注意到所有这些效应（式 50.29）不仅正比于非线性系数 ε，而且还正比于两个振幅之乘积——A^2、B^2 或 AB。因此可以预期这些效应对于强信号来说比对弱信号更为重要。

我们所描述的这些效应有许多实际应用。首先，相信耳朵对于声音是非线性的。即相信这可以说明下面的事实，对于强音，即使声波中仅包含纯音，我们却有着既听到它们的谐

音,还听到它们的和频和差频的感觉。

用于放声设备——放大器、扩音器等的组件总具有一些非线性。它们会使声音畸变——产生在原来的声音中不存在的谐波等等。当我们的耳朵听到这些新的分量时就会感到不愉快。正因为如此,所以要把"高保真度"的设备设计得尽量线性(为什么我们对于耳朵的非线性并不同样地感到不愉快？或者我们怎么会知道非线性是来自扩音器中而不是来自耳朵中？这些至今还不清楚)。

非线性是非常必需的。事实上,在无线电发射和无线电接收设备的某些部分,我们有意使它们具有很大的非线性。在调幅发射器中,"声音"信号(频率为每秒若干千周)和"载波"信号(频率为每秒若干兆周)在一个叫做调制器的非线性电路中结合起来产生调制的振荡,被发射出去。在接收器中,接收信号的各分量被馈送到一个非线性电路中,该电路把调制载波的差频与和频结合起来,重新产生声音信号。

在讨论光的传送时,我们假设电荷的感应振荡正比于光的电场——即线性响应。这确实是一个很好的近似。只是在最近几年,人们设计出能产生足够强度的光的光源(激光器)后,才能观察到光的非线性效应。产生光频谐波现已成为可能。当一束强的红光通过一块玻璃时,微弱的蓝光——红光的二次谐波——出现了。

第51章 波

§ 51-1 舷 波

虽然我们已经完成了关于波的定量分析，但是为了对与波有关的种种现象作一些定性的介绍，我们增添了这一章。由于这些现象太复杂，在这里不能作详细的分析。既然我们已经用了好几章篇幅来讨论波，这一章的标题应该叫做"与波有关的一些较为复杂的现象"才更为恰当。

我们所讨论的第一个题目，是关于波源比波速或相速度运动得更快时所产生的效应。我们首先考虑具有一定速度的波，如声波和光波。如果有一个声源比声速运动得快，那么就会发生如下的情况：假定在某一瞬间，位于图 51-1 中 x_1 处的声源发出一个声波，则在下一瞬间，当源移动到 x_2 时，原先发出的波从 x_1 扩展到以 r_1 为半径的圆上和 r_1 小于源运动的距离；当然，另一个波又从 x_2 开始向外传播。当声源继续向前运动到 x_3 时，又从那里发出声波，而现在从 x_2 发出的声波则扩展到以 r_2 为半径的圆上，从 x_1 发出的声波扩展到以 r_3 为半径的圆上。当然，这一系列事情是连续发生的，而不是一步一步来的。因此，我们有一连串的波圆，其公切线通过该时

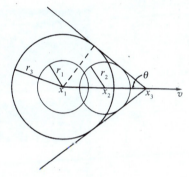

图 51-1 冲击波的波前位于以源为顶点、半顶角 $\theta = \sin^{-1}(c_w/v)$ 的锥面上

刻声源的中心。我们看到，声源不是像静止时那样产生球面波前，此时它所产生的波前在三维空间中形成一个圆锥面，在二维空间中形成两条相交的直线。很容易算出此圆锥面的角度。例如，在一定的时间间隔内，源移动了一段距离，比如说 $x_3 - x_1$，此距离与源的速度 v 成正比。在此期间，波前已向外扩展了距离 r_3，它与波的速率 c_w 成正比。因此，很清楚，所张半顶角的正弦等于波的速率除以源的速率。此正弦只有当 c_w 小于 v，即物体（源）的速率比波的速率快时，才有解

$$\sin\theta = \frac{c_w}{v}. \tag{51.1}$$

顺便提一下，虽然我们认为要发声就必须有一个声源，但非常有趣的是，在介质中一旦物体运动得比声速快，就会发出声音。也就是说，声音不一定具有某种纯音的振动特征。任何一个穿过介质而运动的物体，当它的速率大于波在介质中传播的速率时，将自动地从运动本身向各个方向发出波。这一现象对声音来讲很简单，但是对光来说也会发生这种现象。最初人们认为或许没有什么东西能够运动得比光速更快。然而，在玻璃内光的相速度比真空中的光速小，而且我们有可能发射一个具有很高能量的带电粒子，使它以接近于真空中光

速的速率通过一块玻璃,而光在玻璃中的速率仅为真空中光速的2/3。正在运动的比媒质中的光速快的粒子,将产生一个以源为顶点的锥形光波,就像汽艇前进时所形成的尾波(事实上,它来自同样的效应)。通过锥角的测量,我们能够确定粒子的速率。这种用来确定粒子速率的技术,在高能研究中已作为一种测定粒子能量的方法。所有要测量的只是光的方向。

这种光有时被称为切连科夫辐射,因为它是首先由切连科夫观测到的。弗兰克和塔姆在理论上分析过这种光应有的强度。由于这项工作,这三人一起获得了1958年度的诺贝尔物理学奖。

对声音来说,相应的情况如图51-2所示,该图是一张超音速物体穿过气体时的照片。压强的变化引起了折射率的变化,利用适当的光学系统就能使这种波的边缘显现出来。我们看到超音速物体确实产生了一个锥形波。但是更加仔细的观察却发现表面实际上是弯曲的。它逐渐趋近于直线,但在靠近顶点的地方是弯曲的。现在我们必须讨论为何会有这种现象,这也就是本章要讨论的第二个题目。

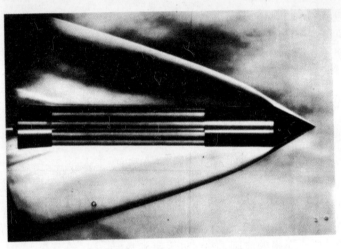

图 51-2 超音速抛射体在气体中所产生的冲击波

§51-2 冲 击 波

波速常常与振幅有关。对声音来说,速率与振幅的关系如下。一个穿过空气运动的物体,必须把空气推开,所以在这种情况下,所产生的扰动是某种压力阶跃,波前后面空气的压强比波(以正常速率传播)还没有到达的未受扰动的区域内空气的压强大。但在波前通过后,留下的空气已被绝热地压缩,因此它的温度升高。由于声音的速率随着温度的增加而增加,所以在跳变后面区域内的速率比在前面空气中的速率大。这意味着在阶跃后面产生的任何其他扰动,例如由于物体不断地推压空气所产生的扰动,等等,将传播得比前面的快,而声速则随着压强的增大而增大。图 51-3 说明了这一情形,图中在压强线上加上一些小的凸起部分,以帮助我们想象这一情况。我们看到随着时间的过去,后面压力较高的区域追上前面压力较高的区域,直到最后压缩波产生一个陡峭的波前为止。如果强度非常大,就立即形成陡峭的波前;如果强度相当弱,则需要很长的一段时间,事实上很可能在陡峭的波前形成以前声波已经散开和消失了。

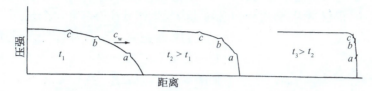

图 51-3 在相继的几个瞬间及时拍下的波前的"快照"

我们说话的声音所形成的压强,与大气压强相比是非常弱的——仅为百万分之一左右。但是当压强改变达一个大气压的数量级时,波的速度大约增加百分之二十,波前以相应的高速率变陡。在自然界中大概任何事件都不会以无限大的速率发生。同时,我们所谓的"陡峭"的波前实际上具有一个非常薄的厚度,而不是无限陡峭的。波前变化的距离约为一个平均自由程,在这个距离内,波动方程的理论开始不适用,因为我们并没有考虑气体的结构。

现在,再参看图 51-2,如果我们知道了靠近顶点的压强比后面离顶点较远处的压强大,从而角 θ 较大,我们就能理解弯曲的原因。这就是说,弯曲是由于声速与波的强度有关所造成的。因此,原子弹刚爆炸时形成的波的传播速度比声波快得多,直到波传播到很远时,由于扩展而变弱,直到其压强的变化小于大气压强时为止。这时它的速率接近于空气中的声速(附带提一下,结果冲击波的速率总是比在前面的气体中的声速高,但比后面的气体中的声速低。这就是说,从后面来的脉冲将会到达波前,但是波前在媒质中行进的速率比信号的正常速率来得大,因此,一个人如果根据听到的声音来判断冲击波的到来已经太迟了。原子弹爆炸时所产生的光是最先到达的,但是由于没有声音信号走在冲击波的前面,因此在冲击波到达之前我们不可能知道它的光临)。

这种波的堆积是一种非常有趣的现象,其所依据的主要之点是:在一个波出现之后,合成波的速率应该更高。下面是同一现象的另一个例子。试考察长度和宽度一定的长水槽中的流水。如果有一个活塞或者一个横在水槽中的屏状物以足够快的速度沿着水槽运动,则水就像雪犁前面的雪一样地堆积起来。现在假定情况如图 51-4 所示,在水槽内某处水的高度有一个突变。可以证明,水槽中的长波在深水区比在浅水区中传播得快。因此,由运动的活塞所造成的任何新的能量的起伏和不匀都将向前移动,并在前面堆积起来。另一方面,从理论上来说,我们最终得到的就是一个具有陡峭波前的水流。然而如图 51-4 所示,其中

图 51-4

还有一些复杂的情况。照片上所拍摄的是一个冲过来的波,活塞在水槽的右方远处。起先正如我们所预料的那样,它看起来可能像是一个正常的波,但当它沿着水槽越走越远时,波就变得越来越陡,直到出现照片上的状态为止。当一部分水下落时,在水面上产生可怕的翻腾,但是实质上它是一个很陡的前沿,并不搅动前面的水。

实际上水比声音复杂得多。然而,正是为了阐明一个论点,我们将设法分析这种所谓"激浪"在水槽中的速率。这个论点对我们的目的来讲没有任何基本的重要性——它不是一个重要的结论——仅仅说明,利用我们已知的力学规律就能够解释这个现象。

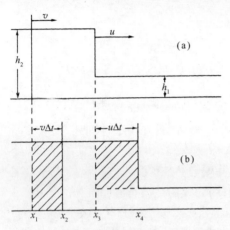

图 51-5 水槽中一个激浪的两个横截面,其中(b)比(a)迟 Δt 时间

想象现在有一高度为 h_2 的水以速度 v 运动,而它的波前以速度 u 进入高度为 h_1 的平稳的水中,如图 51-5(a)所示。我们希望确定波前运动的速率。在时间 Δt 内,原先位于 x_1 的垂直平面,移动了距离 $v\Delta t$ 而到达 x_2,同时波前运动了 $u\Delta t$。

现在我们应用物质不灭和动量守恒的方程。首先应用物质不灭公式。我们知道:对于单位宽度的水槽,流过 x_1 处的物质数量 $h_2 v \Delta t$(图中斜线部分),可用另一个其数量为 $(h_2 - h_1)u\Delta t$ 的斜线部分来补偿。因此,用 Δt 去除两者,得 $vh_2 = u(h_2 - h_1)$。但这还不够,因为我们虽然知道了 h_2 和 h_1,但还不知道 u 或 v,我们要设法求出它们。

下一步是应用动量守恒。虽然我们还没有讨论过水的压强或在流体力学中的任何其他问题,但是无论如何,我们清楚地知道,在一定深度处水的压强恰好能支持它上面的水柱。因此,水的压强等于水的密度 ρ 乘 g,再乘水面到该处的深度。既然压力随着深度而线性地增加,那么在 x_1 处的平面上的平均压强即 $\rho g h_2 /2$,这也是把该平面推向 x_2 处时,作用在单位宽度和单位高度上的平均力。因此,我们再乘上 h_2 就得到从左面作用到水上的总的力。另一方面,水的右边也存在着压力,使该区受到一个相反的力。用上面同样的分析方法得到这个力为 $\rho g h_1^2 /2$。现在我们必须使力和动量的变化率保持平衡。因而我们必须算出图 51-5(b)情况中的动量比图 51-5(a)的动量多了多少?我们看到具有速率 v 的物质所增加的质量恰好为 $\rho h_2 u \Delta t - \rho h_2 v \Delta t$(每单位宽度),用 v 去乘就得到所增加的动量,它应等于冲量 $F\Delta t$

$$(\rho h_2 u \Delta t - \rho h_2 v \Delta t)v = \left(\frac{1}{2}\rho g h_2^2 - \frac{1}{2}\rho g h_1^2\right)\Delta t.$$

如果将已经得出的 $vh_2 = u(h_2 - h_1)$ 一式代入上式以消去 v,并加以简化,最后就得到 $u^2 = gh_2(h_1 + h_2)/(2h_1)$。

假如高度差别很小,以致 h_1 和 h_2 近似相等,则速度等于 $\sqrt{gh}$。我们以后将会看到,只有在波长大于水槽深度时这个结果才是正确的。

对于声波我们也可以作类似的处理——包括内能守恒,但熵不守恒,因为冲击波是不可逆的。事实上,如果在激浪问题中检验能量守恒的话,我们发现能量是不守恒的。如果高度差别不大,能量几乎完全守恒。但是当高度差别一旦变得很明显,就有净的能量损失。如图 51-4 所示,水的下落和翻腾就显示了这一点。

在冲击波的情况下,从绝热反应的观点来看,存在着相应的表观能量损失。在冲击波经过后,其后面的声波中的能量转化为气体的热能,这相应于激浪中水的翻腾。对于声波来讲,解这个问题需要有三个方程,而且正如我们已经看到的那样,冲击波后面的温度和它前面的温度是不相同的。

如果我们设法形成一个上下颠倒的激浪（$h_2 < h_1$），那么我们发现每秒钟损失的能量是负的。因为它不能从任何地方得到能量，所以激浪不能维持自己，它是不稳定的。即使我们引起了这种类型的波，它也会变平而消失，因为对于我们所讨论的这种情况，导致波前陡峭的速度对高度的依赖关系有着相反的影响。

§51-3 固体中的波

我们接下去要讨论的一类波是固体中的更为复杂的波。我们已经讨论过气体和液体中的声波，在固体中存在一种与声波完全类似的波。如果突然推动一下固体，它就会被压缩。固体抵抗压缩就产生类似于声音的波。然而在固体中还可能存在另一类波，这类波在流体中是不可能存在的。如果从侧向推压固体使之畸变（称为剪切变），那么固体将力图把自己拉回来。如果我们（由内部）使液体畸变，维持一会儿，使它稳定下来，然后放开，则液体将保持这个样子。但是如果我们拿一块固体并推它，就像使一块"果胶"发生剪切变一样，那么当我们放开它时，它将恢复原来的样子并产生剪切波。从定义上来说，固体和液体的区别就在于此。剪切波的传播方式和压缩波相同。在所有的情况下，剪切波的速率小于纵波的速率。就它们的偏振而言，剪切波更类似于光波。声波没有偏振，它只是一种压力波。而光波则具有一个垂直于传播方向的特征取向。

在固体中有两类波。第一类为类似于声波的压力波，它以某一速率行进。如果固体是非晶状的，那么沿任何方向偏振的剪切波将以一个特征速率传播（当然所有固体都是晶状的，但是如果我们用一块由各种取向的微晶构成的固体，则晶体的各向异性最终得到了平衡）。

下面是另一个与声波相关的有趣的问题。如果固体中的波长变得较短，而且越来越短，那么将会发生什么现象？波长最终能达到多短？有趣的是它不能短于原子之间的空间距离，因为假如有一个波，其中的一个点上升，相邻的一个点下降，等等，显然可能存在的最短的波长就等于原子间距。从振动模式来看，我们说有纵向模式，横向模式，长波模式和短波模式。当我们考虑的波长能与原子间距相比拟时，速率不再是常数，在速度与波数有关的地方就有色散效应。但是，最终横波的最高模式将是各相邻原子有相反的运动方向。

现在从原子的观点来看，情况就像我们讨论过的两个单摆。对此存在两种模式，一种是两个摆一起运动，另一种是它们反向运动。我们可以采用另一种方法来分析固体波，即用耦合谐振系统的方法来分析，该系统是由大量单摆组成的，它的最高模式是这些单摆每相邻两个的振动方向相反，而较低的模式则具有不同的相位差。

由于最短的波长是如此之短，以至于在技术上通常无法利用。但是，它们是非常令人感兴趣的，因为在固体的热力学理论中，固体的热学性质，例如比热，可以根据短声波的性质来分析。当我们进一步研究波长更短的短声波极限时，必须归结为原子的个别运动，这两件事最终是一样的。

固体中的声波——纵波和横波的一个很有趣的例子是在固态地球里的波。我们不知道这些噪声的来源，但是在地球内部不时发生地震——某些岩石滑过另外一些岩石，这很像小的噪声。所以从这种源发出像声波那样的波，其波长比我们通常所考虑的声波的波长要长得多，但是仍然是声波，它们在地球里到处传播。然而地球是不均匀的，而且压强、密度及压缩性等等性质随着深度而变化，因此速率也随着深度而改变。于是波就不沿直线行进——这里存在着一种折射率，它们沿着曲线行进。纵波和横波具有不同的速率，所以对于不同的速率就有不同的解。因此，如果我们在某个地方放置一个地震仪，并且在别的地方发生地震后注意观察仪器指针的跳动，那么我们不仅仅得到一个不规则的跳动。我们也许先得到一阵跳动，接着平静下来，然后又是另一阵跳动，所发生的情况取决于地震仪的位置。如果地震仪和震源靠得足够近，我们将先收到从扰动处传来的纵波，然后过一会儿，又收到横波，因为横波行进得较慢。如果我们对波的传播速率以及地球内部有关区域的成分有足够的了解，则通过测量收到这两个波的时间差，就能断定地震发生在多远的地方。

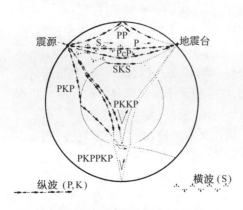

图 51-6 地球的示意图，表示纵声波和横声波的路径

图 51-6 所示为在地球内部波的行为的一个例子。两种类型的波由不同的符号表示。如果在图上标为"源"的地方发生一个地震，横波和纵波将在不同时刻，经由最直接的路径到达地震台，同时也可能在不连续处发生反射，结果经过另外的不同路径在不同时间到达地震台。原来在地球内部存在一个核心，该核心不能传播横波。如果地震台在源的正对面，横波仍能到达，但是计时不正确。所发生的情况是横波到达核心处，并且每当横波到达两种介质之间的斜面上时，就会产生两个新的波，一个横波和一个纵波。但是在地球核心内部，横波不能传播（或至少没有证据表明它能传播，只有对纵波才有证据）。当波再度跑出核心时，又以纵波和横波这两种形式向地震台行进。

我们正是从这些地震波的行为断定横波不能在内核圆的里面传播。从不能传播横波这个意义上来说，这意味着地球的中心是液体。我们了解地球内部构造的唯一方法，就是研究地震。所以，利用在不同的地震站台对多次地震所作的大量观察，就可以知道地球内部的详细情况——速率、曲线等等。知道了不同类型的波在每一深度处的速率，我们就有可能计算出地球的简正模式。因为知道了声波的传播速率，也就知道了两种波在每一深度的弹性性质。假如使地球形变成一个椭球，再放开，只要把在椭球中到处传播的波叠加起来就能确定其自由模式的周期和形状。我们已经断定，如果有一个扰动，就会产生许多模式——从最低的椭球模式到结构比较复杂的较高的模式。

1960 年 5 月发生在智利的地震产生了足够强的"噪声"，这个信号在地球内绕行了多次，同时一个非常精密的新的地震仪刚好制成，它及时地测出了地球基谐模式的频率，我们将这些数值与用声波理论从已知的速度计算出的理论值进行了比较，这些速度是从与该地震无关的其他地震中测得的。实验的结果如图 51-7 所示，这是信号强度与其振动频率的关系曲线（傅里叶分析）。注意，在某些特殊频率所接收到的信号比在其他频率所接收到的信号强得多，即存在着非常确定的极大值。这些频率就是地球的固有频率，因为它们是地球能够振动的主要频率。换句话说，如果地球的总体运动是由许多不同的模式组成，那么可以预期，对于每个地震台，都能得到表示许多频率叠加的不规则跳动。如果我们按照频率来进行分析，应该能够找到地球的特征频率。图中的垂直黑线是计算出来的频率值,我们发现理论值与实验值非常一致,这种一致性是由于这样的事实,即对于地球内部来讲声学理论是正确的。

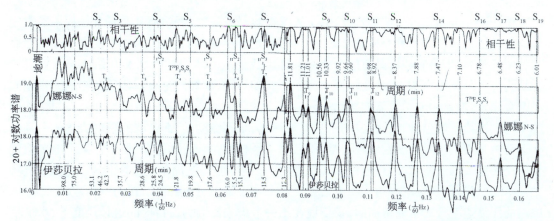

图 51-7 在秘鲁的娜娜(Ñaña)和加利福尼亚的伊莎贝拉(Isabella)的地震仪上所探测到的功率与频率的函数关系。图中所示的相干性可作为这两个地震台之间的耦合程度的量度

图 51-8 表示一个非常细致的测量,它对最低模式(地球椭球模式)有较好的分辨能力。它揭示了令人非常惊奇的一点,这就是极大值不是单一的,而是双重的,一个极大值在周期 54.7 min 处,另一个极大值在周期 53.1 min 处,两者略有差异。所以存在两个不同频率的原因,我们在测量的时候并不知道,虽然在当时或许能够找到其原因。现在至少有两种可能的解释:一种是在地球的分布中可能存在着不对称性,结果导致两个相似的模式。另一种可能更令人感兴趣,这就是设想从源发出的波沿两个方向绕地球传播。由于运动方程中存在地球的自转效应,它们的速率将不相等,而这种效应在进行上述分析时并没有考虑进去。在转动体系中物体的运动因科里奥利力而受到修正,这些因素可能引起所观察值的分裂。

关于用来分析这些地震的方法,在地震仪上得到的曲线并不是振幅对频率的函数曲线,而是位移对时间的函数曲线,所以总是一条非常不规则的示踪曲线。为了找出所有不同频率所对应的不同正弦波各占多少,其窍门是用某个确定频率的正弦波去乘这些数据,再进行积分,也就是对其求平均,在求平均的过程中,所有其他频率都消失了。我们所引用的这些图就是将数据乘以每分钟不同周数的正弦波后进行积分所得出的积分图。

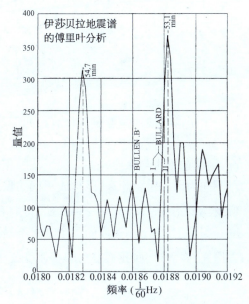

图 51-8 某一地震仪记录的高分辨分析,其中显示出双重谱线

§51-4 表面波

下一个令人感兴趣的波是水波,每个人都很容易看到这种波,而且在基本教程中常常用它来作为波的例子。我们立即就会知道,这可能是最糟糕的例子,因为它们没有一个方面像声波或光波;它们具有波所具有的全部复杂性。我们从深水中的长水波开始讲起。如果我们认为海洋是无限深的,并且在海面上有一个扰动,那么就会产生波。各种各样的无规则运动都会出现,但是由非常轻微的扰动所形成的正弦型运动,可能看上去很像普通向岸边移动的平滑的海浪。当然具有这种波的水平均地讲,仍是不流动的,而是波的移动。这是一种什么运动?是横波还是纵波?它应当都不是,既不是横波,也不是纵波。虽然在某个给定位置处水交替地成为波谷和波峰,但由于水的守恒,它不可能只是简单地上下运动。也就是说,如果水向下降落,那么水将跑到哪里去呢?水基本上是不可压缩的。波的压缩速率,即水中声波的压缩速率是非常非常高的,我们现在不去考虑它。因为在目前的这种尺度上,水是不可压缩的,所以当波峰下降时,水必然离开原来的区域。实际发生的情况是靠近表面的水的粒子近似地作圆周运动。当平滑的海浪移过来时,漂浮着的救生圈里的人可以注视近旁的物体,并且看到它是在作圆周运动。因此水波是纵波和横波的混合物,比一般的波更为复杂。在水中越深的地方,所作的圆周运动的圆就越小,直到在适当深处这种运动消失为止(图 51-9)。

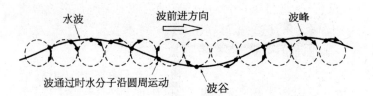

图 51-9 深水水波是由水的粒子作圆周运动而形成的。注意,圆与圆之间的对称性相移。漂浮物体将怎样运动呢?

求出这种波的速度是一个有趣的问题:波速必定是水的密度、重力加速度(重力是形成波的恢复力),或许还有波长和水的深度的某种组合。如果我们选取水的深度趋于无限的情况,则波速不再与深度有关。关于波的相速度,不论我们将得到什么样的公式,都必须把各种不同的因子组合起来,以构成正确的量纲。如果我们试图用各种方法来进行这种组合,我们发现要构成速度,只有一种方法,即将密度、g 和 λ 组合起来,即 $\sqrt{g\lambda}$,其中根本不包含密度。实际上,关于相速度的这个公式不是严格正确的,但动力学的完整分析(这个我们将不去探究)表明,上面我们得到的相速度公式只差一个 $\sqrt{2\pi}$ 的因子,即

$$v_{相} = \sqrt{g\lambda/(2\pi)} \quad (\text{对于重力波}).$$

有趣的是长波比短波跑得快。因此,如果一只小船激起了传播得很远的波浪(因为有一个赛车驾驶员开着摩托艇飞驶而过),那么过了一会儿,波到达岸边,起先缓慢地拍溅海岸,然后越来越快地拍溅海岸,因为先到达的波是长波。随着时间的推移,到达的波变得越来越短,因为波的速度按波长的平方根变化。

有人也许会表示异议,认为"这是不对的,为了解决这个问题,我们必须着眼于群速度"!这当然是正确的。相速度的公式并不能告诉我们什么样的波首先到达,能告诉我们这些的是群速度。因此我们不得不求出群速度。只需假定速度随波长的平方根而变化(这是问题的全部要求),就可证明群速度是相速度的一半,我们把这个证明留作习题。群速度也随波长的平方根变化。群速度怎么会只有相速度的一半呢?如果有人注视由行进的小船所造成的一群波,并盯住一个特定的波峰,他会发现这个波峰在波群中向前运动,逐渐变弱,最后在前端消失。奇怪而不可思议的是,在后面的较弱的波却挤着向前行进,并且变得越来越大。简单地说,波穿过波群运动,而波群的速度仅为波速的一半。

由于群速度和相速度不相等,所以运动物体通过时所产生的波不再只是简单的锥形,而是有趣得多。我们可以在图 51-10 中看到这个现象,该图显示了在水中运动的物体所产生的波。注意,这种波和声波大不相同。在声波中,速度与波长无关,我们将只有一个沿着锥面向外行进的波前,但这里的情况不同,波在小船的后面,其波前的运动方向与小船的前进方向平行,而且在边上还有小波,其波前的运动方向与小船前进方向成别的角度。我们只要知道相速度正比于波长的平方根,就能够巧妙地对整个波的图样进行分析。奥妙在于这个波的图样相对于小船(以恒定速度前进)是静止不动的,而任何其他波形都将从小船处消失。

图 51-10 小船的尾流

迄今为止,我们所讨论的是长水波,在这种情况下恢复力是由重力引起的。但是当波在水中变得很短时,主要的恢复力则是毛细引力,亦即表面能和表面张力。对于表面张力波,可以证明其相速度为

$$v_{相} = \sqrt{\frac{2\pi T}{\lambda \rho}} \quad (对于涟波),$$

其中 T 是表面张力,ρ 是密度。它与重力所形成的波正好相反,在波长变得很短时,波长越

短,相速度越大。当同时存在重力和毛细作用时,按照通常的做法,我们得到两者的组合

$$v_{相} = \sqrt{\frac{Tk}{\rho} + \frac{g}{k}},$$

其中 $k = 2\pi/\lambda$ 是波数。所以水波的速度确实是非常复杂的。图 51-11 表示相速度作为波长的函数,对于很短的波,其速度很快;对于很长的波,其速度也很快,这两者之间存在一个波能够行进的极小速率。群速度可以通过公式来计算:对于涟波,它为相速度的 3/2,对于重力波则为相速度的 1/2。在极小值的左面群速度大于相速度;在极小值的右面群速度小于相速度。有许多有趣的现象与这些事实有联系。首先,由于群速度随着波长的减小而急剧地增加,因此如果我们造成一个扰动,则此扰动将有一个最慢的末端,以相应波长的最小速率行进,而在前面的以较高的速率行进的波将是短波和非常长的波。在水槽中很难看到长波,但很容易看到短波。

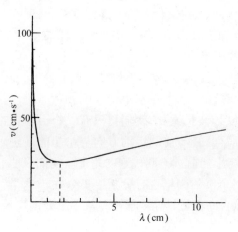

图 51-11 水波的相速度对波长的曲线

所以我们看到,经常被用来作为波的简单例子的涟波是很有趣和复杂的,它不像简单的声波和光波,事实上几乎没有陡峭的波前。主波的前面有从后面跑出的小波。因为水有色散,所以在水中的剧烈的扰动并不能产生具有陡峭波前的波。首先到达的是非常细小的波。顺便讲一下,如果一个物体以一定的速率在水中运动,由于所有不同的波以不同的速率行进,所以产生了一个相当复杂的图样。我们可以用盛水的浅盘来演示这一现象,以便能够看到跑得最快的那些波是细小的表面张力波。在后面则有某种类型的跑得最慢的波。若使盘底倾斜,可以看到水浅的地方波的速率较低。如果波的前进方向与最大斜线成一角度,那么这个波就会弯曲,并有沿着那条线行进的趋势。用这种方法我们能够说明各种不同的情况,并得出结论:水中的波比空气中的波要复杂得多。

在作循环运动的水中,长波在水浅的地方的速率较慢,在水深的地方的速率较快。这样,当水来到较浅的海滩时,波跑得慢了。但是在水较深的地方,波跑得比较快,所以我们得到冲击波的效应。这次由于波并非如此简单,故冲击波会大大变形,并使自己向上弯曲成大家所熟悉的样子,如图 51-12 所示。这就是波冲上海岸时所发生的情况,在这种情况下,自然界真正的复杂性被揭露无遗了。然而,现在还没有一个人能够弄清楚波在破裂时应具有怎样的形状。当波很小时,这是相当容易的,但当一个波变大和破裂时,情况就复杂得多了。

在由水中运动的物体所造成的扰动中能够看到关于表面张力波的一个有趣的特征。从物体本身的观点来看,水在不停地向后流,而最终位于物体周围的波总是这样的波,它们恰好具有同水中的物体保持相对静止的适当速率。类似地,在小河中的物体周围,河水从物体旁边流过,波的图形是稳定不动的,这些波正好具有恰当的波长,使其以与河水相同的速率行进。但是,如果群速度小于相速度,则扰动在河流中向后传播,因为群速度赶不上水流的速度。如果群速度大于相速度,则波的图形将出现在物体的前面。如果我们仔细地注视河中的物体,可以看到在物体的前面有小的涟波,在物体的后面则有"咕咚咕咚"的长水波。

图 51-12 水波

表面张力波的另一个有趣的特性,可以在倾倒液体时观察到。例如,如果牛奶以足够快的速度从瓶中倒入流水中,两者相交后可以看到在流水中有许多线条。它们是从边缘处的扰动出发向外传播的波,这种波与河流中物体周围的波非常相似。在这种情况中存在着来自两侧的效应,这些效应产生了交叉的图形。

我们已经研究了波的一些有趣的性质以及相速度对波长的依赖关系,波速对水的深度的依赖关系等等各种复杂的情况,这一切展现了真正复杂的、因而也是有趣的自然现象。

第52章 物理定律的对称性

§52-1 对称操作

我们可以把本章的主题称作为物理定律的对称性。在矢量分析(第11章),相对论(第16章)以及转动(第20章)等章节中,我们已经讨论过有关的物理定律中对称性的一些特点。

为什么我们要关心对称性呢？首先,在人们的心目中,对称性是非常吸引人的,我们都喜欢具有某种对称性的物体或图案。有趣的是,大自然常常在我们周围所遇到的物体中显示出某种对称性。或许可以想象的最对称的物体是球体,而在自然界中就充满了球体——恒星、行星、云层中的水滴等等。在岩石中找到的晶体也呈现出各种各样的对称性,对它们的研究使我们知道了有关固体结构的某些重要情况。即使动植物世界也显示出某种程度的对称,虽然,一朵花或一只蜜蜂的对称性不像晶体中的对称性那样完美或重要。

但是,我们在这里主要关心的不是自然界的物体往往是对称的这个事实。我们倒更希望考察宇宙中的一些更引人注目的对称性——即存在于支配物理世界运转的基本定律自身中的对称性。

首先我们要问,对称性是什么？一条物理定律怎么会是"对称的"？ 定义对称性的问题是一件有趣的事情,我们曾提到过外尔给出了一个很好的定义,其要点为,如果有一样东西,我们可以对它做某种事情,在做完之后,这个东西看起来仍旧和先前一样,那它就是对称的。例如,一个对称的花瓶就是这类东西,如果我们使它反射或转动,结果看上去仍旧和先前一样。目前我们要考虑的是,可以对物理现象或实验中的物理状况做些什么事,而其结果却和未做前一样。表52-1列举了使种种物理现象得以保持不变的已知操作。

表52-1 对称操作

空间平移	空间反射
时间平移	全同原子或全同粒子的交换
转过一定的角度	量子力学的相位
匀速直线运动变换(洛伦兹变换)	物质-反物质(电荷共轭)
时间反演	

§52-2 空间与时间的对称性

我们尝试做的第一件事情,比方说,就是使现象在空间中平移。如果我们在一定的位置上做一个实验,然后在空间的另一个位置上建立另一套仪器(或者把原来的仪器搬过去),那么凡是在前一套仪器中按一定的时间顺序发生的一切,在后一套仪器中也将以同样方式出现;只要我们安排好同样的条件,并且对前面讲过的一些约束予以应有的注意,即周围环境中所有使仪器不能同样工作的特征都要排除掉。关于在这些情形中怎样确定应包括的因素，我们已经谈过，这里就不再去考虑这些具体细节了。

在今天，我们也同样相信，时间的移动对物理定律也不会有影响（这是就我们迄今所知而言——所有这些事情都是就我们迄今所知而言）。这意味着，如果我们制造一套仪器，并且在某个时刻，比如星期四上午10:00使它开始工作，然后又制造同样一套仪器，并在（比方说）三天之后在同样的条件下使它开始工作，那么不管何时使这两套仪器工作的情形作为时间的函数是完全相同的。然而我们还是要假设，环境中的有关特征也要及时作相应的变动。当然这个对称性意味着，如果某人三个月前曾买进通用汽车公司的股票，假如他现在买进这些股票，所遇到的情况将完全一样！

我们也必须注意到地理情况的差别，因为地球表面各处的特征显然是不同的。例如，假如我们在测量了某处的地磁场后将仪器移到另一处去，那么由于地磁场不同，仪器可能不再以完全相同的方式工作，但我们说这是由于磁场与地球有关。我们可以设想，如果使地球和仪器一起移动，那么仪器的工作情况就不会受到影响了。

我们曾相当详细地讨论过的另一件事是在空间的转动：如果把仪器转动一个角度，并且假定其他每件与它有关的物体也随之一齐转动，那么仪器将会同样地工作。事实上，在第11章中，我们曾比较具体地讨论过空间转动中的对称性，并且为了尽可能简洁地处理它，我们还创造了一种称为矢量分析的数学系统。

在较高级的水平上，有另一种对称性——匀速直线运动的对称性。这个相当不寻常的效应所说的是，如果我们有一件仪器按一定的方式工作，现将该仪器放到一辆汽车里，并使汽车以及与之有关的周围物体都沿直线匀速前进，那么汽车中所出现的物理现象并不会有什么不同：所有的物理定律都显得相同。我们甚至还知道怎样用比较专门性的方式来表示这一点，即在洛伦兹变换下，物理定律的数学方程式必须不变。事实上，正是在有关相对论问题的研究中，使得物理学家将注意力集中于物理定律的对称性方面。

上面所提的对称性都具有几何的性质，时间与空间多少是类似的，但是还有别的一类对称性。比如，有种对称性就描述了这样的事实：一个原子可以用同一类的另一个原子来替换；换句话说，存在着同一类的原子。我们可以找到一群原子，如果把其中的一对交换一下，并不会造成什么差别——这些原子是全同的。无论某种类型的一个氧原子会做什么，这类氧的另一个原子也会这样做。有人会说："真可笑！这正是同一类型的定义嘛！"这或许只是一个定义，但我们并不知道究竟存在不存在任何"同种类型的原子"，而事实则是，的确存在着许许多多同一类型的原子。因此，当我们说如果用同一类型的一个原子替换另一个而不会出现什么差别时，确实是有意义的。从上述意义来说，构成原子的那些所谓基本粒子也是些全同粒子——所有电子都相同，所有质子都相同，所有正 π 介子都相同，等等。

在列举了这么多使现象不改变的操作后，人们或许认为我们实际上能做任何事了；那么就让我们举一些反例，以便看出情况的差别。假设提出这样一个问题："尺度改变了，物理定律是否对称？"设想我们先制造一台仪器，再制造一台每个部件都放大五倍的仪器，那么它们是否会同样精确地工作？在这种情况下，答案是，不会！例如，从一个装有钠原子的装置中发射出的钠原子光波的波长，与另一个体积为其五倍的装置所发射的钠原子光波波长相比，后者并非前者的五倍，而实际上完全相同。可见，波长与发射装置的大小之比值将会改变。

另一个例子是：在报纸上，有时我们看到由小火柴棒搭成的大教堂的照片，这些惊人的艺术作品是一些退休者用火柴棒粘成的，它比任何真实教堂都精致和奇特。如果我们设想这个用火柴棒制成的教堂果真按真正的尺寸建造起来，就会看到麻烦何在了，它不可能存在下去，整座教堂都会倒塌。因为按比例放大的火柴棒根本不够牢固。或许有人会说："不错。但是，我们也知道，当存在一种外界的影响时，它也必须按比例改变！"这里谈的是物体承受万有引力的能力。因此我们应先得取一个真正的用火柴棒制成的教堂模型以及真实的地球，我们知道在这种情况下，"教堂"是牢固的。然后，我们该有一个较大的教堂和一个较大的地球，但是这样一来情况变得更坏，因为万有引力增加得更快！

当然，今天我们是根据自然界中的物质由原子构成这一点出发来理解现象与尺度有关这个事实的，很明显，如果我们制造一个小到比方说其中只有五个原子的仪器，那么这种东西肯定不可以任意地放大或缩小。单个原子的尺寸根本不是任意的，而是完全确定的。

物理定律在尺度变化下并不保持不变这一事实是伽利略发现的。他认识到材料的强度并不恰好与其尺寸成比例，同时用表示两根骨骼的图画来说明那个我们刚刚提到的用火柴棒搭成的教堂的问题上讨论过的性质，图中有一根是通常的狗骨骼，它与支撑的狗的重量成适当的比例，而另一根是假想的"超级狗"——比方说大十倍或一百倍的狗的骨骼，这根骨骼按完全不同的比例画得又大又结实。伽利略是否曾把论证真正引申到这样一个结论：大自然的定律必须具有一定的尺度，我们不得而知。但是上述发现给他留下了深刻的印象，以致他认为这件事与发现运动定律同样重要，因为他把这两件事一起发表在同一本名为《论两种新科学》的书中。

另外一个物理定律不对称的例子是我们熟知的：当一个系统作均匀的角速度转动时，其中的表观物理定律与一个不转动的系统的物理定律显得不相同。如果我们安排好一个实验，然后把所有的东西放到一个宇宙飞船里，再在宇宙空间中让飞船本身以恒定的角速度自转，实验仪器将不会照原样那样工作，因为我们知道，在飞船里的东西会被甩出去，并且会发生其他一些情况。这是由于离心力或科里奥利力等而造成的。事实上，我们不必向外看，只要利用傅科摆就可觉察到地球在旋转。

下面我们来叙述一个很有趣的对称性，即时间的可逆性。初看起来，这显然不成立。很明显，物理定律在时间上是不可逆的，因为我们知道，所有明显的现象在大尺度上都是不可逆的："挥笔写字，写完再写，……"到现在为止我们所能说的是，这种不可逆性是由于所牵涉到的粒子的数量极其巨大而产生的，倘若我们能够看到单个分子，就将无法辨别变化是往正方向发展还是往逆方向发展。更确切地说：我们先制造一台小小的仪器，就能知道其中所有原子的行为，也能观察到它们的运动。然后再制造一台类似的仪器，这台仪器开始工作时的状况与前一台仪器的最终状况相同，但所有的原子的速度正好相反。那么，<u>这台仪器将经历完全相反的变化过程</u>。换句话说，如果我们拍一部影片，详细地记录了一块材料的所有内部情况，然后再倒过来放，没有一个物理学家会说："这是违反物理定律的，有些地方搞错了！"当然，如果我们没有去观察所有的细节，事情将是完全明确的，比如说，当我们看见一个鸡蛋落在人行道上，使蛋壳破碎时，肯定会说："这是不可逆的，因为如果把这件事拍成影片，然后倒过来放时，破碎的蛋壳将会重新拼合，成为完整的鸡蛋，这显然是荒谬的！"但是，如果我们观察单个原子本身，定律看来完全是可逆的。当然，发现这一点要难得多，但很清楚，在微观的基本的水平上，物理学的基本定律在时间上确实是完全可逆的。

§52-3 对称性与守恒定律

至此,有关物理定律的对称性已显得十分有趣,但是结果发现,在量子力学中,这种对称性变得更为有趣和更令人兴奋。有这么一件事实:在量子力学中,对于每一个对称的规律都有一条守恒定律与之相对应。这个最深奥和最美妙的事实对许多物理学家来说简直令他们感到震惊。鉴于我们现在的讨论水平,我们无法对之作更多的说明。物理定律的对称性与守恒定律之间存在着一定的联系。在这里我们只加叙述而不打算作任何解释。

举例说,物理定律对空间平移是对称的。如果与量子力学的原则相结合,结果就意味着动量是守恒的。

物理定律对时间平移是对称的。在量子力学中就意味着能量是守恒的。

关于空间转动一定角度后的不变性与角动量守恒定律相对应。这些关系是非常有趣和非常美妙的! 它们堪称为物理学中无比优美和意义深远的东西。

顺便提一下,量子力学中出现的有一些对称性并没有经典的类比,无法以经典物理的方式描述。其中有一个就是:如果 ψ 是某个过程的概率波幅,我们知道 ψ 的绝对值的平方就是这个过程出现的概率。现在,如果有人进行计算时不用这个 ψ,而是用另一个 ψ',它与 ψ 只是相差一个相位因子(令 Δ 为某个常数,把 $e^{i\Delta}$ 乘以原来的 ψ 即得 ψ'),那么,作为该事件概率的 ψ' 的绝对值平方就等于 ψ 的绝对值平方

$$\psi' = \psi e^{i\Delta}; \quad |\psi'|^2 = |\psi|^2.$$

因此,如果波函数的相位移动任意一个常数,物理定律仍然不变,这是另一种对称性。物理定律必须具有这样的性质,即量子力学相位的移动不会产生什么差别。我们刚才说过,在量子力学中,对每个对称性都存在着一个守恒定律。与量子力学相位相关联的守恒定律看来是电荷守恒定律。总之,这是一件非常有趣的事情!

§52-4 镜面反射

其次一个问题是在空间反射下的对称性。本章余下的大部分篇幅都将用来讨论这件事。我们要问:物理定律在反射下是否对称? 可以用以下方式说得更具体一些:假定我们制造了一件东西,比方说一只钟,它带有许多齿轮,还有指针和数字。这只钟滴答滴答地走着,工作着,而钟里面有着卷紧的发条。我们从镜子里来看这个钟。问题并不是镜子里的钟像什么。但是让我们实际地制造出另一个正好同前一个钟在镜子中的映像一样的钟;每当原来的钟中有一个右旋的螺旋,我们就在另一个钟的对应位置上安装一个左旋的螺旋;前一个钟的钟面上刻着"2"字,就在后一个钟的钟面上对应地刻上一个"2"字;如果前者的发条是这样卷紧的,那么后者就以正好相反的方式卷紧。当我们做完这一切之后,就有了两个物理上的钟,它们彼此之间的关系就是物体和它的镜像的关系,然而我们要强调一下,它们都是实际存在的、物质的钟。现在的问题是:如果发条上得一样紧,两个钟在同样的条件下开始走动,那么这两个钟是否会永远那样滴答走动,就像一对精确的物与像一样(这是一个物理问题,而不是哲学问题)? 我们对物理定律的直觉将认为,它们会如此。

我们猜想,至少在这对钟的情况下,空间的反射体现了物理定律的一种对称性,如果我们把每件事情从"右"变到"左",并保持其他条件不变,就不能说出有何差别。所以,我们暂时假定这是正确的。如果确是如此,那么就不可能用任何物理现象来区分"右"和"左",就像例如不能用物理现象来定义物体的某一绝对速度一样。所以,用任何物理现象来绝对地定义我们所谓的与"左"相反的"右"是什么意思应当是不可能的,因为物理定律应该是对称的。

当然,自然界并不一定是对称的。比如,利用所谓的地理学无疑能够定义"右边"。例如假定我们站在新奥尔良看芝加哥,佛罗里达就在我们的右边(只要我们站在地面上),所以,我们能用地理学来定义"右"和"左"。当然,任何系统中的实际状况并不一定具有我们所谈到的对称性。这里的问题在于,物理定律是否对称。换句话说,如果有一个像地球那样的天体,但组成它的尘土是"左"旋的,而且有一个像我们这样的人站在像新奥尔良那样的位置观望像芝加哥那样的城市,但由于每件东西都正好反过来,所以佛罗里达就在左边了,那么这种情况是否违反物理定律呢?显然,每件事都左右互换的话,看来似乎并非不可能,这并不违反物理定律。

另一个要点是我们的"右"的定义不应当与传统有关。区分左和右的一个简易方法是到机械零件商店去随意取一个螺丝。那么多数是拿到一个右旋螺纹——也就是说,并不一定是右旋螺纹,但得到一个右旋螺纹的机会要比得到一个左旋螺纹的机会多得多。这是个传统或习惯的问题,或者是偶然的结果,所以并不是一个基本定律的问题。我们可以意识到,人人都能着手制造左旋螺丝!

所以,我们必须设法找到从根本上来说包含着"右旋"的某些现象。我们讨论的另一种可能性是偏振光经过比如糖水这种溶液时其偏振面会发生旋转这一事实。正如我们在第33章中所看到的,比方说,在某种糖的溶液中,偏振面是向右旋转的。这就是定义"右旋"的一种方法,因为我们可以在水中溶解一些糖,于是偏振面就向右旋转。但是糖是从生物体——植物中取得的,如果我们用人造的糖试验时,我们会发现,偏振面并不旋转!但是假如先在这些不引起偏振面旋转的人造糖溶液中放进一些细菌(它们会吃去一些糖),然后再滤去细菌,我们就会发现仍有一些糖剩下来(差不多是先前的一半),这一回偏振面确实也转动了,但却以相反的方向转动!这看来颇令人迷惑,不过却很容易加以解释。

我们举另一个例子:有一种物质叫做蛋白质,在所有生物中都含有它,它对生命来说是十分重要的。蛋白质由氨基酸链组成。图52-1是一种从蛋白质中产生的氨基酸的模型,它称为丙氨酸。如果是从真实的生物体蛋白质中提取出来的丙氨酸,分子的排列就如图52-1(a)所示。另一方面,如果我们设法用二氧化碳、乙烷、氨等合成丙氨酸(我们能够合成它,这并不是一个复杂的分子),就会发现所制成的丙氨酸含有等量的如图52-1(a),(b)所示的两种结构的分子!

图 52-1

(a) L-丙氨酸(左);(b) D-丙氨酸(右)

前一种从生物体中得到的分子称作 L-丙氨酸,另一种化学成分相同(也就是有相同的原子,原子的关系也相同)的分子,与"左旋"L-丙氨酸分子相比,是"右旋"的,它称为 D-丙氨酸。有趣的是当我们在实验室内由简单的气体合成丙氨酸时,得到的是两类分子的等量混合物。然而,生物所利用的只是 L-丙氨酸(这不完全正确,生物体中各处都有一些 D-丙氨酸的特殊应用,但很少见。所有的蛋白质都只利用 L-丙氨酸)。现在如果我们制备两类丙氨酸,并用这种混合物喂给某种喜欢"吃"或消耗丙氨酸的动物,那么它不能利用 D-丙氨酸,只能利用 L-丙氨酸。这就是我们在糖水中所碰到的事,细菌只吃有用的糖,而留下了"错误"的一类糖(左旋糖也是甜的,但与右旋糖的味道不同)。

所以,看来生命现象似乎能区分出"左"与"右",或者化学能够这样做,因为两种分子在化学上是不同的。但实际上并非如此!就所能进行的物理测量来说,例如,对能量和化学反应速度的测量,等等,如果我们使其他每件事都互为镜像,那么两类分子起同样的作用。一类分子将使光向右偏转,另一类分子则将使光在通过同样数量的溶液时往左偏转得正好一样多。这样,就物理学而言,这两类氨基酸同样符合要求。就我们今天对事物的理解来说,依照薛定谔方程的基本原理,两类分子所显示的特性应当完全对应,这样,一类有右旋作用,另一类则有左旋作用。但是,在生命过程中,却只有一种方式起作用。

人们推测其理由如下。比如,我们不妨假设在某个时刻生命不知怎么处在这样一种状况下:某些生物中的所有的蛋白质都包含有左旋的氨基酸分子,所有的酶也是有倾向性的——生命体中的每种物质都是有倾向性的——因此也就是不对称的。这样,在消化酶将食物中的化合物变为另一种化合物时,有一类化合物对酶来说是"合适"的,另一类却是不合适的(就像灰姑娘和拖鞋的那个故事。只是现在我们所试的是"左脚")。就我们所知道的来说,在原则上,比方说,我们可以造出这样一只青蛙,其中所有的分子都是反过来的,每件事都像是一只真头青蛙的左旋镜像,因而这就是一个左旋蛙。这个左旋蛙可以很正常地活动一些时间,但是它会发现找不到东西吃,因为如果它吞下一只苍蝇,它的消化酶不能起作用,组成苍蝇的是一类"错误"的氨基酸分子(要么我们给青蛙一只左旋蝇)。就我们现在所知,如果每件事都反过来的话,化学与生命过程将照样进行下去。

如果生命完全是一种物理与化学的现象,那么蛋白质都由同样的螺旋状的分子所组成这件事情就只有这样来理解了:最初某一时刻,由于偶然的因素突然出现了某些生命分子,其中有的得到繁衍。在某个地方,一次有一个有机分子带有一定的倾向性,而从这一特殊事件出发,"右旋"就刚好在我们的特定环境下发展起来。一个个别的偶然历史事件是有倾向性的,但从这以后倾向性本身就传播开来。一旦达到今天的这种状态,当然它就将一直持续存在下去——所有的酶只消化"右旋"的东西,制造右旋的东西;当二氧化碳与水蒸气等等进入植物的叶中,制造糖的酶就把它们变成右旋的,因为酶本身就是右旋的。如果以后会产生什么新的病毒或活体的话,那么除非它们能"吃"已经存在的一类生命物质,不然就不能生存下去。因此它们也必须是同一类的东西。

这里不存在什么右旋分子数量上的守恒。右旋分子一旦突然出现,其数量就能保持继续增加。所以,人们推测,生命现象这种情况本身并不表明物理定律的缺乏对称性,相反,只是表明了宇宙的本性以及在上述含义下地球上一切生命本源的共同性。

§52-5 极矢量与轴矢量

现在我们进一步讨论下去。我们可以看到,物理学中许多地方都有着"右手"和"左手"规则。事实上,在学习矢量分析时,我们学到了必须用右手规则来正确地得出角动量、力矩、磁场等等的方向。例如,在磁场中运动的电荷所受的力就是 $\boldsymbol{F} = q\boldsymbol{v} \times \boldsymbol{B}$。在给定的情况下,我们知道了 $\boldsymbol{F}$、$\boldsymbol{v}$、$\boldsymbol{B}$,这个方程是否足以定义右旋性?实际上,如果我们回过去考虑一下矢量的来源,就知道"右手规则"只是一种习惯而已,它只是一种巧妙的方法。其实像角动量、角速度之类的量本来根本不是矢量!它们都是以某种方式与一定的平面相联系,只是因为空间有三维,所以可把有关量与垂直于那个平面的方向联系起来,在两种可能的取向中,我们选取了"右旋"的方向。

所以,如果物理定律是对称的,我们将会发现,如果某个魔鬼偷偷溜进所有的实验室,在每本有右手规则的书里用"左"这个词来替换"右",因而我们一概使用"左手规则"的话,那么在物理定律上不会造成任何差别。

我们来作一点说明。矢量可以分为两类,有一类是"真正"的矢量,比如空间中的位移 $\Delta \boldsymbol{r}$。如果在我们的仪器中,这里有一个零件,那里有另外一个零件,那么在一个镜像仪器里,有前一个零件的镜像物,也有后一个零件的镜像物。如果我们从"这个零件"到"那个零件"画出矢量,那么一个矢量就是另一个矢量的镜像(图 52-2)。矢量箭头变换了指向,就好像整个空间翻了个身一样,这一种矢量我们称为极矢量。

图 52-2 空间的位移矢量与其镜像　　**图 52-3** 转轮与其镜像。注意角速度"矢量"方向并没有反转

但是,另一类与转动有关的矢量具有不同的性质。例如,在三维空间中有某个物体在作转动,如图 52-3 所示。如果在镜子中看它,将作如图右边所示的转动,也就是说作为原来那个转动的镜像而转动着。现在我们约定用同样的规则表示镜像的转动,它也是一个"矢量",在反射后,并没有像极矢量那样改变,但是相对于极矢量以及空间的几何关系而言,则正好反过来;这种矢量称为轴矢量。

现在,如果反射对称定律在物理上是正确的,我们必须这样来设计方程,即当我们改变每个轴矢量的符号和每个矢积的符号时(它相当于反射),不应出现任何差别。比如,当我们写出一个公式表明角动量为 $\boldsymbol{L} = \boldsymbol{r} \times \boldsymbol{p}$ 时,这个方程是完全正确的,因为如果我们换成左手坐标系时,$\boldsymbol{L}$ 的符号改变了,而 $\boldsymbol{p}$ 和 $\boldsymbol{r}$ 没有改变;但矢积的符号变化了,因为我们要从右手规则变到左手规则。再举个例子,我们知道作用于在磁场中运动的电荷上的力为 $\boldsymbol{F} = q\boldsymbol{v} \times \boldsymbol{B}$,但当我们从右旋变到左旋系统时,由于 $\boldsymbol{F}$ 和 $\boldsymbol{v}$ 都是极矢量,所以由矢积所要求的变号应当被 $\boldsymbol{B}$ 的变号所抵消,这就意味着 $\boldsymbol{B}$ 必须是轴矢量。换句话说,如果进行这样一种反射,$\boldsymbol{B}$ 必须成为 $-\boldsymbol{B}$。所以,在把坐标系从右手改为左手后,我们也必须使磁铁的两极互换。

我们用例子说明上述情况。假定我们有如图52-4所示的两块磁铁。一块磁铁上的线圈按某种方式缠绕，电流按一个确定的方向流过线圈。另一块磁铁就像前一块的镜像一样，线圈按相反的方式缠绕，在线圈内发生的每件事都正好反过来，电流方向如图所示。现在，按产生磁场的定律（这一点我们还没有正规地学习过，但多半在高中已知道一些），这里磁场的方向应如图中所示。若一块磁铁的一个磁极是南极，则在另一块磁铁中，电流按相反方向流动，这样磁场就反了过来，相应地出现一个北极。这样我们看到，从右旋改为左旋时，我们的确要把磁铁的南北极互换！

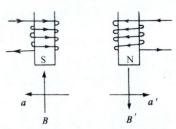

图 52-4　磁铁与其镜像

我们对磁极的改变不必介意，这些也都只是习惯而已。让我们谈谈现象吧。假如现在有一个电子穿过一个磁场，进入纸面。于是，如果我们用公式 $v \times B$ 来求电子所受的力 F（记住电荷是负的），就可发现，按照物理定律，电子将在确定的方向上发生偏转。这样物理现象就是，当一个线圈通以一定指向的电流时，电子的运动轨迹也按一种确定的方式弯曲——这就是物理内容——这里毋需考虑如何给每件事情贴上标记。

现在我们用一面镜子来做同样的实验：使电子通过与原来对应的方向，于是力的方向反了过来，如果我们按同样的规则计算它的话，结果是很好的，因为对应的运动是一种镜像运动！

§52-6　哪一只是右手

实际的情况是，在研究任何现象时，总有两个或偶数个右手规则，而最后结果是：现象看起来总是对称的。因此，简言之，如果我们不能区别南极与北极，那么也无法分别左与右。然而看来我们好像可以说出磁铁的北极。例如，罗盘指针的北极就是指向北方。但实际上这也是一种与地理学有关的局部特征，这正像有关芝加哥所在方向的谈论一样，是不算数的。如果我们见过罗盘指针，就会注意到，指北针是浅蓝色的。但这是人们涂到小磁针上去的颜色。这些都是局部性的、约定的判定标准。

但是，如果磁铁真的具有这种性质：当我们十分靠近地观察它时，就能看到在北极而不是在南极上长有细丝，如果这是一般的规律，或者如果存在着任何其他独特的区分磁铁南北极的方法，我们就能说出实际情况是两种可能情况中的哪一种，而这就是反射对称定律的终结。

为了更清楚地说明整个问题，不妨设想我们同某个火星人，或某个极其遥远的理性生物通过无线电话进行交谈。我们不得发送给他任何实际的样品，以供观察，比如，假设我们能发送光信号给他，就可以送去右旋圆偏振光，并对他说："这就是右旋光——你只要注意它的旋转方向就知道了。"但是，我们不能给他送去任何东西，只能和他交谈。他离这里太远，或者在某一个奇怪的地方，以致不能看到任何我们能见到的东西。比如，我们不能说："看一看大熊星座；请注意这些星是如何排列的。我们所指的'右'是……"我们只能通过无线电话交谈。

现在要告诉他有关我们的所有事情。当然，首先我们要从数的定义开始，于是说："滴答、滴答，二，滴答、滴答、滴答，三，……"这样他渐渐地能够理解几个词，等等。不一会儿我们就可能跟这个伙伴变得十分熟悉，于是他说："你这个家伙究竟是什么样子？"我就开始自我描写，并且告诉他说："噢，我们有 6 ft 高。"他便说："等一等，6 ft 是什么意思？"

有没有可能告诉他 6 ft 是多长吗？当然行！我们可以说："你知道氢原子的直径吧！我们有 17 000 000 000 个氢原子那么高！"这之所以可能，是因为物理定律在尺度变化时不是不变的，因而我们可以定义一个绝对长度。这样我们就解释了自己身材的尺寸，并且把我们的一般形状也向火星人作了描述——有四肢，在四肢上有五个手指或脚趾，等等，他也就顺着我们来进行想象。我们描述自己的外形时，料想不会遇到任何特殊的困难。在我们讲述的过程中，火星人甚至还做了一个有关我们的外形的模型。接着他就说："嗳呀！你真是个非常漂亮的家伙，但是在你的身体内有些什么呢？"于是我们就开始描写身体内的各种器官，随后，我们谈到心脏，在仔细地描写了心脏的形状之后，我们就说："现在请把心脏的位置安排在左边。"他就问道："慢着，什么是左边？"于是我们的问题就是向他描写心脏在哪一边，而他既不能看到我们所见到的任何东西，我们也不能向他发送任何我们所谓的"右"的样品——没有一个标准的右旋的物体。我们能这样做吗？

§52-7 宇称不守恒

我们知道，万有引力定律、电磁定律、核力都符合反射对称原则，所以，这些定律以及任何由它们推得的东西都不能应用。但是，与自然界中发现的许多基本粒子相关联，存在着一种称为β衰变或弱衰变的现象。其中弱衰变的一个例子与大约在 1954 年发现的粒子有关，它使人们感到很难理解。有一种带电粒子蜕变为三个 π 介子，如图 52-5 所示。这个粒子一度称为 τ 介子。在图 52-5 中我们还看到另一个曾称为 θ 介子的粒子蜕变成两个介子。根据电荷守恒，其中

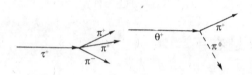

图 52-5 τ⁺ 粒子衰变和 θ⁺ 粒子衰变的简图

一个必须是中性的。这样，一方面我们有一个称为 τ 的粒子蜕变成三个 π 介子，还有一种 θ 粒子则蜕变成两个 π 介子。不久人们发现 τ 与 θ 在质量上几乎相等。事实上，在实验误差之内，它们是相等的。其次，人们发现，它们分别蜕变为三个 π 介子与两个 π 介子所需的时间也几乎相等；并且具有相同的寿命。再有，无论何时生成这两种粒子时，它们总以同样的比例出现，比如说，14%是 τ 介子，86%是 θ 介子。

任何头脑清楚的人都立即认识到：它们必定是相同的粒子，我们只是产生了一个有两种不同蜕变方式的东西，而不是两种不同的粒子。所以，这个可以按两种方式蜕变的东西具有同样的寿命和同样的产品比例（因为这就是粒子进行两类不同蜕变的可能性的比例）。

但是，可以证明（我们在这里完全无法说明如何证明），根据量子力学中的反射对称原理，不可能由同一种粒子得到这两种结果——同一个粒子不可能以两种这样的方式蜕变。与反射对称原理相对应的守恒定律没有经典的类比，这一类量子力学的守恒关系称作宇称守恒。这样，由于宇称守恒，或更确切地说，由于弱衰变的量子力学方程对反射的对称性，同一种粒子不可能按两种方式变化，所以这必定是某种质量、寿命等等方面的巧合。但是，人们越深入研究，这种巧合也愈加惊人，于是人们逐渐产生了疑问：也许，深奥的自然界反射对称定律可能并不正确。

由于出现了这种明显的失败，李政道和杨振宁建议做一些有关衰变的其他实验，试图检查一下定律在其他情况下是否正确。第一个这样的实验是由哥伦比亚大学的吴健雄女士做

的,她的实验如下:人们知道,蜕变时发射一个电子的钴的某一同位素处于极低温度和极强的磁场中时是磁化的,如果温度低到使热振动不致过分扰动原子磁体的话,这些原子磁体就在磁场中排列起来。所以,钴原子在这个强磁场中就全都排列起来。随后它们发射一个电子而蜕变,人们发现,当原子排列在 B 矢量朝上的磁场中时,大多数的电子是在朝下的方向上发射出去的。

如果一个人不是真正地"熟悉"世界,那么这种议论似乎没有丝毫意义。但是如果他懂得世界上的问题和有趣事情的话,就会看出这是一个最为戏剧性的发现:当我们把钴原子放到极强的磁场中去时,向下的蜕变电子比向上的蜕变电子要多。所以如果我们在"镜子"中进行对应的实验,钴原子将沿着相反的方向排列,此时它们就将往上而不是往下发射较多的电子,情况是非对称的。磁体长出细丝了!磁铁的南极成为这样一种磁极:在 β 衰变中电子趋向于离开它!于是,这就在物理上区别了南北极。

在这以后,人们还做了其他许多实验:π 介子蜕变为 μ 和 ν 介子;μ 介子蜕变为一个电子和两个中微子;近来,Λ 蜕变为质子和 π,Σ 的蜕变以及许多其他的蜕变实验。事实上,在几乎所有可以预期的情况中,全都发现不遵从反射对称原则!从根本上说,在物理学的这一个阶梯上,反射对称定律是不正确的。

简言之,我们能够告诉火星人该把心脏放到哪一个部位了。我们可以这样说:"听着,自己制造一块磁铁,把线圈绕上去,让电流通过,随后取一些钴,并使温度降低,然后再这样来安排实验,使电子从脚部向头部运动,那么电流通过线圈时,流进的方向就是我们称之为右的方向,而流出的方向就是左的方向。"所以,现在只要做一个这样的实验,就能够确定右与左了。

人们还曾预言过许多其他特征。例如,已知钴核的自旋,即角动量在蜕变前是 $5\hbar$,在蜕变后是 $4\hbar$。电子带有自旋角动量,还牵涉到中微子。从这里很容易看出电子必须具有与其运动方向一致的自旋角动量,中微子也同样如此。所以看上去好像电子往左自旋,这也得到实验验证。事实上,博姆和瓦帕斯特拉就是在我们这里验证了电子大多数是向左旋转的(还有另一些实验给出了相反的结果,但它们是错误的)。

另一个问题当然就是要找出宇称守恒失败的规律。有没有什么法则能告诉我们这种不守恒的情况在多大的范围内成立?有。这个法则是,只有在非常慢的称为弱衰变的反应中,守恒才遭到破坏,而且在这种情况发生时,有关的法则表明,带有自旋的粒子,例如电子、中微子等等,在出现时倾向于向左自旋。这是一条倾向一面的法则,它把速度极矢量与角动量轴矢量联系起来,并且指出角动量与速度方向相反的可能性比一致的可能性要来得大一些。

这条法则就是如此,但今天我们并不真正理解它的原因。为什么这条法则是正确的,它的基本原因是什么,它与其他事情有何联系?这件非对称的事实使我们感到如此的震惊,以致此刻还没有能从惊讶中充分地恢复过来去理解对于所有其他规则来说这将意味着什么。然而,这个课题是有趣和新颖的,也是仍未获得解决的,所以看来我们讨论一些与此有关的问题是可取的。

§52-8 反 物 质

当一种对称性丢失之后,我们要做的第一件事就是赶快查一下已知的或假定成立的对称性的表,看看是否还会失去什么别的对称性。在我们的表中没有提到一种对称操作,这就是物质与反物质的关系,它也必须受到质疑。狄拉克曾预言除电子外必定还有另一种称为正电子的粒子(由安德森在本学院发现),它必然与电子有关。这两种粒子的所有性质都服从一定的对应法则:能量相等;质量相等;电荷相反。但是,比所有其他都重要的是,当它们碰在一起时,就彼此湮没而把所有的质量转化为能量,例如,以 γ 射线的形式释放掉。正电子称为电子的反粒子,而这些就是粒子与它的反粒子的特征。从狄拉克的论证可以清楚地看出,世界上所有其余的粒子也应有对应的反粒子。比如,对质子应有反质子,用符号 $\bar{p}$ 来表示。$\bar{p}$ 应具有负电荷,它的质量和质子相同,等等。然而最重要的特点是,质子和反质子碰在一起彼此就会湮没。我们强调这件事的原因在于,人们对我们所说的有中子也有反中子这一点感到不好理解,他们说:"中子就是中性的,那么又怎么可能有相反的电荷呢?""反"粒子的规则并不只是说它具有相反的电荷,它有一系列特征,所有这些特征都是相反的。反中子和中子的区别就在于,如果我们把两个中子放在一起,它们仍然是两个中子,但是如果把一个中子和一个反中子放在一起,它们彼此会湮没,并且释放出巨大的能量,发射出各种 π 介子、γ 射线,等等。

现在,如果我们有了反中子、反质子和反电子,在原则上就可以造出反原子。虽然到现在还没有造出反原子,但在原则上这是可能的。例如,一个氢原子在中心有一个质子,在外面有一个电子绕着转动。现在设想在某个地方我们能产生一个反质子,而在外面带着一个正电子,正电子会不会绕着转动?会。首先,反质子带负电,而反电子带正电,这样它们就以相应的方式互相吸引——正负粒子的质量是一样的,每件事都一样。这是物理学的对称原理之一,方程式似乎表明,如果我们用某种物质制造出一个钟,然后又用反物质制造出一个同样的钟,它将同样走动(当然,如果把两个钟放在一起,它们就都会湮没,但那是另一回事了)。

这样就出现了一个问题。我们可以用物质制造出两个钟,一个是"左旋"的,另一个是"右旋"的。例如,我们可以不用简单的方式制造钟,而使用钴和磁铁以及电子探测器(它能检测出 β 衰变电子的存在,并对之计数)来制造钟。每计数一次,秒针就走动一下。那么另一个镜像钟由于接收到较少的电子,将不会走得一样快。所以,显然我们可以制造两个钟:一个左旋,另一个右旋,它们走得不一样。那就让我们用物质制造一个可称为标准的或"右旋"的钟,另外还有这种物质制造一个左旋的钟。我们刚才已看出,一般说来,这两者不会走得一样快,而在那个著名的物理现象发现之前,人们曾认为它们会走得一样快。我们还假定正物质与反物质是等价的。那就是说,如果我们用反物质制造一个同样形状的右旋钟,那它将会走得和右旋正物质钟一样快,而如果制造同样的左旋钟,它也会走得一样快。换句话说,原先人们相信所有这四个钟都是相同的,现在我们当然已经知道右旋物质和左旋物质并不一样。因此,可以假设,右旋反物质和左旋反物质也并不一样。

一个明显的问题是,究竟哪两种钟是相同的,如果发生这种情况的话?换句话说,右旋物质钟与右旋反物质钟走得一样快吗?或者说,右旋物质钟与左旋反物质钟走得一样快吗?利用正电子衰变来代替电子衰变的 β 衰变实验指出了这里的相互关系是:右旋物质的行为与左旋反物质的行为一样。

于是,现在终于可以说右与左的对称性仍然保持着!如果我们用反物质代替正物质制造一个左旋钟,它将走得一样快。这样事情就变为,代替我们的对称性表中的两条独立规则的,是把这两者结合在一起变成一条新规则,即右旋的物质与左旋的反物质是对称的。

这样,如果火星人是由反物质造成的,而我们若指点他如何作一个类似于我们的"右旋"模型,当然,结果就刚好相反。在我们之间进行了许多交谈后,我们彼此互相教会对方制造一艘宇宙飞船,然后乘飞船在空间半途相遇,那么会发生什么事呢?我们会把彼此的传统和习惯等等告诉对方,并且大家会很快地跑过去情不自禁地伸出手来。要是他真的伸出的是左手,请千万小心!

§52-9 对称破缺

其次一个问题是,我们怎么来理解接近于对称的定律?令人惊异的是,一方面,在物理学的很大范围内,包括核力的强作用现象,电磁现象,以及最弱的引力现象等重要领域中,关于这些现象的所有定律似乎都是对称的。另一方面,那个小小的例外部分则跑出来说:"不,定律并不都是对称的!"自然界几乎对称,但又不完全对称,这究竟是怎么一回事?我们怎样来理解这一点?首先,我们是否还有什么别的例子?答案是,事实上我们确实有一些别的例子。比如,在质子与质子之间,中子与中子之间,中子与质子之间,相互作用的核力部分都完全相同,这里有着一种核力的对称性,一种新的对称性,所以,我们可以交换中子与质子——但很明显,这并不是普遍成立的对称性,因为两个相隔一定距离的质子间的电斥力对中子来说并不存在。所以,一般而言,并不总是能用中子来代换质子,这种代换只是一个良好的近似。为什么是良好的近似?因为核力远远比电力强,所以这也是一种"几乎"对称的情况。这样,我们在别的事情上确实也看到了例子。

在我们的心目中有一种倾向,认为对称是无比完美的。事实上,这与希腊人的一个古老观念相类似:圆是完美的,如果去相信行星的轨道不是圆形,而只是接近于圆形的话,这就太可怕了。是一个圆和近似于一个圆这两件事之间的差别不是一个很小的差别,对于我们的认识来说,这是一种根本性的改变。在圆上存在着对称性与完美性的迹象,一旦稍有偏离,就一切都完了,它就不再有对称性。于是,问题在于为什么行星的轨道只是接近于圆——这是一个更加困难的问题。一般地说,行星的实际运动轨道应当是椭圆形的。但是在漫长的岁月里,由于潮汐力的作用等等因素,这些轨道变得几乎对称了。现在的问题是,我们这里是否也存在着类似的事情。若从圆的观点出发来看,如果轨道都是精确的圆,这种情况显然很简单,也自然用不到去解释。但是既然轨道只是接近于圆,就需要作许多解释,结果表明这是一个很大的动力学问题,于是,我们就得考虑潮汐力等等的影响来解释为什么轨道是近于对称的。

这样,我们的问题就是要解释对称性究竟从何而来。为什么自然界是如此近于对称?没有人能道出所以然。我们可能作出的唯一解释大致如此:日本的日光市有一座门,这座门有时被日本人称为全日本最美的城门,它是在深受中国艺术影响的时代建造的。这个城门非常精致,有许多山墙和美丽的雕刻图案,还有许多柱子以及刻有龙头及贵族雕像的圆柱,等等。但是当你挨近看时,在一根柱子上除了见到复杂精细的雕刻图案外,还可见到有个小小的图样刻得正好颠倒过来。要是没有这件事,情况就完全对称了。如果你要问为什么会那样,据说有这样一个传说:它是故意刻得颠倒的,为的是使上帝不致妒忌人的完美。人们故意在这里留下一个小小的错误,那样上帝就不会因为妒忌而对人类感到愤怒了。

我们愿意把这种看法反过来,并且相信自然界之所以接近于对称,其真正的解释是:上帝只将物理定律造得接近于对称,这样我们就不会妒忌上帝的完美了!

索 引

二画

二维空间中的转动	rotation in two dimension	187
入射	incidence	260
入射角	angle of incidence	260
几何光学	geometrical optics	259, 269
力矩	moment of force	191

三画

三角法	triangulation	48
三体问题	three-body problem	102
干涉仪	interferometer	160
干涉波	interfering waves	379
干涉,衍射	interference	283, 285
大气的指数变化律	exponential atmosphere	411
门捷列夫	Mendeléev	19
矢积	vector product	207

四画

比热	specific heat	418, 470
毛细管作用	capillary action	535
引力	gravitation	13, 67, 77, 125
引力系数	gravitational coefficient	76
引力理论	theory of gravitation	79
引力能	gravitational energy	34
引力场	gravitational field	131
开普勒, J.	Kepler, J.	67
开普勒定律	Kepler's laws	67, 91, 193
瓦帕斯特拉	Wapstra	547
方均距离	mean square distance	60, 431
方均根距离	root-mean-square distance	60
内摆线	hypocycloid	339
化学动力学	chemical kinetics	439
化学反应	chemical reaction	7
化学能	chemical energy	34, 39
气体分子动理论	kinetic theory of gases	399
气体的热导率	thermal conductivity of a gas	453
气垫	air trough	106
无规行走	random walk	59, 430
厄缶, R.	Eötvös, R.	79
分子力	molecular force	3, 129
分子运动	molecular motion	422
分子动理论	kinetic theory	433
分子扩散	molecular diffusion	450
分子间的吸引(力)	molecular attraction	3
分辨本领	resolving power	276, 299
牛顿, I.	Newton, I.	84, 91, 156, 376
牛顿定律	Newton's laws	16, 69, 79, 91, 102, 120, 124, 399, 422, 479
切连科夫, P. A.	Cherenkov, P. A.	528
切连科夫辐射	Cherenkov radiation	528
双目视觉	binocular vision	365
双折射	birefringence	329
双星	double stars	73
反物质	antimatter	547
反射角	angle of reflection	260
反粒子	antiparticle	20
反常折射	anomalous refraction	334
贝克勒尔, A. H.	Becquerel, A. H.	280

五画

四维矢量	four-vectors	164, 182
坐标轴的转动	rotation of axes	115
可感知的未来	affective future	181
永(恒运)动	perpetual motion	480

中文	English	页码
代数(学)	algebra	220
外尔, H.	Weyl, H.	112
弗兰克, I.	Frank, I.	528
对称性	symmetry	5, 112
正弦波	sinusoidal waves	287
平行轴定理	parallel-axis theorem	200
平均自由程	mean free path	446
平面运动	planetary motion	187
平滑肌	smooth muscle	147
平衡	equilibrium	7
卡诺, S.	Carnot, S.	34, 459
卡诺循环	Carnot cycle	459, 471
卡文迪什	Cavendish, H.	76
卡文迪什实验	Cavendish's experiment	76
布里格斯, H.	Briggs, H.	226
布朗, R.	Brown, R.	422
布朗运动	Brownian motion	9, 59, 422
布儒斯特角	Brewster's angle	331
矢量代数	vector algebra	118
矢量分析	vector analysis	117
电力	electrical forces	13
电子云	electron cloud	66
电子半径	radius of electron	321
电子的电荷	charge on electron	130
电子射线管	electron-ray tube	132
电共振	electrical resonance	235
电场	electric field	14, 131
电阻	resistance	236
电阻器	resistor	236
电容	capacitance	236
电容器	capacitor (condenser)	155, 235
电荷	charge	129
电荷守恒	conservation of charge	40
电离能	ionization energy	437
电能	electrical energy	34
电感	inductance	236
电感器	inductor	235
电磁场	electromagnetic field	12, 15, 111
电磁波	electromagnetic wave	15
电磁辐射	electromagnetic radiation	259, 278
电瞬变态	electrical transient	246
电共振	electrical resonance	235

六画

中文	English	页码
西岛	Nishijima	19
共振	resonance	231
多普勒效应	Doppler effect	186, 240, 343, 394
迈克耳孙-莫雷实验	Michelson-Morley experiment	159
迈耶, J.R.	Mayer, J.R.	23
地震仪	seismograph	532
亥姆霍兹, H.	Helmholtz, H.	356
托勒玫, C.	Ptolemy, C.	261
扩散	diffusion	444
芝诺	Zeno	82
安德森, C.D.	Anderson, C.D.	548
同步加速器	synchrotron	15, 165, 342, 343
同步(加速器)辐射	synchrotron radiation	340, 342
同时性	simultaneity	163
回转仪	gyroscope	209
行星运动	planetary motion	67, 97, 141
自由度	degrees of freedom	250, 410
自发发射	spontaneous emission	441
自然界中的共振	resonance in nature	237
自感	self-inductance	236
色[视]觉	color vision	349, 356
色[视]觉的生理化学	physiochemistry of color vision	358
色品	chromaticity	355
色散	dispersion	312
红外辐射	infrared radiation	238, 259
动力学	dynamics	68, 91
动能	kinetic energy	8, 34, 38, 405, 408
动量	momentum	91, 389
动量守恒	conservation of line momentum	40, 102
汤川秀树	Yukawa, H.	18
汤姆孙散射截面	Thompson scattering cross section	325

中文	English	页码
压力	pressure	4
压缩	compression	403
刚体	rigid body	187
刚体的转动	rotation of rigid body	189
刚体的角动量	angular momentum of rigid body	211
光波	light (electromagnetic) waves	15, 496
光学	optics	259
光子	photon	17, 259, 383
光的动量	momentum of light	347
光轴	optic axis	329
光散射	scattering of light	323
米勒，W. C.	Miller, W. C.	350
亚当斯，J. C.	Adams, J. C.	72
亚里士多德	Aristotle	42
亚稳态原子	metastable atom	443
导数（微商）	derivative	85
约束运动	constrained motion	147
约翰逊噪声	Johnson noise	424, 430
场方程	field equation	131
场的叠加	superposition of fields	132

七画

中文	English	页码
坐标轴平移	translation of axes	112
近轴光线	paraxial rays	270
圆周运动	circular motion	216
时间变换	transformation of time	161
时空	space-time	178
阻尼振动	damped oscillation	244
阻抗	impedance	257
陀螺仪	gyroscope	209
阿伏伽德罗	Avogadro	400
阿伏伽德罗常量	Avogadro's number	432
折射率	index of refraction	266, 307
里兹组合原则	Ritz combination principle	396
克尔盒	Kerr cell	331
克劳修斯，R.	Clausius, R.	457
克劳修斯-克拉珀龙方程	Clausius-Clapeyron equation	475
库仑定律	Coulomb's law	279
麦克斯韦，J. C.	Maxwell, J. C.	54, 64, 278, 420, 429, 483
麦克斯韦方程组	Maxwell's equations	157, 253, 494
角动量	angular momentum	74, 191, 209, 211
角动量守恒	conservation of angular momentum	40, 193, 209
角频率	angular frequency	216, 287
角膜	cornea	349
抛物形天线	parabolic antenna	300
抛物运动	parabolic motion	90
伽利略	Galileo	42, 68, 540
伽利略变换	Galilean transformation	134
伽利略相对性	Galilean relativity	104
狄拉克，P.	Dirac, P.	548
狄拉克方程	Dirac equation	210
闵可夫斯基	Minkowski	186

八画

中文	English	页码
帕斯卡三角形	Pascal's triangle	58
帕普斯定理	theorem of Pappus	198
罗默，O.	Roemer, O.	72
受迫谐振子	forced harmonic oscillator	218, 232
倒易原理	reciprocity principle	300
物理定律的对称性	symmetry of physical laws	170, 538
迪克，R. H.	Dicke, R. H.	79
庞加莱，H.	Poincaré, H.	158, 161, 168
非保守力	nonconservative force	151
经典电子半径	classical electron radius	321
放大率	magnification	274
放射性（材料）的钟	radioactive clock	45
单原子气体	monatomic gas	403
"奇异"数	"strangeness" number	19
拉姆齐，N.	Ramsey, N.	47
拉普拉斯，P.	Laplace, P.	495
拉什顿	Rushton	358
波节	wave nodes	508
波（动）方程	wave equation	488
波前	wavefront	490
波数	wave number	287

空间转动	rotation in space 204	衍射光栅	diffraction grating 290, 297
视网膜	retina 349	玻尔, N.	Bohr, N. 441
视杆细胞	rods 350, 366	玻尔半径	Bohr radius 394
视皮层	visual cortex 364	玻尔兹曼, L.	Boltzmann, L. 423
视神经	optic nerve 350	玻尔兹曼定律	Boltzmann's law 412
视锥细胞	cones 350	玻意耳定律	Boyle's law 420
(线)动量	linear momentum 40, 102	玻恩, M.	Born, M. 376, 397
(线)动量守恒	conservation of linear momentum 40, 102	标准偏差	standard deviation 63
线性系统	linear systems 249	标量	scalar 117
线性变换	linear transformation 118	相对论	theory of relativity 79, 178
绎屏的衍射	diffraction by screen 316	相对论性能量	relativistic energy 176
质心	center of mass 187, 195	相对论性动力学	relativistic dynamics 165
质能	mass energy 34, 39	相对论性动量	relativistic momentum 110, 173, 175
质能相当性	mass-energy equivalence 166	相对论性质量	relativistic mass 173
固(刚)体的角动量	angular momentum of solid(rigid) body 211	相速度	phase velocity 501
周期性的(时间)	periodic (time) 43	相移	phase shift 216
周期性振动	periodic oscillation 94	重力加速度	acceleration of gravity 94
欧几里得	Euclid 48	复阻抗	complex impedance 237
欧几里得几何学	Euclidean geometry 126	复眼	compound eye 367
欧姆定律	Ohm's law 255, 450	费马, P.	Fermat, P. 261
转动动能	rotational kinetic energy 201	绝热压缩	adiabatic compression 403
转动惯量	moment of inertia 194	绝热膨胀	adiabatic expansion 460
转矩	torque 190, 204		
势能	potential energy 34, 136, 149		

十画

调幅	amplitude modulation 499
哥白尼	Copernicus 67
莱布尼茨, G. W.	Leibnitz, G. W. 84
爱因斯坦, A.	Einstein, A. 16, 79, 135, 156, 168, 422, 441, 442

九画

保守力	conservative force 148
统计力学	statistical mechanics 22, 411
统计涨落	statistical fluctuations 56
孪生子佯谬	twin paradox 170
香农, C.	Shannon, C. 456
胡克定律	Hooke's law 130
科里奥利力	Coriolis force 202, 203
狭义相对论	special theory of relativity 156
轴矢量	axial vector 544
洛伦兹, H. A.	Lorentz, H. A. 158
洛伦兹收缩	Lorentz contraction 163
洛伦兹变换	Lorentz transformation 158, 178, 345, 539
衍射	diffraction 294

衰减	attenuation 314
旁频带	side bands 499
格林函数	Green's function 253
海森伯, W.	Heisenberg, W. 65, 376, 386, 387
透镜公式	lens formula 275
速度的变换	transformation of velocity 171
热力学	thermodynamics 400, 469
热力学定律	laws of thermodynamics 455
热电离	thermal ionization 437
热平衡	thermal equilibrium 424
热机	heat engines 455

热导率	thermal conductivity 453	惯性	inertia 13, 78
热能	heat energy 34, 39, 109, 110	惯性原理	principle of inertia 91
原子过程	atomic processes 5	惯量	moment of inertia 194, 199
原子的 m(亚稳)态	atom metastable 443	偏导数	partial derivative 154
原子的假设	atomic hypothesis 2	偏振	polarization 327
原子钟	atomic clock 47	偏振光	polarized light 326, 328
原子的粒子	atomic particles 18	偶极辐射子	dipole radiator 282, 288
振荡器,振子	oscillator 44	密度	density 4
振动相位	phase of oscillation 215	虚功	virtual work 38
振动周期	period of oscillation 215	虚功原理	principle of virtual work 38
振动(荡)	oscillation 214	盖尔曼, M.	Gell-Mann, M. 19
振荡(动)频率	frequency of oscillation 15	剪切波	shear wave 531
振幅	amplitudes of oscillation 216	基尔霍夫定律	Kirchhoff's laws 258
核力	nuclear force 135	第谷·布拉赫	Tycho Brahe 67
核的截面	nuclear cross section 51	距离	distance 47
核能	nuclear energy 34	距离测量	distance measurement 48
核(原子核)	nucleus 14, 18	勒威耶, U.	Leverrier, U. 73
能级	energy level 395	弹性能	elastic energy 34, 39
能量	energy 33	弹性碰撞	elastic collision 109, 174
能量守恒	conservation of energy 23, 33		
能量定理	energy theorem 523		十二画
能斯特热定理	Nernst heat theorem 466	温度	temperature 405
离子	ion 6	塔姆, I.	Tamm, I. 28
离子电导率	ionic conductivity 449	椭圆	ellipse 67
离心力	centrifugal force 71, 134	金斯, J.	Jeans, J. 420, 428
载波信号	carrier signal 499	棘轮和掣爪的机制	ratchet and pawl machine 479
圆周运动	circular motion 216	瞬变态	transient 242
	十一画	瞬变响应	transient response 219
焓	enthalpy 474	量子力学	quantum mechanics 16, 65, 111, 376, 388
章动	nutation 211	量子电动力学	quantum electrodynamics 18, 280
推(延)迟时间	retarded time 279	晶体衍射	crystal diffraction 392
斜面	inclined plane 37	晶胞	unit cell 392
菲涅耳反射公式	Fresnel's reflection formulas 334	等温大气层	isotherm atmosphere 412
韧致辐射	bremsstrahlung 343	等温压缩	isothermal compression 460
谐波	harmonics 516	等温膨胀	isothermal expansion 460
谐振子	harmonic oscillator 102, 213	傅里叶, J.	Fourier, J. 520
理想气体定律	ideal gas law 408	傅里叶级数	Fourier series 517
理想热机的效率	efficiency of ideal engine 461	傅里叶分析	Fourier analysis 252
液体的蒸发	evaporation of a liquid 413	傅里叶变换	Fourier transform 252

博姆	Boehm 547	叠加原理	principle of superposition 132, 250
傍轴光线	paraxial rays 270	微分学	differential calculus 84
紫外	ultraviolet electromagnetic waves 15, 259	微波激射(器)	maser 442
紫外辐射	ultraviolet radiation 259	微积分,微商(分)	calculus, differential 85, 87
黑体辐射	blackbody radiation 427	简谐运动	harmonic motion 216, 231
焦点	focus 265		
焦距	focal length 269	十四画	
惠更斯, C.	Huygens, C. 157, 260	模拟计算机	analog computer 257
焦耳热	Joule heating 243	磁场	magnetic field 133
普朗克, M.	Planck, M. 428, 440, 441	磁学,磁性	magnetism 14
普朗克常量	Planck's constant 53, 65, 186, 386	磁感(应)强度	magnetic induction 133
		收缩假设	contraction hypothesis 161
普尔基涅效应	Purkinje effect 351		
斯莫卢霍夫斯基	Smoluchowski 430	十五画	
斯涅耳, W.	Snell, W. 261	熵	entropy 465, 485
斯涅耳定律	Snell's law 261	潮汐	tides 71
斯蒂维纳斯, S.	Stevinus, S. 37	颜色-亮度	color-brightness 48
最短时间原理	principle of least time 261	横纹肌	striated muscle 147
散射截面	cross section for scattering 325	摩擦	friction 106, 126
		摩擦系数	coefficient of friction 127
十三画		十六画	
催化剂	catalyst 440	激活能	activation energy 439
蒸发	evaporation 5	激光	laser 323, 442
数值分析	numerical analysis 97	噪声	noise 516
频率	frequency 216, 287	膨胀	expansion 459
碰撞	collision 174	薛定谔, E.	Schrödinger, E. 354, 376, 397
零质量	zero mass 20	穆斯堡尔, R.	Mössbauer, R. 240
瑞利判据	Rayleigh's criterion 299	整流	rectification 525
瑞利定律	Rayleigh's law 428		
概率	probability 54	十七画	
概率分布	probability distribution 62	赝力	pseudo force 133
概率密度	probability density 63	螺旋起重器	screw jack 37
摆	pendulum 43, 513	戴德金, R.	Dedekind, R. 223
摆钟	pendulum clock 43	X 射线	X-rays electromagnetic waves 15, 259
辐射电阻	radiation resistance 318		
辐射阻尼	radiation damping 318	X 射线	X-rays 15, 259
辐射的相对论性效应	radiation relativistic effects 337	γ 射线	gamma rays electromagnetic wave 15
辐射能	radiant energy 34		
像差,光行差	aberration 276, 347		

附　　录

本书涉及的非法定计量单位换算关系表

单位符号	单位名称	物理量名称	换算系数
bar	巴	压强,压力	$1\ \text{bar} = 10^5\ \text{Pa}$
Cal	大卡	热量	$1\ \text{Cal} = 1\ \text{kcal}$
cal	卡[路里]	热量	$1\ \text{cal} = 4.186\ 8\ \text{J}$
dyn	达因	力	$1\ \text{dyn} = 10^{-5}\ \text{N}$
f, fa, fathom	英寻	长度	$1\ \text{f} = 2\ \text{yd} = 1.828\ 8\ \text{m}$
fermi(fm)	费米	(核距离)长度	$1\ \text{fermi} = 1\ \text{fm} = 10^{-15}\ \text{m}$
ft	英尺	长度	$1\ \text{ft} = 3.048 \times 10^{-1}\ \text{m}$
G, Gs	高斯	磁通量密度,磁感应强度	$1\ \text{Gs} = 10^{-4}\ \text{T}$
gal	加仑	容积	$1\ \text{gal(US)} = 3.785\ 43\ \text{L}$
in	英寸	长度	$1\ \text{in} = 2.54\ \text{cm}$
lb	磅	质量	$1\ \text{lb} = 0.453\ 592\ \text{kg}$
l. y.	光年	长度	$1\ \text{l. y.} = 9.460\ 53 \times 10^{15}\ \text{m}$
mi	英里	长度	$1\ \text{mi} = 1.609\ 34\ \text{km}$
Mx	麦克斯韦	磁通量	$1\ \text{Mx} = 10^{-8}\ \text{Wb}$
Oe	奥斯特	磁场强度	$1\ \text{Oe} = 1\ \text{Gb} \cdot \text{cm}^{-1}$ $= (1\ 000/4\pi)\text{A} \cdot \text{m}^{-1}$ $= 79.577\ 5\ \text{A} \cdot \text{m}^{-1}$
oz	盎司	质量	$1\ \text{oz} = 28.349\ 523\ \text{g}$
qt	夸脱	容积	$1\ \text{qt} = 1.136\ 52\ \text{dm}^3$ $= 1.101\ 22\ \text{dm}^3\ (\text{US dry qt})$ $= 0.946\ 353\ \text{dm}^3\ (\text{US liq qt})$